研究生教学用书
教育部研究生工作办公室推荐

通信网的安全
——理论与技术

Communication Network Security
—Theory and Technique

王育民　刘建伟　编著

西安电子科技大学出版社

内容简介

本书研究和讨论通信网安全的理论与技术。本书第 1 章介绍通信网安全概论，其余各章分为三大部分。第一部分为第 2～5 章，介绍密码学的基础知识，包括古典密码、信息论、计算复杂度、流密码、分组密码和双钥密码的原理和算法以及一些新的密码体制。第二部分为第 6～9 章，介绍认证理论与技术，包括认证、认证码、杂凑函数、数字签字、身份证明、认证和协议的理论与算法。第三部分为第 10～13 章，介绍通信网的安全技术，包括网络安全的基础知识、网络加密方式与密钥管理、实际系统的安全与安全管理技术。有关章末给出所需的数学基础知识。书末给出一些重要的信息安全技术标准和有关的参考文献。

本书可作为有关专业大学生和研究生的教材，也可作为通信工程师和计算机网络工程师的参考读物。

图书在版编目(CIP)数据

通信网的安全：理论与技术/王育民，刘建传编著.
—西安：西安电子科技大学出版社，1994.11 (2013.3 重印)
ISBN 978-7-5606-0711-5

Ⅰ. ① 通… Ⅱ. ① 王… ② 刘… Ⅲ. ① 通信网—安全技术 Ⅳ. ① TN915.08

中国版本图书馆 CIP 数据核字(2008)第 040481 号

责任编辑 马乐惠 李纪澄
出版发行 西安电子科技大学出版社（西安市太白南路 2 号）
电　　话 (029)88242885 88201467　邮　　编 710071
网　　址 www.xduph.com　电子邮箱 xdupfxb001@163.com
经　　销 新华书店
印刷单位 陕西天意印务有限责任公司
版　　次 1999 年 4 月第 1 版　2013 年 3 月第 6 次印刷
开　　本 787 毫米×1092 毫米 1/16　印张 41.5
字　　数 990 千字
印　　数 15 001～16 000 册
定　　价 60.00 元
ISBN 978－7－5606－0711－5 / TN・0129
XDUP 0981001-6

序

近年来，由于信息高速公路在我国大力宣传与倡导，信息技术与信息产业日益受到重视。在信息的传输与处理的过程中，有关如何保护信息使之不被非法窃取或窜改，亦即信息的认证与保密的问题，自然成为历来人们关注的问题。因此密码学理论与技术自然成为信息科学与技术中的一个重要的研究领域。

自从70年代中期W. Diffie与M. Hellman提出公开密钥密码学以来，在密码学领域中爆发了一场深刻的革命。从那时起，密码学理论与技术不再是仅为少数人掌握的服务于政府、军事及外交领域的神秘学科。特别是由于商业与银行业越来越国际化，密码学的理论与技术在民用及经济领域获得了广泛的应用。在今天“制信息权”已经是衡量一个国家实力的一个重要标志。如何保护自己的信息资源以及如何获取对方的信息资源，这正是当代以密码技术为中心，包括微电子学、通信、计算机科学及数学等多学科的一个综合研究体系，它能体现一个国家在高科技领域的强大实力。

在当前，由于Internet及各种局域网在我国的开通，银行业务中电子支付系统的广泛应用，使通信网安全的理论与技术成为至关重要的一个新兴研究领域。在这一热点领域中，由于涌进了包括网络工程师，计算机软、硬件工程师在内的大量新军，他们均需要掌握这一学科的基本原理及安全产品研制、开发技术。在当代的专著及文献中，大量侧重在理论方面，对于广大技术工作者显得晦涩难懂。有一本叫《应用密码学》的书(Applied Cryptography，Bruce Schneier 著)，是一本很好的入门书，可惜本书对于密码学的原理与概念的阐述又过于简单，作为手册使用倒是很不错的。

王育民教授与刘建伟博士合著的《通信网的安全——理论与技术》一书，一方面全面而系统地阐述了密码学与信息安全领域的有关理论与概念，另一方面特别在通信网安全方面花了足够的篇幅来阐述有关的原理与实际技术问题。从通信网的安全技术基础，网络加密方式与密钥管理，到目前已知的实际通信网络系统的安全性以及通信网的安全管理技术，做了全面深入的讨论。本书所涉及到的内容包括当前密码学与信息安全的最新研究成果。总之，这是一本理论与技术相结合，深入浅出且引人入胜的好书。它对于有关微电子学、通信及计算机科学与工程领域的广大研究生及高年级大学生均为一本值得推荐的教材和参考书。同时对于密码学及信息安全领域的研究工作者，对于网络工程师，计算机软、硬件工程师，也是一本有价值的参考书。

肖国镇

1998年3月13日

前　言

自古以来，通信安全保密在国家的军事和安全部门一直受到十分广泛的关注。在通信安全、保密、密码分析上的优势，被认为是赢得历史上许多主要军事冲突(包括二次世界大战)胜利的关键因素之一。历史上的战争，特别是两次世界大战，对于保密学的理论与技术的发展起了巨大的推动作用。纵观历史，这门科学走过了一段漫长的道路。从原始的手工作业到采用机械设备和电器机械设备，进而发展到今天的以使用电子计算机及微电子技术为标志的电子时代。

1949 年 C. E. Shannon 发表了《保密系统的通信理论》，1976 年 W. Diffie 与 M. E. Hellman 发表了《密码学的新方向》，这两篇重要论文和 1977 年美国公布实施的《数据加密标准(DES)》，标志着保密学的理论与技术的划时代的革命性变革。这主要表现在以下几个方面：第一，传统的密码体制的主要功能是信息的保密，而双钥(公钥)密码体制的出现，不但赋予了通信的保密性，而且还提供了消息的认证性。第二，这种新的双钥密码体制无需事先交换秘密钥就可通过不安全信道安全地传递信息，大大简化了密钥分配的工作量。双钥密码体制和 DES 适应了通信网的需要，为保密学技术应用于商业领域开辟了广阔的天地。第三，双钥密码体制的出现和 DES 的设计充分体现了 Shannon 信息保密理论所阐述的设计密码的思想，使密码的分析和设计提高到新的水平。第四，保密学涉及到数学学科(诸如数论、抽象代数、复杂性理论、组合算法、概率算法以及代数几何等)、信息论、计算机科学与微电子学等广泛的科学领域。

自从 1956 年第一个计算机网络建立以来，网络技术得到了极其迅速的发展。今天，各种通信网络，如用于数据传输的分组交换网络(PSDN)、用于话音通信的公共业务电信网络(PSTN)、综合业务网络(ISN)、(陆地或卫星)移动通信网络等，使我们的生活方式和工作方式发生了巨大的变化。我们正在步入一个崭新的信息社会。随着信息化社会的发展，信息在社会中的地位和作用越来越重要，每个人的生活都与信息的产生、存储、处理和传递密切相关，信息的安全与保密问题成了人人都关心的事情，这使得保密学脱去了神秘的面纱，成为大家感兴趣并为更多人服务的科学。信息空间中的侦察与反侦察、截获和反截获、破译和反破译、破坏和反破坏的斗争愈演愈烈。军事上的电子对抗在 1991 年初的海湾战争中发展成为空前的大规模电子战，商业上的情报战也随着 Internet、Intranet、Extranet，特别是电子商务的发展而步入了新的阶段。近年来，在网络上所进行的各种犯罪活动出现了逐年上升的趋势，由此所造成的经济损失是十分巨大的。信息空间中的信息大战正在悄悄而积极地酝酿中，小规模的信息战一直在不断地出现、发展和扩大。信息战是信息化社会发展的必然产物。在信息战场上能否控制和取胜，是赢得政治、外交、军事和经济斗争胜利的先决条件。因此，信息系统的安全保密问题已成为影响社会稳定和国家安危的战略性问题。

当今密码学和信息安全保密技术已逐步得到广泛的重视，相应的保安软、硬件已逐渐形成一个新的产业，其中包括认证、加密、访问控制、防火墙、抗病毒等方面的产品。信息安全保密技术在军事系统、政府机构、金融系统、医疗保健、通信网络、教育系统、制造业等方面开始得到广泛应用。

为了培养适应信息社会人才的需求，国内许多院校已在信息与通信工程、计算机等有关专业开设了密码学或数据安全等课程，有的院校还设置了密码学的博士、硕士点，以培养这方面的高级人才。本书就是为适应这一新形势，在多年的教学和科研工作的基础上，参考了国内外有关著作和最新文献，特别是参考了 Schneier、Massey、Stinson、Menezes 和 Stallings 等人的著作写成的。希望本书能对培养密码学和信息安全技术方面的人才有所帮助。

本教材系按原电子工业部《1996～2000 年全国电子信息类专业教材编审出版规划》，由全国电子信息类通信和信息工程教学指导委员会编审、推荐出版的一本国家级重点教材。本教材由西安电子科技大学王育民、刘建伟编著，由西安电子科技大学肖国镇教授任主审，通信和信息工程教学指导委员会李晖委员任责任编委。

本教材参考时数为 50 学时。本书第 1 章介绍通信网安全概论，其余各章分为三大部分。第一部分为第 2～5 章，介绍密码学的基础知识，包括古典密码、信息论、计算复杂度、流密码、分组密码和双钥密码的原理和算法。第二部分为第 6～9 章，介绍认证理论与技术，包括认证、认证码、杂凑函数、数字签字、身份证明和认证协议的理论与算法。第三部分为第 10～13 章，介绍通信网的安全技术，包括网络安全的基础知识、网络加密方式与密钥管理、实际系统的安全与安全管理技术。书末给出最基本的和最新的参考文献。

本教材包括全面的密码学理论与通信网络安全技术方面的知识，篇幅较大，不可能在 3 个学分 50 学时内全部授完，可根据不同专业课程设置的需求进行选取。

在长年不断举办的编码和密码研讨班中，作者不断得到参加讨论班的师生们的启发和帮助，特别是得到肖国镇教授和王新梅教授的许多鼓励、支持和帮助，在本书出版之际，向他们致以真诚的谢意。

本教材由王育民主持编写，第 2～8、11 和 12 章由王育民编写，第 1、9、10、13 章由刘建伟、王育民共同编写。在近三年的写作过程中曾得到很多研究生的大力支持，朱华飞、杨波、孙晓蓉、刘胜利、田建波、郑东、张彤、王常杰、吴克颖等仔细地阅读了有关章节的初稿，改正了不少错误，作者向他们致以衷心的感谢。黄正学女士夜以继日地工作，打印了本书的大部分手稿，绘制了相当部分的图表，进行了大量艰苦而繁琐的校对工作，没有她的全力支持与帮助，本书第一作者很难想象有勇气完成这一工作。

肖国镇教授在百忙中担任本书的主审，为提高本书的质量做了重要贡献。

本书得到了国家自然科学基金、原电子工业部军事通信预研基金、国家密码发展基金以及西安电子科技大学教材建设基金和研究生教材建设基金资助。

西安电子科技大学出版社原社长李纪澄编审和编辑部副主任马乐惠作为本书的责任编辑，为本书的出版付出了辛勤而有效的劳动，西安电子科技大学出版社对本书的出版给予了大力支持，对此我们表示诚挚的感谢。

作　者

1998 年 10 月

于西安电子科技大学

目　录

1

第　章　通信网络安全概论

在本章中，我们介绍以下基本概念：① 开放(分布)网络环境；② 对网络安全的需求；③ 通信网络的安全策略；④ 安全威胁及防护措施；⑤ 通信网络中的五个基本的安全业务，即认证、访问控制、保密性、数据完整性以及服务的不可否认性；⑥ 开放系统互联(OSI)基本参考模型及 TCP/IP 协议。

1.1　开放(分布)网络环境

计算机应用的深度与广度的扩展，是与数据处理方式和计算环境的演变密切相关的，其历程大体可以分为以下四个阶段：

(1) **单机环境**(Monolithic Mainframe Environment)。在单机环境中，各种应用软件都设计成在带有终端和外设的单个主机上执行。它存在的主要问题是，在一种机器上开发的应用软件都需要经过或多或少的修改方可在异种机上运行。

(2) **网络环境**(Networked PC and Mainframe Environment)。在单机环境中加入个人计算机和网络，构成所谓的网络计算机环境。它虽然解决了单机环境中存在的某些问题，却又带来了更多复杂的问题。

(3) **分布式环境**(Distributed Computing Environment)。随着计算机软、硬件技术的发展，在网络环境的基础上，又产生了分布式计算环境。它具有多个处理部件合作自治、并行执行、分布式控制和系统资源透明性。一个应用不仅仅局限于在单机上执行，而是计算具有空间(地理位置)的分布性，人和机器相互为完成某个任务而协调工作。

(4) **协同计算环境**(Cooperative Computing Environment)。协同计算环境是由相应联网的、用户透明的计算机组成的一种计算环境。该环境中，可容纳不同厂商生产的各种类型的计算机，好像将它们集成为单机而进行操作，不论它们是由哪家制造商生产的，也不论它们使用了何种操作系统、数据库，用户都可以方便地存取网络上任何地方的信息，充分利用系统资源。

1.1.1　开放系统的基本概念

开放系统是计算机软、硬件及网络技术发展的必然产物，是人们在当前软、硬件环境下对计算环境新的、更高的要求。其产生的主要原因是计算环境的发展和协同计算的要求，前者为它的产生提供了可能性，而后者则说明了它产生的必要性和迫切性。

所谓开放系统，是指计算机和计算机通信环境，根据行业标准的接口所建立起来的计算机系统。在这样一个开放性系统中，不同厂商的计算机系统和软件都能互相交换使用，并能结合在一个集成式的操作环境里。要达到这样的目标，惟有依赖于标准的接口，使计算机系统具有可移植性、互操作性和可伸展性，可将操作系统或应用软件放在不同厂商的各种型号的计算机上使用，并且可以相互交换信息。

计算机具有可移植性和互操作性时，便可以为计算机用户带来下述好处：

(1) 保障系统原有投资，便于更换计算机硬件或软件厂家，节省了培训和维护费用；便于扩充系统，随时可从市场上采购所需的软、硬件；可充分利用已有的应用软件和快速集成新技术，便于集成不同销售商的产品。

(2) 促进软、硬件技术公开和标准化，促进供应商的竞争并不断降低软、硬件价格。

(3) 便于对不同厂商的计算机系统进行集成，不但解决商务方面的问题，而且能使用户抓住一切有利机会，不断利用新技术来加强系统功能，使系统具有更强的处理能力，达到最佳服务。

1.1.2 开放系统的特征

开放系统是以被广泛采用的各类标准(事实上标准、工业标准、国家标准、国际标准)可以共享的技术标准以及有完整定义的开放标准为基础的。目前，虽然还没有公认一致的确切定义，但可以肯定地说，相对于封闭的专用系统，它具备以下特征：

(1) **符合各类标准**(事实上标准、工业标准、国家标准及国际标准)。根据标准化的程度确定其开放的程度。

(2) **技术公开**。根据技术公开的程度，可见系统分成私有的、OBM 控制的、集团控制的和完全公开的。提供源代码是技术公开的重要方式。

(3) **可移植性**(Portable)。同一软件可以在不同计算机上运行，并且同一软件在不同计算机上进行移植时不需要做任何修改。可移植性要求不同计算机环境提供软件运行的界面是相同的，相同的界面能把硬件平台及操作系统不同之处屏蔽起来。

(4) **兼容性**(Compatible)。应用程序不加改动就可以在任何类型的计算机上运行，包括源代码和目标代码级兼容。

(5) **互操作性**(Interoperation)。互操作性是指不同系统间可以方便地相互连接，或者指不同计算机以及不同应用程序能在一个网络中交换信息、协同工作；每个用户作为网络的一个节点，都能够存取网络上的数据、调用应用程序，从而充分共享系统的资源。

(6) **可伸展性**(Scalable)。可在不同规模、不同配置的硬件环境下运行，在不同档次的计算机运行应用程序，其性能与硬件平台的性能成正比。若在现有的计算机系统中多加几个处理器，或把同一程序移到功能更强的计算机上运行时，应用程序的性能呈线性增长。这意味着应用程序能充分地调度硬件平台的所有处理器资源及其系统功能，从而便于扩充系统规模和运行环境。

1.1.3 标准

所谓“标准”，是指做某些事情时通常或优先采用的方式、方法。无规矩不能成方圆，离开标准不能成大器。通常人们认为标准化就表示相同性，这种说法意味着标准化会导致大量生产的产品无法显示自我的特色。

其实，以计算机工业的标准来说，绝不会导致相同性。相反，它们会使可行的计算机方案更加丰富、多样化，更为适用。因为标准只针对各种硬件和软件组成元素的界面，标准只定义哪些服务是需要的，并不定义这些服务是如何实现的，因而，标准仍然留给厂商相当的自由度来发展自己。

尽管从词义上看，网络安全与开放系统似乎是矛盾的，但事实并非如此。开放系统的概念代表了购买者多年来对封闭、独立的计算机系统，以及对通信硬件和软件经销商们所寄予的良好愿望。人们总期望可以自由地选择经销商来购买不同的系统部件，而这些部件可以有机地组合起来以满足购买者的需要。因此，开放系统的发展与广泛应用与许多标准的制定密切相关。

计算机系统的联网是与开放系统并肩发展的。开放系统的标志是**开放系统互联模型**(Open System Interconnection Model)的提出。自70年代以来，这个模型得到了不断的发展和完善，从而成为全球公认的计算机通信协议标准。除了ISO的标准之外，另外一些标准化组织也建立了开放系统的许多网络协议。最为有名的当属Internet协会，它提出了著名的TCP/IP协议。通过这些围绕开放系统互联所开展的标准化活动，使得不同的厂家所提供的设备进行互联成为可能。

将安全保密措施纳入开放网络系统中是一个比较新的尝试。事实证明，这是一项十分复杂的任务。我们之所以说它复杂，主要是因为它代表了两种技术的完美结合——安全技术的应用和通信协议的设计。为了给开放系统提供安全保证，就必须将安全技术与安全协议相结合，而安全协议则是一般的网络协议的重要组成部分。

当前，我们需要做的工作是要在下面的三个较宽的领域内，设计或建立一些兼容的，或者作为补充的标准：① 安全技术；② 一般用途的安全协议；③ 特殊用途的安全协议，如银行、电子函件等应用。

与以上领域有关的标准主要来自以下四个方面：

(1) 面向信息技术的国际标准。它是由以下组织建立：国际标准化组织(ISO)，国际电子技术协会(IEC)，国际电信联合会(ITU—International Telecommunication Union，原称CCITT)以及电器与电子工程师协会(IEEE)。

(2) 有关银行方面的标准。它或者是由ISO国际性地开发的，或者是由美国国家标准协会(ANSI)面向美国国内的应用而开发的。

(3) 有关国家政府的某些标准。它是由各国政府制定的。

(4) Internet标准。它是由Internet协会开发的。如美国联邦信息处理标准(FIPS)，美国国家标准技术学会(NIST)，美国国家安全局(NSA)，美国计算机安全与保密顾问委员会(CSSPAB)，IAB(Internet Architecture Board)。

本书对以上组织所开发的与安全有关的标准进行了讨论。

1.1.4 因特网与内域网络

因特网(Internet[①])是一个全球性的网络。在这个大网络里，各种不同类型的计算机通过统一的网络协议和通信协议(TCP/IP)连接在一起进行交流，并共享信息资源和计算机资源。任何人与网络连接，使用电子函件(E-mail)、文件传送协议(FTP)、远程登录(Telnet)、地鼠(Gopher)、新闻组(Newsgroup)和浏览器(Browser)等其中的任何一项服务，都可成为Internet的用户。

Internet的起源可以追溯到“冷战”年代。20世纪60年代，美国的兰德公司就如何建立一个能在“核袭击”后，继续保持通信联络功能的系统进行了研究，提出了一个没有中心交点的网络系统。即在一个假设不可靠的网络里，所有节点都处于同等地位。每一节点均可产生、传递和接收信息，而信息本身经过分包编址后，分别经由不同节点传送至预定的接收地点，接收方再按地址把所收到的信息包组合还原成完整的信息。

1968年，英国国家物理实验室建立了第一个基于兰德理论的测试网络。次年，美国国防部高级计划管理局建立了ARPAnet，即Internet的前身。1973年运行时仅连接了四所大学的科研机构的四台计算机。1983年，在ARPAnet上成功地运行了TCP/IP协议。加州伯克利分校又将TCP/IP纳入BSP UNIX系统而开始在民间推广，诞生了以分组交换为基础的Internet。从此，科研界开始采用互联网络，许多协议开始形成，并发展成为标准。从90年代初，商业界的介入为因特网的发展注入了巨大的原动力，并逐步发展成为一个全球性的网络。在传统的电子函件、文件传送协议、远程登录、地鼠和新闻组等应用的基础上，开发了一大批简单易用、功能性强的软件和服务。特别是万维网WWW(World Wide Web)的出现，更为因特网带来了无限生机。万维网是一个无终结的网络超文本系统。文件中的联系可以追溯到地球另一边的计算机中的文件。万维网可作为WAIS、FTP、Gopher、Telnet以及Usenet news等其它信息服务的一个统一的界面。同时，万维网可以传送图像、声音、录像和超文本标记语言等任何类型的数据。万维网基本上是根据客户软件设计的，浏览器就是这样一种客户软件。据统计，到1996年7月，在Internet上已有1 288.1万个主机和23万个万维网。至于究竟有多少人使用网络，已无法给出确切的数目。

Internet已成为全球信息基础设施(GII)的骨干网，它是一种传统媒介无法比拟的新的传播手段，诸如多媒体的传送功能、快速的信息传递、大容量的信息交换、全球性的覆盖范围以及较低的传播成本等。人们把Internet看成是第二次信息革命的象征，并认为Internet不仅将彻底改变信息产业的运行方式，而且将影响世界上大多数行业产业的运行方式，从而导致一场新的产业革命。

Internet为人类交换信息，促进科学、技术、文化、教育、生产的发展，对提高现代人的生活质量提供了极大的便利，但同时也对国家、单位和个人的信息安全带来极大的威胁。由于因特网的全球性、开放性、无缝连通性、共享性、动态性发展，使得任何人都可以自由地接入Internet，其中有善者，也有恶者。恶者会采用各种攻击手段进行破坏活动。

在Internet这个跨国、跨洲、覆盖全球、无所不包、有着数以亿计用户的网络上，要想

---

① Internet的原译名为国际互联网络，在1997年7月18日全国科学技术名词审定委员会颁布的英文名词的中文译名中，Internet译成因特网。

进行集中统一管理、控制通信路由选择、追踪和监控通信过程、控制和封闭信息流通、保证通信的可靠性和敏感信息的安全保密、提供源和目标的认证、实施法律意义上的公证和仲裁，即使不是不可能的，也是极难实现的。对此严峻现实需要有清醒的认识。提高自卫能力，除了加强制度、法规等管理措施外，还要以现代化安全保密科学知识武装自己，强化我们信息系统的安全保密能力，这是在现代国际性信息大社会中生存的必由之路。

所谓内域网(Intranet)，就是在企业内部的网络上，使用 Internet 技术的产物。我们常用“内域网”这个术语表示从全球国际网络信息空间(Cyberspace)中隔离出来的较小的专用信息空间。Intranet 可以是一个局域网(LAN)，也可以是一个广域网(WAN)。内域网是由企业、机构、城市甚至国家采用国际互联网络技术建立的一种虚拟的专用网络。利用防火墙、加密技术以及精心设计的保密安全管理措施，可以把这种专用网络与 Internet 隔离加以保护。大量的通讯、信息、交互都在内域网中进行处理。当需要的时候，这些数据可以进入 Internet 空间，与其它内域网和国际互联网络用户相连接，使它充满了生机和活力，为公司和单位信息的散播和利用提供了极为便利的条件。浏览器为网上用户提供信息，服务器对网络进行管理、组织和存储信息，并提供必要的安全服务。

内域网是 Internet 应用中增长最快的一部分。许多主要跨国企业都在利用自己的内域网把它们在世界各地的办公室连接起来，从而大大地减少了公司在通讯和运作费用上的开支。

Intranet 和 Internet 虽然字面上很相像，却有很大的区别：

(1) Internet 只有一个，任何连入 Internet 的计算机和网络都成为 Internet 的一部分，整个 Internet 是一个开放的整体；而 Intranet 则是每个企业、单位单独拥有的，它不对外或有条件地对外界开放，是一个半封闭甚至是全封闭的集中式可控网。

(2) Internet 的安全机制很松散，资源共享和开放是其特点，其内容基本上不具备商业价值，它可谓是一个巨型知识库和广告栏；而 Intranet 中则存有大量的单位内部的敏感信息，具有极高的商业、政治和军事价值，其安全保密性至关重要，Intranet 决不接收任何未经授权的访问。

(3) Internet 没有统一的管理，各节点只负责自己的维护；而 Intranet 的管理是集中的、可控制的。

如何解决 Intranet 与 Internet 之间的连通性，为用户提供应有的服务，同时又能保证 Intranet 内部资源和信息的安全性，这是 Intranet 的一个非常关键的技术，也是它的一个难点。各国都在大力进行研究和开发各种具有防火、过滤功能的安全服务器、桌面系统、管理工具等。这种内域网模式被商业用户公认为是一种最有效地利用 Internet 技术的模式。

1.2　对网络安全的需求

在今天的计算机技术产业中，网络安全是急需解决的最重要的问题之一。由美国律师联合会(American Bar Association)所做的一项与安全有关的调查发现，有 40%的被调查者承认在他们的机构中曾经发生过计算机犯罪的事件。1995 年 1 月病毒数已增至 6 000，且每年要增加 40%。1992 年伪造支票造成的金融服务系统的损失为 10 亿美元，信用卡伪造所造成的损失达 35 亿美元。报道的黑客入侵事件在 1990 年为 252 起，1994 年增至 2 341

起。据美国FBI估计，计算机网每被攻破一次造成的损失为50万美元，而一个大银行的数据中心停机一秒钟的损失为5000美元[Ahuja 1996]。这些数字所显示的仅仅是美国网络安全犯罪所造成的真正损失的一小部分。许多机构还未意识到在他们的机构中存在有计算机犯罪。此外，即使发现了犯罪事件，许多机构也不愿意公开它们的存在。据专家估计，由计算机犯罪所造成的实际的经济损失每年将高达150亿美元。

信息、信息资产以及信息产品对于我们的日常生活及我们所生活的这个世界是至关重要的。加强网络安全的必要性可以从具体发生的安全事件中得到证明。另一方面，我们注意到公开报道的安全事件实际上只占很小的比率。人们对所发生的涉及安全的事件不愿进行宣扬的原因有很多。在政府部门中，对有关安全漏洞及系统脆弱性的信息泄露是受到严格控制的，与安全有关的信息也是严加保密的，因为一旦公开了这些信息，敌方就会利用这些信息来入侵其它类似的系统，从而给这些系统带来潜在的威胁。在商业市场上人们不愿公开与安全有关的信息也是出于自身利益的考虑。例如，银行及其它金融机构都不愿公开承认它们的系统中存在有安全问题，因为公开其安全问题会使用户对其在保护他们的财产方面的能力产生怀疑，从而将他们的资金或资产转移到其它金融机构或银行。造成这种对安全信息进行封锁的环境还受到来自于法律和潜在损失的影响。例如，若某个公司保存有许多用户的信息，有关这些信息的任何非授权的泄露都要承担法律责任。所以一旦该机构的计算机系统被侵入而造成所保护信息的泄露，公司将不会公开承认信息的丢失。虽然在政府部门和商业部门中对所发生的安全事件的报道有着极其严格的限制，但是今天在我们的日常生活中到处都可以见到大量的计算机和计算机网络，这一现实表明对安全事件发生的信息进行全面的保护与限制是不可能的。

在本书中，我们主要讨论与通信网络有关的安全问题。网络安全事实上可以更广泛地定义为"通信安全"，加密仅仅是通信安全的一个方面。其实，安全问题涉及很宽广的技术领域，而这些技术的广泛应用直至今天才成为可能。考虑到在现实中存在着各种强有力的密码分析方法，人们不得不考虑采用复杂的防护措施的成本。然而，由于通信技术的发展存在下面三种主要趋势，使人们对成本的考虑已放至次要的地位，而将通信安全方面的考虑提高到越来越重要的位置上：

(1) 系统互联与网络互联数量的日益增长，使任何系统都潜在地存在着已知或未知用户对网络进行非法访问的可能性。

(2) 人们越来越多地使用计算机网络来传送安全敏感的信息。例如，人们用计算机网络来进行电子资金传递(EFT)、商业数据交换、政府秘密信息传递以及产权信息的交流等。

(3) 对攻击者来说，可以得到的技术越来越先进，并且这些技术的成本在不断地下降，从而使密码分析技术的工程实现变得越来越容易。

网络安全的根本在于保护网络中的信息免受各种攻击。因此，我们有必要对信息的价值、机密信息、产权信息及其敏感性，以及信息安全威胁及其分类加以讨论。

1.2.1 信息业务及其价值

与传统的邮政业务不同，信息传输、信息协同以及规划是通过电子和光子来完成的。现代的信息系统可以让人类实现面对面的电视会议和电话通信。然而，流过这些信息系统的信息有可能是十分敏感的，因为它们有可能涉及产权信息，或者与企业之间的竞争密切相关，或者是政府或企业的机密信息。目前，许多机构已明确规定，对网络上所传输的所有信息必须进行加密保护。从这个意义上来说，我们应该对数据保护、必须实施的安全标准与策略，以及必须采用的实际防护措施持全新的观点。

1.2.2　机密信息

所谓机密信息，是指国家政府对军事、经济、外交等领域严加控制的一类信息。美国国防部(DoD)及政府情报机构对信息的保护已做出了巨大的努力，特别是对机密信息的保护。对那些被认为是敏感的但非机密的信息，也需要通过法律手段来加以保护以防止信息泄露或恶意的修改。事实上，敏感而非机密的政府信息也是不能通过未加保护的媒体进行传送的，而应该在开始发送之前或发送过程中进行加密保护。当然，这些保护措施的实施是要付出代价的。除此之外，在系统的方案设计、系统管理和系统的保养方面还需要花费额外的时间和精力。更加令人感到忧虑的是，近来一些采用极强防护措施的部门，如美国国防部、美国国家情报机构以及其它政府部门中，也面临着越来越严重的安全挑战。因为今天的信息系统不再是一个孤立的、完全与其它社会机构和部门隔离的系统，通信网络已经将无数个独立的系统连接到一起。在这种情况下，安全威胁对系统安全来说也呈现出许多新的形式和特点。

1.2.3　产权及敏感信息

正像社会中的政府部门一样，商业部门也在信息处理策略方面发生着巨大的变化。在过去的一个时期里，人们通常将信息处理设备单独地放置在一个“黑屋”里，只有负责数据处理的工作人员才允许接触及使用计算机系统。随着信息处理方式的演化，出现了部门化的处理。在某些机构内部，可能有许多这样的“黑屋”。根据这些“黑屋”的分布，确定了企业内部各个机构之间的分界线。然而，即使信息处理的方式正向部门化方向发展，还仍然存在着专门的工作人员来操作和使用企业的信息处理设备。将所有的计算机及其它信息设备放在“黑屋”中的最主要的优点之一是能够以相对简单的方式提供有效的安全性。这种安全性基本上是通过物理上的诸多防护措施来获得的。这些措施包括加强门锁管理，将所有的信息处理权赋予数据处理人员，并保证所有的数据处理人员在被雇佣之前是经过严格的审查的。

今天，信息处理方式已经彻底地发生了改变。在企业或社会机构中，不再存在“黑屋”，这些“黑屋”的大门已经敞开，而且终端的信息处理能力得到了很大程度的提高。终端用户可以通过放置于桌面上的设备来对系统进行访问。各类软件工具的出现、快速的技术进步以及发达的教育体系为这些目标的实现提供了必要的推动作用。此外，随着网络标准的进一步开发和完善，系统能够很容易地相互连接到一起，极大方便了信息的互换和信息的共享。但所有这些都给产权保护和敏感信息的保密工作带来极大的困难和挑战。

1.3　通信网络的安全策略

所谓安全策略，是指在某个安全区域内，用于所有与安全相关活动的一套规则。(一个安全区域，通常是指属于某个组织的一系列处理和通信资源。）这些规则是由此安全区域中所设立的一个安全权力机构建立的，并由安全控制机构来描述、实施或实现。

安全策略是一个很广的概念，这一术语以许多不同的方式用于各种文献和标准中。近来一些有关的分析表明，安全策略有以下几个不同的等级：

（1）安全策略目标。它是某个机构对所要保护的特定资源要达到的目的所进行的描述。

（2）机构安全策略。这是一套法律、规则及实际操作方法，用于规范某个机构如何来管理、保护和分配资源以达到安全策略的既定目标。

（3）系统安全策略。它所描述的是如何将某个特定的信息技术系统付诸工程实现，以支持此机构的安全策略要求。

在本书中，术语"安全策略"的使用通常是指系统安全策略等级。但是，我们必须清楚它仅仅是较广的安全策略概念的一个组成部分。

在下面的几个小节中，我们对影响网络系统以及部件设计的安全策略的几个主要方面进行讨论。

1.3.1 授权

授权（Authorization）是一个安全策略的基本组成部分。所谓**授权**，是指赋予**主体**（用户、终端、程序等）对**客体**（数据、程序等）的支配权利，它等于规定了谁可以对什么做些什么（Who may do what to what）。在机构安全策略等级上授权描述的一些例子如下：

（1）文件 Project-X-Status 只能够由 G. Smith 修改，并由 G. Smith，P. Jones 以及 Project-X 计划小组中的成员阅读。

（2）一个人事记录只能由人事部的职员进行新增和修改，并且只能由人事部职员、执行经理以及该记录所属于的那个人阅读。

（3）假设在多级安全系统中，有一密级 Confidential-secret-top Secret。只有所持许可证级别等于或高于此密级的人员，才有权访问此密级中的信息。

这些安全策略的描述也对各类防护措施提出了要求。例如，采用人事防护措施来决定人们的许可证级别。在计算机和通信系统中，主要的要求以一种被称作"访问控制策略"的系统安全策略反映出来。

1.3.2 访问控制策略

访问控制策略隶属于系统安全策略，它迫使在计算机系统和网络中自动地执行授权。以上有关授权描述的示例（1），（2）和（3）分别映射于以下不同的访问控制策略。

（1）**基于身份的策略**。该策略允许或者拒绝对明确区分的个体或群体进行访问。

（2）**基于任务的策略**。它是基于身份的策略的一种变形，它给每一个体分配任务，并基于这些任务来使用授权规则。

（3）**多等级策略**。它是基于信息敏感性的等级以及工作人员许可证等级而制定的一般规则的策略。

访问控制策略有时也被分成**指令性访问控制策略**和**选择性访问控制策略**两类。指令性访问控制策略是由安全区域权利机构强制实施的，任何用户都不能回避它。指令性安全策略在军事上和其它政府机密环境中最为常用，上面的策略(3)就是一个例子。选择性访问控制策略为一些特殊的用户提供了对资源(例如信息)的访问权，这些用户可以利用此权限控制对资源进行访问。上述的策略(1)和(2)就是无条件策略的两个例子。在机密环境中，无条件访问控制策略用于强制执行“须知”(Need to Know)的**最小权益策略**(Least Privilege Policy)或**最小泄露策略**(Least Exposure Policy)，前者只授予主体为执行任务所必需的信息或处理能力；后者按原则向主体提供机密信息，并且主体承担保护信息的责任。访问控制策略将在第 10 章中进一步讨论。

1.3.3　责任

支撑所有安全控制策略的一个根本原则是责任(Accountability)。受到安全策略制约的任何个体在执行任务时，需要对他们的行动负责任。这与人事安全有十分重要的关联。某些网络防护措施，包括认证工作人员的身份以及与这种身份相关的活动，都直接地支持这一原则。

1.4　安全威胁与防护措施

1.4.1　基本概念

所谓安全威胁，是指某个人、物、事件或概念对某一资源的保密性、完整性、可用性或合法使用所造成的危险。某种攻击就是某种威胁的具体实现。

所谓防护措施，是指保护资源免受威胁的一些物理的控制、机制、策略和过程。脆弱性是指在防护措施中和在缺少防护措施时系统所具有的弱点。

所谓风险，是关于某个已知的、可能引发某种成功攻击的脆弱性的代价的测度。当某个脆弱的资源的价值高，以及成功攻击的概率高时，风险也就高；与之相反，当某个脆弱的资源的价值低，以及成功攻击的概率低时，风险也就低。风险分析能够提供定量的方法来确定防护措施的支出是否应予保证。

安全威胁有时可以被分类成故意的(如黑客渗透)和偶然的(如信息被发往错误的地址)。故意的威胁又可以进一步分类成被动的和主动的。被动威胁包括只对信息进行监听(如搭线窃听)，而不对其进行修改。主动威胁包括对信息进行故意的修改(如改动某次金融会话过程中货币的数量)。总起来说，被动攻击比主动攻击更容易以更少的花费付诸工程实现。

目前还没有统一的方法来对各种威胁加以区别和进行分类，也难以搞清各种威胁之间的相互联系。不同威胁的存在及其重要性是随环境的变化而变化的。然而，为了解释网络安全业务的作用，我们对现代的计算机网络以及通信过程中常遇到的一些威胁汇编成一个图表。我们分三个阶段来做：首先，我们区分基本的威胁；然后，对主要的可实现的威胁进行分类；最后，再对潜在的威胁进行分类。

1.4.2　安全威胁

1. 基本的威胁

下面的四个基本的安全威胁直接反映出在本章一开始所划分的四个安全目标。

(1) **信息泄露**。信息被泄露或透露给某个非授权的人或实体。这种威胁来自诸如窃听、搭线，或其它更加错综复杂的信息探测攻击。

(2) **完整性破坏**。数据的一致性通过非授权的增删、修改或破坏而受到损坏。

(3) **业务拒绝**。对信息或其它资源的合法访问被无条件地阻止。这可能由以下攻击所致：攻击者通过对系统进行非法的、根本无法成功的访问尝试而产生过量的负荷，从而导致系统的资源在合法用户看来是不可使用的。也可能由于系统在物理上或逻辑上受到破坏而中断业务。

(4) **非法使用**。某一资源被某个非授权的人，或以某一非授权的方式使用。这种威胁的例子是：侵入某个计算机系统的攻击者会利用此系统作为盗用电信业务的基点，或者作为侵入其它系统的出发点。

2. 主要的可实现的威胁

在安全威胁中，主要的可实现的威胁是十分重要的，因为任何这类威胁的某一实现会直接导致任何基本威胁的某一实现。因而，这些威胁使基本的威胁成为可能。主要的可实现威胁包括渗入威胁和植入威胁。

主要的渗入威胁有：

(1) **假冒**。某个实体(人或者系统)假装成另外一个不同的实体。这是侵入某个安全防线的最为通用的方法。某个非授权的实体提示某一防线的守卫者，使其相信它是一个合法的实体，此后便僭取了此合法用户的权利和特权。黑客大多是采用假冒攻击的。

(2) **旁路控制**。为了获得非授权的权利或特权，某个攻击者会发掘系统的缺陷或安全性上的脆弱之处。例如，攻击者通过各种手段发现原本应保密，但是却又暴露出来的一些系统"特征"。利用这些"特征"，攻击者可以绕过防线守卫者侵入系统内部。

(3) **授权侵犯**。被授权以某一目的使用某一系统或资源的某个人，却将此权限用于其它非授权的目的，这也称作"内部攻击"。

主要的植入威胁有：

(1) **特洛伊木马**。软件中含有一个察觉不出的或者无害的程序段，当它被执行时，会破坏用户的安全性。例如：一个外表上具有合法目的的软件应用程序，如文本编辑，它还具有一个暗藏的目的，就是将用户的文件拷贝到一个隐藏的秘密文件中，这种应用程序称为特洛伊木马(Torojan Horse)。此后，植入特洛伊木马的那个攻击者可以阅读到该用户的文件。

(2) **陷阱门**。在某个系统或其部件中设置的"机关"，使得当提供特定的输入数据时，允许违反安全策略。例如，一个登录处理子系统允许处理一个特别的用户身份号，以对通常的口令检测进行旁路。

3. 潜在威胁

如果在某个给定环境中对任何一种基本威胁或者主要的可实现的威胁进行分析，我们就能够发现某些特定的潜在威胁，而任意一种潜在威胁都可能导致一些更基本的威胁发生。例如，考虑信息泄露这样一种基本威胁，我们有可能找出以下几种潜在威胁(不考虑主要的可实现威胁)：

(1) 窃听；

(2) 业务流分析；

(3) 操作人员的不慎重所导致的信息泄露；

(4) 媒体废弃物所导致的信息泄露。

图 1-4-1 表示出一些典型的威胁以及它们之间的相互关系。注意，图中的路径可以回旋。例如，假冒威胁可以构成所有基本威胁的基础。然而，假冒威胁本身也有信息泄露的潜在威胁。(因为信息泄露可能暴露某个口令，而用此口令能够实施假冒。)表 1-4-1 列出了各种威胁的区别。

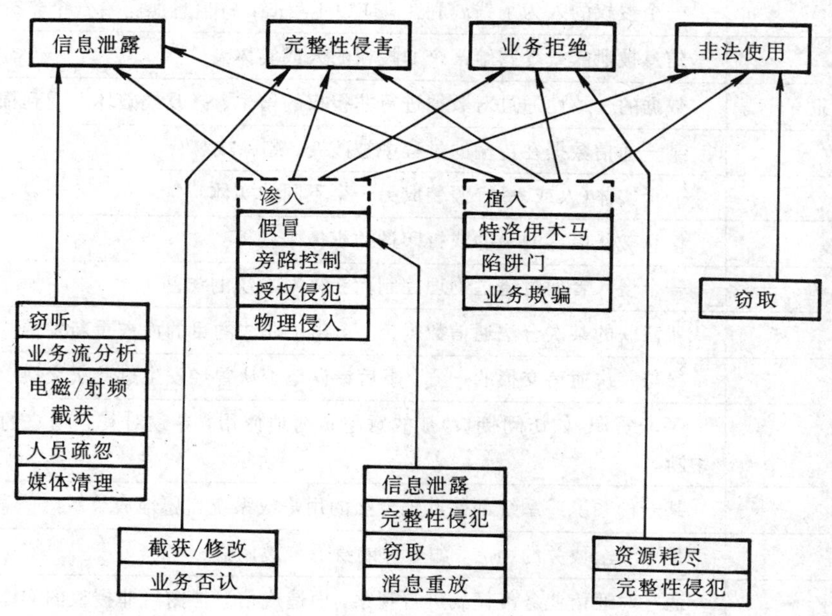

图 1-4-1　典型的威胁及其相互关系

在现实生活中，这些威胁的重要性可以从[Ford 1994]一书中得到证明。在对 3 000 种以上的计算机误用类型所做的一次抽样调查中显示，下面的几种威胁是最主要的威胁(按照出现频率由高至低排队)：

(1) 授权侵犯；

(2) 假冒；

(3) 旁路控制；

(4) 特洛伊木马或陷阱门；

(5) 媒体废弃物。

在 Internet 中，因特网蠕虫(Internet Worm)就是将旁路控制与假冒攻击结合起来的一种威胁。旁路控制是指发掘 Berkeley UNIX 操作系统的安全缺陷，而假冒则涉及对用户口令的破译。

表 1-4-1 典型的网络安全威胁

威 胁	描 述
授权侵犯 *	一个被授权使用系统用于一特定目的的人，却将此系统用作其它非授权的目的
旁路控制	攻击者发掘系统的安全缺陷或安全脆弱性
业务拒绝 *	对信息或其它资源的合法访问被无条件地拒绝
窃听	信息从被监视的通信过程中泄露出去
电磁/射频截获	信息从电子或机电设备所发出的无线频率或其它电磁场辐射中被提取出来
非法使用	资源被某个非授权的人或者以非授权的方式使用
人员不慎	一个授权的人为了钱或利益，或由于粗心，将信息泄露给一个非授权的人
信息泄露	信息被泄露或暴露给某个非授权的人或实体
完整性侵犯 *	数据的一致性通过对数据进行非授权的增生、修改或破坏而受到损害
截获/修改 *	某一通信数据在传输的过程中被改变、删除或替代
假冒 *	一个实体(人或系统)假装成另一个不同的实体
媒体废弃	信息被从废弃的磁的或打印过的媒体中获得
物理侵入	一个侵入者通过绕过物理控制而获得对系统的访问
重放 *	所截获的某次合法通信数据拷贝，出于非法的目的而被重新发送
业务否认 *	参与某次通信交换的一方，事后错误地否认曾经发生过此次交换
资源耗尽	某一资源(如访问接口)被故意超负荷地使用，导致对其它用户的服务被中断
业务欺骗	某一伪系统或系统部件欺骗合法的用户或系统自愿地放弃敏感信息
窃取	某一安全攸关的物品，如令牌或身份卡被偷盗
业务流分析 *	通过对通信业务流模式进行观察，而造成信息泄露给非授权的实体
陷阱门	将某一"特征"设立于某个系统或系统部件中，使得在提供特定的输入数据时，允许安全策略被违反
特洛伊木马	含有一个察觉不出或无害程序段的软件，当它被运行时，会损害用户的安全

注：带"*"的威胁表示计算机通信安全中可能发生的威胁。

1.4.3 防护措施

在安全领域，存在有多种类型的防护措施。除了采用密码技术的防护措施之外，还有以下其它类型的防护措施：

(1) 物理安全。门锁或其它物理访问控制；敏感设备的防窜改；环境控制。

(2) 人员安全。位置敏感性识别；雇员筛选过程；安全性训练和安全意识。

(3) 管理安全。控制软件从国外进口；调查安全泄露、检查审计跟踪以及检查责任控制的工作程序。

(4) 媒体安全。保护信息的存储；控制敏感信息的记录、再生和销毁；确保废弃的纸张或含有敏感信息的磁性介质得到安全的销毁；对媒体进行扫描，以便发现病毒。

(5) 辐射安全。射频(RF)及其它电磁(EM)辐射控制(亦被称作 TEMPEST 保护)。

(6) 生命周期控制。可信赖系统设计、实现、评估及担保；程序设计标准及控制；记录控制。

一个安全系统的强度是与其最弱链路的强度相同的。为了提供有效的安全性，我们需要将属于不同种类的威胁对抗措施联合起来使用。例如，当用户将口令遗忘在某个不安全的地方，或者受到欺骗而将口令暴露给某个未知的电话用户时，即使技术上是完备的，用于对付假冒攻击的口令系统也将是无效的。

防护措施可用来对付大多数的安全威胁，但是每个防护措施均要付出代价。一个网络用户需要仔细考虑这样一个问题，即为了防止某一攻击所付出的代价是否值得。例如，在商业网络中，一般不考虑对付电磁(EM)或射频(RF)泄漏，因为对商用来说其风险是很小的，而且其防护措施又十分昂贵。(但是在机密环境中，我们会得出不同的结论。)对于某一特定的网络环境，究竟采用什么安全防护措施，这种决策的作出属于风险管理的范畴。目前，人们已经开发出各种定性的和定量的风险管理工具。要想进一步了解有关的信息，请看有关文献。

1.4.4　病毒

所谓病毒，是指一段可执行的程序代码，通过对其它程序进行修改，可以“感染”这些程序使它们成为含有该病毒程序的一个拷贝。一种病毒通常含有两种功能：一种功能是对其它程序产生“感染”；另外一种或者是引发损坏功能，或者是一种植入攻击的能力。

病毒是对软件、计算机和网络系统的最大威胁。随着网络化，特别是 Internet 的发展，大大地加速了病毒的传播。迄今，仅仅 DOS 系统的病毒就达 7 000 多种，而且几乎每天都有新的计算机病毒出现。这些病毒的潜在破坏力极大，不仅已成为一种新的恐怖手段，而且正在演变成为军事电子战中的一种新式进攻性武器。

尽管在“开放”环境中要完全消除病毒是几乎不可能的，但是它们的传播可以通过消毒软件和媒体管理等手段，而得到有效的控制。早期的杀毒软件多采用特征值扫描法，从程序中提取特征值进行识别，而后加以清除。这类软件安装简单，成本较低。但随着病毒种类的增加，难以及时更新，且无法克服漏报和误报，更难以对付新型的多形性病毒。面对病毒猖獗的新形式，需要建立起更有效的病毒防范技术措施。这些新的技术措施能从病毒传染的可能途径入手，不受病毒种类和变形的限制，能够防、杀结合，甚至能够安全运行受病毒感染的程序，保证系统的高效、正常工作，参见文献[Fu Zaijun 1996]。

在网络环境下，如何联防和共享抗病毒资源的技术研究也是一重要的研究课题。

有关计算机病毒的本质研究，请见参考文献[Stallings 1995；Hoffman 1990]。

1.5 通信网络安全业务

在网络通信中，主要的安全防护措施被称作安全业务。有五种通用的安全业务：

(1) **认证业务**。提供某个实体(人或系统)的身份的保证。

(2) **访问控制业务**。保护资源以防止对它的非法使用和操纵。

(3) **保密业务**。保护信息不被泄露或暴露给非授权的实体。

(4) **数据完整性业务**。保护数据以防止未经授权的增删、修改或替代。

(5) **不可否认业务**。防止参与某次通信交换的一方事后否认本次交换曾经发生过。

为某一安全区域所制定的安全策略决定着在该区域内或者在与其它区域进行通信时，应采用哪些安全业务。它也决定着在什么条件下可以使用某个安全业务，以及对此业务的任意一个变量参数施加了什么限制。

对于数据通信环境，甚至电子环境，都没有更特别的安全业务。而上述各种通用的安全业务均为非电子的模拟系统，它们采用了许多人们所熟悉的支持机制。表1-5-1给出了一些例子。

表1-5-1 非电子的安全机制

安全业务	非电子机制举例
认证	带照片的身份卡；知道母亲的乳名；持有由安全机关颁发的身份证等
访问控制	锁与钥匙；主密钥系统；检查站的卫兵等
保密	密封的信件；不透明的信封；看不到的墨迹等
完整性	不能除掉的墨水；信用卡上的全息照相
不可否认	公证签名；经过核实或登记的邮件

在下面的几个小节里，我们将对五种安全业务所要达到的目的进行更加细致的分析。提供这些安全业务的方法将在第6章至第8章中重点讨论。

1.5.1 认证

认证业务提供了关于某个人或某个事物身份的保证。这意味着当某人(或某事)声称具有一个特别的身份(如某个特定的用户名称)时，认证业务将提供某种方法来证实这一声明是正确的。口令是一种提供认证的熟知方法。

认证是一种最重要的安全业务，因为在某种程度上所有其它安全业务均依赖于它。认证是对付假冒攻击的有效方法，此攻击能够直接导致破坏任一基本安全目标。

认证用于一个特殊的通信过程，即在此过程中需要提交人或物的身份。认证又区分以下两种情况：

(1) 身份是由参与某次通信连接或会话的远端的一方提交的。这种情况下的认证业务被称作实体认证。

(2) 身份是由声称它是某个数据项的发送者的那个人或物所提交的。此身份连同数据项一起发送给接收者。这种情况下的认证业务被称作数据源认证。

注意，数据源认证可以用来认证某一数据项的真正起源，而不管当前的通信活动是否涉及此数据源。例如：一个数据项可能已经经过了许多系统转发，而这些系统的身份可能已被认证，也有可能尚未得到认证。

在达到基本的安全目标方面，两种类型的认证业务都具有重要的作用。数据源认证是保证部分完整性目标的直接方法，即保证知道某个数据项的真正的起源。而实体认证则采用以下各种不同方式，以便达到安全目标。

(1) 作为访问控制业务的一种必要支持，访问控制业务的执行依赖于确知的身份。(访问控制业务直接对达到保密性、完整性、可用性以及合法使用目标提供支持。)

(2) 作为提供数据源认证的一种可能方法(当它与数据完整性机制联合起来使用时)。

(3) 作为对责任原则的一种直接支持，即在审计跟踪过程中做记录时，提供与某一活动相联系的确知身份。

实体认证的一个重要的特例是人员认证，即对处于网络终结点上的某个人进行认证。出于两种原因，这需要特别地加以重视。第一个原因是在某个终结点上，不同的人员之间容易互相替代。第二个原因是在区分个别人方面可以采用一些特别的技术。认证业务的具体实现将在第 5 章至第 9 章中详细讨论。

1.5.2　访问控制

访问控制的目标是防止对任何资源(如计算资源、通信资源或信息资源)进行非授权的访问。所谓非授权访问包括未经授权的使用、泄露、修改、销毁以及颁发指令等。访问控制直接支持保密性、完整性、可用性以及合法使用的安全目标。它对保密性、完整性和合法使用所起的作用是十分明显的。它对可用性所起的作用，取决于对以下几个方面进行有效的控制：

(1) 谁能够颁发会影响网络可用性的网络管理指令；

(2) 谁能够滥用资源以达到占用资源的目的；

(3) 谁能够获得可以用于业务拒绝攻击的信息。

访问控制是实施授权的一种方法。它既是通信安全的问题，又是计算机(操作系统)安全的问题。然而，由于必须在系统之间传输访问控制信息，因此它对通信协议具有很高的要求。

访问控制的一般模型假定了一些主动的实体，称为发起者或主体。它们试图访问一些被动的资源，称作目标或客体。尽管“主体/客体”的术语在文献中得到了广泛的使用，但是由于在现代的计算机和通信技术中这一术语的滥用从而造成意义的模糊不清，因此在本书中我们采用“发起者/目标”这个术语。

授权决策控制着哪些发起者在何种条件下，为了什么目的，可以访问哪些目标。这些决策以某一访问控制策略的形式反映出来。访问请求通过某个访问控制机制而得到过滤。

一个访问控制机制模型包括两个组成部分——实施功能和决策功能。OSI 的访问控制模型(ISO/IEC 10181 - 3 标准)使用了这些概念。如图 1 - 5 - 1 所示。实际上，这两个组成部分的物理构成可能差别很大。通常，某些构成是将两个组成部分放在一起的。然而，在这些组成部分之间常常要传输访问控制信息，访问控制业务为这一通信提供了保证。

访问控制的另一个作用是保护敏感信息不经过有风险的环境传送。这涉及到对网络的

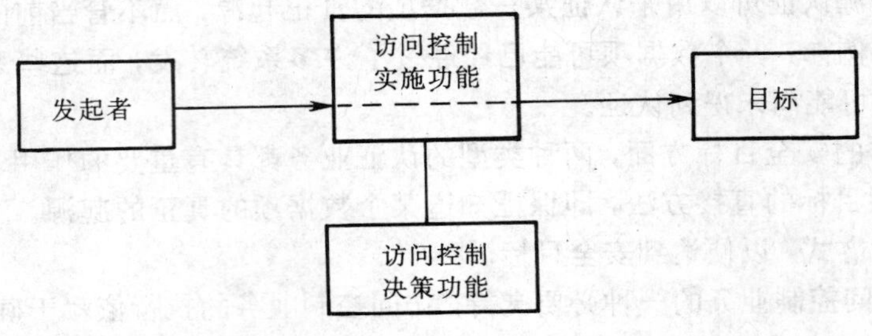

图 1-5-1 访问控制模型——基本的组成部分

业务流或消息实施路由的控制。访问控制业务的深入讨论依赖于两个因素：访问控制策略的类型和各组成部分的物理构成，我们将在第10章中讨论。

1.5.3 保密

保密业务就是保护信息不泄露或不暴露给那些未授权掌握这一信息的实体(例如，人或组织)。在这里，我们要强调"信息"和"数据"的差别。信息是有意义的；而数据项只是一比特串，用于存储和传输一条信息的编码表示。因此，在存储和通信中的某一数据项构成了某种形式的信息通道。然而，在计算机通信环境中，这不是惟一的信息通道。其它信息通道包括：

(1) 观察某一数据项的存在与否(不管它的内容)；

(2) 观察某一数据项的大小；

(3) 观察某一数据项特性(如数据项内容、存在、大小等)的动态变化。

要达到保密的目标，我们必须防止信息经过这些信息通道被泄露出去。在计算机通信安全中，我们要区分两种类型的保密业务：数据保密业务使得攻击者想要从某个数据项中推出敏感信息是十分困难的；而业务流保密业务使得攻击者想要通过观察网络的业务流来获得敏感信息也是十分困难的。

按照对什么样数据项进行加密，数据保密业务又可以分成几种类型。其中，有三种类型是很重要的：第一，称作连接保密业务，它是对某个连接上传输的所有数据进行加密；第二，称作无连接保密业务，它是对构成一个无连接数据单元的所有数据进行加密；第三，称作选域保密业务，它仅对某个数据单元中所指定的区域进行加密。

提供保密业务的算法将在第4、5章中讨论。

1.5.4 数据完整性

数据完整性业务(或简称为完整性业务)，是对下面的安全威胁所采取的一类防护措施，这种威胁就是以某种违反安全策略的方式，改变数据的价值和存在。改变数据的价值是指对数据进行修改和重新排序；而改变数据的存在则意味着新增或删除它。

依赖于应用环境，以上任何一种威胁都有可能导致严重的后果。

与保密业务一样，数据完整性业务的一个重要特性是它的具体分类，即对什么样的数据采用完整性业务。有三种重要的类型：第一，连接完整性业务，它是对某个连接上传输的所有数据进行完整性检验；第二，无连接完整性业务，它是对构成一个无连接数据项的所有数据进行完整性检验；第三，选域完整性业务，它仅对某个数据单元中所指定的区域进行完整性检验。

所有数据完整性业务都能够对付新增或修改数据的企图；但不一定都能够对付复制和删除数据。复制是由重放攻击所造成的。无连接和选域完整性业务主要是为了检测对部分数据的修改，也许不能检测到重放攻击。连接完整性业务要求能够防止在某一连接内重放数据，但它仍然存在着脆弱之处，因为某个侵入者可能重放一个完整的连接。检测对某些数据的删除至少与检测重放攻击一样难。因此在说明任意一种数据完整性业务时要特别注意。

一个连接完整性业务也许会提供“恢复”的选择。这种情况下，当在某个连接内检测到完整性破坏的时候，该业务将试图“恢复”数据。例如，通信将返回到某一检测点并重新开始。

提供数据完整性业务的方法将在后面详细讨论。

1.5.5　不可否认

不可否认业务与其它安全业务有着最基本的区别。它的主要目的是保护通信用户免遭来自于系统其它合法用户的威胁，而不是来自于未知攻击者的威胁。“否认”最早被定义成一种威胁，它是指参与某次通信交换的一方事后虚伪地否认曾经发生过本次交换。不可否认业务是用来对付此种威胁的。

术语“不可否认”本身不十分贴切。事实上，这种业务不能消除业务否认。也就是说，它并不能防止一方否认另一方对某件已发生的事情所作出的声明。它所能够做的只是提供无可辩驳的证据，以支持快速解决任何这种纠纷。

不可否认业务的出发点并不是仅仅因为在通信各方之间存在着相互欺骗的可能性。它也反映了这样的一个现实，即没有任何一个系统是完备的。

首先考虑在有纸商业活动中出现的某些问题。纸张文件(例如，合同、报价单、投标、订单、货运清单、支票等)在商业活动中发挥着巨大的作用。然而，在对它们进行处理的过程中会发生许多问题。例如：

(1) 邮递过程中的文件丢失；

(2) 收信者在对收到的文件作出处理之前丢失；

(3) 文件是由某个没有得到足够授权的人产生的；

(4) 在某一机构内部或在机构间的文件传递过程中被收买；

(5) 文件在某一机构内部或在机构之间传递时被欺骗性地修改；

(6) 伪造文件；

(7) 有关某个文件有争议的签署日期。

为了系统地处理以上所出现的问题，采用了许多不同的机制，诸如签名、逆签名、公证签名、收据、邮戳以及挂号邮件等。

在进行电子化商业活动时，情况与此类似。在某些方面，电子化作业所出现的问题比纸张作业更难以解决，因为在处理文件时，常常涉及更多的人。然而，在某些方面，电子作业所出现的问题反而更容易解决。这是由于采用了较为复杂的技术——数字签名的结果。

原则上讲，不可否认业务适用于任何一种能够影响两方或更多方的事件。通常，这些纠纷涉及某一特定的事件是否发生了，是什么时候发生的，有哪几方参与了这一事件，以及与此事件有关的信息是什么。如果我们只考虑数据网络环境，业务否认又可以分为以下两种不同的情况：

（1）**源点否认**。这是一种关于“某特定的一方是否产生了某一特定的数据项”的纠纷（和/或关于产生时间的纠纷）。

（2）**递送否认**。这是一种关于“某一特定的数据项是否被递送给某特定一方”的纠纷（和/或关于递送时间的纠纷）。

这两种业务否认情况导致了两种不同的不可否认业务。提供不可否认业务的机制将在第7章中详细讨论。

1.5.6　应用

下面我们将在典型的安全威胁和构成防护措施的安全业务之间建立一映射关系。表1-5-2表明了典型的安全威胁与安全要求之间的对应关系。表1-5-3指出用于对付表1-5-2中威胁所可能采用的安全业务。

表1-5-2　在某些特殊环境中的典型安全威胁

安全要求	安全威胁
所有网络：	
防止外部侵入(hackers)	假冒攻击
银行：	
防止对传输的数据进行欺诈性或偶然性修改	完整性侵犯
区分零售交易用户	假冒攻击，业务否认
保护个人身份号以防泄露	窃听攻击
确保用户的隐私	窃听攻击
电子化贸易：	
保证信源的真实性和数据的完整性	假冒攻击，完整性侵犯
保护合作秘密	窃听攻击
对传输的数据进行数字签名	业务否认
政府部门：	
保护非机密但敏感的信息以防非授权的泄露和操作	假冒攻击，授权侵犯，窃听，完整性侵犯 业务否认
对政府文件进行数字签名	
公共电信载体：	
禁止对管理功能或授权的个体进行访问	假冒攻击，授权侵犯
防止业务打扰	业务拒绝
保护用户的秘密	窃听
互联/专用网络：	
保护合作者/个体的秘密	窃听攻击
确保消息的认证性	假冒攻击，完整性侵犯

表 1-5-3 用于对付典型安全威胁的安全业务

安全威胁	安全业务
假冒攻击	认证业务
授权侵犯	访问控制业务
窃听攻击	保密业务
完整性侵犯	完整性业务
业务否认	不可否认业务
业务拒绝	认证业务，访问控制业务，完整性业务

1.6 开放系统互联(OSI)基本参考模型及 TCP/IP 协议

在本节中，我们将主要介绍以下内容：① OSI 基本参考模型——分层原则和术语；② Internet TCP/IP 协议组及其与 OSI 结构的关系；③ 安全业务的分层配置；④ 安全业务管理。

1.6.1 OSI 基本参考模型——分层原则和术语

在现实世界中，通信发生在两个现实的系统之间。为了对协议进行更加明确的说明，OSI 标准引入了一个现实系统模型的概念，称作**开放系统**(Open System)。该模型系统在结构上是分层的，但这并不要求现实系统在工程实现时也采用同样的分层结构。它们可以由实现者按其所选择的任何方式来构造，只要此实现的最终性能与 OSI 模型所定义的性能相吻合即可。例如，人们在工程实现时，可能将多个相邻层的功能合并成一个软件，而层与层之间没有明显的界限。

1. 发展历史

OSI 的标准化活动始于 1977 年，是由 ISO 技术委员会 TC97(信息处理系统)发起的。此后，它的一个分会 TC97/SC16(开放系统互联)宣告成立。它的目标是开发一个模型，并确定协议标准以支持各类不同的应用的需要。ISO 的这一计划引起了国际电信联合会 ITU 的注意(ITU 主要是开发面向由电信载体使用的各种建议。在 1993 年 8 月以前，这些建议一直被称为 CCITT 建议)。此后，ISO 与 ITU 便达成共识以联手开发 ISO 的国际标准以及 ITU 关于 OSI 的建议。

这一活动的第一个重要成果就是 OSI 的基本参考模型。它由 ISO 于 1984 年作为 ISO/IEC-7498 国际标准提出，而 ITU 则将其规定为 X.200 建议。这一文件描述了一个七层结构模型，作为独立说明单层协议的基础。在此模型提出不久，便发表了第一批协议标准。之后，各种标准便不断出现。

2. 分层原则

在提出分层结构之外，OSI 模型还规定了用来构造通信协议的某些原则。图 1-6-1 阐明了某些重要的概念。

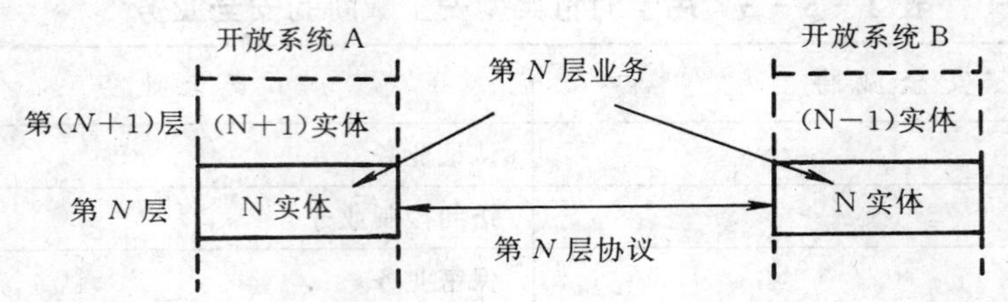

图 1-6-1 OSI 分层概念

考虑某一中间层，比如第 N 层。处于它上面的是第($N+1$)层，处于它下面的是第($N-1$)层。两个开放系统都存在支持第 N 层的机能，我们记为 N 实体。这对 N 实体分别在各自的系统中向第($N+1$)层提供某一业务。这一业务包括向(N+1)实体运送数据。

这对 N 实体采用第 N 层协议相互通信。此协议包括它们之间所交换的数据格式及含义，以及必须要遵守的通信规程。第 N 层协议通过使用由(N−1)实体所提供的某一业务来传递。在第 N 层协议中所发送的每一信息被称作第 N 层协议数据单元 PDU(Protocol-Data-Unit)。

这一分层概念所蕴含的一个重要原则是**层独立**。其目的是：某个第 N 层定义的业务，之后可以用于定义第($N+1$)层的协议，而无需知道用于提供这一业务的第 N 层协议。

3. OSI 七层模型

OSI 参考模型定义了七个层次，如图 1-6-2 所示。

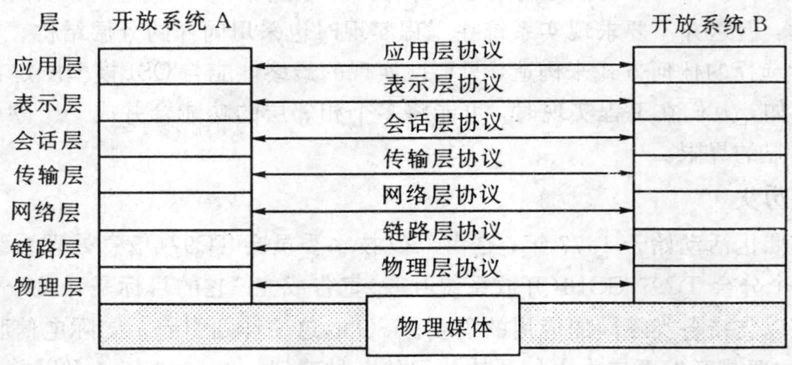

图 1-6-2 OSI 七层参考模型

所划分的这些层次以及它们的主要功能如下：

(1) **应用层**(第七层)：为应用进程提供了一种访问 OSI 环境的方法。应用层协议标准描述了应用于某一特定的应用或一类应用的通信功能。

(2) **表示层**(第六层)：提供了应用层实体或它们之间的通信中所使用的信息表示。

(3) **会话层**(第五层)：为高层实体提供了组织和同步它们的会话，并管理它们之间数据交换的方法。

(4) **传输层**(第四层)：在高层实体之间提供了透明的数据传输，使得这些实体无需考虑进行可靠和有效的数据传输的具体方法。

(5) **网络层**(第三层)：在高层实体之间提供了数据传输，而不用考虑选路由和中继问题。这包括多个子网络串联和并联使用的情况。对于高层来说，如何使用底层的通信资源(如数据链路)是不可见的。

(6) **链路层**(第二层)：提供了点到点的数据传输，并提供了建立、保持和释放点到点的连接的功能。在这一层上，可以对物理层传输所发生的差错进行检测和纠正。

(7) **物理层**(第一层)：提供了机械、电子、功能和程序上的方法，对数据链路实体间进行比特传输的物理连接进行激活、保持和去激活。

图 1-6-3 中的 OSI 结构考虑了在网络层中子网络的重要性。它说明了如何串联使用多个子网络(可能采用不同的互联和媒体技术)以支持某一应用的通信会话。

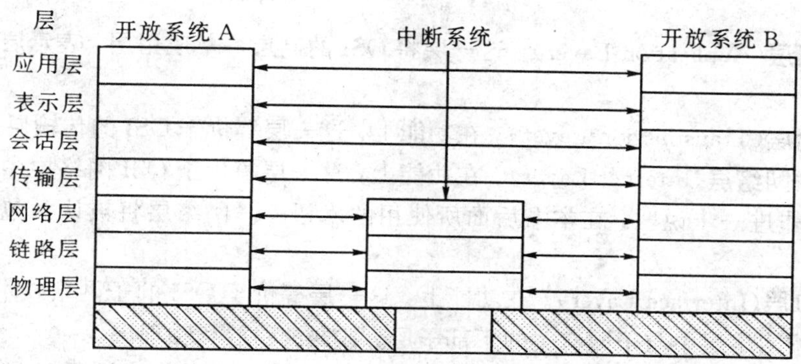

图 1-6-3 具有多个子网络的 OSI 分层

4. 高层和低层

从实际的观点出发，OSI 分层可以按照以下几点来考虑：

(1) 取决于应用的协议；

(2) 与特定媒体相关的协议；

(3) 在(1)与(2)之间的桥接功能。

取决于应用的协议包括应用层、表示层和会话层，即所谓的高层。这些层次的实现与所支持的应用密切相关，与所采用的通信技术完全无关。

剩下的几层涉及上面的(2)和(3)，被称为低层。它取决于媒体技术的协议处于物理层、链路层以及网络层中与子网有关的一个下部子层。

桥接功能由传输层和网络层中的一个上部子层来提供。尽管根据所采用的子网不同，业务质量是可变的，但是网络层的上部子层能为它的上层提供一个一致的网络业务接口。传输层使得它的下层对于高层来说是透明的。它或者可以得到具有适当业务质量的网络连接，或者在必要时将业务质量升级。例如，当它发现网络层的误码性能不合适时，可以在传输协议中提供错误检测或恢复功能。

1.6.2 Internet TCP/IP 协议组及其与 OSI 结构的关系

Internet 协议的标准化工作始于 70 年代中期，那时美国国防先进计划研究局(DAPRA)开始着手开发分组交换网络设备，准备将全美国的大学和政府研究机构用此网络连接起来。在这个过程中，提出了一组完整的协议。事实上，这组协议覆盖了 OSI 参考模型所描述的同一的功能范围。在提出了两个最重要的协议——传输控制协议 TCP(Transmission Control Protocol)和网间协议 IP(Internet Protocol)后，这一组完整的协议通常被称为 TCP/IP 协议组。此后，这组协议很快地在世界范围内被广泛使用。

Internet 协议组有时被看成与 OSI 协议组相互兼容。然而，人们越来越明显地感到两组协议各有优缺点，将两类协议混合起来使用有可能获得完美的网络方案。

Internet 协议组可以采用与 OSI 结构相同的分层方法来建立模型。尽管在 Internet 协议组中不是所有的七层都那么明显，但是我们很容易将这些协议映射到 OSI 模型上去。我们实际上将它分为四层。在本书中，这四层分别称为应用层、传输层、互联网络层和接口层。

(1) **应用层**(Application Layer)。这一层将 OSI 的高层——应用层、表示层和会话层的功能结合起来。

(2) **传输层**(Transmission Layer)。在功能上，这一层等价于 OSI 的传输层。

(3) **互联网络层**(Internet Layer)。在功能上，这一层等价于 OSI 网络层中与子网无关的部分。(除非进一步说明，在本书后面所使用的术语——网络层将被认为包含这个互联网络层。)

(4) **接口层**(Interface Layer)。在功能上，这一层等价于 OSI 的子网络技术功能层。它包括 OSI 模型网络层中与子网有关的下部子层、数据链路层和物理层。

在讨论了 OSI 与 Internet 模型间的映射之后，我们才有可能考虑适用于 OSI 和Internet 协议组的安全结构。两个模型在上层的差别并不重要，因为从安全的角度来看，没有必要将 OSI 的上层划分成应用层、表示层和会话层。同样，在低层上，也没有必要将子网络技术功能层进行更细致的划分。

1. 应用层协议

目前，人们已经提出了许多 Internet 应用层协议。下面我们只将一些比较重要的协议列出。

(1) **文件传输协议**(FTP)。该协议允许用户登录进入一个远程的系统，并识别这些用户，列出远程目录，将文件拷入或拷出远程端机。

(2) **简单函件传输协议**(SMTP)。这是一个电子函件协议。Internet 电子函件及其相关的安全特性将在第 12 章中讨论。

(3) **简单网络管理协议**(SNMP)。这是一个支持网络管理的协议。SNMP 及其安全特性将在第 13 章中讨论。

(4) **TELNET**。这是一个简单远程终端协议，它允许处在某一点上的某个用户在另外的一点上与某个登录服务器建立某一连接。

2. 传输层和网络层协议

在传输层上，存在以下两个主要的 Internet 传输层协议：

(1) **传输控制协议**(TCP)。这是一个面向连接的传输协议。它是为在无连接的网络业务上运行面向连接的业务而设计的。这一协议直接与第 4 类 OSI 传输协议相对应。

(2) **用户数据报协议**(UDP)。这是一个无连接传输协议。它与 OSI 的无连接传输协议相对应。

主要的 Internet 网络层协议是网间协议 IP(Internet Protocol)，如 IPv4，IPv6。它是一个无连接的网络协议。这一协议与 OSI 的无连接网络协议(CLNP)相对应。

1.6.3 安全业务的分层配置

在分层的通信结构上配置安全业务，会带来许多重要的问题。协议分层导致了数据项嵌在数据项中，以及连接之中有连接。因此，我们必须对每一层作出这样的决策，即应该对哪些数据项或连接提供保护。

第一个强调安全业务的分层配置的正式标准是 OSI 的安全结构标准(ISO/IEC 7498－2)，颁布于 1988 年。这一标准将在第 10 章中讨论。它说明了哪个 OSI 层适合于提供哪些安全业务。然而，它并没有对我们关心的所有问题提供确切的答案，而是留给我们许多选择。某些安全业务需要在不同的层次上和在不同的应用方案中来实现，而某些安全业务甚至需要在同一方案的多个层次上来实现。ISO/IEC 7498－2 标准的显然没有加以说明的一个原因是试图将 14 种安全业务分配到 7 个结构层上。基于实际网络中的实际安全实现，这个七层模型可以具体划分成更加简单的和更加实用的四层模型。

图 1－6－4 说明了一对端系统是如何经由一系列级联的子网络进行通信的。一个端系统通常就是一套设备，它们可以是个人计算机、工作站、小型机或主计算机系统。对于端系统，我们可以合理地假设：出于安全目的，每个端系统都受到一个安全策略机构的控制。

一个子网络可以是一系列采用相同通信技术的通信设施，如局域网(LAN)或者广域网(WAN)。对于子网络，我们也可以合理地假设任何一个子网络都受到一个安全策略机构的控制。然而，不同的子网络通常具有不同的安全环境和/或不同的安全策略机构。一种典型的方案是：某一端系统连接于某一公司建立的局域网上，而此局域网又通过一个网关与某个公共的广域网相连接。在可能经过多个独立管理的广域网后，通信经由另一个局域网到达另一个端系统。

图 1－6－4 给我们另一个方面的启示，即在通信过程中，一个端系统可以同时支持多种应用。例如，可以为一个或多个用户同时提供电子函件、目录访问以及文件传输。此外，还可以为系统管理者同时提供网络管理业务。这些应用的安全要求通常是不相同的。

我们也应注意到，即使在某一子网络内安全要求也有可能是不一样的。子网络常常含有与其它子网络相连的多条链路，并且不同的链路可能经过不同的安全环境。因此，我们应对每条链路上施加的安全保护措施进行合理的选择。

图 1－6－5 中表示出现不同安全协议要求的四个等级。

(1) **应用级**。依赖于应用的安全协议部分；

(2) **端系统级**。为端系统—端系统提供保护的安全协议部分；

(3) **子网络级**。对某一子网络(人们通常认为子网络环境比网络环境的其它部分具有较小的可信赖度)提供保护的安全协议部分；

(4) **直接链路级**。对子网络内部的某个链路(通常认为此链路比子网络环境的其它部分具有较小的可信赖度)提供保护的安全协议部分。

从通信协议的角度来看，很有必要区分这四个等级。我们将这四个等级映射到 OSI 参考模型的结构分层上，便得到图 1－6－5。

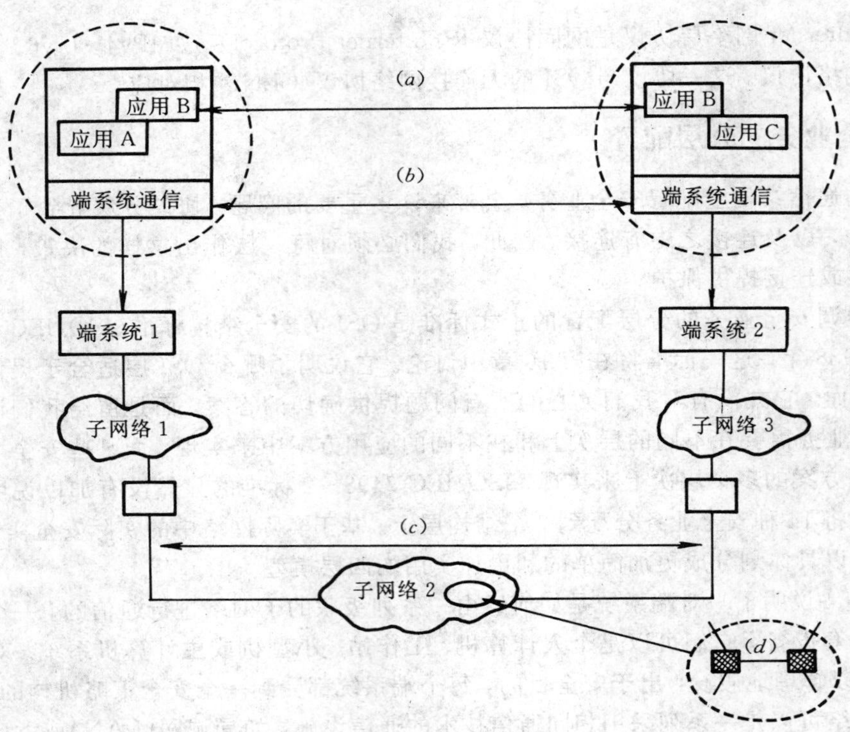

图 1-6-4 基本通信结构

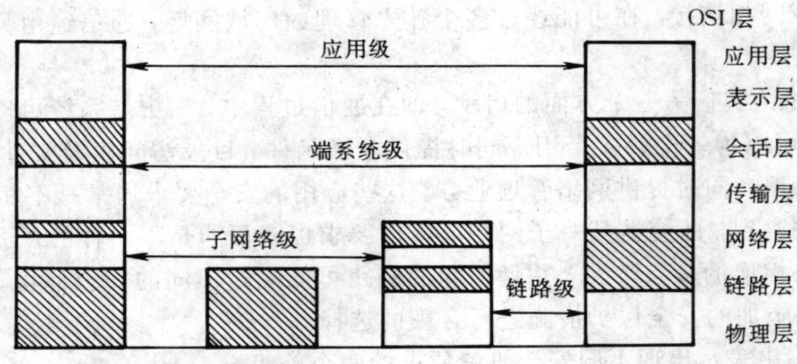

图 1-6-5 为安全目的设立的四个基本结构等级

1. 应用级安全

按照 OSI 的结构，应用级安全与上层有关。(在 OSI 模型中，这意味着与应用层有关。应用层有可能得到表示层设施的支持，而会话层对安全性的保障没有贡献。)

对大多数安全业务来讲，可能将它们设置在应用级上。在许多情况下，也可以将其设置在较低的等级上，而且这样做常常有许多优点(例如，具有较低等级的设备及运行造价）。然而，在下面两种情况下，必须将安全业务设置在应用级上：

（1）安全业务是应用级特有的，或者是语义上的，或者由于已将其纳入一个特定的应用协议；

（2）安全业务经过应用中继。

某些安全要求不可避免地与应用语义学相关联。例如，一个文件传输应用可能需要处理文件的访问控制，例如阅读或修改附加在文件上的访问控制列表。在其它情况下，安全保护措施会在应用协议域中反映出来。这在选域保密、选域完整性和不可否认业务中是十分普遍的。例如，在一次金融交易中，需要对用户的个人身份号(PIN)进行加密保护，或者在目录协议中数字签署个别的检索请求。在所有这些情况下，安全业务必须设置在应用级上，因为层独立的原则防止了低层知道必要的语义或协议边界。

另一需要应用级设置安全业务的情况是应用中继方案。某些应用本来就涉及多于两个的端系统，如图 1-6-6 所示。电子函件系统就是这样的一个例子。源于某个端系统的一条消息在被另一端系统接收到之前，可能会经过多个中继系统。人们可能对这一消息的内容进行端用户到端用户的保护，即只有端用户知道所用的密钥，而中继系统对所用密钥一无所知。然而，对于此消息的其它部分(如地址域和跟踪域等)却无法保护，因为中继系统需要用到或可能修改它们。在这样一个方案中，端用户到端用户安全关系中的所有安全业务都需要在应用级来实现。

在决定是否将某一安全要求拿到应用级或较低级上来处理时，以上的因素必须首先加以考虑。若具体安全要求不适合上面提到的两种情况，那么我们应该考虑在较低级上实现安全业务。

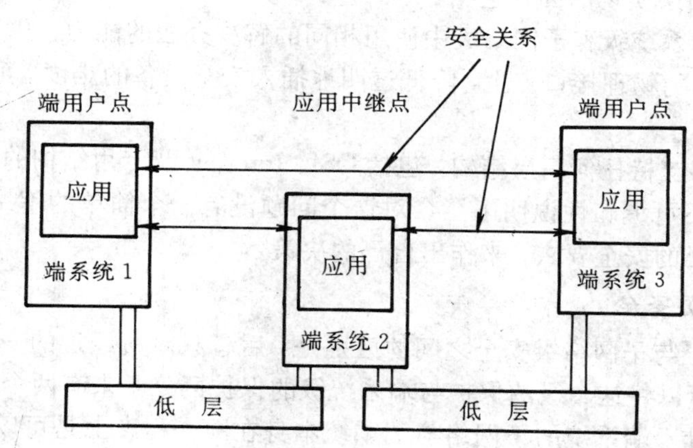

图 1-6-6　应用中继方案

2. 端系统级安全

下面几种安全要求需要在端系统级上来处理。这些安全要求是：

（1）基于以下假设的安全要求，即端系统是可以信赖的，而所有基础的通信网络都是不可信赖的；

（2）由端系统当局颁布的安全要求。这些安全要求必须对所有的通信强制实行，而不管当前的应用是什么；

(3) 与网络连接(或所有的业务流)有关的安全要求，这些要求不与任何特定的应用相关联。例如，对某一连接上的所有业务流进行加密或完整性保护。

某些业务，如对端系统到端系统的所有用户信息进行保密和/或完整性保护，既可以在应用级上实现，也可以在端系统级上实现。在决定到底在哪一级上实现时，需要考虑以下几个因素，一般偏向于在端系统级上实现而不在应用级上实现。

(1) 是否具有使所用的保护业务对应用透明的能力；

(2) 是否具有以同一方式来对较大的数据单位进行操作和对多个应用的数据进行处理的能力，从而显示出对大批数据进行保护的卓越性能；

(3) 安全设施的管理是否只掌握在某个端系统管理者手中，而不是分布于几个分离的应用之中。

(4) 是否能够保证中层协议(即传输层、会话层和表示层协议)的协议信头得到保护。

在 OSI 模型中，端系统级安全或者与传输层协议有关，或者与独立于子网的网络层协议有关。在这两者中到底选择哪个，是近年来有关标准的讨论会一直争论的主题。对于这一争论，目前还没有真正的解决方案，人们已经开发出对两种选择均能够支持的标准(分别为 ISO/IEC 10736 和 ISO/IEC 11577)。

偏向于在传输层实现的因素包括：

(1) 可以扩展对端系统的保护权，进而保护在本地访问或前端通信设施中所存在的弱点；

(2) 在某个网络连接上，使对不同的复用传输连接提供不同等级的保护成为可能。

偏向于在网络层实现的因素包括：

(1) 提供在端系统级和子网络级中使用相同的解决办法的能力；

(2) 在标准化的物理接口点上，降低透明地插入安全设备的难度，可采用 X. 25 协议或 LAN 接口；

(3) 提供能够支持任何高层结构，包括 OSI、Internet 及专用结构的能力。

这些因素的不可调和性说明了至今对这个问题没有一个简单的解决方法的原因所在。人们可以根据自己的安全要求，来作出自己的决策。

3. 子网络级安全

端系统级安全与子网络级安全之间的区别是，后者只对所经过的一个或多个特定子网络提供保护。之所以将这一级的保护与端系统级的保护区分开来有两个非常重要的原因：

(1) 通常接近于端系统的子网络与端系统本身在同一程度上是可以信赖的，因为它们都基于同样的安全假设，并处于同一安全机构的管理之下。

(2) 在任何网络中，端系统的数目一般要远远地超过子网络网关的数目。因此，子网络级安全所需的设备费用和运行费用可能要比采用端系统级安全的费用低得多。

因此，对端系统级安全来说，子网络级安全应该始终被看成是一种可能的替代方法。

在 OSI 模型中，子网络级安全映射到网络层；或者在局域网的情况下，映射到数据链路层。(因为局域网协议被定位在这一层上。)

4. 直接链路级安全

适合采用直接链路级安全的情形是在不可信赖的环境中具有比较少的不可信赖的链

路。对于给定的链路，可以用较低的设备费用提供一个高等级的保护。在这一层上提供安全保护可以对所有的较高的通信层(包括网络协议)做到透明。因此，这一级的安全不局限于任何特定的网络结构(例如，ISO、Internet 或专用结构)。安全设备可以很容易地插入到某个共同的物理接口点上。但是，运行代价可能较高，因为需要独立地对每一条链路进行管理。重要的是我们应该明白，直接链路级的安全不能保护子网络节点内部(例如，电缆插座、桥接器或分组交换机)的弱点。

按照 ISO 分层，直接链路级安全通常与物理层有关。它是对比特流提供保护，而且对所有的高层协议是透明的。例如，加密过程可以应用于通过任一接口点的比特流。也可以采用其它一些传输保护技术，例如扩谱或跳频技术。直接链路级安全可能潜在地与数据链路层有关，例如当我们在对每一帧的数据提供保护时。

5. 人机交互

某些网络安全业务涉及人机交互。这些交互不适合于上面所提出的任何一种结构选择情形。最重要的情况是个人认证。操作人员处于通信设施的外部，即超出了端系统的范围。支持人员认证的通信要么在本地进行(即在人与本地端系统之间进行)，要么涉及应用级的协议组成部分，要么是以上两种情况的结合。将这三种情况举例如下：

(1) 操作人员向其端系统进行认证。这一端系统之后再向远程端系统进行认证，并向远程端系统通知用户的身份，而远程端系统把它看成是用户的真实身份。

(2) 操作人员向其本地端系统递交认证信息(如口令)，本地系统又将这一信息传递给执行用户认证的端系统。

(3) 操作人员给其端系统输入一个口令，这一端系统用此口令从某个在线(On-line)认证或密钥服务器中得到一个**认证证件**(Authentication Certificate)。这一证件又被传送给远程端系统，而远程端系统利用这一证件作为对用户进行认证的基础。

关于用户身份认证，我们将在第 8、9 两章中进行详细讨论。

1.6.4　安全业务管理

安全业务需要管理功能的支持，例如：

(1) 在加密系统中采用密钥管理功能来提供安全业务。这将在第 11 章中进行详细介绍。

(2) 给决策点分配所需要的信息。例如，用于进行认证和访问控制决策的信息，包括分配正确决策所需的信息和通知撤销以前所分配的信息。

(3) 积累用于各种目的的信息，例如，业务建档(用于此后的不可否认目的)信息、安全审计跟踪信息或告警生成信息。

(4) 操作功能，包括业务激活和释放。

(5) 特殊的安全管理功能。例如，远端调用反病毒程序对网络工作站进行病毒扫描，或者对系统进行监视以防使用非法软件。

这些安全管理功能通常要利用所保护的同一网络的通信能力。在这种情况下，必须对这些管理信息的通信进行保护，使它们具有最大程度的可用性。在安全管理信息通信中的任何缺陷，通常会在受到保护的通信中导致一个完全等价的或者更为严重的缺陷。

用结构语言来说，安全管理功能一般由网络应用来提供。它们包括专门用于网络管理的应用或者用于其它主要目的的应用。换句话说，安全管理功能主要在应用层上实现。但是，也有例外。例如，当在较低层次上密钥管理与加密处理密不可分时，此时的密钥管理交换需要在低层上实现。

我们将在第 13 章中介绍安全管理的有关问题。

第2章　密码理论与技术(一)——保密学基础

本章介绍保密学的基本概念、密码体制分类、古典密码、初等密码分析、信息论和计算复杂性与密码学的关系。

2.1　保密学的基本概念

保密学(Cryptology)是研究信息系统安全保密的科学。它包含两个分支，即密码学(Cryptography)和密码分析学(Cryptanalytics)。密码学是对信息进行编码实现隐蔽信息的一门学问，而密码分析学是研究分析破译密码的学问，两者相互对立，而又互相促进地向前发展。

采用密码方法可以隐蔽和保护需要保密的消息，使未受权者不能提取信息。被隐蔽消息称作**明文**(消息)(Plaintext)。密码可将明文变换成另一种隐蔽的形式，称为**密文**(Ciphertext)或密报(Cryptogram)。这种变换过程称作加密(Encryption)。其逆过程，即由密文恢复出原明文的过程称为**解密**(Decryption)。对明文进行加密操作的人员称作加密员或密码员(Cryptographer)。密码员对明文进行加密时所采用的一组规则称作**加密算法**(Encryption Algorithm)。传送消息的预定对象称作**接收者**(Receiver)，他对密文进行解密时所采用的一组规则称作**解密算法**。加密和解密算法的操作通常都是在一组**密钥**(Key)控制下进行的，分别称作**加密密钥**和**解密密钥**。传统密码体制(Conventional Cryptographic System)所用的加密密钥和解密密钥相同，或实质上等同，即从一个易于得出另一个，称其为**单钥**或**对称密码体制**(One-key or Symmetric Cryptosystem)。若加密密钥和解密密钥不相同，从一个难以推出另一个，则称为**双钥或非对称密码体制**(Two-key or Asymmetric Cryptosystem)，这是 1976 年由 Diffie 和 Hellman 等人所开创的新体制。密钥是密码体制安全保密的关键，它的产生和管理是密码学中的重要研究课题。

在信息传输和处理系统中，除了意定的接收者外，还有非受权者，他们通过各种办法(如搭线窃听、电磁窃听、声音窃听等)来窃取机密信息，称其为**截收者**(Eavesdropper)。他们虽然不知道系统所用的密钥，但通过分析可能从截获的密文推断出原来的明文或密钥，这一过程称作**密码分析**(Cryptanalysis)。从事这一工作的人称作**密码分析员**(Cryptanalyst)。如前所述，研究如何从密文推演出明文、密钥或解密算法的学问称作密码分析学。对一个保密系统采取截获密文进行分析的这类攻击称作**被动攻击**(Passive Attack)。现代信息系统还可能遭受的另一类攻击是**主动攻击**(Active Attack)，非法入侵者

(Tamper)、攻击者(Attcker)或黑客(Hacker)主动向系统窜扰，采用删除、增添、重放、伪造等窜改手段向系统注入假消息，达到利己害人的目的。这是现代信息系统中更为棘手的问题。

一个保密系统可用图 2-1-1 表示，它由下述几部分组成：明文消息空间 $\mathscr{M}$，密文消息空间 $\mathscr{C}$；密钥空间 $\mathscr{K}_1$ 和 $\mathscr{K}_2$，在单钥体制下 $\mathscr{K}_1=\mathscr{K}_2=\mathscr{K}$，此时密钥 $\mathscr{K}$ 需经安全的密钥信道由发方传给收方；加密变换 $E_{k_1}\in\mathscr{E}$，$\mathscr{M}\to\mathscr{C}$，其中 $\boldsymbol{k}_1\in\mathscr{K}_1$，由加密器完成；解密变换 $D_{k_2}\in\mathscr{D}$，$\mathscr{C}\to\mathscr{M}$，其中 $\boldsymbol{k}_2\in\mathscr{K}_2$，由解密器实现。称总体($\mathscr{M}$，$\mathscr{C}$，$\mathscr{K}_1$，$\mathscr{K}_2$，$E_{k_1}$，$D_{k_2}$)为一保密系统(Secrecy System)。对于给定明文消息 $\boldsymbol{m}\in\mathscr{M}$，密钥 $\boldsymbol{k}_1\in\mathscr{K}_1$，加密变换将明文 $\boldsymbol{m}$ 变换为密文 $\boldsymbol{c}$，即

$$\boldsymbol{c}=f(\boldsymbol{m},\boldsymbol{k}_1)=E_{k_1}(\boldsymbol{m}) \qquad \boldsymbol{m}\in\mathscr{M},\ \boldsymbol{k}_1\in\mathscr{K}_1 \tag{2-1-1}$$

接收端利用通过安全信道送来的密钥 $\boldsymbol{k}$(单钥体制下)或用本地密钥发生器产生的解密密钥 $\boldsymbol{k}_2\in\mathscr{K}_2$(双钥体制下)控制解密操作 $\mathscr{D}$，对收到的密文进行变换得到恢复的明文消息

$$\boldsymbol{m}=D_{k_2}(\boldsymbol{c}) \qquad \boldsymbol{m}\in\mathscr{K},\ \boldsymbol{k}_2\in\mathscr{K}_2 \tag{2-1-2}$$

而密码分析者，则用其选定的变换函数 h，对截获的密文 $\boldsymbol{c}$ 进行变换，得到的明文是明文空间中的某个元素

$$\boldsymbol{m}'=h(\boldsymbol{c}) \tag{2-1-3}$$

一般 $\boldsymbol{m}'\neq\boldsymbol{m}$。

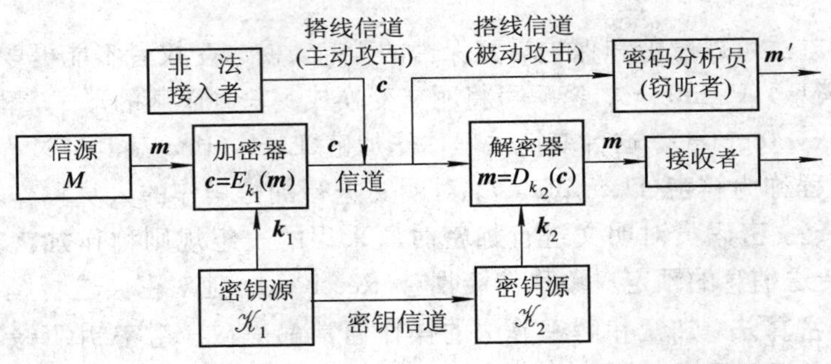

图 2-1-1 保密系统模型

为了保护信息的保密性，抗击密码分析，保密系统应当满足下述要求：

(1) 系统即使达不到理论上是不可破的，即 $p_r\{\boldsymbol{m}'=\boldsymbol{m}\}=0$，也应当是实际上不可破的。就是说，从截获的密文或某些已知明文密文对，要决定密钥或任意明文在计算上是不可行的。

(2) 系统的保密性不依赖于对加密体制或算法的保密，而依赖于对密钥的保密。这是著名的 Kerckhoff 原则。

(3) 加密和解密算法适用于所有密钥空间中的元素。

(4) 系统便于实现和使用方便。

为了防止消息被窜改、删除、重放和伪造的一种有效方法是使发送的消息具有被验证的能力，使接收者或第三者能够识别和确认消息的真伪，实现这类功能的密码系统称作**认证系统**(Authentication System)。消息的**认证性**和消息的**保密性**不同，保密性是使截获者在不知密钥条件下不能解读密文的内容，而认证性是使任何不知密钥的人不能构造出一个密

报，使意定的接收者脱密成一个可理解的消息(合法的消息)。**认证理论和技术**是最近 20 年来随着计算机通信的普遍应用而迅速发展起来的，它成为保密学研究的一个重要领域。如传统的手书签字正在被更迅速、更经济和更安全的**数字签字**(Digital Signature)代替。

一个安全的认证系统应满足下述条件：

(1) 意定的接收者能够检验和证实消息的合法性和真实性。

(2) 消息的发送者对所发送的消息不能抵赖。

(3) 除了合法消息发送者外，其他人不能伪造合法的消息。而且在已知合法密文 $\boldsymbol{c}$ 和相应消息 $\boldsymbol{m}$ 下，要确定加密密钥或系统地伪造合法密文在计算上是不可行的。

(4) 必要时可由第三者作出仲裁。

信息系统的安全除了上述的保密性和认证性外，还有一个重要方面是它的**完整性**(Integrity)。它表示在有自然和人为干扰条件下，系统保持恢复消息和原来发送消息一致性的能力。实际中常常借助于纠、检错技术来保证消息的完整性。

信息系统的安全的中心内容是保证信息在系统中的保密性、认证性和完整性。本书第 2 至第 5 章重点研究保密系统，第 6 至 9 章重点研究认证系统。

有关保密学的全面论述可参看 Simmons 主编的《当代保密学》一书[Simmons 1992]，其它参考书还有[Beker 等 1982；Meyer 等 1982；Denning 1982；Rivest 1990；Menezes 等 1997；Schneier 1996；Brassard 1984；Salamaa 1990；Stinson 1995；Konheim 1981]。

2.2　密码体制分类

密码体制从原理上可分为两大类，即单钥体制(One-key System)和双钥体制(Two-key System)。

单钥体制的加密密钥和解密密钥相同。对数据进行加密的单钥系统如图 2-2-1 所示。系统的保密性主要取决于密钥的安全性。必须通过安全可靠的途径(如信使递送)将密钥送至收端。如何产生满足保密要求的密钥是这类体制设计和实现的主要课题。这将在第 3、4 和 10 章中讨论。另一个重要问题是如何将密钥安全可靠地分配给通信对方，在网络通信条件下就更为复杂，包括密钥产生、分配、存储、销毁等多方面的问题，统称为**密钥管理**(Key Management)。这是影响系统安全的关键因素，即使密码算法再好，若密钥管理问题处理不好，就很难保证系统的安全保密。有关密钥管理的内容将在第 11 章中讨论。

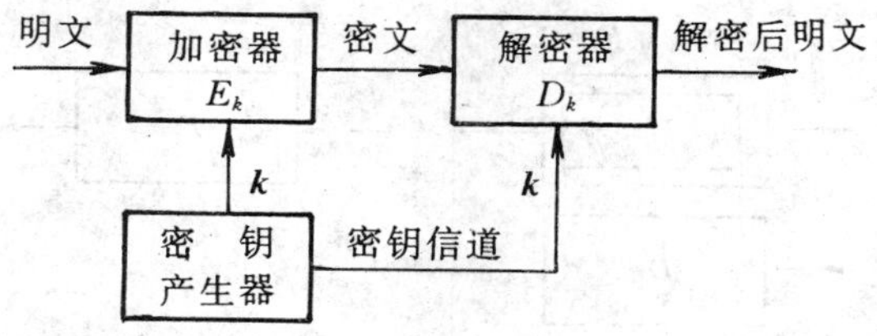

图 2-2-1　单钥保密体制

对明文消息加密有两种方式：一是明文消息按字符(如二元数字)逐位地加密，称之为**流密码**(Stream Cipher)；另一种是将明文消息分组(含有多个字符)，逐组地进行加密，称之为**分组密码**(Block Cipher)。在第 3 章中将讨论流密码。第 4 章中将讨论分组密码。

单钥加密的古典算法有简单代换、多表代换、同态代换、多码代换、乘积密码等多种。我们将在下一节中对这些单钥密码体制做简单的介绍。

单钥体制不仅可用于数据加密，也可用于消息的认证，有关内容将在第 8 章中介绍。

双钥体制是由 Diffie 和 Hellman 首先引入的[Diffie 等 1976]。采用双钥体制的每个用户都有一对选定的密钥：一个是可以公开的，以 $\boldsymbol{k}_1$ 表示；另一个则是秘密的，以 $\boldsymbol{k}_2$ 表示。公开的密钥 $\boldsymbol{k}_1$ 可以像电话号码一样进行注册公布，因此双钥体制又称作**公钥体制**(Public Key System)。

双钥密码体制的主要特点是将加密和解密能力分开，因而可以实现多个用户加密的消息只能由一个用户解读，或只能由一个用户加密消息而使多个用户可以解读。前者可用于公共网络中实现保密通信，而后者可用于认证系统中对消息进行数字签字。

双钥体制用于保密通信可由图 2-2-2 示出。图中假定用户 A 要向用户 B 发送机密消息 $\boldsymbol{m}$。若用户 A 在公钥本上查到用户 B 的公开钥 $\boldsymbol{k}_{B1}$，就可用它对消息 $\boldsymbol{m}$ 进行加密得到密文 $\boldsymbol{c}=E_{k_{B1}}(\boldsymbol{m})$，而后送给用户 B。用户 B 收到后以自己的秘密钥 $\boldsymbol{k}_{B2}$ 对 $\boldsymbol{c}$ 进行解密变换得到原来的消息

$$\boldsymbol{m} = D_{k_{B2}}(\boldsymbol{c}) = D_{k_{B2}}(E_{k_{B1}}(\boldsymbol{m})) \qquad (2-2-1)$$

系统的安全保障在于从公开钥 $\boldsymbol{k}_{B1}$ 和密文 $\boldsymbol{c}$ 要推出明文 $\boldsymbol{m}$ 或解密钥 $\boldsymbol{k}_{B2}$ 在计算上是不可行的。由于任一用户都可用用户 B 的公开钥 $\boldsymbol{k}_{B1}$ 向他发送机密消息，因而密文 $\boldsymbol{c}$ 不具有认证性。

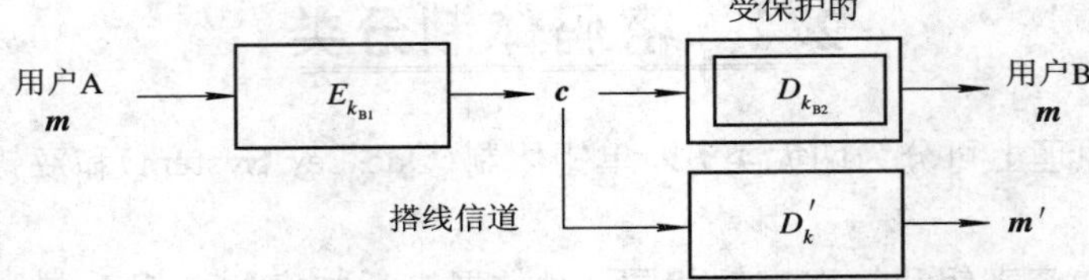

图 2-2-2 双钥保密体制

为了使用户 A 发给用户 B 的消息具有认证性，可以将双钥体制的公开钥和秘密钥反过来用，如图 2-2-3 所示。用户 A 以自己的秘密钥 $\boldsymbol{k}_{A2}$ 对消息 $\boldsymbol{m}$ 进行 A 的专用变换 $D_{k_{A2}}$，得到密文 $\boldsymbol{c}=D_{k_{A2}}(\boldsymbol{m})$ 送给用户 B，B 收到 $\boldsymbol{c}$ 后可用 A 的公开钥 $\boldsymbol{k}_{A1}$ 对 $\boldsymbol{c}$ 进行公开变换就可得到恢复的消息

$$\boldsymbol{m} = E_{k_{A1}}(\boldsymbol{c}) = E_{k_{A1}}(D_{k_{A2}}(\boldsymbol{m})) \qquad (2-2-2)$$

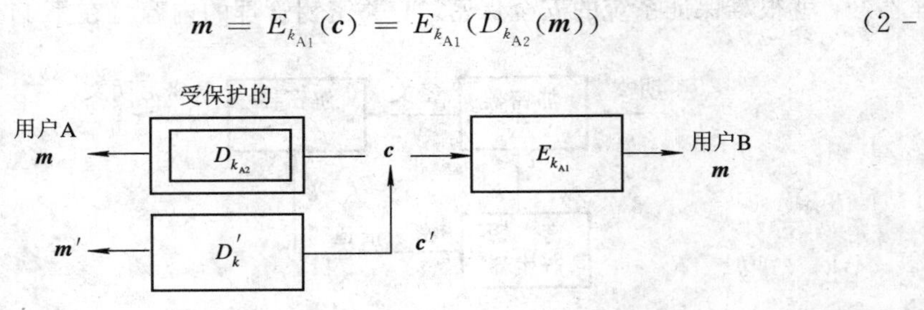

图 2-2-3 双钥认证体制

由于 $\boldsymbol{k}_{A2}$ 是保密的，其他人都不可能伪造密文 $\boldsymbol{c}$，在用 A 的公开钥解密时得到有意义的消息 $\boldsymbol{m}$。因此，可以验证消息 $\boldsymbol{m}$ 来自 A 而不是其他人，从而实现了对 A 所发消息的认证。

为了同时实现保密性和确证性，要采用双重加、解密，如图 2-2-4 所示。在明文消息空间和密文消息空间等价，且加密、解密运算次序可换，即 $E_{k_1}(D_{k_2}(\boldsymbol{m}))=D_{k_2}(E_{k_1}(\boldsymbol{m}))=\boldsymbol{m}$ 下就不难用双钥体制实现。例如，用户 A 要向用户 B 传送具有认证性的机密消息 $\boldsymbol{m}$，可将 B 的一对密钥作为加密和解密用，而将 A 的一对密钥作为认证之用。可按图 2-2-4 的顺序进行变换。A 发送给 B 的密文为

$$\boldsymbol{c}=E_{k_{B1}}(D_{k_{A2}}(\boldsymbol{m})) \tag{2-2-3}$$

B 恢复明文的运算过程为

$$\begin{aligned}\boldsymbol{m}&=E_{k_{A1}}(D_{k_{B2}}(\boldsymbol{c}))\\&=E_{k_{A1}}(D_{k_{B2}}(E_{k_{B1}}(D_{k_{A2}}(\boldsymbol{m}))))\\&=E_{k_{A1}}(D_{k_{A2}}(\boldsymbol{m}))\end{aligned} \tag{2-2-4}$$

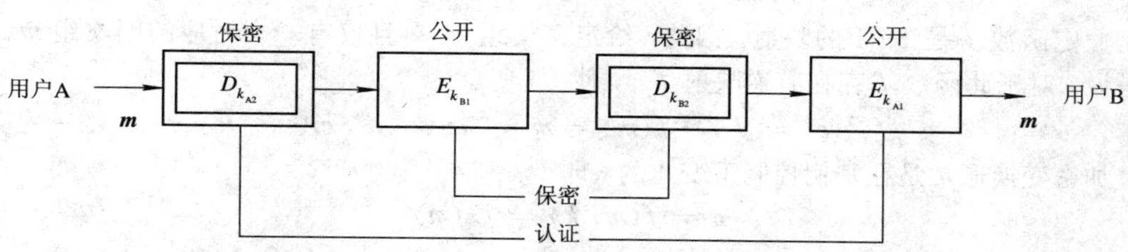

图 2-2-4　双钥保密和认证体制

单钥体制的缺点是在进行保密通信之前，双方必须通过安全信道传送所用密钥，这对于相距较远的用户可能要付出太大的代价，甚至难以实现。另外在有众多用户的网络通信下，为了使 n 个用户之间相互进行保密通信，将需要 $\binom{n}{2}=n(n-1)/2$ 个密钥；当 n 大时，代价也是很大的。双钥体制则完全克服了上述缺点，特别适用于多用户通信网，它大大减少了多用户之间通信所需的密钥量，便于密钥管理。这一体制的出现是密码学研究中的一项重大突破，它是现代密码学诞生的标志之一。本书第 5 章将详细介绍一些重要的双钥密码体制。

2.3　古典密码

古典密码是密码学的渊源，这些密码大都比较简单，可用手工或机械操作实现加解密，现在已很少采用了。然而，研究这些密码的原理，对于理解、构造和分析现代密码都是十分有益的。

2.3.1　代换密码

令 $\mathscr{A}$ 表示明文字母表，内有 q 个“字母”或“字符”。例如，可以是普通的英文字母 A～Z，也可以是数字、空格、标点符号或任何可以表示明文消息的符号。因此，可以将 $\mathscr{A}$ 抽象地表示为一个整数集

$$\mathbf{Z}_q=\{0,1,\cdots,q-1\} \tag{2-3-1}$$

在加密时常将明文消息划分成长为 L 的消息单元，称为明文组，以 $\boldsymbol{m}$ 表示，如

$$\boldsymbol{m} = (m_0 m_1, \cdots, m_{L-1}) \qquad m_i \in \boldsymbol{Z}_q \tag{2-3-2}$$

$\boldsymbol{m}$ 也称作 L-报文(L-gram)，它是定义在 $\boldsymbol{Z}_q^L$ 上的随机变量，$\boldsymbol{Z}_q^L$ 是 $\boldsymbol{Z}_q$ 上的 L 维矢量空间。$L=1$ 为单字母报(1-gram)，$L=2$ 为双字母报(digram)，$L=3$ 为三字母报(trigram)。明文空间 $\mathscr{M}=\{\boldsymbol{m}, \boldsymbol{m}\in \boldsymbol{Z}_q^L\}$。

令 $\mathscr{A}'$ 表示密文字母集，内含有 q' 个字母，可用整数集 $\boldsymbol{Z}_{q'}=(0, 1, \cdots, q'-1)$ 表示。密文单元或组为

$$\boldsymbol{c} = (c_0, c_1, \cdots, c_{L'-1}) \qquad \boldsymbol{c} \in \boldsymbol{Z}_{q'} \tag{2-3-3}$$

$\boldsymbol{c}$ 是定义在 L' 维矢量空间 $\boldsymbol{Z}_{q'}^{L'}$ 上的随机变量。密文空间 $\mathscr{C} = \{\boldsymbol{c}, \boldsymbol{c}\in \boldsymbol{Z}_{q'}^{L'}\}$。一般当 $\mathscr{A}'=\mathscr{A}$ 时，有 $\mathscr{C}=\{\boldsymbol{c}, \boldsymbol{c}\in \boldsymbol{Z}_{q'}^{L'}\}$，即明文和密文由同一字母表构成。

加密变换是由明文空间到密文空间的映射：

$$f: \boldsymbol{m} \rightarrow \boldsymbol{c} \qquad \boldsymbol{m} \in \mathscr{M}, \qquad \boldsymbol{c} \in \mathscr{C} \tag{2-3-4}$$

我们假定函数 f 是 1—1 的映射。因此，给定密文组 $\boldsymbol{c}$，有且仅有一个对应的明文组 $\boldsymbol{m}$。这就是说，对于此函数 f 存在有逆映射 f^{-1}，使

$$f^{-1}(\boldsymbol{c}) = f^{-1}\cdot f(\boldsymbol{m}) = \boldsymbol{m} \qquad \boldsymbol{m} \in \mathscr{M}, \boldsymbol{c} \in \mathscr{C} \tag{2-3-5}$$

加密变换通常是在密钥控制下变化的，即

$$\boldsymbol{c} = f(\boldsymbol{m}, \boldsymbol{k}) = E_k(\boldsymbol{m}) \tag{2-3-6}$$

式中，$k\in \mathscr{K}$，$\mathscr{K}$ 为密钥空间。一个密码系统就是在 f 作用下由 $\boldsymbol{Z}_q^L \rightarrow \boldsymbol{Z}_{q'}^{L'}$ 的映射，或以 $\boldsymbol{Z}_{q'}^{L'}$ 中的元素代换 $\boldsymbol{Z}_q^L$ 中的元素，在这意义下，称这种密码为**代换密码**(Substitution Cipher)，如图 2-3-1 所示。$L=1$ 时，称作**单字母**或**单码代换**(Monogram Substitution)，也称为**流密码**(Stream Cipher)。$L>1$ 时称作**多字母**或**多码代换**(Polygram Substitution)，也称为**分组密码**。

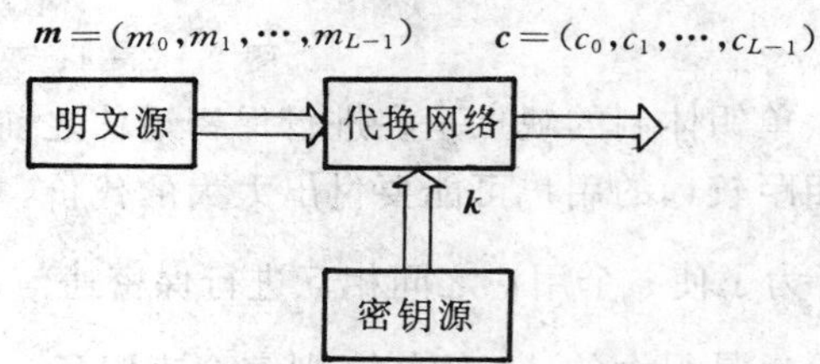

图 2-3-1　代换密码框图

一般选择 $q=q'$，即明文和密文字母表相同。此时，若 $L=L'$，则函数 f 是可以构造成 1—1 的映射，密码没有数据扩展。若 $L<L'$，则有数据扩展，可能设计函数 f 为 1→多的映射，即明文组可能找到多于一个密文组来代换，称之为**多名**或**同音代换密码**(Homophonic Substitution Cipher)。若 $L>L'$，则明文数据将被压缩(Compression)。此时每个明文不可能找到惟一的只与它相对应的密文组，函数 f 不是可逆的，从密文也就无法完全恢复出原明文信息，因此在保密通信中必须是 $L\leqslant L'$。但 $L>L'$ 的变换可以用在数据认证系统中。

在 $\mathscr{A} = \mathscr{A}'$、$q=q'$ 和 $L=1$ 时，若对所有的明文字母，都用一个固定的代换进行加密，则称这种密码为**单表代换**(Monoalphabetic Substitution)。若用一个以上的代换表进行加密时，就称作是**多表代换**(Polyalphabetic Substitution)。这是古典密码中的两种重要体制，曾得到过广泛的应用。

2.3.2　单表代换密码

如前所述，单表代换密码是对明文的所有字母都用一个固定的明文字母表到密文字母

表的映射，即

$$f: \mathbf{Z}_q \to \mathbf{Z}_q \tag{2-3-7}$$

令明文 $\boldsymbol{m} = m_0 m_1 \cdots$，则相应密文为

$$\boldsymbol{c} = E_k(\boldsymbol{m}) = c_0 c_1 \cdots = f(m_0) f(m_1) \cdots \tag{2-3-8}$$

若明文字母表为 $\mathscr{A} = \mathbf{Z}_q = \{0, 1, \cdots, q-1\}$，则相应的密文字母表为 $\mathscr{A}' = \{f(0), f(1), \cdots, f(q-1)\}$，$\mathscr{A}'$ 是 $\mathscr{A}$ 的某种置换。下面介绍几种简单的单表代换密码。

1. 移位代换密码

移位代换密码(Shift Substitution Cipher)是最简单的一类代换密码，其加密变换为

$$E_k(i) = (i+k) \equiv j \mod q \qquad 0 \leqslant i, j < q \tag{2-3-9}$$

$$\mathscr{K} = \{k \mid 0 \leqslant k < q\} \tag{2-3-10}$$

密钥空间元素个数为 q，其中有一恒等变换，即 $k=0$。解密变换为

$$D(j) = E_{q-k}(j) \equiv j + q - k \equiv i + k - k \equiv i \mod q \tag{2-3-11}$$

例 2-3-1　凯撒(Caesar)**密码**是对英文 26 个字母进行移位代换的密码，其 $q=26$。例如，选择密钥 $k=3$，则有下述代换表：

$\mathscr{A}$：　a b c d e f g h i j k l m n o p q r s t u v w x y z

$\mathscr{A}'$：　D E F G H I J K L M N O P Q R S T U V W X Y Z A B C

若明文

$\boldsymbol{m}$ = Caesar cipher is a shift substitution

则密文

$\boldsymbol{c} = E(\boldsymbol{m})$ = FDHVDU FLSKHU LV D VKLIW VXEVWLWXWLRQ

解密运算为 $D_3 = E_{23}$，即用密钥 $k=23$ 的加密表进行加密运算就可恢复出明文。■

这种密码是将明文字母表中字母位置下标与密钥 k 进行模 q 加法运算的结果作为字母位置下标，相应的字母即为密文字母，因此又称其为加法密码(Additive Cipher)。

2. 乘数密码

乘数密码(Multiplicative Cipher)的加密变换为

$$E_k(i) = ik \equiv j \mod q \qquad 0 \leqslant j < q \tag{2-3-12}$$

这种密码又叫**采样密码**(Decimation Cipher)，因为密文字母表是将明文字母表按下标每隔 k 位取出一个字母排列而成(字母表首尾相接)。显然，仅当 $(k, q)=1$，即 k 与 q 互素时才是一一对应的。若 q 为素数，则有 $q-2$ 个可用密钥；否则，就只有 $\varphi(q)-1$ 个。其中，$\varphi(\cdot)$ 是欧拉函数，表示小于 q 且与 q 互素的整数的个数。

例 2-3-2　英文字母表 $q=26$，选 $k=9$，则有明文密文字母对应表

$\mathscr{A}$ =　a b c d e f g h i j k l m n o p q r s t u v w x y z

$\mathscr{A}'$ =　A J S B K T C L U D M V E N W F O X G P Y H Q Z I R

对明文

$\boldsymbol{m}$ = multiplicative cipher

有密文

c = EYVPUFVUSAPUHK SUFLKX ■

定理 2-3-1　当且仅当$(k,q)=1$时，E_k才是一一映射的。

证　对于任意$j,k,l\in \mathbf{Z}_q, jk\equiv lk \mod q$的充要条件是$(j-l)k\equiv 0 \mod q$。若$(k,q)=1$（$k$与$q$互素），则必有$j=l$，因而$E_k$是一一映射的。若$(k,q)=d>1$，则当$j=l+(q/d)$也可使$(j-l)k\equiv 0 \mod q$，因而对$j\neq l$，将被映射成同一字母，$E_k$不再是一一映射的。■

由定理2-3-1可知，乘数密码的密钥个数为$\varphi(q)-1$个。对于$q=26$，与q互素的整数个数为$\varphi(26)=\varphi(2\times 13)=26\left(1-\frac{1}{2}\right)\left(1-\frac{1}{13}\right)=12$，除去$k=1$的恒等变换，还有11种选择，即$k=3$，5，7，9，11，15，17，19，21，23和25。

3. 仿射密码

将移位密码和乘数密码进行组合可得到更多的选择方式或密钥。按

$$E_k(i)=ik_1+k_0\equiv j \mod q \qquad k_1,k_2\in \mathbf{Z}_q \tag{2-3-13}$$

加密称作**仿射密码**(Affine Cipher)。其中，$(k_1,q)=1$，以$[k_1,k_0]$表示密钥。当$k_0=0$时就得到乘数密码，当$k_1=1$时就得到移位密码。$q=26$时可能的密钥数为$26\times 12-1=311$个。

4. 多项式代换密码

若加密方程为

$$E_k(x)\equiv k_t x^t+k_{t-1}x^{t-1}+\cdots+k_1 x+k_0 \mod q \tag{2-3-14}$$

其中，$k_t,\cdots,k_0\in \mathbf{Z}_q$，$x\in \mathbf{Z}_q$，则给出更一般的**多项式代换密码**(Polynomial Substitute Cipher)。前三种密码都可看作是它的特例。

5. 密钥短语密码

可通过下述方法对上述加法密码进行改造，得到一种灵活变化密钥的代换密码。选一个英文短语，称其为**密钥字**(Key Word)或**密钥短语**(Key Phrase)，如HAPPY NEW YEAR，去掉重复字母得HAPYNEWR。将它依次写在明文字母表之下，而后再将字母表中未在短语中出现过的字母依次写于此短语之后，就可构造出一个字母代换表，如下所示：

$\mathscr{A}$：　a b c d e f g h i j k l m n o p q r s t u v w x y z

$\mathscr{A}'$：　H A P Y N E W R B C D F G I J K L M O Q S T U V X Z

这样，我们就得到了一种易于记忆而又有多种可能选择的密码。用不同的密钥字就可得到不同的代换表。$q=26$时，将可能有$26!=4\times 10^{26}$种。除去一些不太有效的代换外，绝大多数代换都是好的。

2.3.3　多表代换密码

多表代换密码是以一系列(两个以上)代换表依次对明文消息的字母进行代换的加密方法。令明文字母表为$\mathbf{Z}_q$，令$\boldsymbol{\pi}=(\pi_1,\pi_2,\cdots)$为代换序列。明文字母序列为$\boldsymbol{m}=m_1m_2\cdots$，则相应的密文字母序列

$$\boldsymbol{c}=E_k(\boldsymbol{m})=\boldsymbol{\pi}(\boldsymbol{m})=\pi_1(m_1)\pi_2(m_2)\cdots \tag{2-3-15}$$

若$\boldsymbol{\pi}$为非周期的无限序列，则相应的密码为**非周期多表代换密码**。这类密码，对每个明文

字母都采用不同的代换表(或密钥)进行加密，称作是**一次一密钥密码**(One-time Pad Cipher)。这是一种在理论上惟一不可破的密码(参看 2.5 节)。这种密码对于明文的特点可实现完全隐蔽，但由于需要的密钥量和明文消息长度相同而难以广泛使用。

为了减少密钥量，在实际应用中多采用**周期多表代换密码**，即代换表个数有限，重复地使用，此时代换序列

$$\pi = \pi_1\pi_2\cdots\pi_d\pi_1\pi_2\cdots\pi_d\cdots \tag{2-3-16}$$

相应于明文字母序列 $\boldsymbol{m}$ 的密文为

$$\boldsymbol{c} = E_k(\boldsymbol{m}) = \boldsymbol{\pi}(\boldsymbol{m}) = \pi_1(m_1)\pi_2(m_2)\cdots\pi_d(m)\pi_1(m_{d+1})\cdots\pi_d(m_{2d}) \tag{2-3-17}$$

当 $d=1$ 时就退化为单表代换。

下面介绍几种有名的多表代换密码。

1. 维吉尼亚密码

这是一种以移位代换为基础的周期代换密码，为 1858 年法国密码学家 Blaise de Vigenere所发明。d 个移位代换表 $\boldsymbol{\pi}=\pi_1\pi_2\cdots\pi_d$，由 d 个字母序列给定的密钥

$$\boldsymbol{k} = (k_1, k_2, \cdots, k_d) \in \boldsymbol{Z}_q^d \tag{2-3-18}$$

决定。其中，$k_i(i=1,\cdots,d)$确定明文第 $i+td$ 个字母(t 为正整数)的移位次数，即

$$c_{i+td} = E_{k_i}(m_{i+td}) \equiv m_{i+td} + k_i \mod q \tag{2-3-19}$$

称 $\boldsymbol{k}$ 为**用户密钥**(User Key)或**密钥字**(Key Word)，其周期地延伸就给出了整个明文加密所需的**工作密钥**(Working Key)。

例 2-3-3　令 $q=26$，$\boldsymbol{m}$=polyalphabetic cipher，密钥字 $\boldsymbol{k}$=RADIO，即周期 $d=5$，则有

明文 $\boldsymbol{m}$=	p o l y a l p h a b e t i c　c i p h e r
密钥 $\boldsymbol{k}$=	R A D I O R A D I O R A D I　O R A D I O
密文 $\boldsymbol{c}=E_k(\boldsymbol{m})$=	G O O G O C P K T P N T L K　Q Z P K M F

其中，同一明文字母 p 在不同的位置上被加密为不同的字母 G 和 P。■

由于维吉尼亚密码是一种多表移位代换密码，即用 d 个凯撒代换表周期地对明文字母加密。当然，也可以用 d 个一般的字母代换表周期地重复对明文字母加密，从而得到周期为 d 的多表代换。

2. 博福特密码

博福特密码是按 mod q 减法运算的一种周期代换密码，即

$$c_{i+td} = \pi_i(\boldsymbol{m}_{i+td}) \equiv k_i - m_{i+td} \mod q \tag{2-3-20}$$

所以它和维吉尼亚密码类似，只是密文字母表为英文字母表逆序排列进行循环右移 k_i+1 次而成。例如，若 $k_i=3$(相当于字母 D)，则明文和密文字母对应表如下：

明文 $\mathscr{A}$=	a b c d e f g h i j k l m n o p q r s t u v w x y z
密文 $\mathscr{A}'$=	D C B A Z Y X W V U T S R Q P O N M L K J I H G F E

按博福特密表以密钥 k_i 加密，相当于按下式的维吉尼亚密表加密：

$$c_i \equiv [(q-1) - m_i(k_i+1)] \mod q \tag{2-3-21}$$

若按下式加密：

$$c_i \equiv (m_i - k_i) \mod q \tag{2-3-22}$$

就得到**变异**(Variant)**博福特密码**。相应密表为对明文字母表循环右移 k_i 次而成。由于循环右移 k_i 次等价于循环左移 $q-k_i$ 次，即式(2-3-22)等价于一个以$(q-k_i)$为密钥的维吉尼亚密码。所以，维吉尼亚密码和变异博福特密码互为逆变换；若一个是加密运算，则另一个就是相应的解密运算。

3．滚动密钥密码

对于周期代换密码，保密性将随周期 d 加大而增加。当 d 的长度和明文一样长时就变成了滚动密钥密码。如果其中所采用的密钥不重复就是一次一密钥体制。一般密钥可取自一本书或一篇报告作为密钥源，可由书名、章节号及标题来限定密钥起始位置。

4．弗纳姆密码

当字母表字母数 $q=2$ 时，滚动密钥密码就变成**弗纳姆密码**，它是美国电报电话公司的 G. W. Vernam 在 1917 年发明的[Vernam 1926]。它将英文字母编成 5 bit 二元数字，称之为五单元波多电码(Baudot Code)。选择随机二元数字流作为密钥，以

$$\boldsymbol{k} = k_1, k_2, \cdots, k_i, \cdots \qquad k_i \in [0, 1]$$

表示。明文字母变换成二元码后也可表示成二元数字流

$$\boldsymbol{m} = m_1, m_2, \cdots, m_i, \cdots \qquad m_i \in [0, 1]$$

$\boldsymbol{k}$ 和 $\boldsymbol{m}$ 都分别记录在穿孔纸带上。加密运算就是将 $\boldsymbol{k}$ 和 $\boldsymbol{m}$ 的相应位逐位相加，即

$$c_i \equiv m_i \oplus k_i \mod 2 \qquad i = 1, 2, \cdots \tag{2-3-23}$$

译码时，可用同样的密钥纸带对密文数字同步地逐位模 2 相加，便可恢复出明文的二元码序列，即

$$m_i = c_i \oplus k_i \mod 2 \qquad i = 1, 2, \cdots \tag{2-3-24}$$

这种加密、解密运算可用波多电报机稍加改进，即附加上模 2 运算机构即可实现。

例 2-3-4　若明文字母为 a，相应的波多电码为 11000，即 $\boldsymbol{m}=11000$。若密钥序列 $\boldsymbol{k}=10010$，则

$$\boldsymbol{c} = E_k(\boldsymbol{m}) = \boldsymbol{m} \oplus \boldsymbol{k} = (11000) \oplus (10010) = 01010$$

显然解密有

$$\boldsymbol{m} = D_k(\boldsymbol{c}) = \boldsymbol{c} \oplus \boldsymbol{k} = (01010) \oplus (10010) = 11000$$ ■

弗纳姆密码的密钥若不重复使用就得到一次一密密码，或**一次一密带**(One Time Tape)**密码**。若密钥有重复就是一种滚动密钥密码，此时就不再是不可破的了。例如，若以同一密钥 k_i 对不同的明文 m_i 和 m'_i 加密得到相应密文为：

$$c_i = m_i \oplus k_i \qquad i = 1, 2, \cdots$$
$$c'_i = m'_i \oplus k_i \qquad i = 1, 2, \cdots$$

作

$$c''_i = c_i \oplus c'_i = m_i \oplus k_i \oplus m'_i \oplus k_i = m_i \oplus m'_i$$

即密文序列 c'' 等价于以明文 $\boldsymbol{m}'$ 作为密钥对明文 $\boldsymbol{m}$ 加密的结果。

5. 转轮密码

转轮密码(Rotor Cipher)是用一组**转轮**或**接线编码轮**(Wired Code Wheel)所组成的机器，用以实现长周期的多表代换密码。它是机械密码时代最杰出的成果，曾广泛用于军事通信中。其中，最有名的两种密码机是 Enigma 和 Hagelin 密码机。Enigma 密码机由德国 Arthur Scherbius 所发明，在二次大战中希特勒曾用它装备德军，作为陆海空三军最高级密码使用；Hagelin 密码机是瑞典 Boris Caesar Wilhelm Hagelin 发明的，在二次世界大战中曾被广泛地使用。Hagelin C－36 曾广泛装备法国军队。Hagelin C－48，即 M－209 机具有重量轻、体积小、结构紧凑等优点，曾装备美国师、营级，总生产量达 14 万部，美军在朝鲜战争中还在使用。此外，在二次世界大战中，日本采用的红密(RED)和紫密(PURPLE)机都是转轮密码机。今天，周期更长、更复杂的密码可以用 VLSI 电路实现，所以这类密码机已逐步被淘汰了。

2.3.4　多字母代换密码

前面所介绍的密码都是以单个字母作为代换的对象。如果每次对 $L>1$ 个字母进行代换就是**多字母代换密码**(Polygram Substitution Ciphers)。多字母代换的优点是容易将字母的自然频度隐蔽或均匀化，从而有利于抗击统计分析。

利用矩阵变换可以方便地描述多字母代换密码，有时又称其为**矩阵变换密码**。令明文字母表为 $\boldsymbol{Z}_q$，若采用 L 个字母为单位进行代换，则多码代换是映射

$$f: \boldsymbol{Z}_q^L \to Z_q^L \tag{2-3-25}$$

若映射是线性的，则 f 是线性变换，可用一个 $\boldsymbol{Z}_q$ 上的 $L\times L$ 阶矩阵 $\boldsymbol{K}$ 表示，$\boldsymbol{K}=(k_{ij})$为密钥。若 $\boldsymbol{K}$ 是满秩的，则变换为一一映射，且存在有逆变换 $\boldsymbol{K}^{-1}$，使 $\boldsymbol{K}\boldsymbol{K}^{-1}=\boldsymbol{K}^{-1}\boldsymbol{K}=\boldsymbol{I}$($L\times L$ 阶单位方阵)。将 L 个字母的数字表示为 $\boldsymbol{Z}_q$ 上的 L 维矢量 $\boldsymbol{m}=(m_1, m_2, \cdots, m_L)$，则相应的密文矢量 $\boldsymbol{c}=(c_1, c_2, \cdots, c_L)$为

$$\boldsymbol{m}\boldsymbol{K}=\boldsymbol{c} \tag{2-3-26}$$

以 $\boldsymbol{K}^{-1}$作为解密矩阵，可由 $\boldsymbol{c}$ 恢复出相应明文

$$\boldsymbol{c}\boldsymbol{K}^{-1}=\boldsymbol{m} \tag{2-3-27}$$

例 2-3-5　设 $q=26$，$L=4$，选满秩 4×4 阶阵为

$$\boldsymbol{K}=\begin{bmatrix} 8 & 6 & 5 & 10 \\ 6 & 9 & 8 & 6 \\ 9 & 5 & 4 & 11 \\ 5 & 10 & 9 & 4 \end{bmatrix} \tag{2-3-28}$$

加密时，先将英文字母表以下述乱序变换成 $\boldsymbol{Z}_{26}$上的整数：

a	b	c	d	e	f	g	h	i	j	k	l	m	n	o	p	q	r	s	t	u	v	w	x	y	z
5	23	2	20	10	15	8	4	18	25	0	16	13	7	3	1	19	6	12	24	21	17	14	22	11	9

例如，若明文为 $\boldsymbol{m}$=delay operation，则其前 4 个字母组就变成矢量 $\boldsymbol{x}=(20, 10, 16, 5)$。由 $\boldsymbol{x}\boldsymbol{K}$(mod 26)得密文 $\boldsymbol{y}=(25, 2, 3, 14)$，相应的密文字母为 JCOW。类似地，依次对下一组明文加密，若最后一组明文不够 4 个字母，就加上虚字母凑足 4 个。得到明文的密文 $\boldsymbol{c}=$

JCOM ZLVB DVIE QMXC。加密中，4 个字母为一整体，变换其中任一明文字母都会使相应的 4 个密文字母受到影响。例如，将 dela 变为 dema，所得的密文就由 JCOM 变为 TMVN。

K 的逆阵为

$$\boldsymbol{K}^{-1} = \begin{bmatrix} 23 & 2 & 2 & 25 \\ 20 & 11 & 20 & 2 \\ 5 & 18 & 6 & 22 \\ 1 & 1 & 25 & 25 \end{bmatrix} \tag{2-3-29}$$

由 $\boldsymbol{y}\boldsymbol{K}^{-1}(\text{mod } 26)$可得到 $\boldsymbol{x}$，由 $\boldsymbol{x}$ 及乱序表就可恢复出明文。 ■

这一密码是由 L. Hill 在 1929 年最早采用的，所以通过线性变换方法加密的密码称做**希尔密码**[Hill 1929]。由于加密操作复杂而未能广泛应用，但它对密码学的早期研究有很大推动。

类似于单字母仿射代换，可以构造多字母仿射代换密码。令 $\boldsymbol{b}=(b_1, b_2, \cdots, b_L)$是 $\boldsymbol{Z}_q$ 上的 L 维矢量，$\boldsymbol{K}$ 是 $\boldsymbol{Z}_q$ 上的 $L\times L$ 阶满秩矩阵，则可通过下述仿射变换对明文组 $\boldsymbol{m}=(m_1, m_2, \cdots, m_L)$加密得密文 $\boldsymbol{c}=(c_1, \cdots, c_L)$，即

$$\boldsymbol{c} \equiv \boldsymbol{m}\boldsymbol{K} + \boldsymbol{b} \quad \text{mod } q \tag{2-3-30}$$

式中，"+"为矢量相加。解密运算可按下式进行：

$$\boldsymbol{m} \equiv (\boldsymbol{c} - \boldsymbol{b})\boldsymbol{K}^{-1} \quad \text{mod } q \tag{2-3-31}$$

当 $\boldsymbol{K}$ 是单位方阵时，就退化为前面介绍的维吉尼亚密码。

置换密码(Permutation Cipher)。当矩阵变换密码的变换矩阵为一置换阵时，相应密码就是置换密码。亦称**换位密码**(Transposition Cipher)。它是对明文 L 长字母组中的字母位置进行重新排列，而每个字母本身并不改变。

令明文 $\boldsymbol{m}=m_1, m_2, \cdots, m_L$。令置换矩阵所决定置换为 π，则加密变换 $\boldsymbol{c}=(c_1, c_2, \cdots, c_L)=E_\pi(\boldsymbol{m})=m_{\pi(1)}\, m_{\pi(2)} \cdots m_{\pi(L)}$。解密变换

$$d_\pi(\boldsymbol{c}) = (c_{\pi^{-1}(1)}, \cdots, c_{\pi^{-1}(L)}) = (m_1 \cdots m_L)$$

例 2-3-6 换位密码

给定明文为 the si|mples|t poss|ible t|ransp|ositi|on cip|hersx。将明文分成长为 $L=5$ 的段，最后一段长不足 5，加添一个字母 x。将各段位置下标按下述置换表：

$$E_k = \begin{pmatrix} 0 & 1 & 2 & 3 & 4 \\ 1 & 4 & 3 & 0 & 2 \end{pmatrix}$$

进行换位，得到密文如下：

STIEH EMSLP STSOP EITLB SRPNA TOIIS IOPCN SHXRE

利用下述代换表：

$$D_k = \begin{pmatrix} 0 & 1 & 2 & 3 & 4 \\ 3 & 0 & 4 & 2 & 1 \end{pmatrix}$$

可将密文恢复为明文。$L=5$ 时可能的代换表总数为 $5!=120$。 ■

一般为 $L!$ 个。可以证明，在给定 L 下，所有可能的置换构成一个 $L!$ 阶对称群[Konheim 1981]。

有关古典密码的详细论述参看[Beker 等 1982；Meyer 等 1982；Denning 1982；Davies 等 1989；Kahn 1967；Hill 1929；Vernam 1926]。还有些古典密码，如同态代换(Homophonic Substitution)密码未予介绍，可参看[Günther 1988；Jendal 等 1989]。

2.4　初等密码分析

本节介绍的一些初等密码的分析破译方法，为下一节提供一些背景材料。本节内容都以英语报文为例进行讨论。

2.4.1　概述

密码分析是截收者在不知道解密密钥及通信者所采用的加密体制的细节条件下，对密文进行分析，试图获取机密信息。研究分析解密规律的科学称作**密码分析学**。密码分析在外交、军事、公安、商业等方面都具有重要作用，也是研究历史、考古、古语言学和古乐理论的重要手段之一。

密码设计和密码分析是共生的，又是互逆的，两者密切相关但追求的目标相反。两者解决问题的途径有很大差别。密码设计是利用数学来构造密码，而密码分析除了依靠数学、工程背景、语言学等知识外，还要靠经验、统计、测试、眼力、直觉判断能力……有时还靠点运气。密码分析过程通常包括：分析(统计截获报文材料)、假设、推断和证实等步骤。

破译或攻击(Break 或 Attack)密码的方法有**穷举破译法**(Exhaustive Attack Method)和**分析法**两类。穷举法又称作**强力法**(Brute-force Method)。这是对截收的密报依次用各种可解的密钥试译，直到得到有意义的明文；或在不变密钥下，对所有可能的明文加密直到得到与截获密报一致为止，此法又称为**完全试凑法**(Complete Trial-and-error Method)。只要有足够多的计算时间和存储容量，原则上穷举法总是可以成功的。但实际中，任何一种能保障安全要求的实用密码都会设计得使这一方法在实际上是不可行的。

为了减少搜索计算量，可以采用较有效的改进试凑法。它将密钥空间划分成几个(例如，q 个)等可能的子集，对密钥可能落入哪个子集进行判断，至多需进行 q 次试验。在确定了正确密钥所在的子集后，就对该子集再进行类似的划分并检验正确密钥所在的集。依此类推，最终就可判断出所用的正确密钥了。这种方法最关键的是如何实现密钥空间的等概子集的划分。下一节将从信息论观点来讨论这个问题。

分析破译法有**确定性**和**统计性**两类。

确定性分析法是利用一个或几个已知量(比如，已知密文或明文－密文对)用数学关系式表示出所求未知量(如密钥等)。已知量和未知量的关系视加密和解密算法而定，寻求这种关系是确定性分析法的关键步骤。例如，以 n 级线性移存器序列作为密钥流的流密码，就可在已知 $2n$ bit 密文下，通过求解线性方程组破译。

统计分析法是利用明文的已知统计规律进行破译的方法。密码破译者对截收的密文进行统计分析，总结出其间的统计规律，并与明文的统计规律进行对照比较，从中提取出明文和密文之间的对应或变换信息。

密码分析之所以能够破译密码，最根本的是依赖于明文中的多余度，这是 Shannon 1949 年用他开创的信息论理论第一次透彻地阐明的密码分析的基本问题[Shannon 1948,

1949]。有关保密学的信息理论在下一节中讨论。

破译者通常是在下述四种条件下工作的，或者说密码可能经受的不同水平的攻击。

(1) **惟密文攻击**(Ciphertext Only Attacks)。分析者从仅知道的截获密文进行分析，试图得出明文或密钥。

(2) **已知明文攻击**(Know Plaintext Attacks)。分析者除了有截获的密文外，还有一些已知的明文－密文对(通过各种手段得到的)，试图从中得出明文或密钥。

(3) **选择明文攻击**(Chosen Plaintext Attacks)。分析者可以选定任何明文－密文对来进行攻击，以确定未知的密钥。

(4) **选择密文攻击**(Chosen Ciphertext Attack)。分析者可以利用解密机，按他所选的密文解密出相应的明文。双钥体制下，类似于选择明文攻击，他可以得到任意多的密文对密码进行分析。

这几类攻击的强度依次增大，惟密文攻击最弱。

密码分析的成功除了靠上述的数学演绎和归纳法外，还要利用大胆的猜测和对一些特殊或异常情况的敏感性。例如，若幸运地在两份密报中发现了相同的码字或片断，就可假定这两份报的报头明文相同。又如，在战地条件下，根据战事情况可以猜测当时收到的报文中某些密文的含义，如“攻击”或“开炮”等等。依靠这种所谓**“可能字法”**，常常可以幸运地破译一份报文。

一个保密系统是否被“攻破”，并无严格的标准。如果不管采用什么密钥，敌手都能从密文迅速地确定出明文，则此系统当然已被攻破，这也就意味着敌手能迅速确定系统所用的密钥。但破译者有时可能满足于能从密文偶然确定出一小部分明文，虽然此时保密系统实际上并未被攻破，但部分机密信息已被泄露。

密码史表明，密码分析者的成就似乎远比密码设计者的成就更令人赞叹！许多开始时被设计者吹为“百年或千年难破”的密码，没过多久就被密码分析者巧妙地攻破了。在第二次世界大战中，美军破译了日本的“紫密”，使得日本在中途岛战役中大败。一些专家们估计，同盟军在密码破译上的成功至少使第二次世界大战缩短了8年。

2.4.2 语言的统计特性

任何一种语言都有其内在的统计规律性。对100 000个以上字母的统计得出表2-4-1。根据上述统计，英文字母按频度大小排序如下：ETAOINSHRDLCUMWFGYPBVK-JXQZ。不同的课文内容和字母量的统计会给出稍不相同的排序。

表2-4-1 英文单字母频度表

a 8.167,	b 1.492,	c 2.782,	d 4.253,	e 12.702,	f 2.228.	g 2.015
h 6.094,	i 6.966,	j 0.153,	k 0.772,	l 4.025,	m 2.406,	n 6.749,
o 7.507,	p 1.929,	q 0.095,	r 5.987,	s 6.327,	t 9.056,	u 2.758,
v 0.978,	w 2.360,	x 0.150,	y 1.974,	z 0.074		

字母出现频度的知识可以提供单表代换中有关密钥的信息。例如，字母e出现频度最高，而单表代换下，字母频度的分布不变，只是代号变化了。因此，通过对密文字母的统

计，就可找出频度最高的密文字母，很可能就是明文字母 e。对于移位密码，这一信息就可将移位字母表完全确定，对于一般单表代换也将使可能的密钥量由 26! 降为 25!。

在字母统计表中，不少字母出现的频度近于相等。为了利用方便，常将英文字母按频度分类，如表 2-4-2 所示。

表 2-4-2　英文字母频度分类

分类	频度分类字母集	每个字母约占百分数
Ⅰ类	极高频度字母集：e	12%
Ⅱ类	次高频度字母集：t, a, o, i, n, s, h, r	6%～9%
Ⅲ类	中频度字母集：d, l	4%
Ⅳ类	低频度字母集：c, u, m, w, f, g, y, p, b	1.5%～2.3%
Ⅴ类	次低频度字母集：v, k, j, x, q, z	1%

在密码分析中除了单字母的统计特性外，还需要知道双字母、三字母及高维字母集的统计特性。

频度高的前 30 个双字母组如下：

TH　HE　IN　ER　AN　RE　ED　ON　ES　ST
EN　AT　TO　NT　HA　ND　OU　EA　NG　AS
OR　TI　IS　ET　IT　AR　TE　SE　HI　OF

频度高的前 20 个三字母组如下：

THE　ING　AND　HER　ERE　ENT　THA　NTH　WAS　ETH
FOR　DTH　HAT　SHE　ION　INT　HIS　STH　ERS　VER

其中，THE 出现频度差不多是第二位的 ING 的三倍，因此从密文中能较快地发现 THE 的等价组。分析中还可利用更高阶字母组的统计特性和其它的统计特性。

应当指出，在利用统计分析法时，密文量要足够大；否则，密文的统计与原来明文的统计量的偏差会很大，这会使破译难度加大。在实际通信中，除了字母之外，还有间隔号、标点符号、数字、回车、换行以及其它一些控制字等，它们的统计特性也必须加以考虑。数据格式、报头信息对于密码体制的安全有重要意义，在密码分析中都起重要作用。

在分析密报时，利用下述英文统计特性很有帮助：

(1) 冠词 the 对统计特性影响极大，它使 t、h、th、he 和 the 在单、双和三字母统计中都为高概率集中的元素。若 the 从明文中消去，字母 t 就会在第Ⅱ类中排在最后，而 h 会降为第Ⅲ类，th 和 he 也不再是较常出现的字母对了。

(2) 英文中大约有一半的单词以 e、s、d 或 t 作为单词的结尾字母。

(3) 英文中大约有一半的单词以 t、a、s 或 w 作为单词的开头字母。

2.4.3　单表代换密码分析

简单的单表代换密码，如移位密码极易破译。仅统计标出最高频度字母，再与明文字母表字母对应决定出移位量，就差不多可以得到正确解了。其它如乘法密码、仿射变换密码要稍复杂些，但多考虑几个密文字母统计表与明文字母统计表的匹配关系也不难解出。下面介绍一般单表代换密码的破译。

首先要对截获的密文进行统计得到单字母的频度分布表，并与明文字母统计表相比较，试图找出其间的匹配关系。如果找不到使两个表相互匹配的段，就不会是移位密码；如果用抽样方法也不能将其成功地转换成与明文字母统计表匹配的表，就说明这可能是一般单表代换。利用密文频度分布表可以将密文字母按频度分类，但还不能给出明文密文字母的准确对应关系，特别是当密文量不多时更是如此。

第二种手段是试图区分元音和辅音字母，主要靠研究双字母、三字母或四字母的密文组合。这样的组中一般必含有一个元音，根据这些组合很可能确定出表示元音的那些密文字母。

第三种手段是利用**模式词**(Pattern-words)或甚至用**模式短语**(Pattern-phrases)。由于是单表代换，因此明文中经常出现的词，如 beginning，committee，people，tomorrow 等，在密文中也会以某种模式重复。这就是所谓**猜字法**(Anagramming)，如果对上一个或几个词或一个短语，就会大大加速得到正确的代换表，这常常是破译的关键突破口。这一技术在对付规格化的五字母为一组的密文时多少会遇到些困难，因为密文中无字长信息[Sinkov 1966]。

例 2-4-1　给定密文为

UZ QSO VUOHXMOPV GPOZPEVSG ZWSZ OPFPESX
UDBMETSX AIZ VUEPHZ HMDZSHZO WSFP APPD
TSVP QUZW YMXUZUHSX EPYEPOPDZSZUFPO MB
ZWP FUPZ HMDJ UD TMOHMQ

试解的第一步是求出字母出现频度分布表：

字母	A	B	C	D	E	F	G	H	I	J	K	L	M	N	O	P	Q	R	S	T	U	V	W	X	Y	Z
频数	2	2	0	6	6	4	2	7	1	1	0	0	8	0	9	16	3	0	10	3	10	5	4	5	2	14

密文的频度分布和明文的显著不同，高频度字母集有 H、O、S、U 可能与Ⅱ类中的明文字母对应。而 P 和 Z 之一可能为明文字母 e，另一个与 t 对应。A、B、I、J、Q、T 和 Y 可能与第Ⅳ、Ⅴ类字母对应。

观察密文可知：Z 经常在字头或字尾出现，故猜其与 t 对应；而 P 经常在字尾出现而未在字头出现，故猜其为明文字母 e。

由于低频度密文字母 Q 和 T 都是二个词的首字母，因此它们很可能是低频度但经常作词头的字母集{c，w，p，b，f}中的元素。

利用二、三个字母组和元音辅音拼写知识，我们猜单词 MB 中必有一个元音字母，而 B 的频度低，故 M 更可能为元音字母，否则可能 B 与 y 对应。对于 UZ 和 UD，要么 U 为元音，要么 Z 和 D 都是元音，而 U 为辅音。若 U 为辅音，则相应的明文可能为 me、my 或 be、by。但 U 与 m 或 b 对应时，都不大像，因为 U 的频度偏高。因而，可能 U 为元音，而 Z 和 D 是辅音。若 Z 是辅音，则 ZWP 将暗示 W 或 P 为元音。由 P 和 Z 的频度看，ZWP 中的 P 可能为元音。

假定选 U 为元音，Z 为辅音，观察 ZWSZ 很像 that，则 ZWP 可能为定冠词 the。由此有：

W S F P　　A P P D
h • • e　　• e e •

可能指示出单词 have 和 been。

至此我们得到密文明文对照为：

UZ　QSO　VUOHXMOPV　GPOZPEVSG　ZWSZ　OPFPESX
• t　• a •　• • • • • • • e •　• e • te • • a •　t h a t　• e v e • a •
UDBMETSX　AIZ　VUEPHZ　HMDZSHZO　WSFP　APPD
• n • • • • a •　b • t　• • • e • t　• • n t a • t •　h a v e　b e e n
TSVP　QUZW　YMXUZUHSX　EPYEPOPDZSZUFPO
• a • e　• • t h　• • • • t • t • a •　• e • e • e • t a t • v e •
MP　ZWP　FUPZ　HMDJ　UD　TMOHMQ
• •　t h e　• • e t　• • n •　• n　• • • • • •

由此可见，UZ 可能为 at 或 it，但 A←s，所以 U←i。QUZW 可能为 with，即 Q←w。因而 QSO 为 was，即有 O←s，这和频度关系一致。至此我们猜测的结果为：

it　was　• is • • • se •　• este • • a •　that　seve • a •　in • • • • • a •　b • t
• i • e • t　• • nta • ts　have　been　• a • e　with　• • • iti • a •　• e • • esentatives
• •　the　viet　• • n •　in　• • s • • w

由此不难猜出：GPOZPEVSG 是 yesterday，OPFPESX 是 several，EPYEPOPDZSZUFPO 是 representatives，而 FUPZ HMDJ 是 viet cong (越共)。将这些对应关系代换密文，再做进一步尝试就可确定 N、O、R 的明文字母，经过整理恢复的明文如下：

it was disclosed yesterday that several informal but direct contacts have been made with political representatives of the viet cong in moscow。

由于密文中 J、K、Q、X 和 Z 未出现，所以虽然破译了这条密报，但还未找全明文密文代换表。为了便于破译用同一密表加密的其它密文，可进一步作些分析工作，列出现有的代换关系如下：

明文：a b c d e f g h i j k l m n o p q r s t u v w x y z
密文：S A H V P B J W U • • X T D M Y • E O Z I F Q • G •

由上表字母 V、W、X、Y、Z 在密文代换表中以 4 为间隔隔开，将密文字母按列写成 4 行得：

S P U T • I •
A B • D E F G
H J • M O Q •
V W X Y Z

显然，字母C应在B和D之间，R在Q与V之间。第一行为密钥字，有7个字母已知其中5个，余下的两个为N及K和L中的一个。第5个字母为N，则第7个字母为K。从而确定出密表是以SPUTNIK为密钥字，由4×7矩阵构造的代换。■

可以利用计算机代替这类手工作业。但要求计算机能用猜字法攻击密码并非易事，这需要教会计算机能“拼写”或“识别”课文[Lauer 1981]。

2.4.4　多表代换密码分析

在单表代换下，字母的频度、重复字母模式、字母结合方式等统计特性，除了字母名称改变之外，都未发生变化。依靠这些不变的统计特性就能破译单表代换。在多表代换下，原来明文中的这些特性通过多个表的平均作用而被隐蔽起来了，因而它的破译比单表要难。但是多表代换中的平均结果，会使密文的统计特性明显不同，而且随着多表代换周期的加大，这种差别也就更加明显。分析多表代换密码的关键，首先要确定识别多表密码的参数，密码学家Sinkov[1966]引入**粗糙度**(Measure of Roughness)，Friedman[1920]引入**重合指数**(Index of Coincide)对于识别多表代换密码起了重要作用；第二步是确定密表个数，Kaliski提出的重码分析法[1863]十分有效；第三步是确定各代换表。详细情况参看[Wang等1990]。

有关古典密码分析可参看[Barker 1977；Diffie等1979；Denning 1982；Deavours 1985；Friedman 1941，1978；Gaines 1956；Kahn 1967；Konheim 1981；Kullback 1976；Sinkov 1966；Rivest 1981等]。

2.5　信息论与密码学

消息的加密与破译和信息论密切相关。Shannon在1948年发表的《通信的数学理论》一文中，阐明了如何用信息论观点处理通信系统(图2－5－1)中存在随机干扰时的信息传输问题。在有扰条件下，发送的消息m在噪声干扰下变为m'，一般$m' \neq m$。接收者的任务是从收到的m'试图恢复原来的消息。为了使这成为可能，发送者常常要对消息进行编码，按一定规则增加一些多余数字，以便在出错时使接收者能对其进行检测或纠正。

在密码系统中(图2－5－2)，对消息m的加密变换的作用类似于向消息注入噪声。密文c就相当于经过有扰信道得到的接收消息。密码分析员就相当于有扰信道下原接收者。所不同的是，这种干扰不是信道中的自然干扰，而是发送者有意加进的，目的是使窃听者不能从c恢复出原来的消息。因此，Shannon很自然地将信息论引入到密码系统中。(事实上，Shannon创立信息论与他对密码的兴趣是分不开的。)他在1949年发表了《保密系统的通信理论》一文，用信息论的观点对信息保密问题作了全面的阐述。他以概率统计的观点对消息源、密钥源、接收和截获的消息进行数学描述和分析，用不确定性和惟一解距离度量密码体制的保密性，阐明了密码系统、完善保密性、纯密码、理论保密性和实际保密性等重要概念，从而大大深化了人们对于保密学的理解。这使信息论成为研究密码学和密码分析学的一个重要理论基础，宣告了科学的密码学信息理论时代的到来。

本节将介绍Shannon信息理论的有关基本知识及其在密码中的应用。

2.5.1　保密系统的数学模型

Shannon 从概率统计观点出发研究信息的传输和保密问题，将通信系统归为图 2-5-1 的框图，将保密系统归为 2-5-2 的框图。通信系统设计的目的是在信道有扰条件下，使接收的信息无错或差错尽可能地小。保密系统设计的目的在于使窃听者即使在完全准确地收到了接收信号条件下也无法恢复出原始消息。

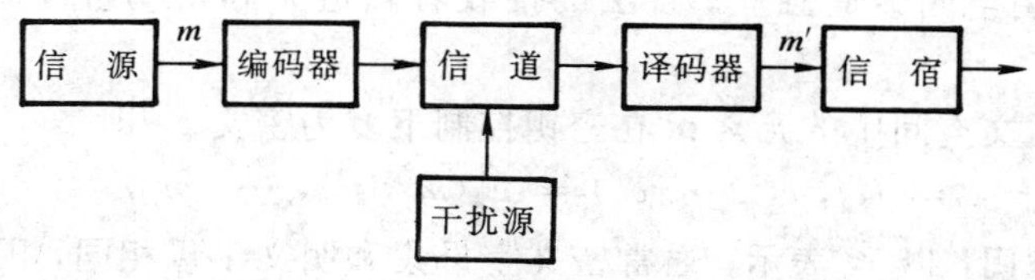

图 2-5-1　通信系统

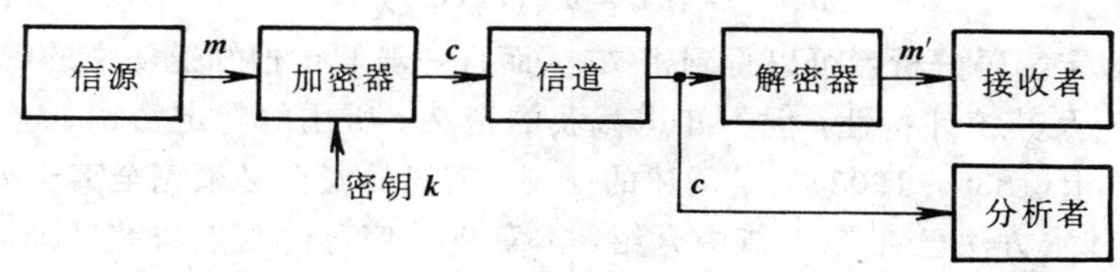

图 2-5-2　保密系统

类似于通信系统，可对保密系统各部分作如下描述。

信源是产生消息的源，在离散情况下可以产生字母或符号。可以用简单概率空间描述离散无记忆源。设信源字母表为 $M=\{a_i,\ i=0,\ 1,\cdots,\ q-1\}$，字母 a_i 出现的概率为 $p_i\geqslant 0$，且

$$\sum_{i=0}^{q-1} p_i = 1 \qquad (2-5-1)$$

信源产生的任一长为 L 个符号的消息序列为

$$\boldsymbol{m} = (m_1,\ m_2,\cdots,\ m_L) \qquad m_i \in M = \mathbf{Z}_q \qquad (2-5-2)$$

若我们研究的是所有长为 L 的信源输出，则称

$$\boldsymbol{m} \in \mathscr{M} = M^L = Z_q^L \qquad (2-5-3)$$

的全体为**消息空间**或**明文空间**，记为 $\mathscr{M}$。它含有 q^L 个元素。若信源为有记忆时，我们需要考虑 $\mathscr{M}$ 中各元素的概率分布。当信源为无记忆时有

$$p(\boldsymbol{m}) = p(m_1,\ m_2,\ \cdots,\ m_L) = \prod_{i=1}^{L} p(m_i) \qquad (2-5-4)$$

信源的统计特性对密码设计和分析起重要作用。

密钥源是产生密钥序列的源。密钥通常是离散的，设密钥字母表为：$\mathscr{K}=\{k_t,\ t=0,\ 1,\ \cdots,\ s-1\}$。字母 k_t 的概率 $p(k_t)\geqslant 0$，且

$$\sum_{t}^{s-1} p(k_t) = 1$$

一般设计中使密钥源为无记忆均匀分布源，所以各密钥符号为独立等概。对于长为 r 的密钥序列

$$\boldsymbol{k} = k_1, k_2, \cdots, k_r \quad k_1, \cdots, k_r \in \mathscr{K} = \boldsymbol{Z}_s \tag{2-5-5}$$

的全体称作是**密钥空间** $\mathscr{K}$，且有

$$\mathscr{K} = K^r = \boldsymbol{Z}_s^r \tag{2-5-6}$$

一般消息空间与密钥空间彼此独立。合法的接收者知道 $\boldsymbol{k}$ 和密钥空间 $\mathscr{K}$。窃听者不知道 $\boldsymbol{k}$。

加密变换是将明文空间中的元素 $\boldsymbol{m}$ 在密钥控制下变为密文 $\boldsymbol{c}$，即

$$\boldsymbol{c} = (c_1, c_2, \cdots, c_V) = E_k(m_1, m_2, \cdots, m_L) \tag{2-5-7}$$

称 $\boldsymbol{c}$ 的全体为**密文空间**，以 $\mathscr{C}$ 表示。通常密文字母集和明文字母相同，因而明文、密文长度一般也相同，即 $V=L$。密文空间的统计特性由明文和密钥的统计特性决定。

在保密系统研究中，我们假定信道是无扰的，因而对于合法接收者，由于他知道解密变换和密钥而易于从密文得到原来的消息 $\boldsymbol{m}$，即

$$\boldsymbol{m} = D_k(\boldsymbol{c}) = D_k(E_k(\boldsymbol{m})) \tag{2-5-8}$$

在无扰情况下，假定密码分析者可以得到密文 $\boldsymbol{c}$，而且一般假定他知道明文的统计特性、加密体制、密钥空间及其统计特性，但不知道截获的密文 $\boldsymbol{c}$ 所用的特定密钥。这就是荷兰密码学家 A. Kerckhoff(1835—1903)最早阐述的原则：密码的安全必须完全寓于**秘密钥**之中。关于密码分析的基本方法已在 2.4 节中介绍，本章将从信息论观点研究破译问题。为此，我们先介绍信息论的基本概念。

2.5.2 信息量和熵

给定一离散集合 $X=\{x_i, i=1, \cdots, n\}$，令 x_i 出现的概率为 $p(x_i)\geqslant 0$，且 $\sum_{i=1}^{n} p(x_i) = 1$，事件 x_i出现给出的信息定义为

$$\boldsymbol{I}(x_i) = -\log_a p_i \tag{2-5-9}$$

它表示了事件 x_i出现的可能性大小，也是为确定事件 x_i 的出现所必须付出的信息量。通常，$a=2$，即采用 2 为底的对数，记作 lb($=\log_2$)，相应的信息单位称作**比特**(bit)。它表示两个等可能事件集中，一个事件出现给出的信息量。若以 e 为对数底($a=e$)时，单位称作**奈特**(nat)，以 10 为对数底($a=10$)时，单位称作**铁特**(Tet)。1 bit＝0.693 nat＝0.301 Tet。下面都采用比特单位。

将集 X 中事件出现给出的信息的统计平均值

$$H(X) - \sum_{i} p(x_i)\text{lb } p(x_i) \geqslant 0 \tag{2-5-10}$$

定义为集 X 的熵(Entropy)。它表示 X 中出现一个事件平均给出的信息量，或集 X 中事件的**平均不确定性**(Average Uncertainty)，或为确定集 X 出现一个符号必须提供的信息量。在式(2-5-10)中定义 $0\cdot\text{lb}(0) = 0$。

例 2-5-1 设 $X=\{x_1, x_2\}$，$p(x_1)=p$，$p(x_2)=1-p$，其熵为

$$H(x) = -p\,\text{lb}\,p - (1-p)\,\text{lb}(1-p) = H(p) \tag{2-5-11}$$

在图 2-5-3 中，给出 $H(X)$ 随 p 的变化曲线。当 $p=0$ 或 1 时，$H(X)=0$，即集 X 是完全确定的。当 $p=1/2$，即 $p(x_1)=p(x_2)=1/2$ 时，$H(X)$ 取最大值 1 bit。■

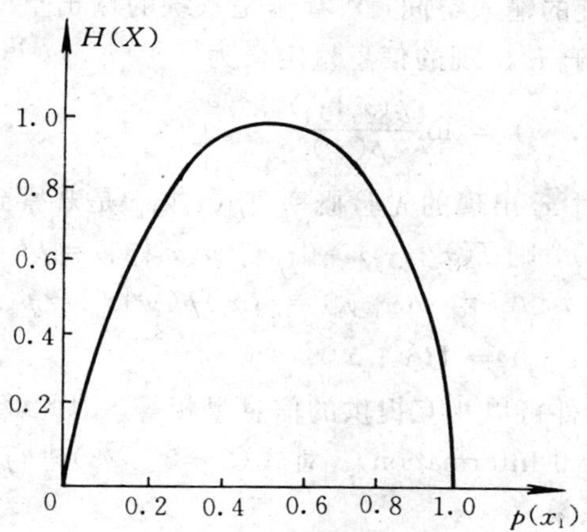

图 2-5-3　$H(X)\sim p(x_1)$ 的曲线

例 2-5-2　令 $X=\{x_1, x_2, x_3\}$，$p(x_1)=1/2$，$p(x_2)=1/4$，$p(x_3)=1/4$。按定义有 $I(x_1)=\text{lb } 2=1$ bit，$I(x_2)=I(x_3)=\text{lb } 4=2$ bit。由此可得

$$H(X)=1\times\frac{1}{2}+2\times(\frac{1}{4}+\frac{1}{4})=1.5 \text{ bit。}$$ ■

易于证明定理 2-5-1[Wang & Liang 1986]。

定理 2-5-1　对任意有 n 个事件集合 X，有

$$0\leqslant H(X)\leqslant \text{lb } n \tag{2-5-12}$$

定理表明，均匀分布下集 X 的不确定性为最大。■

设有两个事件分布 $X=\{x_i, i=1, \cdots, n\}$ 和 $Y=\{Y_j, j=1, \cdots, m\}$。则联合事件集 $XY=\{x_i y_j, i=1, \cdots, n, j=1, \cdots, m\}$。令联合事件的概率为 $p(x_j y_j)$，则有

$$\sum_{ij} p(x_i y_i)=\sum_i p(x_i)\sum_j p(y_j|x_i)=\sum_j p(y_j)\sum_i p(x_i|y_j)=1 \tag{2-5-13}$$

类似于式(2-5-10)有

$$H(Y)=-\sum_j p(y_j)\text{ lb } p(y_j) \tag{2-5-14}$$

$$H(XY)=-\sum_{i,j} p(x_i y_j)\text{ lb } p(x_i y_j) \tag{2-5-15}$$

称 $H(XY)$ 为集 X 和 Y 的**联合熵**。而有

$$H(X|Y)=-\sum_{i,j} p(x_i y_j)\text{ lb } p(x_i|y_j) \tag{2-5-16}$$

$$H(Y|X)=-\sum_{i,j} p(x_i y_j)\text{ lb } p(y_j|x_i) \tag{2-5-17}$$

为**条件熵**。由式(2-5-13)至式(2-5-17)不难求得

$$H(XY)=H(X)+H(Y|X) \tag{2-5-18}$$

$$=H(Y)+H(X|Y) \tag{2-5-19}$$

且可证明[Gallager 1968]：

$$H(X|Y) \leqslant H(X) \tag{2-5-20}$$

$$H(Y|X) \leqslant H(Y) \tag{2-5-21}$$

若将 X 看作是一个系统的输入空间，Y 看作是系统的输出空间。当输入为 $x_i \in X$，输出 $y_i \in Y$，将由 y_i 得到的关于 x_i 出现的信息量定义为

$$I(x_i,\ y_j) = \text{lb}\,\frac{p(x_i|y_j)}{p(x_i)} \tag{2-5-22}$$

式中，$p(x_i)$是未观察到 y_i 时 x_i 出现的先验概率，$p(x_i|y_j)$是观察到 y_i 后事件 x_i 出现的后验概率。若 $p(x_i|y_j)>p(x_i)$，则 $I(x_i;\ y_j)>0$；若 $p(x_i|y_j)=p(x_i)$，则 $I(x_i;y_j)=0$；若 $p(x_i|y_j)<p(x_i)$，则 $I(x_i;y_j)<0$。由 $p(x_i\,y_j)=p(x_i)p(y_j|x_i)=p(y_j)p(x_i|y_j)$，易于得出

$$\boldsymbol{I}(x_i;\ y_j) = \boldsymbol{I}(y_j;\ x_i) \tag{2-5-23}$$

这说明两个集合中的一对事件可以相互提供的信息量相等。因此，称 $\boldsymbol{I}(x_i;\ y_j)$为事件 x_i 和事件 y_j 之间的**互信息**(Mutual Information)。对式(2-5-23)进行统计平均就得到集合 X 和集合 Y 之间的**平均互信息量**

$$\begin{aligned} I(X,Y) &= \sum_{i,j} p(x_iy_j)I(x_i;\ y_j) \\ &= \sum p(x_iy_j)\ \text{lb}\,\frac{p(x_i|y_j)}{p(x_i)} \\ &= H(X) - H(X|Y) && (2-5-24) \\ &= H(Y) - H(Y|X) && (2-5-25) \\ &= H(X) + H(Y) - H(XY) && (2-5-26) \\ &\geqslant 0 && (2-5-27) \end{aligned}$$

两集合之间的平均互信息是非负的。由式(2-5-24)可知，平均互信息量是信源熵减小的量。在对集合 Y 作观察之前集合 X 原来的不确定性为 $H(X)$，观察了集合 Y 后集合 X 还保留的不确定性为 $H(X|Y)$，由 $H(X)\geqslant H(X|Y)$可知，观察 Y 给出的有关集合 X 的信息量为 $H(X)$和 $H(X|Y)$之差。在通信中，常将 $H(X|Y)$叫做**含糊度**(Equivocation)。对式(2-5-25)可作类似的解释。在通信中，称 $H(Y|X)$为**散布度**(Divergence)，系统中干扰越大，其输入 x_i 的平均散布度越大，使输入和输出之间的互信息越小。当 $H(Y|X)=0$ 时，有$I(X;Y) = H(Y)$(无扰情况)；当 $H(X|Y)=0$ 时，有 $I(X;Y)=H(X)$(注意，$H(X)=H(Y)$不一定成立)；若 X 与 Y 独立，则有 $H(Y|X)=H(Y)$，$H(X|Y)=H(X)$和 $I(X;Y)=0$。

例 2-5-3 若 $X=\{x_1,\ x_2\}$，$Y=\{y_1,\ y_2\}$，$p(y_1|x_1)=p(y_2|x_2)=1-p$，$p(y_2|x_1)=p(y_1|x_2)=p$，有

$$\begin{aligned} I(X;\ Y) &= H(Y) - H(Y|X) \\ &= H(Y) - H(p) \qquad (\text{由式}(2-5-11)) \end{aligned}$$

当 $p(x_1)=p(x_2)=1/2$ 时，有 $p(y_1)=p(y_2)=1/2$，此时可使 $I(X;\ Y) = 0$，为最小值。

■

若将系统看作是一个传信通道，则可定义

$$C = \max_{(p(X))} I(X;\ Y) \tag{2-5-28}$$

为**信道容量**(Channel Capacity)，是给定信道条件下，对所有可能的输入分布求的极大值，它表示通过信道可传送的最大信息量。对于本例给定的系统为**二元对称信道**(Binary Symmetric Channel)简记作 BSC，其容量为

$$C = 1 - H(p) = 1 + p\,\mathrm{lb}\,p + (1-p)\,\mathrm{lb}(1-p) \tag{2-5-29}$$

BSC 的线图表示和 C 与 p 的关系曲线在图 2-5-4 中给出。

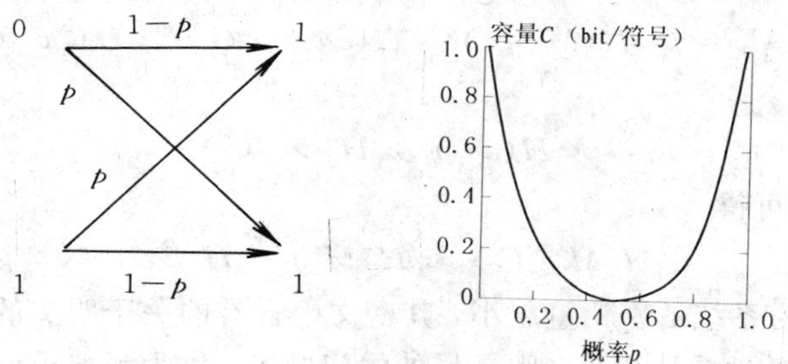

图 2-5-4　BSC 的容量 $C\sim p$ 曲线

可将式(2-5-15)定义的联合熵推广到 n 个事件集的情况，有 n 维联合熵

$$H(X_1, X_2, \cdots, X_n) = H(X_1) + H(X_2|X_1) + \cdots + H(X_n|X_1, \cdots, X_{n-1}) \tag{2-5-30}$$

$$\leqslant nH(X_1) \tag{2-5-31}$$

例 2-5-4　英文字母的熵值。

$H_0 = \mathrm{lb}\,26 = 4.7$ bit/字母(独立等概)

$H_1 = H(X_1) = 4.15$ bit/字母(一维统计)

$H_2 = \frac{1}{2}H(X_1X_2) = 3.62$ bit/字母(二维统计)

$H_3 = \frac{1}{3}H(X_1X_2X_3) = 3.22$ bit/字母(三维统计)

$H_\infty \approx 1.5$ bit/字母 ■

2.5.3　完善保密性

对于给定的一个保密系统，如图 2-5-2，由熵和信息量的定义，可计算系统中各部分的熵。令**明文熵**为 $H(\mathscr{M})=H(M^L)$，**密钥熵**为 $H(\mathscr{K})$，**密文熵**为 $H(\mathscr{C})=H(C^v)$，在已知密文条件下**明文的含糊度**为 $H(M^L|C^v)$，在已知密文条件下**密钥的含糊度**为 $H(\mathscr{K}|C^v)$。从惟密文破译来看，密码分析者的任务是从截获的密文中提取有关明文的信息

$$I(M^L; C^v) = H(M^L) - H(M^L|C^v) \tag{2-5-32}$$

或从密文中提取有关密钥的信息

$$I(\mathscr{K}; C^v) = H(\mathscr{K}) - H(\mathscr{K}|C^v) \tag{2-5-33}$$

对于合法的接收者，在已知密钥和密文条件下提取明文信息，由加密变换的可逆性知

$$H(M^L|C^v\mathscr{K}) = 0 \tag{2-5-34}$$

因而此情况下有

$$I(M^L; C^v\mathscr{K}) = H(M^L) \tag{2-5-35}$$

由式(2-5-32)和式(2-5-33)可知，$H(\mathscr{K}|C^v)$和 $H(M^L|C^v)$越大，窃听者从密文能够

提取出的有关明文和密钥的信息就越小。

定理 2-5-2　对任意保密系统

$$I(M^L; C^v) \geqslant H(M^L) - H(\mathscr{K}) \tag{2-5-36}$$

证明　由式(2-5-34)及式(2-5-22)有

$$\begin{aligned} H(\mathscr{K}|C^v) &= H(\mathscr{K}|C^v) + H(M^L|\mathscr{K}C^v) = H(M^L\mathscr{K}|C^v) \\ &= H(M^L|C^v) + H(\mathscr{K}|M^LC^v) \geqslant H(M^L|C^v) \end{aligned}$$

又因

$$H(\mathscr{K}) \geqslant H(\mathscr{K}|C^v)$$

故由式(2-5-24)可得

$$I(M^L; C^v) \geqslant H(M^L) - H(\mathscr{K})$$ ■

定理说明，保密系统的密钥量越小，其密文中含有的关于明文的信息量就越大。至于密码分析者能否有效地提取出来，则是另外的问题了。作为系统设计者，自然要选择有足够多的密钥量才行。

由定理 2-5-2 可知，一个密码系统，若其密文与明文之间的互信息

$$I(M^L; C^v) = 0 \tag{2-5-37}$$

则窃听者从密文就得不到任何有关明文的信息，不管窃听者截获的密文有多少，他用于破译的计算资源有多丰富，都是无济于事的。称满足式(2-5-37)条件的保密系统为**完善的**(Perfect)或**无条件的**(Unconditionally)保密系统，显然，这种系统是安全的。但是应当指出，这是对惟密文破译而言的安全性，它不一定能保证在已知明文或选择明文攻击下也是安全的。

定理 2-5-3　完善保密系统存在的必要条件是

$$H(\mathscr{K}) \geqslant H(M^L) \tag{2-5-38}$$

证明　由式(2-5-36)和平均互信息的非负性知，当式(2-5-38)成立时必有式(2-5-37)。 ■

由定理 2-5-3 知，要构造完善保密系统，其密钥量的对数(密钥空间为均匀分布条件下)要大于明文集的熵。当密钥为二元序列时要满足

$$H(M^L) \leqslant H(\mathscr{K}) = H(k_1, k_2, \cdots, k_r) \leqslant r \text{ (bit)} \tag{2-5-39}$$

定理 2-5-4　存在有完善保密系统。

证明　今以构造法证明。不失一般性可假定明文是二元数字序列

$$\boldsymbol{m} = (m_1, m_2, \cdots, m_L) \qquad m_i \in \mathrm{GF}(2)$$

令密钥序列

$$\boldsymbol{k} = (k_1, k_2, \cdots, k_r)$$

和密文序列

$$\boldsymbol{c} = (c_1, c_2, \cdots, c_v)$$

也都是二元序列。$\boldsymbol{m}$ 和 $\boldsymbol{k}$ 彼此独立。今选 $L=r=v$，并令 $\boldsymbol{k}$ 是一理想二元对称源(BSS)的输出，即 $\boldsymbol{k}$ 为随机数字序列，因而有

$$H(\mathscr{K}) = L \text{ (bit)}$$

若采用 Vernam 体制，则有

$$c = E_k(\boldsymbol{m}) = \boldsymbol{m} \oplus \boldsymbol{k}$$

式中，加法是逐位按模 2 进行的，即

$$c_i = m_i \oplus k_i$$

这等价于将 $\boldsymbol{m}$ 通过一个转移概率 $p=1/2$ 的 BSC 传送，BSC 的容量 C 为零(参看例 2-5-3)。因而有

$$I(M^L;\ C^L) \leqslant LC = 0$$

但由平均互信息的非负性有 $I(M^L;\ C^L) \geqslant 0$，从而证明上述系统有

$$I(M^L;\ C^L) = 0$$

即系统是完善的。 ■

定理 2-5-4 构造的系统在惟密文破译下是安全的，但在已知明文攻击下是不安全的。因为，若知道明文－密文对($\boldsymbol{m}'$，$\boldsymbol{c}'$)，则由 $\boldsymbol{c}'=\boldsymbol{m}' \oplus \boldsymbol{k}$ 可求得 $\boldsymbol{k}=\boldsymbol{c}' \oplus \boldsymbol{m}'$。用此 $\boldsymbol{k}$ 加密的所有密文 $\boldsymbol{c}$ 均可破，即可求得 $\boldsymbol{m}=\boldsymbol{c} \oplus \boldsymbol{k}$。因此，密钥不能重复使用。在一次一密体制下，任何已知的明文－密文对都无助于破译以后收到的密文。Shannon 最先证明这种体制是完善保密的，并能抗击已知明文－密文下的攻击。在不知密钥条件下，任何人采用任何破译法都不会比随机猜测更好些！

在实际应用中，为了安全起见，必须保证密钥以完全随机方式产生(如掷硬币)，并派可靠信使通过安全途径送给对方，每次用过后的密钥都要立即销毁。

Massey[1986]曾将 Shannon 的惟密文破译下的完善保密性概念推广到已知明文破译情况。

2.5.4　多余度

令信源产生的明文序列为 $\boldsymbol{m} = (m_1, m_2, \cdots, m_L)$，$L \geqslant 1$。其中，$m_l \in M = \boldsymbol{Z}_q$。$L$ 长明文序列的熵为 $H(M_1, M_2, \cdots, M_L)$。定义

$$D_L = L \operatorname{lb} q - H(M_1, M_2, \cdots, M_L) \geqslant 0 \qquad (2-5-40)$$

为 L 长明文序列的**多余度**(Redundancy)。它是 L 长独立等概 q 元序列的熵值与信源输出的 L 长序列熵值之差。信源输出字母间的统计关联越强，D_L 值越大。定义

$$\delta_L = \frac{D_L}{L} \qquad (2-5-41)$$

为 L 长明文序列**平均每字母的多余度**。显然有

$$0 \leqslant \delta_L \leqslant \operatorname{lb} q \qquad (2-5-42)$$

例 2-5-5　由例 2-5-4 可得到英文字母序列的多余度如下：

$D_1 = 0.55$ bit，　$\delta_1 = 0.55$ bit/字母；

$D_2 = 2.16$ bit，　$\delta_2 = 1.08$ bit/字母；

$D_3 = 2.92$ bit，　$\delta_3 = 1.48$ bit/字母；

$D_\infty = \infty$ bit，　$\delta_\infty = 3.2$ bit/字母。 ■

由于明文存在有多余度，实现完善保密所需的密钥量的上限可以减低。在二元情况下由式(2-5-39)知，若

$$r \geqslant H(M_1, M_2, \cdots, M_L) \qquad (2-5-43)$$

就可能实现完善保密。若 $L \gg H(M_1, M_2, \cdots, M_L)$，就可先对明文消息序列 $\boldsymbol{m}=(m_1, m_2, \cdots, m_L)$进行压缩编码得 $\boldsymbol{m}'=(m'_1, m'_2, \cdots, m'_N)$，$N<L$；然后，对 $\boldsymbol{m}'$进行加密。在二元情况下，为实现完善保密所需的密钥量仅为 N bit。理想压缩编码可使密钥长度减至

$$r = N \approx H(M_1, M_2, \cdots, M_L) \qquad (2-5-44)$$

收端先利用已知密钥 $\boldsymbol{k}$ 从收到的密文 $\boldsymbol{c}$ 恢复出压缩后的明文

$$\boldsymbol{m}' = \boldsymbol{c} \oplus \boldsymbol{k}$$

再由明文 $\boldsymbol{m}'$恢复出原来的明文消息 $\boldsymbol{m}$。因此，只要保证式(2-5-43)的条件，就可能实现完善保密。而所需的密钥量由原来的 L bit 降为 $H(M_1, M_2, \cdots, M_L)$bit。当然，这并不能从根本上解决一次一密体制中密钥量过大的问题。但是在下面我们将会看到，加密前的数据压缩是强化保密系统的重要措施，这也是 Shannon 最先指出的一个重要结果。降低明文中的多余度常常会使密码分析者处于困境。有关数据压缩编码的内容已超出本书范围，请看[Wang 等 1986]。

2.5.5 理论保密性

现在研究惟密文破译密码的理论问题，讨论破译一种密码体制时分析者必须处理的密文量的下限。Shannon 从给定 υ 长密文序列集 $C=C_1, C_2, \cdots, C_\upsilon \in C^\upsilon$ 条件下密钥的不确定性，即从密钥含糊度 $H(K|C^\upsilon)$出发研究这一问题。显然，当 $\upsilon=0$ 时的密钥的含糊度就是密钥的熵 $H(K)$。由条件熵性质知

$$H = (K|C_1, \cdots, C_{\upsilon+1}) \leqslant H(K|C_1, \cdots, C_\upsilon) \qquad (2-5-45)$$

即随着 υ 的加大，密钥含糊度是非增的。这就是说，随着截获密文的增加，得到的有关明文或密钥的信息量就增加，而保留的不确定性就会越来越小。若 $H=(K|C^\upsilon)\to 0$，就可惟一地确定密钥 K，从而实现破译。

对于给定的密码系统，我们称

$$\upsilon_0 = \min\{\upsilon \in N \mid H(K|C^\upsilon) \approx 0\} \qquad (2-5-46)$$

为在惟密文攻击下的**惟一解距离**(Unicity Distance)，式中，N 是正整数集。式(2-5-46)表明，当截获的密报量大于 υ_0 时，原则上就可惟一地确定系统所用的密钥(如果能将密钥的可能取值限制到很小的范围内，通过试验也就不难破译了)，也就是说，原则上可以破译该密码。若截获的密报量少于 υ_0，就存在有多种可能的密钥解，密码分析者无法从中确定哪一个是正确的。

下面我们研究 υ_0 与明文多余度的关系。令 M^l, C^l 和 K 都是二元序列集，K 和 C^l 之间的平均互信息为

$$I(K; C^l) = H(C^l) - K(C^l|K) \qquad (2-5-47)$$

对于典型的密码系统，当 l 足够小时，二元密文序列的前 l bit 实际上是完全随机的二元数字，因而有

$$H(C^l) \approx l \text{ bit} \qquad (2-5-48)$$

由熵的性质有

$$\begin{aligned} H(M^lC^l|K) &= H(M^l|K) + H(C^l|M^lK) \\ &= H(C^l|K) + H(M^l|C^lK) \end{aligned} \qquad (2-5-49)$$

式中

$$H(C^l|M^l K)=0 \tag{2-5-50}$$

$$H(M^l|C^l K)=0 \tag{2-5-51}$$

又由所有密码系统的明文和密钥统计独立，即

$$H(M^l|K)=H(M^l) \tag{2-5-52}$$

将上述三个公式代入式(2－5－49)得

$$H(C^l|K)=H(M^l) \tag{2-5-53}$$

对于多数密码系统和相应的明文源，在 l 不太大时，例如 $l\leqslant L$，不确定性 $H(C^l|K)$ 随 l 近似于线性关系增加，因而可将上式写成

$$H(C^l|K)\approx\frac{1}{k}H(M^L)\qquad 1\leqslant l\leqslant L \tag{2-5-54}$$

将式(2－5－48)和式(2－5－54)代入式(2－5－47)得

$$I(K;C^L)\approx l-\frac{l}{L}H(M^l)=l\left[1-\frac{H(M^L)}{L}\right] \tag{2-5-55}$$

由式(2－5－41)知，上式括号中的量是 L 长二元信源序列的多余度，故有

$$I(K;C^L)=l\delta_L\qquad 0\leqslant\delta_L\leqslant 1 \tag{2-5-56}$$

又由于

$$I(K;C^L)=H(K)-H(K|C^l)$$

因而有

$$H(K|C^l)\approx H(K)-l\delta_L \tag{2-5-57}$$

由此可见，当 l 足够小时，密钥含糊度将随截获的密文长度 l 线性地降低，直到当 $H(K|C^l)$ 变得相当小时为止。

由式(2－5－57)及惟一解距离 υ_0 的定义可得

$$\upsilon_0\approx\frac{H(K)}{\delta_L} \tag{2-5-58}$$

图(2－5－5)给出 $H(K)\sim l$ 的典型变化特性。

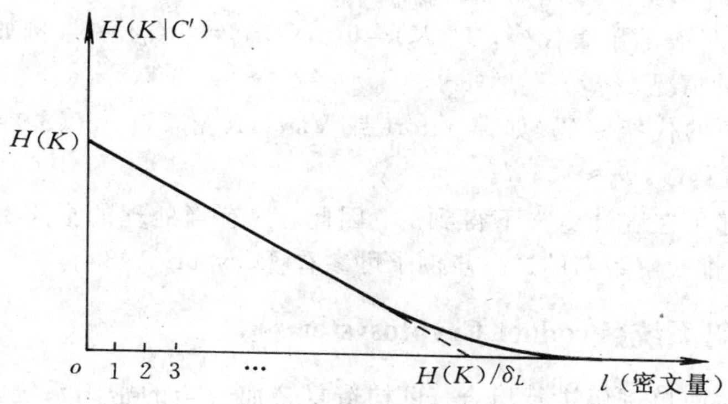

图 2－5－5　$H(K)\sim l$ 的曲线

由式(2－5－58)可知，若 $\delta_L=0$，即当明文经过最佳数据压缩编码后，其惟一解距离 $\upsilon_0\to\infty$。虽然这时系统不一定满足 $H(K)\geqslant H(M^L)$ 的完善保密条件，但不管截获的密报量

有多大，密钥的含糊度仍为 $H(K|C^l) \approx H(K)$，即可能的密钥解有 $2^{H(K)}$ 个之多！当然，实际中不可能实现 $\upsilon_L=0$，但是在消息进行加密之前，先进行压缩编码来减小多余度，对于提高系统安全性是绝对必要的！多余度的存在，使得任何密码体制在有限密钥下（$H(K)$为有限），其惟一解距离都将是有限的，因而在理论上都将是可破的。从式(2-5-58)来看，提高保密系统安全性的途径是增大 $H(K)$，即采用复杂的密码体制，直至一次一密钥体制；此外，就是减小多余度 δ_L。因此，一些使数据扩展的方式对于密码的安全是不利的。

图 2-5-5 描述的仅仅是理论上的可能性，即当截获的密报量大于惟一解距离时，原则上就可以破译。但有两点需要指出：第一，这一可能是假定分析者能利用明文语言的全部统计知识条件下得到的，实际上由于自然语言的复杂性，没有任何一种分析方法能够做到这点，所以，一般破译所需的密文量都远大于理论值 υ_0；第二，这里没有涉及为了得到惟一解所需要作出的努力，或需完成多少计算量。从实际破译来看，有时虽然截获的密文量远大于 υ_0，但由于所需的工作量还太大而难以实现破译。没能将计算量考虑进去，是以这种信息理论法来研究密码学的一个重要缺陷。Shannon 在 1949 年的论文中已意识到了这点，并提出了**实际保密性**(Practical Secrecy)概念来弥补它。

例 2-5-6 英语单表代换密码的密钥量 $|K|=26!$，其密钥空间的熵为 $H(K)=\text{lb}(26!)=88.4$ bit。由例 2-5-5 知，$\delta_\infty=3.2$ bit/字母，所以这一密码体制的惟一解距离 $\upsilon=88.4/3.2=27.6$ 字母。 ■

此例说明，只要截获到 28 个字母长的密文，原则上就可能破译英语单表代换密码。这和著名密码分析家 W. F. Friedman 的经验值 25 个字母相符[Friedman 1941]。一般要多于 25 个字母，如果以近于 υ_0 个字母进行破译，往往要花费很大的时间代价，需要试验几乎所有可能的密钥才能得到较为可信的解。例如，当密文量 $\upsilon=40$ 字母，若每个字母的多余度以 $\delta=1.5$ 计算，一个有意义的脱密消息的期望数仅为 1.2×10^{-10}。因此，当得到一个有意义的解时显然是可信赖的。但若以 $\nu=20$ 个密文字母破译，有意义的脱密解高达 2.2×10^7 个之多，如果得到了一个有意义的解，其可信度是很低的。

例 2-5-7 下面给出几种密码体制对英语报文加密时的惟一解距离。

(1) 周期为 d 的移位密码，$H(K)=\text{lb}(d!)$，$\upsilon_0=\text{lb}(d!)/3.2=0.3d\ \text{lb}(d/\text{e})$字母。若选 $d=27$，则 $d/\text{e}\approx10$，$\text{lb}(d/\text{e})\approx3.2$，故 $\upsilon_0=2.7$ 字母。

(2) 含 q 个字母表的单表代换，$H(K)=\text{lb}(q!)$，$\upsilon_0=\text{lb}(q!)/\delta$。例如，$q=26$，$\delta=3.2$ 就为例 2-5-6 的情况。

(3) 周期为 d 的代换密码(如 Beaufort 或 Vigenére 密码)。$H(K)=\text{lb}(q^d)=d\ \text{lb}\ q$，$\upsilon_0=(d\ \text{lb}\ q)/\delta$，对英语，$\upsilon_0\approx1.5\,d$。 ■

本节的结果都是在统计意义下得到的，因此，只有当处理的报文数据足够大时才适用。有关密码体制惟一解距离的进一步例子可参看[Deavours 1985]。

2.5.6 乘积密码系统(Product Cryptosystems)

利用“乘积”对简单密码进行组合，可构造复杂而安全的密码系统，这是 Shannon 在 1949 年的文章中所总结出的一个方法。它对于设计当代密码有重要指导意义，许多近代分组密码体制，几乎无一例外都采用了这一思想。

为讨论简单，设 $C=\mathscr{M}$，这类密码称为**自同态**(Endomorphic)密码。令 $S_1=(\mathscr{M},\mathscr{M},$

$\mathscr{K}_1, E_1, D_1$)和 $S_2=(\mathscr{M}, \mathscr{M}, \mathscr{K}_2, E_2, D_2)$是两个自同态密码系统，它们有相同的明文空间和密文空间。S_1 和 S_2 的乘积 $S_1 \times S_2$ 表示为$(\mathscr{M}, \mathscr{M}, \mathscr{K}_1 \times \mathscr{K}_2, E, D)$。乘积密码系统的密钥为 $\boldsymbol{k}=(\boldsymbol{k}_1, \boldsymbol{k}_2)$，$\boldsymbol{k}_1 \in \mathscr{K}_1$，$\boldsymbol{k}_2 \in \mathscr{K}_2$。

加密：$E_{(k_1k_2)}(\boldsymbol{m}) = E_{k_2}(E_{k_1}(\boldsymbol{m}))$

$$
\begin{aligned}
\text{解密：} D_{(k_1k_2)}(\boldsymbol{c}) &= D_{(k_1,k_2)}(E_{k_1,k_2}(\boldsymbol{m})) \\
&= D_{(k_1k_2)}(E_{k_2}(E_{k_1}(\boldsymbol{m}))) \\
&= D_{k_1}(D_{k_2}(E_{k_2}(E_{k_1}(\boldsymbol{m})))) \\
&= D_{k_1}(E_{k_1}(\boldsymbol{m})) \\
&= \boldsymbol{m}
\end{aligned}
$$

由于 $\boldsymbol{k}_1$ 和 $\boldsymbol{k}_2$ 独立选取，故有

$$p_k(\boldsymbol{k}_1, \boldsymbol{k}_2) = p_{k_1}(\boldsymbol{k}_1) \times p_{k_2}(\boldsymbol{k}_2)$$

例如，令 M 是一乘法密码，$m=C=\mathbf{Z}_{26}$，$K=\{a \in \mathbf{Z}_{26}: \gcd(a, 26)=1\}$

加密：$E_a(m) = am \mod 26 \qquad m \in \mathbf{Z}_{26}$

解密：$D_a(c) = a^{-1}c \mod 26 \qquad c \in \mathbf{Z}_{26}$

令 S 是移位密码，即 $E_k(m)=m+k \mod 26$，$k \in \mathbf{Z}_{26}$，则 $M \times S$ 构成仿射密码，密钥为 (a, k)。

加密：$E_{(a,k)}(m)=ax+k \mod 26$。密钥总数为 $26 \times \varphi(26)=12 \times 26=312$

而对 $S \times M$

加密：$E_{(k,a)}(m)=a(m+k)=am+ak \mod 26$

实际上也等价于一个仿射密码，其密钥数为 312 个，即 $M \times S=S \times M$，S 和 M 满足**交换律**。并非所有密码系统对之间都可换。但对乘积密码，结合律永远成立。

特例：$S \times S$，以 S^2 表示，可以推广到 n 重乘积密码，以 S^n 表示。若对迭代密码有 $S^2=S$，则称其为**幂等**(Idempotent)密码系统。

移位、代换、仿射、Hill、Vigenere 和置换等密码都是幂等体制。

若密码是幂等的，则不会采用乘积 S^2，即使用另一个密钥，也不会增大安全性。

对于非幂等密码体制，增加迭代次数，会增大潜在的安全性。两个不同的密码进行乘积常会得到一个非幂等密码。

易于证明，若 S_1 和 S_2 是幂等的，则 $S_1 \times S_2$ 也是幂等的。因为

$$
\begin{aligned}
&(S_1 \times S_2) \times (S_1 \times S_2) \\
&= S_1 \times (S_2 \times S_1) \times S_2 \\
&= (S_1 \times S_1) \times (S_2 \times S_2) \\
&= S_1 \times S_2
\end{aligned}
$$

2.5.7　实际保密性

理论保密性是假定密码分析者有无限的时间、设备和资金条件下，研究惟密文攻击时密码系统的安全性。一个密码系统，如果对手有无限的资源可利用，而在截获任意多密报下仍不能被破译，则它在理论上是保密的。实际密码分析者所具有的资金、设备和时间总是有限的。在这种条件下来研究密码体制的安全保密性，就是研究系统的**实际保密性**。一

个密码系统的破译所需要的努力，如果超过了对手的能力(时间、资源等)时，则该系统为实际上安全保密的。

一般消息的保密都有一个**最小保障时间**(Minimum Cover Time)，如果分析者以他拥有的设备资源在此时间内不能破译，则系统的安全性就能满足实际需要。因此，耗时的破译法几乎没有太大价值。在实际条件下，一个在理论上不安全的系统可能提供实际上的安全保密性。另一方面，一个在理论上安全的系统，在实际上也可能是很脆弱的。因为“理论上不可破”这句话忽略了许多很重要的因素。例如，一次一密钥体制中假定密钥的传送不经过密码系统本身，而且要求的密钥量至少和明文一样多。但要将大量密钥送给收端有很多实际困难，致使密钥管理系统很脆弱而易受攻击。又如人工语言的单表代换中，假定所有字母都是等概且独立地产生，其多余度 $\delta_L=0$，因而系统是理论安全保密的。这是在惟密文破译条件下得出的结论。实际中密码分析者会得到一些明文－密文对，从而就可能攻破它。因此，实际密码系统不能单纯地追求理论保密性。

如何估计一个系统的实际保密性？最主要的需考虑两个因素：一是密码分析者的计算能力；二是他所采用的破译算法的有效性。

密码分析者的计算能力取决于他所拥有的资源条件。最保险的是假定分析者有最好的设备。例如，一个密码系统的破译至少需要有 10^{50}个存储单元或需进行这样多的操作。若存储每比特要用 10 个硅原子，存储 10^{45} bit 所需的原子个数总重将等价于一个月亮，破译此密码所需的存储器重量将为 10^5 个月亮，这当然是不可能满足的。又如每步逻辑运算所消耗的能量为 kT，其中 k 为 Boltzman 常数，T 是绝对温度。假定运算是在 100 K 温度下进行，则在 1 000 年内从太阳送给地球的能量总和可以供给 3×10^{48}基本操作所需的能量，这也是不可能满足的。我们可以将在 1 000 年内进行 10^{50}基本运算和存储量为 10^{50} bit 作为实际可用资源的极限[Davies 等 1989]。实际上，即使破译所要求的基本运算次数为 10^{18}次，用最快的计算机(每次操作需时为 1 ns)，需时也将达 30 年！(一年有 31 536 000 s)。在估计系统的保密性时，首先要估计破译它所需的基本运算次数和存储量，而后决定系统的保障时间是否满足要求。

破译算法的有效性是十分重要的，密码分析者总是在搜寻新的方法来减少破译所需的运算量。例如，假定每微秒可以试验一个单表代换的密钥，则要穷尽所有 26! 个单表代换的密钥需要 1.28×10^{13}年。但实际分析者绝不会采用此等笨办法。如前所述，采用统计分析法，对相当短的密文，也能破译。

密码设计者的任务是尽力设计一个理想的或完善的保密系统，即使做不到这点，也要保证使分析者必须付出相当的代价(时间、费用等)，甚至在密报量超过惟一解距离时，也能满足实际保密的要求。

由上节可知，任何实际密码系统都有一个有限长的惟一解距离，当截获密文量超过它时，就能得到惟一解。密码分析者的任务是析出此惟一解。当密文量小于惟一解距离时，密码分析者的任务是分离出所有可能的高概率解，并确定这些解出现的概率。对于不同的系统，要做到这点所需的工作量变化很大。令对 l 长截获密文做到这点所需的**平均工作量**为 $W(l)$。Shannon 将 $W(l)$ 随 l 的变化曲线定义为密码系统的**工作特性**(Work Characteristic)。其中，$W(l)$可用人－时度量。平均是在所有可能密钥上进行的。$W(l)$可用来衡量密码系统的实际保密性。

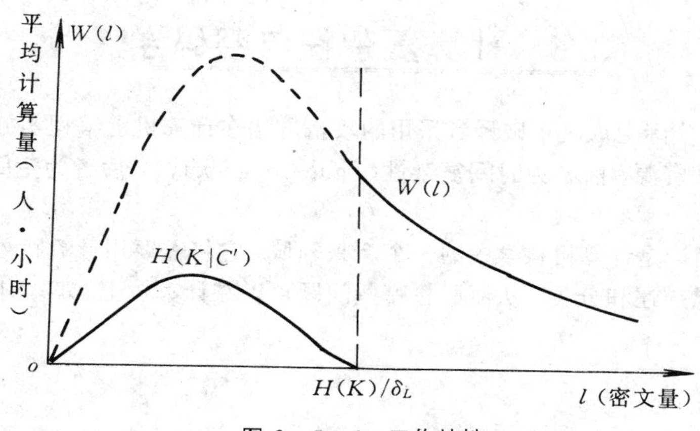

图 2-5-6　工作特性

图 2-5-6 给出英语的简单代换密码的典型工作特性。图中，点线表示可能的解多于一个的区域，对各可能的解出现的概率需分别确定；实线表示有惟一解的区域。由图可知，随密文量 l 增加，$W(l)$会降至一个渐近值。

任何一个非理想系统，其工作特性的趋势大致和图 2-5-6 一致，但 $W(l)$的绝对取值随密码体制不同相差极大。即使当它们的密钥含糊度 $H(K|C^l)$随 l 变化的曲线大致相同时，它们的 $W(l)$也会有很大差别。例如，密钥量和简单代换一样的维吉尼亚或组合维吉尼亚密码的工作特性要比简单代换密码的好得多。

如何实现使破译一个密码系统所需的工作量极大化，这是博奕论中“极大化极小”问题。仅仅从对付现有的标准的密码分析法是不够的，还必须确保没有轻而易举的破译方法。密码史上有很多系统，在它们刚出现时可以对付所有已知的破译法，因而常常被轻率地宣称为“不可破”的。但稍后就在破译者提出的更巧妙的分析方法攻击下瓦解了。例如，第二次世界大战中，德国 Enigma 密码机的可悲命运就是如此。当英国密码分析专家已经用电子数字计算器轻而易举地破译出用 Enigma 密码机加密的密文时，德国的密码人员还深信他们的密码是安全的。就是近代 Merkle-Hellman 的背包双钥密码体制也不例外。真是“道高一尺，魔高一丈”，要判定密码体制的安全性绝非易事!

在设计密码系统时，如何保证破译它所需的工作量足够大？可从下述两种途径解决。首先，研究分析者可能采用的有哪些分析法，尔后估计各法破译该体制时所需的平均工作量 $W(l)$。这需要有丰富的密码分析经验，这种方法在实际中常会使用。设计者要尽可能在一般条件下描述这些分析方法，设法构造一种可以抗击这类一般分析法的密码系统。

估计破译一个保密系统所需的平均工作量 $W(l)$ 的另一种途径是，将破译此密码的难度等价于解数学上的某个已知难题。Shannon 在 1949 年时虽然没有计算复杂性这样的理论工具可用，但他已明确地意识到这一问题，他曾指出“好密码的设计问题，本质上是寻找针对某些其它条件的一种求解难题的问题”。有关计算复杂性及其在密码学中的应用，我们将在下节中介绍。

有关推广工作可参看[Hellman 1977；Beauchemin 等 1988]。有关信息论的概念可参看[Blahut 1987；McEliece 1984；Wang 等 1986]。Shannon 信息保密理论的进展概况可参看[Wang 1997，1998；Zhang 等 1997，1998]。

2.6 计算复杂性与密码学

密码的破译，实际上取决于破译者采用的攻击方法在计算机上编程实施时所需的计算时间和占用的硬件资源。前者为**时间复杂性**(Time Complexity)，后者为**空间复杂性**(Space Complexity)。

计算复杂性理论是计算机科学中的一个新兴领域，它将需要用计算机处理的数学问题按困难性进行定量描述和分类，从而回答哪些问题可以在计算机上求解，求解时采用哪种算法更好些。

2.6.1 问题

问题指要在计算机上求解的对象。首先要用合适的参数对问题进行确切描述，尔后明确所需的答案的形式。

例 2-6-1 n 个数 $x_0, x_1, \cdots, x_{n-1}$ 的排序问题。即求对 $(0, 1, \cdots, n-1)$ 所施的置换 $\prod$，使 $x_{\pi(0)} \leqslant x_{\pi(1)} \leqslant \cdots \leqslant x_{\pi(n-1)}$。

可以通过对两个数 x，y 进行比较大小作为基本操作。即

$$\text{COMPARE}\{x, y\} = \begin{cases} x(\text{次序不变}) & \text{如 } x \leqslant y \\ y(y\text{ 置于 } x \text{ 之前}) & \text{如 } x > y \end{cases}$$

为完成排序所需的进行"COMPARE"的次数就决定了求解的工作量。■

例 2-6-2 拼图游戏。将一张图剪成 n 小片，打乱后再拼成原图。其基本操作为 Take：拿某一小片；Test：将此小片放入某个位置检查是否合适。为完成拼图所需的基本操作数决定了求其解的复杂性。■

例 2-6-3 在 GF(2)上解布尔函数方程组。

$$\begin{cases} f_1(x_1, x_2, \cdots, x_n) = 0 \\ \quad\vdots \\ f_n(x_1, x_2, \cdots, x_n) = 0 \end{cases}$$

参数集合为 $\{f_i(x_1, \cdots, x_n)\}$，$1 \leqslant x_i \leqslant m$。其解是找出存在的 n 重 $(u_1, \cdots, u_n) \in GF(2^n)$，使其满足每个 $f_i(x_1, \cdots, x_n) = 0$。例如，$n=3$，$m=3$

$$f_1(x_1, x_2, x_3) = x_1 + x_2x_3$$

$$f_1(x_1, x_2, x_3) = 1 + x_1x_2$$

$$f_1(x_1, x_2, x_3) = 1 + x_1 + x_2 + x_3 + x_1x_2x_3$$

则是此类问题的一个特例。■

问题的**规模**(Size)是为解问题所需输入变量的个数或输入二元数据的位数，以 n 表示。

2.6.2 算法

算法是求解某个问题的一系列基本步骤(程序)或方法。例如，解线性方程组的 Gauss 消元法、求最大公约数的 Euclid 算法。"一个算法能解一个问题"是指此算法可解该问题中的任一特例。"一个问题可解"是指至少有一种算法能对其进行求解。"最佳算法"是指求解

某个问题的最快或最节省资源的算法。

2.6.3　算法复杂性

算法复杂性的一个常用量度是时间复杂度。以一个算法解输入长度为 n 的问题，若对所有 n 和所有长为 n 的输入至多可用 $f(n)$步完成，则称算法的复杂度为 $f(n)$。因此，对给定的 n 和处理速度，时间复杂度就是执行时间的上界。其定义如下：

对可归结为一个计算函数 f：$x \to y$ 的问题，$x \in X^n$，$y \in Y^n$。对计算此函数 f 的算法为 ALG(f)，$x \in \bigcup_{n-1}^{\infty} X^n$。计算 $f(x)$，$x \in X^n$，所需要的时间为 ALG(f，x)，则算法 ALG(f)在 X^n 上时间复杂性为

$$\mathrm{ALG}(f;\ X^n) \triangleq \max_{x \in X^n} \mathrm{ALG}(f;\ x) \tag{2-6-1}$$

而对一个问题的计算复杂性为

$$\mathrm{RT}(f,\ X^n) = \min_{\mathrm{ALG}} \mathrm{ALG}(F;\ X^n) \tag{2-6-2}$$

由上述可知，一个算法的复杂性是为解某问题**最困难**的特例所需计算时间，而问题的复杂性就是解这一问题的**最佳算法**的复杂性。

在定义中所用的“步数”可能是图灵(Turing)机上的一步、处理器上的一条指令、一条高级语言机器指令等等。但这些均只涉及一个乘数因子，对于大的 n，这一常数作用不大。真正重要的是执行算法的时间随 n 增长的速度。例如，若密钥长为 50 bit，则密钥穷搜索次数将为 2^{50}；而在密钥长为 100 bit 下，则为 2^{100}。我们关心的是破译一个体制所需的大致近于实际的工作量级。一般，我们很难给出 $f(n)$的确切表达式。所幸的是在 n 很大时，$f(n)$随 n 变化的速度将起主要作用。例如，计算某一规模为 n 的问题有两种算法，其时间复杂性分别为 $f_1(n)=n^{100}$，和 $f_2(n)=2^{0.001n}$。当 n 小时，$f_2(n)<f_1(n)$。但随 n 加大，$f_2(n)$迅速增大；当 $n>2^{25}$后，就有 $f_2(n)>f_1(n)$。数学上可以大写“O”清楚地表征 $f(n)$随 n 的变化速度。

算法的时间复杂度 $f(n)=O(g(n))$的充要条件是：若存在常数 c 和 n_0 使

$$|f(n)| \leqslant c \times |g(n)| \qquad n \geqslant n_0 \tag{2-6-3}$$

例 2-6-4　$f(n)=17n+10$，因为当 n 足够大时，即 $n \geqslant 10$ 就有 $17n+10 \leqslant 18n$，选 $c=18$，$g(n)=n$，$n_0=10$，就得到 $f(n)=O(n)$。■

例 2-6-5　n 次多项式 $p(x)=a_n x^n+a_{n-1}x^{n-1}+\cdots+a_1 x+a_0$ 的计算复杂性。对每个 i，$0 \leqslant i \leqslant n$，为求 $a_i x^i$ 需做$(i+1)$次乘法，共要

$$\sum_{i=0}^{n}(i+1)\ \frac{(n+2)(n+1)}{2}$$

次乘法。为完成求 $p(x)$还要$(n+1)$次加法；但当 n 大时，这类运算可以忽略。因此，求 $p(x)$ 的时间复杂度为 $f(n)=(n+2)(n+1)/2$。令 $n=k+1$，有

$$\begin{aligned}\frac{(n+2)(n+1)}{2} &= \frac{(k+3)(k+2)}{2} \\ &= \frac{(k+2)(k+1)}{2}+k+2 \\ &\leqslant k^2+k+2 \qquad (\text{对 } k \geqslant 3)\end{aligned}$$

$$\leqslant k^2 + 2k + 2$$
$$= (k+1)^2$$
$$= n^2$$

因此，对 $n \geqslant n_0 = 4$，$a=1$，有 $f(n)=O(n^2)$。■

这种度量复杂度的方法与具体的系统无关，它无需知道具体实现程序或数据类型的精确比特数就可估计出复杂度随 n 增长的速度。表 2-6-1 给出一些典型的算法的复杂度分类。可见当复杂度为 $O(n^2)$时，用单个机计算已难完成，而 $O(n^3)$则不能实现。当破译密码只能用密钥穷举法时，若 $n=2^{H(K)}$，则 $T=O(n)=O(2^{H(K)})$，破译时间随密钥量线性增长，但随密钥长度($H(k)$)指数增长。若 DES 将密钥长由 52 bit 增至 112 bit，虽然惟一解距离仅加大一倍，但 T 将加大很多(2^{56}倍)。

表 2-6-1　典型的算法复杂度分类

类	复 杂 度	运算次数(n=10)	实时间值
多项式			
常　数	$O(1)$	1	1 μs
线　性	$O(n)$	10^6	1 s
平　方	$O(n^2)$	10^{12}	10 天
立　方	$O(n^3)$	10^{18}	27 397 年
指　数	$O(n^n)$	$10^{301\,030}$	$1\,010^{301\,016}$年

例 2-6-6　指数 x^n 的计算复杂度。可将 n 表示成

$$n = \sum_{i=2}^{r} a_i x^i \qquad a_i \in \{0, 1\},$$

式中，$r=[\mathrm{lb}\ n]$为小于 $\log n$ 的最大整数。则

$$\begin{aligned} x^n &= x^{a_r 2^r + a_{r-1} 2^{r-1} + \cdots + a_1 2 + a_0} \\ &= x^{a_r 2^r} \cdot x^{a_{r-1} 2^{r-1}} \cdot \cdots \cdot x^{a_1 2} \cdot x^{a_0} \\ &= (x^{a_r 2^{r-1}} \cdot x^{a_{r-1} 2^{r-2}} \cdot \cdots \cdot x^{a_1})^2 \cdot x^{a_0} \\ &= \cdots\cdots \\ &= ((\cdots((x^{a_r})^2 \cdot x^{a_{r-1}})^2 \cdot \cdots \cdot x^{a_2})^2 x^{a_1})^2 x^{a_0} \end{aligned}$$

共需求 r 次平方运算和至多 r 次乘法运算。总共至多为 $2r$ 次运算，即以这种算法计算 x^n 的复杂性上界为

$$M(n) \leqslant 2|\mathrm{lb}\ n| \quad (\text{上界}) \tag{2-6-4}$$

可归结为

$$M(n) = O(\mathrm{lb}\ n) \tag{2-6-5}$$

算法下界。执行 r 次乘法至多可得到 x 的 2^r 次幂即 x^{2^r}，一次乘可得 $x \cdot x = x^2$，$r-1$ 次乘如能求得 x^m，则再作一次可得 $x^m \cdot x^m = x^{2m}$。上面给出的显然是最有效的算法，故 r 次乘法要求出 x^n 则必须有 $n \leqslant 2^r$，即 $r \geqslant \mathrm{lb}\ n$。因此，任何算法求 x^n 至少需进行$[\mathrm{lb}\ n]$次乘法，即算法复杂性下界为

$$M(n) \geqslant \mathrm{lb}\ n \tag{2-6-6}$$

给出问题复杂性上界，只要找到一种算法求解这个问题就行了。但要给出问题复杂性下界就需要考察解此问题的全部算法，这绝非易事。

2.6.4　问题复杂度(难度)分类

计算复杂性理论将问题放在图灵机 TM(Turing Machine)上求解，按其最难的特例所需的最小时间或空间的量级作为对问题求解的困难程度加以分类。一个 TM 是一个具有无限读写纸带的有限自动机，它是目前数字计算机的理论模型。

定义 2-6-1　确定性自动机(Deterministic Automation)。它是以有限个指令组和程序以及无限多的初始空存单元的计算机。

n 表示输入所需的二元数字串长，为输入的规模。

定义 2-6-2　P 问题。存在有多项式 $p(x)\in R[x]$和一确定性自动机。若求解此类问题中每个例子所需时间至多为 $p(n)$，n 是此类问题中各例的输入字长，则称该问题为多项式时间可解的问题，简称为 **P 问题**。

多项式时间可解的问题称为**易处理的**(Tractable)，否则称**难处理的**(Intractable 或 Hard)。

例如，① $N\times N$ 阶矩阵求逆；② N 个整数的排序；③ 可以由库存子程序(Library Subroutine)求解的任何问题等，它们都是 P 问题。

例 2-6-7　乘法问题(Multiplication Problem)。给定正整数 p 和 q。问题：p 和 q 之积 n=？乘法问题⊂P-类。 ■

定义 2-6-3　非确定性自动机(Non-deterministic Automation)。以无限多个计算机(每个计算机均以相同的有限指令组和不同的有限程序，以及无限的初始空白存储器)通过一个监控器组合起来，它接收首先计算出结果的计算机的输出，参看图 2-6-1。

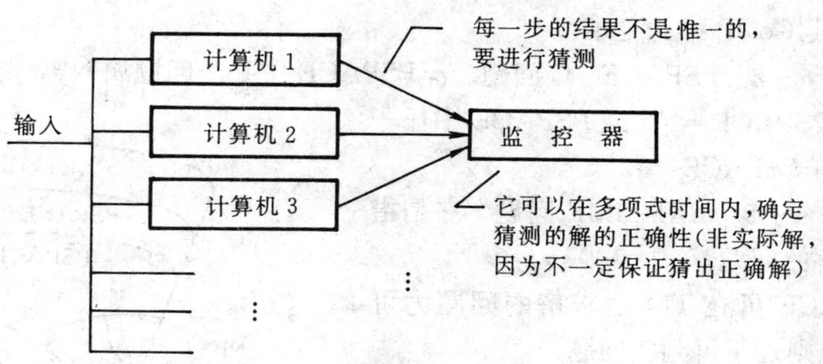

图 2-6-1　非确定性自动机

定义 2-6-4　NP 问题。可在多项式时间内在非确定性自动机上求解的所有问题集。(即若能猜出解答，则可用多项式时间来验证。)

显然 P⊆NP，即在确定性 TM 上可解，在非确定 TM 上必可解。

难问题(Big Problem)P 是否等于 NP。人们猜测 P≠NP，但未证明。

定义 2-6-5　NP-C 问题(或 NP-难题)。若有一类问题⊂NP，且若类中有一个问题⊂P，意味⊂NP 的每一个问题都在 P 中，则称其为 NP-C 问题。即若任何一个 NP-C 问题都可在多项式时间内可用确定自动机求解，则 P=NP。NP-C 是 NP 中最难问题。

显然，P⊆NP 因为在确定 TM 上可解，在非确定 TM 亦必可解。

NP－C⊂NP，是 NP 类中最难的问题。对任何一类 NP－C 问题，若能找到其中一个问题可用多项式时间内解出的算法，就是计算机科学中的一个重要突破。

A⊂NP 且为 NP－难题，则问题 A⊂NP－C。今做两点说明：

(1) 若除非 P＝NP 时 A 不能在多项式时间内求解，则 A 为 NP－难题。若 B 为 NP－C 且以多项式时间可约化为 A 的特例，且解 A 的多项式算法亦能解 B，则证明 A 为 NP－难题。

(2) 若能证明 A 的一个正确的解可以在多项式时间内正确地证明，则 A⊂NP。

定义 2－6－6　CoNP 问题。由 NP 中某个问题的补所组成的类，即 CoNP ＝ NP$\{\overline{Q}|Q \in$NP$\}$。

NP 中的问题是决定解是否存在，而 CoNP 问题是证明无解的。显然 P⊆CoNP，$Q=\overline{Q}$。若 $Q\in$P 则意味 $\overline{Q}\in$P⊆NP。对于 NP 是否等于 CoNP 尚未证明。但有 NP∩CoNP 类问题。

例 2－6－8　**素性检验问题**(Primality Problem)。给定正整数 n，n 是否为素数？已知 PRIME＝ (FAC^C)。而(FAC^C)^C＝FAC，FAC 是整数分解问题，参看 5.1 节。1975 年有人证明，已知 n 为素数时，可用多项式时间验证其正确性，即 PRIME⊂P。

给定 n，n 分解因子的问题要比素性检验问题困难得多。■

例 2－6－9　**可满足性问题**。对 $y=f(x_1,\cdots,x_n)$，判断某个赋值$(u_1,\cdots,u_n)$是否使 $y=f(u_1,\cdots,u_n)=1$ 为 NP 问题。例如，布尔函数 $f(x, y, z)=(x\cup\bar{y}\cup z)\wedge(\bar{x}\cup\bar{z})\cap(y\cup\bar{z})$，取 $x=0$，$y=1$，$z=1$ 代入 $f(x, y, z)=f(0, 1, 1)=1$。■

Cook 于 1971 年证明了下述有名结果。

定理 2－6－1　SAT 问题是 NP－C 问题。

由此若要证问题 Q⊂NP－C，只需证明 SAT 在多项式时间内可化为 Q。

定义 2－6－7　PSPACE 问题。它是多项式空间可解问题。(它含 NP 及 CoNP，但其中有些比 NP∪CoNP 中的更难。)

定义 2－6－8　PSPACE－C 问题。若 PSPACE 中某一问题属 NP，则其中每一个均属 NP，即存在 PSPACE＝NP 或 PSPACE 中任一个在 P 中均有 PSPACE＝P。

定义 2－6－9　EXPTIME 问题。它是指数复杂度可解的问题。

令 PSPACE 可在 TM 上求解的问题为可判定问题，否则是不可判定问题。

Cook 定理、Xachiyan 算法、L^3 算法是计算理论近 10 几年最重要成果。

已知有 300 多个问题属于 NP－C 类，如背包，Hamilton 回路，图的顶点着色，货郎担，陪集重量分布(给定二元矩阵 $\boldsymbol{A}$，二元矢量 $\boldsymbol{y}$，非负整数 w，求 Haming 重量≤w 的矢量 $\boldsymbol{x}$，$\boldsymbol{xA}=\boldsymbol{y}$)，子空间重量问题(给定二元矩阵 $\boldsymbol{H}$，非负整数 w，求重为 w 的矢量 $\boldsymbol{x}$ 使 $\boldsymbol{xH}=0$)等。

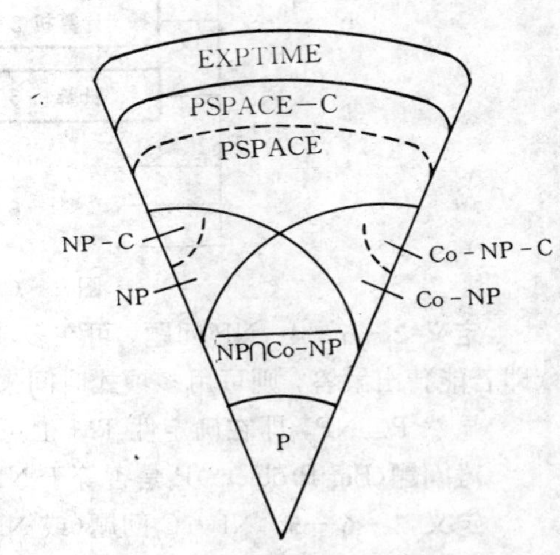

图 2－6－2　各类复杂问题之间的关系

各类问题之间的关系由图 2-6-2 给出。

2.6.5　密码与计算复杂性关系

我们在介绍实际保密性时曾提到过，Shannon[1949]指出“设计好的密码问题本质上是寻求在某些其它条件下的一个难解问题。”我们可以按这样的方法构造一个密码，要破译它等价于(或在破译过程中某些步骤上等价于)解某个已知难题。

1976 年，Diffie 和 Hellman 的文章明确提出了应用计算复杂性来设计加密算法的思想。他们注意到一些 NP-C 问题可能作为密码的备选方案，因为这些问题在现有知识和技术条件下不可能以多项式时间求解。比 NP 更难的问题，由于加密、解密时间需足够长(如可用多项式时间完成)而不适用于密码。但是，如果将密码问题限制于 NP 类，就使得密码分析者可以猜测某个密钥，而能在多项式时间内检验其是否正确(如以它加密已知明文，看密文是否与截获的一致)。因此，破译者分析工作量若为多项式时间的任何加密算法都将归为 NP 类问题。

通过对 NP 复杂性理论的检验，Diffie 和 Hellman 推想密码学可以利用其中的 NP-C 类问题来加密数据，使得破译者在用一般方法破译它时需解 NP-C 问题。

陷门单函数是将一个陷门信息镶嵌入一个计算难题之中，以实现对密码分析者破译它为一个难题，而对自己人解密则容易实现。

密码的强度依赖于构造密码问题的计算复杂性。但计算上困难的问题并非一定就意味着是一个强的密码，即计算复杂性大只是密码安全的一个必要条件。Shamir[1979]曾给出下述三点理由：

(1) 复杂性理论通常是处理一类问题中的单个孤立例子，而密码分析者常有一大堆与解统计有关的问题。(例如，由同一密钥加密的几个组密文。)

(2) 问题的复杂性典型的作法是以其最坏(最困难)的情况或平均性质作为度量标准，而对密码有用的是在几乎所有情况下都应是难解的问题。

(3) 一种任意困难的问题不一定可能变成为一种密码体制，只有在问题中以某种方法可嵌入陷门信息的才能用于密码。这样才能保证以此信息，且只能以它才能容易地实现解密。

计算复杂性无疑为设计密码提供了一种理论依据和可能的途径，但这种理论像其它密码安全度量理论一样，不可能提供一个密码安全的充分条件，而是提供了又一个新的必要条件！采用 NP-C 问题设计的 Merhie-Hellman 背包体制被破译说明了用 NP-C 问题设计双钥体制的局限性。首先，Brassard[1979]指出除非 NP=CoNP，否则密码分析者面临的问题将不会是 NP 难问题；其次，复杂性理论主要关心的是问题的渐近复杂性；第三，NP-C 是问题复杂性最坏情况下的量度，而密码的安全性应当依赖于问题的复杂度平均情况，最好是在所有情况下问题都是难以处理的。而密码分析者常常从最易解的问题下手，密码设计者希望问题中所有情况都是困难的，但常常又难免会有少数容易的例子含于其中。只要：① 敌人不能轻易认出容易的问题；② 采用随机密钥，能够轻易解出问题的概率极小，以至于不值得去试。如何确定问题在实际上为一个难题的准则不容易，Shamir 的“中值复杂度”可以考虑。有关例子参看[Wilf 1984；Even 等 1985]。

复杂性理论还未能成为密码学的一种理论基础，但沿此方向发展可能会成为密码理论的一个重要工具。RSA 密码实践表明，大整数分解的复杂性是这类以数论为基础的密码的核心。另一方面，背包密码的经验告诉我们，一个密码是一个难题还不充分。但是复杂性理论所研究的广泛的困难问题无疑是新密码体制的'侦察尖兵'，因为每一种好的密码体制都是一个复杂的难题。

人们一直在探索可证明安全的理论，寻求类似于 Shannon 信息论中信道编码定理的结果，以保证存在密码学中的可证明为安全的密码体制，从而使我们能有信心来实现这一可达到的目标。复杂性理论也许能为此提供某些启示。从密码学来看，如何区分 P/NP 的复杂性与布尔复杂性(按逻辑门的个数计算)之间的关系是一个很重要的问题，近来受到重视([Preneel 1995])。

有关算法和计算复杂性理论可参看[Cormen 等 1990；Rawlins 等 1992；Sedgewick 1988；Papadimitriou 1994；Garey 等 1979]。

附录 2. A 素数与互素数

2. A. 1 整除

令 $b\neq 0$，若 b 除尽 a，则有 $a=mb$，m 是某个整数，以 $b|a$ 表示。称 b 为 a 的一个因子或约数。例如，30 的约数为 1，2，3，5，6，10，15。对整数有下述关系式。

(1) 若 $a|1$，则 $a=\pm 1$。

(2) 若 $a|b$ 且 $b|c$，则 $a|c$。

(3) 对任意 $b\neq 0$，有 $b|0$ 为 0。

(4) 若 $b|g$ 且 $b|h$，则对任意整数 m 和 n，$b|(mg+nh)$。

前三个关系式易于证实，下面证明第 4 个关系式。

由 $b|g$ 和 $b|h$ 有 $g=b\times g_1$ 和 $h=b\times h_1$，其中 g_1 和 h_1 为某个整数。故有 $mg+nh=mbg_1+nbh_1=b\times(mg_1+nh_1)$，从而证明 $b|(mg+nh)$。

2. A. 2 素数与素分解

任一整数 $p>1$，若它只有 ± 1 和 $\pm p$ 为约数，就称其为**素数**(Prime)，否则为一**合数**。素数在数论中起极大作用，在现代密码学中扮重要角色。

对任意整数 $a>1$，有惟一分解式

$$a = p_1^{\alpha_1} p_2^{\alpha_2} \cdots p_t^{\alpha_t} \tag{2-A-1}$$

式中，$p_1<p_2<\cdots<p_t$ 都是素数，$\alpha_i>0$。例如，96 525＝$3^3\times 5^2\times 11\times 13$。式(2－A－1)可改写成下述形式

$$a = \prod_p p^{\alpha_p} \tag{2-A-2}$$

式中，p 是所可能的素数 p 的集合；$\alpha_p\geqslant 0$；对给定的 a，大多数指数 α_p 为 0。任一给定整数 a，可由式(2－A－2)中非零指数集给定。例如，整数 96 525 可以用$\{\alpha_3=3,\ \alpha_5=2,\ \alpha_{11}=1,\ \alpha_{13}=1\}$惟一地表示。两个整数之积等价于其相应指数之和，即

$$k = mn \Rightarrow k_p = m_p + n_p \quad \text{对所有 } p \tag{2-A-3}$$

而对两个整数 a, b 有

$$a|b \Rightarrow a_p \leqslant \beta_p \quad 对所有 p \tag{2-A-4}$$

2.A.3　互素数

两个整数的最大公约数 k 以 gcd(a, b)表示。其中，k 满足:

(1) $k|a$, $k|b$。

(2) 对任意 $k'|a$, $k'|b \Rightarrow k'|k$

即

$$\gcd(a, b) = \max\{k: k|a 且 k|b\} \tag{2-A-5}$$

由整数的惟一分解式(2 - A - 2)不难求出

$$k = \gcd(a, b) \Rightarrow k_p = \min(a_p, b_p) \quad 对所有 p \tag{2-A-6}$$

若 gcd$(a, b)=1$，则称整数 a, b 彼此互素。例如，gcd$(8, 15)=1$。

2.A.4　欧拉 Totient 函数

欧拉 Totient 函数在数论中起重要作用，整数 n 的欧拉 Totient 函数定义为小于 n 且与 n 互素的整数个数，以 $\varphi(n)$表示，显然，对一素数 p 有

$$\varphi(n) = p - 1 \tag{2-A-7}$$

若 $n=p_1\times p_2$，p_1 和 p_2 都是素数，则在 mod n 的 p_1p_2 个剩余类中，与 n 不互素的元素集为 $\{p_1, 2p_1, \cdots (p_2-1)p_1\}$和元素集$\{p_2, 2p_2, \cdots, (p_1-1)p_2\}$及$\{0\}$，即

$$\begin{aligned}\varphi(n) &= p_1p_2 - [(p_1 - 1) + (p_2 - 1) + 1] \\ &= p_1p_2 - (p_1 + p_2) + 1 \\ &= (p_1 - 1) + (p_2 - 1) \\ &= \varphi(p_1)\varphi(p_2)\end{aligned} \tag{2-A-8}$$

一般对任意整数 n，由式(2 - A - 1)可写成 $n = \prod_{i=1}^{t} p_i^{a_i}$，可证明其欧拉 Totient 函数为

$$\varphi(n) = \prod_{i=1}^{t}\left(1 - \frac{1}{p_i}\right) \tag{2-A-9}$$

附录 2.B　模 q 算 术

2.B.1　同余

给定任意整数 a 和 q，以 q 除 a，其商为 s，余数为 r，则可表示为 $a=sq+r$，$0\leqslant r<q$，

$$s = \left[\frac{a}{q}\right] \tag{2-B-1}$$

其中，$\left[\frac{a}{q}\right]$表示小于 a/q 的最大整数。定义 r 为 $a \mod q$，称 r 为 $a \mod q$ 的剩余(Residue)，记为 $r\equiv a \mod q$。式(2 - B - 1)可改写为

$$a = \left[\frac{a}{q}\right]\times q + (a \mod q) \tag{2-B-2}$$

若两个整数 a 和 b 有($a \mod q$)=($b \mod q$)，则称 a 与 b 在 $\mod q$ 下同余(Congruent)。

对于 $s \in \mathscr{Z}$(整数集)的所有由式(2-B-1)决定的整数，称这一整数集为一同余类(Congruent Class 之间彼此皆同余)以下式表示，

$$\{r\} = \{a | a = sq + r, s \in \mathscr{Z}\} \quad (2-B-3)$$

同余类中各元素之间彼此皆同余。易于证明模运算有下述性质：

(1) 若 $n|(a-b)$，则 $a \equiv b \mod q$。

(2) ($a \mod q$)=($b \mod q$)意味 $a \equiv b \mod q$。

(3) $a \equiv b \mod q$ 等价于 $b \equiv a \mod q$。

(4) 若 $a \equiv b \mod q$ 且 $b \equiv c \mod q$，则有 $a \equiv c \mod q$。

2.B.2 模算术(Modular Arithmatic)

在 $\mod q$ 的 q 个剩余类集$\{0, 1, 2, \cdots, q-1\}$上可以定义加法运算和乘法运算如下：

加法：$(a \mod q) + (b \mod q) \equiv (a+b) \mod q$ (2-B-4)

乘法：$(a \mod q) \times (b \mod q) \equiv (a \times b) \mod q$ (2-B-5)

例如，当 $q=26$ 时，若 $a \mod q=11$，$b \mod q=19$，则有 $19+11=30\equiv 4 \mod 26$，而 $11\times 19=209\equiv 1 \mod 26$。

有关数论知识可参看[Giblin 1993；Rosen 1992；Kobliz 1994；Hardy 等 1979；Knuth 1973，1981；Cohen 1993；Bach 等 1996]。

第3章 密码理论与技术(二)——流密码及拟随机数生成器

流密码是密码体制中的一个重要体制，也是手工和机械密码时代的主流。到了 50 年代，由于数字电子技术的发展，使密钥流可以方便地利用以移位寄存器为基础的电路来产生，这促使线性和非线性移位寄存器理论迅速发展，加上有效的数学工具，如代数和谱分析理论的引入，使得流密码理论迅速发展和走向较成熟的阶段。同时，由于它实现简单，速度上的优势，以及没有或只有有限的错误传播，使流密码在实际应用中，特别是在专用和机密机构中仍保持着优势。已提出多种类型的流密码，但大多是以硬件实现的专用算法，目前还无标准化的流密码算法。本章将对流密码的基本理论和算法进行介绍，同时也讨论一些最近提出的新型流密码，如混沌密码序列和量子密码。有关密码的综述可参看[Rueppel 1986，1992；Robshaw 1995]。

3.1 流密码的基本概念

如前章所述，流密码是将明文划分成字符(如单个字母)，或其编码的基本单元(如 0，1 数字)，字符分别与密钥流作用进行加密，解密时以同步产生的同样的密钥流实现，其基本框图如图 3-1-1 所示。图中，KG 为**密钥流生成器**，k_I 为**初始密钥**。流密码强度完全依赖于密钥流产生器所生成序列的**随机性**(Randomness)和**不可预测性**(Unpredictability)，其核心问题是密钥流生成器的设计。保持收发两端密钥流的精确同步是实现可靠解密的关键技术。

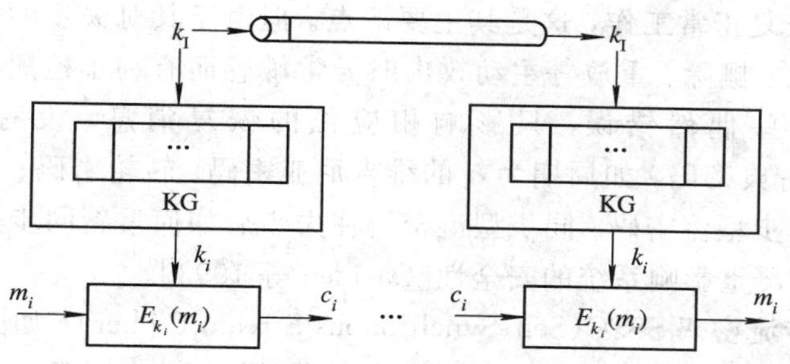

图 3-1-1　流密码原理框图

3.1.1　流密码框图和分类

令 $\boldsymbol{m}=m_1m_2\cdots m_i\cdots$ 是待加密消息流，其中，$m_i\in M$。密文流 $\boldsymbol{c}=c_1c_2\cdots c_i\cdots=E_{k1}(m_1)E_{k2}(m_2)\cdots E_{ki}(m_i)\cdots$，$c_i\in C$，其中，序列$\{k_i\}_{i\geqslant 0}$是密钥流。若它是一个完全随机的非周期序列，则可用它实现一次一密体制，但这需要有无限存储单元和复杂的逻辑函数 f。实用中的流密码大多采用有限存储单元和确定性算法，因此，可用有限状态自动机 FA (Finite State Automaton）来描述。如图 3-1-2 所示。

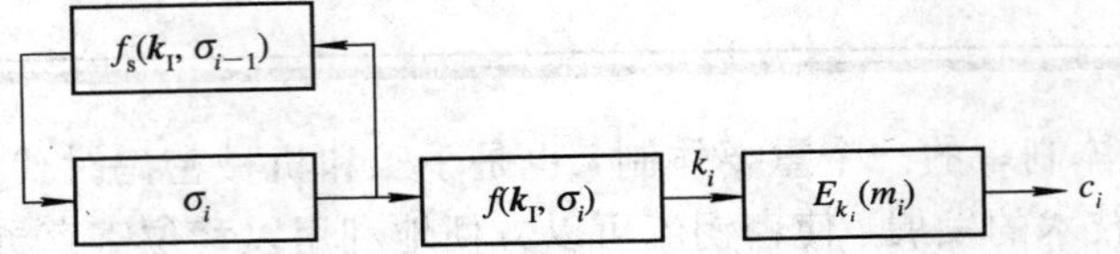

图 3-1-2　KG 的有限状态自动机描述

在图 3-1-2 中：

$$c_i=E_{k_i}(m_i) \tag{3-1-1}$$

$$m_i=D_{k_i}(c_i) \tag{3-1-2}$$

$$k_i=f(\boldsymbol{k}_I,\sigma_i) \tag{3-1-3}$$

而

$$\sigma_i=f_s(\boldsymbol{k}_I,\sigma_{i-1}) \tag{3-1-4}$$

是第 i 时刻密钥流生成器的内部状态，以存储单元的存数矢量描述；$\boldsymbol{k}_I$ 是初始密钥，f 是输出函数，f_s 是状态转移函数。若

$$c_i=E_{k_i}(m_i)=m_i\oplus k_i \tag{3-1-5}$$

则称这类为加法流密码。

若 σ_i 与明文消息无关，则密钥流将独立于明文，称此类为**同步流密码** SSC (Synchronous Stream Cipher)，如图 3-1-3 中所示。对于明文而言，这类加密变换是**无记忆的**，但它是时变的。因为同一明文字符在不同时刻由于密钥不同而被加密成不同的密文字符。此类密码只要收发两端的密钥流生成器的初始密钥 $\boldsymbol{k}_I$ 和初始状态相同，输出的密钥就一样。因此，只有保持两端精确同步才能正常工作，一旦失步就不能正确解密。必须等到重新同步后才能恢复正常工作，这是其主要缺点。但由于其对失步的敏感性，使得系统在有窜扰者进行注入、删除、重放等主动攻击时异常敏感而有利于检测。此类体制的优点是传输中出现的一些偶然错误，只影响相应位的恢复消息，没有**差错传播**(Error Propagation)。许多古典密码，如周期为 d 的维吉尼亚密码、转轮密码、滚动密钥密码、弗纳姆密码等，都是同步型流密码。同步型流密码在失步后如何重新同步是一个重要技术研究课题，处理不好会严重影响系统的安全性[Daemen 等 1993]。

另一类是**自同步流密码** SSSC(Self-Synchronous Stream Cipher)，如图 3-1-3 中增加虚线的馈入后，原流密码框图就演化为自同步流密码框图。其 σ_i 依赖于($\boldsymbol{k}_I,\sigma_{i-1}, m_i$)，因而依次地将与 $m_1, m_2,\cdots,m_{i-1}$有关。这将使密文 c_i 不仅与当前输入 m_i 有关，而且由于 k_i 对 σ_i 的关系而与以前的输入 $m_1, m_2,\cdots, m_{i-1}$有关。一般在有限的 n 级存储下将与 $m_{i-1},\cdots, m_{i-n}$有关。图 3-1-4 例示一种有 n 级移位寄存器存储的密文反馈型流密码。每个密文数

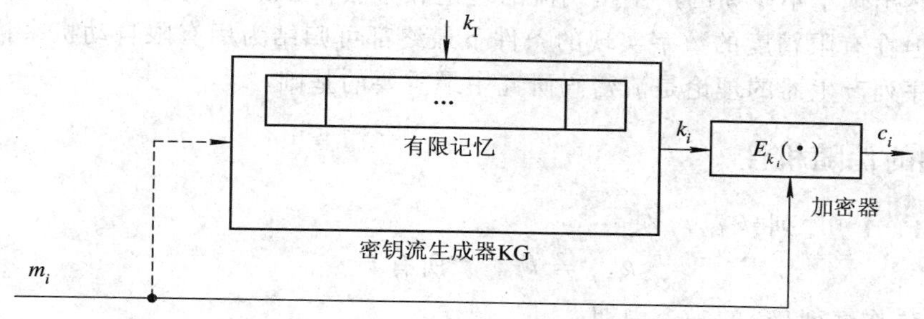

图 3-1-3　同步和自同步流密码

字将影响以后 n 个输入明文数字的加密结果。此时的密钥流 $k_i=f(\boldsymbol{k}_I, c_{i-n}, c_{i-n+1}, \cdots, c_i)$。由于 c_i 与 m_i 的关系，k_i 最终是受输入明文数字的影响。这类流密码的密钥流都可由下式表示：

$$k_i = f(\boldsymbol{k}_I, m_{i-n}, m_{i-n+1}, \cdots, m_i) \tag{3-1-6}$$

式中

$$f: \boldsymbol{k}_I \times M^{i-1} \to k_i \tag{3-1-7}$$

军事上称这类流密码为**密文自密钥**(Ciphertext Autokey)密码。

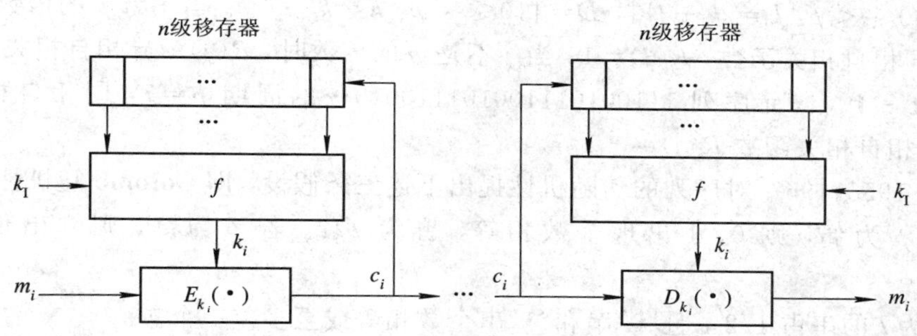

图 3-1-4　自同步流密码

自同步流密码传输过程中有一位，如 c_i 位出错，在解密过程中，它将在移存器中存活 n 个节拍，因而会影响其后 n 位密钥的正确性，相应恢复的明文消息连续 n 位会受到影响。其差错传播是有限的。但这类体制，收端只要连续正确地收到 n 位密文，则在相同密钥 $\boldsymbol{k}_I$ 作用下就会产生相同的密钥，因而它具有自同步能力。这种自恢复同步性使得它对窜扰者的一些主动攻击不像同步流密码体制那样敏感。但它将明文每个字符扩散在密文多个字符中而强化了其抗统计分析的能力。Maurer[1991]给出了自同步流密码的设计方法。如何控制自同步流密码的差错传播以及它对安全性的影响可参看[Proctor 1985]。

如前所述，实际应用中的密钥流都是用有限存储和有限复杂逻辑的电路来产生的，即用有限状态机来实现。而一个有限状态机在确定逻辑连接下不可能产生一个真正随机序列，它迟早要步入**周期状态**。因而不可能用它来实现一次一密体制。但是我们可以使这类机器产生的序列的周期足够长(如 10^{50})，而且其随机性又相当好，从而可方便地近似实现人们所追求的理想体制。50 年代以来，以有限自动机为主流的理论和方法得到了迅速的发展。近年来虽然出现了不少新的产生密钥流的理论和方法，如混沌密码、胞元自动机密码、热流密码等，但在有限精度的数字实现的条件下最终都可归结为用有限自动机来描述。因此，研究这类序列产生器的理论是流密码研究中最重要的基础。

3.1.2 序列的伪随机性

定义 3-1-1 序列$\{k_i\}_{i\geqslant 0}$，使

$$k_{i+p}=k_i \quad 所有\ i \qquad (3-1-8)$$

的最小整数 p 称作序列$\{k_i\}$的一个周期。

定义 3-1-2 序列$\{k_i\}$的一个周期中，若

$$k_{t-1}\neq k_t=k_{t+1}=\cdots=k_{t+l-1}\neq k_{t+l} \qquad (3-1-9)$$

则称为$(k_t, k_{t+1}, \cdots, k_{t+l-1})$为序列的一个长为 l 的串(run)。例如：

$$\cdots 0\underbrace{11\cdots 1}_{l}0\cdots,\ \cdots 1\underbrace{00\cdots 0}_{l}1\cdots$$

序列中有长为 l 的 1 串和长为 l 的 0 串。

定义 3-1-3 周期为 p 的序列$\{k_i\}_{i\geqslant 0}$的**周期自相关函数**定义为

$$R(j)=\frac{A-D}{p} \qquad j=0, 1, \cdots \qquad (3-1-10)$$

式中，$A=|\{0\leqslant i<p:\ k_i=k_i+j\}|$，$D=|\{0\leqslant i<p:\ k_i\neq k_i+j\}|$。当 j 为 p 的倍数，即 $p|j$ 时，$R(j)$为同相自相关函数，$R(j)=1$；当 j 不是 p 的倍数时，$R(j)$为异相自相关函数。

例 3-1-1 二元序列 1110010111001011110010…的周期 $p=7$，同相自相关函数 $R(j)=1$，异相自相关函数 $R(j)=-1/7$。■

Golomb[1955,1967]对序列的伪随机性提出下述三条假设，即 **Golomb 随机性假设**：

G1：若 p 为偶，则 0，1 出现个数相等，皆为 $p/2$。若 p 为奇，则 0 出现个数为 $(p\pm 1)/2$。

G2：长为 l 的串占 $1/2^l$，且“0”串和“1”串个数相等或至多差一个。

G3：$R(j)$为双值，即所有异相自相关函数值相等。这与白噪声的自相关函数(δ 函数)相近，这种序列又称为双值序列(Two Value Sequence)。

满足上述三条的序列称作**拟噪声序列**(Pseudo Noise Sequence)，简记为 **PN 序列**，亦称**伪随机序列**(Pseudo Random Sequence)。PN 序列在技术中有重要应用，如通信中同步序列、码分多址(CDMA)、导航中多基站码、雷达测距码等。但仅满足 G1～G3 特性的序列虽与白噪声序列相似，但还远不能满足密码体制要求。为满足密码体制要求还要提出下述三个条件：

C1：周期 p 要足够大，如大于 10^{50}；

C2：序列$\{k_i\}_{i\geqslant 0}$的产生易于高速生成；

C3：当序列$\{k_i\}_{i\geqslant 0}$的任何部分暴露时，要分析整个序列，提取产生它的电路结构信息，在计算上是不可行的，称此为**不可预测性**(Unpredictability)。

这六条归结起来就是要求密钥流序列尽可能近于实现均匀分布、各相继码元统计独立、完全不可预测的真正随机序列或白噪声序列。

C1 和 C2 不难做到，C3 决定了密码的强度，是流密码理论的核心，它包含了流密码要

研究的许多主要问题，如线性复杂度、相关免疫性、不可预测性等等。

3.1.3　密钥流生成器的结构和分类

Rueppel[1986]给出了一个更清楚的密钥流生成器的框图，将其分成两个主要组成部分，即驱动部分和组合部分，参看图 3-1-5。驱动部分产生控制生成器的状态序列 S_1，S_2，…，S_N，用一个或多个长周期线性反馈移位寄存器构成，它将控制生成器的周期和统计特性。非线性组合部分对驱动器各输出序列进行非线性组合，控制和提高生成器输出序列的统计特性、线性复杂度和不可预测性等，以实现 Shannon 所提出的扩散和混淆，保证输出密钥流的密码的强度。

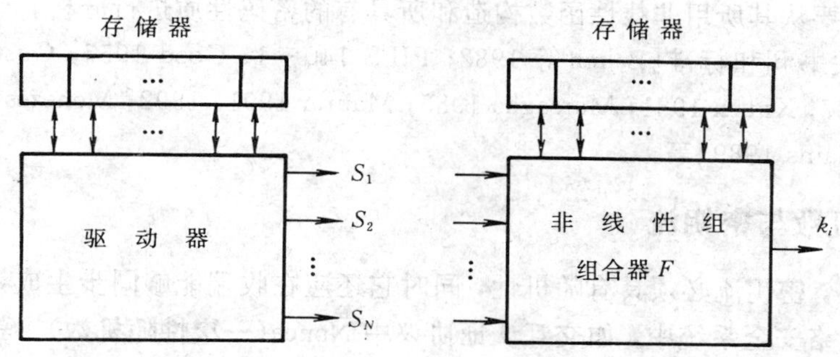

图 3-1-5　密钥流生成器组成

为了保证输出密钥流的密码强度，对组合函数 F 有下述要求：

(1) F 将驱动序列变换为滚动密钥序列，当输入为二元随机序列时，输出也为二元随机序列；

(2) 对于给定周期的输入序列，构造的 F 使输出序列的周期尽可能大；

(3) 对于给定复杂度输入序列，应构造 F 输出序列的复杂度尽可能大；

(4) F 的信漏极小化(从输出难以提取有关密钥流生成器的结构信息)；

(5) F 应易于工程实现，工作速度高；

(6) 在需要时，F 易于在密钥控制下工作。

驱动器一般利用**线性反馈移位寄存器** LFSR(Linear Feedback Shift Register)，特别是利用最长或 m 序列产生器实现。**非线性反馈移位寄存器**(NLFSR)也可作为驱动器，但由于数学上分析困难而很少采用。NLFSR 输出序列的密码特性较 LFSR 输出序列的要好得多。同样由于分析上的困难性，目前所得结果有限，从而限制了它的应用。

当前密码上广泛应用的非线性序列是图 3-1-5 所示的由线性序列经非线性组合所产生的密钥流。这实际上是一种**非线性前馈**(Forward)序列生成器。这类序列在人们较好掌握的线性序列组 S_1，S_2，…，S_N 的基础上，利用一些可以用布尔逻辑、谱分析理论等数学工具来设计和控制的非线性组合函数，使其组合输出序列满足密码强度要求。常用的方法有逻辑与、JK 触发器、多路复用器、钟控、Bent 函数、背包函数等。

3.1.4 密钥流的局部统计检验

对于密钥流生成器输出的密钥序列，必须进行必要的统计检验，以确保密钥序列的伪随机性和安全性。已经设计好的密钥生成器，原则上可以计算其输出整个周期上的一些伪随机性 G1～G3。但由于其输出序列周期都很长，一般在 10^{17}～10^{140}，因而直接计算不可能，只能利用数理统计方法进行局部伪随机性检验。常进行的有频度检验、序偶或联码(测定相邻码元的相关性)检验、扑克(图样分布)检验、游程或串长分布检验、自相关特性检验、局部复杂性检验等。通过这类检验的密钥序列可以在统计上证实其分布的均匀性，但还不能证实其独立性。有一些方法可以演示它没有明显的相关性，一般是利用这些方法来试验直到对其独立性有足够信任。当然，这并不能确保其安全性，因此还要对其密码强度进行估计，需要从其所用非线性函数构造和所具有的密码性质进行分析。有关局部统计检验可参看有关书刊和标准[Beker 等 1982；FIPS 140 - 1；Good 1957；Gustafson 等 1994；Kimberley 1987；Knuth 1981；Marsaglia 1985；Maurer 1991，1992；Menezes 等 1997；Wang 等 1990；Williams 1989]等。

3.1.5 随机数与密钥流

如前所述，密钥流必须具有随机性，同时它还应在收端能够同步生成，否则就不能实现解密。在网络安全系统中，如交互认证协议中 Nonce(**一次性随机数**)、密钥分配系统的会话密钥等，需要一种一次性且不要求在收端重新同步产生的随机数。对这类随机数生成器的基本要求和密钥流生成器一样，必须满足随机性和不可预测性。由于它们一般较短，所以在实现上与密钥流生成器不太一样。本章后面将介绍一些具体生成随机数的方法。

3.2 线性反馈移位寄存器序列

由线性反馈移位寄存器所产生的序列中，有些类如 m 序列具有良好的伪随机性，人们开始曾认为它可作密钥流用，很快发现它是预测的，其密码强度很低。但它在通信等工程技术中有广泛的应用。同时，在流密码中它可作为密钥流的驱动序列[Golomb 等 1964；Golomb 1982；Beker 等 1982；Lidl 等 1984]。

3.2.1 线性反馈移位寄存器序列概念

定义 3 - 2 - 1 反馈移位寄存器如图 3 - 2 - 1 所示。称存储单元数为**级数**(Stages)，n 个存储单元的存数$(k_i, \cdots, k_{i+n-1})$为**状态**(State)。图中，$f(k_i, k_{i+1}, \cdots, k_{i+n-1})$是状态$(k_i, \cdots, k_{i+n-1})$的函数，它是一个 n 个变量 $x_1, x_2, \cdots, x_n$ 的函数，称其为移存器的**反馈函数**。f 可以是线性函数，此时称之为**线性反馈移位寄存器**。f 也可以是非线性函数，此时称之为**非线性反馈移位寄存器**。在变量为 2 元条件下，$f(x_1, x_2, \cdots, x_n)$是 n 个变量的**布尔函数**(Boolean Function)，总数将有 2^{2^n} 个之多。可用多种方法描述一个 n 个变量的布尔函数。

1. 真值表

它采用穷举法来指定映射

$$f：\{0, 1\}^n \to \{0, 1\}$$

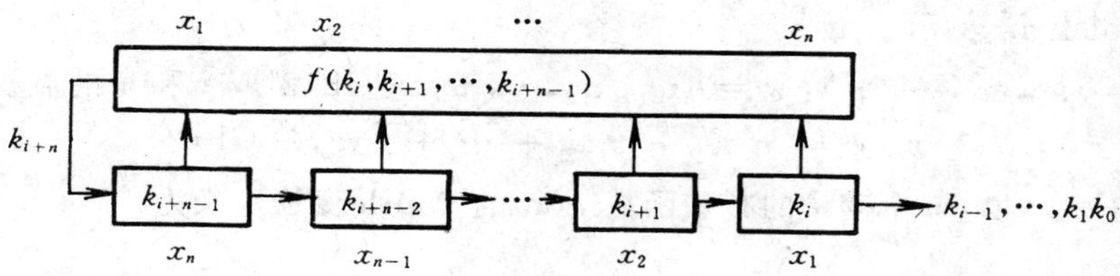

图 3-2-1　反馈移位寄存器

$$f：\{0, 1\}^n \to \{0, 1\}$$

一般按二元表示下 x_1，x_2，…，x_n 所表示的值，以递增顺序自上而下地列出函数 $f(x_1, x_2, \cdots, x_n)$的值。$f(x_1, x_2, \cdots, x_n)$取值为 1 的个数称作函数 f 的**汉明重量**(Hamming Weight)，简称为函数 f 的重量。表 3-2-1 给出两个变量布尔函数 $f(x_1, x_2) = \bar{x}_2 + \bar{x}_1 x_2$ 的真值表。

表 3-2-1　两个变量布尔函数 $f(x_1, x_2)$的真值表

x_1	x_2	$f(x_1, x_2)$
0	0	1
0	1	1
1	0	1
1	1	0

2. 小项表示式

$$f(x_1, \cdots, x_n) = \sum_{(c_1 \cdots c_n)=(00\cdots0)}^{(1,1,\cdots,1)} f(c_1, c_2, \cdots, c_n) x_1^{c_1} x_2^{c_2} \cdots x_2^{c_n} \qquad (3-2-1)$$

式中，x_i，$c_i \in \mathrm{GF}(2)$；$x_i^1 = x_i$，$x_i^0 = \bar{x}_i$；$x_1^{c_1} x_2^{c_2} \cdots x_n^{c_n}$称作小项，它具有如下的正交性：

$$x_1^{c_1} x_2^{c_2} \cdots x_n^{c_n} = \begin{cases} 1 & 当(x_1, x_2, \cdots, x_n) = (c_1, c_2, \cdots, c_n) \\ 0 & 当(x_1, x_2, \cdots, x_n) \neq (c_1, c_2, \cdots, c_n) \end{cases} \qquad (3-2-2)$$

对表 3-2-1 之例有

$$f(x_1, x_2) = 1 \cdot x_1^0 x_2^0 + 1 \cdot x_1^0 x_2^1 + 1 \cdot x_1^1 x_2^0 + 0 \cdot x_1^1 x_2^1$$

3. 多项式表示式

$$f(x_1, \cdots, x_n) = \sum_{r=0}^{n} \sum_{1 \leqslant i_1 < i_2 < \cdots < i_r \leqslant n} c_{i_1 i_2 \cdots i_r} x_{i1} x_{i2} \cdots x_{ir} \qquad (3-2-3)$$

上式可按变元升幂及下标的字典顺序写出如下式：

$$\begin{aligned} f(x_1, x_2, \cdots, x_n) = & c_0 + c_1 x_1 + c_2 x_2 + \cdots + c_n x_n \\ & + c_{12} x_1 x_2 + \cdots + c_{n-1,n} x_{n-1} x_n \\ & + \cdots + c_{12\cdots n} x_1 x_2 \cdots x_n \end{aligned} \qquad (3-2-4)$$

称上式为 $f(x)$的**代数标准型**。其最高次数为 $f(x)$的**次数**。一次的 $f(x)$为**线性布尔函数**，

二次以上的 $f(x)$为**非线性布尔函数**。表 3-2-1 之例有 $f(x_1, x_2)=1+x_1x_2$，为二次布尔函数。

4．Walsh 谱表示

设 $\boldsymbol{x}=(x_1, x_2, \cdots, x_n)$，$\boldsymbol{w}=(w_1, w_2, \cdots, w_n)\in \mathrm{GF}(2^n)$，$\boldsymbol{x}$ 和 $\boldsymbol{w}$ 的点积定义为

$$\boldsymbol{x}\cdot\boldsymbol{w}=x_1w_1+x_2w_2+\cdots+x_nw_n\in \mathrm{GF}(2)$$

定义 3-2-2 n 个变量的布尔函数 $f(\boldsymbol{x})$的 **Walsh 变换**定义为

$$S_f(\boldsymbol{w})=2^{-n}\sum_{x\in \mathrm{GF}(2^n)} f(\boldsymbol{x})\cdot(-1)^{x\cdot w} \qquad (3-2-5)$$

其逆变换为

$$f(\boldsymbol{x})=\sum_{x\in \mathrm{GF}(2^n)} S_f(\boldsymbol{w})\cdot(-1)^{x\cdot w} \qquad (3-2-6)$$

称 $S_f(\boldsymbol{w})$为 $f(\boldsymbol{x})$的 Walsh **谱**，$\boldsymbol{w}\in \mathrm{GF}(2^n)$。Walsh 变换是研究布尔函数的一个重要工具。

5．状态转移图

在有限状态机中，$\boldsymbol{x}$ 为系统的状态，可以将状态转移用图画出，称为**状态转移图**，因此函数 $f(\boldsymbol{x})$也可用状态转移图描述。

若 $f(\boldsymbol{x})$为线性函数时，则图 3-2-1 可简化为图 3-2-2，只有加法和常数乘法运算。输出序列满足下式：

$$k_{i+n}=f(k_i, \cdots, k_{i+n-1})=-\sum_{j=0}^{n-1} c_j k_{i+j} \qquad i\geqslant 0 \qquad (3-2-7)$$

式中，c_j 为反馈系数。二元条件下，$c_j=0$ 或 1，即断开或连通，只有 2^n种选择。可进一步简化为图 3-2-3。在二元条件下，$k_i\in\{0, 1\}$，$c_j\in\{0, 1\}$，$\oplus$为模 2 加。式(3-2-7)也可

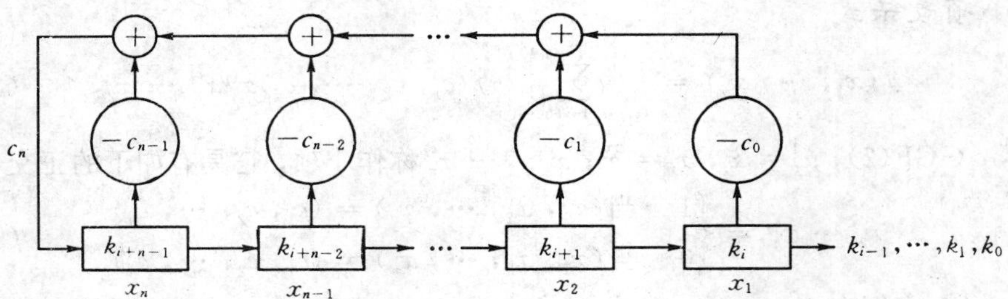

图 3-2-2 LFSR

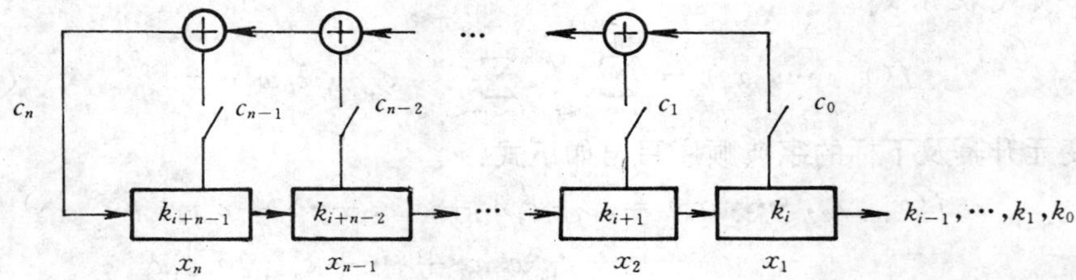

图 3-2-3 二元 LFSR

写成

$$\sum_{j=0}^{n} c_j k_{i+j} = 0 \qquad n\text{ 阶线性递推关系式} \tag{3-2-8}$$

例 3-2-1　$n=4$ 的 LFSR。输出序列满足 $k_{i-4}+k_{i-3}+k_i=0$，其实现电路如图 3-2-4 所示。令初始存数(或状态)为 1000，其状态转移和相应输出在表 3-2-2 中给出。序列的周期为 $15=2^4-1$。

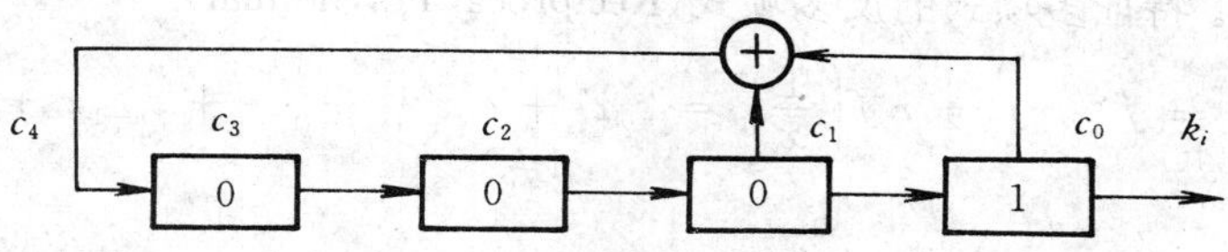

图 3-2-4　四级 LFSR 例

表 3-2-2　状态转移和相应输出

时刻	状	态			输　出
	3	2	1	0	0
0	0	0	0	1	1
1	1	0	0	0	0
2	0	1	0	0	0
3	0	0	1	0	0
4	1	0	0	1	1
5	1	1	0	0	0
6	0	1	1	0	0
7	1	0	1	1	1
8	0	1	0	1	1
9	1	0	1	0	0
10	1	1	0	1	1
11	1	1	1	0	0
12	1	1	1	1	1
13	0	1	1	1	1
14	0	0	1	1	1
15	0	0	0	1	1

由于在 n 级条件下，最多给出 2^n 个状态；而在线性运算下，全“0”状态不会转入其它状态；所以，线性移存器序列的最长周期为 2^n-1。

定义 3-2-3　长为 2^n-1 的 LFSR 序列称之为 ***m* 序列**。

m 序列是一类 PN 序列。例 3-2-1 为一 4 级 m 序列。

定理 3-2-1　n 级 m 序列 $\{k_i\}_{i\geq 0}$ 循环地遍历所有 2^n-1 个非零状态，且任一非零输出皆为 $\{k_i\}_{i\geq 0}$ 的移位，或为其**循环等价**(Cyclically Equivalent)序列。

不同的 m 序列(非循环等价)只是状态前后次序之别。

3.2.2 特征多项式

定义 3-2-4 以线性反馈移位寄存器反馈系数所决定的多项式

$$f(x) = c_0 + c_1x + c_2x^2 + \cdots + c_{n-1}x^{n-1} + x^n = \sum_{j=0}^{n} c_jx^j \tag{3-2-9}$$

称作 LFSR 的**特征多项式**(Characteristic Polynomial)或**反馈多项式**(Feedback Polynomial)。式中，$c_0=c_n=1$。特征多项式的反多项式(Reciprocal Polynomial)

$$c(x) = f^*(x) = x^nf\left(\frac{1}{x}\right) = c_0x^n + c_1x^{n-1} + \cdots + c_{n-1}x + c_n \tag{3-2-10}$$

称作是 LFSR 的**联接多项式**。$c_n\neq 0$ 称之为**非奇异**(Nonsingular)LFSR。

定义 3-2-5 令 $f(x)$由式(3-2-8)给定，则

$$\Omega(f) = \{\{k_i\}_{i\geqslant 0}: \{k_i\}_{i\geqslant 0} \text{满足式}(3-2-7)\} \tag{3-2-11}$$

即 $\Omega(f)$ 为特征多项式为 $f(x)$的 LFSR 的所有输出序列集。

引理 3-2-1 令 $f(x)$是 n 级 LFSR 的特征多项式，则 $\Omega(f)$为 **n 维矢量空间**。

证 因式(3-2-7)为线性递推关系式，故 $\Omega(f)$为一矢量空间。又$\{k_i\}_{i\geqslant 0}\in\Omega(f)$由 $k_0\cdots k_{n-1}$ 惟一确定，故 $\Omega(f)$至多为 n 维；又以 n 个单位矢量 $I_j=(0\cdots010\cdots0)$(第 j 位为 1，其它位均为 0 的 n 重)为初态所产生的 n 个不同序列显然彼此独立，所以 $\Omega(f)$的维数为 n。

■

应当指出，任意 n 次多项式均可决定一个 n 维线性空间，但其循环构造不同，本原式、既约式、可约式的结果均不相同。

定义 3-2-6 给定序列$\{k_i\}_{i\geqslant 0}$可以构成下述形式幂级数(Formal Power Series)

$$k(x) = \sum_{i=0}^{\infty} k_ix^i \tag{3-2-12}$$

称之为序列的**生成函数**(Generating Function)。

显然，$\{k_i\}\in\Omega(f)$的充要条件为 $k(x)\in\Omega(f(x))$。$k(x)$由 $k_0, k_1, \cdots, k_n$ 和 $f(x)$惟一地确定。

定理 3-2-2 令$\{k_i\}_{i\geqslant 0}\in\Omega(f)$，$f(x)$由式(3-2-8)给定，令 $k(x)$是$\{k_i\}_{i\geqslant 0}$的生成函数，则

$$k(x) = \frac{a(x)}{f^*(x)} \tag{3-2-13}$$

式中：

$$a(x) = \sum_{j=0}^{n-1}\left(\sum_{l=0}^{j} c_{n-l}k_{j-l}\right)x^j \tag{3-2-14}$$

证 由式(3-2-12)，式(3-2-10)及式(3-2-8)有

$$k(x)f^*(x) = \left(\sum_{i=0}^{\infty} k_ix^i\right)\left(\sum_{l=0}^{n} c_{n-l}x^l\right)$$

$$= \sum_{j=0}^{\infty}\left(\sum_{l=0}^{\min(j,n)} (c_{n-l}k_{j-l})x^j\right)$$

$$= \sum_{j=0}^{n-1}\sum_{l=0}^{j} c_{n-1}k_{j-l}x^j + \sum_{j\geqslant n}\sum_{l=0}^{n} c_{n-l}k_{j-l}x^j$$

$$= a(x) + \sum_{j\geqslant n}\Big(\sum_{t=0}^{n} c_t k_{(j-n)+t}\Big)x^j \qquad n-l=t$$

$$= a(x)$$

■

式中，$a(x)$就是移存器初始值所对应的多项式。

系
$$\Omega(f) = \left\{\frac{a(x)}{f^*(x)} \middle| \deg(a(x)) < n\right\} \tag{3-2-15}$$

证　已知，$\Omega(f)$的每个元素均可由$a(x)/f^*(x)$惟一决定。式中，$\deg(a(x))<n$，另一方面，$\Omega(f)$有2^n个元素。而$\deg(a(x))<n$的多项式也恰有2^n个。■

引理 3-2-2　令$\{k_i\}_{i\geqslant 0}\in\Omega(f)$，$\{t_i\}_{i\geqslant 0}\in\Omega(g)$，则$\{k_i+t_i\}_{i\geqslant 0}\in\Omega(\mathrm{lcm}[f,g])$。式中，$\mathrm{lcm}[f,g]$是$f$和$g$的最小公倍式。

证　令$h=\mathrm{lcm}[f,g]$，且$h=uf$和$h=vg$，f，g分别生成序列$\{k_i\}$，$\{t_i\}$。h，u，v都为多项式，由定理 3-2-2 的系知$k(x)=\alpha(x)/f^*(x)$，$t(x)=\beta(x)/g^*(x)$。其中，$\deg(\alpha(x))<\deg(f(x))$，$\deg(\beta(x))<\deg(g(x))$。因$k(x)+t(x)=\alpha(x)/f^*(x)+\beta(x)/g^*(x)=[\alpha(x)u^*(x)+\beta(x)v^*(x)]/h^*(x)$，且$\alpha(x)u^*(x)$和$\beta(x)v^*(x)$次数均低于$h^*(x)$，故$k(x)+t(x)\in\Omega(h)$

3.2.3　多项式的周期

定义 3-2-7　多项式$f(x)$的周期p为使$f(x)$除尽x^n-1的最小整数n的取值。

序列的周期与生成序列的特征多项式的周期密切相关。

引理 3-2-3　令$f(x)$为n次式，周期为p，令$\{k_i\}_{i\geqslant 0}\in\Omega(f)$，则$\{k_i\}_{i\geqslant 0}$的周期$p'\mid p$。

证　由附录 3.A 知$f(x)\mid x^p+1$，即$x^p+1=f(x)g(x)$，且$\deg(g(x))=(p-n)$，相应地，反多项式为$x^p+1=f^*(x)g^*(x)$。由定理 3-2-2 知存在$a(x)$，$\deg(a(x))<n$，使

$$k(x)=\frac{a(x)}{f^*(x)}=\frac{a(x)g^*(x)}{1+x^p}=a(x)g^*(x)\cdot\{1+x^{1p}+x^{2p}+\cdots\}$$

由$\deg(g^*(x))=p-n$知，$\deg(a(x)\cdot g^*(x))<p$，故p是$k(x)$的周期的倍数。($a(x)\cdot g^*(x)$的图样至少每p次重复一次。)■

引理 3-2-4　令$f(x)$是周期为p的n次既约多项式，令$\{k_i\}_{i\geqslant 0}\in\Omega(f)$，则$\{k_i\}_{i\geqslant 0}$的周期为$p$。

证　令$\{k_i\}_{i\geqslant 0}$周期为p'，由引理 3-2-3，有$p'\mid p$，则有$k(x)=u(x)/(1+x^p)$，$\deg(u(x))<p'$，由式(3-2-12)有$k(x)=a(x)/f^*(x)$，故有$(1+x^{p''})a(x)=u(x)f^*(x)$，由此可得$(1+x^{p'})a^*(x)=u^*(x)f(x)$。因为$f(x)$为$n$次既约式，$\deg(a(x))<n$，因此有$f(x)\mid(1+x^{p'})$，但$f(x)$的周期为$p$，故有$p\mid p'$，所以$p'=p$。■

引理 3-2-5　令$f(x)$为n次式，令$\{k_i\}_{i\geqslant 0}\in\Omega(f)$为$m$序列，则$f(x)$为既约式。

证　采用反证法。假定$f(x)=f_1(x)\cdot f_2(x)$，$f_1(x)$为既约式，次数为n_1，$n_2>0$且$n_1>n_2$。由式(3-2-14)，$1/f_1^*(x)\in\Omega(f_1)$，故由引理 3-2-3 及附录 3.A，$1/f_1^*(x)$的周期除尽$2^{n_1}-1$。类似地，有$1/f_1^*(x)=f_2^*(x)/f^*(x)\in\Omega(f)$。由定理 3-2-1 知$1/f_1^*(x)$应是$\{k_i\}_{i\geqslant 0}$的移位，因而其周期为$2^n-1$，惟一可能是$n=n_1$，即$f(x)=f_1(x)$。

由引理 3-2-4 和引理 3-2-5 可得定理 3-2-3 及系。

定理 3-2-3 以 $f(x)$为特征多项式的 LFSR 的输出序列是 m 序列的充要条件为 $f(x)$是本原的。

系 n 级 LFSR 生成的不等价 m 序列共有 $\varphi(2^n-1)/n$ 个。

3.2.4 *m* 序列的性质

定理 3-2-3 m 序列满足 Golomb 的三条伪随机假设。

证

$mG1$：由定理 3-2-1 知，在 m 序列一周期中，每个非零状态都出现，且恰好出现一次。LFSR 最右级为输出比特，在一周期中“1”出现 2^{n-1}次，近于相等 $2^{n-1}-1$。

$mG2$：在所有长为 n 的状态序列中形为：

$$\underbrace{xx\cdots x}_{n-(l+2)\text{位}}\underbrace{011\cdots10}_{l+2}$$
$$xx\cdots x100\cdots01$$

的状态数为 $2^{n-(l+2)}$个。即长为 l 的串各有 $2^{n-(l+2)}$个，其中 $l\leqslant n-2$。状态(11…110)出现一次，其后继状态为(11…11)，下一个为(01…11)，故长为(n—1)的“1”串不存在，类似地可知，长为(n—1)的“0”串出现一次，长为 n 的“0”串不存在。

长为 n 的“1”串只能有一个，长为 n—1 的 1 串不存在。这是因为：

(1) 111…10 的后继为 11…1，而 11…1 的后继为 011…1。

(2) 在有为 n 个“1”条件下，(1)条必成立，即$\underbrace{111\cdots10}_{n}$的后继为$\underbrace{111\cdots11}_{n}$，若有($n$—1)长“1”串，则由 $0\overbrace{111\cdots10}^{n-1}$ 知 011…1 的后继为 11…10，与(1)条件中 011…1 是 11…1 的后继相矛盾。

$mG3$：由定理 3-2-1，若$\{k_i\}_{i\geqslant0}\in\Omega(f)$，则$\{k_{i+\tau}\}_{i\geqslant0}\in\Omega(f)$。$\Omega(f)$为线性空间，故$\{k_i\}_{i\geqslant0}\in\Omega(f)$。在一周期内，$\{k_i\}_{i\geqslant0}$中“0”和“1”个数相差 1，分别为 $2^{n-1}-1$ 和 2^{n-1}次，故 $R(\tau)=-1/2^n-1$，$1\leqslant\tau<2^n-1$。 ■

可见 m 序列具有良好的随机性，下面检验它是否满足密码要求。

$m-C_1$：n 级 m 序列的周期为 2^n-1，只要取 n 足够大，则可使周期为任意大值。例如，$n=166$ 时，$p=10^{50}(9.353\,610\,465\times10^{49})$。

$m-C_2$：只要知道 n 次本原多项式，m 序列极易生成。

$m-C_3$：m 序列极不安全，只要泄露 $2n$ 位连续数字，就可完全确定出反馈多项式系数。

对已知 k_i，k_{i+1}，…，k_{i+2n}，由递推关系式(3-2-6)可得出下式：

$$\begin{pmatrix} k_i & k_{i+1} & \cdots & k_{i+n-1} \\ k_{i+1} & k_{i+2} & \cdots & k_{i+n} \\ \vdots & \vdots & & \vdots \\ k_{i+n-1} & k_{i+n} & \cdots & k_{i+2n} \end{pmatrix}\begin{pmatrix} c_0 \\ c_1 \\ \vdots \\ c_{n-1} \end{pmatrix}=\begin{pmatrix} k_{i+n} \\ k_{i+n+1} \\ \vdots \\ k_{i+2n-1} \end{pmatrix} \tag{3-2-16}$$

因为(10…0)及(n—1)个后继状态是独立的，由式(3-2-7)或式(3-2-8)用归纳法可推知，任意 n 个连续状态都是独立的，式(3-2-16)中有 n 个线性方程和 n 个未知量，故可

惟一解出 c_i，$0\leqslant i\leqslant n-1$。如果得到数据少于 $2n$ 个，则解就不是惟一的了。有关 m 序列理论可参看 McEliece[1987]。

50 年代，人们对线性移位寄存器的研究已相当深入。它满足 C1 和 C2 及 G1～G3，因而有人乐观地将它用于密码作为密钥。但到了 60 年代，人们发现 mC3 不满足，而转向研究更复杂的非线性序列。

3.3　基于非线性反馈移位寄存器的流密码

由前节可知，线性序列不能用作密钥流，在密码中忌用线性，因此需要研究非线性序列。

3.3.1　非线性反馈移位寄存器序列

例 3-3-1　多项式表示式：

$$\begin{aligned} f(x_1, x_2, x_3) &= x_1 + (x_2 \vee \overline{x_3}) \\ &= 1 + x_2 + x_3 + x_2x_3 \\ &= 1 + x_1 + x_2 + x_2x_3 \end{aligned}$$

小项表示式：

$$f(x_1, x_2, x_3) = \overline{x_1x_2x_3} + \overline{x_1}x_2\ \overline{x_3} + \overline{x_1}x_2x_3 + x_1\ \overline{x_2}x_3$$

其实现电路如图 3-3-1 所示。真值表如表 3-3-1 所示。

状态图：如图 3-3-2 所示。

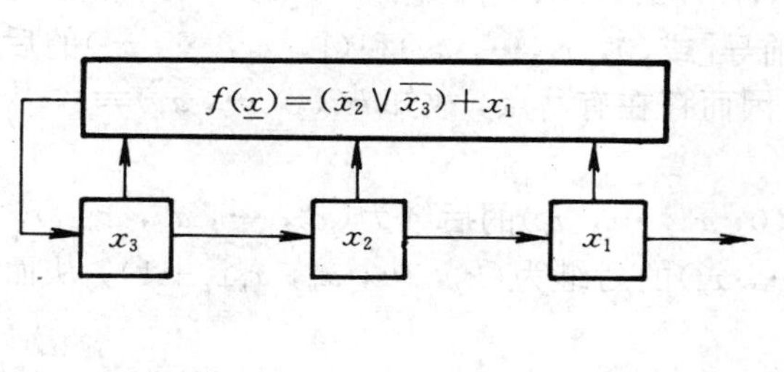

图 3-3-1　例 3-3-1 的实现电路

表 3-3-1　$f(x_1, x_2, x_3)$**的状态图**

十进制表示	x_3	x_2	x_1	$f(x_1, x_2, x_3)$
0	0	0	0	1
4	1	0	0	0
2	0	1	0	1
6	1	1	0	1
1	0	0	1	0
5	1	0	1	1
3	0	1	1	0
7	1	1	1	0

输出序列：0001011100010111…，是周期为 8 的 M 序列。(M 序列的周期为 2^n，m 序列的周期为 2^n-1。)

■

由式(3-2-1)知，二元 n 级反馈移存器，其 $c_i\in \mathrm{GF}(2)$，$i=1,\cdots,n$，共有 2^n 种取法，即每个小项系数和变量的指数有 2^n 种取法，而 $f(c_1, c_2, \cdots, c_n)\in \mathrm{GF}(2)$，故共有 2^{2^n} 种不同的 $f(x)$。其中，线性的只占 2^n 个！即 n 级非线性反馈移存器有 $2^{2^n}-2^n$ 种。

一般非线性反馈移位寄存器的分析是很困难的。诸如一个给定反馈函数的 n 级移存器有多少个圈？圈长如何？其线性等价反馈移存器的结构如何确定？这些问题(像所有其它类非线性问题一样)目前还是一个远未开发的领域。

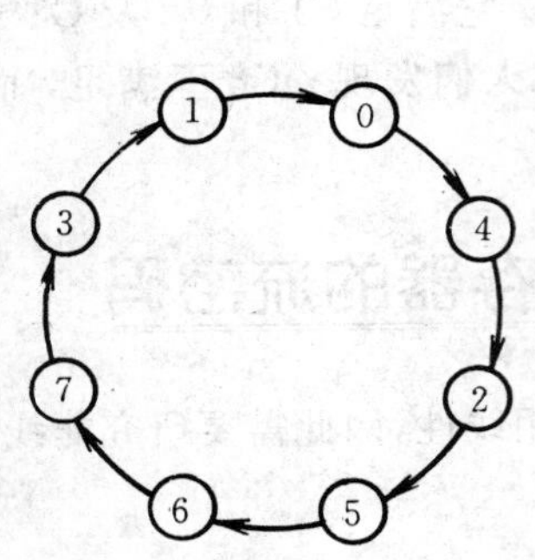

图 3-3-2 例 3-3-1 的状态图

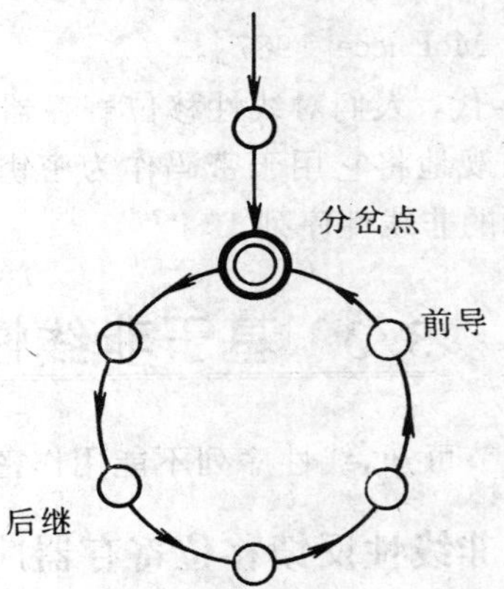

图 3-3-3 有枝和分岔点的状态图

一个 n 级反馈移位寄存器的状态图不一定是一个大圈，可能分为几个较小的圈，而且还可能有一些分岔，当一个状态的前导状态多于一个时就会出现分岔，此状态点称作**分岔点**(Branch Point)，参看图 3-3-3。

定理 3-3-1 以 $f(x_1, \cdots, x_n)$为反馈函数的 FSR，无岔点(非退化或非异的)的充要条件为

$$f(x_1, \cdots, x_n) = x_1 + g(x_2, \cdots, x_n) \tag{3-3-1}$$

式中，g 是 $n-1$ 个变量的布尔函数，且为 $n-1$ 级无岔点反馈函数。

证 $f(x_1, \cdots x_n)$可分解成

$$f(x_1, \cdots, x_n) = g(x_2, \cdots, x_n) + x_1 h(x_2, \cdots, x_n) \tag{3-3-2}$$

必要性：若对某些$(x_2, \cdots, x_n)$，有 $h(x_2, \cdots, x_n)=0$，则状态$(0, x_2, \cdots, x_n)$和$(1, x_2, \cdots, x_n)$就是$(x_2, x_3, \cdots, x_{n+1})$的不相同的前导[或$(0, x_2, \cdots, x_n)$和$(1, x_2, \cdots, x_n)$的后继状态都为$(x_2, x_3, \cdots, x_n, g(x_2, \cdots, x_n))$)，因而存在有岔点，故知 $h(x_2, \cdots, x_n)\equiv 1$，从而式(3-3-1)成立。

充分性：令式(3-3-2)成立。若状态$(0, x_2, \cdots, x_n)$的后继为$(x_2, \cdots, x_n, x_{n+1})$，其中 $x_{n+1} = g(x_2, \cdots, x_n)$，则状态$(1, x_2, \cdots, x_n)$的后继为$(x_2, \cdots, x_n, x_{n+1}+1)$，从而无岔点。 ■

无岔点的 FSR 的状态图只由圈构成，其中有一类只有一个圈(极大)，称其为 ***M* 序列**。这类序列，由于它自然满足 G1，G2，C1，且较 LFSR 序列要复杂得多，因而在密码学研究中受到普遍的重视。主要研究下述三个问题：

(1) M 序列的个数为 $2^{(2^{n-1}-n)}$，远大于 m 序列个数；

(2) M 序列的伪随机性：G1，G2 自然满足，研究集中于寻求自相关特性和互相关特性好的 M 序列；

(3) M 序列的线性复杂度和相关免疫性。

有关序列的非异性及 M 序列的研究可参看[Golomb 1982；万哲先等 1978；Lai 1987]。

3.3.2 线性复杂度

定义 3-3-1 周期序列$\{k_i\}_{i\geqslant 0}$的**线性复杂度**是能产生$\{k_i\}_{i\geqslant 0}$的 LFSR 的最小级数 n。

显然，n 级 m 序列的线性复杂度为 n。

引理 3-3-1　若 h 和 f 分别是 m 级 LFSR 和 n 级 LFSR 的特征多项式，则 $\Omega(h)\subset\Omega(f)$ 的充要条件为 $h|f$。

证　必要性：令 $1/h\in\Omega(h)\subset\Omega(f)$，则由定理 3-2-2 的式(3-2-14)，存在某多项式 $a(x)$，其次数小于 n，且 $1/h^*(x)=a(x)/f^*(x)\Rightarrow f^*(x)=a(x)\cdot h^*(x)\Rightarrow f(x)=a^*(x)h(x)\Rightarrow h|f$。

充分性：令 $f(x)=a(x)h(x)$，$\deg(a(x))=n-m$。由定理 3-2-2 系有

$$\begin{aligned}\Omega(h)&=\left\{\frac{b(x)}{h^*(x)}\ |\deg(b(x))<m\right\}\\&=\left\{\frac{a^*(x)b(x)}{a^*(x)h^*(x)}|\deg(b(x))<m\right\}\\&=\left\{\frac{a^*(x)b(x)}{f^*(x)}|\deg(a(x))<n\right\}\\&\subset\left\{\frac{\delta(x)}{f^*(x)}|\deg(\delta(x))<n\right\}\\&=\Omega(f)\end{aligned}$$

■

引理告诉我们，若 $\{k_i\}_{i\geqslant0}\in\Omega(f)$，要寻求生成 $\{k_i\}_{i\geqslant0}$ 的最低项多次项式 h，需在 f 的因子中寻找。

下述引理给出存在次数低于 f 的 h 的充要条件。

引理 3-3-2　令 $\{k_i\}_{i\geqslant0}\in\Omega(f)$，则存在 $h|f^*$ 且 $h\neq f$ 使 $\{k_i\}_{i\geqslant0}\in\Omega(h)$ 的充要条件为 $\gcd(a(x), f^*(x))\neq1$。

证

充分性：令 $d(x)|\gcd(a(x), f^*(x))$，$\deg(d(x))>1$，则

$$k(x)=\frac{a(x)}{f^*(x)}=\frac{a(x)/d(x)}{f^*(x)/d(x)}\Rightarrow\{k_i\}_{i\geqslant0}\in\Omega(f/d^*)$$

即存在有次数低于 f 且生成 $\{k_i\}_{i\geqslant0}$ 的多项式 h。必要性证明与之类似。■

定理 3-3-2　令 $\{k_i\}_{i\geqslant0}$ 是周期为 p 的二元序列。令 $k^{(p)}(x)=k_0+k_1x+\cdots+k_{p-1}x^{p-1}$，则存在惟一的多项式 $m(x)$ 满足：

(1) $\{k_i\}_{i\geqslant0}\in\Omega(m)$；

(2) 对任意 h 有

$$\{k_i\}_{i\geqslant0}\in\Omega(h)\Rightarrow m|n$$

称 $m(x)$ 为 $\{k_i\}_{i\geqslant0}$ 的**最小特征多项式**，则其反多项式为

$$m^*(x)=\frac{1+x^p}{\gcd(k^{(p)}(x), 1+x^p)}\tag{3-3-3}$$

证　令 $\{k_i\}_{i\geqslant0}\in\Omega(f)$，但对任意 f 的因子 h，$\{k_i\}_{i\geqslant0}\in\Omega(h)$，今证明 f 是惟一的满足式(3-3-3)的多项式。因 $\{k_i\}_{i\geqslant0}$ 周期为 p，由定理 3-2-2 系知，存在 $a(x)$，$\deg(a)<\deg(f)$，使

$$k(x)=\frac{k^{(p)}(x)}{1+x^p}=\frac{a(x)}{f^*(x)}$$

根据假设的 f 和引理 3-2-2 知，$\gcd(f^*(x), a(x))=1$，故有

$$\gcd\left(f^*(x), \frac{k^{(p)}(x)\cdot f^*(x)}{1+x^p}\right)=1$$
$$\Rightarrow \gcd(f^*(x)(1+x^p), k^{(p)}(x)f^*(x))$$
$$\Rightarrow f^*(x)\gcd(1+x^p, k^{(p)}(x))=1+x^p$$
$$\Rightarrow f^*(x)=\frac{1+x^p}{\gcd(k^{(p)}(x), 1+x^p)}$$ ■

系 周期为 p 的二元序列 $\{k_i\}_{i\geq 0}$ 的线性复杂度为 $p-\deg(\gcd(k^{(p)}(x), (1+x^{(p)}))$，式中，$k^{(p)}(x)=k_0+k_1x+\cdots+k_{p-1}x^{p-1}$。

例 3-3-2 给定 $p=15$ 的二元序列 $\{k_i\}_{i\geq 0}$，$k^{(15)}(x)=1+x^4+x^7+x^8+x^{10}+x^{12}+x^{13}+x^{14}$。由 $\gcd(x^{15}+1, k^{(15)}(x))=(1+x)(1+x+x^2)(1+x+x^2+x^3+x^4)(1+x+x^4)$ 知 $m^*(x)=1+x^3+x^4$，故有 $m(x)=x^4+x+1$，显然由 $m(x)$ 构造的 LFSR 周期为 15(参看例 3-2-1)。 ■

线性复杂度是研究和设计密码的重要指标和工具。一个伪随机序列若其线性复杂度低，则由 3.2 节知，易于由部分序列综合出生成它的 LFSR。一般移存器序列的线性复杂度为 $\mathscr{L}$，$n<\mathscr{L}<2^n$。$\mathscr{L}$ 大不一定就安全，例如长为 L 的序列 00…01，其线性复杂度为 $\mathscr{L}$，极不安全；但 $\mathscr{L}$ 小肯定是不安全的！参看[Piper 1987；Rueppel 1986；Dai 1986；Klapper 1994；Rueppel 等 1987]。

一些线性序列的线性复杂度可以通过分析给定[Key 1976；Rueppel 1986；Massey 等 1994]。给定的较复杂的、特别是非线性序列的线性复杂度可用 Berlekamp-Massey 算法求解[Berlekamp 1968；Massey 1969]。它的一些推广有：环上的 Berlekamp-Massey 算法[Reeds 等 1985；Zhou 等 1994；Li 等 1998]、线性复杂度廓[Dai 等 1991；Dai 1986；Niederreiter 1988，1989，1990，1991；Rueppel 1985；Wang 1986]、球复杂度[Ding 等 1991]。计算线性复杂度的算法讨论参看[Games 等 1983；Robshaw 1994]。

Jansen 和 Boekee[1989，1990]定义了随机序列的最大阶复杂度为生成序列的最短反馈移存器级数，Ziv 和 Lempel[1973]以序列中新图样出现率定义了 Ziv-Lempel 复杂度。Mund[1991]，Kolmogorov[1965]和 Chaitin[1966]还提出 Turing-Kolmogorov-Chaitin 复杂度。它是 Turing 机生成给定序列所需最短输入长度[Martio-Löf]，这是理论上的概念，尚无可以计算的算法。Beth 和 Dai[1989]曾证明对于足够长的大多数序列 Turing-Kolmogorov-Chaitin 复杂度约为线性复杂度的两倍。

3.3.3 利用进位寄存器反馈的移位寄存器

这是一种最近由 Klapper 和 Goresky[1994，1995]等提出的、类似于 LFSR 的一种非线性反馈移位寄存器，称之为利用进位寄存器的**反馈的移位寄存器** FCSR(Feedback with Carry Shift Register)。它与 LFSR 不同点是有一个进位寄存器，所有抽头序列输出 bit 不是经过 mod 2 和，而是利用进位寄存器中的存数累加之后所得结果的 mod 2 所给出一个新的 bit 反馈给移位寄存器，并将相加结果除以 2 作为进位寄存器的新的存数，参看图 3-3-4。

例 3-3-3 $n=3$ 级 FCSR，抽头在第 1 和第 2 位。初值为 001，进位寄存器的数值为 0。以最右列作为输出，所得序列的周期为 10。移位寄存器存数与进位寄存器的数值如下表：

移存器存数	进位寄存器的数值
001	0
100	0
010	0
101	0
110	0
111	0
011	1
101	1
010	1
001	1
000	1
100	0

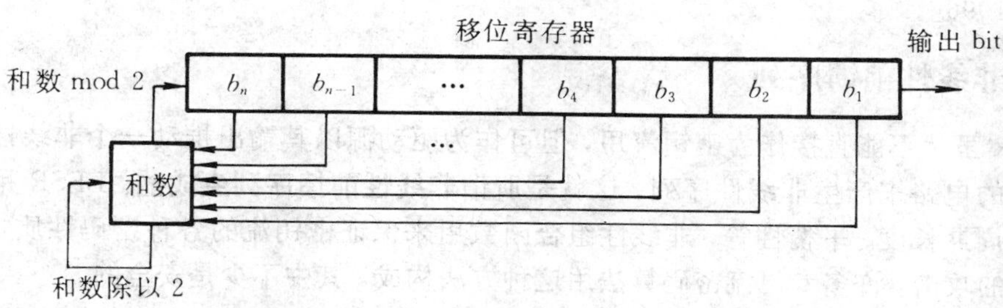

图 3-3-4　有进位寄存器的反馈移位寄存器

进位寄存器的级数至少为 lb t。其中，t 是反馈抽头数。在 FCSR 步入周期状态之前可能存在有一初始的暂态过程，例 3-3-3 中 001 是初始暂态，不会重复出现。在更复杂的例中，暂态过程可能含有多个状态。n 级 FCSR 的最大周期不是 2^n-1。最大周期为 $q-1$。其中，q 是连接整数(Connection Integer)，由抽头决定。q 的定义为

$$q = 2q_1 + 2^2q_2 + 2^4q_4 + \cdots + 2^nq_n - 1 \qquad (3-3-4)$$

q_i 是从左到右计数，而且 q 必须是素数，且以 2 为本原元根。上例中，$q=2\times0+4\times1+8\times1-1=11$，而 11 是以 2 为本原根的素数，故其最大周期为 10。

并不是每个初始状态都能给出最大周期。在上例中，若初始状态为 101，进位寄存器存数为 4 时有：

移存器存数	进位寄存器数值
101	4
110	2
111	1
111	1

输出在 10 之后就永远为无穷尽的 1。

任一 FCSR 的可能输出为下述四类之一：

(1) 最大周期的一部分；

(2) 在初始暂态之后进入最大周期的循环；

(3) 初始暂态之后进入全 0 状态；

(4) 初始暂态之后进入全 1 状态。

数学上可以确定 FCSR 会给出哪一种可能的输出，采用试验更方便。若 m 是初始存储值，t 是抽头数，则一般运行 $\text{lb}\, t+\text{lb}\, m+1$ 步就可分晓。若连续出现 n 个 1 或 0，则这种 FCSR 不能采用。

Schneier[1996]给出 10 000 以内的以 2 为本原根的连接整数 q，由此可以得到抽头位置，用以构造出最大周期为 $q-1$ 的 FCSR。该书还给出了 $n=32$，64，128 的 4 抽头最长 FCSR 的抽头位置表。

有关 FCSR 的理论参看[Klapper 1994；Goresky 1995；Klapper 和 Goresky 1994，1995]。有些理论类似于 LFSR，如复杂度、综合序列算法等。

类似于 LFSR，FCSR 也可以作为驱动序列来构造有非线性前馈的流密码，详见 Schneier[1996]。

3.3.4　非线性前馈序列

LFSR 虽然不能直接作为密钥流用，但可作为驱动源以其输出推动一个非线性组合函数所决定的电路来产生非线性序列。这就是所谓**非线性前馈序列生成器**。LFSR 用来保证密钥流的周期长度、平衡性等，非线性组合函数用来保证密钥流的各种密码性质，以抗击各种可能的攻击。许多专用流密码算法用这种方法构成，其中不少是安全的。

E. J. Groth 在 1971 年提出了图 3-3-5 的非线性序列产生器，是以一个 LFSR 的多个不同相输出作为驱动序列去控制一个非线性组合函数 F 的电路，得到非线性输出序列 $\{k_i\}_{i\geqslant 0}$，称这一序列产生器为**非线性前馈序列产生器**，F 为**前馈函数**，$\{k_i\}_{i\geqslant 0}$为**前馈序列**。

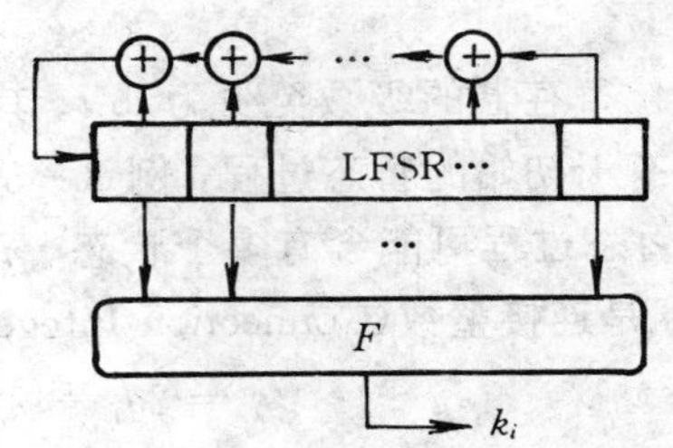

图 3-3-5　一个 LFSR 的非线性前馈序列生成器

这类序列产生器研究的中心问题是，前馈函数 F 与输出序列的周期性、随机性、线性复杂度以及相关免疫性之间的关系。目前还不能一般地回答这些问题，只有特殊的几类函数 F 有此结果。一个明显的事实是，输出为 LFSR 的状态的函数，即为 $\delta_i=(\delta_i,\ \delta_{i+1},\cdots,\delta_{i+n-1})$，其中 n 是 LFSR 的级数，δ_i 是 LFSR 第 i 时刻的状态。因此$\{k_i\}_{i\geqslant 0}$的周期$\leqslant 2^n-1$(LFSR 的最大可能周期)。虽然$\{k_i\}_{i\geqslant 0}$的周期不会超过原 LFSR 的最大值 2^n-1，但是线性复杂度常可以远大于 n。Golié[1996]列表给出了这类非线性滤波生成器的设计准则。

例 3-3-4　F 为一个简单的与门，即

$$F(x)=x_t x_{t+\delta}\qquad 1\leqslant t<t+\delta\leqslant n \tag{3-3-5}$$

输出序列$\{k_i\}_{i\geqslant 0}$的周期为 2^n-1，线性复杂度

$$\mathscr{L}(\boldsymbol{k}) = \frac{n(n+1)}{2} \tag{3-3-6}$$

证明参看[Wang 等 1990]。这一输出序列的统计特性显然不满足 G1 条件，输出序列中 $p_r\{1\}=1/4$。

■

例 3-3-5　可将式(3-3-5)推广至多个两输入端与门的输出之和，即

$$F(x) = \sum_{r=1}^{e} x_{t_r} x_{t_r+d_r} \qquad 1 \leqslant t_r < t_r + d_r \leqslant n \tag{3-3-7}$$

$F(x)$由前馈参数，即抽头位置和抽头距离($t_1, t_2, \cdots, t_e; d_1, d_2, \cdots, d_e$)完全确定。已经证明[同上]，当 $e \equiv 0 \mod 4$ 或 $e \equiv 3 \mod 4$ 时，可以将 $2e$ 个自然数排列成一特殊的序。使相同两个自然数 h 的间隔恰好为 h，这种排列称作 Longford 排列。例如，$e=4$ 时，41312432 即为 Longford 排列。已知 $e=4$ 时，有一种；$e=7$ 时，有 26 种；$e=12$ 时，有 108 114种。如果将两输入端与门的输入按 Longford 排列来定，则可证明，由相应组合函数 $F(x)$所确定的前馈序列生成器输出序列的周期为 2^n-1，且其 0，1 的个数近于平衡[Xiao，1982]。

■

一般反馈函数 $F(x)$可为 n 级 LFSR 状态的 n 个变量中 m 个变量的函数 $m \leqslant n$。若$F(x)$的次数为 m，则有结果[Key，1976]

$$\mathscr{L}(\boldsymbol{k}) \leqslant \sum_{i=1}^{m} \binom{n}{m} \tag{3-3-8}$$

有关线性复杂性的下限结果参看[Wang 等，1990]。

图 3-3-5 可推广，由多个彼此独立的 LFSR 的输出作为前馈电路的驱动序列，如图 3-3-6 所示。

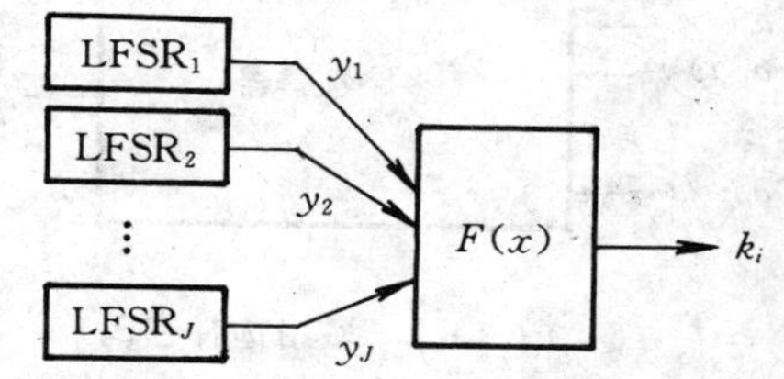

图 3-3-6　多个 LFSR 的非线性前馈序列生成器

令各 LFSR_j($j=1, 2, \cdots, J$)的周期为 p_j，则输出序列 k_i 的周期

$$p \leqslant \prod_{j=1}^{j} p_j \tag{3-3-9}$$

例 3-3-6　令 $j=2$，$m_1(x)$和 $m_2(x)$是次数为 m 和 n 的既约多项式，分别为 LFSR1 和 LFSR2 的联接多项式，$\gcd(m, n)=1$，则与序列

$$k_i = y_{1i} \cdot y_{2i} \tag{3-3-10}$$

的线性复杂度 $\mathscr{L}(k)=mn$。这一条件还可减弱。证明参看[Wang 等 1990]。更一般的情况，即

$$F(x_1, x_2, \cdots, x_J) = \sum a_i x_i + \sum a_{ij} x_i x_j + \cdots + a_{12\cdots J} x_1 \cdots x_J$$
$$a_i, \cdots, a_{ij}, \cdots, a_{12\cdots J} \in GF(2) \tag{3-3-11}$$

时，输出序列$\{k_i\}_{i\geqslant 0}$的线性复杂性和周期可在其中各分项所决定的序列的基础上求解，参看[Wang 等，1990]。

下面介绍一些非线性前馈组合方式，有些有实用价值，有些可能只有理论意义。

1. 多路选择(Multiplexing)密码

多路选择密码的框图如图 3-3-7 所示。

输入有 n 种时间序列 $b_0(t),\cdots,b_{n-1}(t)$，在地址序列 $a_1(t)$，…，$a_{m-1}(t)$的控制下决定输出取自某个输入比特。例如[Jenning 1983]取 m 级 LFSR 生成 m 序列作地址控制，取 n 级 LFSR 生成的 m 序列作为输入序列。从 m 级 LFSR 中取 h 个不同输出，$0\leqslant i_1<i_2$，…，$i_h<m$。在 t 时刻的 h 重$(a_{i_1}(t), a_{i_2}(t), \cdots, a_{c_h}(t))$限定一个整数

$$N(t) = \sum_{j=1}^{h} a_{i_j}(t)\cdot 2^{j-1} \qquad h<m \tag{3-3-12}$$

$$N(t)\in\{0, 1, \cdots, 2^h-1\} \qquad 2^h-1\leqslant n \tag{3-3-13}$$

则可在$\{0, 1,\cdots, 2^h-1\}$和$\{0, 1, \cdots, n-1\}$之间建立一一映射，输出

$$k(t) = b_{\tau(N(t))}(t)$$

Jennings[1983]提出如图 3-3-8 的多路复合器，两个寄存器的初态作为密钥 k_1 和 k_3，f 是一映射函数，由密钥 k_2 控制。此方案受到了 Anderson 中途相遇一致性攻击和线性一致性攻击[Anderson 1990；Dawson 等 1993；Zeng 1990]。

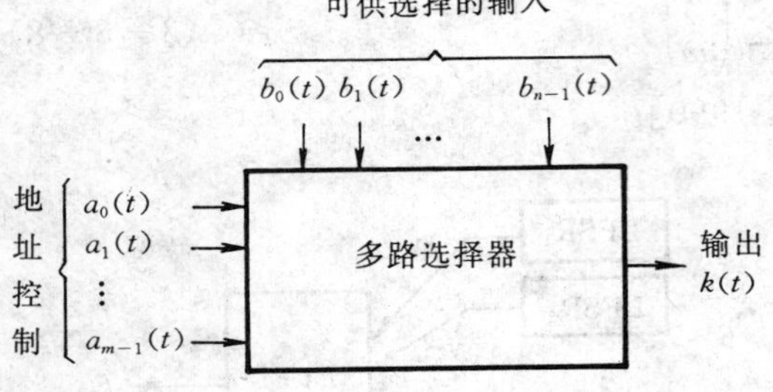

图 3-3-7　多路选择密码

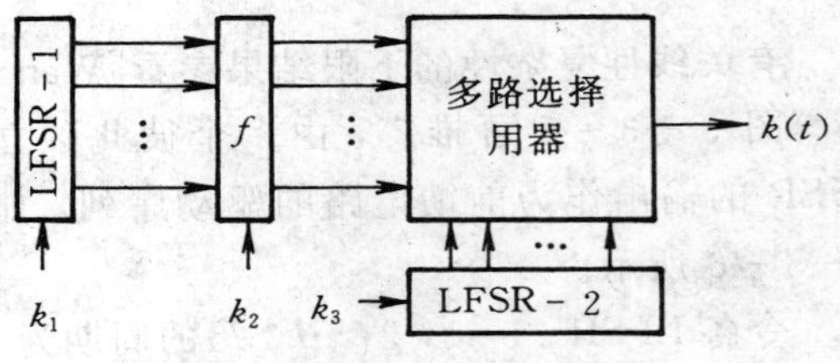

图 3-3-8　Jennings 生成器

2. JK 触发器

JK 触发器是一个非线性器件，有两个输入端 j, k 和一个内部状态，即输出为 q_i，其逻辑真值如表 3-3-2 所示，一般令 $q_{-1}=0$。

Geffe[1973]采用三个 LFSR，其中两个的输出通过一个 JK 触发器进行复合。如图 3-3-9 所示。还可进一步推广由 $s+1$ 个 LFSR 进行复合。LFSR-1 的时钟必须较其它 s 个 LFSR 的时钟快 lb s 倍，其中 s 为 2 的幂次。

表　3-3-2

J	K	q_i
0	0	q_{i-1}
0	1	0
1	0	1
1	1	$\bar{q}_{i-1}$

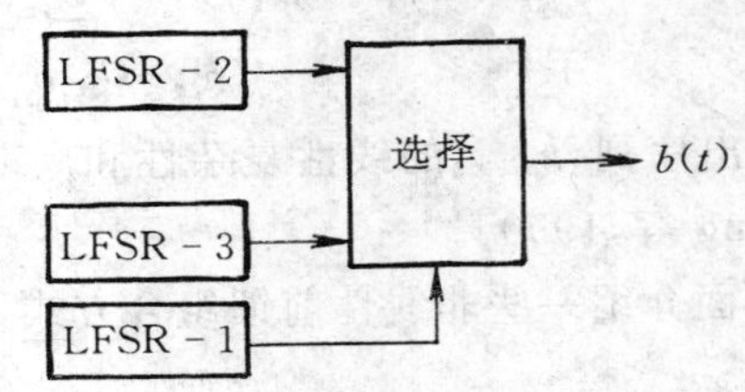

图 3-3-9　Geffe 生成器

若多路复合器输入两两成对，并以 JK 触发器进行复合后送入多路复用器，则称作 **Geffe 生成器**[Key 1976；Zeng 1989，1991]，Pless 生成器[Pless 1977]也属此类。这类生成器的安全性不高，易受相关攻击[Rubin 1979]。

3. 择多逻辑生成器

采用多个周期互素 LFSR，其输出送入一个门限电路，当转入门限电路输入的复合和超过某个阈值(如半数)后输出为 1，否则输出为 0。这种方案的线性复杂度最高，但不能抗击线性攻击。

4. 钟控序列生成器

钟控序列是 10 多年前提出的一种新的密钥流生成法，这种方法所生序列的线性复杂度与生成器输入参数间具有指数的关系。这类序列易于由硬件实现。钟控移位寄存器的级连是一种重要的序列的流密码备选体制[U. Baum，and S. Blackburn，1994]。

(1) **自采样式**(Decimated)**钟控生成器**。R. Rueppel[1987]提出一种自采样钟控生成器，即用 LFSR 输出控制其移位。例如，当 LFSR 输出为 0，则自采样式钟控生成器移位 d 次；当输出为 1 时，移位 k 次。Chambers 和 Gollmanim 的方案[1988]是从 LFSR 中取出几个采样输出序列，经过一个与非电路后的输出按上述移位次数进行。这两类都不安全[Zeng 等 1991]。

(2) **互钟控序列生成器**。采用两个或更多个 LFSR，相互控制移位。Beth 和 Piper [1984]提出的停走式钟控序列生成器，如图 3－3－10 所示。

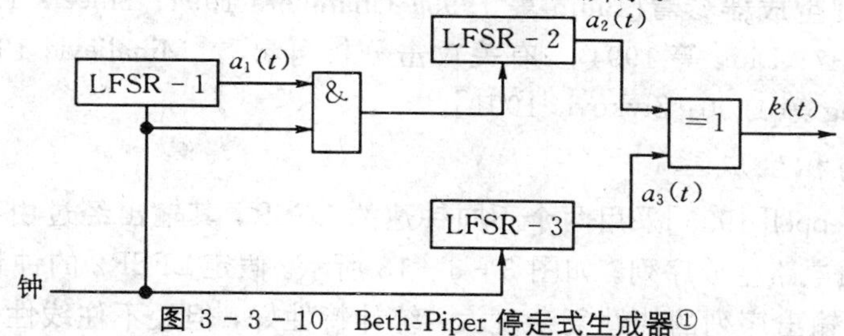

图 3－3－10　Beth-Piper 停走式生成器①

LFSR－2 的时钟由 LFSR－1 的输出提供，仅当前一时刻上 LFSR－1 输出为 1 时，当前时刻LFSR－2才移位。此方案抗相关攻击能力差[Zeng 1991]。

(3) **级连式钟控序列生成器**。Gollmann[1984，1989] 将几个 LFSR 串连起来，用一个 LFSR 的输出控制下一级LFSR的移位，如图 3－3－11 所示。当所有 LFSR 级数相等且为 n 时，k 个 LFSR 级连输出序列的线性复杂度为 $n(2^n-1)^{k-1}$，其周期大，统计特性好，但在所谓**锁定**(Locking)攻击下很弱[Gollmann 等 1988，1989]。为安全计，n 和 k 要选得足够大。k 至少应为 15。对这类生成器的分析可参看[Park 等 1995；Menicocci 1993；Chambers 等 1988；Chambers 1988]。

(4) **交替停走型生成器**。这是 C. G. Günther 提出另一种停走式钟控序列生成器，如图 3－3－12 所示，采用三个不同长度的 LFSR，当 LFSR－1 的输出为 1 时，LFSR－2 移位。

---

① 按电气图形符号国家标准规定，与门、或门、异或门分别是 & 、≥ 、=1 ，它们有一种旧图形是：、、。

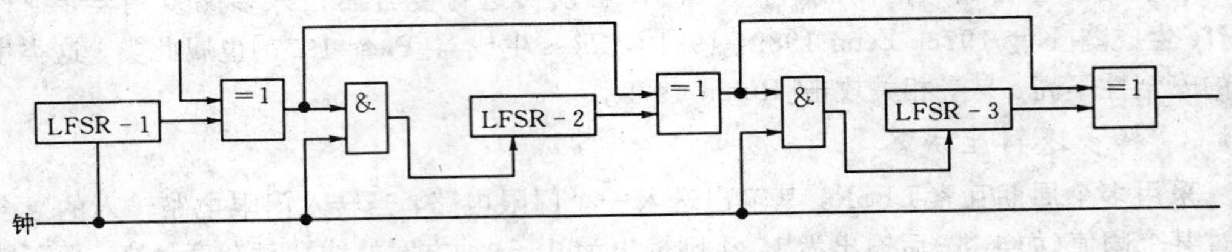

图 3-3-11 Gollmann 级连式生成器

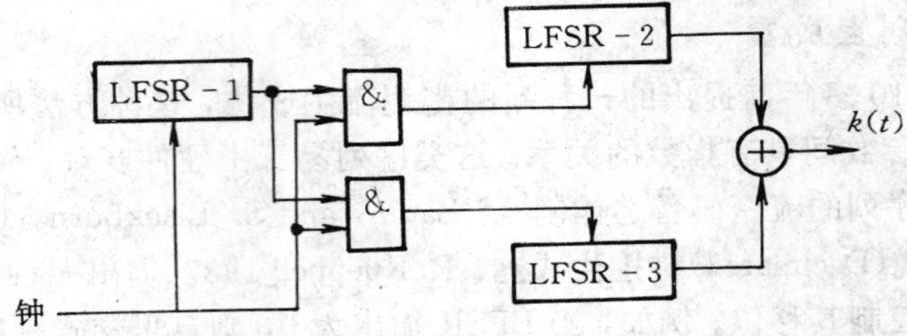

图 3-3-12 交替停走型生成器

最后输出由 LFSR2 和 LFSR-3 的异或得出。此方案给出的输出序列的周期长，线性复杂度高，它是以 Beth 和 Piper[1985]的停走式钟控生成器为基础的。文中提出一种对 LFSR-1 的相关攻击，但此攻击还不能攻破此方案。

其它钟控序列生成器参看[Blum 等 1995；Chambers 1994；Smeets 1986；Gollman 等 1989；Günther 1987；Ding 等 1994]。有关攻击分析可参看[Mihaljević 1992；Golić 1995；Golić 等 1994；Zeng 等 1990；Zivković 1991]。

5. 多速率内积生成器

Massey 和 Rueppel[1985]采用两个不同钟速的 LFSR，其输出经过由与门和或门组成的一个非线性前馈电路生成序列。如图 3-3-13 所示。假定 LFSR2 的钟频是 LFSR-1 的 d 倍。这种生成器输出序列的线性复杂度大，统计特性好，但经不住线性一致攻击[Zheng 等 1991]。对于 n_1 级 LFSR-1 和 n_2 级 LFSR-2，利用长为 $n_1+n_2+\text{lb}\,d$ 的输出序列段可以攻破此体制。

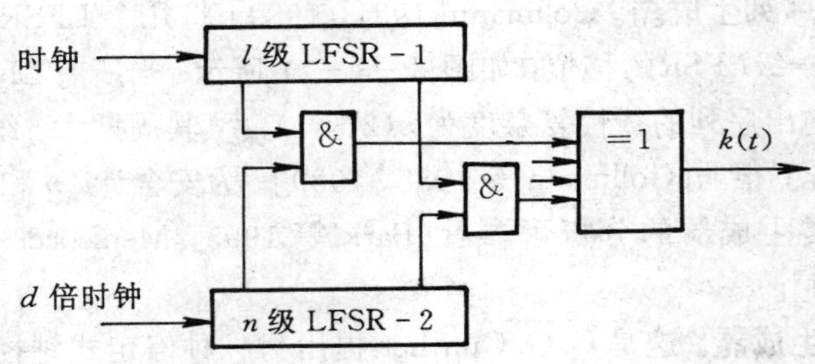

图 3-3-13 多速率内积生成器

6. 收缩式生成器 SG(Shrinking Generator)

它由 Coppersmith 等[1993]提出，用于硬件实现的流密码算法。生成器采用两个 LFSR，用时钟控制，若 LFSR-1 的输出为 1，就输出 LFSR-2 的低位存数；若 LFSR-2

的输出为 0，就丢弃两个 LFSR 的输出，继续移位运行。这是一种简单、有效的做法，可能安全。但已发现，如果生成器采用稀疏反馈多项式时是不安全的。Kessler 和 Krawczyk 对此进行了以下一些实际讨论[Kessler 等 1995；Krawczyk 1994；Golić 1995]：

(1) 采用秘密的可变反馈多项式控制 LFSR。这不仅可保证安全性而且提供了灵活性。采用有效的算法可以随机选择 GF(2)上的本原多项式，算法的复杂性为 $O(n^2)$[Rabin 1980]。

(2) IBM 的 E. Basturk 已设计出实现软件。非稀疏 LFSR 的长度为 61～64 bit，LFSR 输出可通过线性变换实现，矩阵乘法采用查表实现。

(3) 如果用稀疏反馈多项式实现，为了安全，LFSR 的级数要相当大，不利于快速软件实现。

自收缩式生成器(SSG)。从 LFSR 的某一位取数，按上述方式来控制其自己的输出级。它将所需的存储级数减少一半，但钟速度要加倍[Meier 等 1994]。Mihaljević[1995]对其进行了攻击分析。

7. 其它类生成器

如 R. Rueppel[1986]的 Summation 生成器、Moriyasu 等[1994]的 DNRSG (Dynamic Randon Generation)、Rueppel 和 Massey[1985]提出的背包生成器[Rueppel 等 1987]、Wolfram 曾提出的基于非线性反馈的一维胞元自动机的流密码[1986]等。对 Summation 生成器的攻击可参看[Dawson 1992；Golić 1992，1995；Klapper 等 1995；Meier 等 1991，1992；Staffelbach 等 1990]。

3.3.5　相关分析与相关免疫性

对一个由多个子序列 $\boldsymbol{x}_i(1\leqslant i\leqslant N)$驱动的密钥流产生器，可以从输出密钥流 $\boldsymbol{k}$ 与此子序列的符合率进行分析，如果 $\boldsymbol{x}_i$ 和 $\boldsymbol{k}_i$ 中码元 0 的符合率为 $1/2+\varepsilon$，$\varepsilon>0$，则分量序列 $\boldsymbol{x}_i$ 和 $\boldsymbol{k}$ 之间有一定相关性。当 $\varepsilon>0$ 时，$\boldsymbol{x}_i$ 与 $\boldsymbol{k}$ 之间互信息大于 0，故有可能从中推断有关 $\boldsymbol{k}$ 的结构信息，利用 $\boldsymbol{x}_i$ 的这种信息泄漏进行的密码攻击，称作**相关分析**。这是由 Blaser 和 Heinzmann[1978，1982]最早提出，后经 Siegenthaler[1984]深化的。理论分析表明，ε 越大，$\boldsymbol{k}$ 与 $\boldsymbol{x}_i$ 的互信息就越大，破译所需的密文也就越小。

相关免疫性由 Siegenthaler[1984]提出，用以刻画这类密钥流生成器抗击相关分析的能力。

定义 3-3-2　令 $k=f(x_1, x_2, \cdots, x_N)$是 N 个彼此独立、对称的二元随机变量的布尔函数，当且仅当 k 与 $x_1, x_2, \cdots, x_n$ 中任意 m 个随机变量，$x_{i_1}, x_{i_2}, \cdots, x_{i_m}$统计独立，或互信息

$$I(k, x_{i_1}, x_{i_2}, \cdots, x_{i_m}) = 0 \qquad 1\leqslant i_1\leqslant i_2< \cdots < i_m\leqslant N \qquad (3-3-14)$$

时，称 f 为 ***m* 阶相关免疫**(*m*-th Order Correlation Immune)的。

一个安全的密钥流产生器，必须具有足够高的相关免疫性以抗击相关攻击。如何构造这类相关免疫函数，m 应取多大以及如何检验一个函数 f 的相关免疫阶数是流密码设计中的一个重要研究课题，可参看[Anderson 1994，1995；Brynielsson 1985；Chepyzhov 等 1991；Clark 等 1996；Ding 等 1991，1994；Forré 1989；Golić 1991，1992，1994，1995，

1996；Golić 等 1991，1994；Meier 等 1992；Mihajlević 1992；Minajlević 等 1990，1993，1994；Meier 等 1989；Penzhorn 等 1995；Rueppel 1986，1992；Siegenthaler 1984，1985；Wang 等 1990；Xiao 1986，1988；Zeng 等 1988，1989，1990，1991；Zhang 等 1989，1990，1994，1998]。

攻击流密码的其它方法有**线性一致性检验**(Linear Consistency Test)[Zeng 等 1989]、**中途相遇一致性检验**(Meet in the Middle Consistency Test)[Anderson 1990，1992]、**线性伴随式算法**(Linear Syndrome Algorithm)[Zeng 等 1988，1990]、**最佳仿射攻击**(Best Affine Approximation Attack)[Ding 等 1991]、**导出序列攻击**(Derived Sequence Attack)[Anderson 1993]等，攻击分组密码的差分密码分析和线性密码分析也已用于流密码[Ding 1994；Golić 1995]。章照止[1998]分析了流密码的存疑度。

前面我们介绍的都是定义在有限域上的序列，目前已有不少有关有限环 $Z/(2^e)$和 $Z/(p^e)$上定义的序列的结果，这些为密钥流提供了更为丰富的源[Chi 1997；Chi 等 1992，1994，1996，1997；Chen W. 1998；Dai 1992；Dai 等 1991；Huang 1988，1992；Huang 等 1992；Zhou Y. 1997；Zhou J. 等 1990，1992，1994，1995，1996；Li 等 1998]。

3.4 拟随机数生成器的一般理论

本节介绍拟随机数生成器(PRNG)的一般理论。拟随机数可以用物理的方法生成，如例 3-4-1；也可以用预先产生的随机数制作成高质量的随机数库如例 3-4-2。R. Rueppel[1992]指出有四种方法设计和构造流密码。

(1) **系统理论**(System-theoretic)**法**：采用一组基本设计原理和准则来保证使密码分析者破译它将面临解一个已知的数学难题。

(2) **信息理论**(Information－theoretic)**法**：力图使分析者不管他有多少时间资源和计算资源，都难以得到有关明文或密钥的惟一解[Maurer 1992，1995]。

(3) **复杂性理论**(Complexity-theoretic)**法**：使密码体制建立在或等价于某个已知数学难题上。

(4) **随机化**(Randomized)**法**：使密码分析者面对难以处理的巨型问题，需要检验太多的无用的数据。

系统理论法是普遍采用的方法，比较实际。通过多年的研究探索，对流密码的设计已给出一系列准则，如：① 长的周期，不重复；② 线性复杂度准则，线性复杂度足够大，线性复杂度廓好，局部线性复杂度好等等，还有一些推广，如球复杂度，二次复杂度等；③ 统计准则，如理想的 k 重分布；④ 混淆，每一密钥流 bit 由所有或大多数密钥 bit 参与变换而来；⑤ 扩散，密文或密钥中的多余度(统计特性)要迅速散布于大范围的密文之中；⑥ 布尔函数的非线性准则，如 m 阶相关免疫性与线性函数的距离、雪崩特性等等。

当然这些方法和设计准则不仅适用于流密码，也大多适用于分组密码。

密码设计者需要检验所提方案是否满足上述条件，而不是密码所依据的数学问题。同时还要研究各种可能的分析技术以及如何对付。尽管这些准则不是安全性的充分条件，但所设计的流密码必须尽力满足这些条件，否则可能会出现漏洞而危及体制的安全性。

我们在第 2 章中已经介绍了信息理论法，它是在假定分析者有无限资源条件下给出的一些理论，对设计实用体制有指导意义。但如何着手设计实用体制，尚无具体可遵循的准则。

复杂性理论法想用复杂性理论来证明生成器是安全的，这使生成器趋于更复杂，更依赖于公钥密码那样的难题来实现。例如，Shamir[1981]的伪随机数生成器，他证明要预测随机数生成器的输出等价于破译 RSA 密码体制[Schnorr 等 1985，Blum 1984]，参看例 3-4-8 及 3.4.4 节。

在随机化法中，设计者力图保证使密码分析者要解一个不可能完成的大问题，增加密码分析者的工作量，而使需要保密的密钥量很小。可以采用很大的公开的随机数串来加解密，在分析者不知道密钥下，只能用穷举法破译，安全性由在纯粹盲目猜测下所需的平均次数来定。参看例 3-4-11、例 3-4-12 及例 3-4-13。

下面有几个例子，体现了随机化法的一些想法，但这些方法远非实用。

实用中的拟随机数多为二元的，所以我们主要讨论拟随机 bit 生成器(PRBG)。它一般以一个短的随机 bit 串，称其为**种子**，经生成器扩展为一个很长的拟随机 bit 串，达到快而安全生成的目的。下面以 PRB 表示拟随机 bit 串流，而以 TRB 表示真随机 bit 流，相应的生成器以 TRBG 表示。

定义 3-4-1　令 n，l 为正整数，且 $l>n+1$(其中 l 是 m 的特定多项式函数)。一个 (m, l)-PRBG 是一个映射函数 f：$(Z_2)^n \to (Z_2)^l$，可以在多项式时间(m 的函数)计算出。称输入 $x_0 \in (Z_2)^n$ 为**种子**，称输出 $f(x_0) \in (Z_2)^n$ 为**拟随机 bit 串**。

f 一般是确定性的，故 $f(x_0)$ 仅由种子 x_0 决定。在随机选定的种子下，我们希望输出为一个拟真的随机 bit 串。

3.4.1　拟随机数生成例

真随机数难以生成，一般采用一些技术手段产生拟随机数。

例 3-4-1　噪声发生器，如离子辐射脉冲检测器、气体放电管、漏电容等都可作为随机数源。但在网络安全系统中很少采用。这是因为一方面其随机性和数的精度不够，另一方面难以配置这类器件。 ■

有很多物理现象可用来生成随机性数列，有些已形成产品[Agnew 1987，Fairfield 等 1984，AT & T 1986，Gude 1985，Richer 1992，Davies 等 1994，Lacy 1993，RFC 1750]。从物理现象生成的随机性数列不一定具有满意的随机性，如有偏置(0 和 1 不平衡)，需要应用去偏、去相关等技术。一种所谓**纯化随机性**(Distilling Randomness)技术可用来产生较好的随机数[Schneier 1996]。它先从许多随机现象，例如：记录每次击键、鼠标命令、分区号、时刻、盘运行的延迟、鼠标位置、监视器当前扫描线的号码、实际显示图像的像素、FAT 等的内容、接入和击键等的时刻、CPU 加载、网络数据包到达时刻、送话器的输出信号等录取随机数，再对其进行异或、杂凑等处理，通过一系列随机性检验后，就可能得到较满意的随机数[von Neumann 1951；Elias 1972；Brillinger 1981；Blum 1984；Santha 等 1986；Vazirani 1985；Chor 等 1988]。

例 3-4-2　**高质量的随机数库**。如 RAND 公司发表的百万随机数一书[RAND 1955]和 Tippett[1927]等。但这些远远不能满足今天网络安全对随机数的巨大需求。同时由于攻击者也可找到这类资料而难以保证随机数的不可预测性。因此，当今网络安全上所需的随机数都藉助于安全的密码算法来生成。这些算法是确定性的，因而其生成的数不是随机数。但是如果算法设计得好，就可通过各种随机性检验，而可充作伪随机数使用。■

例 3-4-3 n 级 LFSR。初态 n bit 可看作是种子，它至多可再产生 2^n-n-1 bit 拟随机数字。3.2 节中已指出 LFSR 生成 PRB 速度快，但很不安全。■

例 3-4-4 线性同余算法。Lehmer[1951]提出下述产生拟随机数算法，称作**线性同余**(Linear Congruent)算法。令模 $m>0$，乘数 a：$0\leqslant a<m$，增量 c，$0\leqslant c<m$，初值 x。迭代函数为

$$x_{i+1}=(ax_i+c) \mod m \tag{3-4-1}$$

当 m，a，c，x_0 为整数时，则产生一整数序列$\{x_i\}_{i\geqslant 0}$，$0\leqslant x_i<m$ 。

a，c 和 m 的选择是产生好随机数的关键。例如，若选 $a=c=1$，则所生成的整数序列是初值的连续增大，而无随机性可言。如选 $a=7$，$b=0$，$m=32$，$x_0=1$，则产生数列为{7，17，23，1，7，…}，仍不能令人满意，因为在 mod 32 的数类中只有 4 个数出现。如果 $a=5$，其它数取值不变，则产生{1，5，35，39，27，21，9，13，1，…}，其周期为 8。

实用中所用 m 都很大，接近于所用计算资源能表示的最大整数，如最近于 2^{31} 的大整数，并精心选择 a，c 和 x_0[Park 1988；Sibley 1988]。一般选 m 为素数，若 $c=0$，则对某些 a，可使同余序列周期为最大值，即 $m-1$。选 $m=2^{31}-1$，易于用 32 bit 处理器实现，此时有

$$x_{i+1}=(ax_i) \mod(2^{31}-1) \tag{3-4-2}$$

在大约有 20 亿可能的 a 值中，只有可数的几个能通过随机性检验。如 $a=7^5=16\,807$，这是原 IBM 360 计算机中所用的[Lewis 1969]。这一随机数生成器较其它随机数生成器经受了更多的检验，已广泛用于统计和模拟工作中[Kobayashi 1978；Park 等 1988；Sauer 等 1981；L'Ecuyer 1990]。

线性同余算法的安全性。由于线性同余算法是一种确定性算法，当参数 a，c，m 给定后惟一可变的是初值 x_0。一旦 x_0 选定，则它将依次产生一个确定的数列。因此，其密码强度不高，只要对手截获到其中的一个数，就可跟踪所产生相应的数。即使对手不知道参数 a，c，m，仅知道采用同余算法，则利用截获的三个连续数 x_1，x_2，x_3，通过下述方程组

$$x_1=(ax_0+c) \mod m$$

$$x_2=(ax_1+c) \mod m$$

$$x_3=(ax_2+c) \mod m$$

就可解出 a，c，m。因此，这类随机数生成器不能用作密钥，但可用于协议中所需一次性随机数。可以用系统时钟的当前值作为种子 x_0，或以系统时钟读数与同余随机数生成器的输出在 mod m 下求和来强化。这一方法也是速度快但不安全[Knuth 1981；Reeds 1977，1979；Boyar 1989；Plumstead 1982；Stern 1987]。

可以将线性同余推广到二次、三次或更高次同余。例如

$$x_{i+1}=(ax_i^2+bx_i+c) \mod m \tag{3-4-3}$$

或

$$x_{i+1}=(ax_i^3+bx_i^2+cx_i+d) \mod m \tag{3-4-4}$$

高次同余算法生成随机数的破译可参看[Lagarias 等 1988；Krawczyk 1989，1992；Frieze 等

1984，1988；Håsted 1985；Brickell 等 1992]。同余算法随机数生成器主要用于非密码应用，如计算机仿真等。■

例 3-4-5　循环加密算法。Meyer 等[1981]提出利用对计数器的输出进行加密，产生随机数作为会话密钥的方法，如图 3-4-1 所示。■

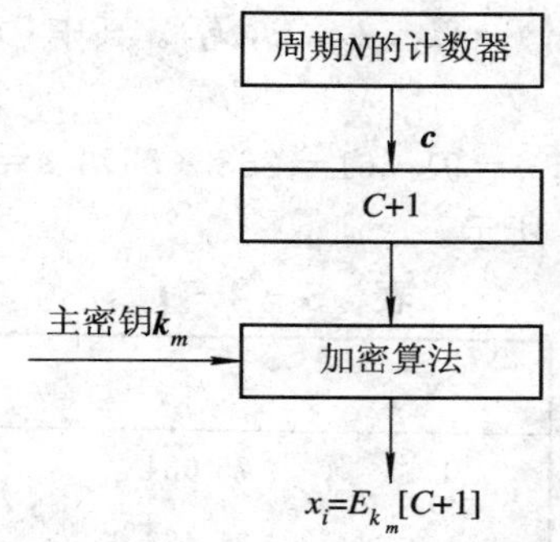

图 3-4-1　循环加密生成密钥流

例 3-4-6　输出反馈模式下的分组密码(参见 4.13 节)。■

例 3-4-7　ANSI X9.17 算法。这是美国国家标准局为银行电子支付系统建议的生成拟随机数的标准算法，现也被 PGP 采纳，在 Internet 中使用。

这是利用分组密码 DES，通过在密钥 $\boldsymbol{k}_1$ 下加密，$\boldsymbol{k}_2$ 下解密，而后再以密钥解 $\boldsymbol{k}_1$ 解密的三重 DES 模式实现的(参见 4.14 节)，以 EDE 表示三重 DES 加密模式，ANSI X9.17 建议中生成随机数的框图在图 3-4-2 中给出。

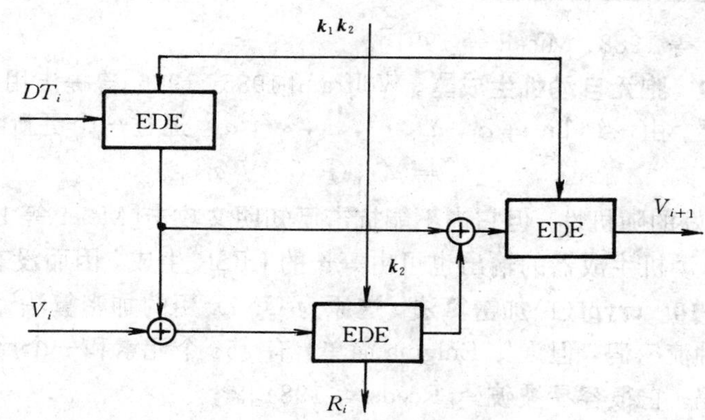

图 3-4-2　ANSI X9.17 拟随机数生成器

输入的两个驱动随机数为 DT_i 和 V_i，DT_i 表示当前时刻的 64 bit，对每个随机数 R_i 更新一次。V_i 是种子或初始矢量，开始时可选为任意 64 bit 数字，以后每次自动更新。输出为 64 bit 随机数 R_i 和更新种子矢量 V_{i+1}，其中

$$R_i = \mathrm{EDE}_{k_1k_2}[\mathrm{EDE}_{k_1k_2}[DT_i] \oplus V_i] \tag{3-4-5}$$

$$R_{i+1} = \mathrm{EDE}_{k_1k_2}[\mathrm{EDE}_{k_1k_2}[DT_i] \oplus R_i] \tag{3-4-6}$$

由于采用了 112 bit 密钥、9 个 DES 加密、初始为两个 64 bit 矢量，使这一方案所生成的随机数的安全性很高，足以抗击各种攻击。即使 R_i 泄露，但由于由 R_i 产生的 V_{i+1} 又经过一次 EDE 加密而很难从 R_i 推出 V_{i+1}。

还有一些生成拟随机数的标准算法，如 FIPS 186 等。■

例 3-4-8　由 RSA 生成密钥流的方法(参看 5.2 节)。令 $n=pq$，p 和 q 为两个长度近于 $N/2$ bit 的素数，其中，$N=[\mathrm{lb}\, n]$，选整数 e 使$(e, \varphi(n))=1$。将 n 和 e 公开，而 p 和 q

保密。选种子 $x_0 \in Z_n$，对 $x_i \geqslant 1$ 计算

$$x_{i+1} = x_i^e \mod n \tag{3-4-7}$$

定义 $f(x_0)=(k_1, k_2, \cdots, k_l)$。其中，$k_i \equiv x_i \mod 2$，$1 \leqslant i \leqslant l$，则 f 是一个(n, l)-RSA 生成器。

若选 $n=91\ 261=263\times 347$，$e=1\ 547$，$x_0=75\ 364$，则所生成 PRB 的前 10 位如表 3-4-1 所示。

表　3-4-1

i	x_i	k_i	i	x_i	k_i
0	75 634		6	14 089	1
1	31 483	1	7	5 923	1
2	31 238	0	8	44 891	1
3	51 968	0	9	62 284	0
4	39 796	0	10	11 889	1
5	28 716	0			

■

参看[Alexi 等 1988；Micali 等 1991]。

例 3-4-9　胞元自动机生成器。Wolfram[1985，1986]曾提出用一维胞元自动机构造伪随机数生成器。由一维 bit 阵 $a_1, a_2, \cdots, a_k, \cdots, a_n$，通过一个更新函数：

$$a_k' = a_{k-1} \oplus (a_k \vee a_{k+1}) \tag{3-4-8}$$

输出 bit 串有良好的随机性。但它尚不能抗击已知明文攻击[Meier 等 1991]。Bardell 已证明[1990]，胞元自动机生成器的输出也可由等长的 LFSR 生成，因而没有多大安全性。■

例 3-4-10　crypt(1)加密算法。这原为 UNIX 用的加密算法，是按 Enigma 转轮密码机设计的一种流密码，但远比 Enigma 简单，有 256 个元素和一个反射器(Reflector)组成的单轮代换密码。它很容易被破译[Reeds 等 1984]。■

例 3-4-11　Rip van Winkle 密码。它是 Massey 和 Ingemarsson 提出的[1985]。此法在收到 2^n bit 密文之后才着手译码，算法如图 3-4-3 所示。明文和随机密钥序列相异或得到密文，要经过一个足够长的时延，迟延时间是一个随机变量，如可在 0 到 20 年之间选取，收发两端共享此信息，而密钥流可以和密文一样公开传送。这是一种可证明安全但不能实用的密码[Rueppel 1992]。

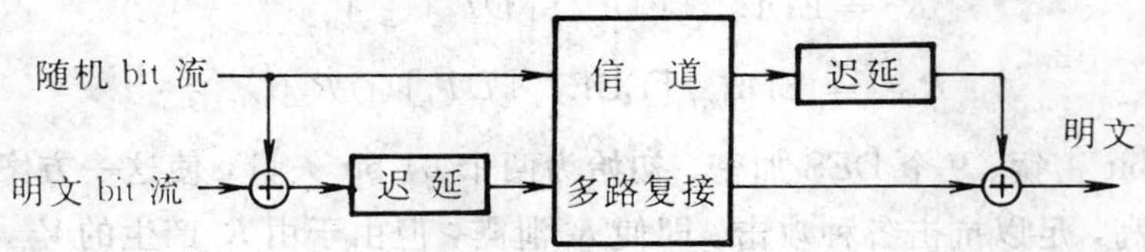

图 3-4-3　Rip van Winkle 密码

例 3-4-12　Diffie 的随机化密码。W. Diffie[Rueppel 1992]最先提出的一种方案，采用 2^n 个随机序列。其中一个 n-bit 串作为密钥。采用第 k 个随机序列对明文进行一次一密

式加密。将密文和 2^n 个随机序列一起通过 2^n+1 个信道送给接收者，接收者知道 k 而易于解密，攻击者只能随机猜测，破译工作量为 $O(2^n)$。■

例 3－4－13　Maurer 的随机化密码。Maurer 提出将明文与几个大而公开的随机 bit 序列异或的加密法[1990]。密钥是每一序列中初始部分的集合，如从长为 10^{20} bit 的 100 个不同的随机序列选取。这是一个可证明安全的体制，同样极不实际。■

采用单一的随机数生成器不一定能满足要求，可采用多个随机数生成器进行级连。亦即对明文先用第一个随机数生成器进行加密，再用第二个随机数生成器对所得加密结果进行加密，以此类推。如果生成器的密钥相互独立，则级连法的安全性至少和参与级连的生成器算法中最强的相当[Maurer 等 1993]。

其它例子，如 CRYPTO-LEGGO 基于背包问题的随机数生成器，已被证明不安全[Rueppel 等 1985；Carroll 1990]。

有时需要同时得到多个密钥流，例如一个复用器中的多路通信数据的加密。当然可以用多个不同的生成器生成每一个密钥流，但这需要太多的硬件，而且还要保持它们之间的同步。采用一个生成器生成多个密钥流在实际中更可取。如果硬件的速度允许，按路数加倍生成器的钟频，而后将输出的密钥流分到各路是一种可行方法。

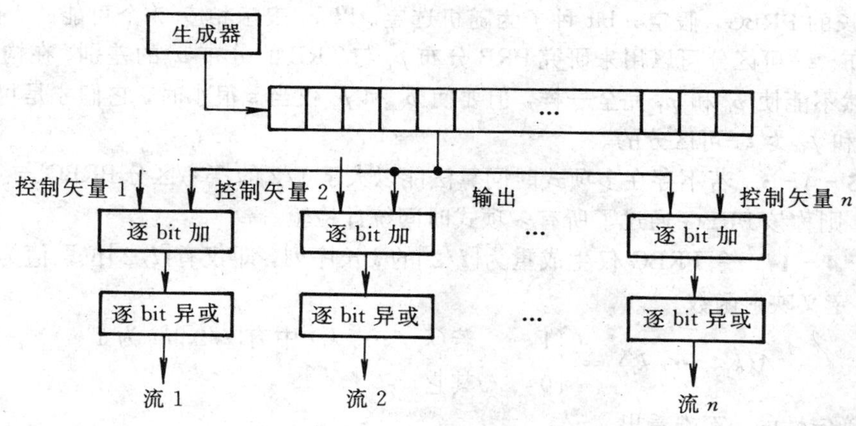

图 3－4－4　多密钥流生成器

Snow[1993]曾提出一种方法，参看图 3－4－4。从生成器输出的 bit 流送入 m－bit 寄存器，在每一时钟，此 m－bit 分别与 m 个控制矢量按位与，而后将所有 bit 异或就得到各路的密钥流。控制矢量可看作是各路密钥流的识别符。要检验各路之间的密钥流不能有线性相关性。

有关拟随机数生成的研究可参看[Knuth 1981；Lagarias 1990；Luby 1996]。

3.4.2　不可区分的概率分布

拟随机 bit 串 PRB 的安全性依赖于它与真随机 bit 串 TRB 相近的程度。为此引入不可区分概率分布。

定义 3－4－2　假定 p_0 和 p_1 是定义在 $(Z_2)^l$ 上长为 l 的 bit 串上的两个概率分布，令映射 A：$(Z_2)^l \to \{0, 1\}$ 是一个多项式时间概率算法，令 $\varepsilon > 0$。对 $j=1, 2$ 定义

$$E_A(p_j) = \sum_{(k_1, \cdots, k_l) \in (Z_2)^l} p_j(k_1, \cdots, k_l) \times p(A(k_1, \cdots, k_l) = 1 \mid (k_1, \cdots, k_l)) \tag{3-4-9}$$

若有

$$|E_A(p_0) - E_A(p_1)| \geqslant \varepsilon \tag{3-4-10}$$

则称 $\boldsymbol{A}$ 是分布 p_0 和 p_1 的 ε-区分器(Distinguisher)。若存在一个 p_0 和 p_1 的 ε-区分器，则称 p_0 和 p_1 为 ε-可区分的(Distinguishable)。

注意，若 $\boldsymbol{A}$ 是确定性算法，则条件概率 $p(\boldsymbol{A}(k_1, \cdots, k_l)=1 \mid (k_0, \cdots, k_l))$ 总是取值为 0 或 1。

这个定义的直观涵义是，若以算法 $\boldsymbol{A}$ 来判定长为 l 的 bit 串 $(k_1, \cdots, k_l)$ 是否由概率分布 p_1 或概率分布 p_0 生成，那么在概率算法下，输出 $\boldsymbol{A}(k_1, \cdots, k_l)$ 表示算法所猜测的输出 bit 串的分布与 p_0 和 p_1 中哪个更相近。而 $E_A(p_i)$ 是 $\boldsymbol{A}$ 的输出在概率分布 p_j 上的均值，$j=0, 1$。平均是在所有可能的 l 长 bit 串上进行的。当 $E_A(p_0)$ 和 $E_A(p_1)$ 之差的绝对值大于 ε 时，则 $\boldsymbol{A}$ 是一个 ε-区分器。对于生成 l bit 的 RBG 而言，可能的 l 长序列为 2^l 个，其各序列等概出现，任一个特定序列出现的概率为 $1/2^l$。以 p_0 表示 l 长 TRB 序列的概率分布。一个产生 l bit 长的 PRBG，假定 n bit 种子为随机选定。以 p_1 表示相应 2^l 个可能的 l 长序列上的概率分布。ε-可区分可以用来研究 PRB 分布 p_1 与 TRB 的分布 p_0 的差别。在构造 PRBG 时我们虽然不能使 p_0 和 p_1 完全一样，但要使 p_0 和 p_1 仅当 ε 很小时，它们才是可区分的，即要使 p_1 和 p_0 为 ε-可区分的。

定义 3-4-3　若不存在多项式时间算法能以大于 1/2 的概率区分 PRBG 与 TRBG 的等长输出，则称该 PRBG 通过了所有多项式时间统计检验。

例 3-4-14　令 PRBG 仅生成重为 $\lceil l/2 \rceil$ 的 l 长序列，即仅有 $\lceil l/2 \rceil$ 位取值为 1，其余取值为 0。定义映射函数

$$A(k_1, \cdots, k_l) = \begin{cases} 1 & \text{若} (k_1, \cdots, k_l) \text{ 中有} \lceil l/2 \rceil \text{bit 为 } 1 \\ 0 & \text{其它} \end{cases}$$

显然 $\boldsymbol{A}$ 是确定性的，不难看出：

$$E_A(p_0) = \frac{\binom{l}{\lceil l/2 \rceil}}{2^l} \qquad \text{(TRBG 的分布)}$$

$$E_A(p_1) = 1 \qquad \text{(PRBG 的分布)}$$

因而可以证明，当 l 变大时，极限

$$\lim \frac{\binom{l}{\lceil l/2 \rceil}}{2^l} = 0$$

因此，对于任意给定的 $\varepsilon<1$，当 l 足够大时，p_0 和 p_1 为 ε-可区分的。■

3.4.3　下一 bit 预测器(Predictor)

定义 3-4-4　令 f 是一(n, l)-PRBG。假定有一个概率算法 $\boldsymbol{B}_i$ 利用 f 生成的前 $i-1$ bit $(k_1, \cdots, k_{i-1})$ 作为输入，用来试图预测 f 生成的第 i bit，其中 $0 \leqslant i \leqslant l-1$。如果 $\boldsymbol{B}_i$ 能以

概率大于等于 $1/2+\varepsilon$ 来预测 PRB，其中 $\varepsilon>0$，则称 $\boldsymbol{B}_i$ 是一个 **ε-下一 bit 预测器**(ε-next bit Predictor)，简称 ε-预测器。

定义 3-4-5　若不存在多项式时间算法能根据 PRBG 的前 l bit 的输出以大于 1/2 的概率预测其第 $l+1$ bit，就称此 PRBG 通过了下一 bit 检验。

定义 3-4-6　能通过下一 bit 检验的 PRBG 称作是密码安全的 PRBG，简记为 CSPRBG。

定理 3-4-1　令 f 是一个 (n, l)-PRBG，则概率算法 $\boldsymbol{B}_i$ 是一个 ε-预测器的充要条件为

$$\sum_{(k_1, \cdots, k_{i-1})\in(Z_2)^{i-1}} p_l(k_1, \cdots, k_{i-l}) \times p(k_i = \boldsymbol{B}_i | (k_1, \cdots, k_{i-l})) \geqslant \frac{1}{2} + \varepsilon \tag{3-4-11}$$

证　$\boldsymbol{B}_i$ 正确预测第 i bit k_i 的概率等于在给定 $(k_1, \cdots, k_{i-1})$ 下，正确预测第 i bit k_i 的条件概率对所有可能的 $(k_1, \cdots, k_{i-1})$ 统计平均值。■

如果 PRBG 是随机的，则任何概率算法对于它均不可预测，即为 $\varepsilon=0$ 情况。若 $\varepsilon>0$，则 PRBG 不是完全随机的。因而当 i 足够大时，可能有概率算法 $\boldsymbol{B}_i$ 以很高概率预测出 k_i 的取值。

3.4.4　BBS(Blum-Blum-Shub)生成器

这是由 Blum、Blum 和 Shub[1986]首先提出的一种可证明为安全的 PRBG，它基于数论中的二次剩余问题。

令 $n=pq$，定义模 n 下整数 x 的 Jacobi 符号为

$$\left(\frac{x}{n}\right) = \begin{cases} 0 & \text{当}(x, n) > 1 \\ 1 & \text{当}\left(\frac{x}{p}\right) = \left(\frac{x}{q}\right) = 1 \text{ 或 } \left(\frac{x}{p}\right) = \left(\frac{x}{q}\right) = -1 \\ -1 & \text{当}\left(\frac{x}{p}\right)\text{和}\left(\frac{x}{q}\right)\text{中之一为 1，另一个为} -1 \end{cases} \tag{3-4-12}$$

式中，x 为 mod n 的平方剩余的充要条件是 $\left(\frac{x}{p}\right) = \left(\frac{x}{q}\right) = 1$，其元素集以

$$QR(n) = \{x^2 \mod n:\ x \in Z_n^*\} \tag{3-4-13}$$

表示，而以

$$Q\widetilde{R}(n) = \left\{x \in Z_n^* \backslash QR(n):\ \left(\frac{x}{n}\right) = 1\right\} \tag{3-4-14}$$

即

$$Q\widetilde{R}(n) = \left\{x \in Z_n^*:\ \left(\frac{x}{p}\right) = \left(\frac{x}{q}\right) = -1\right\} \tag{3-4-15}$$

表示 mod n 下的**拟平方剩余元素集**。

已知 n，$x\in Z_n^*$ 且 $\left(\frac{x}{n}\right)=1$，但不知 p 和 q，要确定 x 是否属于 $QR(n)$ 是一个数学难题，其困难程度相当于分解 n。BBS 生成器就是基于这一困难问题构造的。

选择 p 和 q 为 $m/2$ bit 大素数，使 $p\equiv q\equiv 3 \mod 4$。计算 $n=pq$。以 $QR(n)$ 表示 mod n

下的 Z_n^* 中的剩余集。选定任一种子 $s_0 \in QR(n)$，对 $i \geqslant 1$，定义

$$s_{i+1} = s_i^2 \mod n \tag{3-4-16}$$

并定义

$$f(s_0) = (k_1, k_2, \cdots, k_l) \tag{3-4-17}$$

式中，对 $1 \leqslant i \leqslant l$

$$z_i = s_i \mod 2$$

则 f 是一个 (m, l) PRBG，称之为 BBS 生成器，其中 $m = \lfloor \text{lb}\ n \rfloor$。

例 3-4-15　选 $n = 192\ 649 = 383 \times 503$，$s_0 = 101\ 355^2$，$n \equiv 20\ 749 \mod n$。BBS 则可生成一个二元数列，其前 20 bit 为 11001110000100111010。■

p 和 q 的选择给出 mod n 下的任一二次剩余 x，相应于 x 的惟一平方根也必是 mod n 下的二次剩余。此平方根称作 x 的主(principal)平方根。而 BBS 中的 $x \to x^2 \mod n$ 的映射就是 $QR(n)$上的一个置换。

可以证明，上述 (m, l)BBS 生成器是安全的[Menezes 等 1997，Stinson 1995]。

有关统计检验的形式定义研究可参看[Blum 等 1984；Fischer 等 1996；Goldreich 等 1986，1988；Håstad 1990；Impagliazzo 等 1989；Kaliski 1986；Kranakis 1986；Levin 1985；Long 等 1988，1988；Maurer 1992；Maurer 等 1991；Rueppel 1989；Schrift 等 1993；Shamir 1983；Schnorr 1988；Vazirani 等 1984；Yao 1982]。

3.5　快速软、硬件实现的流密码算法

近年来对于简化流密码的软硬件实现进行了大量的研究，提出了不少新的易于实现的算法，有些是成功的，有些虽不安全，但在设计思想上有参考价值。有些算法适合硬件实现、有些算法适合软件实现，有些算法则是按兼顾两者的需要来设计的。软件密码的计算量是算法和算法实现质量的函数，一个用硬件实现的好算法，未必在软件实现上也是最佳的。DES 这一硬件实现上很有效的算法也不例外。寻求适用一般计算机实现的最佳化软件算法也要精心设计[Schneier and Whiting 1997]。本节将介绍其中一些有意义的算法。

3.5.1　A5 算法

A5 是欧洲数字蜂窝移动电话系统 GSM(Group Special Mobile)中采用的加密算法。用于电话手机到基站线路上的加密。但链路其它段不加密，因此电话公司易于窃听用户会话。

A5 由法国设计。在 80 年代中期，NATO 内部对 GSM 的加密有过争议，有的认为加密会妨碍出口，另一些则认为应当采用强度大的密码进行保护。

A5 由三个稀疏本原多项式构成的 LFSR 组成，级数分别为 19、22 和 23，其初态由密钥独立地赋值。输出是三个 LFSR 输出的异或，采用可变钟控方式，控制 bit 从每个寄存器中间附近选定。若控制 bit 中有两个或三个取值为 1，则产生这种 bit 的寄存器移位；若两个或三个控制 bit 为零，则产生这种 bit 的寄存器不移位。显然，在这种工作于**停/走**(stop/go)型的相互钟控(或锁定)方式下，任一寄存器移位的概率为 3/4。走遍一个循环周期大约需要 $(2^{23}-1) \times 4/3$ 个时钟。

攻击 A5 要用 2^{40} 次加密来确定两个寄存器的结构，而后从密钥流来决定第三个 LFSR。搜索密钥机已在设计之中[Anderson 1994；Chambers 1994]。

A5 的基本想法不错，效率高，可通过所有已知统计检验标准。其惟一缺点是移存器级数短，其最短循环长度为 $4/3\times 2^k$，k 是最长的 LFSR 的级数，总级数为 $19+22+23=64$。可以用穷尽搜索法破译。若 A5 采用长的、抽头多的 LFSR，则会更安全。

3.5.2 XPD/KPD 算法

XPD/KPD 算法是休斯(Hughes)飞机公司 1986 年设计的算法，用于出口的战术无线电和定向寻呼(Direction-finding)设备中，称作 XPD(Exportable Protection Device，可出口保护设备)，后改名为 KPD(Kinetic Protection Device，动态保护器件)[Mayhew 1994；Mayhew 等 1994]。算法采用 61 级 LFSR，有 2^{10} 种不同的本原反馈多项式存于 ROM 中，通过密钥选定其中之一，并由密钥决定 LFSR 的初始状态。利用 8 个不同的非线性滤波器，每个从 LFSR 中选出 6 个抽头生成 1 bit，这 8 个 bit 组成一个字节，用于对数据流进行加解密。这一可出口保护算法是否有足够安全性？Schneier 认为分析的复杂度约为 2^{40} 数量级。

3.5.3 NANOTEQ 算法

NANOTEQ 算法是南非电子(South African Electronics)公司设计的流密码，用于对南非警察用的传真等加密[Kühn 1988]。采用 127 级、反馈抽头固定的 LFSR，从其中的 25 个基本单元推出密钥流的一个 bit。每个单元有 5 个输入和一个输出。

$$f(x_1, x_2, x_3, x_4, x_5) = x_1 + x_2 + (x_1 + x_2)(x_2 + x_4 + x_5) + (x_1 + x_4)(x_2 + x_3) + x_5$$

函数每个输入都和密钥的某个 bit 异或，根据特定的实现方法采用秘密置换。算法可以硬件实现。此算法是否安全？已有人在分析它[Anderson 1994]。

3.5.4 RAMBUTAN 算法

RAMBUTAN 算法由英国通信电子安全组(Communication Electronics Security Group)设计。只出售硬件产品，用于保护秘密和机密数据。算法本身保密，芯片也不公开出售。密钥长为 112 bit，可工作于 ECB、CBC 和 8-bit CFB，看来像是用的分组密码算法，但传说它是一种 LFSR 型流密码，有五个移位寄存器，每个大约 80 级，但长度不一样；每个寄存器的反馈抽头都很稀疏，约 10 个左右；每个寄存器向一个大而复杂的非线性函数提供四个输入，非线性函数给出一 bit 输出。

3.5.5 加法流密码生成器

1. 加法生成器

以 n-bit 字为基本单元，其初始存数为 m 个 n-bit 字 $x_1, x_2, \cdots, x_m$ 组成的阵列，按递归关系式给出 i 时刻的输出字 $x_i=a_{n-1}x_{i-1}+a_{n-2}x_{i-2}+\cdots+a_1x_{i-n}+a_0x_{i-m} \mod M$。其中，+号是 mod M 加法运算，一般 $M=2^m$。适当选择系数 $a_j(j=0, 1, \cdots, n-1)$，可使生成序列的周期极大化。Brent[1994]给出了产生最大周期序列的条件。选用次数大于 2 的本原三

次式，且由 Fibonacci 序列的最低位构成的数序列是以特征多项式 $x^n + \sum a_i' x^i$，$a_1' \equiv a_i \mod 2$ 的 LFSR 所生成的序列。

例如，[55，24，0]所给定的递推式为

$$x_i = (x_{i-55} + x_{i-24}) \quad \bmod 2^n$$

本原式中多于三项时，还需附加一些条件才能使周期为最大[Brent 1994]。称上述生成器为加法(Additive)生成器。Knuth[1981]曾以 Fibonacci 数决定递推式的系数，称其为滞后(Lagged)Fibonacci 生成器。由于这种生成器以字，而不是按 bit 生成密钥流，因此速度较快。

2. FISH 算法

Blöcher 等[1994]利用滞后 Fibonacci 生成器代替二元收缩式生成器，并增加一个映射 f：GF(2^n)→GF(2)来生成 32 - bit 字的流密码，以和相应明文或密文异或实现加密和解密，称之为 **Fibonacci 收缩生成器**，简称 **FISH 算法**。实现框图如图 3 - 5 - 1。

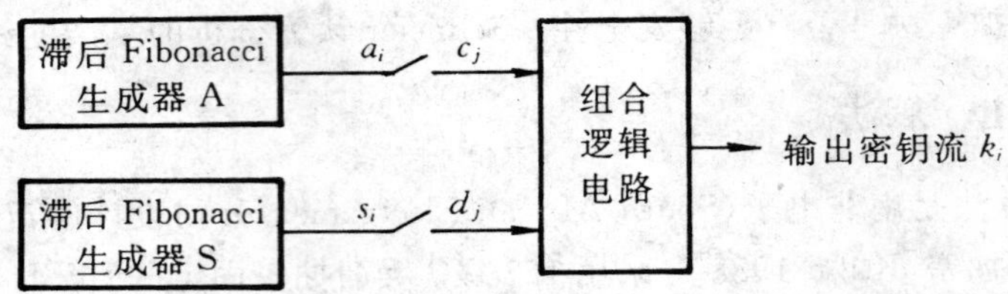

图 3 - 5 - 1　FISH 生成器

选 $n_A = 32$，$n_S = 32$，A 和 S 均为滞后 Fibonacci 生成器寄存器，其初始状态由密钥决定。滞后 Fibonacci 生成器的最低位的 bit 的序列由一个本原三次多项式所决定的 LFSR 生成，满足

$$a_i = a_{i-55} + a_{i-24} \quad \bmod 2^{32} \tag{3-5-1}$$

$$s_i = s_{i-52} + s_{i-19} \quad \bmod 2^{32} \tag{3-5-2}$$

映射 f：GF(2^{32})→GF(2)，即将 S 寄存器的 32 bit 矢量映射为其最低位

$$f(b_{31}, b_{30}, \cdots, b_0) = b_0 \tag{3-5-3}$$

若 $b_0 = 1$，则输出 a_i 和 s_i，若 $b_0 = 0$，则丢弃 a_i 和 s_i，继续移位运行。由此可以得到 32 - bit 字序列 c_0，c_1，…和 d_0，d_1，…，将它们分别组对(c_{2i}，c_{2i+1})和(d_{2i}，d_{2i+1})，并通过下述逻辑式得到

$$e_2 = c_{2i} \oplus (d_{2i} \wedge d_{2i+1}) \tag{3-5-4}$$

$$f_{2i} = d_{2i+1} \wedge (e_{2i} \wedge c_{2i+1}) \tag{3-5-5}$$

$$k_{2i} = e_{2i} \oplus f_{2i} \tag{3-5-6}$$

$$k_{2i+1} = c_{2i+1} \oplus f_{2i} \tag{3-5-7}$$

式中，⊕表示逐位异或，∧表示逐位逻辑与。在 33 MHz 的 486PC 机上可实现 15 Mb/s 加密。已通过碰撞、相关、式样采集(Coupon Collect)、频度、非线性复杂度、扑克、秩、串长、谱、重叠 m 重(Overlapping)、Ziv-Lempel 复杂度等检验，表明它具有良好的随机性，且特别适于软件快速实现。

3. PIKE 算法：

虽然 FISH 通过了各类统计随机性检验，但 Anderson[1994]指出它仍不够安全。大约可用 2^{40}次试验攻破。为此 Anderson 参照 A5 的设计思想，对 FISH 进行改进，提出所谓 PIKE 的算法。它采用三个 Fibonacci 生成器：

$$a_i = a_{i-55} + a_{i-24} \quad \bmod 2^{32}$$

$$a_i = a_{i-57} + a_{i-7} \quad \bmod 2^{32}$$

$$a_i = a_{i-58} + a_{i-19} \quad \bmod 2^{32}$$

FISH 的控制 bit 不是进位 bit，而是最低位 bit，否则攻击会更难些。因此，PIKE 采用进位 bit 来控制。若所有三个进位 bit 取值一样，则三个寄存器都推进一位；否则，将推进两个有相同进位 bit 的寄存器。控制将迟后 8 个循环，每当更新状态之后，就检查控制 bit，并将一个控制 nybble 写到一个寄存器中。此寄存器以下一次更新存数移 4 bit。某些处理器下，利用校验 bit 作为控制可能更方便些，看来这是一种可接受的变通方法。

下一个密钥流字与三个寄存器的所有低位字进行异或。此算法较 FISH 稍快些，每个密钥流字平均需要 2.75 次更新计算值，而不是 3 次。为了保证采用最小长度序列的比率很小，限定在生成 2^{32}个字后，生成器重新注入密钥。缺少密钥供应的用户可以利用杂凑函数如 SHA 来扩充，以提供 700 byte 初始状态，此方案还没有经受多少密码分析。

4. Mush 算法

由 Wheeler 提出[Schneier 1996]，采用两个 Fibonacci 生成器 A 和 B 进行相互钟控。若 A 有进位，则 B 被驱动；若 B 有进位，则 A 被驱动。若 A 被驱动有进位时，则置进位 bit；若 B 被驱动有进位时，则置进位 bit。最后，输出密钥字由 A 和 B 的输出异或得到，产生一个密钥字。平均需要三次迭代，若适当选择系数，且 A 与 B 的级数互素，则可保证输出密钥流的周期极大化。尚无有关 Mush 的密码分析结果。

3.5.6　Gifford 算法。

由 D. Gifford 提出，曾在 1984～1988 年间用于美国 Boston 地区有线新闻报导系统中的数据加密[Gifford 等 1985]。算法框图如图 3-5-2 所示。它由一个 8 字节 b_0，b_1，…，b_7 移位寄存器组成。密钥为寄存器的初始状态。工作于 OFB 模式，明文与密钥独立，反馈值由

$$b_0 \oplus b_1 \gg 1 \oplus 1 \ll b_7$$

决定。其中，≫1 表示右移一位，1≪表示左移一位。而输出 k_i 是

$$(b_0 \parallel b_2) \times (b_4 \parallel b_7)$$

从左数第三字节，其中 ‖ 表示链接，× 表示普通乘法。在使用期内算法是安全的，1994 年被 Cain 等所破。

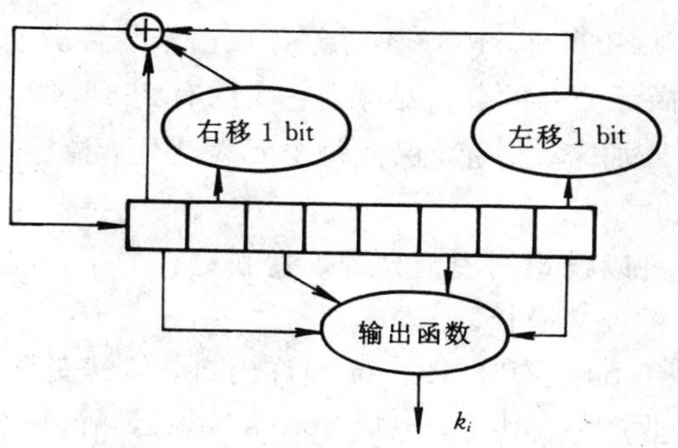

图 3-5-2　Gifford 密钥生成器

3.5.7 M算法

Knuth[1981]曾提出一种将多个伪随机流进行组合来增加其安全性的算法。一个生成器的输出用于从其它生成器选择一个迟延输出[MacLaren 等 1965，Marsaglia 等 1968]。已有可用的C语言程序[Schneier 1996]。

3.5.8 RC-4快速软硬件实现的流密码算法

这是由RSA安全公司的Rivest在1987年提出的密钥长度可变流密码。算法细节一直未公开，1994年9月有人在Cypherpunks邮递表中公布了RC-4的源代码，通过Internet的Usenet newsgroup sci.crypt迅速传遍全球。虽然RC-4已不能作为产品推销，但RSA公司至今尚未公开有关它的文件[Rivest 1992；Robshaw 1994；Schneier 1996]。

算法工作于OFB模式的，密钥流与明文独立，利用8×8个S盒：S_0，S_1，…，S_{255}，在变长密钥控制下对0，…，255的数进行置换，有两个计数器i和j，初始时都为0。

通过下述算法产生随机字节：

$$i = (i + 1) \quad \bmod 256$$
$$j = (j + S_i) \quad \bmod 256$$
$$\text{interchange } S_i \text{ 和 } S_j$$
$$t = (S_i + S_j) \quad \bmod 256$$
$$K = S_t$$

字节K与明文异或得到密文，或与密文异或得到明文。加密速度是DES的10倍。

S盒的初始化过程如下：首先将其进行线性填数，即$S_0=0$，$S=1$，…，$S_{255}=255$。而后以密钥填入另一个256字节的阵列，密钥不够长时可重复利用给定密钥以填满整个阵：k_0，k_1，…，k_{255}。将指数j置0。执行下述程序：

$$\text{for } i = 0 \text{ to } 255$$
$$j = (j + S_i + k_i) \quad \bmod 256$$
$$\text{interchange } S_i \text{ and } S_j$$

RSA DSI声称，RC-4对差分攻击和线性分析具有免疫力，没有短循环，且具有高度非线性，尚无公开的分析结果。它大约有$256! \times 256^2 = 2^{1700}$个可能的状态。各$S$在$i$和$j$的控制下卷入加密。指标$i$保证每个元素变化，指标$j$保证元素的随机改变，算法简单，易于编程实现。

可以设想利用更大的S盒和更长的字。当然不一定要采用16×16个S盒，否则初始化工作将极其漫长。

40 bit密钥的RC-4允许出口，但其安全性是无保证的。已有几十种采用RC-4算法的商业产品。其中，包括Lottus Notes，Apple公司的AOEC，以及Oracle Secure SQL，它也是美国移动通信技术公司的CDPD系统的一个组成部分[Ameritech 1993]。

3.5.9 SEAL算法

SEAL(Software Encryption Algorithm)是一种适于软件实现的流密码算法，由IBM公

司 P. Rogaway 和 D. Coppersmith 设计的有效软件流密码[1994]，特别适于 32 - bit 微处理器实现。预先计算好一组表可以加速加解密运算。算法框图如图 3 - 5 - 3 所示。

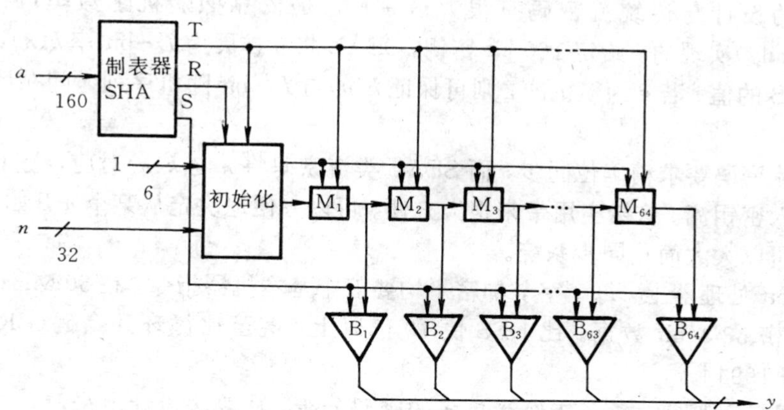

图 3 - 5 - 3　SEAL 的内环框图

R、S 和 T 是预先计算好的，它们是由 160 bit 密钥 a 推出的，通过第 6 章中将介绍的 SHA，将密钥经过 200 次 SHA 计算映射成约为 3 KB 的表。因此要采用 SEAL 算法，需要允许这类预计算和 3 KB 以上的存储。T 是 9×32 - bit S 盒。SEAL 需要 4 个 32 - bit 寄存器：A，B，C 和 D；其初始值由 n 和密钥导出的表 R 和 T 来定。寄存器在迭代过程中存数不断被修正，每次迭代有 8 轮操作，每一轮中由 A，B，C，D 中排在第一位的寄存器的前 9 bit 决定表 T 的地址。从 T 表中读出的数和 A，B，C，D 中第三排在第二位的寄存器中的数进行相加或异或。第一个寄存器循环移位 9 次，在其后的轮中排在第二的寄存器存数将再通过和移位后第一个寄存器存数相加或异或来修正。经过 8 轮之后，A，B，C 和 D 中存数加到密钥流中，每一个都先与来自 S 的某些字相加或异或。再将由 n_0，n_1，n_2，n_3，n_4 所决定附加值加到 A 和 C 中就完成了迭代过程。各值精确地取决于迭代数的一致性(Parity)。实现程序参见上述文献。

SEAL 是长度扩展的拟随机函数，输出和密钥长度可变。密钥为 160 bit，以 a 表示。SEAL 在密钥 a 控制下将一个 32 - bit 字 n 映射为 L - bit 串 $\mathrm{SEAL}_a(n)$，L 可大可小，由实际需要来定，但一般希望输出长度为 512～4 096 Byte。对一个任意长的密钥 a'，SEAL 可通过杂凑得到 $a=\mathrm{SHA}(a')$。在不知密钥 a 的条件下，函数 $\mathrm{SEAL}_a(x)$应为一个拟随机函数。从而可以保证当密钥 a 随机取自$\{0,1\}^{160}$时，32 bit 字到 L - bit 的映射是拟随机的。

位于 n 的字串 x 的加密可表示为

$$(n,\ x \in \mathrm{SEAL}_a(n)) \tag{3-5-8}$$

$$L = |x| \text{ bit} \tag{3-5-9}$$

式中，L 为 $\mathrm{SEAL}_a(n)$的输出长。

算法特点如下：

(1) 采用了大的秘密的密钥推导 S 盒(T)；

(2) 交替采用加和异或运算，是不可换的；

(3) 由密码而不是直接由数据流维持其内部状态(在每次迭代后，由 n_i 值来修正 A 和

C 的值)；

(4) 根据轮数来变化轮函数，并且根据迭代次数来变更迭代函数。

SEAL 的设计与传统流密码有很大区别，它是依靠**拟随机函数类**(Pseado-random Function Family)实现的。给定 160 bit 密钥，SEAL 将 n 扩展为 L - bit 串 $k(n)$，L 可取为任意小于 64 KB 的值。若 k 为随机的，则可保证 $k(n)$ 与 L - bit 随机序列之间在计算上是不可区分的。

普通的流密码要求精确位同步，而 SEAL 类流密码将 n 与 $k(n)$ 对应，易于实现在希望的位置上接入密钥流。这给实用带来很大方便。可以方便地决定从某个 n 开始加密或解密。这一特性还可以大大简化同步系统。

在 32 - bit 处理器上，每一字节加密平均要五个基本机器指令，在 50 MHz 的 486PC 机上每秒可加密 58 Mbit 数据。比 DES 快 10 倍以上，甚至比循环冗余码(CRC)还要快些[Rogaway 等 1994]。

SEAL 是一种新算法，还未经受更多的密码分析。从算法设计上来看，这是一个值得学习的体制。

3.5.10 WAKE 算法

WAKE 算法是 O. Wheeler[1994]提出的 Word Auto Key Encryption 算法的简称。它生成 32 bit 字串作为密钥流与明文异或实现加密。采用按字的 CFB 模式，将前一个密文字反馈来产生新的密钥字。并采用了 256 个 32 - bit S 盒。S 盒输入端的所有高位字节进行置换，而最低位的 3 个字节为随机取值。

WAKE 框图如图 3 - 5 - 4 所示，有四个寄存器 A、B、C 和 D，四个变换器用 f 表示。首先从密钥生成 S 盒的输入 s_i，而后以密钥(或另外的密钥)a_0、b_0、c_0 和 d_0 初始化四个寄存器的存数，就可生成 32 - bit 密钥字 k_i，$k_i = d_i$。将明文字 M_i 与密钥字 k_i 异或得密文字 $C_i = M_i \oplus k_i$，而后以 C_i 反馈，更新各寄存器的存数。

$$a_{i+1} = f(a_i,\ d_i) \qquad (3-5-10)$$

$$b_{i+1} = f(b_i,\ a_{i+1}) \qquad (3-5-11)$$

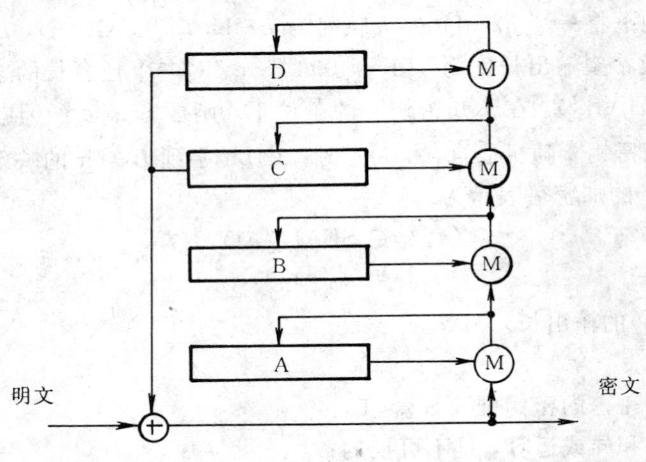

图 3 - 5 - 4 WAKE 算法框图

$$c_{i+1} = f(c_i, b_{i+1}) \tag{3-5-12}$$

$$d_{i+1} = f(d_i, c_{i+1}) \tag{3-5-13}$$

其中

$$f(x, y) = (x + y) \gg 8 \oplus s(x + y) \wedge 255 \tag{3-5-14}$$

$x+y$ 的最低 8 bit 输入给 S 盒。Wheeler 给了一种产生 S 盒的方法，但尚不完善。利用任何生成随机字节和一个随机置换的算法都能工作。

这一算法已被用在 Dr. Solomond 的抗病毒程序中。它在选择明文或选择密文攻击下不安全。

3.5.11 PKZIP 算法

PKZIP 算法是广泛用于文档数据压缩[参看第 12 章]程序，其中集入了 R. Schlafly 设计的加密算法，是一种按字节加密的流密码。今以其 2.04g 版本简单介绍如下。

算法有三个 32-bit 变量，即 96 bit 存储，由密钥初始化存储器，为 K_0=305 419 896，K_1=591 751 049，K_2=878 082 192，并从 K_2 推出一个 8-bit 密钥 K_3，明文字节在加密过程中不断更新存储器存数。算法如下(按 C 语言中的符号)：

$$C_i = P_i \wedge K_3$$
$$K_0 = \mathrm{crc32}(K_0, P_i)$$
$$K_1 = K_1 + (K_0 \,\&\, \mathrm{0x000000ff})$$
$$K_1 = K_1 * 134775813 + 1$$
$$K_2 = \mathrm{crc32}(K_2, K_1 \gg 24)$$
$$K_3 = ((K_2|2) * ((K_2|2) \wedge 1)) \gg 8$$

函数 crc32 取前一个值并与一字节异或，利用 0xedb88320 表示的 CRC 多项式计算下一个取值。实现中可以按 256 个输入预先计算存入表中，这样 crc32 计算变为

$$\mathrm{crc32}(a, b) = (a \gg 8) \wedge \mathrm{table}[(a \,\&\, \mathrm{0xff}) \oplus b]$$

表中元素按原来 crc32 的定义计算：

$$\mathrm{table}[i] = \mathrm{crc32}(i, 0)$$

加密时，首先更新密钥，而后对明文逐字节加密，解密类似。

有关 PKZIP 流密码的详细描述参看 Biham 和 Kocher[1994]。

Biham 和 Kocher 对 V.1.10 和 V.2.04g 版本的 PKZIP 流密码进行了攻击，利用 40(压缩的)已知明文字节或未压缩的明文的前 200 个字节进行破译，复杂度为 2^{34}；用 10 000 个已知明文字节破译的计算复杂度为 2^{27}，可以从密钥的内部表达式推出密钥。利用 PC 机可在数小时内破译。因此这一算法不够安全。

3.5.12 IA、IBAA 和 ISAAC 算法

这是 R. J. Jenkins Jr[1993]提出的几个随机数生成算法，即 IA(Indirection，Addition)，IBAA (Indirection，Barrelshift，Accumulate and Add)，ISSAC (Indrection Shift，Accumulate，Add，and Count)算法。

IA(间接、加法算法)。要求满足：① 从结果难以导出内部状态；② 程序简单易于记

忆；③ 运算尽可能快。IA 类似于 RC4。IBAA 在 IA 基础上提出要满足：④ 密码上安全；⑤ 在一个完整循环上检测无偏置(具有 0，1 平衡性)；⑥ 短循环罕见。ISAAC 除了满足①，③，④，⑤，⑥外还要求：⑦ 从速度考虑，使 C 语言程序最佳化；⑧ 能从有序迅速变到无序；⑨ 完全没有短循环。ISAAC 的速度要加快 3 倍，最小循环和平均循环长度更大，且偏置很小，生成 32 bit 值所需指令平均为 18.75。IA 等算法可用于密钥流或模拟所需随机数。

3.6 混沌密码序列

混沌(Chaos)是一种复杂的非线性非平衡动力学过程。

能否驾驭混沌？这是混沌理论研究中的一个重要课题，最近几年的研究表明，有些混沌是可控制、可利用的，而且是十分可贵的。至少在增强激光器辐射功率、调整电子电路输出、实现同步、控制化学反应波动、稳定功能异常心脏的心律，以及生成保密通信所需密钥流等方面，可以派上用场。这是基于混沌所具有的以下几个特点。首先，混沌系统的行为是许多有序行为的集合，而每个有序分量在正常条件下，都不起主导作用。但是采用适当方式扰乱一个混沌系统，就可能促使它以其中一个有序行为起主导作用。由于集合中的有序分量足够多且形式多样，因而为应用提供了很大灵活性和机会。其次，混沌看起来似为随机的，但都是确定的。两个几乎一样的、具有适当形态的混沌系统，在同一种相同信号控制或驱动下，即便无人知道其具体过程如何，但它们的输出也是相同的，这是极为有用的性质。最后，混沌系统对初始条件极为敏感，两个几乎相同的混沌系统，若使其处于稍异的初态就会迅速演变成为完全不同的状态。

1989. L. M. Pecora 发现，一个混沌系统在满足某种条件下，可以构造成一个同步系统，用此类同步化混沌可以进行通信。同年，Carroll 构造出第一个可同步混沌电路。从此人们开始了将混沌序列用于密码的研究工作。在 Cryptologia、Eurocrypt、IEEE on CAS、Bifurcation & Chaos 等杂志和有关会议上发表不少有关混沌密码序列的研究成果[Ditto 等 1993；Zhou 1996；Matthews 1989 等]。

混沌密码体制基本框图如图 3-6-1 所示。图中收发信端都有相同的混沌组件 2 和组件 3。这两个组件是稳定的。它们的初始信号的微小变化对最终产生的混沌序列影响极小，而组件 1 是产生驱动序列的部件，它可以使收发端的组件 2 和组件 3 在它控制下同步工作，产生相同的混沌序列。

混沌序列是一种非线性序列，其结构复杂，难以分析和预测。混沌系统可以提供具有良好随机性、相关性和复杂性的拟随机序列，这些都是很有吸引力的特性，使其有可能成为一种可实际被选用的流密码体制，选用何种混沌系统能产生满足密码学中各项要求的混沌序列是目前各国密码学者大力研究的问题。Matthews[1989]提出用 Logistic 混沌映射经改进成的迭代混沌系统，Carroll 等[1992]用 Lorenz 系统，还有 m 序列扰动混沌系统法等[周 1996]。

混沌序列用于密码的研究还刚刚开始，有一些重要基本问题尚待解决。混沌序列的生成总是用有限精度器件实现的。这样，任何混沌序列生成器都可归结为有限自动机来描述，在这种条件下是否能超越已有的用有限自动机和布尔逻辑理论所给出的大量已有研究

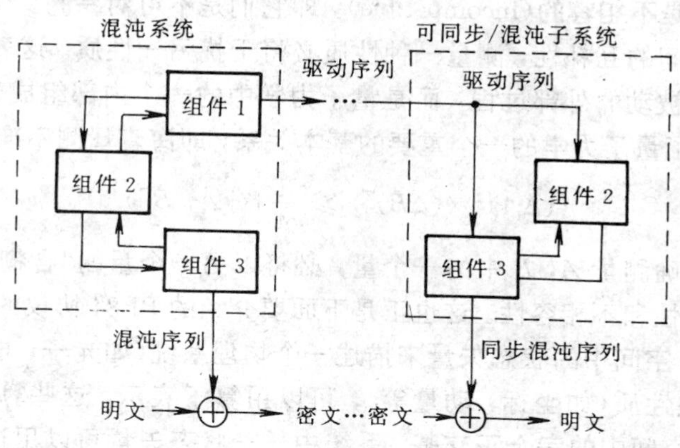

图 3－6－1　混沌密码系统

成果，是一个很值得研究的课题。另外，现有的混沌序列的研究对于所生成序列的周期、伪随机性、复杂性等的估计不是建立在统计分析上，就是通过实验测试给出的，难以保证其每个实现序列的周期都足够大，复杂性都足够高，因而不能使人放心地采用它来加密。更深入的内容可参看前面列出的文献。

最近法国 Beaancon 大学 Goedgebuer 等利用可调激光二极管研制了一个光传输数据的系统，它采用混沌叠加加密方式[Hellmans 1998；Javidi 1997]。

3.7　量　子　密　码

本世纪 70 年代初，哥伦比亚大学 S. Wiesner 提出了共轭编码(Conjugate Coding)，并指出，原则上用它可以实现两类应用，一是用来制造防伪钞票，二是将两条消息组合通过单量子传递，而收端可以分路而不相互干扰。但这一有创造性的文章竟被拒登，直到 1983 年才得以发表。1979 年 Bennett 和 Brassard 注意到 Wiesner 的观点，并考虑与公钥体制相结合，不久就发现可以用来实现一种公钥体制。1989 年，IBM 和美国 Montreal 大学合作，完成了一项令人惊异的实验，在相距 30 公分的收发两端，以单个光子和精巧的协议，实现了对秘密随机 bit 串的认证[Bennett 1992]。几年后已完成了多项实验[Phoenix 等 1995]。在英国 BT 实验室，利用单光子和**相位编码**(Phase Coding)，通过 30 km 光纤信道，实现了以 20 kb/s 速率的密钥交换。还有采用**极化编码**(Polarization Coding)和更短波长实现相距 14 km 的密钥交换[Phoenix 等 1995]。这些成果转化为实际应用还要做更多实验研究工作。但量子密码已是密码学领域中的一个新的成员，可能成为光通信网络中数据保护的有力工具。而且在将来，要能对付拥有量子计算能力的密码破译者，量子密码可能是惟一的选择。

3.7.1　基本原理

量子密码学基于量子力学理论，它与经典力学最重要的差别是其互补性(Complementarity)，其本质是量子系统在被测量时会受到扰动。这可由量子观测的不确定性来表述。令量子算子 $\hat{A}$ 和 $\hat{B}$ 表示量子系统的两个实际观测量。若

$$[\hat{A}, \hat{B}] = \hat{A}\hat{B} - \hat{B}\hat{A} \neq 0 \tag{3-7-1}$$

则称这两个观测量是**不相容的**(Incompatible)，即它们是**不可对易的**。和这一性质相联系的是一对物理性质之间的互补性，测量一种性质必将干扰另一性质。这表明测量本身不再是经典物理中的一种被动的外部过程，而是量子力学中的一个内部组成部分。式(3－7－1)的一个推论，给出了量子力学的一个重要的基本关系，即海森堡测不准关系式：

$$\langle(\Delta\hat{A})^2\rangle\langle(\Delta\hat{B})^2\rangle \geqslant \frac{1}{4}|\langle[\hat{A}, \hat{B}]\rangle|^2 \tag{3-7-2}$$

它表明任何试图精确测量 $\hat{A}$, $\hat{B}$ 中的一个量，必将以另一个量的"含糊"为代价。这表现了 $\hat{A}$ 和 $\hat{B}$ 之间的互补性和不相容性。这也正是下面要介绍的 BB84 协议的理论基础。

可以用 Hilbert 空间中的状态矢量来描述一个物理系统(如光子，电子等)的量子机制。系统的每一个物理性质(如坐标、动量等)，可以用算子表示，这些算子的**本征态**(Eigenstate)构成 Hilbert 空间中的**完全正交基**。系统中任一状态矢量可以用这些本征态展示。一个状态 $|\Psi\rangle$ 可以用算子 $\hat{A}$ 的本征态展示为

$$|\Psi\rangle = \sum_j |\alpha_j\rangle\langle\alpha_j|\psi\rangle \tag{3-7-3}$$

其中的本征方程为 $\hat{A}|\alpha_j\rangle = \alpha_j|\alpha_j\rangle$。由 $\hat{A}$ 表示的物理量的测量以概率 $|\langle\alpha_j|\Psi\rangle|^2$ 给出值 α_j，并以同一概率将被测系统映射为新状态 $|\alpha_j\rangle$。值得注意的是，若系统的事先状态为 $|\alpha_j\rangle$，则算子 $\hat{A}$ 的测量将以概率 1 得到结果 α_j，且系统将保持停留在状态 $|\alpha_j\rangle$ 上。

3.7.2　二元量子信道

传统的物理信道，当有人监测窃听时，收发信人不会知道窃听在何时发生。例如，信使所带密码本可能被秘密设置的高分辨率 X 射线扫描，或用先进的成像技术读出。磁带、光盘或无线电波中载荷的信息在被复制或截收时都难以发现。但当信息以量子为载体时，由测不准原理知，对任何一个物理量的测量都不可避免地产生对另一物理量的干扰。这就使得通信双方能够检测到信息是否被窃听，这一性质将使通信双方无须事先交换密钥即可进行绝密通信。这是量子密码学的基础。

可以用量子系统对信息进行编码，最简单而自然的方法是以量子的状态来表示信息。一个有 N 个本征的算符 $\hat{A}$ 可以用来表示 N 个不同的符号。为了简单，可以假定空间是只由自旋±1/2 粒子所构成的量子系统，如具有"上"和"下"两个方向自旋的电子。设发端以二元算子 $\hat{A}$，即以 $|+\rangle_A$ 和 $|-\rangle_A$ 表示这两个状态，相应的本征值为±1/2，则发端的一个二元 bit 串信息可以通过二态量子系统传送给收端，如图 3－7－1 所示。

发端 A 向收端 B 发送 8 bit 二元数字，每 1 bit 用一个粒子态实现的编码表示，收端在每一个时隙对传来量子态采用同样的量子基底 $\hat{A}$ 进行检测，从而可以准确读出相应的信息。每个粒子所载荷的信息正好为 1 bit。假如收端 B 以另一组基或算子 $\hat{B}$ 来进行检测，我们来看结果如何。由于测量以 $\hat{B}$ 表示的电子的自旋方向时，会将粒子映射为状态 $|\pm\rangle_B$ 之中的一个，由式(3－7－3)可知，发端 A 的量子态可以表示如下：

$$|\pm\rangle_A = {}_B\langle + | \pm\rangle_A |+\rangle_B + {}_B\langle - | \pm\rangle_A |-\rangle_B \tag{3-7-4}$$

例如，设 A 发送状态 $|+\rangle_A$，若 B 正确读出，则得到 $|+\rangle_B$，其概率为 $|{}_B\langle+|+\rangle_A|^2$。A 与 B 之间信息传输速率将取决于量子态之间的重叠，仅当 A 和 B 的编码基相同时才取极

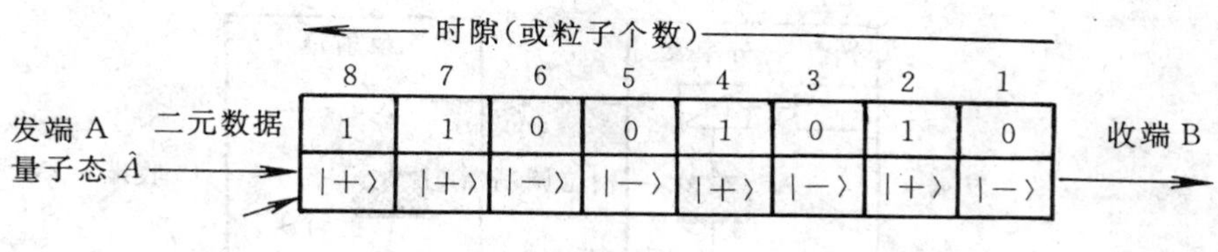

图 3-7-1　二元量子信道

大值。对 A 与 B 的基的某种选择，可能使对 A 的任何给定的输入状态，收端等可能地得到 $\hat{B}$ 的两态之一，此时称 $\hat{A}$ 与 $\hat{B}$ 为**共轭**(Conjugate)。可观测量的算子表示是在某种意义下可看作**极大非对易**(Non-commuting)。若 A 将一个随机 bit 串传送给 B，B 在不知道其观测算子 $\hat{B}$ 是否与 A 的算子 $\hat{A}$ 有相同基的条件下，B 也就无法确定其所观测到的二元数字序列是否正确。而且由于 B 的测量已经将粒子映射成新的量子态，在原理上已无法恢复出原来的量子态。B 也可能想复制接收粒子序列，以便对相同的复本进行多次测量。但要正确复制仍需预先知道原来 A 所用的基，但 A 不会公开它。量子力学告诉我们，单个粒子的状态是不可能被确定的，在不知道量子基态的条件下，复制是没有意义的，这种单个量子的“**无性**(No Cloning)”特性是量子力学中线性特性的推论，它对于量子密码学有重要意义。

3.7.3　四元量子信道及 BB84 协议

利用量子**干涉仪**(Interferometer)的特性和干涉仪两个内臂之间的相对相位变化来对信息进行编码，这称为光子的**相位编码体制**(Phase-coding Scheme)，可以实现 BB84 四状态密钥交换协议。图 3-7-2 给出利用量子干涉仪构成的简单的通信方案，干涉仪分成两部分，发端 A 和收端 B 各控制一半。发端将一脉冲光束送入第一个**分束器**(Beamsplitter)。此光束被分成两个光束，二者的相对大小取决于分束器的透射率与反射率。当两者相等时为**平衡型分束器**，一路直接送至收端，一路经发端相位调制器调制后(发“0”时，不改变输入光的相位，发“1”时将相位改变 180°)送给收端。收端将第一路输入光经相位调制器调制(可选不改变输入相位，或做＋90°变化)后，与第二路收到的光在第二个分束器中进行重新组合。其各臂的输出值取决于发端和收端所选定的相位 φ_A 和 φ_B 的相对取值和分束器的系数。对于平衡型光束分裂器，若收端 B 选定 $\varphi_B=0$，而发端 A 相位 φ_A 为 0°或 180°，则收端将会相应从臂 1 和臂 2 观察到脉冲的出现。若臂 1 检测到脉冲，则表示发端所发的为“0”；若臂 2 检测到脉冲，则所发的为“1”。若收端 B 选用 $\varphi_B=90°$，而发端仍选用 φ_A 为 0°或 180°对“0”和“1”进行编码，则收端从臂 1 和臂 2 检测不到所发的信息。类似地，发端也可选用 90°和 270°的编码方式。

若发端用单个光子进行通信时，情况就大不相同了。单个光子通过光束分裂器只可能在一条路上有光子，究竟哪一路有输出是随机的，其概率取决于分束器的透射率与反射率，在平衡型下概率值为 1/2。光子在分束器上所显示的概率特性已被用于生成随机序列。发端 A 可通过相位调制 φ_A 向 B 发出信息；而收端 B 利用将两路组合的方法，在正确设定 φ_B 条件下仍可以像多光子下那样正确检测出发端送出的信息，参看表 3-7-1。

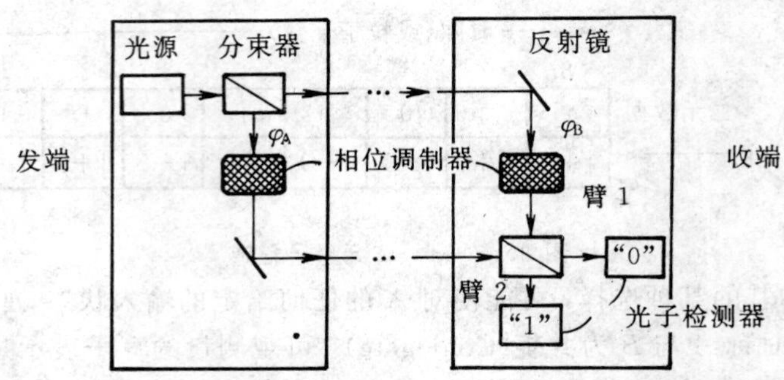

图 3-7-2 简单干涉测量二元通信系统

表 3-7-1

发 端 A		收 端 B	
φ_A	发送 bit 取值	φ_B	接收 bit 取值
0° 180°	0 1	0° 0°	0(臂 1) 1(臂 2)
0° 180°	0 1	90° 90°	概率式的 结 果
90° 270°	0 1	0° 0°	概率式的 结 果
90° 270°	0 1	90° 90°	0(臂 1) 1(臂 2)

在多个光子情况下也可采用同样的编码方案，不一定非采用 0°/180°的编码，可以有很多种编码方式来实现传信。例如，收端可采用 90°相移，则当发端采用 90°/270°编码时仍可类似于 0°/180°时进行传信。如果收端设置的相位 φ_B 刚好和发端的编码成 90°相移时，就收不到任何信息。

现在我们来看通过量子信道进行密钥交换的 BB84 协议[Bennett 和 Brassard 1984]。

(1) 发端和收端商定编码方法。发端生成随机二元数字串，并对每个数字随机地从 0°/180° 或 90°/270°两种编码方法中选定一种进行编码，参看图 3-7-3(*a*)。

(2) 收端随机地且独立于发端选择编码基准 0°/180°或 90°/270°，对所收到的每个光子进行检测，参看图 3-7-3(*b*)。

(3) 收端将检测得到的 bit 值保密，但将每次测量时所采用的编码基准和没有收到任何光子的时隙号公布。

(4) 发端根据收端公布的信息可以知道收端正确接收的时隙位置，通知收端，并将其余位上的相应 bit 丢弃，从而收发两端可以共享按此法筛选出的二元数字序列。这两个序列在正常条件下应当相同。

(5) 发端和收端将所共享的序列随机地选出的一个子集公开，并进行比较，如果发现有错则可推断有窃听者。若没有发现错误，就可以用剩下的二元数字串作为共享秘密钥进行保密通信。

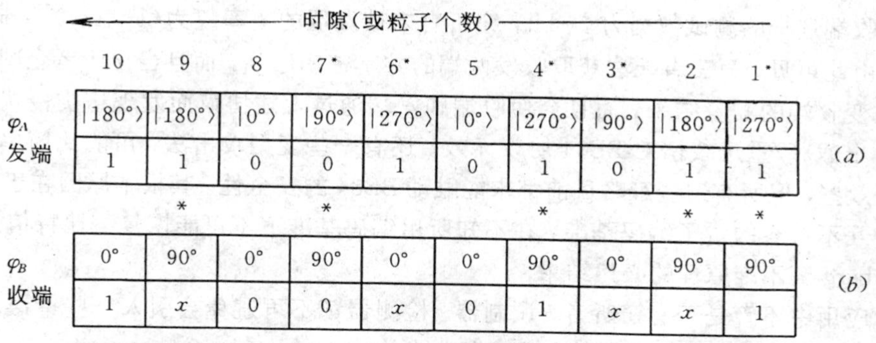

←——时隙(或粒子个数)——

	10	9	8	7*	6*	5	4*	3*	2	1*	
φ_A	|180°⟩	|180°⟩	|0°⟩	|90°⟩	|270°⟩	|0°⟩	|270°⟩	|90°⟩	|180°⟩	|270°⟩	(*a*)
发端	1	1	0	0	1	0	1	0	1	1	
		*		*			*		*	*	
φ_B	0°	90°	0°	90°	0°	0°	90°	0°	90°	90°	(*b*)
收端	1	x	0	0	x	0	1	x	x	1	

* 表示选用 90°/270°编码基准。x 表示检测不到信号而舍弃的时隙。
所得共享二元数字串：100011

图 3-7-3 正常情况下通过量子信道的密钥交换

下面对协议第(5)条作些说明。假定有窃听者接入量子信道，对其中传送的所有偏振光子进行监测，并且对发端和收端公开讨论的信息进行窃听，但不能改变这些信息。由于发端对每一 bit 随机地选择编码基准，使窃听者无法知道这一信息，而且由于他只能随机地选择自己所用的编码基准进行检测，因而这时他不可能知道是否采取了错误的选择，更遗憾的是他还必须在每个时隙要向收端重新发一个**偏振光子**。我们称这类攻击为**截获/重送**(Intercept/Resend)攻击。由于他无法测定发端所发光子的编码基准，所以重新发出的偏振光子，大约只有一半与发端所发的一致。这将最终导致发端和收端不可能得到共享的秘密随机序列。

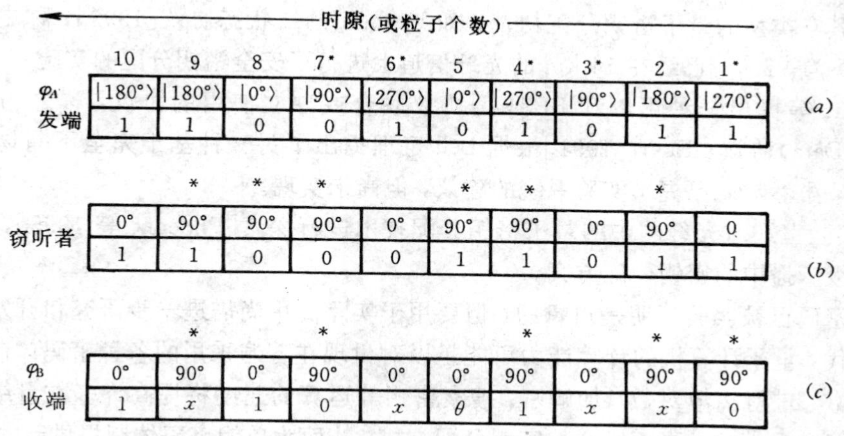

←——时隙(或粒子个数)——

	10	9	8	7*	6*	5	4*	3*	2	1*	
φ_A	|180°⟩	|180°⟩	|0°⟩	|90°⟩	|270°⟩	|0°⟩	|270°⟩	|90°⟩	|180°⟩	|270°⟩	(*a*)
发端	1	1	0	0	1	0	1	0	1	1	
		*	*	*		*	*		*		
窃听者	0°	90°	90°	90°	0°	90°	90°	0°	90°	0	
	1	1	0	0	0	1	1	0	1	1	(*b*)
		*		*			*		*	*	
φ_B	0°	90°	0°	90°	0°	0°	90°	0°	90°	90°	(*c*)
收端	1	x	1	0	x	θ	1	x	x	0	

图 3-7-4 有窃听者时量子信道的密钥交换

由图 3-7-4 可知，发端和收端在第 2、3、6 和 9 时隙选用了不同的编码基准，相应时隙应予以丢弃，在第 1、5 和 8 时隙发收两端采用了相同编码基准，但与窃听者的基准不同，致使收到数据中只有 1/2 的概率为正确(本例中，第 1 和第 8 个数据出错)。其余时隙中，收端能正确收到，但窃听者并不能检测出他是否正确选择了所用编码基准。在共轭编码体制下，由于有窃听者存在时，收端所收数据中将有25%的数据出错。通过协议第(5)条，假定收端选择的测试数据为70 bit，窃听者未被发现的概率仅为$(1-1/4)^{70}$，即仅为万分之一。由此可见，第三者无法获取收发两端的共享密钥序列，而且当窃听者企图窃取时，不仅会改变收端的测量结果，而且会使收端和发端通过上述协议而发现这类侵扰的存在，从而可得出截获/重送攻击对BB84协议无效。还有一些变型攻击法，可能比简单的截获/重送法有效些，但所有这些策略目前都未能触动BB84的安全性。其根本原因在于BB84采用了两种互不兼容的量子编码基准，在不知所用编码基准下不可能恢复一比特信息。这正是Heisenberg测不准原理的必然结果。

实际应用中不管是否有窃听者，调制器、检测器都不可避免会引入一些错误。从安全性考虑，必须将这类错误也看作是由窃听所造成的。

协议第(5)步是一种调解阶段，收发端进行公开纠错程序，选择一些子集进行校验和检验，并将检验bit公布，利用足够多的子集的校验可以实现所需的纠错能力，收发端将可确信所共享的随机序列是一致的，但其安全性又降低了，成为部分保密的随机序列。为了提高安全性可以通过一个杂凑过程，这称之为**秘密性放大**(Privacy Amplification)。在首次量子密码实验中交换105 bit密钥，估计窃听者只能得到6×10^{-171} bit[Bennett 等 1992]。

3.7.4　有关实验系统简介

目前采用量子密码术已能通过30 km光纤信道以1 kbit/s速率，利用1.3 μm半导体激光器，通过BB84协议安全地进行密钥交换。进一步改进检测技术，可望以20 kbit/s速率实现100 km以上的密钥交换。英国BT实验室在加紧进行这一研究工作。探索采用各种波长和可能的编码技术。

还有其它类型的量子密钥分配协议，如Bennett的二状态协议[1992]，称之为B92协议。Hughes等[1995]已经在14 km的光纤信道上进行了安全密钥分配的实验。

Barnett等提出一种可以和BB84型协议联合或独立使用的协议，称之为**拒收数据**(Rejected Data)**协议**；Ekert[1991]根据Bell定理提出了另一种基于完全不同物理现象的EPR协议，虽然对此已提出实验系统的建议，但尚未实现。

BT实验室还对光纤网中的量子密钥分配技术进行探索[Phoenix 等 1995]，提出了广播树状两级广播中的密钥分配方案。

量子密码已被实验证明是可行的，但要用于实际商用尚需进一步研究和开发。在未来的光子时代，量子计算机的计算能力可能足以对付现在普遍采用的各种密码体制，用它来分解大整数、进行离散对数、加解密、搜索密钥等运算的速度将提高许多数量级。那时量子密码可能会提供一种真正安全的密钥分配方式，从而为单钥密码体制提供新的支持。

附录3.A　有限域的基本概念

代数系统研究内容和方法：一个元素集合F，其中定义了元素之间的运算，并满足一些公理，就构成了一个代数系统。我们将研究一些代数系统的性质、构造和数量等问题。

3. A. 1　域、半群、拟群、群、环

定义 3 - A - 1　代数系统⟨F, +, ·⟩称为域(Field)，若其中的元素对运算“+”(加)和“·”(乘)满足下述条件：

(1) **加法封闭性**：$\forall\ a, b\in F, \Rightarrow a+b\in F$；

(2) **加法结合律**：$\forall\ a, b, c\in F\Rightarrow a+(b+c)=(a+b)+c$；

(3) **加法恒等元**：∃ 惟一的 $0\in F$，对 $\forall\ a\in F\Rightarrow 0+a=a+0=a$；

(4) **加法逆元**：对 $\forall\ a\in F$，$\exists\ (-a)\in F\Rightarrow a+(-a)=(-a)+a=0$；

(5) **加法可换律**：$\forall\ a, b\in F\Rightarrow a+b=b+a$；

(1′) **乘法封闭性**：$\forall\ a, b\in F-\{0\}$，$a\cdot b\in F-\{0\}$；

(2′) **乘法结合律**：$\forall\ a, b, c\in F-\{0\}$，$a\cdot(b\cdot c)=(a\cdot b)\cdot c$；

(3′) **乘法单位元**：$\exists\ 1\in F-\{0\}$，$\forall\ a\in F$，$1\cdot a=a\cdot 1=a$；

(4′) **乘法逆元**：$\forall\ a\in F-\{0\}$，$\exists\ a^{-1}\in F-\{0\}$，$aa^{-1}=a^{-1}\cdot a=1$；

(5′) **乘法可换律**：$\forall\ a, b\in F-\{0\}$，$a\cdot b=b\cdot a$；

(6) $\forall\ a, b, c\in F$，

$$a\cdot 0=0\cdot a=0$$

$$a\cdot(b+c)=(a\cdot b)+(a\cdot c)\ (\text{分配律})。$$

域是一个非常完备的代数系统，其中的元素要求满足较多的性质或约束。在实际中，还会遇到一些代数系统，只满足其中的部分条件。下面做些简要介绍。

定义 3 - A - 2　满足公理(1)，(2)的⟨F, +⟩或公理(1′)，(2′)的⟨$F-\{0\}$, ·⟩称作**半群**(semi-group)。

定义 3 - A - 3　满足公理(1)，(2)和(3)的⟨F, +⟩或公理(1)，(2)和(3′)的⟨F, $-\{0\}$, ·⟩称作**拟群**(monoid)。

定义 3 - A - 4　满足公理(1)，(2)，(3)，(4)的⟨F, +⟩=⟨G, +⟩或公理(1′)，(2′)，(3′)，(4′)的⟨$F-\{0\}$, ·⟩=⟨G, ·⟩称作**群**(Group)。

定义 3 - A - 5　满足公理(1)，(2)，(3)，(4)，(5)的⟨F, +⟩或公理(1′)，(2′)，(3′)，(4′)，(5′)的⟨$F-\{0\}$, ·⟩称作**可换群**(Abelian Group)。

定义 3 - A - 1′　域的另一等价定义。若⟨F, +, ·⟩满足：

- ⟨F, +⟩是 Abelian 群；
- ⟨$F-\{0\}$, ·⟩是 Abelian 群；
- 分配律成立。

注：“+”并不一定为算术加法；“·”并不一定为算术乘法。

定义 3 - A - 6　若⟨F, +, ·⟩中的元素对运算“+”(加)和“·”(乘)满足下述条件则称其为**环**(ring)：

- ⟨F, +⟩是可换群；
- $F-\{0\}$对⟨1′⟩⟨2′⟩成立；
- 分配律成立。

对⟨3′⟩成立的环为**单位元环**(惟一性)。

例 3 - A - 1　整数集 $\mathscr{Z}$、偶数集、实数集 $\mathscr{R}$ 构成可换群，$n\times n$ 阶矩阵构成不可换群。

■

例 3-A-2　整数集、实数集为可换群，同阶实数方阵、同阶整数方阵为非可换群，x 的多项式全体对＋，· 构成可换环。■

例 3-A-3　有理数集 $\mathscr{Q}$、实数集 $\mathscr{R}$、复数集 $\mathscr{C}$ 构成域。■

显然有：$\mathscr{Z}\subset\mathscr{Q}\subset\mathscr{R}\subset\mathscr{C}$。

3.A.2. 有限域

在密码研究中，我们遇到的多为元素个数为有限的代数系统。若集合 F 中的元素个数为有限，则 3.A.1 节中定义的那些代数系统就成了有限域、有限半群、有限拟群、有限群、有限环等。

有限域 $\langle F,+,\cdot\rangle$，其中 $\|F\|<\infty$。有限域常以数学家 Galois 的名字命名，称作 **Galois 域**，并以 GF(q)表示，其中 q 表示域中元素数的个数。

例 3-A-4　GF(2)，元素之间的运算如下表所示：

+	0	1
0	0	1
1	1	0

·	0	1
0	0	0
1	0	1

■

在 GF(2)中，$-a=a$，即加和减一致。

例 3-A-5　模 m 剩余类，其中的 m 元素 $\{0,1,\cdots,m-1\}$ 在 mod m 的加法和乘法下构成可换环。■

定义 3-A-7　若 F 的子集 F' 在 F 定义的运算下构成一个域，则 F' 称作 F 的一个**子域**(Subfield)，F 为 F' 的**扩域**(Extended Field)。

有限域的特征。域 F 中有一(乘法)单位元，以 1 表示。F 在加法运算下构成一可换群，称其为**加群**(Addition Group)，它具有循环性。由域的元素的有限性和封闭性可知，必有一整数 n 使

$$\underbrace{1+1+\cdots+1}_{n}=0 \tag{3-A-1}$$

因为域元素个数有限，在单位元的逐渐增加相加次数的过程中必出现重复。例如，若 $n>m$

$$\sum_{m}1=\sum_{n}1\Rightarrow\sum_{n-m}1=0 \tag{3-A-2}$$

定义 3-A-8　使上式成立的最小相加的次数 p 为域的**特征**(Characteristic)。

定理 3-A-1　有限域的特征必为素数。

证　若 p 不是素数，令 $p=km$，由乘法封闭性有

$$\Big(\sum_{k}1\Big)\cdot\Big(\sum_{m}1\Big)\in F$$

由分配律知

$$\Big(\sum_{k}1\Big)\cdot\Big(\sum_{m}1\Big)=\sum_{km}1=0$$

即有

$$\Big(\sum_{k}1\Big)=0\ 或\ \Big(\sum_{m}1\Big)=0\qquad m<p,\ k<p$$

此与域特征的定义矛盾，故 p 必为素数。 ■

定义易于理解。若 k_1，$m<p$，则

$$\sum_k 1 \neq \sum_m 1$$

即有

$$1 = \sum_1 1,\ \sum_2 1,\ \cdots,\ \sum_p 1 = 0$$

均不相同。后面将证明它们构成 GF(p)。

定理 3-A-2　在特征为 p 的域上有 $(a+b)^p=a^p+b^p$。

证　$(a+b)^p=a^p+\binom{p}{1}a^{p-1}b+\binom{p}{2}a^{p-2}b^{p2}+\cdots+a^1b^{p-1}+b^p$，对于所有 $1<i<p$，其二项式系数都为 p 的倍数，故均为 0。 ■

代数系统 $\langle F, \oplus, \odot\rangle$：$F=\{0, 1, \cdots, p-1\}$，$F$ 中的元素个数为素数 p；以 $\oplus$ 表示模 p 加法，即 $a\oplus b=R_p(a+b)$，它表示以 p 除 $(a+b)$ 所得的余数；以 $\odot$ 表示模 p 乘法，即 $a\odot b=R_p(a\cdot b)$，它表示以 p 除 $(a\cdot b)$ 所得的余数。对此我们有：

定理 3-A-3　$\langle F, \oplus, \odot\rangle$ 为一有限域 GF(p) $\Leftrightarrow p$ 是素数。

证　由定义 3-A-1 的(3)及(3′)，F 中至少要有两个元素，即 0 和 1，故有 $p\geqslant 2$。

必要性⇒。采用反证法。令 $\langle F, \oplus, \odot\rangle$ 为一有限域，若 $p=mn$，$1<m$，$n\leqslant p-1$，则 m，$n\in F-\{0\}$，但对非 0 的 m 和 n，$m\odot n=R_{mn}(mn)=0\overline{\in} F-\{0\}$，即(1′)不成立，此与 $\langle F, \oplus, \odot\rangle$ 为一有限域的假设相矛盾。

充分性⇐，设 p 为素数。F 中的元素对运算 $\oplus$、$\odot$ 是服从结合律、可换律和分配律的，即(2)、(5)、(2′)、(5′)和(6)成立。(1)、(3)和(3′)显然也成立。

若 $a=0$，$-a=0\Rightarrow a\oplus(-a)=0$。又对 $\forall\ a\in F-\{0\}$，$-a=(p-a)\in F$，而 $a\oplus(-a)=0$，所以 $(-a)=(p-a)$，即(4)成立。

$\forall\ a, b\in F-\{0\}$，则 p 除不尽 ab，$a\odot b\neq 0$，即 $a\odot b\in F-\{0\}$，所以满足(1′)。

又对 $\forall\ a\in F-\{0\}$，$\gcd(a, p)=1$，则由 Euclid 除法定理有 $1=ab+cp$，从而 $1=R_p[ab+cp]=R_p[ab]=R_p[a\cdot R_p(b)]$。令 $a^{-1}=R_p(b)$，$a^{-1}\in F-\{0\}$，从而得 $a\odot a^{-1}=1$，即满足(4′)。

由此可知 $\langle F, \oplus, \odot\rangle$ 为一有限域。 ■

今后为了简单，在不被误解下，采用 +，· 表示 GF(p) 中的运算。

例 3-A-6　GF(5)。模 $m=5$ 的所有 5 个剩余类对下述加、乘法运算构成域。

$\oplus$	0	1	2	3	4
0	0	1	2	3	4
1	1	2	3	4	0
2	2	3	4	0	1
3	3	4	0	1	2
4	4	0	1	2	3

$\odot$	0	1	2	3	4
0	0	0	0	0	0
1	0	1	2	3	4
2	0	2	4	1	3
3	0	3	1	4	2
4	0	4	3	2	1

■

3.A.3 有限域 GF(p)上 x 的多项式代数

令 $F_p[x]$为 GF(p)上的多项式集合，在 $F_p[x]$上可以定义下述多项式加法和乘法运算。x 的任意多项式可表示为

$$v(x) = v_0 + v_1 x + \cdots + v_{N-1}x^{N-1} = \sum_{n=0}^{N-1} v_n x^n \in F_p[x] \qquad v_N \in \mathrm{GF}(p)$$

(3-A-3)

式中，v_{N-1}为 $v(x)$的首项系数，$v_{N-1}=1$ 的多项式称首一(Monic)多项式。deg $v(x)$为系数不为零的最高次项的次数。

加法：两个多项式 $a(x) = N\sum_{n=0}^{N-1} a_n x^n$和 $b(x) = \sum_{n=0}^{K-1} b_n x^n$ 的和式定义为

$$c(x) = a(x) + b(x) = \sum_{n=0}^{\max(N-1,\ K-1)} (a_n + b_n)x^n \qquad c_n = (a_n + b_n)$$

(3-A-4)

乘法：两个多项式 $a(x) = N\sum_{n=0}^{N-1} a_n x^n$和 $b(x) = \sum_{n=0}^{K-1} b_n x^n$ 的积式定义为

$$c(x) = a(x)b(x) = \sum_{i=0}^{N+K-2} c_i x^i \qquad (3-A-5)$$

定义 3-A-9 在上述运算下，$\langle F_p[x], +, \cdot \rangle$构成环，称其为**多项式环**。

例 3-A-7 GF(2)上的两个多项式 $a(x)=1+x$，$b(x)=1+x+x^2$ 的和式和乘积为：

$$a(x) + b(x) = x^3$$

$$a(x)b(x) = 1 + x + x^3 + x(1 + x + x^3) = 1 + x^2 + x^3 + x^4$$ ■

类似于整数环，在多项式环中也有 **Euclid 除法定理**。给定 $u(x)$，$g(x)\in F_p[x]$，存在惟一的 $g(x)$商式和 $r(x)$余式，使

$$u(x) = q(x)g(x) + r(x) = R_{g(x)}[u(x)] \qquad \deg[r(x)] < \deg[g(x)]$$

(3-A-6)

多项式环中除法有下述性质：

1° $R_{g(x)}[u(x)+m(x)g(x)]=R_{g(x)}[u(x)]$ (3-A-7)

2° $R_{g(x)}[u_1(x)+u_2(x)] = R_{g(x)}\{R_{g(x)}[u_1(x)]+R_{g(x)}[u_2(x)]\}$

$= R_{g(x)}[u_1(x)]+R_{g(x)}[u_2(x)]$ (3-A-8)

3° $R_{g(x)}[u_1(x)\cdot u_2(x)] = R_{g(x)}[u_1(x)]\cdot R_{g(x)}[u_2(x)]$ (3-A-9)

例 3-A-8 GF(2)上以 x^2+1 除 x^2+x+1 所得的余式为

$$R_{x^2+1}[(x^2 + x + 1)] = R_{x^2+1}[x\cdot(x + 1)] = x + 1$$

称 $x+1$ 为模 x^2+1 下 x^2+x+1 的**剩余类**。 ■

类似于整数模 m 的剩余类，我们有定义 3-A-10。

定义 3-A-10 $F_p[x]$中以一个多项式 $f(x)$为模的所有剩余类所构成环，称其为**多项式剩余类环**，记为 $F_p[x]/f(x)$。

若模多项式 $f(x)$为 n 次式，其模多项式环有 2^n 个元素。

两个多项式 $u_1(x)$和 $u_2(x)$的最大公因式以 $d(x)=\gcd[u_1(x), u_2(x)]$表示，它为能除

尽 $u_1(x)$ 和 $u_2(x)$，即 $d(x)|u_1(x)$，$d(x)|u_2(x)$ 的最高次首一多项式。显然

$$\gcd[u_1(x),\ u_2(x)] = \gcd[u_1(x) + m(x)\,u_2(x),\ u_2(x)] \qquad (3-A-10)$$

类似于整数，对 $u_1(x)$，$u_2(x) \in F_p[x]$，存在有 $A(x) \cdot B(x) \in F[x]$ 使

$$(u_1(x),\ u_2(x)) = A(x)u_1(x) + B(x)u_2(x) \qquad (3-A-11)$$

两个多项式 $u_1(x)$ 和 $u_2(x)$ 的最小公倍式 l. c. m[$(u_1(x)$，$u_2(x)$]定义为使 $u_1(x)|M(x)$ 和 $u_2(x)|M(x)$ 的最低次首一多项式 $M(x)$。

定义 3－A－11　若 $p(x) \in F[x]$，且除 1 以外所有次数低于 $p(x)$ 的多项式均除不尽 $p(x)$，则称 $p(x)$ 为**既约多项式**。

既约多项式像素数一样在 $F_p[x]$ 中起着重要的作用。

两个多项式 $u_1(x)$ 和 $u_2(x)$，若 $(u_1(x),\ u_2(x)) = A(x)u_1(x) + B(x)u_2(x) = 1$，则称 $u_1(x)$ 和 $u_2(x)$ 彼此为互素。

类似于整数，任一给定 $v(x) \in F_p[x]$ 可惟一地分解为既约多项式之积。称其为多项式环中的**惟一分解定理**。

3. A. 4　陪集与理想

定义 3－A－12　群 G 中的子集 H，若它对群 G 中定义的运算构成群，就称 H 为 G 的**子群**。

定义 3－A－13　若 $H \subset G$，取 $g \in G$，并构造集合 $gH = \{gh:\ h \in H\}$，称它为子群 H 在 G 的一个**左陪集**(Left Coset)。

类似地可定义右陪集。若 G 为可换，则左陪集和右陪集相等，即 $gH = Hg$。

可以证明 H 对于 G 的两个陪集 $g'H$ 和 gH 有如下两种可能：

$$g'H \equiv gH$$

或

$$g'H \cap gH = \Phi|, \quad 且\ |g'H| = |gH|$$

如此，可用 H 将 G 作完全划分，即对于给定的 G，当 H 选定下，可将 G 划分成元素个数皆相等的陪集，陪集个数为

$$|G|/|H|(拉格朗日定理) \qquad (3-A-12)$$

例 3－A－9　选 $m=5$，$G=\{$全体整数$\}$，为一加群，选 $H=\{$被 5 除尽的整数全体$\}$，为一加法子群，则可构造 5 个陪集：

$H = \{0\}$	-10，	-5，	0，	5，	10，	…
$\{1\}$	-9，	-4，	1，	6，	11，	…
$\{2\}$	-8，	-3，	2，	7，	12，	…
$\{3\}$	-7，	-2，	3，	8，	13，	…
$\{4\}$	-6，	-1，	4，	9，	14，	…

其中，每个陪集都有无限多个元素。■

如例 3－A－5 所述，以 mod m 的剩余类为元素，它们对 mod m 加法和 mod m 乘法构成有限个元素的剩余类环。

例 3－A－10　GF(2)上，令 $G=\{0000，0001，\cdots，1111\}$，$H=\{0000，0011，1100，1111\}$，则 H 对 G 有下述陪集划分：

$S_0=H$	0000	0011	1100	1111
S_1	0001	0010	1101	1110
S_2	0100	0111	1000	1011
S_3	0101	0110	1001	1010

■

定义 3-A-14 令 R 为环，$I\subset R$ 为 R 的一个子集，若

(1) I 是 R 中加运算的子群，

(2) $\forall\ a\in R,\ i\in I$ 有 $ai\in I$，

则称 I 为 R 的一个**左理想**(Left Ideal)。类似地，可以定义右理想。若对$\forall\ a\in R,\ i\in I$ 有 $ai\in I$ 和 $ia\in I$，则称 I 为 R 的一个**右理想**。

例 3-A-11 例 3-A-9 中，$H=\{a:5|a,\ a\in\mathscr{Z}\}$是 $\mathscr{Z}$ 的一个理想。 ■

定义 3-A-15 若 R 中的理想 I 有如下性质：I 中任一元素皆为 I 中某一元素的倍数(式)。则 I 称作**主理想**(Principal Ideal)。

定义 3-A-16 主理想中 I 的最小元素称为主理想的**生成元**(Generator)。

例 3-A-12 例 3-A-11 中的理想，其中的任一元素皆为 5 的倍数，故为一主理想，5 是其生成元。 ■

例 3-A-13 多项式剩余环 $F_p[x]/f(x)$中的主理想。取 $f(x)=g(x)h(x)$，易于证明 $F_p[x]/f(x)$中可被 $g(x)$除尽的全体剩余类，构成 $F_p[x]/f(x)$的一个理想且为主理想，$g(x)$是其生成元。 ■

例 3-A-14 以 GF(2)的 7 次多项式 $x^7-1=(x+1)(x^3+x+1)(x^3+x^2+1)$为模的多项式构成一个有 $2^7=128$ 个元素的剩余类环，选 $g(x)=(x^4+x^3+x+1)$，则 $g(x)$ 的所有倍式所属的剩余类：$0\cdot\{g(x)\}$，$\{g(x)\}$，$\{xg(x)\}$，$\{x^2g(x)\}$，$(1+x)\{g(x)\}$，$(1+x^2)\{g(x)\}$，$\{1+x+x^2\}g(x)$和$(x+x^2)g(x)$为 mod x^7-1 的剩余类环中的一个主理想，$g(x)=(x^4+x^3+x+1)$是其生成元。 ■

定义 3-A-17 若环中每个理想皆为主理想，就称此环为**主理想环**。

剩余类环和多项式剩余类环都是主理想环。

3.A.5 GF(p^m)

令 $f(x)=f_0+f_1x+f_2x^2+\cdots+f_mx^m$，为 GF($p$)上 m 次多项式。令 E 为 GF(p)上次数小于 m 的所有多项式，有 p^m 个。定义：

模 $f(x)$的加法 $\oplus$：$a(x)\oplus b(x)=R_{f(x)}[a(x)+b(x)]=a(x)+b(x)$ (3-A-13)

模 $f(x)$的乘法 $\odot$：$a(x)\odot b(x)=R_{f(x)}[a(x)\cdot b(x)]$ (3-A-14)

由定义 3-A-10，在上述运算下，$[E,\oplus,\odot]$构成模多项式 $f(x)$的剩余类环。

定理 3-A-4 $[E,\oplus,\odot]$为域 GF(p^m)$\Leftrightarrow f(x)$是 m 次既约多项式。

证 只须证明在乘法下非零元有逆，其它公理易于验证。令 $a(x)\in E$，又$(a(x),f(x))=1$，$\Rightarrow a(x)c(x)+f(x)d(x)=1a(x)c(x)\equiv1(\mathrm{mod}\ f(x))\Rightarrow a(x)^{-1}=c(x)$。 ■

当 $m=1$ 时就得到 GF(p)，它是 GF(p^m)的一个子域，称其为 GF(p^m)的基域(Base Field)F，称 GF(p^m)为 GF(p)的 m 次扩域(Extension Field)。

例 3-A-15 由 GF(2)上 $f(x)=x^3+x+1\Rightarrow$GF(2^3)。 ■

例 3-A-16　由 GF(2)上 $f(x)=x^4+x^3+1 \Rightarrow GF(2^4)$。■

数学上已有求既约多项式的有效方法，并且给出了既约多项式表[Berlekamp 1968; Peterson 1972]，下面给出前几个既约多项式：

1 次：x，$x+1$

2 次：x^2+x+1

3 次：x^3+x+1，x^3+x^2+1

4 次：x^4+x+1，x^4+x^3+1，$x^4+x^3+x^2+x+1$

已经证明，有限域 F 只有两种，即 GF(p)和 $GF(q)=GF(p^m)$。

定义 3-A-18　令 β 为一扩域中的元素，称系数在其基域上的最低次多项式 $m(x)$ 且使 $m(\beta)=0$ 为元素 β 的**最小多项式**或**最小函数**。

可以证明，最小函数必是既约的；对任何多项式 $f(x)$，若 $f(\beta)=0$，则其最小函数 $m(x)$ 必除尽 $f(x)$；F 的 m 次扩域中每个元素的最小函数的次数小于等于 m。

3.A.6　有限群

群中元素个数，即群的**阶数**为有限。在有限域中有两个群：一个是 F 对加法构成的群；另一个是 $F-\{0\}$ 对乘法构成的群。它们都是有限群。有限群具有很多有用的性质。

1° 由子群及陪集之定义及拉格朗日定理知，有限群的任一子群的阶数为群的阶数的因子。

2° 有限群对定义的乘法运算构成**循环群**(Cyclic Group)。

对 $\forall\, a \in G$，由群的阶为有限可证明，a，a^2，…，a^{m-1}，$a^m=1$(乘法单位元)，称 m 为元素 a 的**阶**(Order)，由拉格朗日定理知，$m|n$，(n 为群 G 的阶)。若 $m=n$，则 a 的所有幂给出 G 中所有元素，称 a 为 G 的**生成元**，称此 G 为**循环群**。循环群的生成元不一定惟一。循环群的任一子群的阶必为 n 的因数。

例 3-A-17　与 m 互素的数的全体在 mod m 乘法下构成群。■

G 中元素的级有下述一些性质：

1° a 的级为 n，则 $a^m=1 \Leftrightarrow m|n$。

2° a 的级为 m，b 的级为 n，且$(m, n)=1$，则 ab 的级为 mn。

3° a 为 n 级元素，k 为任意整数，则 a^k 的级为 $n/(n, k)$。

例 3-A-18　GF(7)中，$3^1\equiv 3 \mod 7$，，$3^2\equiv 2 \mod 7$，$3^3\equiv 6 \mod 7$，$3^4\equiv 3\cdot 6\equiv 4 \mod 7$，$3^5\equiv 3\cdot 4\equiv 5 \mod 7$，$3^6\equiv 3\cdot 5\equiv 1 \mod 7$，所以 3 的级为 6(同理 5 亦为 6 级元)；$2^1\equiv 2 \mod 7$，$2^2\equiv 4 \mod 7$，$2^3\equiv 1 \mod 7$，所以 2 的级为 3(同理 4 亦为 3 级元)；而 $6^1\equiv 6 \mod 7$，$6^2\equiv 1 \mod 7$，所以 6 的级为 2；$1^1\equiv 1 \mod 7$，所以 1 的级为 1。■

定理 3-A-5　α 为 GF(p)的本原元 $\Leftrightarrow$ α 为 GF(p)中的($p-1$)次单位元根。

3.A.7　有限域的构造

GF(p)的 m 次扩域 GF(q)，其中 $q=p^m$，其所有非 0 元素构成一个 $q-1$ 阶的循环群。

定理 3-A-6　多项式 $x^{q-1}-1$ 以 GF(q)中的所有非 0 元素为根。

证　GF(q)中的所有 $q-1$ 个非 0 元素构成一个阶循环群，其每一元素 β 的阶必除尽 $q-1$，因而必满足 $\beta^{q-1}-1=0$，即为 $x^{q-1}-1$ 的根。由于此多项式为 $q-1$ 次式，GF(q)中的

所有 $q-1$ 非 0 元素必是其全部根。 ■

系　多项式 x^q-x 以 GF(q)中的所有元素为根。

定理 3-A-7　GF(q)中存在有本原元素 α，其级数为 $q-1$，GF(q)中的每个非 0 元素都可表示为 α 的幂。所有非 0 元素为根。

以本原元素为根的多项式称作本原多项式，本原多项式必为既约多项式。

m 次本原多项式个数为[Golomb 1967]

$$N_p(m)=\frac{(2^m-1)}{m}\prod_{i=1}^{J}\frac{p_i-1}{p_i} \tag{3-A-15}$$

式中，p_i 是 2^m-1 的素因子，即

$$2^m-1=\prod_{i=1}^{J}p_i^{e_i} \tag{3-A-16}$$

e_i 为一正整数。例如：

$m=2$，$2^m-1=3$　$N_p(2)=\frac{3}{2}\cdot\frac{2}{3}=1$；

$m=3$，$2^m-1=7$　$N_p(3)=\frac{7}{3}\cdot\frac{6}{7}=2$；

$m=4$，$2^m-1=15=5\times3$，　$N_p(4)=\frac{15}{4}\cdot\frac{4}{5}\cdot\frac{2}{3}=2$；

$m=5$，$2^m-1=31$，　$N_p(5)=\frac{31}{5}\cdot\frac{30}{31}=6$；

$m=6$，$2^m-1=63=7\cdot3^2$，　$N_p(6)=\frac{63}{6}\cdot\frac{6}{7}\cdot\frac{2}{3}=6$。 ■

定理 3-A-8　GF(q)上的每一个 m 次既约多项式 $p(x)$都是 x^q-x 的一个因式。

定理 3-A-9　x^q-x 的每一个既约因式的次数小于等于 m。

定理 3-A-10　令 $f(x)$为 GF(q)上的多项式，若 β 是 $f(x)$的一个根，则 β^q 也是 $f(x)$的一个根。若 $f(x)$为 GF(q)上的既约多项式，则它的所有根为 $\beta, \beta^q, \cdots, \beta^{q^{m-1}}$，即它是 m 次既约多项式，且既约多项式的所有根的阶相同。

称 $\beta, \beta^q, \cdots, \beta^{q^{m-1}}$ 为多项式 $f(x)$的共轭根组。

这几个定理的证明可参看[Peterson 等 1972]。

GF(p^m)中元素可有多种表示方法，其中最常用的有下述三种：(1) 多项式；(2) n 重系数；(3) 生成元之幂。

例 3-A-19　GF(2)的四次扩域 GF(2^4)。

可以 GF(2)上的四次既约多项式 x^4+x+1 为模构造其四次扩域 GF(2^4)。令 α 是含 x 的剩余类，则 α 是多项式 x^4+x+1 的一个根。由于 x^4+x+1 是本原多项式，故 α 是本原元素。GF(2^4)中的 15 个非零元素可用 α 的幂次表示。如表 3-A-1 所示。 ■

幂次表示便于域元素的乘法运算，而多项式或其 n 重系数表示便于域元素的加法运算。

若 α 为 GF(q)的一个本原元素，则由上述定理可将 $x^{q-1}-1$ 在 GF(q)做完全分解为

$$x^{q-1}-1=(x-1)(x-\alpha^1)(x-\alpha^2)\cdots(x-\alpha^{q-2})$$

若将其共轭根组所对应的因子乘积展开，就得到 $x^{q-1}-1$ 在其基域上的既约分解式。

表 3-A-1　GF(2^4)中元素的表示

$0=$	$=0000$	$\alpha^8=\alpha^3+\alpha+1=$	1011
$\alpha^1=1$	$=0001$	$\alpha^9=\alpha^2+1=$	0101
$\alpha^2=\alpha$	$=0010$	$\alpha^{10}=\alpha^3+\alpha=$	1010
$\alpha^3=\alpha^2$	$=0100$	$\alpha^{11}=\alpha^2+\alpha+1=$	0111
$\alpha^4=\alpha^3$	$=1000$	$\alpha^{12}=\alpha^3+\alpha^2+\alpha+1=$	1111
$\alpha^5=\alpha+1$	$=0011$	$\alpha^{13}=\alpha^3+\alpha^2+1=$	1101
$\alpha^6=\alpha^2+\alpha$	$=0110$	$\alpha^{14}=\alpha^3+1=$	1001
$\alpha^7=\alpha^3+\alpha^2$	$=1100$	$\alpha^{15}=1=$	α^0

例 3-A-20　$x^{15}-1$ 在 GF(2^4)和 GF(2)上的完全分解式为

$$
\begin{aligned}
x^{15}-1
&=(x-1)(x-\alpha^1)(x-\alpha^2)\cdots(x-\alpha^{14})\\
&=(x-1)[(x-\alpha^5)(x-\alpha^{10})][(x-\alpha^3)(x-\alpha^6)(x-\alpha^{12})(x-\alpha^9)]\\
&\quad\times[(x-\alpha^1)(x-\alpha^2)(x-\alpha^4)(x-\alpha^8)][(x-\alpha^7)(x-\alpha^{14})(x-\alpha^{13})(x-\alpha^{11})]\\
&=(x-1)(x^4+x^3+x^2+x+1)(x^4+x+1)(x^4+x^3+1)
\end{aligned}
$$
■

有关内容可参考[McEliece 1987；Lidl 等 1983；Menezes 等 1993]。有关多项式因式分解的算法可参看[Bach 1996；Berlekamp 1967，1970；Ber-Or 1981；Cantor 等 1981；Rabin 1980；van zur Gathen 等 1992；Kaltonfen 等 1995]。有关 Z^p 上既约多项式问题可参看[Shoup 1990，1992，1994；Adleman 等 1986]。次数小于 1 000 和 2 000 的本原三项式表可参看[Zierler 等 1968；Blake 等 1994]。本原多项式的研究还可参看[Stahnke 1973；Zivković 1994；Hansen 等 1992；Zierler 1969；Kurita 等 1991；Morgan 等 1994]。求有限式生成元的算法可参看[Shoup 1992；Maurer 1990]。

附录 3. B　有限域上的线性代数

一般实域、复域上研究⇒GF($q=p^m$)上的研究。

3. B. 1　矢量空间

域 F 上的矢量集合：$V=\{\boldsymbol{v}|\boldsymbol{v}=(v_0, \cdots, v_{N-1}), u_n\in F\}$

＋：矢量加法对 $\boldsymbol{u}, \boldsymbol{v}\in V$，$\boldsymbol{u}=(u_0, \cdots, u_{N-1})$，$\boldsymbol{v}=(v_0, \cdots, v_{N-1})$有

$$\boldsymbol{u}+\boldsymbol{v}=(u_0+v_0, \cdots, u_{N-1}+v_{N-1}) \tag{3-B-1}$$

·：标乘(Scalar)，对 $\boldsymbol{u}\in F$，$\boldsymbol{v}\in V$ 有

$$\boldsymbol{u}\cdot\boldsymbol{v}=(u\cdot v_0, \cdots, u\cdot v_{N-1}) \tag{3-B-2}$$

定义 3-B-1　下述条件的⟨V，＋，·⟩称为矢量空间。

1° V 在＋下为可换群；

2° $\forall\ \boldsymbol{v}\in V$，$\forall\ \alpha\in F$，$\alpha\boldsymbol{v}\in V$；

3° 分配律：$\alpha(\boldsymbol{v}+\boldsymbol{w}) = \alpha\boldsymbol{v}+\alpha\boldsymbol{w},\ \alpha\in F,\ \boldsymbol{v},\ \boldsymbol{w}\in V$　　(3-B-3)

$(\alpha+\beta)\boldsymbol{v} = \alpha\boldsymbol{v}+\beta\boldsymbol{v},\ \alpha\cdot\beta\in F,\ \boldsymbol{v}\in V$；　　(3-B-4)

4° 结合律：$(\alpha\beta)\boldsymbol{v} = \alpha(\beta\boldsymbol{v})$；

5° 单位元：对$\forall\ \boldsymbol{v}\in V,\ 1\cdot\boldsymbol{v} = V$。

定义 3-B-2　$\langle V, +, \cdot\rangle$中的一个子集对 V 中的运算满足封闭性，即若$\forall\ \boldsymbol{u}, \boldsymbol{v}\in H$有 $\boldsymbol{u}+\boldsymbol{v}\in H$ 和$\forall\ \alpha\in F$ 有 $\alpha\boldsymbol{v}\in H$，则称 H 为 V 的一个子空间。

不难验证，H 满足矢量空间的所有公理。类似于一般域上的矢量空间，可以定义其中的线性相关、线性无关、基底和维数等重要概念。

3.B.2　线性代数

在矢量空间$\langle V, +, \cdot\rangle$中可以定义内积运算

$$\boldsymbol{u}*\boldsymbol{v} = u_0v_0 + \cdots + u_{N-1}v_{N-1} \qquad \boldsymbol{u}, \boldsymbol{v}\in V \tag{3-B-5}$$

内积运算具有下述性质：

1° 对称性：$\boldsymbol{u}*\boldsymbol{v} = \boldsymbol{v}*\boldsymbol{u}$；　　(3-B-6)

2° 双线性：$(\alpha\boldsymbol{u}+\beta\boldsymbol{v})*\boldsymbol{w} = \alpha(\boldsymbol{u}*\boldsymbol{w})+\beta(\boldsymbol{v}*\boldsymbol{w})$；　　(3-B-7)

3° 若对所有 $\boldsymbol{v}\in V$ 有 $\boldsymbol{u}*\boldsymbol{v} = 0$，则 $\boldsymbol{u} = 0$。

定义 3-B-3　若 $\boldsymbol{u}, \boldsymbol{v}\in V$，有 $\boldsymbol{u}*\boldsymbol{v} = 0$，则称 $\boldsymbol{u}$ 和 $\boldsymbol{v}$ 彼此**正交**。

定义 3-B-4　若两个子空间 $C, C^{\perp}\in V$ 有，$\forall\ c\in C,\ \forall\ v\in C^{\perp},\ c*v=0$，则称 $C^{\perp}$ 为 C 的正交空间(零化空间)。

显然，C 也为 $C^{\perp}$ 的正交空间。对于线性空间的正交性有：$(S^{\perp})^{\perp}=S$，$(S^{\perp}\cap T^{\perp}=(S+T)^{\perp}$和$(S\cap T)^{\perp}=S^{\perp}+T^{\perp}$。

定义 3-B-5　若$\langle A, +, *\rangle$满足下述条件，则称其为一线性结合代数。

1° A 为域 F 上的矢量空间；

2° 对结合运算"$*$"封闭("$*$"可为内积)；

3° 对$*$的结合律成立，即$\forall\ \boldsymbol{u}, \boldsymbol{v}, \boldsymbol{w}\in A$，有$(\boldsymbol{u}\boldsymbol{v})*\boldsymbol{w}=\boldsymbol{u}*(\boldsymbol{v}*\boldsymbol{w})$；

4° 双线性律：对$\forall\ c, d, \in F, \boldsymbol{u}, \boldsymbol{v}, \boldsymbol{w}\in A$ 有

$$\boldsymbol{u}*(c\boldsymbol{v} + d\boldsymbol{w}) = c\boldsymbol{u}*\boldsymbol{v} + d\boldsymbol{u}*\boldsymbol{w}; \tag{3-B-8}$$

$$(c\boldsymbol{v} + d\boldsymbol{w})*\boldsymbol{u} = c\boldsymbol{v}*\boldsymbol{u} + d\boldsymbol{w}*\boldsymbol{u}. \tag{3-B-9}$$

例 3-B-1　GF(p)上所有 N 重对矢量加、标乘和内积"$*$"构成 N 维可换线性代数。■

3.B.3　矩阵

给定 GF(p)上可以定义一个 $L\times N$ 阶矩阵 G

$$G = \begin{bmatrix} g_{00} & g_{01} & g_{02} & \cdots & g_{0,N-1} \\ g_{10} & g_{11} & g_{12} & \cdots & g_{1,N-1} \\ \vdots & \vdots & \vdots & & \vdots \\ g_{L-1,0} & g_{L-1,1} & g_{L-1,2} & \cdots & g_{L-1,N-1} \end{bmatrix} = \begin{bmatrix} \boldsymbol{g}_0 \\ \boldsymbol{g}_1 \\ \vdots \\ \boldsymbol{g}_{L-1} \end{bmatrix} \tag{3-B-10}$$

式中，$L<N$；$g_{ij}\in \mathrm{GF}(p)$，$i=1, \cdots, N-1$，$j=1, \cdots, L-1$。

类似于一般域，对有限域上的矩阵也可定义行空间、行秩、列空间、列秩(等于行秩)、非异性、初等行变换、梯型典型式、线性方程组解空间、解空间的维数等概念。

若 g_0，…，g_{L-1}是独立矢量组，则 G 的行空间为 L 维。以 G 为系数矩阵的齐次线性方程组的解空间必为 $N—L$ 维子空间，其基底为 $N—L$ 个独立矢量。此 $N—L$ 个独立矢量构成域 F 上的$(N-L)\times N$ 阶矩阵

$$H=\begin{bmatrix} h_{00} & h_{01} & \cdots & h_{0,\,N-1} \\ h_{10} & h_{11} & \cdots & h_{1,\,N-1} \\ \vdots & \vdots & & \vdots \\ h_{N-L-1,0} & h_{N-L-1,1} & \cdots & h_{N-L-1,\,N-1} \end{bmatrix}=\begin{bmatrix} \boldsymbol{h}_0 \\ \boldsymbol{h}_1 \\ \vdots \\ \boldsymbol{h}_{N-L-1} \end{bmatrix} \qquad (3-B-11)$$

由解空间的定义知 $\boldsymbol{g}_i\boldsymbol{h}_j=0$；$i=0，1，\cdots，L-1$；$j=0，1，\cdots，N-L-1$。则有

$$GH^T=HG^T=\mathbf{0} \qquad (L\times(N-L)\text{ 阶零阵}) \qquad (3-B-12)$$

在 N 维矢量空间 V 中有：

$$\begin{array}{ccc} G(L\times N\text{ 阶矩阵行}) & \xLeftrightarrow{\text{正交}} & H((N-L)\times N\text{ 阶矩阵}) \\ \text{生成}\Downarrow & & \Downarrow\text{生成} \\ L\text{ 维子空间 }C & \xLeftrightarrow{\text{对偶}} & N-L\text{ 维子空间 }C^{\perp} \end{array}$$

第 4 章　密码理论与技术(三)——分组密码

在许多密码系统中，单钥分组密码是系统安全的一个重要组成部分。分组密码易于构造拟随机数生成器、流密码、消息认证码(MAC)和杂凑函数等，还可进而成为消息认证技术、数据完整性机构、实体认证协议以及单钥数字签字体制的核心组成部分。在实际应用中，对于分组码可能提出多方面的要求，除了安全性外，还有运行速度、存储量(程序的长度、数据分组长度、高速缓存大小)、实现平台(硬件、软件、芯片)、运行模式等限制条件。这些都需要与安全性要求之间进行适当的折衷选择。

本章介绍分组密码的基本概念、设计原理、工作原理、运行模式、组合方法等，并着重介绍一些最有实际意义的算法，如美国商用数据加密标准(DES)、国际数据加密算法(IDEA)、SAFER K - 64、GOST、RC - 5 等重要分组密码算法及其有关的问题。

4.1　分组密码概述

分组密码(Block cipher)是将明文消息编码表示后的数字序列 $x_1, x_2, \cdots, x_i, \cdots$，划分成长为 m 的组 $\boldsymbol{x}=(x_0, x_1, \cdots, x_{m-1})$，各组(长为 m 的矢量)分别在密钥 $\boldsymbol{k}=(k_0, k_1, \cdots, k_{l-1})$控制下变换成等长的输出数字序列 $\boldsymbol{y}=(y_0, y_1, \cdots, y_{n-1})$ (长为 n 的矢量)，其加密函数 E: $V_m \times K \rightarrow V_n$，$V_n$ 是 n 维矢量空间，K 为密钥空间，参看图 4 - 1 - 1 所示。它与流密码不同之处在于输出的每一位数字不是只与相应时刻输入的明文数字有关，而是还与一组长为 m 的明文数字有关。在相同密钥下，分组密码对长为 m 的输入明文组所实施的变换是等同的，所以只需研究对任一组明文数字的变换规则。这种密码实质上是字长为 m 的数字序列的代换密码。

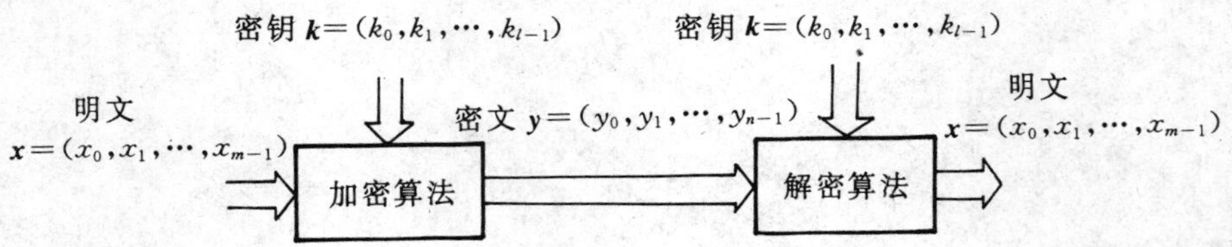

图 4 - 1 - 1　分组密码框图

通常取 $n=m$。若 $n>m$，则为有**数据扩展**的分组密码。若 $n<m$，则为有**数据压缩**的分组密码。在二元情况下，$\boldsymbol{x}$ 和 $\boldsymbol{y}$ 均为二元数字序列，它们的每个分量 x_i，$y_i \in \mathrm{GF}(2)$。我们

将主要讨论二元情况。将长为 n 的二元 $\boldsymbol{x}$ 和 $\boldsymbol{y}$ 表示成小于 2^n 的整数，即

$$\boldsymbol{x} = (x_0,\ x_1,\ \cdots,\ x_{n-1}) \longleftrightarrow \sum_{i=0}^{n-1} x_i 2^i = \| x \| \tag{4-1-1}$$

$$\boldsymbol{y} = (y_0,\ y_1,\ \cdots,\ y_{n-1}) \longleftrightarrow \sum_{i=0}^{n-1} y_i 2^i = \| y \| \tag{4-1-2}$$

则分组密码就是将 $\| \boldsymbol{x} \| \in \{0,\ 1,\ \cdots,\ 2^n-1\}$ 映射为 $\| \boldsymbol{y} \| \in \{0,\ 1,\ \cdots,\ 2^n-1\}$，即为 $\{0,\ 1,\ \cdots,\ 2^n-1\}$ 到其自身的一个置换 π，即

$$\boldsymbol{y} = \pi(\boldsymbol{x}) \tag{4-1-3}$$

置换的选择由密钥 $\boldsymbol{k}$ 决定。所有可能置换构成一个对称群 SYM(2^n)，其中元素个数或密钥数为

$$^{\#}\{\pi\} = 2^n! \tag{4-1-4}$$

例如 $n=64$ bit 时，

$$(2^{64})! > 10^{347\ 380\ 000\ 000\ 000\ 000\ 000} > (10^{10})^{20}$$

为表示任一特定置换所需的二元数字位数为

$$\text{lb}(2^n!) \approx (n - 1.44)2^n = O(n2^n)\ (\text{bit}) \tag{4-1-5}$$

即密钥长度达 $n2^n$ bit，$n=64$ 时的值为 $64\times 2^{64}=2^{70}$ bit。DES 的密钥仅为 56 bit，IDEA 的密钥也不过为 128 bit。实用中的各种分组密码(如后面要介绍的 DES、IDEA、RSA 和背包体制等)所用的置换都不过是上述置换集中的一个很小的子集。DES 的密钥设计分组密码的问题在于找到一种算法，能在密钥控制下，从一个足够大且足够好的置换子集中，简单而迅速地选出一个置换，用来对当前输入的明文的数字组进行加密变换。因此，设计的算法应满足下述要求：

(1) 分组长度 n 要足够大，使分组代换字母表中的元素个数 2^n 足够大，防止明文穷举攻击法奏效。DES、IDEA、FEAL 和 LOKI 等分组密码都采用 $n=64$，在生日攻击下用 2^{32} 分组密文成功概率为 1/2，同时要求 $2^{32}\times 64$ bit $=2^{15}$ MB 存储，故采用穷举攻击是不现实的[Brickell 等]。

(2) 密钥量要足够大(即置换子集中的元素足够多)，尽可能消除弱密钥并使所有密钥同等地好，以防止密钥穷举攻击奏效。但密钥又不能过长，以利于密钥的管理。DES 采用 56 bit 密钥，看来太短了；IDEA 采用 128 bit 密钥，Denning 等估计，在今后 30～40 年内采用 80 bit 密钥是足够安全的[Denning 等 1993]。

(3) 由密钥确定置换的算法要足够复杂，充分实现明文与密钥的扩散和混淆，没有简单的关系可循[Knudsen 1994]，要能抗击各种已知的攻击，如差分攻击和线性攻击等；有高的非线性阶数，实现复杂的密码变换；使对手破译时除了用穷举法外，无其它捷径可循。

应当指出，上述有关安全性条件都是必要条件，是设计分组密码时应当充分考虑的一些问题，但绝不是安全性的充分条件！

(4) 加密和解密运算简单，易于软件和硬件的快速实现。如将分组 n 划分为子段，每段长为 8、16 或者 32。在以软件实现时，应选用简单的运算，使作用于子段上的密码运算易于以标准处理器的基本运算，如加、乘、移位等来实现，避免用软件难以实现的逐 bit 置换。为了便于硬件实现，加密和解密过程之间的差别应仅在于由秘密密钥所生成的密钥表不同。这样，加密和解密就可用同一器件实现。设计的算法采用规则的模块结构，如多

轮迭代等，以便于软件和 VLSI 快速实现。

(5) 数据扩展。一般无数据扩展，在采用同态置换和随机化加密技术时可引入数据扩展。

(6) 差错传播尽可能地小。

要实现上述几点要求并不容易。

首先，图 4-1-1 的代换网络的复杂性随分组长度 n 呈指数增大，常常会使设计变得复杂而难以控制和实现；实际中常常将 n 分成几个小段，分别设计各段的代换逻辑实现电路，采用并行操作达到总的分组长度 n 足够大，这将在下面讨论。

其次，为了便于实现，实际中常常将较简单易于实现的密码系统进行组合，构成较复杂的、密钥量较大的密码系统。Shannon[1949]曾提出了以下两种可能的组合方法。

(1) "概率加权和"方法，即以一定的概率随机地从几个子系统中选择一个用于加密当前的明文。设有 r 个子系统，以 $T_1, T_2, \cdots, T_r$ 表示，相应被选用的概率为 $p_1, p_2, \cdots, p_r$，其中 $\sum_{i=1}^{r} p_i = 1$。其概率和系统可表示成

$$T = p_1T_1 + p_2T_2 + \cdots + p_rT_r \tag{4-1-6}$$

显然，系统 T 的密钥量将是各子系统密钥量之和。

(2) "乘积"方法。例如，设有两个子密码系统 T_1 和 T_2，先以 T_1 对明文进行加密，然后再以 T_2 对所得结果进行加密。其中，T_1 的密文空间需作为 T_2 的"明文"空间。乘积密码可表示成

$$T = T_1T_2 \tag{4-1-7}$$

利用这两种方法可将简单易于实现的密码组合成复杂的更为安全的密码。此外，Coppersmith 等[1975]曾研究用简单变换生成整个对称群的问题。

最后，为了抗击统计分析破译法，需要实现第三条要求，Shannon 曾建议采用**扩散**(Diffusion)和**混淆**(Confusion)法。所谓扩散，就是将每一位明文及密钥数字的影响尽可能迅速地散布到较多个输出的密文数字中，以便隐蔽明文数字的统计特性。这一想法可推广到将任一位密钥数字的影响尽量迅速地扩展到更多个密文数字中去，以防止对密钥进行逐段破译。在理想情况下，明文的每一 bit 和密钥的每一 bit 应影响密文的每一 bit，即实现所谓"完备性"。Shannon 提出的"混淆"概念目的在于使作用于明文的密钥和密文之间的关系复杂化，使明文和密文之间、密文和密钥之间的统计相关性极小化，从而使统计分析攻击法不能奏效。他用"揉面团"过程来形象地比喻"扩散"和"混淆"概念。在设计实际密码算法时，需要巧妙地运用这两个概念。与揉面团不同之处是，将明文和密钥进行"混合"作用时还需满足两个条件：一是变换必须是可逆的，并非任何混淆办法都能做到这点；二是变换和反变换过程应当简单易行。乘积密码有助于实现扩散和混淆，选择某个较简单的密码变换，在密钥控制下以迭代方式多次利用它进行加密变换，就可实现预期的扩散和混淆效果。当代提出的各种分组密码算法，都在一定程度上体现了 Shannon 构造密码的这些重要思想。

4.2 代换网络

在密码学研究中，**代换网络**(Substitution Network)起着中心作用。明文和密文字母之

间的双射变换可以由一个输入和输出字母表相同的代换网络实现。一个代换网络可看作是有 n 个多元输入和 n 个多元输出变量的黑盒子，其每个输出变量都是 n 个输入的布尔函数。代换网络的研究涉及电话交换、开关函数理论和密码学等多个领域。

代换是输入集 A 到输出 A' 上的双射(Bijective)变换：

$$f_k: A \to A' \tag{4-2-1}$$

式中，$\boldsymbol{k}$ 是控制输入变量，在密码学中则为密钥。实现代换 f_k 的网络称作代换网络，如图4-2-1所示。图中，$\boldsymbol{x}$ 为 n 个输入变量的明文矢量；$\boldsymbol{y}$ 是 n 个输出变量的密文矢量；$\boldsymbol{k}$ 为有 t 个输入变量的密钥矢量。双射条件保证在给定 $\boldsymbol{k}$ 下可从密文惟一地恢复出原明文。将给定代换网络可实现的代换 f_k 的集合以

$$S = \{f_k \mid \boldsymbol{k} \in \boldsymbol{K}\} \tag{4-2-2}$$

表示，式中 $\boldsymbol{K}$ 是密钥空间。S 完全表示了一个代换网络特性。如果网络可以实现所有可能的 $2^n!$ 个代换，则称其为全代换网络(Total Substitution Network)。显然，密钥个数必须满足条件：

$$^{\#}\{\boldsymbol{k}\} \geqslant 2^n! \tag{4-2-3}$$

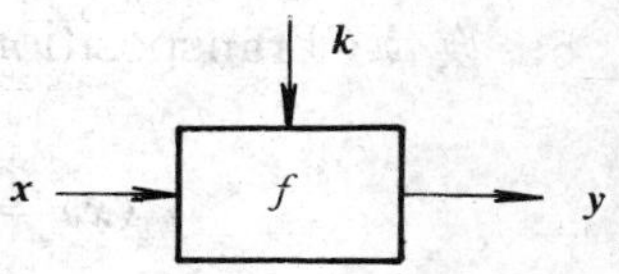

图4-2-1 代换网络

密码设计中需要先定义代换集 S，即确定加密用的代换网络，而后还需定义解密变换集，即逆代换网络 S^{-1}，它以密文 $\boldsymbol{y}$ 作为输入矢量，其输出为恢复的明文矢量 $\boldsymbol{x}$。如前所述，实用密码体制的集合 S 中的元素个数都远小于 $2^n!$。要实现全代换网络并不容易。因此实用中常常利用一些简单的基本代换，通过组合实现较复杂的、元素个数较多的代换集。常用的基本代换有下述几种。

1. *左循环移位*(Shift Left Circular)*代换* λ

$$\lambda: (x_0, x_1, \cdots, x_{n-1}) \to (x_1, x_2, \cdots, x_{n-1}, x_0) \tag{4-2-4}$$

令 S_λ 为左循环移位代换集合，显然 $^{\#}\{S_\lambda\}=n$。

2. *右循环移位*(Shift Right Circular)*代换* ρ

$$\rho: (x_0, x_1, \cdots, x_{n-1}) \to (x_{n-1}, x_0, \cdots, x_{n-2}) \tag{4-2-5}$$

令 S_ρ 为右循环移位代换集合，显然 $^{\#}\{S_\rho\}=n$，且 λ 和 ρ 互为逆代换，即

$$\lambda \cdot \rho = \rho \cdot \lambda = \boldsymbol{I} \ (\text{恒等代换})$$

3. *模* 2^n *加* 1(Addition with Module)*代换* σ

$$\sigma: \boldsymbol{x} \to \boldsymbol{y}: \|\boldsymbol{y}\| = \|\boldsymbol{x}\| + 1 \mod 2^n \tag{4-2-6}$$

令 $S_\sigma=\{\sigma, \sigma^2, \cdots, \sigma^{2^n-1}, \sigma^{2^n}=1\}$，则知 $\|S_\sigma\|=2^n$。类似地，可定义

$$\begin{aligned}\sigma^{-1}: \boldsymbol{x} \to \boldsymbol{y} \quad \|\boldsymbol{y}\| &\equiv \|\boldsymbol{x}\| - 1 \mod 2^n \\ &\equiv \|\boldsymbol{x}\| + (2^n - 1) \mod 2^n\end{aligned} \tag{4-2-7}$$

显然

$$\sigma \cdot \sigma^{-1} = \sigma^{-1} \cdot \sigma = \boldsymbol{I} \ (\text{恒等变换}) \tag{4-2-8}$$

实际上，S_σ 中的元素之间的代换等价于模 2^n 的加法运算

$$\boldsymbol{x} \to \boldsymbol{y} \quad \|\boldsymbol{y}\| = \|\boldsymbol{x}\| + \|\boldsymbol{k}\| \mod 2^n \tag{4-2-9}$$

式中，$\|\boldsymbol{x}\|$、$\|\boldsymbol{y}\|$ 和 $\|\boldsymbol{k}\|$ 都是小于 2^n 的正整数。这正是一种扩展字母表上的移位密码。

4. 线性变换(Linear Transformation)

令 $\boldsymbol{A}$ 是 GF(2)上 $n\times n$ 阶非异方阵

$$\boldsymbol{A}=\begin{bmatrix} a_{00} & a_{01} & \cdots & a_{0,n-1} \\ a_{10} & a_{11} & \cdots & a_{1,n-1} \\ \vdots & \vdots & & \vdots \\ a_{n-1,0} & a_{n-1,1} & \cdots & a_{n-1,n-1} \end{bmatrix} \tag{4-2-10}$$

则 $\boldsymbol{A}$ 定义了一个 GF(2^n)上的变换，它将输入明文矢量 $\boldsymbol{x}=(x_0, x_1, \cdots, x_{n-1})$变换成为密文矢量 $\boldsymbol{y}=(y_0, y_1, \cdots, y_{n-1})$，即

$$\boldsymbol{y}=\boldsymbol{x}A \tag{4-2-11}$$

令 S_L 是所有可解 $n\times n$ 阶非异方阵集，显然$^{\#}\{S_L\}=2^{n-1}! \leqslant 2^{n-1}!\cdot(n!)$。

5. 换位(Transposition)代换 r

$$r_j(\boldsymbol{x})=\begin{cases} y & 若\ \|\boldsymbol{x}\|=j\ 且\ \|\boldsymbol{y}\|=j+1 \\ y & 若\ \|\boldsymbol{x}\|=j+1\ 且\ \|\boldsymbol{y}\|=j \\ x & 若\ \|\boldsymbol{x}\|\neq j, j+1 \end{cases} \tag{4-2-12}$$

即 r_j 将$\{0, 1, \cdots, 2^n-1\}$中第 j 个和第 $j+1$ 个元素交换位置，是扩展字母表中的基本换位代换。2^n 个元素中的任意代换均可由此基本换位代换 r_j 的积实现。

6. 连线交叉或坐标置换(Wire Crossing or Coodinate Permutation)

它是对 $\boldsymbol{x}=(x_0, x_1, \cdots, x_{n-1})$的各分量进行置换，即令 τ：整数集$\{0, 1, \cdots, n-1\}$中元素的置换，则有

$$\pi_\tau:\ \boldsymbol{x}=(x_0, x_1, \cdots, x_{n-1}) \rightarrow \boldsymbol{y}=(x_{\tau(0)}, x_{\tau(1)}, \cdots, x_{\tau(n-1)}) \tag{4-2-13}$$

这实际上是式(4-2-10)的特殊情况，即限定 T 为每行每列只有一个非零分量的非异置换阵，例如，$n=4$，$\tau(0)=2$，$\tau(1)=3$，$\tau(2)=0$，$\tau(3)=1$ 时有

$$T_\tau=\begin{bmatrix} 0 & 0 & 1 & 0 \\ 0 & 0 & 0 & 1 \\ 1 & 0 & 0 & 0 \\ 0 & 1 & 0 & 0 \end{bmatrix}$$

令 S_τ 为可能的坐标置换集，则 $\|S_\tau\|=N!$。

7. 仿射变换(Affine Transform)

令 T 是 $n\times n$ 阶非异方阵，$\boldsymbol{b}$ 是 GF(2)上的 n 维矢量，则

$$\pi_A:\ \boldsymbol{x}\rightarrow \boldsymbol{y}=\boldsymbol{x}T+\boldsymbol{b} \tag{4-2-14}$$

为仿射变换，对任意给定 T 可能的 $\boldsymbol{b}$ 有 2^n 个，所以仿射变换总数为

$$^{\#}\{S_A\}\leqslant 2^{(n-1)}\cdot(n!)\cdot 2^n = 2^{(2n-1)}\cdot n!$$

上述各种基本代换都可推广到非二元情况。许多初等密码都可用上述基本代换描述。利用基本代换之积可以构成 SYM(2^n)中的所有元素，如 Konheim[1981]证明了利用 r_{ij}可以构造群 SYM(2^n)。Grossman[1974]证明由代换 σ 可生成 SYM(2^n)中的一个 $2^{2^n-1+n-1}$阶子群。Coppersmith[1974]证明由简单代换可以生成整个 SYM(2^n)。在将简单代换进行组合时，要避免线性性，密码设计者都应切记："线性"乃是密码设计者的祸星！

一般二元代换网络可用布尔函数描述，今举例说明。

例 4-2-1　令 $n=3$。为方便起见，将输入和输出二元矢量的分量下标按递降次序排列，即输入 $\boldsymbol{x}=(x_2, x_1, x_0)$，输出 $\boldsymbol{y}=(y_2, y_1, y_0)$。设代换网络如图 4-2-2 所示，相应的逻辑真值在表 4-2-1 中给出。如前所述，对于给定的输入和输出变量个数 n，为确定一个特定代换所需的比特数近似为 $O(n2^n)$，由真值表描述特定代换网络所需的比特数为 $n\cdot 2^n$，可见以真值表描述代换网络已近于最佳了，但其复杂性将随 n 指数地增大。

由真值表可以写出各输出变量与输入变量的关系式如下：

$$
\begin{aligned}
y_2 &= \bar{x}_2\bar{x}_1x_0 \cup \bar{x}_2x_1x_0 \cup x_2\bar{x}_1x_0 \cup x_2x_1\bar{x}_0 \\
y_1 &= \bar{x}_2\bar{x}_1\bar{x}_0 \cup \bar{x}_2\bar{x}_1x_0 \cup \bar{x}_2x_1x_0 \cup x_2\bar{x}_1\bar{x}_0 \\
y_0 &= \bar{x}_2\bar{x}_1\bar{x}_0 \cup \bar{x}_2\bar{x}_1x_0 \cup x_2x_1\bar{x}_0 \cup x_2x_1x_0
\end{aligned}
\tag{4-2-15}
$$

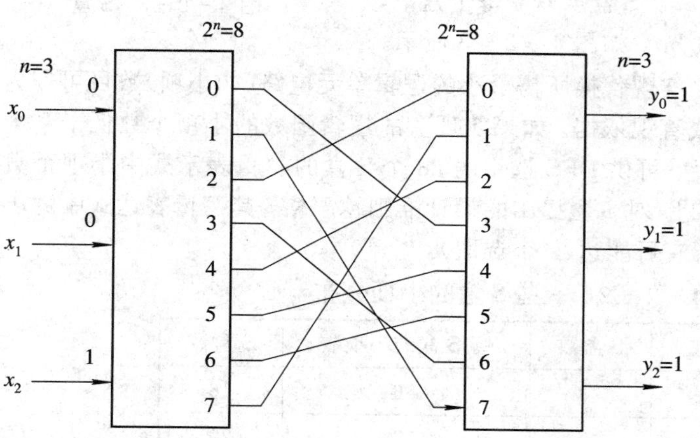

图 4-2-2　$n=3$ 的代换网络

表　4-2-1

序号	输入			输出		
	x_2	x_1	x_0	y_2	y_1	y_0
0	0	0	0	0	1	1
1	0	0	1	1	1	1
2	0	1	0	0	0	0
3	0	1	1	1	1	0
4	1	0	0	0	1	0
5	1	0	1	1	0	0
6	1	1	0	1	0	1
7	1	1	1	0	0	1

反之，输入各变量也可用输出变量的小项表示式给出：

$$
\begin{aligned}
x_2 &= \bar{y}_2y_1\bar{y}_0 \cup y_2\bar{y}_1\bar{y}_0 \cup y_2\bar{y}_1y_0 \cup \bar{y}_2\bar{y}_1y_0 \\
x_1 &= \bar{y}_2\bar{y}_1\bar{y}_0 \cup y_2y_1\bar{y}_0 \cup y_2\bar{y}_1y_0 \cup \bar{y}_2\bar{y}_1y_0 \\
x_0 &= y_2y_1y_0 \cup y_2y_1\bar{y}_0 \cup y_2\bar{y}_1\bar{y}_0 \cup \bar{y}_2\bar{y}_1y_0
\end{aligned}
\tag{4-2-16}
$$

若令 M_x 和 M_y 分别表示表 4-2-1 中左半边和右半边的 8×3 阶矩阵，则 M_x 和 M_y 之间的关系可写成

$$
\boldsymbol{M}_y = \boldsymbol{P}\boldsymbol{M}_x \tag{4-2-17}
$$

式中，$\boldsymbol{P}$ 为 8×8 阶置换阵

$$
\boldsymbol{P} = \begin{bmatrix}
0 & 0 & 0 & 1 & 0 & 0 & 0 & 0 \\
0 & 0 & 0 & 0 & 0 & 0 & 0 & 1 \\
1 & 0 & 0 & 0 & 0 & 0 & 0 & 0 \\
0 & 0 & 0 & 0 & 0 & 0 & 1 & 0 \\
0 & 0 & 1 & 0 & 0 & 0 & 0 & 0 \\
0 & 0 & 0 & 0 & 1 & 0 & 0 & 0 \\
0 & 0 & 0 & 0 & 0 & 1 & 0 & 0 \\
0 & 1 & 0 & 0 & 0 & 0 & 0 & 0
\end{bmatrix}
$$

令 $\boldsymbol{P}^{\mathrm{T}}$ 为 $\boldsymbol{P}$ 转置(此时也就是 P 的逆) 则有

$$\boldsymbol{M}_x = \boldsymbol{P}^{\mathrm{T}}\boldsymbol{M}_y \tag{4-2-18}$$

在密码设计中，为了增加安全性，常常要求选择 n 足够大。但代换网络的实现中，输出变量和输入变量的布尔函数关系式中的小项个数随 n 指数地增大而难以处理。因此，实际中常将 n 划分成较小的段。例如，可选 $n=r\cdot n_0$，其中 r 和 n_0 都是正整数，将设计 n 个变量的代换网络化为设计 r 个较小的子代换网络，而每个子代换网络只有 n_0 个输入变量。一般 n_0 都不太大。称每个子代换网络为**代换盒**(Substitution Box)，简称为 S 盒。例如，在 DES 体制中，将输入为 48 bit、输出为 32 bit 的代换用 8 个 S 盒实现，每个盒的输入端数仅为 6 bit，输出端数为 4 bit，如图 4-2-3 所示。

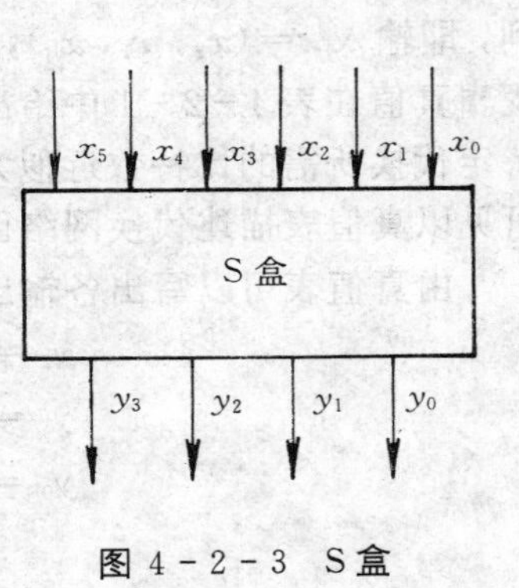

图 4-2-3 S 盒

DES 的 S 盒设计经验表明，实现代换所需最小的逻辑单元电路(如小项)数目可作为排除弱(安全性差)盒函数的指标或直观依据。如果实现盒的逻辑函数的小项个数低于某个确定的阈值，其安全性就值得怀疑。可供 DES 选用的 83 个 S 盒的逻辑表示式中小项个数如表 4-2-2 所示[Meyer 等 1982]。对 S 盒提出的设计准则越严格，其逻辑表达式中的小项数就越大，最多可达 64 项(即所有可能达 2^6 个选取)。

表 4-2-2 一些 S 盒的小项分布

各 S 盒的小项数	S 盒数	各 S 盒的小项数	S 盒数
52	3	56	16
53	7	57	20
54	9	58	4
55	22	59	2

今以 DES 体制中的 8 个 S 盒之一，即第一个 S_1 盒为例说明其输入输出之间的代换关系，参看图 4-2-4。对于每个输入矢量 $\boldsymbol{x}=(x_5, x_4, \cdots, x_0)$，代换网将选出一个输出矢量 $\boldsymbol{y}=(y_3, y_2, y_1, y_0)$，它是 16 种可能的取值之一。为了明确这种代换关系，可将输入变量 x_0 和 x_5 看作是代换网络的控制信号，(x_1, x_2, x_3, x_4)为代换网络的输入信号，构造(x_1, x_2, x_3, x_4)和(y_0, y_1, y_2, y_3)之间的 4 个不同的代换表，如图中的 4 行数字，(x_0, x_5)的 4 种可能的取值控制下决定当前采用的表号，从而对每个输入 $\boldsymbol{x}=(x_5, x_4, \cdots, x_0)$可惟一地确定出一个输出 $\boldsymbol{y}=(y_3, y_2, y_1, y_0)$。从图 4-2-4 不难写出 S_1 盒的输出各分量的输入变量的小项表示式。

DES 的 S 盒的最终设计，其小项表达式中的项数在 55 左右，比开始的增加了 10 项。从 LSI 设计角度出发，应使其尽可能在一个基片上实现。小项数越多，实现也就越复杂。有了小项表达式后，还要进行布尔式化简，以利于实现[Hong 等 1974]。

根据什么准则设计 S 盒以保障安全性是一个复杂问题。迄今为止，有关方面未曾完全公开有关 DES 的 S 盒的设计准则。Branstead 等[1977]曾披露过下述准则：

P1 S 盒的输出都不是其输入的线性或仿射函数。

P2　改变 S 盒的一个输入比特，其输出至少有两比特产生变化，即近一半产生变化。

P3　当 S 盒的任一输入位保持不变，其它 5 位输入变化时(共有 $2^5=32$ 种情况)，输出数字中的 0 和 1 的总数近于相等。

这三点使 DES 的 S 盒能够实现较好的混淆。

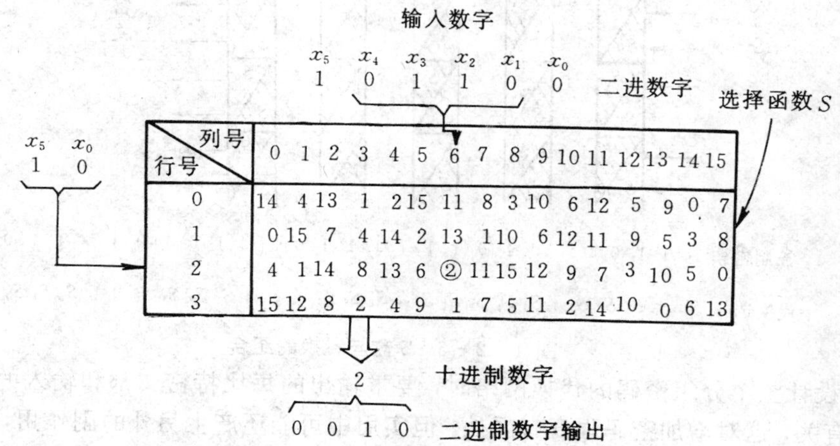

图 4-2-4　DES 的 S_1 盒的输入和输出关系

分析表明，大的 S 盒抗攻击能力强，且易于找到强 S 盒[Gordon 等 1983；Heys 等 1994；O'Connor 1993，1994，1995]；输入 bit 数 m 比输出 bit 数 n 大显得更重要些[Biham 1995]。在 4.4 节中我们还将进一步讨论有关 S 盒的设计问题。

当 S 盒设计之后，下一个问题是如何将几个 S 盒组合起来构成一个 n 值较大的组。一般是将几个 S 盒的输入端并行，并通过坐标置换(P 盒)将各 S 盒输出比特次序打乱，再送到下一级各 S 盒的输入端。图 4-2-5 给出一个简化例子，S 盒的输入和输出变量数 $n_0=3$，P 盒的输入、输出端数为 $n=15$，即 $r=5$。各 S 盒都有两个代换表 S_0 和 S_1，在一比特密钥控制下进行选取。P 盒是线性的，其作用是打乱各 S 盒输出数字的次序，将各 S 盒的输出分到下一级不同的各 S 盒的输入端，起到了 Shannon 所谓的“扩散”作用。S 盒提供非线性变换，将来自上一级不同的 S 盒的输出进行“混淆”。例如，对于重量为 1 的输入矢量，经过 S 盒的混淆作用使 1 的个数增加，经过 P 盒的扩散作用使 1 均匀地分散到整个输出矢量中，从而保证了输出密文统计上的均匀性，这就是 Shannon 的乘积密码的作用。这种用 S 盒和 P 盒交替在密钥控制下组成的复杂的、分组长度 n 足够大的密码设计方法是由 IBM 的研究人员根据 Shannon 思想提出的，最初在 LUCIFER 密码系统中实现，选用 $n=128$，$n_0=4$，后发展成为 DES。Feistel 提出，将 n bit 明文分成为左右各半、长为 $n/2$ bit 的段，以 L 和 R 表示。然后进行多轮迭代，其第 i 轮迭代的输出为前轮输出的函数

$$L_i = R_{i-1}$$

$$R_i = L_{i-1} \oplus f(R_{i-1}, K_i)$$

式中，K_i 是第 i 轮用的子密钥，f 是任意密码轮函数。称这种分组密码算法为 **Feistel 网络** (Feistel Network)[Feistel 1973；Feistel 等 1975]，它保证加密和解密可采用同一算法实施，因而被广泛用于多种分组密码体制中。关于 P 盒的设计可参看[Kam 等 1979]。

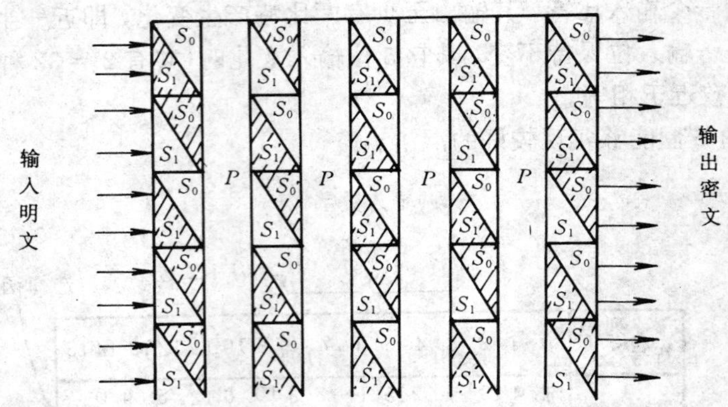

图 4-2-5 S盒与置换的组合

在设计整个分组密码的代换网络时，要求输出的每比特密文都和输入的明文及密钥各比特有关，这对增加密码强度有好处。但实用中可能还产生另外的副作用，即传输中若有一比特密文出错，就会使恢复的整组明文面目全非。整个系统对传输过程中的噪声和各种干扰都极为敏感。因此，系统设计中必须考虑差错控制问题。由于密文的微小变化都能够被检测出来，因而可用来防止窜改密文之用。可将**通行字**(Password)定期地嵌入明文组中，供接收者进行认证之用，这将在第8章中介绍。

4.3 迭代分组密码的分类

为了介绍这种分组密码的分类，首先介绍几个重要概念。

迭代密码(Iterated Cipher)。若以一个简单函数 f，进行多次迭代，如图 4-3-1 所示，就称其为迭代密码。每次迭代称作**一轮**(Round)。相应函数 f 称作**轮函数**(Round Function)。每一轮输出都是前一轮输出的函数，即 $\boldsymbol{y}^{(i)}=f[\boldsymbol{y}^{(i-1)},\boldsymbol{k}^{(i)}]$，其中 $\boldsymbol{k}^{(i)}$ 是第 i 轮迭代用的子密钥，由秘密密钥 $\boldsymbol{k}$ 通过密钥生成算法(Key-schedule)产生。DES 为 16 轮，IDEA 为 8 轮。这一设计实现方式使分组密码可以用一个较易分析和实现的简单函数，通过多轮迭代，实现充分的混淆和扩散，强化为一个复杂的密码体制。研究表明，一个好的设计，会使破译复杂性随迭代次数 r 指数地增大[Lai 1992]。

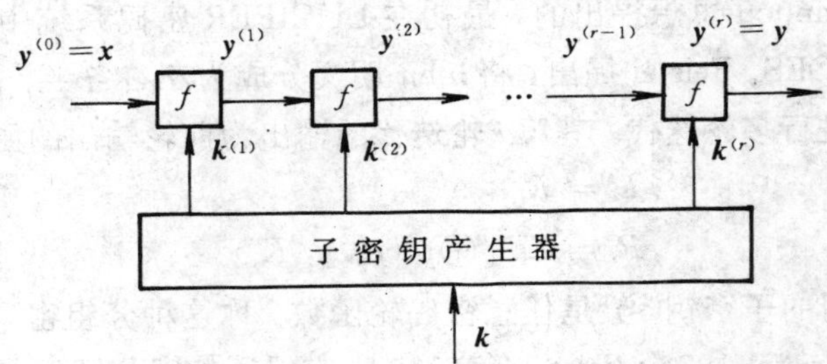

图 4-3-1 以轮函数 f 构造的 r 轮迭代密码

对合密码(Involution Cipher)。它是加密所用的一种加密函数 $f(\boldsymbol{x}, \boldsymbol{k})$，实现 $F_2^n \times F_2^t \to F_2^n$ 的映射。其中，n 是分组长，t 是密钥长，F_2^n、F_2^t 表示 GF(2^n)、GF(2^t)。若对每个密钥取值都有 $f[f(\boldsymbol{x}, \boldsymbol{k}), \boldsymbol{k}] = \boldsymbol{x}$，即

$$f(\boldsymbol{x}, \boldsymbol{k})^2 = \boldsymbol{I} \quad (\text{恒等置换}) \tag{4-3-1}$$

则称其为**对合密码**，以 f_{I} 表示。

以对合密码函数构造的多轮迭代分组密码称作 I 型迭代分组密码。

显然，若以对合加密函数 f_{I}，在子密钥 $\boldsymbol{k}^{(1)}, \cdots, \boldsymbol{k}^{(r)}$ 控制下对明文 $\boldsymbol{x}$ 进行 r 轮迭代加密运算 $E(\boldsymbol{x}, \boldsymbol{k})$ 得到密文 $\boldsymbol{y}$；而以密码函数 f_{I} 在逆序子密钥 $\boldsymbol{k}^{(r)}, \cdots, \boldsymbol{k}^{(1)}$ 作用下，进行 r 轮迭代运算，就给出恢复的明文 $\boldsymbol{x}$。后 r 轮运算就作为解密运算 $D(\boldsymbol{y}, \boldsymbol{k})$。即有

$$D[E[\boldsymbol{x}, \boldsymbol{k}], \boldsymbol{k}] = f_{\mathrm{I}}[f_{\mathrm{I}}[\boldsymbol{x}, \boldsymbol{k}], \boldsymbol{k}] = f_{\mathrm{I}}^2[\boldsymbol{x}, \boldsymbol{k}] = \boldsymbol{I}[\boldsymbol{x}] = \boldsymbol{x} \tag{4-3-2}$$

其中

$$E[\boldsymbol{x}, \boldsymbol{k}] = f_{\mathrm{I}}[f_{\mathrm{I}}[\cdots f_{\mathrm{I}}[f_{\mathrm{I}}[\boldsymbol{x}, \boldsymbol{k}^{(1)}], \boldsymbol{k}^{(2)}]\cdots, \boldsymbol{k}^{(r-1)}], \boldsymbol{k}^{(r)}] \tag{4-3-3}$$

$$D[\boldsymbol{y}, \boldsymbol{k}] = f_{\mathrm{I}}[f_{\mathrm{I}}[\cdots f_{\mathrm{I}}[f_{\mathrm{I}}[\boldsymbol{y}, \boldsymbol{k}^{(r)}], \boldsymbol{k}^{(r-1)}]\cdots, \boldsymbol{k}^{(2)}], \boldsymbol{k}^{(1)}] \tag{4-3-4}$$

这种构造密码方法有一个明显的缺点，对任意偶数轮变换，若对所有 i 选择 $\boldsymbol{k}^{(2i-1)} = \boldsymbol{k}^{(2i)}$，则加密的变换等价于恒等变换，在实用中需要避免这类密钥选择。此外，如与其它变换进行组合，可以克服这一缺点。

对合置换(Involution Permutation)。令 P 是对 x 的置换，即 P: $F_2^n \to F_2^n$，若对所有 $\boldsymbol{x} \in \mathrm{GF}(2^n)$，有 $P[P[\boldsymbol{x}]] = \boldsymbol{x}$，即 $PP = \boldsymbol{I}$(恒等置换)，则称 P 为对合置换，以 P_{I} 表示。

若每轮采用对合密码函数和对合置换级连，即

$$F[\boldsymbol{x}, \boldsymbol{k}] = P_{\mathrm{I}}[f_{\mathrm{I}}[\boldsymbol{x}, \boldsymbol{k}]] \tag{4-3-5}$$

并选解密子密钥与加密子密钥逆序，则加密解密可用同一器件完成，称以这类轮函数构造的密码为 **Ⅱ 型迭代分组密码**。DES、FEAL[Shimizu 等 1987，1988]和 LOKI[Brown 等 1990]都属此类。

另一种克服 I 型迭代分组密码缺点的方法是采用群密码与对合函数进行组合。

群密码(Group Cipher)。若密钥与明文、密文取自同一空间 GF(2^n)，且

$$\boldsymbol{y} = \boldsymbol{x} \otimes \boldsymbol{k} \tag{4-3-6}$$

式中，$\otimes$是群运算，则称其为群密码。显然 $\boldsymbol{x}$ 可通过 $\boldsymbol{k}$ 的逆元求得

$$\boldsymbol{x} = \boldsymbol{y} \otimes \boldsymbol{k}^{-1} \tag{4-3-7}$$

令 $\boldsymbol{x} \otimes \boldsymbol{k}$ 为一群密码，令 $f_{\mathrm{I}}(\boldsymbol{x}, \boldsymbol{k}_B)$ 为一对合密码，以

$$F[\boldsymbol{x}, \boldsymbol{k}] = f_{\mathrm{I}}(\boldsymbol{x} \otimes \boldsymbol{k}_A, \boldsymbol{k}_B) \tag{4-3-8}$$

为迭代函数，可以构造一种新的多轮迭代分组密码，如图 4-3-2 所示。注意，在最后一轮中，另外加了一次群密码运算，用以保证整个加、解密的对合性。称这类分组密码为 **Ⅲ 型迭代分组密码**，参看图 4-3-2。

显然，若以 $\boldsymbol{k}_A^{(1)}, \boldsymbol{k}_B^{(1)}, \boldsymbol{k}_A^{(2)}, \boldsymbol{k}_B^{(2)}, \cdots, \boldsymbol{k}_A^{(r)}, \boldsymbol{k}_B^{(r)}, \boldsymbol{k}_A^{(r+1)}$ 作为加密子密钥，以 $(\boldsymbol{k}_A^{(r+1)})^{-1}, \boldsymbol{k}_B^{(r)}, (\boldsymbol{k}_A^{(r)})^{-1}, \boldsymbol{k}_B^{(r-1)}, \cdots, (\boldsymbol{k}_A^{(2)})^{-1}, \boldsymbol{k}_B^{(1)}, (\boldsymbol{k}_A^{(1)})^{-1}$ 为解密钥，则加、解密类似，可用同一器件实现。PES(Proposal Block Encryption Standard)属此类[Lai 1991]。

在这类密码的轮函数基础上，再增加一个对合置换 P_{I}，构成轮函数

$$F[\boldsymbol{x}, \boldsymbol{k}] = P_{\mathrm{I}}[f_{\mathrm{I}}[\boldsymbol{x} \otimes \boldsymbol{k}_A, \boldsymbol{k}_B]] \tag{4-3-9}$$

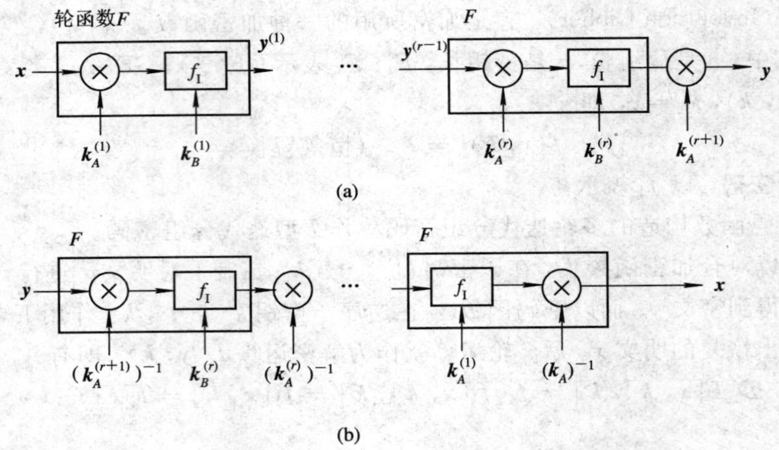

图 4-3-2 Ⅲ型迭代分组密码

(*a*) 加密；(*b*) 解密

以此构造的密码为Ⅳ**型迭代分组密码**，如图 4-3-3 所示。

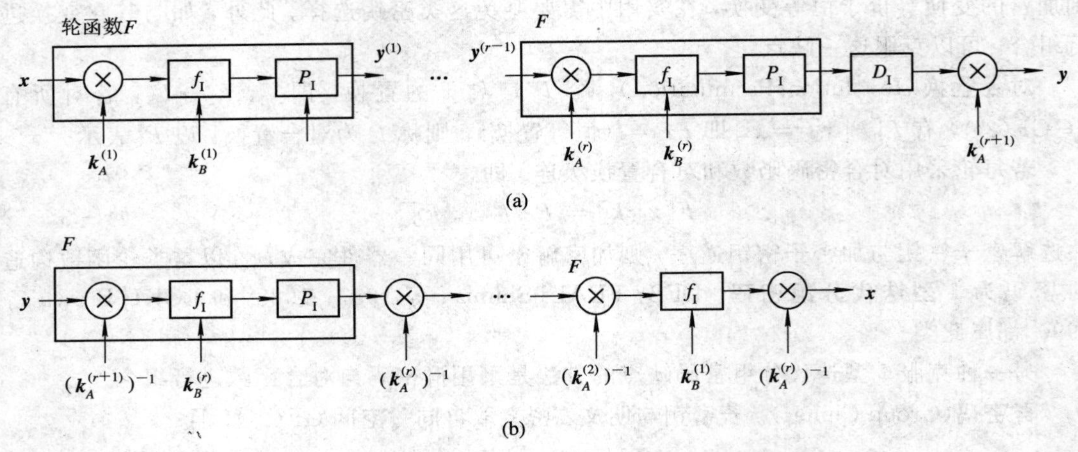

图 4-3-3 Ⅳ型迭代分组密码

(*a*) 加密；(*b*) 解密

在最后一轮迭代后，附加了一次对合置换和群密码运算，IDEA 属此类[Lai 1993]。关于它的对合性将在 4.5 节中讨论。

现有大多数分组密码都属于迭代分组密码，迭代分组密码的核心是轮函数 F，或称之为 Feistel 网络[Feistel 1973]。轮函数的基础是对合函数 f_I 的选择以及和其它变换的有机地结合。大多数分组密码的非线性主要依赖于对合函数 f_I 中的 S 盒的非线性，S 盒的强度在很大程度上决定了分组密码的强度，S 盒的运行速度也在很大程度上决定了算法的运行速度，因此 S 盒的设计是迭代分组密码算法成功的关键。DES 出现后人们对 S 盒的研究极为重视，因为它既可以强化密码，又可以设置“机关”，为设计者提供一个很好的舞台。但是设计一个好的 S 盒决非易事。一个好的 S 盒，其布尔函数应满足以下一些基本条件[Kim 1991；Yi 1995；Mister 等 1996；Youssef 1997]：

(1) **平衡性**(Balance)。函数 f：$Z_2^n \to Z_2$，当输入取遍所有可能值，若输出为 0 的数目等于为 1 的数目就称函数 f 满足平衡性准则。一般对 f：$Z_2^n \to Z_2^m$，$n \geqslant m$，当输入取遍所有可能值，若每一输出图样 $y=f(x) \in Z_2^m$ 出现次数相等，即为 2^{n-m} 次时，称 f 满足平衡准则。

(2) **严格雪崩准则** SAC(Strict Avalanche Criterion)。函数 f：$Z_2^n \to Z_2$，若输入任一位取补，其输出位将以概率 1/2 取补，则称 f 满足 SAC[Cusick 1996；Cusick 等 1996；Dawson 等 1991；Heys 1996；Webster 等 1986；Youssef 1997；Youssef 等 1996]。

(3) **高阶 SAC**。函数 f：$Z_2^n \to Z_2$，若使 f 任意 k 个输入位保持不变下所得到的任意函数都满足 SAC，则称 f 满足 k 阶 SAC[Forré 1988，1990]。Adams 和 Tarave 给定一种定义[1993]，函数 f：$Z_2^n \to Z_2$，若输入 x 任意 $i(1 \leqslant i \leqslant k)$bit 取补时，其输出 $y=f(x)$取补的概率为 1/2，就称 f 满足 k 阶 SAC。

此准则等价于传播准则 PC(Propagation Criterion)[Preneel 等 1990]。

(4) **非线性性**(Nonlinearity)。函数 f：$Z_2^n \to Z_2$，若对常数 $\boldsymbol{a} \in Z_2^n$，$f(\boldsymbol{x})=\boldsymbol{a} \cdot \boldsymbol{x}$，则称 f 为线性函数，而 $f(\boldsymbol{x})=\boldsymbol{a} \cdot \boldsymbol{x} \oplus \boldsymbol{b}$ 为仿射函数，式中常数 $\boldsymbol{b} \in Z_2^n$。

对函数 $f=(f_1\, f_2 \cdots f_m)$：$Z_2^n \to Z_2^m$，f_i：$Z_2^n \to Z_2$，$i=1$，…，n。其非线性度定义为

$$NL_f = \min_{b,\, c,\, w} \ {}^{\#}\{\boldsymbol{x} \in Z_2^n \mid c \cdot f(\boldsymbol{x}) \neq \boldsymbol{w} \cdot \boldsymbol{x} \oplus b\}$$

其 $\boldsymbol{w} \in Z_2^n$，$\boldsymbol{c} \in Z_2^m \backslash \{0\}$，$\boldsymbol{b} \in Z_2$，$\boldsymbol{w} \cdot \boldsymbol{x}$ 表示 GF(2)上 $\boldsymbol{w}$ 与 $\boldsymbol{x}$ 的点积，且

$$\boldsymbol{c} \cdot f(\boldsymbol{x}) = \bigoplus_{i=1}^{m} c_i f_i(\boldsymbol{x})$$

式中，$\boldsymbol{c}=(c_1\, c_2, \cdots c_m)= Z_2^m$。

f 的非线性度就是仿射函数集和 f 的输出坐标的每个非零线性组合之间的最小 Hamming 距离。

(5) **线性结构**[Linear Structures]。函数 f：$Z_2^n \to Z_2$，它的线性结构定义为一个矢量 $\boldsymbol{a} \in Z_2^n/\{0\}$，使对所有 $\boldsymbol{x} \in Z_2^n$，$f(\boldsymbol{x} \oplus \boldsymbol{a}) \oplus f(\boldsymbol{x})$取同样值(0 或 1)[Meier 等 1989]。

(6) **输出 bit 独立准则** BIC(Bit Independence Criterion)。函数 f：$Z_2^n \to Z_2^m$，当一个输入 bit 取补时，每二个输出 bit 之间的相关系数变为 0，则称 f 满足 BIC[Dawson 等 1991]。

(7) **完备性**(Completness)。函数 f：$Z_2^n \to Z_2^m$，若其每个输出 bit 都与所有输入变量有关，就称 f 满足完备性准则[Kam 等 1979]。

(8) **输入/输出的差分分布**。最初曾追求均匀，后来发现应使差分最大值尽量小为好[Biham 等 1993]。有关抗差分攻击能力可参看 4.5 节。

(9) **线性近似和抗线性攻击能力**。可参看 4.5 节。

人为地按一定的准则构造的 S 盒肯定可以抗击现有已知的各种攻击，但对于尚未提出的攻击是否能抗击？这是难以定论的事。DES 的 S 盒曾为抗差分攻击进行最佳化设计，但后来发现，它对抗线性攻击的能力不够强[Matsui 1994]。因此有人提出，采用随机选择的 S 盒也许是更好的方法。当然，如果 S 盒的输入和输出的规模太小，随机选择 S 盒的性能肯定不会好。但当 S 盒的输入和输出的规模足够大时，就很可能不仅能抗击各种已知的攻击，而且很可能也能抗击未知的攻击。研究表明，输入为 8 bit 或更大的随机选择的 S 盒的密码性能是相当强的[Adams 等 1990；O'Connor1993；Nyberg 1995]。S 盒应选得尽可能地大些、随机且可用密钥控制。以随机方式生成 S 盒，经过一组准则测试，使之具有良好性质的代数构造和组合方法是构造 S 盒的途径[Youssef 1997]。

经过近 20 年的努力，人们对 S 盒的认识也更为明确。有关的详细情况可参看[Adams

等 1993；Beth and Ding 1993；Brickell 1986；Daeman 等 1994；Gu 1998；Knudsen 1994；Matsui 1994 等；Nyberg 1991，1992，1993，1994；Nyberg and Knudsen 1994；O'Connor 1993；Youssef 1997]。

现有的大多数分组密码是采用S盒结构实现的，而且所用的S盒是固定的，如DES、CAST、FEAL、SAFER K-64等。有些方案所用的S盒可以在密钥控制下动态地改变，如IDEA、Blowfish、RC-4，以及Ritter提出的动态代换[Ritter 1997]。S盒的实现需要较多的存储空间以存储S盒。也有用代换一置换网络或其它技术而不采用S盒的分组密码的情况。如RC-5、TEA，其轮函数由简单的固定逻辑移位运算或由数据相依旋转构成[Youssef 1997；Youssef 等 1996，1997]。

4.4 DES

本节介绍**美国数据加密标准** DES(Data Encryption Standard)。

4.4.1 历史

通信与计算机相结合是人类步入信息社会的一个阶梯，它始于60年代末，完成于90年代初。计算机通信网的形成与发展，要求信息作业**标准化**，安全保密亦不例外。只有标准化，才能真正实现网的安全，才能推广使用加密手段，以便于训练、生产和降低成本。

在这种形势下，美国NBS在1973年5月15日的联邦记录(Ferderal Rigister)中公布了征求传输和存储数据系统中保护计算机数据的密码算法的建议，描述了大规模数据传输处理网条件下对数据保护的需求，以及对经济性和兼容性的要求，要求NSA (National Security Agency)协助评估加密算法的安全性。此备忘录发表后，虽然反响支持这种标准化做法，但未征得可以公开用的技术。1974年8月27日NBS再提出公告征求建议，并进一步阐述这一需求的迫切性，对建议方案提出如下要求：

(1) 算法必须完全确定而无含糊之处；

(2) 算法必须有足够高的保护水准，即可以检测到威胁，恢复密钥所必须的运算时间或运算次数足够大；

(3) 保护方法必须只依赖于密钥的保密；

(4) 对任何用户或产品供应者必须是不加区分的。

IBM公司从60年代末即看到通信网对于这种加密标准算法的需求，投入了相当的研究力量开发，成立了以Tuchman博士为领导的小组，包括A. Konkeim，E. Grossman，N. Coppersmith和L. Simth等(后二人做实现工作)的研究新密码体制的小组，由H. Fistel进行设计，并在1971年完成的LUCIFFER密码（64 bit分组，代换一置换，128 bit密钥）的基础上，改进成为建议的DES体制。NSA组织有关专家对IBM的算法进行了鉴定，而成为DES的基础。

1975年3月17日NBS公布了这个算法，并说明要以它作为联邦信息处理标准，征求各方意见。1977年1月15日建议被批准为联邦标准[FIPS PUB 46]，并设计推出DES芯片。DES开始在银行、金融界广泛应用。1981年美国ANSI将其作为标准，称之为DEA [ANSI X3.92]。1983年国际标准化组织(ISO)采用它作为标准，称作DEA-1。

1984 年 9 月美国总统签署 145 号国家安全决策令(NSDD)，命令 NSA 着手发展新的加密标准，用于政府系统非机密数据和私人企事业单位。NSA 宣布每隔五年重新审议 DES 是否继续作为联邦标准。1994 年 1 月宣布要延续到 1998 年，预计 1998 年不再重新批准 DES 为联邦标准。

虽然 DES 不会长期地作为数据加密标准算法，但它仍是迄今为止得到最广泛应用的一种算法，也是一种最有代表性的分组加密体制。因此，详细地研究这一算法的基本原理、设计思想、安全性分析以及实际应用中的有关问题，对于掌握分组密码理论和当前的实际应用都是很有意义的[Smid 等 1992]。

4.4.2　算法

DES 是一种对二元数据进行加密的算法，数据分组长度为 64 bit (8 byte)，密文分组长度也是 64 bit，没有数据扩展。密钥长度为 64 bit，其中有 8 bit 奇偶校验，有效密钥长度为 56 bit。DES 的整个体制是公开的，系统的安全性全靠密钥的保密。算法的构成框图在图 4-4-1 中给出。算法主要包括：初始置换 IP、16 轮迭代的乘积变换、逆初始置换 IP^{-1} 以及 16 个子密钥产生器。下面分别介绍各部分。

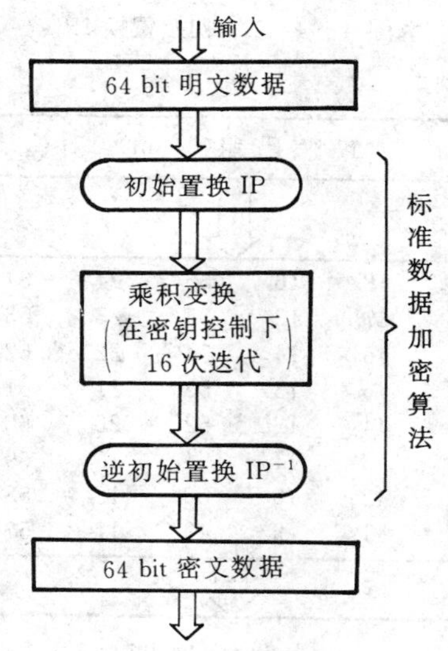

图 4-4-1　DES 算法框图

初始置换 IP。将 64 bit 明文的位置进行置换，得到一个乱序的 64 bit 明文组，而后分成左右两段，每段为 32 bit，以 L_0 和 R_0 表示，如图 4-4-2 所示。由图可知，IP 中各列元素位置号数相差为 8，相当于将原明文各字节按列写出，各列比特经过偶采样和奇采样置换后，再对各行进行逆序。将阵中元素按行读出构成置换输出。

逆初始置换 IP^{-1}。将 16 轮迭代后给出的 64 bit 组进行置换，得到输出的密文组，如图 4-4-3 所示。输出为阵中元素按行读得的结果。

IP 和 IP^{-1}在密码意义上作用不大，因为输入组 $\boldsymbol{x}$ 与其输出组 $\boldsymbol{y}=IP(\boldsymbol{x})$ (或 $IP^{-1}(\boldsymbol{x})$) 是已知的一一对应关系。它们的作用在于打乱原来输入 $\boldsymbol{x}$ 的 ASCII 码字划分的关系，并将原来明文的校验位 x_8，x_{16}，…，x_{64}变成为 IP 输出的一个字节。

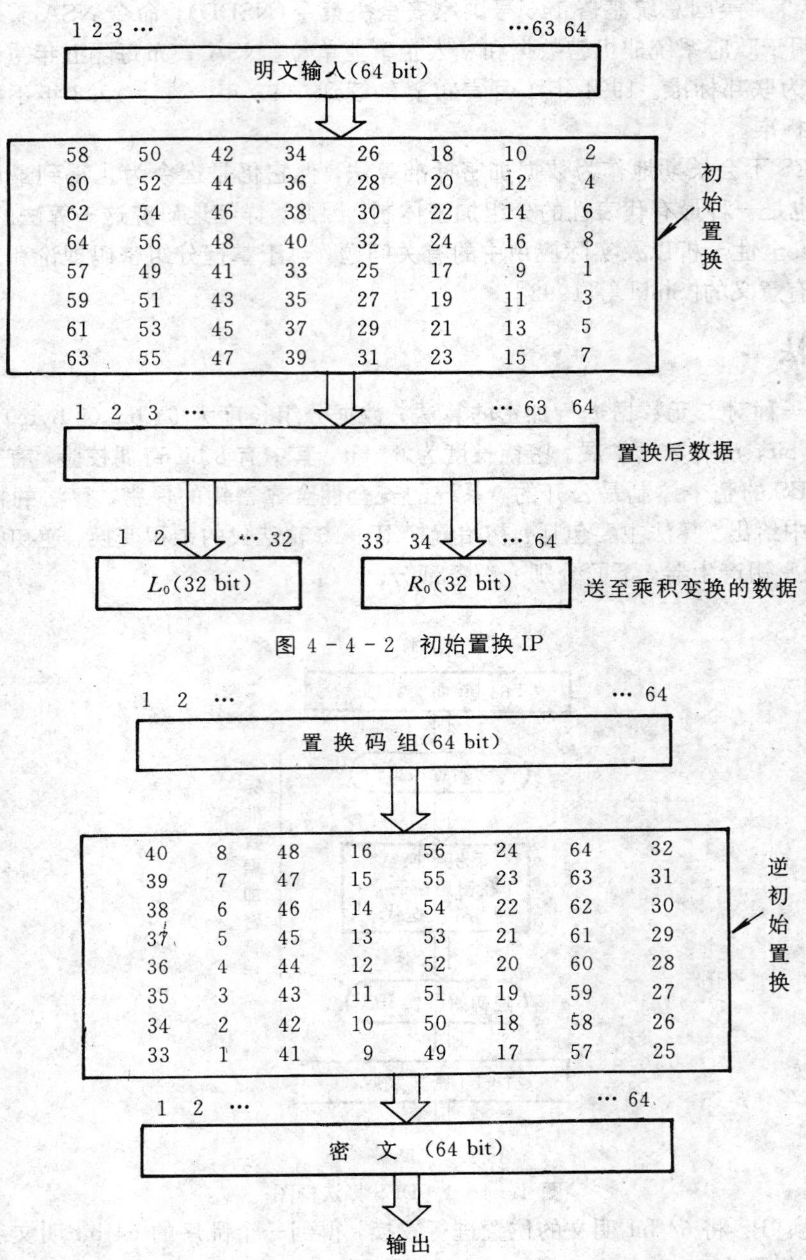

图 4-4-2 初始置换 IP

图 4-4-3 逆初始置换 IP^{-1}

乘积变换。图 4-4-4 中给出乘积变换的框图，它是 DES 算法的核心部分。将经过 IP 置换后的数据分成 32 bit 的左右两组，在迭代过程中彼此左右交换位置。每次迭代时只对右边的 32 bit 进行一系列的加密变换，在此轮迭代即将结束时，把左边的 32 bit 与右边得到的 32 bit 逐位模 2 相加，作为下一轮迭代时右边的段，并将原来右边未经变换的段直接送到左边的寄存器中作为下一轮迭代时左边的段。在每一轮迭代时，右边的段要经过选择扩展运算 E、密钥加密运算、选择压缩运算 S、置换运算 P 和左右混合运算。

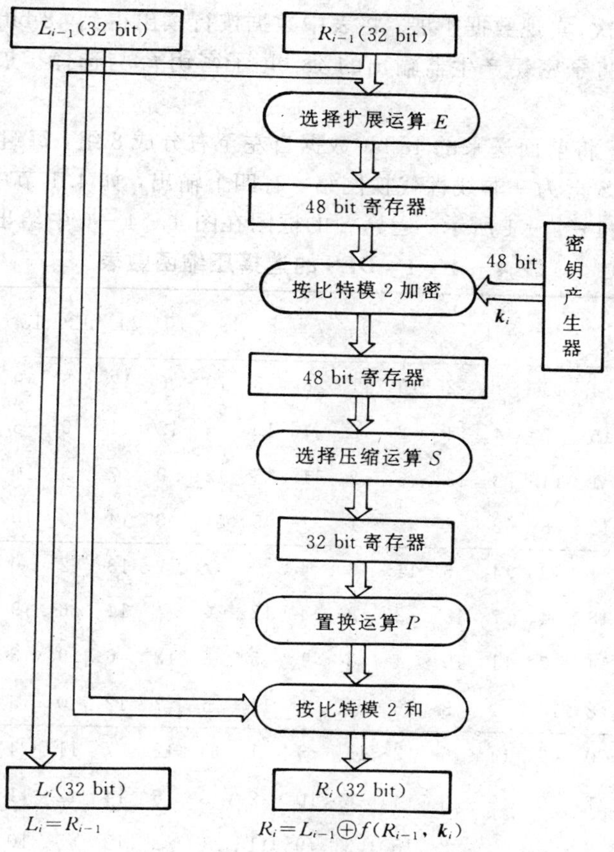

图 4-4-4　乘积变换框图

选择扩展运算 E。将输入的 32 bit R_{i-1}扩展成 48 bit 的输出，其变换表在图 4-4-5 中给出。令 s 表示 E 原输入数据比特的原下标，则 E 的输出是将原下标 $s\equiv 0$ 或 1(mod 4)

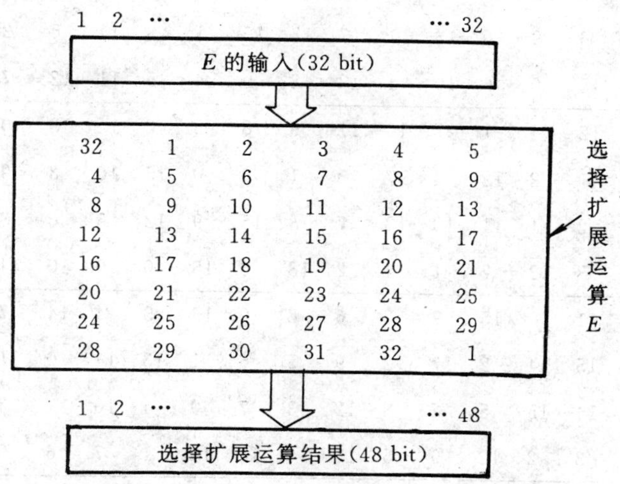

32	1	2	3	4	5
4	5	6	7	8	9
8	9	10	11	12	13
12	13	14	15	16	17
16	17	18	19	20	21
20	21	22	23	24	25
24	25	26	27	28	29
28	29	30	31	32	1

图 4-4-5　选择扩展运算 E

的各比特重复一次得到的，即对原第 32，1，4，5，8，9，12，13，16，17，20，21，24，25，28，29 各位都重复一次，实现数据扩展。将表中数据按行读出得到 48 bit 输出。

密钥加密运算。将子密钥产生器输出的 48 bit 子密钥 $\boldsymbol{k}_i$ 与选择扩展运算 E 输出的 48 bit 数据按位模 2 相加。

选择压缩运算 S。将前面送来的 48 bit 数据自左至右分成 8 组，每组为 6 bit。而后并行送入 8 个 S 盒，每个 S 盒为一非线性代换网络，有四个输出，如 4.1 节中所述。盒 S_1 至 S_8 的选择函数关系如表 4－4－1 所示。运算 S 的框图在图 4－4－6 中给出。

表 4－4－1　DES 的选择压缩函数表

行＼列	0	1	2	3	4	5	6	7	8	9	10	11	12	13	14	15	
0	14	4	13	1	2	15	11	8	3	10	6	12	5	9	0	7	S_1
1	0	15	7	4	14	2	13	1	10	6	12	11	9	5	3	8	
2	4	1	14	8	13	6	2	11	15	12	9	7	3	10	5	0	
3	15	12	8	2	4	9	1	7	5	11	3	14	10	0	6	13	
0	15	1	8	14	6	11	3	4	9	7	2	13	12	0	5	10	S_2
1	3	13	4	7	15	2	8	14	12	0	1	10	6	9	11	5	
2	0	14	7	11	10	4	13	1	5	8	12	6	9	3	2	15	
3	13	8	10	1	3	15	4	2	11	6	7	12	0	5	14	9	
0	10	0	9	14	6	3	15	5	1	13	12	7	11	4	2	8	S_3
1	13	7	0	9	3	4	6	10	2	8	5	14	12	11	15	1	
2	13	6	4	9	8	15	3	0	11	1	2	12	5	10	14	7	
3	1	10	13	0	6	9	8	7	4	15	14	3	11	5	2	12	
0	7	13	14	3	0	6	9	10	1	2	8	5	11	12	4	15	S_4
1	13	8	11	5	6	15	0	3	4	7	2	12	1	10	14	9	
2	10	6	9	0	12	11	7	13	15	1	3	14	5	2	8	4	
3	3	15	0	6	10	1	13	8	9	4	5	11	12	7	2	14	
0	2	12	4	1	7	10	11	6	8	5	3	15	13	0	14	9	S_5
1	14	11	2	12	4	7	13	1	5	0	15	10	3	9	8	6	
2	4	2	1	11	10	13	7	8	15	9	12	5	6	3	0	14	
3	11	8	12	7	1	14	2	13	6	15	0	9	10	4	5	3	
0	12	1	10	15	9	2	6	8	0	13	3	4	14	7	5	11	S_6
1	10	15	4	2	7	12	9	5	6	1	13	14	0	11	3	8	
2	9	14	15	5	2	8	12	3	7	0	4	10	1	13	11	6	
3	4	3	2	12	9	5	15	10	11	14	1	7	6	0	8	13	

续表

行＼列	0	1	2	3	4	5	6	7	8	9	10	11	12	13	14	15	
0	4	11	2	14	15	0	8	13	3	12	9	7	5	10	6	1	S_7
1	13	0	11	7	4	9	1	10	14	3	5	12	2	15	8	6	
2	1	4	11	13	12	3	7	14	10	15	6	8	0	5	9	2	
3	6	11	13	8	1	4	10	7	9	5	0	15	14	2	3	12	
0	13	2	8	4	6	15	11	1	10	9	3	14	5	0	12	7	S_8
1	1	15	13	8	10	3	7	4	12	5	6	11	0	14	9	2	
2	1	11	4	1	9	12	14	2	0	6	10	13	15	3	5	8	
3	2	1	14	7	4	10	8	13	15	12	9	0	3	5	6	11	

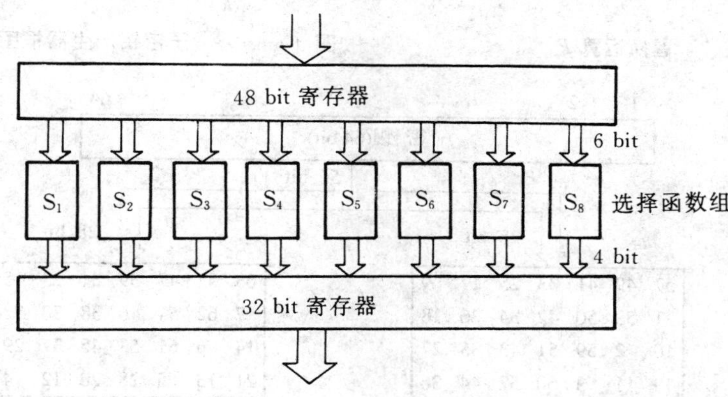

图 4－4－6　选择压缩运算 S

置换运算 P。对 S_1 至 S_8 盒输出的 32 bit 数据进行坐标置换，如图 4－4－7 所示。置换 P 输出的 32 bit 数据与左边 32 bit 即 R_{i-1} 逐位模 2 相加，所得到的 32 bit 作为下一轮迭代用的右边的数字段。并将 R_{i-1} 并行送到左边的寄存器，作为下一轮迭代用的左边的数字段。

子密钥产生器。将 64 bit 初始密钥经过置换选择 PC1、循环移位置换、置换选择 PC2 给出每次迭代加密用的子密钥 $\boldsymbol{k}_i$，参看图 4－4－8。在 64 bit 初始密钥中有 8 位为校验位，其位置号为 8、16、32、48、56 和 64。其余 56 位为有效位，用于子密钥计算。将这 56 位送入置换选择 PC1，参看图 4－4－9。经过坐标置换后分成两组，每级为 28 bit，分别送入 C 寄存器和 D 寄存器中。在各次迭代中，C 和 D 寄存器分别将存数进行左循环移位置换，移位次数在表 4－4－2 中给出。每次移位后，将 C 和 D 寄存器原存数送给置换选择 PC2，见图 4－4－10。置换选择 PC2 将 C 中第 9、18、22、25 位和 D 中第 7、9、15、26 位删去，并将其余数字置换位置后送出 48 bit 数字作为第 i 次迭代时所用的子密钥 $\boldsymbol{k}_i$。

表 4－4－2　移位次数表

第 i 次迭代	1	2	3	4	5	6	7	8	9	10	11	12	13	14	15	16
循环左移次数	1	1	2	2	2	2	2	2	1	2	2	2	2	2	2	1

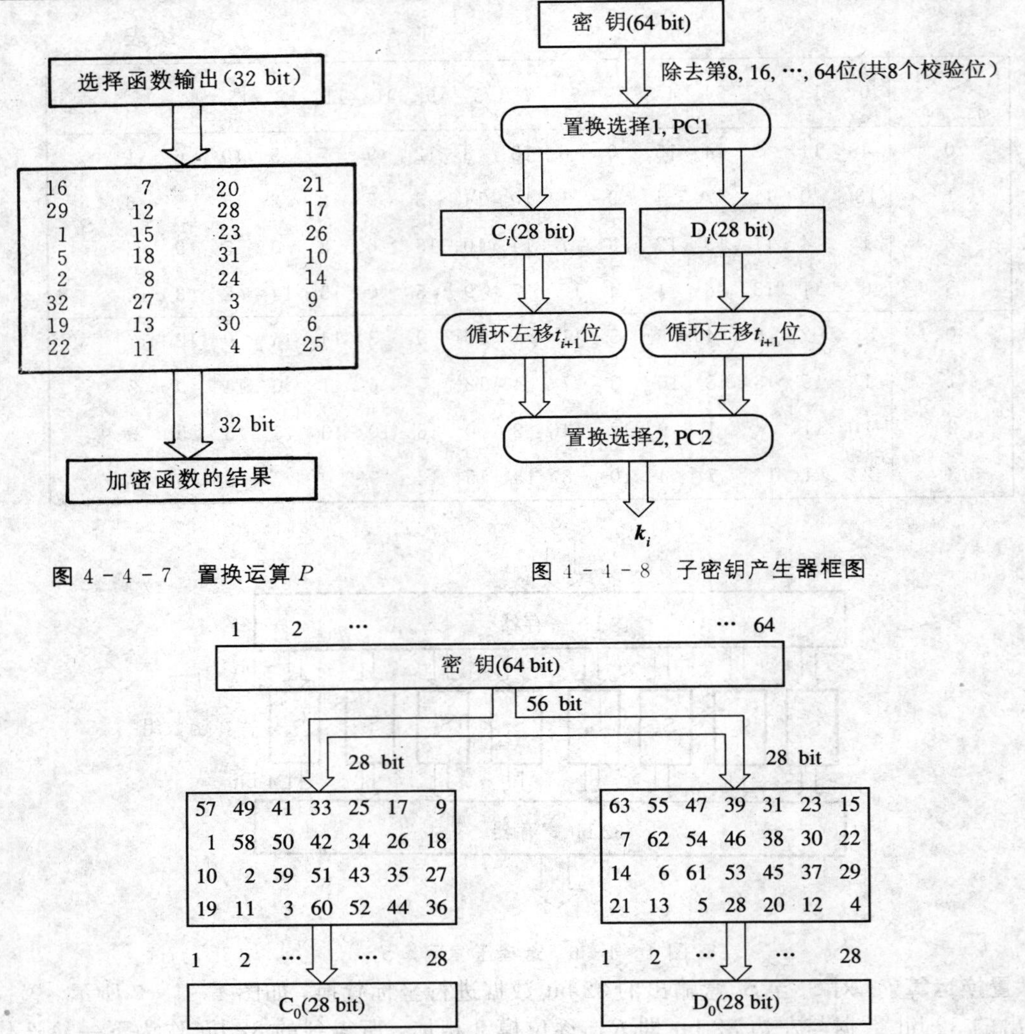

图 4-4-7　置换运算 P

图 4-4-8　子密钥产生器框图

图 4-4-9　置换选择 PC1

至此，我们已将 DES 算法的基本构成作了介绍，加密过程可归结如下：令 IP 表示初始置换，KS 表示密钥运算，i 为迭代次数变量，KEY 为 64 bit 密钥，f 为加密函数，$\oplus$表示逐位模 2 求和。

加密过程：

$$L_0R_0 \leftarrow \mathrm{IP}(\langle 64\ \mathrm{bit}\ 输入码\rangle)$$

$$L_i \leftarrow R_{i-1} \qquad i=1, \cdots, 16 \qquad (4-4-1)$$

$$R_i \leftarrow L_{i-1} \oplus f(R_{i-1}, \boldsymbol{k}_i) \qquad i=1, \cdots, 16 \qquad (4-4-2)$$

$$\langle 64\ \mathrm{bit}\ 密文\rangle \leftarrow \mathrm{IP}^{-1}(R_{16}L_{16})$$

式(4-4-1)和式(4-4-2)的运算进行 16 次后就得到密文组。DES 的加密运算是可逆的，其解密过程可类似地进行。

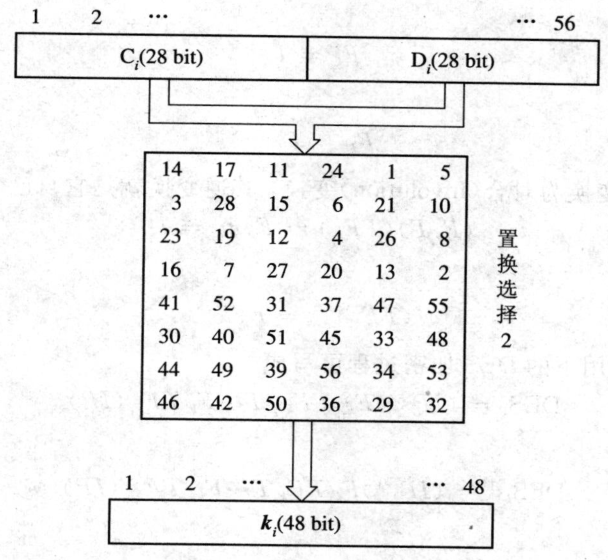

图 4-4-10　置换选择 PC2

解密过程：

$$R_{16}L_{16} \leftarrow \mathrm{IP}(\langle 64\ \text{bit 密文} \rangle)$$

$$R_{i-1} \leftarrow L_i \qquad i = 16, \cdots, 1 \qquad (4-4-3)$$

$$L_{i-1} \leftarrow R_i \oplus f(R_{(i-1)}, \boldsymbol{k}_i) \qquad i = 16, \cdots, 1 \qquad (4-4-4)$$

$$\langle 64\ \text{bit 明文} \rangle \leftarrow \mathrm{IP}^{-1}(R_0 L_0)$$

DES 算法的可逆性证明：

令

$$T(L, R) = (R, L) \qquad (4-4-5)$$

即 T 是将 64 bit 组的左、右半边交换位置。并令

$$F_{k_i}(L, R) = (L \oplus f(R, \boldsymbol{k}_i), R) \qquad (4-4-6)$$

则第 i 次迭代实现的变换为

$$T_{k_i} = TF_{k_i} \qquad (4-4-7)$$

这是因为

$$TF_{k_i}(L, R) = T(L \oplus f(R, \boldsymbol{k}_i), R) = (R, L \oplus f(R, \boldsymbol{k}_i))$$

因为

$$T^2(L, R) = T(R, L) = I(L, R) \qquad (4-4-8)$$

式中，I 是恒等变换，所以有

$$T = T^{-1} \qquad (4-4-9)$$

同样有

$$F_{k_i}^2(L, R) = F_{k_i}(L \oplus f(R, \boldsymbol{k}_i), R) = (L \oplus f(R, \boldsymbol{k}_i) \oplus f(R, \boldsymbol{k}_i), R) = (L, R)$$

即

$$F_{k_i}^2 = I \tag{4-4-10}$$

或

$$F_{k_i} = F_{k_i}^{-1} \tag{4-4-11}$$

我们称 T 和 F_{k_i}这类变换为对合(Involution)变换，其逆变换就是它自己。因为

$$(F_{k_i}T)(TF_{k_i}) = F_{k_i}F_{k_i} = I \tag{4-4-12}$$

所以有

$$(TF_{k_i})^{-1} = F_{k_i}T \tag{4-4-13}$$

由此可知在密钥 $\boldsymbol{k}$ 作用下的 DES 加密过程可写成

$$\text{DES}_k = (IP^{-1})F_{k_{16}}TF_{k_{15}}T\cdots F_{k_2}TF_{k_1}(IP) \tag{4-4-14}$$

解密过程可写成

$$\text{DES}_k^{-1} = (IP^{-1})F_{k_1}TF_{k_2}T\cdots F_{k_{15}}TF_{k_{16}}(IP) \tag{4-4-15}$$

因而可证得

$$(\text{DES}_k^{-1})\cdot(\text{DES}_k) = I \tag{4-4-16}$$

4.4.3　安全性

DES 的出现在密码学史上是一个创举。以前任何设计者对于密码体制及其设计细节都是严加保密的。而 DES 则公开发表，任人测试、研究和分析，无须通过许可就可制作 DES 的芯片和以 DES 为基础的保密设备。DES 的安全性完全依赖于所用的密钥。

从 DES 诞生起，对它的安全性就有激烈的争论，一直延续到现在。开始时，主要围绕两个问题：一是“标准”的加密体制或算法的必要性；二是如果需要一个“标准”，DES 能否充当这一角色？第一个问题已基本一致，肯定了“标准”的必要性；对第二个问题的争论还在继续。20 年来对 DES 进行了大量的研究，考察了 DES 算法的特点和存在问题。下面简要介绍一些主要结果。

互补性。DES 算法具有下述性质。若明文组 $\boldsymbol{x}$ 逐位取补得 $\bar{\boldsymbol{x}}$，密钥 $\boldsymbol{k}$ 逐位取补得 $\bar{\boldsymbol{k}}$，且

$$\boldsymbol{y} = \text{DES}_k(\boldsymbol{x}) \tag{4-4-17}$$

则有

$$\bar{\boldsymbol{y}} = \text{DES}_{\bar{k}}(\bar{\boldsymbol{x}}) \tag{4-4-18}$$

式中，$\bar{\boldsymbol{y}}$ 是 $\boldsymbol{y}$ 的逐位取补。称这种特性为算法上的互补性。由于 DES 本身有非线性 S 盒的作用，这一结果可能令人惊异。实际上这一互补性是由 DES 中的两次异或运算的配置所决定的。一次是在 S 盒之前，另一次是在 P 盒置换之后。如果反馈给异或的两个输入是互补的，则所得的输出和两个输入都取补时的输出是相同的。若 DES 输入的明文和密钥同时取补，则经由选择扩展运算 E 的输出和子密钥产生器的输出也都取补。因而经异或运算后的输出和明文及密钥未取补时的输出一样，这使到达 S 盒的输入数据未变，其输出自然也不会变。但经第二个异或运算时，由于左边的数据已取补，因而输出也就取补了。这就证明了式(4－4－17)和式(4－4－18)的关系式。

这种互补性会使 DES 在选择明文破译下所需的工作量减半[Hellman 1976]。因为若给定明文 $\boldsymbol{x}$，密文 $\boldsymbol{y}_1 = \text{DES}_k(\boldsymbol{x})$，则易于得出 $\boldsymbol{y}_2 = \bar{\boldsymbol{y}}_1 = \text{DES}_{\bar{k}}(\bar{\boldsymbol{x}})$。若要在明文空间中搜索 $\boldsymbol{x}$，看

$DES_k(\boldsymbol{x})$是否等于 $\boldsymbol{y}_1$ 或 $\boldsymbol{y}_2=\bar{\boldsymbol{y}}_1$，则一次运算包括了采用明文 $\boldsymbol{x}$ 和 $\bar{\boldsymbol{x}}$ 两种情况。

Chaum 等[1985]指出，如果这种互补性不是只对长 64 的矢量 $\boldsymbol{I}=(11\cdots1)$，而是对 GF(2) 上 64 维线性空间 V_{64}中的一个子空间 A，$|A|\geqslant N$，则在选择明文破译下的工作量可为原来的 $1/N$。

弱密钥和半弱密钥。DES 算法在每次迭代时都有一个子密钥供加密用。如果给定初始密钥 $\boldsymbol{k}$，各轮的子密钥都相同，即有

$$\boldsymbol{k}_1=\boldsymbol{k}_2=\cdots=\boldsymbol{k}_{16} \tag{4-4-19}$$

就称给定密钥 $\boldsymbol{k}$ 为**弱密钥**(Weak Key)。若 $\boldsymbol{k}$ 为弱密钥，则有

$$DES_k(DES_k(\boldsymbol{x}))=\boldsymbol{x} \tag{4-4-20}$$

$$DES_k^{-1}(DES_k^{-1}(\boldsymbol{x}))=\boldsymbol{x} \tag{4-4-21}$$

即以 $\boldsymbol{k}$ 对 $\boldsymbol{x}$ 加密两次或解密两次都可恢复出明文。其加密运算和解密运算没有区别。而对一般密钥只满足

$$DES_k^{-1}(DES_k(\boldsymbol{x}))=DES_k(DES_k^{-1}(\boldsymbol{x}))=\boldsymbol{x} \tag{4-4-22}$$

弱密钥下使 DES 在选择明文攻击下的搜索量减半。

弱密钥的构造由子密钥产生器中寄存器 C 和 D 中的存数在循环移位下出现的重复图样决定的，参看图 4-4-8。若 C 和 D 中存数为 0 或 1 重复 28 次的图样，即(0，0，. . . ,0)，或(1，1，⋯，1)，则在循环左移位下保持不变，因而相应的 16 个子密钥都相同。可能产生弱密钥的 C 和 D 的存数有四种组合，其十六进制表示为

(0，0)	↔	00	00	00	00	00	00	00
(0，15)	↔	00	00	00	0F	FF	FF	FF
(15，0)	↔	FF	FF	FF	F0	00	00	00
(15，15)	↔	FF	FF	FF	FF	FF	FF	FF

相应的输入的秘密密钥 $\boldsymbol{k}$ 的十六进制表示为

(0，0)	↔	01	01	01	01	01	01	01	01
(0，15)	↔	1F	1F	1F	1F	0E	0E	0E	0E
(15，0)	↔	E0	E0	E0	E0	1F	1F	1F	1F
(15，15)	↔	FE	FE	FE	FE	FE	FE	FE	FE

若给定的密钥 $\boldsymbol{k}$，相应的 16 个子密钥只有两种图样，且每种都出现 8 次，就称它为**半弱密钥**(Semi-weak Key)。半弱密钥的特点是成对地出现，且具有下述性质：若 $\boldsymbol{k}_1$ 和 $\boldsymbol{k}_2$ 为一对互逆的半密钥，$\boldsymbol{x}$ 为明文组，则有

$$DES_{k_2}(DES_{k_1}(\boldsymbol{x}))=DES_{k_1}(DES_{k_2}(\boldsymbol{x}))=\boldsymbol{x} \tag{4-4-23}$$

称 $\boldsymbol{k}_1$ 和 $\boldsymbol{k}_2$ 是互为**对合的**。若寄存器 C 和 D 的存数图样是长为 2 的重复数字，如(0101⋯01)或(1010⋯10)，则这种图样对于偶次循环移位具有自封闭性，对于奇数次循环具有互封闭性。而(00⋯0)和(11⋯1)图样显然也具有上述性质。若 C 和 D 的初值选自这四种图样，则所产生的子密钥就会只有两种，而每种都出现 8 次。可能的组合有 4×4=16 个，其中有 4 个为弱密钥，故半弱密钥有 12 个，组成 6 对，如表 4-4-3 所示。

表 4-4-3 半弱密钥表

C,D 存数编号	外部密钥(十六进制表示)	
(10,10) (5,5)	01 FE 01 FE 01 FE 01 FE FE 01 FE 01 FE 01 FE 01	互逆对
(10,5) (5,10)	1F E0 1F E0 0E F1 0E F1 E0 1F E0 1F F1 0E F1 0E	互逆对
(10,0) (5,0)	01 E0 01 E0 01 F1 01 F1 E0 01 E0 01 F1 01 F1 01	互逆对
(10,15) (5,15)	1F FE 1E FE 0E FE 0E FE FE 1F FE 1F FE 0E FE 0E	互逆对
(0,10) (0,5)	01 1F 01 1F 01 0E 01 0E 1F 01 1F 01 0E 01 0E 01	互逆对
(15,10) (15,5)	E0 FE E0 FE F1 FE F1 FE FE E0 FE E0 FE F1 FE F1	互逆对

若C和D寄存器中存数是长为4的二元数字重复7次所得图样，即由0000，0001，…，1111共16个重复得到的，则得到的子密钥将有四种不同的图样，每种在16轮迭代中将出现4次，称这种密钥为**四分之一**(Demi-semi)**弱密钥**，它共有16×16－16＝240个。更详细的讨论可参看[Davies等1989；Coppersmith 1986；Moore等1987；Wang 1988]。

如果随机地选择密钥，则在总数2^{56}个密钥中，弱密钥所占比例极小，而且稍加注意就不难避开。因此，弱密钥的存在不会危及DES的安全性。

对DES批评意见中认为其密钥长度太短，仅为56 bit，对此Tuchman[1979]予以否认，Kaliski等[1988]对DES进行了循环试验，研究DES循环结构的周期[Coppersmith 1986，Moore等1987]。

密文与明文、密文与密钥的相关性。Meyer[1978]详细研究了DES的输入明文与密文及密钥与密文之间的相关性。表明每个密文比特都是所有明文比特和所有密钥比特的复合函数，并且指出达到这一要求所需的迭代次数至少为5。Konheim[1981]用χ^2检验证明，迭代8次后输出和输入就可认为是不相关的了。

S盒设计。DES靠S盒实现非线性变换。关于S盒的讨论参看4.3节。

Brickell等[1984]研究了DES的S盒设计准则和特性之间的关系。迄今为止，关于S盒的设计细节，IBM和NSA都未公开过。

Davies等[1984]曾研究DES的8个S盒的输出和输入之间的关系，试图剖析S盒的构造。他们发现了一些规律性，但没人证明这些对于整个加密函数会带来什么样的规律性。Shamir[1985]也指出了S盒输入输出间的一种对称规律。

Webster等[1985]详细研究了S盒设计中的完备性和雪崩效应表明，DES的S盒具有上述两个特性。对于DES的8个S盒，当输入某一位取补时，其输出任一位取补的概率在0.43～0.93范围内变化。

Gordon 等[1983]认为一个有 n 个输入、m 个输出($n \geqslant m$)的 S 盒，本质上是一个只读存储器，它有 2^{n-m} 个代换表，由输入的($n-m$) bit 作为地址码决定选择其中的某个代换表对当前的 m - bit 进行代换。当 $n=m$ 时，S 盒是可逆的；当 $n=1$ 和 2 时，输出各位与输入的关系都是线性的；当 $n=3$ 时，输出中至少有一位和输入为线性关系所占的比例高达 43.3%，而输出三位均与输入为线性关系的比例仅为 33.3% 。随 n 加大，随机选择的 S 盒，其输出和输入的关系是非线性的概率很高。

Hellman 等[1976]曾指出，在 DES 中若仔细地选择一些 S 盒，可以使其安全性大大降低。他们以自己设计的 S 盒代替 DES 原来的 S 盒，证明了可以做到这点，且在一定程度上可以隐蔽 S 盒构造上的弱点。这一结果使人们怀疑在 DES 的设计中，是否已经预置了某些弱点，以便在算法中制造一个**陷门**(Trapdoor)，使设计者们借此破译某些 DES 用户的秘密信息。设计者们自然否认这点，但其他人也未能(至少没有公布)证明这类陷门的存在。

Kim 等曾对 DES 的 S 盒的选择进行了搜索选择，以求能抗线性和差分攻击，提出 s^1DES ～ s^5DES[Kim 1991；Kim 等 1994，1995]。

密钥搜索机。对 DES 安全性批评意见中，较为一致的看法是 DES 的密钥短了些。IBM 最初向 NBS 提交的建议方案采用 112 bit 密钥，但公布的 DES 标准采用 64 bit 密钥。有人认为 NSA 故意限制 DES 的密钥长度。DES 的密钥量为

$$2^{56} = 7.2 \times 10^{16} = 72\ 057\ 594\ 037\ 927\ 936 \approx 10^{17}$$

个。Coopersmith 则对此持否定意见，认为 56 bit 已足够了，选择长的密钥会使成本提高、运行速度降低。若要对 DES 进行密钥搜索破译，分析者在得到一组明文－密文对条件下，可对明文用不同的密钥加密，直到得到的密文与已知的明文－密文对中的相符，就可确定所用的密钥了。密钥搜索所需的时间取决于密钥空间的大小和执行一次加密所需的时间。若假定 DES 加密操作需时为 100 μs(一般微处理器能实现)，则搜索整个密钥空间需时为 7.2×10^{15}秒，近似为 2.28×10^{8} 年。若以最快的 LSI 器件，DES 加密操作时间可降到 5 μs，也要 1.1×10^{4} 年才能穷尽密钥。

Diffie 等[1977]曾提出对 DES 进行搜索破译的方案。设想以 1 μs 能完成 DES 加密的专用芯片，将 100 万个 DES 芯片并行运算，搜索时间可降到 7.2×10^{4} 秒，即 20 小时，平均每个解需 10 小时。如果这样的搜索机可以构成，将对 DES 造成实际威胁。Diffie 等估计，按 10 美元/片计算，将耗资 2 000 万美元，功耗为 2 MW(兆瓦)，平均一个解的花费为 5 000 美元[Diffie 1981；Hellman 1979，1980]。但 NSA 组织的专门小组研究认为，在 1990 年要造这样的穷搜索机需耗资 7 200 万美元，功耗为 12 MW。此外，要把这么多的芯片联在一起工作，其平均故障时间(MTBF)太短，一般不会超过几个小时。因此，在当时要构造这类搜索机是不现实的。但是由于差分和线性攻击法的出现以及计算技术的发展，按 Wiener[1993]介绍，在 1993 年破译 DES 的费用为 100 万美元，需时 3.5 小时。如果将密钥加大到 80 bit，采用这类搜索机找出一个密钥所需的时间约为 6 700 年。类似的其它密钥搜索机可参看[Eberle 1992；Wayner 1992]。Matsui[1994]已构造第一个实验分析 DES 的样机。因此，穷搜索破译机可能很快成为经济可行的破译 DES 的手段。RSA 数据安全公司为破译 DES 提供 10 000 美元奖金。现已被 DESCHALL 小组经过近四个月的努力，通过 Internet 搜索了 3×10^{16}个密钥，找出了 DES 的密钥，恢复出明文[Verser 1997]。1998 年 5 月美国 EFF(Electronic Frontier Foundation)宣布，他们以一台价值 20 万美元的计算机改装

成的专用解密机，用了 56 小时破译了采用 56 bit 密钥的 DES[Ye 1998]。美国国家标准和技术协会正在征集新的称之为 AES(Advanced Encryption Standard)加密标准[NIST, 1998]，新算法很可能要采用 128 bit 密钥。

除了上面介绍的几个方面外，20 几年来还发表了许多有关 DES 的其它方面的研究工作，如 DES 是否构成群[Kaliski 等 1988]，直到 1992 年才证明 DES 不构成群[Campbell 等 1992]；DES 为什么选用 16 轮？研究表明，任何想减少 DES 轮数的建议都难以保证它的安全性。这些研究不仅深入分析、检验了 DES 的诸多方面，而且也大大推进了保密学的研究工作。

DES 的差分密码分析将在 4.5 节中介绍。

Hellman 曾提出时间存储折衷法以选择明文攻击 n - bit 分组密码。通过 $O(n)$次预运算后所需的时间复杂性为 $O(n^{2/3})$。空间复杂性为 $O(n^{2/3})$[Hellman 1980]。搜索时间还可利用 Rivest 所提方法进一步降低[Denning 1982]。最近对 DES 的攻击方法已有许多新的研究结果[Kusuda 等 1996；Fiat 等 1991；Amirazizi 等 1988；Davies 等 1995；Biham 等 1997]。

4.4.4 DES 的实现

自 DES 正式成为美国标准以来，已有许多公司设计并推出了实现 DES 算法的产品。有的设计专用 LSI 器件或芯片，有的用现成的微处理器实现。有的只限于实现 DES 算法，有的则可运行各种工作模式(参看 4.6 节)。对于器件所提供的物理保护也各不相同，从没有保护的单片到可防窜改的装置。美国 NBS 至少已认可了 31 种硬件和固件实现产品，每年平均差不多批准 3 件。硬件实现的价格为 1 000 美元左右，而完整的加密机为 3 000 美元左右。这方面其它任何算法都无法和 DES 竞争[Schneier 1996；Wang 1990]。DES 的快速软件实现研究参看[Shepherd 1995；Pfitzmann 等 1993；Feldmeier 等 1989]。

4.4.5 DES 的变型

为提高安全性和适应不同情况的需求而设计了多种应用 DES 的方式。除了 4.11 节和 4.12 节将要介绍的适用于一般分组密码的一些方式外，还提出了多种 DES 的修正形式。

1. 独立子密钥方式

DES 的 16 轮迭代所用的子密钥采用 16 个独立的 48 bit，使密钥长度达 768 bit，从而大大增加了穷举破译的困难性。但在差分攻击下所需的选择明文数为 2^{61}，似乎并未能使 DES 强化多少[Biham 等 1991，1993]。

2. DESX

这是 RSA 数据安全公司设计的一种 DES 的变形用法，已用在 MailSafe 电子函件的安全程序和 BSAFE(自 1986 年)的加密工具中。DESX 中采用了 4.14 节中提到的白化技术。在 n 个已知明文下，穷举攻击的运算量为 $2^{120/n}$。差分攻击下所需的选择明文数和已知明文数分别为 2^{61} 和 2^{60}，较 DES 的强度大得多[Biham 等 1991，1993；Kilian 等 1996；Naor 等 1989]。

3. CRYPT(3)

在 UNIX 系统中曾用作计算通行字的杂凑值，有时也用于加密。其中采用了密钥控制的扩展置换，它有 2^{12} 种可能的置换。

4. S 盒可变的 DES

改变 DES 的 S 盒的次序或其代换表的内容来强化 DES。Biham 和 Shamir[1991，1993]曾指出，可以优化 DES 的 S 盒的次序。

可以用密钥控制变化 S 盒代换表的内容，使差分分析和线性分析异常困难[Biham 1994]。有的 DES 芯片中 S 盒的内容可改写。

5. RDES

其各轮迭代后左右一半的交换位置可在密钥控制下进行，分析表明这对抗差分分析无意义，且较原来的 DES 有多得多的弱密钥[Koyama 等 1993]。由输入数据来控制交换可能是更好的方法[Kaneko 等 1994；Nakao 等 1995]。

6. s^nDES^i

Kim 等[1991]提出了利用布尔函数构造满足严格雪崩准则 SAC(Strict Avalanche Criterion)的类似于 DES 的 S 盒，以此来提高分组密码算法的抗差分和抗线性攻击的能力，他们提出五条构造 S 盒的准则，给出 8 个具体的 S 盒例，其中有 s^2 DES S 盒。以 8 个 s^2DES S 盒代替 DES 体制中的 8 个 S 盒，其它部分保持不变。他们认为其抗差分攻击能力强于 DES。但 Knudsen[1994]的研究表明，Kim 的五条准则不足以保证能抗差分攻击，s^2 DES 在抗线性攻击和抗差分攻击上不如 DES 好。Kim 等[1993]又提出了新方法构造 s^3 DES S 盒，但其在抗线性攻击和抗差分攻击上的性能上仍不及 DES 的 S 盒[Knudsen 1994，Tokita 等 1993，Sorimachi 等 1994，Kim 等 1995]。Knudsen[1994]指出，以 s^3 DES 构造的杂凑函数性能较以 DES 构造的杂凑函数的性能要好。Kim 等后来又提出了 s^4DES 和 s^5DES 等[Kim 等 1995；Lee 1995]。

7. xDES$_i$

Zheng、Matsumoto 和 Imai 利用 DES 构造了一族分组密码，称之为 xDES^i 方案[1990，1991]。xDES^i 加大数据分组和密钥长度。$i=0$ 时，就是 DES；$i>1$ 时

$$x\text{DES}^i: \text{GF}(2)^{56i(2i+1)} \times \text{GF}(2)^{128i} \rightarrow \text{GF}(2)^{128i}$$

即为采用密钥长度为 $56\times i\times(2i+1)$ bit、组长为 $128\times i$ bit 的分组密码。$i=1$ 时就是 4.11 节介绍的 Luby-Rackoff 法，它将分组长度加倍，密钥长度增至 3 倍的三轮加密方案。它比一般三重加密快，对于 xDES^2 而言，两次 DES 加密将产生 4 组 64 bit 密文，而三重加密下，三次加密只产生一组 64 bit 密文。但 xDES^1 和 xDES^2 的分析表明，在抗中途相撞攻击力上并不比原分组码强多少，在抗差分攻击能力也不够强[Knudsen 1992]。当 $i\geqslant 3$ 时，由于实现复杂而不实用。

8. GDES

将 DES 的 2 个 32 bit 子组扩充为 q 个 32 bit 子组，在每轮中只有第 q 子组通过 f 函数变换，并与其它各子组分别异或，而后按组循环右移交换位置。Biham 和 Shamir[1990]，对其进行了分析，表明这类方案的加密速度虽然快些，但安全性不如 DES。

Scott[1985]曾提出 NewDES，为 64 bit 分组、120 bit 密钥、7 轮迭代。分析表明其安全性不如 DES[Connell 1990]。

4.5 Markov 密码和差分密码分析

DES 经历了近 20 年全世界性的分析和攻击，提出了各种方法，但破译难度大都停留在 2^{55}量级上。直到 1991 年 Biham 和 Shamir[1990，1991，1992，1993；Lai 1992]公开发表了**差分密码分析法**(Differential Cryptanalysis)，才使对 DES 一类分组密码的分析工作向前推进了一大步。目前这一方法是攻击迭代密码体制的最佳方法，它对多种分组密码和 Hash 函数都相当有效，相继攻破了 FEAL、LOKI、LUCIFER 等密码。另一方面，此法对分组密码的研究设计也起到巨大推动作用，例如原来的 PES 体制抗差分密码攻击能力较弱，仅需 2^{64}个选择明文，经改进后成为 IDEA，大大强化了其抗击这类攻击的能力。以这一方法攻击 DES，尚需要用 2^{47}个选择明文和 2^{47}次加密运算。为什么 DES 在强有力的差值密码分析攻击下仍能站住脚呢？根据 Coppersmith[1992 内部报告]透露，IBM 的 DES 研究组早在 1974 年就已知道这类攻击方法，因此，在设计 S 盒、P 置换和迭代轮数上都做了充分考虑(例如，以差分密码分析法攻击 8 轮 DES，在 PC 机上用一两分钟就可成功，而 DES 采用 16 轮)，从而使 DES 能经受住这一有效破译法的攻击。

差分密码分析是一种攻击迭代分组密码的选择明文统计分析破译法，与一般统计分析法不同之处是，它不是直接分析密文或密钥的统计相关性，而是分析明文差分和密文差分之间的统计相关性。给定一个 r 轮迭代密码，对已知 n 长明文对 X 和 X'，定义其差分为

$$\Delta X = X \otimes (X')^{-1} \qquad (4-5-1)$$

式中，$\oplus$表示 n - bit 组 X 的集合中定义的群运算，$(X')^{-1}$为 X' 在群中的逆元。在密钥 $\boldsymbol{k}$ 作用下，各轮迭代所产生的中间密文差分为

$$\Delta Y(i) = Y(i) \otimes Y'(i)^{-1} \qquad 0 \leqslant i \leqslant r \qquad (4-5-2)$$

而 $i=0$ 时，$Y(0)=X$，$Y'(0)=X'$，$\Delta Y(0)=\Delta X$。$i=r$ 时，$\Delta Y=\Delta Y(r)$，$k^{(i)}$是第 i 轮加密的子密钥，$Y(i)=f(Y(i-1),\boldsymbol{k}^{(i)})$，参看图 4-5-1。由于 $X\neq X'$，因此，$\Delta Y(i)\neq e$(单位元)，即 $\Delta Y(i)\in F_2^n-\{e\}$。每轮迭代所用子密钥 $\boldsymbol{k}^{(i)}$与明文统计独立，且可认为服从均匀分布。

一个离散随机变量序列 X_0，X_1，…，X_r，$0\leqslant i\leqslant r$，若满足

$$P(X_{i+1}=\beta_{i+1}|X_i=\beta_i,X_{i-1}=\beta_{i-1},\cdots,X_0=\beta_0)=P(X_{i+1}=\beta_{i+1}|X_i=\beta_i) \qquad (4-5-3)$$

就称其为 **Markov 链**，若对所有 α，β，$P(X_{i+1}=\beta|X_i=\alpha)$与 i 无关，就称其为**齐次的**。

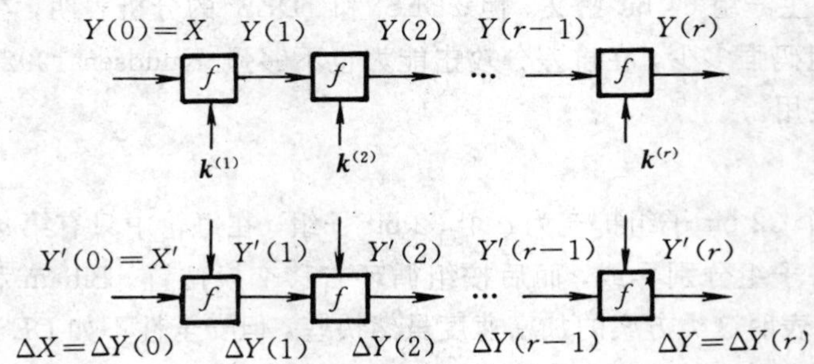

图 4-5-1 r 轮迭代分组密码的差分序列

以轮函数 f 构造的迭代密码，若对前面定义的差分存在一个群运算$\otimes$，使对 $\alpha(\alpha\neq e)$ 和 $\beta(\beta\neq e)$有概率

$$P(\Delta Y=\beta|\Delta X=\alpha,\ X=\gamma) \tag{4-5-4}$$

在概率 P 中，$Y=f(X,\ \boldsymbol{k})$，$Y'=f(X',\ \boldsymbol{k})$，当子密钥 $\boldsymbol{k}$ 为均匀随机选择时，上述概率独立于明文具体的选择值 γ，或等价地对所有 γ 的选择，有

$$P(\Delta Y=\beta|\Delta X=\alpha,\ X=\gamma)=P(\Delta Y(1)=\beta_1|\Delta X=\alpha) \tag{4-5-5}$$

则称这样的迭代密码为 **Markov** 密码[Lai 1992]。

Lai 等[1991]证明，Markov 密码的差分序列 $\Delta X=\Delta Y(0)$，$\Delta Y(1)$，…，$\Delta Y(r)$是一齐次 Markov 链，且若 ΔX 在群的非零元素上均匀分布，则此 Markov 链是平稳的。不少迭代分组密码可归结为 Markov 密码。如对 DES 有 $\Delta X=X\otimes(X')^{-1}=X\oplus X'$，对 LOKI[Browns 等 1990]、FEAL[Shimizu 等 1988]和 REDOC[Cusick 等 1990]等也有 $\Delta X=X\oplus X'$，且已证明它们都是 Markov 密码[Lai. 1992]。对于 PES 和 IDEA 型密码，相应轮函数为 $f(X\otimes\boldsymbol{k}_A,\ \boldsymbol{k}_B)$，其差分为 $\Delta X=X\otimes(X')^{-1}$，也都是 Markov 型密码。

一个 Markov 型密码，可以用**转移概率** $P(\Delta Y(l)=\alpha_j|\Delta X=\alpha_i)$的所有可能转移值构成的矩阵描述，称其为齐次 Markov 链的**转移概率矩阵**，以 Π 表示。一个 n - bit 分组密码有 $1\leqslant i,\ j\leqslant M=2^n-1$。对所有 r，有

$$\Pi^r=[P_{ij}^{(r)}]=[P(\Delta Y(r)=\alpha_j|\Delta X=\alpha_i)] \tag{4-5-6}$$

Π 的每一行都是一概率分布，行元素之和为 1。对于 Markov 型密码，当 ΔX 在非零元素上为均匀分布，则 ΔY 为一平稳 Markov 链，此时对于每个 j 有

$$\sum_{i=1}^{2^n-1}P_{ij}\frac{1}{2^n-1}=\frac{1}{2^n-1}\sum_{i=1}^{2^n-1}P_{ij}=\frac{1}{2^n-1} \tag{4-5-7}$$

即各列元素之和亦为 1，从而可知各列也构成一概率分布。差分密码分析揭示出，对迭代密码中的一个轮迭代函数 f 来说，若已知三元组$\{\Delta Y(i-1),\ Y(i),\ Y(i)'|Y(i)=f(Y(i-1),\ \boldsymbol{k}^{(i)}),\ Y'(i)=f(Y'(i-1),\ \boldsymbol{k}^{(i)})\}$，则不难决定该轮密钥 $\boldsymbol{k}^{(i)}$。因此，轮函数 f 的密码强度不高。这样，如果已知密文对，且有办法得到上一轮输入对的差分，则一般可决定出上一轮的子密钥(或其主要部分)。在差分密码分析中，通常选择一对具有特定差分 α 的明文，它使最后一轮输入对的差值 $\Delta Y(r-1)$为特定值 β 的概率很高。

差分密码分析的基本思想是在要攻击的迭代密码系统中找出某高概率差分来推算密钥。

一个 i 轮**差分**是一$(\alpha,\ \beta)$对，其中 α 是两个不同明文 X 和 X'的差分，β 是密码第 i 轮输出 $Y(i)$和 $Y'(i)$之间的差分。在给定明文的差分 $\Delta X=\alpha$ 条件下，第 i 轮出现一对输出的差分为 β 的条件概率称之为**第 i 轮差分概率**，以 $P(\Delta Y(i)=\beta|\Delta X=\alpha)$表示。对于 Markov 密码，第 i 轮差分概率就是第 i 阶转移概率矩阵 Π^i 中的元素$(\alpha,\ \beta)$。

基于上述概念对一个 r 轮迭代密码的差分分析攻击方法如下：

(1) 寻求第$(r-1)$轮差分$(\alpha,\ \beta)$使概率 $P(\Delta Y(r-1)=\beta|\Delta X=\alpha)$的值尽可能为最大。

(2) 随机地选择明文 X，计算 X'使 X'与 X 之差分为 α，在密钥 $\boldsymbol{k}$ 下对 X 和 X'进行加密得 $Y(r)$和 $Y'(r)$，寻求能使 $\Delta Y(r-1)=\beta$ 的所有可能的第 r 轮密钥 $K^{(r)}$，并对各子密钥 $\boldsymbol{k}_i^{(r)}$ 计数，若选定的 $\Delta X=\alpha$，$(X,\ X')$对在 $\boldsymbol{k}_i^{(r)}$ 下产生的$(Y,\ Y')$满足 $\Delta Y(r-1)=\beta$，就将相应 $\boldsymbol{k}_i^{(r)}$ 的计数增加 1。

(3) 重复第(2)步，直到计数的某个或某几个子密钥 $\boldsymbol{k}_i^{(r)}$ 的值，显著大于其它子密钥的计数值，这一子密钥或这一小的子密钥集可作为对实际子密钥 $\boldsymbol{K}(r)$的分析结果。

应当指出，在差分分析攻击中，所有子密钥是固定的(给定未知密钥 $\boldsymbol{k}$ 下)，只是明文是随机选择的。但在计算差分概率时，明文和所有子密钥是独立且为均匀随机选择的。在进行差分分析攻击时，通过计算差分概率来决定采用何种差分来进行攻击。

对于$(r-1)$轮差分(α, β)的高概率集，可以假定

$$\begin{aligned} &P(\Delta Y(r-1)=\beta | \Delta X=\alpha) \\ &\approx P(\Delta Y(r-1)=\beta | \Delta X=\alpha, K^{(1)}=\boldsymbol{k}^{(1)}, \cdots, \boldsymbol{k}^{(r-1)} \\ &=\boldsymbol{k}^{(r)}) \end{aligned} \qquad (4-5-8)$$

对绝大多数的子密钥$(\boldsymbol{k}^{(1)}, \boldsymbol{k}^{(2)}, \cdots, \boldsymbol{k}^{(r-1)})$成立。满足上式的差分$(\alpha, \beta)$称作 DC 有用差分，可用其进行差分分析攻击。显然，若$(r-1)$轮 DC 有用差分(α, β)能使

$$P(\Delta Y(r-1)=\beta | \Delta X=\alpha) \gg \frac{1}{2^n-1} \qquad (4-5-9)$$

则此种 r 轮迭代分组密码经受不了差分分析攻击。

由此可见，r 轮迭代分组密码在差分分析攻击下的安全性取决于其$(r-1)$轮差分(α, β)的概率分布的**均匀性**。而一种好的差分分析攻击，在于所选择的用于定义差分的群运算能使 DC 有用差分的概率极大化。

差分分析攻击成功取决于实现它所需的明文对(X, X')的数目的倍数，即为**数据复杂性**(Data Complexity)和所需的**处理复杂性**(Processing Complexity)。后者主要由从三重$(\Delta Y(r-1), Y, Y')$求子密钥 $K^{(r)}$ 的可能值所需的计算量决定，一般与 r 无关，且因轮数是弱密码函数，相对而言，处理复杂性不是主要问题，Lai 对此做了较详细的分析[1992]。其主要结果是：r 轮迭代密码在差分分析攻击下的数据复杂性为

$$C_d(r) \geqslant \frac{2}{P_{\max}^{(r-1)}-\frac{1}{2^n-1}} \qquad (4-5-10)$$

式中

$$P_{\max}^{(r-1)}=\max_{\alpha} \max_{\beta} P(\Delta Y(r-1))=\beta | \Delta X=\alpha) \qquad (4-5-11)$$

n 是明文分组长度。由上式可知，若

$$P_{\max}^{(r-1)} \approx \frac{1}{2^n-1} \qquad (4-5-12)$$

则差分分析攻击很难成功。若 $P_{\max}^{(r-1)} \leqslant 3 \times 2^{-n}$，则攻击至少需要对 2^{n-1}明文进行加密，即需要 2^n 个明文/密文对，而对一个给定的密钥，只有 2^n 个明文/密文对，如果都已知了，也就不必要去破译相应的子密钥了。因此，若能使 r 轮迭代分组密码的 $P_{\max}^{(r-1)} \leqslant 3 \times 2^{-n}$，则可对抗差分分析攻击。

以一个弱密码轮函数为例，若 r 小时难以满足式(4-5-12)，但对于满足一定条件的 Markov 分组密码，即其差分的 Markov 链为本原的和非周期的，则可证明[Lai 1992]

$$\lim_{r \to \alpha} P(\Delta Y(r)=\beta | \Delta X=\alpha)=\frac{1}{2^n-1} \qquad (4-5-13)$$

对于这样的迭代分级密码，只要迭代次数足够大，就可抗击差分分析攻击。事实上，DES 只有 16 轮，而 IDEA 只要 8 轮。Lai 给出了所需迭代次数的估计式，即为满足

$$ar_0^{t_0-1}|\lambda_2|^{r_0}\leqslant 2^{n-1} \tag{4-5-14}$$

的 r_0 值，选 $r>r_0$ 即可。式(4-5-14)中，λ_2 是矩阵Ⅱ的特征值中第二大特征值；t_0 是重数；a 为大于零的常数。显然 λ_2 越大和 t_0 越大，所需迭代轮数越小。

实际分组密码的分组长度 n 都相当大，如 64 bit，故要从$(2^{64}-1)\times(2^{64}-1)$阶转移概率矩阵来决定 λ 很不现实。由于对称型转移概率矩阵，在迭代中必然会出现高概率元，Lai 等建议采用非对称的转移概率矩阵[Lai 1992；Lai 等 1991；Coppersmith 1994]。差分密码分析已被推广至高阶差分分析，参看[Knudsen 1995；Lai 1994]。

有关对 DES 的差分攻击参看[Biham 等 1991，1992，1993；Knudsen 1992，1994；Stinson 1995]；对 IDEA 的差分攻击参看[Lai 1992]；对 LOKI 的分析参见[Brown 等 1990，1991；Biham 1993；Knudsen 1991，1992]；对 FEAL、LUCIFER 等的分析请参看[Biham 等 1991]；对 RC5 的分析请参看[Kaliski 等 1995]。利用分组密码的 Markov 理论已证明，所有迭代分组密码在经过足够多轮迭代后都将以很高的概率可抗差分攻击[Knudsen 1994]。

除了差分分析攻击外，还有一种有效的攻击法，即**线性攻击**。Rueppel[1986]的流密码专著中曾提出以最接近的线性函数逼近非线性布尔函数的概念，Matsui 推广了这一思想以最佳线性函数逼近 S 盒输出的非零线性组合[1993]，即所谓线性攻击，这是一种已知明文攻击法。对已知明文 $\boldsymbol{x}$ 密文 $\boldsymbol{y}$ 和特定密钥 $\boldsymbol{k}$，寻求线性表示式

$$(a\cdot\boldsymbol{x})\oplus(b\cdot\boldsymbol{y})=(d\cdot\boldsymbol{k})$$

式中，(a, b, d)是攻击参数。对所有可能密钥，此表达式以概率 $P_L\neq 1/2$ 成立。对给定的密码算法，使 $|P_L-1/2|$ 极大化。为此对每一 S 盒的输入和输出之间构造统计线性路径，并最终扩展到整个算法，如 DES。以此方法攻击 DES 的情况如下：采用 PA-RISC/66 MHz 工作站，对 8 轮 DES 可以用 2^{21} 个已知明文在 40 秒钟内破译；对 12 轮 DES 以 2^{33} 个已知明文用 50 小时破译；对 16 轮 DES 以 2^{47} 个已知明文攻击下较穷举法要快。如采用 12 个 HP 9735/PA-RISC 99 MHz 的工作站联合工作，破译 16 轮 DES 用了 50 天。有关线性攻击还可参看[Biham 1995；Kaliski 等 1994；Nyberg 1994，1995；O'connor 1995]。

将差分攻击与线性攻击结合起来攻击迭代分组密码就更为有效，Langford 和 Hellman[1994]提出此方法，并对 DES 进行了分析，对 8 轮 DES 采用 768 个选择密文可以 95%的概率恢复出密钥中的 10 bit。Heys 等讨论了抗击这类攻击的乘积密码设计问题[1996]。Matsui[1996]给出差分和线性攻击下可证明安全的分组密码新结构。

Knudsen[1995]还提出**截短**(Truncated)差分攻击法，即采用部分差分进行攻击。Harpes 等[1995]提出了部分线性攻击法，即考虑用明文空间的一部分和最后一轮输入空间的一部分进行攻击的方法。

研究抗各类攻击的分组密码特性及其相互之间的关系是很重要的，有时会收到事半功倍的效果。抗差分分析攻击要求系统的差分值具有**均匀性**，而要抗线性攻击要求迭代函数具有高阶**非线性性**。抗相关攻击则要求系统具有**高阶相关免疫性**。已有的研究结果[Seberry 等 1993，1994；Chabaud 等 1995；Feng 等 1996，1997]指出，抗差分分析攻击和抗线性分析攻击具有一致性，可以设计一个分组密码使其既能抗差分分析攻击又能抗线性攻击。但这两者与抗相关攻击是相矛盾的。一个抗差分分析攻击能力强的密码，其抗相关攻击的能力就弱；反之亦然，因此设计中要进行合理的折衷选择。

其它攻击方法还有**文本字典式**(Text Dictionary)攻击、**密文匹配**(Ciphertext Attack)

[Coppersmith 等 1996]、Biham[1993]的相关密钥攻击、Jakobsen 和 Knudsen[1997]的内插攻击、Rijmen 等[1995]对非满射轮函数和非均匀轮函数的攻击法、Biham 和 Shamir[1977]的差分故障分析[Differential fault analysis]、Kocher[1996]的定时攻击等。

密钥的传送和子密钥的生成算法对于分组密码的安全有重要的作用[Quisquater 等 1985]。Biham 提出了相关密钥密码分析[Biham 1994]，其目标是攻击子密钥的生成算法，以达到降低迭代分组密码的安全性。因此，在设计分组密码时必须增强子密钥生成算法的非线性性，降低子密钥的相关性，以能抗击这类攻击[Knudsen 1994；Gu 1998]。

4.6 IDEA

国际数据加密算法简记为 IDEA(International Data Encryption Algorithm)。

4.6.1 概况

1990 年由瑞士联邦技术学院来学嘉(X. J. Lai)和 Massey 提出的建议标准算法，称作 PES(Proposed Encryption Standard)，后改称为 IDEA[Lai 1992，Lai 等 1991]。1992 年进行了改进，强化了抗差值分析的能力。这是近年来提出的各种分组密码中一个很成功的方案，已在 PGP 中采用。

4.6.2 算法原理

运算：输入和输出字长为 64 bit，密钥长 128 bit，8 轮迭代体制。采用了下述几种基本运算：

(1) 逐位 mod 2 和，以⊕表示；

(2) mod 2^{16}(即 65 536) 整数加，以$\boxplus$表示；

(3) mod ($2^{16}+1$) (即 65 537)整数乘，以⊙表示。

(4) 三个运算中任意两个运算不满足分配律。例如：

$$a \boxplus (b \odot C) \neq (a \boxplus b) \odot (a \boxplus c)$$

(5) 三个运算中任意两个运算间不满足结合律。例如：

$$a \boxplus (b \oplus C) \neq (a \boxplus b) \oplus c$$

以上的(1)、(2)、(3)三种运算之间不具兼容性。这些运算使输入之间实现了较复杂的组合运算，8 次迭代后经过一个输出变换给出密文。

IDEA 可用于各种标准工作模式。

实现考虑了下述三个方面：

(1) **基本构件——乘/加**(MA—Multiplication/Addition)**单元**。实现以 16 bit 为字长的非线性 S 盒，如图 4-6-1 所示。它是 IDEA 实现中的关键非线性构件。通过 8 轮迭代，能够完成更好的扩散和混淆。研究表明，为实现完善混淆至少需要 4 轮迭代。

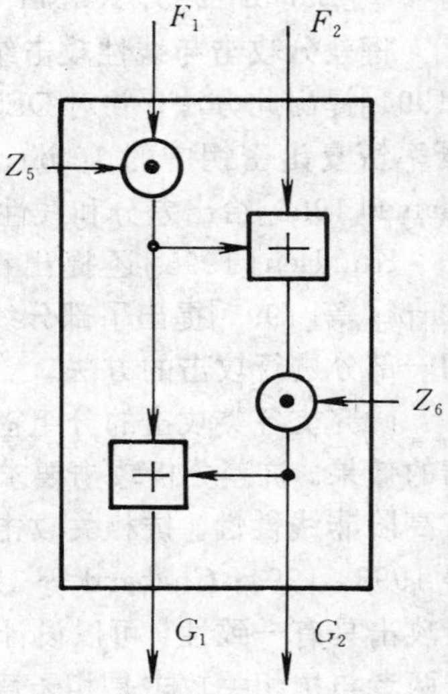

图 4-6-1 MA(乘/加)单元

(2) **硬件**。加密、解密运算相似，差别是密钥时间表，类似于 DES，具有对合性，可用同一器件实现。由于采用规则的模块结构，易于设计 ASIC 实现。瑞士苏黎士 ETH 公司开发的 ASIC 芯片，用了 251 000 支晶体管，芯片面积为 107.8 mm^2，钟频为25 MHz，速率为 177 Mb/s 。

(3) **软件**。采用子段结构：以 16 bit 为字长进行处理。采用简单运算，三种运算易于编程实现加、移位等。在主频 33 MHz 的 386 PC 机上，加、解密速率可达 880 kb/s，在 VAX 9000 上可达 3.5 Mb/s 以上。

4.6.3　加密过程

加密过程的框图如图 4-6-2 所示。它由两部分组成：一个是对输入 64 bit 明文组的 8 轮迭代产生 64 bit 密文输出；另一个是由输入的 128 bit 会话密钥，产生 8 轮迭代所需的 52 个子密钥，共 52×16 bit。运算过程字长均采用 16 bit。

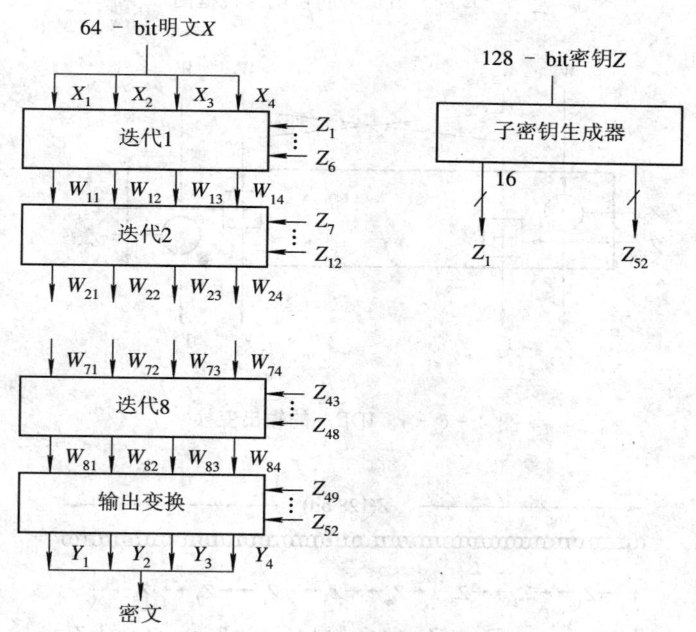

图 4-6-2　IDEA 的框图

每轮迭代。运算过程如图 4-6-3 所示。每次迭代所用密钥不同，其它均一样。

输出变换。输出变换如图 4-6-4 所示。其主要功能是保证 IDEA 整个加密、解密具有对合性质。

子密钥产生器。以输入的 8×16 bit 会话密钥作为前 8 个子密钥 $Z_1, \cdots, Z_8$，而后将 128 位移存器循环左移 25 位，形成子密钥 $Z_9 \sim Z_{15}$，相应于移寄器的存数，如图 4-6-5 所示。这一过程一直重复，直到给出子密钥 $Z_{49} \sim Z_{52}$。这种迭代每轮需要 6 个子密钥，而密钥产生器每轮移位后给出 8 个子密钥，所以 IDEA 算法中每轮所用子密钥将从 128 bit 会话密钥移存器中的不同位置取出。

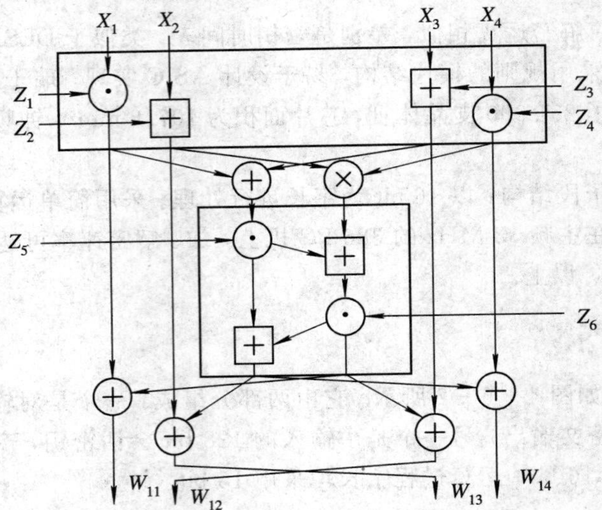

X1
X2
X3
X4
Z1
Z2
Z3
Z4
Z5
Z6
W11
W12
W13
W14

图 4-6-3 IDEA 的首次迭代框图

W1
W2
W3
W4
Z49
Z50
Z51
Z52
Y1
Y2
Y3
Y4

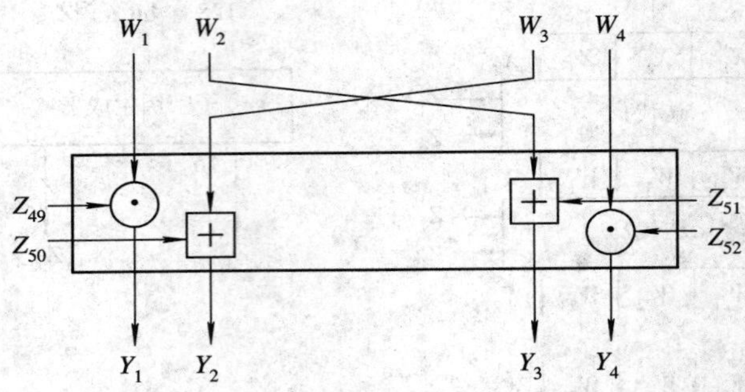

图 4-6-4 IDEA 的输出变换

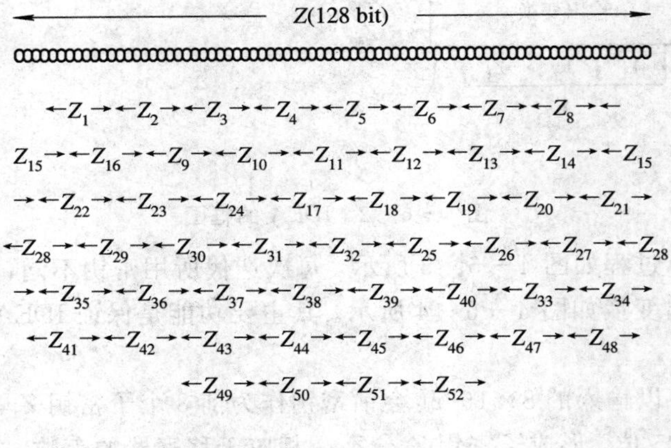

Z(128 bit)
Z1 Z2 Z3 Z4 Z5 Z6 Z7 Z8
Z15 Z16 Z9 Z10 Z11 Z12 Z13 Z14 Z15
Z22 Z23 Z24 Z17 Z18 Z19 Z20 Z21
Z28 Z29 Z30 Z31 Z32 Z25 Z26 Z27 Z28
Z35 Z36 Z37 Z38 Z39 Z40 Z33 Z34
Z41 Z42 Z43 Z44 Z45 Z46 Z47 Z48
Z49 Z50 Z51 Z52

图 4-6-5 IDEA 的子密钥

4.6.4　解密过程

基本和加密过程相同，仅解密子密钥 U_1，U_2，…，U_{52} 与加密子密钥 Z_1，Z_2，…，Z_{52} 之间具有如表 4-6-1 给出的关系。

表 4-6-1　IDEA 加密、解密子钥表

	加密钥	解密钥	
第一轮	$Z_1, Z_2, Z_3, Z_4, Z_5, Z_6$	$U_1, U_2, U_3, U_4, U_5, U_6$	$Z_{49}^{-1}, -Z_{50}, -Z_{51}, Z_{52}^{-1}, Z_{47}, Z_{48}$
二	$Z_7, Z_8, Z_9, Z_{10}, Z_{11}, Z_{12}$	$U_7, U_8, U_9, U_{10}, U_{11}, U_{12}$	$Z_{43}^{-1}, -Z_{45}, -Z_{44}, Z_{46}^{-1}, Z_{41}, Z_{42}$
三	$Z_{13}, Z_{14}, Z_{15}, Z_{16}, Z_{17}, Z_{18}$	$U_{13}, U_{14}, U_{15}, U_{16}, U_{17}, U_{18}$	$Z_{37}^{-1}, -Z_{39}, -Z_{38}, Z_{40}^{-1}, Z_{35}, Z_{36}$
四	$Z_{19}, Z_{20}, Z_{21}, Z_{22}, Z_{23}, Z_{24}$	$U_{19}, U_{20}, U_{21}, U_{22}, U_{23}, U_{24}$	$Z_{31}^{-1}, -Z_{33}, -Z_{32}, Z_{34}^{-1}, Z_{29}, Z_{30}$
五	$Z_{25}, Z_{26}, Z_{27}, Z_{28}, Z_{29}, Z_{30}$	$U_{25}, U_{26}, U_{27}, U_{28}, U_{29}, U_{30}$	$Z_{25}^{-1}, -Z_{27}, -Z_{26}, Z_{28}^{-1}, Z_{23}, Z_{24}$
六	$Z_{31}, Z_{32}, Z_{33}, Z_{34}, Z_{35}, Z_{36}$	$U_{31}, U_{32}, U_{33}, U_{34}, U_{35}, U_{36}$	$Z_{19}^{-1}, -Z_{21}, -Z_{20}, Z_{22}^{-1}, Z_{17}, Z_{18}$
七	$Z_{37}, Z_{38}, Z_{39}, Z_{40}, Z_{41}, Z_{42}$	$U_{37}, U_{38}, U_{39}, U_{40}, U_{41}, U_{42}$	$Z_{13}^{-1}, -Z_{15}, -Z_{14}, Z_{16}^{-1}, Z_{11}, Z_{12}$
八	$Z_{43}, Z_{44}, Z_{45}, Z_{46}, Z_{47}, Z_{48}$	$U_{43}, U_{44}, U_{45}, U_{46}, U_{47}, U_{48}$	$Z_7^{-1}, -Z_9, -Z_8, Z_{10}^{-1}, Z_5, Z_6$
输出置换	$Z_{49}, Z_{50}, Z_{51}, Z_{52}$	$U_{49}, U_{50}, U_{51}, U_{52}$	$Z_1^{-1}, -Z_2, -Z_3, Z_4^{-1}$

表 4-6-1 中的密钥满足下述关系：

$$Z \odot Z_j^{-1}=1 \mod (2^{16}+1) \tag{4-6-1}$$

$$-Z \boxplus Z_j=0 \mod 2^{16} \tag{4-6-2}$$

4.6.5　对合性的证明

下面我们来证明 IDEA 算法的对合性质，参看图 4-6-6。首先证明第 8 轮加密和输出变换对与解密时输入变换和第一轮解密变换的对合性质。

由加密框图知，加密输出变换 T_{E_9}，有

$$Y_1=W_{81} \odot Z_{49} \qquad Y_3=W_{82} \boxplus Z_{51}$$

$$Y_2=W_{83} \boxplus Z_{50} \qquad Y_4=W_{84} \odot Z_{52}$$

由解密图知，解密输入变换 T_{D_9}，有

$$J_{11}=Y_1 \odot U_1 \qquad J_{13}=Y_3 \boxplus U_3$$

$$J_{12}=Y_2 \boxplus U_2 \qquad J_{14}=Y_4 \odot U_4$$

将表给出的 U_1，U_2，U_3，U_4 代入上式得

$$J_{11}= Y_1 \odot Z_{49}^{-1}= W_{81} \odot Z_{49} \odot Z_{49}^{-1}= W_{81}$$

$$J_{12}= Y_2 \boxplus -Z_{50}= W_{83} \boxplus Z_{50} \boxplus -Z_{50}= W_{83}$$

$$J_{13}= Y_3 \boxplus -Z_{51}= W_{82} \boxplus Z_{51} \boxplus -Z_{51}= W_{82}$$

$$J_{14}= Y_4 \odot Z_{52}^{-1}= W_{84} \odot Z_{52} \odot Z_{52}^{-1}= W_{84}$$

将 J_{12} 和 J_{13} 交换位置，即完成 T_{D_1} 变换。

由此可见，加密输出变换 T_{E_9} 和解密输入变换 T_{D_1} 有对合性，即 $T_{D_1}=T_{E_9}^{-1}$。

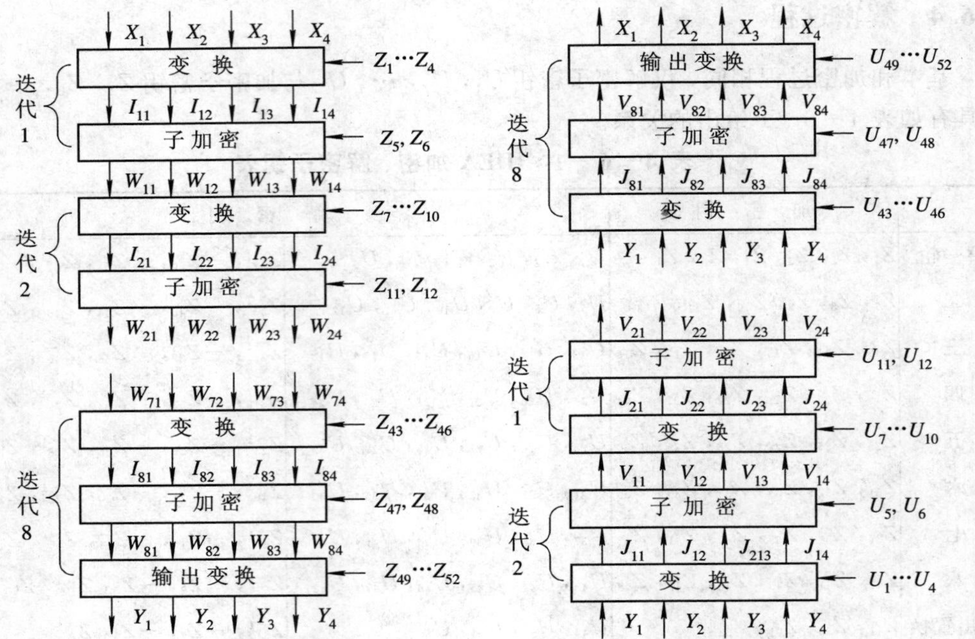

图 4-6-6 IDEA 的加密和解密框图

由图 4-6-6 可知，对第八轮加密变换 E_8，有：

$$W_{81} = I_{81} \oplus \mathrm{MA_R}(I_{81} \oplus I_{83},\ I_{82} \oplus I_{84})$$
$$W_{82} = I_{83} \oplus \mathrm{MA_R}(I_{81} \oplus I_{83},\ I_{82} \oplus I_{84})$$
$$W_{83} = I_{82} \oplus \mathrm{MA_L}(I_{81} \oplus I_{83},\ I_{82} \oplus I_{84})$$
$$W_{84} = I_{84} \oplus \mathrm{MA_L}(I_{81} \oplus I_{83},\ I_{82} \oplus I_{84})$$

其中，$\mathrm{MA_R}(X,Y)$是 MA 单元的右边输出，$\mathrm{MA_L}(X,Y)$是其左边输出。由图 4-3-6 可知，第一轮解密运算 D_1 有

$$\begin{aligned}
V_{11} &= J_{11} \oplus \mathrm{MA_R}(J_{11} \oplus J_{13},\ J_{12} \oplus J_{14}) \\
&= W_{81} \oplus \mathrm{MA_R}(W_{81} \oplus W_{82},\ W_{83} \oplus W_{84}) \\
&= I_{81} \oplus \mathrm{MA_R}(I_{81} \oplus I_{83}, I_{82} \oplus I_{84}) \oplus \mathrm{MA_R}[I_{81} \oplus \mathrm{MA_R}(I_{81} \oplus I_{83},\ I_{82} \oplus I_{84}) \\
&\quad \oplus I_{83} \oplus \mathrm{MA_R}(I_{81} \oplus I_{83},\ I_{82} \oplus I_{84}),\ I_{82} \oplus \mathrm{MA_L}(I_{81} \oplus I_{83},\ I_{82} \oplus I_{84}) \oplus \mathrm{MA_L} \\
&\quad (I_{81} \oplus I_{83},\ I_{82} \oplus I_{84})] \\
&= I_{81} \oplus \mathrm{MA_R}(I_{81} \oplus I_{83},\ I_{82} \oplus I_{84}) \oplus \mathrm{MA_8}(I_{81} \oplus I_{83},\ I_{82} \oplus I_{84}) \\
&= I_{81}
\end{aligned}$$

类似可证 $V_{12}=I_{83}$，$V_{13}=I_{82}$，$V_{14}=I_{84}$。经过将中间 V_{12}和 V_{13}交换位置就完成了 D_1。由此可见 E_8 和 D_1 具有对合性，即 $D_1=E_8^{-1}$。

类似也可证明

$$T_{\mathrm{D}i} = T_{\mathrm{E}i}^{-1} \qquad i = 1, 2, \cdots, 9 \tag{4-6-3}$$

$$D_i = E_{8-i}^{-1} \qquad i = 1, 2, \cdots, 8 \tag{4-6-4}$$

因此，在给定密钥 $\boldsymbol{k}$ 下，对初始 64 bit 明文组 $\boldsymbol{x}$，有 64 bit 密文组

$$\boldsymbol{y} = E_{\mathrm{IDEA},k}(\boldsymbol{x}) = T_{\mathrm{E9}}(E_8(\cdots T_{\mathrm{E2}}(E_1(T_{\mathrm{E1}}(\boldsymbol{x})))\cdots) \tag{4-6-5}$$

在同样会话密钥 K 下的解密

$$\begin{aligned} D_{\mathrm{IDEA},k}(\boldsymbol{y}) &= T_{D_9}(D_8(\cdots D_1(T_{D_1}(\boldsymbol{y}))\cdots)) \qquad (4-6-6)\\ &= T_{D_9}(D_8\cdots D_1(T_{D_1}(T_{E_9}(E_8(\cdots E_1(T_E(\boldsymbol{x}))\cdots))))\cdots)\\ &= \boldsymbol{x} \end{aligned}$$

即有

$$D_{\mathrm{IDEA},k}(E_{\mathrm{IDEA},k}(\boldsymbol{x})) = \boldsymbol{x} \qquad (4-6-7)$$

从而证明了 IDEA 的对合性质。

4.6.6　安全性

(1) 穷搜索破译，要求进行 $2^{128}\approx10^{38}$次试探。若每秒钟完成 100 万次加密，需 10^{13}年，若用 10^{24}个 ASIC 芯片阵需要一天。

(2) 能抗差值分析和相关分析，似无 DES 意义下的弱密钥。

(3) IDEA 似不构成群。

有关对 IDEA 的分析有，Daemen 识别了 IDEA 的几类弱密钥[Daemen 1995；Daemen 等 1993]；Meier 分析 IDEA 后认为对 8 轮 IDEA 没有捷径破译它[1993]；Harpes 等[1995]的分析也表明 IDEA 在线性和差分攻击 IDEA 是安全的。

4.6.7　变形

将字长由 16 bit 加长为 32 bit，密钥相应长 256 bit，采用 2^{32}模加，$2^{32}+1$ 模乘，可进一步强化 IDEA。

4.7　SAFER *K* - 64

4.7.1　概况

SAFER *K* - 64(Secure And Fast Encryption Routine)是 Massey 为 Cylink 公司设计的非专用分组密码算法，已用于他们的密码产品中[Massey 1994]。新加坡政府拟采用 128 bit 密钥的这一算法。这一算法无专利和产权等限制[Massey 1995]。

算法明文密文数据分组为 64 bit。面向字节运算，$K-64$ 的密钥为 64 bit，$K-128$ 的密钥为 128 bit。它们都用 r 轮迭代，适于软件实现；采用了**非正则线性变换** PHT(Pseudo Hadamard Transform)，可实现有效的混淆；采用了密钥偏置来消除弱密钥。

4.7.2　算法描述

明文 64 bit 组划分为 8 个子组 B_1，B_2，…，B_8，通过 r 轮迭代，经输出变换得到 64 bit 密文，每轮子密钥为 K_{2i-1}和 K_{2i}。每轮变换如图 4 - 7 - 1 所示。各子组与本轮相应子密钥进行异或运算或按字节(即 mod 256)相加运算。所得各输出字节进行有限域 GF(257)中的下述之一运算：

$$y = 45^x \bmod 257 \qquad (若\ x=0,\ 则\ y=0) \qquad (4-7-1)$$

$$y = \log_{45} x \qquad (若\ x=0,\ 则\ y=0) \qquad (4-7-2)$$

式中，45 是 GF(257)的一个本原元素，实际上可采用查表来完成，故可较快实现。而后将所得各子组与密钥 k_{2i} 相应字节进行加法或异或运算。其输出送入四个称之为 PHT 的线性运算，按双字节实现。令 PHT 的输入字节为 a_1 和 a_2，则其输出为

$$b_1 = (2a_1 + a_2) \quad \bmod 256 \tag{4-7-3}$$

$$b_2 = (a_1 + a_2) \quad \bmod 256 \tag{4-7-4}$$

r 轮之后的输出通过最后的输出变换即各字节与密钥 K_{2r+1} 相应部分异或运算或相加后给出最后的 64 bit 密文输出。

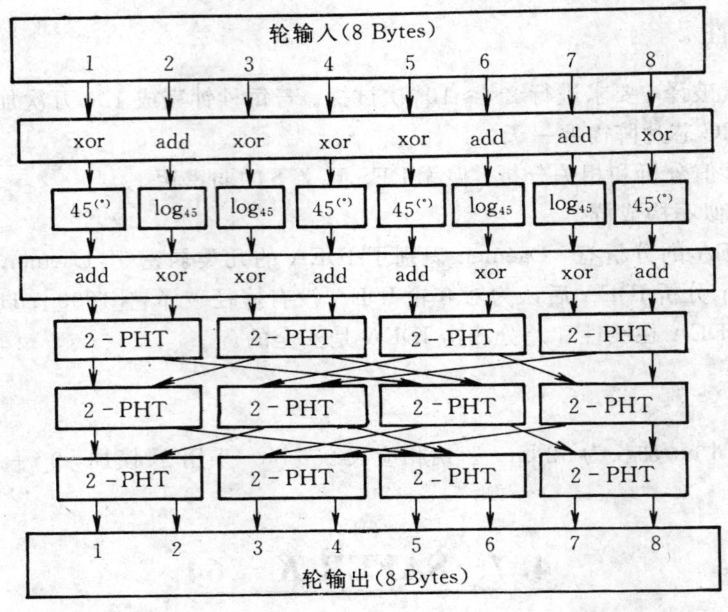

图 4-7-1　SAFER K-64 的加密轮变换框图

加密过程与解密过程类似，先进行输入变换(加密输出变换之逆)，再经 r 轮变换，整个子密钥的时序与加密相反。如图 4-7-2 所示，其中 PHT 的逆变换 IPHT 为

$$a_1 = (b_1 - b_2) \quad \bmod 256 \tag{4-7-5}$$

$$a_2 = (-b_1 + 2b_2) \quad \bmod 256 \tag{4-7-6}$$

关于此算法的可逆性证明可参看[Massey 1994]。

子密钥生成。k_1 就是用户的会话密钥，其余子密钥按下式生成：

$$K_{i+1} = (K_i <<< 3) \oplus B_i \tag{4-7-7}$$

“$<<<$”表示循环移位 K_i 的各字节循环左移 3 次，B_i 是第 i 轮用常数，加号“+”表示各相应字节按 mod 256 相加运算。

$$B_i = [b_{i1},\ b_{i2},\ \cdots,\ b_{i8}] \tag{4-7-8}$$

式中，b_{ij} 的 $i=1, \cdots, 2r+1$；$j=1, 2, \cdots, 8$。可按下式求出：

$$b_{ij} = 45^{(45^{(9i+j) \bmod 256} \bmod 257)} \quad \bmod 257 \tag{4-7-9}$$

可以预先计算好存入表中。

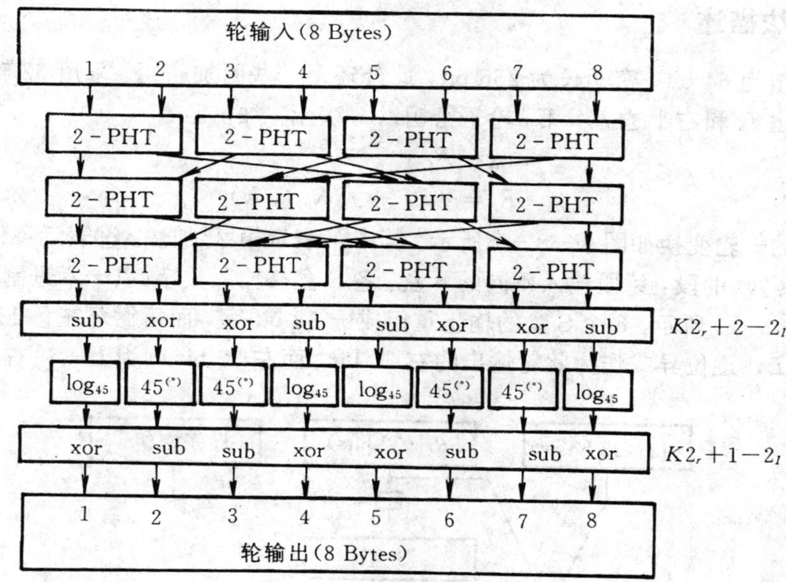

图 4-7-2　SAFER *K* - 64 的解密轮变换框图

4.7.3　SAFER *K* - 128

它是新加坡民政事务部开发的一种子密钥生成法，并由 Massey 用于 SAFER 中。它采用 2 个 64 bit 密钥 K_a 和 K_b，用它们并行地生成两个子密钥序列，而后从每个序列中交替地取出子密钥。采用 SAFER - *K* 之前需经过仔细分析。

4.7.4　SAFER *K* - 64 的安全性

Massey 证明，8 轮的 SAFER *K* - 64 可以抗差分攻击。6 轮 SAFER *K* - 64 有足够安全性。而 3 轮以上的 SAFER *K* - 64 可抗线性攻击。Knudsen[1995]在子密钥时序表中发现了弱密钥，使 6 轮之后加密成同一密文的不同明文数为 2^{22}到 2^{28}个，虽然这对 SAFER 用于加密的安全性影响不大，但对其用于杂凑函数会使安全性大大降低了。因此，Knudsen 建议至少采用 8 轮迭代[Knudsen 1995，Knudsen 等 1996]。Vaudenary[1995]证明若以随机置换代替 S - Box 的映射，SAFER *K* - 64 将变弱。

4.8　GOST

4.8.1　概况

这是前苏联国家标准局采用的一种标准分组密码算法[GOST 1989 Schneiv 1995]，标准系列号为 28147 - 89。不知其是否用于机密业务还是只作为商用加密。传闻曾用作包括机密级军事通信中[Charnes 等 1994]。

4.8.2　算法描述

消息分组为 64 bit，密钥长为 256 bit，此外还用一些附加密钥。采用 32 轮迭代。明文组分为左半边 L_i 和右半边 R_i，第 i 轮子密钥以 k_i 表示。加密函数

$$L_i = R_{i-1} \tag{4-8-1}$$

$$R_i = L_{i-1} \oplus f(R_{i-1}, k_i) \tag{4-8-2}$$

GOST 的一轮变换如图 4-8-1 所示。其中$\boxplus$表示模 2^{32}加法。$\oplus$表示逐位模之和，而后分成 8 个 4 bit 的段，每段输入不同的 S 盒。各 S 盒将输入数字(以十六进制表示)进行置换。如表 4-8-1 所示。8 个 S 盒的输出重组成一 32 bit 字，而后循环左移 11 次之后与上一轮左半边 L_{i-1}逐位异或作为此轮输出的右 32 bit，而左 32 bit 则为上一轮右 32 bit。

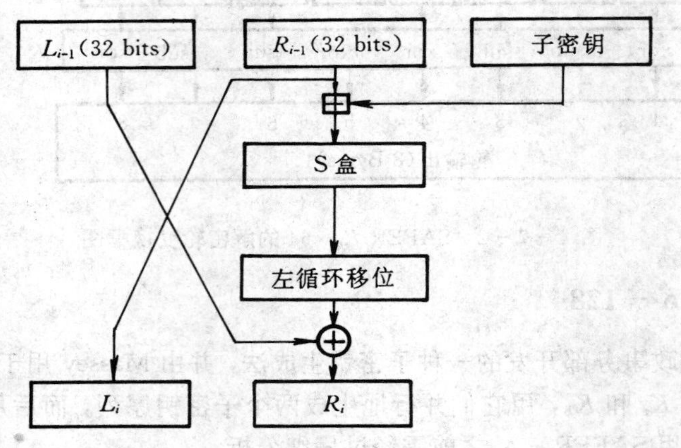

图 4-8-1　GOST 的轮变换

表 4-8-1　GOST 的 S 盒

输出＼输入	0	1	2	3	4	5	6	7	8	9	10	11	12	13	14	15
S-box 1	4	10	9	2	13	8	0	14	6	11	1	12	7	15	5	3
S-box 2	14	11	4	12	6	13	15	10	2	3	8	1	0	7	5	9
S-box 3	5	8	1	13	10	3	4	2	14	15	12	7	6	0	9	11
S-box 4	7	13	10	1	0	8	9	15	14	4	6	12	11	2	5	3
S-box 5	6	12	7	1	5	15	13	8	4	10	9	14	0	3	11	2
S-box 6	4	11	10	0	7	2	1	13	3	6	8	5	9	12	15	14
S-box 7	13	11	4	1	3	15	5	9	0	10	14	7	6	8	2	12
S-box 8	1	15	13	0	5	7	10	4	9	2	3	14	6	11	8	12

子密钥生成。256 bit 密钥划分成 8 个 32 bit 密钥 k_1，k_2，…，k_8。各轮按表 4-8-2 所示采用不同的子密钥。解密时子密钥的时序相反。

关于 S 盒的设计没有公开的讨论资料，有人怀疑是当局可能将好的 S 盒给一些关键部

门用，而将弱的 S 盒给其它部门用，以便能监听。GOST 芯片生产厂家提供的是另一种 S 盒。采用随机数产生器来生成 S 盒的置换，俄联邦中央银行用的 S 盒以及单向杂凑函数用的都是表 4 - 8 - 1 所列的。

表 4 - 8 - 2　GOST 的各轮子密钥表

子 密 钥 号	1	2	3	4	5	6	7	8
轮　　号	1	2	3	4	5	6	7	8
	9	10	11	12	13	14	15	16
	17	18	19	20	21	22	23	24
	32	31	30	29	28	27	26	25

4.8.3　密码分析

DES 和 GOST 的主要差别是 DES 的子密钥由较复杂的方式产生，而 GOST 则很简单。DES 的密钥为 56 bit，而 GOST 为 256 bit，如果再加上密钥的 S 盒置换，其秘密信息可达 610 bit。DES 的 S 盒是 6 bit 输入 4 bit 输出。而 GOST S 盒的输入和输出都是 4 bit。DES 采用了 P 置换。而 GOST 采用 11 bit 循环左移位。GOST 的轮数为 DES 的两倍。

如果找不到 GOST 的破译捷径，则其在抗差分和线性攻击上可能优于 DES。GOST 的随机选择的 S 盒不如 DES 的 S 盒，但迭代轮数高，且 S 盒可随机秘密选择，因而差分和线性攻击可能对它无能为力。DES 中采用了扩展置换，加速雪崩特性，而 GOST 中采用循环移位来代替此技术，因而雪崩效应远不如 DES 快。

GOST 修正了 DES 的一些设计，以便于软件实现，并以长密钥 S 盒代换和加大迭代轮数等来强化。其所达到的安全性还有待于进一步分析。

4.9　RC - 5

4.9.1　概况

RC - 5 由 R. Rivest 设计，是 RSA 实验室的一个产品。它是一种分组长(为 2 倍字长 w bit)、密钥长(按字节数计)和迭代轮数 r 都可变的一种分组迭代密码体制[Rivest 1995]。它以 RC5 - $w/r/b$ 表示。它面向字结构，便于软件和硬件快速实现。适用于不同字长 w bit 的微处理器，字长是 RC - 5 的一个选择参数。通过字长、密钥长和迭代轮数三个参数的选择可以在安全性和实现速度上进行灵活的折衷选择。

RC - 5 的新颖之处还在于引入了一种新的密码基本变换，即**数据相倚旋转**(Data-Dependent Rotations)，即一个中间的字是另一个中间的低位 bit 所决定的循环移位的结果。这对于提高密码强度很有作用。Madryga[1984]曾提出用数据相倚旋转强化密码。

4.9.2　算法描述

令字长为 w bit，数据分组长则为 $2w$ bit，r 轮迭代。密钥为$(2r+2)\times 32$ bit。按 w bit

字长划分为 S_0，S_1，…，S_{2r+2}。明文组被划分成两个 w bit 字，以 A 和 B 表示。(按 Little-endion 结构中规定，A 的第一字节进入寄存器 A 中的低位，以此类推，第 4 字节进入最高位。)

加密：

$A=A+S_0$

$B=B+S_1$

For $i=1$ to r do

$A=((A\oplus B)<<<B)+S_{2i}$

$B=((B\oplus A)<<<A)+S_{2i+1}$

输出相应存在寄存器 A 和 B 中。其中＋为 mod 2^w 加法，$\oplus$逐位异或，"$x<<<y$"表示字 x 循环左移，移位次数由字 y 的 lb w 个低位 bit 决定，如 $w=32$ 即为 5 位。现代的微处理器的这类旋转运算所需时间与移位次数无关，是个常数。且由于旋转量由数据本身决定，因而不是预先定好的，而是时变的、非线性的，RC－5 的强度与此有重要依赖关系。

解密：是加密之逆运算

For $i=r$ to 1 do

$B=((B-S_{2i+1})>>>A)\oplus A$

$A=((A-S_{2i})>>>B)\oplus B$

$B=B-S_1$

$A=A-S_0$

其中，"$x>>>y$"表示 x 按 y 所定次数进行循环右移运算。A 和 B 相互异或提供了雪崩效应。

密钥序列生成。利用用户的会话密钥 K 展成一个密钥阵 S，它由 K 所决定的 $t=2(r+1)$ 个随机二元字构成。算法由三个部分组成。

(1) 幻常数的定义：

$$P_w = \mathrm{Odd}((e-2)2^w) \tag{4-9-1}$$

$$Q_w = \mathrm{Odd}((\varphi-1)2^w) \tag{4-9-2}$$

其中，e＝2.718 281 828 459…(自然对数的底)；φ＝1.618 033 988 749…(黄金分割率)；Odd(x)：与 x 最近的奇整数；w：字的长度。$w=16$，32，64 时的幻常数值的十六进制表示如下：

$P_{16}=$ b7e1　　$P_{32}=$ b7e15163　　$P_{64}=$ b7e151628aed2a6b

$Q_{16}=$ 9e37　　$Q_{32}=$ 9e3779b9　　$Q_{64}=$ 9e3779b97f4a7c15

(2) 步骤 1：将秘密钥变换成字的格式

令密钥 K 为 b 个字节，k_0，k_1，…，k_{b-1}，令 $u=w/8$ 为每个字的字节数，令 $c=[b/u]$是密钥的字数，[·]为取大于其中数的最小正整数。必要时填充一些二元数字 0。用密钥 $\boldsymbol{K}$ 的各字节构造字的阵 $L=[0, \cdots, c-1]$。上述实际上是将密钥 $\boldsymbol{K}$ 经填充后依次按字节读入初始值为全 0 的存储器 L 中。

For $i=b-1$ down to 0 do

$L[i/u]=(L[i/u]<<<8)+K[i]$

(3) 步骤 2：初始化阵 S

利用 mod 2^w 的线性同余算法对阵 S 填入一个特定的且与密钥独立的伪随机数。算法如下：

$S_0=P_w$

For $i=1$ to $2(r+1)-1$

$S_i=(S_{i-1}+Q_w) \mod 2^w$

(4) 步骤 3：密钥 K 即阵 L 与阵 S 中伪随机数混合。

$i=j=0$

$A=B=0$

do n times (n 是 $\max(r, c)$)

$A=S_i=(S_i+A+B)<<<3$

$B=L_j=(L_j+A+B)<<<(A+B)$

$i=(i+1) \mod 2(r+1)$

$j=(j+1) \mod c$

此算法具有单向性，从 S 难以导出 K。

4.9.3 实现

加解密很简洁，表 S 也不大，故易于用各类处理器实现。Rivest 给出 RC－5 32/12/16 的程序代码。用 50 MHz 的 486 笔记本 PC 机，16 bit Borland C＋＋编程。加密速度达 100 kb/s，若用 Pentium PC 机，优化编程，加密速度可达数 Mb/s。

4.9.4 安全性

RC－5 是新提出的一种算法，其安全性尚未经受足够的检验。RSA 实验室曾对 RC－5 32 进行过大量分析，经 5 轮迭代后的统计特性看来已相当好。在 8 轮之后明文的每一 bit 都会对旋转有影响。在 5 轮下，差分攻击需要 2^{24} 个选择明文；在 10 轮下需 2^{45} 个，在 12 轮下为 2^{53} 个，在 15 轮下需 2^{68} 个。而 6 轮以上时即可抗线性攻击。Rivest 建议至少用 12 轮，可能 16 轮更为合适。对 RC－5 的分析研究可参看[Kaliski 等 1995；Knudsen 等 1996]。

4.10 Blowfish

4.10.1 概况

这是由 B. Schneier 设计的用于大型微处理器上实现的密钥可变 16 轮迭代分组密码算法，数据分组长为 64 bit，密钥长最大为 448 bit，18 个 32 bit 子密钥和 8 个 32 bit 的 S 盒[Schneier 1994]。易于软件快速实现，所需存储不到 5 KB。在 32 bit 微处理器上，完成数据加密每字节只需 26 个时钟，运算中只含加、异或和 32 bit 操作查表，不易出错。安全性可以通过改变密钥长度进行调整。适用于密钥不经常改变的加密，如通信链路或文件加密，它不适用于需要经常变换密钥的情况，如分组变换或单向杂凑函数，也不适用于灵巧卡。

4.10.2 算法描述

算法的数据分组长为 64 bit，密钥长度可变，最大为 448 bit。

加密：采用 16 轮迭代，每一轮中含有由密钥控制的置换及密钥和数据控制的代换。运算包括 32 bit 加法和 32 bit 字的逐位异或，以及 4 个指数的阵列数据查表。输入数据划分成 64 bit 组，而后分成 L_0，R_0左右两半各 32 bit。

$$\text{For } i=1 \text{ to } 16$$
$$R_i=L_{i-1},\oplus K_i$$
$$L_i=f(R_i)\oplus R_{i-1}=F(L_{i-1}\oplus K_i)\oplus R_{i-1}$$

最后输出为 $L=R_{16}\oplus K_{18}$，$R=R_{16}\oplus K_{17}$。

$L \| R$ 即为最后输出的 64 bit 密文，其中 K_i 是密钥。加密函数 f 如下：将 R_i 划分成 a，b，c，d 4 个字节，分别送 4 个 S 盒，每个 S 盒是 8 bit 输入、32 bit 输出，其输出进行相应运算，组合出 32 bit 输出，即

$$f(R_i) = (S_{1,i} + S_{2i} \bmod 2)^{32} \oplus S_{3i}) + S_{4i} \bmod 2^{32}$$

解密：和加密一致，密钥 K_1，K_2，…，K_{18}以相反次序实施。

密钥生成：密钥阵列 $\boldsymbol{K}$ 由 18 个 32 bit 子密钥 K_1，K_2，…，K_{18}组成。计算方法如下：

(1) 初始化 $\boldsymbol{K}$ 阵，而后以固定字串，即 π 的十六进制表示所决定的字串依次初始化 4 个 S 盒。

(2) 将密钥按 32 bit 分段，并循环重复使用，依次与 K_1，K_2，…，K_{18}异或。

(3) 用 Blowfish 算法和(1)、(2)中得到的子密钥对全零输入加密。

(4) 以(3)中结果代替 $\boldsymbol{K}$ 阵中的 K_1 和 K_2。

(5) 利用(4)所修正的 $\boldsymbol{K}$ 阵对(3)中的输出进行加密。

(6) 以(5)中所得结果替代 $\boldsymbol{K}$ 阵中的 K_3 和 K_4。

(7) 重复上述过程，直到 $\boldsymbol{K}$ 阵中所有元素均已更新，而后依次更新 4 个 S 盒的代换表中的元素，每个盒有 256 个元素

$$S_{1,0},\ S_{1,1},\ \cdots,\ S_{1,256}$$
$$S_{2,0},\ S_{2,1},\ \cdots,\ S_{2,256}$$
$$S_{3,0},\ S_{3,1},\ \cdots,\ S_{3,256}$$
$$S_{4,0},\ S_{4,1},\ \cdots,\ S_{4,256}$$

总共需要 521 次迭代来生成所有需要的子密钥。可以将此存储而无需每次重新计算。

4.10.3 安全性

Vaudenary 对已知 S 盒和 r 轮 Blowfish 进行差分攻击表明，为恢复 $\boldsymbol{K}$ 阵需用 2^{8r+1}个选择明文[Vaudenary 1996]，对于某些弱密钥生成的弱 S 盒(随机生成下的出现概率为 $1/2^{14}$)所需选择明文为 2^{4r+1}个。若在不知 S 盒下，则不论是否选用了弱密钥，都难以推测出 S 盒或 P 阵，只对 r 很小时才有可能。

弱密钥是指能使两个 S 盒有相同代换元的密钥。在实现密钥扩展前还无法检验一个密钥是否为弱密钥。

目前尚不知攻击此算法有何成功之例。此算法现正由 Kent Marsh 公司为微软的 Windows 和 Macintosh 制作安全产品，而且也是 Nautilus 和 PGP 的组成部分。

4.11　CRAB

这是由 RSA 实验室 Kaliski 和 Robshaw[Kaliski 等 1994]设计的算法。其基本想法是采用单向杂凑技术来实现分组加密，与 MD－5 杂凑算法类似。分组长为 1 024 字节。由于是一种研究成果，故尚未给出密钥生成算法。作者建议以一个 80 bit 密钥生成所需的三组子密钥。预先计算出下述密钥。

置换用子密钥：P_0，P_1，…，P_{255}

32－bit 数阵列元：S_0，S_1，…，S_{2047}

加密：令待加密的 1 024 字节的明文组为 $\boldsymbol{X}=X_0$，X_1，…，X_{255}，X_i 为 32 bit 字。

(1) 根据置换阵 $\boldsymbol{P}$ 对 $\boldsymbol{X}$ 进行置换。

(2) For $r=0$ to 3

　For $g=0$ to 63

　　$A=X_{(4g)}<<<2r$

　　$B=X_{(4g+1)}<<<2r$

　　$C=X_{(4g+2)}<<<2r$

　　$D=X_{(4g+3)}<<<2r$

　For step $s=0$ to 7

　　$A=A\oplus[B+f_r(B,C,D)+S_{512r+8g+s}]$

　　TEMP$=D$

　　$D=C$

　　$C=B$

　　$B=A<<<5$

　　$A=$TEMP

　　$X_{(4g)<<<2r}=A$

　　$X_{(4g+1)<<<2r}=B$

　　$X_{(4g+2)<<<2r}=C$

　　$X_{(4g+3)<<<2r}=D$

(3) 重组 X_0，X_1，X_2，…，X_{255} 作为密文。

算法中函数 $f_r(B,C,D)$ 类似于 MD－5：

$$f_0(B,C,D)=(B\wedge C)\vee((\overline{B})\wedge D)$$

$$f_1(B,C,D)=(B\wedge D)\vee(C\wedge(\overline{D}))$$

$$f_2(B,C,D)=B\oplus C\oplus D$$

$$f_3(B,C,D)=C\oplus(B\vee(\overline{D}))$$

解密：按逆序进行。

密钥生成。置换阵 $\boldsymbol{P}$ 的生成算法如下：

(1) bit K_0，K_1，…，K_9

(2) For $i=10$ to 255

　$K_i=K_{i-2}\oplus K_{i-6}\oplus K_{i-7}\oplus K_{i-10}$

(3) For $i=0$ to 255, $P_i=i$

(4) $m=0$

(5) For $j=0$ to 1

For $i=256$ to 1 step -1

$m=(K_{256-i}+K_{257-i}) \mod i$

$K_{257-i}=K_{1257-i} <<< 3$

Swap P_i and P_{i-1}

S 阵中的 2 048 个 32 bit 字可用类似方法生成，可以由 80 bit 密钥 K 生成或用另外的密钥生成，也可以用更安全有效的方法生成。

这一算法尚未达到实用阶段，Biham 认为分组过长可能使算法易于分析[Biham 1993]，但此算法可以使用更长的密钥而使 Biham 的猜测未必能成立。[Vaudenary，1996]对 8 轮 Blowfish 进行了差分攻击，并分析了它的弱密钥。

4.12　用单向杂凑迭代函数构造分组密码算法

分组密码与第 6 章中要讨论的单向杂凑的迭代函数有密切关系。在设计思想、方法和安全性分析等方面有许多共同之处。当然也有不同之处，一个好的单向杂凑函数未必就能产生一个好的分组密码算法。我们将在第 6 章中讨论杂凑函数。

从一个杂凑迭代函数 $H(X)$ 可以变换出一种分组加密算法。下面我们介绍几种。

4.12.1　简单构造法

选消息分组长等于杂凑值长，以一单向函数 $H(x)$ 对以前的密文组 $\boldsymbol{y}_{i-1}$ 和密钥 $\boldsymbol{k}$ 级连后进行杂凑，$H(x)$ 可看作为一个工作密钥生成器。

加密：$y_i=x_i \oplus H(\boldsymbol{k}, y_{i-1})$。

解密：$x_i=y_i \oplus H(\boldsymbol{k}, y_{i-1})$。

这样就构成了运行于 CFB 模式的分组密码。

4.12.2　Karn 法

由 P. Karn 提出的用单向杂凑迭代函数构造分组密码算法，明、密文分组长为 32 字节。密钥长度可以任意。在用 MD－4 和 MD－5 中最好选用 96 字节长。

加密：将明文分成两个 16 字节段 P_l 和 P_r，并将密钥分成两个 48 字节段 $\boldsymbol{k}_l$ 和 $\boldsymbol{k}_r$，即 $P=P_l \| P_r$ 和 $\boldsymbol{K}=\boldsymbol{k}_l \| \boldsymbol{k}_r$。将 $P_l\boldsymbol{k}_l$ 和 $P_r\boldsymbol{k}_r$ 分别进行杂凑。而后作为密钥与相应明文异或即得 $C_r=P_r \oplus H(P_l, \boldsymbol{k}_l)$ 和 $C_l=P_l \oplus H(P_r, \boldsymbol{k}_r)$。而后将 C_r 与 C_l 链接构成密文 $C=C_l \| C_r$。

解密：计算：$P_l=C_l \oplus H(C_r, \boldsymbol{k}_r)$；$P_r=C_r \oplus H(P_l, \boldsymbol{k}_l)$；得到 $P=P_l \| P_r$。

4.12.3　Luby－Rackoff 法

Luby 和 Rackoff[1988]证明这一方法在已知明文攻击下不够安全。对两个单组消息 AB 和 AC，若攻击者知道第一个消息的明文和密文，并知道第二个消息的前一半明文，则他容易算出第二个消息的后一半明文。他们提出采用三轮迭代来克服这一缺点[Zheng 等

1988]。采用三个不同的杂凑函数 H_1、H_2 和 H_3(后来证明 H_1 和 H_2 或 H_2 和 H_3 可以相同)，并采用三轮迭代实现，步骤为：

(1) 密钥划分为 $\boldsymbol{k}_l$ 和 $\boldsymbol{k}_r$；

(2) 明文划分为 L_0 和 R_0；

(3) $R_1=R_0\oplus H(\boldsymbol{k}_l, L_0)$；

(4) $L_1=L_0\oplus H(\boldsymbol{k}_r, R_1)$；

(5) $R_2=R_1\oplus H(\boldsymbol{k}_l, L_1)$；

(6) 密文 $C=R_2\parallel L_1$。

4.12.4　用 MDC(窜扰检测码)构造

利用第 6 章中介绍的 MDC，将其输出作为密钥对相应消息组进行加密，并且将所得密文按 CFB 模式产生新的下一组明文加密所需的新密钥，如图 4-12-1 所示。

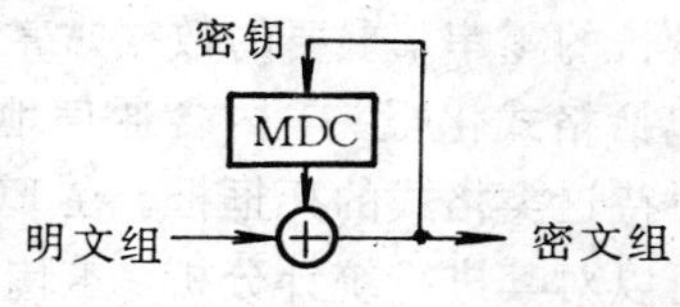

图 4-12-1　MDC 构造分组码

上述这些方法是否能提供足够的安全性，有待研究。

4.13　分组密码运行模式

分组密码每次加密的明文数据量是固定的分组长度 n，而实用中待加密消息的数据量是不定的，数据格式可能是多种多样的。因此需要做一些变通，灵活地运用分组密码。另一方面，即使有了安全的分组密码算法，也需要采用适当的工作模式来隐蔽明文的统计特性、数据的格式等，以提高整体的安全性，降低删除、重放、插入和伪造成功的机会。所采用的工作模式应当力求简单、有效和易于实现。本节将以 DES 为例介绍分组密码的实用工作模式。美国 NSB 在[FIPS PUB 74 和 81]中规定了 DES 的四种基本工作模式。如表 4-13-1 中所示。ANSI，ISO 和 ISO/IEC 也规定了类似的工作模式[ANSI X3.106，ISO 8732，ISO/IEC 10116]。这四种模式也可用于其它分组密码[Davies 等 1989；Brassard 1988]。

表 4-13-1　分组密码的工作模式

电码本(ECB)	每个明文组独立地以同一密钥加密	单个数据加密(如一个加密密钥)
密码反馈链接(CBC)	将前一组密文与当前明文组逐位异或后再进行分组、加密	加密；认证
密码反馈(CFB)	每次只处理 k bit 数据，将上一次的密文反馈到输入端，从加密器的输出取 k bit，与当前的 k bit 明文逐位异或，产生相应密文	一般传送数据的流加密；认证
输出反馈(OFB)	类似于 CFB，以加密器输出的 k bit 随机数字直接反馈到加密器的输入	对有扰信道传送的数据流进行加密(如卫星数传)

4.13.1 电码本 ECB(Electronic Code Book)模式

它直接利用 DES 算法分别对各 64 bit 数据组加密。在给定密钥 **k** 时，各明文组 x_i 分别对应于不同的密文组

$$y_i = \text{DES}_k(x_i) \tag{4-13-1}$$

在给定密钥下，**x** 有 2^{64}种可能取值，**y** 也有 2^{64}种可能取值，各(**x**，**y**)对彼此独立，构成一个巨大的单表代换密码，因而称其为电码本模式，参看图 4-13-1。

ECB 模式的缺点是，在给定的密钥下同一明文组总产生同样的密文组，这会暴露明文数据的格式和统计特征。明文数据都有固定的格式，需要以协议的形式定义，有大量重复和较长的零串，重要的数据常常在同一位置上出现。其最薄弱的环节是消息起始部分，其中包括格式化报头，内含通信地址、作业号、发报时间等信息。所有密码体制中都需要认真对待这类格式的死框框。在 ECB 模式，所有这些特征都将被反映到密文中，使密码分析者可以对其进行统计分析、重传和代换攻击[Schneier 1996]。

ECB 所以有这样的弱点，是因为它将明文消息独立处理，使密码分析者可以按组进行分析。为了克服这一弱点而提出链接等模式。

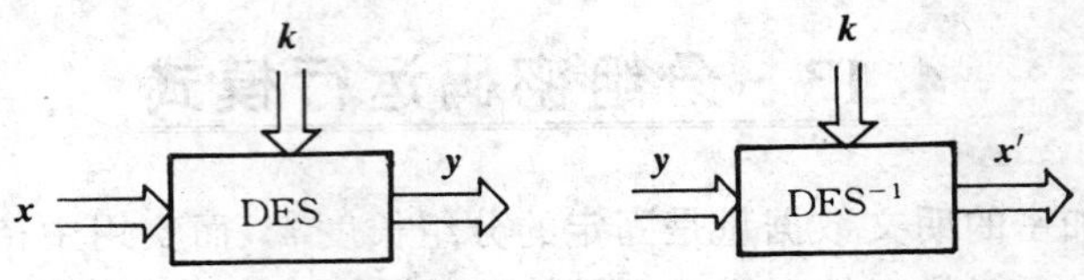

图 4-13-1 ECB 模式

4.13.2 密码分组链接 CBC(Cipher Block Chaining)模式

在 CBC 模式下，每个明文组 x_i 加密之前，先与反馈至输入端的前一组密文 y_{i-1}按位模 2 求和后，再送至 DES 加密，参看图 4-13-2。图中，所有运算均按 64 bit 并行实施。在 CBC 模式下有

$$\boldsymbol{y} = \text{DES}_k(x_i \oplus y_{i-1}) \tag{4-13-2}$$

可知，各密文组 y_i 不仅与当前明文组 x_i 有关，而且通过反馈作用还与以前的明文组 x_1，x_2，…，x_{i-1}，有关。由图 4-13-2 的右半部分可知，密文经由存储器实现前馈，使解密输出

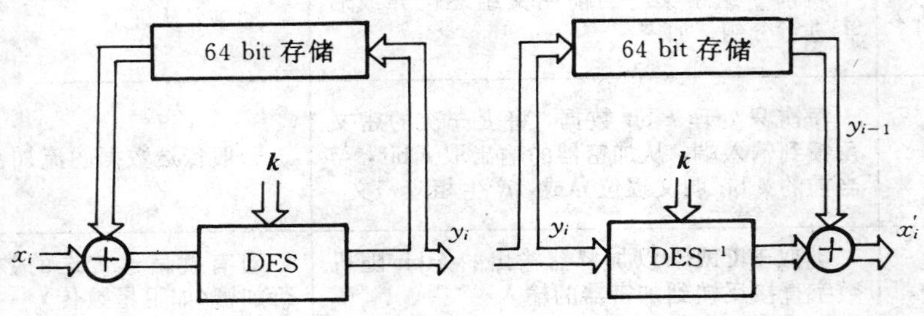

图 4-13-2 CBC 模式

$$
\begin{aligned}
x_i &= \mathrm{DES}_k^{-1}(y_i) \oplus y_{i-1} \\
&= \mathrm{DES}_k^{-1}(\mathrm{DES}_k(x_i \oplus y_{i-1})) \oplus y_{i-1} \\
&= x_i \oplus y_{i-1} \oplus y_{i-1}
\end{aligned} \tag{4-13-3}
$$

第一组明文 x_i 加密时尚无反馈密文，为此需要在图 4-13-2 寄存器中预先置入一个初始矢量 IV(Initial Vector)。收发双方必须选用同一 IV。此时有

$$y_1 = \mathrm{DES}_k(x_1 \oplus \mathrm{IV}) \tag{4-13-4}$$

$$x_1 = \mathrm{DES}_k^{-1}(y_1) \oplus \mathrm{IV} \tag{4-13-5}$$

通信中一般将 IV 作为一个秘密参数，可以采用 ECB 模式用同一密钥且加密后送给收方。实际上，IV 的完整性要比其保密性更为重要。在 CBC 模式下，传输或存储过程中密文的变化将对解密后的输出数据产生明显的随机影响，因而很容易检测。但对于第一组来说，若 IV 被改变时，只使其解密输出第一组中的相应位发生变化而难以检测。所以传送 IV 时需要先加密，而且像密钥 $\boldsymbol{k}$ 一样，也要定期更换。更换 IV 的另一个理由是：若以同一 IV，则对两个具有相同报头的消息加密所得的密文的前面部分将完全相同，从而有助于对手进行密码分析。最好是每发一个消息，都改变 IV，比如将其值加一。

给定加密消息的长度是随机的，按 64 bit 分组时，最后一组消息长度可能不足 64 bit。可以填充一些数字，如 0，凑够 64 bit。当然，用随机选取的数字填充更安全些。接收者如何知道哪些数字是填充的无用数字呢？这需要加上指示信息，通常用最后八位(为一字节)作为**填充指示符**，简记作 PI(Padding Index)。它所表示的十进制数字就是填充占有的字节数。数据尾部、填充字符和填充指示符一起作为一组进行加密，参看图 4-13-3。这种方法会有些数据扩展，当不希望有扩展时，可采用其它措施。若消息分组最后一段只有 k bit，可将前一组加密结果 y_{n-1} 中最左边 k bit 作为密钥与其逐位模 2 相加后作为密文送出。这种做法使最后 k bit 的安全性要降低，但一般消息的最后部分多为检验位，因此问题不大。

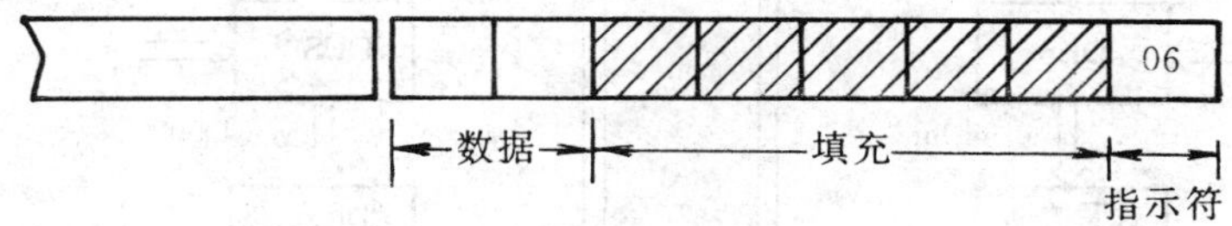

图 4-13-3　填充与指示符

CBC 通过反馈使输出密文与以前的各明文相关，从而实现了隐蔽明文图样的目的。对于 $x_{i+n}=x_i$，其相应的密文输出 $y_{i+n}=y_i$。而对 ECB，当密钥 $\boldsymbol{k}$ 相同时必有 $y_{i+n}=y_i$。所以，CBC 可以防止类似于对 ECB 的统计分析攻击法。但 CBC 由于反馈的作用而对线路中的差错比较敏感，会出现**错误传播**(Error Propagation)。密文中任一位发生变化会波及后边一些组的解密。有两种可能情况：第一，明文有一组中有错，会使以后的密文组都受影响，但经解密后的恢复结果，除原有误的一组外，其后各组明文都正确地恢复。这似乎不成大问题；第二，若在传送过程中，某组密文组 y_i 出错时，则该组恢复的明文 x_i' 会出错。不仅如此，由于解密电路的前馈线路中存储器的迟延作用，还会使下一组恢复数据 x_{i+1}' 出错，参看图 4-13-4。应指出，再后面的组将不会受 y_i 中错误比特的影响，系统会自动地恢复常态。因此，CBC 的错误传播为 2 组长，是**有限的**，它具有**自恢复**(Self-recovering)能力。

CBC 的错误传播影响不大，但对于传输中的同步差错(增加或失掉一或数比特)却很

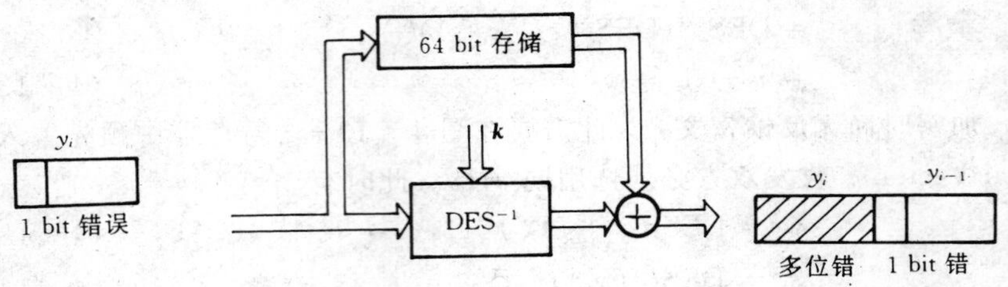

图 4-13-4 CBC 的错误传播

敏感，因而要求系统有良好的帧同步。为了防止这类错误造成的严重破坏，还须采用纠错技术。有关 CBC 模式的分析可参看[Voydock 等 1983]。

4.13.3 k-比特密码反馈 CFB(Cipher Feedback)模式

若待加密消息必须按字符(如电传电报)或按比特处理时，可采用 CFB 模式，参看图 4-13-5。图中，x_i 和 y_i 都为 k-bit 段，$L=[64/k]$，即 $kL\geqslant 64$ bit。x_i 是取自寄存器右边的 k-bit。k 可取 1 到 64，一般为 8 的倍数，常用 $k=8$。由图 4-13-5 可知，CFB 实际上是将 DES 作为一个密钥流产生器，在 k bit 密文反馈下，每次输出 k-bit 密钥，对输入的明文 k-bit 进行并行加密。这就是一种自同步流密码 SSSC(Self-Synchronizing Stream Cipher)。当 $k=1$ 时就退化为前面讨论的流密码了。CFB 与 CBC 的区别是反馈的密文不再是 64 bit，而是长度为 k，且不是直接与明文相加，而是反馈至密钥产生器。

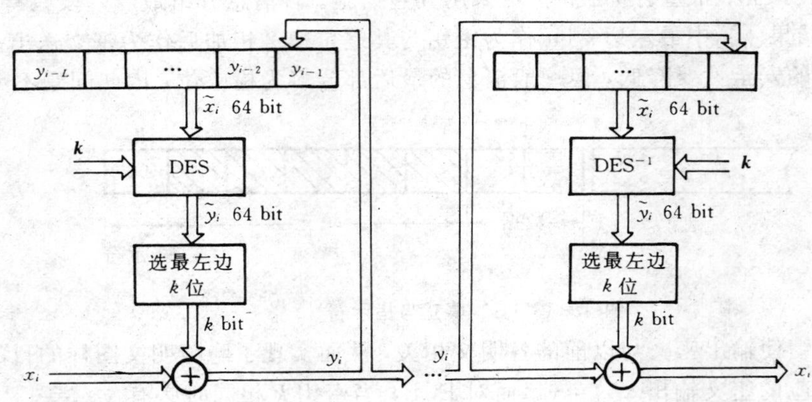

图 4-13-5 CFB 模式

CFB 的优点是它特别适于用户数据格式的需要。在密码体制设计中，应尽量避免更改现有系统的数据格式和一些规定，这是一个重要的设计原则。CFB 和 CBC 一样，由于反馈的作用而能隐蔽明文数据图样，也能检测出对手对于密文的篡改。

CFB 的缺点有类似于 CBC 之处，也有不同之处。首先，它对信道错误较敏感，且会造成错误传播。图 4-13-6 给出，当密文某一 k-bit 段 x_i 有错时，若 $k=8$，则由于前馈和存储器的作用，将会使解密输出的连续 9 组出错。其中，x_i' 中的错误与 y_i 中的错误相对应，但 x_{i+1}' 至 x_{i+8}' 中的错误就完全搅乱了。其次，CFB 每运行一次只完成对 k-bit 明文数据的加密，这就降低了数据加密的速率。所幸的是，这种模式多用于数据网中较低层次，其数据速率都不太高。最后，CFB 也需要一个初始矢量，并要和密钥同时进行更换，但由于其初始矢量在起作用过程中要经过 DES 加密，故可以明文形式传给收方。有关 CFB 模式的分析参看[Prinell 等 1993]。

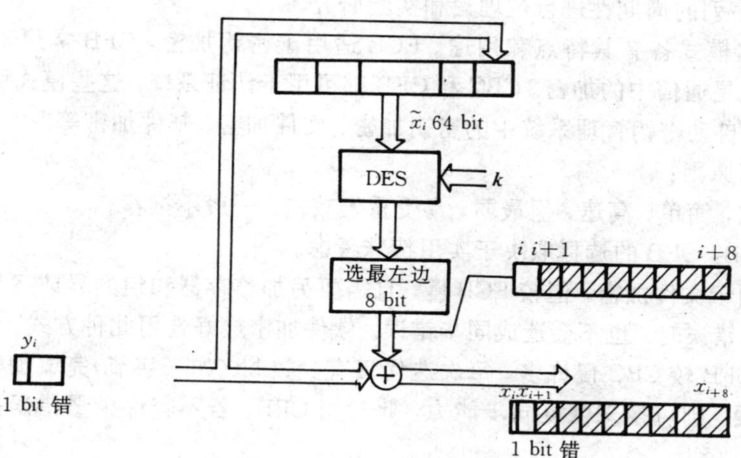

图 4－13－6　CFB 的错误传播

4.13.4　输出反馈 OFB(Output Feedback)模式

这种模式将 DES 作为一个密钥流产生器，其输出的 k－bit 密钥直接反馈至 DES 的输入端，同时这 k－bit 密钥和输入的 k－bit 明文段进行对应位模 2 相加，参看图 4－13－7。这一模式的引入是为了克服 CBC 和 CFB 的错误传播所带来的问题。由于语言或图像编码信号的冗余度较大，可容忍传输和存储过程中产生的少量错误，但 CBC 或 CFB 中错误传播的效应，可能使偶然出现的孤立错误扩大化而造成难以容忍的噪声。

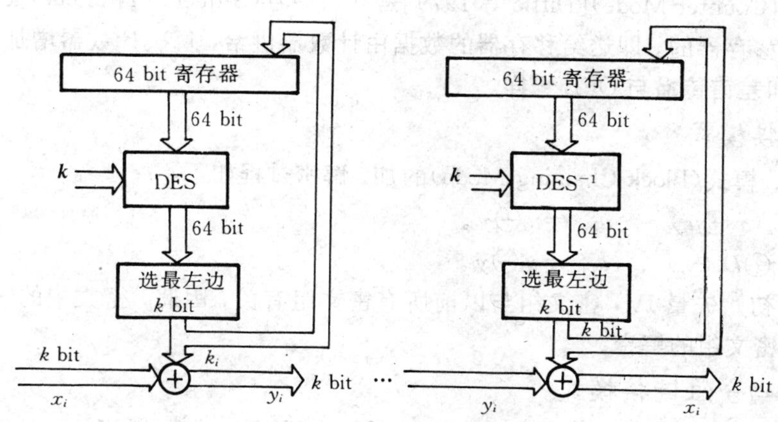

图 4－13－7　OFB 模式

这种密钥反馈流加密方式虽然克服了错误传播，但同时也引入了流密码的缺点。对于密文被篡改难以进行检测，但由于 OFB 多在同步信道中运行，对手难以知道消息的起止点而使这类主动攻击不易奏效。

OFB 模式不具有自同步能力，要求系统要保持严格的同步，否则难以解密。重新同步时需要新的 IV，它可以用明文形式传送。在实用中还要防止密钥流重复使用，以保证系统的安全。Davies 等[1984]、Gait[1977]、Jueneman[1982]、Konheim[1981]等曾对 OFB 模式下 DES 输出密钥序列的周期性进行过理论和实验研究。

上述四种基本模式各有其特点和用途。ECB 适用于密钥加密，CFB 常用于对字符加密，OFB 常用于卫星通信中的加密。CBC 和 CFB 都可用于认证系统。这些模式可用于终端一主机会话加密、自动密钥管理系统中的密钥加密、文件加密、邮件加密等。

工作模式选用原则：

(1) ECB 模式，简单、高速，但最弱，易受重发攻击，一般不推荐。

(2) CBC，CFB，OFB 的选择取决于实用特殊考虑。

(3) CBC 适用于文件加密，但较 ECB 慢，且需要另加移存器和组的异或运算。但安全性加强。当有少量错误时，也不会造成同步错误。软件加密最好选用此种方式。

(4) OFB 和 CFB 较 CBC 慢许多。每次迭代只有少数 bit(如一字节)完成加密。若可以容忍少量错误扩展，则可换来恢复同步能力，此时用 CFB。若不容许少量错误扩展，则选用 OFB。

(5) 在字符为单元的流密码中多选 CFB 模式，如终端和主机间通信。而 OFB 用于高速同步系统，不容忍差错传播。

结论　四种基本模式可适应大多数应用，不要选一些"离奇的"模式。这四种模式都不太复杂且都未降低系统的安全性。虽然更复杂的模式可能增加安全性，但不少似乎只增加了复杂性。

4.13.5　其它工作模式

1. 计数器模式

计数器模式(Counter Mode)[Diffie 等 1979]是利用序号(Sequence Number)代替加密算法的输出来填补移存器的。即送给移存器的数据由计数器供给，每次计数器增加一个常数(如 1)，其同步和差错传播与 OFB 一样。

2. 分组链接模式

分组链接 BC 模式(Block Chaining Mode)的加、解密过程如下：

加密：$y_i=E_k(x_i\oplus u_i)$　　$u_{i+1}=u_i\oplus y_i$。

解密：$x_i=u_i\oplus D_k(y_i)$　　$u_{i+1}=u_i\oplus y_i$。

该模式亦需初始矢量 IV，密文组与以前所有密文组有关，因此，密文中的一个错误，将影响以后所有密文组的解密。

3. 传播密码分组链接模式

传播密码分组链接 PCBC(Propagating Cipher Block Chaining)模式[Meyer 1982]类似于 CBC 模式，只是在加密之前，当前明文组要与前一个密文组及前一组明文异或。

加密：$y_i=E_k(x_i\oplus y_{i-1}\oplus x_{i-1})$。

解密：$x_i=y_{i-1}\oplus x_{i-1}\oplus D_k(y_i)$。

PCBC 已用于 Kerberos V.4 中，实现加密和完整性校验。密文中 1 bit 错误将造成以后所有组出错。这意味在消息接收后，检验末端一个标准组，就可验证整个消息的完整性。

PCBC 存在一个问题[Kohl 1989]，当将两组密文交换时，将造成相应的两个明文组译错，但按明文和密文异或，而使错误对消。若只检验解密明文最后几组，则可能使收信人接受被改变了的消息。因此 Kerberos V. 5 中已用 CBC 模式代替 PCBC。

4. 明文分组链接模式

明文分组链接 PBC(Plaintext Block Chainning)模式类似于 CBC，只是以明文和前一个明文异或来代替明文和前一组密文异或[Jensen 等 1987]。

5. 明文反馈模式

明文反馈模式 PFB(Plaintext Feedbock) 类似于 CBF，以明文反馈给移位寄存器代替密文馈给寄存器[Jasen 等 1987，Davies 等 1989]。

还有一些其它模式，可参看[Schneier 1996；Gu 1998]。

4.13.6 分组密码作为密钥流发生器

分组密码可在各种模式下作为密钥流发生器，一个算法安全的分组密码可以保证这类体制的安全性。

1. OFB 下的分组密码方案

OFB 下的分组密码方案如图 4-13-8 所示。其内部状态有时也就是从下一状态函数来的前 n-bit。

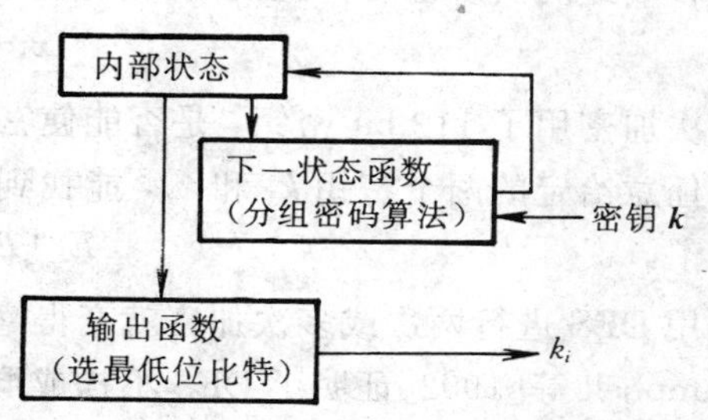

图 4-13-8 分组密码在 OFB 模式下生成密钥流

2. 计数器模式

分组密码在计数器控制下生成密钥流的方案如图 4-13-9 所示。

3. CFB 模式下的分组密码方案

CFB 模式下的分组密码方案如图 4-13-10 所示。

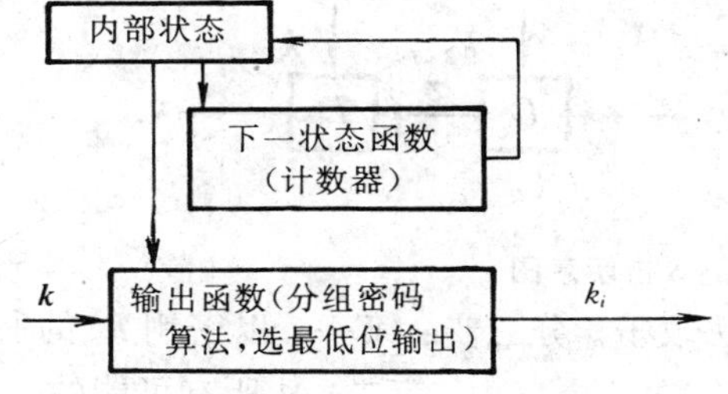

图 4-13-9 分组密码在计数器控制下生成密钥流

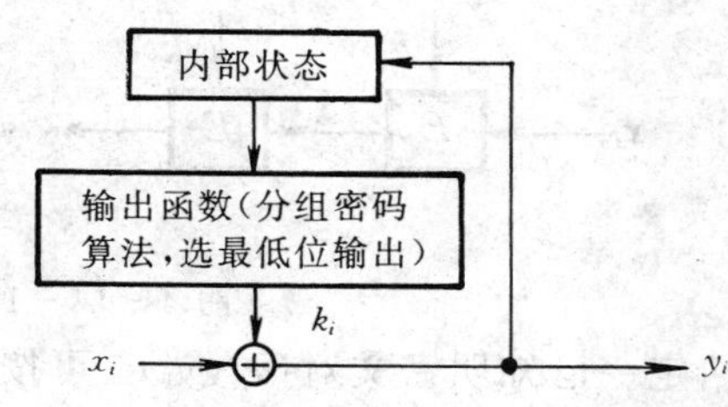

图 4-13-10 分组密码在 CFB 模式下生成密钥流

4.14　分组密码的组合

有多种方法可以将分组密码算法通过组合得到新的分组密码算法，用以提高安全性。但组合未必就能使安全性加强，必须仔细检验之后才能付诸实用。下面我们讨论以一个强的，即只能用穷举攻击的分组密码，如何组合构造成一个采用更长密钥的强化分组密码。

4.14.1　二重 DES 加密

增强 DES 的一种方法是采用多个密钥以 DES 对输入数据进行多次加密。例如可用两组密钥 $\boldsymbol{k}_1$ 和 $\boldsymbol{k}_2$ 对明文 $\boldsymbol{x}$ 进行两次加密得到密文

$$\boldsymbol{y} = E_{k_2}[E_{k_1}[\boldsymbol{x}]] \tag{4-14-1}$$

接收端经两次解密后得到恢复的明文

$$\boldsymbol{x} = D_{k_1}[D_{k_2}[\boldsymbol{y}]] \tag{4-14-2}$$

两次加密用了 112 bit 密钥，是否能使密码强度指数地增加？这需要进行深入的分析。如果对任意给定的两个密钥 $\boldsymbol{k}_1$ 和 $\boldsymbol{k}_2$，能找到一个密钥 $\boldsymbol{k}_3$，使

$$E_{k_2}[E_{k_1}[\boldsymbol{x}]] = E_{k_3}[\boldsymbol{x}] \tag{4-14-3}$$

则用 DES 进行两次或多次加密就变得毫无意义，都等价于用 56 bit 密钥的一次 DES 加密。Campbell 等[1992]证明了 DES 不构成群，式(4-14-3)对 DES 不成立，因而多重加密对 DES 是有意义的。但这是否就意味着**两重 DES** 加密的强度等价于 112 bit 密钥的密码的强度？答案是否定的，因为用**中途相遇攻击法**(Meet-in-the-Middle Attack)可以降低搜索量。

中途相遇攻击法最早由 Diffie 和 Hellman[1977]提出。其基本想法如下。若有明文密文对(x_i, y_i)满足

$$y_i = E_{k_2}[E_{k_1}[x_i]] \tag{4-14-4}$$

则可得

$$z = E_{k_1}[x_i] = D_{k_2}[y_i] \tag{4-14-5}$$

参看图 4-14-1。

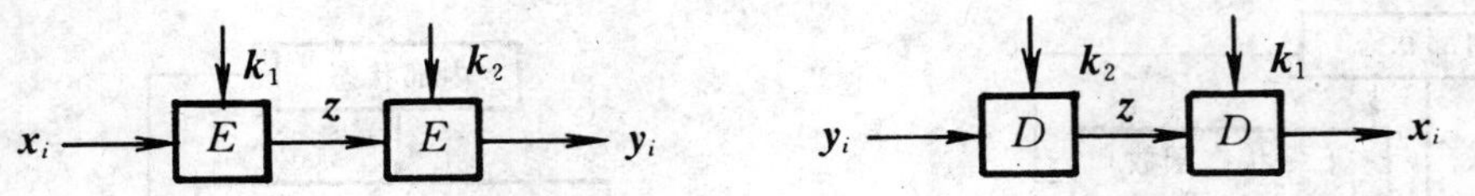

图 4-14-1　中途相遇攻击示意图

给定一已知明密文对(x_1, y_1)，可按下述方法攻击。分三步：第一，以密钥 $\boldsymbol{k}_1$ 的所有 2^{56} 个可能的取值对此明文 x_1 加密，并将密文 $\boldsymbol{z}$ 存储在一个表中；第二，从所有可能的 2^{56} 个密钥 $\boldsymbol{k}_2$ 中依任意次序选出一个对给定的密文 y_1 解密，并将每次解密结果 $\boldsymbol{z}'$ 在上述表中查找相匹配的值，一旦找到，则可确定出两个密钥 $\boldsymbol{k}_1$ 和 $\boldsymbol{k}_2$；第三，以此对密钥 $\boldsymbol{k}_1$ 和 $\boldsymbol{k}_2$ 对另一已知明文密文对(x_2, y_2)中的明文 x_2 进行加密，如果能得出相应的密文 y_2 就可确定 $\boldsymbol{k}_1$ 和 $\boldsymbol{k}_2$ 是所要找的密钥。

对于给定明文 $\boldsymbol{x}$，以两重 DES 加密将有 2^{64} 个可能的密文。而可能的密钥数为 2^{112} 个。

所以，在给定明文下，将有 $2^{112}/2^{64}=2^{48}$个密钥能产生给定的密文。因此，上述方法第二步中，对于给定的明密文对($\boldsymbol{x}$，$\boldsymbol{y}$)，将有 2^{48}对($\boldsymbol{k}_1$，$\boldsymbol{k}_2$)组合满足条件，其中只有一个是对的。经第三步，即用另一对 64 bit 明文密文对进行检验，就使虚报率降为 $2^{48-64}=2^{-16}$。这就是说，对于两重 DES，用中途相遇法以已知明密文对进行攻击时，经过上述三步后，找到正确密钥的概率为 $1-2^{-16}$。这一攻击法所需的存储量为 $2^{56}\times 8$ Byte，最大试验的加密次数 $2\times 2^{56}=2^{57}$。这说明破译双重 DES 的难度为 2^{57}量级。有关中途相遇攻击可参看[Even 等 1985；van Oorschot 等 1994，1996；Quisquater 等 1989]。

4.14.2　三重 DES 加密

Hoffman[1977]提出以三组密钥 $\boldsymbol{k}_1$，$\boldsymbol{k}_2$，$\boldsymbol{k}_3$ 用 DES 实施 EEE 三重加密，称之为 Triple-DES，将使已知明文攻击的穷举次数加大为 2^{112}。这种加密要求的密钥长度达 $3\times 56=168$ bit，而且也不是一个满意的解，采用中途相遇攻击法所需的加密次数约为 2^{2k}，所需的存储空间约为 2^k 组数据。目前还无实际应用。

Tuchman[1979]曾建议一种以两组密钥 $\boldsymbol{k}_1$，$\boldsymbol{k}_2$ 实施的三重加密方案，得到较多实用。它以 $\boldsymbol{k}_1$ 对明文 $\boldsymbol{x}$ 加密，而后以 $\boldsymbol{k}_2$ 解密，再以 $\boldsymbol{k}_1$ 加密，即

加密：$\boldsymbol{y}=E_{k_1}[D_{k_2}[E_{k_1}[x]]]$。

解密：$\boldsymbol{x}=D_{k_1}[E_{k_2}[D_{k_1}[y]]]$。

若 $\boldsymbol{k}_1=\boldsymbol{k}_2$，则等价于用 $\boldsymbol{k}_1$ 的一次加密而失去意义。称其为加密－解密－加密方案，简记为 EDE(Encrypt Decrypt Encrypt)。此方案已在 ANSI X9.17 和 ISO 8732 标准中采用，并在保密增强邮递(PEM)系统中得到利用。

对于 EDE－DES 的密码分析研究得不多。Coppersmith[1992]曾指出破译它的穷举密钥搜索量为 $2^{112}\approx 5\times 10^{35}$量级，而用差分分析破译也要超过 10^{52}量级。Merkle 和 Hellman [1981]，采用时间和存储量折中方式，需用 10^{56}个选择明密文对才能破译。而采用改进的 Merkle 和 Hellman[1981]攻击法，对 EDE－DES 的安全性进行了分析。van Oorschot 等[1990]采用已知明文攻击法对 EDE－DES 方案的安全进行了分析，以 t 个已知明密文对，破译 EDE－DES 要求 $O(t)$存储空间和 $2^{120-\lg t}$次运算，表明此方案仍有足够的安全性。

还有一些三重加密模式如最小密钥三重加密模式 TEMK(Triple Encryption with Mininum Key)[Knudsen 1994]。它是以 EDE 模式利用两个密钥对三个常数加密得出三组密文作为三组密钥实施三重级连加密方法。Schneier[1996]还给出了其它类型三重加密，Coppersmith 等[1996]提出了新的三重 DES 模式。Biham [1998]分析了三重 DES 加密。

4.14.3　五重加密

选用三组独立密钥 $\boldsymbol{k}_1$，$\boldsymbol{k}_2$，$\boldsymbol{k}_3$，做 E、D、E、D、E 五次运算。

加密：$\boldsymbol{y}=E_{k_1}(D_{k_2}(E_{k_3}(D_{k_2}(E_{k_1}(\boldsymbol{x})))))$。

解密：$\boldsymbol{x}=D_{k_1}(E_{k_2}(D_{k_3}(E_{k_2}(D_{k_1}(\boldsymbol{y})))))$。

这种方法抗中途相撞攻击能力很强。

4.14.4　多种不同算法的级连

如果通信双方，甲信赖算法 A，乙信赖算法 B，则可以采用将算法 A 和 B 级连方式实

施加密。这一方式还可推广到三个以上。

问题是两个安全的算法级连使用是否能增加安全性？答案是不确定的，必须做细微的检验后才能采用。Maurer 和 Massey[1993]曾指出当各算法所用密钥相互独立时，级连的强度至少达到第一次加密所用的算法的强度。Knudsen[1992]指出在选择明文攻击下，级连体制的强度至少相当于其中最强的算法，但 Even 等[1985]指出，仅当各算法可换时，才能有上述结果。已有研究指出，采用任何密码体制的多重加密其安全性都可能远低于采用长密钥的原设计的密码体制[Biham 1995；Coppersmith 等 1996；Merkle 1979]。

4.14.5　ECB＋OFB(加密模式上组合)

Blaze[1994]曾为其 UNIX 的密码文件系统 CFS(Cryptographic File System)设计了一种加密方法，特别适用于对固定长度文件加密。首先选定密钥 $\boldsymbol{k}_1$ 和 $\boldsymbol{k}_2$。用分组密码算法如 DES 以 $\boldsymbol{k}_1$ 生成所需长度的掩护字段(Mask)，可将其存储，多次使用。而后将明文与掩护字段异或，最后将异或后的明文在 ECB 模式下以 DES 算法加密，若已知几个文件用同一密钥加密，则分析者有可能对两个密钥独立地进行搜索，可以采用一个初始矢量在 ECB 模式加密之前对每个消息组进行异或运算来加强抗已知明文攻击能力。

4.14.6　倍长分组方案

Outerbridge 方案[Carroll,1990]将数据分组由 64 bit 变为 128 bit，经过由 6 个 DES 组成的加密网络加密。但分析表明其安全性与单组的 EDE 三重加密的安全性一样[Knudsen 1994]。复杂并不意味安全性就高。

如 4.4 节中所述，Zheng 等[1990,1991]提出 $x\mathrm{EDS}^i$ 方案也是一种加大数据分组和密钥长度的分组密码。

4.14.7　白化技术

将一些密钥 bit(白化值 Whitening Values)与分组密码算法的输入进行异或，并将另一些密钥 bit 与相应输出异或，这是 RSA 数据安全公司开发的 DES 的一种变形 DESX 中采用的技术，后被用于 Khufu 和 KHAFRE。可用于防止已知明、密文对攻击。加解密如下式：

加密：$\boldsymbol{Y}=\boldsymbol{K}_3\oplus E_{K_2}(\boldsymbol{X}\oplus\boldsymbol{K}_1)$。

解密：$\boldsymbol{X}=\boldsymbol{K}_1\oplus D_{K_2}(\boldsymbol{Y}\oplus\boldsymbol{K}_3)$。

攻击这一算法所需的计算量如下。当 $\boldsymbol{K}_1=\boldsymbol{K}_3$ 时，穷举攻击计算量为 $2^{t+n/p}$ 次加密运算，t 是密钥长度，n 是数据分组长，p 是已知明、密文对个数；当 $\boldsymbol{K}_1\neq\boldsymbol{K}_3$，$p=3$ 时，运算量为 2^{t+n+1}，可抗差分和线性攻击。而代价很小，只需增加少量密钥 $\boldsymbol{K}_1$ 和 $\boldsymbol{K}_3$ 即可。

4.14.8　弱化分组密码技术

前述各项均意图强化原来算法，但 IBM 为了出口其密码产品，曾在其商用数据掩蔽设备 CDMF(Commercial Data Mashing Facility)中采用了下述弱化 DES 的技术，将 DES 的密钥由 56 bit 缩短为 40 bit[Johnson 等 1994]。

4.15　其它分组密码

在本章我们重点介绍了 DES 和 IDEA 等几种重要的分组密码。本节将简要介绍一些较重要的其它分组密码供读者参考。其中，有些是专为软件实现设计的，Schneier 和 Whiting 对分组密码算法的软件实现做了深入分析[1997]。

4.15.1　分组密码新的分类和推广

B. Schneier 和 J. Kelsey[1996] 对分组密码引入了一个新的分类法，并在总结近年许多新的分组密码特点基础上做了各种可能的推广，这使分组密码的设计有了更灵活的选择，设计空间更为丰富。

初步结果表明，利用**不平衡 Feistel 网络**(UFN)可能较用**平衡 Feistel 网络**(BFN)，能实现更快和更好的分组密码。

1. 平衡 Feistel 网络(BFN)

如前所述，分组密码设计的核心是迭代轮函数 F 即 Feistel 网络的设计。

定义 4-15-1　一个普通 Feistel 函数的 F 函数可表示为

$$F: \{0, 1\}^{n/2} \times \{0, 1\}^{t} \rightarrow \{0, 1\}^{n/2}$$

n 是分组密码明文分组长，t 是密码 k 的长度。

定义 4-15-2　普通 Feistel 网络变换定义为

$$x_{i+1} = (F_{Ki}(msb_{n/2}(x_i) \oplus lsb_{n/2}(x_i)) \parallel msb_{n/2})(x_i)$$

x_i 表示第 i 轮的输入，k_i 表示第 i 轮子密钥，$msb_{n/2}(x_i)$表示从 x_i 中选出最高 $n/2$ bit，$lsb_{n/2}(x_i)$ 则取 x_i 的最低 $n/2$ bit；$\oplus$表示对应位异或，$\parallel$ 表示链接。称这类 Feistel 网络为**平衡 Feistel 网络**，以 BFN 表示。其输入分成的左半边与右半边相等，都是 $n/2$ bit。

2. 不平衡 Feistel 网络(UFN)

定义 4-15-3　若轮函数 F 的输入 x_i 所分成的左半边长为 l，右半边长为 r 两段，若 $r \neq l$，则称其为**不平衡 Feistel 网络**，简记为 UFN。

相应的轮变换为

$$x_{i+1} = (F_{Ki}(msb_r(x_i) \oplus lsb_l(x_i)) \parallel msb_r)(x_i)$$

称 $msb_r(x_i)$为**源段**(Source Block)，$lsb_l(x_i)$为**目的段**(Target Block)。此时

$$F: \{0, 1\}^{r} \times \{0, 1\}^{k} \rightarrow \{0, 1\}^{r}$$

即 2^k 个 r-bit 数到 l-bit 数的映射，若 $r>l$ 称作**源重**(Source Heavy)，若 $r<l$ 称作**目标重**(Target Heavy)。

3. 非齐次 UFN

一般，F 函数在各轮是相同的，只是密钥不同。可以将其推广为各轮的 F 函数也是变化的，这在 Khufu 和 MD-4 类中均已采用了。

定义 4-15-4　若每轮的 F 函数相同，只是密钥不同，则称这类 FUN 为**齐次的**(Homogenous)；若除了各轮子密钥外，各轮所用轮函数也不相同的，则称这类 UFN 为**非齐次的**(Heterogenous)。非齐次型 UFN 的分析和实现更为困难。

4. 不完全 UFN

定义 4-15-5 若 UFN 的每一轮中所用的数据不是明文分组的所有数据，即若 $r+l<n$，则称其为**不完全的**(Incomplete)；若 $r+l=n$ 则称其为**完全的**(Complete)。

不完全时，每轮有 $z=n-r-l$ bit 不参加变换。

5. 非一致 UFN

定义 4-15-6 若在整个密码中，每轮的分段参数 r，l，z 和 t 不变，则称其为**一致的**(Consistent)，否则，称作**不一致的**(Inconsistent)。

虽然不一致的总是非齐次的，但非齐次的也可能是一致的。

迄今为止，所提出的各种分组密码大多数是 BFN 型。近年来，出现了一些 UFN 型密码，如 MacGuffin、TEA 等，其中绝大多数都是完全、一致、齐次 UFN 型。

6. 广义 UFN

可以将轮函数 F 的输入数据中取出一部分参与密钥作用来控制另一部分输入数据的加密，如轮变换可表示成

$$x_{i+1}=(E_{K_i}\oplus msb_r(x_i)\wedge(lsb_r))\parallel msb_r(x_i)$$

式中，$E_K(x)$是密钥控制的可逆函数，而且在每一轮还可以不一定保留源段不变，也可以将一个非密钥控制的可逆函数作用于它，也可以用一个非可逆函数作用于源段生成所需的子密钥。这类技术在 MD-4 和 DES 变型中已采用。MD-4 中用 mod 2^{32}加法作为密钥控制可逆函数。DES 变型(称之为 DESV)中采用与一个拉丁方(Latin Square)异或来生成密钥[Carter 等 1995]。

一个 r，l，n-bit 的广义 UFN(GUFN)的轮函数可定义为

$$x_{i+1}=R(E_i,msb_r(x_i),lsb_r(x_i),msb_r(x_i))$$

式中，R 是某种可逆函数；G 是下述意义下的可逆函数，即对所有 K，Y，Z，存在函数H 使

$$H(K,Y,G(K,Y,Z))=Z$$

成立，若 $G=H$，则 GUFN 称为**对称的**(Symmetric)。Schneier 等研究了完全、齐次、一致的 UFN 的扩散和混淆率，抗差分和线性攻击能力与一些参数选择的关系。

下面介绍的分组密码大多数为平衡 Feistel 网络，只有少数几个为不平衡 Feistel 网络。

4.15.2 LUCIFER

此分组密码是 IBM 在 70 年代初期设计的算法，以代换—置换网络、S 盒和 P 置换交替配置，采用子密钥时序表控制各 S 盒的选择。它的密钥为 128 bit，是 DES 的前身[Smith 1971；Sorkin 1984；Feistel 1973]。以差分分析攻击 128 bit 分组、18 轮加密的LUCIFER，可用 24 个选择明文，在 2^{21}次试探后破译[Biham 等 1991；Ben-Aroya 等 1993]。

4.15.3 FEAL-N

此分组密码是日本 NTT 公司的 A. Shimizu 和 S. Miyaguchi 于 1987 年提出的 N 轮迭代快速数据加密算法，分组和密钥长都为 64 bit。原想使其强度超过 PES(曾悬赏 100 万日元征解)，但未能实现[Shimizu 等 1987；Miyaguchi 等 1988]。FEAL-4 在 100 到 10 000 个自适应选择明文攻击就可破译[der Boer 1988]，Gilbert 和 Chassé[1990]以一种统计中途相

遇攻击法，用 10 000 明文对就破译了 FEAL－8。在差分攻击下以 2^{28}个选择明文或 $2^{46.5}$个已知明文可破 FEAL－16。以 2 000 个选择明文或 $2^{37.5}$个已知明文可破 FEAL－8，而以精心选择的 8 个明文就可破 FEAL－4。

其改进型 FEAL－NX，采用 128 bit 密钥[Miyaguchi 等 1990]，但 Biham 和 Shamir [1991]证明其破译难度与 FEAL－N 相当。看来关键还是所设计核心轮函数的密码强度。对 FEAL 的分析还可参看[Murphy 1990；Tardy-Corfdir 等 1991；Matsui 等 1992]。

4.15.4　LOKI－89

这是澳大利亚 1990 年提出的一种 DES 的变型，分组和密钥长度都是 64 bit，采用 16 轮迭代、12 bit 输入 8 bit 输出的 S 盒[Brown 等 1990，1993]。在差分分析攻击下，11 轮迭代 LOK1 已被攻破，但 16 轮迭代要求的处理复杂性为 2^{56}量级，仍有足够的安全性。Knudsen 证明小于 14 轮迭代的 LOK1 在差分分析攻击下不安全。1991 年又对它进行了改进[Brown 等 1991]。分析表明它可抗差分等攻击，安全性足够高[Biham 等 1991；Knudsen 1991，1993；Kwan 等 1991；Tokita 等 1994，1995]。

4.15.5　RC－2 和 RC－4

这是 R. Rivest 为 RSA Data Security 公司设计的算法(RSAD1)。它们都是一种密钥长度可变的算法，算法未公开。RC－2 为分组密码，其分组长度为 64 bit，软件实现比 DES 快 3 倍。RC－4 为流密码，其软件实现较 DES 快 10 倍。美国政府允许 RC－2 和 RC－4 产品出口，但密钥限制为≤40 bit。1995 年被法国一学生所破。1995 年《科学》第 3 期上报导，RC－4 的加密公式已在 Internet 的“电子公告牌”上被泄露，因而其软件产品的应用已成问题。据称美政府已将产品的密钥长度限制放宽到≤64 bit。

4.15.6　CAST

它是加拿大 C. Adams 和 S. Tavares[Adams 等 1993；Adams 1997]设计的。数据分组为 64 bit 和密钥长度可变。所用 S 盒为 8 bit 输入 32 bit 输出，采用 8 轮迭代，其结构较复杂。

明文分成左右两半的 L_i 和 R_i，每一轮中完成下述运算：

$$R_i = f((k_i, R_{i-1}) \oplus (L_{i-1})$$

$$L_i = R_{i-1}$$

经过 8 轮迭代后输出，将左右两半级连即构成输出的 64 bit 密文。

加密轮函数 f 较简单，首先将 32 bit 划分为 4 个 8 bit 组 a，b，c，d，将 16 bit 子密钥划分为 8 个 8 bit 字节 e，f，a，b，c，d，e，f，分别通过第 1 到 6 个 S 盒。6 个 S 盒的输出异或得到 32 bit 最后的输出。

另一种 f 的选择方式是将 32 bit 输入和 32 bit 密钥异或，再划分成 4 个 8 bit 字节，通过 S 盒，再将其 4 个输出异或。

64 bit 密钥划分成 8 个 8 bit 字节：k_1，k_2，…，k_8。第 1 轮用 k_1，k_2，第 2 轮用 k_3，k_4，第 3 轮用 k_5，k_6，第 4 轮用 k_7，k_8，第 5 轮用 k_4，k_3，第 6 轮用 k_2，k_1，第 7 轮用 k_8，k_7，第 8 轮用 k_6，k_5。

算法的强度取决于有 8 bit 输入和 32 bit 输出的 S 盒。CAST 并未设定 S 盒。不同应用可以自行选择。S 盒由 Bent 函数构造[Adams 等 1990]。S 盒与密钥无关，分析表明 CAST 可抗差分攻击和线性攻击[Hoys 等 94]。Lee 等讨论了 CAST 类密码的差分和线性攻击[1997]。Youssef 等[1997]讨论了 CAST 类密码的 S 盒的设计问题。

Northern Telecom 采用 CAST 作为 PC 机和 UNIX 工作站上用的安全软件包，所用 S 盒保密。加拿大政府在评审将其作为新的加密标准。

4.15.7 SKIPJICK

SKIPJICK 是美国 1993 年正式公布的新的数据加密标准，数据分组为 64 bit，密钥为 80 bit，32 轮迭代。此算法未公开[Roe 1995]，将在第 11 章中介绍。

4.15.8 MADRYGA

MADRYGA 是由 W. E. Madryga 于 1984 年设计的算法[Madryga 1984]。面向字节运算，易于软件实现。Biham 认为此算法似不安全。

4.15.9 REDOC

REDOC Ⅱ 是由 M. Wood 为 Cryptech 公司设计的算法[Wood 1990；Cusick 等 1990]。分组长为 80 bit，密钥长为 160 bit，易于软件实现。代换表可换，10 轮迭代，分析表明其安全性高[Biham 等 1991]。

REDOC Ⅲ 是 REDOC II 的流水线形式。80 bit 分组，密钥长度可变，可高达 20 480 bit，没有置换和代换，仅用密钥异或运算，算法易于快速实现，在 33 MHz 的 386 PC 机上的加密速度可达 2.75 Mb/s。但分析表明不够安全。

4.15.10 KHUFU 和 KHAFRE

它们是 Merkle 在 1990 年提出的两种想克服 DES 的一些缺点的建议算法[Merkle 1990]。KHUFU 密钥量为 512 bit、16 轮迭代、采用 8 bit 输入 32 bit 输出的 S 盒。分析表明它较安全[Gilbert 1994]。KHAFRE 类似于 KHUFU，但不要求预计算，密钥为 64 bit 或 128 bit。每一轮较 KHUFU 更复杂些，总轮数可高于 16。Biham 等[Biham 1991，1992]分析表明，可用 1 500 个不同的加密的选择明文破译 16 轮 KHAFRE。在 PC 机上花费大约一小时，但用已知明文攻击要用 2^{38}次加密。对 24 轮则需 2^{35}次选择明文加密，而对已知明文攻击要用 2^{59}次加密。有关加大 S 盒增强分组密码的研究还可参看[Adams 等 1993；Biham 1995]。

4.15.11 MMB

MMB 密码（Modular Multiplication-based Bolck Cipher）是由 Daemen 提出的算法[Daeman 1993]，分组长和密钥长均为 128 bit，其基本理论类似于 IDEA，采用不同代数群的混合运算，由 4 个 32 bit 非线性可逆代换盒实现。软件实现较有效，但硬件实现不如 DES。

原设计未考虑抗线性攻击。Biham 提出了一种有效的选择密钥攻击法[Biham 1992]攻击 MMB。

4.15.12　CA1 - 1

它是由法国 Gutowitz[1993]提出的利用胞元自动机(Cellular Automata)设计的分组密码，分组长为 384 bit，密钥由 1 024 bit 和 64 bit 长的两个密钥组成，故密钥总长为 1 088 bit，以大量并行 IC 器件实现很有效。

CA1 - 1 是一种新的算法。其安全性尚待检验。Gutowitz 提出首先破译此算法的人可获 1 000 美元奖励。已获专利，但可免费提供非商业用。

4.15.13　3 - Way

它是比利时 Daemen[1994]设计的分组密码。明文分组和密钥均为 96 bit。特别适于软、硬件实现，可以为任意 n 轮迭代，设计者推荐采用 11 轮。

算法描述：若明文组为 X，则算法如下：

For $i=0$ to $n-1$

$x=x\oplus k_i$

$x=\text{theta}(x)$

$x=p_i-1(x)$

$x=\text{gamma}(x)$

$x=p_i-2(x)$

$x=\text{theta}(x)$

其中，theta(x)是线性代换函数，是由一串移位和异或运算构成；$p_i-1(x)$和 $p_i-2(x)$是简单的置换；gamma(x)是非线性代换函数。这三种运算构成了算法的取名。它是对输入三组明文的 3 bit 并行执行代换步骤。

解密可类似进行，但数据 bit 以反序送入，输出 bit 再反序送出。尚未有成功攻击此算法的报导。

4.15.14　SXAL8/MBAL

日本 Ito(尹藤)等提出 64 bit 分组密码算法[Ito 等 1993]。SXAL 8 是基本形式，MBAL 是其扩充，分组长度可变化。轮数较少就可提供足够的安全性。一个分组长为 1 024 字节的 MBAL，其加解密速度要比 DES 快 70 倍。但有人怀疑其抗差分攻击和抗线性攻击的能力[Noguchi 等 1994；Kobayashi 等 1995]。

4.15.15　SHARK

它是由 Rijmen 等[1996]提出的，利用高度非线性代换盒和极大距离可分 MDS(Maximum Distance Separable)码组合成的一种代换－置换型分组密码。经过很少几轮就可抗差分和线性攻击，利于用软件实现快速加、解密。在 64 - bit 结构下，用 C 语言编程实现，其加解密速度较 SAFER 和 IDEA 快了 4 倍。

4.15.16　BEAR 和 LION

它是由 R. Anderson 和 E. Biham[1996]提出的，他们从流密码和杂凑函数构造可证明安全的分组密码，通过一个从流密码构造的密钥控制杂凑函数来实现。分组长度可以任意，而且当分组较长时，本方案可能优于以前的方案。

Luby 和 Rackoff[1988]曾指出，一个好的分组密码可以用三个好的随机函数在三轮 Feistel 结构中作为轮函数来构成，称之为 Luby-Rackoff 构造[Maurer 1992]。

若相信如 SHA1 和 SEAL 是好的拟随机函数，且也相信它们的组合 $\mathrm{SEAL}_{K_i}(\mathrm{SHA1}(X))$也是好的拟随机函数，则可采用 Luby-Rackoff 结构，分组密码为：

$$L = L \oplus \mathrm{SEAL}(K_1 \oplus \mathrm{SHA1}(R))$$
$$R = R \oplus \mathrm{SEAL}(K_2 \oplus \mathrm{SHA1}(L))$$
$$L = L \oplus \mathrm{SEAL}(K_3 \oplus \mathrm{SHA1}(R))$$

只要 K_i 独立，则分组密码就安全。其代价是三个杂凑函数和三个流密码。其实现速度是由 SHA1 和 SEAL 速度决定的，SHA1 可达 40 Mb/s，SEAL 超过 100 Mb/s，因此上述算法可望达到 10 Mb/s，远比其它算法快。

BEAR 是非平衡 Feistel 流密码[Schneier 等 1996]。采用二次杂凑和一次流密码加密，n 是分组长(按 bit 计，一般很大为 1 KB～1 MB)。令 $H_K(\boldsymbol{M})$表示以密钥 $\boldsymbol{K}$ 控制下的杂凑函数，消息 $\boldsymbol{M}$ 可任意长，杂凑值为 160 bit(SHA1)或 128 bit(MD－5)。令 $S(M)$是流密码，符号 ‖ 表示链接。输入明文被划分成左右两半，即 $X=L \| R$，$|L|=\boldsymbol{K}$，$|R|=n-\boldsymbol{K}$，密钥 $\boldsymbol{K}=(\boldsymbol{K}_1,\boldsymbol{K}_2)(|K_1|>|L|,|K_2|>|R|)$。

加密：$L=L\oplus H_{K_1}(R)$；$R=R\oplus S(L)$；$L=L\oplus H_{K_2}(R)$。

解密：$L=L\oplus H_{K_2}(R)$；$R=R\oplus S(L)$；$L=L\oplus H_{K_1}(R)$。

$\boldsymbol{H}_K(\boldsymbol{M})$是一个强杂凑函数，满足随机性和无碰撞性条件；$\boldsymbol{K}$ 可加在 $\boldsymbol{M}$ 之前或 $\boldsymbol{M}$ 之后，或两者均可。$S(M)$也是强流密码。

LION 类似于 BEAR，只是采用二次流密码加密和一次杂凑来实现。

加密：$R=R\oplus S(L\oplus K_1)$；$L=L\oplus H'(R)$；$R=R\oplus S(L\oplus K_2)$。

解密：$R=R\oplus S(L\oplus K_2)$；$L=L\oplus H'(R)$；$R=R\oplus S(L\oplus K_1)$。

这个方案对杂凑函数的随机性要求可以减弱。

Schneier 等给出了一个用 133 MHz，DEC Alpha 机实现的例子，采用 SHA1 和 SEAL，BEAR 的加解密速度达 13 Mb/s，LION 可达 18.68 Mb/s(分组为 1 MB)。

可以将 BEAR 和 LION 进行多轮组合，以提高其抗击选择明文密文攻击的能力，称之为 LIONESS，采用 4 个独立密钥 $\boldsymbol{K}_1$，$\boldsymbol{K}_2$，$\boldsymbol{K}_3$，$\boldsymbol{K}_4$。

加密：$R=R\oplus S(L\oplus \boldsymbol{K}_1)$；$L=L\oplus H_{K_2}(R)$；$R=R\oplus S(L\oplus \boldsymbol{K}_3)$；$L=L\oplus H_{K_4}(R)$。

解密：$L=L(\oplus H_{K_4}(R)$；$R=R\oplus S(L\oplus \boldsymbol{K}_3)$；$L=L\oplus H_{K_2}(R)$；$R=R\oplus S(L\oplus \boldsymbol{K}_1)$。

S. Lucks 构造了类似的密码方案，并且从随机函数理论证明了这类三轮分组密码在选择明文攻击下的安全性[1996]。Zhu 等[1998]对 BEAR 和 LION 进行了分析。

4.15.17 MacGuffin

这一分组密码由 M. Blaze 和 B. Schneier[Blaze 等 1994]提出，是最早提出利用非平衡 Feistel 网络(UFN)实现的分组密码。其明文分组长度、实现的轮结构、性能和应用等方面与 DES 相似。UFN 在密码杂凑函数中用得要早些，如 MD－5 和 SHA。

MacGuffin 将每轮输入 x_i 划分成 16 bit 和 48 bit，密钥为 128 bit，采用 32 轮迭代，每

轮中右边的 48 bit 输入与导出的 48 bit 子密钥异或，而后通过一个固定置换后分成 8 个 6 - bit 组作为 8 个 S 盒的输入，每个 S 盒有 6 bit 输入 2 bit 输出，一起实现 48 bit 到 16 bit 的映射。输出再与左边的 16 bit 异或，最后将此最左边的 16 bit 循环移位到最右边形成的 64 bit 轮输入字组。所用 S 盒直接取自 DES，但只取每个 S 盒外侧的两输出。而固定置换是 1—1 的、无扩展的，保证每个 S 盒的 6 bit 输入各从输入的 3 个 16 bit 字中取 2 个 bit。各轮子密钥按一定算法从 128 bit 密钥中导出。算法易于软硬件实现。在 486/66 上加解密速度为 1.5 Mb/s，与 DES 可达速度 2.1 Mb/s 相近，详见 Blaze 文章。

V. Rijmen 和 B. Preneel[1995]对此体制进行了密码分析。采用 Matsui 攻击 DES 所用的差分特征和线性关系来攻击 MacGuffin，表明它对差分攻击能力弱于 DES，在抗线性攻击上似乎比 DES 强不了多少，因而他们怀疑用非对称 Feistel 网络是否是一个好的设计原则。

4.15.18　TEA

这是由 D. J. Wheeler 和 R. M. Needham[1994]设计的一种精巧的快速软件分组加密算法。可运行于各类计算机。

采用加减法代替异或运算作为 Feistel 网中的可逆运算。并在程序中交替使用加法和异或提供非线性，采用对偶移位使所有密钥和数据 bit 重复混合，1 bit 数据或密钥散布到 32 位中所需轮数至多为 6，因此 16 轮足够了；但 TEA 采用了 32 轮，密钥为 128 bit。子密钥表由密钥产生。

软件实现比 DES 快 3 倍。可以采用 DES 所有的模式运行。

TEA 软件程序很易于存储和复制，而且安全，不受出口限制，是一种有效而有用的算法。

4.15.19　Akelarre

这是由 Álvarez 等于 1996 年提出的一种便于软件实现的高速分组密码算法[Álvarez 等 1996，1997]。输入明文数据 X 长为 128 bit，划分为 4 个长为 32 bit 的子段，以 $X1$、$X2$、$X3$、$X4$ 表示。经过输入变换、r 轮变换、输出变换得到密文。变换按 32 bit 字进行，由模 2^{32}的加法、逐位模 2 和、旋转(32 bit 字的循环移位)作为基本运算，并在密钥控制下进行。这一算法充分利用旋转的功效来增强其抗线性和差分攻击的能力。子密钥生成算法有一定的非线性，难以预测，用户的密钥长度可根据需要变通，为 64 bit 的倍数。以 130 MHz Intel® Pentium™，用 Microsoft® Visual™ C++4.0 编程，取 $r=4$、用户密钥为 128 bit 时加解密速度可达 3.22 Mb/s。初步分析表明，此算法似乎有较好的安全性，有待于深入研究证实。

第5章 密码理论与技术(四)——双(公)钥密码体制

双钥(公钥)体制于1976年由W. Diffie和M. Hellman[1976]提出，同时R. Merkle[1978]也独立提出了这一体制。(Ellis，J. H的文章描述了公钥密码体制的发明史，表明CESG的研究人员对PKC发明所做出的重要贡献[Ellis 1970；Cocks 1973；Williamson 1974，1976]。)这一体制的最大特点是采用两个密钥将加密和解密能力分开：一个公开作为加密密钥；一个为用户专用，作为解密密钥，通信双方无需事先交换密钥就可进行保密通信。而要从公开的公钥或密文分析出明文或秘密钥，在计算上是不可行的。若以公开钥作为加密密钥，以用户专用钥作为解密密钥，则可实现多个用户加密的消息只能由一个用户解读；反之，以用户专用钥作为加密密钥而以公开钥作为解密密钥，则可实现由一个用户加密的消息而使多个用户解读。前者可用于保密通信，后者可用于数字签字。这一体制的出现在密码学史上是划时代的事件，它为解决计算机信息网中的安全提供了新的理论和技术基础。

自1976年以来，双钥体制有了飞速发展，不仅提出了多种算法，而且出现了不少安全产品，有些已用于NII和GII之中。本章将介绍其中的一些主要体制，特别是那些既有安全性，又有实用价值的算法。其中，包括可用于密钥分配、加解密或数字签名的双钥算法。一个好的系统，不仅算法要好，还要求能与其它部分，如协议等进行有机的组合。

由于双钥体制的加密变换是公开的，使得任何人都可以采用选择明文来攻击双钥体制，因此，明文空间必须足够大才能防止穷尽搜索明文空间攻击。这在双钥体制应用中特别重要(如用双钥体制加密会话密钥时，会话密钥要足够长)。一种更强有力的攻击法是选择密文攻击，攻击者选择密文，而后通过某种途径得到相应的明文，多数双钥体制对于选择密文攻击特别敏感。通常采用两类选择密文攻击：(1) 冷漠(Indifferent)选择明文攻击。在接收到待攻击的密文之前，可以向攻击者提供他们所选择的密文的解密结果。(2) 自适应选择密文攻击，攻击者可能利用(或接入)被攻击者的解密机(但不知其秘密钥)，而可以对他所选择的、与密文有关的待攻击的密文，以及以前询问得到的密文进行解密。

本章介绍双钥体制的基本原理和各种重要算法，如RSA、背包、Rabin、ElGamal、椭圆曲线、McEliece、LUC、秘密共享、有限自动机等密码算法。

Diffie[1992]曾对双钥体制的发展做了全面综述。

5.1　双钥密码体制的基本概念

我们在第 2 章中已介绍了双钥密钥保密、认证系统的工作原理，系统的安全性主要取决于构造双钥算法所依赖的数学问题。要求加密函数具有**单向性，即求逆的困难性**。因此，设计双钥体制的关键是先要寻求一个合适的单向函数。

5.1.1　单向函数

定义 5-1-1　令函数 f 是集 A 到集 B 的映射，以 f: $A \to B$ 表示。若对任意 $x_1 \neq x_2$，x_1，$x_2 \in A$，有 $f(x_1) \neq f(x_2)$，则称 f 为**单射**，或 **1—1 映射**，或**可逆的函数**。

f 为可逆的充要条件是，存在函数 g: $B \to A$，使对所有 $x \in A$ 有 $g[f(x)] = x$。

定义 5-1-2　一个可逆函数 f: $A \to B$，若它满足：

1°　对所有 $x \in A$，易于计算 $f(x)$。

2°　对"几乎所有 $x \in A$"由 $f(x)$ 求 x"极为困难"，以至于实际上不可能做到，则称 f 为一**单向**(One-way)函数。

定义中的"极为困难"是对现有的计算资源和算法而言。Massey 称此为**视在困难性**(Apparent Difficulty)，相应函数称之为**视在单向函数**。以此来和**本质上**(Essentially)**的困难性**相区分 [Massey 1985]。

例 5-1-1　令 f 是在有限域GF(p) 中的指数函数，其中 p 是大素数，即

$$y = f(x) = \alpha^x \tag{5-1-1}$$

式中，$x \in \text{GF}(p)$，x 为满足 $0 \leqslant x < p-1$ 的整数，其逆运算是 GF(p)中定义的对数运算，即

$$x = \log_\alpha \alpha^y \qquad 0 \leqslant x < p-1 \tag{5-1-2}$$

显然，由 x 求 y 是容易的，即使当 p 很大，例如 $p \approx 2^{100}$时也不难实现。为方便计算，以下令 $\alpha = 2$。所需的计算量为 lb p 次乘法，存储量为(lb $p)^2$ 比特，例如 $p = 2^{100}$时，需作 100 次乘法。利用高速计算机由 x 计算 α^x 可在 0.1 毫秒内完成。但是相对于当前计算 GF(p) 中对数最好的算法，要从 α^x 计算 x 所需的存储量大约为$(3/2) \times \sqrt{p}\log p$ 比特和运算量大约为$(1/2) \times \sqrt{p}\log p$。当 $p = 2^{100}$时，所需的计算量为$(1/2) \times 2^{50} \times 100 \approx 10^{16.7}$次，以计算指数一样快的计算机进行计算需时约 $10^{10.7}$秒(1 年$=10^{7.5}$秒，故约为 1 600 年！其中假定存储量的要求能够满足)。可见，当 p 很大时，GF(p)中的 $f(x) = \alpha^x$，$x < p-1$ 是个单向函数。

Pohlig 和 Hellman 对($p-1$)无大素因子时给出一种快速求对数的算法[Pohlig 等 1978]。特别是，当 $p = 2^n + 1$ 时，从 α^x 求 x 的计算量仅需$(\log p)^2$ 次乘法。对于 $p = 2^{160} + 1$，在高速计算机上计算大约仅需时 10 毫秒。因此，在这种情况下，$f(x) = \alpha^x$ 就不能被认为是单向函数。 ■

由上述我们可以得出，当对素数 p，且 $p-1$ 有大的素因子时，GF(p)上的函数 $f(x) = \alpha^x$ 是一个视在单向函数。寻求在 GF(p)上求对数的一般快速算法是当前密码学研究中的一个重要课题。

5.1.2 陷门单向函数

单向函数是求逆困难的函数，而陷门单向函数(Trapdoor One-way Function)，是在不知陷门信息下求逆困难的函数，当知道陷门信息后，求逆是易于实现的。这是 Diffie 和 Hellmam [1976]引入的有用概念。

号码锁在不知预设号码时很难开，但若知道所设号码则容易开启。太平门是另一例，从里面向外出容易，若无钥匙者反向难进。但如何给陷门单向函数下定义则很棘手，因为：

(1) 陷门函数其实就不是单向函数，因为单向函数是在任何条件下求逆都是困难的；

(2) 陷门可能不止一个，通过试验，一个个陷门就可容易地找到逆。如果陷门信息的保密性不强，求逆也就不难。

定义 5-1-3 陷门单向函数是一类满足下述条件的单向函数：f_z: $A_z \to B_z$, $z \in Z$, Z 是陷门信息集。

(1) 对所有 $z \in Z$，在给定 z 下容易找到一对算法 E_z 和 D_z 使对所有 $x \in A$，易于计算 f_z 及其逆，即：

$$f_z(x) = E_z(x) \tag{5-1-3}$$

$$D_z(f_z(x)) = x \tag{5-1-4}$$

而且当给定 z 后容易找到一种算法 F_z，称 F_z 为**可用消息集鉴别函数**，对所有 $x \in A$，易于检验是否 $x \in A_z (A_z \subset A)$，$A_z$ 是可用的明文集。

第(1)条让我们注意识别 x 是在允许的定义范围内。当集 A 未划分时，这不难做到。但是当集 A_z 与 z 有关时，则应当能确信可以检验 x 是在 A 中(这容易做到)的同时，是否在不知 z 下也能检验 x 是在 A_z 之中，因为如果人们在不知 z 下使用算法 E_z 时就需要解决此问题。

(2) 对“几乎”所有 $z \in Z$，当只给定 E_z 和 F_z 时，对“几乎所有”$x \in A_z$，“很难”意即“实际上不可能”从 $y = F_z(x)$ 算出 x。

第(2)条半精确地定义了陷门单向函数为一单向函数。它表明在给定算法 E_z，D_z 时，对“几乎所有”$x \in A_z$，至少对“大多数”$z \in Z$ 和“大多数”$x \in A_z$，在“计算上”不可能求出逆。即使已知有限明密文对(x_i, y_i)，$i=1, 2, \cdots, n$，也难以轻易地从 $F_z(x)$算出 x，其中 $x \in A_z$ 但不在已知的明密文对中。

(3) 对任一 z，集 A_z 必须是保密系统中明文集中的一个“方便”集。即便于实现明文到它的映射。(在 PKC 中是默认的条件。)(Diffie 和 Hellman 定义的陷门函数中，$A_z = A$，对所有 Z 成立。而实际中的 A_z 取决于 Z。)

5.1.3 公钥系统

在一个公钥系统中，所有用户共同选定一个陷门单向函数，加密运算 E 及可用消息集鉴别函数 F。用户 i 从陷门集中选定 z_i，并公开 E_{z_i}和 F_{z_i}。任一要向用户 i 送机密消息者，可用 F_{z_i}检验消息 x 是否在许用明文之中，而后送 $y = E_{z_i}(x)$给用户 x 即可。

在仅知 y，E_{z_i}和 F_{z_i}下，任一用户不能得到 x。但用户 i 利用陷门信息 z_i，易于得到 $D_{z_i}(y) = x$。

定义 5-1-4 对 $z \in Z$ 和任意 $x \in X$，$F_i(x) \to y \in Y = X$。若

$$F_j(F_i(x)) = F_i(F_j(x)) \tag{5-1-5}$$

成立，则称 F 为**可换单向函数**。

可换单向函数在密码学中更有用。

5.1.4 用于构造双钥密码的单向函数

1976 年 Diffie 和 Hellman 发表的文章中虽未给出陷门单向函数，但大大推动了这方面的研究工作。双钥密码体制的研究在于给出这种函数的构造方法以及它们的安全性。

陷门单向函数的定义并没有给出这类函数是否存在。但他们指出"一个单钥密码体制，如果能抗击选择明文攻击，就可规定一个陷门单向函数"。以其密钥作为陷门信息，则相应的加密函数就是这类函数，这是构造双钥体制的途径。

下面给出一些单向函数的例子。目前多数双钥体制是基于这些问题构造的。

1. *多项式求根*

有限域 GF(p)上的一个多项式

$$y = f(x) = x^n + a_{n-1}x^{n-1} + \cdots + a_1x + a_0 \quad \bmod p$$

当给定 $a_0, a_1, \cdots, a_{n-1}, p$ 及 x 时，易于求 y，利用 Honer's 法则，即

$$f(x) = (\cdots(x + a_{n-1})x + a_{n-2})x + a_{n-3})x + \cdots + a_1)x + a_0 \quad \bmod p \tag{5-1-6}$$

最多有 n 次乘法和 $n-1$ 次加法。反之，已知 $y, a_0, \cdots, a_{n-1}$，要求解 x 需能对高次方程求根。这至少要$\lfloor n^2(\text{lb } p)^2 \rfloor$次乘法(这里，$\lfloor a \rfloor$表示取不大于 a 的最大整数)，当 n，p 大时很难求解。

2. *离散对数* DL(Discrete Logarithm)

给定一大素数 p，$p-1$ 含另一大素数因子 q。可构造一乘群 $\boldsymbol{Z}_p^*$，它是一个 $p-1$ 阶循环群。其生成元为整数 g，$1<g<p-1$。已知 x，求 $y=g^x \bmod p$ 容易，只需$\lfloor \text{lb } 2x \rfloor-1$ 次乘法，如 $x=15=1111_2$，$g^{15}=(((1\cdot g)^2\cdot g)^2\cdot g)^2\cdot g \bmod p$，要用 $3+4-1=6$ 次乘法。

若已知 y，g，p，求 $x=\log_g y \bmod p$ 为离散对数问题。最快求解法运算次数渐近值为

$$L(p) = O(\exp\{(1 + o(1)\sqrt{\ln p \ln(\ln p)})\}) \tag{5-1-7}$$

$p=512$ 时，$L(p)=2^{256}=10^{77}$。

若离散对数定义在 GF(2^n)中的 2^n-1 阶循环群上，Shanks[1962]和 Pohlig-Hellman [1978]等的离散对数算法预计算量的渐近式为

$$O(\exp\{(1.405 + o(1))n^{1/3}(\ln n)^{2/3}\}) \tag{5-1-8}$$

求一特定离散对数的计算量的渐近式为

$$L(p) = O(\exp\{(1.098 + o(1))n^{1/3}(\ln n)^{2/3}\}) \tag{5-1-9}$$

参看[LaMacchia 等 1991；McCurley1990]。

广义离散对数问题是在 n 阶有限循环群 G 上定义的。

3. *大整数分解* FAC(Factorization Problem)

判断一个大奇数 n 是否为素数的有效算法，大约需要的计算量是$\lfloor \text{lb } n \rfloor^4$，当 n 为 256 或 512 位的二元数时，用当前计算机做可在 10 分钟内完成。已知 $FAC \subseteq$ CONP。

若已知二大素数 p 和 q，求 $n=p \cdot q$ 只需一次乘法，但若由 n，求 p 和 q，则是几千年来数论专家的攻关对象。迄今为止，已知的各种算法的渐近运行时间为：

(1) 试除法：最早的也是最慢的算法，需试验所有小于 sqrt(n)的素数，运行时间为指数函数。

(2) 二次筛(QS)：

$$T(n)=O\left(\exp\{(1+o(1))\sqrt{\ln n \ln(\ln n)}\}\right) \tag{5-1-10}$$

二次筛(QS)为小于 110 位整数最快的算法，倍多项式二次筛(MPQS)是 QS 算法更快的变型，MPQS 的双倍大指数变型还要快些[Carton 等 1988]。

(3) 椭圆曲线(EC)：

$$T(n)=O\left(\exp\{(1+o(1))\sqrt{2\ln p \ln(\ln p)}\}\right) \tag{5-1-11}$$

(4) 数域筛(NFS)：

$$T(n)=O\left(\exp\{(1.92+o(1))(\ln n)^{1/3}(\ln(\ln n))^{2/3}\}\right) \tag{5-1-12}$$

式中，p 是 n 的最小的素因子，最坏的情况下 $p \approx n^{1/2}$。当 $n \approx 2^{664}$，要用 3.8×10^9 年(一秒进行 100 万次运算)。虽然整数分解问题已进行了几世纪研究，但至今尚未发现快速算法。目前对于大于 110 位的整数数域筛是最快的算法，曾用于分解第 9 个 Fermat 数。目前的进展主要是靠计算机资源实现的。二次筛法可参看[Pomerance 1984；Carton 等 1988]、数域筛法可参看[Lenstra，A. K. 1993]、椭圆曲线法可参看[Pollard 1974；Lenstra，H. W. 1987；Montgomery 1987]。

$T(n)$与 $L(p)$的表示式大致相同，一般当 $n=p$ 时，解离散对数要更难些。

RSA 问题是 FAC 问题的一个特例。n 是两个素数 p 和 q 之积，给定 n 后求素因子 p 和 q 的问题称之为 RSAP。求 $n=p \cdot q$ 分解问题有以下几种形式：

(1) 分解整数 n 为 p 和 q；

(2) 给定整数 M 和 C，求 d 使 $C^d \equiv M \mod n$；

(3) 给定整数 e 和 C，求 M 使 $M^e \equiv C \mod n$；

(4) 给定整数 x 和 C，决定是否存在整数 y 使 $x \equiv y^2 \mod n$(二次剩余问题)。

4. 背包问题(Knapsack Problem)

背包问题可参看 5.3 节。

5. Diffie-Hellman 问题(DHP)

给定素数 p，令 α 为 $\mathbf{Z}_p^*$ 的生成元，若已知 α^a 和 α^b，求 α^{ab}的问题为 Diffie-Hellman 问题，简记为 DHP。若 α 为循环群 G 的生成元，且已知 α^a 和 α^b 为 G 中的元素，求 α^{ab}的问题为广义 Diffie-Hellman 问题，简记为 GDHP[den Boer 1988；Maurer 1994；Waldvogel 等 1993；McCurely 1988]。

6. 二次剩余问题 QR(Quadratic Residue)

给定一个奇合数 n 和整数 a，决定 a 是否为 mod n 的平方剩余。

7. 模 n 的平方根问题(SQROOT)

模 n 的平方根问题可参看 5.4 节。有关文献有[Bach 等 1996；Koblitz 1994]。

关于双钥密码体制公钥参数的生成和有关算法，Menezes 等[1977]一书的第 4 章进行了全面介绍，该书的第 3 章对密码中用到的数学难题给出了全面系统的综述，还可参看

[Pomerance 1990；Adleman 等 1994；Bach 1990；Lenstra 等 1990]。

5.2　RSA 密码体制

继 M. Hellman 的背包算法提出后，同年 MIT 三位年青数学家 R. L. Rivest，A. Shamir 和 L. Adleman[Rivest 等 1978，1979]发现了一种用数论构造双钥的方法，称作 **MIT** 体制，后来被广泛称之为 **RSA 体制**。它既可用于加密、又可用于数字签字，易懂、且易于实现，是目前仍然安全并且逐步被广泛应用的一种体制。国际上一些标准化组织 ISO、ITU 及 SWIFT 等均已接受 RSA 体制作为标准。在 Internet 中所采用的 PGP(Pretty Good Privacy)中也将 RSA 作为传送会话密钥和数字签字的标准算法。

RSA 算法的安全性基于 5.1 节介绍的数论中大整数分解的困难性。

5.2.1　体制

独立地选取两大素数 p_1 和 p_2(各 100～200 位十进制数字)，计算

$$n = p_1 \times p_2 \tag{5-2-1}$$

其欧拉函数值

$$\varphi(n) = (p_1 - 1)(p_2 - 1) \tag{5-2-2}$$

随机选一整数 e，$1 \leqslant e < \varphi(n)$，$(\varphi(n), e) = 1$。因而在模 $\varphi(n)$下，e 有逆元

$$d = e^{-1} \mod \varphi(n) \tag{5-2-3}$$

取公钥为 n，e。秘密钥为 d。(p_1，p_2 不再需要，可以销毁。)

加密：将明文分组，各组在 mod n 下可惟一地表示(以二元数字表示，选 2 的最大幂小于 n)。各组长达 200 位十进制数字。可用明文集

$$A_z = \{x: 1 \leqslant x < n, (x, n) = 1\}$$

注意，$(x, n) \neq 1$ 是很危险的，参看 5.2.2 节中的第 8 点。$x \in A_z$ 的概率

$$\frac{\varphi(n)}{n} = \frac{(p_1 - 1)(p_2 - 1)}{p_1 p_2} = 1 - \frac{1}{p_1} - \frac{1}{p_2} + \frac{1}{p_1 p_2} \to 1$$

密文

$$y = x^e \mod n \tag{5-2-4}$$

有关快速指数算法参看本章附录 5.B。

解密：

$$x = y^d \mod n \tag{5-2-5}$$

证明：$y^d = (x^e)^d = x^{de}$，因为 $de \equiv 1 \mod \varphi(n)$而有 $de = q\varphi(n) + 1$。由欧拉定理，$(x, n) = 1$，意味着 $x^{\varphi(n)} \equiv 1 \mod n$，故有

$$y^d = x^{de} = x^{q\varphi(n)+1} \equiv x \cdot x^{q\varphi(n)} = x \cdot 1 = x \mod n$$ ■

陷门函数：$Z = (p_1, p_2, d)$。

例 5-2-1

选 $p_1 = 47$，$p_2 = 71$，则 $n = 47 \times 71 = 3\,337$，$\varphi(n) = 46 \times 70 = 3\,220$。若选 $e = 79$，可计算 $d = e^{-1} (\mathrm{mod}\ 3\,220) = 1\,019$。公开 $n = 3\,337$ 和 $e = 79$。秘密钥 $d = 1\,019$。销毁 p_1，p_2。

令 $x = 688\,232\,687\,966\,668\,3$，分组得 $x_1 = 688$，$x_2 = 232$，$x_3 = 687$，$x_4 = 966$，$x_5 = 668$，$x_6 = 3$。x_1 的加密为$(688)^{79} (\mathrm{mod}\ 3\,337) = 1\,570 = C_1$，类似地，可计算出其它各组密文。得

到密文 $y=1\ 570\ 2756\ 2714\ 2423\ 158$。

第一组密文的解密为 $(1\ 570)^{1\ 019} \mod 3\ 337 = 688 = x_1$。类似地，可解出其它各组密文 ■

RSA 加密实质上是一种 $\mathbf{Z}_n \to \mathbf{Z}_n$ 上的单表代换！给定 $n=p_1p_2$ 和合法明文 $x\in\mathbf{Z}_n$，其相应密文 $y=x^e \mod n \in \mathbf{Z}_n$。对于 $x\neq x'$，必有 $y\neq y'$。$\mathbf{Z}_n$ 中的任一元素（0，p_1，p_2 除外）是一个明文，但它也是与某个明文相对应的一个密文。因此，RSA 是 $\mathbf{Z}_n\to\mathbf{Z}_n$ 的一种单表代换密码，关键在于 n 极大时，在不知陷门信息下，极难确定这种对应关系，而采用模指数算法又易于实现一种给定的代换。正由于这种一一对应性，使 RSA 不仅可以用于加密也可以用于数字签字。

5.2.2　RSA 的安全性

1．分解模数 n

在理论上，RSA 的安全性取决于模 n 分解的困难性，但数学上至今还未证明分解模就是攻击 RSA 的最佳方法，也未证明分解大整数就是 NP 问题，可能有尚未发现的多项式时间分解算法。人们完全可以设想有另外的途径来破译 RSA，如求解密指数 d 或找到 $(p_1-1)(p_2-1)$ 等。但这些途径都不比分解 n 来得容易。甚至 Alexi 等[1988]曾揭示，从 RSA 加密的密文恢复某些 bit 的困难性也和恢复整组明文一样困难。这一视在困难性问题是个 NP 问题，但还没人证明它为 NPC 问题。

当前的技术进展使分解算法和计算能力在不断提高，计算所需的硬件费用在不断下降。110 位十进制数字早已能分解。Rivest 等最初悬赏 100 美元的 RSA－129，已由包括五大洲 43 个国家 600 多人参加，用 1 600 台机子同时产生 820 条指令数据，通过 Internet 网，耗时 8 个月，于 1994 年 4 月 2 日利用二次筛法分解出为 64 位和 65 位的两个因子，原来估计要用 4 亿亿年。所给密文的译文为“这些魔文是容易受惊的鱼鹰”。这是有史以来最大规模的数学运算。RSA－130 于 1996 年 4 月 10 日利用数域筛法分解出来，目前正在向更大的数，特别是 512 bit RSA，即 RSA－154 冲击[Cowie 等 1996]。表 5－2－1 给出采用广义数域筛分解不同长度 RSA 公钥模所需的计算机资源。

表　5－2－1

密　钥　长(bit)	所需的 MIPS－年＊
116(Blacknet 密钥)	400
129	5 000
512	30 000
768	200 000 000
1 024	300 000 000 000
2 048	300 000 000 000 000 000 000

＊ MIPS－年指以每秒执行 1 000 000 条指令的计算机运行一年。

表 5－2－2 给出以 NSF 算法破译 RSA 体制与用穷搜索密钥法破译单钥体制的等价密钥长度。

表　5-2-2

单钥体制	RSA 体制
56 - bit	384 - bit
64 - bit	512 - bit
80 - bit	768 - bit
112 - bit	1 792 - bit
128 - bit	2 304 - bit

因此，今天要用 RSA，需要采用足够大的整数。512 bit(154 位)、664 bit(200 位)已有实用产品。也有人想用 1 024 bit 的模。若以每秒可进行 100 万步的计算资源分解 664 bit 大整数，这需要完成 10^{23}步，即要用 1 000 年。在 European Institute for System Security Workshop 上，与会者认为 1 024 bit 模在今后 10 年内足够安全。Simmons 预测 150 位数将在下个世纪被分解。数学家估计分解 $x+10$ 位数的困难程度约为分解 x 的 10 倍。目前，512 bit 模（约 155 位)在短期内仍十分安全，但大素数分解工作在 WWW 上大协作已构成对 512 bit 模 RSA 的严重威胁，很快可能要采用 768 bit 甚至 1 024 bit 的模。

大整数分解算法研究是当前数论和密码理论研究的一个重要课题[Adleman 1991；Atkins 等 1994；Bressoud 1989；Buhler 等 1993；Coppersmith 1993；Caron 等 1988；Denny 等 1994；Dobbertin 1995；Lenstra 1987；Lenstra 等 1982，1990，1993，1994；Montgomery 1987；Pollard 1993；Pomerance 1982，1984，1987，1990，1994；Williams 1982；Silverman 1987；van Oorschot 1992]。

2. 其它途径

从 n 若能求出 $\varphi(n)$，则可求得 p_1，p_2，因为

$$n-\varphi(n)+1=p_1p_2-(p_1-1)(p_2-1)+1=p_1+p_2$$

而

$$\sqrt{n^2-4n}=p_1-p_2$$

但已经证明，求 $\varphi(n)$等价于分解 n 的困难。

从 n 求 d 亦等价于分解 n。

目前尚不知是否存在一种无需籍助于分解 n 的攻击法。也未能证明破译 RSA 的任何方法都等价于大整数分解问题。

3. 迭代攻击法

Simmons 和 Norris[1977]曾提出迭代或循环攻击法。例如，给定一 RSA 的参数为$(n, e, y)=(35, 17, 3)$，可由 $y_0=y=3$ 计算 $y_1=3^{17}=33 \mod 35$。再由 y_1 计算 $y_2=y_1^{17}=3 \mod 35$，从而得到明文 $x=y_1=33 \mod 35$。一般对明文 x 加密多次，直到再现 x 为止。Rivest[1978]证明，当 p_1-1 和 p_2-1 中含有大素数因子，且 n 足够大时，这种攻击法成功的概率趋于 0。有关研究参看[Maurer 1990，1995；Williams 等 1979]。

4. 选择明文攻击

(1) 消息破译。攻击者收集用户 A 以公钥 e 加密的密文 $y=x^e \mod n$，并想分析出消息 x。选随机数 $r<n$，计算 $y_1=r^e \mod n$，这意味 $r=y_1^d \mod n$。计算 $y_2=y_1\times y \mod n$。令 $t=r^{-1} \mod n$，则 $t=y_1^{-d} \mod n$。

现在攻击者请 A 对消息 y_2 进行签字(用秘密钥，但不能用 Hash 函数)，得到 $S=y_2^d \mod n$。攻击者计算 $ts \mod n=y_1^{-d}\times y_2^d \mod n=y_1^{-d}\times y_1^d\times y^d \mod n=y^d \mod n=x$，得到了明文。

(2) 骗取仲裁签字。在有仲裁情况下，A 有一个文件要求仲裁，可先将其送给仲裁 T，T 以 RSA 的秘密钥进行签署后回送给 A。(未用单向 Hash 函数，只以秘密钥对整个消息加密。)

攻击者有一个消息要 T 签署，但 T 并不情愿给他签，因为可能有伪造的时戳，也可能是来自另外人的消息。但攻击者可用下述方法骗取 T 签字。令攻击者的消息为 x，他首先任意选一个数 N，计算 $y=N^e \mod n$(e 是 T 的公钥)，而后计算 $M=yx$，送给 T，T 将签字的结果 $M^d \mod n$ 送给攻击者，则有$(M^d \mod n)N^{-1} \mod n=(yx)^d\cdot N^{-1} \mod n=x^d y^d\cdot N^{-1} \mod n=x^d NN^{-1} \mod n=x^d \mod n$，此为 T 对 x 的签字。

所以能有这类攻击是因为指数运算保持了输入的乘法结构[Desmedt 等 1986]。

(3) 骗取用户签字。攻击者可制作两条消息 x_1 和 x_2，凑出所要的 $x_3\equiv x_1\times x_2 \mod n$。首先他可得到用户 A 对 x_1 和 x_2 的签字 $x_1^d \mod n$ 和 $x_2^d \mod n$，则可计算 $x_3^d \mod n\equiv(x_1^d \mod n)\cdot(x_2^d \mod n) \mod n$。

因此，任何时候不要为不相识的人签署随机性文件，最好先采用单向 Hash 函数。ISO 9796 的分组格式可以防止这类攻击。

有关选择明文攻击 RSA 体制的研究可参看[Davida 1982; Denning 1984; Desmedt 等 1985]。

5. 公用模攻击

若很多人共用同一模数 n，各自选择不同的 e 和 d，这样实现当然简单，但是不安全。若消息以两个不同的密钥加密，在共用同一个模下，若两个密钥互素(一般如此)，则可用任一密钥恢复明文[Simmons 1983]。

设 e_1 和 e_2 是两个互素的不同密钥，共用模为 n，对同一消息 x 加密得 $y_1=x^{e_1} \mod n$，$y_2=x^{e_2} \mod n$。分析者知道 n，e_1，e_2，y_1 和 y_2。因为$(e_1, e_2)=1$，所以有 $r\cdot e_1+s\cdot e_2=1$。假定 r 为负数，从而可知由 Euclidean 算法可计算

$$(y_1^{-1})^{-r}\cdot y_2^s = x \mod n$$

还有两种攻击共用模 RSA 的方法，用概率方法可分解 n 和用确定性算法可计算某一用户密钥而不需要分解 n，可参看[Moore 1988; DeLaurentis 1984; Miller 1976; Simmons 1983]。

6. 低加密指数攻击

采用小的 e 可以加快加密和验证签字的速度，且所需的存储密钥空间小，但若加密钥 e 选择得太小，则容易受到攻击[Wiener 1990]。

令网中三用户的加密钥 e 均选 3，而有不同的模 n_1，n_2，n_3。若有一用户将消息 x 传给三个用户的密文分别为

$$y_1 = x^3 \mod n_1 \qquad x < n_1$$
$$y_2 = x^3 \mod n_2 \qquad x < n_2$$
$$y_3 = x^3 \mod n_3 \qquad x < n_3$$

一般选 n_1，n_2，n_3 互素(否则，可求出公因子，会降低安全性)，利用中国余定理，可从 y_1，y_2，y_3 求出

$$y = x^3 \mod (n_1 n_2 n_3)$$

由 $x<n_1$，$x<n_2$，$x<n_3$，可得 $x^3<n_1 \cdot n_2$，$\cdot n_3$，故有 $\sqrt[3]{y}=x$。

若 x 后加时戳

$$y_1 = (2^t x + t_1)^3 \mod n_1$$
$$y_2 = (2^t x + t_2)^3 \mod n_2$$
$$y_3 = (2^t x + t_3)^3 \mod n_3$$

t 是 t_1，t_2，t_3 的二元表示位数，可防止这类攻击。Håstad[1985，1988]将上述攻击扩展为 k 个用户，即将相同的消息 x 传给 k 个人，只要 $k>e(e+1)/2$，采用低指数亦可有效攻击。因此，为抗击这种攻击，e 必须选得足够大。一般，e 选为 16 位素数时，既可兼顾快速加密，又可防止这类攻击。

对短的消息，可用随机数字填充，以防止低加密指数攻击。

d 小也不行，Wiener[1990]指出，对 $e<n$，而 $d<n/4$，则可以攻破这类 RSA 体制。Coppersmith[1997]对 RSA 的低指数攻击做了进一步研究。

7. 定时攻击法

定时(Timing)攻击法由 P. Kocher 提出，利用测定 RSA 解密所进行的模指数运算的时间来估计解密指数 d，而后再精确定出 d 的取值。R. Rivest 曾指出，Kocher 的定时攻击法可以通过将解密运算量与参数 d 无关来挫败。此外，还可采用盲化技术，即先将数据进行盲化运算，再进行加密运算，而后做去盲运算。这样做虽然不能使解密运算时间保持不变，但计算时间被随机化而难以推测解密所进行的指数运算的时间[Unruh 1996]。

8. 消息隐匿问题

对明文 x，$0\leqslant x\leqslant n-1$，采用 RSA 体制加密，可能出现 $x^e=x \mod n$，致使消息暴露。这是明文在 RSA 加密下的不动点。总有一些不动点，如 $x=0$，1 和 $n-1$。一般有 $[1+\gcd(e-1, p-1)]\cdot[1+\gcd(e-1, q-1)]$个不动点。由于 $e-1$，$p-1$ 和 $q-1$ 都是偶数，所以不动点至少为 9 个。一般来说，不动点个数相当少而可忽略[Blakley 等 1979，Smith 等 1979]。

Kaliski 和 Robshaw[1995]曾对 RSA 的安全性进行全面评述。有关 RSA 算法用于认证协议的安全性研究可参看[Coppersmith 等 1996；Tatebayashi 等 1990；Franklin 1995]。其它有关 RSA 体制安全性的研究可参看[Coppersmith 1996；Rivest 等 1986；Maurer 1992；Vanstone 等 1995；Anderson 1993；Kaliski 1993；Shamir 1995；Müller 等 1986，1981；Lidl 等 1986]。

5.2.3 RSA 的参数选择

如上所述，为了保证 RSA 体制的安全，必须仔细选择各参数。有关大素数的求法可参看本章附录 5.A。

1. n 的确定

(1) $n=p_1\times p_2$，p_1 与 p_2 必须为**强素数**(Strong Prime)。**强素数 p 的条件**：

1° 存在两个大素数 p_1 和 p_2，$p_1|(p-1)$，$p_2|(p+1)$。

2° 存在四个大素数 r_1，s_1，r_2 及 s_2，使 $r_1|(p_1-1)$，$s_1|(p_1+1)$，$r_2|(p_2-1)$，$s_2|(p_2+1)$。

称 r_1，r_2，s_1 和 s_2 为三级素数(Level - 3)；p_1 和 p_2 为二级素数。

采用强素数的理由如下：若 $p-1=\prod_{i=1}^{t}p_i^{a_i}$，$p_i$ 为素数，a_i 为正整数。分解式中 $p_i<B$，B 为已知一个小整数，则存在一种 $p-1$ 的分解法，使我们易于分解 n。令 $n=pq$，且 $p-1$ 满足上述条件，$p_i<B$。令 $a\geqslant a_i$，$i=1, 2, \cdots, t$。即可构造

$$R=\prod_{i=1}^{t}p_i^a \tag{5-2-6}$$

显然 $(p-1)|R$。由费尔马定理 $2^R\equiv 1 \mod p$。令 $2^R=x \mod n$。若 $x=1$，则选 3 代 2，直到出现 $x\neq 1$。此时，由 $\mathrm{GCD}(x-1, n)=p$，就得到 n 的分解因子 p 和 q。

例 5 - 2 - 2 $n=pq=118\ 829$，选 $B=14$，$a_i\equiv 1$，由加法链算法

$$R=\prod_{p_i<B}p_i=2\cdot 3\cdot 5\cdot 7\cdot 11\cdot 13=30\ 030$$

且 $2^R=103\ 935 \mod 118\ 829$。由欧几里德算法易求 $\mathrm{GCD}(103\ 935-1, 118\ 529)=331$，从而 $n=331\cdot 359$。这是由于 $331-1=2\cdot 3\cdot 5\cdot 11$ 为小素数因子之积。■

Williams[1983]给出类似的 $p+1$ 的分解算法。

(2) **p_1 与 p_2 之差要大**。若 p_1 与 p_2 之差很小，则可由 $n=p_1p_2$ 估计 $(p_1+p_2)/2=n^{1/2}$，则由 $((p_1+p_2)/2)^2-n=((p_1-p_2)/2)^2$。上式右边为小的平方数，可以试验给出 p_1，p_2 的值。

例 5 - 2 - 3 $n=164\ 009$，估计 $(p_1+p_2)/2\approx 405$，由 $405^2-n=16=4^2$，可得 $(p_1+p_2)/2=405$，$(p_1-p_2)/2=4$，$p_1=409$，$p_2=401$。■

(3) **p_1-1 与 p_2-1 的最大公因子要小**。在惟密文攻击下，设破译者截获密文 $y=x^e \mod n$。破译者做下述递推计算(Simmons 等 1977)：

$$y_i=(y_{i-1})^e \mod n=(x^e)^i \mod n$$

若 $e^i=1 \mod \varphi(n)$，则有 $y_i=(x^e)^i=x \mod n$。若 i 小，则由此攻击法易得明文 x。由 Euler 定理知，$i=\varphi((p_1-1)(p_2-1))$，若 p_1-1 和 p_2-1 的最大公因子小，则 i 值大，如 $i=(p_1-1)(p_2-1)/2$，此攻击法难以奏效。

(4) **p_1，p_2 要足够大**，以使 n 分解在计算上不可行。近 10 多年来大整数分解因子的进展如表 5 - 2 - 1 所示。

2. e 的选取原则

$(e, \varphi(n))=1$ 的条件易于满足，因为两个随机数为互素的概率约为 3/5[Knuth 1981]。e 小时，加密速度快，Knuth[1981]和 Shamir[1984]曾建议采用 $e=3$。但 e 太小存在一些问题[Coppersmith 等 1996]。

(1) e 不可过小：

1° 若 e 小，x 小，$y=x^e \mod n$，当 $x^e<n$，则未取模，由 y 直接开 e 次方可求 x。

2° 易遭低指数攻击。

(2) 选 e 在 $\mathrm{mod}\ \varphi(n)$ 中的阶数，即 i，$e^i\equiv 1 \mod \varphi(n)$，$i$ 达到 $(p_1-1)(p_2-1)/2$。

表 5-2-1

年 度	分解数(十进制)位数	机 型	时 间
1983	47	HP PC	3 天
1983	69	Cray 大型机	32 小时
1988	90	25 个 Sun 工作站	数周
1989	95	1 MZP 处理器	1 个月
1989	105	80 多个工作站	数周
1993	110	128×128 处理器(0.2MIPS)	1 个月
1994	129	1 600 部计算机	8 个月

3. d 的选择

e 选定后可用 Euclid 算法在多项式时间内求出 d。d 要大于 $n^{1/4}$[Simmons 等 1977]。d 小，签字和解密运算快，这在 IC 卡中尤为重要(复杂的加密和验证签字可由主机来做)。类似于加密下的情况，d 不能太小，否则由已知明文攻击，构造(迭代地做)$y=x^e \mod n$，再猜测 d 值，做 $x^d \mod n$，直到试凑出 $x^d\equiv1 \mod n$ 是 d 值就行了。Wiener[1990]给出对小 d 的系统攻击法，证明了当 d 长度小于 n 的 1/4 时，由连分式算法，可在多项式时间内求出 d 值。这是否可推广至 1/2 还不知道。

5.2.4 RSA 体制实用中的其它问题

1. 不可用公共模

一个网，由一个密钥产生中心 KGC(Key Generation Center)采用一个公共模，分发多对密钥，并公布相应公钥 e_i，这当然使密钥管理简化，存储空间小，且无重新分组(Re-blocking)问题，但如前所述，它在安全上会带来问题。

2. 明文熵要尽可能地大

明文熵要尽可能地大，使得在已知密文下，要猜测明文无异于完全随机等概情况。Simmons，G. J. 和 Holdridge，D. B.[1982]利用先验不等概性，攻破一语音加密系统，明文有 $2^{32}\approx4.3\times10^{9}$，但熵值低，仅为 16～18 bit，用预先选定 10^5(约 2^{17})明密文对，将收到密文与存储的数比较，符合者则收，否则弃之，并还原录音，则有 90 %以上的原始语音可还原。

可在明文分组中加上随机乱数得

$$M' = 2^t M + r$$

式中，t 是 r 的二元表示位数。解得 M' 后除去后 t 位乱数 r 即可。

3. 用于签字时，要采用 Hash 函数

5.2.5 RSA 实现

硬件实现的 RSA 的速度最快也只有 DES 的 1/1 000，512 bit 模下的 VLSI 硬件实现只达 64 kb/s。目前计划开发 512 bit RSA，达 1 Mb/s 的芯片。1024 bit RSA 加密芯片也在开

发中。人们在努力将 RSA 体制用于灵巧卡技术中。有关 RSA 的硬件实现研制和一些产品可参看[Schneier 1996]。508 bit RSA 的硬件实现的速率可达 225 kb/s [Shand 等 1990]。

软件实现的 RSA 的速度只有 DES 的软件实现的 1/100，在速度上 RSA 无法与对称密钥体制相比，因而 RSA 体制多只用于密钥交换和认证。512 bit RSA 的软件实现的速率可达 11 kb/s[Dussé(1990]。

如果适当选择 RSA 的参数，可以大大加快速度。例如，选 e 为 3、17 或 65 537($2^{16}+1$)的二进制表示式中都只有两个 1，大大减少了运算量。X. 509 建议用 65 537[1989]，PEM 建议用 3[RFC 1423]，而 PKCS＃1 建议用 65 537[RSA Lab. 1993]，当消息后填充随机数字时，不会有任何安全问题。

可以用中国剩余定理加速秘密钥运算[Quisquater 等 1982；Rabin 1979]。

5.2.6 RSA 体制的推广

RSA 体制的推广可参看 5.8 节。

5.3 背包密码体制

背包体制(Knapsack System)是由 Merkle 和 Hellman 1978 年提出的第一个双钥算法。它利用背包问题构造双钥密码[Merkle 等 1978；Hellman 1979]，它只适用于加密，修正后才可用于签字[Shamir，1978]。背包问题为一个 NP－C 问题。Odlyzko[1990]对背包体制进行了综述。

5.3.1 背包问题

背包问题是 1972 年 Karp 提出的。已知向量

$$\boldsymbol{A}=(a_1,a_2,\cdots,a_N) \qquad a_i\text{ 为正整数}$$

称其为**背包向量**。给定向量

$$\boldsymbol{x}=(x_1,x_2,\cdots,x_N) \qquad x_i\in\{0,1\}$$

求和式

$$S=f(\boldsymbol{x})=\sum_{i=1}^{N}x_ia_i \qquad x_i\in[0,1] \tag{5-3-1}$$

容易，只需 $N-1$ 次加法。但已知 $\boldsymbol{A}$ 和 S，求 $\boldsymbol{x}$ 则非常困难，又称其为背包问题，又称作子集和(Subset-Sum)问题，是个 NP－C 问题。用穷举搜索法，有 2^N 种可能。N 大时，相当困难。Schroeppel 和 Shamir(1979)给出的最快解背包问题方法在 $2^{N/4}$存储单元下，需 $2^{N/2}$次试验。已证明这是一个非多项式时间可解的问题[Garey 和 Johnson 1979]。

例 5－3－1 对给定的背包向量 $\boldsymbol{A}=(174,27,167,63,108,130)$，当已知 $\boldsymbol{x}=(x_1,x_2,\cdots,x_6)=(1,0,1,0,1,0)$，易求 $S=147+167+108=449$。但当 N 大时，由 S 求 $\boldsymbol{x}$ 则不易实现。■

给定 $a_1,a_2,\cdots,a_N$，可表示的消息数$\leqslant 2^N$。自然需要 2^N 个 $\boldsymbol{x}$ 对应的 S 互不相同，这是选择背包 $a_1,\cdots,a_N$ 的条件！

一般由 $\boldsymbol{x}$ 求 S 是简单问题，而由 S 求 $\boldsymbol{x}$ 是个 NP－C 问题。利用穷举法，其复杂度为

$O(2^N)$；已知最好的算法所需时间为 $O(2^{N/2})$；或空间复杂度为 $O(2^{N/4})$。这是背包问题中最难解情况的复杂度，有些背包，如简单背包很容易解出。

5.3.2　简单背包

定义 5-3-1　(超递增性 Superincreasing)。若背包向量 $\boldsymbol{A}=(a_1, a_2, \cdots, a_N)$满足

$$a_i > \sum_{j=1}^{i-1} a_j \qquad i = 1, 2\cdots N \tag{5-3-2}$$

称 **A** 为超递增背包向量，相应背包为**简单背包**。

简单背包很易求解，因为当给定 $\boldsymbol{A}=(a_1, a_2\cdots, a_N)$及 S 后，易知

$$x_N = \begin{cases} 1 \Leftrightarrow S \geqslant a_N \\ 0 \Leftrightarrow S < a_N \end{cases} \tag{5-3-3}$$

由此可得出解此背包的下述所谓**“贪心”算法**(Greedy Algorithm)。先拣最大的放入背包，若能放入，则令相应 x_N 为 1；否则，令相应 x_N 为 0。从 S 中减去 $x_N a_N$ 再试 x_{N-1}，以此类推，直到决定 x_1 的取值。

例 5-3-2　若 $\boldsymbol{A}=(1, 3, 5, 10, 22)$，$S=14$，易求得 $\boldsymbol{x}=(1, 1, 0, 1, 0)$。■

例 5-3-3　有时给出的 **A** 的各分量次序为乱序的，可先进行排列，再求解。如给定 $\boldsymbol{A}=(35, 2, 5, 71, 8, 17)$，可求得 $\boldsymbol{A}'=(2, 5, 8, 17, 35, 71)$，给定 $S=48$，由 $\boldsymbol{A}'$ 易求出 $\boldsymbol{x}=(1, 0, 1, 0, 1, 0)$。■

5.3.3　Merkle-Hellman 陷门背包

这一体制的基本想法是将一个简单背包进行伪装，使得对所有其他人为一个难的背包，而对合法用户则为简单背包。构造方法如下。

(1) 各用户随机地选择一个超递增序列 $\boldsymbol{A}^0=(a_1^0, a_2^0, \cdots, a_N^0)$。

(2) 将其进行随机排列得到矢量 $\boldsymbol{A}'=(a_1', a_2', \cdots, a_N')$。

(3) 随机地选择两个整数 u 和 w 使

$$u \geqslant \sum_{i=1}^{N} a_i' \qquad \text{即 } u \geqslant 2a_N^0 \tag{5-3-4}$$

且

$$\gcd(u, w) = 1 \qquad 0 < w < u \tag{5-3-5}$$

由 Euclidean 算法可得出 a，b，使 $1=au+bw$；由此可得 $bw\equiv 1 \mod u$，即

$$w^{-1} \equiv b \mod u \tag{5-3-6}$$

(4) 计算

$$a_i = w \cdot a_i' \mod u \qquad i = 1, \cdots, N \tag{5-3-7}$$

构造出新的(难的)背包矢量 $\boldsymbol{A}=(a_1, \cdots, a_N)$。

(5) 用户公布 $\boldsymbol{A}=(a_1, \cdots, a_N)$作为公钥，当向此用户送消息 $\boldsymbol{x}=(x_1, \cdots, x_N)$，$x_i \in [0, 1]$时，就计算

$$S = \sum_{i=1}^{N} x_i a_i \tag{5-3-8}$$

将表示 S 的二元矢量 y(密文)送出。

（6）陷门信息为 u 及 w^{-1}。用户收到 y 后，先转成为整数 S，而后计算

$$S' = (w^{-1} \cdot S) \quad \text{mod } u \tag{5-3-9}$$

最后可由简单背包

$$S' = \sum_{i=1}^{N} x_i a_i' \tag{5-3-10}$$

解出 $\boldsymbol{x}' = (x_1, x_2, \cdots, x_N)$。

证明

$$\begin{aligned}
S' &\equiv w^{-1} \cdot S \quad \text{mod } u \qquad (\text{由式 } 5-3-9) \\
&\equiv w^{-1} \cdot \sum_{i=1}^{N} x_i a_i \quad \text{mod } u \qquad (\text{由式 } 5-3-8) \\
&\equiv \sum_{i=1}^{N} x_i (w^{-1} \cdot (w \cdot a_i' \quad \text{mod } u)) \quad \text{mod} \quad u \qquad (\text{由式 } 5-3-7) \\
&\equiv \sum_{i=1}^{N} x_i (w^{-1} \cdot w \cdot a_i' \quad \text{mod } u) \quad \text{mod } u \\
&\equiv \sum_{i=1}^{N} x_i a_i' \quad \text{mod } u \\
&\equiv \sum_{i=1}^{N} x_i a_i' \qquad \left(\sum_{i=1}^{N} x_i a_i' \leqslant \sum_{i=1}^{N} a_i' < u \right)
\end{aligned}$$

■

这样，由 S 直接解 $\boldsymbol{x}$（难背包），通过 w^{-1} 和 u 转化为由 S' 解 $\boldsymbol{x}$（超递增背包）。

例 5-3-4　令 $\boldsymbol{A}' = (1, 3, 5, 10)$，选 $u = 20$，算出 $w = 7$，$(u, w) = 1$。求出的 $w^{-1} \equiv 3 \quad \text{mod } 20$。

由此可得 $\boldsymbol{A} = (7\times1, 7\times3, 7\times5, 7\times10)((7, 1, 15, 10) \quad \text{mod } 20$。令消息为 13，即 $\boldsymbol{x} = (1101)$，所以 $S = 7+1+0\times15+10\times1 = 18$，$\boldsymbol{y} = 10010$（有消息扩展）。

接收解密，收到 $\boldsymbol{y} = 10010$，可计算 $S = 18$，$S' = 3\times18 \equiv 14 \quad \text{mod } 20$。由 $\boldsymbol{A}'$ 不难得出 $\boldsymbol{x} = (1101)$，即原消息为 $1+2+10 = 13$。 ■

例 5-3-5　选 $\boldsymbol{A}^0 = (a_1^0\, a_2^0\, a_4^0\, a_5^0\, a_6^0) = (2, 5, 8, 17, 35, 71)$，可求得 $\boldsymbol{A}' = (a_1'\, a_2'\, a_4'\, a_5'\, a_6') = (35, 2, 5, 71, 8, 17)$。选 $u = 199$，$w = 113$，计算出 $w^{-1} = 118$。计算 $a_1 = 113\times35 \equiv 174 \quad \text{mod } 199$；$a_2 = 113\times2 \equiv 27 \quad \text{mod } 199$；$a_3 = 113\times5 \equiv 167 \quad \text{mod } 199$；$a_4 = 113\times71 \equiv 63 \quad \text{mod } 199$；$a_5 = 113\times8 \equiv 108 \quad \text{mod } 199$；$a_6 = 113\times17 \equiv 130 \quad \text{mod } 199$。公布 $\boldsymbol{A} = (a_1, a_2, \cdots, a_6) = (174, 27, 167, 61, 108, 130)$。

加密：假定发送消息 42，即 $\boldsymbol{x} = (1, 0, 1, 0, 1, 0)$，$S = 174+167+108 = 449$，$\boldsymbol{y} = [0, 1, 1, 1, 0, 0, 0, 0, 0, 1]$。

解密：$S' = 449\times118 \equiv 48 \quad \text{mod } 199$。由 $\boldsymbol{A}'$ 易于求得 $\boldsymbol{x} = (1, 0, 1, 0, 1, 0)$。 ■

实用中背包向量将有 200 项，模为 100～200 bit 长。穷举破译将需要 10^{46} 年。

5.3.4　M-H 体制的安全性

Merkle 和 Hellman 建议 $N = 100$，但 Schroeppel 和 Shamir 发展了一种算法可以解此大小的背包。解此背包的时间复杂性为 $T = O(2^{N/2})$，空间复杂性为 $O(2^{N/4})$。$N = 100$，$T = 2^{50} = 10^{15}$，简单微处理器可用 11 574 天解之，但对 $N = 200$，即使每天执行 8.64×10^{10} 个指令，此算法亦无能为力了。

Merkle 和 Hellman 对背包体制有信心，并悬赏 100 美元奖金求解。由于 M－H 背包属于 NP－C 问题，故没有算法能解此类一般问题。但 M－H 体制仅是此类中的一个小子集，其中的超递增性使背包矢量的内在规律性甚强，即使经过“搅乱因子”w^{-1}和 u 作用后也不能将其完全隐蔽住。在这种信念下，1982 年 Shamir 首先破了 M－H 基本背包，获 100 美元奖金。接着 Merkle 又提出若能破多次迭代可得 1 000 美元奖金。Adleman[1983]破译了迭代 M－H 背包；Brickell 破译了 40 重迭代的 M－H 背包体制[1983，1984，1988]；稍后，Lagarias 和 Odlyzko[1983]证明了任何 $N/\text{lb}(\max(a_i))<0.645$ 的低密度背包矢量都是不安全，都可在多项式时间内破译；而后 Lagarias[1983，1984]检验用 Diophantine 近似问题设计的多项式时间算法可破译背包体制。1984 年 Brickell 最终证明了 M－H 背包体制的不安全性，他发现了一种算法可以将难背包转化为易解背包，此算法以著名的分解多项式的 L^3 算法为基础[Lenstra 等 1982；Schnorr 等 1991；Cohen 1993；Coster 等 1992]。Brickell 赢得了 1000 美元奖金，而 Shamir 则于 1986 年赢得了 IEEE 的 N. R. G. Baker 奖。有关背包体制分析可参看[Brickell 等 1992]。

5.3.5　背包体制的缺陷

虽然背包体制的加解密速度远比 RSA 体制快得多，它大约只需要 200 次加法运算，在速度上可与 DES 相比，但它有以下一些致命的弱点：

(1) M－H 背包体制已证明不安全。Bell 实验室曾试制过背包体制密码，Graham-Shamir 背包体制曾被西屋电机采用与 DES 构成混合保密体制。

(2) M－H 背包不是满射，因而不能作签字用。Shamir 曾提出一种可用于签字的背包体制[1978]，被 Odlyzko[1984]破译。

(3) 消息扩展太大，$n=200$，每个密钥分量为 400 bit 序列，公钥有 80 kb 长！

5.3.6　新的有希望的背包体制

Merkle 和 Hellman 的原型背包体制被破后，人们提出了许多改进型背包体制，如多次迭代体制、Graham-Shamir 体制[Lamport 1979；Shamir 等 1980]、Lu-Lee 体制[Lu 等 1979；Adiga 等 1985；Duan 等 1989]、Goodman-McAuley 体制[Goodman 等 1984]、Pieprzyk[1986]体制、模背包体制[Niemi 1990]、多级背包体制[Hussian 等 1991]、MC 背包体制[Cao 等 1994]。除最后两个外，均已破译[Brickell 等 1988；Desmedt 1988；Xing 等 1990；Chee 1991；Joux 等 1991]。大多数背包体制由于密度都小于 0.5 而不安全。Desmedt 等[1984]分析指出，$N>\sum_{i=1}^{N}a_i$ 是破译的关键。所有这类背包均可利用 Lagarias 破译法破译。但 Desmedt 同时证明了，存在有不满足上式之背包序列，但用模搅乱因子无法产生此种序列。1988 年 Chor 和 Shamir 提出用有限域算术的背包体制[Chor 等 1988]；1989 年 Laih 等[1989]提出一种线性高密度背包体制。这两种体制密度大于 0.645，且难以找到搅乱因子 w'和模 u'，使原背包转化成满足条件 $N'\geqslant\sum_{i=1}^{N}a_i'$，迄今尚无人成功破译。最近 Schnorr 和 Hörner 对 Chor 背包体制进行了分析[Schnorr 等 1995]。H. Lenstra[1991]对 Chor 背包体制进行了修正，Qu 等[1994]和 Stern[1995]都从有限群观点对背包体制进行了研讨。Orton[1994]构造了一种密度趋于1的背包而可抗击现有的攻击。此方案还可用于数字签字。

5.4 Rabin 密码体制

5.4.1 Rabin 体制

1979 年 Rabin 利用合数模下求解平方根的困难性构造了一种安全公钥体制。令 p 和 q 是两个素数，在模 4 下均与 3 同余，以 $n=pq$ 为公钥。

加密：设 M 为待加密消息，计算密文

$$C = M^2 \mod n \quad 0 \leqslant M < n \tag{5-4-1}$$

解密：计算

$$M_1 = C^{(p+1)/4} \mod p$$

$$M_2 = p - C^{2(p+1)/4} \mod p$$

$$M_3 = C^{(q+1)/4} \mod q$$

$$M_4 = q - C^{(q+1)/4} \mod q$$

其中，必有一个与 M 相同。若 M 是文字消息则易于识别；若 M 是随机数字流，则无法确定哪一个 M_i 是正确的消息。

安全性：等价于分解大整数。

5.4.2 Williams 体制

Williams[1980]提出了克服上述含糊的方法。选 $p\equiv -1 \mod 4$，$q\equiv -1 \mod 4$。令 $n=pq$，选小整数 s 使 $J(s, n)=-1$(Jacobi 符号)，公布 n 和 s。秘密钥 $k=(1+(p-1)(q-1)/4)/2$。

加密：给定消息，计算 C_1 使 $J(M, n)=(-1)^{C_1}$，$C_1\in[0, 1]$，并有：

$$M' = s^{c_1} \times M \mod n \tag{5-4-2}$$

$$C \equiv (M')^2 \mod n \tag{5-4-3}$$

$$C_2 \equiv M' \mod 2 \tag{5-4-4}$$

发送密文(C, C_1, C_2)。

解密：计算 M''

$$C^k \equiv \pm M'' \mod n \quad k\text{是秘密钥}$$

由 C_2 给出 M''的适当符号，最后

$$M = s^{-c_1} \times (-1)^{c_2} \times M'' \mod n \tag{5-4-5}$$

Williams 的修正方案[1984，1985]用 M^3 代替 M^2，p,q 在 mod 3 下皆为 1；否则，公钥和秘密钥相同。其安全性可能与 RSA 相同，但在选择明文攻击下不安全。Kurosawa 等[1988]提出另一种更简单有效的、可证明其安全性和解密惟一性的方案。

例 5-4-1 $p=7$，$q=11$，计算 $s=2$，$J(2,77)=+1$。若 $M=54$，则 $J(54,77)=+1$。$C_1=0$ 使 $M'=M$，$C_2\equiv 54\equiv 0 \mod 2$。

加密：$C\equiv(M')^2\equiv M^2=54^2\equiv 67 \mod 77$，发送$(C_1,C_1,C_2)=(67,0,0)$。

解密：

$$K=(1+(11-1)(7-1)/4)/2$$
$$M''=C^k\equiv 67^8\equiv 23 \mod 77$$

偶数下

$$M=s^{c_1}\cdot(-1)^{c_2}\cdot M''\equiv 54 \mod 77$$

其它消除含糊法：

(1) 明文采用某种固定格式，如后 100 位为 0，则是可识别的。

(2) 参看 Harn 和 Kiesler[Harn 等 1990]、[Laih 等 1995]、[Loxton 等 1992；Shimada 1992；Kobayashi 等 1989]等。

5.5　ElGamal 密码体制

这一体制由 ElGamal[1984,1985]提出，是一种基于离散对数问题的双钥密码体制，既可用于加密，又可用于签字。有关离散对数的计算可参看本章附录 5.C。

5.5.1　方案

令 z_p 是一个有 p 个元素的有限域，p 是一个素数，令 g 是 z_p^*(z_p 中除去 0 元素)中的一个本原元或其生成元。明文集 μ 为 z_p^*，密文集 $\mathscr{C}$ 为 $z_p^*\times z_p^*$。

公钥：选定 p($g<p$ 的生成元)，计算公钥

$$\beta\equiv g^\alpha \mod p \tag{5-5-1}$$

秘密钥：　$\alpha<p$

5.5.2　加密

选择随机数 $k\in z_{p-1}$，且$(k,p-1)=1$，计算：

$$y_1=g^k \mod p \quad (随机数 k 被加密) \tag{5-5-2}$$
$$y_2=M\beta^k \mod p \quad (明文被随机数 k 和公钥 \beta 加密) \tag{5-5-3}$$

式中，M 是发送明文组。密文由上述两部分 y_1、y_2 级连构成，即密文 $C=y_1\parallel y_2$。

特点：密文由明文和所选随机数 k 来定，因而是**非确定性加密**，一般称之为**随机化**(Randomized)**加密**，对同一明文由于不同时刻的随机数 k 不同而给出不同的密文。这样做的代价是使数据扩展一倍。

解密：收到密文组 C 后，计算

$$M=\frac{y_2}{y_1^\alpha}=\frac{M\beta^k}{g^{k\alpha}}=\frac{Mg^{\alpha k}}{g^{k\alpha}} \mod p \tag{5-5-4}$$

例 5-5-1　选 $p=2\,579$，$g=2$，$\alpha=765$，计算出 $\beta=g^{765} \mod 2\,579=949$。若明文组为 $M=1\,299$，选随机数 $k=853$，可算出 $y_1\equiv 2^{853} \mod 2\,579=435$ 及 $y_2\equiv 1\,299\times 949^{853} \mod 2\,579=2\,396$。密文 $C=(435,2\,396)$。解密时由 C 可算出消息组 $M\equiv 2\,396/(435)^{765} \mod 2\,579=1\,299$。 ■

5.5.3　安全性

本体制基于 z_p^* 中有限群上的离散对数的困难性。Haber 和 Lenstra 曾指出 mod p 生成的离散对数密码可能存在有陷门[参看 Rueppel 等 1992]，有些"弱"素数 p 下的离散对数较容易求解。但 Gordon[1992]已证明，不难发现这类陷门从而可以避免选用这类素数。

有关随机化加密的统一论述可参看[Rivest 等 1983]。McCurely 将 ElGaml 方案推广到 z_n^* 上的单元群，并证明其破译难度至少相当于分解 n，破译者即使知道了 n 的分解，也还要解模 n 的因子的 Diffie-Hellman 问题[Menezes 等 1997]。

5.6　椭圆曲线密码体制

5.6.1　简要历史

椭圆曲线(Elliptic curve)作为代数几何中的重要问题已有 100 多年的研究历史，积累了大量的研究文献，但直到 1985 年，N. Koblitz 和 V. Miller 才独立将其引入密码学中，成为构造双钥密码体制的一个有力工具[Koblitz 1987，Miller 1985]。在有限域 GF(2^n)上，椭圆曲线点集所构成的群上定义的离散对数系统，可以构造出基于有限域上离散对数的一些双钥体制，如 Diffie-Hellman，ElGamal，Schnorr，DSA 等。对这种椭圆曲线离散对数密码体制(ECDLC)的安全性已进行了 10 余年的研究，尚未发现明显的弱点，它有可能以更小规模的软、硬件实现有限域上具有相同安全性的同类体制，可参看[Menezes 1993；Koblitz 1987；Demytko 1993；Koyama 1991 等]。

5.6.2　原理

用超椭圆曲线构造双钥体制可参看[Koblitz 1989；Okamoto 1991；Shizuya 等 1991]。ElGamal 算法是基于 GF(2^n)中乘群上定义的离散对数。这一算法不难推广到任意群 G 中的子群 H 上定义的离散对数。如果在 H 中的离散对数问题是困难问题，则可将 ElGamal 体制推广到子群 H 上，其中 $g \in G$，且 $H=\{g^i, i \geqslant 0\}$，明文集 $\mathscr{M}=G$，密文集 $\mathscr{C}=G\times G$，随机数 $k \in Z_{|H|}$，其它与 ElGamal 体制一样。特别是，当我们在有限域上椭圆曲线 E 的点集所构成的群 G 上，亦可定义离散对数。当所用参数足够大时，求逆在计算上是不可行的。这就为构造双钥密码体制提供了新的途径。

在此基础上构造的 ElGamal 密码体制，其数据展宽系数为 4，另外在椭圆曲线 E 上产生所需的点还没有方便的方法。在安全性方面，Menezes，Okamoto 和 Vanstone[Menezes 等 1993]指出应避免选用**超奇异**(Supersingular)**曲线**，否则椭圆曲线群上的离散对数问题退化为有限域低次扩域上的离散对数问题，从而能在多项式时间上可解。他们还指出，若所用循环子群的阶数达 2^{160}，则可提供足够的安全性。

Menezes 和 Vanstone 曾提出另一有效的方法，以椭圆曲线作为"掩蔽"，明文和密文可以是域中(而不一定要求为 E 上的点)任意非零有序域元素。这和原来的 ElGamal 密码体制一样，因而这一体制的数据扩展系数为 2[Menezes 1993；Okamoto 等 1994；Menezes 等 1993]。

Buchman 和 William [1988]提出一种用虚二次数域群构造公钥密码，但在 McCurley [1989，1990]的副指数时间计算离散对数出现后已无实用价值。

有关这一体制的原理可参看[Stinson 1995]一书的第 5 章及[Koblitz 1987]一书的第 6 章。Menezes[1993]的书是一本全面介绍椭圆曲线公钥密码的专著。有关设计椭圆曲线密码体制的数论算法可参看[Gaujardo 1997；Liu 1998]；一些体制研究还可参看[Harper 等 1993；Schroepple 等 1995；Menezes 等 1991，1993]。

5.6.3　ECC 的实现

美国 NeXT Computer 公司已开发出快速椭圆加密(FEE)算法[Crandell 1992]，其秘密钥为容易记忆的字串。加拿大 Certicom 公司也开发出了可实用的椭圆曲线密码体制(ECC)的集成电路(155 bit 和 12 000 个门的器件) [Certicom1996]。它可实现高效加密、数字签字、认证和密钥管理等。Certicom 公司实现的产品包括：(1) CARDSECRETS 为 PC 卡信息安全模块；(2) FAXSECRETS 是独立应用的安全传真模块；(3) M*BIUS 可集入 Internet 或 PNTS 访问控制的安全解。日本 Mitsushita、法国 Thompson、德国 Siemens、加拿大 Waterloo 大学等也都在实现这一体制。随着大整数分解和并行处理技术的进展，当前采用的公钥体制必须进一步增长密钥，这将使其速度更慢、更加复杂。而 ECC 则可用较小的开销(所需的计算量、存储量、带宽、软件和硬件实现的规模等)和时延(加密和签字速度高)实现较高的安全性。特别适用于计算能力和集成电路空间受限(如 PC 卡)、带宽受限(如无线通信和某些计算机网络)、要求高速实现的情况。

Certicom 公司对 ECC 和 RSA 进行了对比，在实现相同的安全性下，ECC 所需的密钥量比 RSA 少得多，如表 5-6-1 所示。其中，MIPS-年表示用每秒完成 100 万条指令的计算机所需工作的年数，m 表示 ECC 的密钥由 $2m$ 点构成。以 40 MHz 的钟频实现 155 bit 的 ECC，每秒可完成 40 000 次椭圆曲线运算，其速度比 1 024 bit 的 DSA 和 RSA 快 10 倍。

表 5-6-1

ECC 的密钥长度 m	RSA 的密钥长度	MIPS-年
160	1 024	1 012
320	5 120	1 036
600	21 000	1 078
1 200	120 000	10 168

ECC 特别适用于诸如：① 无线 Modem 的实现：对分组交换数据网提供加密，在移动通信器件上运行 4 MHz 的 68330 CPU，ECC 可实现快速 Diffie-Hellman 密钥交换，并极小化密钥交换占用的带宽，将计算时间从大于 60 秒降到 2 秒以下。② Web 服务器的实现：在 Web 服务器上集中进行密码计算会形成瓶颈，Web 服务器上的带宽有限使带宽费用高，采用 ECC 可节省计算时间和带宽，且通过算法的协商较易于处理兼容性。③ 集成电路卡的实现：ECC 无需协处理器就可以在标准卡上实现快速、安全的数字签名，这是 RSA 体制难以做到的。ECC 可使程序代码、密钥、证书的存储空间极小化，数据帧最短，便于实现，大大降低了 IC 卡的成本。

5.6.4 当前 ECC 的标准化工作

IEEE、ISO、ANSI 等标准化组织正在着手制定有关标准[Certicom 1996；Menezes 等 1996]。

1. IEEE P1363

椭圆曲线体制已被纳入 IEEE 公钥密码标准 P1363 中，包括加密、签字、密钥协议机制等。对 $\boldsymbol{Z}_p$ 和 F_{2^m} 上的椭圆曲线体制都支持。对于 F_{2^m} 情况，支持的任意子域 F_{2^l} 上 F_{2^m} 的多项式基和正规基。标准 P1363 中也确定了离散对数(素数模下整数乘群子群中的)和 RSA 的加密和签字。其最近的草案可从 web 地址 http://stdssbds.ieee.org/groups/ 1363/index.html 得到。

2. ANSI X9

椭圆曲线数字签字算法(ECDSA)标准 **ANSI X9.62** 是 **X9F1** 工作组提出的一个草案。ECDSA 给出一种采用椭圆曲线实现的数字签字算法，它类似于 NIST 的数字签字算法。**ANSI X9.63** 是由 X9F1 中的一个新的工作小组提出的椭圆曲线密钥协商和传输协议标准。它给出几种采用椭圆曲线实现的密钥协商和密钥传输的方法。

3. ISO/IEC

《有后缀的数字签字(Digital Signature with Appendix)》**CD 14888-3** 给出对任意长的消息实现有后缀椭圆曲线数字签字算法，它类似于 ElGamal，特别类似于 DSA 签字算法。

4. AISO/IEC

互联网工程任务组 IETF(Internet Engineering Task Force)提出的密钥确定协议 OAKLEY KEY 描述一种密钥协商协议，类似于 Diffie-Hellman 协议。不同的组，包括 F2155h 和 F2210 上的椭圆曲线，都可以采用。草案稿可从 http://www.ietf.cnri.reston.va.us/得到。

5. ATM

异步传输模式(ATM)论坛技术委员会提出的 ATM 的安全性规范草案给出 ATM 网的安全机制。所提供的安全业务包括机密性、认证性、数据的完整性和接入控制。它支持各种体制，包括对称体制(如 DES)、非对称体制(如 RSA)和椭圆曲线体制。

5.6.5 椭圆曲线上的 RSA 密码体制

Koyama 等[1991]曾提出利用 $\boldsymbol{Z}_n$ 上的一类特殊的椭圆曲线构造类似于 RSA 的密码体制。Demytko[1993]也提出类似方案。Vanstone 和 Zuccherato[1997]提出另一种方案。有关这类方案的安全性分析参看[Kurosawa 等 1994；Pinch 1995；Kaliski 1997]。

5.6.6 用圆锥曲线构造双钥密码体制

曾有人提出用圆锥曲线构造双钥密码体制[Cao 1998]，但由于圆锥曲线是二次的，已证明存在有亚指数分解算法，在其上求离散对数的困难程度等价于在 F_p 上求离散对数[Dai 等 1998]。

5.7 McEliece 密码体制

1978 年 McEliece 提出利用纠错码构造公钥密码体制。由于纠错码依赖多余度而造成数据扩展，而密码中则不希望这样做，又由于其密钥量太大，致使这类体制未能得到广泛研究。当有扰信道的安全受到威胁时，保密和纠错的组合可能会得到重视。

5.7.1 Goppa 码概述

McEliece 采用 Goppa 码，它是 BCH 或 Hamming 多项式码的一个**超集**(Superset)。Goppa 码存在快速译码算法，易于软、硬件实现，而一般线性码则无此优越条件[MacWilliams 等 1977]。

GF(2^m)上的 t 次既约式

$$p(x) = x^t + p_{t-1}x^{t-1} + \cdots + p_1 x + 1 \qquad p_i \in \{0, 1\} \tag{5-7-1}$$

存在一 $n=2^m$ 长二元既约 Goppa 码，维数 $k \geqslant n-tm$，可纠小于等于 t 个错。Patterson 给出一种快速算法，运行时间为 $O(nt)$。

密码应用中，给定 n 和 t，随机地取 GF(2^m)上的 t 次式，而 t 次式的既约概率大致为 $1/t$，Berlekamp[1968]给出一种快速检验素多项式的算法。

先构造 $L\times n$ 阶生成矩阵

$$\boldsymbol{G} = [\boldsymbol{I} \quad \boldsymbol{F}_{L\times(n-L)}] \tag{5-7-2}$$

式中，$\boldsymbol{I}$ 是 L 阶单位方阵，$\boldsymbol{F}_{L\times(N-L)}$是 $L\times(n-L)$阶矩阵。消息 $\boldsymbol{M}=(m_1, m_2, \cdots, m_L)$，相应的码字为 $\boldsymbol{v}=(v_1, v_2, \cdots, v_n)$。经信道传送后变为 $\boldsymbol{v}'=(v_1', v_2', \cdots, v_n')$。译码后得到 $M' = v'G^{-1}$。在系统码下有 $\boldsymbol{v} \equiv (m_1, m_2, \cdots m_L, f_1(\boldsymbol{M}), f_2(\boldsymbol{M}), \cdots f_{n-L}(\boldsymbol{M}))$，其中 $f_j(\boldsymbol{M})$是由 $\boldsymbol{G}$ 计算的校验证位，$j=1, \cdots, n-L$。

5.7.2 McEliece 加密体制

以 $L\times L$ 阶非异阵 $\boldsymbol{S}$ 和 $n\times n$ 阶置换阵 $\boldsymbol{P}$ 对 $\boldsymbol{G}$ 置乱得

$$\boldsymbol{G}' = \boldsymbol{SGP} \tag{5-7-3}$$

和 $\boldsymbol{G}$ 在纠错能力和码速率方面是等价的。$\boldsymbol{G}'$ 作为公钥公开。

加密：将明文分为 L 长的段 $\boldsymbol{M}$，并随机生成一长为 n、重为 t 的矢量 $\boldsymbol{Z}$，称之为掩蔽矢量。密文

$$\boldsymbol{C} = \boldsymbol{MG}' + \boldsymbol{Z} = \boldsymbol{MSGP} + \boldsymbol{Z} = \boldsymbol{M}'\boldsymbol{GP} + \boldsymbol{Z} \tag{5-7-4}$$

解密：

$$\boldsymbol{C}' = \boldsymbol{CP}^{-1} = \boldsymbol{MSG} + \boldsymbol{ZP}^{-1} \tag{5-7-5}$$

显然 $\boldsymbol{ZP}^{-1}$的重为 t，故可由 $\boldsymbol{C}'$译出 $\boldsymbol{M}'$，从而可得到

$$\boldsymbol{M} = \boldsymbol{M}'\boldsymbol{S}^{-1} \tag{5-7-6}$$

5.7.3 安全性

可能的攻击方式有：

(1) 由 $\boldsymbol{G}'$ 推出 $\boldsymbol{G}$，n 和 t 大时，由于 $\boldsymbol{G}$ 太大，很难得到 $\boldsymbol{S}$ 和 $\boldsymbol{P}$。

(2) 由 **C** 求 **M**(而不追求导出 **G**)。这是解译任意$\leqslant t$纠错能力下的(n, L)线性码问题(但经过 **S** 的行组合后,错误个数可能超过 t),而一般线性码的译码问题是 NP－C 问题[Berlekanp 等 1978]。但在已知陷门信息 **S**, **P**, **Z** 下,它是个容易求逆的问题。

例 5－7－1 $n=1\,024=2^{10}$, $t=50$,有 10^{149}个可能的 Goppa 码的生成多项式和大量 **S** 和 **P**,码的维数为 524,为解译 **C** 需要的工作因数为 $2^{524}=10^{158}$,穷举法求陪集首的工作量为 $2^{500}=10^{151}$。

另一种攻击法是从 **C** 中随机选择 L 位,希望它们中无错,而后计算 **M**,无错概率约为 $(1-t/n)^{-k}$,解 k 个未知数的 k 个联立方程的工作量为 k^3,总计算量为 $k^3(1-t/n)^{-k}$, $n=1\,024$, $k=524$, $t=50$ 时约为 $10^{19}=2^{65}$。 ■

5.7.4 优缺点

(1) 加密速度快,可达 6 Mb/s,较 RSA 快 2～3 个数量级。

(2) 由于明文空间到密文空间有数据扩展,密文比明文长 2 倍,因而不适于数字签字。

(3) 公开密钥量过大,达 2^{19} bit,这是限制此体制实用的主要因素。

(4) 安全性较高,虽然对 McEliece 密码体制进行了各种攻击,至今尚未有成功的方法。

有关这一体制的安全性研究可参看[Adams 等 1989; Lee 等 1988; van Tilburg 1988; Gibson 1991; Chabaud 1994 等]。

在 EUROCRYPT'91 会议上,曾有两位苏联学者 Korzhik 和 Turkin 声称可用多项式时间算法破译此体制,但未能提供证明细节,是否能被破译至今仍令人怀疑。

Berson[1996]给出一种重发消息组 **M** 的破译方法,计算量大大降低,但只限于此组消息 **M** 的破译,还未能触动 McEliece 体制的破译。

5.7.5 推广

Wang X－M[1991]曾提出将 McEliece 体制用于加密和纠错相结合的方案,Wang Y－M 等[1992]对此体制的安全性和纠错能力与各参数之间的关系进行了详细讨论。Lee 和 Brickell[1988]、Rao[1987, 1989]、Davida[1987]、Park[1989]、Lin[1990]、Niederreider[1986]、Gabidulin 等[1995]、Gibson[995, 1996]等曾提出一些分析和改进或变型方案。

5.8 LUC 密码体制

LUC 是新西兰学者 P. Smith 等[1993, 1994]提出的双钥密码体制。匈牙利数学家 W. Müller 等在 1981 年曾提出类似方案。

5.8.1 Lucas 序列的准备知识(一)

数学理论最先由 Edouard Lucas 在 1878 年提出,参看[Ribenboim, 1991]。

定义 5－8－1 选两个非负整数 P 和 Q,构成二次式

$$x^2 - Px + Q = 0 \qquad (5-8-1)$$

其根 α, β 为

$$\alpha, \beta = \frac{P \pm \sqrt{D}}{2} \tag{5-8-2}$$

式中，D 是方程的判别式，即 $D=P^2-4Q$，且有

$$\alpha + \beta = P \qquad \alpha\beta = Q \qquad \alpha - \beta = \sqrt{D} \tag{5-8-3}$$

今选 P 和 Q，使 $D\neq 0$，则 Lucas 数列可定义为：

$$U_n(P, Q) = \frac{\alpha^n - \beta^n}{\alpha - \beta} \qquad n \geqslant 0 \tag{5-8-4}$$

$$V_n(P, Q) = \alpha^n + \beta^n \qquad n \geqslant 0 \tag{5-8-5}$$

不难看出 $U_0(P, Q)=0$，$U_1(P, Q)=1$，$V_0(P, Q)=2$，$V_1(P, Q)=P$。

Lucas 序列递推性质

(1) $V_n(P, Q)=PV_{n-1}(P, Q)-QV_{n-2}(P, Q) \qquad n\geqslant 2$ (5-8-6)

证 右式 $=P(\alpha^{n-1}+\beta^{n-1})-Q(\alpha^{n-2}+\beta^{n-2})$

$=\alpha^{n-2}(P\alpha-Q)+\beta^{n-1}(P\beta-Q)$

$=\alpha^{n-2}[(\alpha+\beta)\alpha-\alpha\beta]+\beta^{n-1}[(\alpha+\beta)\beta-\alpha\beta]$

$=\alpha^{n-2}(\alpha^2)+\beta^{n-2}(\beta^2)$

$=\alpha^n+\beta^n=$ 左式 ■

(2) $U_n(P, Q)=PU_{n-1}(P, Q)-QU_{n-2}(P, Q)$ (5-8-7)

证 类似于(1)。 ■

由定义和递推关系式，不难求出给定 P,Q 下的 Lucas 序列。

$V_n(P, Q)$的性质

LUC 公钥体制仅对 $V_n(P, Q)$序列感兴趣。因此，我们讨论 $V_n(P, Q)$的性质。对 $U_n(P, Q)$ 亦可推出类似结果。

(1) Lucas 序列在整数模 N 运算下的性质：

$$V_n(P \mod N, Q \mod N) = V_n(P, Q) \mod N \tag{5-8-8}$$

证 $V_0(P \mod N, Q \mod N)=2$；$(V_0(P, Q)) \mod N=(2) \mod N=2$；$V_1(P \mod N, Q \mod N)=P \mod N$；$(V(P, Q)) \mod N=(P) \mod N$。今用归纳法证明。假定结论对所有 $n-1$ 及更小整数成立，则由 Lucas 序列定义有

$V_n(P, Q) \mod N$

$=(PV_{n-1}(P, Q)-QV_{n-2}(P, Q) \mod N$

$=(P \mod N)(V_{n-1}(P, Q) \mod N)-(Q \mod N)(V_{n-2}(P, Q) \mod N)$

(由模运算规则)

$=(P \mod N)\, V_{n-1}(P \mod N, Q \mod N)$

$-(Q \mod N)\, V_{n-2}(P \mod N, Q \mod N)$

由 Lucas 序列的定义可知，上式右边为 $V_n(P \mod N, Q \mod N)$。 ■

(2) Lucas 序列元素间的一个关系式。由 Lucas 序列利用二次整数方程 $x^2-Px+Q\triangleq 0$，式中的 P,Q 为任意整数。今以整数 $V_k(P, Q)$和 Q^k 代替 P 和 Q，得二次方程 $x^2-V_k(P, Q)x+Q^k=0$，式中的 k 为一个正整数。其根为 α' 和 β' 必满足：

$$\alpha' + \beta' = V_k(P, Q)$$

$$\alpha'\beta' = Q^k$$

由此可以得到一个新的 Lucas 序列

$$V_n(V_k(P,Q),Q^k)=(\alpha')^n+(\beta')^n$$

而 $\alpha'+\beta'=V_k(P,Q)=\alpha^k+\beta^k$(由 V_k 定义)，且 $\alpha'\beta'=Q^k=(\alpha\beta)^k=\alpha^k\beta^k$。由此可得：

$$\alpha'=\alpha^k$$

$$\beta'=\beta^k$$

从而有

$$V_n(V_k(P,Q),Q^k)=(\alpha')^n+(\beta')^n=(\alpha^k)^n+(\beta^k)^n=\alpha^{kn}+\beta^{kn}=V_{nk}(P,Q) \quad \blacksquare$$

若令 $Q=1$，则有如下简单关系式：

$$V_{nk}(P,1)=V_n[V_k(P,1),1] \tag{5-8-9}$$

5.8.2 L 符号(Legendre Symbol)的准备知识(二)

定义 5-8-2 令 p 为素数，D 为整数。定义：

$$\left(\frac{D}{p}\right)=\begin{cases}0 & 若 p 除尽 D\\ 1 & 若 D 是 \bmod p 的平方剩余\\ -1 & 若 D 是 \bmod p 的平方非剩余\end{cases} \tag{5-8-10}$$

称 $\left(\frac{D}{p}\right)$ 为模 p 下的 **L 符号**。

Lehmer Totient 函数。对整数 $N=pq$，p 和 q 为素数。定义：

$$T[N]=\left[p-\left(\frac{D}{p}\right)\right]\left[q-\left(\frac{D}{p}\right)\right] \tag{5-8-11}$$

为整数 N 的 Lehmer Totient 函数，是 Euler Totient 函数的推广。

定义 5-8-3

$$S(N)=\operatorname{lcm}\left\{\left[p-\left(\frac{D}{p}\right)\right],\left[q-\left(\frac{D}{p}\right)\right]\right\} \tag{5-8-12}$$

5.8.3 LUC 公钥算法

1. 构造 LUC 体制

令 $N=pq$，为两个奇素数之积。选一个整数 e，使 $(e, S(N))=1$。并由下式确定出另一整数 d，$ed=kS(N)+1$，k 为整数。或等价于

$$ed\equiv 1 \mod S(N) \tag{5-8-13}$$

类似于 RSA 体制，可以构造 LUC 体制如下：

公钥： N, e；

秘密钥： d(陷门信息 p, q)；

明文： P 小于 N 的某个整数；

密文： $C=V_e(P,1) \mod N$；

解密： $P=V_d(C,1) \mod N$。

体制应保证对于几乎所有 $P<N$，加解密计算均易于实现；且在已知 C，e 和 N 条件下，求 P 或 d 在计算上是不可行的。

2. e，d 的选择

(1) e 与 $S(N)$ 互素，这是保证在 $\bmod S(N)$ 下有逆 d 的充分必要条件。

(2) 给定 $N=p\cdot q$，LUC 序列中有：

$$D = P^2 - 4$$

$$S(N) = \text{lcm}\left\{\left[p - \left(\frac{D}{p}\right)\right], \left[\left(q - \frac{D}{q}\right)\right]\right\}$$

式中，$S(N)$是 D 的，因而是 P(明文)的函数。若选 e 与$(p-1)(q-1)(p+1)(q+1)$互素，则 e 与 $S(N)$互素。若 $p|D$ 和 $q|D$，则$\left(\frac{D}{p}\right)$和$\left(\frac{D}{q}\right)$取值为 1 或-1，而与明文 P 的取值无关，则 e 与 $S(N)$互素。由 $D=P^2-4$ 可知，若 $p|P$ 和 $q|P$，则有 $p|D$ 和 $q|D$。在 $P<N$ 的数中，除了极少数 P 的取值如：p，$2p$，…，$(q-1)p$，q，$2q$，…，$(p-1)q$ 外，都能满足这一要求条件。

(3) 利用欧几里得算法，由 e 和 $S(N)$，可求出 $d\equiv e^{-1} \mod S(N)$。

例 5-8-1　选 $p=1\,949$，$q=2\,089$，则 $N=p\times q=4\,071\,461$。选 $e=1\,103$，与 $1\,948\times 2\,088\times 1\,950\times 2\,090$ 互素。若明文为 $P=1\,111$，则可计算：

$$D = P^2 - 4 = (11\,111)^2 - 4 = 123\,454\,317$$

$$S(N) = \text{lcm}[(1\,949+1), (2\,089+1)] = 407\,550$$

$$d = e^{-1} \mod 407\,550 = 24\,017$$

加密：

$$C = V_{1\,103}(11\,111, 1) \mod 4\,071\,461 = 3\,975\,392$$

解密：

$$P = V_{24\,017}(3\,975\,392, 1) = 11\,111$$ ■

3. 算法解密方程的证明

$$V_d[V_e(P, 1), 1] = P \tag{5-8-14}$$

引理 5-8-1

$$2Q^m V_{n-m}(P, Q) = V_n(P, Q)V_m(P, Q) - DU_n(P, Q)U_m(P, Q) \tag{5-8-15}$$

证

$$\begin{aligned}
&V_n(P, Q)V_m(P, Q) - DU_n(P, Q)U_m(P, Q)\\
&= (\alpha^n + \beta^n)(\alpha^m + \beta^m) - (\alpha - \beta)^2\frac{\alpha^n - \beta^n}{\alpha - \beta}\frac{\alpha^m - \beta^m}{\alpha - \beta}\\
&= (\alpha^n + \beta^n)(\alpha^m + \beta^m) - (\alpha^n - \beta^n)(\alpha^m - \beta^m)\\
&= (\alpha^{n+m} + \alpha^n\beta^m + \alpha^m\beta^n + \beta^{n+m}) + (\alpha^{n+m} - \alpha^n\beta^m - \alpha^m\beta^n + \beta^{n+m})\\
&= 2\alpha^n\beta^m + 2\alpha^m\beta^n = 2\alpha^m\beta^m + (\alpha^{n-m} + \beta^{n-m}) = 2Q^m V_{n-m}(P, Q)
\end{aligned}$$ ■

引理 5-8-2　令 $N=pq$，p 和 q 为两个不相同奇素数且除不尽 $D=(P^2-4)$，由式(5-8-12)定义有下述等式：

$$U_{kS(N)}(P, 1) \equiv 0 \mod N \quad k\text{为任意整数} \tag{5-8-16}$$

$$V_{kS(N)}(P, 1) \equiv 2 \mod N \quad k\text{为任意整数} \tag{5-8-17}$$

证明参看[Ribenboim，1988，1991；Williams 1982]。

定理 5-8-1　算法解密方程式(5-8-14)成立。

证

$V_d(V_e(P,1))$

$=V_{de}(P,1)$ （由5-8-9式）

$=V_{kS(N)+1}(P,1)$ （由 d,e 定义）

$=P_{VkS(N)}(P,1)-V_{VkS(N)-1}(P,1)$ （由式5-8-7）

$=P_{VkS(N)}(P,1)-\frac{1}{2}[V(P,1)-DU_{kS(N)}(P,1)U(P,1)]$ （由引理5-8-1）

$=P_{VkS(N)}(P,1)-\frac{1}{2}[V(P,1)-DU_{kS(N)}(P,1)U_1(P,1)]$

$=2P-\frac{1}{2}[2P-0] \mod N$ （由引理5-8-2）

$=P$ ■

5.8.4 LUC体制的安全性

LUC体制的安全性主要由下述两个问题决定，即：

(1) 给定 N 和 e 下，求 d 的难度；

(2) 给定 C，N 和 e 下，求 P 的难度。

这本质上和RSA体制一样，要在给定 N 和 e 下求 d，需要知道 N 的素因子分解。在LUC体制下，对给定的 e 和 N，将有四个不同的 d 值满足条件，$de\equiv 1 \mod N$，但只有一个值可以实现解密。因而比破译RSA似乎还要难些。若用穷搜索所有可能 d 来做，其难度亦与RSA一样。

5.8.5 Lucas数的计算

LUC体制实现中，计算 V_e 和 V_d 的工作量看起来较大；其次是加解密用的密钥 e 和 d 与明文有关，是否在给定 e 下要对每个明文都要生成新的解密钥？实际上这两个问题都不大。

1. V_k 的计算

由 $V_n^2(P,Q)-2QV_n(P,Q)$

$=(\alpha^n+\beta^n)V_n(P,Q)-2(\alpha\beta)^n$

$=\alpha^{2n}+2\alpha^n\beta^n+\beta^{2n}-2(\alpha\beta)^n$

$=\alpha^{2n}\beta^{2n}=V_{2n}(P,Q)$

有 $V_{2n}(P,Q)=[V_n(P,Q)]^2-2Q^n$。由此得(令 $Q=1$)下式：

$$V_{2n}(P,Q) \mod N=([V_n(P,Q) \mod N]^2-2) \mod N \quad (5-8-18)$$

因此，对于任意 k，可以将 k 按二元表示为 $k=(k_L,k_{L-1},\cdots,k_1,k_0)$，$k_l\in\{0,1\}$，则由 V_2^L，V_2^{L-1}，…，V_2，V_1 即可算出 $V_k(P,1)$。只用 L 次求Lucas数运算。这和RSA体制中采用的快速指数算法类似。

2. 解密钥生成

对于给定的加密钥 e，$S(N)$ 有四种可能的值：① lcm[$(p+1)$，$(q+1)$]；② lcm[$(p+1)$，$(q-1)$]；③ lcm[$(p-1)$，$(q+1)$]；④ lcm[$(p-1)$，$(q-1)$]。相应地，d 也有四种

可能取值：① $d=e^{-1} \mod (\text{lcm}[(p+1),(q+1)])$；② $d=e^{-1} \mod (\text{lcm}[(p+1),(q-1)])$；③ $d=e^{-1} \mod (\text{lcm}[(p-1),(q+1)])$；④ $d=e^{-1} \mod (\text{lcm}[(p-1),(q-1)])$。

当 e 选定后，这些都可计算，因此，给定明文 P 后，在确定解密钥时，需要计算出两个 L 符号值 $\left[\frac{p^2-4}{p}\right]$ 和 $\left[\frac{p^2-4}{q}\right]$。由数论理论知，两者分别指示 (P^2-4) 在 mod p 和 mod q 下是否为平方剩余。由欧几里得算法不难计算解密钥。

5.8.6 其它

本节主要取自 Stalling[1995]的书。有关 LUC 体制的讨论还可参看[ElGamal 等 1993；He 1994；Bleichenbacher 等 1995]。有关对 LUC 的分析可参看[Bieichenbacher 等 1995；Rinch 1995]。

RSA 体制的其它推广还有采用各种置换多项式取代指数运算，如 Kravitz-Reed 变形[1982]用既约二元多项式(此法不安全[Gait 1982；Delsarte 等 1982])、W. Müller 和 W. Nobauer 采用 Dickson 多项式[Müller 等 1981，1985；Nobauer 1988]构造 RSA 密码。

5.9 秘密共享密码体制

秘密共享系统是将秘密 S 在一组参与者集 P 中进行分配，以 $\mathscr{A}$ 表示**合格子集**的集合。使 P 中的每个合格子集 $A\in\mathscr{A}$ 都能恢复 S，即 $H(S|A)=0$；且使 P 的每个**不合格子集** $B\notin\mathscr{A}$ 都不能恢复 S，即 $H(S|B)>0$，理想条件下满足 $H(S|B)=H(S)$，称这类秘密共享体制为完善的。秘密分拆(Secret Split)的思想早在 1977 年就由 Sykes 提出。Shamir[1979]和 Blakley [1979]最早提出**秘密共享**(Secret Sharing)概念，并给出 (t, n)**门限秘密共享体制**。它将秘密 S 分配给 n 个参与者，使 P 中任一子集 A，$|A|\geqslant t$，可以重构 S；P 中任一子集 A，$|A|<t$ 都不能重构 S。将所有合格子集构成的族称作体制的**接入结构**(Access Structure)。Shamir 的门限体制是完善的，而 Blakley 的矢量体制不是完善的。Karnin 等[1983]讨论了一种一致同意控制体制，Ito 等[1987]给出任意接入结构的秘密共享体制的实现方法，Benaloh 等[1990]给出比其更加有效的方法。

秘密共享体制为将秘密分给多人掌管提供了可能。有些实际情况，例如导弹控制发射、重要场所的通行、遗嘱的生效等都必须由两人或多人同时参与才能生效，这时都需要将秘密分给多人掌管并同时参与才能恢复。

5.9.1 门限体制

已提出多种门限算法，下面介绍几种。

1. LaGrange 内插多项式体制

Shamir[1979]提出利用有限域 GF(p)上的 $t-1$ 次多项式

$$h(x) = a_{t-1}x^{t-1} + \cdots + a_1x + a_0 \mod p \tag{5-9-1}$$

构造秘密共享的 (t, n)门限体制。其中，所选的随机素数 p 要大于最大可能的秘密数 S 和参与者总数 n，并且公开；$S=h(0)=a_0$，而 a_{t-1}，…，a_1 为选用的随机系数，这些都需保密，在生成 n 个秘密份额之后即可销毁。通过计算多项式 $h(x)$对 n 个不同 x_i 的取值就给出

每个人的秘密份额

$$S_i = h(x_i) \mod p \qquad i = 1, \cdots, n \tag{5-9-2}$$

每一(S_i, x_i)对就是曲线h上的一个点，可看作是用户的标示符。由于任意t个点都可惟一地确定相应的$t-1$次多项式，所以秘密S可以从t个秘密份额重构。给定任意t个秘密份额S_{i_1}，S_{i_2}，…，S_{i_t}，由**LaGrange**(拉格朗日)内插法重构的多项式为

$$h(x) = \sum_{r=1}^{t} S_{i_r} \prod_{j \neq r, j=1}^{t} \frac{x - x_{i_j}}{x_{i_r} - x_{i_j}} \mod p \tag{5-9-3}$$

例 5-9-1 一个(3，5)门限方案。选$S=13$，$p=17$，$h(x)=2x^2+10x+13$。选$x=1,2,3,4,5$，代入$h(x)$就得到5个秘密份额：$S_1=h(1)=(2+10+13) \mod 17=25 \mod 17=8$，$S_2=h(2)=(8+20+13) \mod 17=41 \mod 17=7$，$S_3=h(3)=(18+30+13) \mod 17=61 \mod 17=10$，$S_4=h(4)=(32+40+13) \mod 17=85 \mod 17=0$，$S_5=h(5)=(50+50+13) \mod 17=113 \mod 17=11$。我们可从任意三个秘密份额重构多项式$h(x)$。例如，给定$S_1$、$S_3$和$S_5$，则有

$$h(x) = 8\frac{(x-3)(x-5)}{(1-3)(1-5)} + 10\frac{(x-1)(x-5)}{(3-1)(3-5)} + 11\frac{(x-1)(x-3)}{(5-1)(5-3)} \mod 17$$

$$= h(x) = 2x^2 + 10x + 13 \mod 17$$

■

Blakley [1979]证明，可以在$GF(2^m)$上类似地构造(t, n)门限体制。

Shamir 曾指出这类(t, n)门限体制具有以下特点：① 在参与者集P中成员总数不超过p的条件下可以增加新成员，即计算新的秘密份额不会改变已有的秘密份额。② 通过选用常数项不变的另一个$t-1$次新的多项式，可以将某个成员的秘密份额作废，除非他可以找到$t-1$个成员的秘密份额构成该新的多项式。③ 可以根据成员重要性不同分给不等个数的秘密份额，实现分级方案。例如，分给经理三个秘密份额，副经理两个秘密份额，一般职员一个秘密份额。④ 恢复秘密S的算法复杂度仅为$O(t^3)$次运算。Tompa 等[1988]研究了一个不诚实的参与者对 Shamir 门限体制的攻击。

2. 矢量体制

Blakley[1979]利用多维空间中的点构造秘密共享门限体制。将秘密S看成为t维空间中的点，每个秘密份额为含此点的一个$t-1$维超曲面，t个$t-1$维超曲面的交点就可惟一确定秘密数S。

3. 同余类体制

Asmuth 和 Bloom[1980]曾提出利用孙子定理构造秘密共享门限体制。秘密份额为与S相联系的一个数的同余类。令$\{p, d_1, d_2, \cdots, d_n\}$是一组正整数，满足：① $p>S$；② $d_1<d_2<\cdots<d_n$；③ $\gcd(d_i, p)=1$，对所有i；④ $\gcd(d_i, d_j)=1$，对所有$i \neq j$；⑤ $d_1 d_2 \cdots d_t > p\, d_{n-t+2} d_{n-t+3} \cdots d_n$；第⑤条意味$t$个最小$d_i$之积要大于$p$和$t-1$个最大$d_i$之积。令$N=d_1 d_2 \cdots d_t$是$t$个最小$d_i$之积，则$N/p$大于任意$t-1$个$d_i$之积，令$r$是$[0, [N/p]-1]$中的一个随机整数。为将秘密$S$分解为$n$个秘密份额，计算$S'=S+rp$，这里将$S'$限制在$[0, N-1]$之中，则每个秘密份额为

$$S_i = S' \mod d_i \qquad i = 1, \cdots, n \tag{5-9-4}$$

下面来看如何由S_i恢复S。若已知t个秘密份额S_{i_1}，…，S_{i_t}，则由孙子定理可得到S'

所对应的模

$$N_1 = d_{i_1} d_{i_2} \cdots d_{i_t} \tag{5-9-5}$$

因为 $N_1 \geqslant N$，可以利用孙子定理惟一地确定出 S'，而后可由 S'、r 和 p 计算出

$$S = S' - rp \tag{5-9-6}$$

如果仅知道 $t-1$ 个秘密份额 S_{i_1}，…，$S_{i_{t-1}}$，虽然可知 S' 以

$$N_2 = d_{i_1} d_{i_2} \cdots d_{i_{t-1}} \tag{5-9-7}$$

为模，但由于 $N/N_2 > p$，且 $\gcd(N_2, p)=1$，所以使 $x \geqslant N$ 和 $x \equiv S' \mod p$ 的数 x 在模 p 下的所有同余类上为均匀分布，因此没有足够的信息决定 S'。

例 5-9-2　令 $S=3$，$t=2$，$n=3$，$p=5$，$d_1=7$，$d_2=9$ 和 $d_3=11$，则有 $N=d_1d_2=7\times 9=63>5\times 11=pd_3$，在 $[0, [63/5]-1]=[0, 11]$ 中选随机数 $r=9$，有

$$S' = S + rp = 3 + 9 \times 5 = 48$$

则可计算秘密份额 $S_1=48 \mod 7=6$，$S_2=48 \mod 9=3$，$S_3=48 \mod 11=4$。从任意两个秘密份额，例如 S_1 和 S_3 可算出 $N_1=7\times 11=77$。利用孙子定理，$N_1/d_1=11$ 在 mod d_2 下的逆为 $y_1=2$，$N_1/d_3=7$ 在 mod d_3 下的逆为 $y_3=8$。故有

$$\begin{aligned} S' &= \left[\left(\frac{N_1}{d_1}\right) y_1 S_2 + \left(\frac{N_1}{d_3}\right) y_3 S_3\right] \mod N_1 \\ &= [11 \times 2 \times 6 + 7 \times 8 \times 4] \mod 77 \\ &= 356 \mod 77 \\ &= 48 \end{aligned}$$

所以 $S=S'-rp=48-9\times 5=3$。■

Asmuth 等的恢复秘密数 S 的时间复杂度为 $O(t)$，空间复杂度为 $O(n)$，比 Shamir 体制有效(按 Knuth 1969 的算法为 $O(t\log^2 t)$)。

4. 矩阵法

Karnin 等[1983]提出利用矩阵运算构造门限秘密共享体制。选择 $n+1$ 个 t 维矢量 $\boldsymbol{V}_0$，$\boldsymbol{V}_1$，…，$\boldsymbol{V}_n$，使其中任意 t 个矢量可构造一个 $t\times t$ 阶满秩方阵，令矢量 $\boldsymbol{U}$ 为 t 维行矢量，如果以 $\boldsymbol{U}\cdot\boldsymbol{V}_0$ 作为秘密数 S，则 $\boldsymbol{U}\cdot\boldsymbol{V}_i$ 就是秘密份额 S_i，$i=1$，…，n，由于给定任意 t 个秘密份额都可构成 t 个独立的线性方程组。其中，$\boldsymbol{U}$ 的系数未知，而可从 $\boldsymbol{U}$ 计算出 $\boldsymbol{U}\boldsymbol{V}_0$，但少于 t 个秘密份额都不可能解出 $\boldsymbol{U}$，因而不能恢复 $S=\boldsymbol{U}\cdot\boldsymbol{V}_0$。

早期提出的秘密共享体制多为一般线性门限体制[Kothari 1984]的特例。

如果选择秘密共享系统的合格子集 A 等于参与者集 P 的特例情况，这实际就是**秘密分拆**(Secret Splitting)**体制**(参看 9.3 节)。

秘密共享体制中的欺诈有多种。例如：① 合格子集中的某个成员拒绝合作，使秘密无法恢复；② 合格子集之外的人伪装合格子集成员骗取他们所分享的秘密份额，如果他所骗取的秘密份额可以构成一种接入结构，他就可以恢复秘密，否则他将可以和其他合法成员一起去恢复秘密。

5.9.2　秘密共享系统的信息速率

秘密分享系统中要研究两个重要问题：一个是参与者集中的接入结构；一个是给予参

与者分享的秘密份额大小的表示。任何体制的安全性都归结为必须保密的信息量。显然，若每个参与者所分享的秘密太大，分配算法就变得无效。秘密共享方案的一个基本问题是分配给参与者分享的份额的界。这可用系统接入结构的信息速率表述，它定义为采用最佳分配算法时分给任一参与者最大可能的秘密份额值[Brickell 等 1992]。这个问题受到人们的重视，Brickell 等[1991]引入了合格集合 $\mathscr{A}$ 的**信息速率**。令 P 为有 n 个参与者的集合，$\mathscr{A}$ 是 P 上的接入结构，$x\in P$ 是 P 上的随机变量，则合格集合 $\mathscr{A}$ 的信息速率为

$$\rho(\mathscr{A},\ p_s)=\frac{H(S)}{\max\limits_{X\in P}H(X)} \tag{5-9-8}$$

它表示必须给予参与者的秘密信息的最大值，这与每一参与者所参与的合格集的最大规模有关。

令 P 为有 n 个参与者的集合，$\mathscr{A}\subseteq 2^P$ 是 P 上的接入结构，$X\in P$ 是 P 上的随机变量，则合格集合 $\mathscr{A}$ 的平均信息速率为

$$\tilde{\rho}=(\mathscr{A},\ p_s)=\frac{H(S)}{\sum\limits_{X\in p}H(X)/|P|} \tag{5-9-9}$$

已导出多个上界和下界[Benaloh 1988；Jackson 1991；Blundo 1992，1995；Capocelli 1993；Brickell 1992；Simmons 1991；Stinson 1992，1993，1994；Bi 1998]。但这些上、下界之间的间隙还相当大，已知最好的上界为 1/2，最好的下界为 $1/c^n$。其中，c 是某个常数，n 是参与者总数。缩小上、下界之间的间隙是秘密共享体制研究中的一个重要课题。

Csirmaz[1994，1997]已证明，在 n 个参与者的秘密共享系统中，存在一种接入结构，其信息速率的上界为 $\log n/n$。van Dijk[1994]已证明，在 n 个参与者的秘密共享系统中，存在一种基于图的接入结构，其平均信息速率的上界为 $2/\log n$。这些结果提供了信息速率趋于 0 的接入结构的例子，为缩小一般基于已知最佳构造上的接入结构的信息速率上、下界的间隙推进了一大步。

完善秘密共享体制。如果一个秘密共享体制，在一组参与者 P 的集合中，只有合格子集可以重构秘密 S，而其余子集不可能得到有关 S 的任何信息，即 $H(S|A)=H(S)$，就称其为**完善秘密共享体制**。Jackson 等[1996]给出了完善秘密共享体制的信息速率界，以及有 5 个参与者的完善秘密共享体制的接入结构，并指出所有秘密共享体制都存在**完全单调接入结构**(All Monotone Access Structures)。Chen[1998]利用拟阵研究了秘密共享体制的接入结构。

5.9.3 其它秘密共享体制

前述几种简单的秘密共享体制，可以推广到更复杂的情况。首先，例如 Shamir 门限体制，可以依据不同成员地位重要性分给不等秘密份额；又如在两个相互竞争的组织之间实现秘密共享，设有 A 和 B 两个组织共享一个秘密，A 中有 7 个成员，B 中有 12 个成员，要求 A 中任意二人和 B 中任意 3 人可以恢复秘密，可用一个三次方程，它是一个线性方程和一个二次方程之积，A 中成员按线性方程构造秘密份额，B 中成员按二次方程构造秘密份额，A 中任意两个成员可以用所分的秘密份额重构二次方程，A、B 两个组织合作就可实现重构原三次方程，从而可恢复共享的秘密，但 B 中成员无法重构原线性方程，而 A 中成员也无法重构原二次方程。Simmons[1988，1989，1990，1992]对此做了更一般的讨论。

Tompa 和 Woll[1988]提出有骗子的共享秘密的体制(Sharing a Secret with Cheaters)，这种体制可以检测出混入合法集中的骗子。还有人提出一些改进方案[Lin 等 1991；Brickell 等 1988]，可以在不暴露秘密下揭露骗子。

最近几年还提出一些新的秘密共享体制。

无仲裁参与的秘密共享体制(Secret Sharing without Trend)[Ingemarsson 等 1990；Jackson 等 1996]。

不泄露分享秘密的秘密共享体制(Sharing a Secret without Revealing the Shares)。例如多签字体制[Desmedt 等 1989，1991]。

可证实秘密共享体制(Verifiable Secret)。在有仲裁的秘密共享体制中，仲裁分发给每个成员的秘密份额是否有效，要等到合格子集成员一起恢复出秘密后才得到证实。可证实秘密共享体制则容许每个成员能够在不重构秘密下证实所得到的秘密份额是否有效[Chor 等 1985；Benaloh 1986；Rabin 等 1989；Micali 1992；Feldman 1987；Pederson 1991]。

可阻止恢复秘密的秘密共享体制(Secret Sharing Schemes With Prevention)。能否设计一种 n 人参与的秘密共享体制，使其中 k 个人可以恢复秘密，并使 $m>k$ 个人能阻止秘密的恢复？Beutelspacher[1989]给予肯定的回答。其基本思想是每个参与者都有两个分享的秘密分量，一个为“是”，另一个为“否”。当决定是否能恢复秘密时，参与者可以采取投票方式，如果有多于 k 个“是”且少于 m 个“否”，就可重构秘密；否则就不能重构秘密。当然在实施时必须保证持不同意见的人能共同参与表决。

可吊销注册的秘密共享体制(Secret Sharing with Disenrollment)。在一个有 n 人参与的秘密共享体制，如果某人已不能信赖，可以将其除名成为一个只有 $n-1$ 人参与的秘密共享体制[Blakley 等 1992；Martin 1993]。

Jackson 等[1993]还提出**多秘密分享体制**的理论和设计问题，即在一组参与者中要保护几个秘密(密钥)的秘密分享体制，每个秘密可以按所设计的参与子集者进行重构。有关构造方法可参看[Blum 1984；Blundo 等 1992，1993；Blakley 等 1984；Jackson 等 1996；Laih 等 1989；Matsumoto 等 1997]。Naor 等[1994]还提出了图像密码学(Visual Cryptography)，实现图像的共享。

5.10　有限自动机密码体制

有限自动机公钥体制 FAPKC(Finite Automaton Public Key Cryptosystem)是由中国学者陶仁骥和陈世华提出的利用有限自动机(FA)理论构造的公钥密码体制[Tao 等 1985，1986，1992，1994，1995，1996，1998]。此体制及其变型都基于 FA 的可逆性理论，它由两个弱可逆 FA 之积构成，其中之一或两者都为非线性 FA。体制的安全性依赖于非线性 FA 求逆及其矩阵多项式因式分解的困难性。

5.10.1　FA 的描述

我们在第 3 章中曾用 FA 描述了流密码生成器，本节将对 FA 作更一般的描述。一个 FA 可由一个 5 重决定，即 $\mathscr{M}=(\boldsymbol{X},\boldsymbol{Y},\boldsymbol{S},\delta,\lambda)$，其中 $\boldsymbol{X}$，$\boldsymbol{Y}$，$\boldsymbol{S}$ 分别为输入、输出和状态空间。$\boldsymbol{X}=\mathrm{GF}(q^l)$，$\boldsymbol{Y}=\mathrm{GF}(q^m)$，$l\geqslant 1$，常选 $l=m$。$\boldsymbol{S}=\boldsymbol{X}^{\tau}\times\boldsymbol{Y}^{k}$，$\tau\geqslant 0$，$k\geqslant 0$。$\delta$ 为**状态转移函**

数，定义为

$$\delta(\cdot,\cdot):\quad \boldsymbol{S}\times\boldsymbol{X}\rightarrow\boldsymbol{S} \tag{5-10-1}$$

λ为输出函数，定义为

$$\lambda(\cdot,\cdot):\quad \boldsymbol{S}\times\boldsymbol{X}\rightarrow\boldsymbol{Y} \tag{5-10-2}$$

令 x_i，y_i，s_i 为 t_i 时刻有限自动机 $\mathscr{M}$ 的输入、输出和状态，s_0 为 $\mathscr{M}$ 的初始状态。对于给定的 $\mathscr{M}$ 和 s_0，$\mathscr{M}$ 将输入序列 x_0，x_1，…，转换为输出序列 y_0，y_1，…，如图 5-10-1 所示。其中，对 $i=0$，1,…，有：

$$y_i=\lambda(s_i,\ x_i)\in\boldsymbol{Y}\qquad\forall\ s_i\in\boldsymbol{S},\ x_i\in\boldsymbol{X} \tag{5-10-3}$$

$$s_{i+1}=\delta(s_i,\ x_i)\qquad\forall\ s_i\in\boldsymbol{S},\ x_i\in\boldsymbol{X} \tag{5-10-4}$$

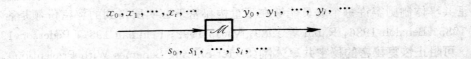

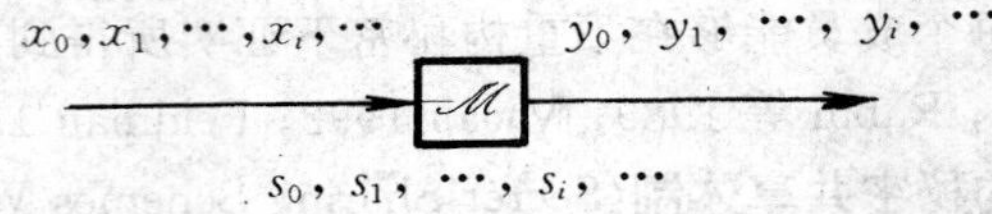

图 5-10-1 FA 的框图

当 δ 和 λ 为线性函数时，称 $\mathscr{M}$ 为线性有限自动机(LFA)。否则称 $\mathscr{M}$ 为非线性有限自动机(NLFA)。LFA 可以用矩阵描述。

若令

$$\boldsymbol{S}=\boldsymbol{X}^h\times\boldsymbol{Y}^k \tag{5-10-5}$$

即状态由连续 h 个输入和连续 k 个输出的存储数据给定，则 t_i 时刻的输出

$$y_i=\lambda(s_i,\ x_i)=\beta(x_i,\ x_{i-1},\ \cdots,\ x_{i-h},\ y_{i-1},\ y_{i-2},\ \cdots,\ y_{i-k})\qquad i\geqslant 0 \tag{5-10-6}$$

式中，$x_i\in\boldsymbol{X}$，$y_i\in\boldsymbol{Y}$。

$(y_0,\ \cdots,\ y_i,\cdots)$是输入序列为$(x_0,\ x_1,\ \cdots,x_i,\ \cdots)$，FA 置初态 $s_0=(x_{-\tau},\ \cdots,x_{-1},\ y_{-k},\ \cdots,\ y_{-1})$时的输出序列。我们规定：$\beta(0\cdots00\cdots0)=0$，即初态 $s_0=\boldsymbol{0}$ 且输入为全 0 序列时，输出亦为全 0 序列。我们以 $\mathscr{M}_\beta=(\boldsymbol{X},\ \boldsymbol{Y},\ \boldsymbol{S},\ \boldsymbol{\delta},\ \boldsymbol{\lambda})$表示这类 FA。在 $k>0$ 时，称 $\mathscr{M}_\beta$ 为$(\tau,\ k)$阶存储 FA，若 $k=0$，则称其为 τ 阶输入存储 FA。

类似于乘积密码，对于 $\boldsymbol{X}=\boldsymbol{Y}$ 可以定义两个 FA：$\mathscr{M}_1=(\boldsymbol{X},\ \boldsymbol{Y},\ \boldsymbol{S}_1,\ \boldsymbol{\delta}_1,\ \boldsymbol{\lambda}_1)$和 $\mathscr{M}_2=(\boldsymbol{X},\ \boldsymbol{Y},\ \boldsymbol{S}_2,\ \boldsymbol{\delta}_2,\ \boldsymbol{\lambda}_2)$。$\mathscr{M}_1$ 与 $\mathscr{M}_2$ 之积为

$$\mathscr{M}=\mathscr{M}_1\times\mathscr{M}_2=(\boldsymbol{X},\ \boldsymbol{Y},\ \boldsymbol{S}_2\times\boldsymbol{S}_1,\ \boldsymbol{\delta}_2\times\boldsymbol{\lambda}_1,\ \boldsymbol{\lambda}_2\times\boldsymbol{\lambda}_1) \tag{5-10-7}$$

式中

$$\boldsymbol{\lambda}_2\times\boldsymbol{\lambda}_1((s_2\,s_1),\ x_i,)=\boldsymbol{\lambda}_2(s_2,\ x_i') \tag{5-10-8}$$

$$\boldsymbol{\delta}_2\times\boldsymbol{\delta}_1((s_2\,s_1),\ x_i)=\boldsymbol{\delta}_2(s_2,\ x_i'),\ \boldsymbol{\delta}_1(s_1,\ x_i)) \tag{5-10-9}$$

$$x_i'=\delta_1(s_1,\ x_i) \tag{5-10-10}$$

FA 之积的框图如图 5-10-2 所示。

令 $X^*=\bigcup\limits_{n\geqslant 1}X^n$，对两个 FA：$\mathscr{M}=(\boldsymbol{X},\ \boldsymbol{Y},\ \boldsymbol{S},\ \boldsymbol{\delta},\ \boldsymbol{\lambda})$和 $\mathscr{M}^*=(\boldsymbol{X},\ \boldsymbol{Y},\ \boldsymbol{S}^*,\ \boldsymbol{\delta}^*,\ \boldsymbol{\lambda}^*)$，若 $\mathscr{M}^*\times\mathscr{M}$ 满足对任意 $s\in\boldsymbol{S}$，存在 $s^*\in\boldsymbol{S}^*$ 和任意 $\boldsymbol{x}\in X^*$，$\mathscr{M}^*\times\mathscr{M}$ 的输出为 $X^\tau\boldsymbol{x}$，则称 s^*，s 是 $\mathscr{M}^*\times\mathscr{M}$ 中的 τ-匹配对。其中，s^* 是 s 的 τ-后配，而 s 是 s^* 的 τ-前配，参看图 5-10-3。

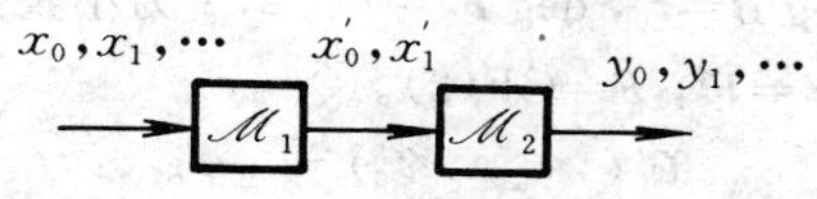

$x_0, x_1, \cdots$　x_0', x_1'　$y_0, y_1, \cdots$

$\mathscr{M}_1$　$\mathscr{M}_2$

图 5－10－2　FA 之积框图

若对$\forall\ s\in \boldsymbol{S}$，存在$\tau$对$(s^*, s)\in \boldsymbol{S}^*\times\boldsymbol{S}$，则称$\mathscr{M}^*$是$\mathscr{M}$的$\tau$－弱左逆，称$\mathscr{M}$为$\mathscr{M}^*$的$\tau$－弱右逆。显然，若$\mathscr{M}^*$是$\mathscr{M}$的$\tau$－弱左逆，则当$\mathscr{M}$将其输入序列$x_0$，$x_1$，…变换为它的输出$y_0$，$y_2$，…时，必存在一个状态$s^*\in\boldsymbol{S}^*$，使$\mathscr{M}^*$可将其输入序列$y_0$，$y_1$，…变换为它的输出序列$x_{-\tau}$，$x_{-\tau+1}$，…$x_{-1}$，$x_1$，…。这就是说，$\mathscr{M}^*$可将$\mathscr{M}$的输出序列经过$\tau$步延迟后恢复出$\mathscr{M}$的输入序列。

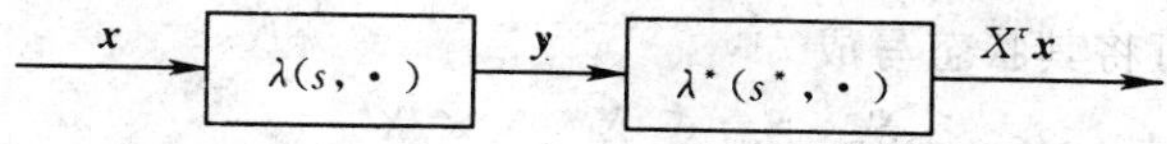

图 5－10－3　FA 的弱逆

如何利用 FA 构造公钥密码？关键是在某 FA 上构造一个陷门单向函数，这个 FA 需有某种弱可逆、迟延τ步可逆，并且能将其逆求出。

若式(5－10－6)中的函数

$$\beta = f(t_0, \cdots, t_\tau) + g(u_1, \cdots, u_k) \qquad (5-10-11)$$

则称此有限自动机$\mathscr{M}_\beta$是可分的。此时，$\mathscr{M}_\beta$可写成$\mathscr{M}_{f,zg}$。其中，z表示延迟算子。此时输出$\boldsymbol{y}$可表示为

$$\boldsymbol{y} = zg\boldsymbol{y} + f\boldsymbol{x} \qquad (5-10-12)$$

是一特例。当$\mathscr{M}_\beta$的输出只与输入有关时，有$\mathscr{M}_\beta=\mathscr{M}_{f,0}=\mathscr{M}_f$，这是一个输入存储有限自动机。对于可分自动机$\mathscr{M}_{f,zg}$，它为$\tau$步弱可逆的充要条件是$\mathscr{M}_f$为$\tau$步弱可逆 FA [Dai, 1996]。关于有限自动机及其弱逆的理论可参看[Tao 1979, 1986, 1994; Dai, 1994; Wang H. 1996; Ou 1998 等]。

5.10.2　FA 公钥密码

用 FA 来构造公钥密码的关键在于能在某种弱可逆 FA 上构造一个陷门函数，并且能将其逆求出。已提出了几种体制，如 FAPKC－1，FAPKC－2，FAPKC－3 等。下面简单介绍其构作方法。

用户选定τ_0步弱可逆线性 FA：$\mathscr{M}_0=\mathscr{M}_{B,zA}$。其中，$B$，$A$可用矩阵表示。其$\tau_0$－弱逆以$\mathscr{M}^*_{B,zA}$表示，是一个输入输出存储线性有限自动机；选一$\tau_1$弱可逆非线性 FA：$\mathscr{M}_1=\mathscr{M}_f$，其$\tau_1$－弱逆以$\mathscr{M}_f^*$表示。其中：

$$\begin{aligned} f &= f(t_0, t_1, \cdots, t_\tau) \\ &= \sum_{j=0}^{\tau_1} F_j t_j + \sum_{j=0}^{\tau_1-\varepsilon} F'_j t(t_j, t_{j+1}, \cdots, t_{j+\varepsilon}) \\ &= F + F'J \end{aligned} \qquad (5-10-13)$$

$$\boldsymbol{T}: \boldsymbol{X}^{\varepsilon+1} \to \boldsymbol{X} \quad (\text{非线性部分}) \qquad (5-10-14)$$

$$\boldsymbol{A}, \boldsymbol{B}, \boldsymbol{F}, \boldsymbol{F}' \in \mathscr{M}_{l,l}, \quad (l\times l\ \text{阶方阵集合}) \qquad (5-10-15)$$

记 $\deg z\boldsymbol{A}=k$, $\deg \boldsymbol{F}=h$, $\deg \boldsymbol{B}=\tau_0$, $\deg \boldsymbol{F}'=\tau_1-\varepsilon$, ε 为小整数。$\mathscr{M}_1$ 和 $\mathscr{M}_0$ 有相同的输入空间 $\boldsymbol{X}$ 和输出空间 $\boldsymbol{Y}$, $\boldsymbol{X}=\boldsymbol{Y}=\boldsymbol{F}^l$, $\boldsymbol{F}=\mathrm{GF}(2)$。令

$$\boldsymbol{C}'(\mathscr{M}_1, \mathscr{M}_0)=\mathscr{M}_{Bf,zA} \tag{5-10-16}$$

$$\boldsymbol{C}=\boldsymbol{BF} \tag{5-10-17}$$

$$\boldsymbol{C}'=\boldsymbol{BF}' \tag{5-10-18}$$

$$\boldsymbol{B}f=\boldsymbol{C}+\boldsymbol{C}'\boldsymbol{T} \tag{5-10-19}$$

其状态可写成:

$$s_l=(s_xs_y)\in X^{\tau_0+\tau_1}\times X^k$$

$$s_x=(x_{-\tau_0-\tau_1}, \cdots, x_{-1})\in X^{\tau_0+\tau_1}$$

$$s_y=(y_{-h_0}, \cdots, y_{-1})\in X^k$$

对于 τ - 弱可逆 FA,可将其状态写成

$$S_{\text{in}}, S_{\text{out}}\in X^{\tau_0+\tau_1}\times X^k$$

$$S_{\text{in}}=(X'_{-h_0-h_1+\tau}, \cdots, x'_{-1})\in X^{h_0+h_1-\tau}$$

$$S_{\text{out}}=(y'_{-k}, \cdots, y'_{-1}\in X^k)$$

此时,S_{in}和 S_{out}受某种限制而非完全随机。

公钥:由 $C'(\mathscr{M}_1, \mathscr{M}_0)$, S_{out}, S_{in}, S_l, $\tau_0+\tau_1=\tau$ 五部分组成。

秘密钥:由 $\mathscr{M}_{B,zA}$, $\mathscr{M}_f$(即 $\boldsymbol{A}$, $\boldsymbol{B}$, $\boldsymbol{F}$, $\boldsymbol{F}'$, $\boldsymbol{T}$)及初态组成。

加密:令明文 $\boldsymbol{x}=(x_0, x_1, \cdots, x_{n-1})=x^n$,随机取初态 $\boldsymbol{s}_0\in x^\tau$,将其扩展为 FA 的输入,输入 $\boldsymbol{x}'=(x_{-\tau}, x_{-\tau+1}, \cdots x_0, x_1, \cdots, x_{n-1})$。其中,$(x_{-\tau}, x_{-\tau+1}, \cdots, x_{-1})$可任意取值,则密文可由输出函数 $\lambda(\cdot)$给出为

$$\boldsymbol{y}=(y_0, y_1, \cdots, y_{n+\tau-1})=\lambda(s_l)\boldsymbol{x} \tag{5-10-20}$$

解密:接收到 $\boldsymbol{y}=(y_0, y_1, \cdots, y_{n+\tau-1})$送入 FA 的逆中进行运算得

$$\lambda^*(s^*)\boldsymbol{y}=\boldsymbol{x}' \tag{5-10-21}$$

将 $\boldsymbol{x}'=(x_{-\tau}, x_{-\tau+1}, \cdots, x_0, x_1, \cdots, x_{n-1})$中的前 τ 位去掉,就恢复出原明文消息 $\boldsymbol{x}=(x_0, x_1, \cdots, x_{n-1})$。译码延迟为 τ 步。

签字:令待签字的明文消息为 $\boldsymbol{x}=(x_0, x_1, \cdots, x_{n-1})\in \boldsymbol{X}^n$,先将其扩展为 $\boldsymbol{x}'=(x_{-\tau}, x_{-\tau+1}, \cdots, x_0, x_1, \cdots, x_{n-1})$。其中,$(x_{-\tau}, x_{-\tau+1}, \cdots, x_0)$为任意取值的二元序列。利用秘密钥所对应的自动机输入 $\boldsymbol{x}'$ 作变换得

$$\boldsymbol{y}=(y_0, y_1, \cdots, y_{n+\tau-1})=\lambda^*(s^*)\boldsymbol{y}=\boldsymbol{x}' \tag{5-10-22}$$

以 $\boldsymbol{y}$ 作为用户对消息 $\boldsymbol{x}$ 的签字。将$(\boldsymbol{x}, \boldsymbol{y})$送入信道传送。

验证签字:任何用户收到$(\boldsymbol{x}, \boldsymbol{y})$后,都可用相应的公钥,即 $\lambda(s_l)$进行验证,即计算

$$\lambda(s_l)\boldsymbol{y}=\boldsymbol{x}' \tag{5-10-23}$$

若由 $\boldsymbol{x}'$ 去掉前 τ 位后所得到的与所收到的 $\boldsymbol{x}$ 完全一样,就认为签字有效。

5.10.3 FAPKC 的实现和安全性研究

如前所述,FAPKC 的安全性基于一般非线性 FA 求逆的困难性,从 $\mathscr{M}_{Bf,zA}$中分解出 f 的困难性,以及当 $\tau=\tau_0+\tau_1$ 足够大时明密文穷举攻击的计算复杂性。最近几年国内对 FAPKC 的安全性有不少研究。对于目前提出的 FAPKC - 1、FAPKC - 2 和 FAPKC - 3 所

用的特殊非线性 FA，其求逆是否困难和是否存在等效逆(不惟一)已提出疑问，并进行了深入的理论工作。戴宗铎利用半环研究一类有限自动机，确定并构造出全部具有输入线性存储可分弱逆的存储有限自动机及其弱逆，由于已公开的 FAPKC 可归入此类，从而表明这类 FAPKC 体制不够安全[Dai 1996]。戴等对 FAPKC 体制提出了一种"非线性核"攻击法，并指出了能对抗这种攻击的 FAPKC 必须满足的三个条件[Dai 等 1996]。这些工作将有助于推动 FA 公钥密码体制的研究和探索安全的 FAPKC 的结构[Qin 等 1995，1996，1998；Dai 等 1995；Guan 1994]。

FAPKC 体制由于其算法的加解密速度快，实现简单而引起人们的兴趣。人们在实用化上进行了一些探索，FAPKC 所需的公钥量较大，约为 RSA 的四倍[Chang 等 1995；Dai 1994，1996；Dai 等 1995，1996，1998；Li and Gao 1992；Tao and Chen，1992；Yang and Zhou，1985]。

5.11　概率加密

概率加密(Probabilistic Encryption)是由 S. Goldwasser 和 S. Micali 提出[Goldwasser 等 1982，1984]的。按这一理论可以构造出的密码大多是安全的，早期的很多方案是难以实用的。但最近以来，情况有了很大变化。有些概率加密算法已有实用价值。

概率加密的基本想法是使公钥体制的信息泄露为 0，即从密文不能推出有关明文或密钥的任何信息。这在普通公钥体制下难以做到。例如，设 1 - bit 明文 $m=0$ 或 1，任何人可用公钥 k 对其加密，即计算出密文 $E_k(0)$ 和 $E_k(1)$，因此攻击者很容易从密文推出明文。更一般地，若在给定密钥下，对一个设定的明文 M 加密总是得到一个相应的密文；攻击者就可采用已知明文进行攻击。如果加密不是确定式的，而是概率式的，使一个明文可能对应的密文不再是惟一的(对多表代换密码)，则从给定的密文要推测相应的明文就更加困难。

一个**概率公钥加密密码体制**(Probabilistic Public Key Cryptosystem)可用一个 6 - 重 $(\mathscr{M},\mathscr{C},\mathscr{K},\mathscr{E},\mathscr{D},\mathscr{R})$ 表示。其中，$\mathscr{M}$，$\mathscr{C}$，$\mathscr{K}$ 分别为明文空间、密文空间、密钥空间，$\mathscr{E}$ 是公钥加密规则集，$\mathscr{D}$ 是秘密的解密规则集，$\mathscr{R}$ 是一个随机量空间。它们满足以下要求。

(1) 对每一 $k\in\mathscr{K}$，每一 $E_k\in\mathscr{E}$ 和每一 $D_k\in\mathscr{D}$，其中

$$E_k:\quad \mathscr{M}\times\mathscr{R}\rightarrow\mathscr{C} \tag{5-11-1}$$

$$D_k:\quad \mathscr{C}\rightarrow\mathscr{M} \tag{5-11-2}$$

有

$$D_k(E_k(M,r))=M \qquad \forall M\in\mathscr{M},\ \forall r\in\mathscr{R} \tag{5-11-3}$$

$$E_k(M,r)\neq(E_k(M',r)) \qquad 若\ M\neq M' \tag{5-11-4}$$

(2) 令 ε 是一个安全参数(Security Parameter)。对任意 $k\in\mathscr{K}$ 和任意 $M\in\mathscr{M}$，在 $\mathscr{C}$ 上定义一个概率分布 $P_{k,M}$，其中 $P_{k,M}(C)$ 表示在给定密钥 k 和明文 M 条件下 C 是密文的概率(概率在所有 $r\in\mathscr{R}$ 上计算)。假定 M，$M'\in\mathscr{M}$，$M\neq M'$ 且 $k\in\mathscr{K}$，则概率分布 $P_{k,M}$ 和 $P_{k,M'}$ 不是 ε - 可区分的。

条件(1)给定加解密方法，对给定明文 $M\in\mathscr{M}$，选一随机数 $r\in\mathscr{R}$，则密文 $C=E_k(M,r)$。在已知 r 和 C 下，可以有 $D_k(E_k(M,r)=M$。

条件(2)保证 M 的所有可能密文分布和 $M'\neq M$ 的所有可能的密文分布是不可区分

的。安全参数 ε 应足够小，实际中选 $\varepsilon=a/|\mathscr{R}|$，$a$ 是大于 0 的一个小量。下面来看一些实现举例。

例 5-11-1　Goldwasser-Micali[Goldwasser 等 1984]概率公钥密码体制。

令 $n=pq$，p 和 q 是素数，令 $e\in NQR(n)$。整数 n 和 e 公开，n 的分解保密。令 $\mathscr{M}=\{0,1\}$，$\mathscr{C}=\mathscr{R}=Z_n^*$，密钥空间定义为

$$\mathscr{K}=\{(n,p,q,e): n=pq, p\text{ 和 }q\text{ 为素数}, e\in NQR(n)\} \tag{5-11-5}$$

加密：$C=E_k(M,r)=e^{\mathscr{M}}r^2 \quad \bmod n$ (5-11-6)

$$\text{解密：}D_K(M)=\begin{cases}0 & \text{若 } C\in QR(n)\\ 1 & \text{若 } C\widetilde{\in} QR(n)\end{cases} \tag{5-11-7}$$

在此方案下，0 被随机地加密为 mod n 下平方剩余中的一个数，而 1 被随机地加密为 mod n 下拟平方剩余中的一个数。接收者收到密文 C 可以用有关 n 的分解知识决定 $C\in NQR(n)$ 或 $C\in NQR(n)$，即通过计算

$$\left(\frac{C}{n}\right)=(-1)^{(p-1)/2} \quad \bmod p$$

由下式

$$C\in QR(n)\Leftrightarrow\left(\frac{C}{n}\right)=1$$

可决定相应明文 bit 的取值。■

由此例可见，在概率加密下，密文总是大于明文，即有数据扩展。为了密文到明文为多对一的关系，数据扩展是不可避免的。但 GM 体制每次只加密 1-bit，且数据扩展太大并无实用价值。有关此方案还可参看[Goldreich 等 1989；Micali 等 1988；Yao 1982]。

例 5-11-2　Blum-Goldwasser[1984]概率公钥密码体制。

令 $n=pq$，p 和 q 为素数且 $p\equiv q\equiv 3 \mod 4$，公开 n，但 p，q 保密，令 $\mathscr{M}=(Z_2)^l$，$\mathscr{C}=(Z_2)^l\times Z_n^*$，$\mathscr{R}=Z_n^*$，定义密钥空间为

$$\mathscr{K}=\{(n,p,q): n=pq, p\text{ 和 }q\text{ 为素数}\} \tag{5-11-8}$$

加密：给定 $M\in(Z_2)^l$ 和 $r\in Z_n{}^*$，

(1) 用 BBS 生成器，从种子 $s_0=r$ 计算密钥 $k_1,\cdots,k_l$；

(2)计算 $s_{e+1}=s_0^{2^{l+1}} \quad \bmod n$；

(3) 计算 $c_i=(m_i+k_i) \quad \bmod 2$，对 $1\leqslant i\leqslant l$；

(4) 密文 $C=(c_1,\cdots,c_l,s_{l+1})$。

解密：收端收到 C 后，

(1) 计算 $a_1=((p+1)/4)^{l+1} \quad \bmod(p-1)$；

(2) 计算 $a_2=((q+1)/4)^{l+1} \quad \bmod(q-1)$；

(3) 计算 $b_1=s_{l+1}^{a_1} \quad \bmod p$；

(4) 计算 $b_2=s_{l+1}^{a_2} \quad \bmod q$；

(5) 用中国剩余定理求出 s_0，使

$$s_0\equiv b_1 \quad \bmod p$$
$$s_0\equiv b_2 \quad \bmod q$$

(6) 用 BBS 生成器从种子 $s_0=r$ 计算 k_1, …, k_l;

(7) 计算 $m_i=(c_i+k_i) \mod 2$, 对 $1\leqslant i\leqslant l$;

(8) 得到明文 $M=(m_1, m_2, \cdots, m_l)$。

这一方案从随机种子为 $s_0=r$ 计算出密钥 $k_1,\cdots,k_l$,再与明文逐位异或加密,而后将 BBS 生成器的第 $l+1$ 个状态也送给收信人,收信人由于知道 p 和 q,而由 s_{l+1} 可求得 s_0,从而可重新构造密钥流而能解密。

由于每个 s_{i-1} 是 s_i 的主根,而 $n=pq$, $p\equiv q\equiv 1 \mod 4$,故 mod p 的任一二次剩余 x 的平方根为 $\pm x^{(p+1)/4}$。由 Jocobi 符号有

$$\left(\frac{x^{(p+1)/4}}{p}\right)=\left(\frac{1}{p}\right)^{(p+1)/4}=1$$

从而 $x^{(p+1)/4}$ 是 mod p 下 x 的主平方根,类似有 $x^{(q+1)/4}$ 是 mod q 下 x 的主平方根,故由中国剩余定理可求出 mod n 下 M 的主平方根。

推广有 $x^{((p+1)/4)^{l+1}}$ 为 mod p 下 x 的第 2^{l+1} 次主根,$x^{((q+1)/4)^{l+1}}$ 为 mod q 下 x 的第 2^{l+1} 次主根。因 Z_p^* 为 $p-1$ 阶,故可由 mod $(p-1)$ 简化指数 $((p+1)/4)^{l+1}$。类似地,可用 mod $(q-1)$ 简化指数 $((q+1)/4)^{l+1}$。由此可以计算出 s_{l+1} 在 mod p 和 mod q 下的第 2^{l+1} 次主根,通过中国剩余定理,就可以计算出 mod n 下 s_{l+1} 的第 2^{l+1} 次主根,从而恢复出 s_0。

■

这一方法较前者大大提高了加密效率,其加密速度较 RSA 要快。但在选择密文攻击下不安全[Vazivani 等 1984; Alexi 等 1988]。

有关概率公钥算法研究还可参看[Brassard 1988; Alexi 等 1984, 1988]。

5.12 其它双钥密码体制

5.12.1 多密钥公钥密码体制

可以将 RSA 体制推广为有多个密钥的双钥体制。令 $n=pq$, p 和 q 为素数,今选择 t 个密钥 k_1, k_2, …, k_t, 使

$$k_1 \cdot k_2 \cdots k_t \equiv 1 \mod ((p-1)(q-1)) \tag{5-12-1}$$

令 M 是明文消息,

$$M^{k_1,k_2,\cdots,k_t} \equiv M \mod n \tag{5-12-2}$$

因此,可以由 k_1, k_2, …, k_t 组成多种加解密组合。例如,若 $t=5$,则若以 k_3 和 k_5 对消息 M 加密,有密文

$$C = M^{k_3 \cdot k_5} \mod n \tag{5-12-3}$$

则 k_1, k_2 和 k_4 就可作为解密钥,有

$$M = C^{k_1 \cdot k_2 \cdot k_4} \mod n \tag{5-12-4}$$

类似地,可以将 RSA 体制推广为多签字体制。例如,选择 $t=3$,即有 k_1, k_2, k_3 三个密钥,可将 k_1 作为 A 的签字秘密钥,k_2 作为 B 的签字秘密钥,k_3 作为公开的证实签字用密钥。对一给定文件,可由 A 进行签字,得

$$S' = M^{k_1} \mod n \tag{5-12-5}$$

然后将 S' 送 B 签字，B 先证实文件内容，

$$M = S'^{k_2 \cdot k_3} \mod n \tag{5-12-6}$$

然后对其作进一步签署得

$$S = S'^{k_2} \mod n \tag{5-12-7}$$

S 就是 A，B 两个签字结果，任何人都可用公钥 k_3 证实签字

$$M = S^{k_3} \mod n \tag{5-12-8}$$

为实现上述签字体制，需要一个可信赖中心对 A 和 B 分配秘密签字钥。

5.12.2 最近提出的一些新体制

最近提出的一些新体制有如隐含域方程和多项式同构等[Patarin 1996]。

最近对抗选择明文攻击的双钥密码有不少研究。Goldwasser 等[1988]最先注意到并非所有双钥体制的解密问题都像从公钥恢复秘密钥一样地困难，因此必须注意双钥体制经受选择密文攻击的能力。他们提出了一种可以抗自适应选择密文攻击的数字签字方案。Naor 和 Yung[1990]首次建议了一种抗冷漠选择密文攻击在语义上安全的具体公钥加密方案。此方案采用了两个独立的概率公钥加密方案对明文加密，以后以非交互零知识证明方式送出。其中同一个消息采用两个密钥加密。Rackoff 和 Simon[1991]首次提出一种抗自适应选择密文攻击在语义上安全的公钥加密方案。但这类方案都由于消息扩展太大而不实用。

Damgård[1992]也曾提出一种可以抗冷漠选择密文攻击的有效构造公钥体制的方法，Zheng 和 Seberry[1993]指出，该体制不能抗自适应选择明文攻击，并提出三种方法对抗此类攻击。但这些方案都未能证明可以达到所宣称的安全水平。后来 Bellare 和 Rogaway[1993]证明 Zheng 等提出的方案中的随机预言模式(Random Oracle Model)在自适应选择密文攻击下可证明是安全的。Lim 和 Lee[1993]曾提出可以抗选择密文攻击的公钥方案，但被 Frankel 和 Yung[1995]攻破。

附录 5.A 大素数求法

5.A.1 概述

数百年来，人们一直对素数的研究很感兴趣。是否有一个简单公式可以产生素数？回答是否定的。

例 5-A-1 曾有人猜想若 $n|2^n-2$，则 n 为素数。$n=3$，$3|2^3-2=6$。$n<341$ 均对，$n=341=11\cdot 31$，但 $341|2^{341}-2$。■

例 5-A-2 Mersenne 数。曾有人猜想，若 p 为素数，则 $M=2^p-1$ 为素数。但 $M_{11}=2^{11}-1=2\,047=23\times 89$。$M_{67}$、$M_{257}$ 也不是素数。当 M_p 是素数时，称其为 Mersenne 数。■

例 5-A-3 Fermat 推测 $F_n=2^{2^n}+1$ 为素数，n 为正整数。但 $F_5=4\,294\,967\,297=641\times 6\,700\,417$。

可见素数分布极不均匀，素数越大，分布越稀。■

定理 5-A-1 素数个数无限多。

证　采用反证法。由已知素数 p_1，p_2，…，p_r 构造的 $n=p_1 p_2\cdots p_r+1$ 必为素数。■

定理 5－A－2　(素数定理)

$$\lim_{x\to\infty}\frac{\pi(x)\ln(x)}{x}=1 \tag{5－A－1}$$

即

$$\pi(x)\approx\frac{x}{\ln x} \tag{5－A－2}$$

式中，$\pi(x)$：小于正整数 x 的素数个数。

例 5－A－4　$x=10$，$\pi(x)=4$，含素数 2，3，5，7。■

例 5－A－5　$x=2^{64}$ 和 2^{128}，2^{256}。

64 bit 大的素数个数有 $\frac{2^{64}}{\ln 2^{64}}-\frac{2^{63}}{\ln 2^{63}}=2.05\times10^{17}$个；

128 bit 大的素数个数有 $\frac{2^{128}}{\ln 2^{128}}-\frac{2^{127}}{\ln 2^{127}}=1.9\times10^{36}$个；

256 bit 大的素数个数有 3.25×10^{74}个。■

因此，素数个数相当多。

素数出现概率。例 5－A－5 中 64 bit 大素数出现概率为$\frac{2.05\times10^{17}}{(2^{64}-2^{63})/2}=0.044$，即 23 次试验可得一素数。类似地，可计算 128 bit 大素数出现概率为 0.022。即 46 次试验可得一素数。256 bit 大素数出现概率为 0.011，即 92 次试验可得一素数。因此，寻求一个大素数并不太难。

5.A.2　产生大素数的检验法

1. 概率测试法

有 Solovay-Strassen 检验法、Lehman 检验法和 Miller-Rabin 检验法。它们都是利用数论理论构造一种检验法，对一个给定大整数 N，每进行一次检验输出，给出 Yes：N 为素数的概率为 1/2，或 No：N 必不是素数。若 N 通过了 r 次检验，则 N 不是素数的概率将为 $\varepsilon=2^{-r}$，N 为素数的概率为 $1-\varepsilon$，若 r 足够大，如 $r=100$，则几乎可认为 N 是素数(Pseudoprime)。

若概率检验法得到的准素数是合数时(当然其出现概率极小)，不会造成太大问题。因为一旦出现这种情况，则 RSA 体制的加、解密就会异常，从而就可以发现[Hule 等 1988]。

Solovay-Strassen[1977]法。令 $1\leqslant n<m$，随机取 n，并验证 $\gcd(m,n)=1$，且 $J(n,m)=2^{(m-1)/2}\mod m$。其中，$J(n,m)$ 为 **Jacobi** 符号

$$J(n,m)=\left(\frac{n}{p_1}\right)\left(\frac{n}{p_2}\right)\cdots\left(\frac{n}{p_r}\right) \tag{5－A－3}$$

$$m=p_1p_2\cdots p_r \tag{5－A－4}$$

为 m 的素数分解式。而

$$\left(\frac{n}{p_i}\right)\text{(Legendre 符号)}=\begin{cases}1 & n\text{ 是 }p_i\text{ 的平方剩余}\\-1 & n\text{ 是 }p_i\text{ 的非平方剩余}\end{cases} \tag{5－A－5}$$

即

$$\begin{cases} X^2 = n \mod p_i & \text{有两个解} \\ X^2 = n \mod p_i & \text{无解} \end{cases} \tag{5-A-6}$$

$$J(n, m) = \begin{cases} 1 & n = 1 \\ J\left(\frac{n}{2}, m\right)(-1)^{(m^2-1)(n-1)/8} & n\text{为偶} \\ J(R_n(m), n)(-1)^{(m-1)(n-1)/4} & \text{其它} \end{cases} \tag{5-A-7}$$

若 m 为素数，则 $\gcd(m, n)=1$，且 $J(n, m)=2^{(m-1)/2} \mod m$。若 m 不是素数，则至多有 1/2 概率使上式成立，因此，随机地选择 100 个整数 n 检验，若上式均成立，则 m 不是素数的概率必小于 $2^{-100}=10^{-30}$。故可认为 m 为一素数，但实际上它不一定是。

Miller-Rabin 检验法。令 $N=2^s t+1$，$s\geqslant 1$，t 为奇数。任选 a(正整数)，检验

$$\begin{cases} a^t = 1 & \mod n \\ a^{2^j t} = -1 & \mod n \quad 0 \leqslant j \leqslant s-1 \end{cases} \tag{5-A-8}$$

若 a 满足上述两条件，N 必为合数(由 Fermat 定理)。重复选不同 a，试验 r 次。理论证明，若 r 次均不满足上式，N 不为素数的概率$\leqslant (1/4)^r$；r 足够大时，可由素数分布式估计 r 值。对 $N<x$ 要求进行

$$\frac{x/2}{\pi(x)} \approx \frac{1}{2}\ln(x) \tag{5-A-9}$$

次试验。一次试验运算量为 $P((\log x)^3)$的 bit 运算，故找一个 m 比特大的素数要求 $O(m^4)$ 运算。

2. 确定性素数检验法

确定性分解算法是 RSA 体制实用化研究的基础问题之一。当算法结果指示为 Yes 时，N 必为素数。Lucas[1876]给出定理 5-A-3。

定理 5-A-3 若 N 满足 $b^{N-1}\equiv 1 \mod n$，且

$$b^{(n-1)/p_i} \neq 1 \mod n \tag{5-A-10}$$

对所有的素因数 $p_i<N-1$，则 N 为素数。此法要求 $N-1$ 的因子分解，而无实用价值。

Demytko 法。1988 年由澳人 Demytko 提出。它是利用已知小素数，通过迭代给出一个大素数。

定理 5-A-4 令 $p_{i+1}=h_i p_i+1$，若满足下述条件，p_{i+1}必为素数。

1° p_i 是奇素数；

2° $h_i<4(p_i+1)$，h_i 为偶数；

3° $2^{h_i p_i}=1 \mod p_{i+1}$；

4° $2^{h_i}\neq 1 \mod p_{i+1}$。

利用此定理可由 16 bit 素数 p_0 导出 32 bit 素数 p_1，由 p_1 又可导出 64 bit 素数 p_2……。但如何能产生适于 RSA 体制用的素数还未能完全解决。

确定性算法运行时间复杂度为

$$\exp(C \log\log n(\log\log\log(n))) \tag{5-A-11}$$

美国 Sandia 实验室提出了适于解离散对数和分解困难之大素数的四个条件[Laih 等 1995]。有关产生强素数的算法问题可参看[Laih 等 1995]。

有关素性检验法可参看[Adleman 等 1992；Alford 等，Arazi 1994；Arnault 1995；

Atkin 等 1993；Bach 1996；Bosma 1989；Bressoud 1989；Cohen 1993；Goldwasser 等 1986；Granville 1992；Koblitz 1994；Kranakis 1986；Maurer 1995；Pinch 1993]。素数生成算法可参看[Beauchemin 等 1988；Brandt 等 1992，1991；Damgård 等 1993；FIPS 186；Gordon 1984，1985；Maurer 1992，1995；Shawe-Taylor 1986]。

附录 5. B　快速指数算法

快速指数算法是 RSA(单一指数)、DSS 和 Schnorr(两个指数)、ElGamal(三个指数)签字等多种体制实用化的关键问题。本附录介绍一种二元算法，赖溪松等的书中[1995]用一章篇幅详细介绍了有关快速指数算法及其发展情况。

令 $\beta=\alpha^x$，$0\leqslant x<m$。x 的二元表示为

$$x = a_0, + a_1 2 + \cdots + a_{r-1}2^{r-1},\ r = [\mathrm{lb}\ m] \tag{5-B-1}$$

则有

$$\begin{aligned}\alpha^x &= \alpha^{a_0+a_1 2+\cdots+a_{r-1}2^{r-1}} \\ &= \alpha^{a_0}\cdot(\alpha^2)^{a_1}\cdots(\alpha^{2^{r-1}})^{a_{r-1}}\end{aligned} \tag{5-B-2}$$

而

$$(\alpha^{2^i})^{a_i} = \begin{cases}1 & a_i = 0 \\ \alpha^{2^i} & a_i = 1\end{cases} \tag{5-B-3}$$

可做预计算

$$\left.\begin{aligned}\alpha^2 &= \alpha\cdot\alpha \\ \alpha^4 &= \alpha^2\cdot\alpha^2 \\ &\vdots \\ \alpha^{2^{r-1}} &= \alpha^{2^{r-2}}\alpha^{2^{r-2}}\end{aligned}\right\} r-1\text{ 次乘法} \tag{5-B-4}$$

对于给定的 x，先将 x 以二进制数字表示，而后根据 $a_i=1$ 取出相应的 α^{2^i} 与其它项相乘，这最多需要 $r-1$ 次乘法运算。

例 5-B-1　在 GF(1 823)中，选 $\alpha=5$，求 α^{375}。

$r=[\mathrm{lb}\ 1\ 822]=11$，首先计算出 $\alpha=5$，$\alpha^2=25$，$\alpha^4=625$，$\alpha^8=503$，$\alpha^{16}=1\ 435$，$\alpha^{32}=1\ 058$，$\alpha^{64}=42$，$\alpha^{128}=1\ 764$，$\alpha^{256}=1\ 658$，$\alpha^{512}=1\ 703$，$\alpha^{1\,024}=1\ 639$。而 $375=1+2+2^2+2^4+2^5+2^6+2^8$，故有

$$\begin{aligned}5^{375} &= ((((((5\times 25)\times 625)\times 1\ 435)\times 1\ 058)\times 427)\times 43)\times 1\ 658 \\ &= 591 \quad \mathrm{mod}\ 1\ 823\end{aligned}$$

共用 10+6=16 次模乘法。 ■

附录 5. C　离散对数的计算

许多公钥体制基于有限域上的离散对数问题。Wells(1984)证明，对 $y\in[1, q-1]$，其对数可求得如下：

$$\log_\alpha y \equiv \sum_{j=1}^{q-2}(1-\alpha j)^{-1}y^j \mod q \qquad (5-C-1)$$

式中，α 是 GF(q)的本原根。但直接应用所需计算时间为指数增长。

5.C.1　Pohlig-Hellman 和 Silver 算法

令 p：素数，本原 $\alpha \in GF(p)$，$\alpha \neq 0$，计算 $\alpha^x = y \mod q$。

$$p-1=\prod_{i=1}^{n} p_i \qquad p_i \text{ 为素数} \qquad (5-C-2)$$

由孙子定理可求任意整数 N 的表示矢量为

$$N=[b_1(\mathrm{mod}\ p_1),\ \cdots,\ b_n(\mathrm{mod}\ p_n)] \qquad (5-C-3)$$

已知$[b_1, b_2, \cdots, b_n]$，可求得 N

$$y_i = y^{(N-1)/p_i} = (\alpha^x)^{(N-1)/p_i} = [\alpha^{(N-1)/p_i}]^x = [\alpha^{(N-1)/p_i}]^{b_i} \qquad (5-C-4)$$

令

$$h_i = \alpha^{(N-1)/p_i} \mod p \qquad (5-C-5)$$

则 y_i 是下述元素之一：

$$h_i^0 = 1,\ h_i^1,\ h_i^2,\ \cdots,\ h_i^{p_i-1}$$

换言之，我们需要求得 b_i，使

$$y_i = h_i^{b_i} \qquad 0 \leqslant b_i \leqslant p_i - 1 \qquad (5-C-6)$$

我们可用 Shanks 的 baby step-giant step 技巧[Odlyzko 1984]，这需要进行 $O(p_i{}^2 \log p_i)$初等运算。

例 5-C-1　在 GF(31)上求 $x=\log_{24} 29 \mod 31$。

由 $31-1=30=2\times3\times5$ 知，$p_1=2$，$p_2=3$，$p_3=5$。

第 1 步　$p_1=2$，$h_1=\alpha^{(N-1)/p_1}=24^{15}=-1 \mod 31$，$h_1^0=1$，$h_1^1=-1$

$y_1=y^{(N-1)/p_1}=29^{15}=-1 \mod 31 \Rightarrow h_i^1=y_1 \Rightarrow b_1=1$

第 2 步　$h_2=\alpha^{(N-1)/p_2}=24^{10}=25 \mod 31$，$h_2^0=1$，$h_2^1=25$，$h_2^2=5 \mod 31$

$y_2=y^{(N-1)/p_2}=29^{10}=1 \mod 31 \Rightarrow b_2=1$

第 3 步　$h_3=\alpha^{(N-1)/p_3}=24^6=4 \mod 31$，$h_3^0=1$，$h_3^1=4$，$h_3^2=16$，$h_3^3=2$，

$h_3^4=8 \mod 31$，$y_3=y^{(N-1)/p_3}=29^6=2$

$x=[1 \mod 2,\ 0 \mod 3,\ 3 \mod 5]=3 \mod 31$　■

5.C.2　$q-1$ 分解为一素数幂次的步骤

这一分解运算比较困难，可按下述步骤进行，令 $q-1=p_i^n$：

(1) 求

$$h=\alpha^{(q-1)/p} \mod q \qquad (5-C-7)$$

计算 $h^0=1$，h^1，$\cdots$，h^{p-1}。

(2) 求

$$y_0 = y\alpha^{(q-1)/p} \mod q \qquad (5-C-8)$$

由此找出　$y^{b_0}=y_0 \Rightarrow b_0$

(3) 求

$$y_1 = y\alpha^{(q-1)/p^2} \mod q \tag{5-C-9}$$

由此找出

$$h^{b_1} = y_1 \Rightarrow b_1$$

(4) 一般有

$$y_{i+1} = [y\alpha^{-b_0}\alpha^{-b_1 p}\cdots\alpha^{-b_i p^i}]^{(q-1)/p^{i+2}} \mod q \Rightarrow b_{i+1} \quad i = 1, \cdots, n-2 \tag{5-C-10}$$

(5) 最后得到

$$x = \sum_{i=0}^{n-1} b_i 2^i \tag{5-C-11}$$

例 5-C-2　求 $x=\log_\alpha y \mod q$，由 $\alpha=14$，$y=5$，$q=17$，$q-1=16=2^4$，$p=2$，$n=4$ 有：

$$h = \alpha^{(q-1)/p} = 14^8 = -1 \mod 17$$

$$h^0 = 1$$

$$h^1 = -1 \mod 17$$

$$y_0 = 5^{(q-1)/2} = 5^8 = -1 \mod 17 \Rightarrow b_0 = 1$$

$$y_1 = [y\cdot\alpha^{-1}]^{(q-1)/p^2} = (5.14^{-1})^4 = 1 \mod 17 \Rightarrow b_1 = 0$$

$$y_2 = (y\cdot\alpha^{-b_0}\cdot\alpha^{-2b_1})^{(q-1)/p^3} = (5.14^{-1})^2 = -1 \mod 17 \Rightarrow b_2 = 1$$

$$y_3 = (y\cdot a^{-b_0}\cdot\alpha^{-2b_1}\cdot\alpha^{-4b_2})^{(q-1)/p^4} = (5\cdot 11\cdot 14^{-4})^2 = -1 \mod 17 \Rightarrow b_3 = 1$$

$$x = \sum_{i=0}^{n-1} b_i 2^i = 13 \mod 17$$

■

5.C.3　一般情况

在一般情况下，5.C.1 节和 5.C.2 节中所述两种方法均需采用，举例如下。

例 5-C-3　$q-1=p_1^n p_2^r$。利用两次 5.C.2 节中的方法给出：

$$b_{10}, b_{11}, \cdots, b_{1(n-1)} \mod p_1^n$$

$$b_{20}, b_{21}, \cdots, b_{2(r-1)} \mod p_2^r$$

最后应用 5.C.1 节中方法得到

$$x = \left[\sum_{j=1}^{n-1} b_{1j} p_1^j \mod p_1^n, \sum_{j=0}^{r-1} b_{2j} \mod p_2^r\right]$$

■

例 5-C-4　$q=13$，$\alpha=6$，$y=12$，$x=\log_\alpha y$。由

$$q-1=2^2\cdot 3,\ p_1=2,\ n=2,\ p_2=3$$

$$x = [b_{10} + b_{11}\cdot 2 \mod 2^2, b_{21} \mod 3]$$

$p_1=2$ 情况

$$h_1 = \alpha^{(N-1)/p_1} = 6^6 = 12 \mod 13$$

$$h_1^0 = 1$$

$$h_1^1 = -1 \mod 13$$

$$y_{11} = y^{(q-1)/p_1} = 12^6 = 1 \mod 13 \Rightarrow b_{10} = 0$$

$$y_{12} = [y\cdot\alpha^{-b_{10}}]^{(q-1)/p_1^2} = -1 \mod 13 \Rightarrow b_{11} = 1$$

$p_2=3$ 情况

$$h_i = \alpha^{(q-1)/p_2} = 9 \mod 13$$

$$h_2^0 = 1 \qquad h_2^1 = 9 \qquad h_2^2 = 3 \mod 13$$

$$y_{21} = y^{(q-1)/p_2} = 12^4 = 1 \mod 13 \Rightarrow b_{20} = 0$$

$$x = [0 + 1 \times 2, 0] = 6$$

$$6 \mod 2 = 0 \qquad 6 \mod 4 = 2 \qquad 6 \mod 3 = 0$$ ■

5.C.4 另一类 *P* 类问题

令 $q-1$ 分解中最大素因子为 p，则此法运行次数 $O(\sqrt{p})$，故为 P 类问题。从密码观点就选 $p=1/[2(q-1)]$，特征为 2 的域上计算离散对数更容易些[Blake1984]。

离散对数问题得到广泛的重视和研究，有关理论和算法可参看[Adleman 1979，1994；Adleman 等 1993，1994；Blake 等 1984；Buchmann 等 1990；Coppersmith 1984；Coppor-smith 等 1986；ElGamal 1985；Frey 等 1994；Gordon 1993；Heiman 1993；Hellman 等 1983；Knuth 1973；LaMacchia 等 1991；McCurley 1989，1990；Menezes 等 1991，1993；Odlyzko 1984，1994；Pohlig 等 1978；Pollard 1978；Thiong Ly 1993；van Oorschot 等 1994；Ortlon 等 1994；Pomerance 1987；Schirokauer 1993；Shor 1994；Weber 1995]。

第 6 章　认证理论与技术(一)——认证、认证码、杂凑函数

前面各章研究了密码学及其在保密系统中的应用。保密的目的是防止对手破译系统中的机密信息。如引论中所述，信息系统安全的另一重要方面是防止对手对系统进行主动攻击，如伪装、窜扰等，其中包括对消息的内容、顺序、时间的窜改以及重发等。认证(Authentication)则是防止主动攻击的重要技术，它对于开放环境中的各种信息系统的安全性有重要作用。认证的主要目的有二：第一，验证信息的发送者是真的，而不是冒充的，此为实体认证，包括信源、信宿等的认证和识别；第二，验证信息的完整性，此为消息认证，验证数据在传送或存储过程中未被窜改、重放或延迟等。

我们将用共四章的篇幅来介绍有关认证的理论与技术。本章将首先介绍认证和认证系统的基本概念，认证码的基本理论[Simmons 1992；Meyer 等 1982]；而后介绍认证算法的基本组成部分——杂凑(Hash)函数；最后将介绍几种实用杂凑算法，MD－4、MD－5、SHA、GOST 等。第 7 章介绍数字签名。第 8 章介绍身份证明。第 9 章介绍认证协议。

6.1　认证与认证系统

我们在第 2 章中介绍了 Shannon 的保密系统的信息理论，本节我们将介绍 G. J. Simmons[1984,1988,1992]发展的认证系统的信息理论。类似于保密系统的信息理论，这一理论也是将信息论用于研究认证系统的理论安全性和实际安全性问题，指出认证系统的性能极限以及设计认证码必须遵循的原则。因此，它是研究认证问题的理论基础。

我们曾指出，保密和认证同是信息系统安全的两个重要方面，但它们是两个不同属性的问题。认证不能自动地提供保密性，而保密也不能自然地提供认证功能。一个纯认证系统的模型如图 6－1－1 所示。在这个系统中的发送者通过一个公开信道将消息送给接收者，接收者不仅想收到消息本身，而且还要验证消息是否来自合法的发送者及消息是否经过窜改。系统中的密码分析者不仅要截收和分析信道中传送的密报，而且可伪造密文发送给接收者进行欺诈。他不再像保密系统中的分析者那样始终处于消极被动地位，而是可发动主动攻击，因此称其为系统的**窜扰者**(Tamper)更加贴切。实际认证系统可能还要防止收、发之间的相互欺诈。本节我们假定收、发双方利益一致，彼此相互信任，共同对付第三者，即对付窜扰者对接收者的欺诈问题。而且我们还假定，所有可能的成功欺诈的价值相同，与发送的具体消息无关。

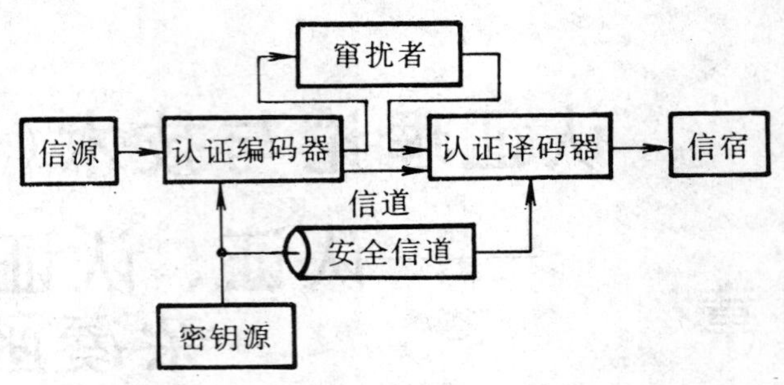

图 6-1-1 纯认证系统模型

认证编码的基本方法是在要发送的消息中引入多余度，使通过信道传送的可能序列集 Y 大于消息集 X。对于任何选定的编码规则(相应于某一特定密钥)：发方可从 Y 中选出用来代表消息的**许用序列，即码字**；收方可根据编码规则惟一地确定出发方按此规则向他传来的消息。窜扰者由于不知道密钥，因而所伪造的假码字多是 Y 中的**禁用序列**，收方将以很高的概率将其检测出来而被拒绝。认证系统设计者的任务是构造好的**认证码**(Authentication Code)，使接收者受骗概率极小化。

令 $\boldsymbol{x}\in\boldsymbol{X}$ 为要发送的消息，$\boldsymbol{k}\in\boldsymbol{K}$ 是发方选定的密钥，$\boldsymbol{y}=\boldsymbol{A}(\boldsymbol{x},\boldsymbol{k})\in\boldsymbol{Y}$ 是表示消息 $\boldsymbol{x}$ 的认证码字，$\boldsymbol{A}_k=\{\boldsymbol{y}=\boldsymbol{A}(\boldsymbol{x},\boldsymbol{k}),\ \boldsymbol{x}\in\boldsymbol{X}\}$ 为认证码。$\mathscr{A}_k$ 是 $\boldsymbol{Y}$ 中的许用(合法)序列集，而其补集 $\widetilde{\mathscr{A}}_k$ 则为禁用序列集，且 $\mathscr{A}_k\cup\widetilde{\mathscr{A}}_k=\boldsymbol{Y}$。接收者知道认证编码 $A(\cdot,\cdot)$和密钥 $\boldsymbol{k}$，故从收到的 $\boldsymbol{y}$ 可惟一地确定出消息 $\boldsymbol{x}$。窜扰者虽然知道 $\boldsymbol{X}$、$\boldsymbol{Y}$、$\boldsymbol{y}$、$\boldsymbol{A}(\cdot,\cdot)$，但不知道具体密钥 $\boldsymbol{k}$，他的目标是想伪造出一个假码字 $\boldsymbol{y}^*$，使 $\boldsymbol{y}^*\in\mathscr{A}_k$，使接收者收到 $\boldsymbol{y}^*$ 后可以用密钥 $\boldsymbol{k}$ 解密得到一个合法的、可能由发端送出的消息 $\boldsymbol{x}^*$，使接收者上当受骗。如果发生这一事件，则认为窜扰者欺诈成功。

窜扰者进行攻击的基本方式有二：一是**模仿伪造**(Impersonative Fraudulent)，窜扰者在未观测到认证信道中传送的合法消息(或认证码字)条件下伪造假码字 $\boldsymbol{y}^*$，称其为**无密文伪造**更合适些。若接收者接受 $\boldsymbol{y}^*$ 作为认证码字，则说窜扰者攻击成功(也许通过接收者收到一个发方送来的认证码 $\boldsymbol{y}$ 恰好与 $\boldsymbol{y}^*$ 一致，此时，我们仍认为窜扰者攻击成功)。另一种是**代换伪造**(Substitution Fraudulent)，窜扰者截收到认证系统中的认证码字 $\boldsymbol{y}$ 后，进行分析并伪造假认证码字 $\boldsymbol{y}^*$，故可称为**已知密文伪造**。若接收者接受 $\boldsymbol{y}^*$ 为认证码字，则窜扰者攻击成功。

令 p_{I} 表示窜扰者采用模仿攻击时最大可能的成功概率，p_{S} 表示在代换攻击时最大可能的成功概率。窜扰者可以自由地选择最有利的攻击方式，因此，Simmons 将窜扰者成功概率(接收者受骗概率)定义为

$$p_{\mathrm{d}}=\max\{p_{\mathrm{I}},\ p_{\mathrm{S}}\} \tag{6-1-1}$$

完善认证性(Perfect Authentication)不像完善保密性那样明显。令 $^{\#}\{Y\}$、$^{\#}\{X\}$、$^{\#}\{K\}$ 分别表示密文空间、消息空间、密钥空间中概率非零元素的个数。一般认证编码中 $^{\#}\{Y\}>{}^{\#}\{X\}$，且认证码中元素个数 $^{\#}\{\mathscr{A}_k\}\geqslant{}^{\#}\{X\}$。因此，对每个 $\boldsymbol{k}\in\boldsymbol{K}$，至少有 $^{\#}\{X\}$ 个不同的密文使 $p(Y=\boldsymbol{y}|\boldsymbol{K}=\boldsymbol{k})\neq0$。若对手采用模仿伪造策略，完全随机地以非零概率从 Y 中选出一个作为伪造密文(认证码字)送给接收者，则其成功的概率有

$$P_{\mathrm{I}} \geqslant \frac{\min {}^{\#}\{\mathscr{A}_k\}}{{}^{\#}\{Y\}} \geqslant \frac{{}^{\#}\{X\}}{{}^{\#}\{Y\}} \tag{6-1-2}$$

因此，要安全性高，即要 p_{I} 小，需有 ${}^{\#}\{Y\} >> {}^{\#}\{X\}$。由于 ${}^{\#}\{X\}>0$，要求完全保护，即要 $p_{\mathrm{I}}=0$ 是不可能实现的。而且可以证明，要求式(6-1-2)等号成立的充要条件是：对任一 $\boldsymbol{k}\in\boldsymbol{K}$，都恰有 ${}^{\#}\{\mathscr{A}_k\} > {}^{\#}\{X\}$，这表明采用随机密码不能使上式等号成立。由于认证系统不能实现完全保护，故将完善认证定义为对给定认证码空间，能使受骗率 p_{d} 最小的认证系统。(在此意义下，即使对 ${}^{\#}\{Y\}={}^{\#}\{X\}$ 时的平凡情况，此时 $p_{\mathrm{d}}=1$，也有完善认证可言)

若在最佳模仿策略下窜扰者只能随机地选取一个 $\boldsymbol{y}\in Y$，则有

$$H(Y) = \log {}^{\#}\{Y\} \tag{6-1-3}$$

而若在任一给定密钥下，任一认证码字在认证码 $\mathscr{A}_k$ 中等概出现，则有

$$H(Y|K) = \log {}^{\#}\{X\} \tag{6-1-4}$$

对式(6-1-2)两边取对数可得

$$\begin{aligned}\log p_{\mathrm{I}} &\geqslant \log {}^{\#}\{X\} - \log {}^{\#}\{Y\}\\ &= -\{H(Y) - H(Y|K)\} = -I(Y;K)\end{aligned}$$

上述结果可归结为定理 6-1-1。

定理 6-1-1　认证信道有

$$\log p_{\mathrm{I}} \geqslant - I(Y;K) \tag{6-1-5}$$

等号成立的充要条件为上述式(6-1-3)和式(6-1-4)成立，且

$$\log p_{\mathrm{d}} \geqslant - I(Y;K) \tag{6-1-6}$$

等号成立的必要条件为上述式(6-1-3)和式(6-1-4)成立。

Simmons 称式(6-1-6)为**认证信道的容量**。利用信息量和熵的关系式易于得到下述几个等价关系式。

定理 6-1-2　$-I(Y;K)$等价于下述关系式：

$$H(K|Y) - H(K) \tag{6-1-7}$$

$$H(Y|K) - H(Y) \tag{6-1-8}$$

$$H(XYK) - H(K) - H(Y) \tag{6-1-9}$$

$$H(K|XY) - H(K) + H(XY) - H(Y) \tag{6-1-10}$$

$$H(K|XY) - H(K) + H(X|Y) \tag{6-1-11}$$

$$H(YK|X) - H(X) - H(K) - H(Y) \tag{6-1-12}$$

$$H(YX|K) - H(Y) \tag{6-1-13}$$

$$H(XK|Y) - H(K) \tag{6-1-14}$$

$$H(Y|KX) + H(X) - H(Y) \tag{6-1-15}$$

定义 6-1-1　完善认证是使式(6-1-6)等号成立的认证系统。

由式(6-1-6)可知，即使系统是完善的，要使 p_{d} 小就必须使 $I(Y;K)$大，也就是说使窜扰者从密文 Y 中可提取更多的密钥信息。而由式(6-1-7)知，在极端情况下，当

$$H(K|Y) = 0$$

即窜扰者可从 Y 获取有关密钥的全部信息时有

$$\log p_{\mathrm{d}} \geqslant - H(K) \tag{6-1-16}$$

即有

$$p_d \geqslant^{\#}\{K\} \tag{6-1-17}$$

这是一个平凡的下限。Gilbert 等[1974]曾给出一个更强的下限。下面我们推导此限。

定理 6-1-3 对具有保密的认证(窜扰者不知信源状态)有

$$\log p_d \geqslant -\frac{1}{2}H(K) \tag{6-1-18}$$

而对无保密的认证(窜扰者知道信源状态)有

$$\log p_d \geqslant -\frac{1}{2}\{H(K)-H(XY)+H(Y)\}$$

$$=-\frac{1}{2}\{H(K)-H(X|Y)\} \tag{6-1-19}$$

证明 对具有保密性的认证有

$$\log p_d \geqslant \max\{\log p_I,\ -H(K|Y)\} \tag{6-1-20}$$

而对于无保密的认证有

$$\log p_d \geqslant (\max\{\log p_I,\ -H(K|XY)\} \tag{6-1-21}$$

显然

$$\max\{\log p_I,\ -H(K|Y) \geqslant \frac{1}{2}\{\log p_I - H(K|Y)\} \tag{6-1-22}$$

$$\max\{\log p_I,\ -H(K|XY) \geqslant \frac{1}{2}\{\log p_I - H(K|XY)\} \tag{6-1-23}$$

将式(6-1-7)代入式(6-1-22)中的 p_I，并将式(6-1-10)代入式(6-1-23)中的 p_I 可分别得到：

$$\log p_d \geqslant \frac{1}{2}\{H(K|Y)-H(K)-H(K|Y)=-\frac{1}{2}H(K)$$

和

$$\log p_d \geqslant \frac{1}{2}\{H(K|XY)-H(K)+H(XY)-H(Y)-H(K|XY)\}$$

$$=-\frac{1}{2}\{H(K)-H(XY)+H(Y)\}$$

或

$$\log p_d \geqslant \frac{1}{2}\{H(K|XY)-H(K)+H(X|Y)-H(K|XY)\}$$

$$=-\frac{1}{2}\{H(K)-H(X|Y)\}$$

因为 $H(K)\leqslant\log^{\#}\{X\}$，且等号成立的充要条件是各密钥等概，故有

$$P_d \geqslant \frac{1}{\sqrt{^{\#}\{K\}}} \tag{6-1-24}$$

表达式(6-1-24)给出的条件简称为 **GMS 限**[Gilbert 等 1974]。由系理可知，对于任何无条件安全的认证码，为了实现 p_d 安全性所需的码(注意不是码字)的数量或密钥量至少为 $1/p_d^2$ 量级。

类似于保密系统的安全性，认证系统的安全性也划分为两大类，即**理论安全性**和**实际安全性**。

理论安全性又称作**无条件安全性**，就是我们上面所讨论的。它与窜扰者的计算能力或时间无关，也就是说窜扰者破译体制所做的任何努力都不会优于随机试凑方式。

实际安全性是根据破译认证体制所需的计算量来评价其安全性的。如果破译一个系统在理论上是可能的，但以所有已知的算法和现有的计算工具不可能完成所要求的计算量，就称其为**计算上安全的**。如果能够证明破译某体制的困难性等价于解决某个数学难题，就称其为**可证明安全的**，如 RSA 体制。这两种安全性虽都是从计算量来考虑，但不尽相同，计算安全要算出或估计出破译它的计算量下限，而可证明安全则要从理论上证明破译它的计算量不低于解已知难题的计算量。

6.2 认　证　码

上节给出了认证系统安全性指标 p_d 的下限，本节将研究如何构造认证码使其接近或达到其性能下限。

无条件安全认证码和纠错码理论互为对偶。这两者都需要引入冗余数字，在信道中可传送的序列集中只有一小部分用于传信。这是认证和纠错赖以实现的基本条件。纠错码的目的是抗噪声等干扰，要求将码中各码字配置得尽可能地散开(如最小汉明距离极大化)，以保证在干扰作用下所得到的接收序列与原来的码字最接近。在最大似然译码时可以使平均译码错误概率极小化。认证码的目的是防止伪造和受骗。对于发送的任何消息序列(或码字)，窜扰者采用最佳策略所引入的代换或模拟伪造序列应尽可能地散布于信道可传送的序列集中。在认证系统中，密钥的作用类似于信道的干扰，在它们的控制下变换编码规则，使造出的代表消息的码字尽可能交义配置，即将消息空间 X 最佳地散布于输出空间(信道传送序列集)Y 之中，以使窜扰者在不知道密钥情况下，伪造成功的概率极小化。

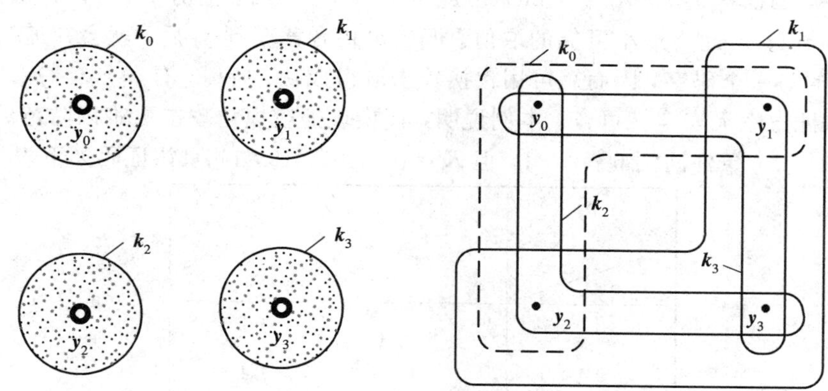

图 6-2-1　纠错码与认证码对比示意图

图 6-2-1 示意这两种情况的区别，左边表示纠错码情况，编码规则是固定的，信道干扰作用使接收到的序列集中于发送码字附近，而很少有可能落入其它码字的接收圈内，因而不难判断发送的码字。右边表示认证编码情况，$X=\{\boldsymbol{x}_0, \boldsymbol{x}_1, \boldsymbol{x}_2\}$，$Y=\{\boldsymbol{y}_0, \boldsymbol{y}_1, \boldsymbol{y}_2, \boldsymbol{y}_3\}$。有四种认证码，分别在密钥 $K=\{\boldsymbol{k}_0, \boldsymbol{k}_1, \boldsymbol{k}_2, \boldsymbol{k}_3\}$控制下选用，如下表：

y_j \ x_i / k_t	x_0	x_1	x_2
k_0	y_0	y_1	y_2
k_1	y_1	y_2	y_3
k_2	y_2	y_3	y_0
k_3	y_3	y_0	y_1

窜扰者猜测正确密钥的概率很小。例 6-2-1 中将干扰的作用以密钥标示，以便于比较。

下面引入几个简单而富有启发的二元认证码例子。

例 6-2-1 令 $X=\{0, 1\}$，$Y=\{00, 01, 10, 11\}$，$K=\{0, 1\}$。认证码如下表：

y_j \ x_i / k_t	0	1
0	00	10
1	01	11

这种认证编码就是在消息 $\boldsymbol{x}_i$ 后链接上密钥 $\boldsymbol{k}_t$，

$$\boldsymbol{y}_j=(\boldsymbol{x}_i \| \boldsymbol{k}_t) \tag{6-2-1}$$

可将 $\boldsymbol{k}_t$ 看作是对消息 $\boldsymbol{x}_i$ 的签字，或称其为 $\boldsymbol{x}_i$ 的**认证符**(Authenticator)。类似于系统纠错码，这种认证码字的前面部分就是消息数字本身，因此它对消息本身是不保密的。但其 $H(K|Y)=0$，因而有 $I(Y; K)=1$ bit，由此可知有 $p_I \geqslant 1/2$。但对 j，$p(\boldsymbol{y}_j$ 为认证码字$)=1/2$，故有 $p_I=1/2$，此为最小可能的取值。但当窜扰者截获到 $\boldsymbol{y}_j$ 后，就会知道当前所用密钥下认证码的另一个码字，因而总可用代换攻击取得成功。所以，有 $p_S=1=p_d>2^{-I(Y; Z)}=1/2$。这一认证方案无安全性可言。本例说明，代换攻击较模仿攻击更难以防范。 ■

例 6-2-2 条件同例 6-2-1，但 $K=\{00, 01, 10, 11\}$。认证码如下表：

y_j \ x_i / k_t	0	1
00	00	10
01	01	11
10	00	11
11	01	10

这种认证码仍是链接形式，即

$$\boldsymbol{y}_j=(\boldsymbol{x}_i \| f(\boldsymbol{x}_i, \boldsymbol{k}_t)) \tag{6-2-2}$$

式中，$f(\boldsymbol{x}_i, \boldsymbol{k}_t)$为给定 $\boldsymbol{k}_t$ 下对于消息 $\boldsymbol{x}_i$ 的认证符。例 6-2-1 中的认证符是其特例，即 $f(\boldsymbol{x}_i, \boldsymbol{k}_t)=\boldsymbol{k}_t$。由于消息数字 $\boldsymbol{x}_i$ 直接在信道中传送，此编码对消息本身不保密。对任一给定的 $\boldsymbol{y}_j$，可能的密钥有两个，因而 $H(K|Y)=1$ bit，$I(Y; K)=H(K)-H(K|Y)=2-1=$

1 bit，由此可知有 $p_I \geqslant 2^{-I(Y;Z)} = 1/2$。一旦观察到 $\boldsymbol{y}_j$，例如 $\boldsymbol{y}_j=(0,0)$，窜扰者将有两种可能的码字(1，0)或(1，1)可作为代换伪造的备选者。而对于合法的接收者，由于他知道密钥而可惟一地确定其中之一。因此 $p_S=1/2$，故此例下有 $p_d=\max(p_I, p_S)=p_I=p_S=1/2$。不管 X 的统计特性如何，此码都是完善的。■

例 6-2-3　条件同例 6-2-2。认证码如下表：

$\boldsymbol{k}_t$ \ $\boldsymbol{y}_j$ \ $\boldsymbol{x}_i$	0	1
0 0	0 0	1 1
0 1	0 1	1 0
1 0	1 0	0 1
1 1	1 1	0 0

此码不再是系统形式码字

$$\boldsymbol{y}_j = f(\boldsymbol{x}_i, \boldsymbol{k}_t) \tag{6-2-3}$$

的前一部分，不再是消息数字，而是经密钥作用后的密文。对所有 i，j，$p(\boldsymbol{y}_j|\boldsymbol{x}_i)=1/4$，因此，系统提供了完善保密性。又 $H(K|Y)=1$ bit，$H(K)=2$ bit，$I(Y;K)=1$ bit，故有 $p_I=1/2$。但是 $H(K|Y)=0$，窜扰者一旦观察到 $\boldsymbol{y}_j$ 就可成功地选择其补 $\overline{\boldsymbol{y}_j}$ 作为代换伪造码字，因此，$p_S=1=p_d$。这种认证码在代换攻击下无安全性可言。■

例 6-2-4　条件同例 6-2-2，认证码如下表：

$\boldsymbol{k}_t$ \ $\boldsymbol{y}_j$ \ $\boldsymbol{x}_i$	0	1
0 0	0 0	1 0
0 1	0 1	0 0
1 0	1 1	0 1
1 1	1 0	1 1

此认证码为非系统形式，且对消息数字可提供完善保密性。又 $H(K)=2$ bit，$H(K|Y)=1$ bit，故 $I(Y;Z)=1$ bit。而且对所有 j，$p(\boldsymbol{y}_j$ 为认证码字$)=1/2$，故 $p_I=1/2$。若已知 $\boldsymbol{y}_j$，例如 $\boldsymbol{y}_j=(0\ 0)$，窜扰者有两种可能的选择：(1 0)或(0 1)，分别与 $\boldsymbol{k}_t=(0\ 0)$和(0 1)对应，即其成功概率或为 $p(\boldsymbol{x}=1)$($\boldsymbol{k}_t=(0\ 0)$时)，或为 $p(\boldsymbol{x}=0)$($\boldsymbol{k}_t=(0\ 1)$时)。因此，$p_S \geqslant 1/2$，当且仅当 $p(\boldsymbol{x}=1)=p(\boldsymbol{x}=0)=1/2$ 时，有 $p_S=1/2$，此时 $p_d=p_I=p_S=1/2$，达到完善认证。可见，消息等概是实现完善认证的条件之一。■

由上述几个简单的例子可以看出，在同样的编码参数下，不同的编码方案的保密和认证性能相差很大，研究认证编码理论可为认证系统设计提供有效工具。上一节给出了构造完善认证体制的理论。从式(6-1-2)知，要 p_I 小，需选$^{\#}\{A_k\}$小，$^{\#}\{Y\}$要大。而$^{\#}\{A_k\}$的最小可能值为$^{\#}\{X\}$。而且我们已知，实现完善认证的必要条件是对所有 $\boldsymbol{k}$，$^{\#}\{A_k\}$相等。

Gilbert 等[1974]利用区组设计构造了一批较有效的可使 p_d 达到或接近式(6-1-3)下

限的无条件认证码。Simmons[1984，1987，1988，1992]对各种认证码进行了分类，并将例6-2-2的完善认证码进行了推广，利用正交阵列构造认证码。Stinson[1988，1990，1992]、万哲先[Wan 1992，1994]等利用此法得到了一些新的认证码。认证码的研究还刚刚开始，远没有纠错码那么成熟，本节也只介绍了一些基本概念，要进一步研究可参看[Massey1986；Pei 1992，1995，1996；Wang Y 1998]等。

6.3 杂凑函数

杂凑(Hash)函数是将任意长的数字串 M 映射成一个较短的定长输出数字串 H 的函数，以 h 表示，$h(M)$易于计算，称 $H=h(M)$为 M 的杂凑值，也称杂凑码、杂凑结果等，或简称杂凑。这个 H 无疑打上了输入数字串的烙印，因此又称其为输入 M 的**数字指纹**(Digital Finger Print)。h 是多对一映射，因此我们不能从 H 求出原来的 M，但可以验证任一给定序列 M'是否与 M 有相同的杂凑值。

单向杂凑函数还可按其是否有密钥控制划分为两大类：一类有密钥控制，以 $h(k, M)$表示，为**密码杂凑函数**；另一类无密钥控制，为**一般杂凑函数**。无密钥控制的单向杂凑函数，其杂凑值只是输入字串的函数，任何人都可以计算，因而不具有身份认证功能，只用于检测接收数据的完整性，如窜改检测码 MDC，用于非密码计算机应用中。而有密钥控制的单向杂凑函数，要满足各种安全性要求，其杂凑值不仅与输入有关，而且与密钥有关，只有持此密钥的人才能计算出相应的杂凑值，因而具有身份验证功能，如消息认证码 MAC[ANSI X 9.9]。此时的杂凑值也称作**认证符**(Authenticator)或**认证码**。密码杂凑函数在现代密码学中有重要作用。本章主要研究密码杂凑函数，简单称之为杂凑函数。

杂凑函数在实际中有广泛的应用，在密码学和数据安全技术中，它是实现有效、安全可靠数字签字和认证的重要工具，是安全认证协议中的重要模块。由于杂凑函数应用的多样性和其本身的特点而有很多不同的名字，其含义也有差别，如**压缩**(Compression)**函数**、**紧缩**(Contraction)**函数**、**数据认证码**(Data Authentication Code)、**消息摘要**(Message Digest)、**数字指纹**、**数据完整性校验**(Data Integity Check)、**密码检验和**(Cryptographic Check Sum)、**消息认证码** MAC(Message Authentication Code)、**窜改检测码** MDC (Manipulation Detection Code)**等**。

密码学中所用的杂凑函数必须满足安全性的要求，要能防伪造，抗击各种类型的攻击，如**生日攻击**、**中途相遇攻击**等等。为此，必须深入研究杂凑函数的性质，从中找出能满足密码学需要的杂凑函数。首先我们引入一些基本概念。

有关单向杂凑函数的论述可参看[Preneel 1994，Preneel 等 1993，1995，1996；Merkle 1979；Zhu 1996]，非密码杂凑函数可参看[Knuth 1973；Carter 等 1979]，Wegman 等[1981]指出了密钥用于杂凑函数作为认证，Rabin[1978，1979]建议将单向杂凑函数与数字签字相结合。

6.3.1 单向杂凑函数

我们在第5章中已经介绍了单向函数的一些基本概念，单向函数不仅在构造双钥密码体制中有重要意义，而且也是杂凑函数理论中的一个核心概念。

定义 6-3-1　若杂凑函数 h 为单向函数，则称其为单向杂凑函数。

显然，对一个单向杂凑函数 h，由 M 计算 $H=h(M)$是容易的，但要产生一个 M' 使 $h(M')$ 等于给定的杂凑值 H 是件难事，这正是我们密码中所希望的。

定义 6-3-2　若单向杂凑函数 h，对任意给定 M 的杂凑值 $H=h(M)$下，找一 M' 使 $h(M')=H$ 在计算上不可行，则称 h 为**弱单向杂凑函数**。

定义 6-3-3　对单向杂凑函数 h，若要找任意一对输入 M_1，M_2，$M_1 \neq M_2$，使$h(M_1)=h(M_2)$在计算上不可行，则称 h 为**强单向杂凑函数**。

上述两个定义给出了杂凑函数的**无碰撞**(Collision-free)性概念。弱单向杂凑，是在给定 M 下，考察与特定 M 的无碰撞性；而强单向杂凑函数是考察输入集中任意两个元素的无碰撞性。显然，对于给定的输入数字串的集合，后一种碰撞要容易实现。因为从下面要介绍的生日悖论知，在 N 个元素的集中，给定 M 找与 M 相匹配的 M'的概率要比从 N 中任取一对元素 M，M'相匹配的概率小得多。

6.3.2　杂凑函数的安全性

杂凑函数的安全性取决于其抗击各种攻击的能力，对手的目标是找到两个不同消息映射为同一杂凑值。一般假定对手知道杂凑算法，采用选择明文攻击法。对杂凑函数有下述三种基本攻击方法：

1. *穷举攻击法*(Exhaustive Attack)

给定 $h=h(H_0, M)$，其中，H_0 为初值，攻击者在所有可能的 M 中寻求有利于攻击者的 M'，使 $h(H_0, M')=h(H_0, M)$，由于限定了目标 $h(H_0, M)$来寻找 $h(H_0, M')$，这种攻击法称为目标攻击。若对算法的初值 H_0 不限定，使其 $h(H_0', M)$等于 $h(H_0, M')$，则称这种攻击法为**自由起始目标攻击**。

2. *生日攻击*(Birthday Attack)

这种攻击法不涉及杂凑算法的结构，可用于攻击任何杂凑算法。生日攻击基于**生日悖论**。即在一个会场参加会议的人中，找一个与某人生日相同的概率超过 0.5 时，所需参会人员为 183 人。但要问使参会人员中至少有两个同日生的概率超过 0.5 的参会人数仅为 23 人。这是因为，对于与某个已知生日的人同日生的概率为 1/365。若房中有 t 人，则至少找到一人与此人同日生的概率为 $p=1-(364/365)^{t-1}$。易于解出，当 $t \geqslant 183$ 时可使 $p>0.5$。

第一个人在特定日生的概率为 1/365，而第二人不在该日生的概率为$\left(1-\frac{1}{365}\right)$，类似地第三人与前两位不同日生的概率为$\left(1-\frac{2}{365}\right)$，以此类推，$t$ 个人都不同时生日概率为$\left(1-\frac{1}{365}\right)\left(1-\frac{2}{365}\right)\cdots\left(1-\frac{t-1}{365}\right)$，因此，至少有两人于同日生的概率为

$$p=1-\left(1-\frac{1}{365}\right)\left(1-\frac{2}{365}\right)\cdots\left(1-\frac{t-1}{365}\right)$$

解之，当 $t \geqslant 23$ 时，$p>0.5$。对于 n 比特杂凑值的生日攻击，由上式可计算出，当进行 $2^{n/2}$ 次的选择明文攻击下成功的概率将超过 0.63。

强杂凑函数正是基于生日悖论一类的攻击法定义的。穷举和生日攻击都属选择明文攻击。生日攻击给定初值 H_0，寻找 $M' \neq M$，使 $h(H_0, M')=h(H_0, M)$，也可对初始值 H_0

不加限制，即寻找 H_0'，M' 使 $h(H_0', M')=h(H_0, M)$。

例 6-3-1 令 h 是一个杂凑值为 80 bit 的单向杂凑函数。给定消息 M 和 $h(M)$ 下，假定 2^{80} 个杂凑值等概，则对 M 有 $P_r\{h(M)\}=2^{-80}$。今进行 k 次试验，找到一个 M' 能使 $h(M')=h(M)$ 的概率为 $1-(1-2^{-80})^k \approx k2^{-80}$。因此，当进行 $k \approx 2^{74}=10^{22}$ 次试验时，找到满足要求的 M' 的概率近于 1。

若在不限定杂凑值情况下，在消息集中找出一对消息 M 和 M' 使 $h(M)=h(M')$，根据生日悖论所需的试验次数，至少为 $1.17 \times 2^{40} < 2 \times 10^{12}$。利用大型计算机，至多用几天时间就能实现。■

可见，杂凑值仅为 80 bit 的杂凑函数不是强杂凑函数。因此，能抗击生日攻击的杂凑函数值至少为 128 bit。

3. 中途相遇攻击法(Meet in the Middle Attack)

这是一种选择明文/密文的攻击。用于迭代和级连分组密码体制[参看 4.2 节]，其概率计算同生日攻击。由于杂凑算法也可用迭代和级连结构，因而设计算法时必须能抗击这类攻击，详见[Nishimura 等 1993]。对于多级级连方案所需攻击次数为 $O(10^p \cdot 2^{n/2})$，其中 p 是级连级数。有关中途相遇攻击还可参看[Coppersmith 1985，Girault 等 1988，Jueneman 1986]。

还有一些适用于特定 Hash 杂凑函数的攻击法[参看 Pieprzyk 等 1991]。有关杂凑函数的差分分析可参看[Biham 等 1991；Preneel 等 1993；Rijmen 等 1995]。

6.3.3 杂凑函数、认证码与检错码的关系

这三者都是利用冗余度，线性分组检错码是在长为 L bit 的消息数字上增加 n bit 一致校验位，构成一个长为 $L+n$ (bit)的线性码。GF(2)上 $L+n$ 维线性空间中的 L 维子空间就是这类线性分组检错码的码空间。当码字在传输过程中被窜扰，若结果不属于码空间，收端通过对 n 个一致检验关系的检验可以实现检错。一个好的检错线性码在于使不可检错概率极小化，其最佳码的不可检错上限为

$$p_d \leqslant 2^{-n}[1-(1-p)^n] \tag{6-3-1}$$

式中，p 是信道误码率[Lin 等 1982]。在抗主动攻击下，可认为 $p=1/2$。而有

$$p_d \leqslant 2^{-n} \tag{6-3-2}$$

线性分组检错码是一种 MDC 杂凑，可作为数据完整性检验，但不能作为身份认证。

由 6-2 节知，一个二元认证码是将长为 L bit 消息的序列映射为 $L+n$ (bit)序列的编码。在不同密钥下，同一消息序列被映射为不同的码序列。为了实现无条件安全认证，希望在密钥控制下能将消息所对应的码字尽可能交叉地配置，使不知密钥的窜扰者成功的概率极小化。模仿伪造成功概率

$$p_I \geqslant \frac{{}^{\#}\{x\}}{{}^{\#}\{y\}} = 2^{-n} \tag{6-3-3}$$

这与最佳线性检错码的不可检错概率的上限一致。

窜扰成功的概率限由式(6-1-3)有

$$p_d = \max\{p_I, p_S\} \geqslant \frac{1}{\sqrt{{}^{\#}\{k\}}} \tag{6-3-4}$$

杂凑函数可以看作是一种**非线性认证码**，将 L bit 输入消息 M 变成码字 $M \parallel H$，其中 H 是 M 的杂凑值，一般为 n bit。故码长为 $L+n$ (bit)。虽然，这种非线性码的比特数可能极大，即相应的密钥空间 K 可以很大，但从式(6-3-3)和式(6-3-4)可以看出 $^{\#}\{K\}>2^{2n}$ 是无作用的。由此可以得出一个重要结论，即对于 n bit 杂凑值下，选择密钥比特数大于 $2n$ bit 是无意义的。这对于设计杂凑算法有重要意义。这是将杂凑函数看作是一种认证编码给我们的启示。

对于线性分组检测码来说，其编码规则是固定的。因而 $^{\#}\{K\}=1$。虽然其不可检错误的概率上界为 2^{-n}，但 p_d 的下界为 1。可见它不能抗击窜扰者的攻击。

杂凑函数压缩输入数字串与认证编码之间的差别在于，后者对是对固定长 L bit 进行编码成 $L+n$ (bit)码字，而前者对输入字串长度未加限制。一般 $L \geqslant n$，且当 L 不是 n 的整数倍时，采用填充办法凑成[L/n 倍]([·]表示取不小于括号内数的最小整数)。虽然式(6-3-3) 给出的对任意 L 取值模仿攻击成功概率下限都是 2^{-n}。但对杂凑函数来说，输入空间的选择远大于认证码的情况。

为了减小碰撞，通常都将输入消息数字串长度作为参数纳入最后一个分段中，这样攻击者在试图找到伪消息 M' 与发送消息 M 的杂凑值一样时，必须使 M' 的长度和 M 的长度一致才合法，从而大大增加了攻击的难度。这种技术由 Merkle 和 Damgård 等提出，称作 **MD 强化技术**。Damgård 等证明经过 MD 强化后，杂凑算法抗自由起始攻击的强度等价于迭代函数的强度。

6.3.4　分组迭代单向杂凑算法的层次结构

要想将不限定长度的输入数据压缩成定长输出的杂凑值，不可能设计一种逻辑电路使其一次到位。实际中，总是先将输入数字串划分成固定长的段，如 m bit 段，而后将此 m bit 映射成 n bit，称完成此映射的函数为**迭代函数**。采用类似于分组密文反馈的模式进行对一段 m bit 输入做类似映射，以此类推，直到全部输入数字串完全做完，以最后的输出值作为整个输入的杂凑值。类似于分组密码，当输入数字串不是 m 的整数倍时，可采用填充等方法处理。

m bit 到 n bit 的分组映射或迭代函数，可有三种不同选择。

(1) $m>n$。有数据压缩，例如，MD-4，MD-5，SHA 等算法，是不可逆映射。

(2) $m=n$。无数据压缩，亦无数据扩展，通常分组密码采用这类。此时输入到输出是一种随机映射，在已知密钥下是**可逆的**。利用分组密码构造的杂凑算法多属此类。在不知道密钥下，分组密码实质上是一个单向函数(或更确切地说是陷门单向函数)。

(3) $m<n$。有数据扩展的映射。认证码属于此类。

当然迭代函数设计中，也可采用上述组合来实现，如采用将 m bit 先进行扩展，而后再逐步经过几次压缩实现理想的密码特性，如 Universal_2 函数的构造法[Carter 等 1979；Stinson 1994；Zhu 1996]。

一个 m bit 到 n bit 的迭代函数以 E 表示，一般 E 又都是通过基本**轮函数**的多轮迭代实现的，如分组密码。因此，像分组密码一样轮函数的设计是杂凑算法设计的核心。

在迭代计算杂凑值时，为了随机化输入消息，多采用一个随机化**初始矢量** IV(Initial Vector)。它可以是已知的，或随密钥改变，或作为前缀(prefix)加在消息数字之前，以 H_0

表示。

6.3.5 迭代杂凑函数的构造方法

给定一种安全迭代函数 E，可按下述方法构造单向迭代杂凑函数，将消息 M 划分成组 $M_1, M_2, \cdots, M_i, \cdots, M_t$。设选定密钥为 K，令 H_0 为初始向量 IV，一般为一随机的比特串，则可有下述多种迭代方式构造杂凑函数：

1. Rabin 法[1978]

$$H_0=\mathrm{IV}$$
$$H_i=E(M_i, H_{i-1}) \qquad i=1,\cdots,t$$
$$H(M)=H_t$$

2. 密码分组链接(CBC)法

$$H_0=\mathrm{IV}$$
$$H_i=E(K, M_i\oplus H_{i-1}) \qquad i=1,2,\cdots,t$$
$$H(M)=H_t$$

ANSI X9.9[1986]、ANSI X9.19[1985]、ISO 8731－1[1987]、ISO 9797[1989]以及澳大利亚标准[Standards 1985]都采用了这类 CBC－MAC 方案。Ohta 等[1994]对此法进行了差分分析。

3. 密码反馈(CFB)法

$$H_i=E(K, H_{i-1}\oplus Mi) \qquad i=1, 2, \cdots, t$$
$$H(M)=H_t$$

4. 组合明/密文链接法[Meyer 等 1982]

$$M_{t+1}=\mathrm{IV}$$
$$H_i=E(K, M_i\oplus M_{i-1}\oplus H_{i-1}) \qquad i=1, 2, \cdots, t$$
$$H(M)=H_{t+1}$$

5. 修正 Daveis-Meyer 法[Lai 1992]

$$H_0=\mathrm{IV}$$
$$H_i=E(H_{i-1}, M_i, H_{i-1}) \qquad (H_i \text{ 和 } M_i \text{ 共同作为密钥})$$

若数据分组长和密钥长度相等，则可用 B. Preneel 总结的下述 12 种基本方式构造的分组迭代杂凑函数[Preneel 1993；Preneel 等 1993]。令 E 是迭代函数，它可以是一种分组加密算法，$E(K, X)$，K 是密钥，X 是输入数据组或某种压缩算法。令消息分组为 $M_1, \cdots, M_i, \cdots$，$H_0=I$ 为初始值。

(1) $H_i=E(M_i, H_{i-1})\oplus H_{i-1}$　[Winternitz 1984]

(2) $H_i=E(H_{i-1}, M_i)\oplus M_i\oplus H_{i-1}$　[Miyaguchi 等 1990]

(3) $H_i=E(H_{i-1}, M_i\oplus H_{i-1})\oplus M_i$　[van Espen 等 1989；Miyaguchi 等 1990，ISO N98 标准]

(4) $H_i=E(H_{i-1}, M_i\oplus H_{i-1})\oplus M_i\oplus H_{i-1}$

(5) $H_i=E(H_{i-1}, M_i)\oplus M_i$　[Matyas 等 1985]

(6) $H_i=E(M_i, M_i\oplus H_{i-1})\oplus M_i\oplus H_{i-1}$

(7) $H_i = E(M_i, H_{i-1}) \oplus M_i \oplus H_{i-1}$　(N-hash 算法，采用 128 bit FEAL 用此式实现 [Miyaguchi 等 1990]，但安全性可疑[Biham 等 1991])

(8) $H_i = E(M_i, M_i \oplus H_{i-1}) \oplus H_{i-1}$

(9) $H_i = E(M_i \oplus H_{i-1}, M_i) \oplus M_i$

(10) $H_i = E(M_i \oplus H_{i-1}, H_{i-1},) \oplus H_{i-1}$　[Brown 等 1990]

(11) $H_i = E(M_i \oplus H_{i-1}, M_i) \oplus H_{i-1}$

(12) $H_i = E(M_i \oplus H_{i-1}, H_{i-1}) \oplus M_i$

如果原来的加密算法是安全的，则上述 12 种方案给出的杂凑函数，对于目标攻击的计算复杂度为 $O(2^n)$，对于中途相遇攻击的计算复杂度为 $O(2^{n/2})$，因而当大于 128 bit 时也是安全的。其它组合方式有：

$H_i = E(M_i, H_{i-1})$　[Rabin 1978；Davies 1980]

$H_i = E(M_i \oplus H_{i-1}, H_{i-1}) \oplus H_{i-1} \oplus M_i$

$H_i = E(C, M_i(H_{i-1}) \oplus H_{i-1} \oplus M_i)$　C 为常数，[Matyas 等 1985]

以上三种组合方式已证明都是不安全的[Coppersmith 1986；Winternitz 1984；Matyas 等 1985]。

6.3.6　由 *n* bit 杂凑算法扩展为 2*n* bit 杂凑的算法

现有大多数分组密码算法，输入、输出数据多为 64 bit。作为杂凑算法，都经受不了生日攻击。为此要求杂凑值至少为 128 bit 才能保证安全性。如何从 64 bit 杂凑算法，扩展为 128 bit 或更大的杂凑算法，已有不少方案提出。Knudsen[1984]曾对其中一些重要方案，如 MDC－2、平行 DM、PBGV/LOKI 扩散等进行了分析，表明以分组密码为基础构造快速而安全的杂凑函数是很困难的。

下面我们简单介绍几种以分组密码构造的杂凑函数。令消息分组 $M1_1, M2_1, \cdots, M1_i, M2_i, \cdots, M1_t, M2_t$，随机初始值 IV1＝ $H1_0$，IV2＝$H2_0$，各为一组 n bit 二元数字。

1. Quisquater 和 Girault 的 2n bit 杂凑函数[Quisquater 1989]

$T1_i = E(M1_i, H1_{i-1} \oplus M2_i) \oplus M2_i$

$T2_i = E(M2_i, H2_{i-1} \oplus M1_i \oplus T1_i) \oplus M1_i$

$H1_i = H1_{i-1} \oplus H2_{i-1} \oplus T2_i$

$H2_i = H1_{i-1} \oplus H2_{i-1} \oplus T1_i$

$H(M) = H1_t \| H2_t$

此方案曾作为 ISO 标准[ISO DIS 10118，1989，1991]，但安全性不高[Miyaguchi 等 1990；Lai 1992；Preneel 1993；Coppersmith 1992]。

2. PBGV(Preneel-Bosselaces-Govaercs-Vandewalle)方案[Preneel 1993，1994]

$H1_i = E(M1_i \oplus H2_{i-1}, M2_i \oplus H1_{i-1}) \oplus M1_i \oplus H1_{i-1} \oplus H2_{i-1}$

$H2_i = E(M1_i \oplus M2_i, H2_{i-1} \oplus H1_{i-1}) \oplus M1_i \oplus H1_{i-1} \oplus H2_{i-1}$

$H(M) = H1_t \| H2_t$

此方案已被成功破译[Lai 1992；Preneel 1993；Coppersmith 1992 等]。

3. LOKI 扩展法[Brown 等 1990]

$W_i = E(M1_i \oplus H1_{i-1}, H1_{i-1} \oplus M2_i) \oplus M2_i \oplus H2_{i-1}$

$$H1_i=E(M2_i\oplus H2_{i-1},\ W_i\oplus M1_i)\oplus H1_{i-1}\oplus H2_{i-1}\oplus M1_i$$
$$H2_i=W_i\oplus H1_{i-1}$$
$$H(M)=H1_t\oplus H1_t$$

此方案已被攻破[Lai 1992；Preneel 1993；Coppersmith 1992；Hohl 等 1993]。

4. 平行 DM(Davies-Meyer)方案[Hohl 等 1993]

$$H1_i=E(M1_i\oplus M2_i,\ H1_{i-1}\oplus M1_i,)\oplus M1_i\oplus H2_{i-1}$$
$$H2_i=E(M1_i,\ H2_{i-1}\oplus M2_i)\oplus M2_i\oplus H2_{i-1}$$
$$H(M)=H1_t\parallel H2_t$$

其安全性还不及原 Davie-Meyer 方案[Lai 等 1994；Knudsen 等 1994]。

5. 串接(Tandem)和并接(Abreast)DM 方案

利用 IDEA 实现。

串接：

$$W_i=E((M1_{i-1},\ M_i),\ H2_{i-1})$$
$$H1_i=H1_{i-1}\oplus E((M_i,\ W_i),\ H_{i-1})$$
$$H2_i=W_i\oplus H2_{i-1}$$
$$H(M)=H1_t\parallel H2_t$$

并接：

$$H1_i=H1_{i-1}\oplus E((M1_i,\ H2_{i-1}),\ H1_{i-1})$$
$$H2_i=H2_{i-1}\oplus E((M1_{i-1},\ M_i),\ H2_{i-1})$$

这两种方案都有理想的安全性，穷举目标攻击的计算复杂度为 $O(2^{128})$，生日攻击下为 $O(2^{64})$。

6. AR 杂凑函数

这是 Algorithmic Research 公司设计的算法，曾由 ISO 散发征求意见，它基本上是分组密码在 CBC 模式下的变型[ISO N179，1992]。第一密钥为 0X0000000000000000，第二密钥为 0X2a41522f4446502a，常数 C 为 0X0123456789abcdef。

$$H_i = E(K,\ M_i \oplus H_{i-1}H_{i-2} \oplus C) \oplus M_i$$

杂凑值为 128 bit，分析表明，容易找到碰撞消息[Damgård 等 1994]。

7. Merkle 的衍生(Meta)法[Merkle 1989，1989]

消息数据分组为 106 bit，杂凑值为 128 bit。

$H_0=\text{IV}$ (128 bit)

$M_i\parallel H_{i-1}$ (234 bit)

$X1_i\parallel X2_i=M_i\parallel H_{i-1}$ (XJ_i 为 117 bit，$J=1,\ 2$)

$100\parallel X1_i=K1_i\parallel Y1_i$ (120 bit=(56+64)bit)

$101\parallel X2_i=K2_i\parallel Y2_i$ (120 bit=(56+64)bit)

$110\parallel X1_i=K3_i\parallel Y3_i$ (120 bit=(56+64)bit)

$111\parallel X2_i=K4_i\parallel Y4_i$ (120 bit=(56+64)bit)

ZJ_i 是 $E(K_{ji},\ Y_{ji})$函数。其中，$J=1,\ 2$；$j=1,\ 2,\ 3,\ 4$；$i=1,\ 2,\ \cdots,\ t$。具体关系如下面的 $Z1_i$、$Z2_i$ 两式。

$Z1_i = E(K1_i, Y1_i)$的前 59 bit $\|$ $E(K2_i, Y2_i)$的前 59 bit$=K'1_i \| Y'1_i$ (120 bit)

$Z2_i = E(K3_i, Y3_i)$的前 59 bit $\|$ $E(K4_i, Y4_i)$的前 59 bit$=K'2_i \| Y'2_i$ (120 bit)

$H_i = E(K'1_i, Y'1_i) \| E(K'2_i, Y'2_i)$

$H(M) = H_i$

8. MDC－2 和 MDC－4

这是 IBM 采用的一种基于 DES 的 128 bit 杂凑函数[Brachel 等 1990；Meyer 等 1988；Matyas 1991；Bosselaers 1995]。MDC－2 又称为 Meyer-Schilling 法，曾考虑作为 ANSI 和 ISO 标准[ANSI X9.31 Part II 1995；ISO/IEC 10118－4]，MDC－4 为 RIPE 计划设计，采用四个 DES 实现(MDC－2 用两个 DES)速度为原 DES 的 1/4。

$M_i = M1_i \| M2_i$ (128 bit)

$H_{i-1} = H1_{i-1} \| H2_{i-1}$ (128 bit)

$X1_i = E(M'1_{i-1}, M1_j) \oplus M1_i$ $H'1_{i-1}$是将 $H'1_{i-1}$的第 1 bit 置 1，第 2 bit 置 0

$X2_i = E(H'2_{i-1}, M2_j) \oplus M2_i$ $H'2_{i-1}$是将 $H'2_{i-1}$的第 1 bit 置 0，第 2 bit 置 1

$Y1_i = X1_i$ 的左 32 bit $\|$ $X2_i$ 的右 32 bit

$Y2_i = X2_i$ 的左 32 bit $\|$ $X1_i$ 的右 32 bit

$Z1_i = E(H2_{i-1}, Y'1_j) \oplus H2_{i-1}$ $Y'1_{i-1}$是将 $Y1_i$ 的第 1 bit 置 1，第 2 bit 置 0

$Z2_i = E(H1_{i-1}, Y'2_j) \oplus H1_{i-1}$ $Y'2_i$ 是将 $Y2_i$ 的第 1 bit 置 0，第 2 bit 置 1

$H1_i = Z1_i$ 的左 32 bit $\|$ $Z2_i$的右 32 bit。

$H2_i = Z2_i$ 的左 32 bit $\|$ $Z1_i$的右 32 bit。

这种设计克服了 DES 的对称性和弱密钥。其安全性分析参看[Lai 1992；Preneel 1993]，在当前计算能力下是安全的。

从 MDC x 可构造 MAC[Tsudik 1992]，有关安全性分析可参看[Galvin 等 1991；Preneel 等 1995，1996；Meyer 等 1982，1988；Juenman 1984；Davies 等 1989；Stubblebine 等 1992]。Knudsen 等[1998]对由分组码构造的杂凑函数进行了分析研究。

6.3.7 基本迭代函数的选择

迭代函数是杂凑函数的核心，有了安全而有效的迭代函数，就可用前述的迭代结构构造安全杂凑函数。

1. 将分组密码算法作为迭代函数

将分组密码算法作为迭代函数研究得较多。当然对分组密码的任何攻击都可用于对此类迭代函数的攻击。而且现有分组密码尚无能力抗击选择明文/密文攻击，因而，由此构成的迭代函数也就不能抗击中途相遇攻击。一个安全的分组密码是否就可用来构成一个安全的单向杂凑迭代函数仍是一个问题，所以在使用中必须要检验它们的抗生日攻击和中途相遇攻击的能力。

2. 用 RSA 来构造迭代函数

RSA 也可看作是一种分组密码，只不过是其分组长度大得多，也可用它来构造迭代函数。

$H_0 = \mathrm{IV}$ (为 512 bit 或更长)

$H_i=(H_{i-1}\oplus M_i)^e \quad \bmod n$，$i=1, 2, \cdots, t$

$H(M)=H_t$

式中，n 和 e 是公开的，此法实现速度慢。Davies 和 Price[1984]的平方法是它的一个特例。

$$H_i=(H_{i-1}\oplus M_i)^2 \quad \bmod n$$

例如，CCITT X.509 的附录 D 利用此平方法，采用 $n=256$ bit，每 4 bit 与 1111 交织成 516 bit[Jueneman 1978,1983,1986]。Coppersmith[1989]破了此法。

如果选择 n 为一素数 p，则变为 Jueneman 的 QCMAC 方案。虽然这类方案的一些改进形式曾被一些标准，如被 CCITT 的 X.509、ISO 10118 等采用，但已被 Coppersmith 攻破。

Girault[1987]给出一些变型

$H_i=H_{i-1}\oplus(M_i^2 \quad \bmod N)$

$H_i=H_i\oplus(H_{i-1}^2 \quad \bmod N)$

$H_i=H_{i-1}\oplus(M_i^2 \quad \bmod N)^2 \quad \bmod N$

Damgård 的平方法[1987]

$H_i=$从$(00111111 \parallel H_{i-1} \parallel M_i)^2 \quad \bmod N$ 中提取 m bit

$H(M)=H_t$

采用特殊函数提供 m bit，已被破[Daemen 等 1991]。

3．背包法[Damgård，1987，1989]

令 $M_1, M_2, \cdots M_s$ 是二元消息数字，$A=(a_1, a_2, \cdots, a_s)$是一背包向量。$a_i\in[1, N]$

$$H(M)=\sum_{i-1}^{s} M_i a_i \quad \bmod N$$

例如，$s=256$，$N=2^{120}-1$，则杂凑值为 128 bit。Camion 和 Patarin 证明此方案不安全。可用概率法以 2^{32}的计算复杂度攻破[Camin 等 1991；Joux 等 1994；Patarin 1993]。

Impagliazzo[1989]和 Naor 等[1989]也提出类似方法。

4．基于胞元自动机(Cellular Automata)的算法[Wolfram，1986]

在一维条件下的胞元自动机，胞元每单位时间根据确定的规则运动或更新其取值。可用布尔函数表示这类规则。

$$a_i'=\Phi(a_{i-1}, a_i, a_{i+1})$$

a_i 表示胞元在位置 i。这样简单的胞元规则常常给出复杂的系统。

Damgård 基于胞元提出一种杂凑算法。令 $\boldsymbol{x}=x_0, x_1, \cdots, x_{n-1}$表示 bit 生成器的输入种子。以

$$g(x_i)=x_{i-1}\oplus(x_i \vee x_{i+1})$$

表示第 i 个胞元在下一时刻取值。$g_j(x_i)$表示第 j 时刻第 i 个胞元的取值。以随机值 $\boldsymbol{x}$ 起始的 bit 生成器 $b(x)$，其输出序列为 $g_j(x_{0i})$，对于 $d>c$，令 $b_{c-d}(x)$表示输出 bit 串

$$g_c(x_0), g_{c+1}(x_0), \cdots, g_d(x_0)$$

则杂凑函数可定义如下

$$H_0=\mathrm{IV}$$

$$H_i=b_{c-d}(M_i \parallel H_{i-1} \parallel z) \qquad i=1, 2, \cdots, t$$

式中，z 是随机值，用以增加寻找碰撞消息的困难。例如，可选 $n=512$，$r=256$，$c=257$，

$d=384$，则杂凑值为 128 bit，对此算法的破译可参看[Daemen 1991]。

也可采用并行胞元自动机实现杂凑，如 Daemen，Govaerts 和 Vardeualle[1991]提出的 Cellhash 方案，可以用硬件实现。在此方案中，$n=257$ bit；给定 M 分段长为 248 bit；在 mod 32 下与 24 同余，不够时以 0 填充。后面附上附加的 bit 个数，以一个字节表示。初始矢量为 257 bit 全 0 串，H_{i-1}以 M_i 为密钥来计算出 H_i。计算时用 257 个并行胞元自动机实现。令

$$M_i=m_{i0},\ m_{i1},\ \cdots,\ m_{i\,255}$$

$$H_{i-1}=h_{i-1,0},\ h_{i-1,2},\ \cdots,\ h_{i-1,256}$$

则通过下述五步变换可以得到 $H_i=(h_{i,0},\ h_{i,1},\cdots,h_{i,256})$，对 $0\leqslant j<257$

(1) $h_{ij}=h_{i-1,j}\oplus h_{i-1,j+1}\vee \bar{h}_{i-1,j+2}$

(2) $h_{i0}=\bar{h}_{i-1,0}$

(3) $h_{ij}=h_{i-1,j-3}\oplus h_{i-1,j}\oplus h_{i-1,j+3}$

(4) $h_{i,j}=h_{i-1,j}\oplus m_{i,j-1}$

(5) $h_{i,j}=h$

还有 Subhash 方案[Daeman 等 1991]，它类似于 Cellhash 方案。

5. 专门设计的具有数据压缩的单向迭代函数

MD-4[Rivest 1990；RFC 1320]和 MD-5[RFC 1321]是将 512 bit 数据段压缩为 128 bit 串的单向迭代函数。SNEFRU 是 Merkle[1990]设计的将 512 bit 压缩为 128 bit 或 256 bit 的单向迭代函数。HAVAL 是澳大利亚 Zhang，Pieprzyk 和 Seberry[1992]设计的杂凑值可变的单向迭代函数算法。欧共体 RACE 计划曾设计了 REPE-MD，它是 MD-4 的一种变型。这些我们将在本章后面各节中介绍。

6. 矩阵单向迭代函数

Banieqbal 和 Hilditch[1990]提出一种随机矩阵杂凑算法，利用 $n\times m$ 阵二元随机矩阵，将输入 m bit 映射为输出的 n bit 数字，矩阵本身作为密钥。

Harari[1984]采用 $t\times t$ 阶随机矩阵 $\boldsymbol{A}$ 作为密钥，按下述矩阵变换将消息 M 置乱

$$H(M)=M^{T}AM=\sum_{i<j}a_{ij}m_im_j$$

7. 以 FFT 构造单向迭代函数

Schnorr[1991]提出利用 FFT 和有限域中多项式递归构造单向迭代函数，其杂凑值为 128 bit。

$$H_0=\text{IV}=\text{0123456789ABCDEFFEDCBA987654321}$$

$$H_i=g(M_i\parallel H_{i-1})$$

$$H(M)=H_t$$

其中，g 是 256 bit 输入，128 bit 输出的基本迭代函数，由傅利叶变换 FT_8 为基础实现。

$$\text{FT}_8(a_0,\ \cdots,\ a_7)=(b_0,\ \cdots,\ b_7)$$

$$b_i=\sum_{j=0}^{7}2^{4ij}a_j \pmod p \qquad i=0,\ \cdots,\ 7$$

$p=2^{16}+1=65\,537$，令 g 的输入为$(e_0,\ e_1,\cdots,\ e_{15})\in\{0,\ 1\}^{256}$，则通过下面三步实现：

(1) $(e_0, e_1, \cdots, e_{14}) = \mathrm{FT}_8(e_0, e_2, e_4, \cdots, e_{14})$

(2) 对 $i=0, 1, \cdots, 15$ 做

$$e_i = e_i + e_{i-1}e_{i-2} + e_{i-3} + 2^i \quad \bmod p$$

下标 $i, i-1, i-2, i-3$ 均按 mod 16 计算。

(3) 重复步骤(1)和(2)。

Daemen 等[1991]，Baritaud 等[1992]研究了对此方案的攻击。Schnorr[1992]做了改进，提出 FFT - Hash II 算法，但 S. Vandery[1992]指出，它仍不安全。Schnorr 继续做了改进[1994]，但速度较慢。徐[Xu 等 1996]也提出了一些改进。

8. *以有限域中元素的指数运算构造迭代函数*

滑铁卢(Waterloo)大学的研究组提出用 $GF(2^{593})$ 中的指数迭代生成杂凑值。消息分组长为 593 bit[Agnew 1991]。

9. *IBC - HASH 算法*

这是 RIPE 计划所采用的算法[Research 1992]。

$$H_i = ((M_i \quad \bmod p) + v) \quad \bmod 2^n$$

式中，p 和 v 是秘密密钥，p 是 n bit 的素数和，v 是小于 2^n 的随机整数。消息需要仔细填充。其安全性好，但每个消息须采用不同的密钥。RIPE 报告中建议将其用于长的、但不经常发送的消息。

10. *用流密码构造杂凑函数*

曾有人提出用流密码构造杂凑函数[如 Lai 等 1992]，但不安全[Taylor 1993]，目前尚无可取的好算法。

6.3.8 应用杂凑函数的基本方式

杂凑算法可与加密及数字签字结合使用，实现系统的有效、安全、保密与认证。其基本方式如图 6 - 3 - 1 中所示。

图中的(a)部分，发端 A 将消息 M 与其杂凑值 $h(M)$链接，以单钥体制加密，后送至收端 B。收端用与发端共享密钥解密后得 M' 和 $h(M)$，而后将 M 送入杂凑变换器计算出 $h(M')$，并通过比较完成对消息 M 的认证，它同时提供了保密和认证。

图中(b)部分，消息 M 不保密，只对消息的杂凑值进行加解密变换。它只提供认证。

图中(c)部分，发端 A 采用双钥体制，用 A 的秘密钥 k_{sa} 对杂凑值进行签字得 $E_{ksa}[h(M)]$，而后与 M 链接发出。收端则用 A 的公钥对 $E_{ksa}[h(M)]$解密得到 $h(M)$。再与收端自己由接收消息 M'计算得到的 $h(M')$进行比较实现认证。

本方案提供了认证和数字签字。称作**签字—杂凑方案**(Signature-hashing Scheme)。这一方案用对消息 M 的杂凑值签字来代替对任意长消息 M 本身的签字，大大提高了签字速度和有效性。

图中(d)部分是在(c)的基础上加了单钥加密保护，可提供认证、数字签字和保密。

图中(e)部分是在 h 运算中增加了通信双方共享的秘密值 S，加大了对手攻击的困难性。它仅提供认证。

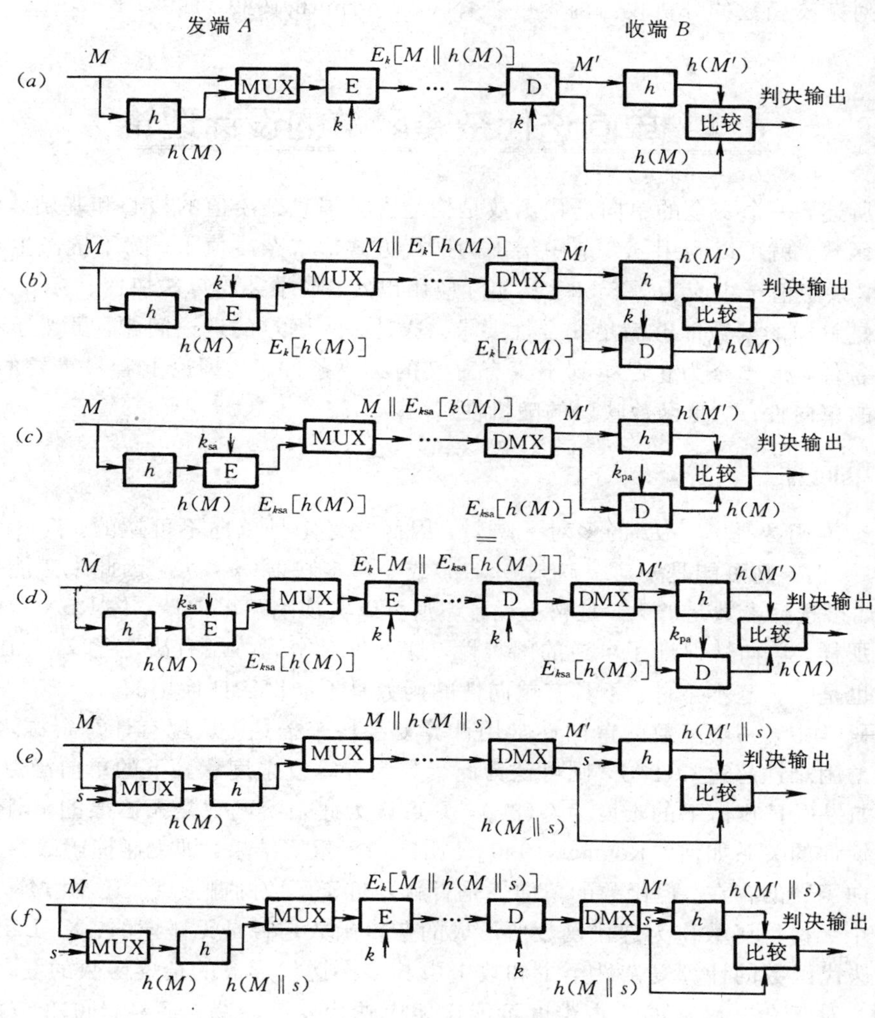

图 6-3-1　应用迭代杂凑函数的基本方式

图中(f)部分是在(e)的基础上加了单钥加密的保护，可提供保密和认证。

在上述方案中，杂凑值都是由明文，而不是由密文计算的，这对于实用较方便。

Merkle 在 1979 年最先给出了单向杂凑函数的定义，并建议一种基于单向杂凑函数的公钥分配方法并讨论了生日攻击问题[Merkle 1979，1980]。Damgård[1987]给出了无碰撞杂凑函数的定义。有关单向杂凑函数的碰撞问题可参看[Merkle 1989，1990；Goldwasser 等 1988；Russell 1992，1995；Massey 1992]。一些构造单向杂凑函数的方法可参看[Anderson 1995；Bellare 等 1994，1995；Damgård 1990；de Santis 等 1990；Hohl 等 1993；Matyas 等 1985；Maurer 等 1993；Naor 等 1989；Preneel 1994；Quisquater 等 1989；Rompel 1990；Wegman 等 1981；Winternitz 1984]。基于 IDEA 的杂凑函数参看[Lai 等 1992]，基于 FEAL－N 的杂凑函数参看[Miyaguchi 等 1990]。

有关对杂凑函数的分析攻击内容可参看[Coppersmith 1989，1992；Knudsen 1994；Lai 等 1994]。

6.4 单向迭代杂凑函数的设计理论

如前所述，一个安全的单向迭代函数是构造安全消息杂凑值的核心和基础。有了好的单向迭代函数，就可以利用 6.3 节中给出的迭代方式形成杂凑值了。为了抗击生日和中途相遇攻击，杂凑值至少应为 128 bit。从实际应用出发，要求杂凑算法快速、易于实现。

问题是怎样的函数能够满足安全性要求。这是一个困难的理论问题，虽然还不能给出一个充分条件，但迄今为止已得到不少有意义的必要条件，从理论上看最重要的有两点：一是函数的**单向性**；二是函数映射的**随机性**。

6.4.1 单向性

一个杂凑函数是 $M \rightarrow H$ 的多对一映射，因而它肯定是单向不可逆的。但一个迭代函数，当 $m \leqslant n$ 时，则可能是一对一映射($m=n$)或一对多映射($m<n$)，因此未必能保证是单向的。但如果选择参数足够大，且精心设计，则可以实现陷门单向性，像 RSA 和好的分组密码体制那样。单向性保证了求逆的困难性，这不仅对密码体制有决定意义，而且对杂凑函数设计也是一个基本条件。不具有单向性的函数是不能做认证使用的。

在密码学中，一个函数的单向性常用计算复杂性来描述，从现有计算资源水平出发，如果求逆的困难性超过 $O(2^{64})$，则可认为此函数为计算复杂度意义下的**单向函数**。作为杂凑函数，如果生日攻击下的难度为 $O(2^{64})$，则可认为此杂凑函数是**无碰撞的**。函数的单向性和无碰撞性的关系如何？Rompel[1990]证明了一个重要结果，即无碰撞函数存在的充要条件是单向函数的存在。但函数的单向性是否就等价于函数的碰撞性，还不清楚。

以一个无碰撞函数作为迭代函数所形成的杂凑函数是否是无碰撞的？X. Lai[1992]指出，攻击迭代函数的计算复杂性至少和攻击由其多次迭代形成的杂凑函数的复杂度相当。这就是说，对于杂凑函数的攻击难度可能比相应迭代函数容易。而经过 6.3 节中所述的 DM 强化处理后的杂凑函数，在自由起始(目标或碰撞)攻击下的计算复杂性与相应迭代函数相同，由此可见强化的本质[Damgård 1989]。

6.4.2 伪随机性

迭代函数是一种映射，如果它能通过某种可判定的检验逻辑验证，则称其为**伪随机映射**。已经证明若要迭代函数能抗击生日攻击，则它必须是伪随机映射函数[Pieprzyk 等 1993]。

如果伪随机性迭代函数的逆也是伪随机的，就称其为**超伪随机函数**。已经证明要迭代函数能抗击中途相遇攻击，它必须是超伪随机的[Pieprzyk 等 1993]。这个结果告诉我们超伪随机性函数作为迭代函数才能抗击中途相遇攻击。已经证明了一些特定结构的迭代函数的伪随机性和超伪随机性。从而可用来构造安全迭代函数。这部分内容涉及较深入的理论问题，读者可参看[Pieprzyk 等 1993]及[Zhu 1996]。

6.4.3　抗差分攻击能力

类似于分组密码，可以用差分分析来攻击迭代函数。因此，要求在构造杂凑算法的迭代函数时，必须使其能经受此类攻击。

6.4.4　非线性性

与分组码设计要求一致，类似于分组密码，还有许多性质影响安全性，如雪崩特性、高阶相关免疫性等等。但对杂凑函数来说，主要要求是能够提供认证和抗击生日及中途相遇碰撞能力。因此，函数的单向性和伪随机性及超伪随机性是最根本的要求。如何构造具有伪随机性和超伪随机性的函数，它们的结构特点是杂凑函数理论的核心。

最后我们想指出，虽然单向杂凑函数和分组密码设计上有很多相似的要求，但一个好的单向杂凑函数未必就是一个安全的分组加密算法；反之亦然，因为两者要求不一样。例如，线性攻击对单向杂凑函数没有太大意义，有些单向杂凑函数如 SHA 可有线性特性，但并不影响其安全性，但用于消息加密则不能保证安全性。如前所述，对杂凑迭代函数而言，能搞击生日和中途相遇碰撞攻击是本质的要求，但一个安全的分组密码算法未必能承受这类攻击。

下面几节我们将介绍一些实用的杂凑算法。

6.5　MD－4 和 MD－5 杂凑算法

Ron Rivest 于 1990 年提出 MD－4 杂凑算法[Rivest1990，1992，1995；RFC 1320，1321]，特别适于软、硬件快速实现。输入消息可任意长，压缩后输出为 128 bit。MD－5 是 MD－4 的改进形式。下面介绍 MD－5 算法。

6.5.1　算法步骤

MD－5 算法的步骤如下(参看图 6－5－1)：

(1) 对明文输入按 512 bit 分组，最后要填充使其成为 512 bit 的整数倍，且最后一组的后 64 bit 用来表示消息长在 mod 2^{64}下的值 K，故填充位数为 1～512 (bit)，填充数字图样为(100…0)，得 $Y_0, Y_1, \cdots, Y_{L-1}$。其中，$Y_L$ 为 512 bit，即 16 个长为 32 bit 的字，按字计消息长为 $N=L\times16$。

(2) 每轮输出为 128 bit，可用下述四个 32 bit 字：A，B，C，D 表示。其初始存数以十六进制表示为：A=01234567，B=89ABCDEF，C=FEDCBA98，D=76543210。

(3) H_{MD-5}的运算，对 512 bit(16－字)组进行运算，Y_q 表示输入的第 q 组 512 bit 数据，在各轮中参加运算。$T[1,\cdots,64]$为 64 个元素表，分四组参与不同轮的计算。$T[i]$为 $2^{32}\times$abs(Sine(i))的整数部分，i 是弧度。$T[i]$可用 32 bit 二元数表示，T 是 32 bit 随机数源。

MD－5 是四轮运算，各轮逻辑函数不同。每轮又要进行 16 步迭代运算，四轮共需 64 步完成。每步的完成参看 MD－5 的基本运算(图 6－5－2)。

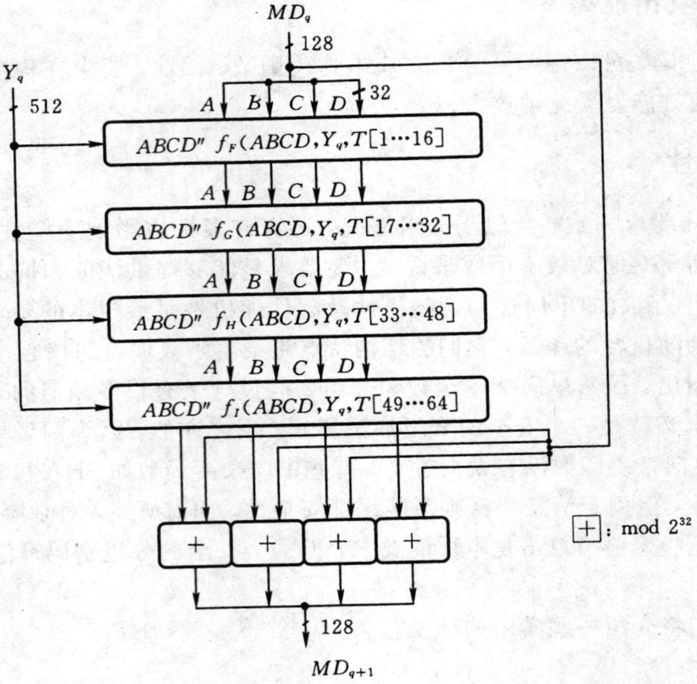

MD_q

128

Y_q

512

A B C D 32

$ABCD''\ f_F(ABCD, Y_q, T[1\cdots16]$

A B C D

$ABCD''\ f_G(ABCD, Y_q, T[17\cdots32]$

A B C D

$ABCD''\ f_H(ABCD, Y_q, T[33\cdots48]$

A B C D

$ABCD''\ f_I(ABCD, Y_q, T[49\cdots64]$

+ + + +

$\boxplus$：mod 2^{32}

128

MD_{q+1}

图 6-5-1　MD-5 的一个 512-bit 组的处理

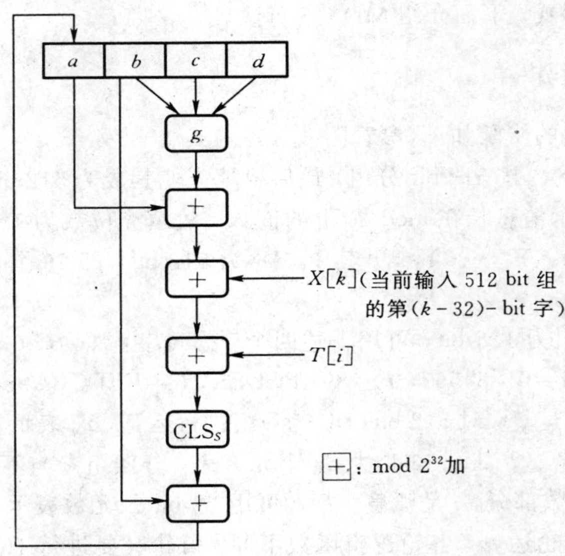

图 6-5-2　MD-5 的基本运算：[*abcd k s i*]

$$a \leftarrow b + \mathrm{CLS}_s(a + g(B,C,D) + X[k] + T[i])$$

式中：

a，b，c，d=缓存器中的四个字，按特定次序变化。

g=基本逻辑函数 F，G，H，I 中之一，算法的每一轮用其中之一。

CLS_s=32－bit 存数循环左移 s 位。

$X[k]=M[q\times16+k]$=消息的第 q－512－bit 组的第 k 个 32－bit 字。

$T[i]$=矩阵 T 中第 I 个 32－bit 字。

+=模 2^{32}加法。

各轮的逻辑函数如表 6－5－1 所示。其中，逻辑函数的真值表如表 6－5－2 所示。$T[i]$ 由 sine 函数构造，如表 6－5－3 所示。每个输入的 32 bit 字被采用 4 次，每轮用 1 次，而T[i] 中每个元素恰只用 1 次。每一次，$ABCD$ 中只有 4 个字节更新，共更新 16 次，在最后第 17 次产生此组的最后输出。

表　6－5－1　各轮的逻辑函数

轮	基本函数 g	$g(b,c,d)$
f_F	$F(b,c,d)$	$(b\cdot c)\vee(\bar{b}\cdot d)$
f_G	$G(b,c,d)$	$(b\cdot d)\vee(c\cdot\bar{d})$
f_H	$H(b,c,d)$	$b\oplus c\oplus d$
f_I	$I(b,c,d)$	$c\oplus(b\cdot\bar{d})$

$\mathrm{MD}_0=\mathrm{IV}$(ABCD 缓存器的初始矢量)

$\mathrm{MD}_{q+1}=\mathrm{MD}_q+f_I[Y_q,f_H[Y_q,f_G[Y_q,f_F[Y_q,\mathrm{MD}_q]]]]$

$\mathrm{MD}=\mathrm{MD}_{L-1}$　(最终的杂凑值)。

表 6－5－2　逻辑函数的真值表

b	c	d	F	G	H	I
0	0	0	0	0	0	1
0	0	1	1	0	1	0
0	1	0	0	1	1	0
0	1	1	1	0	0	1
1	0	0	0	0	1	1
1	0	1	0	1	0	1
1	1	0	1	1	0	0
1	1	1	1	1	1	0

表 6-5-3　从 sine 函数构造的 T 表

$T[1]$=D76AA478	$T[17]$=F61E2562	$T[33]$=FFFA3942	$T[49]$=F4292244
$T[2]$=E8C7B756	$T[18]$=C0408340	$T[34]$=8771F681	$T[50]$=C32AFF97
$T[3]$=242070DB	$T[19]$=265E5A51	$T[35]$=69D96122	$T[51]$=AB9423A7
$T[4]$=C1BDCEEE	$T[20]$=E9B6C7AA	$T[36]$=FDE5380C	$T[52]$=FC93A039
$T[5]$=F57COFAF	$T[21]$=D62F105D	$T[37]$=A4BEEA44	$T[53]$=655B59C3
$T[6]$=4787C62A	$T[22]$=02441453	$T[38]$=4BDECFA9	$T[54]$=8F0CCC92
$T[7]$=A8304613	$T[23]$=D8A1E681	$T[39]$=F6BB4B60	$T[55]$=FFEFF47D
$T[8]$=FD469501	$T[24]$=E7D3FBC8	$T[40]$=BEBFBC70	$T[56]$=85845DD1
$T[9]$=698098D8	$T[25]$=21E1CDE6	$T[41]$=289B7EC6	$T[57]$=6FA87E4F
$T[10]$=8B44F7AF	$T[26]$=C33707D6	$T[42]$=EAA127FA	$T[58]$=FE2CE6E0
$T[11]$=FFFF5BB1	$T[27]$=F4D50D87	$T[43]$=D4EF3085	$T[59]$=A3014314
$T[12]$=895CD7BE	$T[28]$=455A14ED	$T[44]$=04881D05	$T[60]$=4E0811A1
$T[13]$=6B901122	$T[29]$=49E3E905	$T[45]$=D9D4D039	$T[61]$=F7537E82
$T[14]$=FD987193	$T[30]$=FCEFA3F8	$T[46]$=E6DB99E5	$T[62]$=BD3AF235
$T[15]$=A679438E	$T[31]$=676F02D9	$T[47]$=1FA27CF8	$T[63]$=2AD7D2BB
$T[16]$=49B40821	$T[32]$=8D2A4C8A	$T[48]$=C4AC5665	$T[64]$=EB86D391

6.5.2　MD-5 的安全性

求具有相同 Hash 值的两个消息在计算上是不可行的。MD-5 的输出为 128 bit，若采用纯强力攻击寻找一个消息具有给定 Hash 值的计算困难性为 2^{128}，用每秒可试验 1 000 000 000 个消息的计算机需时 1.07×10^{22}年。若采用生日攻击法，寻找有相同 Hash 值的两个消息需要试验 2^{64}个消息，用每秒可试验 1 000 000 000 个消息的计算机需时 585 年。差分攻击对 MD-5 的安全性不构成威胁。

对单轮 MD-5 已有攻击结果。与 Snefru 比较，两者均为 32 bit 字运算。Snefru 采用 S-BOX、XOR 函数，MD-5 用 mod 2^{32}加。对 MD-4 的攻击可参看[Boer 等 1991；Biham 1992；Vaudenary 1995；Robshaw 1994；Dobbertin 1996]。Dobbertin 对 MD-4 的攻击计算复杂度为 $O(2^{40})$。对 MD-5 的攻击可参看[Boer 等 1993；Robshaw 1993，1994]。

6.5.3　MD-5 的实现

速度：用 32 bit 软件易于高速实现。

简洁与紧致性：描述简单，短程序可实现，易于对其安全性进行评估。

采用了 little-endian 结构。Intel 80xxx 将字的最低位 byte 存于低地址 byte 位(little endian)，而 SUN Sparcstation 将最高位 byte 存于低地址 byte 位(big endian)，在处理 32 bit 字时，两者位置相反。Rivest 选择 little endian 来表述消息(32 bit)，这样做处理速度要快些。有关实现问题还可参看[Bosselaers 等 1996]。

6.5.4 MD－4 与 MD－5 算法差别

MD－5 较 MD－4 复杂，且运算速度较慢，但安全性较高。

(1) MD－4 三轮，每轮 16 步；MD－5，四轮，每轮 16 步。

(2) MD－4 第一轮中不用加常数，第二轮每一步用同一个加常数，另外一个加常数用于第三轮中每一步。MD－5 在 64 步中都用不同的加常数 $M[i]$。

(3) MD－5 采用四个基本逻辑函数，每轮一个；MD－4 采用三个基本逻辑函数，每轮一个。

(4) MD－5 每一步都与前一步的结果相加，可加快雪崩；MD－4 没有如 MD－5 的这类最后一次相加运算。

6.5.5 MD－2 和 MD－3

Rivest 还设计 MD－2 和 MD－3[RFC 1319；Preneel 1992；Robshaw 1994]。MD－2 是 1988 年提出的速度较慢的杂凑函数，已被 Rogier 等攻破[RFC 1319；Rogier 等 1995]。MD－3 有些缺点，还未付诸实用。

6.6 安全杂凑算法(SHA)

美国 NIST 和 NSA 设计的一种标准算法 SHA(Secure Hash Algorithm)，用于数字签字标准算法 DSS(Digital Signature Standard)，亦可用于其它需要用 Hash 算法的情况[FIPS 180；FIPS 180－1]。SHA 具有较高的安全性。

输入消息长度小于 2^{64} bit，输出压缩值为 160 bit，而后送给 DSA(Digital Signature Algorithm) 计算此消息的签字。这种对消息 Hash 值的签字要比对消息直接进行签字的效率更高。计算接收消息的 Hash 值，并与收到的 Hash 值的签字证实值(即解密后恢复的 Hash 值)相比较进行验证。伪造一个消息，其 Hash 值与给定的 Hash 值相同在计算上是不可行的，找两个不同消息具有同一 Hash 值在计算上也是不可行的。消息的任何改变将以高概率得到不同的 Hash 值，从而使验证签字失败。SHA 的基本框架与 MD－4 类似。

6.6.1 算法

消息经填充成 512 bit 的整数倍。填充先加“1”后跟许多“0”，且最后 64 bit 表示填充前消息长度(故填充值为 1～512 bit)。以五个 32 bit 变量(A, B, C, D, E)作为初始值(以 16 进制数表示)：A=67 45 23 01，B=EF CD AB 89，C=98 BA DC FE，D=10 32 54 76，E=C3 D2 E1 F0。

1. 主环路

消息 Y_0，Y_1，…，Y_L 为 512 bit 分组，每组有 16 个 32 bit 字，每送入 512 bit，先将 A, B, C, D, $E \Rightarrow AA$, BB, CC, DD, EE，进行四轮迭代，每轮完成 20 个运算，每个运算对 A, B, C, D, E 中三个进行非线性运算，而后做移位运算(类似于 MD－5)，运算如图 6－6－1。每轮有一常数 K_t，实际上仅用四个常数，即：

$0 \leqslant t \leqslant 19 \qquad K_t = 5A827999$

$20 \leqslant t \leqslant 39$　　$K_t = 6ED9EBA1$

$40 \leqslant t \leqslant 59$　　$K_t = 8F1BBCDC$

$60 \leqslant t \leqslant 79$　　$K_t = CA62C1D6$

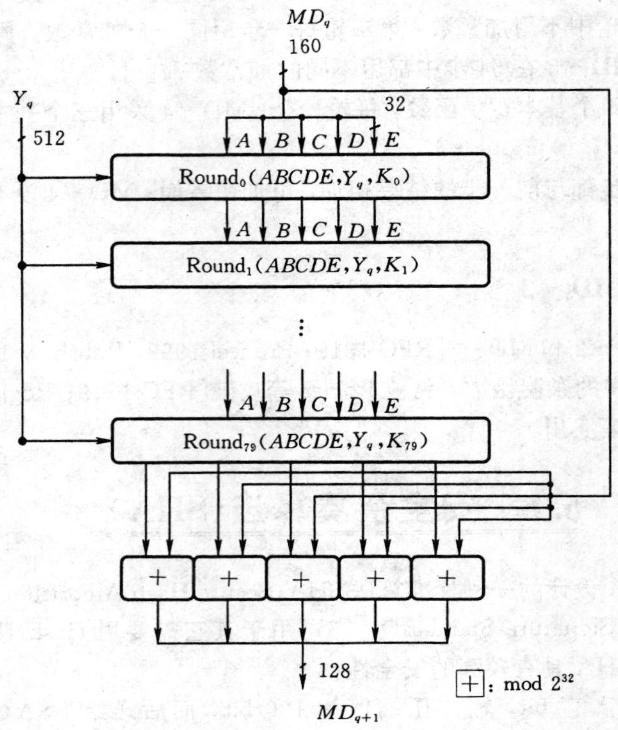

图 6-6-1　SHA 各 512-bit 组的处理

各轮的基本运算如表 6-6-1 所示。

表　6-6-1　各轮的基本运算

轮	$f_t(B,C,D)$
$0 \leqslant t \leqslant 19$	$(B \cdot C) \vee (\bar{B} \cdot D)$
$20 \leqslant t \leqslant 39$	$B \oplus C \oplus D$
$40 \leqslant t \leqslant 59$	$(B \cdot C) \vee (B \cdot D) \vee (C \cdot D)$
$60 \leqslant t \leqslant 79$	$B \oplus C \oplus D$

2. SHA 的基本运算

SHA 的基本运算如图 6-6-2。每轮基本运算如下：

$$A,B,C,D,E \leftarrow (\mathrm{CLS}_5(A) + f_t(B,C,D) + E + W_t + K_t),\ A,\ \mathrm{CLS}_{30}(B),\ C,\ D$$

其中：

A,B,C,D,E 为五个 32 bit 存储单元(共 160 bit)；

t ：轮数，$0 \leqslant t \leqslant 79$；

f_t：基本逻辑函数(如前表)；

CLS_s：左循环移 s 位；

W_t：由当前输入导出，为一个 32 bit 字；

K_t：上述定义常数；

$+$：mod 2^{32}加；

$W_t = M_t$(输入的相应消息字)，$0 \leqslant t \leqslant 15$；

$W_t = W_{t-3}$ XOR W_{t-8} XOR W_{t-14} XOR W_{t-16}，$16 \leqslant t \leqslant 79$。

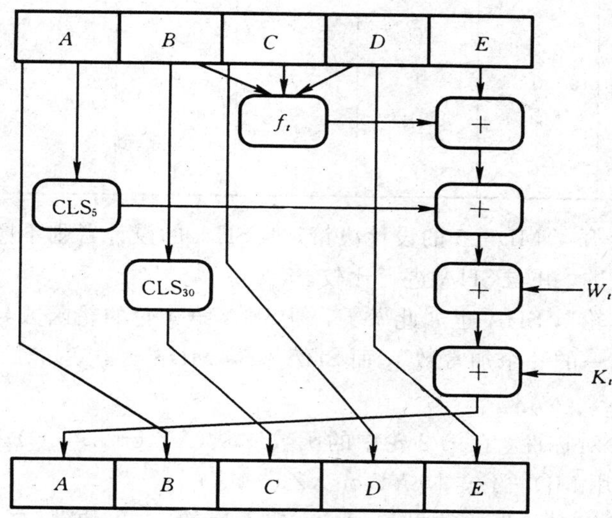

图 6-6-2　SHA 的基本运算框图

从输入的 16 个 32 bit 字变换成处理所需的 80 个 32 bit 字的方法，如图 6-6-3 所示。

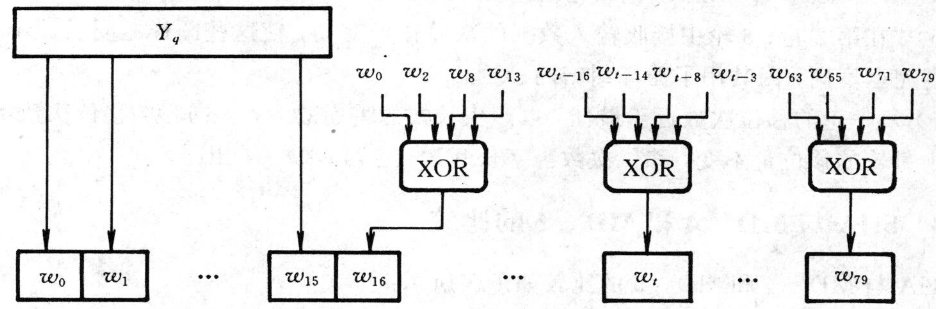

图 6-6-3　SHA 处理一个输入组时产生的 80 个 32 bit 字

$MD_0 = IV$，$ABCD$ 缓存器的初始值。

$MD_{q+1} = SUM_{32}(MD_q, ABCDE_q)$　mod 2^{32}加。其中，$ABCDE_q$ 是上一轮第 q 消息组处理输出的结果；SUM_{32}是对输入按字分别进行的 mod 2^{32}加。

$MD = MD_{L-1}$，L 是消息填充后的总组数。MD 是最后的杂凑值。

6.6.2　SHA 的安全性

SHA 很类似于 MD-4，主要改变是增加了扩展变换，将前一轮的输出加到下一轮，以加速雪崩效应。SHA 与重新设计的 MD-5 的差别较大。

表 6-6-2　SHA 逻辑函数的真值表

b	c	d	$f_{0\cdots,19}$	$f_{20\cdots,39}$	$f_{40\cdots,59}$	$f_{60\cdots79}$
0	0	0	0	0	0	0
0	0	1	1	1	0	1
0	1	0	0	1	0	1
0	1	1	1	0	1	0
1	0	0	0	1	0	1
1	0	1	0	0	1	0
1	1	0	1	0	1	0
1	1	1	1	1	1	1

G. L. Rivest 公开了 MD-5 的设计决策，但 SHA 的设计者则不愿公开。下面介绍 MD-5 对 MD-4 的改进，并与 SHA 进行比较。

(1)“增加第 4 轮”，SHA 也如此做了，但 SHA 第 4 轮的轮函数与第 2 轮一样。

(2)“每个有惟一的一个加常数”，而 SHA 保持 MD-4 方案，对 20 轮的每一组重复用其常数。

(3)“为了减少对称性，在第 2 轮中的函数 g 从(XY or XZ or YZ) 变为(XZ or Y not (Z))”，而 SHA 采用 MD-4 文本(XY or XZ or YZ)。

(4)“每一步都与前一步的结果相加，这使雪崩效应“更快”，在 SHA 中做相同改动。不同点是 SHA 中增加了第 5 个变量，且不是 f_i 中已采用的 B、C 或 D，这个小小变化使 den Boer-Bosselaers 对 MD-5 的攻击法对 SHA 无效。

(5)“在第 2 轮、3 轮中接收输入数据的次序作了变动，使这些图样之间彼此不相像”，SHA 则完全不同，因其用了循环纠错码。

(6) 每一轮的移位次数近于最佳，以产生较快的雪崩效应，不同轮的移位次数不相同。SHA 中每轮的移位量不变，移位次数与字长互素，这与 MD-4 相同。

6.6.3　SHA 与 MD-4 和 MD-5 的比较

SHA 与 MD-4 和 MD-5 的比较如下表所示：

	MD-4	SHA	MD-5
Hash 值	128 bit	160 bit	128 bit
分组处理长	512 bit	512 bit	512 bit
基本字长	32 bit	32 bit	32 bit
步数	48(3×16)	80(4×20)	64(4×16)
消息长	≤2^{64} bit	2^{64} bit	不限
基本逻辑函数	3	3(第 2,4 轮相同)	4
常数个数	3	4	64
速度	—	约为 MD-4 的 3/4	约为 MD-4 的 1/7

总之，它们之间的比较可简单地表示如下：

SHA＝MD－4 ＋ 扩展变换 ＋ 外加一轮 ＋ 更好的雪崩；

MD－5 ＝ MD－4 ＋ 改进的比特杂凑 ＋ 外加一轮 ＋ 更好的雪崩。

目前还不知如何对 SHA 进行密码攻击，由于它的杂凑值为 160 bit，对抗穷举攻击的能力更强些。

6.7　GOST 杂凑算法

GOST 杂凑算法由俄国国家标准 GOST R34.11－94 给定[GOST 1994]，于 1995 年 1 月 1 日合法使用。它是利用 64 bit GOST 28147－89 分组密码构造的 256 bit 杂凑算法，密钥 k、消息分组 M_i 和杂凑值的长度均为 256 bit，它是 GOST 34.10.94 的一个重要组成部分。

GOST 算法要点：

$$H_i = f(M_i, H2_{i-1})$$

(1) 由 M_i，H_{i-1}和一些常数的线性组合产生四个 GOST 加密密钥。

(2) 用每个密钥在 ECB 模式下对 H_{i-1}的各 64 bit 组加密，将所得新的 256 bit 作为暂时变量 S 存储。

(3) H_i 是 S，M_i 和 H_{i-1}的复杂的线性函数。消息 M 的杂凑值并非为最后一次迭代的结果 H_t，而是由 H_t、所有消息组的异或值 Z、消息总长 L 按下式来定：

$$H(M) = f(Z \oplus M', f(L, f(M', Ht)))$$

式中，M'是 M 经过填充后的最后一组。

此杂凑算法与俄国的数据签字标准(见第 7 章)结合使用，详见[Michels 等 1996]。

6.8　其它杂凑算法

在 6.4 节至 6.7 节我们介绍了三种广泛使用的杂凑算法，本节将简要介绍另外几种较有名的算法。

6.8.1　SNEFRU 算法

(1) R. Merkle [1990]设计的一种适于 32－bit 处理器实现的单向杂凑算法。它将任意长消息压缩成 128 bit 或 256 bit。

(2) 消息分成块 M_1，M_2，…，M_i，…，M_t，每一个长为$(512-m)$ bit，m 是杂凑值的长度。若 m=128 bit，则块长 384 bit；若 m 是 256 bit，则块长为 256 bit；参看图 6－8－1。初

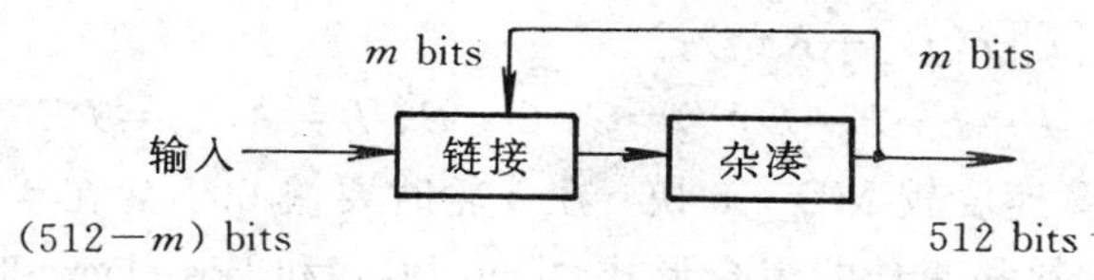

图 6－8－1　SNEFRU 杂凑算法

始组(512—m) bit 与 m bit“0”串链接。最后一段若不足 512 m bit，则填充足够多的“0”。最后一组之后，在前 m bit 附加上消息长度的二元表示，再做最后一次计算。

其杂凑函数基于迭代函数 E，它是 512 bit 的可逆分组密码函数。而 H 值是 E 输出的后 m - bit 与前 m - bit 的异或的结果。此杂凑算法的安全性归于 E，而 E 是多回合(Pass)的随机化数据运算，每一回合由 64 轮随机化组成，每一轮都以数据的一个不同字节作为 32 - bit S 盒的输入，S 盒的输出字和消息的两个相邻字异或，S 盒的构造类似于 Khafre (4.15 节)，内部还有一些旋转，而原 Khafre 只有 2 回合。

(3) 其非线性函数分析类似于 DES 的 S 盒，可用差值分析法。Biham 和 Shamir 证明[1991, 1993]，2 回合 SNEFRU(128 bit)可找出两个不同消息有相同值。且找到了四个消息有相同杂凑值。用微机发现一对消息有相同杂凑值只要 3 分钟，而对给定杂凑值找到另一个消息具有此杂凑值需 1 小时左右。

(4) 少于 4 回合是不安全的，生日攻击 128 bit SNEFRU 需要 2^{64}次运算。差值分析发现一对消息有相同杂凑值在 3 回合下要 $2^{28.5}$次运算，在 4 回合下要 $2^{44.5}$次运算。求一个消息具有给定杂凑值，穷举法要用 2^{128}次运算，差值分析要用 2^{56}次运算(3 回合)，和 2^{88}次运算(4 回合)。

对于长杂凑值，差值分析亦优于穷举法。对 224 bit 杂凑值生日攻击要求 2^{112}次运算，差值分析可用 $2^{12.5}$次运算找到一对消息有相同杂凑值(2 回合)，2^{33}次运算(3 回合)，2^{81}次运算(4 回合)。Merkle 最近推荐，至少需用 8 回合。这样就比 MD - 5 或 SHA 慢得多了。

6.8.2 RIPE - MD 算法

它是欧共体 RIPE 计划[RACE 1992]下开发的杂凑算法，为 MD - 4 的变型，是针对已知的密码攻击设计的。杂凑值为 128 bit，修正了 MD - 4 的旋转和消息的次序。此外，所用常数也不同于 MD - 4，且采用并行；每组之后，两种情况的输出都加于链接变量上。REPE - MD 的改进型为 REPEMD - 160[Dobbertin 等 1996]。

6.8.3 HAVAL 算法

它是一种变长杂凑函数，由 Y. Zheng，J. Pieprzyk 和 J. Seberry[1992]提出，是 MD - 5 的一种修正形式。以 8 个 32 bit 链接变量，两倍于 MD - 5 的杂凑值，轮数亦可变(3～5 轮，每轮 16 步)。杂凑值可取 n=128，160，192，224，256 bit。

以更高阶、7 个变量非线性函数代替 MD - 5 的简单非线性函数，每轮用一个函数。而每步对输入采用不同的置换。每步有新的消息次序，除了第 1 轮外各步均采用不同的常数，也有两个旋转。

HAVAL 算法的核心是：

$$TEMP=(f(j, A, B, C, D, E, F, G)<<<7)+(H<<<11)$$
$$+M[i][r(j)]+K(j);$$
$$H=G;\ G=H;\ F=E;\ E=D;\ D=C;\ C=B;\ B=A;\ A=TEMP。$$

HAVAL 算法的运算速度较 MD - 5 快，在 3 轮时要快 60%，在 4 轮、5 轮时快 15%。算法提供 15 种不同的轮数和变长的组合形式。Den Boeo 和 Bosselaers 对 MD - 5 的攻击法[1993]不能用于 HAVAL，这是由于其 H 值的旋转性。

6.8.4　RIPE - MAC

由 B. Preneel 提出[1993]并被 RIPE 采用[RACE 1992]，它基于 ISO/IEC 9797[1994]，以 DES 作为基本迭代函数。有两种型号：RIPE - MAC1 和 RIPE - MAC3。前者用一个 DES，后者用三个 DES。先将消息填充为 64 bit 的倍数，而后划分成 64 bit 的组，最后在密钥的控制下对消息进行杂凑。

6.8.5　其它

利用模 n 运算构造的杂凑算法，如 MASH - 1(Modular Arithemetic Secure Hash，Algorithm - 1)已作为 ISO/IEC 标准(草案)[ISO/IEC10118 - 4，Girault 1987]。Coppersmith[1989]对 MASH - 1 进行了分析。MAA 算法也采用模 n 整数运算[并已成为 ISO 银行标准[ISO 8731 - 2]。有关分析研究可参看[Davies 等 1988，1989，Preneel 1993，Preneel 等 1996]。

最近提出的一些 MAC 的新构造法可参看[Rogaway 1995；Bellare 等 1996；Krawczyk 1994，1995；Bierbrauer 等 1993；van Tilberg 1995]。关于流密码的认证性研究可参看[Desmedt 1985；Lai 等 1992；Taylor 1993]。

第7章 认证理论与技术(二)——数字签字

数字签字在信息安全，包括身份认证、数据完整性、不可否认性以及匿名性等方面有重要应用，特别是在大型网络安全通信中的密钥分配、认证以及电子商务系统中具有重要作用。数字签字是实现认证的重要工具。本章介绍数字签字基本概念，各种常用数字签字体制，如RSA、Rabin、ElGamal、Schnorr、DSS、GOST、离散对数等签字体制，还要介绍一些特殊用场的数字签字，如不可否认签字、防失败签字、盲签字、群签字等；并对数字签字体制中的潜信道进行了讨论。

7.1 数字签字基本概念

政治、军事、外交等所用的文件、命令和条约，商业中的契约以及个人之间的书信等，传统上采用手书签字或印章，以便在法律上能认证、核准、生效。随着计算机通信网的发展，人们希望通过电子设备实现快速、远距离的交易，数字(或电子)签字法应运而生，并开始用于商业通信系统，如电子邮递、电子转账和办公自动化等系统。

类似于手书签字，数字签字也应满足以下要求：① 收方能够确认或证实发方的签字，但不能伪造，简记作R1－条件。② 发方发出签字的消息给收方后，就不能再否认他所签发的消息，简记为S－条件。③ 收方对已收到的签字消息不能否认，即有收报认证，简记作R2－条件。④ 第三者可以确认收发双方之间的消息传送，但不能伪造这一过程，简记作T－条件。

数字签字与手书签字的区别在于，手书签字是模拟的，且因人而异。数字签字是0和1的数字串，因消息而异。数字签字与消息认证的区别在于，消息认证使收方能验证对消息发送者及所发消息内容是否被窜改过。当收发者之间没有利害冲突时，这对于防止第三者的破坏来说是足够了。但当收者和发者之间有利害冲突时，单纯用消息认证技术就无法解决他们之间的纠纷，此时须借助满足前述要求的数字签字技术。

为了实现签字目的，发方必须向收方提供足够的非保密信息，以便使其能验证对消息的签字；但又不能泄露用于产生签字的机密信息，以防止他人伪造签字。因此，签字者和证实者可公用的信息不能太多。任何一种产生签字的算法或函数都应当提供这两种信息，而且从公开的信息很难推测出用于产生签字的机密信息。再有，任何一种签字的实现都有赖于仔细设计的通信协议。

数字签字有两种：一种是对整体消息的签字，它是消息经过密码变换的被签消息整体；一种是对压缩消息的签字，它是附加在被签字消息之后或某一特定位置上的一段签字图样。若按明、密文的对应关系划分，每一种中又可分为两个子类：一类是**确定性**(Deterministic)数字签字，其明文与密文一一对应，它对一特定消息的签字不变化，如RSA、Rabin等签字；另一类是**随机化的**(Randomized)或**概率式**数字签字，它对同一消息的签字是随机变化的，取决于签字算法中的随机参数的取值。一个明文可能有多个合法数字签字，如ElGamal等签字。

一个签字体制一般含有两个组成部分，即**签字算法**(Signature Algorithm)和验证算法(Verification Algorithm)。对M的签字可简记为$\mathrm{Sig}(M)=S$，而对S的证实简记为$\mathrm{Ver}(S)=\{$真，伪$\}=\{0, 1\}$。签字算法或签字密钥是秘密的，只有签字人掌握；证实算法应当公开，以便于他人进行验证。

一个签字体制可由量$(\mathscr{M}, \mathscr{S}, \mathscr{K}, \mathscr{V})$组成。其中，$\mathscr{M}$是明文空间，$\mathscr{S}$是签字的集合，$\mathscr{K}$是密钥空间，$\mathscr{V}$是证实函数的值域，由真、伪组成。

对于每一$k\in\mathscr{K}$，有一签字算法，易于计算

$$S = \mathrm{Sig}_k(M) \in \mathscr{S} \tag{7-1-1}$$

和一证实算法：

$$\mathrm{Ver}_k(S, M) \in \{\text{真}, \text{伪}\} \tag{7-1-2}$$

它们对每一$M\in\mathscr{M}$，有签字$\mathrm{Sig}_k(M)\in\mathscr{S}$(为$\mathscr{M}\rightarrow\mathscr{S}$的映射)。$M$，$S$对易于证实$S$是否为$M$的签字

$$\mathrm{Ver}_k(M, S) = \begin{cases} \text{真} & \text{当 } S = \mathrm{Sig}(M) \\ \text{伪} & \text{当 } S \neq \mathrm{Sig}(M) \end{cases} \tag{7-1-3}$$

体制的安全性在于，从M和其签字S难以推出K或伪造一个M'使M'和S可被证实为真。

消息签字与消息加密有所不同，消息加密和解密可能是一次性的，它要求在解密之前是安全的；而一个签字的消息可能作为一个法律上的文件，如合同等，很可能在对消息签署多年之后才验证其签字，且可能需要多次验证此签字。因此，签字的安全性和防伪造的要求更高些，且要求证实速度比签字速度还要快些，特别是联机在线实时验证。

随着计算机网络的发展，过去依赖于手书的签字的各种业务都可用这种电子数字签字代替，它是实现电子贸易、电子支票、电子货币、电子购物、电子出版及知识产权保护等系统安全的重要保证。有关签字算法的综合性介绍可参看[Diffie 等 1976；Merkle 1979；Matyas 1979；Menezes 等 1997；Mitchell 等 1992；Okamoto 等 1993；Schneier 1996；Stinson 1995；Goldwasser 等 1988；Rivest 1990；Menezes 等 1997]。

7.2　RSA签字体制

1. 体制参数

令$n=p_1p_2$，p_1和p_2是大素数，令$\varphi(n)=(p_1-1)(p_2-1)$，令$\mathscr{M}=\mathscr{S}=\mathbf{Z}_n$，选$e$并计算出$d$使$ed\equiv1 \mod \varphi(n)$，公开$n$和$e$，将$p_1$，$p_2$和$d$保密。$\mathscr{K}=(n, p, q, e, d)$。

2. 签字过程

对消息 $M\in \mathbf{Z}_n$，定义

$$S = \mathrm{Sig}_k(M) = M^d \mod n \tag{7-2-1}$$

为对 M 的签字。

3. 验证过程

对给定的 M，S，可按下式验证：

$$\mathrm{Ver}_k(M, S) = 真 \Leftrightarrow M \equiv S^e \mod n \tag{7-2-2}$$

4. 安全性

显然，由于只有签字者知道 d，由 RSA 体制知，其他人不能伪造签名，但可易于证实所给任意 M、S 对是否是消息 M 和相应签字构成的合法对。如第 5 章中所述，RSA 体制的安全性依赖于 $n=p_1p_2$ 分解的困难性[Rivest 1978]。

ISO/IEC 9796 和 ANSI X9.30－199X 已将 RSA 作为建议数字签字标准算法[Menezes 等 1997]。PKCS #1 是一种采用杂凑算法(如 MD－2 或 MD－5 等)和 RSA 相结合的公钥密码标准[RSA Lab 1993；Menezes 等 1997]。有关 ISO/IEC 9796 安全性分析可参看[Guillou 等 1990]。

7.3　Rabin 签字体制

Rabin 于 1978 年提出一种双钥体制的数字签字算法[Rabin 1978，1979]。

1. 体制参数

$n=pq$，n 为公钥，素数 p，q 为秘密钥。$\mathscr{K}=(n, p, q)$。$\mathscr{M}=\mathscr{S}=QR_p\cap QR_q$，$QR$ 为二次剩余集。

2. 签字过程

明文消息 M，$0<M<n$，设 $M\in QR_p\cap QR_q$(若 M 不满足此条件，可将其映射成 $M'=f(M)$，使 $M'\in QR_p\cap QR_q$)，求 M'之平方根，作为对 M 的签字 S。即

$$S = \mathrm{Sig}_k(M) = (M')^{1/2} \mod n \tag{7-3-1}$$

3. 验证过程

任何人可计算

$$M'' = S^2 \mod n \tag{7-3-2}$$

并检验

$$\mathrm{Ver}_k(M, S) = 真 \Leftrightarrow M'' = M' \tag{7-3-3}$$

4. 安全性

攻击者选一 x，求出 $x^2=M \mod n$，送给签字者签字，签字者将签字 S 回送给攻击者；若 $S\neq \pm x$(其概率为 1/2)，则攻击工作者有 1/2 的机会可分解 n，从而可破译此系统。故一个系统若可证明(如二次剩余体制)等于大整数分解，则要小心使用，否则不安全；而 RSA 只是“相信等于”大整数分解的困难性(无法证明)，因而无上述缺点[Rabin 1978]。

ISO/IEC 9796 已将 Rabin 算法作为建议的数字签字标准算法[Menezes 等 1997]。

7.4　ElGamal 签字体制

ElGamal 签字体制由 T. ElGamal 在 1985 年给出。其修正形式已被美国 NIST 作为数字签字标准 DSS。它是 Rabin 体制的一种变型。此体制专门设计作为签字用。方案的安全性基于求离散对数的困难性。我们将会看到，它是一种非确定性的双钥体制，即对同一明文消息，由于随机参数选择不同而有不同的签字。

1. 体制参数

p：一个大素数，可使 $\mathbf{Z}_p$ 中求解离散对数为困难问题；

g：是 $\mathbf{Z}_p$ 中乘群 $\mathbf{Z}_p^*$ 的一个生成元或本原元素；

$\mathscr{M}$：消息空间，为 $\mathbf{Z}_p^*$；

$\mathscr{S}$：签字空间，为 $\mathbf{Z}_p^* \times \mathbf{Z}_{p-1}$；

x：用户秘密钥 $x \in \mathbf{Z}_p^*$；

$$y \equiv g^x \mod p \tag{7-4-1}$$

密钥：$\mathscr{K}=(p, g, x, y)$，其中 p，g，y 为公钥，x 为秘密钥。

2. 签字过程

给定消息 M，发端用户进行下述工作：

(1) 选择秘密随机数 $k \in \mathbf{Z}_p^*$；

(2) 计算：$H(M)$

$$r = g^k \mod p \tag{7-4-2}$$

$$s = (H(M) - xr)k^{-1} \mod (p-1) \tag{7-4-3}$$

(3) 将 $\mathrm{Sig}_k(M, k) = S = (r \| s)$ 作为签字，将 M，$(r \| s)$ 送给对方。

3. 验证过程

收信人收到 M，$(r \| s)$，先计算 $H(M)$，并按下式验证：

$$\mathrm{Ver}_k(H(M), r, s) = 真 \Leftrightarrow y^r r^s \equiv g^{H(M)} \mod p \tag{7-4-4}$$

这是因为 $y^r r^s \equiv g^{rx} g^{sk} \equiv g^{(rx+sk)} \mod p$，由式(7-4-3)有

$$(rx + sk) \equiv H(M) \mod (p-1) \tag{7-4-5}$$

故有

$$y^r r^s \equiv g^{H(M)} \mod p \tag{7-4-6}$$

在此方案中，对同一消息 M，由于随机数 k 不同而有不同的签字值 $S=(r \| s)$。

例 7-4-1　选 $p=467$，$g=2$，$x=127$，则有 $y \equiv g^x \equiv 2^{127} \equiv 132 \mod 467$。

若待送消息为 M，其杂凑值为 $H(M)=100$，选随机数 $k=213$(注意：$(213, 466)=1$ 且 $213^{-1} \mod 466=431$)，则有 $r \equiv 2^{213} \equiv 29 \mod 467$。$s \equiv (100-127 \times 29)431 \equiv 51 \mod 466$。

验证：收信人先算出 $H(M)=100$，而后验证 $132^{29} 29^{51} \equiv 189 \mod 467$，$2^{100} \equiv 189 \mod 467$。 ■

4. 安全性

(1) 不知明文密文对攻击。攻击者不知用户秘密钥 x 下，若想伪造用户的签字，可选 r 的一个值，然后试验相应 s 取值。为此必须计算 $\log_r g^x s^{-r}$。也可先选一个 s 的取值，而后求出相应 r 的取值，试验在不知 r 条件下分解方程

$$y^r s^s ab \equiv g^M \mod p$$

这些都是离散对数问题。至于能否同时选出 a 和 b，然后解出相应 M，这仍面临求离散对数问题，即需计算 $\log_g y^r r^s$。

(2) 已知明文密文对攻击。假定攻击者已知($r \| s$)是消息 M 的合法签字。令 h，i，j 是整数，其中，$h \geqslant 0$，i，$j \leqslant p-2$，且$(hr-js, p-1)=1$。攻击者可计算

$$r' = r^h y^i \mod p \tag{7-4-7}$$

$$s' = s\lambda(hr - js)^{-1} \mod(p-1) \tag{7-4-8}$$

$$M' = \lambda(hM + is)(hr - js)^{-1} \mod (p-1) \tag{7-4-9}$$

则($r' \| s'$)是消息 M' 的合法签字。但这里的消息是 M' 并非由攻击者选择的有利于他的消息。如果攻击者要对其选定的消息得到相应的合法签字，仍然面临解离散对数问题。如果攻击者掌握了同一随机数 r 下的两个消息 M_1 和 M_2 合法签字($a_1 \| b_1$)和($a_2 \| b_2$)，则由

$$M_1 = (r_1 k + s_1 r) \mod(p-1) \tag{7-4-10}$$

$$M_2 = (r_2 k + s_2 r) \mod(p-1) \tag{7-4-11}$$

就可以解出用户的秘密钥 x。因此，在实用中，对每个消息的签字，都应变换随机数 k。而且对某消息 M 签字所用的随机数 k 不能泄露，否则将可由式(7-9-5)解出用户的秘密钥 x。

ANSI X9.30-199X 已将 ElGamal 签字体制作为签字标准算法。有关安全性讨论可参看[Mitchell 等 1992；Stinson 1995；Bleichenbacher 1996]。ElGamal 签字的各种变型可参看[Agnew 等 1990；Kravitz 1993；Schnorr 1991；Yen 等 1993；Nyberg 等 1996；Horster 等 1994]。基于椭圆曲线的 ElGamal 签字可参看[Koblitz 1987；Miller 1986]。

7.5 Schnorr 签字体制

C. Schnorr 于 1989 年提出一种签字体制——Schnorr 签字体制。

1. 体制参数

p，q：大素数，$q|p-1$，q 是大于等于 160 bit 的整数，p 是大于等于 512 bit 的整数，保证 $\mathbf{Z}_p$ 中求解离散对数困难；

g：$\mathbf{Z}_p^*$ 中元素，且 $g^q \equiv 1 \mod p$；

x：用户密钥 $1<x<q$；

y：用户公钥 $y \equiv g^x \mod p$。

消息空间 $\mathscr{M}=\mathbf{Z}_p^*$，签字空间 $\mathscr{S}=\mathbf{Z}_p^* \times \mathbf{Z}_q$；密钥空间

$$\mathscr{K} = \{(p, q, g, x, y): y \equiv g^x \mod p\} \tag{7-5-1}$$

2. 签字过程

令待签消息为 M，对给定的 M 做下述运算：

(1) 发用户任选一秘密随机数 $k \in \mathbf{Z}_q$。

(2) 计算

$$r \equiv g^k \mod p \tag{7-5-2}$$

$$s \equiv k + xe \mod p \tag{7-5-3}$$

式中

$$e = H(r \| M) \tag{7-5-4}$$

(3) 将消息 M 及其签字 $S = \mathrm{Sig}_k(M) = (e \| s)$ 送给收信人。

3. 验证过程

收信人收到消息 M 及签字 $S = (e \| s)$ 后，

(1) 计算

$$r' \equiv g^s y^e \mod p \tag{7-5-5}$$

而后计算 $H(r' \| M)$。

(2) 验证

$$\mathrm{Ver}(M, r, s) \Leftrightarrow H(r' \| M) = e \tag{7-5-6}$$

因为，若$(e \| s)$是 M 的合法签字，则有 $g^s y^e \equiv g^{k-xe} g^{xe} \equiv g^k \equiv r \mod p$，式(7-5-6)等号必成立。

4. Schnorr 签字与 ElGamal 签字的不同点

(1) 在 ElGamal 体制中，g 为 $\mathbf{Z}_p$ 的本原元素；而在 Schnorr 体制中，g 为 $\mathbf{Z}_p^*$ 中子集 $\mathbf{Z}_q^*$ 的本原元素，它不是 $\mathbf{Z}_p^*$ 的本原元素。显然 ElGamal 的安全性要高于 Schnorr。

有关 Schnorr 签字的各种变型可参看[Brickell 等 1992；Okamoto 1992]。De Rooij [1991，1993]对 Schnorr 方案的安全性进行了分析。

(2) Schnorr 的签字较短，由$|q|$及$|H(M)|$决定。

(3) 在 Schnorr 签字中，$r = g^k \mod p$ 可以预先计算，k 与 M 无关，因而签字只需一次 mod q 乘法及减法。所需计算量少，速度快，适用于灵巧卡采用。

有关 Schnorr 签字的各种变型可参看[Brickell 等 1992；Okamoto 1992]。de Rooij [1991，1993]对 Schnorr 方案的安全性进行了分析。

7.6　DSS 签字标准

7.6.1　概况

DSS 签字标准是 1991 年 8 月由美国 NIST 公布，1994 年 5 月 19 日正式公布，1994 年 12 月 1 日正式采用的美国联邦信息处理标准。其中，采用了第 6 章中介绍的 SHA，其安全性基于解离散对数困难性，它是在 ElGamal 和 Schnorr (1991) 两个方案基础上设计的 [FIPS 186，1994]。**DSS** (Digital Signature Standard) 中所采用的算法简记为 **DSA** (Digital Signature Algorithm)。此算法由 D. W. Kravitz[1993]设计。

这类签字标准具有较大的兼容性和适用性，已成为网中安全体系的基本构件之一。

7.6.2 签字和验证签字的基本框图

图 7-6-1(*a*)和(*b*)分别示出了 RSA(或 LUC)签字体制和 DSS 签字体的基本框图。

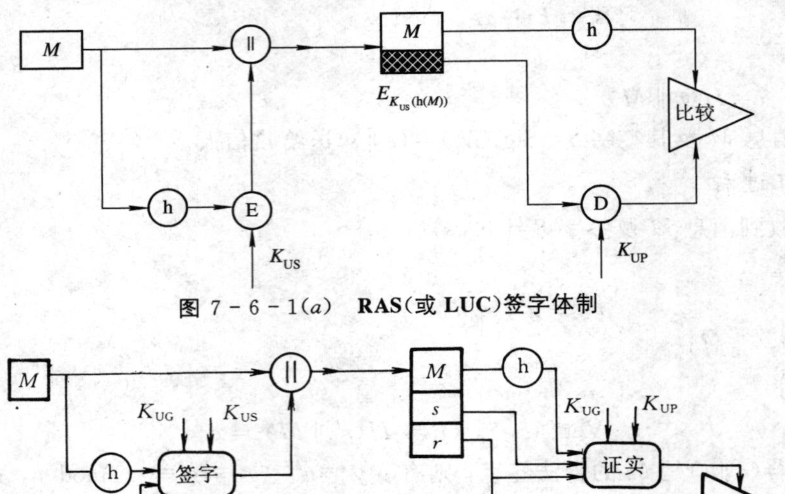

图 7-6-1(*a*) **RAS(或 LUC)签字体制**

图 7-6-1(*b*) DSS 签字体制

在图 7-6—1(*a*)、(*b*)中，h：Hash 运算；*M*：消息；E：加密；D：解密；K_{US}：用户秘密钥；K_{UP}：用户公开钥；K_{UG}：部分或全局用户公钥；*k*：随机数。

7.6.3 算法描述

(1) 全局公钥(p，q，g)

p：是 $2^{L-1}<p<2^L$ 中的大素数，$512\leqslant L\leqslant 1\,024$，按 64 bit 递增；

q：$(p-1)$的素因子，且 $2^{159}<q<2^{160}$，即字长 160 bit；

g：$=h^{p-1} \mod p$，且 $1<h<(p-1)$，使 $h^{(p-1)/q} \mod p>1$。

(2) 用户秘密钥 x：x 为在 $0<x<q$ 内的随机或拟随机数。

(3) 用户公钥 y：$=g^x \mod p$。

(4) 用户每个消息用的秘密随机数 k：在 $0<k<q$ 内的随机或拟随机数。

(5) 签字过程：对消息 $M\in\mathscr{M}=\mathbf{Z}_p^*$，其签字为

$$S=\mathrm{Sig}_k(M,k)=(r,s) \qquad (7-6-1)$$

式中，$S\in\mathscr{S}=\mathbf{Z}_q\times\mathbf{Z}_q$，

$$r\equiv(g^k \mod p) \mod q \qquad (7-6-2)$$

$$s\equiv[k^{-1}(h(M)+xr)] \mod q \qquad (7-6-3)$$

6. 验证过程：计算

$$w=s^{-1} \mod q \qquad u_1=[H(M)w] \mod q$$

$$u_2=rw \mod q \qquad v=[(g^{u_1}y^{u_2}) \mod p] \mod q$$

$$\mathrm{Ver}(M,r,s)=\text{真}\Leftrightarrow v=r \qquad (7-6-4)$$

7.6.4　DSS 签字和验证框图

图 7－6－2 示出了 DSS 签字和验证框图。

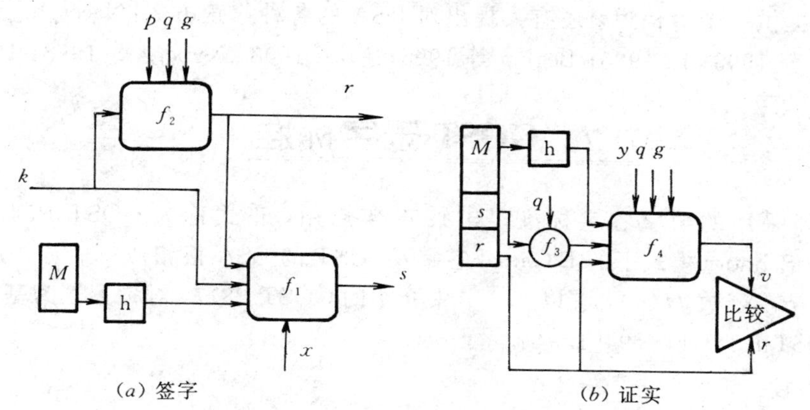

图 7－6－2　DSS 签字和验证框图
(a) 签字；(b) 证实

7.6.5　公众反应

RSA Data Security Inc(DSI)要以 RSA 算法作为标准，因而对此反应强烈。在标准公布之前就指出采用公用模可能使政府能够进行伪造签字。许多大的软件公司早已得到 RSA 的许可证而反对 DSS。主要批评意见有：① DSA 不能用于加密或密钥分配；② DSA 是由 NSA 开发的，算法中可能设有陷门；③ DSA 比 RSA 慢；④ RSA 已是一个实际上的标准，而 DSS 与现行国际标准不相容；⑤ DSA 未经公开选择过程，还没有足够的时间进行分析证明；⑥ DSA 可能侵犯了其它专利(Schnorr 签字算法，Diffie-Hellman 的公钥密钥分配算法)；⑦ 由 512 bit 所限定密钥量太小。现已改为 512～1 024 中可被 64 除尽的即可供使用[Report 1992]。有关批评意见可参看[Smid 等 1992]。

7.6.6　实现速度

预计算：随机数 r 与消息无关，选一数串 k，预先计算出其 r。对 k^{-1}也可这样做。预计算大大加快了 DSA 的速度。

对 DSA 和 RSA 比较如下表：

	DSA	RSA	DSA 采用公用 p，q，g
总 计 算	Off Card(P)	N/A	Off Card(P)
密钥生成	14 s	Off Card(S)	4 s
预 计 算	14 s	N/A	4 s
签　　字	0.035 s	15 s	0.035 s
证　　实	16 s	1.5 s	10 s

注：脱卡(Off Card)计算以 33 MHz 的 80386 PC 机，S 为脱卡秘密参数，模皆为 512 bit。

NIST[1994]曾给出一种求DSA体制所需素数的建议算法，这一体制是在ElGamal体制基础上构造的。有关ElGamal体制安全性讨论亦涉及DSA。如秘密随机数k若重复使用则有被破译的危险性。大范围用户采用同一公共模会成为众矢之的。Simmons[1993]还发现DSA可能会提供一个潜信道。还有人提出对DSA的各种修正方案[Naccache等1994；Yen 1994；Yen等1993；Li 1996；Béguin等1995；Arazi 1993；Nyberg等1993，1996]。

7.7　GOST签字标准

此为俄罗斯采用的数字签字标准，自1995年启用，正式称为GOST R34.10－94[1994]。算法与Schnorr模式下的ElGamal签字及NIST的DSA很相似。算法中也有一个类似于SHA的杂凑函数$H(x)$，它以4.8节中介绍的GOST 28174对称算法为基础构成，其标准号为GOST R34.11－94[1994]。

1. 体制参数

p：509到512 bit或1 020到1 024 bit之间的大素数；

q：$p-1$的一个素因子，大小在254到256 bit范围内，p和q由标准给出的素数生成算法产生[Michels等1996]。

a：小于$p-1$且满足$a^q \equiv 1 \mod p$；

x：小于q的整数；

y：$y \equiv a^x \mod p$。

前三个参数公开，在整个网中可以共用。x是秘密钥，y是公钥。

2. 签字过程

对消息M的签字过程如下：

(1) 计算$H(M)$，若$H(M) \equiv 0 \mod q$，则置$H(M)=0^{255}1$（$0^{255}1$表示255个“0”后为1的数组）；

(2) 发端用户选择小于q的随机数k；

(3) 计算

$$r = (a^k \mod p) \mod q \tag{7-7-1}$$

$$s = (xr + k(H(M))) \mod q \tag{7-7-2}$$

若$r=0$，则返回到2，选另外的k再计算。若$s=0$也要返回到2，选另外的k再计算。

(4) 将$(r \| s)$作为签字送给对方。

3. 验证过程

(1) 检验r和s是否满足大于0，小于q的条件；若其中之一不满足，则签字就不成立。

(2) 计算

$$V=H(M)^{q-2} \mod q$$

$$Z_1=sv \mod q$$

$$Z_2=((q-r)V) \mod q$$

$$u = ((a^{Z_1} \cdot y^{Z_2}) \mod p) \mod q \tag{7-7-3}$$

(3) 检验

$$\mathrm{Ver}(M, r, s) = 真 \Leftrightarrow u = r \tag{7-7-4}$$

4. 安全性

有三种攻击方式，它们是：破译密钥；利用所有已知的公钥参数在所有消息 M 上制作假签字；伪造随机消息 M 的一个签字。

(1) 全面攻击密钥。签字方程中有两个未知参数 x 和 k，求 x 的困难性等价于求离散对数。为避免选择明文攻击，签字人应避免 $H(M)\equiv 0 \mod q$，否则检验签字的人就可从签字方程 $s=(xr+k(H(M))) \mod q$ 解出秘密钥 x。

(2) 广泛的消息伪造。伪造者可先选随机整数 r，然后试着求 s，或反过来做。前者必须求解离散对数 $y_A^r \cdot r^M \mod p$。而后者则必须解方程 $d\equiv e^r \cdot r \mod p$，$d$，$e\in \mathbf{Z}_p$，这可能比解离散对数还要困难些。由于 q 为一素数，Bleichenbacher[1996]提出的对 ElGamal 方案的广泛的消息伪造攻击法对它无效。体制的参数必须按标准选择，否则会影响其安全性[Vaudenary 1996]。

(3) 存在性消息(Existential Message)的伪造。若消息 M 不经过杂凑就进行签字，就可能受到这类攻击。攻击者可选择随机数 u，$w\in \mathbf{Z}_q^*$，计算 $r=\alpha^u \cdot y_A^w \mod p$，$M=-r \cdot w^{-1} \mod q$，$s=u \cdot m \mod q$，则$(r, s)$就是对(随机且可能是没用的)消息 M 的签字。

5. 性能

GOST 与 DSS 的区别是其签字方程不同。此体制注重安全性，q 选择得较大，而一般认为 q 为 160 bit 的数已足够安全。签字只需要一次有$|q|$ bit 的指数运算，一次模 q 化简运算，二次模 q 乘法运算，且无逆运算。证实签字需要三次模 q 指数运算，即一次为有$|q|$ bit 的模 q 指数运算，二次为有$|q|$ bit 的模 p 指数运算和一次模 p 乘法运算。例如，当选用$|p|=512$ bit、$|q|=256$ bit，并采用 Yen 和 Laih 的方法计算指数[Yen 等 1992]，签字的计算复杂性主要由平均用 308 次乘法的模 p 指数运算决定，证实签字的计算复杂性主要由 373 次乘法的模 p 指数运算和 308 次乘法的模 q 指数运算(相当于 102 次乘法的模 p 指数运算)决定。证实签字总的计算量为 476 次乘法的模 p 指数运算。若采用计算模逆的扩展 Euclidian 算法[Michels 等 1996]代替求指数算法，大约可以使乘法计算量降低 100 次。它在计算有效性上不如 DSA，产生一个 512 bit 签字时间是 DSA 的 1.6 倍，这主要是由于它的 q 值至少为 254 bit，其公钥参数的生成和存储也比 DSA 复杂些。

7.8 ESIGN 签字体制

此方案是日本 NTT 的 T. Okamoto 等设计的签字方案[Fujioka 1991；Okamoto 1990]。宣称在密钥签字长度相同条件下，至少和 RSA、DSA 一样安全，且运算速度比它们都快。

1. 体制参数

$n=p^2q$ 为公开钥；p、q 为素数，作为秘密钥；

M：消息；

$H(M)$：消息 M 的 Hash 函数；

k：安全参数。

2. 签字过程

对给定消息 M 做下述运算：

(1) 发端选用随机数 $r<p \cdot q$；

(2) 计算

w：r 为大于$(H(M)-r^k \mod n)/pq$ 的最小整数：

$$((w/kr^{k-1}) \mod p)pq \tag{7-8-1}$$

(3) 将 s 作为消息 M 的签字送给收端。

3. 验证过程

接收者计算 $s^{rk} \mod n$ 和 a，其中 a 是大于等于 $2n/3$ 的最小整数。检验

$$\mathrm{Ver}(M, s) = 真 \Leftrightarrow H(M) \leqslant s^k \mod n，且\ s^k \mod n < H(x) + 2^a \tag{7-8-2}$$

利用预计算可以加速签字过程，在选定 r 后可将(2)分成两步做：

1° 预计算：$u=r^k \mod n$，$v=1/(kr^{k-1}) \mod p$。

2° 计算 w：大于$(H(x)-u/pq)$的最小整数，则

$$s = r + (wv \mod p)pq \tag{7-8-3}$$

这可以使签字速度提高 10 倍[Yang 1992；Yang 等 1991]，可以推广到椭圆曲线上[Okamoto 1992]。

4. 安全性

最初采用的 $k=2$，3 时，很快被 E. Brickell 和 J. DeLaurentis[1985]所破。$k=3$ 时，亦被破；修正算法形式[Okamoto 1986]被 Shamir 所破；另一变型[Okamoto 1987]被 Vallee 等人[1988]所破。ESIGN 是此类算法中一个具体实现方案，Li[1991]的破译法无效。

作者建议 $k=8$，16，32，64，128，256，512，1 024，p 和 q 各为 192 bit，使 n 至少为 576 bit，作者猜想这将使该体制至少和 RSA 或 Rabin 体制一样安全。分析表明，此体制的加密速度可以和 RSA，ElGamal 以及 DSS 等相较量。

7.9 Okamoto 签字体制

Okamoto 签字体制是 1992 年由日本 T. Okamoto 发表的，其安全性由离散对数来定。

1. 体制参数

p，g 为素数，$q|p-1$，q 约 140 bit，p 至少为 512 bit，g_1，g_2 是与 q 同长的随机数。秘密钥 s_1 和 s_2 为小于 q 的随机数。公钥

$$v = g_1^{-s_1} g_2^{-s_2} \mod p \tag{7-9-1}$$

2. 签字过程

对给定的消息 M 做下述运算：

(1) 选两随机数 r_1 和 r_2 都小于 q；

(2) 计算单向杂凑函数：

$$e = H(g_1^{r_1} g_2^{r_2} \mod p, M) \tag{7-9-2}$$

$$y_1 = (r_1 + es_1) \mod q \tag{7-9-3}$$

$$y_2 = (r_2 + es_2) \mod q \tag{7-9-4}$$

对消息 M 的签字

$$s = \mathrm{Sig}_k(M) = (e, y_1, y_2) \tag{7-9-5}$$

(3) 验证签字:

$$\mathrm{Ver}(M, e, y_1, y_2) = \text{真} \Leftrightarrow H(g_1^{y_1} g_2^{y_2} v^e \mod p, M) = e \tag{7-9-6}$$

7.10 OSS 签字体制

OSS 签字体制是 Ong，Schnorr 和 Shamir[1984]提出的一种利用 mod n 下多项式的签字算法。方案基于二次多项式。

1. 体制参数

n：大整数(不必知道其分解)；

k：随机整数 k，满足 $(k, n)=1$；

h：满足 $h=-k^2 \mod n=-(k^{-1})^2 \mod n$；

密钥空间 $\mathscr{K}=\{n, k, h\}$，以 h 和 n 为公钥，k 为秘密钥；消息空间 $\mathscr{M}=\mathbf{Z}_p^*$，签字空间 $\mathscr{S}=\mathbf{Z}_p^* \times \mathbf{Z}_p^*$。

2. 签字过程

对消息 M 做下述运算：

(1) 选随机数 r：满足 $(r, n)=1$；

(2) 计算

$$s_1 = \frac{1}{2}\left(\frac{M}{r} + r\right) \mod n \tag{7-10-1}$$

$$s_2 = \frac{k}{2}\left(\frac{M}{r} - r\right) \mod n \tag{7-10-2}$$

(3) 以 (s_1, s_2) 为消息 M 的签字，送给接收者。

3. 验证过程

计算:

$$M \equiv s_1^2 + h \times s_2^2 \mod n \tag{7-10-3}$$

$$\mathrm{Ver}(M, r, s) = \text{真} \Leftrightarrow M \equiv s_1^2 + h \times s_2^2 \mod n \tag{7-10-4}$$

4. 安全性

对以二次或三次多项式构造的签字[Ong 等 1984；Estes 等 1985；Polland 等 1987]证明是不安全的，四次多项式方案也已被破。Naccacke 等[1994]和 Okamoto[1990]曾提出一种补救措施。

ESIGN 是由 Okamoto 和 Shiraishi[1985]在 OSS 推动下提出的数字签字机构，Brickell 等[1985，1992]对其进行了分析。Fujioka 等[1991]给出 ESIGN 的一种应用。

7.11 离散对数签字体制

ElGamal、DSA、GOST、ESIGN、Okamoto 等签名体制都是基于离散对数问题。这些体制都可以归结为一般的称之为**离散对数签字体制**之特例。

7.11.1　概述

1. 体制描述

p：大素数；

q：为$(p-1)$或$(p-1)$的大素因子；

g：$g\in \mathbf{Z}_p^*$，$g^q\equiv 1 \mod p$；

用户秘密钥 x：$1<x<q$；

用户公钥 y：

$$y = g^x \mod q \tag{7-11-1}$$

一次性随机数 k：$0<k<q$。

2. 签字过程

对给定消息 M 做下述运算：

(1) 计算消息 M 的杂凑值 $H(M)$；

(2) 选定随机数 k 并计算

$$r = g^k \mod p \tag{7-11-2}$$

(3) 签字方程(Signature Equation)

$$ak \equiv b + cx \mod q \tag{7-11-3}$$

式中，系数 a，b，c 可以变通选择，可能取法如表(7-11-1)中所示。以$(r \| s)$作为对 $H(M)$的签字。

表 7-11-1　参数 a，b，c 可能的置换取值表

a	b	c
$\pm r'$	$\pm s$	$H(M)$
$\pm r'$	$\pm s$	1
$\pm r' H(M)$	$\pm H(M)$ s	1
$\pm m r'$	$\pm r' s$	1
$\pm m s$	$\pm r' s$	1

注：表中 $r' = r \mod q$

3. 验证过程

收端收到消息 M 和签字$(r \| s)$后，可按以下验证方程(Verification Equation)检验：

$$\mathrm{Ver}(M, r, s) = \text{真} \Leftrightarrow r^a \equiv g^b y^c \mod q \tag{7-11-4}$$

7.11.2　各种导出签字方案

由表 7-11-1 可以给出多种签字，表中每一行可给出 6 种方案，共 120 种变型，当然不是每一种都是安全有效的签名算法。例如，将表中第一行的 r'，s，$H(M)$赋予 a，b，c 就给出 6 种离散对数签字方案，如表 7-11-2 所示。

表 7-11-2 离散对数签字方案

方案	签字方程	验证方程
1	$r'k \equiv s+H(M)x \mod q$	$r^{r'} \equiv g^s y^{H(M)} \mod p$
2	$r'k \equiv H(M)+sx \mod q$	$r^{r'} \equiv g^{H(M)} y^s \mod p$
3	$sk \equiv r'+H(M)x \mod q$	$r^s \equiv g^r y^{H(M)} \mod p$
4	$sk \equiv H(M)+r'x \mod q$	$r^s \equiv g^{H(M)} y^{r'} \mod p$
5	$H(M)k \equiv s+r'x \mod q$	$r^{H(M)} \equiv g^s y^{r'} \mod p$
6	$H(M)k \equiv r'+sx \mod q$	$r^{H(M)} \equiv g^{r'} y^s \mod p$

ElGamal 和 DSA 签字基本上和表中第 4 方案相同；Agnew[1989]和 Yen[1994]则和第 2 方案相同；Schnorr[1989，1991]签字和 Nyberg 等[1993]的签字方案与第 5 方案相近；表中方程 1 稍加修改即和 Yen 与 Laih[1993]提出的签字方案一样。其它方程给出的方案是新的。

若将式(7-11-3)改为

$$r = (g^k \mod p) \mod q \tag{7-11-5}$$

则更接近于 DSA，在不改变签字方程条件下，验证方程变为

$$(r \mod q)^a = g^b y^c \mod p \tag{7-11-6}$$

式中

$$r=(g^{u_1} y^{u_2} \mod p) \mod q \tag{7-11-7}$$

$$u_1=a^{a-1}b \mod q \tag{7-11-8}$$

$$u_2=a^{a-1}c \mod q \tag{7-11-9}$$

这样又可构成 120 种方案，还有两种可能变型[Horster 等 1994]。由表 7-11-1 总共可构成 480 种签字，方案的个数还不止这些，加上其它可能变型，大约可提供 13 000 种以上的签字方案。

在一定条件下，一种签字方案可以转化为另一种方案的签字，如果反过来也行，则这两种签字方案是**强等价的**。Li[1996]给出了一些离散对数签字方案的等价类划分。同一等价类的安全性相同，这时可选用计算复杂性小的签字方案。

7.11.3 消息恢复签字

这类签字与 RSA 签字的区别是：RSA 对 $H(M)$签字，在验证时可以从签字密文恢复出原来的 $H(M)$，称这类签字为**消息恢复**(Message Recovery)签字。上述签字只能验证签字是否成立，而不能恢复原被签消息。但它可以做下述变化而使之具有消息恢复功能。令

$$r \equiv H(M)g^k \mod p \tag{7-11-10}$$

在签字方程中，以 1 代替 $H(M)$，而后构造验证方程使 $H(M)$可以直接计算出来。类似地，在 DSA 方案中可以令

$$r = (H(M)g^k \mod p) \mod q \tag{7-11-11}$$

来实现。这类变型具有和原方案一样的安全性。为了克服求逆速度慢，Newberg 和 Rueppel[1994]提出一种在签字和验证方程中无须求逆，且具有消息恢复能力的方案，称此为

P-NEW方案。

$$r = H(M)g^{-k} \mod p \tag{7-11-12}$$

$$s = k - r'x \mod q \tag{7-11-13}$$

验证方程

$$H(M) = g^{s} y^{r'} r \mod p \tag{7-11-14}$$

7.11.4 同时对多个明文的签字法

为了提高传信率，可以将 ElGamal 等签字法改造成对两个消息 M_1 和 M_2 进行签字。

令 M_1 和 M_2 的杂凑值为 $H(M_1)$和 $H(M_2)$，计算：

$$r = g^{k} \mod p$$

$$H(M_1) \equiv xH(M_2)r + ks \mod (p-1) \tag{7-11-15}$$

相应$(r \| s)$即为所求之签字。

Horster 等[1994]将其推广，可以同时对三个消息签字，即

$$r = g^{k} \mod p$$

$$H(M_1) = xH(M_2)r + kH(M_3)s \mod q \tag{7-11-16}$$

有关一般离散对数签字亦称之为**广义 ElGamal 签字**，有关分析可参看[Laih1995；Li 1996；Sahurai 等 1998]。最近提出的基于椭圆曲线上的离散对数的签字算法，由于它具有便于实现的优点而受到重视，有关此算法的标准化工作也在进行中[Menezes 等 1995]。

7.12 不可否认签字

1989 年由 Chaum 和 Antwerpen 引入不可否认签字，这类签字有一些特殊性质，适合于某些应用。其中最本质的是在无签字者合作条件下不可能验证签字，从而可以防止复制或散布他所签文件的可能性，这一性质使产权拥有者可以控制产品的散发。这在电子出版系统知识产权保护中将有用场。

普通数字签字，可以精确地对其进行复制，这对于如公开声明之类文件的散发是必须的，但对另一些文件如个人或公司信件特别是有价值文件的签字，如果也可随意复制和散发，就会造成灾难。这时就需要不可否认签字。

在签字者合作下才能验证签字，这会给签字者一种机会，在不利于他时他拒绝合作以达到否认他曾签署的文件。为了防止此类事件，不可否认签字除了一般签字体制中的签字算法和验证算法(或协议)外，还需要第三个组成部分，即**否认协议**(Disavowal Protocol)。签字者可利用否认协议向法庭或公众证明一个伪造的签字确是假的；如果签字者拒绝参与执行否认协议，就表明签字事实上是真的由他签署的。

我们以 Chaum 和 Antwerpen 的不可否认签字体制[1989]为例阐明不可否认签字。

7.12.1 签字与验证签字

1. 体制参数

p：等于 $2q+1$ 的大素数，其中 q 亦为素数，$\boldsymbol{Z}_p^*$ 中的离散对数求解困难。

q：满足上述条件的素数，故可构造 $\mathbf{Z}_p^*$ 的一个 q 阶乘法子群 G。

α：$\mathbf{Z}_p^*$ 中的一个 q 阶元素。

a：$1 \leqslant a \leqslant q-1$，即 $a \in \mathbf{Z}_p^*$。

β：$\beta \equiv \alpha^a \mod p$　　(7-12-1)

令 $\mathscr{M}=\mathscr{S}=\mathscr{G}$，密钥空间为 $\mathscr{K}=\{(p, \alpha, a, \beta) \mid \beta \equiv \alpha^a \mod p\}$。其中，$p$，$\alpha$，$\beta$ 为公钥，a 为签字用户秘密钥。

2. 签字过程

签字用户选定消息 $M \in G$，计算

$$S = \mathrm{Sig}_a(M) \equiv M^a \mod p \tag{7-12-2}$$

这个对 M 的签字，不能被其他人证实。

3. 验证协议

对 M，$S \in G$，

(1) 接收签字用户选择随机数 e_1，$e_2 \in \mathbf{Z}_p^*$。

(2) 接收签字用户计算

$$c \equiv S^{e_1} \beta^{e_2} \mod p \tag{7-12-3}$$

并送给签字者。

(3) 签字者计算

$$d \equiv c^{a^{-1} \mod q} \mod p \tag{7-12-4}$$

并送给接收签字用户。

(4) 当且仅当

$$d \equiv M^{e_1} \alpha^{e_2} \mod p \tag{7-12-5}$$

接收签字用户认可 S 是一个合法签字。

下面我们证明上述验证协议的合理性，由式(7-12-4)有

$$d \equiv c^{a^{-1}} \mod p \equiv S^{e_1 a^{-1}} \beta^{e_2 a^{-1}} \mod p$$

由 $\beta \equiv \alpha^a \mod p$ 有 $\beta^{a^{-1}} \equiv \alpha \mod p$；类似地，由 $S = M^a \mod p$ 有 $S^{a^{-1}} \equiv M \mod p$。代入上式即有

$$d \equiv M^{e_1} \alpha^{e_2} \mod p$$

7.12.2 伪造签字成功率

下面我们将证明，收信人不能用伪造的签字使签字人认可。在不知签字用户秘密钥 a 条件下，攻击者伪造一个签字 $S' \neq M^a \mod p$，以 S' 执行验证协议能使签字者认可的可能性有多大？首先要执行验证协议，签字者要从 $\mathbf{Z}_p^*$ 中选择一对随机数 e_1 和 e_2，计算出数 c 给攻击者，攻击者无法从 c 中推出 e_1 和 e_2，他在 $S' \neq M^a (\mathrm{mod}\ p)$下，要能得到一个 $d' \in \mathbf{Z}_p^*$，且 d' 要和签字者所选用的 q 阶有序数对(e_1，e_2)相协调一致才能使签字者认可，这无异于 $\mathbf{Z}_p^*$ 中的 q 元素的随机猜测，其成功率为 $1/q$，Stinson[1995]对此做了数学证明。

7.12.3 否认协议

现在我们来看如何能防止签字者否认曾作的合法签字。为此要执行下述否认协议。

否认协议：

(1) 接收签字者选择随机数 e_1，$e_2 \in \mathbf{Z}_p^*$。

(2) 接收签字者计算 $c = S^{e_1}\beta^{e_2} \mod p$ 送给签字者。

(3) 签字者计算 $d = c^{a^{-1}} \mod p$ 送给接收签字人。

(4) 接收签字者验证 $d \equiv M^{e_1}\alpha^{e_2} \mod p$。

(5) 接收签字者选择随机数 f_1，$f_2 \in \mathbf{Z}_p^*$。

(6) 接收签字者计算 $C = S^{f_1}\beta^{f_2} \mod p$ 并送给签字者。

(7) 签字者计算 $D = C^{a^{-1} \bmod q} \mod p$ 并送给接收签字者。

(8) 接收签字人验证 $D \equiv M^{f_1}\alpha^{f_2} \mod p$。

(9) 接收签字人宣布 S 为伪，当且仅当

$$(d\alpha^{-e_2})^{f_1} \equiv (D\alpha^{-f_2})^{e_1} \mod p \tag{7-12-6}$$

通过上述两个回合，(1)～(4)和(5)～(8)传送的数据验证其不成立，最后通过(9)的一致性检验可使接收签字人能够确定出签字人是否执行所规定的协议。执行的协议可以实现下述两点：

(1) 签字人可以有证据说明接收签字人提供的非法签字是伪造的。

(2) 接收签字人提供的签字人所签的字不可能(成功概率极小)被签字人证明是伪造的。

第(1)点由式(7-12-6)式给出，现证明如下。由 $d \equiv c^{a^{-1}} \mod p$ 和 $c \equiv S^{e_1}\beta^{e_2} \mod p$ 及 $\beta \equiv \alpha^a \mod p$ 有

$$\begin{aligned}(d\alpha^{-e_2})^{f_1} &\equiv c^{a^{-1}}\alpha^{-e_2} \mod p \\ &\equiv S^{e_1 f_1 a^{-1}}\beta^{e_2 a^{-1} f_1}\alpha^{-e_2 f_1} \mod p \\ &\equiv M^{e_1 f_1}\alpha^{e_2 f_1 - e_2 f_1} \mod p \\ &\equiv M^{e_1 f_1} \mod p\end{aligned}$$

类似地，利用 $D \equiv c^{a^{-1}} \mod p$ 和 $C \equiv S^{f_1}\beta^{f_2} \mod p$ 及 $\beta \equiv \alpha^a \mod p$ 可算出 $(D\alpha^{f_2})^{e_1} \equiv M^{e_1 f_1} \mod p$，从而证明式(7-12-6)成立。

下面我们来证明第(2)点，若签字者想否认他所签过的字，则在执行否认协议时他可能采取越轨行动。例如，他不按协议来构造 d 和 D，亦即签字者所提供的

$$d \neq M^{e_1}\alpha^{e_2} \mod p \tag{7-12-7}$$

$$D \neq M^{f_1}\alpha^{f_2} \mod p \tag{7-12-8}$$

但可证明，此时不能通过否认协议的第(9)步，即不满足式(7-12-6)的概率为$(1-1/q) \to 1$。

由 $S \equiv M^a \mod p$，和式(7-12-7)及式(7-12-8)式，令

$$D \equiv \alpha_0^{f_1}\alpha^{f_2} \mod p$$

若式(7-12-6)成立，则可由它导出

$$d_0 = \alpha^{1/e}\alpha^{-e_2/e_1} \mod p \tag{7-12-9}$$

d_0 仅与否认协议的(1)～(4)步有关。而由第(2)点结论，对 d_0 而言 S 被接受为合法签字的概率为 $1-1/q$。由于 S 是 M 的合法签字，因此

$$M^a \equiv d_0^a \mod p$$

的概率接近于 1，这意味 $M=d_0$。但是由式(7－12－7)

$$M \neq d^{1/e_1}\alpha^{-e_2/e_1} \mod p \tag{7-12-10}$$

由此式及式(7－12－9)可得出

$$M \neq d_0 \mod p$$

从而导致矛盾，因此式(7－12－6)不成立，从而得到签字者用违反否认协议得逞的成功概率为 $1/q$。

有关不可否认签字的其它方案可参看[Chaum 1990；Chaum 等 1991；Fujioka 等 1991；Harn 等 1992]。

7.12.4　可变换不可否认签字

Boyar 等[1990]曾提出一种不可否认签字，它在必要时可变换成普通的数字签字，从而任何人可以验证其真伪，这一方案基于 ElGamal 体制。

1. 体制参数

p，q：素数，$q|(p-1)$。

g：$\mathbf{Z}_q^*$ 中小于 q 的元素。

h：随机数，$1<h<p$。计算

$$g = h^{(p-1)/q} \mod p \tag{7-12-11}$$

若 $g=1$，则另选 h，再计算。

秘密钥：x，z 都小于 q。

公钥：p，q，g，y 和 u，其中

$$y = g^x \mod p \tag{7-12-12}$$

$$u = g^z \mod p \tag{7-12-13}$$

2. 签字过程

对给定消息 M：

(1) 选择随机数 $t\in\mathbf{Z}_q^*$；

(2) 计算

$$T = g^t \mod p \tag{7-12-14}$$

$$M' = TtzM \mod p \tag{7-12-15}$$

(3) 选择随机数 $R\in\mathbf{Z}_q^*$，且$(R, P)=1$；

(4) 计算

$$r = g^R \mod p \tag{7-12-16}$$

并用欧几里得除法计算出

$$M' = rx + RS \mod q \tag{7-12-17}$$

将$(r\parallel s)$和 T 作为消息 M 的签字。

3. 证实过程

证实签字的过程如下：

(1) 接收签字人生成两个随机数 e_1 和 e_2，并计算

$$c = T^{TMe_1}g^{e_2} \mod p \tag{7-12-18}$$

将 c 送给签字人

(2) 签字人生成一随机数 k，并计算：

$$h_1 = cg^k \mod p \tag{7-12-19}$$

$$h_2 = h_1^z \mod p \tag{7-12-20}$$

将 h_1 和 h_2 送给签字者。

(3) 接收签字者将 h_1 和 h_2 送给签字人。

(4) 签字者证实

$$c = T^{TMe_1} g^{e_2} \mod p \tag{7-12-21}$$

后，将 k 送给接收签字者。

(5) 接收签字者验证：

$$h_1 = T^{TMe_1} g^{e_2+k} \mod p \tag{7-12-22}$$

$$h_2 = y^{re_1} r^{se_1} u^{e_2+k} \mod p \tag{7-12-23}$$

当签字者将 z 公开，就转变成普通签字，任何人可以证实他的签字。

不可否认签字可以和秘密共享体制组合使用，成为一种**分布式可变换不可否认签字**(Distributed Convertible Undeniable Signature)。由一组人中的几个人参与协议执行来验证某人的签字。可参看[Pederson 1991；Harn 1992；Sakano 1993]。有关不可否认签字还可参看[Chaum 1991，1995；Chaum 等 1992；Okamoto 1994；Boyar 等 1991]。

7.13　防失败签字

防失败(Fail-stop)签字由 B. Pfitzmann 和 M. Waidner[1991]引入。这是一种强化安全性的数字签字，可防范有充足计算资源的攻击者。当 A 的签字受到攻击，甚至分析出 A 的秘密钥条件下，也难以伪造 A 的签字，A 亦难以对自己的签字进行抵赖。

下面以 van Heyst 和 Pederson[1992]所提方案为例介绍防失败签字。它是一种一次性签字方案。即给定密钥只能签署一个消息。由三部分，即由签字、验证和“对伪造的证明”(Proof of Forgery)算法组成。

7.13.1　签字体制描述

1. 体制参数

p：大素数使 $p=2q+1$，q 是一素数，$\mathbf{Z}_p$ 中求解离散对数困难。

α：$\alpha \in \mathbf{Z}_p^*$，$\alpha$ 阶数为 q。

a_0：$\mathbf{Z}_q^*$ 中的数。

β：$\beta = \alpha^{a_0} \mod p$。

p，q，α，β 及 a_0 由可信赖中心选定，且 p，q，α，β 为公开的参数。a_0 对所有人保密。

消息空间 $\mathscr{M} = \mathbf{Z}_q$；签字空间 $\mathscr{S} = \mathbf{Z}_q \times \mathbf{Z}_q$；密钥空间 $\mathscr{K} = (r_1, r_2, a_1, a_2, b_1, b_2)$，其中 a_1，a_2，b_1，$b_2 \in \mathbf{Z}_p$，

$$r_1 = \alpha^{a_1} \beta^{a_2} \mod p \tag{7-13-1}$$

$$r_2 = \alpha^{b_1} \beta^{b_2} \mod p \tag{7-13-2}$$

2. 签字过程

对给定消息 $M\in\mathbf{Z}_q$ 和 $\mathscr{K}=(r_1, r_2, a_1, a_2, b_1, b_2)$：

(1) 计算

$$y_1=(a_1+xb_1) \mod q \tag{7-13-3}$$

$$y_2=(a_2+xb_2) \mod q \tag{7-13-4}$$

(2) 定义对消息 M 的签字为

$$S=\mathrm{Sig}_K(M)=(y_1 \| y_2) \tag{7-13-5}$$

3. 验证过程

收信者收到消息 M 和签字 $S=(y_1\|y_2)$，验证

$$\mathrm{Ver}_K(M, S)=\text{真} \Leftrightarrow r_1r_2^M\equiv\alpha^{y_1}\beta^{y_2} \mod p \tag{7-13-6}$$

7.13.2 安全性

对两个密钥$(r_1, r_2, a_1, a_2, b_1, b_2)$和$(r_1', r_2', a_1', a_2', b_1', b_2')$，当且仅当 $r_1=r_1'$ 和 $r_2=r_2'$ 时称它们彼此**等价**。由 r 的定义式易于看出，各等价类中恰有 q^2 个密钥。等价密钥有下述几个重要性质。

(1) 若 K 与 K' 等价，则有 $\mathrm{Ver}_K(M, S)$=真的充要条件是 $\mathrm{Ver}_{K'}(M, S)$=真。

证：由定义知：

$$r_1\equiv\alpha^{a_1}\beta^{a_2}\equiv\alpha^{a_1'}\beta^{a_2'}\equiv r_1' \mod p$$

$$r_2\equiv\alpha^{b_1}\beta^{b_2}\equiv\alpha^{b_1'}\beta^{b_2'}\equiv r_2' \mod p$$

若 $S=(y_1\|y_2)$是以 K 对 M 的签字，则由签字定义式及上两式有

$$\begin{aligned}\alpha^{y_1}\beta^{y_2}&\equiv\alpha^{a_1+Mb_1}\beta^{a_2+Mb_2}\\&\equiv\alpha^{a_1}\beta^{a_2}(\alpha^{b_1}\beta^{b_2})^M\\&\equiv\alpha^{a_1'}\beta^{a_2'}(\alpha^{b_1'}\beta^{b_2'})^M\\&\equiv r_1'r_2'M \mod p\end{aligned}$$

即验证 S 为 K' 下对 M 的签字。

(2) 若 K 是密钥，对消息 M 的签字为 $S=\mathrm{Sig}_K(M)$，则恰有 q 与 K 等价的密钥 K'，满足 $\mathrm{Sig}_{K'}(M)$。

证 令 α 是 $\mathbf{Z}_p^*$ 的生成元，由 r_1，r_2 及 y_1，y_2 的定义式知，存在惟一指数 c_1，c_2，$a_0\in\mathbf{Z}_q$ 使：

$$r_1\equiv\alpha^{c_1} \mod p$$

$$r_2\equiv\alpha^{c_2} \mod p$$

$$\beta\equiv\alpha^{a_0} \mod p$$

存在惟一的 e_1，e_2，a_0 充要条件是 c_1，c_2，a_2 应满足下列联立同余方程：

$$c_1\equiv a_1+a_0a_2 \mod q$$

$$c_2\equiv b_1+a_0b_2 \mod q$$

$$y_1\equiv a_1+Mb_1 \mod q$$

$$y_2\equiv a_2+Mb_2 \mod q$$

可表示成 Z_q 上的矩阵方程

$$\begin{bmatrix}1 & a_0 & 0 & 0\\ 0 & 0 & 1 & a_0\\ 1 & 0 & M & 0\\ 0 & 1 & 0 & M\end{bmatrix}\begin{bmatrix}a_1\\ a_2\\ b_1\\ b_2\end{bmatrix}=\begin{bmatrix}c_1\\ c_2\\ y_1\\ y_2\end{bmatrix}$$

由第 1，2，4 行在 $\mathbf{Z}_q$ 上线性独立知，系数矩阵的秩至少为 3，又因四行的线性组合为零，即

$$r_1 + Mr_2 - r_3 - a_0r_4 = (0,\ 0,\ 0,\ 0)$$

r_i 为第 i 行，可断定矩阵之秩为 3。所以联立方程有解，解空间维数为 4－3＝1，故恰有 q 个解。

(3) 设 K 是一密钥，相应对消息 M 的签字为 $S=\mathrm{Sig}_K(M)$，若对 $M'\neq M$ 有 $\mathrm{Ver}_K(M',S')$＝真，则至多有一个与 K 等价的密钥 K' 使 $S=\mathrm{Sig}_K((M)$和 $S'=\mathrm{Sig}_{K'}(M')$成立。证明类似于性质(2)。

这一性质说明，以同一等价类中的密钥签署不同的消息将得到不同的签字。

由上述性质可知，给定一个签字 $S=\mathrm{Sig}_K(M)$，对 $M'\neq M$，攻击者即使攻击了签字者所用密钥 K，要伪造签字 $S'=\mathrm{Sig}_K(M')$被验证为真的概率仅为 $1/q$。

由于有 q 种等可能的密钥供签字者选用，攻击者猜中的概率仅为 $1/q$，因此它是无条件安全的。

现在来看攻击者是否可以伪造一个签字 $S''\neq\mathrm{Sig}_K(M')$而被验证为真。

假定签字者有一对(M',S'')使 $\mathrm{Ver}(M',S'')$＝真，且 $S''\neq\mathrm{Sig}_K(M')$，即有

$$r_1r_2^{M'} \equiv \alpha^{y''_1}\beta^{y''_2} \mod p$$

其中，$S''=(y''_1\parallel y''_2)$。签字者可计算他对消息 M' 的签字 $S'=(y'_1\parallel y'_2)$，使

$$r_1r_2^{M'} \equiv \alpha^{y'_1}\beta^{y'_2} \mod p$$

从而有

$$\alpha^{y''_1}\beta^{y''_2} = \alpha^{y'_1}\beta^{y'_2} \mod p$$

由 $\beta=\alpha^{a_0} \mod p$ 有

$$\alpha^{y''_1+a_0y''_2} \equiv \alpha^{y'_1+a_0y'_2} \mod p$$

或

$$y''_1 + a_0y''_2 \equiv (y'_1 + a_0y'_2) \mod q$$

即

$$y''_1 - y'_1 \equiv a_0(y'_2 - y''_2) \mod q$$

而 $y'_2\neq y''_2 \mod q$，故$(y'_2-y''_2)^{-1} \mod q$ 存在，且

$$a_0 = \log_\alpha\beta = (y''_1 - y'_1)(y'_2 - y''_2)^{-1} \mod q$$

但签字者既不能求解离散对数 $\log_\alpha\beta$，又不可能知道参数 a_0(它由可信赖中心掌握)，所以 S'' 可被验证为真的假定不成立。

有关防失败签字体制还可参看[Pfitzmann 等 1991，Damgård 1993，Damgård 等 1997]。

7.14　盲　签　字

一般数字签字中，总是要先知道文件内容而后才签署，这正是通常所需要的。但有时我们需要某人对一个文件签字，但又不让他知道文件内容，称此为**盲签字**(Blind Signature)，它是由 Chaum[1983]最先提出的。在选举投票和数字货币协议中将会碰到这类要求。利用盲变换可以实现盲签字，参看图 7 - 14 - 1。

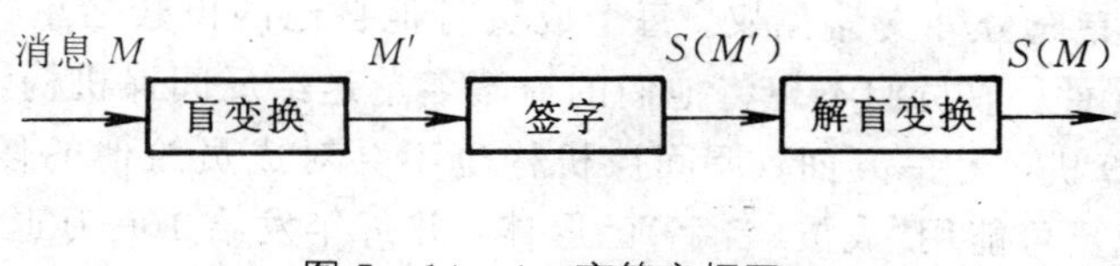

图 7 - 14 - 1　盲签字框图

7.14.1　完全盲签字

B 是一位仲裁人，A 要 B 签署一个文件，但不想让他知道所签的是什么，而 B 并不关心所签的内容，他只是要确保在需要时可以对此进行仲裁。可通过下述协议实现。

完全盲签字协议：

(1) A 取一文件并以一随机值乘之，称此随机值为**盲因子**(Blinding Factor)；

(2) A 将此盲文件送给 B；

(3) B 对盲文件签字；

(4) A 以盲因子除之，得到 B 对原文件的签字。

若签字函数和乘法函数是可换的，则上述作法成立；否则，要采用其它方法(而不是乘法)修改原文件。

安全性讨论：

B 可以欺诈吗？是否可以获取有关文件的信息？若盲因子完全随机，则可保证 B 不能由(2)中所看到的盲文件得出原文件的信息。即使 B 将(3)中所签盲文件复制，他也不能(对任何人)证明在此协议中所签的真正文件，而只是知道其签字成立，并可证实其签字。即使他签了 100 万个文件，也无从得到所签文件的信息。

完全盲签字应具如下特点：

(1) B 对文件的签字合法，它证明 B 签了该文件，且具有以前介绍过的普通签字的属性。

(2) B 不能将所签文件与实际上签的文件联系起来，即使他保存所有曾签过的文件，也不能决定所签文件的真实内容，窃听者所得信息更少。

7.14.2　盲签字

完全盲签字使 A 可以让 B 签任何他所想要的文件。例如，“B 欠 A 1 000 万元”等，因而这种协议不可能真正实用。

采用分割—选择(Cut-and-Choose)技术，可使 B 知道他所签的，但仍可保留盲签字的一些有用特征。

例 1 每天有许多人进入某国，海关想知道他们是不是贩毒者。他们用概率方法而不是检查每个人来实现这一目的。对入关者抽取 1/10 进行检查。贩毒者在多数情况下将可逃脱，但有 1/10 机会被抓获。而法院系统，为了有效惩治贩毒，一旦抓获，其罚金将大于其它 9 次的获利。要想增加捕获率，必须检查更多的人，利用搜查概率值可以成功地控制抓获贩毒分子的协议。

例 2 反间谍组织的成员的身份必须保密，甚至连反间谍机构也不知道他是谁。反间谍机构的头头要给每个成员一个签字的文件，文件上注明：持此签署文件人(将有掩蔽的成员名字写于此)有充分外交豁免权。每个成员有他自己的掩蔽名单，使反间谍机构不能恰好提供出签字文件。成员们不想将他们的掩蔽名单送给反间谍机构，敌人也可能会破坏反间谍机构的计算机。另一方面，反间谍机构也不会对成员给他的任何文件都进行盲签字。一个聪明的成员可能用“成员(名字)已退休，并每年发给 100 万退休金”进行消息代换后，请总统先生签字。此情况下，盲签字可能有用。

假定每个成员可有 10 个可能的掩护名字，他们可以自行选用，别人不知道。假定成员们并不关心在那个掩护名字下他们得到了外交豁免，并假定机构的计算机为 Agency's Large Intelligent Computing Engine，简记为 ALICE，则可利用下述协议实现。

协议

(1) 每个成员准备 10 份文件，各用不同的掩护名字，以得到外交豁免权。

(2) 成员以不同的盲因子盲化每个文件。

(3) 成员将 10 个盲文件送给 ALICE。

(4) ALICE 随机选择 9 个，并询问成员每个文件的盲因子。

(5) 成员将适当的盲因子送给 ALICE。

(6) ALICE 从 9 个文件中移去盲因子，确信其正确性。

(7) ALICE 将所签署 10 个文件送给成员。

(8) 成员移去盲因子，并读出他的新的掩护名字 Bob，“该死！”Bob 说，“我希望是 The Crimson Streak。”

这一协议在抗反间成员欺诈上是安全的，他必须知道哪个文件不被检验才可进行欺诈，其机会只有 10%。(当然他可以送更多的文件)ALICE 对所签第 10 个文件比较有信心，虽然未曾检验。这具有盲签性，保存了所有匿名性。

反间成员可以按下述方法进行欺诈，他生成两个不同的文件，ALICE 只愿签其中之一，B 找两个不同的盲因子将每个文件变成同样的盲文件。这样若 ALICE 要求检验文件，B 将原文件的盲因子给他；若 ALICE 不要求看文件并签字，则可用盲因子转换成另一蓄意制造的文件。以特殊的数学算法可以将两个盲文件做得几乎一样，显然，这仅在理论上是可能的。

7.14.3 信封

D. Chaum 将盲变换看作是信封，盲化文件是对文件加个信封，而去掉盲因子过程是打开信封。文件在信封中时无人可读它，而在盲文件上签字相当于在复写纸信封上签字，从而得到了对真文件(信封内)的签字。

7.14.4　盲签字算法

D. Chaum[1985]曾提出第一个实现盲签字的算法，他采用了 RSA 算法。令 B 的公钥为 e，秘密钥为 d，模为 n。

(1) A 要对消息 m 进行盲签字，选 $1<k<m$，作

$$t \equiv mk^e \quad \bmod n \rightarrow \mathrm{B} \tag{7-14-1}$$

(2) B 对 t 签字

$$t^d \equiv (mk^e)^d \quad \bmod n \rightarrow \mathrm{A} \tag{7-14-2}$$

(3) A 计算 $S \equiv t^d/k \quad \bmod n$ 得

$$S \equiv m^d \quad \bmod n \tag{7-14-3}$$

这是 B 对 m 按 RSA 体制的签字。

证明

$$t^d \equiv (mk^e)^d \equiv m^d k \quad \bmod n \Rightarrow t^d/k \equiv m^d k/k \equiv m^d \quad \bmod n \tag{7-14-4}$$

但任何盲签字，必利用分割—选择原则。Chaum[1987]给出一种更复杂的算法来实现盲签字，他还提出了一些更复杂但更灵活的盲签字法。

有关盲签名的各种方案可参看[Camenish 等 1994；Horster 等 1995；Stadler 等 1995]。盲签字在新型电子商务系统中将有重要应用[Chaum 等 1986，1989，1990，1992，1993；Chaum 1986，1987，1988，1989，1990，1992，1997；Okamoto 1995]。

7.15　群　签　字

群体密码学(Group-Oriented Cryptography)1987 年由 Desmedt 提出。它是研究面向社团或群体中所有成员需要的密码体制。在群体密码中，有一个公用的公钥，群体外面的人可以用它向群体发送加密消息，密文收到后要由群体内部成员的子集共同进行解密。本节介绍群体密码学中有关签字的一些内容。

7.15.1　群签字

群签字(Group Signature)是面向群体密码学中的一个课题，1991 年由 Chaum 和 van Heyst 提出。它有下述几个特点：① 只有群体中成员能代表群体签字；② 接收到签字的人可以用公钥验证群签字，但不可能知道由群体中哪个成员所签；③ 发生争议时可由群体中的成员或可信赖机构识别群签字的签字者。

例如，这类签字可用于投标中。所有公司应邀参加投标，这些公司组成一个群体，且每个公司都匿名地采用群签名对自己的标书签字。事后当选中了一个满意的标书，就可识别出签字的公司，而其它标书仍保持匿名。中标者若想反悔已无济于事，因为在没有他参加下仍可以正确识别出他的签字。这类签字还可在其它类似场合使用。

群签字也可以由可信赖中心协助执行，中心掌握各签字人与所签字之间的相关信息，并为签字人匿名签字保密；在有争执时，可以由签字识别出签字人[Chaum 1991]。

Chaum 和 Heyst[1990]曾提出四种群签字方案。有的由可信赖中心协助实现群签字功能，有的采用不可否认并结合否认协议实现。

Chaum[1995]所提方案，不仅可由群体中一个成员的子集一起识别签字者，还可允许群体在不改变原有系统各密钥下添加新的成员。D. Wang[1996]曾提出了另一实现方案。

群签字目标是对签字者实现无条件匿名保护，而又能防止签字者的抵赖，因此称其为群体内成员的**匿名签字**(Anonymity Signature)更合适些[Chen 1994；Chen 等 1994]。

7.15.2 面向群体的不可抵赖签字

本章前面已介绍过不可抵赖签字，这里将介绍在一个群体中由多个人签署文件时能实现不可抵赖特性的签字问题。Desmedt 等[1991]所提出的实现方案多依赖于门限公钥体制。

一个面向群体的(t, n)不可抵赖签字，其中t是阈值，n是群体中成员总数，群体有一公用公钥。签字时也必须有t人参与才能产生一个合法的签字，而在验证签字时也必须至少有群体内成员合作参与才能证实签字的合法性。这是一种集体签字共同负责制。L. Harn 和 S. Yang[1992]提出了一种$t=1$和$t=n$的方案。D. Wang[1996]给出了$1\leqslant t\leqslant n$的两种方案。Li 等[1994]、Lu 等[1996]、Feng[1997]都提出一些改进的(t, n)门限签字方案。

7.16 数字签字体制中的潜信道

潜信道(Subliminal Channel)是在公开信道中所建立的一种实现隐蔽通信(Covert Communications)的信道。潜信道由 Simmons 在 1978 年提出，其目的在于证明当时美国用于(SALT II——第二阶段限制战略武器会谈条约)核查系统中的安全协议的基本缺陷。1984 年 Simmons 等证明，绝大多数签字体制中都可能存在潜信道，能否利用它进行隐蔽通信？如何能使公开信道的接收者要提取通过潜信道传送的消息，在计算上是不可行的[Simmons 1983，1984，1985，1986，1993，1994]？我们将通过讨论各种签字体制，如 ElGamal、DSS 等签字体制中的潜信道的生成过程、性质、基本缺陷等来回答上述问题。利用系统接入控制机制中的漏洞建立隐信道(Covert Channel)实施隐蔽通信的问题将在第 10 章中介绍。

7.16.1 隐蔽通信

在实际通信中，有许多隐蔽信道和隐蔽通信的例子。例如：① 二战期间，美国战俘利用字母 i 表示 Morse 电码中的“点”，用字母 t 表示“划”，来实现秘密消息传递，躲过敌方电报检查员的检查。② 在保密数据网上，通过在预定时间控制正在处理公共业务的请求的网络仲裁者的状态实现隐蔽 bit 传送。这一潜信道的发送和接收者在有相同时钟条件下可以访问这些隐蔽码元。由于仲裁者也要接受其它用户的请求，因此这类信道实际上具有一定的不确定性，可以用差错控制方法改进，而能提供一个可用的隐蔽信道。③ 令 A，B 因犯罪被捕入狱，分在不同狱中。看守 W 允许 A，B 交换信件，但不能加密且需经 W 检查，而 A、B 又要防止 W 用伪造消息欺骗 A 或 B，故采用可靠的签名实现，并且要传递秘密信息，讨论如何协调越狱，为此他们要在公开信道中建立一个潜信道来实现。

实施隐蔽通信的双方 A 和 B 可以通过下述协议建立一个潜信道来达到预定目的。① A 生成一个无意义消息 M，类似于随机数；② A 利用与 B 共享秘密钥对 M 进行签字，同时将潜信息嵌入签字中；③ A 将签字消息交 W 转送给 B；④ W 检阅 A 的消息并检验其签字，未发现可疑之处后转送给 B；⑤ B 验证 A 的签字；⑥ B 用与 A 共享秘密钥从接收的无意义消息中提取潜信息。

W 虽对 A 和 B 不信任，并可随时中断 A 与 B 的通信，但他既不可能提取潜信息(因无 A 与 B 共享秘密钥)，又不可能用伪造 A 的消息欺骗 B (因他无 A 的签字用秘密钥)。

如何防止 A 与 B 之间的相互欺诈？这是一个棘手的问题。一些潜信道下，B 需要读的潜信息正是 A 需要签署的无意义消息，这使得 B 可以伪装 A 签一个似乎来自 A 但 A 根本不知道的消息。因此潜信道的通信双方必须彼此信任，不会滥用共享秘密钥，这是 I 型潜信道。还有另一类潜信道，可以使 A 向 B 送潜消息，但 B 不能伪装 A 来签署任何这类消息，称作 II 型潜信道。在间谍系统中广泛采用这类潜信道进行通信。

有关无潜信道的签字体制(Subliminal-free Signature Scheme)可参看[Desmedt 1988]。

7.16.2　TRW 方案

美国 TRW 公司为美国征集执行 SALT II 核查系统而设计的方案被采用。TRW 方案能准确检查出导弹发射中心状态(是否装载导弹)，又能确保美俄双方对信息完整性(防伪、防替代、防欺诈、防否定)的要求。

TRW 方案采用防窜传感器盒，将其放入发射井内能探测出导弹的现状，它具有遥感性能，可以进行高精度探测，发现对方导弹的移动和靠近发射井的行为，并能测出处于临战状态的导弹。这种传感器也可由对方提供。中心关键是如何确保信息的完整性，满足 SALT II 条约的需要。

三方的要求归纳如下。

美方要求：

(1) 俄方不能擅自确定发射井的状态，甚至无权更改其预先对发射井状态的评估；

(2) 俄方不能伪造美方破坏条件的事实，即不能伪造传感器输出来骗第三方；

(3) SALT II 对询问次数作了限制，故应能向第三方证明俄方询问次数及美方回答次数以及相应时间。

俄方要求：

(1) 能确认输出内容是否来自事先安装好的传感器，防止美方欺诈；

(2) 能确认事先安装的传感器对询问做出了回答，即美方只能根据事先安装的传感器输出来回答询问；

(3) 能确证传感器正确回答了询问，而且在规定时限内完成；

(4) 美方不能伪造俄方询问，使传感器产生输出，欺骗第三方以为是俄方询问的结果；

(5) 能使第三方确证询问和相应回答的真实性，即美方无法否认传感器输出内容。

联合国方要求：

(1) 能证明并登记应答时间，并能与相应的查询联系起来；

(2) 俄方不能否认对查询的应答，且不能在未进行查询下要求提供应答结果；

(3) 美方不能否认传感器对俄方查询所输出的内容，亦不能伪造查询和应答结果。

TRW 方案框图如图 7－15－1 所示。其中，PK_U 为美方公钥密码，K_{US}为美方秘密钥，K_{UP}为美方公开密钥；PK_{RX}为俄方公钥密码，K_{RSX}为俄方秘密钥，K_{RPX}为俄方公开密钥；X

是密码号数。

PK_U 的模<PK_R 的模，时间信息段、传感器ID(安装时秘密送入)、PK_R(由美方秘密送入，防止俄方对每个传感器采用不同的程序包来识别美方的发射井)程序包识别符ID数据中含有发射井状态/信息段/验证(校验)段。

询问应答保证只有俄方有权提出询问并具有对相应应答验证的资格。

美方要用100个密码的解密方法解出并验证是否每个密文中都包含了相同的询问——即惟一性验证码段、正确的传感器程序包的识别符、发射井的正常状态(美方知道井的状态且可与标识符相联系)、正确统计俄方使用密码模块的次数、正确的时区等，并证明传感器程序包未泄露上述任何信息(发射井方面的信息)。然后，才将传感器的输出结果交给俄方。输出数据中只含有时间性、惟一性、可靠性及装有"民兵"导弹的发射井总数的信息。

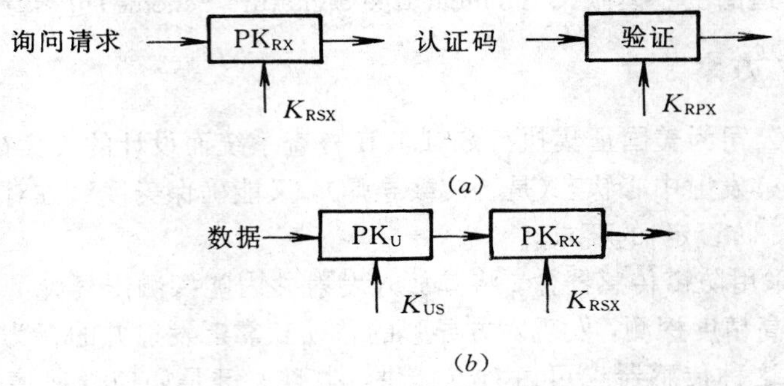

图7-15-1 TRW方案框图

(a) 询问及其验证；(b) 应答数据加密

7.16.3 潜信道

1-bit潜信道。可设计一个密码，它对每一明文可产生两个密文，都可用同一解密钥解密。密文可分成奇数和偶数两类，发方可以自由选用一种密文来表示明文，从而构成1-bit无条件保密的潜信道。可用Vernam密码来隐蔽阈下比特，参看图7-15-2。公开收信者由于不掌握密钥 $k_i(i=1, 2, \cdots)$，即使他怀疑潜信道可能传送可疑信息，也无法查出潜信道是否正被使用。

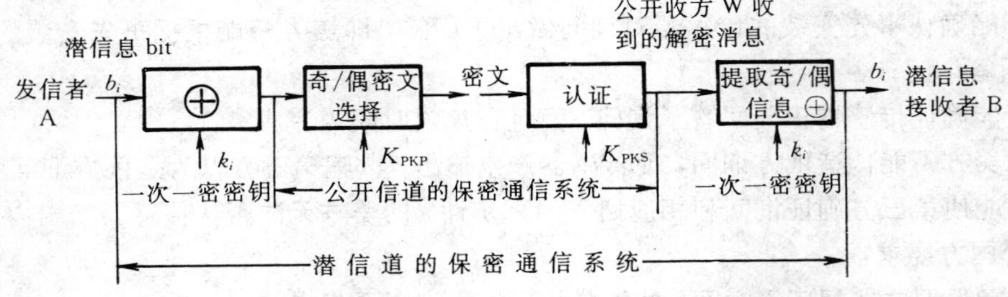

图7-15-2 1-bit潜信道的保密通信系统

可将1-bit潜信道推广至多bit潜信道。若能构造出一种密码，可使任一明文有 l 种可能的密文，则可构造出 lb l bit($=\log_2 l$)的潜信道。

这类潜信道可用于实际中。例如，用于SALT Ⅱ核查系统，若俄方提供的一个发射井的传感器的密码只生成**奇数类密文**，而另一个井安装的算法只产生**偶数类密文**，从而可以鉴别各个发射井，并搞清楚哪个发射井装载弹头。因此，仅需 10 bit 潜信道就足以精确查出美方哪些发射井装载了导弹，这就排除了隐蔽导弹的可能性。

7.16.4　签名体制中的潜信道

离散对数型数字签字体制中，消息和签字可用三元组(M, r, s)或$(H(M), r, s)$表示。若 $H(M)$、r 和 s 的长度近于 n bit，整个传送三元组长度为$(|M|+2n)$ bit，即增加了 $2n$ bit。其中，n bit 用于提供对签字的保护(防修改、抗伪、防移植等，伪造成功率为 2^{-n})；另外的 n bit 则可用于构造潜信道。而且如果发方牺牲一些保密度，还可以加大潜信道的容量。

一般一个有 α bit 的签字，若抗伪能力为 β bit，则潜信道容量可达$(\alpha-\beta)$ bit。若能以$(\alpha-\beta)$ bit 传送潜信息，则称其为**宽带潜信道**；若仅能以$<(\alpha-\beta)$ bit 传送潜信息，则称其为**窄带潜信道**。关键是计算复杂性将随所用潜信道的 bit 数指数地增大。

宽带潜信道致命问题是要恢复阈下信息，则必须知道发方秘密签名密钥，从而意味收方可以伪造发方签名而不被检测出来。如果发方不相信潜信道的接收者，就无法实现以$(\alpha-\beta)$ bit速率传送阈下信息。若发信者将签字秘密钥交给接收者，称此宽带潜信道为 Ⅰ **型潜信道**。若发信者不把签字秘密钥交给潜信息接收者，则称此窄带潜信道为 Ⅱ **型潜信道**。

7.16.5　ElGamal 数字签字方案的潜信道

7.4 节已介绍了 ElGamal 数字签字，我们现在讨论如何利用它建立 Ⅰ 型潜信道。签字者实际上为潜信道的发送者 A，潜信道接收者为 B，公开接收验证签名者为 V。A 可以利用会话密钥 k(是 ElGamal 签名体制中用户 A 选的随机数 $k\in \mathbf{Z}_{p-1}^{*}$)向 B 传送秘密信息，而 A 与 B 共享用户 A 签字用的秘密钥 $x\in \mathbf{Z}_{p-1}^{*}$，且 $\gcd(x, p-1)=1$。从而 B 可以用 x 计算出

$$w=(H(M)-xr) \tag{7-16-1}$$

而公开接收者 V 由于不知 x 而无法计算 w，它只能证明 k 是一个随机选择的密钥，甚至他可以知道 k，也不能知道其具体涵义。

当 B 收到$(M; r, s)$，若 $\gcd(s, p-1)=1$，则在模$(p-1)$下可求出 s 的逆元 s^{-1}，利用 Euclidean 算法求模$(p-1)$下乘法逆元的计算量为 $O(\mathrm{lb}(p-1))$步，易于实现。由式(7-16-1)可计算出

$$k\equiv s^{-1}w \mod (p-1) \tag{7-16-2}$$

这就是潜信道下所传送的消息。

对于任意随机选择的 k，能使 B 正确恢复它的概率应为 $\varphi(p-1)/(p-1)$。其中，$\varphi(p-1)$是与$(p-1)$互素整数的个数。令 M_p 是模$(p-1)$下与其模互素的非负数剩余集，因此，相应潜信道的容量为

$$C_s=\mathrm{lb}|M_p|-\mathrm{lb}(\varphi(p-1)) \tag{7-16-3}$$

通过适当设计，可以将小于等于 C_s bit 潜信息编码或映射为相应随机数(或会话密钥)k，实现潜消息的传送。这种编译码方法应当简单易行，但对于一个大素数，特别是$(p-1)$有若干因子时就很难找到一种简便实用的方法，这就限制了潜信道容量的充分利用。

潜信道的安全性包括两方面内容：一是 A 和 B 之间利用潜信道传送的信息能否被公开验证签字者 V 检测到和恢复出来；另一个是签字者 A 的签字秘密钥信息是否会泄露而被别人滥用。

首先看第一个问题。若公开验证者 V 知道 A 要向 B 传送的消息 k'，并猜测有人在利用潜信道，他只须计算 $g^{k'}$ 并与收到的 r 进行比较，若相等，则可肯定已检测到潜信道。但若 A 与 B 采用一次一密的 Vernam 加密，即 A 将欲传给 B 的 C_s 比特信息 k''，先用 A 与 B 共享 C_s 比特密钥加密后，得 k'，再将其映射为 M_p 中的元素，作为 A 签字用的随机数 k。这样，即使公开验证者 V 知道 A 要向 B 送消息，也无法检测出潜信道是否正在被利用传信，因为 k'' 是等概地被映射为 M_p 中的任一元素，V 无法由 k 推断出相应的 k''。Vernam 体制是无条件安全的，因此以这种方法通过潜信道传送的信息是绝对隐蔽的。

现在来看第二个问题。ElGamal 签字体制中，用户密钥 x 和一次性秘密随机数 k 是保证签字安全的秘密参数，如果 k 泄露，则可通过下述计算得到用户秘密钥 x，从而会危及 A 原签字的安全。由于$(M; r, s)$是公开的，从 M 易得 $H(M)$；若 $\gcd(r, p-1)=1$，则可求得其逆 r^{-1}，则由

$$s \equiv k^{-1}(H(M) - xr) \mod (p-1) \tag{7-16-4}$$

不难求得

$$x \equiv r^{-1}(H(M) - ks) \mod (p-1) \tag{7-16-5}$$

然而，k 是不公开的，V 只知道 $r=g^k \mod p$。若 $\gcd(k, p-1)=1$，则 $\gcd(g^k \mod p, p-1)=1$ 的概率随 p 渐近为 $\varphi(p-1)/(p-1)$，这是模 p 指数到模$(p-1)$剩余类上的均匀随机映射。若不知道 k 要想从 r 求 k，需解 mod p 的离散对数。若 $\gcd(k, p-1)=f>1$，则式(7-16-5)的解不是惟一的，可以采用 Simmons 和 Holdridge[1982]给出的前向搜索密码分析技术求出所有可能的 x。此时，式(7-16-5)可简化为

$$z \equiv \left(\frac{r}{f}\right)^{-1}\left(\frac{H(M) - ks}{f}\right) \mod \left(\frac{p-1}{f}\right) \tag{7-16-6}$$

式中：

$$\left(\frac{r}{f}\right)\left(\frac{r}{f}\right)^{-1} \equiv 1 \mod \left(\frac{p-1}{f}\right) \tag{7-16-7}$$

则 x 的取值范围为

$$Z_1 = \left\{Z + i\left(\frac{p-1}{f}\right)\right\} \qquad 0 \leqslant i \leqslant f \tag{7-16-8}$$

相应可求出

$$y_i \equiv g^{z_i} \mod p \qquad 0 < i < f \tag{7-16-9}$$

由此可找到能产生 y(公开参数)的 Z_i，即为所求的 x。若 f 不大，则通过少量搜索即可求得 x。$f=1$ 是其特例，此时不需搜索就可求得 x。若 $p=2p'+1$，则因 $\varphi(p)=2p'$，而有$(p'-1)$种情况可由式(7-16-5)直接求出 x；而当 $f=2$ 时，只需进行一次模指数运算就可找出 x；但当 $f=p'$ 时，虽然原则上可用上述搜索方法求解 x，但所需计算量太大，而难以实现。

下面讨论接收者 B 如何恢复 A 发给他的潜消息。我们通过例子说明。

例 7-16-1　假定明文为 M=NOT SEEING IS BELIEVING，以 ASCII 码表示为二元数字，并以 16 bit 分组进行杂凑运算，采用逐组相继异或(这不是一个安全杂凑算法，

$H(\cdot)$在讨论潜信道安全上不起作用)，以 sp 表示 space 键，φ 表示填充的全零字节。

$$
\begin{aligned}
H(M) &= (\text{NO}) \oplus (\text{Tsp}) \oplus (\text{SE}) \oplus (\text{EI}) \oplus (\text{NG}) \oplus (\text{spI}) \oplus (\text{Ssp}) \oplus (\text{BE}) \\
&\quad \oplus (\text{LI}) \oplus (\text{EV}) \oplus (\text{IN}) \oplus (\text{G}\varphi) \\
&= (1011010011011001)_2 = (29\ 913)_{10}
\end{aligned}
$$

令 $p=99\ 907$，则$(p-1)=99\ 906=2\times3\times16\ 651$。其中，16 651 为素数。取本原元 $g=14$，用户 A 的秘密钥 $x=3\ 338$，则其公开钥为 $y\equiv g^x=14^{3338}=97\ 799 \quad \text{mod } p$。为了简单，可令潜消息就是一次性随机数 k(可以省去 p 潜消息和 M_p 之间的编译码映射)，若潜消息为 $k=\text{NO}=(1100111011011)_{\text{ASCII}}=(52\ 943)_{10}$，则可求得 $k^{-1}\equiv59\ 693 \quad \text{mod } (p-1)$；$r=g^k\equiv 83\ 261 \quad \text{mod } (p-1)$；$w=H(M)+xr \quad \text{mod } (p-1)\equiv16\ 639$，$s\equiv k^{-1}w=59\ 693\times16\ 639 \quad \text{mod } (p-1)\equiv66\ 281\equiv79\times8\ 836\ (p-1)$。

A 向 V 和 B 发送的签字消息为(M；83 261，66 281)。任何人包括 V 都可用 A 的公钥验证 A 的签字。但 B 由于知道 A 的秘密钥 x 而可算出 w。由于 $\gcd(s, p-1)=1$，故可算出$s^{-1} \quad \text{mod } (p-1)$，从而算出 $k\equiv ws^{-1}=16\ 639\times85\ 781\equiv52\ 943 \quad \text{mod } (p-1)$，即可以恢复出潜消息 NO。

若 A 的秘密钥为 3 339 时情况就大不相同了。此时，可计算出 $y=70\ 395$，$s=41\ 466$，由于 $r=g^{-1} \quad \text{mod } p$ 而不受影响。假定潜消息仍为 NO，此时 B 由已知 x 可计算 $w=H(M)+xr\equiv99\ 900 \quad \text{mod } (p-1)$，从而可知 $41\ 466\equiv k^{-1}99\ 900 \quad \text{mod } 99\ 906$。但此时 $f=(41\ 466, 99\ 906)=(99\ 900, 99\ 906)=6$。因此必须利用式(7-16-6)计算，即 $Z_K\equiv(6\ 911)^{-1}\times16\ 650 \quad \text{mod } 16\ 651=2\ 990$，且

$$k_i = (2\ 990 + 1\ 6650xi) \qquad 0\leqslant i<6$$

通过计算 $r_i\equiv g^{k_i} \quad \text{mod } p$，可以求出与 r 一致的 r_i，即可得到相应要求的 k 的取值。但若 $x=3\ 340$，相应 $f=16\ 651$，这样要搜索出相应的 k 的工作量就太大了。表 7-16-1 给出不同秘密钥 x 下，y、s 和 f 的值。

表 7-16-1　不同秘密钥 x 下的 y、s 和 f 值

x	3 338	3 339	3 340	3 341	3 342
y	97 799	70 395	86 387	10 254	43 649
s	66 281	41 466	16 551	91 742	66 927
f	1	6	16 551	2	3

■

由上例讨论可知，ElGamal 签字由 2δ bit 组成。其中，$\delta=\lceil\log p\rceil$。此签字中，有 δ bit 随机数用来提供签字的含糊度，以防止伪装、窜改和移植；余下的 δ bit 可用于潜消息传送，但其中仅有 $\text{lb}(\varphi(p-1))$ bit 可用来传信，即要损失 $\delta-\text{lb}(\varphi(p-1))$ bit，随 p 的选择而不同。一般当 p 不超过 777 位十进制数下，可能会有 1～3 bit 损失。

此外，要使 B 从潜信道提取原来的消息，其难易程度取决于$(p-1)$的分解，当 $\gcd(s, p-1)=f$大时，需要搜索的次数太大而不可行。例如，当 $p=2p'+1$，p'为素数时，总有一条潜消息会使 $f=p'$而难以恢复。

一个严重的问题是，A 为了使 B 能恢复潜消息就必须将他的签字用秘密钥 x 告诉 B，从而使 B 可以伪造 A 的签字。当 A 和 B 利益一致，在相互信赖下不会造成太大问题，但当

A与B也是竞争对手的情况下，则需要采用Ⅱ型潜信道。例如，可以按下述方法建立1 bit潜信道，A和B事先约定将r的最低有效位作为潜消息，A选择会话密钥k，使$\gcd(k, p-1)=1$，并计算r，若r的最低有效位为潜消息值(其概率为1/2)，则认可；否则，重新选k再试计算，直到得到所需的奇偶性。如果要用C_s bit时，则一般要进行2^{C_s}次选择来使C_s bit为所希望的取值。可以通过Vernam加密来隐蔽消息。

7.16.6　DSS中的潜信道

类似于ElGamal体制，也可用7.6节中介绍的DSS体制构造潜信道，而且它还克服了ElGamal体制中潜信道的一些缺点[Simnons 1993]。DSS签字中的r和s分量都是GF(q)中元素，故签字长度为$2\delta=2\lceil \text{lb } q\rceil$ bit。签名的安全性完全由从GF(q)中随机提取一个惟一性未知元的概率$1/q$决定。由于q是素数，因此潜信道容量$\delta=\lceil \text{lb } q\rceil$，可全部用于潜消息传送，而且无需设计复杂的编译方案。此外，对r、s和w的计算都是在素数模q下进行的，这三个数总存在逆元，因而无需搜索算法。DSS中的潜信道在这几个方面均优于ElGamal体制的潜信道，可见DSS体制下的Ⅰ型潜信道是相当完美的。惟一的问题是签字者A的秘密钥x必须让B知道。

例7-16-2　选$q=F_4+2^{24}+1=65\ 557$，这是一个Fermat素数。设$p=2\times 65\ 119\times q+1=8\ 535\ 407\ 807$，其中65 119为素数，lb 65 119=32.990 8，需用33 bit表示，而65 557可用16 bit表示，这就是说DSS体制签名长为32 bit，而用ElGamal体制签名长为66 bit。令$a=(p-1)/q=130\ 238$，则可选$h=a$，由$a^a=86\ 899\ 349 \mod p$可算得$g=a^a \mod p$，与p，q一起作为公钥。

类似于例7-16-1，仍选消息M=NOT SEEING IS BELIEVING，潜消息为NO，即$k=52943$，$H(M)=29913$。可计算$k^{-1}\equiv 17\ 948 \mod q$，A选的秘密钥$x=3\ 338$，公钥为$y\equiv g^x\equiv 5\ 330\ 546\ 434 \mod p$。由此可计算签字$r=45\ 117$及$s=62\ 678$。B收到($M$，$r$，$s$)后，先计算$H(M)$，再计算$w\equiv H(M)+xr \mod q$，从而可由$k=s^{-1}w \mod q\equiv 65\ 239\times 26\ 433\equiv 52\ 943 \mod q$恢复出潜消息NO。

公开接收者V除了不知A的秘密签名钥x外，对潜信道所传送的一切数据都可截收，如果A正在用潜信道向B传送信息NO，就可能猜出k。而且由于q为素数，无需搜索就可由k直接计算出x。A可以采用Vernam一次一密体制对潜消息加密，只要A，B双方共享一次性秘密钥就可阻止V对k的攻击，实现安全的潜信道通信。

下面介绍DSS标准中的Ⅱ型潜信道。首先来看如何以DSS构造1 bit Ⅱ型潜信道，实现无条件保密的隐蔽通信。为此，A与B预先商定随机地选定一素数P，$P>q$，并且达成协议。若r是mod P下的二次剩余，则认为潜信息bit取值为1；否则为0。通过计算r的Legendre符号(r/P)不难实现潜信息的编译码(计算量为$O(\log p)$)。公开信道的接收者V可以收到该信道中所传的全部三元组(M；r，s)数据以及公开信息和DSS的合法用户登记本，他面临的问题是在不知P下猜测(r/P)的取值问题。如果A选用平方数小于q的r，则很容易求解出(r/P)，因此A要避免采用这$\sqrt{q}$个r的剩余类。Seysen[1987]给出的定理表明，除去上述$\sqrt{q}$个r的剩余类外，r关于随机素数P为二次剩余的概率渐近为1/2。这表明V对于1 bit潜信道中所传信息的含糊度为1 bit。

发端A如何对潜信息进行编码，即如何控制(r/P)的取值，以传送预定的潜信息bit取值？A 虽然不能对消息 M 进行控制，但他可以自行选择签字会话密钥 k，若他随机地选择 k，则有近于 $\sqrt{q}/q=1/\sqrt{q}$ 的概率使 r 为实域上的完全平方，虽然此时 $(r/P)=1$，但如前所述不能用于传潜信息。因此，A 将有近于 $1/\sqrt{q}$ 的概率需要重新选择另一个 k。对于 k，在 $O(q-\sqrt{q})$ 个可用值中，有一半 r 值为 mod P 的二次剩余，另一半为 mod P 的非平方剩余。所以，对于随机选择的 k 值，能使 r 为所需的潜信息 bit 取值的概率近于 1/2。平均而言需要对 k 进行两次选择试验，每次试验都要计算 r 和 (r/P)。仅当得到合适的选择，才计算签字的另一半，即求相应的 s 值。

为什么要采用 Legendre 符号呢？原理上也可以用 r 的最低位 bit 作为潜信息 bit，此时如果 A 与 B 共享一个随机二元序列，用它未用过的首位 bit 表示潜信息的编码规则，从而可以实现一次一密的完善保密。Legendre 符号所起的作用正是 A 与 B 共享的二元随机序列的作用，但它不再需要事先交换这一密钥序列了。

将上述利用 Legendre 符号构造的 1 bit 潜信道推广至多 bit 并非易事。虽然 A 和 B 可以商定一组随机选择的素数 P_i，$i=1, 2, \cdots, \mu$，来建立 μ 个独立的 1 bit 潜信道，这些信道可以独立地进行译码，但不能独立地进行编码。Simmons[1991]给出了一种构造 DSS 的多 bit 潜信道的方法。令 q 是 $GF^*(q)$ 中的一个生成元，其中 q 为 160 bit 的素数。可选 r 中的任一特定 μ 位，例如最低 μ 位构成 μ bit 序列，则有 $2^{160-\mu}$ 个可能的 k 值可以生成 r 中给定 μ bit位取值的 r。A 适当选出 k，它能生成所需的 r，就可在 DSS 中构成一个 μ bit 潜信道。

公开接收者 V 知道 q，$(M; r, s)$，若他还知道 A 想要隐蔽传送 μ bit 信息，当他观察到 r 以所期望的 μ bit 结束时，他将能以 $1-2^{-\mu}$ 的置信度判断潜信道正在被利用。在一次性使用此类潜信道下，V 很难得到潜信息，但如果继续用下去，潜信息被破译的可能性就会大大增加。为此，A 和 B 每次需要用 μ bit 随机密钥对潜信息进行加解密，从而能实现潜信息的完善保密。(这种潜信道的利用方法，对于 A 的签字的安全性是否会有影响？原来对一个 (r, s) 只有相应惟一的一个 k，而现在则有 2^{μ} 个可能的 k 值可以生成 A 的合法签字。)

前述方法要求 A 的计算能力比 B 的大，但也有 A 的计算能力较小的相反情况。此时实施方案应将计算搜索任务交由 B 来完成。A 除了选他自己签名用的秘密钥 x 外，再选第二个秘密钥 k'，其含糊度要足以防止 B 能伪造 A 的签字。A 计算 $r'=q^{k'} \mod p$，并秘密将 r' 交给 B，用于建立潜信道。A 并未将 k' 交给 B，即 A 与 B 并不共享此秘密钥，而 B 要从 r' 解出 k' 将面临求解离散对数问题。令 m' 是 A 要传给 B 的 μ bit 潜信息。A 建立相应会话密钥 $k=k'+m'$，而后对消息 M(无实际意义)进行签字，得出三元组 $(M; r, s)$，通过公开信道传送。

B 收到三元组 $(M; r, s)$ 后，可以计算 $r\equiv(g^k \mod p) \mod q\equiv(g^{k'+m'} \mod p) \mod q\equiv(r'(g^{m'} \mod p) \mod p) \mod q$，其中 r' 事先已由 A 秘密给 B，而 $g^{m'}$ 的不确定性仅为 μ bit，可由 B 通过搜索加以确定。B 可以检查哪一个 m' 可以产生接收 r 来确定 m'，这需要在集 $\{g^i \mod p, 1\leqslant i\leqslant 2^{\mu}-1\}$ 中进行搜索，这可以预计算列表 $\{i, g^i \mod p, 1\leqslant i\leqslant 2^{\mu}-1\}$。当 B 收到三元组 $(M; r, s)$，就可计算出 $(r'r_i \mod p) \mod q$，直到找到相符合的 r 值，即可确定出 i 值，即潜信息 m_i。解密平均需要进行 $2^{\mu-1}$ 次模乘运算。

上述方法的缺点是签名所用会话密钥不再是一次性的，而是由潜信息 m' 所决定。对于同一潜信息 m'，如果重发，即使所用的公开消息不同，如为 M_1 和 M_2，但相应签字三元组为 $(M_1; r, s_1)$ 和 $(M_2; r, s_2)$，即两者的 r 部分一样，这将使 V 确知潜信道正在被使用。为了克服这一缺点，A 就不能采用固定的第二秘密钥 k'。可以采用一次一密体制，即第 i 次传潜信息时可采用 μ bit 密钥 k'_i，使签字用会话密钥 $k=k'_i+m'$。这就需要将 $r'_i\equiv g^{k'_i}$ mod $(p-1)$预先秘密交给 B。B 可以用类似于前述的方法恢复潜信息，而 V 则无法知道潜信道是否被利用，也无法提取有关潜信息。

前述Ⅱ型潜信道都要求 A 或 B 做一定量的搜索计算才能实现。而且搜索量与 μ 的大小有关，因此 μ 不能选得太大，这就是说一个安全的Ⅱ型潜信道都是窄带信道。

随着信息化社会的发展，证件发行机构将逐步采用数字来签署各类重要文件和证件(身份证、执照、数字化照片、指纹、签名、权限、信誉标识信息等)。除了前面所介绍的可用潜信道传送秘密外，潜信道的内在特点使其可能有一些潜在用途。它能在公开签署的证件签字中，安放一些必要的潜信息，如在身份证件中，注明持证人的一些重要信息，如恐怖分子、毒品贩、走私贩、严重罪犯等；在驾驶执照中注上酒后开车和交通事故记录等；在商用 IC 卡中注上客户的信用评价等；政府可以用来对数字货币进行标记；这些信息为持证人无法恢复的隐蔽信息，但可作为有关机构查证之用；潜信道还可用于数字版权保护，在对产品的每个副本的数字签字中附加上身份信息或标记(tag)而不会影响签字的正常运行[Anderson 1996；Wayner 1997]；一个被迫对某文件进行数字签字的人也可以利用潜信道嵌入一个声明是出于无奈等等。

7.16.7　有关纠错码用于认证的系统中的潜信道研究

本节内容可参看[Safavi Naimi 等 1991；Zhou 等 1996；Feng 等 1998]。

7.17　其它数字签字

7.17.1　委托签字

委托(Proxy)签字是某人授权其代理进行的签字，在不将其签字秘密钥交给代理人条件下如何能实现？Mambo 等[1995]提出了一种解决办法，能够使代理签字具有如下特点：① **不可区分性**(Distinguishability)，代理签字与某人通常签字不可区分；② **不可展延拓性**(Unforgeability)，只有原来签字人和所托付的代理签字人可以建立合法的委托签字；③ 代理签字的**差异**(Deviation)，代理签字者不可能制造一个合法代理签字不被检测出它是一个代理签字；④ **可证实性**(Verifiability)，签字验证人可以相信委托签字就是原签字人认可的签字消息；⑤ **可识别性**(Identifiability)，原签字人可以从委托签字确定出代理其签字人的身份；⑥ **不可抵赖性**(Undeniability)，代理签字人不能抵赖他所建立的已被接受的委托签字。

有时可能需要更强的可识别性，即任何人可以从委托签字确定出代理签字人的身份，具体实现算法参看[Mambo 等 1995]。

7.17.2　指定证实人的签字

一个机构中指定一个人负责证实所有人签的字，任何成员所签的文件都具不可否认性，但证实工作均由指定人完成。这种签字称作**指定证实人的签字**(Designated Confirmer

Signatures)，它是普通数字签字和不可否认数字签字的折衷。签字人必须限定由谁才能证实他的签字；另一方面如果让签字人完全控制签字的实施，则他可能以用肯定或否定方式拒绝合作，他可能为此宣布密钥丢失，或可能根本不提供签名。指定证实人签字给签字人以一种不可否认签字的保护而不会让他滥用这类保护。这种签字也有助于防止签字失效，例如，在签字人的签字密钥确实丢失，或在他休假、病倒甚至去世时，都能对其签字提供保护。

可以用公钥体制结合适当设计的协议实现，证实人相当于仲裁角色，他将自己的公钥公开，任何人对某文件的签字可以通过他来证实。具体算法可参看[Chaum 1994；Okamoto 1994]。

数字签字在协议中有各种各样的应用，详见第9章。

7.17.3 一次性数字签字

若数字签字机构至多可用来对一个消息进行签字，否则签字就可被伪造，称这数字签字为**一次性**(One-time)签字体制。在公钥签字体制中要求对每个消息都要用一个新的公钥作为验证参数。一次性数字签字的优点是产生和证实都较快，特别适用于要求计算复杂性低的芯片卡。已提出几种实现方案，如Rabin[1978]一次性签字方案、Diffie-Lamport[1979]方案、Merkle[1989]一次性签字方案(Bleichenbacher等对其进行了推广[1994])、GMR一次性签字方案[Goldwasser等1988]、Bos和Chaum[1994]的一次性签字方案，还可参看[Goldreich 1987；Naor等1989；Rompel 1990；Even等1989，1996]。这类方案多与可信赖第三方相结合，并通过认证树结构实现[Menezes等1997；Merkle 1980，1989]。

有仲裁参与的数字签字研究可参看[Davies等1989；Needham等1978，1987]。

7.17.4 双有理签字方案

Shamir[1993]提出双有理签字方案，Coppersmith[1997]对其进行了分析研究。

7.17.5 数字签字的应用

有关数字签字一些方案常随不同的应用而异，我们在第9章中将介绍数字签字在协议中的各种各样的应用，如同时签约、数字挂号邮件等。

第8章 认证理论与技术(三)——身份证明

在一个有竞争和争斗的现实社会中，身份欺诈是不可避免的，因此常常需要证明个人的身份。通信和数据系统的安全性也取决于能否正确验证用户或终端的个人身份。例如，银行的自动出纳机ATM(Automatic Teller Machine)可将现款发给经它正确识别的账号持卡人，从而大大提高了工作效率和服务质量。对于计算机的访问和使用、安全地区的出入都是以精确的身份验证为基础的。

传统的身份证明一般是通过检验“物”的有效性来确认持该物的人的身份。“物”可以为徽章、工作证、信用卡、驾驶执照、身份证、护照等，卡上含有个人照片(易于换成指纹、视网膜图样、牙齿的X光射像等)，并有权威机构签章。这类靠人工的识别工作已逐步由机器代替。在信息化社会中，随着信息业务的扩大，要求验证的对象集合也迅速加大，因而大大增加了身份验证的复杂性和实现的困难性。例如，下一代银行自动转账系统中可能有上百万个用户，若用个人识别号PIN(Personal Identification Number)至少需要六位十进制数字。若要用户个人签字来代替PIN，须能区分数以百万计人的个人签字。

一些采用电子方式实现个人身份证明的方法，如从银行的ATM取款时需要将信用卡和PIN送入其中；电话购货需证实信用卡的号码；用电话公司发行的卡支付长途电话费需验证4位十进制数字的PIN；通过网络联机时需送用户的名字和口令等。但是，由于有各种攻击，常使这类简单的身份验证方法失效。

针对如何以数字化方式实现安全、准确、高效和低成本的认证，本章将讨论几种可能的技术，如通行字认证系统、个人特征的身份证明、零知识证明以及灵巧卡等。

8.1 身份证明

8.1.1 身份欺诈

下面给出一些例子，说明几种身份欺诈的可能方式。

1. 象棋大师问题(The Chess Grandmaster Problem)

A不懂象棋，但可同时向G. Kasparov和A. Karpov挑战，在同一时间和地点进行(不在一个房子)对弈，以白子棋对前者以黑子棋对后者，而两位大师彼此不通气，参看图8-1-1。Karpov持白子棋先下一步，A记下走到另一房间下同样一着，而后看Kasparov

如何下黑子棋，A 记下这第二步对付 Karpov，以此类推。这是一种中间人欺诈。

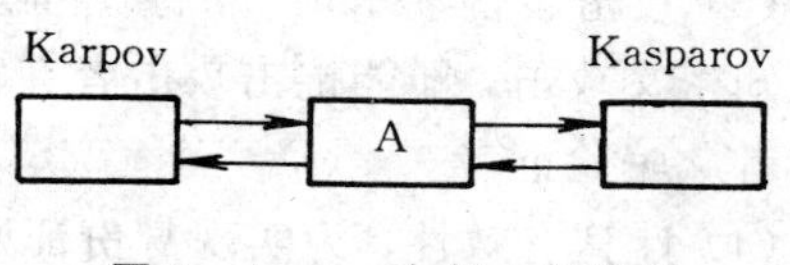

图 8-1-1　象棋大师问题

2. The Mafia 欺诈

A 在 Mafia 集团成员 B 开的饭馆吃饭，Mafia 集团另一成员 C 到 D 的珠宝店购珠宝，B 和 C 之间有秘密无线通信联络，A 和 D 不知道其中有诈。A 向 B 证明 A 的身份并付账，B 通知 C 开始欺骗勾当，A 向 B 证明身份，B 经无线通信通知 C，C 以同样协议与 D 实施。当 D 询问 C 时，C 经 B 向 A 问同一问题，B 再将 A 的回答告诉 C，C 向 D 回答，参看图 8-1-2。实际上，B 和 C 起到中间人作用完成 A 向 D 的身份证明，实现了 C 向 D 购买了值钱珠宝，而把账记在 A 的账上。这是中间人 B 和 C 合伙进行的欺诈。

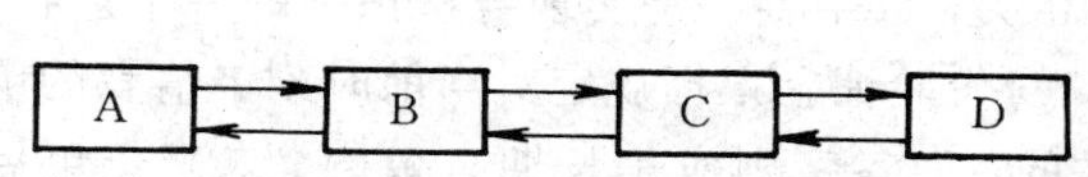

图 8-1-2　中间人合伙欺诈

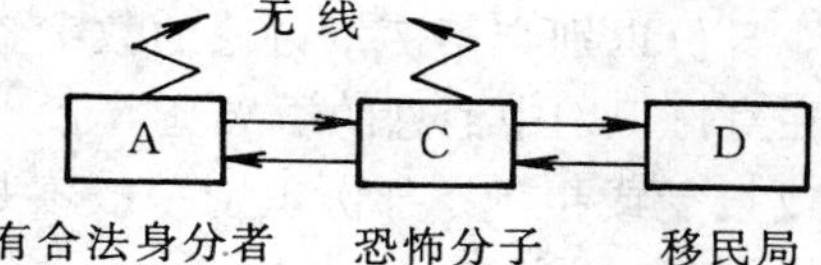

图 8-1-3　另一种中间人合伙欺诈

3. 恐怖分子欺诈

假定 C 是一名恐怖主义者，A 要帮助 C 进入某国，D 是该国移民局官员，A 和 C 之间有秘密无线电联络，参看图 8-1-3。A 协助 C 得到 D 的入境签证。

这类欺诈可以用防电磁辐射泄露和精确时戳等技术来抗击。

4. 多身份欺诈(Multiple Identity Fraud)

A 首先建立几个身份并公布之。其中之一他从来未用过，他以这一身份作案，并只用一次，除目击者(Witness)外无人知道犯罪人的个人身份。由于 A 不再使用此身份，而无法跟踪。采用一种机构，且每人只能有一个身份证明就可抗击这类欺诈[Calvelli 等 1992]。

8.1.2　身份证明系统的组成和要求

一个身份证明系统一般由三方组成：一方是出示证件的人，称作**示证者** P(Prover)，又称作**申请者**(Claimant)，提出某种要求；另一方为验证者 V(Verifier)，检验示证者提出的证件的正确性和合法性，决定是否满足其要求；第三方是攻击者，可以窃听和伪装示证者骗取验证者的信任。认证系统在必要时也会有第四方，即**可信赖者**参与调解纠纷。称此类技术为身份证明技术，又称作**识别**(Identification)、**实体认证**(Entity Authentication)、**身份证实**(Identity Verification)等。实体认证与消息认证的差别在于，消息认证本身不提供时间性，而实体认证一般都是实时的。另一方面实体认证通常证实实体本身，而消息认证除了证实消息的合法性和完整性外，还要知道消息的含义。

对身份证明系统的要求：

(1) 验证者正确识别合法示证者的概率极大化。

(2) 不具可传递性(Transferability)，验证者 B 不可能重用示证者 A 提供给他的信息来伪装示证者 A，而成功地骗取其他人的验证，从而得到信任。

(3) 攻击者伪装示证者欺骗验证者成功的概率要小到可以忽略的程度，特别是要能抗击已知密文攻击，即能抗击攻击者在截获到示证者和验证者多次(多次式表示)通信下伪装示证者欺骗验证者。

(4) 计算有效性，为实现身份证明所需的计算量要小。

(5) 通信有效性，为实现身份证明所需通信次数和数据量要小。

(6) 秘密参数能安全存储。

(7) 交互识别，有些应用中要求双方能互相进行身份认证。

(8) 第三方的实时参与，如在线公钥检索服务。

(9) 第三方的可信赖性。

(10) 可证明安全性。

(7)～(10)是有些身份识别系统提出的要求。

身份识别与第 7 章讨论的数字签字密切相关，数字签字是实现身份识别的一个途径，但在身份识别中消息的语义基本上是固定的，身份验证者根据规定对当前时刻申请者的申请或接受或拒绝。身份识别一般不是“终生”的，而签字则应是长期有效的、未来仍可启用的。

8.1.3 身份证明的基本分类

身份证明可分为两大类：

(1) **身份证实**(Identity Verification)。要回答“你是否是你所声称的你?”即只对个人身份进行肯定或否定。一般方法是输入个人信息，经公式和算法运算所得的结果与从卡上或库中存的信息经公式和算法运算所得结果进行比较，得出结论。

(2) **身份识别**(Identity Recognition)。要回答“我是否知道你是谁?”一般方法是输入个人信息，经处理提取成模板信息，试着在存储数据库中搜索找出一个与之匹配的模板，而后给出结论。例如，确定一个人是否曾有前科的指纹检验系统。

显然，身份识别要比身份证明难得多。

8.1.4 实现身份证明的基本途径

身份证明可以依靠下述三种基本途径之一或它们的组合实现，如图 8-1-4 所示。

(1) **所知**(Knowledge)。个人所知道的或所掌握的知识，如密码、口令等。

(2) **所有**(Possesses)。个人所具有的东西，如身份证、护照、信用卡、钥匙等。

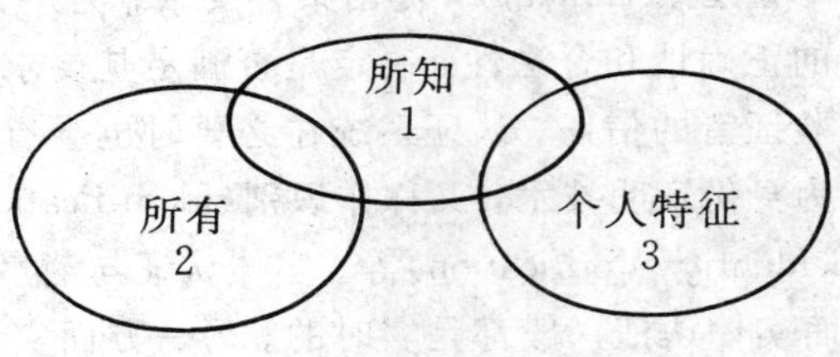

图 8-1-4 身份证明的基本途径

(3) **个人特征**(Characteristics)。如指纹、笔迹、声纹、手型、脸型、血型、视网膜、虹膜、DNA 以及个人一些动作方面的特征等。

根据安全水平、系统通过率、用户可接受性、成本等因素，可以选择适当的组合设计实现一个自动化身份证明系统。

身份证明系统的质量指标为合法用户遭拒绝的概率，即**拒绝率** FRR(False Rejection Rate)或**虚报率**(I 型错误率)和非法用户伪造身份成功的概率，即**漏报率** FAR(False Acceptance Rate)(II 型错误率)。为了保证系统有良好的服务质量，要求其I型错误率要足够小；为保证系统的安全性，要求其II型错误率要足够小。这两个指标常常是相悖的，要根据不同的用途进行适当的折中选择，如为了安全(降低FAR)，则要牺牲一点服务质量(增大FRR)。设计中除了安全性外，还要考虑经济性和用户的方便性。

有关身份认证识别的介绍可参看[Davies 等 1989；Ford 1994；Menezes 等 1997；Everett 1992；de Waleffe 等 1993；Brassard 1988；ISO/IEC 9798－1～9798－5]。

8.2　通行字(口令)认证系统

8.2.1　概述

通行字(也称口令、护字符)是一种根据已知事物验证身份的方法，也是一种最广泛研究和使用的身份验证法。如中国古代调兵用的虎符、阿里巴巴打开魔洞的“芝麻”密语、军事上采用的各种口令以及现代通信网的接入协议。一个大系统的通行字的产生、管理和标准组成长为5～8的字符串。其选择原则为：① 易记；② 难以被别人猜中或发现；③ 抗分析能力强。在实际系统中需要考虑和规定选择方法、使用期限、字符长度、分配和管理以及在计算机系统内的保护等。根据系统对安全水平的要求可有不同的选取。

在一般非保密的联机系统中，多个用户可共用一个通行字，当然这易被泄露。要求的安全性高时，每个用户需分别配有专用的通行字，系统可以知道哪个用户在联机。用户有可能将其有意地泄露给熟人，也可能在操作过程中无意地泄露。为了安全最好是将它记住，不要写在纸上。当用户少时，每个用户可分有各不相同的通行字，因而识别出通行字就实现了个人身份的验证。当用户多时，如银行系统，就不可能使每个用户得到各不相同的通行字。此时一个通行字可能代表多个用户，识别出通行字后还须根据其它附加信息在分发通行字时采用随机选取方式，使用户之间难以发现号码之间的联系，系统中心则列表存储护字符和个人身份的其它有关信息以进行身份验证。

在要求较高的安全性时，可采用随时间而变化的通行字。每次接入系统时都用一个新通行字，因而可以防止对手以截获到的通行字进行诈骗。这要求用户要很好地保护其备用的通行字，且系统中心也要安全地存放各用户的通行字表。S. W. I. F. T. (Society for Worldwide Interbank Financial Telecommunications)网中采用了这种一次性通行字。系统中可将通行字表划分成两部分，每部分仅含半个通行字分两次送给用户，以减少暴露的危险性。

防止泄露是系统设计和运行中的关键问题。一般，通行字及其响应在传送过程中均要加密，而且常常要附上业务流水号和时戳等，以抗击重放攻击。

为了避免被系统操作员或程序员利用，个人身份和通行字都不能以明文形式在系统中心存放。可用软件进行加密处理，Bell 的 UNIX 系统对通行字就采用加密方式[Morris 等 1979]，以用户个人护字符的前8个字符作为DES体制的密钥，对一个常数进行加密，经过25次迭代后，将所得的64 bit 字段变换成11个打印出来的字符串，存储在系统的字符表中。为了对付计算器件处理速度日益提高的趋势，还将 DES 算法中 E 置换部分由固定的改为由随机数来选定的方式，因而用标准的 DES 器件不能破译。

Bell 实验室曾对通行字的搜索时间进行过分析研究。假定入侵者有机会闯入程序系统，试验通行字序列。在 PDP 11/70 上加密试验每个可能通行字要用 1.25 毫秒，若通行字由 4 个小写字母组成，则穷举所有可能的通行字要用 10 分钟；若通行字是从 95 个可能的打印字符中选取出来的 4 个字符，则穷举搜索要用 28 小时；若通行字是由从 62 个字符中选出的 5 个字符组成时，则穷举搜索需时为 318 小时。这表明长为 4 的字符串作为通行字是不安全的。

在通行字的选择方法上，Bell 实验室也做过一些试验。结果表明，让用户自由地选择自己的通行字，虽然容易记住，但往往带有个人特点，容易被别人推测；而完全随机地选择的字符串又太难记忆，难以被用户接受。较好的办法是以可拼读的字节为基础构造通行字。例如，若限定用长为 8 的字符串，在随机选取时可有 2.1×10^{11}种组合；若限定可拼读时，可能的选取个数只为随机选取时的 2.7%，但仍有 5.54×10^{9} 之多。而普通英语大词典中的字数不超过 2.5×10^{5} 个。计算通行字长度的方法可参看文献[Everest 1986]。

一个更好的办法是采用**通行短语**(Pass Phrases)代替通行字，通过**密钥碾压**(Key Crunching)技术，如杂凑函数，可将易于记忆的足够长的短语变换为较短的随机性密钥。

分发通行字的安全性是极为重要的一环。通常采用邮寄方式。在要求安全性高时须派可靠的信使传递。银行系统通常采用夹层信封，由计算机将护字符印在中间纸层上，外边看不到，只有拆封才能读出。若用户收到的信封已被拆阅，可向银行声明拒用此通行字。此外，银行还分别寄出一个塑卡，上面有磁条记录用户个人信息。只有当用户得到这两者以后，才开始用它与 ATM 进行交易。

通行字可由用户个人选择，也可由系统管理人员选定或由系统自动产生。有人认为，用户专用通行字不应让系统管理者知道，他们提出一种实现方法[Azzarone 1978]。用户的账号与他选定的护字符组合后，在银行职员看不到的地方键入系统，通过单向加密函数加密后存入银行系统中。当访问系统时，就将账号和通行字通过单向函数加密后送入银行系统，通过与存储的值相比较进行验证。若用户忘记了自己的通行字时，可以再选一个并履行重新登记手续。

应当注意防止别人骗取通行字。例如，采用某种技巧可使 ATM 显示"送你的通行字"字样。当你将通行字送入时，他可采用窃听办法将其记录下来，使你受骗。在外国，大学生常用这类恶作剧来骗得"机时"。

为了安全常常限定送通行字的试验次数。例如，一个 ATM 终端上，一般允许重复送卡和打入 PIN 三次，超过三次，ATM 可自动将卡没收，或将该卡在中心注册表暂时注销，直到受权用户和系统中心联系后才恢复。

图 8-2-1 给出一种单向函数检验通行字框图。有时不仅系统要检验用户的通行字，用户也要求检验系统的通行字。这种情况下如何证明一方在另一方之前给出通行字时不会受到对方的欺骗，图 8-2-2 给出一种双方互换通行字的安全验证方法，甲、乙分别以 P、Q 作为护字符。为了验证，他们彼此都知道对方的通行字，并通过一个单向函数 f 进行响应。例如，若甲要向乙进行联系，甲先选一随机数 x_1 送给乙，乙用 Q 和 x_1 计算 $y_1=f(Q, x_1)$送给甲，甲将收到的 y_1 与自己计算的 $f(Q, x_1)$进行比较，若相同就验证了乙的身份。

同样乙也可选随机数 x_2 送给甲，甲将计算的 $y_2=f(P, x_2)$ 回送给乙，乙将所收到的与他自己计算的进行比较就可验证甲的身份。

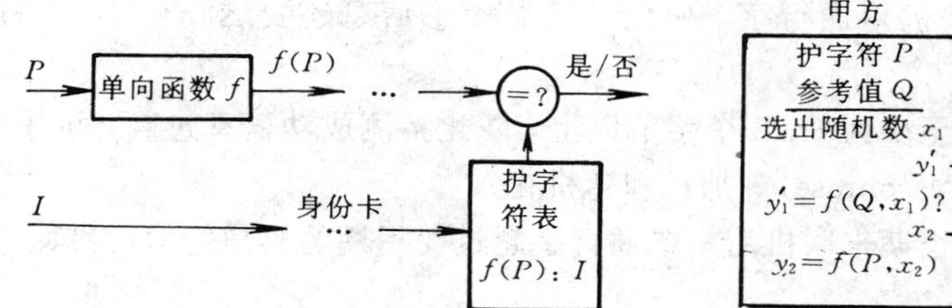

图 8-2-1 单向函数检验通行字的框图

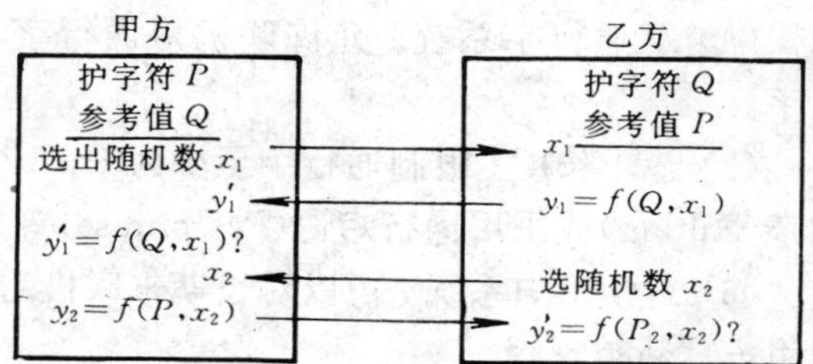

图 8-2-2 双方互换通行字的一种安全验证方法

为了解决通行字短所造成的安全性低的矛盾，常在通行字后填充随机数，如在 16 bit (4 位十进制数字)护字符后附加 40 bit 随机数 R_1，构成 56 bit 数字序列进行运算，形成

$$y_1 = f(Q, R_1, x_1) \tag{8-2-1}$$

这会使安全性大大提高。

上述方法仍未解决谁先向对方提供通行字和随机数的难题。

可变通行字也可由单向函数来实现。这种方法只要求交换一对通行字而不是通行字表。令 f 为某个单向函数，x 为变量。定义

$$f^n(x) = f(f^{n-1}(x)) \tag{8-2-2}$$

甲取随机变量 x，并计算

$$y_0 = f^n(x) \tag{8-3-3}$$

送给乙。甲将 $y_1=f^{(n-1)}(x)$作为第一次通信用通行字。乙收到 y_1 后计算 $f(y_1)$，并检验与 y_0 是否相同，若相同则将 y_1 存入备用。甲第二次通信时发 $y_2=f^{(n-2)}(x)=f^{-1}(y_1)$。乙收到 y_2 后，计算 $f^1(y_2)$，并检验是否与 y_1 相同，依此类推。这样一直可用 n 次。若中间丢失或出错时，甲方可提供最近的护字符取值，以求重新同步，而后可按上述方法进行验证。

Chang，Hwang，Laih，Harn，Liao 等提出了几种新的通行字认证协议方案，可参看[Laih 等 1995]。

一个更为安全、但较费时的身份证实方法是**询问法**(Questionaries)。受理的用户可利用他所知道、而别人不太知道的一些信息向申请用户进行提问。提一系列不大相关的问题，如你原来的中学校长是谁？祖母多大年纪？某作品的作者是谁等等。回答不必都完全对，只求足以证实用户身份。应选择一些易记忆的事务让被认证的对方预先记住。这只用于安全性高，又允许耗时的情况。Everest[1986]中给出了几种会话询问方式。

8.2.2 通行字的控制措施

(1) 系统消息(System Message)。一般系统在联机和脱机时都显示一些礼貌性用语，而成为识别该系统的线索，因此这些系统应当可以抑制这类消息的显示，通行字当然不能显示。

(2) 限制试探次数。不成功送口令一般限制为 3～6 次，超过限定试验次数，系统将对该用户 ID 锁定，直到重新认证授权才再开启。

(3) 通行字有效期。限定通行字的使用期限。

(4) 双通行字系统。允许联机用通行字，和允许接触敏感信息还要送一个不同的通行字。

(5) 最小长度。限制通行字至少为 6～8 个字节以上，防止猜测成功概率过高，可采用**掺杂**(Salting)或采用**通行短语**(Passphrase)等加长和随机化。

(6) 封锁用户系统。可以对长期未联机用户或通行字超过使用期的用户的 ID 封锁。直到用户重新被授权。

(7) 根通行字的保护。**根**(Root)通行字是系统管理员访问系统所用口令，由于系统管理员被授予的权利远大于对一般用户的授权，因此它自然成为攻击者的攻击目标。因此在选择和使用中要倍加保护。要求必须采用 16 进制字符串、不能通过网络传送、要经常更换(一周以内)等。

(8) 系统生成通行字。有些系统不允许用户自己选定通行字，而由系统生成、分配通行字。系统如何生成易于记忆又难以猜中的通行字是要解决的一个关键问题。如果通行字难以记忆，则用户要将其写下来，反而增加了暴露危险；另一危险是若生成算法被窃，则危及整个系统的安全。UAX IVM S V. 4. 3 系统能保证所产生的通行字具有可拼读性[Russell 等 1991]。

8. 2. 3 通行字的检验

1. *反应法*(Reactive)

利用一个程序(Cracker)，让被检验通行字与一批易于猜中的通行字表中成员进行逐个比较，若都不相符则通过。

ComNet 的反应通行字检验(Reactive Password Checking)程序大约可以猜出近 1/2 的通行字。Raleigh 等[1988]的 CRACK，利用网络服务器分析通行字。OPUS 是美国 Purdue 大学研制的通行字分析选择软件[Spafford 1992]。

这类反应检验法有些缺点：① 检验一个通行字太费时，试想一个攻击者可能要用几小时甚至几天来攻击一个通行字。② 现用通行字都有一定的可猜性，但直到采用反应检验后用户才更换通行字。

2. *支持法*(Proactive)

用户先自行选择一个通行字，当用户第一次使用时，系统利用一个程序检验其安全性，如果它是易于猜中的，则拒绝并请用户重新选一个新的。程序通过准则要考虑可猜中性与安全性之间的折衷，算法若太严格，则造成用户所选通行字屡遭拒绝而招致用户抱怨。另一方面如果很易猜中的通行字也能通过，则影响系统的安全性[Stallings 1995]。

8. 2. 4 通行字的安全存储

1. *一般方法*

(1) 对于用户的通行字多以加密形式存储，入侵者要得到通行字，必须知道加密算法和密钥，算法可能是公开的，但密钥应当只有管理者才知道。

(2) 许多系统可以存储通行字的单向杂凑值，入侵者即使得到此杂凑值也难以推出通行字的明文。

2. Unix 系统中的通行字存储

通行字为8个字符，采用7-bit ASCII码，即为56 bit串，加上12 bit填充(一般为用户键入通行字的时间信息)。第一次输入64 bit全“0”数据加密，第二次则以第一次加密结果作为输入数据，迭代25次，将最后一次输出变换成11个字符(A～Z, a～z, 0～9, “0”, “1”等共64个字符之一)作为通行字的密文，参看图8-2-3。

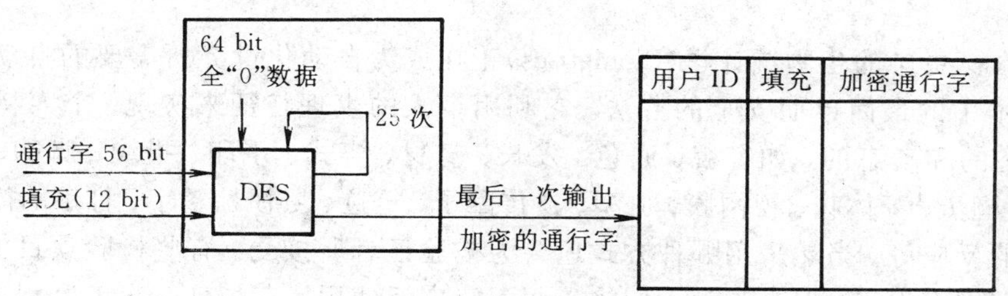

图8-2-3　UNIX的通行字存储

检验时用户送ID和通行字，由ID检索出相应填充值(12 bit)并与通行字一起送入加密装置算出相应密文，与由存储器中检索出的密文进行比较，若一致则通过。

3. 灵巧(有源)Token卡采用的一次性通行字

这种通行字本质上是一个随机数生成器，可以用安全服务器以软件方法生成，一般用在第三方认证，参看图8-2-4。

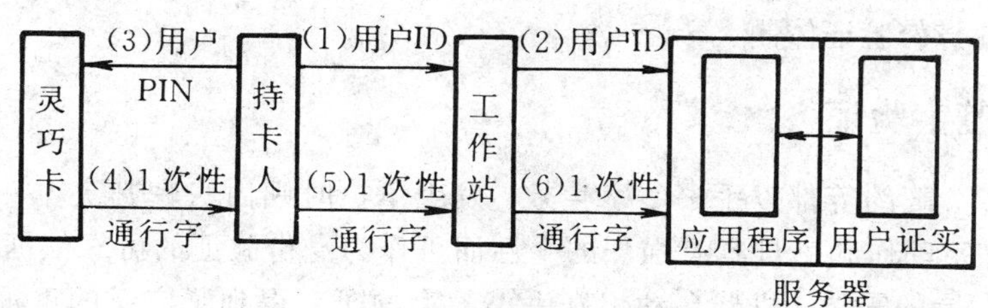

图8-2-4　灵巧卡接入系统

优点：① 即使通行字被攻击者截获也难以使用；② 用户需要送PIN(只有持卡人才知道)，因此，即使卡被偷也难以使用卡进行违法活动。

例如Secure Dynamics Inc. 的Secure ID卡采用了这类一次性通行字。有关这类卡的认证可参看[Johnson 等 1995]。

有关安全性通行字的讨论还可参看[Morris 1979; Klein 1990; Lomas 等 1989; Department of Defense 1985; FIPS 112; RSA Lab. 1993; Lamport 1981; RFC 1510, 1938]。

8.3 个人特征的身份证明技术

在安全性要求较高的系统，由护字符和持证等所提供的安全保障不够完善。护字符可能被泄露，证件可能丢失或被伪造。更高级的身份验证是根据被授权用户的个人特征来进行的确证，它是一种可信度高而又难以伪造的验证方法。这种方法在刑事案件侦破中早就采用了。自1870年开始沿用了40年的法国Bertillon体制对人的前臂、手指长度、身高、足长等进行测试，是根据**人体测量学**(Anthropometry)进行身份验证。这比指纹还精确，使用以来还未发现过两个人的数值是完全相同的情况。伦敦市警厅已于1900年采用了这一体制。

新的含义更广的**生物统计学**(Biometrics)正在成为自动化世界所需要的自动化个人身份认证技术中的最简单而安全的方法。它利用个人的生理特征来实现。个人特征包括很多，有静态的和动态的，如容貌、肤色、发长、身材、姿式、手印、指纹、脚印、唇印、颅相、口音、脚步声、体味、视网膜、血型、遗传因子、笔迹、习惯性签字、打字韵律以及在外界刺激下的反应等。当然采用哪种方式还要为被验证者所接受。有些检验项目如唇印、足印等虽然鉴别率很高，但难于为人们接受而不能广泛使用。有些可由人工鉴别，有些则须借助仪器，当然不是所有场合都能采用。这类物理鉴别还可与报警装置配合使用，可作为一种**"诱陷模式"**(Entrapment Module)在重要入口进行接入控制，使敌手的风险加大。个人特征都具有因人而异和随身携带的特点，不会丢失且难以伪造，极适用于个人身份认证。

有些个人特征会随时间变化，验证设备须有一定的容差。容差太小可能使系统经常不能正确认出合法用户，造成虚警概率过大；实际系统设计中要在这两者之间作最佳折衷选择。有些个人特征则具有终生不变的特点，如DNA、视网膜、虹膜、指纹等。

这类产品目前由于成本高而尚未被广泛采用，但其潜在用户如银行、政府、医疗、商业等系统中要求安全性较高的部门，将来都可能采用这类产品。下面介绍几种研究较多而又有实用价值的身份验证体制。

8.3.1 手书签字验证

传统的协议、契约等都以手书签字生效。发生争执时则由法庭判决，一般都要经过专家鉴定。由于签字动作和字迹具有强烈的个性而可作为身份验证的可靠依据。

由于形势发展的需要，机器自动识别手书签字的研究得到了广泛的重视，成为模式识别中的重要研究课题之一。机器识别的任务有二：一是签字的文字含义；二是手书的字迹风格。后者对于身份验证尤为重要。识别可从已有的手迹和签字的动力学过程中的个人动作特征出发来实现。前者为静态识别，后者为动态识别。静态验证根据字迹的比例、斜的角度、整个签字布局及字母形态等。动态验证是根据实时签字过程进行证实。这要测量和分析书写时的节奏、笔划顺序、轻重、断点次数、环、拐点、斜率、速度、加速度等个人特征。英国物理实验室研制了VERISIGN系统[Pobgee等1976]，它通过记录签字时笔尖运动状况进行分析得出结论，采用了一种叫做CHIT的书写垫实现。IBM公司的手书验证研究一种采用加速度动态识别方法，但分辨率不够好，后经增加测量书写笔压力变化后使性能大大改进。Ⅰ型错误率为1.7%；Ⅱ型错误率为0.4%[Herbst等1977；Liu等1979]。已有实用[Miller 1994]。Cadix 公司为电子贸易设计了笔迹识别系统。笔迹识别软件 Pen0p 可用于识别委托指示、验证公司审计员身份以及税收文件的签字等，并已集入 Netscape 公司的 Navigation 和 Adobe 公司的 Acribat Exchange 软件中，成为软件安全工具的新成员，将在 Internet 的安全上起重要作用。

可能的伪造签字类型有二：一是不知真迹时，按得到的信息(如银行支票上印的名字)随手签的字；另一是已知真迹时的模仿签字或映描签字。前者比较容易识别，而后者的识别就困难得多。

签字系统作为接入控制设备的组成部分时，应先让用户书写几个签名进行分析，提取适当的参数存档备用。对于个别签字一致性极差的人要采用特殊方法对待，如对其采用容错值较大的准则处理。

8.3.2 指纹验证

指纹验证早就用于契约签证和侦察破案。由于没有两个人(包括孪生儿)的皮肤纹路图样完全相同，相同的可能性不到 10^{-10}，而且它的形状不随时间而变化，提取指纹作为永久记录存档又极为方便，这使它成为进行身份验证的准确而可靠手段。每个指头的纹路可分为两大类，即环状和涡状；每类又根据其细节和分叉等分成 50～200 个不同的图样。通常由专家来进行指纹鉴别。近来，许多国家都在研究计算机自动识别指纹图样[Rao1978，1976，1980]。将指纹验证作为接入控制手段会大大提高其安全性和可靠性。但由于指纹验证常和犯罪联系在一起，人们从心理上不愿接受按指纹。此外，这种机器识别指纹的成本目前还很高，所以还未能广泛地用在一般系统中。

1984 年美国纽约州 North White Plain 的 Fingermatrix 公司宣称研制出一种指纹阅读机(Ridge reader)和**个人接触证实** PTV(Personal Touch Verification)系统，可用于计算机网中。参考文件库在主机之中。系统特点如下：① 阅读机的体积为一立方英尺，内有光扫描器；② 新用户注册需时 3～5 分钟；③ 记录一个人的两个手指图样需时 2 分钟，存储量为 500～800 字节；④ 每次访问不超过 5 秒钟；⑤ 能自动恢复破损的指纹；⑥ Ⅰ型错误率小于 0.1%；⑦ Ⅱ型错误率小于 0.001%；⑧ 可选择俘获和存储入侵者的指纹。每套设备成本为 6 000 美元[Everest 1986]。Identix 公司的产品 Identix system 已在 40 多个国家使用，包括美国五角大楼的物理入口的进出控制系统。

美国的 FBI 已成功地将小波理论用于压缩和识别指纹图样，将一个 10 Mbit 的指纹图样压缩成 500 kbit，大大减少了数百万指纹档案的存储空间和检索时间。

全世界有几十家公司经营和开发新的自动指纹身份识别系统(AFIS)，一些国家如菲律宾、南非、牙买加等已经或正在考虑将自动指纹身份识别作为身份证或社会安全卡的有机组成部分，以有效地防止欺诈、假冒以及一人申请多个护照等。执法部门、金融机构、证券交易、福利金发放、驾驶执照、安全入口控制等均已或将广泛采用 AFIS。

8.3.3 语音验证

每个人的说话声音都各有其特点，人对于语音的识别能力是很强的，即使在强干扰下，也能分辨出某个熟人的话音。在军事和商业通信中常常靠听对方的语音实现个人身份验证。长期以来，人们一直在研究用机器实现识别说话人的想法。这种技术有着广泛的应用，其一就是用于个人身份验证[Jayant 1990]。例如，可将由每个人讲的一个短语所分析出来的全部特征参数存储起来，如果每个人的参数都不完全相同就可实现身份验证。这种存储的语音称作为**语声纹**(Voice-print)。美国 Texas 仪器公司曾设计一个 16 个字集的系统[Doddington 1975]，美国 AT&T 公司为拨号电话系统研制一种称作**语音护符系统** VPS (Voice Passsword System)以及用于 ATM 系统中智能卡系统的语音识别系统，它们都是以语音分析技术为基础的[Birnbaum 1986; Miller 1994]。

德国汉堡的 Philips 公司和西柏林的 Heinrich Hertz Institute 的 GmbH 合作研制 AUROS 自动说话人识别系统[Bunge 1977]，利用语音参数实现实用环境下的识别，其Ⅰ型错误率为 1.6%，Ⅱ型错误率为 0.8%。在最佳状态下，Ⅰ型错误率为 0.87%，Ⅱ型错误率为0.94%，这种语音识别方法比其它方法要好。美国 Purdue 大学[Kashyap 1976]，Threshold Technology 公司[de George 1981]等都在研究这类验证系统。可以分辨数百人的语音声纹识别系统的成本可在 1 000 美元以下。

电话和计算机的盗用是相当严重的问题，语音声纹识别技术可用于防止黑客进入语音函件和电话服务系统。

8.3.4 视网膜图样验证

人的视网膜血管(即视网膜脉络)的图样具有良好的个人特征。这种识别系统已在研制中。其基本方法是利用光学和电子仪器将视网膜血管图样记录下来，一个视网膜血管的图样可压缩为小于 35 字节的数字信息。可根据对图样的节点和分支的检测结果进行分类识别。被识别人必须合作允许采样。研究表明，识别验证的效果相当好。如果注册人数小于 200 万时，其Ⅰ型和Ⅱ型错误率都为 0，所需时间为秒级，在要求可靠性高的场合可以发挥作用，已在军事和银行系统中采用，其成本比较高。

8.3.5 虹膜图样验证

虹膜是巩膜的延长部分，是眼球角膜和晶体之间的环形薄膜，其图样具有个人特征，可以提供比指纹更为细致的信息。可以在 35～40 厘米的距离采样，比采集视网膜图样要方便，易为人所接受。存储一个虹膜图样需要 256 字节，所需的计算时间为 100 毫秒。其Ⅰ型和Ⅱ型错误率都为 1/133 000。可用于安全入口、接入控制、信用卡、POS、ATM(自动支付系统)、护照等的身份认证。美国 IriScan Inc. 已有产品，参看[Miller 1994]。

8.3.6 脸型验证

Harmon 等[1978，1981]设计了一种从照片识别人脸轮廓的验证系统。对 100 个“好”对象识别结果正确率达百分之百。但对“差”对象的识别要困难得多，要求更细致地实验。对于不加选择的对象集合的身份验证几乎可达到完全正确。这一研究还可扩展到人耳形状的识别，而且结果令人鼓舞，可作为司法部门的有力辅助工具。目前有十几家公司从事脸型自动验证新产品的研制和生产。他们利用图像识别、神经网络和红外扫描探测人脸的“热点”进行采样、处理和提取图样信息。目前已有能存入 5 000 个脸型，每秒可识别 20 个人的系统。将来可存入 100 万个脸型，但识别检索所需的时间将加大到 2 分钟。Miros 公司正在开发符合 Cyber Watch 技术规范的 True Face 系统，将用于银行等的身份识别系统中。

Visionics 公司的面部识别产品 FaceIt 已用于网络环境中，其软件开发工具(SDK)可以集入信息系统的软件系统中，作为金融、接入控制、电话会议、安全监视、护照管理、社会福利发放等系统的应用软件。

8.3.7 身份证实系统的设计

选择和设计实用身份证实系统是不容易的。Mitre 公司曾为美国空军电子系统部评价过基地设施安全系统规划。分析比较语音、手书签字和指纹三种身份证实系统的性能[Fejfar 1977]。表明选择评价这类系统的复杂性，需要从很多方面进行研究。美国 NBS 的自动身份证实技术的评价指南[NBS 1977]提出了下述 12 个需要考虑的问题：① 抗欺诈能力；② 伪造容易程度；③ 对于设陷的敏感性；④ 完成识别的时间；⑤ 方便用户；⑥ 识别设备及运营的成本；⑦ 设备使用目的所需的接口；⑧ 更新所需时间和工作量；⑨ 为支持验证过程所需的计算机系统的处理工作；⑩ 可靠性和可维护性；⑪ 防护器材费用；⑫ 分配和后勤支援费用。

总之，要考虑三个方面的问题：一是作为安全设备的系统强度；二是对用户的可接受性；三是系统的成本。

8.4 零知识证明的基本概念

8.4.1 概述

将以 P 表示**示证者** P，以 V 表示**验证者** V。如何向别人证明，你知道某种事物或具有某种东西？一种方法是出示或说出此事物，使别人相信，但这就使别人也知道或掌握了这一秘密，这是**最大泄露证明**(Maximum Disclosure Proof)。另一方法是以一种有效的数学方法，使 V 可以检验每一步成立，最终确信 P 知道其秘密，而又能保证不泄露 P 所知道的信息，这就是所谓**零知识证明**问题。这类问题分为两大类，即**最小泄露证明**(Minimum Disclosure proof)和**零知识证明**(Zero Knowledge Proof)。

最小泄露证明满足下述条件：

(1) 示证者几乎不可能欺骗验证者，若 P 知道证明，则可使 V 几乎确信 P 知道证明；若 P 不知道证明，则他使 V 相信他知道证明的概率近于零。

(2) 验证者几乎不可能得到证明的信息，特别是他不可能向其他人出示此证明。

零知识证明除满足条件(1)、(2)外还要满足：

(3) 验证者从示证者那里得不到任何有关证明的知识。

最小泄露证明和零知识证明所用的数学有差别[Goldreich 等 1986，1988，1990，1994；Bellare 等 1992；Brassard 等 1986，1988；Chaum 1986；Chaum 等 1986，1987]。这些证明通过交互作用(Interactive)协议实现，V 向 P 提问，若 P 知道证明则可正确回答 V 的提问；若 P 不知道证明，则对提问给出正确回答概率仅为 1/2。V 以足够多的提问就可推断 P 是否知道证明，且要保证这些提问及其相应的回答不会泄露出有关 P 所知道的知识。

8.4.2 零知识证明的基本协议

Quisquater 等[1989]给出一个解释零知识证明的通俗例子。有一个洞，如图 8-4-1。

设 P 知道咒语，可打开 C 和 D 之间的秘密门，不知道者都将走向死胡同中。现在来看 P 如何向 V 出示证明使其相信他知道这个秘密，但又不告诉 V 有关咒语。

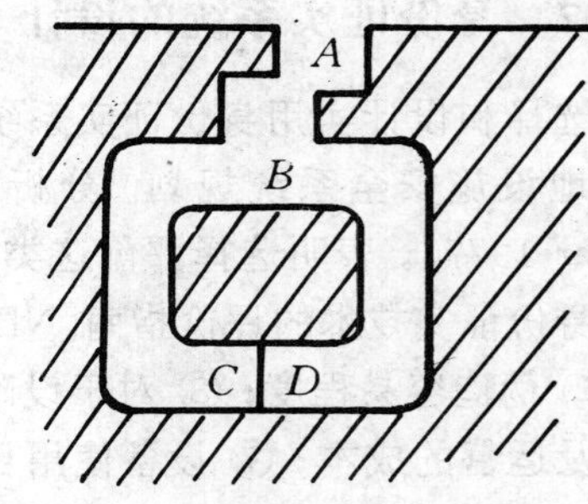

图 8-4-1 零知识证明概念图解

协议 1

(1) V 站在 A 点；

(2) P 进入洞中任一点 C 或 D；

(3) 当 P 进洞之后，V 走到 B 点；

(4) V 叫 P：(a)从左边出来，或(b)从右边出来；

(5) P 按要求实现(以咒语，即解数学难题帮助)；

(6) P 和 V 重复执行(1)～(5)共 n 次。

此协议等价于下面的**分割和选择**(Cut and Choose)协议，是公平分享东西时的经典协议。

协议 2

(1) P 将东西切成两半；

(2) V 选其中之一；

(3) P 拿剩下的一半。

显然，P 为了自己的利益在(1)中要公平分割，否则(2)中 V 先于他的选择将对其不利。Rabin[1978]最早将此用于密码学，后来发展为交互作用协议和零知识证明[Goldreich 等 1986，1989]。

若 P 不知咒语，则在 B 点，只有 50%的机会猜中 V 的要求，协议执行 n 次，则只有 2^{-n}的机会完全猜中，若 $n=16$，则若每次均通过 V 的检验，V 受骗机会仅为 1/65 536。

此洞穴问题可以转换成数学问题，P 知道解决某个难题的秘密信息，而 V 通过与 P 交互作用验证其真伪。

协议 3

(1) P 用其信息和某种随机数将难题转成另一种难题，且与原来的同构，P 可用其信息和随机数解新的难题；

(2) P 想出新的难题的解，采用 Bit 承诺方案；

(3) P 将新难题出示给 V，但 V 不能由此新难题得到有关原问题或其解；

(4) V 向 P 提出下述问题之一：(a) 向 V 证明老的和新的问题是同构的，(b) 公开(2)中的解，并证明它是新难题的解；

(5) P 按 V 的要求执行；

(6) P 和 V 重复执行 (1)～(5)共 n 次。

必须仔细选择适当问题和随机信息，使 B 即使重复执行多次协议也得不到有关原问题的任何信息。并非所有“难题”都可用于零知识证明，但有不少可用于此。

例 8-4-1 哈米尔顿回路(Hamiltonian Cyclic)

图论中有一个著名问题，对有 n 个顶点的全连通图 G，若有一条通路可通过且仅通过各顶点一次，则称其为哈米尔顿回路。Blum[1986] 最早将其用于零知识证明。当 n 大时，要想找到一条 Hamilton 回路，用计算机做也要好多年，它是一种**单向函数问题**。若 A 知道一条回路，如何使 B 相信他知道，且不告诉他具体回路？

协议 4

(1) A 将 G 进行随机置换，对其顶点进行移动，并改变其标号得到一个新的有限图 H。因 $G\cong H$，故 G 上的 Hamilton 回路与 H 上的 Hamilton 回路一一对应。已知 G 上的 Hamilton 回路易于找出 H 上的相应回路，(确定两个图的同构性是另一类难题)；

(2) A 将 H 的复本给 B；

(3) B 向 A 提出下述问题之一：(a) 出示证明 G 和 H 同构，(b) 出示 H 上的 Hamilton 回路；

(4) A 执行下述任务之一：(a) 证明 G 和 H 同构，但不出示 H 上的 Hamilton 回路，(b) 出示 H 上的 Hamilton 回路但不证明 G 和 H 同构；

(5) A 和 B 重复执行(1)～(4)共 n 次。

若 A 知道 G 上的 Hamilton 回路，则总能正确完成(4)。若 A 不知道 G 上的 Hamilton 回路，则不能建立一个图能同时满足(4)中(a)和(b)的要求，他最多能做到构造一个图或同构于 G，或 H 上有一条有同样顶点和线数的 Hamilton 回路，只有 50%的机会能正确应付 B 的挑战。对于 n 次重复，则无能为力应付。显然这是一类零知识证明。B 不可能知道原图 G，告诉你 $G\cong H$，由 H 上找一个新的 Hamilton 回路；这和在 G 中找一样难。另一方面，告诉新图上的一条 Hamilton 回路，要找到新旧图之间的同构同样困难(A 每次置换都不一样)，B 不可能得到任何信息。■

例 8-4-1 设 A 知道两个图同构 $G_1\cong G_2$，Goldreich 等[1986]利用图的同构构造的零知识证明协议。

协议 5

(1) A 将 G_1 和 G_2 随机置换为 $H\cong G_1$ 和 $H\cong G_2$(其他人要找 $G_1\cong H$，或 $G_2\cong H$ 都如找 $G_1\cong G_2$ 一样难)；

(2) A 将 H 传送给 B；

(3) B 向 A 提出下述问题之一：(a) 证明 $G_1\cong H$，或(b) 证明 $G_2\cong H$；

(4) A 回答：(a) 证明 $G_1\cong H$，但不证明 $G_2\cong H$，或(b)证明 $G_2\cong H$，但不证明 $G_1\cong H$；

(5) A 和 B 重复执行 (1)～(4)共 n 次。

安全性

(1) 若 A 不知 $G_1\cong G_2$，不可能找到 H 与两者同构。他可以找一个 H 与 G_1 同构，或与 G_2 同构，故在第(4)步只有 1/2 的机会可以骗得 B 的信任。

(2) 证明未给出 B 有关 $G_1\cong G_2$ 的任何证明信息，由于每一回合，A 都产生一个新的 H。■

8.4.3 并行零知识证明

执行 n 次协议可以并行方式实施。

协议 6

(1) A 用其信息及某种随机数将难题变换成 n 个不同的同构问题，而后用其信息和随机数解 n 个新的难题；

(2) A 完成 n 个新的难题的解；

(3) A 向 B 披露 n 个新的难题，而 B 不能从中得到原问题或其解的信息；

(4) B 向 A 提出有关 n 个新的难题的提问：(a) 出示新旧难题的同构性证明，或(b) 公布(2)中新的难题的解，并证明是新难题的解；

(5) A 回答提问。

此协议安全，且交互作用次数减少。

8.4.4　使第三者相信的协议(零知识)

B 若想使 C 相信 A 知道某信息，他将与 A 执行协议的复本给 C 能否使 C 相信？否，因为两个不知秘密信息的人可以串通一起来骗 C。例如，诈骗者 A 可以假装知道秘密，并与 B 串通，让 B 只提出 A 可以答对的问题，这样得到的 A 与 B 执行协议的复本就可能骗 C。

8.4.5　非交互式零知识证明

8.4.2 节中的协议都是交互式的，难以令 C 相信 A 与 B 没有勾结。若要使 C 和其他人相信，应采用**非交互式**(Non Interactive)零知识证明。对于非交互式零知识证明，A 可以公布证明，任何人可以花时间去检验该证明的正确性[de Santis 等 1987，1988；Blum 等 1988，1991]。

协议 7

(1) A 用其信息和随机数将难题变成 n 个难题，并以其掌握的信息和随机数解 n 个难题；

(2) A 构成 n 个新难题的解；

(3) A 将这些**承诺**(Commitments)送入单向 Hash 函数计算 Hash 值，将其前 n 个 bit 存好；

(4) A 将(3)中的前 n 比特，称其为**承诺矢量**，按其为 0 或 1 进行：(a) 证明新旧问题同构，(b) 公布(2)中问题的解，并证明它是新问题的解；

(5) A 将(2)中构成的问题及(4)中的数据公布；

(6) B，C 或任何有兴趣的人可以证实(1)～(5)。

关键是要使单向 Hash 函数为无偏的随机数，而使 A 不能进行欺诈，若 A 不知难题之解，则在(4)中可以做对(a)或(b)，但不能同时正确完成(a)和(b)。如果他能预先知道单向 Hash 函数要问的问题也可能行骗，但他不知道，也不可能控制 Hash 值。这里，单向 Hash 函数起到了代替 B 随机提问的作用！

与交互式相比，在无交互作用下，n 要取得大得多。在交互式证明中，$n=20$ 足够了；而在非交互式证明中 $n=64～128$，否则易被 A 钻空子。

8.4.6　一般化理论结果

(1) Blum 证明：任何数学问题可化为图论中问题，其证明等价于 Hamilton 回路问题，由此可以构成零知识证明问题。任何掌握这一数学问题的人都可以利用零知识证明来公布这一结果，使别人相信而不泄露证明方法。

(2) Burmester 等提出广播交互式证明问题 [1991]。

(3) 一些密码学家证明可以用交互证明的问题都可以化为零知识交互证明的问题。可由此给出各种变型、协议及应用[Beaver 等 1990；Benaloh 1986；Boyar 等 1989，1993；Brassard 等 1986，1987，1988，1990，1993；Chaum 1986；Desmedt 等 1991；Dwork 等 1989；Feige 等 1990；Galil 等 1985，1989；Girault 等 1990，1994；Goldreich 等 1986，1990，1991；Goldwasser 等 1986，1985，1989；Kilian 1990；Lapidot 等 1990；Lim 等 1995 等；Tompa 等 1987；van de Graff 等 1987]。

有关零知识证明的综述可参看[Brassard 等 1989；Stinson 1995；Goldreich 等 1994；Guillou 等 1988，1992；Knobloch 1988；Yao 1996]。有关零知识证明的应用可参看[Brandt 等 1988]。

8.5　零知识身份证明的密码体制

8.5.1　Feige-Fiat-Shamir 体制

1. *历史*

A. Fiat 和 A. Shamir 曾提出认证和数字签字体制[1986，1987]，后来 U. Feige 参与将其修改成为一个零知识身份证明方案[1987，1988]。1986 年 7 月 9 日申请美国专利[Shamir 1988]，由于它可能用于军事，而需经军方来评审。专利局秘密受命，需要 6 个月时间等待军方回答。专利局和商标局在 1987 年 1 月 6 日提前三天收到军方命令：“这一申请要泄露或发表……将有害于国家安全……”，命令作者注意，所有美国人的研究未经许可而泄露将会判二年监禁、10 000 美元的罚款，或两者并判。而且要作者必须告知向其泄露过此信息的所有外国专利局和商标局的官员。而在 1986 年下半年，作者已在以色列、欧洲和美国的会议上发表了此项工作，作者不是美国公民，且工作也是在以色列 Weizmamn 学院做的，真是荒唐！这个新闻传遍了学术界，两天以后，美国撤消了这个密令[Landau 1988]。

2. 简化 F－F－S 识别体制

可信赖仲裁选定一个随机模 $m=p_1\times p_2$，m 为 512 bit 或长达 1 024 bit。证明者共用此 m，仲裁可实施公钥私钥的分配，他产生随机数 v，且使 $x^2=v$，即 v 为模 m 的平方剩余，且有 v^{-1} mod m。以 v 作为公钥，而后计算最小的整数 s，

$$s=\sqrt{\frac{1}{v}} \mod m \tag{8-5-1}$$

作为秘密钥分发给用户 A。实施身份证明的协议如下。

协议 1

(1) 用户 A 取随机数 $r(r<m)$，计算 $x=r^2 \mod m$，送给 B；

(2) B 将一随机位 b 送给 A；

(3) 若 $b=0$，则 A 将 r 送给 B；若 $b=1$，则 A 将 $y=rs$ 送给 B；

(4) 若 $b=0$，则 B 证实 $x=r^2 \mod m$，从而证明 A 知道 $\sqrt{x}$，若 $b=1$，则 B 证实 $x=y^2 \cdot v \mod m$，从而证明 A 知道。

这是一次鉴定(Accreditation)，A 和 B 可将此协议重复 t 次，直到 B 相信 A 知道 s 为止。这就是 8.4 节中的分割—选择协议。

安全性

(1) A 骗 B 的可能性。A 不知道 s，他也可取 r，送 $x=r^2 \mod m$ 给 B，B 送 b 给 A。A 可将 r 送出，当 $b=0$ 时，则 B 可通过检验而受骗；当 $b=1$ 时，则 B 可发现 A 不知 s；B 受骗概率为 1/2，但连续 t 次受骗的概率将仅为 2^{-t}。

(2) B 伪装 A 的可能性。B 和其他验证者 C 开始一个协议，第一步他可用 A 用过的随机数 r，若 C 所选的 b 值恰与以前发给 A 的一样，则 B 可将在第(3)步所发的重发给 C，从而可成功地伪装 A，但 C 随机选 b 为 0 或 1，故这种攻击成功概率仅为 1/2，要执行 t 次，则可使其降为 2^{-t}。

3. F－F－S 识别体制

Feige 等在[1987，1988]中给出采用并行结构增加每轮鉴定次数的方案。可信赖仲裁选 $m=p_1\times p_2$，并选 k 个随机数 v_1，v_2，…，v_k，各 v_i 是 mod m 的平方剩余，且有逆。以 v_1，v_2，…，v_k 为 A 的公钥，计算最小正整数 s_i，使 $s_i=\sqrt{1/v_i} \mod m$，将 s_1，…，s_k 作为 A 的秘密钥。

协议 2

(1) A 选随机数 $r(r<m)$，计算 $x=r^2 \mod m$ 送给 B；

(2) B 选 k bit 随机数 b_1，b_2，…，b_k，给 A；

(3) A 计算

$$y = r \cdot \prod_{i=1}^{k} s_i^{b_i} \bmod m \qquad (8-5-2)$$

并送给 B；

(4) B 证实

$$x = y^2 \prod_{i=0}^{k} v_i^{b_i} \qquad (8-5-3)$$

此协议可执行 t 次，直到 B 相信 A 知道 s_1，s_2，…，s_k，A 能骗 B 的机会为 2^{-kt}。建议选 $k=5$，$t=4$。

例 8－5－1　$m=35(5\times7)$。计算平方剩余：

1：$x^2=1 \mod 35$，解 $x=1$，6，29 或 34；

4：$x^2=4 \mod 35$，解 $x=2$，12，23 或 33；

9：$x^2=9 \mod 35$，解 $x=3$，17，18 或 32；

11：$x^2=11 \mod 35$，解 $x=9$，16，19 或 26；

14：$x^2=14 \mod 35$，解 $x=7$ 或 28；

15：$x^2=15 \mod 35$，解 $x=15$ 或 20；

16：$x^2=16 \mod 35$，解 $x=4$，11，24 或 31；

21：$x^2=21 \mod 35$，解 $x=14$ 或 21；

25：$x^2=25 \mod 35$，解 $x=5$ 或 30；

29：$x^2=29 \mod 35$，解 $x=8$，13，22 或 27；

30：$x^2=30 \mod 35$，解 $x=10$ 或 25。

选 $v=1$，4，9，11，16，29，相应逆元为 $v^{-1}=1$，9，4，16，11，29；秘密钥 $s=\sqrt{1/v}=$ 1，3，2，4，9，8(14，15，21，25 和 30 在 mod 35 下不存在逆，因与 35 不互素)。若选 $k=4$，A 可用{4，11，16，29}作为公钥，相应的{3，4，9，8}为秘密钥。

协议执行

(1) A 选随机数 $r=16$，计算 $16^2 \mod 35=11$，送给 B；

(2) B 选随机 bit 串{1101}给 A；

(3) A 计算 $16\cdot 3^1\cdot 4^1\cdot 9^0\cdot 8^1 \mod 35=31$ 给 B；

(4) B 验证 $31^2\cdot 4^1\cdot 11^1\cdot 16^0\cdot 29^1 \mod 35=11$。

A 和 B 可重复执行此协议，每次以不同的 r 和 b 串。若 m 小，则无安全可言；若 m 为 512 bit 以上，则 B 不可能得到任何有关 A 的秘密钥知识，只能相信 A 掌握它。■

4. 增强方案

可将 A 的身份信息 I，包括姓名、住址、社会安全号码、喜欢的软饮料牌子等，加上一个随机选的数 j，经过单向 Hash 函数 $H(x)$，计算得 $H(I, j)$ 作为 A 的识别符(Identificator)。可以选这样的 k 个随机数，使 $H(I, j)$ 为 mod m 的平方剩余，并将得出相应的 v_1，v_2，…，v_k(各 v_i 在 mod m 下有逆)作为公钥。A 将 I 及 k 个 $H(I, j)$ 送给 B，B 可由 $H(I, j)$ 生成 v_1，v_2，…，v_k。这样 A，B 就可完成前述协议。

B 确信某人知道 m 的分解可证实 I 与 A 的关系，并将从 I 导出的 v_i 的平方根给了 A。Feige 等给出下述实际建议：

(1) 若 Hash 函数不完善，可用加长随机串 R 来随机化 I，由仲裁选 R 并和 I 一起向 B 公布；

(2) 一般 k 选 1 到 18，k 值大可以降低协议执行轮数而减少了通信复杂性；

(3) m 至少为 512 bit；

(4) 若所有用户选用自己的 m 并公开在公钥文件中，从而可以免去仲裁，但这种类似 RSA 的变型使方案很不方便。

5. Fiat-Shamir 签字体制[1986]

上述识别方案可以变成一个数字签字方案，只需将 B 的工作变为 H 函数运算。这一签字方法优于 RSA 签字，因为它的模乘运算量只为 RSA 的 1%～4%，所以要快得多。

方案建立过程同识别方案，选 $n=p_1\cdot p_2$，生成公钥 v_1，v_2，…，v_k 和秘密钥 s_1，s_2，…，s_k，使 $s_i=\sqrt{1/v_i} \mod m$。

协议 3

(1) A 选 t 个小于 m 的数 r_1，…，r_t，并计算 x_1，…，x_t 使 $x_i=r_i^2 \mod m$；

(2) A 将待传消息 M 和 x_i 串链接，并产生 Hash 值 $H(M, x_1, x_2, \cdots, x_t)$，取前 $k\times t$ bit 作为 b_{i_j}的值，$i=1$，…，t，$j=1$，…，k；

(3) A 计算 y_1，y_2，…，y_t，其中

$$y_i = r_i \prod_{j=1}^{k} s_j^{b_{ij}} \mod m \tag{8-5-4}$$

(4) A 将 m，b_{i_j} 及 y_i 都送给 B，而 B 有 A 的公钥 v_1，v_2，…，v_k；

(5) B 计算 z_1，z_2，…，z_k，其中

$$z_i = y_i^2 \prod_{j=1}^{k} v_j^{b_{ij}} \mod m \tag{8-5-5}$$

(6) B 证实计算 $H(M, z_1, \cdots, z_k)$的前 $k\times t$ 个 bit 看是否与收到的各 b_{i_j} 一致。

类似于识别体制，其安全性与 2^{-kt}成比例，破译等价于 m 的分解，Fiat 和 Shamir 指出，当分解 m 的复杂度远大于 2^{kt}，伪造一个签字就容易得多。建议 kt 要从 20 增加到 72 以上，如选 $k=9$，$t=8$。

改进：S. Micali 和 A. Shamir[1988]提出对上述方案的改进。选 v_1，v_2，…，v_k 为前 k 个素数，如 $v_1=2$，$v_2=3$，$v_3=5$，…作为公钥，秘密钥 s_1，s_2，…，s_k 是由

$$s_i = \sqrt{\frac{1}{v_i}} \mod m$$

的随机平方根。每个用户有一个不同的 m，修正使之更容易证实一个签字。而产生签字的时间和签字的安全性不受影响。

6. 其它强化提案

Brickell［1987］提出基于 F－F－S 的 N－方案识别体制。Ong 等［1990］提出 Fiat-Shamir 签字的两种改进方案。Ohta-Okamoto［1988，1990，1991］提出几种识别体制是 F－F－S 方案的修正，以分解因子困难来保证体制的安全性。此外，还提出多签字方法，几个人依次签署同一消息，并建议用于 Smart Card 中。Burmester 等［1989］对 Ohta-Okamoto 体制进行了分析。

8.5.2 GQ 识别体制

Guillou 和 Quisquater［1988］曾给出的一种识别方案称作 GQ 识别体制。它是 F－S 体制的一种扩充，在消息交换量和用户秘密所需存储量上都减少了，类似于 F－S 体制一样适用于功耗和存储都受限的应用。

协议需要三方参与、三次传送、利用公钥体制实现。可信赖仲裁 T 先选定 RSA 的秘密参数 p 和 q，生成大整数模 $n=pq$；公钥指数 $e\geqslant 3$，其中 $\gcd(\varphi, e)=1$，$\varphi=(p-1)(q-1)$；计算出秘密指数 $d=e^{-1} \mod \varphi$，公开(e, n)。各用户选定自己的参数，用户 A 的惟一性身份 I_A，通过杂凑函数 H 变换得出相应杂凑值 $J_A=H(I_A)$，$1<J_A<n$，$(J_A, \varphi)=1$。T 向 A 分配秘密数 $S_A=(J_A)^{-d} \mod n$。

单轮(t=1)GQ 协议三次传输的消息为：① A→B：I_A，$x=r^e \mod n$，其中 r 是 A 选择的秘密随机数；② A←B：B 选随机数 μ，$1\leqslant\mu\leqslant e$；③ A→B：$y=r\cdot S_A^{\mu} \mod n$。

协议 4

(1) 选择随机数 r(承诺)，$1\leqslant r\leqslant n-1$，计算 $x=r^e \mod n$ A 将(I_A, x)送给 B；

(2) B 选择随机数 μ，$1\leqslant\mu\leqslant e$，将 μ(询问)送给 A；

(3) A 计算 $y=r\cdot S_A^{\mu} \mod n$。送给 B；

(4) B 收到 Y 后，从 I_A 计算 $J_A=H(I_A)$，并计算 $J_A^{\mu}\cdot y^e \mod n$。若结果不为 0 且等于

x，则认可；否则拒绝。

此协议可以执行 t 轮，一般选 $t=1$。

GQ 身份识别协议的安全性讨论可参看[Menezes 等 1997]。

8.5.3　Schnorr 识别体制

Schnorr[1990，1991]提出的识别体制为 Fiat-Shamir 和 GQ 体制的一种变型，其安全性基于离散对数的困难性。可以做预计算来降低实时计算量，所需传送的数据量亦减少许多，特别适用于计算能力有限的情况。

若 A 要向 B 证明他有秘密 a，A 将 a 与其有授权证书的公钥结合起来通过三次传递协议可以实现。

首先要选定系统的参数。素数 p 及素数 $q|(p-1)$，$p\approx 2^{1\,024}$，$q>2^{160}$。元素 β，$1\leqslant\beta\leqslant p-1$，$\beta$ 为 q 阶元素，即令 α 为 GF(p)的生成元，则 $\beta=\alpha^{(p-1)/q} \mod p$；由可信赖中心向各用户分发系统参数($p$，$q$，$\beta$)和证实函数(即 T 的公钥)，用此证实 T 对消息的签字；选用参数 t，$t\geqslant 40$ 且 $2^t<q$(定义安全水平为 2^t)。

预计算参数的选定：对每个用户绑定惟一身份 I_A；用户 A 选定秘密钥 a，$0\leqslant a\leqslant q-1$，并计算 $v=\beta^{-a} \mod p$；A 将 I_A 和 v 可靠地送给 T，并从 T 获得证书，$\text{cert}_A=(I_A, v, S_T(I_A, v))$。

协议 5

(1) A 选定随机数 r，$1\leqslant r\leqslant q-1$，计算 $x=\beta^r \mod p$，并将(Cert_A，x)送给 B；

(2) B 以 T 的公钥解 $S_T=(I_A, v,)$，实现对 A 的身份 I_A 和公钥 v 的认证，选定随机数 e(未曾用过)，$1\leqslant e\leqslant 2^t$，送给 A；

(3) A 验证 $1\leqslant e\leqslant 2^t$ 并将 $y=ae+r \mod q$ 送给 B；

(4) B 计算 $Z=\beta^y v^e \mod p$，若 $z=x$，则认可 A 的身份合法。

安全性。t 要选得足够大以使正确猜对询问值 e 的概率 2^{-t} 足够小，$t=40$，$q\geqslant 2^{2t}=2^{80}$ 是原来建议的值。应答时间可以在数秒钟内完成。为了抗击随机离散对数攻击，要求 $q\geqslant 2^{160}$。若能正确猜中 e，则可在协议第(1)步向 B 送 $x=\beta^y v^e$，第(3)步向 B 送 y 来欺骗 B。此协议是一种对 a 的知识证明，即参加协议者像 A 一样在协议完成时能计算 a。因为 x 是随机数，y 又被随机数 r 搅乱，因此协议未暴露有关 a 的有用信息(但这并不意味攻击者发现 a 是困难的)。对于大的 e 协议并非是零知识的，因为通过交互作用，B 可以由方程 $x=\beta^y v^e$ 解出(x，y，e)，其中 B 本身不一定能计算出(例如，当 e 选择与 x 相关时)。

若在协议 5 的(1)中以 x 的 t 个预定 bit 代替 x，B 比较 z 中相应的 t bit 可以降低传输的数据量。Rooij[1991]分析了 Schnorr 体制的安全性，有关变型体制可参看[Brickell 等 1992；Girault 1990，1991；Okamoto 1992]。

8.5.4　Fiat-Shamir、GQ 和 Schnorr 体制的比较

这三种体制都可用于身份识别，在实用中各存其优缺点，各适用于不同场合。相互比较的内容有：① 通信量，含交换消息次数和总的传送 bit 数；② 计算量，示证者和验证者各需做的模乘次数(可分为联机的和脱机的计算量)；③ 存储量，存储秘密钥所需的容量(如签字大小)；④ 安全性，抗伪造攻击能力，泄露秘密信息的可能性(零知识特性)，是否

是可证明安全性；⑤ 对第三方的信赖性，在有第三方参与下，不同的体制对第三方的可信赖性要求不同。

Fiat-Shamir、GQ 和 Schnorr 三种体制的比较：

(1) 计算有效性。Fiat-Shamir 体制示证者所需的计算量比 RSA 秘密钥运算所需整个模乘运算次数小 1～2 个量级。当 $kt=20$ 和 $n=512$ bit 时，Fiat-Shamir 体制采用 11～30 次($k=20$，$t=1$ 和 $k=1$，$t=20$)；GQ 体制需要 60 次($t=1$，$m=20=\text{lb } v$)，若 e 的 Hamming 重量小时，所需次数可小些；而 RSA 体制需要 768 次。

(2) 脱机计算量。Schnorr 体制的优点是如果做了指数预运算，示证者只需要一次联机模乘运算。(联机和脱机运算可以进行折衷，但总的计算量也需考虑。)与 Fiat-Shamir 和 GQ 体制比较，Schnorr 的体制验证者的计算量要多些。

(3) 通信量和存储量。GQ 体制下可通过选择 $k=t=1$ 使通信量(参数 t)和存储量(参数 k)都降低，公钥指数 $e>2$ 时，欺骗成功的概率为 e^{-kt}。在 Fiat-Shamir 体制下，欺骗成功概率为 2^{-kt}，因而不可能使 k 和 t 同时减小。

(4) 安全性。RSA 体制基于大整数 n 的分解；Fiat-Shamir 体制基于求 mod n 的 e 次方根；GQ 体制则基于求 mod n 的 e 次方根；Schnorr 体制则基于求素数模 p 的离散对数。有关身份识别体制的安全还可参看[Syverson 1992，1994]。

8.5.5 离散对数的零知识证明体制

示证人 P 要向验证人 V 证明他知道 x 满足 $A^x \equiv B \mod p$，p 是素数，A、B 和 p 公开，x 随机选择，但不能让 V 知道。

协议 6

(1) P 生成 t 个随机数 $r_1, r_2, \cdots, r_t$，$r_i < p-1$；

(2) P 计算，$h_i = A^{r_i} \mod p (i=1, \cdots, t)$递送给 V；

(3) P 和 V 执行掷硬币协议，产生 t bit 数 $b_1, b_2, \cdots, b_t$；

(4) 对所有 t bit 二元数，P 执行：(*a*) 若 $b_i=0$，将 r_i 递送给 V，(*b*) 若 $b_i=1$，将 $s=r_i-r_j \mod (p-1)$递送给 V；

(5) 对所有 t bit 值 V 执行：(*a*) 若 $b_i=0$，计算 $A^{r_i}=h_i$，(*b*) 若 $b_i=1$，计算 $A^{s_i}=h_i h_j^{-1}$；

(6) P 将 $Z=x-r_j \mod (p-1)$递送给 V；

(7) V 计算

$$A^Z = B \cdot h_j^{-1} \qquad (8-5-6)$$

P 欺诈成功概率为 2^{-t}。

Chaum 等[1987]提出一种改进的离散对数零知识证明算法。将 A、B、p 作为公钥，P 知道 x 满足 $A^x \equiv B \mod p$ 。

协议 7

(1) P 选随机数 $r<p-1$，计算 $h=A^r$ 递送给 V；

(2) V 选随机比特 b 递送给 P；

(3) P 计算 $s \equiv r+bx \mod (p-1)$ 递送给 V；

(4) V 证实 $A^s=hB$；

(5) 重复(1)～(4)t 次。

P 欺诈成功概率为 2^{-t}。可修正模值为组合模 $n=p\times q$，P 选随机数小于 $(p-1)(q-1)$，并计算 $s\equiv r+bx \mod (p-1)(q-1)$。

8.5.6　公钥密码体制破译的的零知识证明

Koyama[1990]提出对于公钥密码体制破译的零知识证明问题。例如，A 知道了 C 的秘密钥，可能破译了 C 的 RSA 体制或窃得 C 的秘密钥，A 向 B 证明他知道 C 的秘密钥，但并不想让 B 掌握 C 的秘密钥。令 e，d 分别为 C 的公开和秘密钥，n 为模[Koyama 1990]。

协议 8

(1) A 和 B 商定随机数 k 和 m，$km=e$，使可用掷硬币协议产生 k，而后计算 m，若 k 和 m 都大于 3，就继续协议，否则重新选之；

(2) A 和 B 产生一个随机密文 C，(用掷硬币协议)；

(3) A 计算 $M=C^d \mod n$，$X=M^k \mod n$ 递送给 B；

(4) B 证实 $X^m \mod n=C$(注意 $X^m\equiv X^m M^{k\cdot d}\equiv M^m=C \mod n$)。

对于离散对数体制也有类似的协议。

有关身份识别体制的实现和应用可参看[Beth 1988；Desmedt 等 1987；van de Graaf 等 1988；Bauspiess 等 1989；Bengio 等 1991；ISO/IEC 10181－2，1995]。

除了上面介绍的基于计算数论问题的复杂性的身份外，目前又提出一些基于 NP 困难问题的身份识别体制，可参看[Shamir 1989；Baritaud 等 1992；Georgiadas 1992；Stern 1989，1993，1994；Pointcheval 1995]。

8.6　灵巧卡技术及其应用

如 8.1 节所述，个人持证(Token)为个人所有物，可用来验证个人身份，磁卡和灵巧卡都是用来验证个人身份的，它又称为身份卡，简称 ID 卡。早期的磁卡是一种嵌有磁条的塑卡，磁条上有 2～3 个磁道，记录有关个人信息，用于机器读入识别。它由高强度、耐高温的塑料制成，防潮、耐磨、柔韧、便于携带，发达国家在 60 年代就开始作为信用卡在各类 ATM 上广泛使用。国际标准化组织曾对卡和磁条的尺寸布局提出建议[ISO 1978]。卡的作用类似于钥匙，用来开启电子设备，这类卡常和个人识别号(PIN)一起使用。当然，PIN 最好记忆而不要写出来，但对某些人如美国人平均每人有 11 个不同用途的卡，都要求记下来也不容易。

这类卡易于制造，且磁条上记录的数据不难被转录，因此应设法防止仿制。已发明了许多“安全特征”来改进卡的安全性，如采用水印花纹，制造过程中在磁条上加了永久的不可擦掉的记录，难以仿制，用以区分真伪。也可采用夹层带(Sandwich Tape)，将高矫顽磁性层和低矫顽磁性层粘在一起，使低矫顽磁性层靠近记录磁头。记录时用强力磁头，使上下两层都录有信号，而读出时，先产生一个去磁场，洗掉表面低矫顽磁性层上的记录，但对高矫顽磁性层上录的记号无影响。这种方案可以防止用普通磁带伪造塑卡，也可防止用一般磁头在偷得的卡上记录所需的伪造数据。但其安全性是不高的，因为高强磁头和高矫顽磁带并非太难得到。由于信用卡缺少有效的防伪和防盗等安全保护措施，使全世界的发卡公司和金融系统每年都造成巨大损失。人们开始研究和使用更先进、更安全和可靠的

IC 卡。

IC 卡又称**有源卡**(Active Card)、**灵巧卡**(Smart Card)或**智能卡**(Intelligent Card)。它将微处理器芯片嵌在塑卡上代替无源存储磁条。存储信息量远大于磁条的 250 B，且有处理功能。卡上的处理器有 4 KB 的程序和小容量 EPROM，有的甚至有液晶显示和对话功能。灵巧卡的工作原理框图示于图 8-6-1 中。

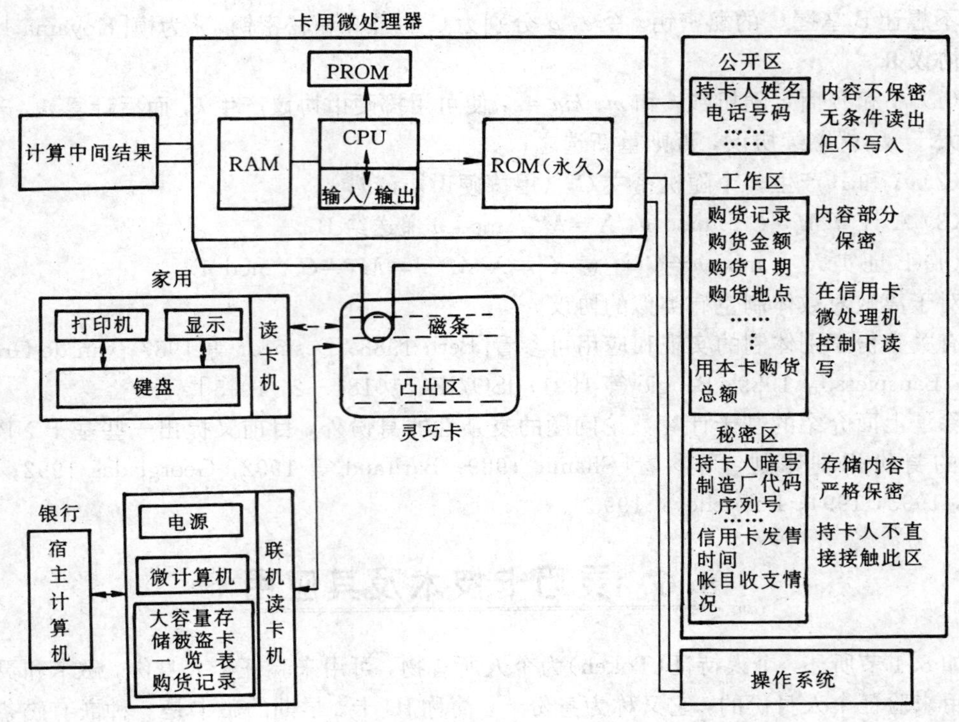

图 8-6-1　灵巧卡的工作原理框图

以灵巧卡代替无源卡使其安全性大大提高，因为对手难以改变或读出卡中的存数。它还克服了普通信用卡如下的一些严重缺点。例如，① 透支问题：由于大多数购买活动不会立刻报告给发卡公司，所以持卡人可以多次进行小笔交易或一大笔交易，所需金额大大超过持卡人的存款额；② 转录信息：用复写信纸留下信用卡突出部分的印痕就可将信用卡磁条上存储的信息复制到空白卡上；③ 泄露护字符：监视存取机工作的人可能会在持卡人送护字符时窃得其护字符。

在灵巧卡上有一存储用户永久性信息的 ROM，在断电下信息不会消失。每次使用卡进行的交易和支出总额都被记录下来，因而可确保不能超支。卡上的中央处理器对输入、输出数据进行处理。卡中存储器的某些部分信息只由发卡公司掌握和控制。通过中央处理器、灵巧卡本身就可检验用卡人所提供的任何密码，将它同储于秘密区的正确密码进行比较，并将结果输出到卡的秘密区中，秘密区还存有持卡人的收支账目，由公司选定的卡的编号一组字母或数字，用以确定其合法性。存储器的公开区存有持卡人姓名、住址、电话号码和账号，任何读卡机都可读出这些数据，但不能改变它。系统的中央处理机也不会改变公开区内的任何信息。正在研究将强的密码算法嵌入灵巧卡系统，可完成认证、签字、杂凑、加解密运算，从而大大增强系统的安全性，使其用于安全性要求更高、处理功能要求更强的系统，如电子货币、Internet上的电子商业、医疗保险、医疗信息等系统中。

有些国家已成批生产灵巧卡。自80年代中期法国就已大量使用灵巧卡，到现在已有2 000万张。欧洲已有2.5亿张灵巧卡，其中大部分是一次性预付款电话卡。1985年9月Mastercard这一世界性信用卡公司在美国首都和佛罗里达州的棕榈泉就发行了5万张。除了银行系统外，在付费电视系统中也有实用。付费广播电视系统每20秒改变一次加密电视节目信号的密钥，用这类灵巧卡可以同步地更换解密钥，实现正常接收。灵巧卡的存储容量和处理功能的进一步加强，会使它成为身份验证的一种更为变通的工具，可进一步扩大其应用范围，如作护照、电话电视等计费卡、个人履历记录、电子锁的开锁钥匙等。不久，个人签字、指纹、视网膜图样等信息就可能存入灵巧卡，成为身份验证的更有效手段。未来的灵巧卡所包含的个人信息将越来越多，将成为高度个人化的持证。

灵巧卡发行时都要经过**个人化**(Personalization)或**初始化**(Initialization)阶段，其具体内容随所生产的卡和应用模式不同而异。发卡机构根据系统设计要求将应用信息(如发行代码等)和购卡人的个人信息写入卡中，使该卡成为购卡人可用于特定应用模式且具有其个人特征的专有物。一般IC卡的个人化有以下几方面的内容：① 软硬件逻辑的格式化；② 写入系统应用信息和个人有关信息；③ 印上卡的名称、发行机构的名称、持卡人的照片等。

灵巧卡会得到更广泛的应用，如数字蜂窝电话、卫星和有线TV以及财务等有广阔应用领域的灵巧卡的标准也在加紧制定中。

灵巧卡的安全涉及许多方面，如芯片的安全技术、卡片的安全制造技术、软件的安全技术，以及安全密码算法和安全可靠协议的设计。灵巧卡的管理系统的安全设计也是其重要组成部分，如卡的制造、发行、使用、回收、丢失或损坏后的安全保障及补发、防伪造等是实用中要解决的重要研究课题。

关于灵巧卡的文献很多，可参看[Guillou 等 1992；Naccache 等 1966；Abdelguerfi 等 1966]。

第9章 认证理论与技术(四)——安全协议

9.1 协议的基本概念

在现实生活中，人们对协议并不陌生，人们都在自觉或不自觉地使用着各种协议。例如，在处理国际事务时，国家政府之间通常要遵守某种协议；在法律上，当事人之间常常要按照规定的法律程序去处理纠纷；在打扑克、电话订货、投票或到银行存款或取款时，都要遵守特定的协议。由于人们能够熟练地使用这些协议来有效地完成所要做的事情，所以很少有人去深入地去考虑它们。

所谓**协议**(Protocol)，就是两个或两个以上的参与者为完成某项特定的任务而采取的一系列步骤。这个定义包含三层含义：第一，协议自始至终是有序的过程，每一步骤必须依次执行。在前一步没有执行完之前，后面的步骤不可能执行。第二，协议至少需要两个参与者。一个人可以通过执行一系列的步骤来完成某项任务，但它不构成协议。第三，通过执行协议必须能够完成某项任务。即使某些东西看似协议，但没有完成任何任务，也不能成为协议，只不过是浪费时间的空操作。

在进行讨论之前，我们首先对协议的参与者作如下约定。

表 9-1-1 协议中可能的参与者及其作用

协议的参与者	参与者在协议中所发挥的作用
Alice	在所有协议中，她是第一参与者
Bob	在所有的协议中，他是第二参与者
Carol	在三方或四方协议中，他是参与者之一
Dave	在三方或四方协议中，他是参与者之一
Eve	窃听者
Mallory	恶意的主动攻击者
Trent	可信赖的仲裁者
Walter	看守人，他将在某些协议中保护 Alice 和 Bob
Peggy	证明者
Victor	验证者

9.1.1　仲裁协议(Arbitraced Protocol)

仲裁者(Arbitrator)是某个公正的第三方。在执行协议的过程中，其它各方均信赖他。“公正”意味着仲裁者对参与协议的任何一方没有偏向，而“可信赖”意味着参与协议的所有人均认为他所说的话都是真的，他所做的事都是正确的，并且他将完成协议赋予他的任务。仲裁者能够帮助两个互不信赖的实体完成协议(见图 9－1－1(a))。

在现实生活中，律师常常被认为是仲裁者。例如，Alice 要卖汽车给陌生人 Bob，而 Bob 想用支票付账。在 Alice 将车交给 Bob 之前，她必须查清支票的真伪。同样，Bob 也不相信 Alice，在没有获得车主权之前，也不愿将支票交给 Alice。

这时，就需要一个为双方信赖的律师来帮助他们完成交易。Alice 和 Bob 可以通过执行以下协议来确保彼此不受欺骗：

(1) Alice 将车主权和钥匙交给律师。

(2) Bob 将支票交给 Alice。

(3) Alice 在银行兑现支票。

(4) 在规定的时间内，若证明支票是真的，律师将车主权和钥匙交给 Bob；若证明支票是假的，Alice 将向律师提供确切的证据，此后律师将车主权和钥匙交还给 Alice。

在这一协议中，Alice 相信在他弄清支票的真伪之前，律师不会将车主权交给 Bob。一旦发现支票有假，律师还会将车主权归还她；Bob 也相信律师在支票兑现后，将把车主权和钥匙交给他。在协议中，律师只起担保代理作用，他并不关心支票的真伪。

银行也可以充当仲裁人的角色。通过执行以下协议，Bob 可以从 Alice 手中买到车：

(1) Bob 开一张支票并将其交给银行。

(2) 在验明 Bob 的钱足以支付支票上的数目后，银行将保付支票交给 Bob。

(3) Alice 将车主权和钥匙交给 Bob。

(4) Bob 将保付支票交给 Alice。

(5) Alice 兑现支票。

这个协议是有效的，因为 Alice 相信银行开具的证明。同时，他也相信银行不会将他的钱用于其它不正当的场合。

然而，在计算机领域中，当我们让计算机充当仲裁人时，会遇到如下一些新的问题：

(1) 在计算机网络中，彼此互不信赖的通信双方进行通信时，也需要某台计算机充当仲裁者。但是，由于计算机网络的复杂性，使得互相怀疑的通信双方很可能也怀疑作为仲裁者的计算机。

(2) 在计算机网络中，要设立一个仲裁者，就要像聘请律师一样付出一定的费用。然而，在网络环境下，没有人愿意承担这种额外的开销。

(3) 当协议中引入仲裁者时，就会增加时延。

(4) 由于仲裁者需要对每一次会话加以处理，他有可能成为系统的瓶颈。在实现时，增加仲裁者的数目可能会缓解这个问题，但是这会增加系统的造价。

(5) 在网络中，由于每个人都必须信赖仲裁者，因此它也就成为攻击者攻击的焦点。

(6) 在具有仲裁的协议中，仲裁人的角色由 Trent 来担任。

9.1.2　裁决协议(Adjudicated Protocol)

由于在协议中引入仲裁人会增加系统的造价，所以在实际中，我们引入另外一种协议，称为裁决协议。只有发生纠纷时，裁决人才执行此协议；而无纠纷发生时，并不需要裁决人的参与(见图 9-1-1(*b*))。

与仲裁人一样，**裁决人**(Adjudicator)也是一个公正的、可信赖的第三方。他不像仲裁者一样直接参与协议。例如，法官是职业裁决人。Alice 和 Bob 在签署合同时，并不需要法官的参与。但是，当他们之间发生纠纷时，就需要法官来裁决。

合同签署协议可以规范地作如下表述：

无仲裁的子协议：

(1) Alice 和 Bob 协商协议的条款。

(2) Alice 签署这个合同。

(3) Bob 签署这个合同。

裁决子协议：

(4) Alice 和 Bob 出现在法官面前。

(5) Alice 向法官提供她的证据。

(6) Bob 向法官提供他的证据。

(7) 法官根据双方提供的证据进行裁决。

在计算机网络环境下，也有裁决协议。这些协议建立在各方均是诚实的基础之上。但是，当有人怀疑发生欺骗时，可信赖的第三方就可以根据所存在的某个数据项判定是否存在欺骗。一个好的裁决协议应该能够确定欺骗者的身份。注意，裁决协议只能检测欺骗是否存在，而不能防止欺骗的发生。

9.1.3　自动执行协议(Self-enforcing Protocol)

自动执行协议是最好的协议。协议本身就保证了公平性(见图 9-1-1(*c*))。这种协议

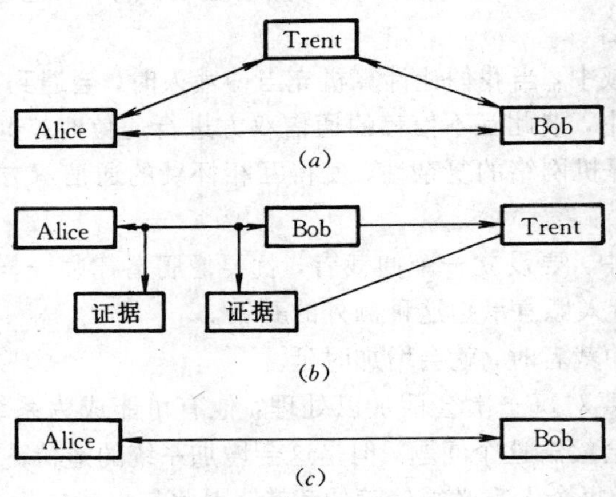

图 9-1-1　协议的类型

(*a*) 仲裁协议；(*b*) 裁决协议；(*c*) 自动执行协议

不需要仲裁者的参与，也不需要裁决者来解决争端。如果协议中的一方试图欺骗另一方，那么另一方会立刻检测到该欺骗的发生，并停止执行协议。

今天，人们越来越多地使用计算机网络来进行交流。计算机能够代替人们完成要做的事情，但是它必须按照事先设计的协议来执行。人可以对新的环境作出相应的反应，而计算机却不能。在这一点上，计算机几乎无灵活性可言。因此，协议应该对所要完成的某项任务的过程加以抽象。无论对 PC 机还是对 VAX 机来说，所采用的通信协议都是相同的。这种抽象不仅可以大大提高协议的适应性，也可以使我们十分容易地辨别协议的优劣。协议不仅应该具有很高的运行效率，而且应该具有行为上的完整性。我们在设计协议时，应该考虑到完成某项任务时可能发生的各种情况，并对其作出相应的反应。

因此，一个好的协议应该具有以下特点：

(1) 协议涉及的每一方必须事先知道此协议以及要执行的所有步骤。

(2) 协议涉及的每一方必须同意遵守协议。

(3) 协议必须是非模糊的。对协议的每一步都必须确切定义，避免产生误解。

(4) 协议必须是完整的。对每一种可能发生的情况都要作出反应。

(5) 每一步操作要么是由一方或多方进行计算，要么是在各方之间进行消息传递，二者必居其一。

许多面对面的协议依赖于人出场来保证真实性和安全性。例如，你购物时，不可能将支票交给陌生人；你与他人玩扑克时，必须保证亲眼看到他洗牌和发牌。然而，当你通过计算机与远端的用户进行交流时，真实性和安全性便无法保证。实际上，我们不仅难以保证使用计算机网络的所有用户都是诚实的，而且也难以保证计算机网络的管理者和设计者都是诚实的。只有通过使用规范化协议，才可以有效地防止不诚实的用户对网络实施的各种攻击。

从上面的讨论可知，计算机网络中使用的好的通信协议，不仅应该具有有效性、公平性和完整性，而且应该具有足够高的安全性。通常我们把具有安全性功能的协议称为安全协议。安全协议的设计必须采用密码技术。因此，我们有时也将安全协议称作密码协议。

密码协议与许多通信协议的显著区别在于它使用了密码技术。在进行密码协议的设计时，常常要用到某些密码算法。密码协议所涉及的各方可能是相互信赖的，也可能彼此互不信任。当成千上万的用户在网络上进行信息交互时，会给网络带来严重的安全问题。例如，非法用户不必对网络上传输的信息解密，就可能利用网络协议自身存在的安全缺陷，获取合法用户的某些机密信息(如用户口令、密钥、用户身份号等)，从而冒充合法用户无偿使用网络资源，或窃取网络数据库中的秘密用户文档。因此，设计安全、有效的通信协议，是密码学和通信领域中一个十分重要的研究课题。密码协议的目标不仅仅是实现信息的加密传输，而更重要的是为了解决通信网的安全问题。参与通信协议的各方可能想分享部分秘密来计算某个值、生成某个随机序列、向对方表明自己的身份或签订某个合同。在协议中采用密码技术，是防止或检测非法用户对网络进行窃听和欺骗攻击的关键技术措施。所谓协议是安全的，意味着非法用户不可能从协议中获得比协议自身所体现的更多的、有用的信息。

在后面几节里，我们将要讨论许多密码协议。其中，有些协议是不安全的，可能会导致参与协议的一方欺骗另一方。还有一些协议窃听者可以制服，或者能从中获取某些秘密信息。造成协议失败的原因有多种，最主要的是因为协议的设计者对安全需求的定义研究得不够透彻，并且对设计出来的协议缺乏足够的安全性分析。正像密码算法的设计一样，要证明协议的不安全性要比证明其安全性要容易得多。

9.2　安全协议分类及基本密码协议

迄今，尚未有人对安全协议进行过详细的分类。其实，将密码协议进行严格分类是很难的事情。从不同的角度出发，就有不同的分类方法。例如，根据安全协议的功能，可以将其分为认证协议、密钥建立(交换、分配)协议、认证的密钥建立(交换、分配)协议；根据ISO的七层参考模型，又可以将其分成高层协议和低层协议；按照协议中所采用的密码算法的种类，又可以分成双钥(或公钥)协议、单钥协议或混合协议等。作者认为，比较合理的分类方法是应该按照密码协议的功能来分类，而不管协议具体采用何种密码技术。因此，我们把密码协议分成以下三类：

(1) 密钥建立协议(Key Establishment Protocol)，建立共享秘密。

(2) 认证建立协议(Authentication Protocol)，向一个实体提供对他想要进行通信的另一个实体的身份的某种程度的确信。

(3) 认证的密钥建立协议(Authenticated Key Establishment Protocol)，与另一身份已被或可被证实的实体之间建立共享秘密。

下面我们对这三类协议进行详细讨论。

9.2.1　密钥建立协议

提供密码技术所需密钥建立协议可在两个或多个实体之间建立共享的秘密，通常用于建立一次通信时所用的会话密钥。我们将主要讨论两个实体之间建立共享秘密的协议问题。可以采用单钥、双钥技术实现，有时也要借助于可信赖第三方参与。可以扩展到多方共享密钥，如会议密钥建立，但随着参与方增多协议会迅速变得很复杂。

在保密通信中，我们通常对每次会话都采用不同的密钥进行加密。因为这个密钥只用于对某个特定的通信会话进行加密，所以被称为会话密钥。会话密钥只有在通信的持续范围内有效，当通信结束后会被清除。如何将这些会话密钥分发到会话者的手中，是本节要讨论的问题。

1. 采用单钥体制的密钥建立协议

密钥建立协议主要可分为密钥传输协议和密钥协商协议，前者是由一个实体建立或收到的密钥安全传送给另一个实体，而后者是由双方(或多方)共同提供信息建立起共享密钥，没有任何一方起决定作用。其它如密钥更新、密钥推导、密钥预分配、动态密钥建立机制等都可由上述两种基本密钥建立协议变化得出。

可信赖服务器(或可信赖第三方、认证服务器、密钥分配中心KDC、密钥传递中心KTC、证书发行机构CA等)可以在初始化建立阶段、在线实时通信、或两者都有的情况下参与密钥分配。

这类协议假设网络用户Alice和Bob各自都与密钥分配中心KDC(在协议中扮演Trent

的角色)共享一个密钥[Popek 等 1979]。这些密钥在协议开始之前必须已经分发到位。在下面的讨论中，我们并不关心如何分发这些共享密钥，仅假设他们早已分发到位，而且 Mallory 对它们一无所知。协议描述如下：

(1) Alice 呼叫 Trent，并请求得到与 Bob 通信的会话密钥。

(2) Trent 生成一个随机会话密钥，并做两次加密：一次是采用 Alice 的密钥，另一次是采用 Bob 的密钥。Trent 将两次加密的结果都发送给 Alice。

(3) Alice 采用共享密钥对属于她的密文解密，得到会话密钥。

(4) Alice 将属于 Bob 的那项密文发送给他。

(5) Bob 对收到的密文采用共享密钥解密，得到会话密钥。

(6) Alice 和 Bob 采用该会话密钥进行安全通信。

此协议的安全性，完全依赖于 Trent 的安全性。Trent 可能是一个可信赖的通信实体，更可能是一个可信赖的计算机程序。如果 Mallory 买通了 Trent，那么整个网络的机密就会泄露。由于掌握了所有用户与 Trent 共享的密钥，Mallory 就可以阅读所有过去截获的消息和将来的通信业务。他只需对通信线路搭线，就可以窃听到所有加密的消息流。

以上协议存在的另外一个问题是：Trent 可能成为影响系统性能的瓶颈，因为每次进行密钥交换时，都需要 Trent 的参与。如果 Trent 出现问题，这就会影响到整个系统的正常工作。

2. 采用双钥体制的密钥交换协议

在实际应用中，Alice 和 Bob 常采用双钥体制来建立某个会话密钥，此后采用此会话密钥对数据进行加、解密。在某些具体实现方案中，Alice 和 Bob 的公钥被可信赖的第三方签名后，存放在某个数据库中。这就使得密钥交换协议变得更加简单。即使 Alice 从未听说过 Bob，她也能与其建立安全的通信联系。协议如下：

(1) Alice 从数据库中得到 Bob 的公钥。

(2) Alice 生成一个随机的会话密钥，采用 Bob 的公钥加密后，发送给 Bob。

(3) Bob 用其私钥对 Alice 的消息进行解密。

(4) Bob 和 Alice 采用同一会话密钥对通信过程加密。

3. 中间人攻击(Men-in-the-middle Attack)

当 Eve 找不到比攻破双钥算法或对密文实施惟密文攻击更好的方法时，Mallory 的攻击就显得更加危险。他不仅能够窃听到 Alice 和 Bob 之间交换的消息，而且能够修改消息、删除消息和生成全新的消息。当 Bob 向 Alice 说话时，Mallory 可以冒充 Bob；当 Alice 向 Bob 说话时，Mallory 可以冒充 Alice。这就是中间人攻击。Mallory 对协议的攻击如下：

(1) Alice 发送她的公钥给 Bob。Mallory 截获这一公钥，并将他自己的公钥发送给 Bob。

(2) Bob 发送他的公钥给 Alice。Mallory 截获这一公钥，并将他自己的公钥发送给 Alice。

(3) 当 Alice 采用"Bob"的公钥对消息加密并发送给 Bob 时，Mallory 会截获到它。由于这条消息实际上是采用了 Mallory 的公钥进行加密，因此他可以采用其私钥进行解密，并采用 Bob 的公钥对消息重新加密后发送给 Bob。

(4) 当 Bob 采用"Alice"的公钥对消息加密并发送给 Alice 时，Mallory 会截获到它。由于这条消息实际上是采用了 Mallory 的公钥进行加密，因此他可以采用其私钥进行解密，并采用 Alice 的公钥对消息重新加密后发送给 Alice。

即使 Alice 和 Bob 的公钥存放在数据库中，这一攻击仍然有效。Mallory 可以截获 Alice 的数据库查询指令并用其公钥替换 Bob 的公钥。同样，他也可以截获 Bob 的数据库查询指令并用其公钥替代 Alice 的公钥。更严重的是，Mallory 可以钻入数据库中将 Alice 和 Bob 的公钥均替换成他自己的公钥。此后，他只须等待 Alice 与 Bob 会话，截获并修改消息。

中间人攻击之所以起作用，是因为 Alice 和 Bob 没有办法来验证他们正在与另一方会话。假设 Mallory 没有产生任何可以察觉的网络时延，那么 Alice 和 Bob 不会知道有人正坐在他们之间阅读所有的秘密信息。

4. 联锁协议

联锁协议(Interlock Protocol)是由 R. Rivest 和 A. Shamir 设计的[Rivest 等 1984]。它能够有效地抵抗中间人攻击。协议描述如下：

(1) Alice 发送她的公钥给 Bob。

(2) Bob 发送他的公钥给 Alice。

(3) Alice 用 Bob 的公钥对消息加密。此后，她将一半密文发送给 Bob。

(4) Bob 用 Alice 的公钥对消息加密。此后，他将一半密文发送给 Alice。

(5) Alice 发送另一半密文给 Bob。

(6) Bob 将 Alice 的两半密文组合在一起，并采用其私钥解密。Bob 发送他的另一半密文给 Alice。

(7) Alice 将 Bob 的两半密文组合在一起，并采用其私钥解密。

这个协议最重要的一点是：在仅获得一半而没有获得另一半密文时，对攻击者来说毫无用处，因为攻击者无法解密。在第(6)步以前，Bob 不可能读到 Alice 的任何一部分消息。在第(7)步以前，Alice 也不可能读到 Bob 的任何一部分消息。要做到这一点，有以下几种方法：

· 如果加密算法是一个分组加密算法，每一半消息可以是输出的密文分组的一半。

· 对消息解密可能要依赖于某个初始化矢量，该初始化矢量可以作为消息的第二半发送给对方。

· 发送的第一半消息可以是加密消息的单向杂凑函数值，而加密的消息本身可以作为消息的另一半。

现在来分析上述协议是如何能抗击 Mallory 的攻击的。Mallory 仍然可以在第(1)和(2)步中用他的公钥来替代 Alice 和 Bob 的公钥。但是现在，当他在第(3)步中截获到 Alice 的一半消息时，既不能对其解密，也不能用 Bob 的公钥重新加密。他必须产生一个全新的消息，并将其一半发送给 Bob。当他在第(4)步中截获 Bob 发给 Alice 的一半消息时，他会遇到相同的问题，他既不能对其解密，也不能用 Alice 的公钥重新加密。他必须产生一个全新的消息，并将其一半发送给 Alice。当 Mallory 在第(5)和(6)步中截获到真正的第二半消息时，对他来说为时已晚，以致于来不及对前面伪造的消息进行修改。Alice 和 Bob 会发现这种攻击，因为他们谈话的内容与伪造的消息有可能完全不同。

Mallory 也可以不采用这种攻击方法。如果他非常了解 Alice 和 Bob，他就可以假冒其中一人与另一人通话，而他们绝不会想到正在受骗。但这样做肯定要比充当中间人更难。

5. 采用数字签名的密钥交换

在会话密钥交换协议中采用数字签名技术，可以有效地防止中间人攻击。Trent 是一个可信赖的实体，他对 Alice 和 Bob 的公钥做数字签名。签名的公钥中包含一个所有权证书。当 Alice 和 Bob 收到此签名公钥时，他们每人均可以通过验证 Trent 的签名来确定公钥的合法性，因为 Mallory 无法伪造 Trent 的签名。

这样一来，Mallory 的攻击就变得十分困难：他不能实施假冒攻击，因为他既不知道 Alice 的私钥，也不知道 Bob 的私钥；他也不能实施中间人攻击，因为他不能伪造 Trent 的签名。即使他能够从 Trent 获得一签名公钥，Alice 和 Bob 也很容易发现该公钥属于他。Mallory 能做的只有窃听往来的加密报文，或者干扰通信线路，阻止 Alice 与 Bob 会话。

这一协议中引入了 Trent 这个角色。然而，密钥分配中心 KDC 遭到攻击、泄露秘密的风险要比第 1 个协议小得多。如果 Mallory 侵入了 KDC，他能够得到的仅仅是 Trent 的私钥。Mallory 可以采用这一私钥给用户签发新的公钥，但不能用其解密任何会话密钥或阅读任何报文。要想阅读报文，Mallory 必须假冒某个合法网络用户，并欺骗其它合法用户采用 Mallory 的公钥对报文加密。

一旦 Mallory 获得了 Trent 的私钥，他就能够对协议发起中间人攻击。他采用 Trent 的私钥对一些伪造的公钥签名。此后，他或者将数据库中 Alice 和 Bob 的真正公钥换掉，或者截获用户的数据库访问请求，并用伪造的公钥响应该请求。这样，他就可以成功地发起中间人攻击，并阅读他人的通信。

这一攻击是奏效的，但是前提条件是 Mallory 必须获得 Trent 的私钥，并对加密消息进行截获或修改。在某些网络环境下，这样做显然要比坐在两个用户之间实施被动的窃听攻击要难得多。对于像无线网络这样的广播信道来说，尽管可以对整个网络实施干扰破坏，但是要想用一个消息取代另一个消息几乎是不可能的。对于计算机网络来说，这种攻击要容易得多，而且随着技术的发展，这种攻击变得越来越容易。考虑到现存的 IP 欺骗、路由器攻击等，主动攻击并不意味着非要对加密的报文解密，也不只限于充当中间人，还有许多更加复杂的攻击需要研究。

6. 密钥和消息传输

Alice 和 Bob 不必先完成密钥交换协议，再进行信息交换。在下面的协议中，Alice 在事先没有执行密钥交换的协议的情况下，将消息 M 发送给 Bob：

(1) Alice 生成一随机数作为会话密钥 K，并用其对消息 M 加密：$E_K(M)$。

(2) Alice 从数据库中得到 Bob 的公钥。

(3) Alice 用 Bob 的公钥对会话密钥加密：$E_B(K)$。

(4) Alice 将加密的消息和会话密钥发送给 Bob：$E_K(M)$，$E_B(K)$。

为了提高协议的安全性以对付中间人攻击，Alice 可以对这条消息签名。

(5) Bob 用其私钥对 Alice 的会话密钥解密。

(6) Bob 用这一会话密钥对 Alice 的消息解密。

这一协议中既采用了双钥体制，也采用了单钥体制。这种混合体制在通信系统中经常用到。一些协议还常常将数字签名、时戳和其它密码技术结合在一起。

7. 密钥和消息广播

在实际中，Alice 也可能将消息同时发送给几个人。在下面的例子中，Alice 将加密的消息同时发送给 Bob，Carol 和 Dave：

(1) Alice 生成一随机数作为会话密钥 K，并用其对消息 M 加密：$E_K(M)$。

(2) Alice 从数据库中得到 Bob，Carol 和 Dave 的公钥。

(3) Alice 分别采用 Bob，Carol 和 Dave 的公钥对 K 加密：$E_B(K)$，$E_C(K)$，$E_D(K)$。

(4) Alice 广播加密的消息和所有加密的密钥，将它传送给要接收它的人。

(5) 仅有 Bob，Carol 和 Dave 能采用各自的私钥解密求出会话密钥 K。

(6) 仅有 Bob，Carol 和 Dave 能采用此会话密钥 K 对消息解密求出 M。

这一协议可以在存储转发网络上实现。中央服务器可以将 Alice 的消息和各自的加密密钥一起转发给他们。服务器不必是安全的和可信赖的，因为它不能解密任何消息。

8. Diffie-Hellman 密钥交换协议

Diffie-Hellman 算法是在 1976 年提出的[Diffie 等 1976]，它是第一个双钥算法。它的安全性来自于在有限域上计算离散对数的难度。Diffie-Hellman 协议可以用作密钥交换，Alice 和 Bob 可以采用这个算法共享一个秘密的会话密钥，但不能采用它来对消息进行加密和解密。

协议的原理十分简单。首先，Alice 和 Bob 约定两个大的素数，n 和 g，使得 g 是群 $\langle 0, n-1\rangle$ 上的本原元。这两个整数不必保密，Alice 和 Bob 可以通过不安全的信道传递它们。即使许多用户知道这两个数，也没有关系。

协议描述如下：

(1) Alice 选择一个随机的大整数 x，并向 Bob 发送以下消息：$X=g^x \mod n$。

(2) Bob 选择一个随机的大整数 y，并向 Alice 发送以下消息：$Y=g^y \mod n$。

(3) Alice 计算：$K=Y^x \mod n$。

(4) Bob 计算：$K'=X^y \mod n$。

至此，K 和 K' 均等于 $g^{xy} \mod n$。搭线窃听的任何人均不会计算得到该值。除非攻击者能够计算离散对数来得到 x 和 y，否则它们无法获得该密钥。所以，K 可以被 Alice 和 Bob 用作会话密钥。

g 和 n 的选择对于系统的安全性有着根本的影响。$(n-1)/2$ 应该是素数[Pohlig 等 1978]，最重要的是 n 应该足够大。这样，系统的安全性就基于分解与 n 具有同样长度的数的难度。你可以选择 g 使得 g 是群 $\langle 0, n-1\rangle$ 上的本原元，你也可以选择最小的 g（通常只有 1 位数）。实际上，g 不一定必须是本原元，只要用它能够生成乘群 $\langle 0, n-1\rangle$ 的一个大子群即可。

很容易将 Diffie-Hellman 的密钥交换协议扩展到多个用户的情况，也可以将该算法从乘群上扩展到交换环上[Pohlig 等 1978]。Z. Shmuley 和 K. McCurley 提出了该算法的另外一种形式，其中模是一个大合数[Shmuley 1985；McCurley 1988]。V. S. Miller 和 N. Koblitz 将这一算法扩展到椭圆曲线上[Miller 1986；Koblitz 1987]。T. ElGamal 利用这一算法的思想设计了一种加密和数字签名算法（见 7.4 节）。

这一算法也可以在伽罗华域 $GF(2^k)$ 上实现[Shmuley 1985；McCurley 1988]。由于在伽

罗华域上进行指数运算很快，所以现实中的许多设计均采用这一方法[Kowalchuk 等 1980，Yiu 等 1982]。同样，在对算法进行密码分析时运算速度也会很快，因此对我们来说，重要的是应该细心选择一个足够大的域，以保证系统的安全性。

9.2.2　认证协议

如第 6、7、8 章所述，认证包含消息认证、数据源认证和实体认证(身份识别)，用以防止欺骗、伪装等攻击。有关技术算法已经介绍，这里讨论实现认证的各种协议。

当 Alice 登录到某个主计算机(或者某个自动取款机、电话银行系统或其它任何类型的终端)时，主机如何知道他是谁呢？主机怎么才能知道他不是 Eve 假冒 Alice 的身份？传统的方法是采用口令来解决这个问题。Alice 键入她的口令，主机确认口令是正确的。Alice 和主机都知道这一秘密的知识。每次登录时，主机要求 Alice 输入她的口令。

1. 采用单向函数的认证协议

R. Needham 和 M. Guy 等指出：在对 Alice 进行认证时，主机无需知道其口令。它只需能够辨别 Alice 提交的口令是否有效。这很容易采用单向函数来做到[Wilkes 1986；Evans 1974；Purdy 1974；Morris 1979]。主机不必存储 Alice 的口令，他只需存储该口令的单向函数值。

(1) Alice 向主机发送她的口令。

(2) 主机计算该口令的单向函数值。

(3) 主机将计算得到的单向函数值与预先存储的值进行比较。

由于主机不需要再存储各用户的有效口令表，减轻了攻击者侵入主机、窃取口令清单的威胁。攻击者窃取口令的单向函数值将毫无用处，因为他不可能从单向函数值中反向推出用户的口令。

2. 字典攻击和掺杂

一个采用单向函数加密的口令文件仍然易遭攻击。Mallory 可以编制 100 万个最常用的口令，然后用单向函数对所有这些口令加密并存储密文。若每个口令为 8 B，那么密文不会超过 8 MB，用几个软盘就可以装下。此后，Mallory 可以窃取某个加密的口令文件，并与他存储的密文相比较，看有哪些密文重合。这种方法被称为字典攻击。事实证明，这种攻击方法十分有效。

掺杂是一种使字典攻击变得更加困难的方法。掺杂值是一个伪随机序列，常将其与口令级连后再采用单向函数加密。此后，将掺杂值和密文一起存储于主机的数据库中。如果掺杂值的空间足够大，就会大大削弱字典攻击的成功概率，因为 Mallory 必须对每个可能的掺杂值加密，生成一个单向杂凑值。

这里需要弄清的一点是：每当 Mallory 试图攻破某个人的口令时，他必须试着对字典中的每个口令进行加密，而不是仅仅对所有的口令进行大量的预计算。

许多 UNIX 系统仅采用 12 bit 的掺杂。即便如此，Daniel Klein 通过一个口令揣测程序，在一周之内便可以破译任何一台主机上的 40%的口令[Klein 1990]。David Feldmeier 和 Phlip Karn 收集了大约 73.2 万个常用的口令，每个口令均与 4 096 个可能的 Salt 值相级联。他们估计采用这一口令表，对任意一台给定的主机，有 30%的口令可以被攻破。

然而，掺杂并不是万灵药，仅靠增加掺杂比特的数目并不会解决所有的问题。掺杂仅能抗击对口令文件的一般的字典攻击，而不能抗击对单一口令的预定攻击。它可以保护人们在多台计算机上使用同一口令，而不能使选择的坏口令变得更安全。

3. SKEY 认证程序

SKEY 是一个认证程序，它的安全性取决于所采用的单向函数。它的工作原理如下：

开始时，Alice 键入一个随机数 R。计算机计算 $f(R)$、$f(f(R))$、$f(f(f(R)))$等 100 次，将其记为 x_1，x_2，x_3，…，x_{100}。之后，计算机打印出这些数的清单，并安全保存。同时计算机也将 x_{101}和 Alice 的姓名一起存放在某个登录数据库中。

在 Alice 首次登录时，键入其姓名和 x_{100}。计算机计算 $f(x_{100})$，并将其与存储在数据库中的值 x_{101}加以比较；如果它们相等，Alice 就得以认证。之后，计算机用 x_{100}将数据库中的 x_{101}取代。Alice 也将 x_{100}从她的清单中去掉。

每次登录时，Alice 键入清单中最后一个未被去掉的数 x_i。计算机计算 $f(x_i)$，并将其与存储在数据库中的 x_{i+1}进行比较。由于每个数仅用一次，而且函数是单向的，Eve 不能得到任何有用的信息。同样，数据库对于攻击者来说仍然有用。当然，当 Alice 用完了清单中的数时，她必须重新初始化该系统。

4. 采用双钥体制的认证

即使采用了掺杂，第 1 个协议仍然存在严重的安全问题。当 Alice 向主机发送口令时，接入其数据通道的任何人均可以阅读到此口令。她也许通过某个复杂的传输通道访问她的主机，而这个通道可能要经过四个工业集团、三个国家和两所大学。Eve 可能就出现在其中的任何一个节点上来窃听 Alice 的登录序列。如果 Eve 能够接入到主机的处理器内存，他就会抢在主机对口令做杂凑运算之前看到该口令。

采用双钥密码体制可以解决这个问题。主机保留每个用户的公钥；所有的用户保留他们各自的私钥。协议描述如下：

用户登录时，协议的执行过程如下：

(1) 主机向 Alice 发送一随机数。

(2) Alice 用其私钥对此随机数加密，并将密文连同其姓名一起发送给主机。

(3) 主机在它的数据库中搜索 Alice 的公钥，并采用此公钥对收到的密文解密。

(4) 如果解密得到的消息与主机首次发给 Alice 的数值相等，主机就允许 Alice 对系统进行访问。

由于无人能够访问 Alice 的私钥，所以也就无人能够假冒 Alice。最重要的是，Alice 永远不会将其私钥通过传输线发给主机。即使 Eve 可以窃听到 Alice 与主机之间的会话，他也不能获得可以用来推出私钥并冒充 Alice 的任何信息。

Alice 的私钥不但很长，而且难以记忆。它可能由用户的硬件产生，也可能由用户的软件产生，只要求 Alice 拥有一个可信赖的智能终端，但既不要求主机必须是安全的，也不要求通信通道必须是安全的。

实际中，对数据串的选择必须十分谨慎。不光是因为存在不可信赖的第三方的问题，而且还存在其它类型的有效攻击。因此，安全的身份证明协议常采用以下更加复杂的形式：

(1) Alice 基于某些随机数和其私钥进行加密运算，并将结果送给主机。

(2) 主机向 Alice 发送另外一个随机数。

(3) Alice 基于随机数(她自己生成的一些随机数和收到来自主机的某个随机数)以及她的私钥进行计算，并将结果发给主机。

(4) 主机采用 Alice 的公钥对收到的数值进行解密，看 Alice 是否知道她的私钥。

(5) 若她确实知道她的私钥，那么她的身份就得以确认。

如果 Alice 并不信赖主机，那么她就要求主机以同样的方式来证明其身份。

协议的第(1)步，看起来似乎没有必要或者令人费解。然而，它是抵抗攻击者对协议的攻击所必需的[Lamport 1981]。

5. 采用联锁协议的双向认证

Alice 和 Bob 是两个想要进行相互认证的用户。每个人都有一个为对方已知的口令，Alice 具有 P_A，Bob 具有 P_B。下面是一个不安全的协议：

(1) Alice 和 Bob 相互交换公钥。

(2) Alice 用 Bob 的公钥对 P_A 加密，并将结果送给 Bob。

(3) Bob 用 Alice 的公钥对 P_B 加密，并将结果送给 Alice。

(4) Alice 对在(3)中收到的消息解密，并验证其是否正确。

(5) Bob 对在(2)中收到的消息解密，并验证其是否正确。

Mallory 可以对上面的协议成功地实施中间人攻击：

(1) Alice 和 Bob 相互交换公钥。Mallory 可以截获通信双方的公钥 P_A 和 P_B，他用自己的公钥替换掉 Bob 的公钥，并将其发送给 Alice。然后，他用自己的公钥替换掉 Alice 的公钥，并将其发送给 Bob。

(2) Alice 用“Bob”的公钥对 P_A 加密，并将其发送给 Bob。Mallory 可以截获这一消息，并用其私钥解密求出 P_A，再用 Bob 的公钥重新对 P_A 加密，并将结果发送发给 Bob。

(3) Bob 用“Alice”的公钥对 P_B 加密，并将其发送给 Alice。Mallory 可以截获这一消息，并用其私钥解密求出 P_B，再用 Alice 的公钥重新对 P_B 加密，并将结果发送发给 Alice。

(4) Alice 解密求出 P_B，并验证其是否正确。

(5) Bob 解密求出 P_A，并验证其是否正确。

在 Alice 和 Bob 看来，此协议并没有什么不同。然而，对于 Mallory 来说，他可以获得通信双方的口令 P_A 和 P_B。

D. Davies 和 W. Price 在上面一节中描述了联锁协议是如何挫败这一攻击的[Davies 等 1989]。S. Bellovin 和 M. Merritt 讨论了攻击这一协议的方法[Bellovin 等 1994]。如果 Alice 是一个用户而 Bob 是一个主机，Mallory 可以假装成 Bob，与 Alice 一起完成协议的开头几步，然后断掉与 Alice 的连接。Mallory 通过模拟线路噪声或网络故障来欺骗对方，结果是 Mallory 获得了 Alice 的口令。此后，他与 Bob 建立连接并完成协议，最终获得 Bob 的口令。

协议可以做进一步的修改：假设用户的口令比主机的口令更加敏感，此时 Bob 先于 Alice 给出他的口令。修改后的协议可能遭受更加复杂的攻击[Bellovin 等 1994]。

6. SKID 身份识别协议

SKID2 和 SKID3 是采用单钥体制构造的身份识别协议，它们是为 RACE 的 RIPE 计划而开发的[RACE 1992]。它们采用了消息认证码 MAC 来提供安全性，并且假设 Alice 和 Bob 共享一个密钥。

SKID2 允许 Bob 向 Alice 提供其身份。协议如下：

(1) Alice 选择随机数 R_A(在 RIPE 文件中规定其为 64 bit)，并将其发送给 Bob。

(2) Bob 选择随机数 R_B(在 RIPE 文件中规定其为 64 bit)，并发送给 Alice 消息：R_B，$H_K(R_A, R_B, B)$。其中，H_K 是消息认证码 MAC。在 RIPE 文件中建议 MAC 采用 RIPE－MAC 函数[Preneel 1993；RACE 1992；Vanderwalle 等 1989]。B 是 Bob 的姓名识别符。

(3) Alice 计算 $H_K(R_A, R_B, B)$，并将其与收到的来自 Bob 的值进行比较。如果两值相等，那么 Alice 知道他正在与 Bob 通信。

SKID3 提供了 Alice 和 Bob 之间的双向认证。步骤(1)～(3)等同于 SKID2，附加了以下两步：

(4) Alice 向 Bob 发送：$H_K(R_B, A)$。其中，A 是 Alice 的姓名识别符。

(5) Bob 计算 $H_K(R_B, A)$，并与收到的来自 Alice 的值进行比较。如果相等，那么他知道他正在与 Alice 进行通信。

对于中间人攻击来说，这一协议并不安全。一般来说，中间人攻击能够攻破不涉及某种秘密的任何协议。

7. 消息认证

当 Bob 收到来自 Alice 的消息时，他如何来判断这条消息是真的？如果 Alice 对这条消息进行数字签名，那么事情就变得十分容易。Alice 的数字签名足以提示任何人她签发的这条消息是真的。

单钥密码体制也可以提供某种认证。当 Bob 收到某条采用共享密钥加密的消息时，他便知道此条消息来自 Alice。然而，Bob 却不能向 Trent 证明这条消息来自 Alice。Trent 只能知道这条消息来自 Bob 或者 Alice(因为没有其他任何人知道他们的共享密钥)，但分不清这条消息究竟是谁发出的。

如果不采用加密，Alice 也可以采用消息认证码 MAC 的方法。采用这种方法也可以提示 Bob 有关消息的真伪，但它存在着与采用单钥加密体制相同的问题。

8. 认证协议举例

认证协议是具有认证功能的一类密码协议。它又可分为单向认证协议和双向认证协议。单向认证协议，是指协议仅能完成两个实体中一方对另一方的认证，而双向认证协议则可实现两个通信实体间的相互认证。下面举例说明。

(1) 单向认证协议。在现实生活中，存在许多仅需单向认证的例子。在计算机网络中，常常假设网管中心的认证服务器是可以信赖的。用户终端无须对认证服务器的身份进行验证，而认证服务器却需要对每个用户终端的身份进行验证。在移动通信网络中，要求基站的访问网络位置寄存器 VLR(Visited Location Register)对漫游用户的身份进行认证，而漫游用户无须对基站的身份进行验证。图 9－2－1 为 GSM 数字移动通信中用户认证的例子。

在图 9－2－1 中，K_i 为移动用户和基站共享的会话密钥，长度为 64 bit；N 为基站向移动用户发出的“提问”，长度为 128 bit；SN_1 为用户计算得到的“响应”，长度为 32 bit；A_3 为认证算法。基站通过验证 SN_1 的正确性，就可以判断用户是否合法。

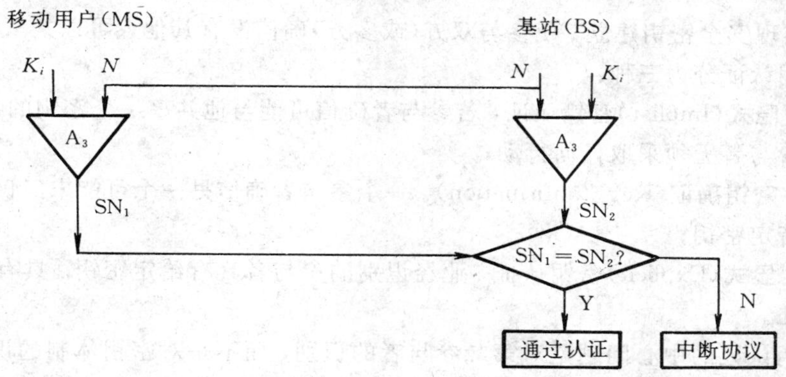

图 9-2-1　GSM 系统中的单向用户认证协议

(2) 双向认证协议。当网络中的两个通信实体彼此互不信赖时，就必须采用双向认证协议。通信双方通过执行双向认证协议，建立彼此间的信任。图 9-2-2 为一个安全的双向认证协议。

A　　　　　　　　　　**B**

A, B, N_a

$B, A, N_b, MAC_{ba}(N_a, N_b, B)$

$A, B, MAC_{ab}(N_a, N_b)$

图 9-2-2　安全双向认证协议

这个协议只有三个消息流，常称作三过协议(Three-pass Protocol)。这里，A 和 B 代表执行认证的两个网络实体的识别符；N_a 和 N_b 为一次随机数(Nonce)，它们被各方用作“提问”来验证对方的身份；MAC_{ba}和 MAC_{ab}代表单向杂凑函数，也称作消息认证码。它们分别采用密钥 K_{ba}和 K_{ab}来确保参数串的认证性。MAC 的参数之间的逗号代表“级联”运算，它将各参数连接成二进制比特串，然后对其进行杂凑运算。MAC 可以采用单钥加密算法(如 DES)来实现，也可以采用单向杂凑函数(如 MD-5)来实现。当采用单钥加密算法时，K_{ba}和 K_{ab}为 A 和 B 之间共享的密钥(通常相等)。当采用单向杂凑函数时，K_{ba}和 K_{ab}被作为参数比特串的“前缀”或“后缀”纳入其中，并作为整体进行杂凑运算。采用杂凑函数构造消息认证码比采用单钥加密算法有许多优点。首先，实现方案的源代码和具体设计不受出口的限制。其次，以上的协议还为低功能的网络环境提供了更吸引人的一个特点：它所需的计算量和消息长度最小。这个特点使它特别适合于对一些基本的网络功能，如远端开机(Remote Booting)或链路层认证，提供安全保护。

9.2.3　认证的密钥建立协议

这类协议将认证和密钥建立结合在一起，用于解决计算机网络中普遍存在的一个问题：Alice 和 Bob 是网络的两个用户，他们想通过网络进行安全通信。那么 Alice 和 Bob 如何才能做到在进行密钥交换的同时，确信她或他正在与另一方而不是 Mallory 通信呢？单纯的密钥建立协议有时还不足以保证安全地建立密钥，与认证相结合能可靠地确认双方的身份，实现安全密钥建立，使参与双方(或多方)确信没有其他人可以共享该秘密。

密钥认证分为三种：

(1) **隐式**(Impliat)密钥认证，若参与者确信可能与他共享一个密钥的参与者的身份时，第二个参与者无须采取任何行动；

(2) **密钥确证**(Key Confirmation)。一个参与者确信另一个可能未经识别参与者确实具有某个特定密钥；

(3) **显式**(Explicit)密钥认证，业经识别的参与者具有给定密钥。具有隐式和密钥确证双重特征。

密钥认证的中心问题是对第二参与者的识别，而不是对密钥体制的识别，而密钥确证则恰好相反，是对密钥值的认证，密钥确证通常包含了从第二参与者送来的消息，其中含有证据稍后用来可证明密钥的主权人。事实上密钥的主权人可以通过多种方式，如生成密钥本身的一个单向杂凑值、采用密钥控制的杂凑函数以及采用密钥加密一个已知量等来证明，这些技术可能会泄露一些有关密钥本身的信息，而用零知识证明技术可以证明密钥的主权人但不会泄露有关密钥的任何信息。

并非所有协议都要求实体认证，有些密钥建立协议(如非认证的 Diffie-Hellman 密钥协商协议)就不含实体的认证、密钥认证和密钥确证。单边(Unilateral)密钥确证可能经常附有用最后消息推导密钥的单向函数。

在认证的密钥建立中，有基于身份的密钥建立协议，参与者的身份信息(如名字、地址、身份号等)包含在其公钥中，作为确定建立密钥的函数的输入成分。目前，许多协议都假设 Trent 与协议的参与者之间共享一密钥，并且所有这些密钥在协议开始执行前就已经分发到位。下面就来讨论这些协议，协议中采用的符号参见表 9-2-1。

表 9-2-1 认证和密钥交换协议中采用的符号

A	Alice 的姓名识别符
B	Bob 的姓名识别符
E_A	采用 Trent 与 Alice 共享的密钥加密
E_B	采用 Trent 与 Bot 共享的密钥加密
I	索引号码
K	随机会话密钥
L	有效期
T_A, T_B	时戳
R_A, R_B	由 Alice 与 Bob 选择的一次随机数(Nonce)

1. 大嘴青蛙协议

大嘴青蛙协议[Burrows 等 1989]可能是采用可信赖服务器的最简单的对称密钥管理协议。Alice 和 Bob 均与 Trent 共享一个密钥。此密钥只用作密钥分配，而不用来对用户之间传递的消息进行加密。只传送两条消息，Alice 就可将一个会话密钥发送给 Bob：

(1) Alice 将时戳、Bob 的姓名以及随机会话密钥链接，并采用与 Trent 共享的密钥对整条消息加密。此后，将加密的消息和她的姓名一起发送给 Trent：A, $E_A(T_A, B, K)$。

(2) Trent 对 Alice 发来的消息解密。之后，他将一个新的时戳、Alice 的姓名及随机会话密钥链接，并采用与 Bob 共享的密钥对整条消息加密。此后，将加密的消息发送给 Bob：$E_B(T_B, A, K)$。

在这个协议中，所做的最重要的假设是：Alice 完全有能力产生好的会话密钥。在实际中，真正随机数的生成是十分困难的。这个假设对 Alice 提出了很高的要求。

2. Yahalom 协议

在这一协议中，Alice 和 Bob 均与 Trent 共享一个密钥[Burrows 等 1989，Burrows 等 1990]。协议如下：

(1) Alice 将其姓名和一个随机数链接在一起，发送给 Bob：A、R_A。

(2) Bob 将 Alice 的姓名、Alice 的随机数和他自己的随机数链接起来，并采用与 Trent 共享的密钥加密。此后，将加密的消息和他的姓名一起发送给 Trent：B，$E_B(A, R_A, R_B)$。

(3) Trent 生成两条消息。他首先将 Bob 的姓名、某个随机的会话密钥、Alice 的随机数和 Bob 的随机数组合在一起，并采用与 Alice 共享的密钥对整条消息加密。其次将 Alice 的姓名和随机的会话密钥组合起来，并采用与 Bob 共享的密钥加密。最后，将两条消息发送给 Alice：$E_A(B, K, R_A, R_B)$，$E_B(A, K)$。

(4) Alice 对第一条消息解密，提取出 K，并证实 R_A 与在(1)中值相等。之后，Alice 向 Bob 发送两条消息。第一条消息来自 Trent，采用 Bob 的密钥加密；第二条是 R_B，采用会话 K 密钥加密：$E_B(A, K)$，$E_K(R_B)$。

(5) Bob 用他的共享密钥对第一条消息解密，提取出 K；再用该会话密钥对第二条消息解密求出 R_B，并验证 R_B 是否与(2)中的值相同。

最后的结果是：Alice 和 Bob 均确信各自都在与对方进行对话，而不是与另外第三方通话。这个协议的新思路是：Bob 首先与 Trent 接触，而 Trent 仅向 Alice 发送一条消息。

3. Needham-Schroeder 协议

这个协议是由 R. Needham 和 M. Schroeder 设计的[Needham 等 1978]，协议采用了单钥体制和 Trent，无时戳。

(1) Alice 向 Trent 发送一条消息，其中包括她的姓名、Bob 的姓名和某个随机数：A，B，R_A。

(2) Trent 生成一个随机会话密钥。他将会话密钥和 Alice 的姓名链接在一起，并采用与 Bob 共享的密钥对其加密；此后，他将 Alice 的随机数、Bob 的姓名、会话密钥，以及上述加密的消息链接，并采用与 Alice 共享的密钥加密。最后，将加密的消息发送给 Alice：$E_A(R_A, B, K, E_B(K, A))$。

(3) Alice 对消息解密求出 K，并验证 R_A 就是她在(1)中发送给 Trent 的值。之后，她向 Bob 发送消息：$E_B(K, A)$。

(4) Bob 对收到的消息解密求出 K。之后，他生成另一随机数 R_B，采用 K 加密后发送给 Alice：$E_K(R_B)$。

(5) Alice 用 K 对收到的消息解密得到 R_B。她生成 R_B-1，并采用 K 加密。最后，将消息发送给 Bob：$E_K(R_B-1)$。

(6) Bob 采用 K 对消息解密，并验证得到的明文就是 R_B-1。

这里采用 R_A，R_B 和 R_B-1 的目的是为了抗击重放攻击(Replay Attack)。在实施攻击时，Mallory 可以记录下前次协议执行时的一些旧消息，此后重新发送它们试图攻破协议。在(2)中，R_A 的出现使 Alice 确信：Trent 的消息是合法的，并非是重发上次协议执行中的旧消息。当 Alice 成功地解密求出 R_B，并在(5)中向 Bob 发送 R_B-1 时，Bob 确信 Alice 的消息是合法的，而不是重发上次协议执行中的旧消息。

这一协议主要的安全漏洞是旧会话密钥存在着脆弱性。如果 Mallory 能够获得某个旧的会话密钥，他就可以成功地对协议发起攻击[Denning 1982]。他要做的就是记录下 Alice 在(3)中发给 Bob 的消息。之后，一旦得到 K，他就可以假装成 Alice 对协议发起以下(3)～(6)的攻击：

(3) Mallory 假装成 Alice 向 Bob 发送消息：$E_B(K, A)$。

(4) Bob 解密求出 K，生成 R_B，并发送给 Alice 消息：$E_K(R_B)$。

(5) Mallory 截获这一消息，并用 K 对其解密。此后，将发给 Bob：$E_K(R_B-1)$。

(6) Bob 验证"Alice"的消息是 R_B-1。

至此，Mallory 已使 Bob 相信他正在与 Alice 通话。

在协议中采用时戳，可以提高协议的安全性，从而有效地抗击这种攻击[Denning 等 1981；Denning 1982]。在(2)中，将时戳加入到 Trent 发送的消息中，即 $E(K, A, T)$。时戳要求系统有一个安全的和精确的时钟，而要做到这点并非易事。

如果 Trent 与 Alice 共享的密钥被泄露，那么后果更加严重。Mallory 可以用它来获得会话密钥来与 Bob(或其他任何想要与之对话的用户)进行通信。更糟的是，在 Alice 改变了她的密钥后，Mallory 还可以继续进行这种攻击[Bauer 等 1983]。

Needham 和 Schroeder 对上述协议做了改进，提出了一种安全性更高的协议[Needham 等 1987]，试图克服原协议存在的问题。此新协议与将要讨论的 Otway-Rees 协议基本上相同。

4. Otway-Rees[1987]协议

这一协议也采用了单钥密码体制，有 Trent 参与，无时戳。协议描述如下：

(1) Alice 生成一条消息，其中包括一个索引号码、她的姓名、Bob 的姓名和一个随机数，并将这条消息采用她与 Trent 共享的密钥加密。此后，将密文连同索引号、Alice 和 Bob 的姓名一起发送给 Bob：$I, A, B, E_A(R_A, I, A, B)$。

(2) Bob 生成一条消息，其中包括一个新的随机数、索引号、Alice 和 Bob 的姓名，并将这条消息采用他与 Trent 共享的密钥加密。此后，将密文连同 Alice 的密文、索引号、Alice 和 Bob 的姓名一起发送给 Trent：$I, A, B, E_A(R_A, I, A, B), E_B(R_B, I, A, B)$。

(3) Trent 生成一个随机的会话密钥。此后，生成两条消息。第一条消息是将 Alice 的随机数和会话密钥采用他与 Alice 共享的密钥加密；第二条是将 Bob 的随机数和会话密钥采用他与 Bob 的共享密钥加密。最后，Trent 将这两条消息连同索引号一起发送给 Bob：I，$E_A(R_A, K)$，$E_B(R_B, K)$。

(4) Bob 将属于 Alice 的那条消息连同索引号一起发送给 Alice：$I, E_A(R_A, K)$。

(5) Alice 对收到的消息解密得到随机数 R_A 和会话密钥。如果 R_A 与(1)中的值相同，那么 Alice 确认随机数和会话密钥没有被改动过，并且不是重发某个旧会话密钥。

假设所有的随机数都匹配，而且通信过程中索引号没有被改动，那么 Alice 和 Bob 就会相互确认对方的身份，并获得一个通信用的密钥。

5. Kerberos 协议

Kerberos 协议是从 Needham-Schroeder 协议演变而来的。该协议的详细介绍请见 12.1 节。在基本的 Kerberos V.5 协议中，Alice 和 Bob 各自与 Trent 共享有一个密钥，采用时戳，Alice 与 Bob 通信的会话密钥由 Alice 生成。

Kerberos 协议描述如下：

(1) Alice 向 Trent 发送她的身份和 Bob 的身份：A，B。

(2) Trent 生成一条消息，其中包含时戳、有效期 L、随机会话密钥和 Alice 的身份，并采用与 Bob 共享的密钥加密。此后，他将时戳、有效期、会话密钥和 Bob 的身份采用与 Alice 共享的密钥加密。最后，将这两条加密的消息发送给 Alice：$E_A(T, L, K, B)$，$E_B(T, L, K, A)$。

(3) Alice 采用 K 对其身份和时戳加密，并连同从 Trent 收到的、属于 Bob 的那条消息发送给 Bob：$E_K(A, T)$，$E_B(T, L, K, A)$。

(4) Bob 将时戳加 1，并采用 K 对其加密后发送给 Alice：$E_K(T+1)$。

此协议运行的前提条件是假设每个用户必须具有一个与 Trent 同步的时钟。实际上，同步时钟是由系统中的安全时间服务器来保持的。通过设立一定的时间间隔，系统可以有效地检测到重放攻击。

6. Neuman-Stubblebine 协议

无论是系统故障还是计时误差，都有可能使时钟失步。若发生时钟失步，所有依赖于同步时钟的协议都有可能遭到攻击[Gong 1992]。如果发送者的时钟超前于接收者的时钟，Mallory 可以截获发送者的某个消息，等该消息中的时戳接近于接收者的时钟时再重发这条消息。此攻击被称作**等待重放攻击**(Suppress-Replay Attack)，它造成的后果是十分严重的。

Neuman-Stubblebine 协议首先在文献[Kehne 1992]中提出，此后又在文献[Neuman 等 1993]中进行了改进。它的特点是能够对付等待重放攻击。它是 Yahalom 协议的加强版本，是一个很好的协议。该协议的描述如下：

(1) Alice 将她的姓名和某个随机数级连起来，发送给 Bob：A，R_A。

(2) Bob 将 Alice 的姓名、随机数和时戳级连起来，并采用与 Trent 共享的密钥加密。此后，将密文连同他的姓名、新产生的随机数一起发送给 Trent：B，R_B，$E_B(A, R_A, T_B)$。

(3) Trent 生成一随机的会话密钥。之后，他生成两条消息：第一条是采用与 Alice 共享的密钥对 Bob 的身份、Alice 的随机数、会话密钥和时戳加密；第二条是采用与 Bob 共享的密钥对 Alice 的身份、会话密钥和时戳加密。最后，他将这两条消息连同 Bob 的随机数一起发送给 Alice：$E_A(B, R_A, K, T_B)$，$E_B(A, K, T_B)$，R_B。

(4) Alice 对属于她的消息解密得到会话密钥 K，并确认 R_A 与在(1)中的值相等。此后，Alice 发送给 Bob 两条消息：第一条消息来自 Trent，第二条消息是采用会话密钥对 R_B 加密：$E_B(A, K, T_B)$，$E_K(R_B)$。

(5) Bob 对第一条消息解密得到会话密钥 K，并确认 T_B 和 R_B 的值与(2)中的值相同。

假设随机数和时戳均匹配，那么 Alice 和 Bob 就相互确认了对方的身份，并共享一个会话密钥。这个协议不需要同步时钟，因为时戳仅与Bob的时钟有关，Bob只对他自己生成的时戳进行检查。

这个协议的优点是：在预定的时限内，Alice能够将收自Trent的消息用于随后与Bob的认证中。假设Alice和Bob已经完成了上述协议，并建立连接开始通信，但由于某种原因连接被中断。这种情况下，Alice和Bob不需Trent的参与，仅执行三步就可以实现相互认证。此时，协议的执行过程如下：

(1) Alice将Trent在(3)中发给她的消息，连同一个新随机数一起发送给Bob：$E_B(A, K, T_B)$，R'_A。

(2) Bob采用会话密钥对Alice的随机数加密，连同一个新的随机数发送给Alice：R'_B，$E_K(R'_B)$。

(3) Alice采用会话密钥对Bob的新随机数加密，并发送给Bob：$E_K(R'_B)$。

在上述协议中，采用新随机数的目的是为了防止重放攻击。

7. DASS协议

分布认证安全服务(Distributed Authentication Security Service)协议，是由DEC(Digital Equipment Corporation)公司开发的，其目的也是为了提供双向认证和密钥交换[Gasser等1989，Tardo等1990，Tardo等1991]。不像前面介绍的协议，DASS既采用了双钥密码体制，也采用了单钥密码体制。该协议假设Alice和Bob各自具有一个私钥，而Trent掌握着他们的签名公钥。协议的描述如下：

(1) Alice将Bob的身份发送给Trent：B。

(2) Trent将Bob的公钥和身份链接，并采用其私钥T对消息进行数字签名：$S_T(B, K_B)$，发送给Alice。

(3) Alice对Trent的签名加以验证，以证实她收到的公钥就是Bob的公钥。她生成一个会话密钥和一个随机的公钥/私钥对K_P，并用K对时戳加密。之后，她采用私钥K_A对会话密钥的有效期L、自己的身份和K_P进行签名。最后，她采用Bob的公钥对会话密钥K加密，再用K_P对其签名。最后，她将所有的消息发送给Bob：$E_K(T_A)$，$S_{K_A}(L, A, K_P)$，$S_{K_P}(E_{K_B}(K))$。

(4) Bob将Alice的身份发送给Trent(这里的Trent可以是另外一个实体)：A。

(5) Trent将Alice的公钥和身份链接，并采用其私钥T对消息进行数字签名：$S_T(A, K_A)$，发送给Bob。

(6) Bob验证Trent的签名，以证实他收到的公钥就是Alice的公钥。此后，他验证Alice的签名并得到K_P。他再采用K_P验证$S_{K_P}(E_{K_B}(K))$，并采用他的私钥解密得到会话密钥K。最后，他采用K对$K_K(T_A)$解密得到时戳T_A，确认这条消息是当前发送的，而不是重发某条旧消息。

(7) 如果需要进行相互认证，Bob采用K对一个新时戳加密后发送给Alice：$E_K(T_B)$。

(8) Alice采用K对收到的消息解密，并确认此消息是当前发送的，而不是重发过去的某条消息。

基于DASS，DEC公司又开发出新的协议SPX。此协议的详细情况请见文献[Alagappan等1991]。

8. Denning-Sacco 协议

这个协议也采用了双钥体制[Denning 等 1981]。此协议假设 Trent 掌握了所有用户的公钥数据库。协议描述如下：

(1) Alice 向 Trent 发送她的身份和 Bob 的身份：A，B。

(2) Trent 采用其私钥 T 对 Bob 的公钥和 Alice 的公钥签名，并发送给 Alice：$S_T(B, K_B)$，$S_T(A, K_A)$。

(3) Alice 首先采用其私钥对一个随机的会话密钥和时戳签名，再采用 Bob 的公钥加密。最后，将结果连同收到的两个签名公钥一起发送给 Bob：$E_B(S_A(K, T_A))$，$S_T(B, K_B)$，$S_T(A, K_A)$。

(4) Bob 采用其私钥对收到的消息解密，此后采用 Alice 的公钥对 Alice 的签名进行验证。最后，检验时戳是否仍然有效。

至此，Alice 和 Bob 都具有一个会话密钥 K，他们可以用它进行安全的通信。

Denning-Sacco 协议看似安全，其实不然。在 Bob 与 Alice 一起完成协议后，Bob 可以假冒成 Alice[Abadi 等 1994]。从下面会看到 Bob 是如何假冒 Alice 的：

(1) Bob 将他的身份和 Carol 的身份发送给 Trent：B，C。

(2) Trent 将 Bob 和 Carol 的签名公钥发送给 Bob：$S_T(B, K_B)$，$S_T(C, K_C)$。

(3) Bob 将过去收自 Alice 的签名会话密钥和时戳，采用 Carol 的公钥进行加密，并连同 Alice 和 Carol 的公钥证明(Certificate)一起发送给 Carol：$E_C(S_A(K, T_A))$，$S_T(A, K_A)$，$S_T(C, K_C)$。

(4) Carol 采用其私钥对收到的消息 $E_C(S_A(K, T_A))$解密，然后采用 Alice 的公钥对签名加以验证。最后，检查时戳是否仍然有效。

至此，Carol 认为他正在与 Alice 进行通信，Bob 已成功地假冒成 Alice。实际上，在时戳的有效期内，Bob 可以假冒网上的任何用户。

这个问题很容易得到解决。只要将网络用户的身份加入到(3)中的加密消息中，就可以成功地防止这种假冒攻击：$E_B(S_A(A, B, K, T_A))$，$S_T(B, K_B)$，$S_T(A, K_A)$。

现在，Bob 就无法重发旧的消息给 Carol，因为在数字签名项中已经清楚地表明通信是在 Alice 和 Bob 两个用户之间进行的。

9. Woo-Lam 协议

这个协议也采用了双钥体制[Woo 1992]。协议的描述如下：

(1) Alice 向 Trent 发送她的身份和 Bob 的身份：A，B。

(2) Trent 采用其私钥 T 对 Bob 的公钥 K_B 进行签名，并发送给 Alice：$S_T(K_B)$。

(3) Alice 验证 Trent 的签名。此后，采用 Bob 的公钥对她的身份和产生的随机数加密，并发送给 Bob：$E_{K_B}(A, R_A)$。

(4) Bob 采用 Trent 的公钥 K_T 对 Alice 的随机数加密，并连同他的身份、Alice 的身份一起发送给 Trent：A，B，$E_{K_T}(R_A)$。

(5) Trent 用其私钥对 Alice 的公钥 K_A 进行签名后发送给 Bob。同时，他也对 Alice 的随机数、随机会话密钥、Alice 的身份、Bob 的身份进行签名，再用 Bob 的公钥加密后发送给 Bob：$S_T(K_A)$，$E_{K_B}(S_T(R_A, K, A, B))$。

(6) Bob 验证 Trent 的签名。此后，他对(5)中消息的第二部分解密，并再采用 Alice 的公钥对得到的 Trent 的签名值和一个新随机数 R_B 加密，将结果发送给 Alice：$E_{K_A}(S_T(R_A, K, A, B), R_B)$。

(7) Alice 验证 Trent 的签名和她的随机数 R_A。此后，她采用会话密钥 K 对 Bob 的随机数 R_B 加密后，发送给 Bob：$E_K(R_B)$。

(8) Bob 对收到的消息解密得到随机数 R_B，并检查它是否被改动过。

10. EKE 协议

加密密钥交换 EKE(Encrypted Key Exchange)协议是由 S. Bellovin 和 M. Merritt [Bellovin 等 1992]提出的。协议既采用了单钥体制，也采用了双钥体制。它的目的是为计算机网络上的用户提供安全性和认证业务。这个协议的新颖之处是：采用共享密钥来加密随机生成的公钥。通过运行这个协议，两个用户可以实现相互认证，并共享一个会话密钥 K。

协议假设 Alice 和 Bob(他们可以是两个用户，也可以是一个用户、一个主机)共享一个口令 P。协议描述如下：

(1) Alice 生成一随机的公钥/私钥对。她采用单钥算法和密钥 P 对公钥 K' 加密，并向 Bob 发送以下消息：A，$E_P(K')$。

(2) Bob 采用 P 对收到的消息解密得到 K'。此后，他生成一个随机会话密钥 K，并用 K' 对其加密，再采用 P 加密，最后将结果发送给 Alice：$E_P(E_{K'}(K))$。

(3) Alice 对收到的消息解密得到 K。此后，她生成一个随机数 R_A，用 K 加密后发送给 Bob：$E_K(R_A)$。

(4) Bob 对消息解密得到 R_A。他生成另一个随机数 R_B，采用 K 对这两个随机数加密后发送给 Alice：$E_K(R_A, R_B)$。

(5) Alice 对消息解密得到 R_A，R_B。假设收自 Bob 的 R_A 与(3)中发送的值相同，Alice 便采用 K 对 R_B 加密，并发送给 Bob：$E_K(R_B)$。

(6) Bob 对消息解密得到 R_B。假设收自 Alice 的 R_B 与在(4)中 Bob 发送的值相同，协议就完成了。通信双方可以采用 K 作为会话密钥。

EKE 可以采用各种双钥算法来实现，例如：RSA、ElGamal、Diffie-Hellman 协议等。

选用和设计何种类型的协议要根据实际应用对确认的要求以及实现的机制来定，需要考虑多方面的因素，主要有：

(1) 认证的特性，是实体认证、密钥认证和密钥确认的任何一种组合。

(2) 认证的互易性(Reciprocity)，认证可能是单方的，也可能是相互的。

(3) 密钥的新鲜性(Freshness)，保证所建立的密钥是新的。

(4) 密钥的控制，有的协议由一方选定密钥值，有的则通过协商由双方提供的信息导出，不希望由单方来控制或预先定出密钥值。

(5) 有效性，包括参与者之间交换消息次数，传送的数据量，各方计算的复杂度，减少实时在线计算量的可能性等。

(6) 第三方参与，包括有关第三方参与，在有第三方参与时是联机参与还是脱机参与，以及对第三方信赖程度。

(7) 是否采用证书以及证书的类型。

(8) 不可否认性，可能提出收据证明已收到交换的密钥。

有关密钥建立协议的研究可参看[Rueppel 等 1994；Fumy 等 1990；Desmedt 1988，1994；Boyd 1989；Yacobi 等 1989；Günther 1989；Diffie 等 1992；Mitchell 1995；Maurer 1993]。利用单钥体制设计的协议有 ISO/IEC 11770 - 2，Bellare 等[1993]还提出 AKEP1 和 AKEP2 协议，Gong[1989]提出了基于单向函数的单钥体制密钥交换协议，Krypto Knigt 设计的是这类协议[Bird 等 1993，1995；Molva 等 1992]。Shamir 提出的无密钥或三次传送协议(Shamir Three-pass Protocol)和 Omura 的协议都是基于指数运算的协议[Konheim 1981，Massey 1992；Massey 等 1986；Omura 等 1986]。有关 Kerberos 协议可参看[Kohl 1989，1978；Neuman 等 1994；Miller 等 1987；Steiner 等 1988；Bellovin 等 1990；RFC 1510]。Bellare 等[1995]提出的基于服务器的四次传输可证明安全的密钥分配协议。Kehne 等[1992]提出的一种类似于 kerberos 的基于随机数(Nonce)的五次传输协议。ISO/IEC DIS 11770 - 2 类似于 Otway-Rees 协议，Neuman 等[1993]对其进行了分析。Needham 等[1987]还提出七次传输协议。ISO/IEC 9789 - 2 协议利用可信赖服务器但不用时戳。

利用单钥体制的密钥协商协议可参看[Blom 1983，1985；Mitchell 等 1989，1995；Blundo 等 1993；Quinn 1994；Gong 等 1990]。

基于双钥体制的密钥传输协议可参看[ISO/IEC CD 11770－3；ISO/IEC 9798 - 3M；Beller 等 1992，1993]。I'Anson 等[1990]，Gaarder 等[1991]等对 X. 509 中的基于公钥的协议进行了分析。

有关 COMSET 二次传输密钥可参看[Bosselaers 等 1995；Brandt 等 1990]。

基于双钥体制的密钥协商协议最先由 Diffie 和 Hellman[1976]提出。Merkle[1978]也早在 1975 就独立找到了这类方法。Rueppel 对此进行了推广，有关内容可参看[Rueppel 1988；McCurely 1988；van Oorschot 1996；Simmons 1995；Waldvogel 等 1993]。

一次传输协议的研究基于 ElGamal 体制。二次传输协议除了 Diffie-Hellman 及其变形外，还有可抗窃听攻击的 MTI/A、MTI/BO、MTI/CD、MTI/CI[Matsumoto，Takcshima，Imai 1986]，van Oorschot[1993]的 STS 协议、STS 的变形协议[Diffie 等 1992]。协议的各种攻击研究可参看[Diffie 等 1992；Menezes 等 1995；Yacobi 等 1990；Yacobi 1990；Alexandris 等 1993；Nyberg 等 1994；Desmedt 等 1993；Burmester 1994；Diffie 1988；Steiner 等 1995；Gong 1989；Lomas 等 1989]。

基于身份的密钥建立协议由 Blom[1983]最先提出，Shamir[1985]提出了更广义的基于身份系统。有关研究可参看[Girault 1991；Günther 1990；Stinson 1995；Maurer 等 1991，1992；Nyberg 等 1993；Okamoto 等 1989]。Rivest 等[1984]引入了中间人攻击，Bellovin 等[1993，1994]，Mitchell 等[1995]讨论了反射攻击(Reflection Attack)，Boyd 等[1993]和 van Oorschot 等[1993]讨论了服务器中误设可信赖者(Misplaced Trust in Server)的攻击法。Bird 等[1991，1992]系统地讨论了交替攻击(Interleaving Attacks)。其有关攻击分析研究可参看[Diffie 等 1992；Bellare 等 1993；Gong 1995；Moore 1988，1992]。

9.3 秘密分拆协议

假设你发明了一种饮料，而不想让你的竞争者知道该饮料的配方，那么你就必须对饮料中所含的各种成分的比例加以保密。在生产过程中，你可能将配方告诉你最信赖的几个雇员。但是，如果他们中的一个背叛了你而跑到你的竞争者一边时，秘密就会完全泄露。不久，你的对手就可能生产出和你完全一样的产品。

在现实中，如何来解决这类问题呢？这就涉及到秘密分拆的问题。人们往往将某条消息分成许多碎片[Feistel 1970]，从每一碎片本身不会看出什么东西。但是，如果将所有的碎片重新组合在一起，就会重显消息。拿上面的例子来说，如果每个雇员只掌握配方中一种成分的比例，那么只有所有的雇员在一起才能够生产出这种饮料。任何一个雇员只带走属于他的那部分秘密将毫无用处。

最简单的秘密分拆方案是将某条消息分给两个人。下面介绍一种秘密分拆协议，这里 Trent 将某条消息分给 Alice 和 Bob：

(1) Trent 生成一个随机比特串 R，它与消息 M 具有相同的长度。

(2) Trent 将 M 和 R 进行异或运算，得到 S：$S=M\oplus R$。

(3) Trent 将 R 分给 Alice，将 S 分给 Bob。

若想重组这条消息，Alice 和 Bob 仅需执行下一步：

(4) Alice 和 Bob 将各自得到的比特串进行异或运算，就会得到消息 M：$M=R\oplus S$。

这一技术是绝对安全的。每个消息碎片本身毫无价值。从本质上看，Trent 是采用一次随机数对消息加密，此后将密文分发给一个人，而将一次随机数又分发给另外一个人。在前面，我们已经讨论过一次一密体制，它具有绝对的安全性。无论你的计算能力有多高，均不会从某一碎片中推出消息本身。

我们将这一方案很容易推广到有多个人的情况。要将一条消息分拆成多份，就要采用多个随机数对消息进行异或运算。在下面的例子中，Trent 将消息分成了四份：

(1) Trent 生成 3 个随机比特串 R、S 和 T，他们与消息 M 具有相同的长度。

(2) Trent 将 3 个比特串与消息 M 异或，得到 U：$U=M\oplus R\oplus S\oplus T$。

(3) Trent 将 R 发送给 Alice，S 发送给 Bob，T 发送给 Carol，U 发送给 Dave。

Alice、Bob、Carol 和 Dave 四个人在一起，就可以重组这条消息：

(4) Alice、Bob、Carol 和 Dave 集合在一起，计算：$M=R\oplus S\oplus T\oplus U$。

以上协议是一个裁决协议。在这一协议中，Trent 有绝对的权力，并且可以做他想做的任何事情。他可以把毫无意义的东西拿出来，并声称这是消息的一个有效组成部分。在重组这条秘密消息之前，没有人知道这件事。他可以将分拆的消息碎片分发给 Alice、Bob、Carol 和 Dave。在解雇 Bob 时，他会告诉每个人只有 Alice、Carol 和 Dave 掌握的消息碎片可以重组消息，而 Bob 的那份消息碎片毫无用处。因为这条秘密的消息是由 Trent 来分割的，所以 Trent 知道这条秘密的消息。

然而，这个协议存在一个问题：如果任何一部分消息碎片丢失了，并且 Trent 不在现场，那么其他人无法重组这一消息，这等于丢失了这条消息。如果 Carol 知道饮料的一部分配方，并将其带走为对手工作，那么其他人就会陷入困境。虽然 Carol 不能采用他带走的那部分秘密生产出相同的饮料，但是对 Alice、Bob 和 Dave 来说也一样。由于 R、S、T 和 U 的长度与 M 相同，他们除了知道消息的长度以外，其它将一无所知。在下一节中，我们将讨论如何来解决这个问题。

9.4　会议密钥分配和秘密广播协议

9.4.1　秘密广播协议

Alice 想通过一个发射机广播一条消息 M，然而她不打算让所有的听众都能听懂。她仅想有选择地让部分听众听懂她的消息 M，而其他人什么也听不到。

第一种方法：Alice 可以与每个听众共享一个不同的密钥(秘密的或公开的)。她用某个随机密钥 K 对消息 M 加密，然后用预定接收者的密钥对 K 加密(记为 K_s)。最后，她将加密的消息和所有加密的密钥 K_s 广播出去。收听者 Bob 采用他的密钥对所有 K_s 解密，并寻找那个正确的密钥 K，再用它对消息解密得到 M；若 Alice 不介意让人知道她发送的消息是给谁的，那么她可以在 K_s 的后面附加上预定接收者的姓名。接收者只需搜索各自的姓名，并对相应的 K_s 解密即可。

第二种方法：这一方法在文献[Chiou 等 1989]中做了介绍。首先，每个听众与 Ailce 共享一个密钥 K_s，这个密钥比所有加了密的消息都大。所有这些密钥都是两两互素的。Alice 采用某个随机密钥 K 对消息加密。此后，她生成一个整数 R，使得当某个密钥要用来对消息解密时，$R=K \mod K_s$；否则 $R\equiv 0 \mod K_s$。

例如：若 Alice 想要 Bob、Carol 和 Ellen 接收到她发送的消息，而不让 Dave 和 Frank 接收到，那么她用 K 对消息加密，继而计算 R，使得：

$$R\equiv K \mod K_B$$
$$R\equiv K \mod K_C$$
$$R\equiv 0 \mod K_D$$
$$R\equiv K \mod K_E$$
$$R\equiv 0 \mod K_F$$

这是一个纯代数问题，Alice 很容易求出 R。当听众收到这一广播时，他们各自对接收到的密钥取模 K_s。如果他们被允许接收消息，他们就能够恢复出密钥；否则，他们什么也不会得到。

第三种方法：文献[Berkovitz 1991]提出了一种采用了门限方案的方法。像其它方法一样，每个可能的接收者都可以得到一个密钥，这个密钥是尚未建立的门限方案的“投影”。Alice 也为自己准备一些密钥，给系统增加某些随机性。

首先，我们假设有 k 个听众。在广播消息 M 时，Alice 用密钥 K 对消息 M 加密，并进行以下操作：

(1) Alice 选择一个随机数 j。这个随机数用于隐藏消息接收者的数目。这个数不必很大，它可以是一个很小的数。

(2) Alice 建立一个$(k+j+1，2k+j+1)$门限方案。K 是密钥；预定接收者的密钥就是这一门限方案的“投影”；非预定接收者的密钥不是“投影”；j 是随机选择的“投影”的个数，他们与任何一个密钥均不同。

(3) Alice 广播 $k+j$ 个随机选择的“投影”，其中任何一个都不是(2)中列出的“投影”。

(4) 所有收到这一广播的听众将他们各自的“投影”加到所接收的 $k+j$ 个“投影”上。如果加上该“投影”后能够计算出密钥 K，那么他们就恢复出密钥，从而就可解密出用 K 加密的消息 M；如果加上该“投影”后不能够计算出密钥 K，那么他们就不能恢复出密钥，从而就不能解密出用 K 加密的消息 M。

此外，在文献[Koyama 1982；Ohta 1987；Mambo 等 1993；Gong 1994]中，还介绍了其它方法。

9.4.2 会议密钥分配协议

这个协议将实现一组 n 个用户通过不安全的信道共享某个密钥。这一组用户共享两个大素数 p 和 q，生成元 g 与 q 具有相同的长度。协议如下：

(1) 用户 $i(i=1, 2, \cdots, n)$，选择随机数 $r_i<q$，并广播：$z_i=g^{r_i} \mod p$。

(2) 每个用户验证：$z_i^q \equiv 1 \mod p$，$i=1, 2, \cdots, n$。

(3) 用户 i 广播：$x_i=(z_{i+1}/z_{i-1})^{r_i} \mod p$。

(4) 用户 i 计算：$K=(z_{i-1})^{nr_i} * x_i^{n-1} * x_{i+1}^{n-2} * \cdots * x_{i-2} \mod p$。

在上面的协议中，所有下标 $i-1$，$i-2$ 和 $i+1$ 的计算都是模 n 运算。在协议执行完以后，所有组内用户均共享相同的密钥 K，组外人均得不到任何有用信息。

这个协议的缺点是不能抵抗中间人攻击。在文献[Ingemarsson 等 1982]中，作者提出了另外一种会议密钥分配协议。

9.4.3 Tatebayashi-Matsuzaki-Newman 协议

这一密钥分配协议适合于网络环境[Tatebayashi 等 1990]。在该协议中，Alice 想通过 Trent(即密钥分配中心 KDC)，生成一个与 Bob 通信的会话密钥。所有各方均知道 Trent 的公钥 n。由于 Trent 知道 n 分解得到的两个大素数，因此很容易求出模 n 的三次方根。在下面的协议中，我们不想更详细地描述此协议，只给出该协议的基本思想：

(1) Alice 选择随机数 r_A，并发给 Trent：$r_A^3 \mod n$。

(2) Trent 通知 Bob 有人想与他交换密钥。

(3) Bob 选择一个随机数 r_B，并发送给 Trent：$r_B^3 \mod n$。

(4) Trent 采用其私钥解密求出 r_A 和 r_B，并发送给 Alice：$r_A \oplus r_B$。

(5) Alice 计算：$(r_A \oplus r_B) \oplus r_A = r_B$。

至此，Alice 就可以采用 r_B 安全地与 Bob 进行通信。

这一协议看似很好，但它存在着严重的安全缺陷。Carol 可以窃听(3)中的消息，并在另一恶意用户 Dave 的帮助下，得到 r_B[Simmons 1994]。

对协议的攻击过程如下：

(1) Carol 选择一个随机数 r_C，并发给 Trent：$r_B^3 r_C^3 \mod n$。

(2) Trent 告诉 Dave 有人想与他交换密钥。

(3) Dave 选择随机数 r_D，并发送给 Trent：$r_D^3 \mod n$。

(4) Trent 采用其私钥解密得到 $r_B r_C$ 和 r_D，并发送给 Carol：$(r_B r_C) \mod n \oplus r_D$。

(5) Dave 将 r_D 发送给 Carol。

(6) Carol 采用 r_C 和 r_D 恢复出 r_B。

此后，Carol 就可以采用 r_B 窃听 Alice 和 Bob 的会话。因此，这个协议是不安全的。

C. Park 等人对这个协议进行了改进[Park 等 1995]。改进后的协议在加密传输的消息中加入了用户的身份信息和时戳，使协议能够有效地防止这种攻击。

Ingenmarsson 等[1982]最先提出会议密钥建立协议，其它有关会议密钥建立协议的研究可参看[Burmester 等 1994；Brickell 等 1987；Steer 等 1988；Matsumoto 等 1987；Tsujii 等 1991；Blundo 等 1992，1994；Beimel 等 1993；Fait 等 1993；Gong 1994；Just 等 1994]。

9.5 时戳业务

在许多情况下，人们需要证明某个文件创建的日期。例如，在版权或专利纠纷中，谁能提供有争议的著作的最早的拷贝，谁就会赢得这场官司。在有纸办公环境下，公证人可以签署这些文件，律师也可以保护这些拷贝。当纠纷发生时，公证人和律师可以提供证词，以证明该文件是何时创建的。

在计算机时代，文件以数字的形式加以处理和存储，从而逐步实现无纸办公。它一方面给人们带来了方便，另一方面也会使某些事情变得更复杂。人们无法检查窜改签名的数字文件。攻击者可以无休止地对其进行复制和修改。要想改变计算机文件上的日期标记是轻而易举的事情，无人敢肯定地说出文件创建的日期。

美国 Bell 公司的 S. Haber 和 W. S. Stornetta 对这个问题进行了研究[Haber 等 1991，Bayer 等 1993]。他们认为数字时戳协议应具有以下三个特点：

(1) 数据本身必须加有时戳，而不管存储数据的物理媒体是什么。

(2) 对文件的丝毫改动(即使仅 1 bit)都是不可能的。

(3) 要想对某个文件加盖与当前日期和时间不同时戳是不可能的。

9.5.1 仲裁方案

这一协议中采用了可信赖的实体 Trent，它具有一个可信赖的时戳业务。Alice 希望对某一文件加盖时戳，其具体过程如下：

(1) Alice 发送文件的一个拷贝给 Trent。

(2) Trent 记录下接收文件的日期和时间，并妥善保存文件的拷贝。

现在，如果有人对 Alice 所声明的文件创建的时间有怀疑，Alice 只要告诉 Trent，Trent 将提供文件的拷贝，并证明他在时戳表明的日期和时间接收到文件。

这个协议是可行的，但有些明显的问题。第一，没有保密性。Alice 不得不将文件的副本交给 Trent。在信道上窃听的任何人都可以读到它。她可以对文件加密，但文件仍要放入 Trent 的数据库中，而这个数据库的安全性是没有保障的。第二，数据库本身可能很大，因此发送大量的文件给 Trent 所要求的信道带宽也是非常大的。第三，存在着潜在的误码。在文件的传送过程中，有可能因信道干扰造成误码；Trent 的计算机周围放置的电磁炸弹将使 Alice 声明的时戳完全失效。第四，有些运行时戳业务的实体并不像 Trent 那样诚实。Alice 有可能正在使用 Bob 的时戳。我们无法阻止 Alice 和 Bob 合谋，用他们任意选择的时间对文件加盖时戳。

9.5.2 改进的仲裁方法

采用下面的单向杂凑函数和数字签名协议，能够轻易地解决上面提出的这些问题。

(1) Alice 产生文件的单向杂凑函数值。

(2) Alice 将杂凑函数值传送给 Trent。

(3) Trent 将收到的杂凑函数值的后面附加上日期和时间，并对它进行数字签名。

(4) Trent 将签名的杂凑函数值和时戳一起送还给 Alice。

Alice 再也不用担心她的文件内容会泄露出去，因为杂凑函数是单向函数，而且具有足够的安全性。此外，Trent 也不用存储文件的拷贝(甚至杂凑函数值)。这样一来，大容量存储的问题和安全问题得以解决。请注意，单向杂凑函数的计算不需要密钥。Alice 可以立刻检查在第(4)步中接收到的时戳是否正确，发现传送过程中所造成的误码。这里仍然存在的一个问题是 Alice 和 Trent 仍然可以合谋以生成任何想要的时戳。

9.5.3 链接协议

解决这个问题的一种方法是将 Alice 的时戳同 Trent 以前生成的时戳链接起来。这些时戳很可能是为 Alice 之外的人生成的。由于 Trent 接收到各个时戳请求的顺序不能确定，Alice 的时戳很可能发生在前一个时戳之后。由于后来的请求与 Alice 的时戳链接在一起，她的时戳一定在前面发生过。

如果 A 表示 Alice 的身份，Alice 想要对杂凑函数值 H_n 加盖时戳，并且前一个时戳为 T_{n-1}，那么协议如下：

(1) Alice 将 H_n 和 A 发送给 Trent。

(2) Trent 将如下信息送给 Alice：$T_n=S_K(n, A, H_n, T_n, I_{n-1}, H_{n-1}, T_{n-1}, L_n)$。其中，$L_n$ 包含以下杂凑链接信息：$L_n=H(I_{n-1}, H_{n-1}, T_{n-1}, L_{n-1}))$。$S_K$ 表示采用 Trent 的公钥对消息签名。Alice 的身份表明她是请求的发起人。参数 n 表示请求的序列号，它代表这是 Trent 颁发的第 n 个时戳。参数 T_n 代表时间。其它信息分别为身份、前一个杂凑值、前一个时间和对前一个文件的杂凑时戳。

(3) 在 Trent 对下一个文件加盖时戳后，他将此文件创建者的身份 I_{n+1} 发送给 Alice。

如果有人对 Alice 的时戳提出疑问，她只需同她的前后文件的创建者 I_{n-1} 和 I_{n+1} 接触就可以得到证实。如果对她前后文件也有疑问，他们可以同 I_{n-2} 和 I_{n+2} 接触，如此类推。每个人都能够表明他们的文件是在前个文件之后、在后来的文件之前加盖时戳的。

这个协议使 Alice 和 Trent 很难合谋去产生一个与实际不符的时戳。Trent 在对 Alice 的文件加盖时戳时，不能将日期提前，因为那需要 Trent 预先知道在他前面是哪个文件请求。即使他想伪造那个文件，他也得知道在那个文件之前来的是哪个文件请求，等等；同样，Trent 在对 Alice 的文件加盖时戳时，也不能将日期拖后，因为该时戳必须夹在随后颁发的时戳和已经颁发的文件之间。攻破此方案惟一可能的办法是在 Alice 的文件前后创建一虚构的文件链，使其长度足以耗尽疑问者的耐心而放弃对时戳的怀疑。

9.5.4 分布式协议

人死了，时戳就会丢失，使 Alice 有可能得不到时戳 I_{n-1} 的拷贝。这个问题可能通过下述方法得到缓解：把前面 10 个人的时戳嵌入 Alice 的时戳中，并且将后面 10 个人的身份都发送给 Alice。这样，Alice 就会有更多的机会找到那些仍持有时戳的人。

下面的分布式协议就是按照以上思路来设计的，但它无须 Trent 的参与：

(1) 用 H_n 作为输入，Alice 用密码上安全的伪随机数发生器产生一串随机数值：V_1，V_2，V_3，…，V_K。

(2) Alice 将这些值当作其他人的身份 I，并将 H_n 发送给他们中的每个人。

(3) 每个人将日期和时间附加到杂凑值后，对其签名后将结果回送给 Alice。

(4) Alice 收集并存储所有的签名作为时戳。

在第(1)步中，采用密码上安全的伪随机数发生器可以防止 Alice 故意选取讹用的身份 I。即使她在文件中作些轻微的改动，企图构造一组讹用的身份 I，她侥幸成功的概率也是可以忽略的，因为杂凑函数使 I 随机化了。

这个协议是可行的，因为 Alice 伪造时戳的惟一方法是使 k 个人都与她合作。由于她在第(1)步中随机选择了 k 个人，因此这种方法的成功概率很小。

另外，还应该对那些不能立刻将时戳返回的人采用某些机制来处理。

9.5.5 进一步的工作

Denning 等[1981]最早提出利用时戳防止重放攻击，保证密钥值的新鲜性。Bauer 等[1983]提出用事件标志(Event Marker)保证新鲜性，Gong[1992，1993]、Benaloh 等[1993]对此也进行了研究。对时戳协议的进一步改进请见文献[Bayer 等 1993]。在文中，作者利用二叉树来增加依赖于某一给定时戳的再生时戳数目，进一步降低攻击者创建虚构的时戳链的可能性。作者还建议将当天时戳的杂凑值公布，例如登在报纸上。这起到在分布协议中将杂凑值发送给随机人的功能。事实上，自 1992 年以来，在每星期日发行的《纽约时报》上就出现了时戳。

这些时戳协议是受到专利保护的[Haber 等 1990，1992；Haber 等 1994]。Bellcore 的一个附属公司 Surety Technologies 拥有这些专利，并将支持这些协议的一个产品——数字公证系统(Digital Notary System)推向市场。在他们的第一个版本中，客户机向中央协调服务器发送一个"certify"请求。基于 Merkle 的采用杂凑函数来建立树的技术[Merkle 1982]，该服务器创建一棵杂凑函数值的树，该树的叶子就是在某一时刻收到的所有请求。然后，服务器按照由树的叶到根的顺序将杂凑值清单发送给每个请求者。客户机软件将此在本地加以存储，并给任一已被证明的文件颁发一个数字公证证书(Digital Notary Certificate)。这些树的根序列组成了"通用证实记录"，我们可以在多个存储站点上通过电子手段获得它(当然，它也可以记录在 CD - ROM 上并发布出去)。客户机软件也包括一个"证实(Validate)"功能，允许用户测试是否某个文件确实以它当前的形式证明过。具体思路是通过查询某个站点获得适当的树根，并根据文件和其证明重新计算相应的杂凑值，再将两者进行比较。

9.6 公平协议(一)——公平竞争

公平是人类社会和谐发展的一个重要条件。社会中的许多交往常通过协议实现，如何做到公平、防止欺诈，人们已积累了许多经验，但是在信息社会中通过网络以电子方式实现公平协议还是一个新课题。本章后面几节将介绍已提出的一些公平协议技术，其中包括公平竞争、同时签约、安全选举和安全多方计算等，Schneier[1996]的书第二版对协议做了全面的讨论。本节将介绍一些公平竞争协议。

9.6.1 Bit 承诺

在现实生活中常会遇到这种情况，A 想向 B 承诺对未来将要发生的一个事件预测，但在事件出现前不对其披露；而另一方面要使 B 能确信 A 对其所做出的承诺不会变卦。即 A 想要 B 相信 A 对某件事的预测或说服 B 做某事，而 B 想知道 A 说的真实性，且不会做手脚。如何利用密码技术确保 A 对事件预测的承诺不会改变是 Bit 承诺(Bit Comintiment)要研究的内容。

1. 利用单钥体制实现 Bit 承诺。

可通过下述协议实现，协议由承诺 bit 生成和验证两个阶段组成。

(1) B 生成随机 bit 串 R，送给 A；

(2) A 生成一个他所承诺的消息 b(可以是数 bit 的串)，以随机密钥 K 对 R 和 b 的加密 $E_K(R, b)$，送给 B。

时机一到即执行验证阶段：

(3) A 将密钥 K 送给 B；

(4) B 对 $E_K(R, b)$解密，得到 R 和 b。先检验 R 和他在(1)中发给 A 的是否一致，若一致，则证明承诺 b 合法。B 先传送的随机数的作用防止了 A 在事情发生后更改其事先承诺的预测(即找到一个新 K' 和 $b' \neq b$，使 $E_{K'}(R, b') = E_K(R, b)$)的可能；A 以 K 对消息进行加密阻止 B 事先能解出 A 对事件所承诺的预测。

2. 利用双钥体制实现 Bit 承诺。

可通过下述协议实现。协议仍由承诺 bit 生成和验证两部分组成承诺阶段。

(1) A 生成两个随机数 R_1 和 R_2；

(2) A 将 R_1 和 R_2 与他所愿承诺的 bit b 组成消息(R_1, R_2, b)；

(3) A 计算(R_1, R_2, b)的单向函数值 $H(R_1, R_2, b)$，并选一个随机数例如 R_1，而后将 $H(R_1, R_2, b)$，R_1 送给 B。

(4) A 将原消息(R_1, R_2, b)送给 B。

(5) B 计算(R_1, R_2, b)的单向杂凑值，并与(3)中收到的相比较，同时还将(4)中的 R_1 与(3)中收到的 R_1 相比较，如果都一致，则证明 A 的承诺 bit 合法。

单向函数和对 R_2 的保密，保证 B 不能事先得知 A 对有关预测的承诺 bit；若 A 对 R_2 也公开，则 B 就可能计算 $H(R_1, R_2, b)$和 $H(R_1, R_2, b')$，与收到的进行比较。可得知 b。而事后当 A 送给 B 原始消息数据时，又使 A 难以伪造一个不同于原承诺 bit 的 b' 和 R_2' 让 B 能通过单向函数计算后验证 $H(R_1, R_2', b') = H(R_1, R_2, b)$。这个协议的优点是不需要 B 送出任何消息。完全由 A 递送杂凑的承诺 bit 和披露 bit。

3. 采用拟随机序列生成器(PRSG)实现 Bit 承诺

采用拟随机序列生成器实现 Bit 承诺[Müller 等 1981]的协议如下：

承诺阶段

(1) B 生成随机 bit 串 R_b 送给 A。

(2) A 生成 PRSG 的一个随机种子，对 B 的随机 bit 串 R_b 中每一比特，

① 若 B 的 bit 为“0”，则 A 向 B 送 PRSG 的输出 bit。

② 若 B 的 bit 为“1”，则 A 向 B 送 PRSG 的输出 bit 与 A 的种子 bit 的异或值。B 记录所收到的 bit 串(有人称其为泡泡，blobs)[Brassard 1988]，但不可能得出 A 的种子 bit 串。

(3) A 将随机种子送给 B。

(4) B 完成第(2)步证实 A 的行为公道，即能恢复出原来的 R_b。

只要 B 的随机 bit 串足够长且 PRSG 是不可预测的，则 A 不可能欺骗 B，即不可能再更换原来 PRSG 的随机种子。

A 通过对一个泡泡的承诺实现对 bit(种子 bit)的承诺。A 可以公开一个小泡披露他所承诺的某一 bit，并令 B 信服。但 A 不可能选择所承诺 bit 值为“1”或为“0”的小泡进行公开。B 不可能推测出 A 尚未公开的所承诺的 bit 的取值。泡泡中只载荷有关承诺 bit 的信息。泡泡本身以及 A 的承诺和公开过程与 A 想要对 B 保密的任何其它事情无关。这些都是协议中泡泡所应具有的特性。

4. *Bit 承诺是在双方不信任条件下实现对某事的认证工具*

这在电子商务支付系统和电子货币中有应用[Fujisaki 等 1996]。

9.6.2 公平掷硬币

A 和 B 双方通过网络如何实现公平掷硬币？Blum，M. 最先采用 bit 承诺协议给出了一种实现方法[Blum 1982]。其协议如下：

(1) A 可用任何 bit 承诺方案承诺一个 bit 送给 B。

(2) B 试图对此 bit 进行猜测，并将其猜测值送给 A。

(3) A 向 B 披露他的承诺 bit。若 B 的猜测正确，则 B 为赢家，否则为输家。

显然为了做到公平，A 必须在 B 猜测前将他掷硬币的结果送给 B，且在得到 B 的猜测后不能重新掷硬币；B 必须在做猜测前不能得知 A 掷硬币的结果。具体的实现方法有多种。

1. *利用单向函数掷硬币。*

A 与 B 商定一个单向函数 f，可通过下述协议实现掷硬币。

(1) A 选择一个随机数 x，计算 $y=f(x)$，将 y 送给 B。

(2) B 对 x 奇偶性进行猜测，并告知 A。

(3) 若 B 的猜测正确，则掷硬币的结果为正面；否则就为反面。A 宣布掷硬币的结果，并将 x 传送给 B。

(4) B 计算 $y=f(x)$，与(1)中收到的相比较并证实。

协议的安全性由单向函数决定，若 A 能找到 x 和 x'，使 x' 和 x 中的一个为偶数，另一个为奇数，且 $y=f(x')=f(x)$，则 A 每次都可以对 B 进行欺诈。$f(x)$的最低 bit 应与 x 无关，否则 B 至少有时也可对 A 进行欺诈。例如，若 x 为偶数时，$f(x)$亦为偶数的概率为 3/4，则 B 就可利用此信息在竞争中占优势。

2. *采用双钥密码体制掷硬币*

采用双钥密码体制掷硬币的协议如下：

(1) A 和 B 各生成自己的公钥/私钥对。

(2) A 生成两个消息 M_1 和 M_2，分别表示硬币的正、反面。消息中可以有惟一性随机数串，用于以后在执行协议中证实他们的真实性，A 将消息用其公钥加密得 $E_A(M_1)$ 和 $E_A(M_2)$，并以随机次序送给 B。

(3) B 随机选择其中之一，以其公钥加密后，将结果 $E_B(E_A(M))$ 送给 A，M 可为 M_1 或 M_2。

(4) A 当然不能读懂 $E_B(E_A(M))$，但可以其私钥进行解密运算得 $D_A(E_B(E_A(M))) = E_B(M)$，回送给 B。

(5) B 以其私钥对 $E_B(M)$ 解密即得到 $M=M_1$ 或 $M=M_2$。

(6) A 读得此结果，并验证其中惟一性随机数串的正确性。

(7) A 和 B 将他们的私钥公开，双方可以证实对方未进行欺诈。

此协议所需的密码算法，其加、解密运算需具有可换性。它不要求第三方进行公证。双方可以相互监督。例如，若 A 搞鬼，如在(2)中开始送的两个消息都是正面，则 B 可在第(7)步发现；A 也可以在第(4)步中用其它密钥进行解密而使 B 在第(5)中无法读出消息，从而发现 A 在搞鬼；A 可以在第(6)步中否认证实了的结果，但 B 可以在第(7)步发现。只要 A 不按协议规定执行，B 就可以发现；B 若不按协议规定，A 也同样能及时发现。这类协议可使 A、B 双方不在同时同地掷硬币，且都不能改变所掷的结果。但在披露结果上并不平等，A 最先看到竞争的结果，虽然要改变它，他无能为力，但却可以拖延，甚至不让 B 看到最后的竞争结果。

3. 采用平方根掷硬币。

采用平方根掷硬币的协议如下：

(1) A 选择两个大素数 p 和 q，并将其积 $n=p\cdot q$ 送给 B。

(2) B 选择随机正整数 $r<n/2$，计算 $z=r^2 \mod n$，送给 A。

(3) A 计算 mod n 下 z 的 4 个平方根 $+x$，$-x$，$+y$ 和 $-y$，并令 x' 是 $x \mod n$ 和 $-x \mod n$ 中较小的数。类似地，y' 为 $y \mod n$ 和 $-y \mod n$ 中较小的数，而 r 等于 x' 和 y' 中的某一个。

(4) A 对 $r=x'$ 或 $r=y'$ 进行猜测，并将结果送给 B。

(5) B 收到后就可宣布 A 掷的结果为：

正面：当 A 猜测正确时；

反面：当 A 猜测不正确时。

(6) A 将 p 和 q 送给 B。

(7) B 计算出 x' 和 y' 并送给 A。

(8) A 计算出 r，从而证实 B 宣布的信息无假。

协议(1)～(5)步为掷硬币过程，(6)～(8)步为验证过程。A 因无法预先知道 r，他所做的猜测只能是随机的，而他在(4)中只告诉 B 1 bit 信息，从而防止 B 同时得到和(要确定 A 的选择需要 2 bit 信息)。这样 B 不可能再更改他在(2)中所选的随机数 r。

4. 利用模 p 指数掷硬币

此协议将模 p 指数作为一个单向函数使用。

(1) A 选一个素数 p，使 $p-1$ 的分解为已知，且有一个大素数因子。

(2) B 在 GF(p)中选两个素数 h 和 t，送给 A。

(3) A 检验 h 和 t 的素性，而后随机选一个与 $p-1$ 互素的整数 x，并计算下述两个数中的一个送给 B：$y=h^x \mod p$，或 $y=t^x \mod p$。

(4) B 对 y 进行猜测，y 是 h 抑或 t 的函数，将其决定送给 A。

(5) 若 B 猜对了，相应于掷硬币结果为正面；否则为反面。A 宣布此结果。

(6) A 向 B 披露 x，B 检验 x 与($p-1$)的互素性后计算 $h^x \mod p$ 和 $t^x \mod p$，从而 A 可证实宣布的结果是否公正。

A 若想对 B 进行欺诈必须知道两个整数 x 和 x' 满足 $h^x \equiv t^x \mod p$。若知道这些值，则可计算 $\log_t h = x'x^{-1} \mod p-1$ 和 $\log_t h = x^{-1}x' \mod p-1$。若 A 知道 $\log_t h$ 就可以实现，但 t 和 h 是由 B 在(2)步中选定的，A 必须能计算离散对数才能找出 t 和 h，这是困难问题。

A 还可以选择一个数 x 与 $p-1$ 不互素来欺骗 B，但 B 可在第(6)步戳穿它。

若 B 想以选择 h 和 t 不是 GF(p)中的素数进行欺诈，A 就可在(3)步中揭露，因为 A 知道 $p-1$ 的分解式。

A 和 B 可以在不改变 p、h 和 t 条件下执行(3)～(6)步进行多次掷硬币。

5. 利用 Blum 整数掷硬币

Blum 整数定义如下，令 $n=pq$，其中 p 和 q 是两个素数。若 n 是一个 Blum 整数，则其每个二次剩余都有 4 个平方根，且其中一个根在 mod n 下为一平方，称其为**主平方根**。例如 $n=437$，139 mod 437 的主平方根为 $24 \equiv x^2 \mod 437$，其它三个平方根为 185，252，和 413。

利用 Blum 整数掷硬币协议如下：

(1) A 找到一个 Blum 整数 n 和一个与 n 互素的随机整数 x，令 $x_0=x^2 \mod n$，$x_1=x_0^2 \mod n$，将 n 和 x_1 送给 B。

(2) B 猜 x_0 是奇数或偶数，告诉 A。

(3) A 将 x 传送给 B。

(4) B 先检验 n 是否为 Blum 整数(A 可以告诉 B 有关 n 的分解或采用零知识证明使 B 相信 n 为 Blum 整数)，B 计算 $x_0=x^2 \mod n$ 和 $x_1=x_0^2 \mod n$，从而可以检验 A 的诚实性。若 B 猜得正确，则 B 为赢家。

若 n 不是 Blum 整数，则 A 可以找到 x_0' 使 $x_0'^2 \mod n = x_0^2 \mod n = x_1$，其中 x_0' 也是一个二次剩余。若 x_0 是偶，则 x_0' 为奇(反之也成立)，从而 A 可以欺骗 B。

6. 实际应用

可以用于会话密钥生成，A 和 B 可以利用这类协议生成他们共同享用会话密钥，而任何一方都不能单独决定，且可以防止第三者窃听。

9.6.3　智力扑克(Mental Poker)

通过通信网玩扑克是另一种利用密码实现公平竞争的协议技术。类似于公平掷硬币协议，A 首先制作 52 个消息，M_1，M_2，…，M_{52}，分别表示 52 张扑克牌。并以其公钥分别进行加密后送给B。B随机选择5个消息，以其公钥进行再加密后送给A。A以其私钥对其解密后送给B。B以其私钥解密后就得到5张特定花色的一手牌。B从剩下的47个A加密的消息中随机选出5个回送给A，A用其私钥解密后即得到他的一手牌，在进行扑克中，随后分牌可用类似的方式实现。在游戏结束时，A和B将自己的牌和密钥对公布而可以相互检验是否相互诚实相待。

此基本协议可推广到多人玩智力扑克。任何可换公钥密码体制都可用来实现此类协议。

1. 三人智力扑克协议

(1) A、B和C各生成自己的公钥/私钥对。

(2) A生成52个消息，分别表示一张花色的牌，消息中可以含有惟一性随机bit串，以便稍后可以进行证实，A将每个消息用其公钥加密后的结果$E_A(M_n)$送给B。A在此充当了发牌人。

(3) B不能读懂所收到的消息，他随机选择5个，并以其公钥分别加密后将所得结果$E_B(E_A(M_n))$送给A。

(4) B将其余47个消息送给C。

(5) C也不能读懂收到的消息，他随机选择5个，并以其公钥分别加密后将所得结果$E_C(E_A(M_n))$送给A。

(6) A也不能读懂收到的消息，他以其私钥进行解密后得到$D_A(E_B(E_A(M_n)))=E_B(M_n)$和$D_A(E_C(E_A(M_n)))=E_C(M_n)$分别回送给B和C。

(7) B和C用自己的私钥对所收到的消息进行解密后就分别得到了分给自己的一手牌，即$D_B(E_B(M_n))=M_n$和$D_C(E_C(M_n))=M_n$。

(8) C再从剩下42个消息中随机选5个消息直接送给A。

(9) A用自己的私钥对收到的消息进行解密就得到相应的一手牌，$D_A(E_A(M_n))=M_n$。

(10) 在结束游戏时，A、B和C将自己手中的牌和密钥对公开，以便相互检验没有欺诈行为(实际中只关心赢家是否有欺诈行为)。游戏中添加的牌可以类似地分发。

此协议在参与方无相互串通下是安全的。当有串通时，特别是发牌人A与一人串通对付另一个人时此协议就不安全了。必须增加和检验惟一性bit串以及每个参与者的密钥，有关智力扑克协议的实现和安全性参看[Edwards 1994；Coppersmith 1986；Crépeau 1985，1986；DeMillo等1983；Denning 1982；Fortune 1984；Goldwasser等1982；Yung 1984]。

2. 匿名密钥分配

虽然人们不会利用上述协议通过网络玩扑克，但这类协议可以有更实际的应用。C. Pfleeger曾提出将其用于密钥分配[Pfleeger 1989]。

当用户不能自己生成密钥时，需要设立一个密钥分配中心(KDC)产生和分配密钥，但如何能使任何人，包括密钥中心都不能知晓分配给某个特定用户的密钥？可用下述协议实现：

(1) A生成公钥/私钥对，在此协议中A对两个密钥都不公布。

(2) KDC生成连续的密钥流，以其自己的公钥KC对每个密钥逐个进行加密，并依次送至网中。

(3) A 随机地选择一个密钥 $E_{KC}(K_i)$，并以自己的公钥进行加密，得到 $E_{KA}(E_{KC}(K_i))$，滞后足够长的时间(使 KDC 难以知道他选择的是哪个密钥)将其送给 KDC。

(4) KDC 以其私钥对 $E_{KA}(E_{KC}(K_i))$解密，将结果即 $E_{KA}(K_i)$传送给 A。

(5) A 以其私钥对 $E_{KA}(K_i)$解密得到所需的密钥。

攻击者虽然可以截获 KDC 在(2)中发出的密钥流，但他不知道 A 的具体选择；他也可以截获(3)中的 $E_{KA}(E_{KC}(K_i))$，但无相应私钥而不能解出 K_i；他可截获(4)中 KDC 发给 A 的 $E_{KA}(K_i)$，仍然因无 A 的私钥而不能得到 K_i。协议还应保证 KDC 不可能知道 A 的密钥，为此，要求 KDC 生成的密钥流中密钥的个数必须足够多，否则 KDC 可以将所生成的密钥预先存储起来，而后可用穷举法找出用户所选的密钥。这样，协议就可做到只有 A 自己知道由 KDC 为他生成的密钥 K_i。

9.6.4　完全－或－无秘密泄露

设 A 是一个掌握某些秘密的人，想要出售给想买的人 B。A 将秘密目录列出，但他不想泄露内容，而 B 只想买他有价值的秘密，但又不想让 A 知道他真正有兴趣的东西。采用何种技术可以解决问题？Brassard 等在 1986 提出完全－或－无秘密泄露 ANDOS(All-or-Nothing Disclosure of Secrets)可以做到使 B 一旦从 A 得到其中任何一个秘密的有关信息，他就失去了获取有关 A 的其它秘密的机会。下面介绍已提出的一些解决方法。

假定 A 向多人兜售秘密，先定义两个 bit 串 x 和 y，x 和 y 的固定 bit 指数 FBI(Fixed Bit Index)为 x 的第 i bit 与 y 的第 i bit 相等的那些 bit 的下标集。例如，$x=110101001011$，$y=101010000110$，$\mathrm{FBI}(x, y)=\{1, 4, 5, 11\}$(注意：下标号从右至左标示，最右位的下标为 0)。设 A 有 k 个 n－bit 秘密 S_1，S_2，…，S_k，向 B 和 C 兜售，B 想买 S_b，C 想买 S_c，可按下述协议进行：

(1) A 生成其公钥/私钥对，将公钥向 B(不向 C)公开，A 再生成另一对公钥/私钥对，将其公钥向 C(但不向 B)公开。

(2) B 生成 k 个 n－bit 随机数 B_1，B_2，…，B_k，并告诉 C，C 生成 k 个 n－bit 随机数，并告诉 B。

(3) B 用 A 送给他的公钥对 C_b 加密(B 想买 S_b)，并计算其结果与 C_b 之间的 FBI，将 FBI 送给 C。

C 以 A 送给他的公钥对 B_c 加密(C 想买 S_c)，并计算其结果与 B_c 之间的 FBI，将所得 FBI 送给 B。

(4) B 对 B_1，B_2，…，B_k 中的第一 bit 进行检验，将其中不在 C 送来的 FBI 中的那些下标所对应的 bit 都取补，得到 B_1'，B_2'，…，B_k' 后送给 A。类似地，C 对 C_1，C_2，…，C_k 做同样的运算得到 C_1'，C_2'，…，C_k' 后送给 A。

(5) A 对每个 C_i 以和 B 通信用的私钥进行解密得到 k 个 n－bit 数 C_1''，C_2''，…，C_k''，并对 $i=1$ 到 k 计算 $S_i \oplus B_i''$，将结果送给 B。类似地，A 以和 C 通信用私钥对所有 B_i' 解密，得到 k 个 n－bit 数 B_1''，B_2''，…，B_k''，对 $i=1$，…，k 计算 $S_i \oplus B_i''$，将结果寄给 C。

(6) B 将接收第 b 个 n－bit 数与 C_b 进行逐位异或运算得到 S_b，类似地 C 将接收第 c 个 n－bit 数与 B_c 进行逐位异或运算得到 S_c。

不难用一具体例子进行验证，如 $n=12$，$k=8$，参看[Schneier 1996]。

此协议可推广到多个买主情况[Niemi 1991；Salomaa 1990]。若参与者中有相互勾结，则此协议不安全。例如A和C合作就容易发现B所得到的秘密，因为他们可以知道C_b的FBI和B的加密密钥，因而容易从A处得到所有的秘密。

Crépeau给出参与者相互诚实时的一种协议[Crépeau 1985]。

9.6.5　公平和保险的密码体制

1. 公平密码体制(Fair Cryptosystems)

它由Macali提出并获得了专利[Micali 1992，1994]美国政府耗资100万美元购得此专利使用权。这一体制构成了美国Clipper计划和密钥托管标准KES(Key Escrowed System)的核心，我们将在11.10节中介绍。

利用这个体制的思想，任何人可以将自己的秘密钥分成n个碎片，分别托付给n个可信赖者，而他们都不能恢复出原密钥，但每个可信赖者都可以证明他们得到的碎片是合法的。法律当局可以依法从n个可信赖者得到n个碎片，从而可以重构出该用户的秘密钥。这可通过下述协议实现：

(1) A生成自己的公钥/私钥对，并将密钥分拆成n个碎片。

(2) A将其公开的碎片和相应的秘密碎片经加密后送给每个可信赖者，并将其公钥送给KDC(密钥中心)。

(3) 每个可信赖者独立地对公开碎片和秘密碎片进行计算，并证实其正确性，而后将秘密碎片存储好，将公开碎片送给KDC。

(4) KDC对公开碎片和公钥实施计算，证实一切正确后就对公钥进行签字，送还给A或邮至某处存入数据库。

(5) 在实施法律监听时，每个可信赖的人将其保存的碎片送给KDC，KDC重构出A的秘密钥。

2. Diffie-Hellman实现公平的方案

在Diffie-Hellman体制中，用户共享一个素数p和一个生成元g，令用户A的秘密钥为s，公钥为$t=g^s \mod p$，假定有5个受托人：

(1) A选择s_1，s_2，…，s_5共5个小于这$p-1$的整数，且A的秘密钥$s=(s_1+s_2+s_3+s_4+s_5) \mod (p-1)$，公钥为$t=g^s \mod p$。对$i=1$，2，…，5，A计算$t_i=g_i^s \mod p$，A的公开碎片为$t_i$，秘密碎片为$s_i$，将$(t_i, s_i)$分别送给5位受托人，将$t$送给KDC。

(2) 每个受托人可验证$t_i=g_i^s \mod p$，若此式成立则对t_i签字而后送给KDC，并将s_i存放于安全处。

(3) KDC收到5个公开碎片后可验证$t=(t_1+t_2+t_3+t_4+t_5) \mod p$是否成立。如成立，KDC就核准此公钥。

(4) 需要法律监听时，KDC通过法律程序从各受托人处得到s_i，并由下式可得到A的秘密钥$s=(s_1+s_2+s_3+s_4+s_5) \mod (p-1)$。

Macili的文章[1992]还介绍了利用RSA和秘密共享体制实现公平密码的方案。

公平密码学远未完善，存在有潜信道可被犯罪分子实施秘密通信，逃避法律监督。保险密码体制可以解决这一问题[Kothari 1984；Leighton 1994]。

3. 保险密码体制(Failsafe Cryptosystems)

Diffie-Hellman 的基本方案可以用来构造一个保险(Failsafe)协议。一组用户可共享一个素数 p 和一个生成元 g。令 A 的私钥为 s，公开钥为 $t=g^s \mod p$。

(1) KDC 选一个随机数 b，$0\leqslant b\leqslant p-2$，采用 Bit 承诺协议对 b 进行承诺。

(2) A 选一个随机数 a，$0\leqslant a\leqslant p-2$，将 $g^s \mod p$ 送给 KDC。

(3) 用户采用可证实秘密共享体制“分享”a。

(4) KDC 向 A 披露 b。

(5) A 从(1)证实承诺，而后置其公开钥为 $t=(g^a)g^b \mod p$，置其私钥 $s=(a+b) \mod (p-1)$。

由于 KDC 知道，故受托人可以重构 a，从而可以重构 s，而 A 不可能利用任何潜信道传送未授权信息[Killian 1994；Leighton1994]。

9.7　公平协议(二)——同时签约

9.7.1　不经意传递

Rabin 曾利用二次剩余设计一种协议，使 A 可以 1/2 的概率向 B 传递秘密，B 有一半的机会收到 A 送来的秘密，而有一半机会得不到任何有关秘密的信息；B 可以知道他收到的秘密，而 A 则不知道 B 是否收到了什么秘密[Rabin 1981]。人们称这种传信为**不经意传递**(Oblivious Transfer)。不经意传递协议也是一种泄露部分秘密的协议。采用公钥体制的协议无需可信赖仲裁就可实现。其协议如下：

(1) A 生成两个公钥/私钥对，并将两个公钥送给 B。

(2) B 选择一个单钥体制(如 DES)的密钥，并以得到的两个公钥中的一个对其进行加密后送给 A，至于他采用哪个公钥加密对 A 是保密的。

(3) A 用其两个私钥分别对收到的消息进行解密，其中有一次成功解出 B 的 DES 密钥，另一次用错误私钥解密得到的是无意义 bit 串，但 A 不能确知哪一个结果是 KES 的密钥。

(4) A 利用(3)中得到的两个 bit 串分别对 A 的两个秘钥加密，送给 B。

(5) B 则以其 DES 密钥对收到的消息解密，其中有一个可正确恢复出 A 的秘密消息。另一个所得到的是无意义 bit 串。

至此，B 已得到 A 送来的两个秘密之中的一个，而 A 并不知道哪一个为 B 正确收到，但 B 还未证实 A 未对其进行欺骗。

(6) 通过(1)～(5)传送完成后，A 应向 B 公布其私钥，以便 B 能证实 A 未进行欺诈，例如 A 在第(4)步中用两个 bit 串对同一消息进行加密。一旦公布两个私钥，B 就可以解得 A 的另一个秘密消息。

Bellare 等[1989]还提出了一种非交互式不经意传递。A 公布两个消息，B 可以得知其中之一，无需 A 与 B 之间相互连络。

人们不一定关心实践不经意传递，但它可能是构造安全协议的一个有用模块，如用于电子支付协议和秘密选举协议。有关不经意协议可参看[Blum 1981；Crépeau 1987，1994；

Crépeau 等 1988，1995]，Salomaa[1990]的书对此做了较详细的介绍。

9.7.2 不经意签字

Chen[1994]还提出了两种不经意签字方法：一是A有n个消息，B选一个让A签署，但A不知所签是哪一个消息；二是A有一个消息，B向A提供n个密钥，但A不知他采用哪个密钥对消息进行了签字。

9.7.3 同时签约

在签署协定或契约时，常常需要有关方面同时签字，在面对面的现场易于实现。不在现场时可通过通信网络和协议实现。

1. 有仲裁同时签约

A与B经过文字协商确定了契约文本后可在有仲裁参与下，按下述协议签署契约：

(1) A对契约的一个拷贝签署后送给仲裁T。

(2) B对契约的一个拷贝签署后送给仲裁T。

(3) T向A与B发一消息，说明对方已签署了契约。

(4) A对契约的两个拷贝签字后，送给B。

(5) B对送来的拷贝签字后，保留一份，另一份回送给A。

(6) A和B通知T已有双方签署的拷贝。

(7) T将只有单方签字的拷贝撕毁。

仲裁T可防止A与B之间的相互欺诈，如果B在(5)拒绝签字，则A在(6)中可以通知T获取B已签的契约的拷贝。同样，如果A在(4)中拒绝签字，B在(5)中也可以不签。协议中第(3)步已使A和B均受契约约束。如果T只收到A或B的签字拷贝，则可撕掉，使任何一方都不受契约约束。

2. 无仲裁同时签约

无仲裁同时签约采用一种不确定的概率方式签字[Ben-Or 1990]。协议如下：

(1) A和B商定在某天完成签字协议。

(2) A和B决定一个他们愿意接受的概率差值。例如：A愿意在其概率值超过B的概率的2%条件下进行签字，而B愿意在其概率值超过A的概率的2%条件下进行签字。令A的差值为a，B的差值为b。

(3) A以概率$p=a$签一个消息送给B。

(4) B以概率$p=a+b$签一个消息送给A。

(5) A以概率$p'=p+a\leqslant 1$签一个消息送给B。

(6) B以概率$p''=p'+b\leqslant 1$签一个消息送给A。

(7) A和B继续(5)和(6)直到双方都以概率$p=1$签署此消息时结束，或者超过了(1)中规定日期而告吹。A和B也可能随着协议的进展，相互之间的信任度逐步增加，而采取增大值a，b的方式来加速协议进程。如果A、B双方到了规定日期还未完成签字，可以自动认定契约不生效。如有争执，任何一方可向仲裁申诉，仲裁在审查送交的文档之前，可先随机选择一个概率值，若小于契约中签字的概率值，就判契约无效，否则判为有效。

3. 无仲裁同时签约的密码协议

无仲裁同时签约的密码协议[Even 1985]采用单钥密码体制，如 DES 可以实现。协议如下：

(1) A 和 B 随机地选择 $2n$ 个 DES 密钥，并按对划分为左右两个，按对在协议中使用。

(2) A 和 B 生成 n 对消息 L_i 和 R_i，$i=1$，…，n，每个消息中可能包含契约的数字签字和时戳。如果对方可以生成一个签字对的左半边 L_i 和右半边 R_i 就认为合同已由其签字。

(3) A 和 B 用每对 DES 密钥对消息对加密，左边的消息用对中左边的密钥、右边的消息用对中右边的密钥。

(4) A 和 B 依次向对方送出 $2n$ 个加密的消息，以明确各消息与密钥的对应关系。

(5) A 和 B 采用不经意传送协议交换彼此的密钥对。即对每对密钥，A 向 B 独立地送去用于加密左边消息的密钥或用于加密右边消息的密钥。B 采用同样方式做。这样，A 和 B 就有每对密钥中的一个密钥，但不知道另一个密钥。

(6) A 和 B 可以用收到的密钥对一半消息进行解密，并确定解密后的消息合法性。

(7) A 和 B 交换各自 $2n$ 个 DES 密钥的第 1 bit。

(8) A 和 B 重复(7)，交换第 2 bit，3 bit，…，直到送完 DES 密钥的所有 bit。

(9) A 和 B 将另一半消息解密，从而完成对契约的签字。

(10) A 和 B 交换在(5)中执行不经意传递协议时所用的私钥，从而可证实对方未进行欺诈。

我们现在来讨论此协议的安全性。假定 A 想欺诈。在(4)和(5)中可向 B 送出无意义的 bit 串中断协议，则 B 在(6)试图解密所收到的消息时可以发现，使 B 可以在 A 能解密 B 的任何消息对之前中止执行协议。即使 A 很聪明，仅中断一半协议，在每一对中只正确地送出一半，另一半送无意义 bit 串，由于只有 50%的机会正确接收正确的一半，故当只用一对密钥时 A 有一半时间可以欺骗 B；如果有两对密钥，B 受骗的机会为 1/4，而协议中采用了 n 对密钥，当 n 足够大时，例如取 $n=10$，A 就只有 1/1 024 的机会能骗 B 了。

A 还可以在第(8)步向 B 送随机 bit。B 可能直到整个密钥收完后并试图用其解另一半消息时才会发现。但 B 已经收到了一半密钥，而 A 不知道是哪一半。因此，如果 n 足够大，B 就可以觉察出他在第(8)步收到的是一些无意义 bit，从而可以很快知道 A 在骗他。

本协议可以使双方公平地进行契约签字，任何一方欺骗对方成功的概率都很小；协议结束时，双方都有 n 个签字消息对，任何一个均足以证明签字成立。

Ben-Or 等指出协议的两个弱点是[Ben-Or 1990]：① 如果签字双方中有一方如 A 的计算能力远大于对方，则他就可以在(1)步中早于对方停止送 bit 协议，从而可以先摸清 B 的密钥。B 不能在差不多同样的时间内做到这点而会感到不平。② 如果一方较早中止协议会造成一些问题。若 A 突然停止协议，两方都面对类似的计算工作量，但 B 并不具有任何实际的法律依据。例如，契约限定 A 以一周时间做某项工作，但 B 要在 A 真正承诺之前需要花上一年的计算量，而 A 却在某时刻停止了协议。这里的实际困难是双方没有明确规定过程中止或解除限制的短期期限。

9.7.4 数字挂号函件(Digital Certified Mail)

对不经意传递协议稍加修改可用于计算机挂号邮递[Even 1985]。假定 A 向 B 送一消息，在B签了回执之前A不想让B读此函件，这在实际挂号邮递中有邮递员参与下不难做到。在数字通信中，也可以依靠密码技术做到。Diffie[1977]曾最早提出此类问题。下述协议可以实现数字挂号邮递。

(1) A用随机DES密钥对消息加密后送给B。

(2) A生成n对DES密钥，每一对的第一个密钥以随机方式生成，而第二个密钥是由第一个密钥与对消息进行加密用的密钥异或而成。

(3) A以$2n$个密钥中的每一个对一个哑(Dummy)消息加密。

(4) A将加密的结果依次送给B，B确切知道哪个消息是用哪一对密钥的哪一半加密的。

(5) B生成n对DES随机密钥。

(6) B生成一对消息表示合法的回执，他制作n个回执对。像前面的协议那样，如果A可以产生回执的一半和所有他的加密钥，就认为回执合法。

(7) B以其DES密钥对加密其消息对中每个消息，以第i对密钥的左、右部分分别加密第i对消息的左、右部分。

(8) B将结果依次送给A，A确切知道哪个消息是用哪一对密钥的哪一半加密的。

(9) A和B用不经意传递协议，递送彼此的每对密钥。这样对于n对密钥，A或将加密左边消息的密钥或将加密右边消息的密钥送给B，B做同样的事。现在对每对密钥，A和B都有了其中的一个，但不知道另一个。

(10) A和B解密他们可能解读的一半，并确定解密的消息。

(11) A和B彼此递送所有n个DES密钥的第1 bit。(如果担心攻击者窃听，可通过加密方式传送。)

(12) A和B重复(11)直到有$2n$传送完毕。

(13) A和B解读消息对的另一半，A得到B的合法收据，而B可以将任何密钥对异或得到原来的消息加密密钥。

(14) A和B交换不经意递送协议所用的私钥，彼此证实没有受骗。

B执行的第(5)至(8)步，A与B两者执行的第(9)～(12)步和契约签字协议一样。变化之处是A采用了哑消息，这使B在(10)可以有办法来检验A的不经意递送的合法性，迫使A在(11)～(13)步中必须诚实地做。和同时签约协议类似的是，A的消息的左一半和右一半都用于实现整个协议。

9.7.5 同时交换秘密

如果A与B两人分别知道秘密S_A和S_B，如果B能将秘密S_B告诉A，A就愿意将他知道的秘密S_A告诉B，B也是如此。如何能保证双方安全无欺诈地相互交换秘密，显然需要能同时进行。利用类似的数字挂号函件协议可以实现。下面只介绍其中的一些修正，详见[Even 1985]。

A对秘密消息S_A执行9.7.4节中协议(1)～(4)，B对秘密消息S_B做同样工作。A和B完成(9)中的不经意传递协议，并执行(10)解密一半消息，而后进行(11)和(12)的迭代步骤。如果A和B要防止窃听应当对传送的消息加密。最后，A和B将消息对的另一半解密并和任何密钥对异或得到原来的消息加密密钥。

这个协议只是实现了 A 将 S_A 传给 B，同时得到 B 传给他的 S_B，并未涉及 S_A 和 S_B 的内容是否有价值。

有关不经意传递协议还可参看[Blum 1983；Brickell 1987；Cleve 1989；Damgård 1989；Håstad 1985；Luby 1983；Rabin 1981；Tedrick 1984]。

9.8　公平协议(三)——安全选举

选举是当今社会的政治和经济生活中常见的，秘密投票、公平选举、防止欺诈是正常进行选举的保证条件，协议和密码技术可以帮助实现网络计算机化选举系统的实现。一个安全的选举协议应当满足的条件有：C1，只有授权选举人可以投票；C2，每个选举人只能投一票；C3，无人可以操纵其他人投谁的票；C4，无人可以复制其他任何人投的票(这可能是最难实现的要求)；C5，无人能在不被发现的条件下可改动其他人所投的选票；C6，每个投票人可确信他所投的票已被计入最后结果中。有些选举体制可能规定 C7，每个人都知道谁投了票和谁未投票。本节介绍几种安全选举协议。

9.8.1　简单选举协议

(1) 每个投票人用中心计票机构 CTF(Central Tabulating Facility)的公钥对其选票加密。

(2) 各投票人将加密的选票传给 CTF。

(3) CTF 将各选票解密，统计票后，公开选举结果。

此协议虽简单但不安全。CTF 无法知道选票来自合法投票人或是非法者，也无法知道每个人投了几票。虽然不能改变某人所投的票，但却可以容易地将自己所投的选票重复多次来影响最后的选举结果。下面给出另一种简单的选举协议：

(1) 各投票人用其私钥签署所投的票。

(2) 各投票人用 CTF 的公钥对签署的选票加密。

(3) 各投票人将选票传送给 CTF。

(4) CTF 将选票解密，验证签字后，统计选票，分开选举结果。

上述协议满足 C1，C2，C3，C5，C7 等条件，但是由于投票人签字而不能做到无记名投票，用 CTF 公钥加密虽能防止窃听和发现投票人投了谁的票，但 CTF 知道每个投票人投了谁的票，因此，各投票人必须完全信赖 CTF。

9.8.2　用盲签字的选举

为了实现更安全的选举，须将投票人与他所投的票隔离，但仍要保证其认证性，可以用盲签字协议帮助实现。

(1) 每个投票人生成 10 组消息，每一组消息都包括了每一种可能选择的一个合法选票(例如，对“是”和“否”进行投票，每组消息中就含两种选票，一个表示“是”，另一个表示“否”)。每个消息还包括了一个随机生成的足够大的识别数，以避免和其他选举人相重。

(2) 各投票人分别对所有消息进行盲签字后与所用盲因子一起传送给 CTF。

(3) CTF 检验其数据库，确定投票人以前尚未提交要签署的盲选票。他打开 9 组检验其是否合格，而后对组中每个消息分别签字，回送给投票人，同时将投票人的名字存入数据库。

(4) 投票人将收到的消息去盲，得到一组由 CTF 签署的选票(这些选票签过字但未加密，投票人易于确定哪张票是“是”，哪张票为“否”)。

(5) 投票人选定一张票，以 CTF 的公钥加密。

(6) 投票人将其选票送给 CTF。

(7) CTF 将收到的票解密，验证他原来的签字，按识别号检验数据库中的存数，将序号存入，统计选票，公布选举结果和与选票相应的序号。

采用盲签字协议保证了每个投票人是惟一的，不可冒名顶替。如果有人试图将同一选票送两次，CTF 可在(7)中会发现重号，而将送来的第二张作废。如果有人想在第(2)步获取多张选票，CTF 在第(3)步中就会发现。攻击者因为他不知道 CTF 的秘密私钥，因而不可能制做合法的选票，也不可能窃听和改变投票人所投的票。在(3)中的分割一选择协议保证了选票的惟一性，若没有此步攻击者，就可以制做一组除了识别号外都一样的选票，且所有这些票都是成立的。

一个有恶意的 CTF 不可能搞清楚每个人所投的票，盲签字技术可阻止这类机构在投票人投票之前阅读系列号。使 CTF 不可能在他所签的盲化选票和最终投票之间联系起来。公布序号表和相应的选票使投票人确知他们所投的票已被正确地统计到选举结果中。

协议还存在一些问题，一是上述协议还未做到无记名投票，在(6)中的投票不是匿名的，CTF 可以记录谁送来的是哪一张选票，从而可以搞清谁投了谁的票。但是，如果接收的票送入加锁的票箱中，而后才统计，CTF 就不可能知道谁投了谁的票了。CTF 虽不能将送来的选票与个人挂钩，但 CTF 可签署大量的合法和用于欺诈的选票。再有，如果 A 发现 CTF 窜改了他的选票他也无法证明。改进的协议可参看[Ohta 1988; Sako 1994]。

9.8.3 利用两个中心机构选举

将 CTF 分成两个，使每一个都不能自行欺骗。Sako[1994]提出利用中心合法机构 CLA(Central Legitimigation Agency)证实投票人和一个分开的 CTF 计数选票的协议。

(1) 每个投票人向 CLA 送一个消息索取一个合法号。

(2) CLA 向投票人回送一个随机合法号，CLA 保存一个合法号的表。还要保存一个合法号接收者的表，以防有人投两次票。

(3) CLA 将合法号表送给 CTF。

(4) 每位投票人选择一个随机识别号，并用此号从 CLA 收到的合法号和他投所的票产生一个消息，将其送给 CTF。

(5) 参照 CLA 在(3)中送给他的合法号表验证所收到的各消息的合法号数，如果合法号在表中，就在表上注明以防有人投两次票。CTF 还要将识别号加到所投的某个候选人的表上，并将得票数和收到票的总数都加 1。

(6) 当所有选票收到后，CTF 公布选举结果、识别号码和得票人的表。

和 9.8.2 节中的协议一样，每个选举人可以在识别号表上看到他自已的投到号数，从而知道他投的票已被正确计入；如果 CTF 窜改他的选票也可以及时发现。为了防止窃听和模仿攻击，各方之间的通信都采用加密和签字。

CTF 不可能将伪票填入票箱中，CLA 知道他签署了多少张选票及合法号码，从而可以检测任何窜改。

一个无权投票者可以通过猜测一个合法号试图进行欺诈，如果可能提供的号的个数远大于实际采用的合法号的个数，例如以 100 位数字用于有 100 万个投票人，就可使这种欺诈成功的概率很小。当然合法号必须随机地生成。

在这个协议中，CLA 仍然是一个可信赖权威机构，他可以为没资格参加选举的人发证，也可以向有资格的选举人发数次选票。若要求 CLA 公布有资格选举人表(而不公布他们的合法号)，可以使这类风险极小化。如果表中的选举人人数小于投票表中票数，就可能有差错。但是选举人表中人数大于投票表中票数，可能意味有些合法选举人未参加投票。

9.8.4　采用一个中心机构的选举

采用更复杂的协议可以克服 CLA 和 CTF 相互串通的危险[Salomaa 1990]。这种协议是对 9.8.3 节中协议做了两点修正：① CLA 和 CTF 是一个组织；② 在 9.8.2 节中协议第(2)步中采用 ANDOS(9.8 节)进行匿名分配合法号。

匿名密钥分配协议防止了 CTF 知道选举人所分到的合法号，使 CTF 无法将收到的选票与投票人的合法号联系起来。但仍然需要相信 CTF 不会向无资格者分配合法号。这可以用盲签字。

Nurmi 等[1991]给出了利用 ANDOS 构成的一种改进型单个中心机构选举协议，为了满足安全的选举协议，它应满足的六个条件是 C1～C6，但不满足 C7。它具有选举协议的两条附加的特性：C8，投票人在给定期限内，可以改变主意(收回所投的票，重新选择投票)；C9，如果选举人发现他的选票被错误统计，他可以识别出来并加以纠正而不会危及他的选票的秘密。其协议如下述：

(1) CTF 公布所有合法投票人名单。

(2) 在限定期限内，每个投票人通知 CTF 是否有意参加选举。

(3) CTF 公布参加选举的投票人名单。

(4) 每个选举人通过 ANDOS 协议收到一个识别号 I。

(5) 每个选举人生成公钥/私钥对 k 和 d，若 v 是选票，他生成消息 I，$E_K(I, v)$以匿名方式送给 CTF。

(6) CTF 通过公布 $E_K(I, v)$作为认可选票的收据。

(7) 每个选举人向 CTF 送 I，d。

(8) CTF 将选票解密，在选举结束时公布选举结果。

(9) 若选举人发现他的投票未正确计数，他就以向 CTF 送 I，$E_K(I, v)$，d 的方式提出异议。

(10) 若选举人想改动其选票 v(在有些选举中允许这样做)，变为 v'，他就向 CTF 送出 I，$E_K(I, v')$，d。有的投票协议采用盲签字代替 ANDOS，这在本质上是一样的[Fujioka 1992]。对于实际选举(1)～(3)步是准备阶段，目的是弄清楚并公布实际选举人总数。这样做虽然不太实际，但大大降低了 CTF 增添伪票的可能性。

在第(4)步，有可能使两个选举人收到相同的识别号，通过将可选识别号个数远大于实际参选人数可以使这种可能性极小化。若有两个选举人的识别号相同。CTF 就生成一个

新的识别号 I'，从两个选票中取出一个，公布 I'，$E_K(I, v)$。持该选票的人认出它后就送出第二张选票，以新的识别号重复执行第(5)步。

在第(6)步中选举人可以检验 CTF 是否正确收到他投的票，如果 CTF 点票出错，他可以在第(9)步中证明，并可进行纠正。

这个协议还存在的一些问题，CTF 可能受贿而在(2)步中将选票分给一些实际不参加投票的人。另外 ANDOS 协议比较复杂。如果参选人很多，最好分成几个较小选区实施。还有一个很难解决的问题，即 CTF 可能将已投的选票未计入结果中，如果某选举人 A 申诉此事，CTF 可能宣称他从未收到 A 投的票。

9.8.5 无中心计票机构的选举

Michael Merritt 等[DeMillo 1982，1983；Merritt 1983]设计了一种完全摒弃了 CTF 的选举协议，但它过于复杂而难以在超过 100 个选举人的场合下使用。Schneier[1996]曾以 A、B、C、D 四人，对“是”和“否”(0，1)进行投票的实现介绍了该协议的设计思想。此协议能安全地实现公平投票，但计算量太大，很难实用。此外，选举人中有一位先于其他人知道选举结果，虽然他不能改变它，但相对而言也不太公平。再有，选举人中有一位可以复制其他人的选票，虽然不知道其中的投票选择，这样，如果他不关心选举的结果，他就可以按其中某人的选票复本进行投票了。

9.8.6 其它选举方案

已经提出了多种复杂的选举方案，有的是无中心计票机构的、有的是分区由数个 CTF 进行的，它使得 CTF 不能欺骗选举人[Benaloh 1986；Cohen 1985]。它们都采用了 Chaum[1981]将权威机构划分的思想。另一种是划分(Divided)协议，每个选民将其选票划分成几个分享碎片(Share)。例如，对于“是”和“否”的投票，以“1”表示“是”，以“0”表示“否”，选举人可以产生几个数，其和表示“1”或“0”。将分享碎片加密后分送给几个 CTF，每个 CTF 计数所得的分享碎片，将所有 CTF 收集到的再相加就给出选举结果[Sako 1994]。

D. Chaum[1988]曾给出一种协议可保证将扰乱选举的投票人查出来，但是将其除名后选举必须重新举行，这对于大规模选举活动不太实际。Iversen[1991]提出了一种解决方案，但更为复杂；还有一种采用多密钥密码的选举协议[Boyd 1989]。可用于大规模选举的方案可参看[Fujioka 1992]。Chen 等提出了可弃权的选举协议[Chen 1994]。此选举协议虽可以实现，但可能同时也使买卖选票变得更容易，如何使选举人知道自己得到的选票是授权发放的？还有很多实际问题有待于解决[Benaloh 1994；Niemi 1994；Sako 1995]。

9.9 公平协议(四)——安全多方计算

现实中常会碰到下述类型问题：两方或多方各掌握一些秘密，为了实现一个共同的目的，他们可能需要共享一些信息，但不是全部。**安全多方计算协议**(Secure Multiparty Computation)是解决这类问题的一种途径。

以 A_1，A_2，…，A_t 表示各方，$t \geqslant 2$。每方都知道函数 $f(x_1, \cdots, x_t)$的定义。各变量在自然数集的一个有限初始段内取值，f 的值域也是自然数。此函数 f 可以用一个表来定义，

A_i 方知道特定值 a_i 属于变量 x_i 的取值范围，但不知道 a_j 的信息，$j \neq i$，A_1，A_2，…，A_t 各方想共同计算出 $f(x_1, x_2, \cdots, x_n)$的值，但不想给出各自 a_i 的任何信息。安全多方计算的协议应当设计得使协议执行后所有各方都知道函数值 $f(a_1, a_2, \cdots, a_t)$，但任何一方的输入值 a_i 不可能被其它各方推断出来。适当选择函数是一个重要问题。例如，函数

$$f(x_1, x_2, x_3) = \begin{cases} 1 & \text{若某个 } x_i \text{ 不是素数} \\ \text{变量中最小的素数} & \text{其它} \end{cases}$$

若 $a_2=19$ 和 $f(a_1, a_2, a_3)=17$；则 A_2 可以推断出 a_1 和 a_3 中有一个等于 17，而另一个素数 $\geqslant 17$；若 $a_2=4$ 和 $f(a_1, a_2, a_3)=1$，则 A_2 不可能得出任何有关 a_1 和 a_3 的信息。

已经设计出多种此类协议，如何分析它们的安全性是个难点。特别是在多方计算过程中，如何防止一些人勾结进行欺诈就更为困难。本节介绍几个例子。

9.9.1 计算组内成员的平均工资而不泄露每人的具体工资额(无可信赖中心)

假定组内有 A、B、C 和 D 共 4 人，每人选择自己的公开钥/私钥对，并将公钥公布。

(1) A 将一个随机秘密数和自己的工资数相加，并以 B 的公钥加密后送给 B。

(2) B 以其私钥解密后，将自己的工资数与接收的数字相加，而后以 C 的公钥加密后送给 C。

(3) C 以其私钥解密后，将自己的工资数与接收的数字相加，而后以 D 的公钥加密后送给 D。

(4) D 以其私钥解密后，将自己的工资数与接收的数字相加，而后以 A 的公钥加密后送给 A。

(5) A 以其私钥解密后，从中减去原来加于自己工资数上的随机数后，得到组中所有成员工资之和。

(6) A 以组中成员数去除成员工资之和得到组内成员的平均工资，向其他人宣布此结果。

此协议假定组内每个成员都能诚实地按协议执行，否则，只要有一人谎报自己的工资就不能得到正确的结果。此外，A 的权利过大，他可以宣布任何一个伪造的结果而无人能发现。如果对 A 所选的随机数采用 Bit 承诺技术可以解决上述问题，但当 A 在事后宣布其随机数后，B 又可以知道 A 的工资额。

9.9.2 比较数的大小(无可信赖中心)。

Salomaa[1990]曾给出一个协议，可以比较 A 和 B 两个知道的整数 i 和 j 的大小，而不泄露数的具体数值。Yao 提出的百万富翁问题(Yao’s Millionaire Problem)是此问题的一个特例[Yao，1982]。

假定 $1 \leqslant i, j \leqslant 100$，A 知道 i，B 知道 j，B 有公钥/私钥对，A 知道 B 的公钥。

(1) A 选一个随机大整数 x，以 B 的公钥加密得 $c=E_B(x)$。

(2) A 计算 $c-i$，并将结果送给 B。

(3) B 计算下述 100 个数：$y_u=D_B(c-i+u)$，$1 \leqslant u \leqslant 100$。

其中，D_B 表示以其私钥解密。他选择大素数 p(p 应小于 x，但 B 不知 x，A 要将 x 的量级

告诉B)，计算下述100个数：

$$z_u = y_u \mod p \qquad 对\ 1 \leqslant u \leqslant 100$$

检验是否对所有 $u \neq v$ 有 $|z_u - z_v| \geqslant 2$ 和对所有 u 有 $0 < z_u < p-1$；若不真，则B重新选另一个素数试算，直到满足上述条件。

(4) B将下述数列依次送给A

$$z_1, z_2, \cdots, z_j, z_{j+1}+1, z_{j+2}+1, \cdots, z_{100}+1, p$$

(5) A检验接收数列中的第 i 个数是否同余于 $x \mod p$；若是则A知道 $i \leqslant j$，否则有 $i > j$。

(6) A将结论告诉B。

协议第(3)步中B所做的工作保证在(4)中的数列中没有重复；否则，若 $z_a = z_b$，则A可以推知 $a \leqslant j \leqslant b$。协议的一个缺点是A先于B知道结果，若他不愿将真实结果告诉B，B也无可奈何。

下面给出一个简单数值例，有助于理解此协议。假定A所知整数 $i=4$，而B的秘密整数 $j=2$，且 $1 \leqslant i, j \leqslant 4$，B的公钥为7，秘密钥为23，模 $n=55=5\times11$，

(1) A选 $x=39$，$c=E_B(39)=19$。

(2) A计算 $c-i=19-4=15$。

(3) B计算下述4个数：$y_1=D_B(15+1)=26$，$y_2=D_B(15+2)=18$，$y_3=D_B(15+3)=2$，$y_4=D_B(15+4)=39$。若B选 $p=31$，计算出 $z_1=(26 \mod 31)=26$，$z_2=(18 \mod 31)=18$，$z_3=(2 \mod 31)=2$，$z_4=(39 \mod 31)=8$。显然，数列满足要求的条件。

(4) B依次向A发出(26，18，2+1，8+1，31)=(26，18，3，9，31)。

(5) A检验第4个数的同余性，$9 \neq 2 \equiv 39 \mod 31$，从而推出 $i > j$。

(6) A将结果告诉B。

可以将此协议推广到一组人通过计算机网按一定逻辑顺序，逐对比较他们的秘密数的大小，如在拍卖中决定哪一个人出价最高。为了防止在中期拍卖(mid-auction)中改变标书(bid)，可以采用Bit承诺协议。类似地，这类协议可用于比较两人年龄大小，讨价还价，谈判、仲裁等。

上述协议还可用于“爱好匹配”问题。如A与B各有某种奇特爱好，在知道对方和他(或她)有相同爱好的之前都不愿意将自己的爱好先告之对方。先将各种奇特爱好列表，并标以号码。A和B可以在表中查到自己爱好的相应号数，如为 a 和 b。而后通过通信网络执行前述协议，从而可以最终决定 $a=b$?

9.9.3 有否决权的投票协议[Salomaa 1990]

一个组织内在对某事作决定进行秘密投票时，每个成员有投“是”或“否”的权力，但常常有的成员可能有否决权(veto-right)。如何设计一种协议，使每个成员都知道投票结果，但不知谁投了什么票，也不知道是否按多数原则，还是有人行使了否决权。今以具体例子说明。设组织内成员有 S_1，S_2，P_1，P_2，…，P_t，其中 t 为奇数，以保证可按多数做决定。所有成员可以投“是”或“否”。而 S_1 和 S_2 可以采用“超级票”或“S－票”投“S－是”和“S－否”。如果 S_1 和 S_2 未采用“S－票”；则按多数作出决定。如果 S_1 和 S_2 中有一个投了“S－票”，则投票结果就由“S－票”决定。如果 S_1 和 S_2 都投了“S－票”，若他们投的一样，则投票结果

就由“S－票”决定；否则，由持普通票中的多数作出决定。例如下表：

S_1	S_2	P_1	P_2	P_3	P_4	P_5
S－yes	no	no	yes	yes	yes	yes

投票结果为“是”，但 S_1 并不知道即使他投普通票，结果也一样；S_2 也不可能知道即使他投了“S－no”也无济于事。其他成员他们所投的票对最后结果未能产生影响。又如下表：

S_1	S_2	P_1	P_2	P_3	P_4	P_5
S－yes	S－no	yes	yes	no	no	no

投票结果由 5 张普通票(P_1～P_5)中的多数决定为“否”。

这种具有超级票的秘密投票问题可以直接归入 9.9.2 节中的一般函数值计算问题。

9.9.4　多方无条件安全协议

这是一个有 n 人参与的任一 n 元输入函数的计算问题，使每个参与者都知道函数的值，但小于 $n/2$ 个参与者将得不到有关未按照他们自己所输入的和输出信息值的任何附助信息。详细情况可参看[Ben-Or 1988；Chaum 1988；Goldreich 1987；Rabin 1989]。

9.9.5　安全电路评测

利用布尔函数电路可以实现多方计算的要求[Kilian 1990]。

9.10　密码协议的安全性及其设计规范

认证协议是许多分布系统安全的基础。确保这些协议能够安全地运行是极为重要的。虽然认证协议中仅仅进行很少的几组消息传输，但是其中的每一消息的组成都是经过巧妙设计的，而且这些消息之间有着复杂的相互作用和制约。在设计认证协议时，人们通常采用不同的密码体制。而且所设计的协议也常常应用于许多不同的通信环境。但是，现有的许多协议在设计上普遍存在着某些安全缺陷。造成认证协议存在安全漏洞的原因有很多，但主要的原因有如下两个：① 协议设计者有可能误解了所采用的技术，或者不恰当地照搬了已有的协议的某些特性；② 人们对某一特定的通信环境及其安全需求研究不够。人们很少知道所设计的协议是如何才能够满足安全需求的。因此，在近来出现的许多协议中都发现了不同程度的安全缺陷或冗余消息。

本节将讨论对协议的攻击方法和安全协议的设计规范。

9.10.1　对协议的攻击

在分析协议的安全性时，常用的方法是对协议施加各种可能的攻击来测试其安全度。密码攻击的目标通常有三：第一是协议中采用的密码算法；第二是算法和协议中采用的密码技术；第三是协议本身。由于本节仅讨论密码协议，因此我们将只考虑对协议自身的攻击，而假设协议中所采用的密码算法和密码技术均是安全的。对协议的攻击可以分为被动攻击和主动攻击。

被动攻击是指协议外部的实体对协议执行的部分或整个过程实施窃听。攻击者对协议的窃听并不影响协议的执行，他所能做的是对协议的消息流进行观察，并试图从中获得协议中涉及的各方的某些信息。他们收集协议各方之间传递的消息，并对其进行密码分析。这种攻击实际上属于一种惟密文攻击。被动攻击的特点是难以检测，因此在设计协议时应该尽量防止被动攻击，而不是检测它们。

主动攻击对密码协议来说具有更大的危险性。在这种攻击中，攻击者试图改变协议执行中的某些消息以达到获取信息、破坏系统或获得对资源的非授权的访问。他们可能在协议中引入新的消息、删除消息、替换消息、重发旧消息、干扰信道或修改计算机中存储的信息。在网络环境下，当通信各方彼此互不信赖时，这种攻击对协议的威胁显得更为严重。攻击者不一定是局外人，他可能就是一个合法用户，可能是一个系统管理者，可能是几个人联手对协议发起攻击，也可能就是协议中的一方。

若主动攻击者是协议涉及的一方，我们称其为骗子(Cheater)。他可能在协议执行中撒谎，或者根本不遵守协议。骗子也可以分为主动骗子和被动骗子。被动骗子遵守协议，但试图获得协议之外更多的信息；主动骗子则不遵守协议，对正在执行的协议进行干扰，试图冒充它方或欺骗对方，以达到各种非法目的。

如果协议的参与者中多数都是主动骗子，那么就很难保证协议的安全性。但是，在某些情况下，合法用户可能会检测到主动欺骗的存在。显然，密码协议对于被动欺骗应该是安全的。

在实际中，对协议的攻击方法是多种多样的。对不同类型的密码协议，存在着不同的攻击方法。我们很难将所有攻击方法一一列出，这里仅仅对几个常用的攻击方法进行详细介绍。为了便于理解，我们结合一个具体的协议对这些攻击方法加以说明。

图 9－10－1(*a*)为一个单向用户认证协议，实现用户 B 对用户 A 的认证功能。其中，N 为一次随机数，$E_a(N)$表示采用密钥 K_a 对 N 加密。K_a 要么是用户 A 与用户 B 的共享密钥，要么是用户 A 的公钥。图 9－10－1(*b*) 的协议与图 9－10－1(*a*)完全对称，它实现用户 A 对用户 B 的认证。将图 9－10－1(*a*)和图 9－10－1(*b*)的两个协议结合起来，就得到图 9－10－1(*c*)的双向认证协议。将其作进一步的简化，便得到图 9－10－1(*d*)的协议。对于单钥体制来说，K_a 和 K_b 是相同的，因此 $E_a(N)$和 $E_b(N)$表示采用同一个共享密钥对随机数加密。

图 9－10－1(*d*)中的双向认证协议是由两个单向认证协议演化而来的。初看似乎无可挑剔，但是它却不安全。我们将证明，当此协议采用单钥体制构造时，攻击者很容易采用不同的攻击方法攻破此协议。在后面，我们将结合这个例子，讨论几个典型的攻击协议的方法。

1. 已知明文攻击

图 9－10－1(*d*)中协议的一个缺点是它对已知明文攻击的开放性。对于 A 和 B 之间交换的每个密文消息比特流，均可以在随后的消息流中找到相应的明文。在每次执行协议时，被动攻击者可以通过搭线窃听的方法，收集到两个明文—密文对。通过长期不断地窃听，攻击者至少可以建立起一个加密表，甚至可以根据所采用的加密算法强度，进一步攻破此方案并发现加密密钥。因此，在设计认证协议时，一般要求所交换的加密消息的相应明文不会被攻击者得到或推出。

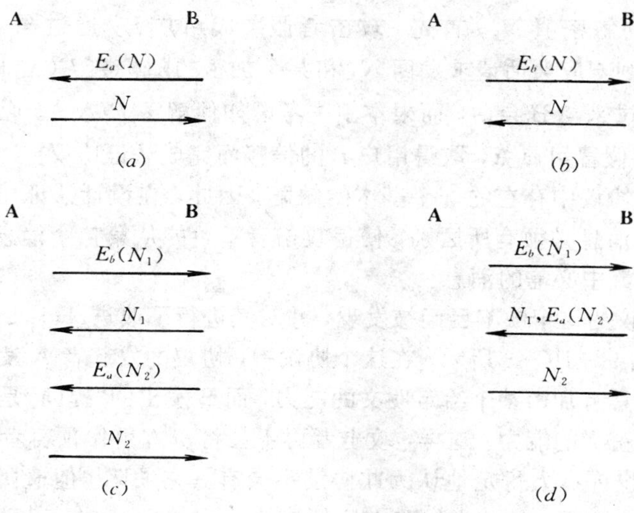

图 9-10-1　用户认证协议举例

2. 选择密文攻击

当攻击者将已知明文攻击转化为选择密文攻击时，他所起的作用是主动性的而不是被动性的，这种威胁就更为严重。在图 9-10-1(*d*)中，攻击者可以假扮成 A 或 B，向另一方(B 或 A)发送某个经过选择的密文消息，并等待对方发送回相应的解密数值。当然，攻击者并不知道确切的密钥是什么，当然就不会完成第三个消息流。然而，他可以积累关于明文—密文对的有关知识，其中的密文是经他自己精心选择的(或者当他发送的消息是明文时，收到的回执将是相应的密文)。他可以尝试采用特定的密文比特串，如全“0”、全“1”或其它消息，来更快地解出密钥。因此，在设计协议时，通常期望攻击者不能欺骗合法用户来获取选择密文的相应明文，或者选择明文的相应密文。

3. 预言者会话攻击

实际上，如果在上述简单协议中 A 和 B 采用相同的密钥，攻击者无须破译出密钥就能攻破此认证协议。这种攻击如图 9-10-2 所示。

在图 9-10-2 中，攻击者 X 假装成 A，通过向 B 发送某个加密的随机数 $E(N_1)$开始会话。B 则响应此会话请求，向 X 发回解密的消息 N_1 和某个加密的随机数 $E(N_2)$。虽然 X

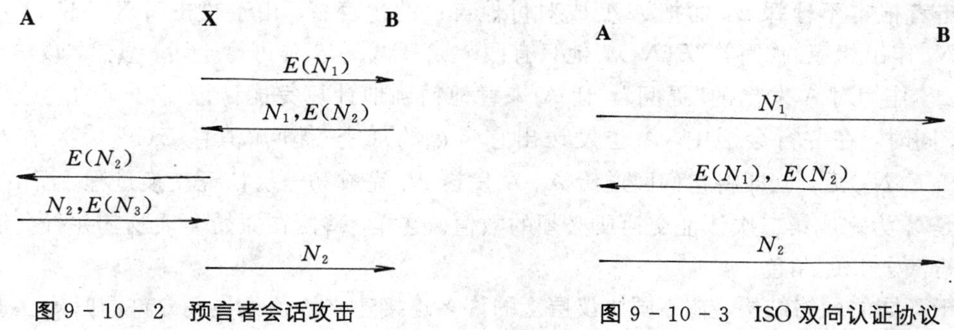

图 9-10-2　预言者会话攻击　　　图 9-10-3　ISO 双向认证协议

不能对 $E(N_2)$ 解密得到 N_2，但是他可以通过对 A 实施选择密文攻击来得到 N_2。A 作为预言者向 X 提供必要的解密值 N_2。首先，攻击者假装成用户 B，通过向 A 发送加密消息 $E(N_2)$ 开始会话。A 则响应会话请求发回 N_2 和某个加密的随机数 $E(N_3)$。一旦 X 获得了 N_2，就会抛弃 A，转过来与 B 会话，而根本不去考虑如何解密 $E(N_3)$。通过向 B 发送 N_2，攻击者 X 就会成功地假冒用户 A，取得用户 B 的信赖而完成认证协议。

这个例子暴露了协议中存在的一个基本的缺陷，因此，在设计认证协议时，协议每个消息流中用到的密码消息必须有所区别，使得攻击者不可能从第二个消息流中推出、重组或伪造出第三个消息流中必需的消息。

实际上，认证协议的这个缺陷已经被发现，并对其进行了改进[Hoare 1969]，成为 ISO SC27 标准协议，如图 9－10－3 所示。在这个协议中，协议的发起者 A 发送的“提问”消息是为了使对方表明其具有加密某个给定明文的能力，而 B 发出的“提问”是为了让对方表明其具有解密某个给定密文的能力。这样，攻击者再不会将一方用作预言者“解密服务器”去对付另一方。此时，也许有人肯定地认为此协议不会有其它缺陷。但遗憾的是，改进后的协议仍然存在着缺陷。实际上，这个缺陷在原始的协议中同样存在。下面我们将对此加以分析。

4. 并行会话攻击

对于上面讨论的协议，所发现的一个具有普遍性的缺陷是不能抵抗并行会话攻击。这种攻击如图 9－10－4 所示。这里，攻击者所起的作用是被动性的，而不是主动性的。

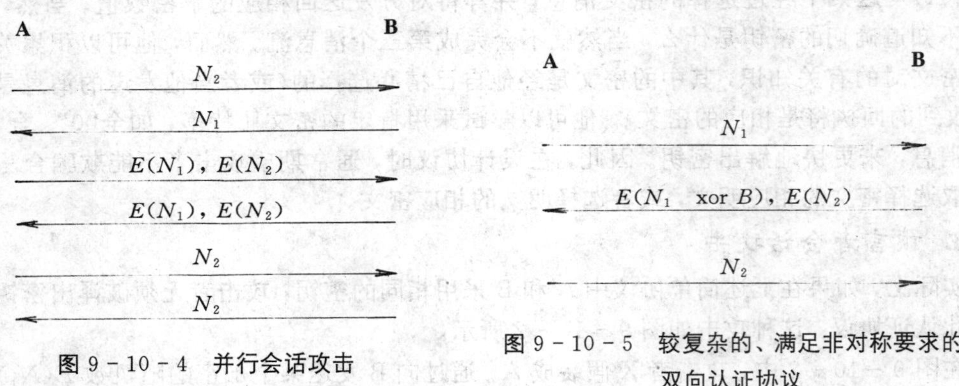

图 9－10－4 并行会话攻击

图 9－10－5 较复杂的、满足非对称要求的双向认证协议

首先，攻击者 X 截获由 A 向 B 发出的“提问”随机数 N_1，立刻反手将其发送给 A。这里，攻击者根本不理睬 B，而把 A 变成对付他自己的预言者。由于攻击者 X 不能对 A 的“提问”N_1 作出相应的“回答”$E(N_1)$，他只有假装成 B 试图与 A 进行会话。显然，攻击者 X 选择了 N_1 作为对 A 发出的“提问”，让 A 来替他精确地计算完成认证所必须的响应消息 $E(N_1)$。同时，在并行会话中，A 也发送出它自己的加密“提问”消息 $E(N_2)$。X 在获得 $E(N_1)$ 和 $E(N_2)$ 后，立即将它们回送给 A。A 发送 N_2 完成第一次认证交换过程，而 N_2 又恰恰就是 X 为完成第二次认证交换所必须的数值。这样，X 便在原始会话及其并行会话中成功地扮演了 B 的角色。

对于不同的网络结构，在不同协议层上的许多连接建立协议往往不允许同时建立多个并行会话。然而，在某些现存的网络环境下，这种并行会话在设计上是允许的。在这些允许的网络环境下设计密码协议时，设计者必须小心对待这种攻击。协议必须能够检测在某次会话中收到的第一个“提问”不是重发另外某个会话中的“提问”。然而，将会话的安全性留给用户去考虑是十分危险的，我们必须在进行协议设计时尽量避免这种攻击。

并行会话攻击揭示了许多简单认证协议存在的另一个基本的缺陷。要克服这种缺陷，协议第二个消息流中的密码表达式就必须是非对称的，也就是与方向有关，使得由 A 发起的协议中的值，不能用于由 B 发起的协议之中。

基于以上的考虑，即：在第二个消息流中的密码消息必须是非对称的(具有方向性)，并且要与第三个消息流有所区别。也许有人会提出图 9－10－5 的协议，并认为它是安全的。在图中，对随机数 N_1 加密已换成对 N_1 的函数加密(xor 表示异或运算)。它除了仍然可以遭到已知或选择文本攻击之外，采用这种简单的函数实际上没有解决任何问题。图 9－10－5 的协议仍然可以遭到并行会话攻击。只要在原来的消息上附加适当的偏值，就很容易将其攻破，如图 9－10－6 所示。

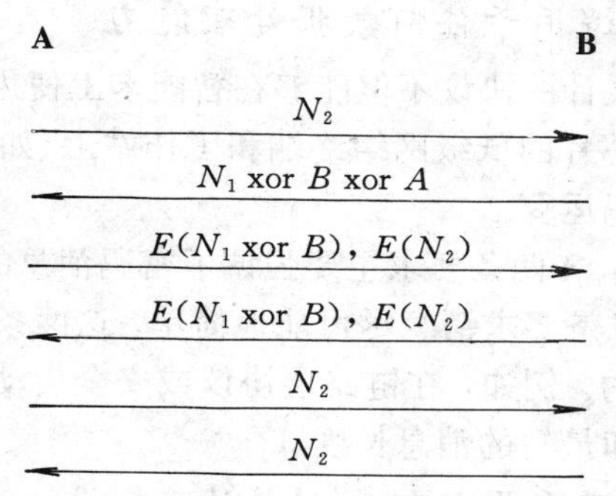

图 9－10－6　偏值攻击(通过并行会话攻击)

从上面的讨论中可以发现，图 9－10－1 中被认为十分安全的协议可以用多种方法攻破。在实际中，对一些看似安全的协议通过仔细地分析，可以遭到诸如预言者会话攻击、并行会话攻击、偏值攻击或/和其它类型的攻击。我们把这些攻击统称为**交织攻击**(Interleaving Attacks)。因此，若所设计的协议是安全的，它就必须能够抵抗交织攻击。如何设计的协议才是安全的，这是许多协议设计者所关心的问题。迄今，还没有更好、更系统的方法来设计安全的密码协议，我们这里只能将现有的一些最新的研究成果介绍给读者。

9.10.2　安全协议设计规范

在协议的设计过程中，我们通常要求协议具有足够的复杂性以抵御交织攻击。另一方面，我们还要尽量使协议保持足够的经济性和简单性，以便可应用于低层网络环境。如何设计密码协议才能满足安全性、有效性、完整性和公平性的要求呢？这就需要对我们的设计空间规定一些边界条件。归纳起来，可以提出以下安全协议的设计规范。

1．采用一次随机数来替代时戳

在已有的许多安全协议设计中，人们多采用同步认证方式，即需要各认证实体之间严格保持一个同步时钟。在某些网络环境下，保持这样的同步时钟并不难，但对于某些网络环境却十分困难。因此，建议在设计密码协议时，应尽量地采用一次随机数来取代时戳，即采用异步认证方式。

2．具有抵御常见攻击的能力

对于所设计的协议，我们必须能够证明它们对于一些常见的攻击方法，如已知或选择明文攻击、交织攻击等是安全的。换言之，攻击者永远不能从任何“回答”消息中，或修改过去的某个消息，而推出有用的密码消息。

3. 适用于任何网络结构的任何协议层

所设计的协议不但必须能够适用于低层网络机制，而且还必须能用于应用层的认证。这就意味着协议中包含的密码消息必须要尽可能地短。如果协议采用了分组加密算法，那么我们期望此密码消息的长度等同于一组密文的长度。

4. 适用于任何数据处理能力

所设计的协议不但能够在智能卡上使用，而且也能够在仅有很小处理能力和无专用密码处理芯片的低级网络终端和工作站上(如 PC 机)上使用。这意味着协议必须具有尽可能少的密码运算。

第 3、4 两条要求主要强调了密码消息的构造应该注意的问题。一是要求消息要尽可能地短，二是要求消息尽可能地简单。这两条实际上是针对低级网络环境下的安全保密通信所提出的。例如，在链路层协议或安全启动业务(Secure Boot Service)中，需要最小的计算复杂度和最短的消息长度。

5. 可采用任何密码算法

协议必须能够采用任何已知的和具有代表性的密码算法。这些算法可以是对称加密算法(如 DES，IDEA)，也可以是非对称加密算法(如 RSA)。

6. 不受出口的限制

目前，各国政府对密码产品的进出口都进行了严格的控制。在设计密码协议时，应该做到使其不受任何地理上的限制。现在，大多数规定是针对分组加密/解密算法的进出口加以限制的。然而，对于那些仅仅用于数据完整性保护和认证功能的技术的进出口往往要容易得多。因此，对于某种技术，如果它仅依赖于数据完整性和认证技术而非数据加密函数，它取得进出口许可证的可能性就较大。例如，如果协议仅提供消息认证码功能，而不需要对大量的数据进行加密和解密，那么就容易获得进出口权。这就要求我们在设计协议时，尽量避免采用加密和解密函数。现有的许多著名的协议，如 Kerberos、X9.17 等，就不符合这个要求，因为它们涉及大量的数据加密和解密运算。

7. 便于进行功能扩充

协议对各种不同的通信环境具有很高的灵活性，允许对其进行可能的功能扩展，起码对一些比较显然应具有的功能加以扩展。特别是，它在方案上应该能够支持多用户(多于两个)之间的密钥共享。另一个明显的扩展是它应该允许在消息中加载额外的域，进而可以将其作为协议的一部分加以认证。

8. 最少的安全假设

在进行协议设计时，我们常常要首先对网络环境进行风险分析，作出适当的初始安全假设。例如，各通信实体应该相信它们各自产生的密钥是好的，或者网络中心的认证服务器是可信赖的，或者安全管理员是可信赖的，等等。但是，初始假设越多，协议的安全性就越差。因此，我们应尽可能地减少初始安全假设的数目。

以上八条协议设计规范并不是一成不变的，我们可以根据实际情况作出相应的补充或调整。但是，遵循上面提出的八条规范是设计一个好协议的基础。

9.10.3　密码协议的安全性分析

目前，对密码协议进行分析的方法有两种：一种是攻击检验方法；另一种是采用形式语言逻辑证明的方法。

1. 攻击检验方法

这种方法就是采用现有的一些对协议的有效攻击方法，逐个对协议进行攻击，检验其是否具有抵御这些攻击的能力。分析时，主要采用语言描述的方法，对协议所交换的密码消息的功能进行剖析。

2. 采用形式语言逻辑进行安全性分析

采用形式语言对密码协议进行安全性分析的基本方法归纳起来有四种：

(1) 采用非专门的说明语言和验证工具来对协议建立模型并加以验证；

(2) 通过开发专家系统，对密码协议进行开发和研究；

(3) 采用能够分析知识和信任的逻辑，对协议进行安全性研究；

(4) 基于密码系统的代数特点，开发某种形式方法，对协议进行分析和验证。

第一种方法是将密码协议看成为计算机程序，并校验其正确性。然而，证明了正确性不等于证明了安全性。采用这一方法不能检测协议存在的安全缺陷。

第二种方法采用专家系统来确定协议是否能够达到某个不期望的状态。尽管这一方法能够很好地识别出存在的安全缺陷，但它不能保证安全性。它易于发现协议中是否存在某一已知的缺陷，而不可能发现未知的缺陷。这种方法的应用实例是美国军方开发的 Interrogator 系统[Millen 等 1987]。

第三种方法是迄今使用最为广泛的一种方法。美国 DEC 公司的 Michael Burrows，Matin Abadi 和剑桥大学的 Roger Needham 提出并开发了一个分析知识和信任的形式逻辑模型，称为 BAN 逻辑[Burrows 等 1989，1990]。该逻辑假设认证是**完整性**(Integrity)和**新鲜性**(Freshness)的一个函数。在协议的整个运行过程中，采用逻辑规则来跟踪这两个属性。BAN 逻辑不能提供安全性证明，它只能用来推理认证。由于 BAN 逻辑简单、直观，便于掌握和使用，而且可以成功地发现协议中存在的安全缺陷，因此得到了广泛应用。

第四种分析密码协议的方法是将密码协议模型转化为一个代数系统，表述参与者对协议知识的状态，然后分析某种状态的**可达性**(Attainability)。然而，这种方法没有像 BAN 逻辑那样引起人们足够的重视。

目前，美国海军实验室的 NRL 协议分析器可能是这些技术最成功的应用。它被用来发现协议中可能存在的未知的和已知的缺陷。此外，人们还尝试采用 NRL 协议分析器来设计密码协议。

在对缺少可信赖的第三方服务器实时参与的认证协议进行证明时，BAN 认证逻辑存在一定的局限性。为了便于对双钥体制构造的密码协议进行分析，不得不作出这样的假设：即由证件机构 CA 所颁发的证件均是新的(Fresh)。在作出这个最基本的假设之后，问题就可以得到解决。在实际中，这一假设是合理的。因为证件的“清新性”可以由证件中所含的证件有效期以及作废证件清单 CRL 来保证[Aziz 等 1994]。

对于涉及 Diffie-Hellman 密钥交换系统的协议，BAN 逻辑无法对其进行分析。为了打破 BAN 逻辑的局限性，许多文献对 BAN 逻辑进行了某些必要的改进或扩展，这里将这些逻辑分别称为 GNY[Gong 等 1990]、AT[Abadi 等 1991]、VO[van Ooschot 1993]和 SVO [Syverson 等 1994]逻辑。GNY 和 AT 逻辑对 BAN 进行了扩展，增加了许多逻辑规则以便更好地分析同一类协议。VO 逻辑则在 BAN 逻辑的基础上，增加了对 Diffie-Hellman 密钥交换系统的处理能力。而 SVO 逻辑则对以上三种逻辑进行了归纳和总结，使其具有更加完善的形式分析能力。即便如此，将形式语言应用于密码协议分析仍然是一个全新的领域。

各种分析方法都有其特点和局限性，应综合分析利用。[Boyd 等 1994；Kemmerer 等 1994；Simmons 1994；Meadows 1994；van Oorschot 1993；Gligor 等 1991；Lampson 1992 讨论了这一理论的实用问题]。

应当指出，通过攻击检验方法和形式逻辑分析法，都只是协议安全性的必要条件，而不是协议安全性的充分条件。攻击检验法可以验证协议有无已知类型的安全漏洞，不能证明能对付将出现的新的攻击方法；形式逻辑分析法在将协议以形式语言表述时，常常难以将所有可利用信息纳入而不能对协议进行完善的数学描述。这一方法还有待完善和发展。

9.11 协议的形式语言证明

形式语言是一种抽象的逻辑证明工具。它没有考虑协议在具体实现时所产生的错误，如死锁，或误用了密码体制[Voydock 等 1983]等；虽然容许存在可能的安全攻击，但对某个不可信赖的主体的认证问题不加考虑，也不去检测加密算法所存在的弱点或存在未经授权的**秘密泄漏**[Dolev 等 1983，Book 等 1985，Millen 等 1987]。它把重点放在对协议涉及的通信各方的信任上，以及由这些信任的进一步推演所得到的通信结果。

在过去的几年里，密码协议的形式语言证明技术开始受到重视。它的实用性已经得到了充分的证明。人们采用不同的形式语言(如 BAN 逻辑[Burrows 等 1990]、NRL 协议分析器[Syverson 等 1996]，以及 Stubblebine-Gligor 模型[Stubblebine 等 1992])，发现了许多协议中存在的安全缺陷，并对协议提出了改进建议。这方面的研究对协议设计者来说是非常必要的。协议设计者可望利用这一技术来达到预定的设计目的。

借助于形式语言证明的方法，能够回答下面的几个问题：

(1) 协议能用吗？

(2) 协议能否达到预定目的？

(3) 协议比其它协议需要更多的安全假设吗？

(4) 协议做了不必要的事情吗？

在本节中，我们将介绍形式逻辑分析法并用来分析四个协议。之所以选择这四个协议作为例子，是因为它们具有重要的实际意义，或是因为它们有利于对协议进行一些解释。

9.11.1 形式语言方法

1. 基本表示

我们的形式语言方法基于多归类的模型逻辑。在这一逻辑中，我们区分以下几种对象：主体、加密密钥以及表达式(也称为表述)。我们用逻辑中的表述来区分消息。在协议的形式语言表达式中，通常，符号 A，B，C 代表特定的主体标识符，K_{ab}，K_{as}，K_{bs}代表特定的共享密钥，K_a，K_b，K_s 代表特定的公钥，而 K_a^{-1}，K_b^{-1}，K_s^{-1} 代表特定的密钥，N_a，N_b，N_c 代表特定的描述，符号 P，Q，R 代表所有的主体标识符，X，Y 代表所有的表述，K 代表所有的加密密钥。

在 BAN 逻辑中，仅有的命题连接符是级联的，用逗号表示。贯穿全文，我们把级联当作集合运算，所以理所当然地应该具有结合性和交换性。除了连接之外，我们使用以下构造：

• P *believes* X：用 $P|\!\equiv X$ 表示，称作"P 信任 X"，或称为"P 有权相信 X"。也就是说，主体 P 可以把 X 当作真正的主体与之进行通信。这一构造是 BAN 逻辑的核心。

• P *sees* X：用 $P\lhd X$ 表示，称作"某主体已向 P 发出了一个包含 X 的消息"，P 可以阅读和重复 X(可能经过解密之后)。

• P *said* X：用 $P|\!\sim X$ 表示，称作"P 曾经说过 X"。也就是说，主体 P 在过去的某个时刻发送了一个包含表述 X 的消息。虽然人们不知道消息是在很久以前发送的，还是在当前的协议执行中发送的，但是人们认为在发送时刻，P 信任 X。

• P *controls* X：用 $P|\!\Rightarrow X$ 表示，称作"P 对 X 有裁判权"。P 是 X 的权威机构，这一事实是可信赖的。例如：人们通常相信某个服务器能够恰当地产生加密密钥。对此，我们可以用这样的假设来表达：主体相信服务器对密钥质量的表述有裁判权。

• *fresh*(X)：用 $\#(X)$表示，称作"表述 X 是新鲜的"，即在当前协议运行之前的任何时间里，X 没有被发送过。对于一次随机数来说，这通常是真实的。一次随机数通常是指一个时戳或仅用一次的随机数。

• $P \overset{K}{\longleftrightarrow} O$：表示 P 和 Q 可以采用共享密钥 K 来进行通信，并且密钥 K 是好的。所谓"密钥是好的"，意味着它不会被 P、Q 之外的任何主体知道。(P、Q 所信赖的某个主体除外。)

• $\overset{K}{\longmapsto} P$：$P$ 具有公钥 K。相应的秘密钥 K^{-1}永远不会被主体 P 之外的任何主体知道。

• $P \overset{X}{\Longleftrightarrow} Q$：表述 X 是仅为 P、Q，也可能为它们所信赖的某个主体所知道的某个秘密。仅有 P 和 Q 可以采用 X 向对方证明自己的身份。这种秘密的一个实例是"口令"。

• $\{X\}_K$：它表示表述 X 用密钥 K 加密。正规地讲，$\{X\}_K$ 是$\{X\}_K$ from P 的简写。之所以可以简写，是因为我们假设每一主体都能够辨别和忽略它自己所发出的消息。由此而引入了消息源点的概念。

• $\langle X\rangle_Y$：它代表 X 与表述 Y 相结合。这意味着 Y 是一个秘密，它的出现能够证明发出 $\langle X\rangle_Y$ 的主体的身份。在实现时，可以认为 X 仅简单地与口令 Y 级联。表达式说明 Y 对 X 的发源起着证明的特殊作用，它很像加密密钥。

• $A \ni K$：A 具有密钥 K。只要 A 可以得到该密钥，它就拥有该密钥，而不管其它主体是否也拥有此密钥。

• $\{X\}_{S_A}$：采用 A 的私钥对 X 签名。注意：X 通常是不能从$\{X\}_{S_A}$中恢复出来的。

• $PK(K, A)$：K 是 A 的一个好的公钥。所谓 K 是好的，意味着 K 是 A 的可靠公钥，与其相应的私钥是惟一的。

• $\Pi(A)$：A 具有一个好的私钥。所谓该私钥是好的，意味着除了 A 以外，其它任何主体均不知道它，也不能推出它。

· $R(A, X)$：A 是 X 的预期接收者。

(注：上面最后三条语义来自 GS 的构造[Gaarder 等 1991]。)

2. 逻辑公设

在认证逻辑中，我们考虑两个时间的区别：即“过去”和“当前”。“当前”从所考虑的协议的执行开始，而这一时刻之前所发送的所有消息都被看成是“过去”发生的事件。认证协议应该能够防止把某些“过去”的消息接收纳为“当前”的消息。在“当前”所保持的信任对协议运行的全过程来说是稳定不变的。然而，在“过去”保持的信任没有必要带进“当前”阶段。将时间简单地划分成“过去”和“当前”，对于我们要达到的目的来说已经足够了。利用这一划分，使逻辑操作变得十分容易。

我们作如下假设：加密能够保证每一加密的单元不能被修改，或者将较小的加密单元拼接起来。若两个分离的加密单元包含于同一消息，我们可以把它们看成好像象来自于不同的消息；一个消息是不能被一个不知道密钥的主体所理解的(或在公钥的情况下，是不能被不知道秘密钥的主体所理解的)；密钥也不能从已加密的消息中推出。每个加密的消息含有足够的冗余度，使得对此消息进行解密的主体可以验证它使用了正确的密钥。此外，消息包含足够的信息，以便让某个主体检测并忽略由它自己发出的消息。

在做了以上不规范的初步假设之后，现在来讨论在证明中使用的主要逻辑公设。

(1) **消息意义规则**(Message-meaning Rule)。这一规则涉及对主体所发送的消息进行翻译。一共有三种情形，其中两个涉及对已加密的消息进行翻译，一个涉及对带有秘密的消息进行翻译。它们均解释如何来推出对消息源点的信任。

对于共享密钥，我们假设：

$$\frac{P\ believes\ Q\xrightarrow{K}P,\ P\ sees\ \{X\}_K}{P\ believes\ Q\ said\ X}=\frac{P\models Q\xrightarrow{K}P,\ P\lhd\{X\}_K}{P\models Q\mid\sim X}$$

即：若 P 相信密钥 K 是它与 Q 所共享的密钥，而且 P 看到了由 K 所加密的 X，那么 P 相信 Q 曾经说过 X。为了使这一规则更加完整，我们必须保证 P 本身没有发送此消息。回忆前面我们曾经提到，表述 $\{X\}_K$ 代表 $\{X\}_K\ from\ R$，且 $R\neq P$。

同样，对于公钥体制，我们假设：

$$\frac{P\ believes\ \overset{K}{\mapsto}Q,\ P\ sees\ \{X\}_{K^{-1}}}{P\ believes\ Q\ said\ X}=\frac{P\models\overset{K}{\mapsto}Q,\ P\lhd\{X\}_{K^{-1}}}{P\models Q\mid\sim X}$$

对于共享秘密，我们假设：

$$\frac{P\ believes\ Q\overset{Y}{\Longleftrightarrow}P,\ P\ sees\ \langle X\rangle_Y}{P\ believes\ Q\ said\ X}=\frac{P\ believes\ Q\overset{Y}{\Longleftrightarrow}P,\ P\lhd\langle X\rangle_Y}{P\models Q\mid\sim X}$$

即：若 P 相信秘密 Y 是与 Q 所共享的，并且看到了 $\langle X\rangle_Y$，那么 P 相信 Q 曾说过 X。这一推断是正确的，因为对“看到”的规则保证了 $\langle X\rangle_Y$ 不是由 P 自己发送的。

(2) **随机数验证规则**(Nonce-verification Rule)：此规则描述了对“某个消息是‘当前’的，且发送者仍然相信它”的检验。

$$\frac{P\ believes\ fresh\ (X),\ P\ believes\ Q\ believes\ X}{P\ believes\ Q\ said\ X}=\frac{P\models\#(X),\ P\models Q\mid\sim X}{P\models Q\mid\sim X}$$

即：若 P 相信 X 是当前发出的，并且相信 Q 曾经说过 X(无论是在“过去”，还是在“当前”)，那么 P 相信 Q 相信 X。为了简单起见，X 必须是“明文”，即 X 不应包含任何形如

$\{X\}_K$ 的子表述。

(3) **裁判权规则**(Jurisdiction Rule)。此规则说明，若 P 相信 Q 对 X 有裁判权，那么 P 以对 X 的信任来信任 Q：

$$\frac{P\ believes\ Q\ controls\ X,\ P\ believes\ Q\ believes\ X}{P\ believes\ X}=\frac{P\models Q\Rightarrow X,\ P\models Q\models X}{P\models X}$$

(4) 若一个主体"看到"某个表述，只要它知道必要的密钥，那么它也能"看到"该表述的其它分量：

$$\frac{P\ sees\ (X,\ Y)}{P\ sees\ X},\quad \frac{P\ sees\ \langle X\rangle_Y}{P\ sees\ X},\quad \frac{P\models Q\xleftrightarrow{K}P,\ P\ sees\ \{X\}_K}{P\ sees\ X},$$

$$\frac{P\ believes\overset{K}{\mapsto}P,\ P\ sees\ \{X\}_K}{P\ sees\ X},\quad \frac{P\ believes\overset{K}{\mapsto}Q,\ P\ sees\ \{X\}_{K^{-1}}}{P\ sees\ X}$$

注意在上面的表述中，$\{X\}_K$ 代表 $\{X\}_K\ from\ R$，$R\neq P$。这就是说，$\{X\}_K$ 不是由 P 本身发出的，对于 $\{X\}_{K^{-1}}$ 也一样。

第四个规则成立的隐含假设是：若 P 相信 K 是它的公钥，那么它知道相应的密钥 K^{-1}。

注意：若 $P\ sees\ X$，且 $P\ sees\ Y$，这并不能得出 $P\ sees\ (X,\ Y)$，因为这意味着 X、Y 是同时发出的。

(5) 若表述的一部分是清新的，那么整个的表述也是清新的：

$$\frac{P\ believes\ fresh\ (X)}{P\ beleives\ fresh\ (X,\ Y)}$$

3. 群体量符

群体表述通常涉及一个或多个变量，如：主体 A 可以让服务器 S 产生任意一个 A、B 间共享的密钥。我们可以将其作如下表述：

$$A\ believes\ S\ controls\ A\xleftrightarrow{K}B$$

这里密钥 K 代表一组变量，我们可以更清楚地表述成：

$$A\ believes\ \forall\ K(S\ controls\ A\xleftrightarrow{K}B)$$

对于更复杂的群体表述，有必要将量符更清晰地表示出来，以避免意义上的模糊。例如，我们可以验证下面的两式表达了不同的意思：

$$A\ believes\ \forall\ K.(S\ controls\ B\ controls\ A\xleftrightarrow{K}B)$$

$$A\ believes\ S\ controls\ \forall\ K(B\ controls\ A\xleftrightarrow{K}B)$$

在早期的工作中，我们没有对此加以辨别。实际上，它没有在任何例子中出现(因为在这些例子中，无嵌套的裁判权表述)。因此，我们在本文中隐含地将量符保留。

正如下面规则所反应的，我们所使用的是它在裁判权表述中例示变量的能力：

$$\frac{P\ believes\ \forall\ V_1,\ V_2,\ \cdots,\ V_n(Q\ controls\ X)}{P\ believes\ Q'\ controls\ X'}$$

其中，$Q'\ controls\ X'$ 是在 $Q\ controls\ X$ 表述中连续例示变量 V_1，V_2，#：，V_n 的结果。因此我们的形式量符的操作是十分直观的。

4. 理想化协议

在实际中，认证协议通过列出每个消息来加以描述。每个消息通常被写成如下的形式：

$$P \rightarrow Q: message$$

这表示主体 P 向主体 Q 发送消息 *message*。这一消息常常用不正规的表示符号来表达。它实际上是按照具体的实现中所建议的比特流而设计的，这些表达式常常是模糊的，而且不适合作为我们形式分析的基础。

因此，我们在进行形式分析之前，需要将协议的每一步转化为一个理想化的形式。在理想化协议中，一个消息就是一个表述。例如：

$$A \rightarrow B: \{A, K_{ab}\}_{K_{bs}}$$

这一消息告诉知道密钥 K_{bs} 的主体 B，K_{ab} 是用于与 A 进行通信的会话密钥。这一步骤可以化为理想化的形式：

$$A \rightarrow B: \{A \xleftrightarrow{K_{ab}} B\}_{K_{bs}}$$

在后面例子中，理想化协议不包括明文消息部分。理想化的消息是这样的形式：$\{X_1\}_{K_1}$，…，$\{X_n\}_{K_n}$。我们在理想化协议中去掉了明文消息，这是因为它们可以被伪造，因此明文消息对认证协议的贡献主要是提示在被加密的消息中可能放置了什么样的信息。它们对提高协议的安全性没有任何帮助。

我们把理想化的协议看成比传统表达式更加清楚、更加完美的说明。因此，我们建议使用理想化的形式来设计和描述协议。尽管采用传统方法对协议进行描述不是不可以，但是从一个理想化的协议推导出一个实际协议的编码是毫不费力和很少出错的，这要比理解一个用不规范的编码方法描述的协议更为容易。

然而，为了研究现有的协议，我们必须首先将每个协议转化成为理想化形式。下面是一些简单的原则，它们控制着可能采用什么样的变换，并决定着对某一步特定的协议采用什么样的理想化形式。大体上说，若无论何时接收者得到 m，他都可以推出发送者在发送 m 时必定相信 X，那么一个真正的消息 m 可以被翻译作一个表述 X。真正的随机数可以被翻译作任意的新表述。通贯全文，我们假设发送者相信这些表述。当 Y 作为秘密可以用于身份认证时，可以用 $\langle X\rangle_Y$ 来表示。更重要的是，为了完整起见，我们保证每一主体相信对它所产生的消息的表述。这些原则对于我们的目的来说已经足够用了。

5. 协议分析

为了分析理想化的协议，我们用逻辑表述来注释它们，有点像[Hoare 1969]中的Hoare逻辑。我们将表述在第一个消息之前和每个消息之后写出来。推出合法注释的主要规则是：

(1) 消息 $P \rightarrow Q: Y$ 之前成立，那么此后 X 和 Q 都看到 Y 成立；

(2) 能由逻辑公设从 X 中推出，那么无论何时 X 成立，Y 都成立。

一个协议的注释很像是一系列关于主体信任，以及在认证过程中这些主体看到了什么的注解。特别是，在第一个消息出现之前的表述代表了协议执行时对主体所具有的初始信任。逐步地，我们从初始的信任推演到最后的信任，即从初始假设直至最后结论。

9.11.2　认证的目标

初始假设必须不变地用于保证每一协议的成功。通常，这些假设阐述了主体之间在协议的开始时所共享的是什么密钥，由哪个主体生成的新鲜的随机数，以及哪个主体以某种方式是可信赖的。在许多情况下，对所考虑的一些协议来讲，这些假设是标准的，而且是很显然的。一旦所有的假设被写出来，对某个协议的验证结果就是想提供某些表述来作为最后的结论。

目前，人们就这些结论所描述的认证协议的目标是什么还有些争论。通常认证发生在每次保密通信之前，通过认证使通信双方建立起一共享的会话密钥。所以我们希望得到一些结论来描述通信开始时的状况。因此，若存在有某个密钥 K，使得：

$$A \textit{ believes } A \overset{K}{\longleftrightarrow} B$$

$$B \textit{ believes } A \overset{K}{\longleftrightarrow} B$$

那么主体 A、B 之间的认证协议就是完全的。

对某些协议来说，还可以得到进一步的结论：

$$A \textit{ believes } B \textit{ believes } A \overset{K}{\longleftrightarrow} B$$

$$B \text{ believes A believes A} \overset{\text{K}}{\longleftrightarrow} \text{B}$$

而对有些协议，仅仅得到较弱的最后状态。如对于某个表述 X，$A|\!\equiv B|\!\equiv X$。这一结论仅能反应出 A 相信 B 最近已发送了消息。

某些公钥协议不打算进行共享密钥的交换，但取而代之的是传输某些其它数据。这些情况下，所要达到的认证目标一般可以从认证过程中清楚地看出来。

9.11.3　BAN 类形式语言逻辑规则总结

1. 逻辑规则

R1：消息意义规则(Message Meaning Rule)

$$\frac{A|\!\equiv A \overset{K}{\longleftrightarrow} B,\ A\lhd\{X\}_{K \text{ from } U}}{A|\!\equiv(B|\!\sim X)} \qquad \text{式中，} U\neq A$$

$$\frac{A|\!\equiv\ \overset{K}{\mapsto}B,\ A\lhd\{X\}_{K^{-1}}}{A|\!\equiv B|\!\sim X}$$

$$\frac{A|\!\equiv B \overset{K}{\Longleftrightarrow} A,\ A\lhd\langle X\rangle_Y}{A|\!\equiv B|\!\sim X}$$

R2：一次随机数检验规则(Nonce-verification Rule)

$$\frac{A|\!\equiv \#(X),\ A|\!\equiv (B|\!\sim X)}{A|\!\equiv (B|\!\equiv X)}$$

R3：裁判权规则(Jurisdiction Rule)

$$\frac{A|\!\equiv (B\Rightarrow X),\ A|\!\equiv (B|\!\equiv X)}{A|\!\equiv X}$$

R4：信任聚合(Belief Aggregation)

$$\frac{A|\!\equiv X,\ A|\!\equiv Y}{A|\!\equiv (X, Y)}$$

R5：信任投射(Belief Projection)

$$\frac{A|\!\equiv (X, Y)}{A|\!\equiv X}$$

R6：相互信任投射(Mutual Belief Projection)

$$\frac{A|\!\equiv (B|\!\equiv (X, Y))}{A|\!\equiv (B|\!\equiv X)}$$

R7：曾经说过投射(Once-said Projection)

$$\frac{A \models (B \mid\sim (X, Y))}{A \models (B \mid\sim X),\ A \models (B \mid\sim Y)}$$

R10：看到规则(Seeing Rules)

$$\frac{A \lhd (X, Y)}{A \lhd X,\ A \lhd Y} \qquad \frac{A \lhd \langle X \rangle_Y}{A \lhd X}$$

$$\frac{A \models \stackrel{K}{\longmapsto} B,\ A \lhd \{X\}_{K^{-1}}}{A \lhd X} \qquad \frac{A \models \stackrel{K}{\longmapsto} A,\ A \lhd \{X\}_K}{A \lhd X}$$

R12：新鲜性传播规则(Freshness Propagation Rule)

$$\frac{A \models \#(X)}{A \models \#(X, Y)}$$

R13：数字签名的消息意义规则(Message Meaning Rule for Signature)

$$\frac{A \models PK(B, K),\ A \models \prod(B),\ A \lhd \{X\}_{S_B}}{A \models (B \mid\sim X)}$$

R21：单钥消息解密规则(Message Decryption Rule for Symmetric Keys)

$$\frac{A \models A \stackrel{K}{\longleftrightarrow} B,\ A \lhd \{X\}_K}{A \lhd X}$$

R22：未定密钥的消息解密规则(Message Decryption Rule for Unqualified Keys)

$$\frac{A \ni K,\ A \lhd \{X\}_K}{A \lhd X}$$

R23：杂凑函数规则(Hash Function Rule)

$$\frac{A \models (B \mid\sim H(X)),\ A \lhd X}{A \models (B \mid\sim X)}$$

R30：不合格密钥协定规则(Unqualified Key-agreement Rule)

$$\frac{A \ni PK_\delta^{-1}(A),\ A \ni PK_\delta(U)}{A \ni K}$$

R31：合格密钥协定规则(Qualified Key-agreement Rule)

$$\frac{A \models PK_\delta^{-1}(A),\ A \models PK_\delta(B),\ A \models PK_\delta^{-1}(B)}{A \models A \stackrel{K-}{\longleftrightarrow} B}$$

式中，$K- = f(PK_\delta^{-1}(A), PK_\delta(B))$

R32：密钥证实规则(Key Confirmation Rule)

$$\frac{A \models A \stackrel{K-}{\longleftrightarrow} B,\ A \lhd *\ confirm\ (K)}{A \models A \stackrel{K+}{\longleftrightarrow} B}$$

2．认证协议要达到的目标

(1) BAN 逻辑[Burrows 1990]对协议要达到的目标

G1：$A \models A \stackrel{K}{\longleftrightarrow} B$

G2：$B \models A \stackrel{K}{\longleftrightarrow} B$

G3：$A \models B \models A \stackrel{K}{\longleftrightarrow} B$

G4：$B \models A \models A \stackrel{K}{\longleftrightarrow} B$

(2) VO 逻辑[van Oorschot 1993]对协议要达到的目标

G1：远端处于工作状态(Far-end Operative)　　$A \models B\ says\ Y$

G2：目标实体认证(Targeted)　　$A \models B\ says\ (Y,\quad R(G(R_A), Y))$

G3：安全密钥建立(Secure Key Establishment)　　$A \models A \stackrel{K-}{\longleftrightarrow} B$

G4：密钥确证(Key Confirmation)　$A \models A \overset{K+}{\longleftrightarrow} B$

G5：密钥新鲜性(Key Freshness)　$A \models \#(K)$

G6：对共享密钥的相互信任 (Mutual Belief in Shared Secret)　$A \models (B \models B \overset{K-}{\longleftrightarrow} A)$

9.11.4　协议的形式语言逻辑分析举例

1. Kerberos 协议

此协议的详细描述见 12.1 节。下面给出此协议的具体描述。

在以下的协议的形式语言表达式各符号中，设 A、B 是两个主体，K_{as}和 K_{bs}是它们的私钥，S 是认证服务器。S 和 A 各自生成时戳 T_s 和 T_a，S 生成该密钥的有效期 L。在以下四条消息中，第(4)条消息只有在需要实现相互认证时才用到。

(1) $A \rightarrow S$：A，B

(2) $S \rightarrow A$：$\{T_s, L, K_{ab}, B, \{T_s, L, K_{ab}, A\}_{K_{bs}}\}_{K_{as}}$

(3) $A \rightarrow B$：$\{T_s, L, K_{ab}, A\}_{K_{bs}}$，$\{A, T_a\}_{K_{ab}}$

(4) $B \rightarrow A$：$\{T_a+1\}_{K_{ab}}$

此协议理想化后得到的协议如下：

(2′) $S \rightarrow A$：$\{T_s, A \overset{K_{ab}}{\longleftrightarrow} B, \{T_s, A \overset{K_{ab}}{\longleftrightarrow} B\}_{K_{bs}}\}_{K_{as}}$

(3′) $A \rightarrow B$：$\{T_s, A \overset{K_{ab}}{\longleftrightarrow} B\}_{K_{bs}}$，$\{T_a, A \overset{K_{ab}}{\longleftrightarrow} B\}_{K_{ab}}$ *from* A

(4′) $B \rightarrow A$：$\{T_a, A \overset{K_{ab}}{\longleftrightarrow} B\}_{K_{ab}}$ *from* B

可以看出，理想化协议中的消息十分接近于原来协议中的消息。为了简单，将有效期 L 与时戳 T_s 结合在一起作为一次随机数对待。第(1)条消息被省略掉了，因为它对协议的逻辑特性没有什么贡献。

现在来看与原协议中第(2)消息的差别。具体协议中所描述的 K_{ab}，在理想化协议中用这样的表述所替代：A 和 B 可以使用 K_{ab}来通信。因为我们知道消息中的这一信息应该如何来理解，所以才有可能对消息作出这样的解释。此外，在认证符$\{A, T_a\}_{K_{ab}}$和$\{T_a+1\}_{K_{ab}}$的理想化形式中很明显地含有以下表述：K_{ab}是一个好的会话密钥。而在具体的协议中，这一表述仅仅隐含在里面。实际上，我们可以在第(4′)条消息中加上这样的表述：

$$B \text{ believes } A \text{ believes } A \overset{K_{ab}}{\longleftrightarrow} B$$

我们没有这样做是因为附加这一表述对后面使用会话密钥没有多大意义。

在原协议第(3)条消息中的第二部分和最后一条消息之间，可能造成含混不清。在理想化协议中，为避免这一含混，我们清楚地标明了消息的发送者。在具体的协议中，无论是在原协议第(3)条消息中提及 A，还是在原协议第(4)条消息中的加法运算，对于区分这两条消息都是多余的。在这一点上，Kerberos 多少有些冗余。

为了分析这个协议，我们首先给出以下初始假设：

(a) $A \models A \overset{K_{as}}{\longleftrightarrow} S$　　(b) $B \models B \overset{K_{bs}}{\longleftrightarrow} S$

(c) $S \models A \overset{K_{as}}{\longleftrightarrow} S$　　(d) $S \models B \overset{K_{bs}}{\longleftrightarrow} S$

(e) $S \models A \overset{K_{ab}}{\longleftrightarrow} B$　　(f) $B \models (S \mapsto A \overset{K}{\longleftrightarrow} B)$

(g) $A \models (S \mapsto A \overset{K}{\longleftrightarrow} B$　　(h) $B \models \#(T_s)$

(*i*) $A|\equiv\#(T_s)$　　　　　　(*j*) $B|\equiv\#(T_a)$

下面，我们利用上面的初始假设和 BAN 逻辑规则，对 Kerberos 的理想化协议进行分析。分析过程十分直观。为了使证明简洁，我们仅对第(2)条消息给出详细的形式分析，对于后面类似的过程加以省略。主要证明步骤如下：

A 收到第(2)条消息。利用注释规则得到：

$$A\lhd\{T_s, A\xleftrightarrow{K_{ab}}B, \{T_s, A\xleftrightarrow{K_{ab}}B\}_{K_{bs}}\}_{K_{as}}$$

由上式，假设(*a*)和规则 R1，得到：

$$A|\equiv S|\sim\{T_s, (A\xleftrightarrow{K_{ab}}B), \{T_s, A\xleftrightarrow{K_{ab}}B\}_{K_{bs}}$$

利用规则 R7，打破级连得到：

$$A|\equiv S|\sim(T_s, (A\xleftrightarrow{K_{ab}}B))$$

此外，由上式、假设(*i*)和规则 R2 得到：

$$A|\equiv S|\equiv(T_s, (A\xleftrightarrow{K_{ab}}B))$$

再用规则 R5 打破级连，得到：

$$A|\equiv S|\equiv A\xleftrightarrow{K_{ab}}B$$

由上式、假设(*g*)和规则 R3，得到：

$$A|\equiv A\xleftrightarrow{K_{ab}}B$$

至此，就结束了对第(2)条消息的分析。

同理，由第(3)条消息的前半部分可以得到：

$$B|\equiv A\xleftrightarrow{K_{ab}}B$$

由第(3)条消息的后半部分可以得到：

$$B|\equiv A|\equiv A\xleftrightarrow{K_{ab}}B$$

由第(4)条消息可以得到：

$$A|\equiv B|\equiv A\xleftrightarrow{K_{ab}}B$$

如果没有第(4)条消息，就得不到最后一个结论。显然，第(4)条消息仅仅使 *A* 确信：*B* 相信该密钥，并且 *B* 已经收到了 *A* 的最后一个消息。也就是说，仅有三条消息的协议没有告诉 *A* 有关 *B* 的存在。*A* 通过观察是否得到预期的消息，可以判断 *B* 是否正常工作。

尽管得到的结果与 Needham-Schroedoer 协议相似[Burrows 等 1989]，Kerberos 的一个主要假设是主体的时钟与服务器的时钟同步。时钟同步的虽然可以通过时间服务器来实现，但在具体实现时并不那么简单。因此，同步时钟仅提供了较弱的安全保证。

这个协议的一个独特之处是在第(2)条消息中对(T_s，*L*，K_{ab}，*A*)采用了双重加密。回过头来看一看形式分析的过程，双重加密并没有给协议的安全性带来多少好处，因为在第(3)条消息中 *A* 立刻将此项转发给 *B* 而没有再加密。最近，有人提议在 Kerberos 的新版本中，应该去掉这一不必要的双重加密。

2. Andrew 的安全 RPC 握手协议

当某个客户机与一个新的服务器连接时，Andrew 的安全 RPC 协议提供了两个主体之间的认证握手。这个握手协议能够使 *A* 从服务器 *B* 获得一个新的会话密钥 K'_{ab}，前提是它们之间已经共享有一个密钥 K_{ab}。这个协议容易遭到与 Needham-Schroeder 协议类似的攻击。通过逻辑分析，我们将发现协议中存在的这些问题很容易显露出来。

Andrew 安全的 RPC 握手的具体协议如下：

(1) $A \rightarrow B$：A，$\{N_a\}_{K_{ab}}$

(2) $B \rightarrow A$：$\{N_a+1, N_b\}_{K_{ab}}$

(3) $A \rightarrow B$：$\{N_b+1\}_{K_{ab}}$

(4) $B \rightarrow A$：$\{K'_{ab}, N'_b\}_{K_{ab}}$

其中，N_a 和 N_b 是一次随机数；N'_b 是在随后的通信中使用的初始序列号；第(1)条消息仅仅传送一个一次随机数，B 在第(2)条消息中又将其送回。如果 A 认为收到的消息正确，那么它又回送 B 一个一次随机数。在 B 收到并检验第(3)条消息后，它发送一个新的会话密钥给 A。像 Kerberos 协议一样，随机数被送回时都要加 1。

该具体协议的理想化协议如下：

(1) $A \rightarrow B$：$\{N_a\}_{K_{ab}}$

(2) $B \rightarrow A$：$\{N_a, N_b\}_{K_{ab}}$

(3) $A \rightarrow B$：$\{N_b\}_{K_{ab}}$

(4) $B \rightarrow A$：$\{A \overset{K'_{ab}}{\longleftrightarrow} B, N'_b\}_{K_{ab}}$

现在对协议进行形式分析。首先，我们写出下面的初始假设：

(*a*) $A \models A \overset{K_{ab}}{\longleftrightarrow} B$　　(*b*) $B \models A \overset{K_{ab}}{\longleftrightarrow} B$

(*c*) $A \models (B \mid\sim A \overset{K}{\longleftrightarrow} B$　　(*d*) $B \models A \overset{K'_{ab}}{\longleftrightarrow} B$

(*e*) $A \models \#(N_a)$　　(*f*) $B \models \#(N_b)$

(*g*) $B \models \#(N'_b)$

协议的形式分析如下：

由第(1)条消息和注释规则得到：

$$B \triangleleft \{N_a\}_{K_{ab}}$$

由上式、假设(*b*)和规则 R1，得到：

$$B \models A \mid\sim N_a$$

由第(2)条消息和注释规则，得到：

$$A \triangleleft \{N_a, N_b\}_{K_{ab}}$$

由上式、假设(*a*)和规则 R1，得到：

$$A \models B \mid\sim (N_a, N_b) \quad ①$$

由假设(*e*)和规则 R12，得到：

$$A \models \#(N_a, N_b) \quad ②$$

由①②两式和规则 R2，得到：

$$A \models B \models (N_a, N_b) \quad ③$$

由第(3)条消息和注释规则，得到：

$$B \triangleleft \{N_a\}_{K_{ab}}$$

由上式、假设(*b*)和规则 R1，得到：

$$B \models A \mid\sim N_b$$

由上式，假设(*f*)和规则 R2，得到：

$$B \models A \models N_b \quad ④$$

由第(4)条消息和注释规则，得到：

$$A \lhd \{A \xleftrightarrow{K'_{ab}} B, N'_b\}_{K_{ab}}$$

由上式，假设(a)和规则 R1，得到：

$$A \models B \mid\sim (A \xleftrightarrow{K'_{ab}} B, N'_b) \quad ⑤$$

归纳以上分析结果，得到：

$$A \models B \models (N_a, N_b) \qquad B \models A \models N_b$$

$$A \models B \mid\sim (A \xleftrightarrow{K'_{ab}} B, N'_b) \qquad B \models A \xleftrightarrow{K'_{ab}} B$$

至此，我们不能得到更进一步的结论。由于在第(4)条消息中，不含有关于消息“新鲜性”的任何信息，所以不会得到 $A \models B \models A \xleftrightarrow{K'_{ab}} B$。因此，我们肯定会得到这样的结论：此协议存在着弱点。攻击者能够重发上次协议运行时的某个旧消息，让用户 A 使用一个过时的、可能已经被泄露的会话密钥。换言之，攻击者可以找一个旧会话密钥，并重发第(4)条消息。此后，攻击者就可以假冒用户 B。要解决这个问题，只需在最后一个消息中加上一个一次随机数 N_a。在最新的 Andrew 文件系统中，确实采用了这一解决方案。

实际上，对协议做轻微的修改，就可以减少所需的加密总次数。仅有两个消息需要加密，一个是自 A 到 B，另一个自 B 到 A。首先，B 将一个密钥 K'_{ab}和一个一次随机数 N_a 一起经加密后发送给 A：

$$B \rightarrow A: \{N_a, A \xleftrightarrow{K'_{ab}} B\}_{K_{ab}}$$

在具体实现时，N_a 可以是随机数，也可以是时戳。A 也必须回答一个确认信息以告诉 B 他已经收到了 K'_{ab}：

$$A \rightarrow B: \{A \xleftrightarrow{K'_{ab}} B\}_{K'_{ab}}$$

B 相信这一消息是当前的，因为 K'_{ab}是“新鲜”的。作为可选项，B 也可以继续以明文的形式发送一个初始序列号 N'_b。

改进后的理想化协议如下：

(1) $B \rightarrow A: \{N_a, A \xleftrightarrow{K'_{ab}} B\}_{K_{ab}}$

(2) $A \rightarrow B: \{A \xleftrightarrow{K'_{ab}} B)_{K'_{ab}}$

利用初始假设，读者可以对上面的理想化协议进行分析，不难得出下面的结果：

$$A \models A \xleftrightarrow{K'_{ab}} B \qquad B \models A \xleftrightarrow{K'_{ab}} B$$

$$A \models B \models A \xleftrightarrow{K'_{ab}} B \qquad B \models A \models A \xleftrightarrow{K'_{ab}} B$$

改进后的协议的一个具体实现如下：

(1) $A \rightarrow B: A, N_a$

(2) $B \rightarrow A: \{N_a, K'_{ab}\}_{K_{ab}}$

(3) $A \rightarrow B: \{N_a\}_{K'_{ab}}$

(4) $B \rightarrow A: N'_b$

在上面的协议中，随机数的选择是任意的。任何一个可预测的消息都能使 B 确信 A 已经采用了该新的密钥加密某个消息。

3. Needham-Schroeder 公钥协议

在文献[Needham 等 1978]中，Needham 和 Schroeder 提出了一种基于双钥体制的协议。该协议能够实现在两个主体之间，交换两个秘密的随机数。这个协议存在着这样的缺陷：如果有一个密钥被泄露，在用户与证件颁发机构(Certification Authority)交互时，不能抵抗重放攻击。

在此协议中，服务器 S 的公钥为 K_s，它是主体 A 和 B 的证件发布机构；主体 A 和 B 的公钥分别是 K_a 和 K_b；N_a 和 N_b 是一次随机数。具体协议如下：

(1) $A \rightarrow S$：A, B

(2) $S \rightarrow A$：$\{K_b, B\}_{K_s^{-1}}$

(3) $A \rightarrow B$：$\{N_a, A\}_{K_b}$

(4) $B \rightarrow S$：B, A

(5) $S \rightarrow B$：$\{K_a, A\}_{K_s^{-1}}$

(6) $B \rightarrow A$：$\{N_a, N_b\}_{K_a}$

(7) $A \rightarrow B$：$\{N_b\}_{K_b}$

这个协议有两个独立的，但又交织在一起的组成部分。第一部分由消息(1)，(2)，(4)，(5)组成。通过执行这几步协议，A 和 B 可以从 S 得到对方的公钥 K_a 和 K_b；第二部分由(3)，(6)，(7)组成。通过执行这几步协议，A 和 B 相互交换秘密的一次随机数 N_a 和 N_b。在随后的通信中，它们可以被用于签署发送的消息。例如，如果 B 收到了消息$\{X, N_a\}_{K_b}$，那么 B 可以推断出 A 曾经发送过 X。

理想化协议如下：

(2) $S \rightarrow A$：$\{\stackrel{K_b}{\longmapsto} B\}_{K_s^{-1}}$

(3) $A \rightarrow B$：$\{N_a\}_{K_b}$

(5) $S \rightarrow B$：$\{\stackrel{K_a}{\longmapsto} A\}_{K_s^{-1}}$

(6) $B \rightarrow A$：$\{<A \stackrel{N_b}{\Longleftrightarrow} B>_{N_a}\}_{K_a}$

(7) $A \rightarrow B$：$\{<A \stackrel{N_a}{\Longleftrightarrow} B>_{N_b}\}_{K_b}$

这里，消息(1)，(4)被省略掉了，因为它们对协议的逻辑特性没有什么贡献。消息(2)，(5)比较直观，而其它消息的理想化形式需要做些解释。注意消息(3)，(6)，(7)之间的区别。在消息(3)中，B 不知道 N_a，而且消息(3)也不能用来证明 A 的身份，它仅仅用来将 N_a 传送给 B。在消息(6)和消息(7)中，N_a 和 N_b 被作为秘密，所以其中采用了$\langle X\rangle_Y$ 的表示形式。这些消息也传递了具体协议中未表现出来的信任，因为如果信任没有建立，消息就不会被发送。实际上，我们在消息(6)和消息(7)中加上了许多有关信任的表述。

首先，我们给出初始假设：

(a) $A \mid\equiv \stackrel{K_a}{\longmapsto} A$　　　　(b) $B \mid\equiv \stackrel{K_b}{\longmapsto} B$

(c) $A \mid\equiv \stackrel{K_s}{\longmapsto} S$　　　　(d) $B \mid\equiv \stackrel{K_s}{\longmapsto} S$

(e) $S \mid\equiv \stackrel{K_a}{\longmapsto} A$　　　　(f) $S \mid\equiv \stackrel{K_b}{\longmapsto} B$

(g) $S \mid\equiv \stackrel{K_s}{\longmapsto} S$　　　　(h) $A \mid\equiv (S \Rightarrow \stackrel{K}{\longmapsto} B)$

(*i*) $B \models (S \Rightarrow \stackrel{K}{\longmapsto} A)$　　(*j*) $A \models \#(N_a)$

(*k*) $B \models \#(N_b)$　　(*l*) $A \models \#(\stackrel{K_b}{\longmapsto} B)$

(*m*) $B \models \#(\stackrel{K_a}{\longmapsto} A)$

协议中的每个主体都知道证件机构 S 的公钥和它自己的密钥。S 也知道 A 和 B 的公钥。每个主体都相信证件机构会正确无误地对另一方的公钥进行签名。此外，每个主体也相信它自己生成的密钥是“新鲜的”。最后的两个假设也许会令人费解，实际上它们恰恰表示了协议存在的缺陷。每个主体必须假设含有另一个主体公钥的消息是“新鲜的”。这个难题可以通过在消息(2)和消息(5)中加上时戳来解决。这类似于在 Kerberos 协议中采用了时戳来克服 Needham-Schroeder 协议中存在的安全问题。

由于对协议的形式分析过程比较繁琐，这里就不详细讨论了。有兴趣的读者可以自己去证明。下面仅给出最后的结果：

$$A \models \stackrel{K_b}{\longmapsto} B \qquad B \models \stackrel{K_a}{\longmapsto} A$$

$$A \models B \models A \stackrel{N_b}{\Longleftrightarrow} B \qquad B \models A \models A \stackrel{N_a}{\Longleftrightarrow} B$$

从得出的结果可以看出，每个主体都知道对方的公钥，并且知道一个共享的秘密。协议的一方相信另一方也会把这个秘密看成是只有他们俩共享的秘密。正是由于这一点，A 和 B 可以采用 N_a、N_b 和双钥加密来交换信息。他们可以用这种方法来安全地传递数据或其它密钥。

4. CCITT X. 509 协议

此协议是 CCITT 建议的标准协议[CCITT 1987]。该协议的目的是想要在两个主体之间建立安全的通信，但前提条件是一方要知道另一方的公钥。下面只讨论具有三个消息的协议。

此协议含有两个缺陷。我们在后面将会看到，这些缺陷可以被攻击者利用。在对协议进行理想化时，我们可以发现一个缺陷；在后面的形式分析过程中，我们还可以发现另一缺陷。

CCITT X. 509 标准所建议的具体协议如下：

(1) $A \rightarrow B$：A，$\{T_a, N_a, B, X_a, \{Y_a\}_{K_b}\}_{K_a^{-1}}$

(2) $B \rightarrow A$：B，$\{T_b, N_b, A, N_a, X_b, \{Y_b\}_{K_a}\}_{K_b^{-1}}$

(3) $A \rightarrow B$：A，$\{N_b\}_{K_a^{-1}}$

其中，T_a 和 T_b 为时戳，N_a 和 N_b 是一次随机数，X_a，Y_a，X_b，Y_b 是用户数据。该协议保证了 X_a、X_b 的完整性和 Y_a、Y_b 的保密性。

对具体协议理想化，得到：

(1) $A \rightarrow B$：$\{T_a, N_a, X_a, \{Y_a\}_{K_b}\}_{K_a^{-1}}$

(2) $B \rightarrow A$：$\{T_b, N_b, N_a, X_b, \{Y_b\}_{K_a}\}_{K_b^{-1}}$

(3) $A \rightarrow B$：$\{N_b\}_{K_a^{-1}}$

与从前一样，时戳 T_a 和 T_b 被看成是一次随机数。

在对协议进行逻辑分析以前，我们首先给出下面的初始假设：

(*a*) $A \models \stackrel{K_a}{\longmapsto} A$　　(*b*) $B \models \stackrel{K_b}{\longmapsto} B$

(c) $A \models \overset{K_b}{\longmapsto} B$　　　　(d) $B \models \overset{K_a}{\longmapsto} A$

(e) $A \models \#(N_a)$　　　　(f) $B \models \#(N_b)$

对上述协议进行理想化分析，不难得到以下结果：

$$A \models B \models X_b \qquad B \models A \models X_a$$

这一结果比原协议期望达到的结果要弱。特别是，我们没有得到结果：

$$A \models B \models Y_b \qquad B \models A \models Y_a$$

尽管 Y_a 和 Y_b 已在签名的消息中发送，但是没有证据表明消息中的加密部分就是由发送者而不是攻击者发送的。这相当于以下情形：某个第三方截获了这个消息，并去掉现有的签名，用他自己的消息替换掉加密项后，再进行签名。解决这一问题的最简单的方法是在加密之前，对秘密数据 Y_a 和 Y_b 进行签名。

在协议的第(2)条消息中，我们可以观察到某些冗余项。T_b 或 N_a 中的任何一个都足以保证消息的"新鲜性"。在原始协议的描述中曾经提到：在具有三个消息的协议版本中，对 T_b 的检查是可选的。

十分遗憾的是，CCITT X.509 文件中犯了一个严重的错误。它建议在三个消息的协议中，也无须检查 T_a。实际上，对 T_a 进行检查是确保第(1)条消息"新鲜性"的惟一措施。从逻辑分析的角度看，如果不检查 T_a，我们就不能对第(1)条消息进行一次随机数验证，而且只能得到较弱的结果 $B \models A \mid\sim X_a$，而不能得到 $B \models A \models X_a$。

对第(3)条消息的意图进行解释有点难。它的目的是要使 B 确信 A 最新生成了第(1)条消息。作者似乎想通过采用 N_b 将第(1)条消息和第(3)条消息连接在一起，因为他们认为 N_b 连接了后两条消息，而 N_a 连接了头两条消息。这里所犯的错误是：N_b 不能独自连接后两条消息。这就会造成攻击者 C 重发 A 的某个旧消息，并在随后的通信中假冒 A。

下面的消息交换清楚地表明了这一缺陷。攻击者首先发送给 B 以下消息：

$$C \to B: A, \{T_a, N_a, B, X_a, \{Y_a\}_{K_b}\}_{K_a^{-1}}$$

这是一条 A 在过去发送的旧消息。请记住，我们假定在三个消息的协议中，B 不对 T_a 进行检查。因此，B 也就不会发现这是重发 A 的旧消息，而把它当成来自 A 的消息。B 对此消息作出响应，并在消息中发送一个新的一次随机数 N_b：

$$B \to C: B, \{T_b, N_b, A, N_a, X_b, \{Y_b\}_{K_a}\}_{K_b^{-1}}$$

至此，C 可以通过各种方法，使 A 引发与 C 的认证：

$$A \to C: A, \{T'_a, N'_a, C, X'_a, \{Y'_a\}_{K_c}\}_{K_a^{-1}}$$

C 对 A 作出响应，并向 A 提供随机数 N_b(N_b 不是秘密，没有什么可以阻止 C 在与 A 执行协议时采用相同的 N_b)：

$$C \to A: C, \{T_c, N_b, A, N'_a, X_c, \{Y_c\}_{K_a}\}_{K_c^{-1}}$$

A 对 C 作出响应，发送下面的消息给 C：

$$A \to C: A, \{N_b\}_{K_a^{-1}}$$

而这一消息恰恰可以被 C 用来提醒 B：第(1)条消息是由 A 发送的最新的消息。这样，C 就可以成功地假冒 A。

一种解决方案是在第(3)条消息中加入 B 的身份。由于 B 的身份保证了他生成的一次随机数的惟一性，因此他就能够确定这条消息是在哪次协议执行时发送的。此后，在对第(3)条消息进行理想化时，也就包含了对第(1)条消息中所传递的任何信任，使 B 确信消息的“新鲜性”。

X.509 协议实际上采用了杂凑函数来减少加密的数量：为了对消息 m 签名，首先计算 m 的杂凑函数，再对杂凑函数值进行签名。这一点在上面的讨论中没有给出。在引入杂凑函数时，对此协议的逻辑表述和形式分析都要稍加改动[Burrows 等 1989]。

除了上面的四个例子以外，我们还可以对本章中讨论的其它几个协议采用 BAN 逻辑进行分析。分析的结果请见表 9－11－1。在表中，协议设计的主体为 A 和 B，协议的发起者为 A。

表 9－11－1　协议形式分析结果总结

	单钥 N－S	Otway-Rees	Kerberos	大嘴青蛙	Yahalom	Andrew RPC	双钥 N－S	CCITT X.509
目标	分配密钥	分配密钥	分配密钥	分配密钥	分配密钥	额外密钥	建立秘密	传送数据
密码体制	单钥	单钥	单钥	单钥	单钥	单钥	双钥	双钥
采用秘密					×		×	
随机数	Nonce	Nonce	Clock	Clock	Nonce	Nonce	Nonce	Both
证明存在	A，B	B	A，B	A	A，B	A，B	A，B	A，B
冗余	×	×	×		×	×		×
安全缺陷	×					×	×	×

注：“×”号表示“无”。

第10章 通信网的安全技术(一)——基础

第1章中已介绍了通信网的安全模型与安全层次结构OSI参考模型。计算机网络的广泛使用引起了人们对网络安全性的普遍关注，主要问题是如何有效地控制成千上万个用户对网络各组成部分和资源所进行的访问。不能完全相信所有的用户都能正确地使用网络，要进行适当的访问控制，最基本的要求就是采用某一机制对通信实体和网络用户进行可靠的认证。

当人们在进行低功能层网络机制的设计时，通常要受到各种网络环境的限制(如小的分组标头，有限的计算资源等)。当将安全特征加入这些机制时，必须对各种限制加以考虑。此外，这些机制必须能够包容形形色色的网络组成和连接(如局域网、无线网、全球网等)，也必须能够包容各种功能差异悬殊的设备(如掌上设备、台上设备、地上设备)。在这样的环境中，具有初级功能的设备要能与功能强大的设备互通，这意味着网络要提供尽可能简单的安全功能以满足设备的最低要求。要将基本的认证和密钥分配功能纳入这样一个受到许多限制的低功能网络环境中，无论在网络资源、工作效率、方便使用、灵活性等方面，还是在系统管理方面都富有挑战性。

本章将介绍安全接入控制、客户机/服务器网络的安全、开放软件基础、网关与防火墙、入侵检测技术、网络病毒与防范、可信赖网络系统等内容。通过对本章的学习可以了解现代开放网络基础设施安全的一些基本技术。

10.1 接入控制

接入或访问控制是保证网络安全的重要手段，它通过一组机制控制不同级别的主体对目标资源的不同授权访问，在对主体认证之后实施网络资源安全管理使用。

计算机系统中有三类入侵者(如黑客Hacker或破门而入者Cracker)：

(1) **伪装者**(Masquerader)：非法用户，乔装合法用户渗透进入系统。一般来自系统外部。

(2) **违法者**(Misfeasor)：合法用户，非法访问未授权数据、程序或资源。一般来自系统内部。

(3) **地下用户**(Clandestine User)：掌握了系统的管理控制，并藉此来逃避审计和接入控制或抑制审计作用的人。系统外部、内部都可能有。

各种计算机犯罪早已是开放信息系统的严重威胁。当前案例的特点如下：① 全球化

(Globalization)。如工业间谍、“黑客俱乐部”日益猖獗，并开始出售他们的业务。② 向客户/服务器层发展。过去公司将其关键数据保存在主机中，而且PC机未联网，易于实现安全管理。近几年来，由于客户/服务器的发展，PC与主机联网，安全管理更困难。③“黑客”手段愈来愈高明。他们具有较深入的技术知识，了解系统的安全漏洞和各种攻击技术，熟悉有关电话号码，到处打听、试探、寻找机会，以求攻击得逞。

针对这种形势，有些国家已建立计算机应急响应小组CERT(Computer Emergency Response Teams)。该组织志愿合作搜集有关系统薄弱环节的信息，并散发给系统管理人员。但“黑客”也可能访问到CERT的报告。不仅如此，他们还可能运行攻击通行字的程序，修正联机软件，收集合法用户的联机通行字，并将收集到的通行字在布告牌公布。

接入控制功能有三个：① 阻止非法用户进入系统；② 允许合法用户进入系统；③ 使合法人按其权限，进行各种信息活动。

接入控制机构的组成是：① 用户的认证与识别；② 对认证的用户进行授权，参看图10-1-1。

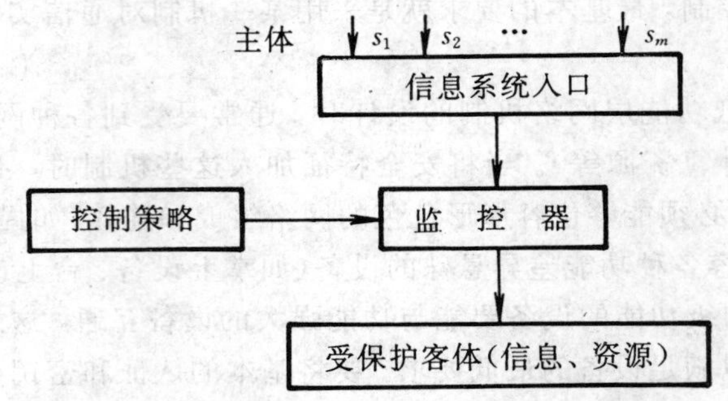

图10-1-1　接入控制机构

接入控制机构的建立主要根据三种类型的信息：① 主体(Subjects)，是对目标进行访问的实体。它可以是用户、用户组、终端、主机或一个应用程序。② 客体(Objects)，是一个可接受访问和受控的实体。它可以是一个数据文件，一个程序组或一个数据库。③ 接入权限，表示主体对客体访问时可拥有的权利，接入权限要按每一对主体客体分别限定。权限包括读、写、执行等。读、写权含义明确，而执行权是指目标为一个程序时它对文件的查找和执行。

接入控制策略：① **最小权益策略**：按主体执行任务所需权利最小化分配权力；② **最小泄露策略**：按主体执行任务所知道的信息最小化的原则分配权力；③ **多级安全策略**：主体和客体按普通、秘密、机密、绝密级划分，进行权限和流向控制。

接入控制机构可以用接入矩阵(Access Matrix)描述，参看图10-1-2(*a*)。它包含了由接入控制表ACL(Access Control List)和权限表(Capacity List)所限定的信息。每个目标都有一个接入控制表，它给定每一个主体对给定目标的接入权限。图10-1-2(*b*)中给出两个目标的接入控制表。当前，广泛采用ACL来描述接入控制机构。大多数PC、服务器和主机都有ACL来提供接入控制业务。每个主体都有一个权限表，它限定该主体对每个目标的接入权限。图10-1-2(*c*)给出特定主体张华和工资登录员的权限表。

接入控制机构还可以用敏感性标记来描述。对于资源的访问还可由网络控制机构，如

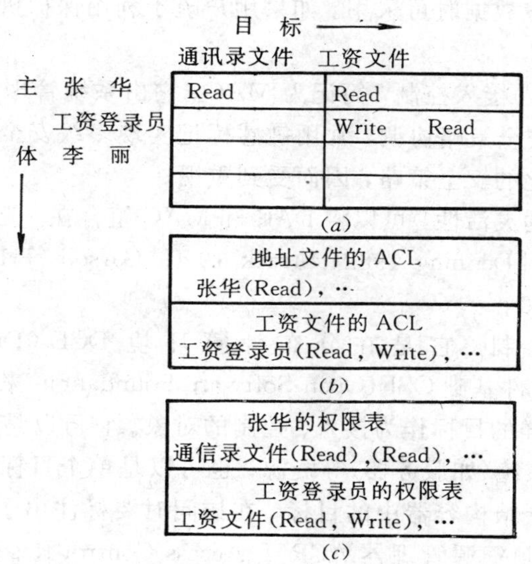

图 10-1-2　接入控制机构的实现

(a) 接入矩阵；(b)接入控制表；(c) 权限表

防火墙、过滤器、路由器和桥接器等进行控制。

XENIX 是为 IBM PC/AT 工作站设计的基于 UNIX 的接入控制机构[Amoroso 1994]。

接入控制的设计实现。接入控制常作为访问资源过程的一部分来实现，如图 10-1-3 所示。图中给出用户(或程序)调用或打开一个文件的过程，此时要启动系统的接入控制机构。接入控制机构检验系统授予主体的接入权限(检验它的接入控制表或其它接入控制方式的条件)。若主体符合权限规定就允许打开该文件，否则就拒绝。

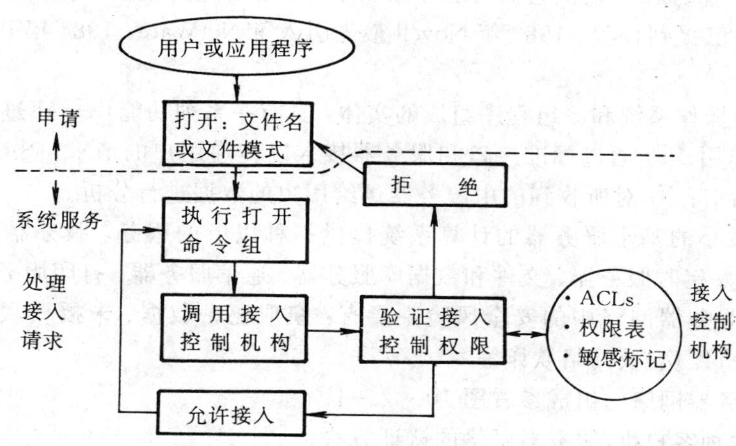

图 10-1-3　接入控制的设计实现

接入控制实现有两种方式：

(1) **自主式**(Disretionary)接入控制，也称辨别接入控制，简记为 DAC。它由资源拥有者分配接入权，在辨别各用户的基础上实现接入控制。每个用户的接入权由数据的拥有者来建立，常以接入控制表或权限表实现。这一方法灵活，便于用户访问数据，在安全性要求不高的用户之间分享一般数据时可采用。如果用户疏于利用保护机构时，会危及资源安全，DAC 易受到攻击。

(2) **强制式**(Mandatory)接入控制，简记为 MAC。它由系统管理员来分配接入权限和实施控制，易于与网络的安全策略协调，常用敏感标记实现多级安全控制。由于它易于在所有用户和资源中实施强化的安全策略，因而受到重视。

为了给用户提供足够的灵活性，可以将 DAC 和 MAC 组合在一起来实现接入控制。

有关接入控制可参看[Denning 1982；Strack 1990；Carson 等 1990；Amoroso 1994；Russell 1991；Salamere 1993]。

OSF DCE 的接入控制。它是在分布计算环境 DCE (Distribution Computing Environment)下，由开放软件基础 OSF(Open Software Foundation)来提供安全业务的接入控制。DCE 采用了多种多样的目标作为接入、控制的对象。它可以是硬件、数据项、文件、数据库，甚至整个计算机系统(如服务器)等资源；也可以是单个目标或一个容器中的目标(Container Object)，或多层结构容器中的目标。在访问时要标注出子目录的路径。由于资源众多，需要设置接入控制资源管理器 ACRM(Access Control Resource Manager)。它由 API、编辑器、接口、注册资源管理器接口等四部分组成。具体实现可参看[Lockhard 1994；Rosenberry 等 1992；OSF 1990]。

10.2 客户机/服务器网络的安全

10.2.1 客户机/服务器网络

客户机/服务器网络是在上世纪 80 年代出现的。PC 机已成为各办公室基本的、不可少的终端，客户机/服务器网络供它们与工作站联系，以向各用户提供各种功能。服务客户机和服务器的组网已提到日程。1983 年 Novell 最先引入了 NetWare，1984 年 IBM 引入了 PC LAN。

客户机是由操作系统和一组程序组成的实体，具有一系列功能：① 通过用户原图形接口与用户相互作用；② 通过标准接口和服务器接入以传递用户的请求；③ 通过通信接口与服务器进行通信；④ 对所收到的由服务器送给用户的数据进行分析。

服务器对最小的基于服务器的计算系统提供一种以上的服务。服务器可有安全服务器、检索服务器、定时服务器、文件和数据库服务器、通信服务器、打印服务器、管理服务器等。客户机/服务器网络中的安全风险主要有：窃取秘密数据、未授权联机、拒绝服务(目的是使计算机瘫痪)及网络欺诈等。

客户机/服务器网络的组成参看图 10-2-1。

下面介绍两种客户机/服务器网络的认证方法。

(1) 两方(Two-party)认证。参看图 10-2-2。① 单向(One-way)认证：仅主机服务器对用户进行认证，即对用户的 ID 及通行字认证；② 双向(Two-way)认证：主机服务器对用户进行认证，即对用户的 ID 及通行字认证，客户机或用户对主机服务器的通行字进行认证。

(2) 第三方(Third-party)认证。有可信赖的第三方，如安全(Security)服务器来保证客

图10-2-1　客户机/服务器网络的组成

户机和服务器的身份。它提供用户通行字的存储，并用存储的通行字、身份等信息来证实用户和服务器的身份。

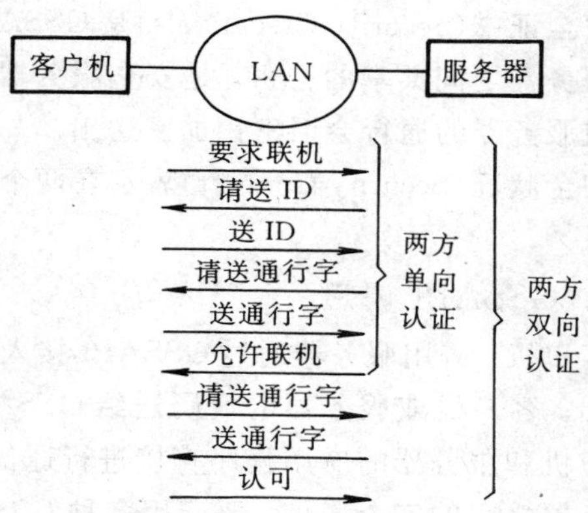

图10-2-2　两方单向和双向认证

认证的基本要求有：① 要提供两方的双向认证，第三方提供中心存储和通行管理维护；② 通行字不能在网上传送，以防攻击者截获重放；③ 通行字不要存储于客户机工作站中，以防攻击者在用户访问工作站时检索此通行字；④ 一旦用户联机，认证方案应能提供临时性秘密信息来表示用户而不需要重复整个通行字，例如用户可能在一天内要访问六次邮件服务器，因此希望不要送六次通行字，客户工作站应当给用户一个临时性秘密数来代替通行字，以便用于对邮件服务器的访问；⑤ 可以安全传送加密密钥。

具体的认证实现有多种选择，如Kerberos秘密钥认证系统、X.509公钥认证系统等，参看第9和12章。

10.2.2　安全应用程序接口

为了将多个厂商的硬件组合成一个网络系统，要求客户机/服务器网络支持各种不同厂商的软件平台，这由应用程序接口API(Application Programming Interfaces)来实现，它使端口在不同软件系统上的应用变得简单易行。

安全API就是能向用户客户机、服务器等提供识别、认证、加解密等安全业务的一组程序，以保证分布环境下数据的安全传送、存储和处理。

1. 对安全API的要求

对安全API的要求是：

(1) **机构独立性**(Mechanism Independence)。API应能接入不同类型的安全系统(如Kerberos或公钥认证系统)，不能限制于特定安全应用。它能提供一种或多种加密体制以实现数据的保密性；能提供一种以上消息杂凑算法以实现数据的完整性。

(2) **协议独立性**(Protocol Independence)，即使API独立于所用的通信手段。

(3) 还有诸如非否定业务等。

2. 通用安全业务应用程序接口(GSSAPI)

虽然开放式网络早已形成和广泛应用，但通用安全业务 GSS(Generic Security Sevice)的 API 直到 1992 年才出现。以前虽有 DES、Kerberos 特定安全业务标准等，但不能适应分布环境下各种不同的需求。J. Linn 在 1992 年为 Internet 工程分会 IETF(Internet Engineering Task Force)提出了 GSSAPI。IETF 在 1993 年采纳了这个建议[RFC 1508; RFC 1509; IBM 1994]，此后很快被大家接受，并有一些公司开发了实现 GSSAPI 的产品，如 IBM 在网络安全计划安全联机协调机 Netsp SLC(Network Security Program Secured Logon Coordinator)中实现了 GSSAPI[IBM 1994]。有些产品已将 Kerberos 纳入 GSSAPI。

安全证书(Security Credentials)是 GSSAPI 中定义的名词，它包括客户机(或服务器)与安全服务器之间共享的秘密，是安全服务器送给客户机或应用服务器的有关信息，常以客户机或服务器的通行会话密钥加密送出。

安全状况(Security Context)表示在两个客户机之间彼此认证了证书之后所建立的通信联系。

3. GSSAPI 调用

客户机、应用服务器通过 GSSAPI 接入安全业务。GSSAPI 的安全业务在表 10-2-1 中给出。客户机或服务器的代码送给 GSSAPI，经过安全处理后送还给它们的应用程序，而客户机和服务器的应用程序直接进行通信。GSSAPI 由几个 API 组成。为了实现客户机与服务器之间的安全通信，要调用多种 GSSAPI 的应用程序，这些应用程序可分成下述五个大组：

(1) **认证和建立证书**。GSSAPI 不限定建立证书的具体方法，由安全机构实施，一般由认证服务器生成和分配证书。比如，用户可向 Kerberos 安全服务器申请证书。GSSAPI 规定一个 API 调用 GSS-ACQUIRE-CRED，用户为建立安全性报文来获取证书。

(2) **安全报文的建立**。当客户机或服务器得到证书，就可建立安全状况，应用客户机发出 GSS-INIT-CONTEXT API 调用命令，它包括用于限定安全报文原名字。得到一个消息称之为令牌(Token)，送给应用服务器。应用服务器将此令牌送给 GSS-INIT-SEC-CONTEXT，由此可以在客户机和服务器之间建立安全状况的传递。安全状况加密方式和数据格式等取决于客户机与服务器事先选定的安全机构。

(3) **用数据完整性保护数据**。GSS-SIGN 和 GSS-VERIFY 调用的目的是提供数据源认证来保护数据的完整性，GSS-SIGN 建立数字签字，其中包括采用单向杂凑函数。在收端服务器调用 GSS-VERIFY 处理与令牌一起的数字签字，对其进行验证。

(4) **用数据保密性保护数据**。GSSAPI 中提供一对 API 用于数据加密业务，GSS-SEAL 和 GSS-UNSEAL 支持保密性，加密解密可以作为选项。收发端所支持的安全机构可以由系统预先选定，GSSAPI 本身对它们没有限定。

(5) **安全报文和证书的解密**。在应用客户机和应用服务器之间完成数据交换后，可以删去安全状况，由应用客户机或应用服务器从头来做。一般大多由应用客户机发起，发出 GSS-DELETE-SEC-CONTEXT，则安全状况从客户机程序转移，令牌送还给客户机程序。客户机程序送一个令牌给应用服务器程序。应用服务器利用 GSS-PROCESS-CONTEXT、TOKEN 处理令牌，并删去安全状况；反之亦可。此外，应用客户机或服务器也可发出

GSS-RELEASE-CRED 释放缓存器中的安全证书。Microsoft 公司为 Windows NT 设计的 Internet 安全框架中有 CryptoAPI，它由几个密码业务模块 CSP(Cryptographic Service Provider)组成，可以提供各种安全业务[Sheldon 1996]。

表 10-2-1　GSSAPI 的调用

证书管理(Credential Management)	
GSS-Acquire-cred	获取证书
GSS-Release-cred	用其公布证书
GSS-Inquire-cred	显示证书信息
状况级调用(Context-level Calls)	
GSS-Init-sec-context	初始化送出的安全性状况(outbound)
GSS-Accept-sec-context	接受送入的安全性状况(inbound)
GSS-Delete-sec-context	不再需要时冲掉安全状况
GSS-Process-context-token	处理有关状况的控制令牌
GSS-context-time	指示保留状况的有效时间
每个消息的调用(Per-message Calls)	
GSS-Siqn	申请签字，接收从消息分出来的令牌
GSS-Verifiy	与消息一起的合法签字令牌
GSS-Seal	签字、选择加密、加封
GSS-Unseal	解封、需要时解密、合法签字
支持性调用(Support Calls)	
GSS-Display-status	变换状态码为可打印格式
GSS-Indicate-mechs	指示本地系统所支持的机构类型
GSS-Compare-name	比较两个名字是否一致
GSS-Display-name	变换名字为可打印格式
GSS-Import-name	将可打印名变换成归一化格式
GSS-Release-name	归一化格式名的存储释放
GSS-Release-buffer	可打印名的存储释放
GSS-Release-oid-set OID	组目标的存储释放

10.2.3　单一联机

客户机/服务器网可以提供多种平台和各种各样的应用资源的访问。这类网络难以为预期用户提供对信息的访问，这也为系统设计提出了一个新的问题，即如何解决用户的生产效率和网络的安全。

1. 单一联机(Simple Logon)

一个用户一般一天可能要向 4～6 个系统请求联机，为此用户每一次都要送 ID、通行字，而且对不同系统可能要送不同的通行字，这会浪费不少时间和精力，有时用户送 ID 和通行字时会出错也会浪费时间。单一联机要求用户只送一次 ID 和通行字，一旦系统对用户的认证通过，就不再需要送 ID 和通行字。图 10-2-3 给出一个由多个服务器构成的单一系统，所有的服务器都有一个单一的接口，用户只需送一次ID和通行字就可访问所有服务器。

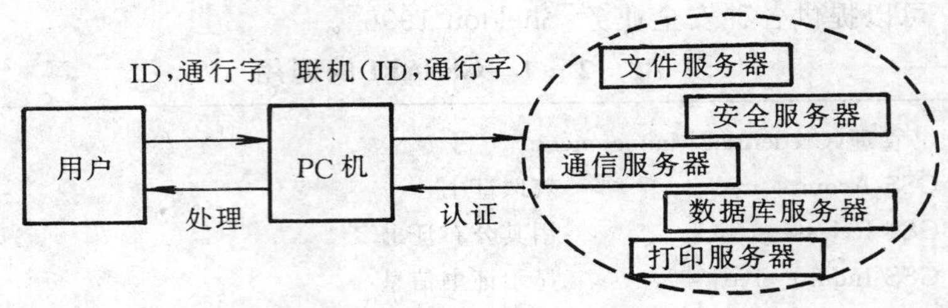

图10-2-3 用于用户联机的单一系统

若任何单一联机方法能在服务器之间提供通行字的安全转递，则称其为安全单一联机(Secure Single Logon)。为此要：① 每个服务器要对其可以访问的每个用户的ID和通行字进行协调和维护；② 能安全存储每个用户的ID和通行字；③ 能将每个联机用户的ID和通行字安全转递给每个系统。安全单一联机的概念简单，但实现上并不容易。

2. 单一联机系统的要求

(1) 效益。在发达国家要求一个人常有10个以上ID卡，这要记忆10个甚至更多个通行字。一个有500人的公司，如果每人有10次联机请求，每个人每月可能有一次忘记了通行字，这将造成一小时的工作损失，以每小时30美元计，公司每年为此要损失19万美元。如果采用单一联机法，假定每人每天联机10次，每次联机送ID和通行字耗时为1分钟，一个500人的公司每天将可节省75小时的时间，以30美元/小时计，每天可节约2 000美元。

(2) 安全性。采用多个ID和通行字的体制，人们往往苦于难记而常常将其写在纸上从而造成泄密；另外，多次送ID和通行字，为攻击者截获创造了更多的机会；再有，多ID和通行字在产生、存储和管理费用也较高。采用单一联机法，可以克服上述缺点，能提高系统的安全性和降低成本。

3. 实现方案

单一联机的各具体方案都必须能实现用户、客户工作站、应用程序之间的一系列基本协议，如图10-2-4所示。

当用户变换应用项目时，协议④～⑨步要重复执行一次，但不再要求用户重送ID和通行字。下面介绍几种具体方案。

(1) 采用局域工作站的单一联机法。用户的ID和通行字存于局域工作站中，由其中的客户软件处理单一联机过程，实现了图10-2-4的基本协议。它虽然实现了单一联机方式，但安全上还有一些缺陷。① 由于通行字存于局域工作站内，可能在用户离开后被人窃取。但在多次送ID和通行字时，由于工作站中不需保存它们而不可能被窃。② 一旦用户通行字被窃，则黑客可以访问用户的所有授权系统。③ ID和通行字在网络中递送次数和一般联机系统一样多。因此它未能保证通行字经过网络递送的安全性。可以通过对通行字加密后存储和递送来改进安全性。

(2) 采用局域工作站和第三方的安全单一联机法。它采用第三方安全服务器来加强系统安全性，通行字不在局域工作站中保存，而是存于可信赖第三方安全服务器中，联机协

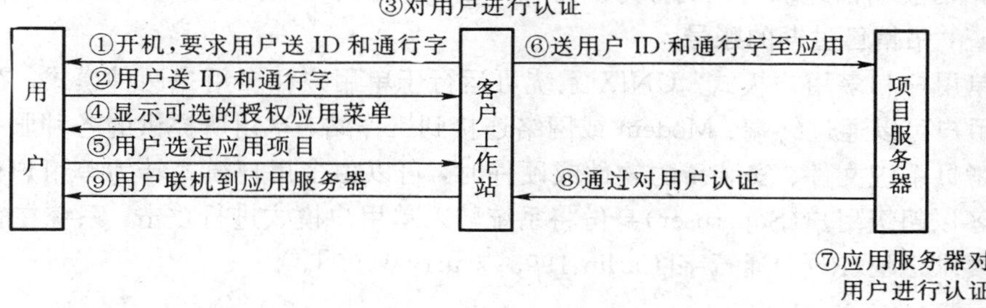

图 10-2-4　单一联机的基本协议

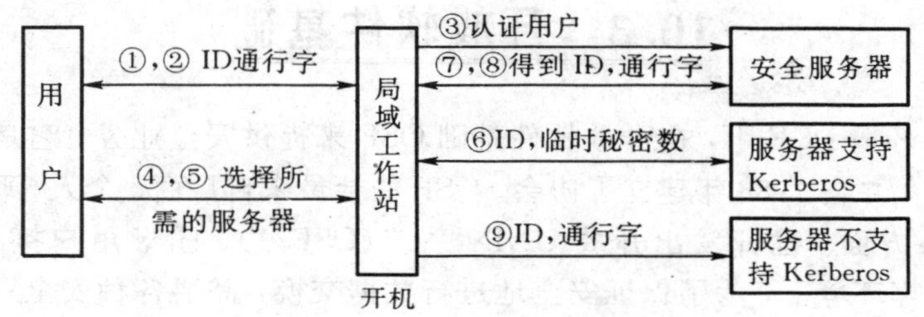

图 10-2-5　采用区域工作站和第三方的安全联机

议如图 10-2-5 所示。当用户更换应用时，则重复执行协议的④～⑨步即可。此法中要求一个安全服务器，并且要从安全服务器向客户机递送通行字。安全服务器对于不支持第三方认证的方案还要存储应用服务器的 ID 和通行字。

(3) 采用一次性通行字的安全单一联机法。由安全服务器提供一次性软件生成的通行字。这是一个很有吸引力的方法，安全服务器为已认证用户生成一次性通行字给客户机和应用服务器，作为用户所选新的应用进行认证之用。由于一次性通行字存活时间短，因而黑客难以攻击。但系统为能支持这类一次性通行字要付出一定复杂性的代价，具体实现参看[IBM 1993，1994]。

10.2.4　工作站的安全

网络的安全基础是客户机工作站和服务器的安全。如果工作站和服务器不安全，即使在网络传输中采用加密措施价值也不大，攻击者可以从客户机或服务器轻易地得到明文复本。工作站的安全中最基本的内容是接入控制和监视，此外还要防止病毒侵犯。

1. 工作站的接入控制

(1) 启动通行字。在开机时，工作站软件应当要求用户送入通行字，认证后才启动。这对于防止黑客入侵，保护工作站和所连接的网络资源有重要意义。

(2) 屏幕锁(Screen Lock)。这是保护工作站的最有价值的措施。若在超过某个给定时间无动作，工作站的屏幕就会自动锁定，只有输入正确的通行字后才能再激活。这就使得当用户离开工作站时间超过给定值时，能防止入侵者乘机接入系统。

(3) 老账号。一个大型系统可能有许多人在已脱离该组织后，其账号仍在工作站中，如果攻击者猜出其通行字后就可撞入系统，而且由于合法用户已离去而难以发现。因此，要及时吊销已脱离该组织的人的账号；另外，每个合法用户的账号要有一定的有效期，系统定期检查，吊销已过期的账号。

(4) 单用户和多用户模式。UNIX 系统可运行于单用户和多用户两种模式。在多用户模式下，用户可以通过终端、Modem 或网络连接到工作站，享用所提供的各种服务。当检修系统、拷贝系统文件、安装新的软件或硬件时，可以由多用户模式转为单用户模式。为了防止黑客以超级用户(Superuser)身份将系统转入单用户模式进行攻击，系统在转入单用户模式后要求送根(Root)通行字[Carlin 1993；Curry 1992]。

2. *工作站的监测*

工作站的监测由跟踪和审计实现，参看 10.5 节。

10.3 开放软件基础

在分布计算环境 DCE 下，由开放软件基础 OSF 来提供安全业务。它是由一个非赢利公司开发的软件，并在 1988 年建立了协会。OSF 的会员来自厂商、个人、政府机构、研究机构、大学等各方面。已开发出开放 UNIX 系统(OSF/1)、图形用户接口(MOTIF)及 DCE。在分布计算环境下，为了保证安全地进行数据交换，需要各种安全业务，一般由安全应用程序接口(API)提供。

1. *分布计算环境*

DCE 是 1992 年引入的，它处理多种多样计算系统间可交互作用系统业务中的一些重要要求。每个用户和公司要能够将不同厂家的硬件和软件混合兼容在一起使用。DCE 将提供发展分布环境下的大量基本的系统业务。OSF 的 DCE 的结构如图 10－3－1 所示。其主要组成部分如下：

(1) **远端程序调用** RPC(Remote Procedure Call)。它用于分布应用中各部分之间的通信，一个程序可以独立地调用另一个非本地的程序。RPC 可以将本地程序调用扩充到分布环境。美国数字设备公司(DEC)和 Hewlett－Packed 联合提出 NCS 2.0 RPC。

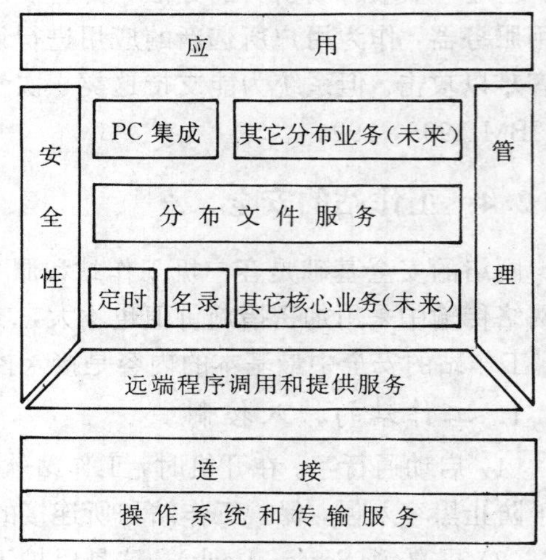

图 10－3－1 OSF 的 DCE 的结构

(2) **名录**(Naming Directory)。它提供网络中的目标，如计算机、人、文件等的存储和访问信息。这一业务独立于局域和系统。OSF 选用 DEC 公司的 DECdns 作为名录服务单元，西门子(Siemens)的 DIR-X X.500 作为查询服务单元。单元查询服务提供一个单元内的局域名录，而 X.500 则提供网络的全局名录服务。

(3) **定时业务**。它对网络中的计算系统提供定时的计划事件等。DCE 采用 DEC 公司的分布定时同步业务 DECdts。

(4) **分布文件系统**。它将局域文件系统模型扩充为分布网络的文件系统模型，允许用户访问全网中的文件。OSF 选用 Transarc 公司为分布文件业务设计的 Andrew 文件系统。

(5) 其它组成。DCE 中还有安全性、PC 集成、管理和连接(Thread)等。PC 集成将 MS-DOS 环境进行扩充，以提供网络中文件、打印等资源的访问。管理部分提供对所有 DCE 组成部分的全面管理，OSF 正在计划未来的发展，连接部分提供多个执行命令序列的并行处理[Rosenberry 等 1992]。

2. DCE 的安全性

DCE 提供分布环境下防止未授权访问，OSF 曾评价三种安全技术，最后选择了 MIT 的 Kerberos V5，参看第 12 章[OSF 1990；Lockhart 1994；Rosenberry 等 1992]。

DCE 对安全性的要求：① 用户按通行字认证，通行字在传输过程中不应泄露。② 为了访问网中任何服务，应只要求用户联机一次。一旦已对用户认证，用户就应被允许访问 DCE 网络中的所有服务。这类似于前述单一联机法。③ 安全方案应当向用户提供操作级的访问权，能对个别操作有选择地允许或拒绝。

DCE 的安全组成部分：DCE 采用单元(Cell)概念，每个单元有其自己的安全业务，一个单元是 DCE 中运行和管理的一个基本单位。DCE 的安全业务有：① 认证(采用 Kerberos V5)，即在联机认证过程中从安全服务器获得权益属性证书 PAC(Privilege Attribute Certificate)；② 认证 RPC。DCE 采用加密实现客户机与服务器之间的密钥交换，并用它对 RPC 加密和解密，实现远端程序的安全调用；③ 授权(Authorization)。对主体(如用户或用户组)的类型进行识别，以决定授予何种访问权限，参看图 10-3-1。

10.4 防 火 墙

防火墙(Firewall)是在 Intranet 和 Internet 之间构筑的一道屏障，用以保护 Intranet 中的信息、资源等不受来自 Internet 中非法用户的侵犯，它控制 Intranet 与 Internet 之间的所有数据流量，控制和防止 Intranet 中的有价值的数据流入 Internet，也控制和防止来自 Internet 的无用的垃圾数据流入 Intranet。在与 Internet 一类网连通时，防火墙是保护专用网或 Intranet 中信息系统安全保密的重要技术。据统计，1995 年已有 1 500 个防火墙在运行，预计到 2000 年将发展到 150 万个。

本节将介绍防火墙的基本概念、功能、主要组成部分(包括过滤器、代理服务器、域名服务和函件处理等)以及可提供的安全业务等。

10.4.1 基本概念

防火墙是在专用网(如 Intranet)和 Internet 之间设置的安全系统，可以提供接入控制，可以干预这两网之间的任何消息传送。根据防火墙的结构，它可以决定一个数据组或一种连接能否通过它，参看图 10-4-1。

安全 E-mail 保护两个 Intranet 用户之间的通信，安全 Web 保护两个 Web 用户之间的数据传递与交换，但这些方法均不足以保护专用网的其它资源。防火墙能保证只有授权的人可以访问 Intranet，且保护其中的资源和有价值的数据不会流出 Intranet。

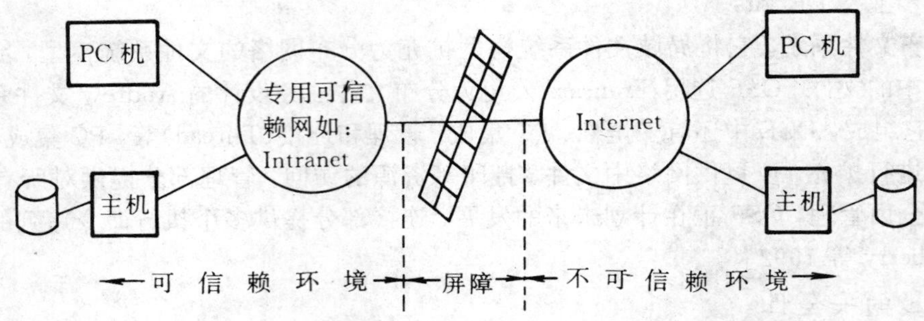

图 10-4-1　防火墙示意图

Intranet 与 Internet 连通会有几个方面的威胁：① 信息可能被窃、被损坏；② 资源可以受损或被滥用；③ 公司名誉可能因其 Intranet 不安全而受损，影响公司声誉，为此需要用防火墙来加强 Intranet 的安全。

即便在一个单位内部，各部门之间往往也需要相互隔离。例如，在大学校园网中，管理网和学生的计算机网要有一定的隔离；医院的管理网和病人病历记录网也要分开，以保护病人的隐私和人权。这些相互隔离都要由防火墙来解决。

防火墙设计需要满足的基本原则：① 由内到外，或由外到内的业务流均经过防火墙。② 只允许本地安全政策认可的业务流通过防火墙。对于任何一个数据组，当不能明确是否允许通过时就拒绝通过；只让真正合法的数据组通过。③ 尽可能控制外部用户访问专用网，应当严格限制外部人进入专用网中。如果有些文件要向 Internet 网用户开放，则最好将这些文件放在防火墙之外。④ 具有足够的透明性，保证正常业务流通。⑤ 具有抗穿透攻击能力，强化记录、审计和告警。

防火墙主要包括五部分：安全操作系统、过滤器、网关、域名服务和 E-mail 处理，如图 10-4-2 所示。有的防火墙可能在网关两侧设置两个内、外过滤器。外过滤器保护网关不受攻击，网关提供中继服务，辅助过滤器控制业务流，而内过滤器在网关被攻破后提供对内部网络的保护。

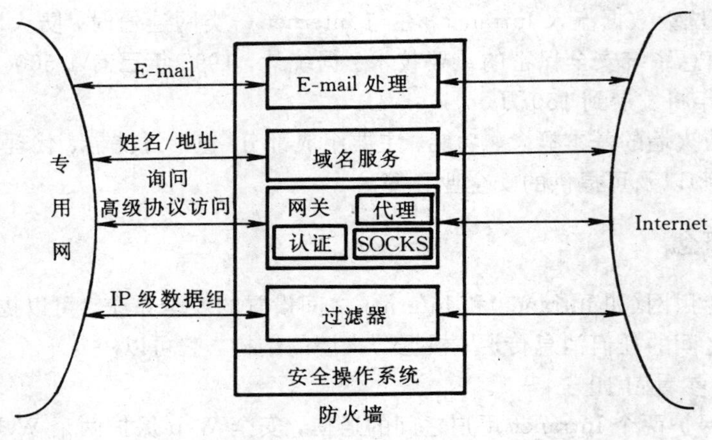

图 10-4-2　防火墙的组成

防火墙本身必须建立在安全操作系统所提供的安全环境中，安全操作系统可以保护防火墙的代码和文件免遭入侵者攻击。这些防火墙的代码只允许在给定的主机系统上执行，这种限制可以减少非法穿越防火墙的可能性。

具有防火墙的主机在Internet界面称之为堡垒式(Bastion)计算机，它可以暴露在Internet中，抗击来自黑客的直接攻击。

防火墙的主要目的是控制数据组，只允许合法流通过。它要对专用网和Internet之间传送的每一数据组进行干预。过滤器则执行由防火墙管理机构制定的一组规则，检验各数据组决定是否允许放行。这些规则按IP地址、端口号码和各类应用等参数确定。单纯靠IP地址的过滤规则是不安全的，因为一个主机可以用改变IP源地址来蒙混过关。

应用网关(Application Gateway)可以在TCP/IP应用级上控制信息流和认证用户。应用网关的功能常常由代理服务器提供。在专用网中的一个用户联机到一个代理服务器，代理服务器对用户认证，而后使用户和Internet中远端服务器联机。类似地，所有Internet到专用网的通信数据先由代理服务器接收、分析，并适当地递送给用户。由于代理服务器在应用级上运行，因此对每一种应用都要求一个分离的代理服务器，网内外代理服务器都要彼此相互认证，以防止未授权用户进出专用网。

SOCKS服务器也对通过防火墙提供网关支持，代理服务器和SOCKS服务器之间的主要差别是代理服务器要求改变用户接入Internet服务器的方式，但不需修正客户机的软件；而SOCKS服务器则要修正客户机的软件，但不要求改动用户的程序。

防火墙还可能包括有域名服务和函件处理。域名服务使专用网的域名与Internet相隔离，专用网中主机的内部IP地址不至于暴露给Internet中的用户。函件处理能力保证专用网中用户和Internet用户之间的任何函件交换都必须经过防火墙处理。

防火墙的安全级。图10-4-3中给出防火墙所提供的安全级，它取决于各组成部分。

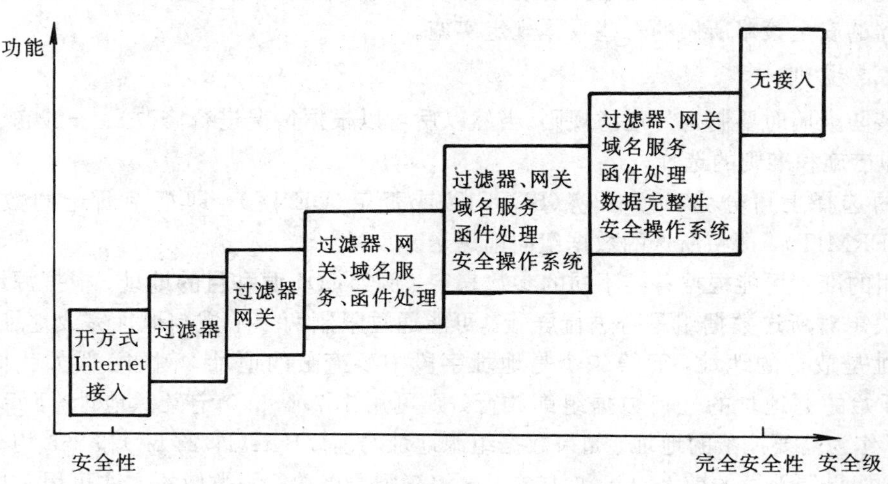

图10-4-3 防火墙提供的安全级

防火墙不能对付的安全威胁有：① 来自内部的攻击。防火墙不能防止专用网内部用户对资源的攻击，它只是设在专用网和Internet之间，对其间的信息流进行干预的安全设施。在一个单位内部，各部门之间设置的防火墙也具有类似特点，都不能用于防范内部的攻击和破坏。这些要由内部系统的认证和接入控制机构来解决。② 直接的 Internet 数据流。仅当对所有通过防火墙的 Internet 数据流进行处理才能发挥防火墙的作用。如果专用网中有些资源绕过防火墙直接与 Internet 连通，则得不到防火墙的保护。因此必须保证专用网中任何用户没有直通 Internet 的通道。③ 病毒防护。一般防火墙不对专用网提供防护外部病毒的侵犯。病毒可以通过 FTP 或其它工具传至专用网，如果要实现这种防护，防火墙中应设置检测病毒的逻辑。

防火墙的分类：① **分组过滤网关**(Packet-filtering Gateways)，按源地址和目的地址或业务(即端口号)卸包(组)，并根据当前组的内容做出决定。可在输入、输出或输入输出两端进行。管理者拟定一个提供接收和服务对象的清单，一个不接受访问或服务对象的清单，按所定安全政策实施允许或拒绝访问。大多可在路由器上增设这类功能，成本较低。② **应用级网关**(Application-level Gateways)，在专用网和外部网之间建立一个单独的子网，它将内部网屏蔽起来。此子网有一个代理主机、一个路由器和一个较复杂的网关与内部网相连，另一个路由器和网关与外部(Internet)相连。进出用户通过网关时必须在应用级上(要求特定的用户程序或用户接口)与代理主机连接。代理主机对其进行认证，控制进出，并进行审计追踪。③ **线路级网关**(Circuit-level Gateways)，它使内部与外部网之间实现中继 TCP 连接。网关的中继程序通过接入控制机构来来回回地复制字节，起到内外网间连线的作用[Bellovin 1994]。

10.4.2　数据组过滤器

现存的一些路由器产品，是以 IP 的报头中的目的地址作为 IP 数据的路由。如果路由器知道如何将数据组送至目的地就递送；否则就将其丢弃，并通过 ICMP 的"destination unreachable(目的不可达)"通知源地址。在防火墙中所用的路由器称作甄别(Screening)路由器或过滤器，它对每个到来的数据组进行分辨以决定是否将其向前递送。甄别按防火墙安全管理器的安全策略所做的一些具体规定实施。

1. 过滤规则

在安装防火墙时要制定好过滤规则(当然以后可以根据情况进行修改)。一般它由两部分组成，即措施和准则的选择。

措施的选择上可分为：① 阻塞(BLOCK)或否定(DENY)，即拒绝所选的数据组；② 允许(PERMIT)，即将所选的数据组向前递送。

所采用的准则可能根据各类不同的参数来定。例如：① **源和目的地址**，根据源地址和目的地址决定对所送数据组是否进行屏蔽。可能通过限制两个十进制地址完成地址选择，第一个地址是放行的地址，而第二个是地址字段中要掩蔽的地址，例如：假如我们对以 157.4.5 开始的源地址的任何数据组都放行，则可用 157.4.5.0 定义源地址，而以 255.255.255.0 作为需要掩蔽的地址。如果数据组源地址的前 3 Byte(即 24 bit)和 255 相一致则予以屏蔽，如果源地址的前 24 bit 和 157.4.5 相符则予以放行，类似的方法可用于目的地址。② **源和目的端口**，对源主机和目的主机的端口号码进行限制。③ **协议**，可根据高层协议对数据组进行选择，例如若采用 TCP、UDP 或 ICMP 就可对数据组进行选择。④ **方向**(Direction)，可以按相对于防火墙的进出方向来选择数据组。数据组分为两类，一类为**进入组**(Inbound Packet)，是从 Internet 到专用网的数据组；另一类为**外出组**(Outbound

Packet)，是由专用网到 Internet 的数据组。

一般防火墙允许最多有 255 个过滤规则，最后一个规则用来阻塞一切数据组的进出。防火墙中的过滤器要根据每一种规则对每个进出防火墙的数据组逐个进行检验。如果以第一个规则能做出对此组予以放行或拒绝通过的决定，则对此组处理完毕；否则将用第二个规则进行检验，以此类推，直到执行最后一个规则，拒收为止。

对于**结构过滤器**(Configuring Filter)，人们普遍关心的是有关分组过滤与结构过滤规则复杂性的关系。这些规则较复杂，可能会使管理人员在制定过滤规则时犯错误，管理人员需要 TCP/IP 选址方案的知识。实际产品中要求能简化这类规则，不要涉及过多的 TCP/IP 的知识。此外，可以利用规则的句法结构来检验。

2. IP 欺骗攻击

这种攻击方法由攻击主机利用一个伪造的被攻击主机认可的源地址向目的主机提出连通请求，目的主机回一个响应。攻击主机必须能防止被攻击主机检测出这类响应、撤销连接，为此必须能向被攻击主机送多次请求。这样，合法的主机将被连通请求所淹没，致使在这一过程中错过对伪连通的响应；其次，攻击主机必须对目标主机送出的响应进行响应；此外，攻击主机发出的响应必须包括序列号，但是大多数安装的都是 Berkeley 所实现的 TCP，其序列号是可以准确预测的，因此攻击主机可以预测序列号而后向目标主机送出响应。这样就可建立与被攻击者的连通，继而送各种指令，进行攻击和破坏。

1995 年 1 月 22 日，斯坦福线性加速器计算中心(SLAC)就曾检测到这类穿过防火墙的攻击，第二天早晨，SLAC 才关闭了与外部网络的一切联系，进行整治。

可以通过适当的防火墙配置来抗击这类攻击。还提出了如下建议：

(1) 前述攻击方法表明 IP 报头中的源地址不安全，因此一个主机可以将数据组中的源地址换成为另一主机的源地址。为了防止这类攻击，过滤规则应加上一条，即凡是来自 Internet 的数据组，若它包含有专用网内一个主机作为源地址就丢弃之，因为这样的数据肯定是行骗用的。

(2) Internet 上有些已知是常送一些行骗用数据组的主机，过滤器可以阻塞其进、出的所有数据组。在过滤规则上增加一条，其源地址或目的地址为该主机地址的数据组应全部丢弃。

10.4.3 代理服务器(Proxy Server)

代理服务器在 TCP/IP 应用层上可干预并检验数据流。专用网中的用户在访问 Internet 上的任何应用服务器之前必须首先访问代理服务器。大多数防火墙代理服务器中包括 TELNET 和 FTP。由于这些都是应用层上的服务，因此每一类应用都要有一个单独的代理服务器，其实现方法有多种。

设置代理服务器的目的是要干预用户对 Internet 的应用访问，它对用户进行认证，认定用户为授权访问者，才允许用户访问 Internet 上的相应服务器。来自 Internet 的用户对专用网中应用服务器的访问也可类似地处理。图 10-4-4 例示 TELNET 客户机和 TELNET 服务器之间采用代理服务器。客户机 A 访问 TELNET 服务器 B 的协议如下：① 专用网中客户机 A 向防火墙送出访问某 TELNET 服务器的申请；② 防火墙的代理服务器请 A 送用户 ID 和口令；③ 用户送 ID 和口令，代理服务器对其进行验证，若通过则进

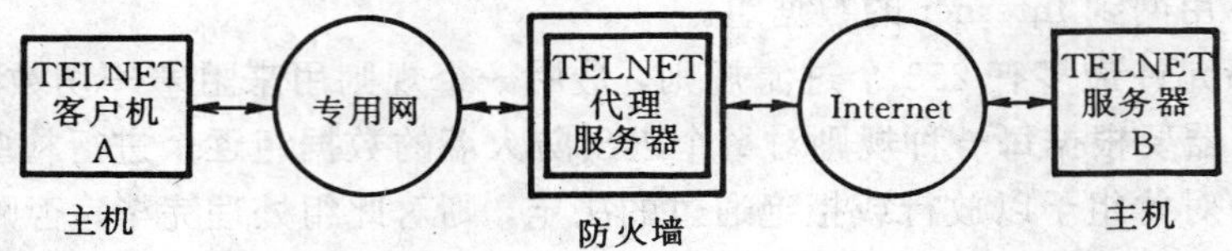

图 10－4－4　防火墙代理服务器示例

行下一步，否则拒绝请求；④ 用户向 Internet 中 TELNET 服务器 B 送出 TELNET 请求；⑤ 服务器 B 对用户进行认证，若通过则进行下一步，否则拒绝请求；⑥ 对从 A 到 B 的任何数据组，防火墙都截收，并以防火墙地址代替 IP 的源地址。这样专用网中内部的主机地址就不会暴露给 Internet 的主机。

对于许多文件，如标准文档可以通过匿名 FTP 支持进行访问。Internet 上的用户可以不经认证就可访问这类文件。为此，在一些专用网防火墙外设置一个服务器提供这类服务。这种局外化服务器限制 Internet 上用户只能访问放入这一服务器中的本地资源。而从局外服务器到专用网内用户的连通必须经过防火墙，参看图 10－4－5。

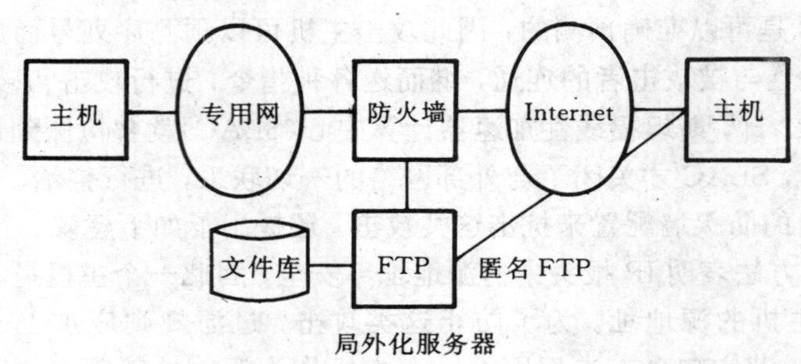

图 10－4－5　局外化 FTP 服务器

代理服务器的实现途经。代理系统由防火墙代理服务器组成，对于客户机来说可有三种途经实现代理：① **客户化用户法**(Customize User Procedure)，即用户被修改成可实现代理的功能。其最大优点是对客户机软件没有太多要求，给定一个具有扩充性的 TCP/IP 客户机软件，用扩充来实现访问 Internet 是很有吸引力的。缺点是必须训练用户熟悉如何与代理服务器联机，这对于较大的网点其成本和时间浪费较大。② **客户化服务器软件**，它要求对服务器软件做修改，为用户访问 Internet 提供透明服务，客户机和防火墙软件对应用数据流进行干预和导向。这类实现称作 SOCKS。下面还要对 SOCKS 进行介绍。③ 另一种方法，所有改动都在防火墙上进行，此时客户机软件和用户程序都无须做任何改动，此法仍然要求所有进出 Intranet 的消息都要通过防火墙。

上面提到的 SOCKS 是一种以客户化客户机方式提供的代理服务。它要求对客户软件进行修改以适于防火墙对专用网中主机与 Internet 上服务器之间的数据流进行干预。SOCKS 一般用于专用网中主机对 Internet 上服务器的访问。有关 SOCKS 协议及其安全性讨论可参看[Koblas 等 1992；Leech 1994；Chapman 等 1995；IBM 1995]。

图 10－4－6 表示 SOCKS 的一般实现框图。SOCKS 要对 TCP/IP 客户机进行修改以适应对 SOCKS 服务器的干预，称这类修改的 TCP/IP 客户机为 SOCK 化(Socksified)客户

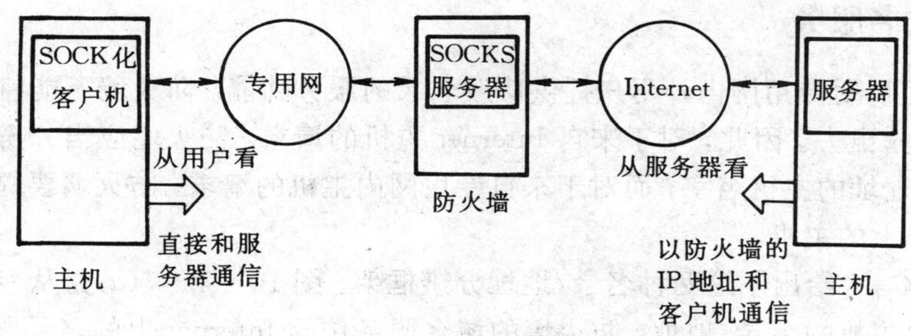

图 10－4－6　防火墙中的 SOCKS 支持

机。一个 SOCK 化的客户机所发送的 SOCKS 对用户是透明的。SOCKS 服务器安放在防火墙中，并对 SOCK 化客户机进行干预，对 Internet 中的服务器不做任何改动。

SOCKS V4 协议[Leech 1994]。SOCKS 的目的是为将 TCP/IP 安全地应用于防火墙业务提供一般框架，协议独立于 TCP/IP 应用程序的支持。当 TCP/IP 客户机要求接入服务器时，客户机程序必须先开通一个到 SOCKS 服务器的 TCP/IP 连通。一般 SOCKS 业务的端口号码为 1080，若连通请求可以接受，则客户机向 SOCKS 服务器送一个请求，它包括下述一些信息：① 希望的目标端口；② 希望的目标地址；③ 认证信息。SOCKS 服务器验证这些信息，如果认可则建立与 Internet 服务器的连通，否则就拒绝请求。根据 SOCKS 服务器中配置的数据对请求进行评估。SOCKS 服务器要将结果回送给客户机。

SOCKS 协议的优点是它对用户透明，用户访问 Internet 一点也觉察不出防火墙的干预。而且专用网设置防火墙也不需对用户进行任何训练。但是，此法要求客户机的软件做相应调整，可以在应用层或在 TCP/IP 程序中进行。若在应用层做，每个应用客户代理，如 TELNET 和 FTP 都必须 SOCK 化；若在 TCP/IP 中进行，SOCKS 协议可以在 SOCKS 堆栈上实现，故对 TCP/IP 应用是透明的。因此，每个 TCP/IP 应用可以做到 SOCKS 业务的透明应用。

10.4.4　用户认证

对于防火墙来说，认证主要是对防火墙用户的认证和防火墙管理员对防火墙的认证。

(1) **专用网到 Internet**。首先用户向防火墙送 ID 和口令，这些信息是在专用网上递送的，它被暴露的危险性要低于在 Internet 上递送的。其次是用户通过 Internet 向 Internet 上的主机递送 ID 和口令，采用一次性来防止窃听和重放攻击。

(2) **Internet 到专用网**。从 Internet 上的用户向专用网上服务器联机，首先用户要向防火墙送 ID 和口令，但是即使对口令进行加密也会在 Internet 上被复制，从而可能受到重放攻击。因此希望能采用一次性口令。一些令牌卡(Token Card)可以产生一次性随机口令，这样即使口令被窃听也不能再次使用。

(3) **管理员的认证**。Internet 上的攻击者可能扮演成防火墙的管理员来进行攻击。他可能用各种猜测的口令试图连接专用网。为此，要采取预防措施，如管理员应当要求用户采用一次性口令访问防火墙，防火墙管理员对来自 Internet 的任何访问都拒不接受，仅允许管理员从专用网侧连通防火墙。这些措施会大大降低 Internet 上的攻击者伪装成管理员来访问防火墙的机会。

10.4.5 域名服务

防火墙可以对专用网内外用户提供修改名录的服务功能。防火墙不能将专用网内主机的 IP 地址泄露出去。因此，对于来自 Internet 主机的请求，防火墙应当分辨专用网内所有到防火墙 IP 地址的主机名字；而对于来自专用网内主机的请求，防火墙要提供寻址名字以分辨 Internet 上的主机。

图 10-4-7 给出了这两种名录/地址分辨框架。图 10-4-7(*a*)是从专用网上客户寻问 Internet 上主机的名录/地址，防火墙的域名服务访问 Internet 上的名录服务器，得到所询问的主机名的 IP 地址，将其送给专用网上的名录服务器，专用网的名录服务器将这一响应再送给原来发出请求的客户；图 10-4-7(*b*)是 Internet 上的客户询问专用网内主机 IP 地址。这一请求送到 Internet 上的一个名录服务器，再前送给防火墙，防火墙以它自己的 IP 地址进行响应，代替专用网中主机的真实地址，这样 Internet 上的主机就只知道防火墙的 IP 地址。

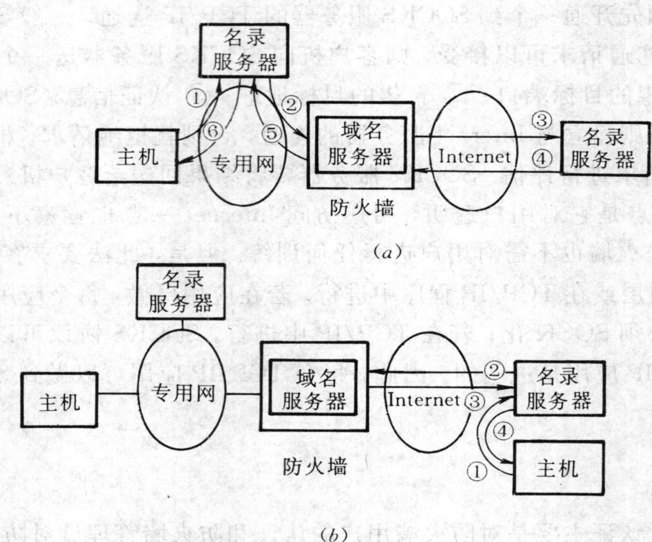

图 10-4-7 防火墙中的域名服务
(*a*) 从专用网上主机到 Internet 主机的名录/地址询问；
(*b*) 从 Internet 上主机询问专用网上主机名录/地址

10.4.6 函件处理

电子函件是专用网到 Internet 连通的一个主要业务，是 Internet 上用户之间交换信息时广泛采用的手段，一般采用简单函件传送协议 SMTP(Simple Mail Transfer Protocol)。这些函件都要通过防火墙验行，即在专用网上设置一个函件网关，通过它与防火墙连通，再与 Internet 上用户连通，如图 10-4-8 所示。

服务器中用于 E-mail 的基本程序 SENDMAIL 具有很多弱点，是易受攻击的目标。专用网上函件网关可以较好地提供保护。首先，从 Internet 上来的函件由防火墙接收，而后送给函件网关转递，因而对 Internet 上的攻击提供了较好的保护。另外，在专用网和

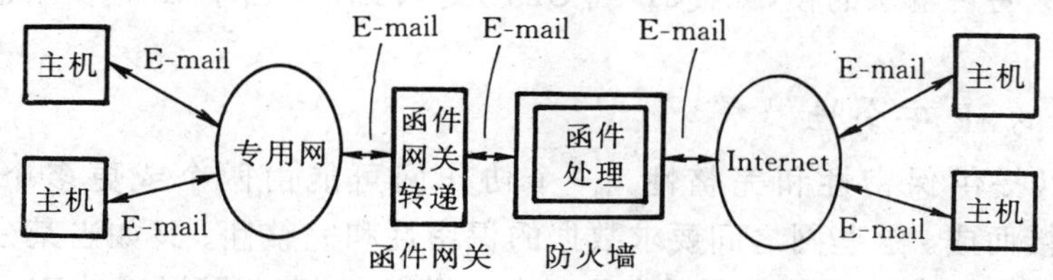

图 10-4-8　防火墙的函件处理

Internet 之间的所有函件都通过一个点来控制，这便于对用户认证，有利于抗伪装攻击和防病毒。

10.4.7　IP 的安全性

IETF 于 1993 年开始开发 IP 的安全结构，以便对 Internet 上的通信提供密码保护，1996 年又公布了 IP V6 的协议。IP 层的安全包括两个功能，即认证和保密。认证机构保证接收的数据组就是由数据组报头中所识别出的作为该数据组的源所发送的。此外，认证机构还要保证该数据组在传送中未被窜改。保密性保证通信结点对所传消息进行加密，防止第三者窃听。

1995 年 8 月 IETF 规定了 Internet 层的安全能力，下述几个文件给出有关说明：① RFC 1825 为安全结构的一般介绍；② RFC 1826 为将数据组认证扩充到 IP 的描述；③ RFC 1828 是对认证机构的规定；④ RFC 1827 为将数据组加密扩充到 IP 的描述；⑤ RFC 1829 是对加密机构的规定。IP V6 必须支持这些特征，而对 IP V4 则是选项。这些安全特征以 IP 主报头后进行扩充实现，即增加认证报头 AH(Authentication Header)，采用 MD-5 进行杂凑，增加安全报头 ESP(Encapsulating Security Payload)，采用 DES 加密。有关细节可参看[Stallings 1996；Hinden 1996]。

1. IP 的认证报头

IP 的认证报头对报头中所指的两个实体之间提供认证与完整性，可用于主机或网关之间。IP 认证报头是通过一个密码认证函数对 IP 报文进行计算得到的，建议采用 MD-5 杂凑算法。

2. IP ESP

IP ESP(Encapsulation Security Payload，封包安全负载)报头包括 32 bit 安全参数指标 SPI(Security Parameter Index)。SPI 与目的地址的组合可惟一识别安全字段(Security Association)，它包含了可以识别用于数据报文密码业务的各种参数。这些参数包括认证和加密算法，算法运行模式，算法所用密钥以及密钥有效期等。IP 安全中广泛采用了安全字段。

在要求 IP 报文的完整性和保密性时，ESP 对数据进行加密，将结果作为数据报文中 ESP 的一部分。它有两种工作模式：① **隧道模式**(Tunnel Mode)。发送者将原数据报封入 ESP，得到一个密钥(采用安全字段)并用它进行加密变换，此加密的 ESP 放入 IP 数据报文中。IP 数据报文包含有明文形式的 IP 报头，用它来选择此数据组通过 IP 网的路由。接收机从安全字段得到密钥，并用此会话密钥对 ESP 进行解密。② **传输模式**(Transport

Mode)。该模式只将传输层的帧(如 TCP 或 UDP)封入 ESP，由于 IP 报头未加密而可节省带宽。

3. 防火墙的 IP 安全性

防火墙可以提供保密性和完整性。一个协作网可能由两个或更多个专用网通过 Internet 相互连接而成。这些网之间要求数据的保密性和完整性。又如当某公司人员出差在外，要在旅馆房间内与公司领导联系也需要安全保密。这些都可以通过 IP 的安全机制实现，图 10－4－9 给出示例。

图 10－4－9(*a*)采用 ESP 隧道模式在两个防火墙之间实现加密通信，保证了两个专用网之间的安全通信，它对专用网上的终端用户或主机是透明的，对终端或主机中的软件不需做任何改动。图 10－4－9(*b*)的左边的主机可看作是公司总部用的，右边的主机可看作是公司业务员出差在外用的，此图表示从旅馆经过 Internet 到公司总部之间的保密通信。用户便携机和公司防火墙支持 ESP 隧道模式(或传输模式)，其中在旅馆一方没有防火墙。图 10－4－9(*c*)是专用网的主机与 Internet 中的主机之间实现的端—端加密传输，在每个主机系统都实现 ESP 隧道模式寻址。

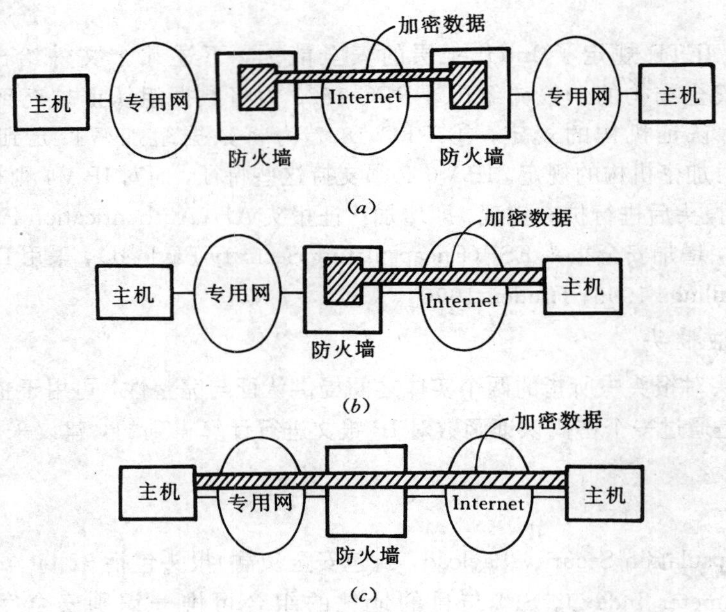

图 10－4－9　主机和防火墙中的 IP ESP 隧道

(*a*) 防火墙间的隧道；(*b*) 防火墙与 Internet 上主机之间的 IP ESP 隧道；

(*c*) 专用网中主机和 Internet 中主机之间的 IP ESP 隧道

已有数十家公司开发防火墙产品，其中较好的产品有：Checkpoint 软件公司的防火墙 1 号，Harris 计算机系统公司的 Cyberguard，Trusted 信息系统公司的 Gauntlet 等。以上是 DataComm 杂志和美国国家软件实验室(NSTL)邀请 20 多家厂商参加防火墙产品测试评选的前三名。有关防火墙可进一步参看[Cheswick 等 1994；Siyan 等 1995；Chapman 等 1995]。

10.5　入侵的审计、追踪与检测技术

10.5.1　审计追踪

审计追踪可自动记录一些重要安全事件，如入侵者持续地试验不同的通行字企图接入。记录此事件应包括试图联机的每个用户所在工作站的网络地址和时间，同时对管理员的活动也要记录，以便于研究入侵事件。有些入侵成功可能是由于管理员的错误所造成的，如管理员误将根访问权给了另一个用户。审计记录追踪是检测入侵的一个基本工具。

审计要求有：① 自动收集所有与安全性有关的活动信息，这些活动是由管理员在安装时所选定的一些事件。② 采用标准格式记录信息，如表 10－5－1 所示，由六个字段组成。③ 审计信息的建立和存储是自动的，不要求管理员参与。④ 在一定安全体制下保护审计记录，例如用根通行字作为加密密钥对记录进行加密，或要求出示根通行字才能访问此记录。⑤ 对计算机系统的运行和性能影响尽可能地小。

表 10－5－1　审计记录格式

格　　式	例
主　体	张 玉 华
动　作	写入文件
目　标	雇员记录文件
例 外 条 件	无
资源利用次数	10
时戳	0900 112797

审计记录追踪实现方式有：① 本地审计记录(Native Audit Records)。所有多用户操作系统都有一个统计软件，用来收集用户活动的信息。可以用其实现安全审计追踪，但它不一定含有安全所需的信息，或其格式不便使用。② 专用审计记录。只记录入侵检测系统所需的审计数据；独立于各种具体操作系统，便于实现安全审计。当然要附加投资[Denning 1987]。

审计系统设计的关键是首先要确定必须审计的事件，建立软件记录这些事件，并将其存储，防止随意访问。审计机构监测系统的活动细节并以确定格式进行记录。对试图(成功或不成功的)联机，对敏感文件的读写，管理员对文件的删除、建立、访问权的授予等每一事件进行记录。管理员在安装时对要记录的事件作出明确规定。

为了保证连续作用，系统设有两个记录文件，当一个存满后就自动转向另一个。这为管理员腾出时间进行备份。

10.5.2　入侵检测

入侵检测(Intrusion Detection)是检测和识别系统中的未授权或异常现象，利用审计记录，入侵检测系统应能识别出任何不希望有的活动，这就要求对不希望的活动加以限定，

一旦当它们出现就能自动地检测。入侵检测技术的第一条防线是接入控制，第二条防线是检测(Detection)。

检测的作用有如下几个方面：① 若能迅速检测到入侵，则可能在进入系统损坏或数据丢失之前识别并驱逐它。② 即使做不到这点，也会减少损失和能使系统迅速恢复正常工作。这种检测技术措施可以造成对入侵的威胁，遏制其行动。③ 检测可以收集有关入侵技术信息，用来改进和强化抗击入侵设备的能力。

检测的基本方法有两大类：① 统计异常检测法(Statistical Anomaly Detection)：定期收集与合法用户行为有关的数据，而后用于对观察的行为进行统计检验，以高可信度决定是否与合法用户行为相符。这又可分为两类：一类是门限检测(Threshold Detection)，这种方法对各种经常出现的事件定义一个独立于用户的门限；另一类是基于轮廓的检测(Profile-based)，这种方法研究出每个用户活动的轮廓，用来检测个别用户行为记录的变化。② 基于规则的检测(Rule-based Detection)：试图以预先定义的一组规则来检测一个入侵者的行为。这也可分为两类：一类是异常检测，这种方法制定的规则可发现偏离正常使用的模式；另一类是穿透性识别，这种方法采用专家系统搜索可疑的行为。

入侵检测系统设计分两个主要步骤：第一是建立审计记录，第二是以入侵门限值检验审计记录，如图 10-5-1 所示。对于审计记录，每隔一定时间就要进行检测看是否有超过门限的异常现象，并生成审计报表供管理人员研究分析。

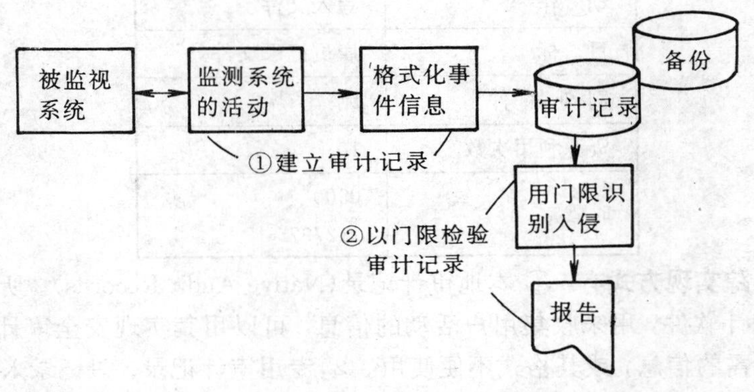

图 10-5-1 入侵检测

入侵检测模型。D. Denning[1987]曾给出一种入侵检测模型，它由主体、客体、审计记录、轮廓(Profiles)、异常记录和活动规律等组成。按一定格式记录，主体表示系统中开始某个行动的实体，它可能是终端用户或处理有关用户的行动。动作字段描述主体所采取的动作，包括联机、脱机、对文件的读写或执行一个程序。客体字段是主体行动的接受者，包括文件、数据库、消息、终端、打印机、用户或程序所建立的数据结构。当主体是一个动作(如一个电子函件)的接收者时，将其看作是客体，例如条件字段指示是否检测出这个行动异常，资源利用字段指示该行动利用资源的数量级，如打印行数、读取记录个数、写入文件数、或程序所占用的 CPU 时间等。轮廓表征主体或一组主体作用于客体(或一组客体)的行为。它包括主体对客体的正常行为描述，故可用于检测和告知审计记录中的任何异常行动，有三种可供选用的轮廓模式。

(1) **联机会话活动**(Logon and Session Activity)。指在审计记录中的联机和会话活动，主机是用户，客体是用户所联机的地点，动作是联机或脱机(Log Off，或其同义语 Log Out)。由联机频度(Logon Frequency)、地点频度(Location Frequency)、上次联机、会话持续时间(Session Elapsed Time)等可构成一个轮廓。联机频度以时间和日计，可以用来分辨入侵者在下班后试图联机，而合法用户则不会在此时联机。地点频度用来测量不同地点的联机事件，有助于发现黑客在一个合法用户从不联机的地点伪装他人联机。上次联机提供了两次相继联机的时间间隔。这些因素综合给出对异常事件的判断。经验表明，在大多数计算机环境下，按此法定义的轮廓在检测异常事件上很有效[Amoroso 1994]。

(2) **指令程序执行**(Command Program Execution)。审计记录中的主体为用户，客体为程序名以及执行动作。轮廓由执行频度(Execution Frequency)、资源利用(Resource Usage)和拒绝执行(Execution Denied)等构成。执行频度指示在一定时间内程序被执行的次数，资源利用表示在执行程序过程中占用 CPU 的时间或文件输入/输出操作的次数。这些度量对于不同系统是相当有规律和可预测的。例如，E-mail 服务器在接收或发送 E-mail 时占用 CPU 的时间很短；科学计算机系统在每次执行应用程序时会占用很多 CPU 资源；拒绝执行记录在给定时间段(如一天内)企图执行未授权程序的次数。这些都有助于鉴别异常现象。

(3) **文件访问行动**(File Access Activity)。审计记录中的主体为用户，客体为文件名和对文件施行的读、写、建立、删除或添加(Append)等操作。在特定时间间隔内，每种操作执行都有一定的规律可循。例如，用户对一个通行字文件访问和更新通行字次数是有一定规律的，而要复制这个文件的行为却是极为可疑的。

当检测系统发现审计记录与轮廓相比较出现异常时，所建立的记录为异常记录(Anomaly Records)。它包括：事件、时间和轮廓字段，事件字段指出系统的行动，时间字段说明发生的时间，轮廓字段表示与正常轮廓不一致的轮廓。

10.5.3　计算机护卫——审计追踪工具

计算机护卫(Computer Watch)是由 AT&T Bell 实验室 C. Dowell 和 P. Ramstedt 报告的一种审计追踪工具，它与基于 UNIX 的广泛被采用的许多审计追踪工具相竞争[Amoroso 1994]，参看图10-5-2。

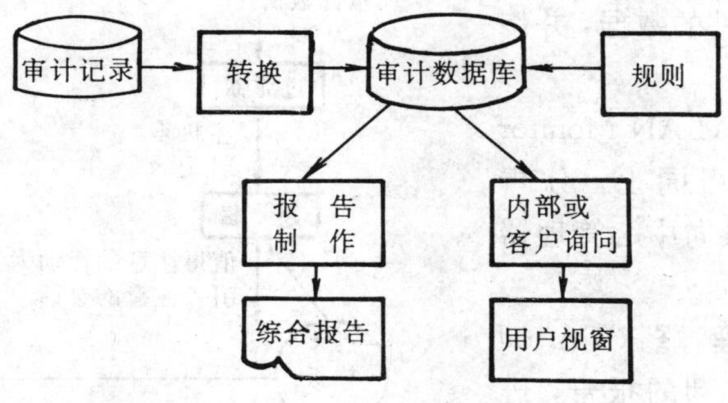

图 10-5-2　计算机护卫系统的组成

10.5.4 分布式入侵的检测

以前的大多数检测都针对一个独立的计算机系统，最近开始研究LAN或Internetwork系统的入侵检测问题。有效方式是通过网络使各系统的入侵检测系统进行协调和合作。

设计分布式入侵检测系统要考虑的问题有：① 涉及并处理不同的审计记录格式。② 网络中的一个或几个结点将作为从网络收集数据，并进行分析检测的基站。其审计数据传递过程中要防止入侵者攻击，需要进行加密和认证。③ 可以采用集中式或分布式检测结构。

分布式入侵检测系统由三个主要模块组成[Heberlein 等 1992；Snapp 等 1991]，参看图10-5-3。

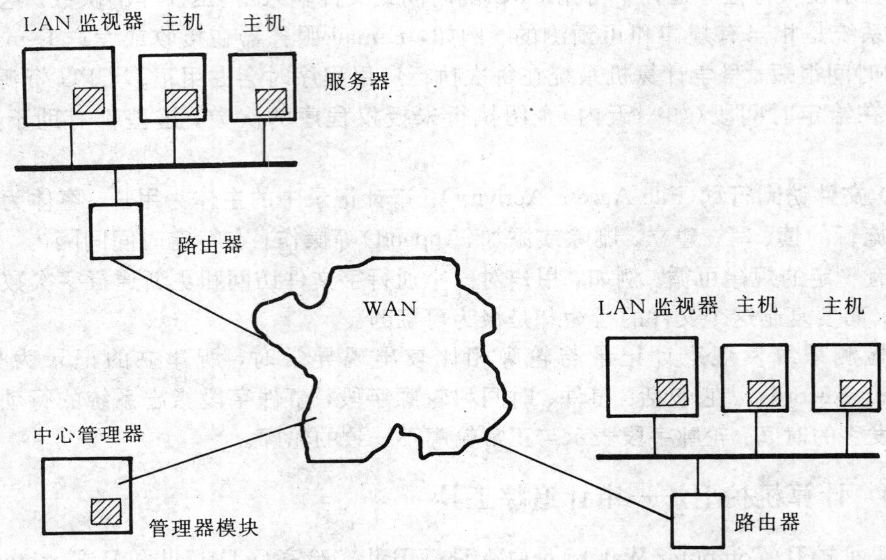

图 10-5-3 分布式入侵检测系统

(1) **主机服务**(Host Agent)模块，用它的审计收集模块作为监视系统的基础，收集有关安全事件的数据，并传给中心管理器。

(2) **LAN 监视服务**(LAN Monitor Agent)模块，它的作用同上，分析LAN的业务，并将结果向中心管理器报告。

(3) **中心管理器**(Central Manager)模块，分析收到的报告，进行处理并做出对入侵的检测。

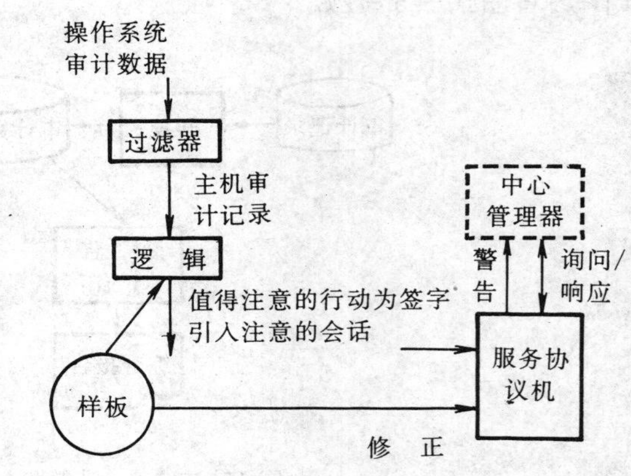

图 10-5-4 服务模块实现框图

服务模块的实现可参看图10-5-4。由本地审计收集系统送来的数据，经过过滤析出与安全有关的数据，并变成标准的格式

——主机审计记录(HAR)格式。逻辑模块按样板对送入的审计数据进行分析，找出可疑事件送出。服务器扫视这些值得注意的事件(如未能访问文件、访问系统文件、改变文件的接入控制等)，查看事件系列，如已知攻击模式(签字)，最终根据用户以前的活动史，确定出异常行为，向中心管理器报警。中心管理器通过专家系统可以从输出数据和询问得到的信息做出推断。

LAN监视服务器也向中心管理器提供信息，它审计主机－主机之间的连接、所进行的业务以及业务量等；搜索与安全有关的重要事件，如网络负荷突变、有关用户安全业务、网络活动等。

上述实现方式较灵活，实现了基本独立于原系统的安全审计机构。

10.6　隐　信　道

隐蔽(Covert)信道简称为**隐信道**，是相对于公开(Overt)信道而言的。公开信道是为合法信息流提供传输的通道。隐信道是采用特殊编译码，使不合法信息流(通常为秘密信息)可以逃避常规安全控制机构的检测，在普通系统中所形成的一个秘密的传输通道，传给未授权者，参看图10－6－1。

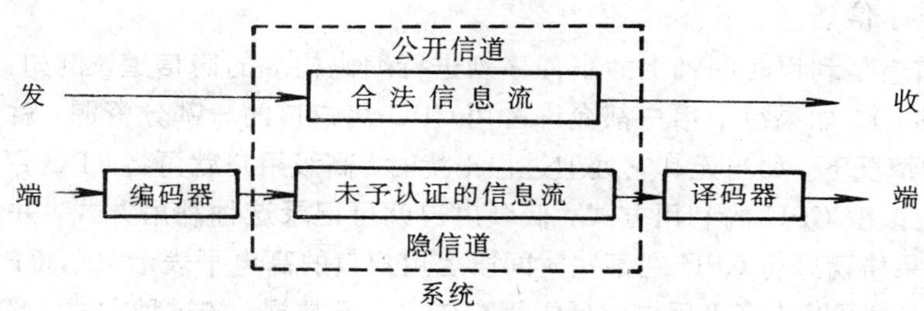

图10－6－1　公开信道和隐信道

例如，对某公司不满意的雇员故意将该公司有秘密信息的文件编成一个命名文件，使其可以传给公司以外的用户。这类信道常常是可全天候利用的，从而使非法分子可以实时或稍迟递送非法信息。另外，隐信道难以检测，有时虽可采用降低隐信道的带宽，但难以完全消除隐信道。

在隐信道中，具有高级安全**许可**(Clearance)的用户称作**高级**(High)用户，而有低级安全代理的用户称作**低级**(Low)用户。隐信道将提供从高级用户向低级用户递送未授权的秘密信息，这应当由接入控制机构予以防止，而隐信道则常常钻其漏洞。

10.6.1　隐信道存在的条件

(1) 网络设计实现中的疏忽总有可能被用来建立隐信道。例如网络管理员未能正确实现文件名的规定，而被滥用文件名建立隐信道。在设计过程中，可能未意识到的一些导致建立隐信道的因素，如设计中允许高级用户与低级用户都可列出在给定时间系统中所有正在工作用户的名字，则高级用户就可用用户名进行编码建立一个隐信道递送秘密信息，而低级用户可根据用户名登录表译出秘密信息。

(2) 接入控制机构实现或运行不正确会造成漏洞，可能被利用来实现隐信道。

(3) 收发之间存在共享资源，可利用它来建立隐信道。

(4) 系统中被植入特洛伊木马(见 10.7 节中的解释)，利用它可以建立隐信道。特洛伊木马可以将机密信息编码递送给未授权用户，为此收发双方要拟定编译方法。

10.6.2　隐信道的类型

隐信道基本上分为两类，即**隐存储**(Covert Storage)信道和**隐定时**(Covert Timing)信道。

1. 隐存储信道

隐存储信道是利用某种存储机制实现的隐信道。例如：① 磁盘空间有关盘的可用空间的大小的共享信息可用来建立信道。假定每一过程都要询问有关收发端的可利用磁盘空间的信息，则高级和低级用户就可分配磁盘空间，并决定自由磁盘空间，因此高级用户就可以分配一定的磁盘空间用于编码信息，低级用户提出询问高级用户分配磁盘空间前后可用磁盘空间的大小，从而可以获取高级用户意图传给低级用户的信息。② 打印空格(Print Spacing)，通过控制文本中某些句子之间或字之间的空格大小进行编码实现隐信道。③ 文件名可以被利用进行编码实现隐信道。

2. 隐定时信道

隐定时信道是利用时间轴上的事件序列进行编码构成的隐信道。例如：① CPU 的用户口(Utilization)，如果每个用户都允许占用 CPU 用户口的一部分资源，就可建立一个隐信道。在某种情况下，如当无其它处理过程干扰时，高级用户就可将 CPU 用户口在预定的原时间间隔上改变 CPU 的利用方式，低级用户就可记录这种利用方式，并译出未授权信息。例如，如果协商好将 CPU 在某些时间段上用户口的高电平表示"1"，CPU 用户口的低电平表示"0"，就可以从高级用户向低级用户传送二元数据。按这种方式，高级用户就可以操纵 CPU 的用户口建立一个隐信道。② 如果有一种高级和低级用户都可接入资源，就可用它来建立隐信道，高级和低级用户均可访问的一个文件或数据库，高级用户就可在预定的时间分配资源，如果低级用户试图访问同一资源，由于资源处于忙状态而不能利用。若将忙状态定义为"1"，而自由资源定义为"0"，高、低级用户事先约定在特定时间间隙上进行这类访问，高级用户就可以利用这一隐信道向低级用户传送机密信息。

3. 隐信道的带宽

隐信道的带宽由信道可用于隐态运行的时间段及相应的可传数据率决定。有些信道可以在很长时间段上实现相对不变的低比特率传递，另一些信道可能允许短时间高比特率传递，后者称作**突发型**(Bursty)隐信道。这种突发型信道造成的危害可能比前者更大些，例如一个突发隐信道，每月只有一次短时间泄漏，但数据率可达 300 KB，大约可传 120 页(每页 50 行，每行 50 个字符)。它可与一个长时间低速率泄露的隐信道相当，如 1 bit/s，其一个月的泄露为 324 KB。

可以通过分析信道行为估计隐信道的带宽。进行估计的基本参数是：① 被高级用户修正的共享资源的次数；② 低级用户可检测这类变化的次数；③ 被其它过程干扰的总计量。还有一些影响带宽的因素，如噪声、并行性等的影响，这包括了由于信道中存在其它活动所造成的干扰。这里的并行性指同时利用一个以上的资源或信道传送未授权信息。

10.6.3　隐信道的检测与消除

可以通过下述步骤分析隐信道：① 识别隐信道；② 确定可通过隐信道传送的数据的安全级；③ 确定通过隐信道传送的数据量或估计出隐信道的带宽；④ 利用上述信息作成本/赢利分析，推算出消除此隐信道的费用及由于防止经由隐信道泄露数据所获利的大小。

一种综合性方法是分析系统中所有类型的信息流来检测隐信道，但实现起来太费时，成本也过高。最好的补救方法是在系统初始设计时就注意，如对系统的资源和信息流按用户和过程进行分级管理，视任何由高级用户的信息流为非法，从而杜绝隐信道的出现。

Kemmerer[1983]曾提出一种共享资源矩阵法来识别隐信道。

有关隐信道更深入的内容可参看[Ahuja 1996；Browne 1995；Girling 1987；Kang 1995；Llepere 1985]。

10.7　网络病毒与防范

10.7.1　病毒(Viruses)

对计算机系统最大的威胁可能是计算机系统中程序的薄弱环节易受到攻击，而对软件的最大威胁就是病毒。1983 年美国科学家佛雷德·科恩最先证实病毒的存在。它是一种人为制造的寄生于应用程序或操作系统中的可执行、可自身复制、具有传染性和破坏性的恶性程序。1987 年发现第一类流行电脑病毒(Brain)，到 1995 年 1 月病毒数已增至 6 000，且每年要增加 40%，潜在破坏力极大。它不仅成为一种新的恐怖活动手段，而且正在演变为信息战中的一种进攻性武器。

恶性程序(Malicious Program)的分类如图 10-7-1 所示。

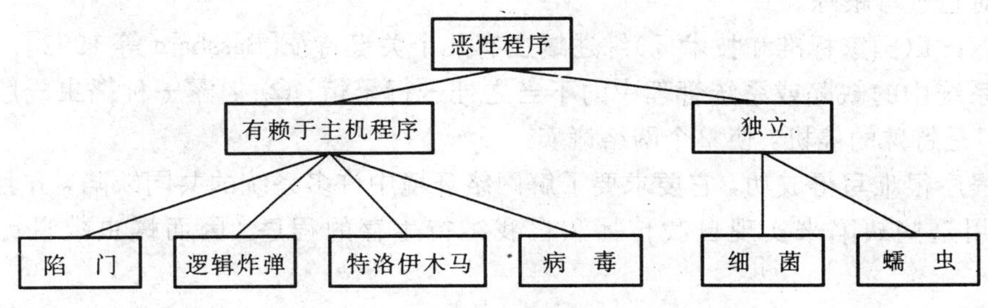

图 10-7-1　恶性程序分类

(1) **细菌**(Bacteria)：通过自身重复、消耗系统资源的程序，不会破坏文件。

(2) **逻辑炸弹**(Logic Bomb)：嵌入计算机程序中的逻辑，当检验一组条件满足时才起作用。它执行一些函数造成一种未授权的操作，改变、删除数据，甚至整个文件，造成停机等。

(3) **陷门**(Trapdoor)：是程序中的一个秘密的、未载入文本的(Debug 常用此技术)入口，可以不通过常规接入认证方式进入系统。

(4) **特洛伊木马**(Trojan Horse)：在一个有用的程序中埋入一个秘密的未载入文本的

子程序，一执行该程序就会执行这一秘密程序，使非法用户达到进入系统、破坏数据结构的目的。而且难以发现。

(5) **病毒**(Virus)：在程序中埋入的指令代码，并且会自行复制(感染)嵌入到一个或更多个程序之中。除了这类传播外，还会造成一些想不到的有害作用，如控制磁盘操作系统。

(6) **蠕虫**(Worm)：可以自行复制的程序，并且通过网络连接点，从一个计算机传到另一个计算机中。一旦到达一个新计算机中，蠕虫就会积极地复制并进行传播。除了传播之外，它还会造成一些不良作用。在网络范围起着像病毒、细菌和特洛伊木马一样的作用。

这些软件可以做其它程序能做的任何事。惟一差别是它附在另一个程序之上，当主机程序运行时，它秘密地执行。

病毒的种类繁多，结构复杂，功能各异，感染和传播方式也不完全一样。

10.7.2　网络蠕虫

网络蠕虫具有病毒和入侵者双重特点：像病毒那样，它可以进行自我复制，并可能起到假指令作用去执行；像入侵者那样，以穿透网络系统为目标，将其自身通过网络复制传播到其它计算机上。

蠕虫的传播类似于病毒，其传播可分几个阶段，即**潜伏期**、**传播期**、**发作期**、**执行期**。在传播期完成：① 搜寻感染对象，如主机中的表或远端系统的地址；② 建立与远端系统的连接；③ 将自己复制到远端系统。

Internet 蠕虫。1988 年 Robert Morris 在 Internet 上公布了有名的一些蠕虫及其特点。这些蠕虫寻找系统中一切可利用的漏洞进行渗透和发展。例如：① 它试图和一个远端系统以合法用户一样进行联机，先攻破本地通行字文件，找出相应通行字和用户的身份、账号等；② 利用查询协议中的 bug，来报告哪儿有一个远程用户；③ 利用远程用户处理过程中 debug 选项中的一个陷门，接收和发送函件。

很难对 Internet 蠕虫进行定位，因为它在系统传送过程中都采用加密形式，在文件系统中很难对它进行跟踪。

美国 NIST(国家标准和技术局)综述蠕虫有几个关键特征[Bassham 等 1992]：① 蠕虫利用操作系统中的缺陷或系统管理中的不当之处进行繁衍；② 揭露一种蠕虫一般会造成短暂的、但是特殊的停机，使整个网络瘫痪。

蠕虫程序很难写得成功，它要求要了解网络环境中许多系统的共同缺陷，并且要研究出如何利用这些缺陷来实现自我传播和自我维持生存的程序。因而蠕虫数量比病毒少得多。

10.7.3　抗病毒

抗病毒的方法有：① 检测；② 识别；③ 从程序中清除等。抗网络病毒的措施有：① 接入控制，对用户进行识别和认证，防止蠕虫不经认证进入系统；② 入侵检测；③ 在网络之间设置防火墙，进行网络间的认证和接入控制。

抗病毒软件已经历了几代，第一代只是简单地搜索检测；第二代为启发式搜索检测；第三代主动地捕获；第四代是全方位地防护。

抗病毒是网络安全的一个新领域，特别是 Internet 为网络病毒的传播提供了极大的方便。研制抗网络病毒的有效工具已是当务之急。已有一些产品，如ON Technolygy公司设计的Virus-Track产品用于入口处隔离病毒。ON Technolygy公司还设计了Purview Internet Manager，是一种Internet信息管理器，可提供有关公司雇员在Internet上做了什么的详细信息。DataFellows公司提供一种叫做Prot的抗病毒软件，其上可增加在传输层加密用的F-Secure产品，它使用SSH协议。

10.8 可信赖网络系统

可信赖系统(Trusted System)是一切信息系统追求的目标，特别像军事、政府、金融、商业服务等电子系统设计中，实现可信赖系统的技术就更为重要。

可信赖系统的组成如图10-8-1所示，它由多级安全、参考监视器和安全核组成。

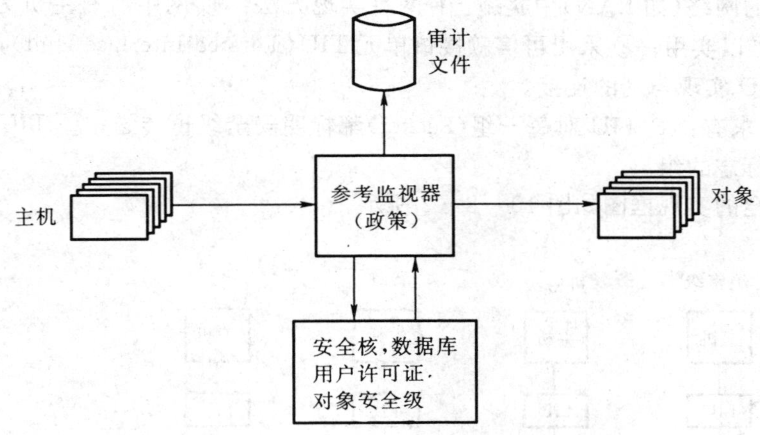

图10-8-1 可信赖系统模型

多级安全(Multilevel Security)源于军事系统。它将信息分类管理，如绝密(TS)；机密(S)；秘密(C)；内部(U)。

这种分级概念可以用于其它领域，也不一定都按四级实施。比如在一个公司内，有关公司的发展、规划、关键技术文件可列为绝密级，只让少数高级管理人员接触；一般财务、个人数据可让管理人员接触。

最初多级安全只在孤立的计算机系统中实现，现已推广到网络系统。

实现多级安全的原则：① 只能下读，即主体只能读所授权信息类中密级等于或低于其所授密级的目标中的信息，称此为**简单安全属性**(Simple Security Property)；② 只能上写，即主体只能向所授权允许访问信息类中密级等于或高于其所授密级的目标写入新信息，称其为**星属性**(★-Property)。适当执行能下读和只能上写这两条规定就可实现多级安全，并能有效对付各种攻击。

参考监视器(Reference Monitor)是计算机操作系统中的硬件控制单元，它按主体客体的安全参数规定主体对目标对象的接入，执行安全政策，实现有效的安全接入控制。参考监视器具有下述特点：

(1) **完全中介性**(Complete Mediation)。对每个接入都实施安全规则。保证对主存、磁盘、磁带中的每一数据均由它控制才能访问。

(2) **隔离性**(Isolation)。保证参考监视器和数据库不受未认证的修改；保证系统不被攻破。

(3) **可证实性**(Verifiability)。参考模型的正确性必须是可证明的。在数学上证明参考模型执行了安全规定，并提供了完全中介和隔离性。

能提供这种可证实的系统才是可信赖系统。

安全核(Security Kernel)。它有一个数据库，其中存有每个主体的接入权限和每个客体的保护属性(密秘级别)的接入控制表。

美国国防部于1981年在美国安全局(NSA)建了一个计算机安全中心，作为可信赖计算机系统的一个模型，除满足他们使用之外，还开放公共服务，以鼓励推广这类系统。

多级网络安全。可信赖系统概念可推广至网络环境。此时，多级安全政策要在由许多主机、终端连成的网络(如LAN)中实施。有两种实现方法：① 网中所有主机为可信赖系统，成本太大而难以实用；② 采用可信赖接口单元TIU(Tursted Interface Unit)，主机或终端都设有一个TIU实现与网的连接。

对TIU的要求有：① TIU对每一组(Packet)都标明安全级再传送；② TIU只接收同级或较低安全级标志的组。

多级网络安全的实现框图如图10-8-2所示。

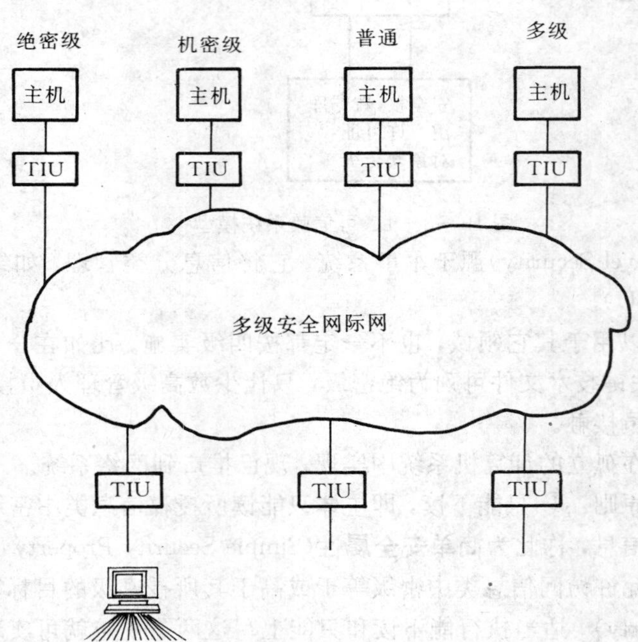

图10-8-2 多级网络安全实现框图

利用TIU易于构成多级安全网络，成本较低，对每个组(包)的处理开销小，而且易于证实。

可信赖技术可以用小规模硬件或软件实现，特别适用于前端处理器、接入控制中心、密钥分配中心等采用。

第11章　通信网的安全技术(二)——网络加密与密钥管理

网络加密是保护网中信息安全的重要手段，网络环境下的密钥管理是一个复杂而重要的技术。本章将首先介绍有关网络加密的方式和硬件加密、软件加密的有关问题及实现。第 9 章曾讨论了密钥建立协议，本章将介绍密钥建立的通信模型，密钥分类、生成、长度与安全性、传递、注入、分配、证实、保护、存储、备份、恢复、泄露、过期、吊销、销毁、控制、托管以及密钥管理自动化等有关内容。

11.1　网络加密的方式及实现

网络数据加密是解决通信网中信息安全的有效方法。虽然由于成本、技术和管理上的复杂性，网络数据加密技术目前还未在网中广泛应用，但从今后的发展来看，这是一个很可取的途径。有关密码算法等在前面已全面介绍过了，这里主要讨论网中加密的方式。网中加密的方式有链路加密、端—端加密和混合加密，现分述如下。

1. *链路加密*

如图 11－1－1 所示，**链路加密**是对网中两个相邻节点之间传输的数据进行加密保护。在受保护数据所选定的路由上，任一对节点和相应的调制解调器之间安装有相同的密码机，并配置相应的密钥，不同节点对之间的密码机和密钥不一定相同。

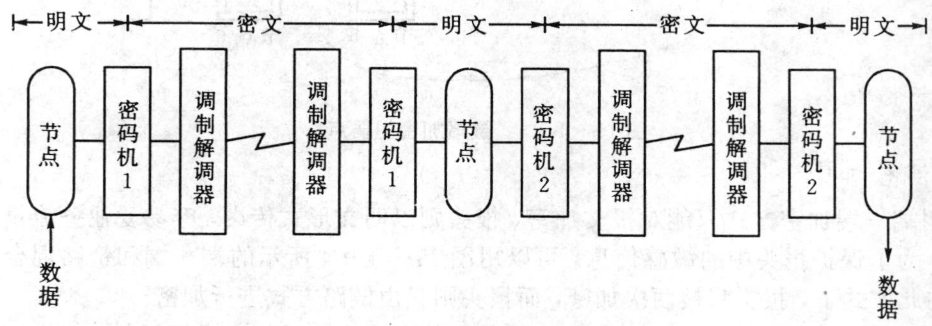

图 11－1－1　链路加密

2. *端—端加密*

如图 11－1－2 所示，**端—端加密**是对一对用户之间的数据连续地提供保护。它要求各对用户(而不是各对节点)采用相同的密码算法和密钥。对于传送通路上的各中间节点，数据是保密的。

图 11-1-2 端—端加密

链路加密虽然能防止搭线窃听，但不能防止在消息交换过程中由于错误路由所造成的泄密，参看图 11-1-3。在链路加密方式下，由网络提供密码功能，故对用户来说是透明的。在端—端加密方式下，如果加密功能由网络自动提供，则对用户来说也是透明的；如果加密功能由用户自已选定，则对用户来说就不是透明的。采用端—端加密方式时，只在需用加密保护数据的用户之间备有密码设备，因而可以大大减少整个网中使用密码设备的数量。

网络中传送的消息由报头(含目的地、作业号、报文源、起止指示符、报文类别、格式等业务数据)和报文(用户之间交换的数据)组成。在链路加密方式下，报文和报头可同时进行加密，这有利于对抗业务流量分析。

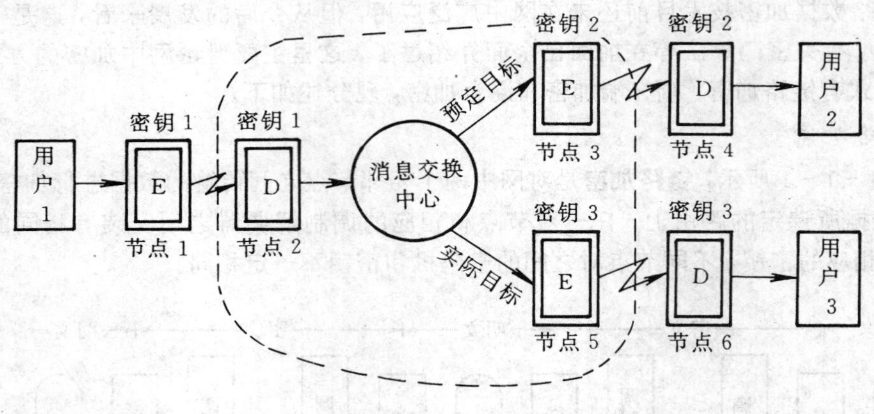

图 11-1-3 链路加密的弱点

3. 混合加密

采用端—端加密方式只能对报文加密，报头则以明文形式传送，容易受业务流量分析的攻击。为了保护报头中的敏感信息，可以用图 11-1-4 所示的端—端和链路混合加密方式。在此方式下，报文将被两次加密，而报头则只由链路方式进行加密。

在明文和密文混传的网中，可在报头的某个特定位上指示报文是否被加密，也可按线路协议由专用控制信息实现自动起止加密操作。

从成本、灵活性和安全性来看，一般端—端加密方式较有吸引力。对某些远程处理机构，链路加密可能更为合适。如当链路中节点数很少时，链路加密操作对现有程序是透明

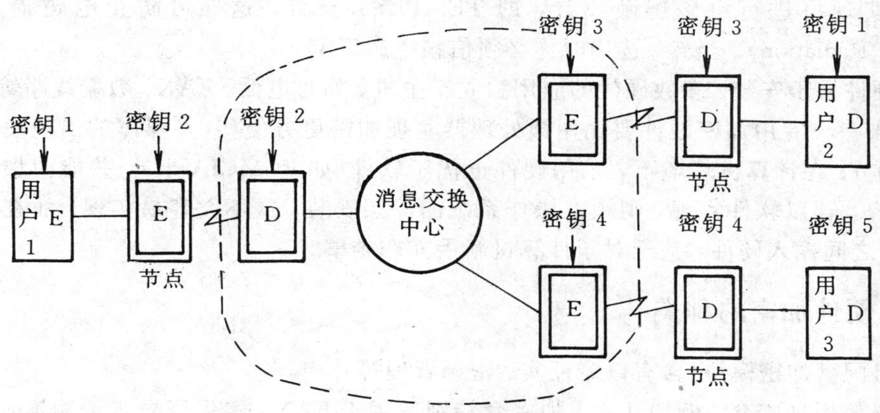

图 11-1-4　混合加密方式

的，无须操作员干预。目前大多数链路加密设备是以线路的工作速度进行工作的，因而不会引起传输性能的显著下降。另外，有些远端设备的设计或管理方法不支持端-端加密方式。端-端加密的目的是对从数据的源节点到目的节点的整个通路上所传的数据进行保护，而链路加密的目的是对全部通路或链路中有被潜伏截收危险的一段通路进行保护。网中所选用的数据加密设备要与数据终端设备及数据电路端接设备的接口一致，并且要遵守国家和国际标准规定。

当前，信息技术及其应用的发展领先于安全技术，因此应大力发展安全技术以适应信息技术发展的需要。安全技术和它所带来的巨大效益远未被人们所认识，但对这个问题的认识绝不能太迟钝。信息的安全设计是个较复杂的问题，应当统筹考虑，协调各种要求，并力求降低成本。

11.2　硬件加密、软件加密及有关问题

11.2.1　硬件加密的优点

(1) 长期以来一直采用硬件实现加解密，主要原因是其加密速度快。许多算法，例如 DES 和 RSA，大都是 bit 串操作，而不是计算机中的标准操作，它们在微处理器上实现的效率很低，故采用硬件总能在速度上保持优势。虽然有些算法在设计时考虑到用软件来实现，但算法安全性应是第一位考虑的。另外，加密是一种强化的精细计算任务，改变一种微处理器芯片就可能使加解密的速度显著提高。

(2) 硬件安全性好。软件实现不可能有物理保护，攻击者可能有各种调试软件工具，可毫无觉察地偷偷修改算法。而硬件可以封装，可以防窜扰，因而难以入侵修改。ASIC 外面可以加上化学防护罩，任何试图解剖芯片的行动都会破坏其内部逻辑，导致存储的数据自行擦除。例如，美国的 Clipper 和 Capstone 芯片均有防窜扰设计，且可以设计得使外面无法读出内部密钥。IBM 的密钥管理系统中的硬件模块也有防窜扰设计[Ehrsam 等 1978，Matyas 等 1978]。

硬件实现可进行电磁屏蔽设计，即 TEMPEST 设计，这样可防止电磁辐射泄露(Electronic Radiation)。当然，选用时你必须信赖生产厂家。

(3) 硬件易于安装。多数硬件的应用独立于主机。如对电话、FAX、数据线路等，在相应终端加入一个专用加密硬件要比用微处理器实现加密更方便些(多媒体的出现使这一情况在改变中)；在计算机环境下，采用硬件也优于软件(如 PCMCIA 卡)，并能使加密透明且方便用户。若以软件实现，则须在操作系统的深层安装，这不大容易实现；而在计算机和 Modem 之间插入硬件，甚至对于计算机新手亦非难事。

11.2.2　硬件加密的种类

(1) 自配套加密模块(含有口令证实、密钥管理等)。

(2) 通信用加密盒，例如 T－1 加密盒特别适用于 FAX，多采用异步传输模式，也有用同步传送模式的。发展趋势是高速率和适应多种应用。

(3) PC 插件板，用于加密写入硬盘的所有数据，可以有选择地对送给软盘和出口的数据加密。由于无防辐射和防物理窜扰设计，故需要采取保护措施，使计算机不受影响。由于 PC 插件板种类繁多，且兼容性不是太好，在选购时要充分考虑硬件类型、操作系统、应用软件、网络特点等。与加密盒等产品一样，PC 插件板也都有相应的安全密钥管理。

11.2.3　软件加密

任何加密算法都可用软件实现。软件实现的缺点是速度低，占用一些计算和存储资源，且易被移植。软件实现的优点是灵活、轻便、可安装于多种机器上，且可将几个软件组合成一个系统，如与通信程序、文字处理程序等相结合。

在所有主要的操作系统上都有加密软件可利用，如 Macintosh System 7，Windows NT 和 UNIX、Netscape 等。加密软件也可用于加密单个文件。采用加密软件时，密钥管理的安全性极为重要。不要在硬盘上存放密钥，加密后须将密钥和原来未加密的文件删去，这一重要措施常常被忽视。

软件加密实现的最大问题还是安全性。如在多任务环境下，你的文件进入系统后是否及时被加密？存于系统中的未加密密钥，可能是几分钟，也可能是几个月或更长，当攻击者出现时，文件可能还是明文状态；密钥也可能仍以明文形式存在硬盘某处，而被其用细齿梳(Fine-tooth Comb)检出。可以将加密操作设置为高优先级来降低这种风险，即使如此仍有风险。

11.2.4　存储数据加密的特点

存储数据的加密与通信数据的加密有很大不同，如破译其加密算法所需的密码分析时间仅由数据的价值限定；数据可能在另外的盘上、另一台计算机上或纸上以明文形式出现；密码分析者有更多的机会实施已知明文破译；在数据库应用中，一串数据可能小于加密分组长度，而造成密文大于明文(数据扩展)；输入/输出速度要求实现快速加/解密(因而可能用硬件加密器件来实现)；密钥管理更为复杂，因为不同的人要访问不同的文件，或同一文件的不同部分等。

加密后文件的检索。对未设置记录项和文件结构的文本文件，加密后易于检索和解密恢复其明文；但对加密的数据库文件则难以检索，要将整个库文件解密后才能访问一个记录，很不方便。而采用各记录独立地进行加密时，对分组重放(Block-replay)一类攻击又较敏感。

11.2.5　文件删除

计算机上删除文件，常常是删去了文件名的第一个字母而不能检索，但文件本身仍存在原处，直到新的数据存入将其覆盖为止，在此之前用文件恢复软件就可以检出。因此，真正从存储器中消除所存储的内容需用物理上的重复写入方法。美国 NCSC(National Computer Security Center)[NCSC - TG - 0257]建议，要以一定格式的随机数重写至少三次。如第一次随机数为 00110101…；第二次随机数为 11001010…，是对第一次随机数取补；第三次随机数为 10010111…。原数据机密级越高，重写次数则应越多。很多商用软件采用三次重写，第一次用全 1，第二次用全 0，第三次用 1 和 0 相间数字。Schneier 建议为七次，第一次用全 1，第二次用全 0，后五次用安全的随机数。即使如此，NCSC 用电子隧道显微镜观测，仍然不能完全擦掉原数据。

更成问题的是计算机中广泛使用虚拟存储，它可以在任何时候进行读、写；即使你不存数据，当敏感文件上机操作后，你也无从知道它是否已从硬盘中移出。偶尔将硬盘中所有未用的空间进行冲写(Overwrite)，并将文件与文件后面未用块组部分进行交换是有意义的。

11.3　密钥管理的基本概念

一个系统中各实体之间通过共享的一些公用数据来实现密码技术，这些数据可能包括公开的或秘密的密钥、初始化数据以及一些附加的非秘密参数。系统用户首先要进行初始化工作。

密钥是加密算法中的可变部分，在采用密码技术保护的现代信息系统中，其安全性取决于对密钥的保护，而不是对算法或硬件本身的保护。密码体制可以公开，密码设备可能丢失，同一型号的密码机仍可继续使用。然而一旦密钥丢失或出错，不但合法用户不能提取信息，而且可能使非法用户窃取信息。因此，产生密钥算法的强度、密钥长度以及密钥的保密和安全管理在保证数据系统的安全中是极为重要的。

密钥管理是处理密钥自产生到最终销毁的整个过程中的有关问题，包括系统的初始化，密钥的产生、存储、备份/恢复、装入、分配、保护、更新、控制、丢失、吊销和销毁等内容。设计安全的密码算法和协议并不容易，而密钥管理则更困难。密钥是保密系统中更为脆弱的环节，其中分配和存储可能是最棘手的。密钥管理在过去都是手工作业来处理点一点通信中的问题。随着通信技术的发展，多用户保密通信网的出现，在一个具有众多交换节点和服务器，以及多出前者几个数量级的工作站及用户的大型网络中，密钥管理工作极其复杂，要求密钥管理系统逐步实现自动化。在一个大型通信网络中，数据将在多个终端和主机之间进行传递。端－端加密的目的在于使无关用户不能读取别人的信息，但这需要大量的密钥而使密钥管理复杂化。类似地，在主机系统中，许多用户向同一主机存取信息，也要求彼此之间在严格的控制之下相互隔离。因此，密钥管理系统应当能保证在多用户、多主机和多终端情况下的安全性和有效性。密钥管理不仅影响系统的安全性，而且涉及系统的可靠性、有效性和经济性。类似于信息系统的安全性，密钥管理也有物理上、人事上、规程上和技术上的内容，本节将主要从技术上讨论密钥管理的有关问题。

在分布系统中，人们已经设计了用于自动密钥分配业务的几个方案。其中某些方案已被成功地使用，如 Kerberos 和 ANSI X9.17 方案采用了 DES 技术，而 ISO - CCITT X.509 目录认证方案主要依赖于公钥技术。

密钥管理的目的是维持系统中各实体之间的密钥关系，以抗击各种可能的威胁，如：

(1) 秘密钥的泄露。

(2) 秘密钥或公开钥的**确证性**(Authenticity)的丧失，确证性包括共享或有关于一个密钥的实体身份的知识或可证实性。

(3) 秘密钥或公开钥未经授权使用，如使用失效的密钥或违例使用密钥。

密钥管理与特定的安全策略有关，而安全策略又根据系统环境中的安全威胁制定。一般安全策略需要对下述几个方面做出规定：① 密钥管理的技术和行政方面要实现哪些要求和所采用的方法，包括自动和人工方式；② 每个参与者的责任和义务；③ 为支持和审计、追踪与安全有关事件需做的记录类型。

密钥管理要借助于加密、认证、签字、协议、公证等技术。密钥管理系统中常常依靠可信赖第三方参与的公证系统。公证系统是通信网中实施安全保密的一个重要工具，它不仅可以协助实现密钥的分配和证实，而且可以作为证书机构、时戳代理、密钥托管代理和公证代理等。不仅可以断定文件签署时间，而且还可保证文件本身的真实可靠性，使签字者不能否认其在特定时间对文件的签字。在发生纠纷时可以根据系统提供的信息进行仲裁。公证机构还可采用审计追踪技术，对密钥的注册、证书的制作，密钥更新、吊销进行记录审计等。

密钥的种类。密钥的种类多而繁杂，但从一般通信网的应用来看可有下述几种。

(1) **基本密钥**(Base Key)或称**初始密钥**(Primary Key)。以 k_p 表示，是由用户选定或由系统分配给他的，可在较长时间(相对于会话密钥)内由一对用户所专用的秘密钥，故又称作**用户密钥**(User Key)。要求它既安全，又便于更换，和会话密钥一起去启动和控制某种算法所构造的密钥产生器，来产生用于加密数据的密钥流，参看图 11 - 3 - 1。

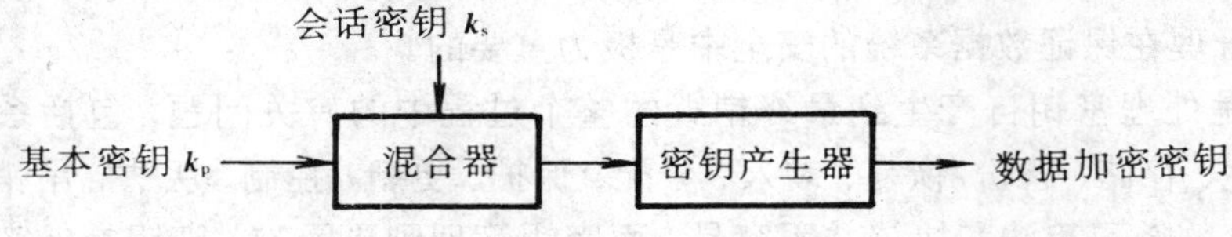

图 11 - 3 - 1　几种密钥之间的关系

(2) **会话密钥**(Session Key)。会话密钥即两个通信终端用户在一次通话或交换数据时所用的密钥，以 k_s 表示。当用它对传输的数据进行保护时称为数据加密密钥(Data Encrypting Key)，当用它保护文件时称为**文件密钥**(File Key)。会话密钥的作用是使我们可以不必太频繁地更换基本密钥，有利于密钥的安全和管理。这类密钥可由用户双方预先约定，也可由系统通过第 9 章中的密钥建立协议动态地产生并赋予通信双方，它为通信双方专用，故又称**专用密钥**(Private Key)。由于会话密钥使用时间短暂而有利于安全性，它限制了密码分析者攻击时所能得到的同一密钥下加密的密文量；在不慎将密钥丢失时，由于使用该会话密钥加密的数据量有限因而影响不大；会话密钥只在需要时通过协议建立，从而降低了密钥的分配存储量。

(3) **密钥加密密钥**(Key Encrypting Key)。用于对传送的会话或文件密钥进行加密时采用的密钥，也称**次主密钥**(Submaster Key)、**辅助(二级)密钥**(Secondary Key)或**密钥传送密钥**(Key Transport Key)，以 $\boldsymbol{k}_e$ 表示。通信网中每个节点都分配有一个这类密钥。为了安全，各节点的密钥加密密钥应互不相同。每台主机都须存储有关到其它各主机和本主机范围内各终端所用的密钥加密密钥，而各终端只需要一个与其主机交换会话密钥时所需的密钥加密密钥，称之为**终端主密钥**(Terminal Master Key)。在主机和一些密码设备中，存储各种密钥的装置应有断电保护和防窜扰、防欺诈等控制功能。

(4) **主机主密钥**(Host Master Key)。它是对密钥加密密钥进行加密的密钥，存于主机处理器中，以 $\boldsymbol{k}_m$ 表示。

除了上述几种密钥外，还有一些密钥在工作中会碰到。例如，**用户选择密钥**(Custom Option Key)，用来保证同一类密码机的不同用户使用不同的密钥；还有**族密钥**(Family Key)及**算法更换密钥**(Algorithm Changing Key)等。这些密钥的某些作用可以归入上述几类中的一类。它们主要是在不增大更换密钥工作量的条件下，扩大可使用的密钥量。基本密钥一般通过面板开关或键盘选定，而用户选择密钥常要通过更改密钥产生算法来实现。例如，在非线性移存器型密钥流产生器中，基本密钥和会话密钥用于确定寄存器的初态，而用户选择密钥可决定寄存器反馈线抽头的连接。

(5) 在双钥体制下，如第 5、第 7 章所述，有公开钥和秘密钥、签字密钥和证实密钥之分。

有关密钥管理的基本论述可参看[Davies 等 1989；ISO 8732；Ehrsam 等 1978；Matyas 1991；Matyas 等 1978，1991；Voydock 等 1983；Beker 等 1985；Popek 等 1979；Ford 1994；ITU－T PEC X. 509；Fumy 等 1993；Menezes 等 1995]。

11.4　密钥的长度与安全性

11.4.1　密钥必须足够长

单钥体制安全的一个必要条件是密钥长度足够大，以保证 $H(K)\geqslant H(M)$。以穷搜索攻击 8 bit 长的密钥，大约只需试验 $1/2\times 2^8$ 次＝128 次；而 56 bit 长的密钥，以穷搜索攻击，若超级计算机每秒可试验 100 万个密钥，则需要 2 000 年；若密钥为 64 bit，用同样的方法攻击需 60 万年；128 bit 长密钥需 10^{25}年(而宇宙年龄也仅为 10^{10}年)；2 048 bit 长的密钥则需 10^{597}年才能穷尽。

但密钥长并不能保证系统一定安全，如果算法不好或有其它漏洞也会导致灾难。密码是一种极其精巧的艺术，看起来很好的算法常常是坏的；两个强的密码组合在一起可能强度还不如单独使用时强；一个实用密码算法，常常是经过设计者检验多年之后才付诸实用的。

安全性要依赖于密钥，而不是算法细节的保密，这是密码设计的基本准则之一。

11.4.2 密钥长度与穷举破译时间和成本估计

当算法除穷举外无其它破译捷径时，密钥长度和每秒可实现的搜索密钥数决定了体制的安全性。密钥长度为 n bit，有 2^n 种可能的穷举对象。密钥搜索速度由计算机资源决定。在串行搜索下，由一个计算机的计算时间，即时间复杂性决定；在并行搜索下，由所用计算机台数，即空间复杂性和各计算机的计算能力决定。它是以增大空间复杂性来减少时间复杂性的。

例 DES 的密钥量为 $2^{56}\approx1.7\times10^{17}$个，用一个 100 万个密钥/秒的机器，需 2 000 年才能破译。以 10^6 个 ASIC 芯片并行(芯片间无须相互通信，只要求给出结果)仅需 20 小时；若密钥量为 2^{64}，则要 214 天。

1991 年 Cryptologia 杂志(No. 3)曾报导，用当前(90 年代)技术，5 年内可做出 400 万密钥/秒的 ASIC 芯片，10 年内可做出每秒检验 2.56 亿个密钥的 ASIC 芯片。若用 4 000 个这类芯片，则采用 56 bit 密钥的 DES 可在 24 小时内破译；若用 80 万个这类芯片组成的阵列，则 64 bit 密钥算法亦可在 24 小时内破译。

但从统计观点来看，如果以某种计算资源破译某一算法需要用一年时间，则有 8%的可能性在一个月内成功；若设计者仍继续用此密钥，则是很危险的事。B. Schneier 的书中详细讨论了这一问题。此外，若攻击者进行不懈努力，重复进行攻击并独立试验，则其成功概率是很大的。例如，若某一算法在穷举法攻击下一个月可破译，则一小时攻击成功的概率为 0.14 %。即使你每小时改变一次密钥，在一个月的时间内，在你改变密钥之前有一个密钥被攻破的机会将为 63%(即 $1-(1-0.0014)^{30\times24}=63\%$)，且此值与更换密钥频度无关，这将会构成实际威胁。

成本估计：1991 年 ASIC 价格为每片 100.00 美元，5 年后可能为 7.83 美元，更便宜的芯片还要一段时间，以 25 美元一个处理器来估计较合适(平均每五年价格降为原来价格的 1/10)。表 11-4-1 给出了破译 DES 的成本。

表 11-4-1 破译 56 bit DES 的成本 **单位：美元**

	一年	一个月	一周	一天
1990	130 000	1.6×10^6	6.7×10^6	4.7×10^7
1995	64 000	780 000	3.3×10^6	2.3×10^7
2000	16 000	190 000	830 000	5.8×10^6
2005	2 000	24 000	100 000	730 000

11.4.3 软件攻击

以在 Motorola 68040 微处理器上运行的软件为例，每秒可试探 23 200 个 DES 密钥，5 年内可达 64 000 个 DES 密钥，10 年内可达 256 000 个 DES 密钥。虽然其成本很低，但单机还不能构成威胁。而在微机联网并行搜索情况下就严重了。例如，40 个工作站一天就可试验 2^{34}个 DES 密钥，但仍要 400 万天才能破；若以更多的微机试验，某个微机就会幸运地找到正确密钥。当然，成千上万个计算机组成一个攻击集体亦非易事，费时、且有风险，而且常有病毒捣乱。当然也可采用病毒来抢占别人的机器，实现密钥搜索。攻击者设计一个病毒程序，并送入网中，此病毒不去重新格式化硬盘，也不去删除文件，它只在计算机闲置不用时做密钥试验分析，一般不易被发现，而PC机一般有70%～90%的时间是空闲的。

如果某个PC机发现了一个正确密钥，此病毒就可生出一个新病毒，它能删去它所发现的以前滋生的任何“搜索病毒”的复制品，但保留正确密钥的信息，此病毒将此正确密钥传播到计算机世界，如在Internet的“电子广告牌”上公布，直到传至最初写病毒的人手中。

此类病毒能否有效？假定计算机每秒试验1 000个密钥(计算机还做其它事)，若病毒使1 000万台PC机受感染，一个56 bit 密钥的算法可用83天破译，64 bit 算法则需58年。

未来采用量子计算机、生物计算机技术等，破译能力将会更强。

11.4.4　密钥多长合适

密钥长度的选择与应用有关，如数据保密期限多长，数据价值多大，破译者的计算能力如何，表11-4-2给出一些参考数据。

计算能力与价格比每五年增加10倍，50年后的计算机运算速度比现在的快10^{10}倍。若设计一个可用30年的密码时，要充分考虑这一因素。

表 11-4-2　各种不同类型数据所需的密钥长度

数据类型	保密期长	最小密钥长
军事战术信息	分/小时	56 bit
产品公告、大企业、利率	天/周	56～64 bit
贸易秘密(可口可乐配方)	数十年	64 bit
氢弹秘密	>40年	128 bit
间谍身份	>50年	128 bit
个人事务	>50年	128 bit
外交使团事务	>65年	≥128 bit
人口数据	100年	≥128 bit

11.4.5　有关双钥体制的密钥长度

有关双钥体制的密钥长度可参看第5、第7章。

11.5　密 钥 生 成

现代数据系统中加密需要大量密钥，以分配给各主机、节点和用户。如何产生好的密钥是很关键的。可以用手工方式，也可以用自动化生成器产生密钥。所产生的密钥要经过质量检验，如伪随机特性的统计检验。自动化生成器产生密钥不仅可以减轻人的繁琐劳动，而且还可以消除人为差错和有意泄露，因而更加安全。自动化生成器产生密钥算法的强度是非常关键的。

11.5.1　选择密钥方式不当会影响安全性

1. 使密钥空间减小

例如 56 bit(10^{16})的 DES 在软件加密下，若只限用小写字母和数字，则可能的密钥数仅为 10^{12}。在不同的密钥字母空间下可能的密钥数如表 11-5-1 所示。

表 11-5-1　密 钥 空 间

	4 byte	5 byte	6 byte	7 byte	8 byte
小写字母(26)	4.6×10^{5}	1.2×10^{7}	3.1×10^{8}	8.0×10^{9}	2.1×10^{11}
小写字母＋数字	1.7×10^{6}	6.0×10^{7}	2.2×10^{9}	7.8×10^{10}	2.8×10^{12}
62 字符	1.5×10^{7}	9.2×10^{8}	5.7×10^{10}	3.5×10^{12}	2.2×10^{12}
95 字符	8.1×10^{7}	7.7×10^{9}	7.4×10^{11}	7.0×10^{13}	6.6×10^{15}
128 字符	2.7×10^{8}	3.4×10^{10}	4.4×10^{12}	5.6×10^{14}	7.2×10^{16}
256 字符	4.3×10^{9}	1.1×10^{12}	2.8×10^{14}	7.2×10^{16}	1.8×10^{19}

2. 差的选择方式易受字典式攻击

攻击者首先从最容易之处着手，例如英文字、名字、普通的扩展名等，此称为字典式攻击(Dictionary Attack)，25%以上口令可由此而破[Klein 1990]，方法如下：

(1) 本人名、首字母、账户名等有关个人信息；

(2) 从各种数据库采用的字试起；

(3) 从各种数据库采用的字的置换试起；

(4) 从各种数据库采用的字的大写置换试起，如 Michael ，mIchael，…；

(5) 外国人用外国文字试起；

(6) 试对等字。

这种攻击法在攻击一个多用户数据或文件系统时最有效，上千人的口令中会有几个较弱的。

11.5.2　好的密钥

好的密钥具有如下特征：

(1) 真正随机、等概，如掷硬币、掷骰子等；

(2) 避免使用特定算法的弱密钥；

(3) 双钥系统的密钥更难以产生，因为必须满足一定的数学关系，参看第 5、第 7 章；

(4) 为了便于记忆，密钥不能选得过长，而且不可能选完全随机的数串，要选用易记而难猜中的密钥；

(5) 采用密钥揉搓或杂凑技术，将易记的长句子(10～15 个英文字的通行短语)，经单向杂凑函数变换成伪随机数串(64 bit)。

11.5.3　不同等级的密钥产生的方式不同

(1) 主机主密钥是控制产生其它加密密钥的密钥，而且长期地使用，其安全性至关重要，故要保证其完全随机性、不可重复性和不可预测性。任何机器和算法所产生的密钥都有周期性和被预测的危险，不适于作主机主密钥。主机主密钥的量小，可用投硬币、掷骰子、噪声产生器等方法产生。

(2) 密钥加密密钥可用安全算法、二极管噪声产生器、伪随机数产生器等产生。如在主机主密钥控制下，由 X9.17 安全算法生成。

(3) 会话密钥、数据加密密钥(工作密钥)可在密钥加密密钥控制下通过安全算法产生。

11.5.4　双钥体制下的密钥生成

有关双钥体制下的密钥生成可参看第 5、第 7 章。

11.6　密 钥 分 配

密钥分配研究密码系统中密钥的分发和传送中的问题。密钥分配本质上是使用一串数字或密钥，以此来进行加解密、传送等操作，实现保密通信或认证签字等。

11.6.1　基本方法

使通信双方能够共享一定数量信息的基本方法有三种。

1. 利用安全信道实现

直接面议或通过可靠信使递送。传统的方法是通过邮递或信使护送密钥。密钥可用打印、穿孔纸带或电子形式记录。这种方法的安全性完全取决于信使的忠诚和素质，需要精心挑选信使，但很难完全消除信使被收买的可能性。这种方法成本很高，薪金不能低，否则会危及安全性。有人估计此项支出可达整个密码设备费用的三分之一。这种方法一般可保证及时性和安全性，偶尔会出现丢失、泄密等。为了减少费用可采用分层方式，信使只传送密钥加密密钥，而不去传送大量的数据加密密钥，这既减少了信使的工作量(因而大大降低了费用)，又克服了用一个密钥加密过多数据的问题。当然这不能完全克服信使传送密钥的弱点。由于其成本高，只适用高安全级密钥，如主密钥的传递。

采用某种隐蔽方法，如将密钥分拆成几部分分别递送，如图 11-6-1 所示。除非对手可以截获密钥的所有部分，一般情况下此法有效。这只适用于少量密钥的情况，如主密钥、密钥加密密钥等，且收到后要保存好。

用主密钥对会话密钥加密后，可通过公用网传送，或用公钥密钥分配体制实现。如果采用的加密系统足够安全，则可将其看作是一种安全信道。

2. 利用数学上求逆的困难性，即各种双钥体制所建立的安全信道实现

如 Newman 等在 1986 年提出的 SEEK(Secure Electronic Exchange of Keys)密钥分配体制系统，采用 Diffie-Hellman 和 Hellman-Pohlig 密码体制实现。这一方法已被用于美国 Cylink 公司的密码产品中。Gong 等[1998]提出一种用 GF(p)上的反序列构造的公钥分配方案。

也可通过可信赖密钥管理中心进行密钥分配，例如 PEM、X.509 等，参看第 13 章。

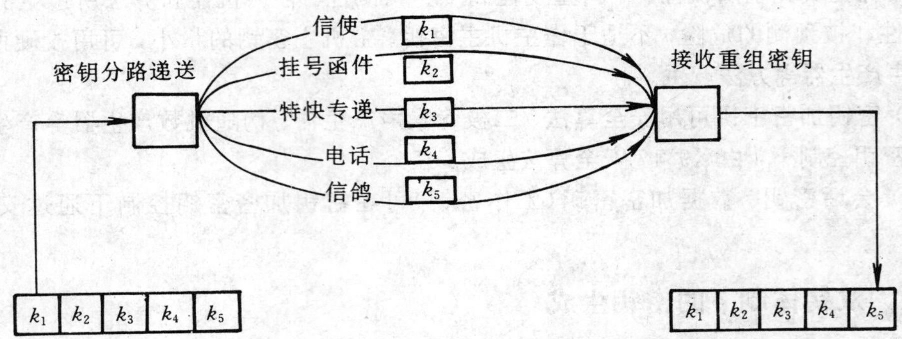

图 11－6－1　密钥分路递送

3. 利用物理现象实现

在 3.7 节中，我们曾介绍了基于量子密码的密钥分配方法，它是利用物理现象实现的。密码学的信息理论研究指出，通信双方 A 到 B 可通过先期精选、信息协调、保密增强等密码技术实现使 A 和 B 共享一定的秘密信息，而窃听者对其一无所知[Maurer 1992，1993，1994；Cachin 1997]。

11.6.2　密钥分配的基本工具

认证技术和协议技术是分配密钥的基本工具。认证技术是安全分配密钥的保障，协议技术是实现认证必须遵循的流程。密钥的各种协议请参看第 9 章。

11.6.3　密钥分配系统的基本模式

小型网中可采用各对用户共享一个密钥的方法，这在大型网中变得不可实现。一个有 N 个用户的系统，为实现任意两个用户之间的保密通信，需要生成和分配 $N(N-1)/2$ 个密钥才能保证网中任意两用户之间的保密通信。随着系统规模的加大，复杂性剧增，例如 $N=1\ 000$ 时就需要有约 50 万个密钥进行分配、存储等。为了降低复杂性，常采用中心化密钥管理方式，由一个可信赖的联机服务器作为密钥分配或转递中心（KDC 或 KTC）来实现。图 11－6－2 给出几种基本模式，其中 $\boldsymbol{k}$ 表示 X 和 Y 共享密钥。

图 11－6－2(a)中，由 A 直接将密钥送给 B，利用 A 与 B 共享基本密钥加密实现；

图 11－6－2(b)中，A 向 KDC 请求发放与 B 通信用的密钥，KDC 生成 $\boldsymbol{k}$ 传给 A，并通过 A 转递给 B，或 KDC 直接传给 B，利用 A 与 KDC 和 B 与 KDC 的共享密钥实现；

图 11－6－2 (c)中，A 将与 B 通信用会话密钥 $\boldsymbol{k}$ 送给 KTC，KTC 再通过 A 转递给 B，或直接送给 B，利用 A 与 KTC 和 B 与 KTC 的共享密钥实现。

由于有 KDC 或 KTC 参与，各用户只需保存一个与 KDC 或 KTC 共享的较长期使用的密钥。但承担的风险是对中心的信赖，中心节点一旦出问题将极大地威胁系统的安全性。

11.6.4　TTP

可信赖第三方 TTP（Trusted Third Parties）可按**协调**（In line）、**联机**（On Line）**和脱机**（Off Line）三种方式参与。在协调方式下，T 是一个中间人，为 A 与 B 之间通信提供实时

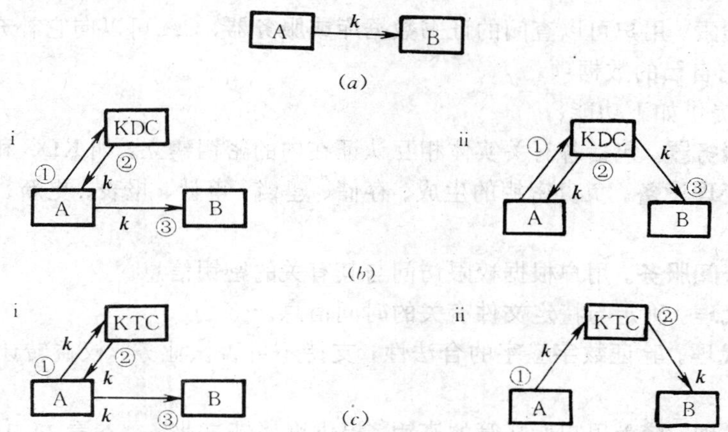

图 11-6-2　密钥分配的基本模式

(*a*) 点—点密钥分配；(*b*) 密钥分配中心(KDC)；(*c*) 密钥转递中心(KTC)

服务；在联机方式下，T 实时参与 A 和 B 的每次协议的执行，但 A 和 B 之间的通信不必经过 T；在脱机方式下，T 不实时地参与 A 和 B 的协议，而是预先向 A 和 B 提供他们执行协议所需的信息。TTP 的三种参与方式可参看图 11-6-3。

当 A 和 B 属于不同的安全区域时，协调方式特别重要。证书发放管理机构常采用脱机方式。脱机方式对计算资源的要求要低些，但在吊销权宜上不如其它两种方式方便。

TTP 可以实施公钥证书发放，它包括下述几个组成部分，参看图 11-6-4。

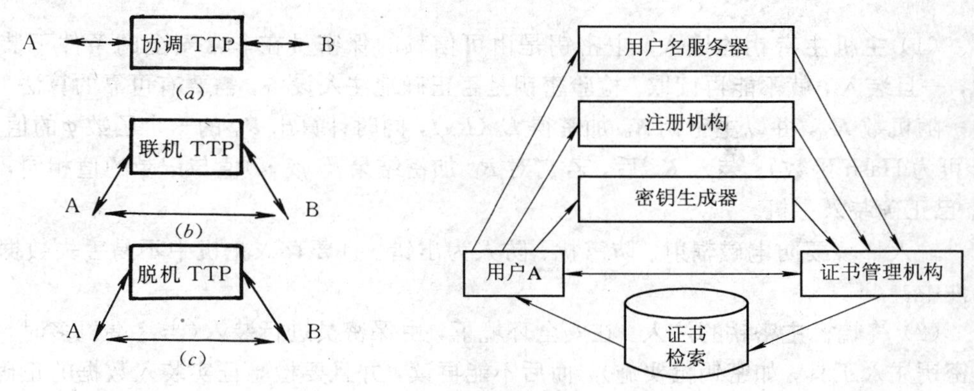

图 11-6-3　可信赖第三方的工作模式

(*a*) 协调；(*b*) 联机；(*c*) 脱机

图 11-6-4　公钥证书机构业务

(1) **证书管理机构** CA(Certification Authority)。负责公钥的建立和可靠性的证实。在基于证书的体制中，通过对证书的签字将公钥赋予不同用户，管理证书序号和证书吊销。

(2) **用户名服务器**(Name Server)。负责管理用户名字的存储空间，保持其惟一性。

(3) **注册机构**(Registrator Authority)。对可由安全区内成员的惟一名所区分的合法实体负责。用户注册一般包括与实体有关的密钥材料。

(4) **密钥生成器**。用于建立公钥/私钥对(以及单钥体制的密钥、通行字等)，可以是用户的组成部分，也可作为 CA 的组成部分，或是一个独立的可信赖系统。

(5) **证书检索**。用户可以查阅的证书数据库或服务器，CA 可以向它补充证书，用户只可以管理有关它自己的数据项。

TTP 还可提供如下功能：

(1) **密钥服务器**。包括各有关实体相互认证在内的密钥建立，如 KDC 和 KTC。

(2) **密钥管理设备**。负责密钥的生成、存储、建档、审计、报表、更新、吊销以及证书业务等。

(3) **密钥查阅服务**。用户根据权限访问与其有关的密钥信息。

(4) **时戳代理**。确定与特定文件有关的时间信息。

(5) **仲裁代理**。验证数字签字的合法性，支持不可否认业务、权益转让以及对某一陈述的可信赖性。

(6) **托管代理**。接受用户所托管的密钥，提供密钥恢复业务，参看 11.10 节。

不同的系统可能需要不同可信赖程度的 TTP。可信赖性一般分为三级：一级：TTP 知道每个用户的秘密钥；二级：TTP 不知道用户的密钥，但 TTP 可制作假证书而不会被发现；三级：TTP 不知道用户的秘密钥，TTP 所制作的假证书可以被发现。

11.6.5　协议的选用

第 9 章中讨论了许多密钥建立协议，在一个接待室的应用系统中需要考虑许多因素确定具体的选择。一个密钥管理系统常常选用单钥和双钥体制混合的协议，还要与大量的单钥体制加密、双钥签字、数据完整性和密钥管理进行适当的组合。

11.6.6　密钥注入

(1) **主机主密钥的注入**。主密钥是由可信赖的保密员在非常安全的条件下装入主机的，一旦装入，就不能再读取。检验密钥是否正确地注入设备，需要有可靠的算法。例如可选一随机数 R_N，并以主密钥 $\boldsymbol{K}_m$ 加密得 $E_m(R_N)$，同时计算出 $\boldsymbol{K}_m$ 的一个函数 φ 的值 $\varphi(\boldsymbol{K}_m)$，($\varphi$ 可为 Hash 函数)。装入 $\boldsymbol{K}_m$ 后，若它对 R_N 加密结果及 $\varphi(\cdot)$值与记录的值相同，则表明 $\boldsymbol{K}_m$ 已正确装入主机。

输入环境要防电磁辐射、防窜扰、防人为出错，且要存入主机中不易丢失数据的存储器件中。

(2) **终端机主密钥的注入**。在安全环境下，由保密员进行装入(当终端机多时，可用专用密钥注入工具，如密钥枪实施)，而后不能再读，并且要检验证实装入数据的正确性，可以通过与主机联机检验，也可脱机检验。

(3) **会话密钥的获取**。例如：主机与某终端通信，主机产生会话密钥 $\boldsymbol{K}_S$，以相应终端主密钥 $\boldsymbol{K}_T$ 对其进行加密得 $E_{KT}(\boldsymbol{K}_S)$，将其送给终端机。终端机以 $\boldsymbol{K}_T$ 进行解密，得 $\boldsymbol{K}_S$，送至工作密钥产生器，去生成工作密钥，参看图 11-6-5。

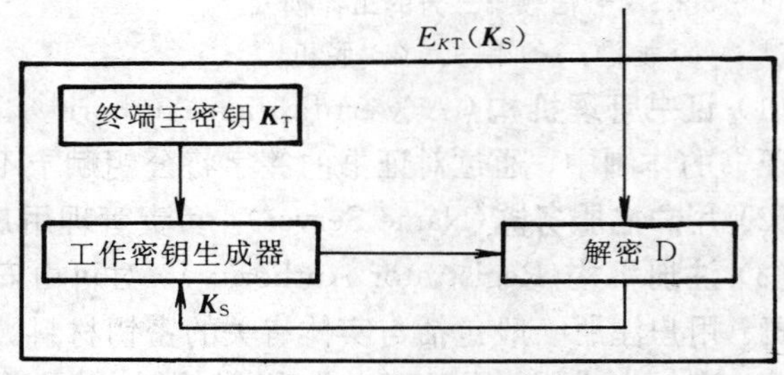

图 11-6-5　会话密钥的生成

本节的有关参考文献有[ISO/IEC11770 1～3；ANSI X9. 17；Rueppel 1991，1993；Ford 等 1994；Girault 1991；RSA Lab. 1993；Menezes 等 1997]。

11.7 密钥的证实

在密钥分配过程中，需要对密钥进行认证，以确保正确无误地送给指定的用户，防止伪装信使递送假密钥套取信息，并防止密钥分配中的差错。在信使递送密钥时，他需要相信信使，并需要对密钥进行确证。例如采用指纹法比用 ID 卡更好些，而让信使递送加密后的密钥可能要安全些。若密钥通过加密密钥送来，他得相信只有对方 B 才有此密钥；若 B 用数字签字协议签署该密钥，则当 A 证实此密钥时他得相信公共数据库提供的 B 的公钥；若密钥分配中心(KDC)签署了 B 的公钥，A 必须相信 KDC 给它的公钥复件未被窜改。这些都需要对公密钥认证，因为任何可从公钥本得到某用户公钥的人，都可向他送假密钥以求进行保密通信。因此，必须使接收密钥的用户能够确认出送密钥的是谁。采用公钥签字法可以解决这个问题。虽然这种方法能够证实递送密钥者，但还不能确知谁收到了密钥，伪装者也可以公布一个公钥冒充合法用户要求进行保密通信。除非这一合法用户与其要通信的人进行接触，或合法用户自己公开声明其公钥，否则安全性就无保障。SEEK 法也存在着类似的问题。因此，采用这些电子分配密钥方法时也要特别小心，需精心地设计分配密钥的安全协议。

现实世界可能有各种欺诈，若攻击者控制了 A 向外联系的网络部分，他伪装 B 送一个加密并签字的消息给 A，当 A 想访问公钥数据库证实是否为 B 的签字时，攻击者可用他的公钥来代替 B 的公钥，且可伪造他自己的假 KDC，并将真正的 KDC 的公钥换成他自己伪造的，A 可能根本没想到会是这样。此方法虽天真了些，但在理论上是可行的，当然实行起来很复杂。采用数字签字和可信赖 KDC，使得以一个密钥代换另一个密钥更为复杂。A 千万不能绝对肯定攻击者不能控制他的整个现实世界，但 A 可以相信要做此事所需的资源比攻击者所接触过的大多数现有系统要多得多。A 可通过电话证实 B 的公钥，即根据熟悉的声音认证 A 所得的密钥为 B 的。若密钥太长，可用单向 Hash 函数技术证实密钥。

有时，不仅要证实公钥所拥有的人是谁，而且还要证实在以前某个时候，如去年他是否属于同一个人。银行收到一个提款签字时，一般不太关心谁提款，而主要关心他是否是最初存款的人。

除了要对**密钥的主权人**进行认证外，还要对**密钥的完整性**进行认证。密钥在传送过程中可能出错，致使千百万 bit 数据不能解密，因此要认真对待。可采用检错、纠错技术，如：① 校验和；② 以密钥对全 0 或全 1 常量加密，将密文的前 2～4 byte 和密钥一起通过安全方式送出，接收端做同样的事，并检验加密结果的前 2～4 byte 是否一样，若一样，则密钥出错概率为 2^{-32}～2^{-16}。

为了防止重放攻击需要保证密钥的**新鲜性**(Freshness)，常用加载时戳、流水作业号以及累加器值不断更新等技术来保证[Denning 1981；Bauer 等 1983]。

下面具体介绍几种密钥证实技术。

11.7.1　单钥证书

单钥证书可以向 KTC 提供一种工具，以避免诸如对用户秘密的安全数据库维护，在多服务器下复制这类数据库，或根据传送要求从库中检索这类密钥。对于用户 A，他有与 TTP 共享的密钥 $\boldsymbol{K}_{AT}$，以 TTP 的秘密钥 $\boldsymbol{K}_{T}$ 对 $\boldsymbol{K}_{AT}$和用户 A 的身份加密得 $E_{KT}(\boldsymbol{K}_{AT}, A, L)$，就可作为**单钥证书**(Symmetric Key Certificates)，其中 L 为使用期限。TTP 将 $E_{KT}(\boldsymbol{K}_{AT}, A, L)$发给 A，作为用户使用密钥 $\boldsymbol{K}_{AT}$的合法性证据，以 SCert_A 表示。而且 TTP 不需要保存 $\boldsymbol{K}_{AT}$，只要保存 $\boldsymbol{K}_{T}$ 即可；需要时，如 A 要与 B 进行保密通信，可首先向 B 索取或从密钥数据库中查找出证书 $\mathrm{SCert}_B = E_{KT}(\boldsymbol{K}_{BT}, B, L)$，而后向 TTP 送出

$$\mathrm{SCert}_A,\ E_{KT}(B, M),\ \mathrm{SCert}_B$$

即可按有关协议实现会话密钥建立。其中，M 是秘密消息，也可为会话密钥。TTP 需采用联机方式，以便用其主密钥进行解密。密钥数据库可以由各用户名及相应证书组成。

有关单钥证书可参看[Davies 等 1990；Davies 等 1989；ISO/IEC 11770 - 2]。

11.7.2　公钥的证实技术

公钥的证实技术有下述几种方法。

(1) 通过可信赖信道实现点-点间递送。通过个人直接交换或直通信道(信使，挂号函件)直接得到有关用户的可靠公钥，适用于小的封闭系统或不经常用的(如一次性用户注册)场合。通过不安全信道交换公钥和有关信息要经过认证和完整性检验。

这一方法的缺点是不太方便、耗时，每个新成员都要通过安全信道预先分配公钥，不易自动化，可信赖信道成本高等。

(2) 直接访问可信赖公钥文件(公钥注册本)。利用一个公钥数据库记录系统中每一用户名和相应的可靠的公钥。可信赖者管理公钥的注册，用户通过访问公钥数据库获取有关用户的公钥；在远程访问时要经过不安全信道，须防范窃听；为了防范主动攻击需要利用认证技术实施公钥库的注册和访问。

(3) 利用联机可信赖服务器。可信赖服务器可以受用户委托查询公钥库中存储的可信公钥，并在签署后传送给用户。用户用服务器的公钥证实其所签的消息。此方法的缺点是要求可信赖服务器联机工作，从而在业务忙时成为瓶颈，而且每个用户要先与可信赖服务器通信后再与所要的用户通信。

(4) 采用脱机服务器和证书。每个用户都可与脱机可信赖的证书机构(CA)进行一次性的联系，向其进行公钥注册并获得一个由 CA 签署的公钥证书。各用户通过交换自己的公钥证书，并用 CA 的公钥进行验证，即可提取出所要的可信公钥。

(5) 采用可隐含保证公钥参数真实性的系统。这类系统有基于身份的系统，以及通过算法设计、公钥参数受到修正时可以检测、非泄露失败(Non-compromising Failure)等密码技术实现的隐式证实密钥的系统。

有关内容可参看[Diffie 等 1976；Rivest 等 1983；Needham 等 1978]。

11.7.3　公钥认证树

认证树(Authentication Trees)可以提供一种可证实公开数据的真实性的方法，以树形

结构结合合适的杂凑函数、认证根值等实现。认证树可用于下述场合：① 公钥的认证(是另一种公钥证书)，由可信赖第三方建立认证树，其中包含用户的公钥，可实现大量密钥的认证；② 实现可信赖时戳业务，由可信赖第三方建立认证树，用类似①的方法实现；③ 用户合法参数的认证，由某个用户建立认证树，并以可证实真实性的方式公布其大量的公开合法的参数，如在一次性签字体制中所用的参数。

下面以二元树为例说明。二元树由结点和有向线段组成，参看图 11-7-1。二元树的结点有三种：① 根结点，有左右两个朝向它的线段；② 中间结点，有三个线段，其中有两个朝向它，一个背离它；③ 端结点(叶)，只有一个背离它的线段。由一个中间结点引出的左右两个相邻结点称为该中间结点的**子结点**，称此中间结点为相应两个子结点的**父结点**。从任一非根结点到根结点有一条惟一的通路。

下面介绍如何构造认证树。考察一个有 t 个可信的公开值 $Y_1, Y_2, \cdots, Y_t$，按下述方法构造一个认证树：① 以惟一公开值 Y_i标示第 i 个端结点。② 以杂凑值 $h(Y_i)$标示离去的线段。③ 上一级中间结点若其左右两边都有下级接点，则以其相应杂凑值链接后的杂凑值标示其离去的线段。如 $H_5=h(H_1 \| H_2)$，依此类推直至出现根结点，参看图 11-7-2。

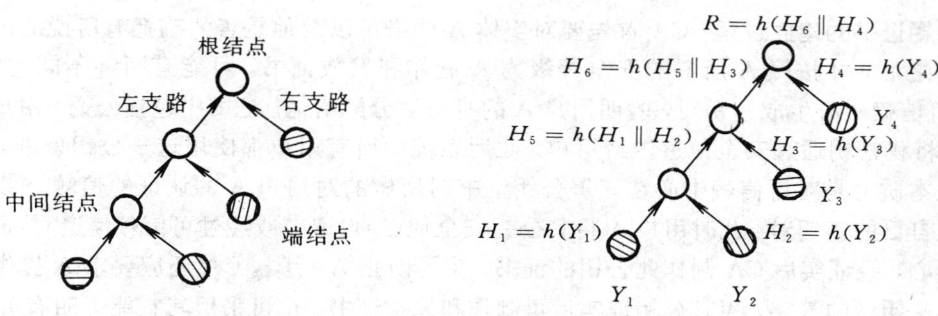

图 11-7-1　二元树图　　　　图 11-7-2　认证树

认证方法如下。以图 11-7-2 为例说明对密钥的证实。公开值 Y_1 可以由标示序列 $h(Y_2)$，$h(Y_3)$，$h(Y_4)$提供认证。首先计算 $h(Y_1)$，而后计算 $H_5=h(H_1 \| H_2)$，再计算 $h(H_5 \| H_3)$，最后计算 $h(H_6 \| H_4)$。若 $h(H_6 \| H_4)=R$，则接受 Y_1 为真；否则就拒绝。

若实体 A 认证 t 个公开值 $Y_1, Y_2, \cdots, Y_t$，可以将每个值向可信赖第三方注册，当 t 很大时，将大大增加存储量，采用认证树则仅需要向第三方注册一个根值。

若实体 A 的公钥值 Y_i 相应于认证树的一个端结点，A 若向 B 提供 A 的此公钥，允许 B 对 Y_i 进行证实，则 A 必须向 B 提供 Y_i 到根结点通路上的所有杂凑值。B 就可经计算杂凑最终证明 Y_i 的真伪。类似地可以以验证签字代替计算杂凑函数。

为了实现方便，应使认证二元树的最长通路极小化，此时各路径长度最多相差一个支路。路径长度约为 lb t。其中，t 是公开值的个数。当需要改变或增加或减少一个公开值 Y_i 时，就要对有关路径中的标示杂凑值重新进行计算。

11.7.4　公钥证书

公钥证书(Public Key Certificate)是一个载体，用于存储公钥。可以通过不安全媒体安全地分配和转递公钥，使一个实体的公钥可被另一个实体证实而能放心地使用。X.509 就采用此技术，参看第 12 章。

公钥证书中的数据结构由数据部分组成，数据部分包含公钥和识别实体所需的字串，签字部分是由证书机构(CA)对整个数据部分的数字签字，并与惟一一个主体的身份联系在一起，以此来限定了公钥的所有者。

证书机构(CA)是可信赖的第三方，其签字保证公钥的真实性、完整性和所属的主权人。证书机构的公钥应当为系统中所有合法成员知道，以便对证书进行验证。CA 还提供咨询服务。

证书的作用在于传递信赖，而无须与通信对象建立直接的信赖关系。这种"信赖"的传递也可通过非密码技术实现，如通过人际关系、信使等。"信赖"在于其可靠性，而不一定是秘密的。

证书中还可有一些辅助信息：① 公钥使用期限；② 公钥的序列号或识别符，用于识别证书或密钥；③ 有关主体的附加信息，如住址或网络地址；④ 有关密钥的附加信息，如算法和用途；⑤ 限定主体身份的有关量，密钥对的生成或其它政策等；⑥ 实现签字证实所需的信息，如签字算法识别符，发证 CA 的名字等；⑦ 公钥的当前状况，例如是否是已被吊销的证书。

公钥证书的建立过程。CA 首先要对实体 A 的身份以及他是否的确拥有所说的公钥进行证实之后，才按照 A 所需的安全等级为 A 制作和发放证书。可能有两种不同的情况。① 由可信赖中心生成密钥对，验明用户 A 的身份后分配给他。证书中包括公钥、用户的身份，并将秘密钥通过安全信道送给用户。此后系统中所有用户都使用这一公钥证书，对其信赖性本质上是对可信赖中心在签署公钥证书时所做的对用户 A 的认证的信赖。② 用户 A 建立自己的密钥对。此时用户 A 将其公钥安全地(亲自递交或经过可信赖信道)传送给可信赖中心，经证实后 CA 制作此公钥的证书。为了防止 A 行骗，CA 还应要求 A 提供其相应用秘密钥做的签字，用其公钥证实后再制作和发放证书。也可采用其它能证明有关 A 具有其秘密钥知识的方法。

公钥证书的使用与证实。系统内任一用户获得用户 A 的可信赖公钥步骤如下：① 首先向 CA 询求其认证公钥(一次性)。② 得到欲与其通信的用户 A 的惟一性识别符的识别号码。③ 通过不安全信道(从证书的中心公共数据库或直接从用户 A)查找用户的公钥证书，并与②中的识别号码进行对照。④ 检验公钥证书是否过期；检验当前的 CA 公钥本身的合法性；用 CA 的公钥验证 A 的公钥证书；检验 A 的证书是否已被吊销。⑤ 若通过所有检验就接受证书中心公钥为 A 的公钥。

属性证书(Attribute Certificates)。公钥证书限定一个公钥和身份，包括一些辅助数据字段以说明这种限定关系，但它不是要对辅助信息进行证实。属性证书类似于公钥证书，用以限定特定属性信息而不是限定公钥(但与 CA、实体或公钥有关)，以便实现可信赖的传递。属性证书可以通过如公钥证书的序号或公钥或证书的杂凑值将属性信息与密钥捆绑在一起，以便需要时能够识别。

可由属性证书机构建立和签署属性证书，并负责属性注册的真实可靠性，提供属性的检索业务。任何掌握签字公钥且能进行识别的适当机构都可以建立属性证书，其他人就可以用来证实有关公钥的审定信息。这类属性证书还可用来限制数字签字的责任或限制每一个公钥的使用范围。(例如，在商务交易中限制交易额度、类型或有效工作时间等。)

Kohnfelder 最早提出公钥证书的概念，已用在 X.509 中[ITU - T Rec X.509]，还可参看[Ford 1995；ANSI X 9.45；RSA Lab. 1993]。

11.7.5　基于身份的公钥系统

基于身份 ID(Identity)的系统类似于前述的普通公钥系统，它包含有一个秘密传递变换和一个公开的变换。但用户没有一个显式公钥，而是以用户公开可利用的身份(用户名、网址、地址等)替代公钥(或由它构造公钥)。这类公开可利用的信息惟一地限定了用户，能够作为用户的身份信息，具有不可否认性。

基于身份的密钥系统是一种非对称系统，其中每个实体的公开身份信息(惟一性和真实性)起着它的公钥的作用，作为可信赖者 T 的输入的组成部分，用于计算实体专用密钥时不仅要用该实体的身份信息，而且还要用只有 T 知道的一些特殊信息(如 T 的秘密钥)。这样可以防止伪造和假冒，保证只有 CA 能够根据实体的身份信息为实体建立合法的专用密钥。类似于公钥证书系统，基于 ID 的系统中的公开可利用数据也需要通过密码交换加以保护。有时除了 ID 数据外，还需一些由系统定义的有关实体 A 的辅助数据 D_A。图 11 - 7 - 3 给出基于 ID 的系统原理图。

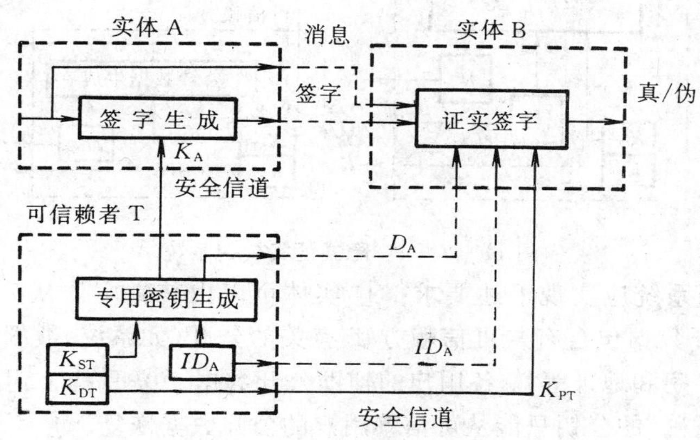

图 11 - 7 - 3　基于 ID 的公钥签字系统

图 11 - 7 - 3 中，ID_A 为实体 A 的身份数据，D_A 是辅助公开数据(由 T 定义的与 ID_A 和 A 的秘密钥有关)，$\boldsymbol{K}_{PT}$是 T 的公开钥，$\boldsymbol{K}_{ST}$是 T 的秘密钥，由三元组(D_A，ID_A，$\boldsymbol{K}_{PT}$)可以推出 A 的公开钥，从而可以验证 A 的签字。与公钥证书不同的是它传送的不是公钥，而是可以导出公钥的一些有关身份的信息。前者称为**显式**(Explicit)证书系统，后者称为**隐式**(Implicit)证书系统。图 11 - 7 - 3 给出的是一个基于身份的签字系统。类似地，可构造基于身份的实体认证、密钥建立、加密等系统。

基于 ID 的系统优点是：① 无须预先交换对称密钥或公钥；② 无须一个公钥本(公钥或证书数据库)；③ 只在建立阶段需要可信赖机构提供服务。其缺点是要求实体身份数据 ID_A。基于身份系统的初衷是要去掉公钥的传送，以身份信息实现非交互作用协议。D_A 在密钥协商和以另一实体的公钥加密系统中较为重要，而在签字和识别系统中就不大重要，这是由于申请公钥人在接收消息之前不会需要申请者的公钥，此时不难提供 D_A。而基于

ID 的系统在 IC 卡中有实用价值。Shamir[1984]最早提出基于 ID 的概念，有关研究可参看[Okamoto 1986；Maurer 等 1991，1993；Tanaka 等 1990]。

11.7.6 隐式证实公钥

在隐式证实公钥的系统中，不是直接传送用户的公钥，而是传送可以从中重构公钥的数据，参看图 11-7-4(*a*)。

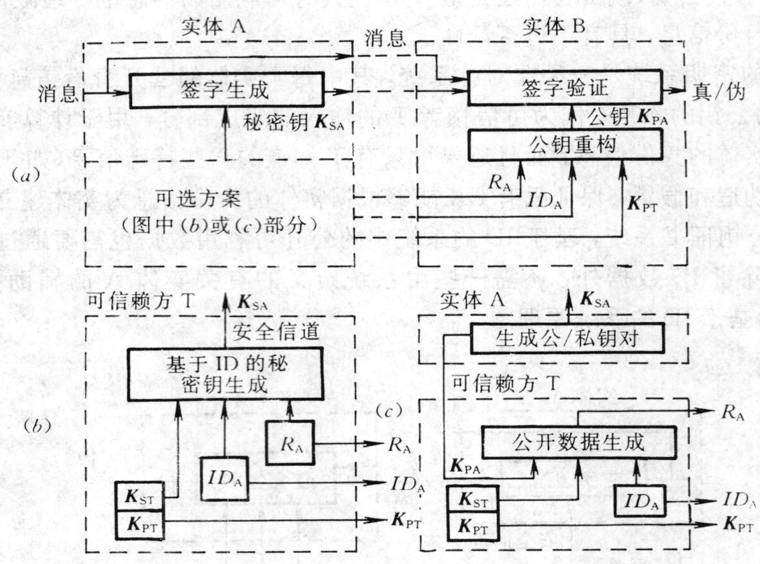

图 11-7-4　隐式证实公钥系统

隐式证实公钥系统应实现下述要求：① 实体可以由其它实体从公开数据重新构造。② 重构公钥的公开数据包含有与可信赖方 T 有关的公开(如系统)数据、用户实体的身份(或识别信息，如名字和地址等)、各用户的辅助公开数据。③ 重构公钥的完整性虽不是可直接证实的，但“正确”的公钥只能从可信赖用户的公开数据恢复。④ 系统设计要保证攻击者在不知道 T 的秘密钥条件下，要从用于重构的公开数据推出实体的秘密钥在计算上是不可行的。

隐式证实公钥可分为两类。一类是**基于身份的公钥**(Identity-based Public Keys)，各实体 A 的秘密钥由可信赖方 T 根据 A 的识别信息 ID_A、T 的秘密钥 $\boldsymbol{K}_{ST}$ 以及由 T 预先给定的有关 A 的用户特定重构公开数据 R_A 计算，并通过安全信道送给 A，参看图 11-7-4(*b*)。另一类是**自证实公钥**(Self-ceritified Public Keys)，各实体 A 自行计算其秘密钥 $\boldsymbol{K}_{SA}$ 和公钥 $\boldsymbol{K}_{PA}$，并将 $\boldsymbol{K}_{PA}$ 传送给 T。由 T 根据 A 的公钥 $\boldsymbol{K}_{PA}$ 的识别信息 ID_A 和 T 的秘密钥 $\boldsymbol{K}_{ST}$ 计算出 A 的重构公开数据，参看 11-7-4(*c*)。第一类要求对 T 的信赖程度远高于第二类。

隐式证实公钥较公钥证书优越之处在于降低对所需的存储空间的要求(签字的证书需要较多存储)、降低了计算量(证书要求对签字进行验证)、降低了通信量(基于身份或预先知道身份时)。但重构公钥也需要进行计算，而且还要求辅助的重构公开数据。

有关研究可参看[Paillès 等 1989；Girault 等 1990；Girault 1991；Okamoto 1990；Brands 1995]。

11.8　密钥的保护、存储与备份

11.8.1　密钥的保护

密钥的安全保密是密码系统安全的重要保证，保证密钥安全的基本原则除了在有安全保证环境下进行密钥的产生、分配、装入以及存储于保密柜内备用外，密钥绝不能以明文形式出现。

(1) 终端密钥的保护。可用二级通信密钥(终端主密钥)对会话密钥进行加密保护。终端主密钥存储于主密钥寄存器中，并由主机对各终端主密钥进行管理。主机和终端之间就可用共享的终端主密钥保护会话密钥的安全。

(2) 主机密钥的保护。主机在密钥管理上负担着更繁重的任务，因而也是对手攻击的主要目标。在任一给定时间内，主机可有几个终端主密钥在工作，因而其密码装置需为各应用程序所共享。工作密钥存储器要由主机施以优先级别进行管理加密保护，称此为**主密钥原则**。这种方法将对大量密钥的保护问题化为仅对单个密钥的保护。在有多台主机的网络系统中，为了安全起见，各主机应选用不同的主密钥。有的主机采用多个主密钥对不同类密钥进行保护。例如，用主密钥 0 对会话密钥进行保护；用主密钥 1 对终端主密钥进行保护；而网中传送会话密钥时所用的加密密钥为主密钥 2。三个主密钥可存放于三个独立的存储器中，通过相应的密码操作进行调用，可视为工作密钥对其所保护的密钥加密、解密。这三个主密钥也可由存储于密码器件中的**种子密钥**(Seed Key)按某种密码算法导出，以计算量来换取存储量的减少。此法不如前一种方法安全。除了采用密码方法外，还必须和硬件软件结合起来，以确保主机主密钥的安全。

(3) 密钥分级保护管理法。图 11-8-1 和表 11-8-1 都给出密钥的分级保护结构，从中可以清楚地看出各类密钥的作用和相互关系。从这种结构可以看出，大量数据可以通过少量动态产生的数据加密密钥(初级密钥)进行保护；而数据加密密钥又可由更少量的、相对不变(使用期较长)的密钥(二级)或主机主密钥 0 来保护；其它主机主密钥(1 和 2)用来保护三级密钥。这样，只有极少数密钥以明文形式存储在有严密物理保护的主机密码器件中，其它密钥则以加密后的密文形式存于密码器之外的存储器中，因而大大简化了密钥管理，并改进了密钥的安全性。

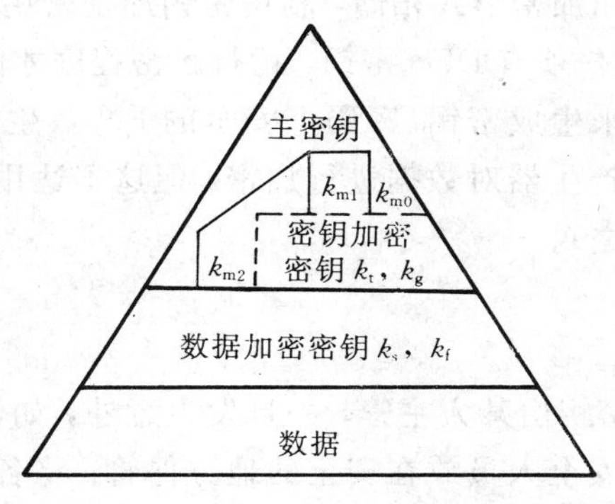

图 11-8-1　密钥的分级保护

表 11-8-1　密钥分级结构

密钥种类	密　钥　名	用　　途	保护对象
密钥加密密钥	主机主密钥 0：k_{m0} 主机主密钥 1：k_{m1} 主机主密钥 2：k_{m2}	对现用密钥或存储在主机内的密钥加密	初级密钥 二级密钥 二级密钥
	终端主密钥（或二级通信密钥） 文件主密钥（或二级文件密钥）	对主机外的密钥加密	初级通信密钥 初级文件密钥
数据加密密钥	会话（或初级）密钥 k_s 文件（或初级）密钥 k_f	对数据加密	传送的数据 存储的数据

为了保证密钥的安全，在密码设备中都有防窜扰装置。当密封的关键密码器件被撬开时，其基本密钥和主密钥等会自动从存储器件中清除，或启动装置自动引爆。

对于密钥丢失的处理也是安全管理中的一项重要工作。在密码管理中要有一套管理程序和控制方法，最大限度地降低密钥丢失率。对于事先产生的密钥加密密钥的副本应存放在可靠的地方，作为备份。一旦密钥丢失时，可派信使或通过系统送新的密钥，以便迅速恢复正常业务。由于硬件和软件故障以及人为操作上的错误都会造成密钥丢失或出错，采用报文鉴别程序可以检测系统是否采用了正确的密钥进行密码操作。

11.8.2　密钥的存储

密钥存储时必须保证密钥的机密性、认证性和完整性，防止泄露和修改。下面介绍几种可行的方法。

(1) 每个用户都有一个用户加密文件备以后用。由于只与一个人有关，个人负责，因而是最简易的存储办法。例如在有些系统中，密钥存于个人的脑海中，而不存于系统中，用户要记住它，且每次需要时键入，如在 IPS[Konheim 等 1980]中用户可直接键入 64 bit 密钥。

(2) 存入 ROM 钥卡或磁卡中。用户将自己的密钥键入系统，或将卡放入读卡机或计算机终端。若将密钥分成两部分，一半存入终端，另一半存入如 ROM 钥卡上。一旦丢失 ROM 钥卡也不致泄露密钥。终端丢失时亦同。

(3) 难以记忆的密钥可用加密形式存储，利用密钥加密密钥来做。如 RSA 的秘密钥可用 DES 加密后存入硬盘，用户须有 DES 密钥，运行解密程序才能将其恢复。

(4) 若利用确定性算法来生成密钥（密码上安全的 PN 数生成器），则每次需要时，用易于记忆的口令，启动密钥产生器对数据进行加密，但这不适用于文件加密（过后要解密，还得用原来密钥，又要存储之）。

11.8.3　密钥的备份

必要性。如一个单位，密钥由某人主管，一旦发生意外，如何才能恢复已加密的消息？因此密钥必须有备份，交给安全人员放在安全的地方保管；将各文件密钥以主密钥加密后封存。当然必要条件是安全员必须是可信赖的，他不会逃跑、不会出卖别人的密钥或滥用别人的密钥。

一个更好的办法是用共享密钥协议。将一个密钥分成几部分，每个有关人员各保管一部分，但任何一个部分都不起关键作用，只有当这些部分收集起来才能构成完整的密钥。有关密钥托管和恢复技术将在 11.12 节中介绍。

11.9　密钥的泄露、吊销、过期与销毁

11.9.1　泄露与吊销

密钥的安全是协议、算法和密码技术设备安全的基本条件。密钥泄露，如丢失或被窃等，安全保密性就无从谈起。惟一补救办法是及时更换新密钥。

若由 KDC 来管理密钥，则用户要及时通知 KDC 将其吊销；若无 KDC，则应及时告诉可能与他进行通信的人，以后用此密钥通信的消息无效且可疑，本人概不负责。当然声明要加上时戳。

当用户不确知密钥是否已经泄露和泄露的确切时间时，问题就更复杂化了。用户可能要撤回合同以防别人用其密钥签了另一个合同来替换它，但这将引起争执而需诉诸法律或公证机构裁决。

个人专用密钥丢失要比秘密钥丢失更为严重，因为秘密钥要定期更换，而专用密钥使用期更长。若丢失了专用密钥，别人就可用它在网上阅读函件，签署通信和合同等。而且在公用网上，专用密钥传播得极快。公钥数据库应当在专用密钥丢失后，立即采取行动，以使损失最小化。

有关公钥的吊销将在 11.11 节中介绍。

11.9.2　密钥的有效期

密钥的**有效期**或**保密期**(Cryptoperiod)是合法用户可以合法使用密钥的期限。

密钥使用期限必须适当限定。因为密钥使用期越长，泄露的机会就越大，一旦泄露带来的损失也越大(涉及更多文件、信息、合同……)。由于使用期长，以同一密钥加密的材料就越多，因而更容易被分析破译。

策略：不同的密钥有不同的有效期：① **短期密钥**(Short Term Keys)，如会话密钥的使用期较短，具体期限由数据的价值、给定周期内加密数据的量来定。如 Gb/s 的信道要比 9 600 bit/s modem 线路的密钥更换得更勤些，一般会话密钥至少一天换一次。② 密钥加密密钥属于**长期性密钥**(Long Term Keys)，不需要经常换，因为用其加密的数据很少，但它很重要，一旦丢失或泄露影响极大。一般一个月或一年更换一次。③ 用于加密数据文件或存储数据的密钥不能经常更换，因为文件可能在硬盘中存数月或数年才会再被访问。若每天更换新密钥就得将其调出解密而后再以新密钥加密，这不会带来太多好处，因为文件将多次以明文形式出现，给攻击者更多的机会。文件加密密钥的主密钥应保管好。④ 公钥密码的秘密密钥，它的使用期限由具体应用来定。用于签字和身份验证的秘密密钥可能以年计(甚至终生)。而用于掷硬币协议的专用密钥在协议完成后即可销毁。但一般只用一两年。过期的密钥还要保留，以备证实时用。

密钥的吊销和有效期可通过 11.10 节介绍的密钥控制技术实施。

11.9.3 密钥销毁

不用的旧密钥必须销毁，否则可能造成损害，别人可用它来读原来曾用它加密的文件，且旧密钥有利于分析密码体制。要安全地销毁密钥，如采用高质量碎纸机处理记录密钥的纸张，使攻击者不可能通过收集旧纸片来寻求有关秘密信息。对于硬盘、EEPROM 中的存数，要进行多次冲写。

潜在的问题。存于计算机中的密钥，易于被多次复制并存于计算机硬盘中的不同位置上。采用防窜器件，能自动销毁存储在其中的密钥。

11.10 密钥控制

密钥控制是对密钥的使用进行限制，以保证按预定的方式使用密钥。可以赋予密钥的控制信息有：① 密钥的主权人；② 密钥的合法使用期限；③ 密钥的识别符；④ 预定的用途；⑤ 限定的算法；⑥ 预定使用的系统或环境或密钥的授权用户；⑦ 与密钥生成、注册、证书有关的实体名字；⑧ 密钥的完整性校验(作为密钥真实性的组成部分)。

为了密码的安全，避免一个密钥作多种应用，这需要对密钥实施**隔离**(Separation)、物理上的保护或密码技术上的保护来限制密钥的授权使用。密钥**标签**(Tags)、密钥**变形**(Varionts)、密钥**公证**(Nortarization)、控制**矢量**(Control Vectors)等都是为对密钥进行隔离所附加的控制信息的方式。

单钥体制中的密钥控制技术：

(1) **密钥标签**。它以标记方式限定密钥的用途，如数据加密密钥、密钥加密密钥等。它由 bit 矢量或数据段实现，其中还标有使用期限等。一般标签都以加密形式附在密钥之后，仅当密钥解密后才同时恢复成明文。标签数据一般都很短。

(2) **密钥变形**。从一个基本密钥或**衍生**(Derivation)密钥附加一些非秘密参数和一个非秘密函数导出不同的密钥，称所得的这种密钥为密钥变形或**导出**(Derived)密钥。所用函数多采用单向函数。

(3) **密钥偏移**(Key Offsetting)。一个密钥加密密钥在每次使用后都要根据一个计数器所提供的增量进行修正，从而可以防止重放攻击。

(4) **密钥公证**。这是一种通过在密钥关系中，将参与者身份以显式方式加以说明来防止密钥代换的技术。通过这类身份对密钥进行认证，并修正密钥加密密钥，使得只有当身份正确时才能正确地恢复出受保护的密钥。它可抗击模仿攻击，因而也可称之为以身份密封的密钥。在所有密钥建立协议中都要防止密钥代换攻击。公证要求适当的控制信息，以保证精确恢复出加密的密钥，类似于隐式证实公钥系统，它可以对密钥提供隐式保护。

实现中可用一个可信赖服务器(公证或仲裁)或一个共享密钥的参与者，以密钥加密密钥 $\boldsymbol{K}$ 以及系统赋予发方和收方惟一性 i 和 j 构成，以下式表示：

$$E_{K\oplus(i\parallel j)}(\boldsymbol{K}_s)$$

收方必须以共享秘密钥 $\boldsymbol{K}$ 和正确的 i、j 次序才可能恢复出密钥 $\boldsymbol{K}_s$。在有第三方参与时，它首先要对参与方的身份进行认证，而后向其提供只有这些参与者可以恢复的会话密钥，公证者可采用密钥偏移技术，参看例 11 - 10 - 1。

例 11 - 10 - 1　采用偏移技术的密钥公证。设有字长为 64 bit 分组码，密钥为 64 bit，密钥加密密钥 $K=K_L \| K_R$ 为 128 bit。N 为 64 bit 计数器，发用户和收用户的识别符分别为 $i=i_L \| i_R$ 和 $j=j_L \| j_R$。公证人计算：

$$K_1 = E_{K_R \oplus i_L}(j_R) \oplus K_L \oplus N$$

$$K_2 = E_{K_L \oplus j_L}(i_R) \oplus K_R \oplus N$$

其中，N 为计数器存数。所得到的公证密钥(K_1，K_2)可作为 EDE 三重加密模式下所需的密钥加密密钥。称上述 $f_1(K_R, i, j)=E_{K_R \oplus i_L}(j_R)$和 $f_2(K_L, i, j)=E_{K_L \oplus j_L}(i_R)$为公证密封(Notarized Seals)。若只需要 64 bit 的密钥时，可做一些修正，采用 $K_L=K_R=K$，计算上述 $f_1=(K_R, i, j)$，$f_2=(K_L, i, j)$将 f_1 的左边 32 bit 与 f_2 的右边 32 bit 链接成 64 bit 的 f，而后计算$f \oplus K \oplus N$作为公证密钥。■

(5) **控制矢量**。密钥公证可看作是一种建立认证的密码机构，控制矢量则是一种提供控制密钥使用的方法，是一种将密钥标签与密钥公证机构的思想进行组合的产物。对每个密钥 $\boldsymbol{K}_S$ 都赋予一个控制矢量 $\boldsymbol{C}$，$\boldsymbol{C}$ 是一个数但用于定义密钥的授权使用。每次对一个 $\boldsymbol{K}_S$ 加密之前先对 $\boldsymbol{K}$ 进行偏移，即 $E_{K \oplus C}(\boldsymbol{K}_S)$。

可以在控制矢量的数值中加入特定的身份说明实现密钥公证，也可以在 $\boldsymbol{C}$ 中限定主体的身份 ID_i 和对密钥($\boldsymbol{K}_{Sj}$)使用权限 $A(i, j)$(可采用接入控制)等技术实现。每次启用密钥时，都需输入控制矢量以实施对密钥的保护，系统检验控制矢量后才以它和密钥一起恢复出所要的密钥 $\boldsymbol{K}_S$。必须以正确的控制矢量 $\boldsymbol{C}$ 和正确的密钥加密密钥组成的值 $\boldsymbol{K} \oplus \boldsymbol{C}$ 才能恢复出 $\boldsymbol{K}_S$，这可以防止非授权接入密钥加密密钥 $\boldsymbol{K}$。

密钥的安全性取决于正确分离密钥的使用以及可信赖的系统。

当控制矢量 $\boldsymbol{C}$ 的数据长度超过密钥 $\boldsymbol{K}_S$ 的长度时，可以采用适当的杂凑函数先对 $\boldsymbol{C}$ 进行压缩。加密运算为 $E_{K \oplus h(C)}(\boldsymbol{K}_S)$。

另外，附加上惟一性和时间时，如序号、时戳、一次性 Nonce 等可以抗重发攻击。

有关密钥控制技术的研究可参看[Ehrsam 等 1978；ISO 8732；ANSI X9. 17；Matyas 1991；Menezes 等 1997]。

11. 11　多个管区的密钥管理

通信网间的互连，跨区、跨国的全球性通信网已经形成，本节介绍如何实现多个管区之间的密钥管理。

一个**安全区**(Security Domain)定义为在一个管理机构控制下的一个系统或子系统，系统中的每个实体都信赖这个权威管理机构。管理机构以显式或隐式方式规定所管区内的安全策略，限定区内各实体共享的密钥或通行字，用以在实体与管理机构之间或两个实体之间建立一个安全信道，保证系统内的认证和保密通信。一个安全区可以是一个更大区中的一个层次。

11. 11. 1　两个区之间的信赖关系

令分属两个不同的安全区 D_A 和 D_B 的实体为 A 和 B，相应的可信赖机构分别为 T_A 和

T_B。保证A与B实施可靠通信的要求，可以归结为：① 共享对称密钥在A和B之间建立共享秘密钥 $\boldsymbol{K}_{AB}$，双方都相信只有他们知道 $\boldsymbol{K}_{AB}$(可信赖机构也可能知道)；② 共享可信赖的公钥。对一个或更多个共用公钥的信赖可以作为安全区之间的信赖桥梁，彼此可以用来证实消息的真实性，或保证彼此之间传送消息的机密性。这两种方式都可以维系 T_A 和 T_B 之间的信赖关系。有了这种关系就可以在(A，T_A)、(T_A，T_B)、(T_B，B)之间建立起安全通信信道，从而提供(A，B)之间的信赖关系，实现安全通信。

若 T_A 和 T_B 之间没有一种信赖关系，可以通过他们共同信赖的第三机构 T_C 作为中介建立相互之间的信赖关系。这是一种信赖关系链(Chain of Trust)。下面介绍两种具体实现方式。

1. 可信赖对称密钥(Trusted Symmetric Keys)

可信赖的共享秘密钥可以通过各种认证的密钥建立技术获得。步骤如下：① A向 T_A 提出与B共享密钥的请求；② T_A 和 T_B 间建立短期共享密钥 $\boldsymbol{K}_{AB}$；③ T_A 和 T_B 分别向A和B安全可靠地分配 $\boldsymbol{K}_{AB}$；④ A用 $\boldsymbol{K}_{AB}$ 和B进行直接的保密通信。

2. 可信赖公钥(Trusted Public Key)

可信赖公钥可以在已有的信赖关系基础上通过标准的数据源认证，如数字签字或消息认证码等获得。步骤如下：① A向 T_A 请求用户B的可信赖公开钥；② T_A 从 T_B 以可靠方式得到B的公开钥；③ T_A 将其以可靠方式传送给A；④ A用此公钥和B进行直接的保密通信。

上面所实现的是一种**信赖的转递**(Transfer of Trust)。这种转递还可以通过所谓**跨区证书**(Cross Certificate)或**CA证书**(CA Certificate)实现。这种证书由一个证书机构(CA)制作，而由另一个CA来证实其公钥。例如，T_B 为B建立一个证书 C_B，其中有B的身份和公钥。而 T_A 制作一个含有 T_B 身份和其公钥的跨区证书，A有 T_A 的可信赖的签字证实密钥，则A就可以信赖 C_B 中的B的公钥(或 T_B 签署的任何其它证书的公钥)。因此，用户A就可以从 D_A 域的机构 T_A 获得由 T_B 签发的域 D_B 中实体的公钥。

11.11.2　多证书机构的可信赖模型

在含有多个CA的双钥系统中，证书机构之间的可信赖关系可能有许多不同之处。**可信赖模型**(Trust Models)或**证书拓扑结构**(Certification Topologies)与通信模型在逻辑上不相同，虽然有些地方可能相符，但通信链并不就是一种信赖关系。CA之间的信赖关系取决于由一个CA所签发的证书是否能为另一个CA利用或证实。

首先介绍**证书链**(Certificate Chains)和**证书通路**(Certificate Paths)。

公钥证书是获得认证公钥的手段，由签署证书的CA提供可信赖的证实公钥就可实现。在多个证书机构环境下，可能希望从不止一个CA所签署的证书通过验证获得可信赖的公钥。在此情况下，只要能构造一个证书链，从证实者信赖的CA的公钥到希望得到的公钥之间存在一个不间断的链路，证实者就可得到所要的可信赖的公钥。

证书链路结构可以用有向树图表示，在有向树图中找到一个从给定结点到CA再到意定结点的证书序列。图11-11-1例示了几个可能的CA信赖模型，通过验证签字获得相互之间的信赖。

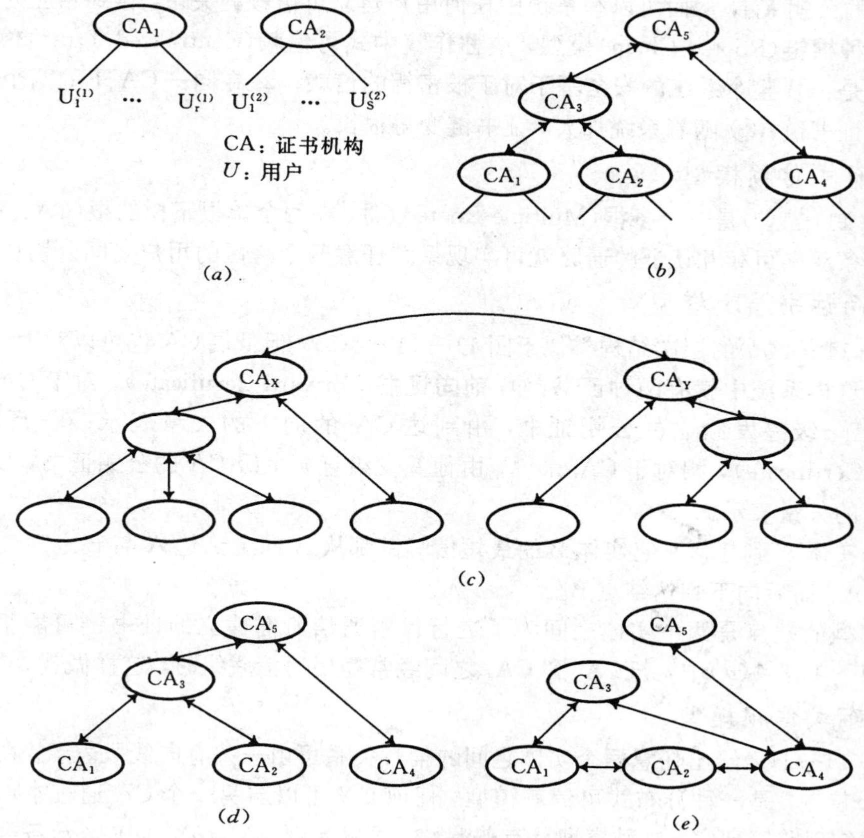

图 11 - 11 - 1　证书的可信赖模型

(*a*) 分离的安全域；(*b*) 严格层次结构；(*c*) 多根树；

(*d*) 可逆证书结构；(*e*) 双边可信赖模型

例 11 - 11 - 1　证书链。图 11 - 11 - 1(*e*)中的用户 A 有 CA_5 的公钥 $\boldsymbol{K}_{P5}$，想要验证由 CA_3 签署的用户 B 的证书，以获得对 B 的信赖。在图中找到有向通路(CA_5，CA_4，CA_3)，以 $CA_5\{CA_4\}$表示由 CA_5 签署含 CA_4 的证书，其中有公钥 $\boldsymbol{K}_{P4}$；因而由 A 所信赖的 CA_5 起有一个证书链($CA_5\{CA_4\}$，$CA_4\{CA_3\}$)，使 A 可以证实 $CA_5\{CA_4\}$中的签字并提取出公钥 $\boldsymbol{K}_{P4}$；用 $\boldsymbol{K}_{P4}$又可证实 $CA_4\{CA_3\}$中的签字并提取出公钥 $\boldsymbol{K}_{P3}$，从而用 $\boldsymbol{K}_{P3}$可以证实 CA_3 签发给 B 的证书，最终可靠地得到 B 的公钥 $\boldsymbol{K}_{PB}$。 ■

下面讨论图 11 - 11 - 1 给出的几种可信赖模型。

1. 分离安全域的信赖模型

图 11 - 11 - 1(*a*)表示了有两个 CA 的大系统。必须先确定 CA 之间的信赖关系，才能实现两个安全域中用户之间的安全通信；对于两个完全隔离的 CA 子系统，则无法进行这类通信。

2. 严格层次的可信赖模型

图 11 - 11 - 1(*b*)表示一种解决多 CA 系统间的保密通信的方法。每个用户都附属于特定的 CA，如用户 $U_1^{(1)}$ 属于 CA_1，因而知道 CA_1 的公钥 $\boldsymbol{K}_{P1}$，通过证书链可以知道最高一级

CA 即 CA_5 的公钥 $\boldsymbol{K}_{P5}$，从而可以和系统中任何用户建立可信赖的关系，得到相应的可靠公钥。这是一种**根链**(Rooted Chain)模型，或称作**集中式可信赖**(Centralized Trust)模型。此模型的缺点是：① 整个系统的安全基于对于根密钥的信赖；② 在同一 CA 下的两个用户通信也须建立证书链；③ 随着系统加大，证书链变得很长。

3．分布式信赖模型

图 11－11－1(*c*)是一个**多根**(Multiple Rooted)树，在两个单根子树的根(CA_X 和 CA_Y)之间建立一条双向可相互认证的通路就可实现系统任意两个跨区的用户之间公钥认证。

4．双向证书层次模型

图 11－11－1(*d*)的层次结构类似于图 11－11－1(*b*)，但低层 CA 也可以对上一级 CA 签发证书。这样系统中就有两种证书：① **前向证书**(Forward Certificate)，对于 CA_i 而言，由 CA_i 的上一级签发给它的公钥证书，由到达 CA_i 的向下的矢量表示；② **反向证书**(Backward Certificate)，相对于 CA_i 来说，由他签发给直属上级 CA 的公钥证书，以从 CA 出发的向上的矢量表示。

从任一实体 A 到任何其它实体 B 的最短信赖链都从 A 向上到达 A 与 B 之间最小的共同祖结点 CA，而后向下到达结点 B。

这一模型的缺点是两个实体之间为了进行保密通信所需建立的证书链可能很长。例如，在图 11－11－1(*d*)中，若 CA_1 和 CA_4 之间经常需要通信联络时，这样做就太繁琐了。

5．分布式信赖模型

图 11－11－1(*e*)给出任意两个实体之间的信赖关系可由一条有向线段表示。在图中设有一个中心节点，是一种分布式可信赖模型。任何 CA 可以与另一个 CA 通过本地 CA 的可信赖公钥实现跨区证实。这种模型具有普遍性，可以实现(*a*)、(*b*)、(*c*)、(*d*)各类模型。

各种可信赖模型都是通过对证书链中每个证书的证实所提供一种信赖关系。在跨区情况下，一旦 CA_X 对 CA_Y 的跨区公钥证书证实后，在无附加条件时，CA_X 就将这种对 CA_Y 的信赖传递给证书链可以到达的所有实体。为了对跨区证书这种信赖的扩展范围加以限制，CA 可以在签署证书中附加上约束条件，如限定证书链的长度或限定合法区的集，这些都可由证书策略做出规定。GSM、DECT、IS－54、Kerberos、PEM 和 SPX 系统都涉及多安全区的密钥管理问题，可参看[ISO/IEC 11770－1；RFC 1510；Davies 等 1990；Kent 1993；RFC 1421－1424；Tarah 等 1992；Tardo 等 1991；Fumy 等 1993，1996；Anderson 等 1995；Vedder 1993；Rueppel 1993；Menezes 等 1997]。

11.11.3 证书的分发与吊销

1．证书分发

可以采用**拖拉**(Pull)模式，由一个证书本(数据库)记录所有用户的证书，用户需要时通过数据库提取出所要的证书。另一种是**推进**(Push)模式，证书制成后就送给所有的用户或定期向所有用户发放，这种方法适用于封闭系统。第三种方法是当需要时(例如要验证签字时)由用户个别地向其它用户提供他的公钥证书。

证书本可看作是一个不保密的第三方，对此库的接入控制在于写保护和删除保护，只允许维护者更新数据。证书本身要可靠地对其个别地进行签字，但无须经由安全信道传送。在联机证书系统中，证书机构根据请求实时地建立证书，没有使用期限或需要由可信赖第三方分发来保证未被吊销的问题。

对于经常使用的证书可以在近期本地存储起来以避免重复而耗费的检索工作。

2. 证书吊销

秘密钥的数据泄露丢失或损伤后，为了防止继续使用相应的公钥需要及时吊销公钥证书。在联机获取公钥的系统中，发现丢失情况时可以立即抛弃或更换新的公钥，但在证书系统中就困难些，需要对已分发的复本进行有效的回收。可能很少出现密钥丢失的情况，更经常的是 CA 由于各种原因需要提早吊销某些证书，如用户的调离，在一个组织内的工作变动，或根据要求中止其合法用户身份。有关吊销密钥的技术有：

(1) **证书有效期限**(Expiration Dates)。证书中的有效期限限制了泄露所造成的影响。联机证书是一种有效期限极短的特例。短期证书可以不用**证书吊销表** CRL(Certificate Revocation List)。长期证书就需要用 CRL，而且要经常更新 CRL 的数据。

(2) **布告方式**(Manual Notification)。它是利用布告牌或特殊信道发出通知，使所有用户知道已被吊销的密钥，这适用于小型或封闭系统。

(3) **吊销密钥的公开文件**。系统提供一个公开文件，其中列出所有已识别出的被吊销的密钥，使所有用户在使用前可以查看。

(4) **证书吊销表** CRL。这是一种管理公钥文件的方法，由相应原发证机构签署并发布，以备查询用。表中每一项记录一个实体的证书序号、吊销时间和其它有关信息。

(5) **吊销证书**(Revocation Certificates)。可以在公钥证书中附加一个**吊销标志**(Flag)，并注明吊销时间，起到删除该证书的作用。原来的证书可以从证书本中除去，并以吊销证书代替。

跨区证书的吊销可以用类似于 CRL 的**机构吊销表**(Authority Revocation Lists)实现。若系统规模很大，CRL 中的数据将过多，可以用分区方式或按被吊销原因划分，向有关用户公布，从而可缩短检索时间。

11.12　密钥托管和密钥恢复

密钥托管加密系统(即托管加密系统)是具有备份解密能力的加密系统，它允许授权者包括用户、企业职员、政府官员在特定的条件下，借助于一个以上持有专用数据恢复密钥的、可信赖的委托方所提供的信息来解密密文。数据恢复密钥不同于通常用于数据加解密的密钥，它提供一种确定数据加解密密钥的方法。密钥托管还包含安全保护数据恢复密钥的含义。有时还采用密钥档案、密钥备份以及数据恢复体制等词汇。

11.12.1　密钥托管体制的基本组成

逻辑上，一个密钥托管加密体制可分为用户安全分量、密钥托管分量和数据恢复分量三个主要部分。这些逻辑分量是密切相关的，对其中一个的设计选择影响着其它分量。图 11-12-1表明这几个分量之间的相互关系，USC 使用密钥 K 加密明文数据，并把 DRF 联接到密文上；DRC 则利用 KEC 提供的信息和包含于 DRF 中的信息恢复出明文。

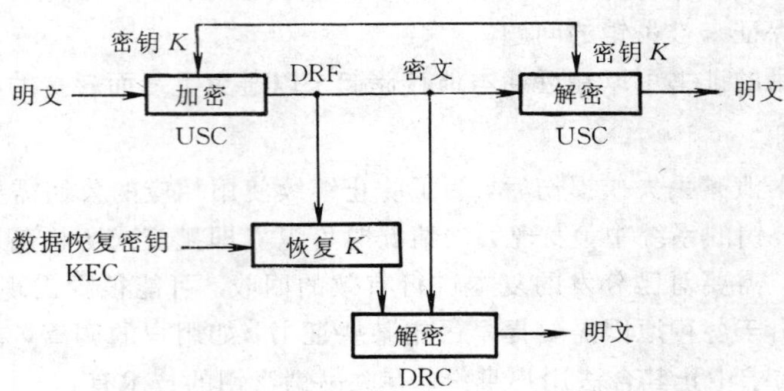

图 11－12－1　密钥托管加密系统

1. 用户安全分量 USC(User Security Component)

用户安全分量是硬件设备或软件程序，用于数据加密和解密，同时也支持密钥托管功能。它还在数据恢复过程中起支持作用，这种支持可包括：将**数据恢复字段** DRF(Data Recovery Field)联接到加密数据上。DRF 可以看作为通用密钥分配机制的组成部分。

USC 可用于通信，包括话音、E-mail 以及其它通信方式。法律执行机构在获得法庭授权后采用应急解密介入通信，即所谓搭线窃听。USC 也可用于存储数据，存储的数据可以是简单的数据文件或更为普通的对象。数据的拥有者可使用应急解密恢复丢失或损坏的密钥，而法律执行机构经法庭许可后，也可以使用应急解密，解密法庭所限定的计算机文件。

USC 标明数据加密算法的名称、运行模式、密钥长度、密级等。存储应急解密所需的识别符，包括用户或 USC 的识别符、密钥识别符、KEC 或托管代理识别符，还要存储各种密钥，包括 USC 的密钥、用户密钥、KEC 使用的全局系统密钥。它们可以是公开的，也可以是秘密的。备份的密钥或其秘密副本可以由托管代理保存。

数据恢复字段 DRF 完成与加密数据的链接。密钥 K 对数据加密时，USC 必须把密文和 K 与一个或多个数据恢复密钥链接在一起，通常是把 DRF 联接到加密数据上。这种链接要指出是何人的数据恢复密钥，K 可以链接到发送者的托管代理或接收者的托管代理所保存的数据恢复密钥上，也可以同时链接到两方的托管代理所保存的数据恢复密钥上。DRF、链接机制可以集成到将 K 传送给意定接收者的协议中。因此，发送者必须传送一个有效的 DRF，以使意定的接收者能获得密钥。DRF 的内容一般包括一个以上的数据恢复密钥加密的 K(数据恢复密钥可以是产品的密钥、发送者或接收者的公钥、KEC 主公钥等)。在某些情况下，通过 DRF 后密钥 K 只有部分字节是有效的，因此必须利用穷搜索算法恢复其余字节。DRF 还包含有另外一些信息，可以识别数据恢复密钥、KEC 或密钥托管代理、加密算法和模式以及 DRF 的生成方法。整个 DRF 可由与 DRC 相关的族密钥(Family Key)加密，以保护 DRF 中传送的识别符。单钥密码算法或公钥密码算法均可采用。DRF 的长度会影响特殊方案在某些误码率较高的应用场合的适用性，如无线通信。通常 DRF 在密文之前嵌入消息或文件头上。在开放式通信时，可按一定间隔重发。DRF 的有效性通过 DRF 中所包含的托管认证符(EA)，由接收者验证 EA 以确定 DRF 的完整性。换言之，如果是用公钥生成 DRF，接收者可重新计算 DRF 并把结果与接收到的 DRF 比较，验证其正确性。

USC 可以设计为只能和正确作用的 USC 相互操作的，而不能和已被窜扰的 USC 或不支持密钥托管的系统相互操作。

USC 可以用硬件、软件、固件或其它组合方式实现。一般硬件比软件安全，而且与软件相比不易被窜改。如果采用保密算法，必须使用防窜扰硬件实现。硬件实现包括：专用密码处理器、随机数产生器、高精度的时钟。USC 设备有时称为**托管加密设备**，也称为托管增强设备或托管设备。

USC 应能保证用户不能挫败密钥托管机制或其它特性。一般把那些用于欺骗或经修正去进行欺骗的 USC 称作“骗子”USC。“骗子”USC 能否得逞，很大程度上依赖数据恢复机制及其实现。“骗子”USC 分为单一(Single)欺骗和双重(Dual)欺骗，前者只能和诚实的 USC 相互操作，后者则可以和其他骗子 USC 相互操作。单一欺骗因为不需要接收者与其合作，是应急数据恢复最大的威胁。

2. 密钥托管分量 KEC(Key Escrow Component)

KEC 是由密钥托管代理操作的，管理着数据恢复密钥的存储、披露或使用，可以看作是公钥证书管理系统的组成部分，也可以看作是一般的密钥管理基础设施的组成部分。KEC 负责存储所有的数据恢复密钥，并提供给 DRC 必需的数据和服务。

KEC 可以是密钥管理基础设施的组成部分。密钥管理基础设施可采用单钥结构(如密钥分配中心)或公钥结构。在公钥结构下，托管代理可作为一个公钥证书签发机构。KEC 有以下组成部分：

(1) **托管代理**，也称为**可信赖方**，负责操作 KEC。托管代理可以在密钥托管中心注册，该中心为托管代理制定操作规则，也可作为 USC 和 DRC 的联系机构。托管代理可以是政府实体或私人组织的实体。若为政府实体时应限定它对政府的服务；若为私人组织的实体即商用(或专用)密钥托管体制时，它可以是企业或商业公司的内部管理机构，或为提供商业服务的独立公司，也可为可信赖的第三方。托管代理要能识别用户身份和其所在的位置。托管代理的接入能力由托管代理所在的位置(如本地或外国)和运营时数(如 1 天 24 小时，1 周 7 天等)确定。托管代理的安全性指 KEC 防止托管密钥泄漏、丢失或滥用的能力，包括可靠性和反弹性，是对托管代理在防止密钥泄漏和允许数据恢复方面可信程度的量度。托管代理的责任要保证识别出那些不支持数据恢复，或把密钥披露给非授权方，或在未授权情况下披露密钥的托管代理。托管代理的倾向性(Liability)是指在密钥泄漏或失效时，托管代理的倾向性。托管代理应联合起来防止这种倾向性。托管代理的合格证/许可证表明托管代理是否验证合格，并得到了政府的许可。托管代理需要具备某些特殊条件才能获得许可证书。

(2) **数据恢复密钥**。采用托管加密，所有加密数据都与能够接入数据加密密钥的数据恢复密钥相连接。数据恢复密钥的种类有：① 数据加密密钥：包括会话密钥、网络密钥、文件密钥。密钥分配中心产生、托管并分配这些密钥。② 产品密钥：对 USC 是惟一的。③ 用户密钥：通常是公钥/私钥对，用于建立数据加密密钥，KEC 可以作为用户的公钥证书签发机构，负责签发用户公钥证书。④ 主密钥：与 KEC 相关，可由多个 USC 共享。数据恢复密钥可采用密钥分拆(秘密共享，门限方案)进行托管，把数据恢复密钥分拆为多个密钥分量，每个分量都分别由不同的托管代理保存。若要恢复被分拆的密钥，需要所有 n 个密钥托管代理的参与，或在采用(n, k)门限方案时，至少需要有 k 个密钥托管代理的参与，此处假定 n 是托管代理总的个数。可采用一般的单调接入结构分拆密钥，可保证托管代理任意子集的设计要求，这些子集可以合作恢复密钥。产生和分配密钥的方式可由KEC、USC以及两者结合来完成。如果由USC产生密钥，可采用可验证秘密共享方案分拆和托管密钥，这样托管代理可检验其各个密钥分量的有效性，而不用知道原始密钥。密钥也可以由KEC和USC联合产生，用户就不能隐藏受托管密钥的“影子密钥(Shadow Key)”，也就无法破坏密钥托管机制了。数据恢复密钥的托管时机可在产品制作阶段、系统和产品的初始化阶段或用户注册期间进行。如果需要托管用户公钥/私钥对中的私钥，那么应在相应的公钥进入公钥结构和证书发放时进行托管。USC只能把加密的数据送给有公钥证书的用户，该证书有获得许可的托管代理的签字。**密钥更新**，某些体制允许更新数据恢复密钥，但只能根据要求或定期进行。密钥可采用全部或部分托管，在部分托管情况下进行数据恢复时，通过穷搜索可确定其余未受托管部分的密钥。密钥存储可采用联机或脱机(如安全存储于软盘或Smart卡中)方式。

(3) **数据恢复业务**。KEC所提供的服务包括向DRC披露信息，首先要进行**授权**，使操作和使用DRC的人员可利用KEC的业务，包括建立身份证明和获得接入已加密数据的合法授权证明。所提供的业务有以下几种选择：① 披露数据恢复密钥。一般在数据恢复密钥是会话密钥或用户产品密钥时采用这种方法(不披露主密钥)。密钥可以和有效期一起披露，然后自动销毁。② 披露派生密钥。KEC披露数据恢复密钥的派生密钥，如时限密钥，该密钥只允许解密在规定时段内加密的数据。③ 解密密钥。在主数据恢复密钥用于加密DRF中的数据加密密钥时，一般采用这种方法，这样KEC不必把主密钥披露给DRC。④ 实现门限解密。每个托管代理分别将其解密的“片段”送给DRC，由DRC将这些“片段”合成明文。数据恢复业务中可人工或自动地将数据传入或传出DRC。

(4) **托管密钥的防护**。KEC采取保护措施防止密钥泄漏或丢失，这些措施组合了技术保护、操作保护和法律保护等。例如，可采用审计、任务分割、秘密分拆、双人控制、物理安全、密码技术、冗余度、计算机安全、信赖体制、独立测试以及证书、鉴定、结构管理和对滥用的惩罚制度等。

3. 数据恢复分量DRC(Data Recovery Component)

DRC由算法、协议和必要的设备组成，用来从密文和KEC所提供的、包含于DRF中的信息中恢复出明文。只有在需要执行规定的合法数据恢复时才能使用DRC。DRC支持利用KEC提供的、包含于DRF中的信息，从加密数据中恢复出明文。

DRC的能力包括：适时解密；实时解密截获的信息；后处理，即DRC能够解密以前截获和记录的通信；透明性，即没有参与各方的知识也可解密；独立性，只要获得密钥，DRC可用自己的资源解密，即不依赖于KEC。

数据加密密钥的恢复。为了解密数据，DRC必须采用下列方法获得数据加密密钥 K：① 从发送者或接收者接入。关键在于要确定使用与发送者、接收者或第三方相关的数据恢复密钥能否恢复密钥 K。当只能利用发送者的托管代理持有的密钥才能获取 K 时，DRC就必须得到对某一特定用户传送消息的所有各方的密钥托管数据，这可能会阻碍实时解密，尤其是在各个用户散布在不同的国家或使用不同的托管代理时。同样，当只利用接收者的托管代理所持的子密钥才能获得 K 时，就不可能实时解密从特定用户传送的所有消息。如果利用托管代理的子集所持的密钥也可进行数据恢复，那么一旦获得了USC的加密

密钥 K，DRC 就可实时解密截获的、从 USC 发出或送入的消息。系统可以用于双向实时通信(如话音通信)时，但要求通信双方都使用相同的 K。② 与 KEC 的交互频度。可以规定 DRC 针对每一个数据加密密钥或 USC 用户都和 KEC 进行一次交互。对前者，要求 DRC 和 KEC 是联机交互，这样，在每次会话密钥改变时，仍然可支持实时解密。③ 穷搜索。当托管代理把部分密钥回送给 DRC 时，DRC 必须使用穷搜索确定其余 bit。

DRC 可以使用技术保护、操作保护和法律保护措施来控制用什么可以解密，例如，可对数据恢复进行时间限制(时限由法庭命令授权)。这些保护措施是对 KEC 制定的披露密钥限制的补充。认证机制可以防止 DRC 用其获得的密钥产生和发送伪消息。

11.12.2　密钥托管体制实例

1993 年 4 月，Clinton 政府公布了一项建议的加密技术标准，称作密钥托管加密技术标准 EES(Escrowed Encryption Standard)，是最有名的密钥托管体制。其开发设计始于 1985 年，由 NSA 负责研究。1990 年完成评价工作。其算法为 SKIPJACK。已由 Mykotronix 公司开发芯片产品，编程后为 MYK－78(26 美元/片)。算法属美国政府 SECRET 密级。但安全性与算法是否公开无关[NIST 1994；Denning 1994]。

EES 采用单钥分组密码，字长 64 bit，密钥 80 bit，32 轮置乱。加密速度为 12 Mbit /s。较 DES 安全得多。目前破译 DES 最快的密钥搜索法用 5 760 个专用芯片，每个芯片搜索密钥的速度为 5 000 万密钥/秒，在 35 小时内可以破译，从而为 DES 敲响了丧钟。而以同样技术破 SKIPJACK 算法要用 $2^{24}\times35$ 小时≈4.04 万年。若用当前有八个处理器的 Cray YMP 计算机，它的处理速度可达 89 000 密钥/秒，则需 4 000 万年。若用 12 亿只 1 GHz 钟频芯片，1 美元/芯片，费用为 12 亿美元，一年即可破译。

EES 可用于各种建议的工作模式。

1. 密钥分量

K_F：族密钥(Family Key)，80 bit，同族芯片共享；

UID：芯片序号(Serial Number)，32 bit(或更长)，芯片专有；

KU：单元密钥(Unit Key)，80 bit，芯片专有；

KU_1：单元密钥第一分量，由托管机构 1 秘密保管；

KU_2：单元密钥第二分量，由托管机构 2 秘密保管；

$KU=KU_1\oplus KU_2$(对应位模 2 和)；

K_1：托管机构 1 密钥数据库加密密钥，由司法部门保管；

K_2：托管机构 2 密钥数据库加密密钥，由司法部门保管。

2. 芯片初始化编程

由专用设备 SCIF(Secure Compartmented Information Facility)完成。一次可实现大批(如 300 片)芯片编程，参看图 11－12－2。

3. 密钥生成算法

(1) Escrow 1 向 SCIF 送秘密随机数 S_1(80 bit)，为种子密钥；
Escrow 2 向 SCIF 送秘密随机数 S_2(80 bit)，为种子密钥；
将待编程芯片身份码 UID(30 bit)送入 SCIF。

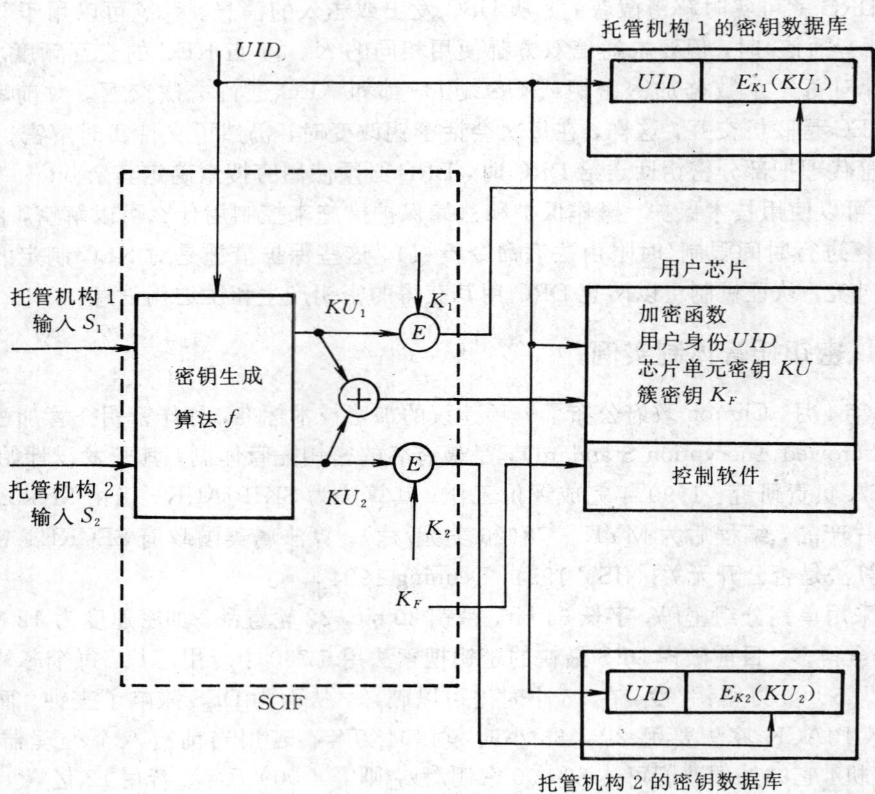

图 11-12-2 芯片编程框图

(2) $UID \| PAD_1(32\text{ bit})=N_1$，$UID \| PAD_2=N_2$，$UID \| PAD_3=N_3$；

$R_1=E[D[E[N_1;S_1];S_2];S_1]$；

$R_2=E[D[E[N_2;S_1];S_2];S_1]$；

$R_3=E[D[E[N_3;S_1];S_2];S_1]$。

(3) $R_1 \| R_2 \| R_3$(共 192 bit)，前 80 bit 为 KU_1，次 80 bit 为 KU_2，$KU=KU_1 \oplus KU_2$。

4. 会话密钥 K_S 交换

由某密钥分配算法，如 Diffie - Hellman 密钥交换协议实现。

5. 加解密运算

加解密运算可参看图 11-12-3。

加密：$C=E[M;K_S]$；

解密：$M=D[C;K_S]=D[E[M;K_S];K_S]$。

6. 法律实施访问字段 LEAF(Law Enforcement Access Field)

每个用户加密机芯片都自动发出 LEAF 字段：

$$E[UID_A \| E[K_S;KU_A] \| P_A;K_F]$$

P_A：认证码，保证 LEAF 的完整性和确为某用户 A 发出。

监听机构在得到司法部门批准后，利用 LEAF 可实施对某用户的监听，参看图 11-12

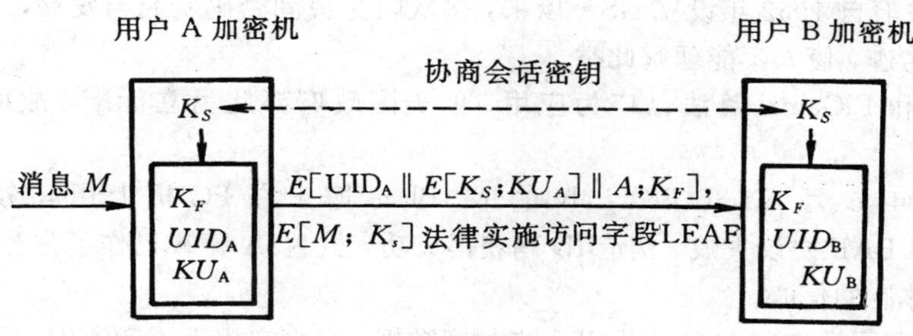

图 11-12-3　加解密过程

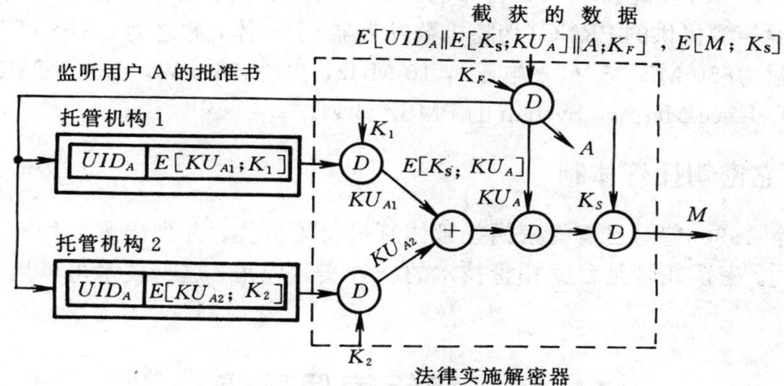

图 11-12-4　法律监听实施框图

-4。具体步骤如下：

(1) 恢复用户单元密钥分量：

$$KU_{A1} = D[E[KU_{A1};K_1];K_1]$$
$$KU_{A2} = D[E[KU_{A2};K_2];K_2]$$

(2) 获得用户单元密钥：$KU_A = KU_{A1} \oplus KU_{A2}$。

(3) 恢复用户会话密钥：$K_S = D[E[K_S;KU_A];KU_A]$。

(4) 恢复消息：$M = D[E[M;K_S];K_S]$。

7. 五人专家组评估意见

五人专家组评估意见肯定了 SKIPJACK 算法的强度和抗攻击能力[Denning 等 1994]。

(1) 处理器件成本按每 18 个月减半，以穷搜索破译 SKIPJACK 的费用，36 年后将等价于今天破译 DES 的所需费用。

(2) 似无捷径能破。

(3) 为了保护 LEAF 和国家安全，需要对算法保密，但此算法对抗攻击的能力与它是否保密无关。

8. 反对意见

(1) 由美国政府精心选定的五人小组评估意见，不能解除人们对算法安全性的疑虑。人们怀疑有陷门和政府部门肆意侵犯公民权利。

(2) DES 发展史确定了发展公用标准算法模式，政府此举背道而驰。

(3) 美国政府自1952年设立NSA以来，多次阻止民间密码研究与发展，且有侵犯美国公民权利的劣迹，使人不能理解此举。

(4) RSA和ElGamal算法已广为应用，但美国政府弃此另立标准，故而遭到商界反对。

(5) 1995年5月AT&T Bell Lab.的M. Blaze博士在PC机上用45分钟时间使SKIPJACK的LEAF协议失败，伪造ID码获得成功。虽NSA声称已作了弥补，但还是丧失了公众对此体制的信心。

1995年7月美国政府宣布放弃用EES来加密数据，只将它用于语音通信。

9. CAPSTON

美国将SKIPJACK算法和FIPS公布的DSA、SHA、基于公钥的密钥交换、快速指数算法以及由纯噪声源提供的PRNG(伪随机数发生器)于一体，称之为CAPSTON，85美元/片，片中存储量为850 MB，5 V(表电压)，10 MHz，功耗175 mW，已在PCMCIA板上实现，用于美国Defence Message System的PMSP计划。

11.12.3 其它密钥托管体制

Denning等[1996]曾对已有的密钥托管体制进行了分类，并列出了33种密钥托管方案[Denning 1996]。密钥托管是秘密托管技术的一种实际应用，这一技术可以用于更广泛的领域。

11.13 密钥管理系统

一个系统中的密钥如果在所有时间上都是固定不变的，则对其管理最为简单。但任何实际系统的密钥都有一定的保密期，需要及时更新，这就使密钥管理变得复杂化了。例如，密钥管理中心的证书机构要维护用户的公钥的注册、存储、分发、查询、吊销、更新等工作。这些工作又要依赖于认证、协议、加解密、签字、时戳、证书、可信赖的第三方公证、通信等技术的实现。密钥管理系统要负责密钥整个**生存期**(Life Cycle)的管理。

在网通信条件下，信使只适用于小型网络，分层法可用于中等规模的网络。随着网络规模的加大，所需的密钥量越来越大，手工式管理已不适用，而要借助于计算机实施自动化管理，由一个密钥分配中心负责管理分配密钥的工作。用这种电子分配密钥的方法，成本较低、速度快，而且较为安全，适应通信网发展的需要。

图11-13-1给出密钥管理系统框图，它包括密钥生存期的所有各阶段的管理工作。在密钥的生存期有四个阶段，即：① 预运行阶段，此时密钥尚不能正常使用；② 运行阶段，密钥可正常使用；③ 后运行阶段，密钥不再提供正常使用，但为了特殊目的可以在脱机下接入；④ 报废阶段，将有关被吊销密钥从所有记录中删去，这类密钥不可能再用。

密钥的生存期的四个阶段中有下述12个工作步骤：

(1) **用户注册**。这是使一个实体成为安全区内的一个授权或合法成员的技术(一次性)。注册过程包括请求，以安全方式(可以通过个人交换、挂号函件、可信赖信使等)建立或交换初始密钥材料(如共享通行字或PIN等)。

(2) **用户初始化**。一个实体要初始化其密码应用的工作，如装入并初始化软、硬件，装

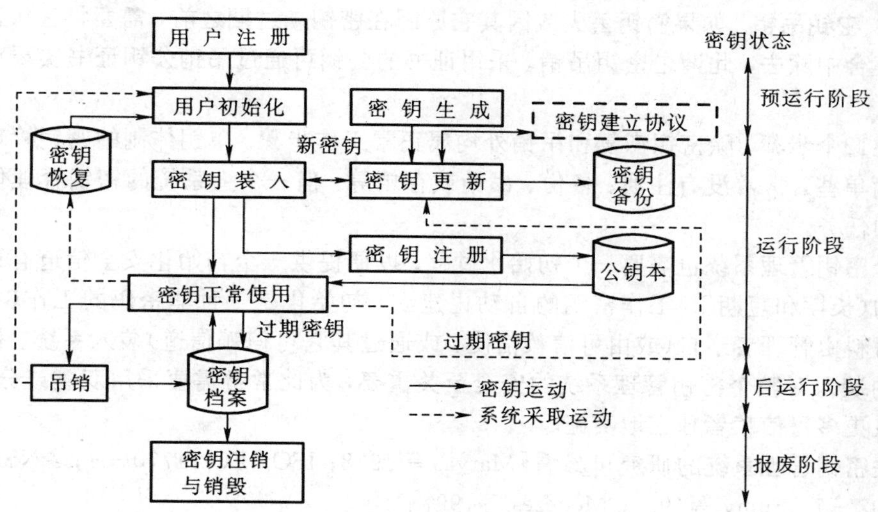

图11－13－1　密钥管理系统框图

入和使用在注册时得到的密钥材料。

(3) **密钥生成**。密钥的产生包括对密钥密码特性方面的测量，以保证生成密钥的随机性和不可预测性，以及生成算法或软件的密码上的安全性。用户可以自己生成所需的密钥，也可以从可信赖中心或密钥管理中心申请。

(4) **密钥装入**。将密钥材料装入一个实体的硬件或软件中的方法很多，如手工送入通行字或 PIN、磁盘转递、只读存储器件、IC 卡或其它手持工具(如密钥枪)等。初始密钥材料可用来建立安全的联机会话，通过这类会话可以建立会话(工作)密钥。在以后的更新过程中，可以用这种方式以新的密钥材料代替原来的，最理想的是通过安全联机更新技术实现。

(5) **密钥注册**。和密钥装入有关联的是密钥材料可以由注册机构正式地记录，注明相应实体的惟一性标记，如姓名等。这对于实体的公钥尤为重要，常由证书机构制定公钥证书来实现正式注册，并通过公钥本或数据库等在有关范围内公布，供查询和检索。

(6) **正常使用**。利用密钥进行正常的密码操作(在一定控制条件下使用密钥)，如加解密、签字等。双钥体制的两个密钥可能有不同的使用期。例如，公钥可能已过期不能再用，但秘密钥仍可继续用于解密。

(7) **密钥备份**。以安全方式存储密钥，用于密钥恢复。备份可看作是密钥在运行阶段内的短期行为。

(8) **密钥更新**。在密钥过期之前，以新的密钥代替老的密钥。其中，包括密钥的生成、密钥推导，执行密钥交换协议或与证书机构的可信赖第三方进行通信等。

(9) **密钥档案**。不再正常使用的密钥可以存入档案中通过检索查找使用，用于解决争执。它是密钥的后运行阶段的工作。一般采用脱机方式工作。

(10) **密钥注销与销毁**。对于不再需要的密钥或已被注销(从所有正式记录中除名)用户的密钥，要将其所有复本进行销毁，而不能再出现。

(11) **密钥恢复**。若密钥丧失但未被泄露(如设备故障或记不清通行字)，就可以用安全方式从密钥备份恢复。

(12) **密钥吊销**。如果密钥丢失或因其它原因在密钥未过期之前，需要将它从正常运行使用的集合中除去，此谓之密钥吊销。采用证书的公钥可通过吊销公钥证书实现对公钥的吊销。

上述12个步骤，除密钥恢复和吊销外均属正常工作步骤。单钥体制的密钥管理要比双钥体制简单些，常常没有注册、备份、吊销或存档等。但一个大系统的密钥管理仍然是十分复杂的任务。

整个密钥管理系统也需要一个初始化过程，以便提供一个初始化安全信道有选择地支持其后的(长期和短期用)工作密钥的自动化建立。初始化是一种非密码的工作(一次性)，将密钥材料由管理者亲自(或由可信赖信使、或通过其它可信赖信道)装入系统。初始化阶段密钥的装入对整个密钥管理系统的安全至关重要，为此常常需要采用双重或分拆控制，由两个或更多可信赖者独立地实施。

有关密钥管理系统的研究可参看[Matyas 等1978；ISO/IEC 11770 - 1；ANSI X9. 57；ISO 10202 - 7；Fumy 等1993；Menezes 等1997]。

第12章　通信网的安全技术(三)——实际系统的安全

本章我们将介绍一些实际系统安全的解决方案。其中包括：Kerberos 认证系统，X. 509 检索认证业务，PGP、PEM、Krypto-Knight 认证系统，无线网的安全认证系统，Internet 上电子商务系统的安全等。

12. 1　Kerberos 认证系统

Kerberos 是 MIT 1985 年开始的 Athena 计划中的一部分，目的是解决在分布校园环境下，工作站用户经由网络访问服务器的安全问题。它取自希腊神话中守卫地狱之门的多头(一般为三头)蛇尾狗的名字。原计划要有三个组成部分来解决网络的安全，即认证、报表和审计，但后二者从未实现。Kerberos 按单钥体制设计，以 Needham 和 Schroeder[1978]认证协议为部分基础，由可信赖中心支持，以用户服务模式实现。V1～V3 是开发版本，V4 是原型 Kerberos，获广泛应用。

V5 自 1989 年开始设计，1994 年公布作为 Internet 的标准(草案)，见 RFC 1510。

Kerberos 在分布环境中具有足够的安全性，能防止攻击和窃听，能提供高可靠性和高效的服务，具有透明性(用户除了发送 Password 外，不会觉察出认证过程)，可扩充性好。

12. 1. 1　Kerberos V4

Kerberos 认证如图 12－1－1 所示。

Kerberos 认证系统中所用符号的含义如下：

C＝用户或代理	AS＝认证服务器
V＝服务器	ID_c＝C 上用户身份码
TGS＝票证发放服务器	ID_v＝服务器 V 的身份码
ID_{tgs}＝TGS 的身份码	AD_c＝C 的网络地址
P_c＝C 的通行字	K_v＝TGS 和 V 共享密钥
K_{tgs}＝AS 与 TGS 共享密钥	$K_{c,v}$＝C 与 V 共享密钥
$K_{c,tgs}$＝C 与 TGS 共享密钥	Lifetime＝有效期限
TS_i＝时戳 I	K_c＝AS 和 C 共享密钥，由用户通行字导出

以上符号在认证协议表达式中作为标识符均以斜体表示。

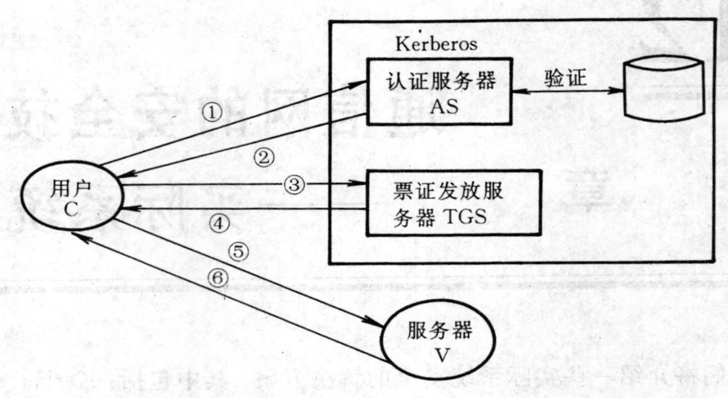

图 12-1-1　Kerberos 认证框图

1. Kerberos 协议

Kerberos 协议分三个阶段共六步实现。

阶段 Ⅰ：认证业务交换，C 从 AS 获取票证授权证。

(1) 用户在工作站上提出申请票证授权证，

C→AS：　$ID_c \| ID_{tgs} \| TS_1$。

(2) AS 回送票证授权证。AS 验证 C 的访问权限后，准备好票证 $Ticket_{tgs}$ 和 C 与 TGS 用户会话密钥 $K_{c,tgs}$，并以用户通行字导出的密钥 K_c 加密。

AS→C：　$E_{K_c}[K_{c,tgs} \| ID_{tgs} \| TS_2 \| Lifetime_2 \| Ticket_{tgs}]$，

$Ticket_{tgs}=E_{K_{tgs}}[K_{c,tgs} \| ID_c \| AD_c \| ID_{tgs} \| TS_2 \| Lifetime_2]$。

阶段 Ⅱ：授权票证业务交换，C 从 TGS 获服务授权票证。

(3) 用户请求服务授权证。工作站要求用户送入通行字，并用它导出密钥 K_c，以 K_c 对所收消息进行解密得 $K_{c,tgs}$，ID_{tgs}，TS_2，$Lifetime_2$，$Ticket_{tgs}$。

C→TGS：　$ID_v \| Ticket_{tgs} \| Authenticator_c$，

其中，$Authenticator_c=E_{K_{c,tgs}}[ID_c \| AD_c \| TS_3]$。

(4) TGS 回送服务授权证。TGS 用 K_{tgs} 解出 $K_{c,tgs}$，ID_c，AD_c，ID_{tgs}，TS_2，$Lifetime_2$，用 $K_{c,tgs}$ 解出 ID_c，AD_c，TS_3，实现对 C 的认证，并准备好服务授权证 $Ticket_v$ 及会话密钥 $K_{c,v}$

TGS→C：　$E_{K_{c,tgs}}[K_{c,v} \| ID_v \| TS_4 \| Ticket_v]$，

其中，$Ticket_v=E_{K_v}[K_{c,v} \| ID_c \| AD_c \| ID_v \| TS_4 \| Lifetime_4]$。

阶段 Ⅲ：用户/服务器认证交换，C 从服务器得到联机服务。

(5) C 用 $K_{c,tgs}$ 解密得 $K_{c,v}$，ID_v，TS_4，$Ticket_v$，向服务器 V 申请联机。

C→V：　$Ticket_v \| Authenticator_c$，

其中，$Authenticator_c=E_{K_{c,v}}[ID_c \| AD_c \| ID_v \| TS_5]$。

(6) V 用 K_v 解出 $K_{c,v}$，ID_c，AD_c，ID_v，TS_4，$Lifetime_4$，用 $K_{c,v}$ 解出 ID_c，AD_c，ID_v，TS_5，比较认证后，向 C 开放联机服务，送出 TS_5+1，

V→C： $E_{K_{c,v}}[TS_5+1]$。

用户 C 以 $K_{c,v}$解密得 TS_5+1，实现对 V 的验证，并开始享受联机服务。C 与 V 用 $K_{c,v}$进行联机通信业务。

用户开始时要进行(Ⅰ)～(Ⅲ)阶段协议，得到的 $K_{c,tgs}$和 $Ticket_{tgs}$在有效期 $Lifetime_2$ 内可多次使用，以申请向不同服务器联机的证书 $Ticket_v$ 和会话密钥 $K_{c,v}$。后者只执行第Ⅱ、Ⅲ阶段协议，所得 $Ticket_v$ 和会话密钥，在有效期 $Lifetime_4$ 内使用，与特定服务器 V 进行联机服务。一般，$Lifetime_2$ 为 8 小时，$Lifetime_4$ 要短得多。仅第一阶段要求用户出示通行字。

2. Kerberos 的安全性

(1) 用户与 AS 共享密钥 K_c，由用户键入的通行字导出，这是 Kerberos 最簿弱的环节，易被窃听和猜测攻击。但 Kerberos 的票证方式大大降低了通行字的使用频度。

(2) 系统安全基于对 AS 和 TGS 的绝对信任，且实现软件不能被窜改。

(3) 时限 $Lifetime_1$，$Lifetime_2$ 和时戳 $TS_1\sim TS_5$ 及 TS_5+1 大大降低了重放攻击的可能性，但它要求网内时钟同步，且限定时戳验证时差 $|\Delta t|\leqslant 5$ 分钟为合法，不视为重发。这要求服务器要存储以前的认证码，一般难以做到。

(4) Kerberos 协议中的第(2)～(6)步传输都采用了加密，提高了抗攻击能力。

(5) AS 要存储所有属于它的用户及 TGS、V 的 ID，K_c(通行字的 Hash 值)，K_{tgs}；TGS 要存储 K_{tgs}；V 要存储 K_v。

3. Kerberos 4.0 在多个认证服务器 AS 环境下的认证

(1) Kerberos 服务器必须有存放所有所属用户的 ID 和用户通行字 Hash 的数据库，所有用户要向 Kerberos 服务器注册。

(2) Kerberos 服务器要与每个服务器分别共享一个密钥，所有服务器需向 Kerberos 服务器注册。

由(1)、(2)两条决定的范围称作 Kerberos 的一个独立区(Realm)。为保证一个独立区的用户可向另一个独立区服务器申请联机服务，需要有一个机构能支持独立区之间的认证。

(3) 各区的 Kerberos 服务器之间有共享密钥，两两 Kerberos 服务器相互注册。

多个认证服务器 AS 环境下的认证协议参看图 12-1-2：

① 申请本区 TGS 的票证

C→AS： $ID_C\parallel ID_{tgs}\parallel TS_1$，

② 送本地区 TGS 的票证

AS→C： $E_{K_c}[K_{c,tgs}\parallel ID_{tgs}\parallel TS_2\parallel Lifetime_2\parallel Ticket_{tgs}]$，

③ 申请外区 TGS 的票证

C→TGS： $ID_{tgsrem}\parallel Ticket_{tgs}\parallel Authenticator_c$，

④ 送外区 TGS 票证

TGS→C： $E_{K_{c,tgs}}[K_{c,tgsrem}\parallel ID_{tgsrem}\parallel TS_4\parallel Ticket_{tgsrem}]$，

⑤ 申请外区服务器的票证

C→TGS_{rem}： $ID_{vrem}\parallel Ticket_{tgsrem}\parallel Authenticator_c$，

⑥ 送外区的票证

TGS→C： $K_{Kc,tgsrem}[K_{c,vrem}\parallel ID_{vrem}\parallel TS_6\parallel Ticket_{vrem}]$，

⑦ 申请外区服务器联机服务

C→V_{rem}：　$Ticket_{vrem} \parallel Authenticator_c$。

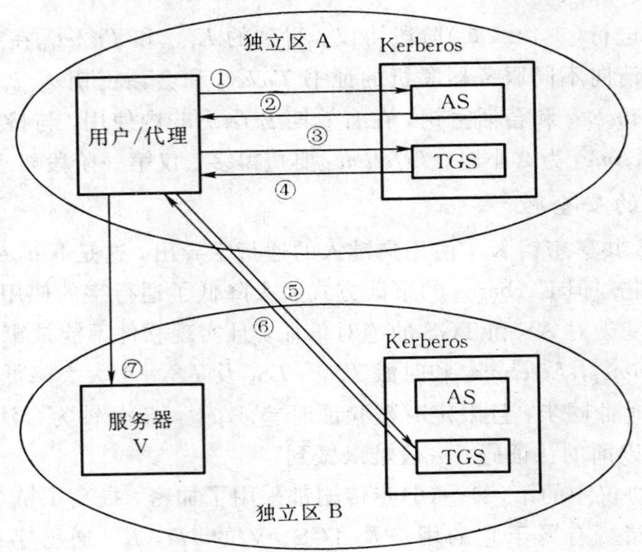

图 12-1-2　独立区间的认证服务

若有 N 个独立区，则每个区的 *Kerberos* 的 *TGS* 必须存储 N(N－1)/2 个秘密钥，才能实现与所有其它独立区的互通性。

12.1.2　Kerberos Version 5 协议

1. V4 的缺点

V4 按 Project Athena 环境设计，有如下缺点：

(1) 对加密体制的依赖性。加密算法为 DES，出口受限，且强度受怀疑。V5 增加了一个标示符，指示所用加密技术类型和密钥的长度，因而可采用任何算法和任意长密钥。

(2) 对 Internet 协议的依赖性。V4 规定用 Internet Protocol (IP)寻址，不支持其它如 ISO 网寻址。V5 则标记了地址类型和长度，可用于任意网。

(3) 消息字节次序。V4 利用选定的字节次序，标记指示最低地址是最低位，或最高位为最低地址，虽可行但不方便。V5 规定所有消息格式均用 ASN.1 (Abstract Syntax Notation One)和 BER(Basic Encoding Rules)，字节次序无含糊之处。

(4) 票证有效期。V4 中有效期以 5 分钟为单元，用 8-bit 表示量级，最大为 1 280 分钟或不到 21 小时，可能不够用(如大型问题模拟)。V5 可以规定任意确定的起止时间。

(5) 认证传递。V4 中不允许将发给一用户的证书，递送至另一个主机或让其它用户使用。V5 则允许。

(6) 独立区间认证。在 N 个区之间，V4 要求有 N^2 个 Kerberos-to-Kerberos 关系。V5 允许较少的关系。

V4 在技术上还有下述一些缺点：

(1) 两次加密：协议 2 和 4 向用户提供的票证要经过两次加密，第二次加密是浪费。

(2) V4 采用非标准明文和密文分组链接工作模式，即 PCBC 加密(参看第 4 章 4.13 节)，已经证明 PCBC 抗密文组变化能力差。V5 则改用了 CBC 模式。

(3) 会话密钥对。V4 中每个票证均有一个会话密钥，用户可以用它对送给服务器的认证码进行加密，并和此票证一起送至一相应服务器。此外，会话密销还可用于保护客户端与服务器间传送的消息。但由于同一票证可以在特定服务器中多次重复使用，这可能使攻击者重放过去截获的到用户或到服务器的消息。V5 中提供的用户和服务器之间协商仅用于一次性连接的子会话密钥技术。

(4) 通行字攻击。V4 和 V5 都面对这个问题，从 AS 到用户的消息是用基于用户通行字导出的密钥加密的，采用算法如下。

2. 通行字—密钥变换

Kerberos 中通行字以 7 - bit ASCII 字符(校验位不计在内)表示，长度任意。在处理中要：① 将字符串变换为 bit 流 B，先去掉校验位；② 将 B 按 56 bit 分组，第一组与第二组自断点处折回。逆序逐位模 2 加，参看图 12 - 1 - 3；③ 将 56 bit 数据附加上校验位变为 64 bit 密钥(附加校验)，以 K_{PW}表示；④ 以原 Password 字符串按 8 - bit 分组作为 DES 密钥，对 K_{PW}用 CBC 模式加密，输出最后密文(Hash 值)作为密钥 K_c。

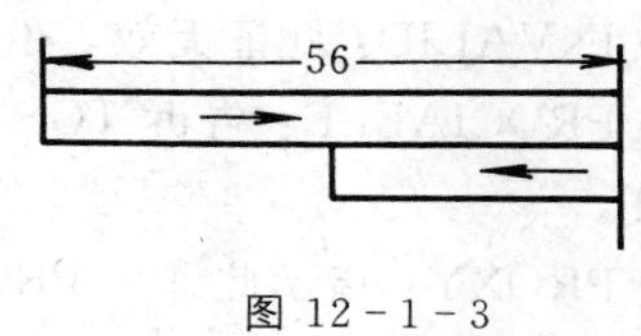

图 12 - 1 - 3

攻击者若截获 AS→C 的消息，并试验以各种通行字来解密，若找到适用字，则可从 Kerberos 服务器得到认证证书。V5 提供一种预认证(Preauthentication)机制，使这类攻击更为困难，但还不能阻止这类攻击。

3. V5 协议

V5 针对 V4 上述的缺点进行了改进。V5 中有一些新成员如下：① Realm：指示用户的独立区；② Options：提供用户要求在回送票证中附加的某种标志；③ Times：要求 Ticket 的起、止及延长的终止时间；④ Nonce：随机值，防止重发；⑤ 子密钥：用户选项，要求在特定会话时保护消息的加密密钥，若未选，则从 Ticket 取 $K_{c,v}$作会话密钥；⑥ 序列号：用户选项，在本次会话中，限定服务器送给用户的消息开始的序号，用于检测重发。

V5 协议如下：

阶段Ⅰ：认证业务交换，C 从 AS 获取票证授权证。

(1) C→AS：　$Options \parallel ID_c \parallel Realm_c \parallel ID_{tgs} \parallel Times \parallel Nonce_1$，

(2) AS→C：　$Realm_c \parallel ID_c \parallel Ticket_{tgs} \parallel E_{K_c}[K_{c,tgs} \parallel Times \parallel Nonce_1 \parallel Realm_{tgs} \parallel ID_{tgs}]$，

其中，$Ticket_{tgs} = E_{K_{tgs}}[Flags \parallel K_{c,tgs} \parallel Realm_c \parallel ID_c \parallel AD_c \parallel Times]$。

阶段Ⅱ：票证授权业务交换，C 从 TGS 得到业务授权证。

(3) C→TGS：　$Options \parallel ID_v \parallel Times \parallel Nonce_2 \parallel Ticket_{tgs} \parallel Authenticator_c$，

(4) TGS→C：　$Realm_c \parallel ID_c \parallel Ticket_v \parallel E_{K_{c,tgs}}[K_{c,v} \parallel Times \parallel Nonce_2 \parallel Realm_v \parallel ID_v]$，

$Ticket_v = E_{K_v}[Flags \parallel K_{c,v} \parallel Realm_c \parallel ID_c \parallel AD_c \parallel Times]$，

$Authenticator_c = E_{K_{c,tgs}}[ID_c \parallel Realm_c \parallel TS_1]$。

阶段Ⅲ：用户/服务器认证交换，C 从 V 得到联机服务。

(5) C→TGS：　$Options \| Ticket_v \| Authenticator_c$，

(6) TGS→C：　$E_{K_{c,v}}[TS_2 \| Subkey \| Seq^{\#}]$，

$Authenticator_c = E_{K_{c,v}}[ID_c \| Realm_c \| TS_2 \| Subkey \| Seq^{\#}]$。

票证标志。V5 协议中，Ticket 可能有的标志(Flags)如下：

• INITIAL：指示此证由 AS 发放，而不是由 TGS 发放的。此证也可以是服务授权。

• PRE-AUTHENT：初始化认证中，在发放票证之前，由 KDC 对用户认证。

• HW-AUTHENT：初始化认证所用协议，授权用户独有的硬件才能使用。

• RENEWABLE：告诉 TGS，此票证可代替前次过期的票证。

• MAY-POSTDATE：告诉 TGS，可按此证授权发放预填延期的票证(Post-dated Ticket)。

• POSTDATED：指示此证已经延期，端服务器可以检验认证时域，查看原来认证时间。

• INVALID：此证无效，在用之前必须由 KDC 确认。

• PROCIABLE：告诉 TGS，可根据出示的票证发放有不同的网络地址的、新的服务授权证。

• PROXY：指示此证为 PROXY(代理、委托书)。

• FORWARDABLE：告诉 TGS，可根据这一票证授权证发放有不同网络地址的、新的服务授权证。

• FORWARDED：指示此证是转递或是根据有转递票证授权证认证后发放的。

12.2　X.509 检索认证业务

国际标准化组织 CCITT 建议以 X.509 作为 X.500 目录检索的一个组成部分，提供安全目录检索服务。X.500 是 CCITT 建议的，用于分布网中存储用户信息数据库的目录检索服务的协议标准。X.509 采用公钥体制实施认证协议，对通信双方按所用密码体制规定了几种认证识别方法。它发表于 1988 年，经多次修改，1993 年又公布了新版本。X.509 对所用具体加密、数字签字、公钥密码以及 Hash 算法未做限制，将会有广泛的应用，已纳入 PEM(Privacy Enhanced Mail)系统中。

证书格式。X.509 认证机构是由可信赖证件机构(CA)对各用户发放证书，并存于 X.500 目录中。X.509 证书格式如图 12-2-1 所示。

证书标准文件数据格式：

$CA《A》= CA\{V, SN, AI, CA, T_A, A, A_P\}$：表示 CA 对 A 签署的证书。

$CA\{I\}$：表示对 I 的签字。

证书可作为对通信网中各用户公钥的证明文件，可由一个可信赖中心 CA 用其秘密钥对各用户的公钥分别签署一个证书，并存入 X.500 的目录中供索取；或用户自己将此证书及公钥送给对方 B。任一方式下，B 都可用 CA 的公钥验证该公钥的确实拥有者，从而可放心地用此公钥加密要传的信息送给 A。

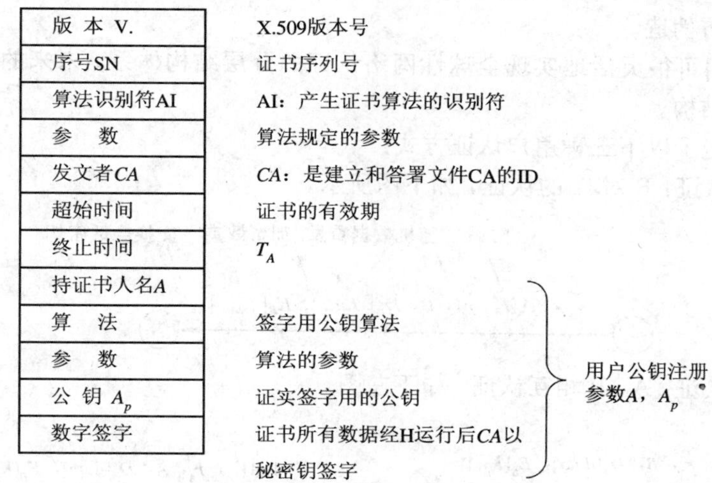

图 12-2-1　X.509 的证书格式

这种方法的安全性依赖于公钥体制的安全性，及对 CA 的信赖和 CA 的公钥能否可靠地送到每个用户手中。

认证系统的分层结构如图 12-2-2 所示。当两个用户 A 和 B 的注册中心不同时，通过分层结构的链式证书串可以实现对相互公钥(或其它信息)的认证。

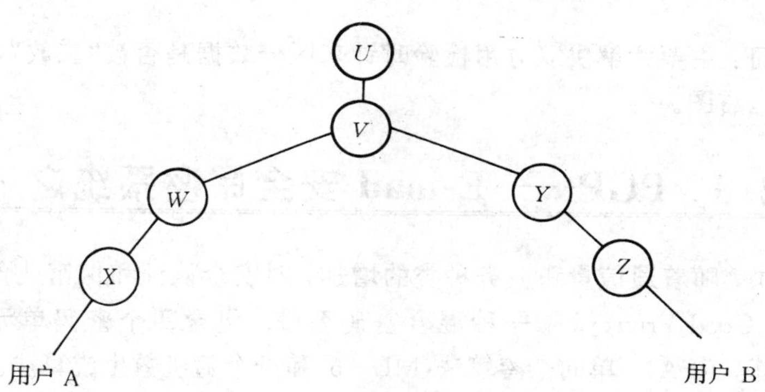

图 12-2-2　X.509 的分层认证结构

用户 A 可能通过下述证书文件链实现对用户 B 的公钥的认证：

$X《W》W《V》V《Y》Y《Z》Z《B》$

A 向 X 注册，得知 X 的公钥从而可从 $X《W》$解出 W 的公钥，以此类推，最终可解出用户 B 的公钥。基本根据是，任何两个相邻级 CA 彼此可以产生相互能验证的证书。类似地，用户 B 可通过相反的链路

$Z《Y》Y《V》V《W》W《X》X《A》$

得到对用户 A 的公钥的认证。

证书有效期满后，则需产生新的证书。特殊情况下可以提前吊销证书，如：① 用户的秘密钥泄露；② CA 用于签署证书的秘密钥已泄露；③ 某用户与 CA 的关系已断。各 CA 应存有已吊销的未到期证书的清单，并在目录中保存和公布。各用户在验证证书时，应与

此清单核对以防伪造。

可见，公钥可很灵活地实现全球性网络认证的分层结构体系。未来的 Internet 有可能采用这种分层结构。

X. 509 规定了以下三种用户认证方式：

(1) **一轮认证**：B 对 A 的认证，如下图所示。

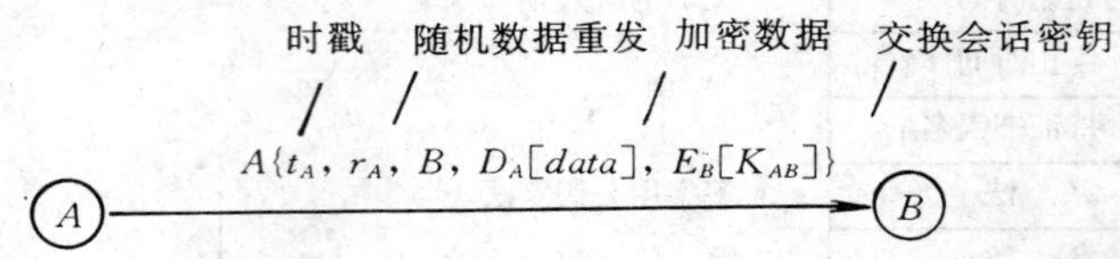

(2) **两轮认证**：A，B 相互认证，如下左图。

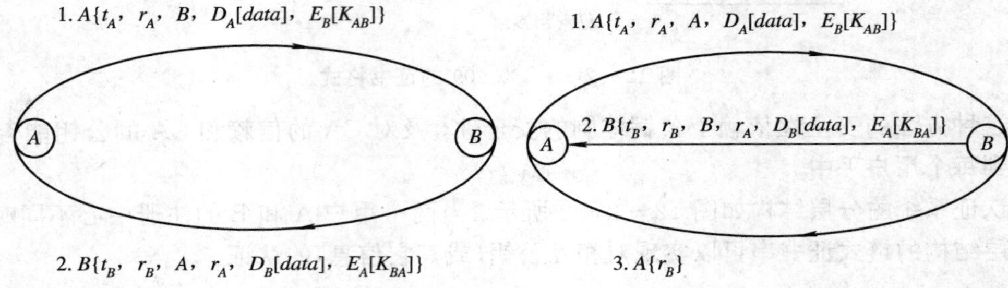

(3) **三轮认证**：主要为解决双方用检验时钟来区分数据是否被"重放"，大大减轻了对同步的要求，如上右图。

12.3 PGP——E-mail 安全保密系统之一

在 Internet 中，随着通信量和业务种类的增加，对安全认证和保密业务的需求日益迫切。PGP(Pretty Good Privacy)是一种混合密码系统，包含四个密码单元，即单钥密码(IDEA)、双钥密码(RSA)、单向杂凑算法(MD－5)和一个随机数生成算法。PGP 也是公钥密码学的一个实用范例，已广泛用于 Internet 网的 E-mail 系统中，它也可用于其它网中。

PGP 已有多种版本。PGP V1 版本由 Philip Zimmermann 定义和开发，1991 年 6 月公布。V2 于 1992 年秋公布，由多国人员参与，为避免美国出口限制而在其它国完成。V2. 3a，1993 年公布，内容更丰富。V 2. 4 是 Via Crypt 公司的 PGP 的原型。V2. 5 采用 RSAREF 的 PGP 原型，得到 RSA Data Security Inc. (RSADSI)特许，由 MIT 公布发行。V2. 6 是当前 PGP 的 Freeware 版本，1994 年 5 月 24 日由 MIT 发行，合法自由使用。载有 PGP 的 MIT FTP 可从 net. dis. mit. edu. pub/PGP directory 得到。V2. 7 是当前 PGP 的商用版本，1994 年 5 月 27 日发行，由 Via Crypt 公司出售，有与 MS－DOS、UNIX、Macintoch 和 Windows 兼容的版本。此外，还有和 compuserre's、WinCIN 和 CSNav 集成起来的版本，联系电话：602－944－6773，E-mail 地址：Viacrypt @acm. org。

V2. 6 和 V2. 7 可以相互操作，所有 PGP 用户应有其中之一。V3. 1 尚处于设计阶段。

Philip Zimmermann 对发展 PGP 做出的贡献如下：① 选择最好的可用密码算法作为

PGP 的构件；② 将算法综合到统一的应用目录之中，它只依赖一种易于使用的小指令组，且独立于操作系统和处理器；③ 设计了软件包和文本，包括原代码，在 Internet 公告牌、商用网中可自由选用；④ 向 Viacrypt 公司送一个合同，即可得到充分兼容的廉价 PGP 商用版本。

PGP 得到广泛采用的原因如下：① 可以免费得到运行于 DOS/ Windows、UNIX、Macintosh 等各种平台的版本。此外，商用版本可通过零售商得到。② 所用算法已被广泛检验过，相当安全，如加密算法采用 RSA 和 IDEA，Hash 算法采用 MD－5。③ 可为世界范围的公司、个人通过各种网络提供安全服务业务。④ 它不为任一政府、标准化组织所控制，使 PGP 得到广泛信任。

对 PGP 还存在有一些疑虑。第一，PGP 的开发人在美国工作，密码产品出口受美国政府控制，担心美国对国内和国外采用不同强度密钥而影响互通性。不过最近的 PGP(2.3a 版本)已与美国出口控制无关了。第二，PGP 的 freeware 版本在美国国内利用 RSA 来开发和扩散，无须得到许可证，但对美国之外不能这样做。PGP 的商用版本需要这种许可证。第三，PGP 还有许多涉及政治和社会的细节问题[Levy 1993；Stallings 1995；Moreau 1996]。有关 PGP 的安全性分析可参看[Unruh 1996]。

12.3.1 PGP 的安全业务

有关 PGP 的安全业务参看表 12－3－1。

表 12－3－1 PGP 的安全业务

业 务	算 法	说 明
机密性	IDEA，RSA	发信人产生一次性会话密钥，以 IDEA 加密会话密钥，或以 RSA 体制下收信人的公钥加密会话密钥和消息一起送出
认证性	RSA，MD－5	用 MD－5 对消息杂凑，并以收信人的(数字签字) RSA 公钥加密和消息一起送出
压 缩	ZIP	用于消息的传送或存储，提供完整性
E-mail 兼容性	基数-64 变换	对 E-mail 应用提供透明性，可将加密消息用基数-64 变换成 ASCII 字符串
分段功能	—	为了适应最大消息长度限制，PGP 实行分段并重组
不可抵赖性		中转消息时，可以对消息源认证

签字与 ZIP 可提供认证性、完整性和不可抵赖性。

1. 认证协议

PGP 认证协议如下(参看图 12－3－1)：

(1) 送信人编制消息 M；

(2) 用 MD－5 产生一个 128 bit 杂凑值 H；

(3) 用送信人的 RSA 秘密钥对 H 签字；

(4) 将 $M \| H$ 经压缩 Z 送出；

(5) 收端对收到数据进行 Z^{-1}变换，并以发送人公钥解出 H；

(6) 用接收的 M 计算 Hash 值得 H'，与 H 进行比较验证签字。

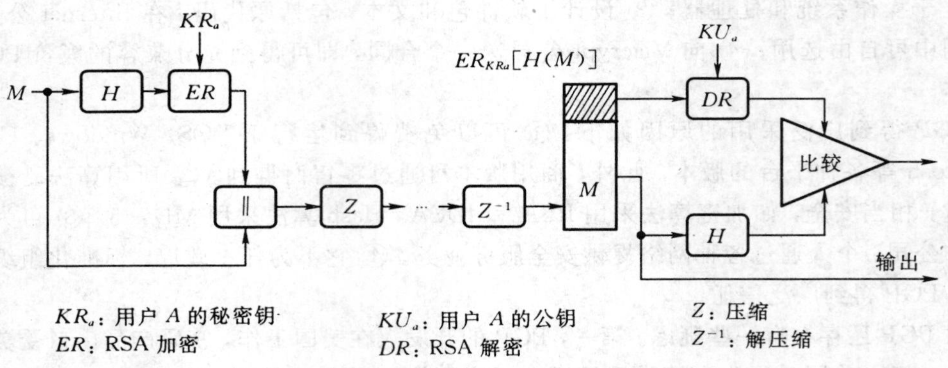

图 12-3-1　PGP 认证

2. 机密性

采用 IDEA 算法，128 bit 密钥，64 bit CFB 模式，初始矢量 IV 为全零。会话密钥一次性使用。协议如下(参看图 12-3-2)：

(1) 发送者产生消息 M 和 128 bit 会话密钥；

(2) 以密钥对压缩的 M 加密；

(3) 以接收者公钥按 RSA 体制对会话密钥加密，接于 M 之后；

(4) 接收者以 RSA 秘密钥解密得会话密钥；

(5) 接收者以会话密钥按 IDEA 体制解密并解压缩得 M。

IDEA/RSA 组合方式使消息 M 加密时间大大缩短，且这种一次性会话密钥方式特别适合于存储转递 E-mail 业务，避免了执行交换密钥的握手协议，提高了安全性。

RSA 的字长有三种选择：① 临时性(Casual)：384 bit，经过努力可破译；② 商用(Commercial)：512 bit，可由专业组织破译；③ 军用(Military)：1 024 bit，一般相信不可破。

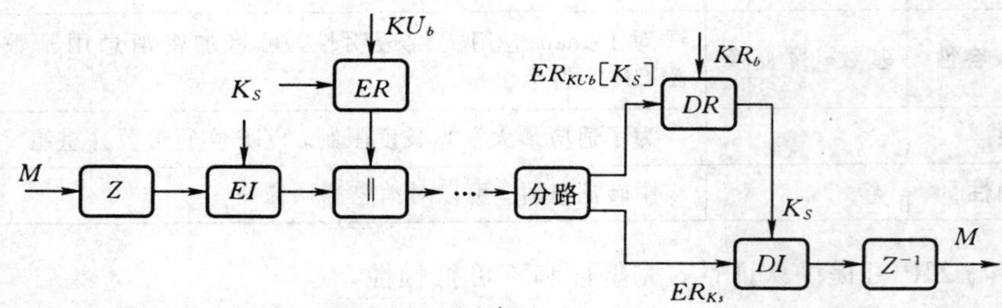

图 12-3-2　PGP 加、解密

3. 机密性与认证性

PGP 可同时提供机密性与认证性(参看图 12-3-3)。它采用先签字后加密的优点是：存储对消息明文的签字较为方便。第三者证实时无须知道通信者所用 IDEA 的会话密钥 K_s。

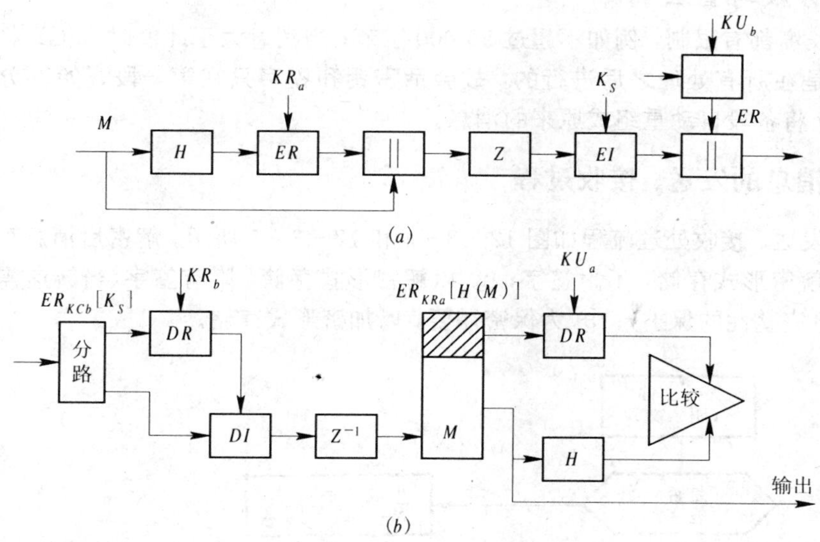

图 12-3-3　保密和认证

4. 压缩(指无失真、可完全恢复的数据压缩)

压缩可以节省通信时间和存储空间，而且在加密前压缩可以增强加密效果。PGP 中采用 ZIP 算法。PGP 在压缩之前进行签字的理由如下：

(1) 可将未压缩的消息与签字一起存储，便于将来证实签字。如果对压缩文件签字，则证实时必须提供消息的压缩形式或重新实施压缩。

(2) 即使愿意重新提供压缩文件，PGP 压缩算法在实现上也有困难，这是由算法的不确定性造成的。有多种算法可提供不同的运行速度和压缩比的折衷，因而难以对同一消息给出同一压缩文本(其解压结果相同)。

有关 ZIP 算法可参看[Stallings 1995]的附录 9A。

5. E-mail 的兼容性

PGP 在上述三种业务下，输出消息均有加密数据，故 PGP 输出中的一部分或全体为任意的 8-bit(Byte)串。而许多 E-mail 系统只允许使用 ASCII 文本。为此 PGP 采用基数-64 变换，将 8-bit 字串变为可打印 ASCII 字符串。

6. 基数-64 变换

基数-64 变换是将任意二元输入变换成可打印的字符输出。它具有以下特点：① 不限于某一特定的字符集编码；② 字符集有 65 个可打印字符，$2^6=64$ 个可用字符，每个字符表示 6 bit 输入，一个字符作为填充；③ 字符集中不含控制字符，故可通行于 E-mail 系统；④ 不用“-”(连字符)，此符号在 RFC 832 中有特定意义，应避免使用。

基数-64 编码表中规定：0～25 为大写英文字母；26～51 为小写英文字母；52～61 为阿拉伯数字 0～9；62 为+；63 为“/”；填充号为“=”。

PGP 只对加密部分(如签字、压缩)进行变换，使人们可以不用 PGP 即可读未加密消息。有关基数-64 变换编码的细节可参看[Stallings 1995]。

7. PGP 消息分段与重组

E-mail 对消息长度都有限制，例如不超过 50 000 字节；当消息大于此值时，PGP 将对其自动分段。分段是在所有处理之后进行的，故会话密钥和签字只在第一段开始部分出现。在接收端，PGP 将各段自动重组成原来的消息。

12.3.2 PGP 中消息的发送、接收过程

PGP 中的消息发送、接收处理流程如图 12-3-4 和 12-3-5 所示。解密后消息存放有三种方式：① 以解密形式存储，不附签字；② 以解密形式存储，附有签字(当转递需要时，也可提供对消息完整性的保护)；③ 为保密需要，以加密形式存储。

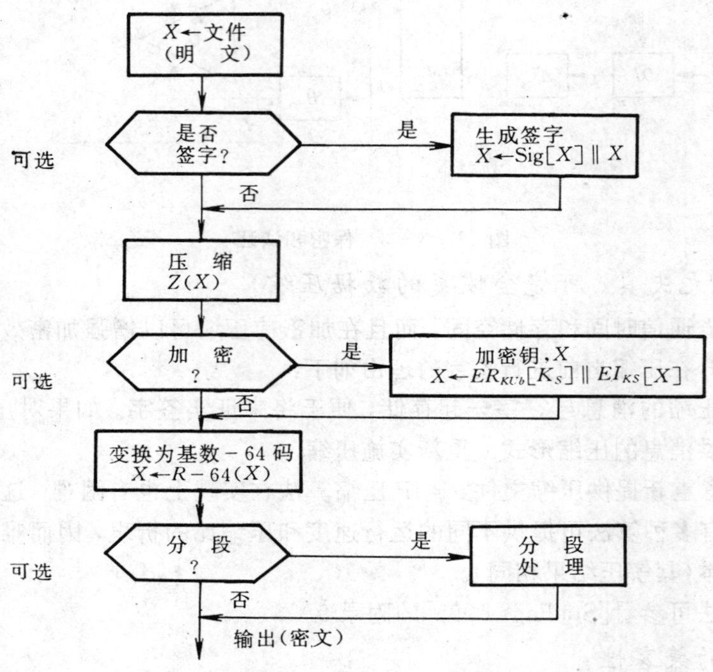

图 12-3-4 PGP 中的消息发送处理流程

12.3.3 PGP 的密钥

密钥的种类在表 12-3-2 中给出。

表 12-3-2 PGP 中的密钥表

密 钥 名	加密算法	用 途
会话密钥	IDEA	用于对传送消息的加解密，随机生成，一次性使用
公 钥	RSA	对会话密钥加密，收信人和发信人共用
秘 密 钥	RSA	对消息的杂凑值进行加密以形成签字，发信人专用
基于通行短语的密钥	IDEA	对秘密钥加密以存储于发送端

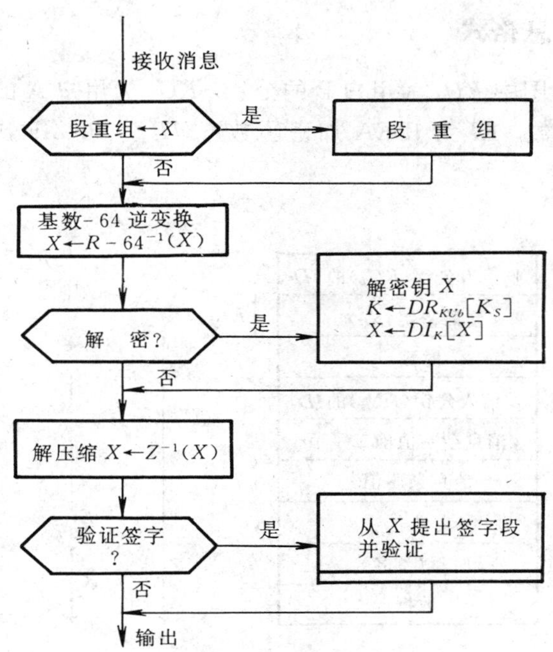

图 12-3-5　PGP 中的消息接收处理流程

会话密钥按 ANSI X9.17 标准，采用 IDEA 算法，以 CFB 模式生成。分两步完成：① 向伪随机数生成器(PRNG)随机键入字符，加上表示键入时刻的 32 bit，形成 128 bit 伪随机数，并与上次 IDEA 输出的会话密钥组合作为 PRNG 的输入。② PRNG 在 128 bit 密钥作用下，以 CFB 模式对输入(2 个 64 bit 组)进行加密，相应输出链接成 128 bit 会话密钥。

PGP 的 PRNG 生成数的用途为：① 作为真随机数：用于产生 RSA 的密钥对，对 PRNG 提供种子密钥或在 PRNG 运行中提供附加输入；② 作为伪随机数用于产生会话密钥或用于产生 CFB 模式下加密生成会话密钥时的初始矢量(IV)。

真随机数：PGP 中有一个 256 Byte 的缓存器存储随机 bit，每执行键入随机数时，它以 32 bit 格式记录开始等待键入的时刻。当接收键入时，记录按键时间及相应的 Byte 信息。用此时间和键入的 Byte 信息来产生密钥，对当前缓存器的存数进行加密。

伪随机数：采用 24 Byte 种子，以此产生 16 Byte 会话密钥、8 Byte 初始矢量和用于下次运行 PRNG 的新种子。

PGP 的 PRNG 算法可提供密码上强的 PN 数，初步分析表明所生成的相继会话密钥彼此独立。有关算法细节可参看[Stallings 1995]。

密钥识别符：一个用户可能要更换其 RSA 的密钥对，因而一个用户将涉及多个密码对，要正确识别加密会话密钥和签字所用的特定密钥符，可能的解决办法有三个：① 每次都传送所用密钥。这太浪费资源，因 RSA 公钥很长。② 用用户 ID 和密钥 ID 组合来确定特定密钥。这虽可行，但增加了管理上的工作和传输存储开销。③ PGP 对每个公钥都规定了密钥 ID 以公钥的最后 64 bit 表示，KU_a 的 ID 为 $KU_a \mod 2^{64}$。由于2^{64}很大，故相重概率极小。为了确定其持有者，需由发送者对其进行签字。

12.3.4　PGP 发送消息格式

参看图 12－3－6，图中 KU_b 为用户 B 的公钥，KU_a 为用户 A 的公钥，K_s 为会话密钥，ER 为 RSA 加密函数，EI 为 IDEA 加密函数，ZIP 为 PKZIP 压缩函数，R－64为基数－64 的变换函数。

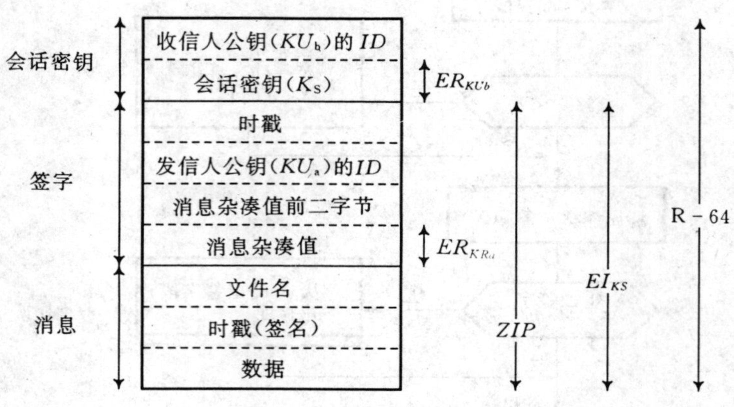

图 12－3－6　PGP 的消息格式

消息杂凑值的前2 Byte 使收信人可以确定是否采用了正确 RSA 的解密密钥来解用于认证消息的杂凑值。通过比较解密后的消息杂凑值的前2 Byte 和其明文前2 Byte 复制件是否一致即可作出判决。

密钥的 ID 可以识别用于加密会话密钥和签字的密钥。

PGP 中为了便于用户查找密钥，提供了秘密钥和公钥环形存储器，称其为密钥环形存储器(Key Rings，即密钥文件)，参看表12－3－3和表12－3－4。

表 12－3－3　秘密钥环形存储格式

时　戳	密钥 ID	公　钥	加密的秘密钥	用户 ID
·	·	·	·	·
·	·	·	·	·
·	·	·	·	·
T_i	KU_i mod 2^{64}	KU_i	$EI_{H(P_i)}[KR_i]$	用户 i
·	·	·	·	·
·	·	·	·	·
·	·	·	·	·

表12-3-4　公钥环形存储格式

时 戳	密 钥 ID	公 钥	公钥的可信性	用户 ID	密钥合法性	签字	签字的可信性
·	·	·	·	·	·	·	·
·	·	·	·	·	·	·	·
·	·	·	·	·	·	·	·
T_i	$KU_i \mod 2^{-64}$	KU_i	*trust-flag i*	*User i*	*trust-flag i*		*trust-flag i*
·	·	·	·	·	·	·	·
·	·	·	·	·	·	·	·
·	·	·	·	·	·	·	·

其中，时戳为一对密钥生成时刻；用户 ID 一般为用户的 E-mail 地址，用户可以对每对密钥起不同的用户名；秘密钥可按用户 ID 或密钥 ID 标号。

为了确保秘密钥安全，可通过下述步骤对其进行加密：① 用户选通行短语(Pass Phrase)对秘密钥加密；② 系统生成一对新的 RSA 密钥时，要求用户送通行短语，并用 MD-5对其生成128 bit 码，而后注销短语；③ 系统以此码为密钥，用 IDEA 对秘密钥加密，而后注销 Hash 码，并将加密的秘密钥存入秘密钥环形存储器中。

当用户要检索此秘密钥时，必须提供通行短语，PGP 将检索出加密的秘密钥，产生出通行字短语的 Hash 码，并以此 Hash 码用 IDEA 对加密的秘密钥解密。

12.3.5　PGP 发送和接收消息过程

消息发送过程，参看图12-3-7。这里，从用户 A 到用户 B，PGP 消息的生成未经压缩和基数-64变换。用户送命令 pgp-es textfile her-userid [-u your-userid]，其中参数‘-es’表示加密和签字业务。① 对消息进行签字：ⓐ输入 ID_A，检索加密的 KR_a；ⓑ输入 Passphrase，恢复 KR_a；ⓒ构造消息的签字。② 对消息加密：ⓐ产生会话密钥 K_s，并对 M 加密；ⓑ用 ID_B 的 Hash 值检出收信人公钥 KR_b；ⓒ以 KR_b 对 K_s 加密。

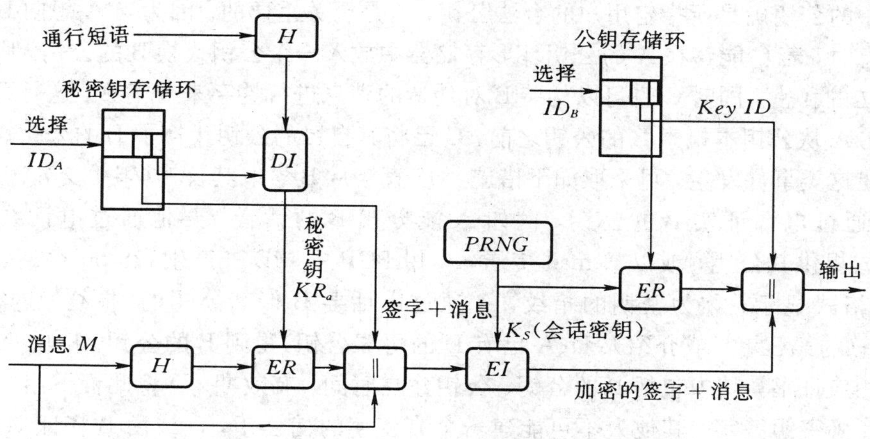

图 12-3-7　PGP 消息生成(从用户 A 到用户 B；未经压缩和基数-64变换)

消息接收过程参看图12-3-8。

消息解密分三步：① 用接收消息的会话密钥分量中的密钥 ID 检出收信人秘密钥；② 收信人送通行短语以恢复秘密钥的明文；③ 用恢复的会话密钥对消息解密。

消息认证也分三步：① 用签字密钥分量中的密钥 ID 作指数检出送信人公钥；② 恢复发送的杂凑值；③ 计算接收消息的杂凑值并与②中的比较。

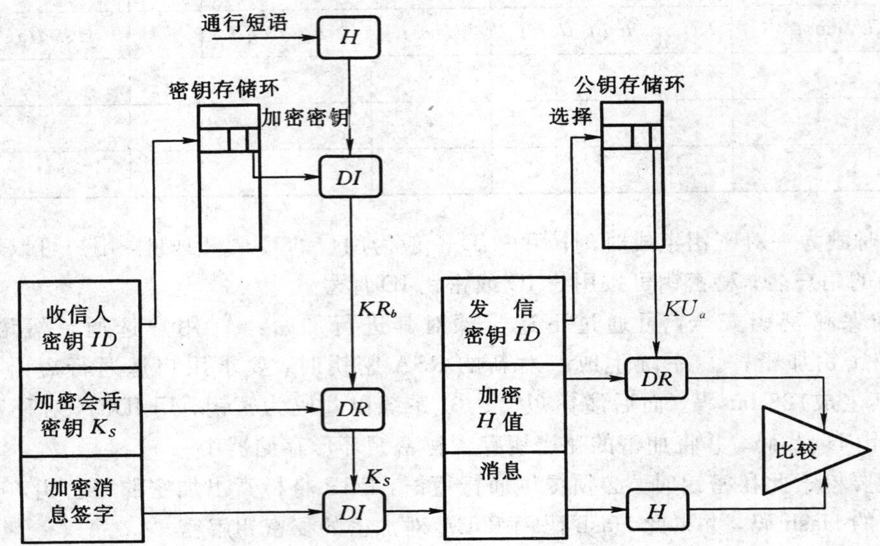

图 12-3-8　PGP 消息的接收(从用户 A 到用户 B；未经压缩和基数-64变换)

12.3.6　PGP 的公钥管理系统

PGP 文本曾指出：在实际公钥体制应用中，保护公钥不受窜扰是最困难的问题，它是公钥密码学中的惟一薄弱环节，许多软件复杂性都与解决这一问题有关。

在 PGP 中，一个用户必须建一个公钥环形存储器(PKR)，以存储其他用户的公钥。如何保证其中的公钥确是所指定用户的合法公钥，这是至关重要的。因为当 A 想向 B 发送一个保密消息时，若 C 能够在 A 的公钥环形存储器中放入一个公钥代换 B 的公钥，则可骗取 A 向 B 传送的秘密；同时 C 也可以伪装 B 对伪造的消息进行签字来欺骗 A。这是可能发生的，因为在 A 从公钥本检索 B 的公钥之前，C 已将其自己的公钥代换了 B 的公钥。

为防止这类事件发生，可采取如下措施：① 直接从 B 索取其公钥(亲手交)，但这不太现实。② 通过电话证实 B 的公钥，例如 A 能分辨 B 的话音，要他通过电话线路以基数-64形式提供其公钥，或以 E-mail 传送，A 用 PGP 中 MD-5产生128 bit 杂凑，并以基数-64的格式显示，称为密钥的指纹，A 通过电话要 B 传其公钥的“指纹”进行验证。③ 从可信赖的第三者，或介绍人 D(A 已有 D 的可靠公钥)得到 B 的公钥。D 向 A 出示 B 的公钥及相应证书，其中包括 B 的公钥、公钥建立时间、有效期。D 将此证书用 MD-5杂凑，并以其秘密钥签字，其他人不可能建一个有签字的伪公钥，D 或由 B 将证书传给 A。④ 从可信赖证书机构获 B 的公钥，方法同第③步。

PGP 中没有设置可信赖中心，而是利用可信赖人来实现。PGP 通过下述方式让使用公钥的人相信公钥是其所注明的持有者(PGP 基于"可信赖"是一个社会概念)。PGP 中对公钥的信赖基于：① 直接来自你所信任的人的公钥；② 由你所信赖的人为某个你并不认识的人所签署的公钥。因此，在 PGP 中得到一个公钥后，检验其签字，如果你认识签字人、并信赖他，就认为此公钥可用或合法。这样，由你所认识并信赖的人，就可以和众多不认识的人实现 PGP 的安全 E-mail 通信。

PGP 将公钥分为三类：完全信赖、部分信赖、不相识(即不信赖)。由完全可信赖人签字的公钥为完全信赖公钥；由两位部分不可信赖人签字的公钥为不完全信赖或部分信赖公钥；虽然可以用不信赖密钥来证实加密传送 E-mail，但 PGP 将以"不可信赖"标识此密钥。

PGP 中采用了**密钥指纹**(Key Fingerprints)，它是公钥以 MD－5求出的杂凑值，为16字节，且具有惟一性。它提供了对公钥进行证实的方便途径，并可防止伪造。这可通过密钥环形存储器中的三个字段实现。PGP 的公钥环形存储器中有下述几项内容来实施公钥证书的作用。

(1) **密钥合法性字段**(Key Legitimacy Field)。所含内容是 PGP 所指示的该用户合法公钥的可信等级。等级越高，表示用户与此公钥捆绑得越紧。其等级由 PGP 根据该存储器用户收到的，对其签字的证书数目来定。

(2) **签字可信赖字段**(Signature Trust Field)。指示 PGP 用户对证实的公钥签字的信赖程度。

(3) **拥有人可信赖性字段**(Owner Trust Field)。指示这一被信赖公钥用于签署其它公钥证书的可信级。由用户来规定其级别。

由 PGP 公钥环形存储数据结构可知，每个公钥都有时戳、公钥值、用户 ID、签字等。它类似于一个 ASCII 文件，存于软盘中或传送给别人，或给 PGP 密钥服务器，以便广泛传播。

可信赖标志处理过程如下述，其中假定用户 A 有一公钥环形存储器 PKR_A。

(1) 当 A 向 PKR_A 发送了一个新的公钥，PGP 就对其设定一个标志值，指示公钥拥有者的信赖程度。若拥有者正是 A，则它在与此公钥相应的秘密钥存储器中也出现，此标志值就自动为绝对可信(Ultimate Trust)；否则，PGP 询问 A，如何设定此值。A 应键入他给定的值。

(2) 此公钥录入后，会有一个以上的签字出现，PGP 查看公钥存储器，签字者是否在其中，若在，则赋以其信任值为 SIGTRUST，否则就赋以未知用户(不信任级)。

(3) 密钥合法性字段 KEYLEGIT 的赋值，由当前 SIGTRUST 字段值计算。若至少有一个值为绝对可信级，则密钥合法性值为完全信赖级；否则，PGP 对可信性值进行加权计算。

$1/X$ 为经常可信签字的权值；$1/Y$ 为一般可信签字的权值；X 和 Y 是用户设置的(User-configurable)参数。

当用户/密钥 ID 组合引入的权的总和趋近于1时，则为完全可信，密钥合法性的值置为完全信赖(各字段的标志值详细划分参见[Stallings 1995])。

注：PGP 的公钥存储环中，一个公钥可有多个用户 ID，一个用户可取多个名字和一个以上 E-mail 地址，也可以有多个密钥。PGP 中可以用其名字作为 Internet 地址，如 Schneier@ounterpane.com。

公钥吊销。当用户怀疑自己的秘密钥泄露或想终止其使用期，可以吊销其密钥。可向系统发布一个由他签署的密钥吊销证书。证书和一般签字证书一样，但其中包含一个标志指示此证书的目的是吊销其公钥的使用。所用的签字秘密钥应与所吊销的相对应。要尽可能快而广泛地散发此吊销证书，以便更新所有用户的公钥环形存储器中的存数。虽然窃得此秘密钥的人也可以做此吊销工作，但这对他并无好处。

12.3.7 PGP的各类消息格式

PGP的各类消息格式包括公钥加密包、签字包、普通密钥加密数据包、压缩数据包、文字数据包、秘密钥证书、公钥证书、用户ID包、密钥可信性包等，参看[Stallings 1995]。

PGP软件文本V2.6及用户手册参见[Schneier 1995]。

PGP源代码参见[Zimmertmann 1995及The Internet with windows的附录C. pp. 587～597, Pretty Good Privacy with Windows]

PGP是解决E-mail中传送函件不安全所用的软件，新一代安全Web服务器所采用的传送函件的软件与它完全一致，这预示着它在未来商业中将获得广泛的应用。因此，了解和掌握PGP，对于未来用Internet是很重要的。由于美国出口限制，因此不同地区所供应的PGP版本不同，这在Internet上可以查找。

12.4 PEM——E-mail安全保密系统之二

PEM(Privacy Enhanced Mail)是为E-mail应用提供有关安全的一个Internet标准建议草案，而不是一种产品，一般与Internet标准SMTP(Simple Mail Transfer Protocol)结合使用。PEM可以广泛用于电子邮递，包括X.400。PEM意图使密钥管理法有广泛适用性，允许用单钥或双钥密码体制实现。但实用以来，多采用双钥体制。

PEM由下述四个RFC文件规定，并于1993年发布了最后文本。RFC 1421，Internet中的PEM：第I部分，消息加密和认证方法；RFC 1422，Internet中的PEM：第II部分，基于证书的密钥管理；RFC 1423，Internet中的PEM：第III部分，算法、模型和识别符；RFC 1424，Internet中的PEM：第IV部分，密钥证实和有关业务。

这些RFC文件由属IETF(Internet Engineering Task Force)的PEM工作组负责，而后者又属IAB(Internet Architecture Board)。自1985年开始工作，IAB的Privacy and Security Research Group负责起草工作。

PEM具有广泛的适用性和兼容性，除了在Internet中用外，还在Compuserve、America Online、GEnie、Delphi和许多公告网上采用。PEM在应用层上实现端-端业务，适于在各种硬件或软件平台上实现。它与具体邮递软件、操作系统、硬件或网络的特征无关，与无安全的函件兼容；且与邮递系统、协议、用户接口具有兼容性；支持邮递表业务；和各种密钥管理方式，包括人工预分配、中心化分配、基于单钥或双钥的分配方式兼容；并支持PC用户。

PEM的安全业务具有机密性、数据源认证、消息完整性和不可抵赖性。

PEM不支持一些与安全有关的业务，如接入控制、业务流量保密、路由控制、多个用户使用同一PC机的安全问题、消息收条和对收条的不可抵赖、与所查消息自动关联、消息复本检测、防止重放或其它面向数据流的业务。

12.4.1　密码算法

PEM 中的密码算法参看表12－4－1。

PEM 提供了应用不同密码算法的格式，具有灵活性。和 MD－2与 MD－5一样，Hash 值均为128 bit。DES-EDE 是 ANSI X9.17建议的三重 DES 应用模式(加密、解密、加密)，密钥为56×2 bit。

表 12－4－1　PEM 中的密码算法

功　能	算　法	说　明
消息加密	DES－CBC	采用一次性会话密钥，会话密钥按 RSA 体制以收信人公钥加密，和消息一起送出
认证与签字	RSA 及 MD－2 或 MD－5	用 MD－2或 MD－5进行杂凑，用发信人密钥按 RSA 加密，和消息一起送出
认证(单钥)	DES－ECB 或 DES－EDE	用 MD－2或 MD－5进行杂凑，用 DES－ECB 及 MD－2或 MD－5或 DES－EDE (三重 DES)加密，和消息一起送出
单钥密钥管理	DES－ECB 或 DES－EDE	会话密钥以 DES－ECB 或 DES－EDE (三重 DES)加密，和消息一起送出
双钥密钥管理	RSA，MD－2	建立公钥证书，用 MD－2对其杂凑，并按 RSA 加密。以收信人公钥按 RSA 对会话密钥加密，并与消息一起送出
E-mail 兼容性	基数－64变换	为对 E-mail 应用提供透明性，已加密消息可用基数－64 变换为 ASCII 字符串

12.4.2　PEM 中的密钥

表12－4－2中的 MIC 为消息完整性码(Message Integrity Code)；IK(Interchange Key)为收发共享密钥或公钥体制的公开/秘密密钥对；DEK (Data Encryption Key)为一次性会话密钥。

表12－4－2　PEM 中的密钥的用途

	单钥密钥管理	双钥密钥管理
用于加密的数据加密密钥(DEK)	消息文本、签署的 MIC 表示	消息文本
用于加密的交换密钥(IK)	DEK	DEK，MIC
发布人用于加密的单钥	公钥证书、Hash 码	——

12.4.3　PEM 消息发送和接收过程

图12－4－1中给出了消息发送处理框图，过程分四步：① 将消息变换成典型式，以适应兼容性和完整性要求；② 产生消息完整性和认证性信息；③ 对消息加密(选项)；④ 将其变换成可打印码格式(选项)。

与 PGP 类似，PEM 可组合实现下述三种类型消息：ENCRYPTED：执行图12－4－1中的①～④步；MIC－ONLY：执行图12－4－1中的①、②和④步；MIC－CLEAR：执行图

12－4－1中的①和②步。

PEM 的典型格式(Canonical Form)由消息头字段指明，称其为**内容区字段**(Content-domain Field)，目前采用SMTP的 RFC 822中规定的格式。有下述三点：① 消息可由7-bit ASCII 码中的任何字符组成。所有输入字符均被变换为ASCII码。每个7-bit 码被安排在8-bit的后7位，最左位置为“0”。② ASCII 的〈*CR*〉〈*LF*〉序列用于限定行的终点。③ 报文每行最长，含〈*CR*〉〈*LF*〉在内为1 000个字符。长于此值的行将用〈*CR*〉〈*LF*〉隔开。

PEM 的完整性与认证性。对典型格式用整个消息计算其 MIC。可按单钥或双钥体制实现。

PEM 的消息格式如图12－4－2和图12－4－3所示。

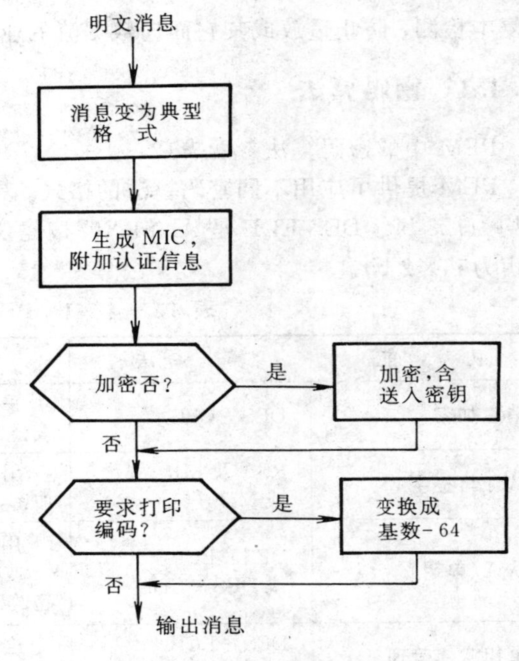

图12－4－1　发送处理框图

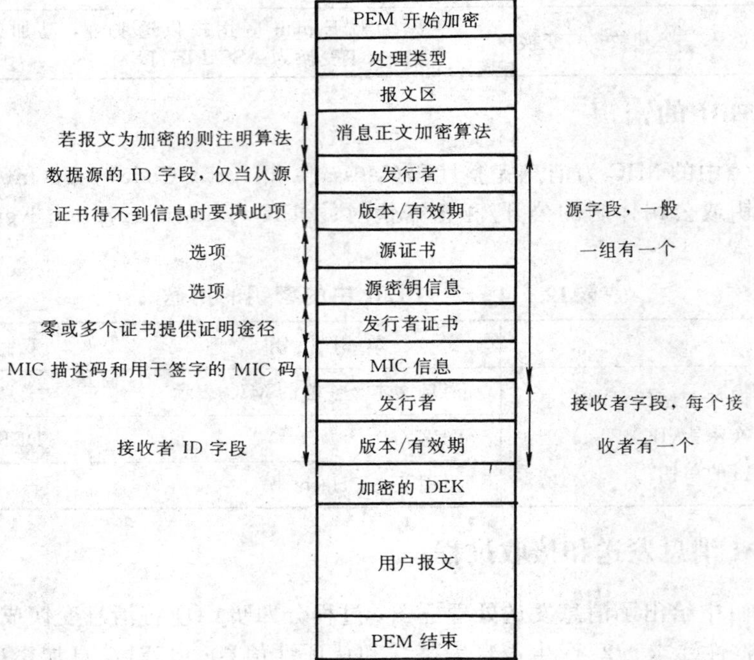

图 12－4－2　PEM 格式(单钥情况)

接收过程如图12－4－4 所示。

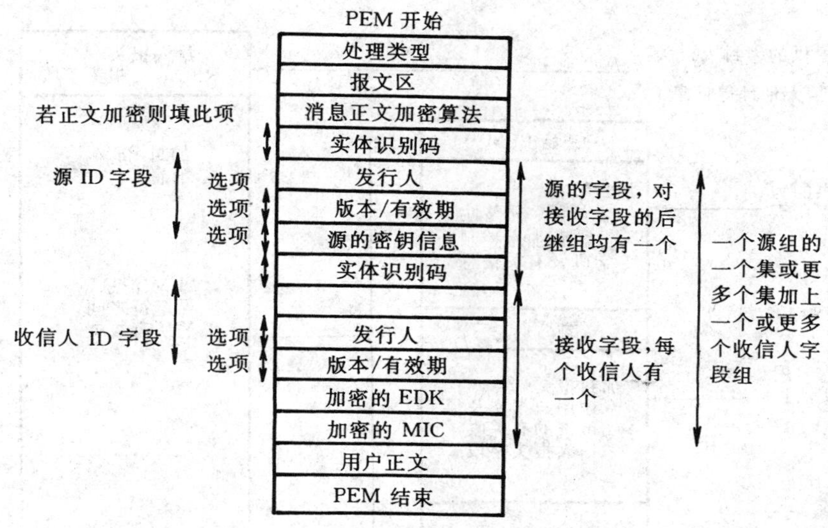

图 12－4－3　PEM 格式(双钥情况)

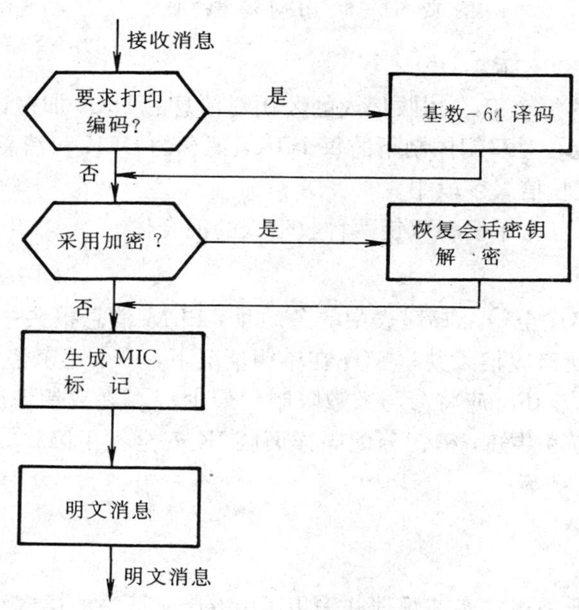

图 12－4－4　PEM 的接收过程框图

加封(Encapsulation)。PEM 消息由 PEM 的{报头‖用户消息}组成，如前述两种格式，在其前后加上两个限定界字段：开始界为—BEGIN PRIVACY—ENHANCED MASSAGE—；终止界为 —END PRIVACY—ENHANCED MASSAGE—。这就完成了加封。作为 E-mail 消息的报文部分，其前再加上函件转递服务器所增加的 E-mail 报头(如 RFC 822中所规定的)，就可在 Internet(或其它 E-mail 系统)中传送。图12－4－5 给出采用

SMTP 按 RFC 822加报头的加封格式。

邮递表(Mailing Lists)。有两种方式处理将邮递地址变成为邮递表。

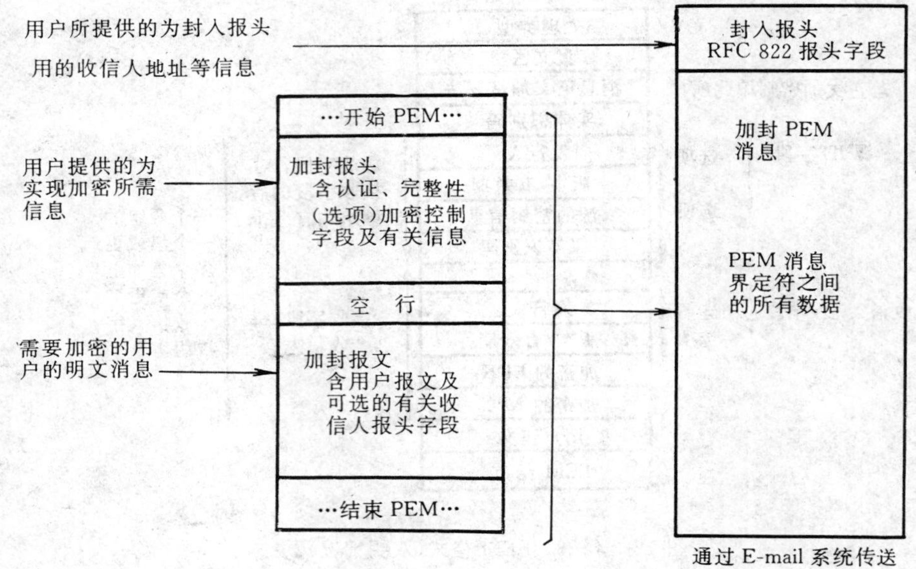

图 12-4-5 PEM 消息的加封

1. IK-Per-Recipient 法

① 对单钥体制下的每个 IK，用收信人的公钥对消息的 DEK 加密，并将其放在消息报头相应收信人字段中；② 对双钥体制下的每个 IK，消息的 DEK 和消息的 MIC 被加密，并将其放在消息报头相应收信人字段中。

消息字头的格式可以为单钥和双钥两种收信人的混合体。

2. IK-Per-list 法

若消息源将消息邮递至一个邮递表中的各地址，PEM 消息报头中仅有一个收信人字段出现，则 IK 为源和所有收信人共享。① 在单钥情况下，一个秘密密钥 IK 必为一些参与者所共享，为了防止泄露 IK，应将参与人数限制到最少；② 在双钥情况下，IK 的公钥/秘密钥对必须为所有参与者共知，密钥分配同样面临 IK 安全性下降，参与者中任何一个都可能假冒其他人伪造签字等。

12.4.4 公钥管理

PEM 采用 X.509证书格式实施管理并采用了 Internet 证书的层次结构。分层结构可参看图 12-4-6，其中 IPRA 为 Internet 政策注册机构，PCA 为政策证书机构，CA 为证书机构。

IPRA(Internet Policy Registration Authority)是 Internet 分层结构的根，制定全局政策，用于 PEM 环境中所有证实。IPRA 事实上还未建立，但是它对 Internet 来说是需要的。其功能如下：

(1) PCA 注册：每个 PCA 向 IPRA 注册，并以 PEM MIC.ONLY 消息格式签署。这使

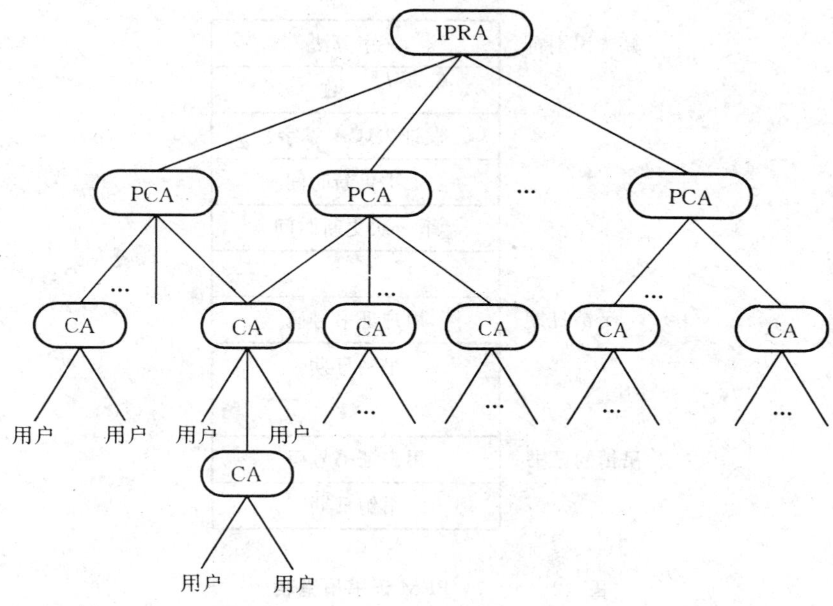

图 12-4-6　Internet 的层次结构

PEM 用户接受已被认证的 PCA 政策。

(2) 严格保证名字的惟一性和正确性：IPRA 保证所有 PCA 和 CA 的名字是惟一的和正确的。

(3) CRL 管理：IPRA 最终会对所有证书吊销的管理作出响应。IPRA 有一个证书吊销表 CRL，它用于维护所有 PCA 的证书的 CRL。

(4) PCA(Policy Certification Authority)：每个 PCA 制定并公布用户注册的政策。PEM 文件指出，Internet 可以设置少量 PCA，每个 PCA 有基本上不同的政策，这使用户容易分出 CA 的证实"强度"。

CA 为用户和更低层的 CA 服务。PEM 规定识别以下三类 CA：

(1) 组织机构(Organizational)。起初，预期大多数用户都经由其所属组织机构注册，例如，一个公司可能向所有雇员发放签署的证书。这类 CA 包括商业、政府、教育、专业学会等部门。

(2) 居民区(Residential)。这可能和当地政府机构连在一起，个别加入 CA 注册。

(3) 个人(Personal)。它使用户可以匿名注册得到证书，他们需要一个匿名邮箱。PERSONA CA 要保证一个 PERSONA 识别符在此 CA 范围内是惟一的。

证书吊销。在证书的有效期限未到之前可能出现如下的情况：① 用户的秘密钥泄露；② 用户不再由此 CA 证实；③ CA 的证书已泄露。此时就需要吊销其证书。X.509规定每个 CA 必须有一个已被吊销的证书表，此表由 CA 签署，并让其它 CA 知道。PEM 采用同样的方法，用证书吊销表 CRL 进行管理，如图 12-4-7 所示。

PEM 中的 IPRA 有一个大数据库支持 CRL 的存储和查询，并定期广播 CRL 中的名单。

PEM 格式中消息的格式参看[Stallings 1995]。

算法识别符	签字算法
	参 数
	发证人(CA 签字)
	上次更新时间
	下一次更新时间
吊销日期	用户证书号码
	吊销日期
吊销的证书	用户证书号码
	吊销日期

图 12－4－7　PEM 证书吊销表

12.4.5　PGP 与 PEM 比较

PGP 与 PEM 都用于 E-mail，可提供加密、签字等安全业务；都基于单钥和双钥体制，以及公钥分配方法，但 PEM 基于层次组织结构管理密钥，更适用于公司、政府等组织；而 PGP 基于分布网上的个人来实现，更适用于 Internet 中的个人用户。

1．可信赖模型

PEM 依赖层次结构分配密钥，通过少数根级服务器(IRPA)实现中心化控制，为指令型，即"我知道你是谁，因为你的 CA 已为你签了字，有关的 PCA 已为你的 CA 签了字，而 IRPA 也已为 PCA 签了字"。

PGP 信赖于可信赖人的网分配，即"我知道你是谁，因为我认识(且信赖)的人相信你所言的你的身份"。由用户自己去决定其信赖的人，每一个他所信赖者就相当于 CA，但没有 PCA，IRPA 等类机构。

2．应用对象

PEM 特别设计用于 E-mail，其认证比保密更重要些。任何一个消息至少有认证业务。PEM 重视身份(认证符)，而不关心可信赖程度。

PGP 认为保密至少和认证一样重要，或更重要些。原设计是为安全 E-mail 业务用的。PGP 还有压缩功能，有灵活的可信赖模型，有时将可信赖与认证符等同起来。

3．加密

PEM 和 PGP 的消息类型可参看表 12－4－3。PGP 和 PEM 都可做加密和签署消息；都可对未加密的消息签字。只有 PGP 可以加密未签字的消息。PEM 送出的消息须是签署过的。PEM 不可能隐蔽匿名重发函件者(Remailer)，而 PGP 消息可以是未签字的和匿名的。

表 12-4-3 PEM 和 PGP 的消息类型

安全业务	PEM	PGP 命令行开关
明文、签字	MIC-CLEAR	+ta+clearsig=on
单纯签字	MIC-ONLY	+ta
签字和加密	ENCRYPTED	+stea
单纯加密	〈none〉	+tea

4. 签字信息的隐蔽

若消息是加密的，PGP 就不可能证实；但对 PEM 的任何消息，即使是加密的也能证实。这就是说，任何人都可证实谁发了 PEM，在 PEM 上不可能送匿名消息，也不可能向网上送一个匿名的、能为合法收信人认证的消息。

5. 密钥生成

PGP 用户利用所提供的软件生成自己的公钥/秘密钥对，密钥证书基于：① 任意 ASCII /字符串(典型地为“Name 〈E-mail Address〉”)。② 在输入一些随机报文时，从键入字分析导出的随机数。用户以通行短语保护其秘密钥，当 PGP 软件需用秘密钥时，要求用户送入通行短语。PGP 支持的当前命名法为 Internet E-mail 命名法(X.400标准)，它工作良好，准备扩充适用于任意模型或标准。PGP 的名字有惟一性，但不如 PEM 强化。

PEM 中 X.509证书可由用户、提名人或硬件生成。由用户的 CA 签署证书，并录入目录服务器。用户公钥参考 X.500区分名字，可以保证惟一，可以扩充。

6. 密钥分配

PGP 通过 E-mail、布告牌、密钥服务器等进行公钥分配。为了防止窜扰，密钥由第三方签字，每个用户可以决定由谁来充当其可信的第三者(中间人)，这是 PGP 传播公钥的手段。可信赖传递性的条件是：A 相信 B，B 相信 C，若要 A 相信 C，则要求 B 对 C 很信赖，并愿代其签署他所签过的公钥给 A，这是 PGP“证书机构”的基础。它无真正的严格的层次结构。

PEM 是按 X.500标准建立的层次结构。

7. 密钥吊销

PGP 中公钥的分配，不依靠有组织的机构，而是相互“转抄”散布的。一旦秘密泄露，不可能有保证地吊销其公钥。虽然可以发布“密钥吊销证书”，但不能保证让每个在其公钥环形存储器中存有他的公钥的用户都知道。

PEM 情况下，X.500目录或每个 PCA 邮箱中有密钥的证书吊销表(CRL)。因而可以迅速实现某一公钥的吊销。CRL 必须能被每个用户访问。有人认为这样的 CRL 不一定能实际应用，因而也不可能实际吊销密钥；而有些人则认为会工作得很好，一个不合格的证书永远不会被接纳。

8. PGP 和 PEM 的安全问题

PGP 和 PEM 都是实用的安全产品，对许多设计问题都做了很好的折衷选择，两者都能提供很好的安全性。但都会有一些潜在的安全问题。

(1) 密码分析攻击。若能破解 RSA 的秘密钥，则可能解读加密 E-mail，并能伪造签字。

但对所有已知密码分析技术，RSA 被认为是安全的。PGP 中选 $n=512$ bit 已足够。

若能攻破 DES，则可解读 PEM 中的消息，政府部门（如 NSA）可能破译 DES；DES 虽只有56 bit 密钥，对于一般单位，尚无力以硬件来破译。RIPEM 1.1可以用三重 DES 加密，抗攻击能力加大。

PGP 中的 IDEA 密钥为128 bit，已足够强，但它是一种新算法，还未像 DES 那样经过近20年的攻击。

(2) 对密钥管理的攻击。秘密钥丢失或泄露是致命的，需要倍加保护。以单钥算法加密，并从通信字短语来导出。攻击者可以设法截获通行短语或窃取秘密钥数据库，这对 PGP 和 PEM 都是一种威胁。不要通过不安全线路传递通行短语或秘密文件。最安全的是不要让别人能在物理入口访问你的系统。

接受伪装公钥骗取你的秘密信息是另一种威胁，因此必须从可信赖的人或 CA 索取某人的公钥，并通过可靠方式，如验证签字、指纹等，才接受某人的公钥。

(3) 重放攻击。在 PEM 中，若 A 传送一个带 MIC-ONLY 的消息（只有认证而无保密），消息为“好，我们干”。窃听者截获此消息后，并将其转送给另外的人 C，如果 C 已有一个已认证的消息，并等着你告诉他是否要做那件事，则这一攻击起作用。另外攻击者还可以将截获的消息延迟后再发给 B；或改变源的发信人名，将你的公钥作为他注册的公钥，来传一个消息给 B，希望由 B 送一个消息（未知）给他，这类攻击在 PEM 和 PGP 中均可能出现。

防止重发要加上发信人和收信人名、消息惟一性识别符，如时戳等，以使收信人能够鉴别消息是否是重发的。

(4) 本地攻击。E-mail 的安全性不可能大于实施加密的机器的安全性，一个 UNIX 的超级用户，可能有办法得到你的加密函件，当然这些办法要费点精力，如在 PGP 和 PEM 执行程序中设置特洛伊木马之类的陷门。攻击者可在用户终端和运行 E-mail 安全程序的远端机器之间窃听明文。因此，E-mail 安全程序应安装在自己的机器上，且在自己完全控制下，其他人不能访问，并且这些软件要经过仔细检查，没有病毒、陷门等。当然，这需要在安全、费用和方便使用之间进行折衷。

若在共用工作站时，E-mail 安全程序装在工作站上，其他人可以自己选用秘密钥，并在软盘上执行安全程序。

在拨号多用户系统中，要通过不安全线路请求联机，将 PEM 或 PPG 软件卸载到自己的机器上，输入消息并进行相应的安全处理。这种提供安全的机构，会产生些假象。因为开始联机输入通行短语时可能已被窃听了，而攻击者可用它来得到你的秘密钥。

(5) 不可信赖的伙伴。如果你将一个秘密消息传给另一个人，而他却不在意地将此消息随便地扩散，则原来的安全措施全都白费。应当按原消息的保密性来考虑到递送的接收者，密码的安全性首先要依赖于应用它的人的安全性。

(6) 业务量分析。无论 PEM 或 PGP 类型的 E-mail，都不可能防止业务量分析。这类分析可能对某些用户造成威胁。防止此类攻击的方法是增加一些无意义的业务，来掩蔽其真正的业务量，这要付出相当的代价，大大增加了网络和收信人的负担。

9. 结论

PEM 是精心研制的，PGP 是由少数人编的软件；PEM 仅作为交换消息的协议（未限定其它东西),PGP 中还包含了许多功能,可在 PEM 实现的用户软件中找到。PEM 是个标准,是标准化组织无休止争辩的结果,而 PGP 是由少数几位开发者开发的软件,每个人都可使用,因而发展迅速。

PEM 的设计是想为成百万的个人和公司长期使用,但 PEM 中的某些部分还缺乏基础设施来支持其大规模的实现。

PGP 则易发展,它不要求什么基础设施,两个人即可直接建立彼此间的保密通信,更多用户容易迅速进网,这正是 PGP 迅速占领 Internet 的基本原因。下述几点可能会阻碍 PGP 进一步发展:① 描述证书政策不够完善;② 吊销证书无保证;③ 缺少严格登录名字的管理系统。前两个因素会限制 PGP 的商业和政府应用,第三个因素会防碍使用 PGP 的规模。PGP 更实用,但进一步发展可能会受到限制;PEM 更完美些(至少作为普通标准和实用而言),但要求有一定的基础设施。两者各有自己的市场。两者结合起来是否会更好些?

12.5 KryptoKnight 认证系统

当人们在进行低功能层网络机制的设计时,通常要受到各种网络环境的限制(如小的分组标头,有限的计算资源等)。当将安全特征加入这些机制时,必须对各种限制加以考虑。此外,这些机制必须能够包容形形色色的网络组成和连接(如局域网、无线网、全球网等),也必须能够包容各种功能差异悬殊的设备(如掌上设备、台上设备、地上设备)。在这样的环境中,具有初级功能的设备要能与功能强大的设备互通。这意味着网络要提供尽可能简单的安全功能以满足设备的最低要求。要将基本的认证和密钥分配功能纳入这样一个受到许多限制的低功能网络环境中,无论是在网络资源、工作效率、方便使用、灵活性方面,还是在系统管理方面都富有挑战性。

网络安全的一个最基本的要求就是通信实体能够彼此向对方证实自己的身份。身份认证技术依赖于通信双方相互交换密码信息。迄今,人们已经设计出自动密钥分配业务的几个方案。如 Kerberos、ANSI X9.17和 ISO-CCITT X.509等。然而由这些设计所定义的认证和密钥分配协议大都面向分布应用环境,在这些设计中每一方均通过表明他对某一秘密所拥有的知识来向另一方证明他的身份。这一秘密通常是一个密钥,用它来对某个提问(如时戳,计数器的值,或一次随机数)进行加密。在每次执行协议时,该提问是不同的。由于以上协议是面向应用层而设计的,所以当在应用层以下的低层链路、网络、传输协议或远端自举协议中使用时,显得十分复杂而不适用。这些协议往往需要交换大量的不必要的密码消息,并需要相对沉重的计算负荷(特别是当采用公钥密码技术时)。当然,较简单的协议设计也是可能的,而且这样的设计也确实有。但是简单的设计却很难获得很高的安全性。

认证和密钥分配功能也需要在低功能各层之间使用。例如,许多无线链路协议(例如 CDPD,GSM)依赖于这样的功能来表明某个主叫移动设备的身份,尽管密钥分配设计是很原始的,而且不是十分安全的。类似的功能也已经用于 X.25分组层的实现中,协议也将需要这样的功能来防止不可信赖的自举服务器的自举。本节介绍一种 KryptoKnight 认证系统,与现有的应用层设计相比,KryptoKnight 的目标是设计轻量级的密钥分配协议,使协议的运行需要最小的计算资源。我们先讨论一个能抵抗广泛攻击的认证协议，此协议将成为 KryptoKnight 认证系列与密钥分配协议的基础。

12.5.1 基本的双向认证协议

图 12-5-1 给出了一个安全的双向认证协议。在图中，字母 A 和 B 分别为两个进行双向认证的网络实体。变量 N_a 和 N_b 是两个一次随机数 Nonces，分别为通信一方发送给另一方的提问。表示符 MAC_{ab}和 MAC_{ba}代表单向杂凑函数值，也称作消息认证码，是分别用 K_{ab}和 K_{ba}作为其参数之一经计算而得出的，其目的是为了保证参数序列的真实性。MAC 各参数间的逗号表示将各参数的比特串进行连接以组成一长比特串，然后对此长比特串施以杂凑运算。若 MAC 函数用 DES 之类的对称密码系统来实现，则 K_{ab}和 K_{ba}(一般情况下是相同的)便是 A 和 B 所共享的密钥。除了采用加密函数来实现 MAC 之外，我们也可以通过将单纯的杂凑函数(如 MD－5算法)施加于被认证的参数和密钥的连接来实现。采用单纯的杂凑函数来代替加密函数具有十分重要的优点：它的源代码或具体的设计实现均不受出口的限制，在许多国家都可以使用。

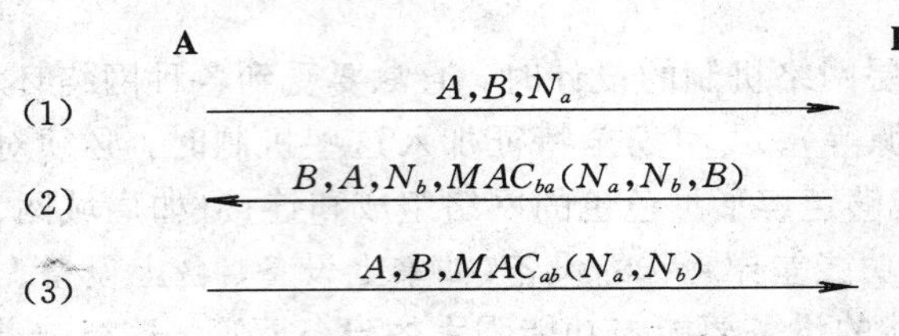

图 12-5-1 安全的双向认证协议

除了便于出口和它的安全性之外，上面的协议对低功能网络来说还具有另外一个重要的方面：它需要最小的计算量以及最短的消息长度。由于它的这些特征，使其特别适合于为诸如远端自举或链络层认证这样基本的网络功能提供安全服务，因为在这些环境中，信息的处理能力、存储空间以及消息长度均是有限的。从图 12-5-1可以看出，信息流(2)是最长的，仅有4个变量：通信双方的明文标识符 A、B(这通常在分组标头中已经包含进去了)，明文随机数 N_b，以及 MAC 运算结果(根据所选用的函数不同，它的长度可能是128 bit，64 bit 或32 bit)。采用非对称码体制当然也是可能的，但它需要更长的消息，因而在 KryptoKnight 中不予考虑。对比之下，在诸如 Kerberos 或 X.509的设计中，即使不考虑密钥分配方面的问题，初始的认证消息却趋于涉及更多的参数、更多的冗余、更多的密码体制，公平地讲，也提供了更多的功能。但有些功能在较低层的网络机制中是不适用的。以上所提出的协议是 KryptoKnight 认证系列与密钥分配协议的基础 。

12.5.2 协议设计所考虑的问题

现在让我们讨论有关低功能、资源受限网络环境中设计安全密钥分配协议时所要考虑的一些问题。

1. 资源限制

未来的网络环境包括广域网(WAN)站、局域网(LAN)站、无线站、便携站以及简单的交换机等。所有这些设备均具有有限的计算资源。在针对这些低功能设备设计认证与密钥分配机制时，必须考虑资源使用上所受到的限制。

现有的密钥分配方案大多是针对应用层而设计的。在应用层上相对来说有比较宽松的计算资源。密钥分配中的密码消息可用运行于系统高层的密钥分配软件来生成。然而，这些消息有时却需要由具有有限资源的低功能设备来接收和处理。显然，现有的许多设计在这样的环境中是不适用的。

在 KryptoKnight 系统的设计过程中，我们始终假设它的运行环境是资源受限的。因此，在协议中应使用最少的密码函数、最基本的分组密码或单向杂凑函数、最少的工作空间以及尽可能短的消息长度和最少的冗余，特别应避免重复使用在分组头中已经包含的明文或密文参数(如通信实体的标识符)。

2. 出口限制

在设计认证与密钥分配方案时，常常受到各国有关密码产品进出口、制造、销售及使用上所作的种种限制。然而，许多国家仅仅对那些用于保密目的的产品加以限制(如用于对机密数据进行加密的产品)。对于那些只采用单向杂凑函数，而非加密函数所构造的 *MAC* 产品来说，往往不加以限制。因为单向函数只能对数据进行压缩而不允许解压缩，由它所构造的 *MAC* 只能进行消息完整性的验证。所以，在 KryptoKnight 系统中，只用 *MAC* 运算而不进行加密、解密运算。这与 Kerberos、X9.17和 X.509有显著的不同。当然，在通过网络来传输密钥时要用到保密功能。对于这样短的秘密数据的加密，可以通过一种称作一次一密的技术来达到。这种技术只是将该密钥与一次随机数进行异或运算。一次一密技术并不受任何进出口法律的限制，目前基于这一加密技术的产品已经在世界市场上公开销售。在 KryptoKnight 系列的协议中，这一技术得到了广泛的应用。而在 Kerberos、X9.17以及 X.509中，均未采用这一技术。

当采用全球性网络进行商业信息交流时，国家间的认证业务应该是不受任何约束的。在移动环境中，用户可以从一个国家漫游至另一个国家，如果认证协议受到限制，那么如何来处理以下情况：一个来自 A 国的用户正在 B 国访问，他要用 C 国生产的设备与 D 国的某个用户进行通信。如果能采用一种不受任何限制的、为各国普遍接受的技术，以避开以上的问题，那么此技术将是十分有价值的。这是 KryptoKnight 的一个出发点。

3. 对运行网络所作的假设

许多现有的密钥分配方案是为相对来说范围比较窄的一类环境而设计的，特别是为分布环境而设计的。因此，对协议的运行环境所作的各种假设不一定适合于其它网络环境，甚至对某些环境是完全不适合的。

例如，基于时戳技术的方案特别适合于局域网环境，因为网络的所有用户均能很容易地访问一个所共同信赖的时间服务器。而在广域网络中，要保持严格的时钟同步是一项十分困难的事情。特别是对所分配的密钥进行证实的时候，需要一些基本的网络组成部分(如链路适配器)保持一个实时的同步时钟，并且必须认为在其它区域中的时钟是受到很好的安全保护的。任何时间同步模块(软件或硬件)必须是安全的，否则敌方会通过攻击时间同步模块来攻击密钥分配协议。

更重要的是，现有的许多方案也对网络组成和链接模型作了特别的假设。它们通常假设密钥可以从某个检索目录中获得(如从 X.509检索目录中获得被认证中心证实了的公钥),或从认证服务器中获得(如 Kerberos 或 X9.17)。现有设计均支持某一特定的通信规程以使用户与检索目录或密钥分配中心(KDC)相连接。例如,当用户 A 需要得到一个与用户 B 通信用的密钥时,Kerberos 要求 A 在开始与 B 进行通信之前,必须要首先从 KDC 得到所希望的会话密钥。这种由用户 A 与 KDC 接触的方式有时也被称为**推进式**(Push Model)。对比之下,X9.17要求 A 首先与 B 接触,并让 B 从 KDC 得到所需的会话密钥。这种方式也称为**拖拉式**(Pull Model)。

这两种模式对于各自的相应的环境来说是贴切的。Kerberos 起初是为 LAN 环境而设计的。之所以让工作站而不是服务器来得到密钥,是为了将获得密钥的负担分摊给各个网络终端,从而减轻共享服务器的负担。而 X9.17起初是为广域网(WAN)环境而设计的,这里之所以采用相反的设计方法,是因为工作终端的数量通常要比服务器的数量多得多,以致于超过了系统的容量。同样,在移动的网络中,一个终端试图与它的归属网络服务器进行接触,而 KDC 可能更靠近该服务器。采用 X9.17可以节省用户终端与 KDC 长距离通信的开销。

在一个完整定义的应用环境中,有可能采用固定连接模式。然而在一般的网络环境下,这是不合理的,因为其中的通信联络是因时因地而变化的。

例如,考虑这样一种情况:某个移动站拨号进入某个网络,在被允许通过网络与任何其它移动台接触之前,必须由最近的交换节点进行认证。这种情况明显地应排除 Kerberos 一类的推进模式,因为它需要用户在与交换点对话之前,应先与 KDC 进行接触。对比之下,考虑这样一种情况:对于偶然地被划分的网络的两个交换节点,在通信中断之后需重新建立联系,这时需要进行相互认证。在这种情况下,到底两个节点中的哪一个应与 KDC 相联系,取决于 KDC 处于哪个网络划分之中。即使是在物理连接存在的情况下,要提供某种逻辑连接也是不可能的(因路由结构原因)或是不希望的(因为安全原因)。KryptoKnight 协议系列提供了在运行时间协商连接模式的灵活性,便于与某个 KDC 黄牌检索目录进行通信。

12.5.3　网络环境下的密钥分配

前面的认证协议采用了 MD-5杂凑,DES 的 CBC 或任何其它单向函数,并用共享的密钥作为它的变量。前面提出的认证协议具有这样的优点:仅需要相对简单的和短的消息。此外,用 DES 的 CBC 模式构造的 MAC 或其它加密函数用作加密函数,所实现的目标程序是可以出口的,只要不是用于数据的加/解密。而采用 MD-5,即使某个实现的源代码也可出口,因为它不具有任何可逆的加密功能。然而 MD-5 (或 DES)需要给任意两个希望相互认证的双方分配成对的共享密钥。本节所讨论的是用基本的双向认证协议来构造 KryptoKnight 密钥分配协议。该协议的优点有:是轻量级的,比较灵活,可以出口,对网络的结构无特殊的规定,而且支持密钥分配的推进模式和拖拉模式。

由某个 KDC 向网络中的各方向进行秘密钥的分配时需要使用秘密通道。在对称密码的意义上,很自然会想到通过对称加密来对这种信道进行安全保护。这又要求网络中的每一方与 KDC 至少共享一个密钥。用此密钥来保护与 KDC 通信的信道。我们把 KDC 与其用户代理所共享的密钥称作用户的**主密钥加密密钥**(KEK)。

在 KDC 与它的用户之间通过秘密信道交换的消息的实质使人联想到公钥证件：由 KDC 对其某个用户所颁发的划押分配消息也称为票鉴，按照定义应该包含所分配的密钥；它也必须包含一个**密钥戳**(Key Stamp)(如：某个惟一的密钥版本号、时戳或随机数)以便向接收者表明密钥是新的、有效的。最后，它必须包含用给定密钥来通信的另一方的识别符。若不包含这一识别符，攻击者 X 会用其它证件来代替合法证件，用此来欺骗 A 接受 X 恰巧知道的某一其它密钥作为认证 B 的密钥，进而允许 X 冒充 B。因此密钥票鉴基本上包含与公钥证件相同种类的信息。

12.6　无线网的安全认证系统

12.6.1　概述

在移动通信(例如：美国移动电话系统 AMPS，IS－41、IS－54标准所规定的 TDMA 数字移动电话系统，IS－95标准所规定的 CDMA 数字蜂窝移动电话系统等)和军事通信中，卫星通信和无线通信的重要性日益增长。无线通信具有许多优点，如灵活机动、方便、覆盖性好等。但无线通信也有不少弱点，电波在开放环境下传送，便于截获、侦听，易受攻击(如非法接入干扰)，其可靠性和保密性急待加强。因此，无线网的安全保密具有挑战性，是一个急待研究的问题。

无线网的安全保密包括各种用户识别、用户身份和用户位置隐蔽(不泄露手机、终端的位置)、基站和固定网的系统认证、接入控制、防欺诈、安全计费和转账、数字签字、不可否认签字、话音和数据保密、密钥分配、跨区漫游安全业务以及信令信息或呼叫建立信息(呼叫号码、呼叫卡号码、呼叫者 ID、个人终端使用频度、申请业务种类等)的保密(防止业务量分析)等。

可根据需求对用户加以分级，如无加密用户、弱密用户、强密用户等。

手机和手机号的防盗是一个十分重要的问题，可采用下述措施：

(1) 采用密码技术降低个人手机或终端被盗用的可能性，可及时向新的站进行重新注册，使利用盗来手机的人难以窃取合法用户的权益。

(2) 防止盗用个人终端身份信息进行欺诈骗取服务的可能性。

(3) 防克隆设计(Clone Resistant Design)。无线系统中，个人终端的克隆(无性繁殖，通过窃取合法用户手机信息，实现非法复制手机)是个严重问题，必须减少和消除克隆欺诈。为此，个人终端识别信息，在各种过程中不能泄露。① 空中传播：窃听者应不能确定个人终端的信息，以便用户编程另一个个人终端。② 网络中：网中数据库必须保密，未授权人不能接入，从中得到信息。③ 网间连接：漫游个人用户的保密信息可用来制作克隆个人终端，应防止欺诈系统的操作员能做成这类事情。必须有足够的信息去认证漫游个人终端，同时这些信息又不足以使其克隆一个漫游个人终端。④ 防止用户克隆其自己的个人终端，用户可以对系统进行欺诈，多个用户凑在一起通过克隆个人终端用一个账号，必须消除这类现象。

(4) 初装欺诈(Installation Fraud)，窃号服务可能在初装业务阶段出现。多个个人终端可能用同一信息装机，密码系统设计需能防止其发生。

(5) 修理欺诈(Repair Fraud)，在机器修理中可能出现上述情况。

(6) 惟一性用户 ID，手机可能被多人共用，必须能识别每个人的票据和其它付账信息，即系统能识别到个人。

(7) 惟一性个人终端 ID，当所有安全信息被包含于分开的模块(灵巧卡或 PCMPIC 卡)用户身份与个人终端身份分开，个人终端身份应具有惟一性，以防被偷后被人用。

12.6.2 GSM 的认证体制[Vedder 1991]

1. 概况

GSM(Global System for Mobile Communications)是欧洲 17 国用的数字、时分、蜂窝无线系统，澳洲、东南亚、国内都已启用。1982年欧洲邮电管理联席会确定的计划。1989年改为 ETSI(欧洲电信标准委员会)的 Group Special Mobile 主持。

GSM 的网络管理、票据处理和安全业务由 Home 网操作，称之为 HPLMN(Home Public Land Mobile Network)，无须标准认证算法，每个操作系统可运行自己专用算法，只须限定接口参数。Home 网中的 HLR(Home Location Register)处理本地的实时证实和接入控制，永久注册；VLR(Visitor Location Register)处理本地访问的实时证实和接入控制，临时注册；MS(Mobile Station)为移动站；SIM(Subscriber Identity Module)为用户识别模块，即用户卡；ME(Mobile Equipment)是无 SIM 的 MS，ME 中不含有关用户信息；IMSI (International Mobile Subscriber Identity)为跨国移动用户识别卡。

认证算法采用秘密的用户专用认证密钥。SIM 中含有有关用户必须的信息，如 IMSI、网络特定认证算法、用户专用秘密认证密钥 K_i 等，是保障安全的重要组成部分。GSM 通过加密保护用户的数据和呼叫数据，在 ME 中采用专用 ASIC 完成这一功能。

2. 安全业务[GSM 03.20，GSM 02.09]

GSM 的安全业务包括：① 临时识别符(Temporary Identify)，对用户身份保密；② 认证，对用户身份的进一步确证(Corroboration)；③ 加密，保证用户数据的机密性。

用户在呼叫或接收呼叫之前，其身份必须为网络知道。GSM 的 IMSI 仅在初次接入或在 VLR 中的数据丢失时才用，从而避免经常用 IMSI。在多数情况是要送一个临时身份号，而不是用 IMSI，以表征在用户范围内具有惟一身份，目的是防止攻击者得到用户所用的进网信息，防止对用户位置的跟踪，使伪装用户更困难。

首次接入：用户采用 SIM，MS 读出其中的 TMSI(Temporary Mobile Subscriber Identity)并送给 VLR，VLR 预先不知 TMSI，因而要求 MS 传用户的 SIM 中的 IMSI。VLR 分配一个 TMSI 给用户，并在成功认证之后以加密形式将其传给 MS。MS 解密后存储 TMSI 和 SIM 目前的位置信息，此后 MS 将用 TMSI 代替 IMSI，直到新的 TMSI 被指定分配给用户。TMSI 仅为5位数字，它保证在本地是惟一的，当 MS 运动时，LAI(Location Area Identification)总是与 TMSI 结合起来用。在 VLR 中存有用户的 TMSI、IMSI 和 LAI，如果系统无故障，系统不会更新 TMSI。即使用户移到新的 VLR，其 TMSI 和 LAI 也将由原 VLR 转送给新的 VLR。

认证：称之为 AKA(Authentication and Key Agreement)技术，可防止未授权接入，能保证正确的票据数据，防止伪装攻击。GSM 中采用两个认证协议，即 IMSI 的认证协议和

TMSI 的认证协议。

IMSI 的认证协议，参看图 12 - 6 - 1。

用户 i		**VLR**		**HLR**
	IMSI →		IMSI →	用 K_i 生成三元组：
计算 SRES 和 K_c	← RAND		← IMSI，K_c，RAND，SRES	(RAND，SRES，K_c)
	SRES →	VLR 比较 SRES 对用户认证		
用 K_c 解出 TMSI	← A5(K_C，TMSI)			

图 12 - 6 - 1　GSM 利用 IMSI 的认证协议

K_i：用于 A3、A8的用户认证秘密钥，与 HLR 共享秘密数据。(美国系统称之为“A-Key”，128 bit。) RAND 为128 bit 随机数。

A3为认证算法，它是一种单向函数，用于对 HLR 的询问产生32 bit 响应数 SRES，SRES＝A3(K_i，RAND)。A5为用64 bit 会话密钥 K_c 加解密的算法，用于产生密钥流。A8为生成 K_c 的单向函数，K_c＝A8(K_i，RAND)。采用 IMSI 的认证协议。

准备阶段：用户向 HLR 注册，取得 IMSI、K_i、PIN 等，含于 SIM 中。

实施阶段：用户向 VLR 用 IMSI，K_i 请求接入，并获得与 VLR 或 HLR 建立 SSD 信息。

通信阶段：用 K_c 生成密钥流进行保密通信。

SIM 的身份认证过程如图12 - 6 - 2 所示。可见，利用 IMSI 进行认证，须有认证中心服务的 HLR 参与，且 IMSI 要多次传送，但用户一旦有了 TMSI，则可免去 HLR 的参与，建立与 VLR 的认证和会话密钥分配。

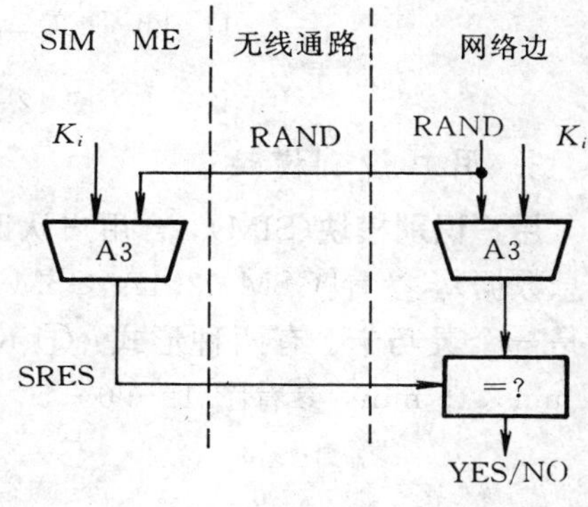

图 12 - 6 - 2　认证原理框图

跨区认证：用户从一个 VLR 到另一个 VLR。

新的 VLR 向原 VLR 要求 IMSI，并送旧的 TMSI 和 LAI 和三元组(K_c，RAND，SRES)。若新的 VLR 向 HLR/AuC 要求三元组，则可加速这一认证过程。

TMSI 的认证协议，参看图 12 - 6 - 3。

用户		**VLR**(查记录)
	TMSI →	
	← ARND	
计算 SRES 和 K_c	SRES →	计算 K_c
	← 进行信息交换	

图 12 - 6 - 3　GSM 利用 TMSI 的认证协议

安全性讨论：

(1) 算法 A3和 A8用于产生 SRES 和 K_c，在 VLR 中应保持在安全可靠环境下实现。

(2) 通过不安全信道送秘密钥可能被截获，攻击者可能窃听 VLR 和 HLR 之间的通信，以收集 IMSI 和相应密钥，因此不应以明文方式传送。一些国家甚至规定不能通过固定网或微波网传送加密数据。

(3) 采用公钥体制可以实现无须秘密钥 K_i 的认证，这一方法也将标准化，参看 ISO/IEC9798 Part I,II,III。

加密：GSM 用端—端加密方式。由网络端控制，向 MS 发出"start cipher"指令。采用 A5算法，它可用3 000个晶体管的芯片实现[Brookson 1990]。并非每个 MS 都能支持这种加密算法。漫游到另一个网可能要求不同的加密算法。这除了技术问题之外，还有政治问题。

GSM 中采用的流密码方案如图12-6-4所示。

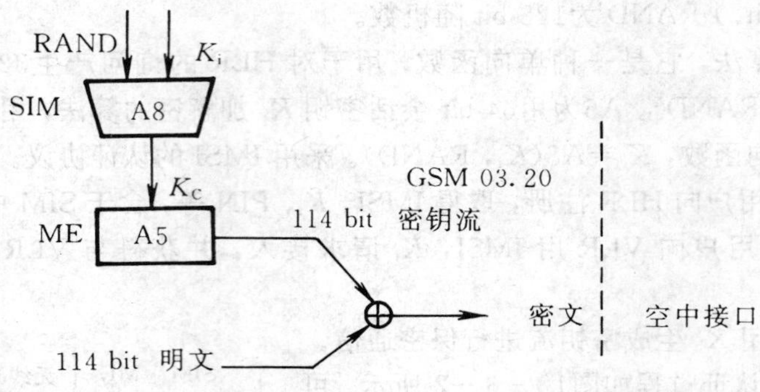

图 12-6-4 密钥生成和加密

3. 用户识别模块

用户识别模块(SIM)，含用户认证所需的信息和算法，可用于每个 ME(只要更新个人信息数据)，参看[GSM 02.17；GSM 11.11]。SIM 内含微处理器和防窜扰存储器，它实质上是一个灵巧卡。有两种形式：① IC 卡 SIM，形如信用卡；② Plug-in SIM，体积更小，25 mm×15 mm，参看图 12-6-5。电和机械接口符合有关国际IC 卡标准。

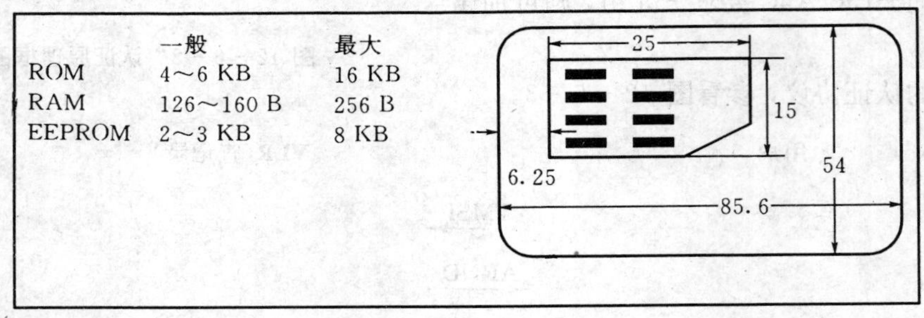

一般 最大
ROM 4～6 KB 16 KB
RAM 126～160 B 256 B
EEPROM 2～3 KB 8 KB
25
15
54
6.25
85.6

图 12-6-5 SIM 的格式及所提供的存储

GSM 限定五个独立的接入条件：NEVER(不允许更新的 PIN)、ALWAYS(无安全限制)、ADM/AUT、PIN、第二阶段的 PIN 和识别 SIM，并印在卡上。有六个接点，两个备用接点。一个供电 V_{CC}，其余用于重置Chip 时钟、地，一个作为输入输出。最大传输速率为 9 600 bit/s；加密数据速率为 3 200 bit/s；半双工传输协议，每 byte 要送12 bit。

对 SIM 的接入控制。用户可自由选择4～8位数字作为 PIN，用于控制 SIM，且可经常自行改变 PIN。PIN 存于卡的 EEPROM 中，CPU 可对输入 PIN 与存储的 PIN 进行比较，实现对用户的识别。为了防止“试凑”生效，CPU 只允许连续试送三次 PIN 数字，若三次都错就将卡锁定位。卡一旦被锁定，就不会送出 TMSI 或 IMSI 至 ME，使 ME 无法进行联网请求接入。

用户可用 PUK(Personal Unblocking Key)打开锁定的 SIM，并送入一个新的 PIN。PUK 是由8位数字构成的另一个识别号(Identification Number)。用户不能改变它，但可将它存储于 Home Network 中；根据用户需要请求，在原来约定的安全条件下，如由用户送一个特定的口令，即可送给用户。在 HLR/AuC 中列有黑名单。当连续10次将错误的 PUK 送入 SIM，该 SIM 就将被永久地锁定。

网络操作员或业务提供者可以决定是否向卡中送一个标志(Flag)，使用户可以关闭(或打开)PIN 检验。当用户关闭了 PIN 检验，则对 SIM 和其后对网的接入控制(卡不在黑名单中)就直接按持卡者来进行(这取决于用户是否允许这样做)。对于涉及付款等业务，可能要求 PIN2和 PUK2来控制(在第二阶段)。

4. 密钥管理

认证中心(AuC)如何产生和分配用户认证密钥 K_i，以及如何防止伪造和错误递送密钥[GSM 03.20]，AuC 在用户注册时将用户认证密钥 K_i 和 IMSI 分配给用户装入用户卡中，并同时存入 AuC 的数据库中。在网络环境下如何实施安全管理，有赖于网络操作员及安全算法，AuC 实施认证算法 A3和密钥生成算法 A8。AuC 是系统的安全核心，故其安全性至关重要。到2000年预计欧洲将有2 000万注册用户，每个 AuC 将管理数百万用户，如何产生和存储如此多用户的认证密钥，处理他们的认证请求，对于网络的正常和安全运行至关重要。

5. 密钥生成法

基本方法[GSM 03.20]：① 利用随机数产生器(不能利用用户 IMSI 等数据)；② 在主密钥控制下，从用户有关数据导出密钥。各种密钥生成法各有其优缺点，方法的选取主要由当地条件来定。

密钥推导法。在主密钥 MK 作用下从非秘密数据导出，因而无须存储。当经由 VLR 到达 HLR 的认证请求出现时，AuC 就将有关数据加载的算法用 MK 重新导出注册用户的密钥 K_i，而后将随机数送入 A3和 A8算法中即可产生 SRES 和 K_c。在 AuC 中既不需要秘密数据库，也不需要备份设备。主要缺点是一旦 MK 泄露，则在已知 A3和 A8算法下，系统的安全将完全丧失。因此必须保护好 MK，为此 MK 要定期更换，因而需要保存更多的秘密钥以及相应主密钥和用户密钥之间的逻辑联系。主密钥个数由生成用户密钥的时间以及 SIM 使用期限来定。

推导密钥 K_i 的算法的选择以及给算法的输入数据取决于多种约束条件，其中包括密钥 K_i(128 bit)的长度，算法是否适于在 AuC 中实现等。认证次数要求算法执行速度要快，以避免排队。

推导密钥 K_i 所用数据有 IMSI，但 IMSI 仅有15位数字，每个数字仅占半个字节。采用 DEA 算法，有软件和硬件可供利用。此时要将 IMSI 扩到16位数字，且用 DEA 两次以组成 128 bit。IMSI 中的15位数字，对 HPLM 而言有5位数字都一样，要去掉。而后加上6位有关用户的数字，构成用户 UD 码。以上表述可表示为 $K_i = DEA_{MKleft}(UD) \| DEA_{MKright}(UD)$；MK 为128 bit 或 $K_i = DEA_{MK}(UD) \| DEA_{MK}(DEA_{MK}(UD))$，MK 为64 bit。

随机数法：用随机数生成器产生注册用户的认证密钥，它不能用用户的 IMSI 等数据作为随机数生成器的输入。由于用户和认证密钥间无自然联系而要求存储所有密钥和相应用户数据，在 AuC 中要建立数据库，且要求有备份存于不同地点。为防止失密，应以加密形式存入。

12.6.3 DECT 的认证系统

DECT (Digital European Cordless Telephone)是欧洲数字无绳电话系统。它有两套协议，一个用于用户认证系统，一个用于系统认证用户。

用户认证参看图 12-6-6。其中，PT 为便携终端，FT 为固定无线台站，ID 为 PT 的请求信息，A11和 A12为加密算法，RS 为响应信息，RAND-F 为随机数，K_s 为会话密钥。

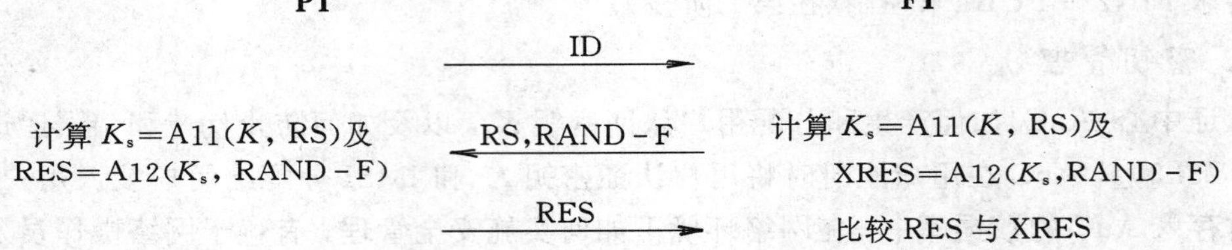

图 12-6-6 DECT 的认证协议

DECT 跨区时用的认证参数传输方式如图12-6-7 所示。

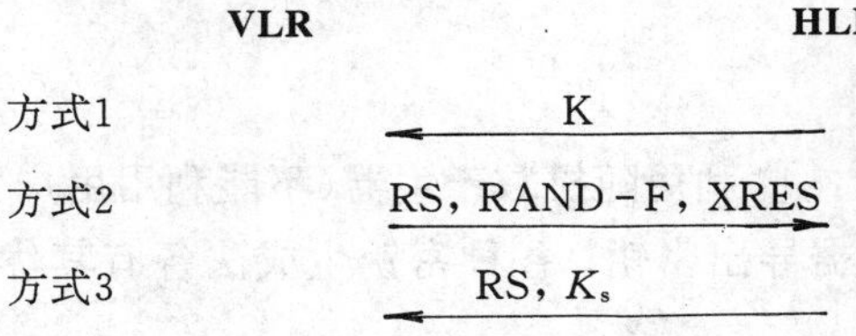

VLR　　HLR

方式1　←　K

方式2　←　RS, RAND-F, XRES

方式3　←　RS, K_s

图 12-6-7 认证参数传输方式

方式1由 HLR 直接将密钥送给 VLR，由 VLR 按 K 对用户进行认证。这虽然简便，但 K 可能在传送时泄露，也可能 VLR 对 K 保护不好而危及安全。方式2类似于 GSM，K 对 VLR 保密。方式3由 VLR 选 RAND-F，每次更新。RS、K_s 可重复使用降低了 VLR 与 HLR 通信量的要求，VLR 也采用 HLR 相同的 A12，但不如第二种方法灵活。

DECT 未提供用户身份保密功能，但提供了用户认证系统的功能。当攻击者知道了通信密钥，也不可能冒充系统来欺骗用户。

12.6.4 USDC 的认证系统

USDC (US Digital Cellular)是美国数字蜂窝标准。在 USDC 协议中，MS (Mobile

Station)为移动站；A-Key 为认证密钥，用户与基站共享；SSD(Shared Secret Data)为由 A-Key 控制产生的共享秘密数据，用于用户与系统间认证；CAVE 为认证算法所用的特殊函数。

SSD 更新协议用于建立 SSD(第一阶段)，如图 12-6-8 所示，它实现用户与系统间的相互认证。

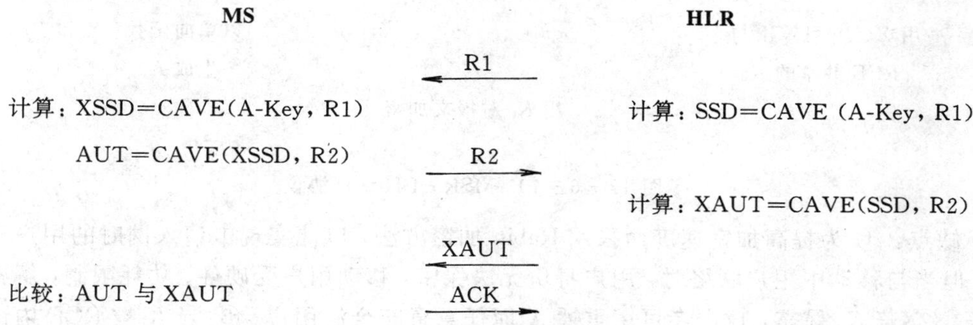

图 12-6-8　USDC 的 SSD 更新协议

USDC 的认证协议(第二阶段)，用于系统对用户的识别，如图 12-6-9所示。会话密钥也在认证过程中用 CAVE 生成。

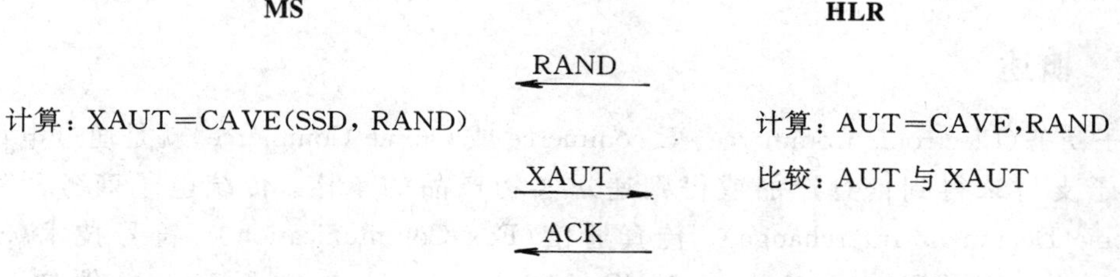

图 12-6-9　USDC 的认证协议

USDC 中，以 SSD 一个参数确定了用户，并且只动用 CAVE 一个函数实现安全认证，较 GSM 简单。USDC 只提供认证功能，未提供用户身份的保密功能。跨区 HLR 将 MS 的 SSD 转给 VLR 即可。

12.6.5　MSR+DH 认证协议

这是 Beller 1991年研究的 PCS 环境下使用的认证协议[Beller 等1993]。与前面介绍的几个系统不同的是它采用公钥体制。用户与网端(RCE)先按 Diffie-Hellman 公钥分配体制选定密钥，并将公钥送至公证中心。公证中心采用 RSA 体制生成各个公钥的证书，并送给各用户及 RCE，任何人都可用公钥验证公钥证书的合法性，从而可确定各公钥的合法性。认证协议如图12-6-10所示。其中，ID_j、P_j、$CERT_j$、N_j 分别为第 j 网端的身份、公钥、公钥证书和公用模数，X 为随机数，ID_i、P_i、$CERT_i$ 分别为第 i 用户的身份、公钥和公钥证书，E_X 表示以密钥 X 按单钥体制进行加密，K_s 为会话密钥。

优点：网络中无须保存与用户共享密钥，减轻了网络存储负担。

用户		RCE（网络端）
验证 $CERT_j$，确定 P_j 后，选 X，并送出加密的信息。	ID_j，$CERT_j$，P_j	
	$X^2 \bmod N_j$，$E_X(X, ID_i, CERT_i, P_i)$	解出 X，而后以 X 解出 ID_i，$CERT_i$，P_i
用 X、P_j 可算出与 RCE 共享的 K_c。		以单向函数、X 和 P_j 生成 K_c。
	用 K_c 对报文加密	

图 12-6-10 MSR＋DH 认证协议

缺点：① 为提高加密速度而采用 Rabin 加密方法，以此实现申请入网时的用户身份认证，但当与移动中用户联络时，用户身份无法保密，移动用户受硬件、功耗限制，解密时间太长；② 若 K_c 暴露，攻击者可用重播 X 而任意冒充合法用户；③ 当 K 被 RCE 内部渎职者得到后，则可被冒名。

12.7 Internet 上电子商务系统的安全

12.7.1 概述

电子商务(Electronic Commerce、E-commerce 或 Online Commerce)就是通过电信网络进行电子支付来得到信息产品或得到递送实物产品的承诺。传统电子商务采用 EDI (Electronic Document Interchange)、传真通信(Fax Communication)、符号技术(Symbol Technology)、条形码(Bar Code)、MHS(Message Handing System)、文件递送(File Transfer)、EFT(Electronic Funds Transfer)、ATM(Automated Teller Machine)、信用卡、IC 卡等方式。多采用基于增值网(VANs)的专用消息网的多存储转发方式。其缺点是：① 耗时；② 成本高，例如 Bell Atlantic 1995 年营业额为 134.2 亿美元，一年处理 140 万张发票，1993 年的费用高达 2 500 万美元，世界著名大银行 Citicorp 曾宣布过他们贷款利息中的 40% 是花在用户支行中的递送和管理上；③ 连通性有限，对订货和发票等采用批处理模式，难以及时提供在线广告、产品目录、服务文本、图表以及交互式浏览和查询。但 VAN 也有其优点，如安全性好、可靠性高、收据能可靠地递到，这对商用十分重要。

新的 Internet 商务将可利用世界范围连通的、无中心管理机构、可交互、低成本的 Internet 发展业务。它比 VANS(增值网)的成本低，即时性和互通性好，可以通过 WWW 查看各个公司所建立的 Web 页面，这为电子商务提供了新的发展机遇。

新的 Internet 的电子商务具有如下优点：

(1) 在 home 页上可以迅速提供和更新全球分布式在线广告、产品目录、服务项目、有关文本和图表等，可提高企业形象，保护企业内部资料，大大优于通过印刷邮递的广告。

(2) 可以实时跟踪事件，及时提供短期特别商业信息，例如，可以及时知道飞机、车、船等晚点、班次调整等消息，以及航空公司对某条航线提供的特殊优惠机票等；又如，可以在世界范围跟踪和炒做股票。

(3) 可以获得跨国、多语言、多种货币在线商业服务，包括银行、保险、旅游、购物等。

(4) 可以获得全面的在线商业服务。商业交易不仅仅是支付，它包括寻求和比较产品、讨价还价、做出决定、支付、送货及解决纠纷等。其中信息产品可以在线递送，加快作业流程，实现无商店直销。

(5) 提高经营效率，降低成本，具有大大降低交易费用的潜力。可缩短新产品上市时间，开拓潜在市场和电子渠道，增加营收。

Internet 电子商务，如典型的购物可能是联机的。主要步骤是：从硬盘上取出一些电子货币；在电子林荫大道上逛商店，发现价廉物美的商品，经讨价还价后，买下称心的商品；关机[Maddox 1995]。

1995年6月专家就告诉美国国会电子商务即将出现。美国 Atlanta 的 Holiday Inn Worldwide 最先在 Internet 上提供安全在线业务，其 Web 网点(Site)每周有 7 000 多个访问者，大约 3/4 是查询住房。股票交易也开始在 Internet 上进行，美国纽约 Spring 街的 Brewing 公司在一年多以前开始了这一业务，随后已有 30 多个公司参与[IEEE 1997]。Web 网点数、商用网点数也在迅速增加，在全球已有 10 000 多个电子商务系统在运行。据 Forrester Research 报告[Press 1994]，1993 年美国的总零售额为 15 000 亿美元，其中约有2亿美元为 Internet 上联机购物、Compu Serve 和其它联机服务。而到 1998 年估计联机销售将增加到 48 亿美元。美国波士顿 Yankee Group 市场研究公司估计，到 2000 年，在 Internet 上，公司对公司的交易将增长到 1 340 亿美元，消费者购物将增长到 100 亿美元。Internet 商务将给亿万人的生活带来巨大的影响。

Internet 上发展电子商务的一些障碍：

(1) 在 Internet 上找到所需的商店尚非易事，在线比较、选购商品和讨价还价方面尚不如亲自到商店那样方便和有情趣，人们还不愿意在 Internet 上购买贵重商品。

(2) Internet 上的商务需要向当前商品运行机制靠拢，当前商业由商店、广告、洽谈、订货、传票(Billing)、付账、结算、记账、审计等构成。

(3) Internet 商务要有足够的灵活性来处理错误，解决纠纷，提供商业交易中的所有方面的合法和可接受的文件。

(4) Internet 商务应能提供足够高水平的可用性、可靠性和安全性，以赢得客户的信赖和欢迎。Web 将提供可用性，而安全设施将解决安全可靠性。

(5) Internet 商务必须与现有商务系统协调才能发展。

上述几点若能很好处理将有助于加速 Internet 商务的发展。但是已有许多案例表明，在全球万维网上尚不能提供电子商务所需的安全和可靠性。保证安全和可靠性是发展 Internet 电子商务的主要障碍和关键。其次是进一步降低每笔交易的处理费用。

Internet 电子商务与传统电子商业都各具有优点和缺点，因而两者都在持续发展中，不断有新的技术出现。对于传统电子商业已有一些新的技术提出。例如，Bell Atlantic 公司通过 ERS (Evaluated Receipts and Settlement)计划来降低订货单处理的成本。1994推出 PSA(Products/Services and Acquisition)为公司实现一种端－端商洽处理，以增加电子商务机会，可降低商务处理费用至少20 %[Bhimani 1996]。

电子商务包括内容管理(Content Management)、协同作业(Collaboration)、电子商贸

(Commerce)，简称电子商务的3C。

电子商务构架由三个主要部分组成，即解决方案、应用基础和基础设施(客户机、联网、服务器、企业集成、系统管理、安全)。已有一些厂商如IBM提供电子商务所需的各种产品，如客户机：Think Pads、Lotus Notes Clinet、Network Station；服务器：S/390、RS/6000 SP、AS/400、PC Server；企业集成：MQ Series、Net Data；系统管理：Tivoli、TME10；Web服务器：Lotus Domino；电子商贸：Net Commerce、Commerce POINT；数据管理：DB2、Domino A/D、Visual Age for Java；联网设备：AMT Swich、eNetwork 等。RSA Data Security公司已推出用于电子商务系统的Java加密软件工具JSAFE，集入了所需的各种密码算法如DES、Triple-DES、RC-2、RC-4、RC-5，2 048 bit的RSA、杂凑算法MD-5和SHA-1以及Diffie-Hellman密钥协议，可与公钥密码标准PKCS(Public Key Cryptography Standard)兼容，可用在SSL、SET、S/WAN、S/MINE中。

Internet电子商务也有许多新的技术提出。例如：Cybercommer、虚拟公司、MONDEX数字货币、Ecash等；PEM(Privacy Enhanced Mail)、PGP(Pretty Good Privacy)等安全软件系统；MIME、SKIP、Photuris、ISAKMP、S/MIME等安全协议。

12.7.2 电子商务的安全性要求

电子商务的一个至关重要的问题是，在Internet上的客户、商家和银行会丢失什么?他们必须信赖的是谁?谁来承担这类风险?已提出的大批用于Internet电子商务协议回答了这些问题。通过广泛的检验这些协议表明，在电子商务中客户可能会损失他们的金钱和秘密。为了保护他们的隐私和金钱，Internet的交易必须做到安全、可靠和匿名[Camp等1997]。

可靠性和安全性是相互关联的。若电子商务系统的可靠性不高，则可能被攻破而失窃。可靠性可能要求安全性来提供认证、完整性和不可反驳性(Irrefutability)。可靠性不等于安全性，服务器上的可靠协议对攻击者和授权用户都提供可靠的服务。

匿名和安全保密性是彼此不同但又相互关联的特性。保密性意味着信息的主人可以控制信息，安全性要完全控制信息。匿名意味着找不到信息的主人，即身份与信息不关联，匿名保证个人隐私。(匿名货币可能带来一些风险，如传送匿名恐吓信和接受有关赎金、匿名敲诈、逃税等。)

下面我们着重讨论安全性。如前所述，安全性是成功发展电子商务的一个决定性因素。客户、商家、银行、信用卡公司要通过Internet进行交易，都必须有足够高的安全性。最主要的有：

(1) 安全支付机构，以处理各种类型支付信息的传递和处理，诸如信用卡、电子支票、借贷卡(Debit Card)和数字货币。此外还要提供三方保密数据分配。例如，A要买一台电视机，从home页上查到一家商店B有合意型号，A送入其信用卡号码和有效期，而B则要确知A的信用卡有效且有足够多的钱可支付，但A卡的信息不能暴露给B，这要通过发卡银行C证实B所要的对A卡的确证，即可送货。

(2) 提供不可否认商业交易，要能保证A的订货、B收的货款、B的发货、A收到货等都应具有不可否认性，可通过对各消息源的认证和签字技术实现。

(3) 保证经过Internet传递的数据的完整性，才能可靠地进行Internet商务。这由数据完整性和保密性技术实现。

(4) 在 Internet 商务系统的基础设施中还应包括一些可信赖机构。例如，帮助证明客户身份的机构，客户可将 X.509 的证书向商店出示。为此要建立一个合法的发行 X.509 证书的机构，在 Internet 网可能有多个这样的机构存在。

这些要求的实现大多要借助于数据的安全保密技术。其中最主要的有：① 认证性；② 保密性；③ 数据完整性；④ 不可否认性；⑤ 接入(或访问)控制；⑥ 可用性(Availability)：受权者需要时，系统能随机提供服务(包括功能、效率、兼容、方便、安全和可维护性等)；⑦ 安全协议；⑧ 防火墙(Firewall)：控制 Intranet 和 Internet 的连通，保证 Intranet 的安全和保密；⑨ 知识产权保护。

12.7.3　TCP/IP 协议

TCP/IP 是一组数据通信协议，由两组协议构成，即**传输控制协议 TCP**(Transmission Control Protocol)和 **Internet 协议 IP**(Internet Protocol)，用于为通信双方选择路由和递送信息。最早用于 UNIX，后被用于 ARPANET。TCP/IP 独立于机器类型，可在任何操作系统中实现。

1. *TCP/IP 的层次结构*

TCP/IP 协议可划分成四层结构，如图 12-7-1 所示。

最低的网络接口层提供驱动器件与通信硬件接口，TCP/IP 对此层并未提供任何特定协议，但允许采用几乎所有网络接口，如 Token Ring、Ethernet 和 X.25 等。**网际**(Internetwork)层由 IP 和 ICMP(Internet 控制消息层协议，Internet Control Message Protocol)组成。而物理地址被用于经由网络接口层的通信，仅 IP 被用于网际或高层选址。传输层由有连通的传输控制协议 TCP 或无连通的用户数据报协议 UDP(User Datagram Protocol)组成。应用层由各种应用或 TCP/IP 所用的高级协议组成，高级应用协议包括 TELNET 和 FTP(文件传输协议，File Transfer Protocol)。

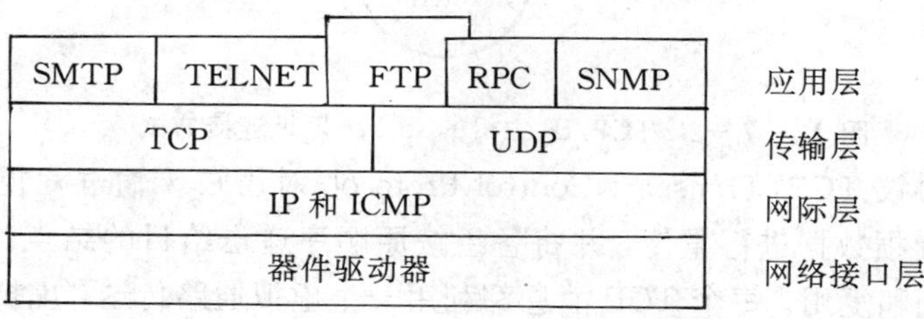

图 12-7-1　TCP/IP 层的结构

2. *网际层协议——IP 和 ICMP*

IP 是从高层来的复用数据组，每个 IP 数据组有32 bit(IP V6改为 128 bit)，包括源地址、目的地址和校验和。每组占用一个传输单元，长的数据将分成两个或更多个组。IP 不提供可靠性、流控制或错误恢复功能，因此它不能保证一定只能递送一次，也不能保证递送过程不会出错。这些将由 TCP 来解决。IP 只保证源地址和目的地址的惟一性，但它并未提供对于源和目的的认证，这些要由安全协议来实现。32 bit IP 地址根据不同的网络采用四种不同的数据格式，可以有不同的网络数和网内主机数。

IP 用于网际组中数据报业务。两个网络之间的连接主机称作网关。ICMP 是对网关提供的一种机制，它向源报告出错条件。一般来说，ICMP 的作用有限，它不会使 IP 更可靠，虽然有时它也可能采取一定行动。

域名系统(Domain Name System)允许采用字符代替 IP 地址。例如，以 telnet xyz. com 代替 telnet 128. 5. 7. 13，其中 xyz 为公司名。常用域名有 edu(教育机构)，gov(政府机构)，com(商业组织)，mil(军事单位)等。域名服务器将字符转换为代码。

3. 传输层协议——UDP 和 TCP

(1) UDP 是一种无连通协议，它不提供可靠性、流控制或错误恢复，它是作为合路/分路(Multiplex/Demultiplex)来向应用层递送和接收来自应用层的 IP 数据报。TCP/IP 的应用层惟一由 **socket**＝〈IP address，port number〉对来识别，称这对字段为 **socket 地址**。而 IP 地址用于识别网络中的主机；端口(port)号码为16 bit 字段，用于识别高层应用程序或协议以接收此 IP socket，参看图 12－7－2。TCP/IP 的高层应用程序，如 TEINET 和 FTP，通过 TCP/IP 所有实现中的一个号数固定的端口接收。例如，FTP 的数据的端口号为20，控制端口号为21，TELNET 端口号为23，SMTP 端口号为25，域名服务器端口号为 53 等。

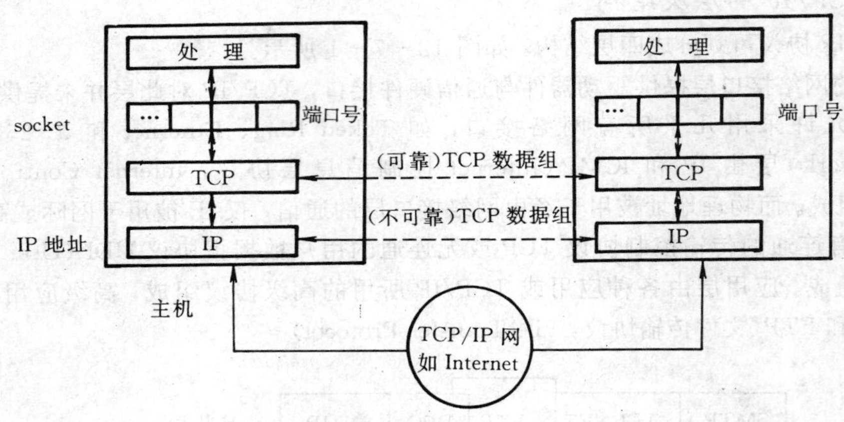

图 12－7－2　TCP/IP 主机的 socket 地址连接方式

(2) 传输控制协议 TCP(Transport Control Protocol)对用户传输过程提供可靠的虚拟连接。它将丢失和受损数据进行重传，并将各组按原顺序递送给目的结点。因此，TCP 提供了可靠性、流控制和复用。每个 TCP 消息都利用一个虚拟通路传送，虚拟通路由主机地址及源主机和目的主机的端口组成。此〈localhost，localport，remotehost，remoteport〉四重惟一地确定了一个虚拟通路。

4. 应用层协议

(1) TELNET 协议提供一个标准接口，用于客户到远程主机的访问服务。用户终端通过代理服务器中的 TELNET 代理与远端主机所注册的服务器中的 TELNET 服务器建立联系，再通过服务器中的本地操作系统与相应的主机建立联系。TELNET 中允许键盘操作。

TELNET 提供两个功能：一是确定一个想象的网络虚拟终端 NVT(Network Virtual

Terminal)，每个 TELNET 代理器和服务器程序映入 NVT；二是 TELNET 允许每个代理器和服务器商定几种选择。例如，选用 7 - bit ASCII 或 8 - bit EBDIC 字符集。代理器和服务器通过交换如 DO，DON'T WILL，WON'T 等来协商选定。

(2) 文件传递协议 FTP(File Transfer Protocol)用于将文件从一个 TCP/IP 主机传送到另一个 TCP/IP 主机。FTP 采用 TCP 协议来保证端－端可靠数据传送。可以向任一方向递送。

利用 FTP 传送文件的过程如下：① 用户键入 FTP、FTP 服务器上的主机名，FTP 服务器将要求用户送入 ID 和口令；② 用户输入 ID 和口令，FTP 服务器将利用这些信息对用户进行认证；③ 用户输入 GET 子命令，远端主机将文件复制到本地文件系统；④ 用户输入 PUT 子命令，可将本地文件系统的文件复制到远端主机中；⑤ 用户输入 QUIT 命令，结束文件传输。

子命令中包括源主机的文件名和目的主机中的新文件名。FTP 是 TCP/IP 网中最常用的应用协议。大多数 FTP 来自匿名 FTP，在匿名 FTP 中任何用户可以从 FTP 服务器中复制文件，此时用户 ID 也是匿名的，而口令常常为用户电子邮递地址，以 user@host 形式出现。

5. 万维网与 HTTP

万维网 WWW(World Wide Web)或简称 Web，是方便用户访问存储信息的互连主机的集合。Web 由瑞士欧洲粒子物理研究中心的核研究中心 CERN (Center for Nuclear Research)发明，他们看出在客户机和服务器之间需要一个无语句超文本协议，协议应当是超轻型的，可以在 Internet 上检索多媒体目标，Berners-Lee 于1989年3月提出超文本计划，1990年11月给出超文本文件。CEERT 发展了超文本传输协议 HTTP(Hyper Text Transfer Protocol)，HTTP 是用于 Internet 的 Web 客户机和服务器之间的通用语言。Web 的出现很快席卷 Internet，引起了一场变革，称之为 Web 革命(Webolution)。

Mosaic 是 Web 浏览器(Web 客户机/服务器中的客户部分)，由 NCSA(National Center for Supercomputing Applications)开发，Mosaic 可以免费运行于 Windows、Macintosh、UNIX 等系统；能提供图形接口、界面友好，应用非常广泛。

Web 可看作是 Internet 上大量 HTTP 服务器的汇集，各公司、单位的信息存储于 Web 服务器的 Home 页中。Web 客户机还提供各种选择菜单。

HTTP 为万维网提供了一个极其方便的工具。用户要访问一个 Web 浏览器，先输入一个 URL(Uniform Resource Locator，**统一资源定位符**)指示要访问的 Web 的地址，并激活，URL 正是文件所在的地址且可经由 Internet 访问。访问过程如下：① 客户机建立起按 URL 地址限定的主机；② 客户机以 HTTP 命令向目标服务器送出要求。如 GET 加上 URI (Universal Resource Identifier，**通用资源识别符**)，URL 是 URI 的一种形式[Berners-Lee 1996]；③ 服务器对要求响应，并结束此次连通。Web 的连接参看图 12 - 7 - 3。

Web home 页利用超文本制作语言 HTML (Hypertext Makeup Language) 建立[Mathiesen 1995；Ford 1995；Karn 等1995]。一个 HTML 文件可以包含有图形、电视会议、文件转换和声音系统。HTML 文件易于和其它 HTML 文件联接，一个 HTML 页以〈html〉开头，并以〈/html〉结束。简单文本不要求附加标志，以〈b〉开始，以〈/b〉结束。HTML 4.0已经出台，为 Internet 提供了更好的标准标记语言，更好的格式、桌面、编程能

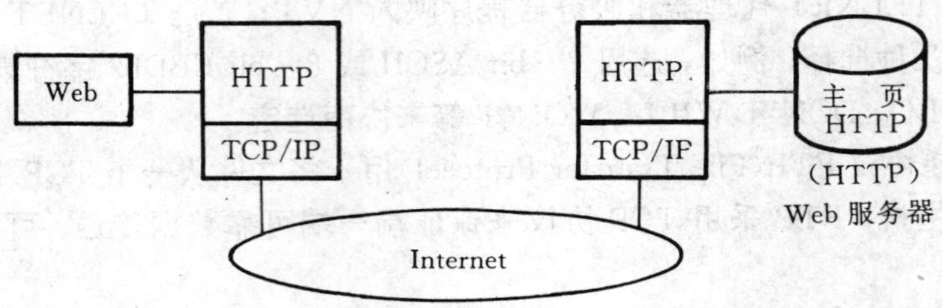

图 12-7-3 Web 的连接

力、框架、字符设置等。

12.7.4 网络层的安全协议

1993年开始开发 IP 安全结构，对 Internet 上的通信提供密码保护，1996年公布了 IP V6协议。IP 层的安全包括两个功能，即认证和保密。认证机构保证接收的数据组就是由数据组报头中所识别出的、作为该数据组的源所发送的。此外，认证机构还要保证该数据组在传送中未被窜改。保密性保证通信结点对所传消息进行加密，防止第三者窃听。

1995年8月 IETF 规定了 Internet 层的安全能力，下述几个文件给出有关说明。① RFC 1825为安全结构的一般介绍；② RFC 1826为将数据组认证扩充到 IP 的描述；③ RFC 1828是对认证机构的规定；④ RFC 1827为将数据组加密扩充到 IP 的描述；⑤ RFC 1829是对加密机构的规定。IP V6必须支持这些特征，而对 IP V4则是选项。这些安全特征在 IP 主报头后进行扩充实现，即增加认证报头 AH(Authentication Header)，采用 MD-5进行杂凑，增加安全报头 ESP(Encapsulating Security Payload)，采用 DES 加密。有关细节可参看[Stallings 1996；Hinden 1996]。

12.7.5 安全 Sockets 层协议

Internet 的会话层(Sockets Layer)上的安全会话层 SSL(Secure Sockets Layer)协议是1994 年底由 Netscape 首先引入的。SSL 采用 TCP 作为传输协议提供数据的可靠传送和接收，SSL 工作在 Socket 层上，因此独立于更高层应用，可为更高层协议，如 TELNET、FTP 和 HTTP 提供安全业务。SSL 提供的安全业务和 TCP 层一样，利用公钥与单钥体制对 Web 服务器和客户机(选项)的通信提供保密性、数据完整性和认证性。虽然它似乎并未用客户机的认证来对付主体，这是一般顽健系统应当支持的功能，但确定以选项支持有助于 SSL 广泛使用。为了支持客户机，每个客户机要拥有一对双钥，这要求在 Internet 上通过 Netscape 分配。由于 Internet 中服务器数远小于客户机数，因此能否处理签字和密钥管理的业务量很重要，且与客户联系比给商人以同样保证更重要。在 SSL 实现中，客户机的数目和认证业务要求在增加。SSL 也支持 Web 浏览和服务器的售货机(Verdors)，Internet 中描述 SSL 的草案已提出[Freier 等1995]。Microsoft 也引入了 SSL，称之为 PCT(Private Communication Technology)[Benaloh 等1995]，解决 SSL 中的缺陷。SSL 未经标准化就得到广泛应用。

SSL 协议由 SSL 记录协议和 SSL 握手协议构成。后者用于 SSL 连接协商安全参数[Wayner 1996]。

1. SSL 握手协议

SSL 中的握手协议，是在客户机和服务器之间交换协商强化安全的消息，由六步组成：

(1) Hello 阶段。对保密和认证算法达成协议，并发现以前会话中已有的任何 ID。从客户机向服务器送 CLIENT-HELLO 消息，其中包括客户机可以处理的加密方案类型、以前会话中断保留下来的会话 ID 以及向服务器提出询问用的用户随机数。服务器向客户机发 SERVER-HELLO，如果服务器识别出以前的会话 ID，则会话要重新开始；如果是一次新的会话，则服务器向客户送一个 X. 509证书，证书包括服务器的公钥，并用证书发行机构(CA)的秘密钥签署，客户机以 CA 的公钥解密出服务器的公钥，然后用它解读服务器的证书。此阶段交换的消息为 CLIENT-HELLO 和 SERVER-HELLO。

(2) 密钥交换阶段。客户机和服务器之间交换建立主密钥，SSL V3支持三种密钥交换，即 RSA、Diffie-Hellman 和 Fortezza-KEA，利用服务器的公开钥实现。出口版本只将密钥的一部分加密为密文送出。此阶段交换的消息为 CLIENT-MASTER-KEY 和 CLIENT-DH-KEY。

(3) 会话密钥生成阶段。客户机送出 CLIENT-SESSION-KEY 并和服务器建立一个或两个会话密钥。此阶段交换的消息为 CLIENT-SESSION-KEY。

(4) 服务器证实阶段。仅当采用 RSA 密钥交换算法时才执行此步骤，它证实主密钥和相继由服务器得到的会话密钥。一旦收到了主密钥和相继来自客户机的会话密钥，服务器就用其秘密钥解密出密钥，然后服务器向客户机送出认可信息，以响应客户机在 CLIENT-HELLO 消息中送给他的随机询问。客户机解密对随机询问的响应，如果都符合，则在客户机和服务器之间就建立了可信赖的会话，此阶段交换消息为 SERVER-VERIFY。

(5) 客户机认证阶段。若要求客户机认证，则服务器要求客户机的证书，客户机以 CLIENT-CERTIFICATE 进行响应，早期版本 SSL 只支持 X. 509证书。此阶段交换的消息为 REQUEST-CERTIFICATE 和 CLIENT-CERTIFICATE。

(6) 结束阶段。客户机服务器交换各自的结束消息。客户机通过送会话 ID 作为加密文本表示完成了认证。服务器送出消息 SERVER-FINISHED，其中包括以主密钥加密的会话 ID，这样在客户机与服务器之间就建立了可信赖会话。此阶段交换消息为 CLIENT-FINISHED 和 SERVER-FINISHED。

2. SSL 记录协议

SSL 记录协议限定了所有发送和接收数据的打包。SSL 记录数据部分有三个分量：MAC-DATA、ACTUAL-DATA、PADDING-DATA。MAC-DADT 是消息认识码，采用 MD－2和 MD－5时为128 bit 长。ACTUAL-DATA 是被传送的应用数据，PADDING-DATA 是当采用分组码时所需的填充数据，在明文传送下只有第二项。利用杂凑函数可以计算 MAC-DATA = HASH（SECRET，ACTUAL-DATA，PADDING-DATA SEQUENCE-NUMBER）。

SECRET 字段取决于递送的消息和加密类型，SEQUENCE-NUMBER 是客户机和服务器的计数值，为32 bit 长无符号的数。

3. SSL 协议采用的加密算法

SSL 协议 V2和 V3支持的加密算法有128 bit RC－4和 MD－5，美国出口用40 bit RC-

4和 MD－5，128 bit CBC 模式 RC2和 MD－5，128 bit CBC 模式 IDEA 和 MD－5，64 bit CBC 模式 DES 和 MD－5，192 bit CBC 模式 EDE 3-DES 和 MD－5。

4. 会话层的密钥分配协议

IETF(Internet Engineering Task Force)要求对任何 TCP/IP 都要支持密钥分配。目前已有的三个主要协议是：

(1) SKEIP(Simple Key Exchange for Internet Protocol)[Aziz 等1995]由公钥认证书来实现两个通信实体间长期单钥交换。证书通过用户数据协议 UDP 得到。

(2) Photuris [Karn 等 1995]。用户对 SKEIP 的主要报怨是缺乏"perfect-forward secrecy"，即若某人能得到长期 SKEIP 密钥，他就可以解出所有以前用此密钥加密的消息，而 Photuris 则无此问题，这是因为它只用长期密钥认证会话密钥，但效率不如 SKEIP 高。

(3) ISAKMP(Internet 安全协会的密钥管理协议)[Frier 等1995]，它不像前两者，只提供密钥管理的一般框架，而不限定密钥管理协议，也不限定密码算法或协议，因而在使用和策略上更为灵活。

未来会话层的安全性如何确定，还得研究和实践，且仅当 Internet 的安全构架真正确立之后才可分晓，很可能是 SSL 与新构架共有，实现不同目的的要求。

12.7.6 应用层的安全协议

在个人应用的安全方面，也进行了大量的研究工作。从电子商业来看，主要关心 E-mail 和 World Wide Web 的安全。

1. E-mail 的安全

E-mail 是在 Internet 上用于交换消息的重要工具。E-mail 的安全包括认证性、保密性、数据完整性和不可否认性等，有时还要求匿名性，此时接收消息的人不可能确定出发信人的身份。可采用：

(1) PEM 用于 E-mail 的安全，可提供数据源的认证、数据保密性和完整性、不可否认性及密钥分配等，数据保密为选项。但由于某些限制，这一建议一直未能广泛应用[Stallings 1995]。

(2) MOSS。First Virtual Holdings(Internet 上的服务公司先锋)采用 MIME(Multipurpose Internet Mail Extensions)解决对象安全业务，即 MOSS(MIME Object Security Services)，支持非文本业务[RFC 1521；Borenstein 等1995；Rose 等1995]。但由于 PGP 的流行，使 MOSS 的前景暗淡。

(3) S/MIME 是由 RSA 安全公司于 1995 年 7 月引入的[RSA 1995]，支持多种主要 E-mail产品。

Internet Mail Consortium 在 1996 年 2 月曾开会讨论各种安全协议之间的差别。

2. World Wide Web 的安全

在万维网中的 Web 客户机(或浏览器)除了提供有用性服务外，还提供一些安全服务，包括认证、保密、数据完整和不可否认性。对 Web 的安全性要求为：① 在客户机和服务器之间建立安全认证通道；② 对于 E-mail 用户要对数据源进行认证；③ 在客户机和服务器之间提供数据加密和完整性业务。

有两个竞争的安全 HTTP 标准：一为 HTTPS，在 SSL 实现 HTTP；另一个为安全 HTTP 或 S－HTTP。

S－HTTP 在 1994 年由 Commerce Net 建议，用于电子商业，后被 IETF Web Transaction 安全工作组考虑采用[Rescorla 等1995，1996]。它可提供数据的机密性、完整性及服务器和客户机的认证性。它对 HTTP 定义了扩充部分，在 HTTP 框架上加上了安全功能。在对算法和安全机构的支持上比 SSL 要灵活。在实现可交互操作性方面的批评意见是难以开发一个工作平台实现 S－HTTP，缺少广泛可用的实现。似乎应先支持 S－HTTP 和 SSL 这两个的协议。最近已出现如 Terisa Systems，Web Server Toolkit。

S－HTTP 通过一个协商过程，可以在客户机和服务器之间提供各种不同的安全措施和相应算法。例如，用户可以选择询问和回答是否要签字、加密或两者任何组合，包括不提供任何保护。密钥管理机构包括手工方式的共享秘密，如口令、公钥交换和 Kerberos 票证分配。如果选用数字签字，则要求有适当的证书。S－HTTP 支持 X. 509证书和证书链(如 PEM 中所采用的)。

客户机和服务器通过交换形式化数据进行协商，数据中包括源可接受的安全性选择。数据行应符合下述规则：〈Line〉：＝〈Field〉'：'〈key-val〉('：','〈Key-val〉*；〈Key-val〉：＝〈Key〉'＝'〈Value〉(','〈Value〉*；〈Key〉：＝〈Mode〉'-'〈Action〉；〈Mode〉：＝'orig'|'recv'；〈Action〉：＝'optional'|'required'|'refused'。其中：〈Mode〉值指示是对形式化数据的源还是对其接收的消息采取的行动；〈Action〉参数限定所采取的行动；recv-optional 意味着如果其它 Party 也采用它，则接收机将处理安全特征，也同时能处理不具有安全特性的消息；recv-required 表示接收机不处理不具有安全特性的消息；vecv-refused 限定接收机不处理具有安全特性的消息。此外，对于这一代理信息源相应采取的行动值也加以限制。例如，orig-required将指示代理总是生成这种安全特性的消息。协商报头中对每个首行包括了有关算法的选项。

S－HTTP 的各部分规定如下。

(1) S－HTTP－Privacy－Domains。报头限定了加密算法类型以及数据分组，在 PEM 和 PKCS－7中以两个值来限定。PKCS－7由 RSA 定义。密码消息封包格式类似于 PEM，它采用了 OSI 的 ASN. 1(抽象句法标记，Abstract Syntax Notation)。例如，S－HTTP－Privacy－Domain：org－required＝pem；recv-optional＝pem，pkcs－7，表示代理总是生成 PEM 消息，但可以读 PEM 或 PKC－7消息。

(2) S－HTTP 的证书类型。限定了接受的证书形式，当前允许 X. 509证书。

(3) S－HTTP 密钥交换算法。允许参数值为‘RSA’，‘Outband’，‘Inband’和‘Krb’。如果数据以 RSA 加封就用 RSA；当有一些外部安排时用 Outband；当密钥直接限定在客户机和服务器之间时用 Inband 和 Krb。

(4) S－HTTP 的签字算法。支持‘RSA’和‘NIST－DSS’算法。

(5) S－HTTP 消息压缩算法。支持‘RSA－MD2’，‘RSA－MD5’和‘NIST－SHS’。

(6) S－HTTP 对称报文加密算法。支持的对称分组密码算法有：DES－CBC，DES－EDE－CBC，DES－EDE3－CBC，DESX－CBC(DESX 是 RSA 公司的)，IDEA－CFB，RC2－CBC，RC4，CDMF(IBM 公司的，采用 CBC 模式)。

(7) S－HTTP 对称报头加密算法。支持下述算法：DES－ECB，DES－EDE－ECB，

DES-EDE3-ECB，DES-ECB，IDEA-ECB，RC2-ECB，CDMF-ECB。

(8) S-HTTP 保密增强。在报头行中定义，可能的值为‘sign’，‘encrypt’和‘auth’，表示是否要签字、加密和认证。

S-HTTP 和 SSL 这两种软件采用不同途径对 Web 用户提供安全服务，SSL 通过执行协商、协议来建立安全 Socket 级的连接。SSL 安全服务器对用户和应用都是透明的。S-HTTP协议则与 HTTP 相集成。安全业务通过报头和赋予页面原属性进行协商，S-HTTP 业务仅对 HTTP 连接才提供；应用(HTTP)也视为 S-HTTP 服务。S-HTTP 是在应用层，而 SSL 是在 Socket 层，可以设想将二者进行组合。

12.7.7 Internet 安全支付协议

电子商务依赖于电子安全支付系统。电子商务的安全支付系统必须支持下述几点：① 各方都采用 X.509 证书和数字签字的认证；② 采用加密实现交易的保密性；③ 采用消息杂凑算法实现交易数据的完整性；④ 以不可否认性处理交易中的纠纷；⑤ 多方参与的电子商务传递中的多方支付协议。

前面所述的都是将安全性纳入 TCP/IP 中，现在正大力合作研究在 Internet 上实现的安全支付的协议和系统，它集中解决个人信息(信用卡号、个人账目等)的安全传递。它由四个部分构成：① 购货人(或用户)买的物品；② 发卡机构向用户发放信用卡账目；③ 商家向购物者发货；④ 维持商人之间的财务账目。不管采用哪种协议，都必须保证上述信息的安全。

1. SET

有两种支付协议：一是 **SEPP**(Secure Electronic Payment Protocol)，由 MasterCard、IBM 和 Netscape 支持；另一为 **STT**(Secure Transaction Technology)，由 Visa 和 Microsoft 支持。1996年初这两家同意将其统一为一个支付系统，称之为 SET(Secure Electronic Transactions)系统[Internet 1996]。SET 可提供在线 Internet 信用卡业务处理的加密和认证，通过公开/秘密钥、数字签字和认证证书实现。Visa、MasterCard、Netscape Communication、Microsoft、IBM、GTE、Science、Applications International、Terisa Systems、VeriSign 等公司都参与建立和实施 SET 的工作，他们认为可以和面对面的信用卡一样地安全使用。已有 25 个国家试验或实施了 SET，其中将包括可用于智能卡进入信用卡事务处理的 SET 软件。SET 可提供商务信息的保密性、完整性，持卡人帐号和商家的认证性，各方之间的交互作用等。系统构成和商务处理方法可参看[Ahuja 1997]。

1996 年 2 月 23 日开始使用的 SET V1.0 版本已暴露出一些缺点，厂商、银行、信用卡公司正在努力研究克服办法，并制定所有 SET 所必须的补充规定和说明。SET V2.0 版本即将出台。

人们正在努力研究低成本交易系统，如 Millicent[Glassman 等1995]、PayWord 和 Micro Mint[Rivest 等1996]。IETF 的 PKI(Public Key Infrastructure Working Groop)则在努力建立这类基础设施。

市场发展迅速，不可能等待标准都制定好才做，可能会立即采用 SSL、S-HTTP 及 SET，这些协议与现有协议都是兼容的。

2. iKP

iKP 是 IBM 公司研究部建议的一类通过 Internet 进行安全转递支付用的协议[Bellare 等1995；Wayner 1996]。其主要特点是对数据(包括有为解决纠纷的审计和追踪)提供了完全的密码保护。iKP 方案中支付信息有三方参与(SSL 和 S－HTTP 都是两方参与的协议)，即客户、商家及相应网关。它利用 RSA 公钥体制，可以扩充到借货卡或电子支付的支票模式。

网关和已有支付基础设施接口，采用现有基础设施的认证机构。iKP 中 i＝1,2和3。其中，i 由掌握公钥/秘密钥对的单位个数而定。1 KP 是最简单的协议，仅网关拥有公钥/秘密钥对。2 KP 是网关和商家掌握公钥/秘密钥对。3 KP 的公钥/秘密钥对由三方掌握。显然，3 KP 提供最高安全级，1 KP 则为最低安全级。

在 1 KP 情况下，用户和商家必须能保证网关的认证性。为此，用户和商家应提供证书机构(CA)的公钥。当客户或商家从网关收到一个 X. 509证书，就可用 CA 的公钥解密此证书，如果成功解密，则可证实是由 CA 发的证书。由于不会有太多的网关存在，信用卡公司就可以发行这类证书。在1 KP 情况下，客户由他们的信用卡号码和个人身份号码(PIN)来认证。此方案未能提供客户或商家送出消息的不可否认性，因此也就不能提供解决有关支付认证的纠纷事件。

2 KP 协议可以提供商家发送消息的不可否认性，它保证客户和网关与一个合法商家打交道。

3 KP 协议可以提供客户、商家和网关三方的不可否认性，支付订购由数字签字、信用卡号码和 PIN(选项)来认证。要伪造签字在计算上是不可行的。由于客户、商家和网关都需要公钥/秘密钥对，因此在这一方案下，基础设施将要求对所有各方发放 X. 509证书。

3. Internet 支付系统

Internet 支付系统(Internet Payment System)是由 First Virtual Holdings 公司推出的 Internet 商业产品，于 1994 年 10 月 15 日开通 Internet 业务，已全面运行[Borenstien 等 1996；Stien 等1995]。它并非完全依赖密码技术，采用的协议是 SMXP(Simple Exchange Protocol)。在此系统下，信用卡号和银行账号信息从不在 Internet 上出现，对于敏感信息采用一个脱开 Internet 的步骤(Off-Internet Step)，如用自动电话呼叫提供买方信用卡号或用函件提供卖方的账号信息，也可像传统 ATM 那样从发卡邮递那里得到。这大大降低了用户采用 Internet 进行商业活动的障碍。它便于任何售货商在 Internet 上开办商业，有一自动信息服务器(Info Haus)，便于通过 Web、FTP 和 E-mail 售货。详细情况可参看[Borenstein 等1996；Mathiesen 1995；Internet 1996；Lynch 1996；Wayner 1996]。

4. MSEE

MSEE 是 Microsoft 的 MS Site Server 企业版。其中集入了 MS Merchant Server 1. 0的改进，即 Commerce Server。客户端可利用 Windows 95/IE 和内建于 IE 里的 MS Wallet (MSW——微软钱包)构成用户与 MSEE 之间的通信平台，从而可在任何网络环境中实现电子商贸。MSEE 通过 Active Server 中的各项构件(如 IIS 3. 0、Active Server Pages MS Transaction Server 等)与 NT Server 沟通。MSEE 与这些服务器构成了电子商务的核心。

MSEE 提供各项简便的商业网站管理工具，如用户账号管理、个人浏览记录分析、用户喜好和个人消费习惯的综合等，从而可提供个人化服务。通过 MSEE 可以在全球网上的商店建立用户的个人账号，购买商品和完成支付。通过 MSEE 还可以安全地复制和传送资料。

MSEE 可以集入、支持或兼容多种软件工具，如 StoreBuilder、Netshow 2.0、Wallet Payment Modules、SET、SSL 等。StoreBuilder 使它可以简化大量网页的制作，能够自动分析网页的结构及语法的正确性。Netshow 中的 Buy Now 使它可以方便地插入产品介绍和订购表以吸引顾客；Processing Pipeline（订购处理渠道）的程序界面可轻易地连接到企业用户的当前程序环境中，无须改变其系统结构就可引入新的网上交易方式。第三方付款技术开发公司的 Wallet Payment Modules 集入 MSW，使用户可选用不同的在线付款方式，让银行、客户、厂商互相协商，达成支付协议。MSW 对 SET 的支持，使用户可以实现安全电子支付。MSW 对 SSL 的支持，使用户可以通过 SSL 协议传送订货文件。

MSEE 大大方便了用户通过 Internet 进行商业活动。由于 MSEE 采用了各种标准技术，如 TCP/IP、HTML、HTTP、COM、SSL、S/MIME 等，易于在多种软、硬件环境中使用。通过 Windows NT 的安全系统可使其网上的商务安全有了保障。

12.7.8 数字货币

数字货币（Digital Cash）又称电子货币（E-money）或电子现金（E-cash）。当前，不用数字货币仍可生活得很自在，但随着社会信息化进程加快，硬通货（Hard Currency）可能从很多交易场合消失，许多账单将直接由信用卡支付，如支付 E-mail 月租金、报刊订阅、幼儿账单等，给汽车加油、在超级市场购货等均已通过刷卡支付，只是偶尔在咖啡馆和餐厅需用美元支付。

已出现了新的支付技术，如通过灵巧卡、电子钱包以及家用计算机等支付账单和获得一些现款。随着 WWW 的迅速发展，Internet 上的电子商业技术已经出现，有的是实时联机方式，有的是脱机方式进行核算，虽然还不会立即推广，但一种标准的 Internet 货币将创造出一种新型的电子商业，成为更方便买卖双方、每笔交易费用更低的交易方式。

目前已有不少技术正在开发中，有些仍是理论上的，有些则已在试验中，有些已有商用。许多发达国家都在大力进行这一将给人们的生活方式带来巨大影响的技术领域的研究和开发工作[IEEE 1997]。

1. 数字货币的优点

有人认为现金在电子支付系统中仍然起作用，但数字货币作为纸币的电子等价物可能具有货币的五种基本功能，即价值量度、流通手段、储蓄手段、支付手段和世界货币。数字货币通过信息网络系统和公共信息平台实现流通、存取、支付。

现金的本质特征有：① 匿名性（Anonymity），买主付给卖主，第三者可能不介入具体细节，甚至买主可采用假签名（Pseudonym System），卖主也不一定知道他的真实身份，此外对于交易地点亦可保密，中间人可能不知晓，银行也不能分析。② 流动性（Liquidity），数字现金能否被所有代理人接受作为一种支付方式与此关系极大，而数字现金易于在全球网上实现。③ 精确性，这对于数字现金不难实现。

数字现金优于纸币之处在于它安全（在生成、递送、存储、认证、交易等过程）、超距、迅速、低成本、匿名性、精确性，这大大强化了现金的可移动性。① 现钞易被抢，必须小心放置和防盗，现钞越多，风险越大，其安全性投资也越大。② 现钞转运成本高，美国转运现钞费用每年高达 600 亿美元。③ 高质量彩色复制和伪造技术使政府现钞越来越不安全，制造伪钞已成为经济战中的一个有力武器，可以破坏国家的经济和政府的稳定。信用卡和数字货币(卡)之区别在于后者具有匿名性[Panurach 1996；LeVitus 等1996；Weiler 1995]。

2. 数字货币的形式

(1) 预支付卡(Prepaid Card)。买主可预先购买预支付卡，如电话卡(Self-contained Phone Cards)，可作为硬通货的代用品。由于它的流动性差等弱点而无人愿意以这种卡作为"饭卡"，长话卡有同样问题。商业上开始用预支卡和收费(Rechargeble)卡。为了增加系统的可接受性，Visa 对零售(Point-of-Sale)终端进行扶持，现在以同一卡也可以用来支付酒吧和饭店账单。数字现金已变成多用途灵巧卡，如最近的 EMV(Euro Pay，Master Card，Visa)标准，其中有动态公钥认证，它可作为 GSM 的注册身份模块 SIM(Subscriber Identity Modules)、ATM、加/解密、数字现金等用途。电子货币技术中最活跃的是这类多功能 Smart 卡。

(2) 纯电子系统。通过网络使人们可以远距离从事交易支付，实际数字现金交易经过加密传送，只有意定接收者才能得到数字现金。密码出口限制对这类电子商业的发展有很大影响，另一方面还必须保证匿名性，因而全电子支付系统还未能运作。

数字现金尚未真正成为现钞，因为金融机构要发行数字现金，数字现金必须要考虑从金融机构那儿取出，金融机构也有义务按数字现金存入增加用户账中的款额，数字现金将大大减少金融机构现金储备和发行额度，它本身可看作是一种现金储备。

非金融机构如保险机构，它要发行电子货币，必须用一个单位真正货币来购得一个位的电子货币，因为人们只接受国家银行发行的货币。对消费者来说，接受非银行发行的数字货币要比银行发行的数字货币风险大，它是一种证券(Coupon)而不是货币，对金融系统本身无直接影响。

3. 一些实验或试运行的数字货币系统

(1) **E-cash**：是一种已实现的电子现金系统，由荷兰阿姆斯特丹 Digicash 公司开发的，于1996年3月在美国密苏里 Mark Twain(马克·吐温)银行使用，有万余人和两千多零售商参加此项试验。芬兰 Merita 银行也实现了 E-cash。日本的日立公司也在进行 E-cash 试验。

为了能交易转账，买卖双方须在 Mark Twain 银行存款，取得 World Currency Access 账号。它由 FDIC(Federal Deposit Insurance Corp)发行，但无须付息或在一定期限内不付息。买方必指示 Mark Twain 银行将钱从 World Currency Access 账上转到 E-cash 坊(Mint)中自己的账号上，一旦转入坊中，钱就不属于银行了，而且银行也不再为其担保。坊起着一种个人缓存账号的作用，买方可以指示自己的计算机和坊接口，从坊将钱转入个人计算机的硬盘驱动器。E-cash 坊可看作是用户存在硬盘上的电子钱包。E-cash 的系统框图参看图 12 - 7 - 4。

支付过程。买主对适量 E-cash 通过相当安全的密码协议进行加密，并送给卖方，可通过任何数字通信，如 E-mail、软盘、打印文件、复印件等递送。卖方收到后，对其解密后存入自己的计算机，而后送至坊中，并可转入卖主的 World Currency Access 账上。实现了将买主的钱减掉，并加到卖主的账上。

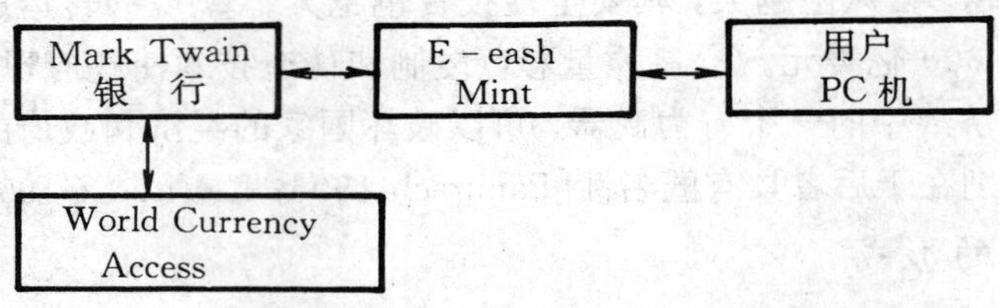

图 12-7-4 E-cash 的系统框图

安全性。银行虽然完成了 E-cash 的存取，但不能跟踪 E-cash 的具体交易，这是由于采用了双钥密码实现。它采用了 RSA 数据安全公司的 RSA 密码产品，整数模为768 bit，保证系统具有匿名和不可跟踪性。系统还提供不可否认性和可仲裁性，能否解决交易双方发生的任何争执，这是电子支付系统能够成功的必要条件。虽然这种纯电子 E-cash 可以复制，但它不能重复使用，这由 Mark Twain 银行数据库的证实系统来保证。

(2) **MONDEX**：由英国西敏寺银行发行，于 1995 年 7 月开始在伦敦西南方向上拥有 18 万人的斯温顿市使用，已发行万余张 IC 卡，可实现货币的存入、取出，提供匿名性和无痕迹服务。日本于 1997 引入 MONDEX，澳大利亚四家银行、新西兰六家银行准备推广 MONDEX，由北美、亚、澳洲 17 家大公司为股东的 MONDEX 国际有限公司总部在伦敦推广应用 MONDEX，香港汇丰和恒生已发行40 000余张。

(3) **CyberCash**：1994 年 8 月开始启用，为商人和金融机构在 Internet 上提供一种支付途径。客户可从 CyberCash 服务器下载软件用以建立一个 CyberCash 的连接通路。CyberCash 可以处理商务的各类工作。可以建立用户身份，将信用卡中信息与个人联系起来，记录客户的交易，提供管理和软件升级等工作。采用 MD-5和数字签字提供认证，采用 DES 和公钥算法提供加密，密钥为 768 bit，已获出口许可，可参看[Eastlake 1996；Loshin 1995；Wayner 1996]。

(4) VISA 和万士达等信用卡巨头也都在积极进行数字货币的试验研究工作。

4. 进一步发展需要解决的问题

(1) **标准化**。现有的几种电子支付系统都还不完善，它们都与具体的交易细节相关。另外能否被广大消费者所接受是最重要的问题。标准化有助于问题的解决。标准应当适用于金融、服务业、企事业和个人用户的多种选择，满足开放市场的需求。政府应制定相应有效的实施政策。新标准必须简单可行，并与开放系统中的设施兼容。

(2) **安全保密和可靠性**。如前所述，这是发展所有电子商业的主要障碍。在发展电子货币的道路上，最受重视并使其放慢速度的问题正是安全性问题，这需要加大力度来研究和发展信息安全保密技术。

(3) **法律问题**。数字签名、数字货币、Internet 上的产权保护、Internet 上的犯罪等都涉及许多政策和法律问题，有些还涉及国际法，需要逐步解决。政府应着手规范这一新型贸易方式。

(4) **观念问题**。人们长期使用有形货币，要能接受无形的数字货币需要一个过程。曾有人悲观地估计，大概需要用 50～70 年才能使人们接受通过银行进行电子商业活动[Loshin 1995]。要通过宣传、示范和试用等，才能加速这一过程。

电子商业、数字货币将大大简化商业，方便客户，降低成本，随着世界经济增长，货币流通的速度在加快。改进支付手段，使之更快速、更方便是必然趋势。电子商业、数字货币这一变革手段必将逐步成熟，一定能为广大消费者所接受。有关电子商业的详细情况参看[Ahuja 1996；IEEE 1997；Press 1994；Maddox 1995；Wayner 1996；Mathiesen 1995；Communications 1996]。

第13章 通信网的安全技术（四）——安全管理技术

安全管理是一项保证网络安全的复杂技术，本章将介绍一些有关的基本知识，包括安全管理概念、通信接入控制及路由控制 OSI 安全管理概述、SNMP 的基本概念、SNMP V2 的安全管理、风险分析与安全评价等。

13.1 安全管理的概念

今天，网络和分布处理系统无论其规模和复杂性，还是应用场合和用户数都在迅速增长，它对于商业、政府和各类组织的作用愈来愈大。随着各类组织对于网络、网络中的资源、分布式应用的依赖性的增大，它们所面临的安全问题也日益增多和严重。由于存在各种潜在的安全威胁，网络中的信息和资产随时都有可能遭到来自于系统内部或外部的攻击，从而导致整个网络或其组成部分不能正常工作，或其性能降到不可接受的程度。

安全管理的主要任务是建立、强化和实施整个网络系统的安全政策。安全管理主要有两个内容，一是**安全性数据的管理**(Managing Security Data)，二是**管理数据的安全**(Securing Management Data)。安全性数据包括像用户 ID、口令、加密密钥等一类数据的存储、检索和维护。管理数据的安全致力于系统管理数据，如提醒和报警数据的安全存储和传送。

一个安全管理系统首先要确定的是安全政策。安全政策的主要目标是既要保护单位的资源，又要对用户的利益给予充分的考虑。在一个系统内，所实行的安全政策必须统一。确立安全政策一般包括三步：① 定义安全政策所应包括的各方面的内容；② 建立实施安全政策的方法和步骤；③ 利用各种工具实现②中所确定的方法和步骤。

为了对资源的各方面提供适当的保护，安全政策应当包括下述几个方面：① 责任(Accountability)策略，它包括认证的类型、口令规则、个人对其所有资产的责任，并定义了管理员、经理和雇员的权利和义务；② 接入控制策略，通过认证，对主体和目标的安全分类，控制对目标的访问和使用；③ 数据保密政策，区分每个选定的资源识别数据加密的要求，确定选用的加密技术、密钥的长度、密钥分配算法及证书机构；④ 数据完整性策略，说明每个选定的资源对数据完整性的要求，确定为达到所需数据完整性的级别而选用的协议和技术；⑤ 数据管理策略，这是对系统的数据或信息资产的安全管理，以限定这类数据的存储、传送、检索和维护。这类数据可分为两类：一类为系统的商务数据，如用户数据库、账目报表、雇员薪金、订货单据等；另一类为安全数据，如用户 ID、口令、加密密钥、接入控制表及其它用于实现安全性技术的信息；⑥ 系统管理数据策略，包括网络跟踪和控制用的信息，这些信息都需要安全地传送和存储。

制定一个单位或企业的安全政策的程序如下：① 评估企业所有关键资产，按其对企业的价值进行分类；② 列出在第①步中所选定的资产作为安全目标；③ 汇集每个选定资产的所有信息流；④ 对所有企业的资产进行风险分析；⑤ 针对所认识到的风险定义一组规则实施保护；⑥ 利用第⑤步确定的规则定义安全流程；⑦ 将安全流程嵌入到已有流程中并检验其效果。

13.1.1　成本分析

为实现网络安全，需要进行成本分析，估计在安全上的花费能否从提高资源的安全、减少损失得到应有的补偿。

假定资产的价值为 A，而为了渗入网络和泄露、窃取或破坏资源所需费用为 P，则定义其风险系数为 A/P。为了网络安全，应使 P 大于 A。假定为实现网络安全政策保护资源所需的费用为 N，N 显然与资源本身的价值有关，定义 $K=N/A$ 为投资系数，显然 N 应小于 A。图 13-1-1 给出关系示意图。有关安全政策问题可参看[Shaffer 1994；Amoroso 1994；Russell 1991]。

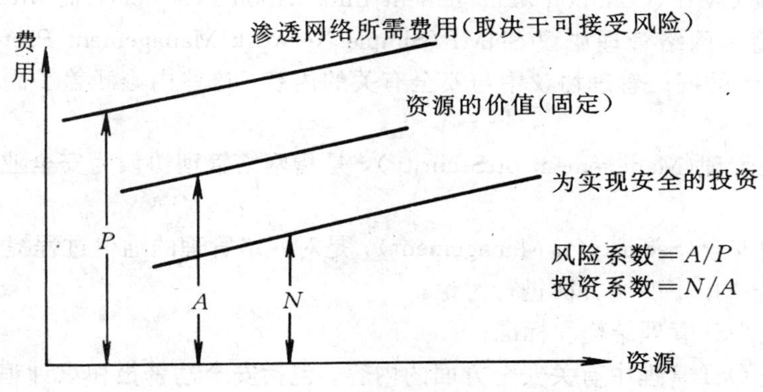

图 13-1-1　安全成本分析

13.1.2　安全数据的管理

安全数据包括用户 ID、口令、接入控制表及密钥等，例如，存储于工作站的用户秘密钥的加密密钥。秘密钥长度可能为 512～2 048 bit，因此用户不可能记住它，但用户在数字签名时必须用它。在实际中，可以用 IC 卡存储这类私钥，有些卡除了可以存储与用户安全有关的信息外，还提供加密算法。

一个企业的网络设备可能来自不同的厂商，每种设备可能有其特有的安全数据。因此，安全数据可能包括许多采用不同系统的零售商送来的信息，每个系统可能有其自己所确定的安全数据。例如向不同系统注册的 ID 和口令不相同。系统管理员应如何管理这类数据？他必须维护和及时更新每个注册信息。例如，一个雇员新到或被解雇，系统管理员必须及时地增加或删除相应的信息。对于一个大公司，这是一种相当费力的工作。一些研究正在努力对多用户进行注册管理，以减轻管理员的工作量[Rosenberry 等 1992]。

13.1.3 管理数据的安全

大型网络系统的管理不可能完全由人力来实现，必须结合使用网络管理工具。为了简化和降低成本，管理数据的安全多采用**简单网络管理协议** SNMP（Simple Network Management Protocol）[RFC 1157；Stallings 1993]。SNMP 出现于 1988 年，至今已有许多网络采用，其使用环境的复杂性也在迅速增大；随着 SNMP 的推广使用，一些重要的安全能力明显需要加入到网络管理中去。因此，1993 年公布了 SNMP V2[RFC 1445；RFC 1446；RFC 1447]。本章将较详细地介绍 SNMP。

13.2 OSI 安全管理概述

网络管理协议提供了管理系统、网络和网络设备的方法。它们不仅支持管理功能，如配置管理、账务管理和事件登录，而且还支持网络故障诊断设备。网络管理协议本身是应用层协议，与其它应用相同，它们采用了较低层的通信设备。开放系统网络管理标准有两大类：OSI 管理的国际标准和 Internet 网络管理标准。OSI 网络管理国际标准定义了公用管理信息协议 CMIP（Common Management Information Protocol），而 Internet 网络管理标准则定义了简单网络管理协议 SNMP（Simple Network Management Protocol）。本节讨论 OSI 和 Internet 的网络管理协议中与安全有关的内容。这些内容涵盖了同一问题的两个不同的方面：

（1）安全管理（Management of Security），是指网络管理协议为安全业务的建立提供的支持；

（2）管理安全（Security of Management），是对网络管理的通信过程提供保护。

本章将分成以下四个方面进行讨论：

（1）介绍 OSI 管理结构和标准；

（2）讨论 OSI 管理中有关安全方面的内容，包括安全性警报和审计追踪功能、接入控制措施的建立以及 CMIP 的安全；

（3）描述 SNMP 以及相关的 Internet 网络管理标准；

（4）详细描述 SNMP 的安全协议。

13.2.1 OSI 管理概述

OSI 管理标准是由 ISO/IEC JTC1/SC21 分委员会与 ITU 联合开发的。除了对 CMIP 的描述之外，它们还包含几个框架标准。若想详细地了解有关内容，请见[KLE1，RAM1，YEM1]。下面我们对此仅作简要的介绍。

1. 框架标准

第一个 OSI 管理标准公布于 1989 年，它定义了 OSI 管理框架[ISO/IEC 7498－4]。此标准区分了两种管理类型：① **OSI 系统管理**，它通常支持对系统的管理；② **OSI 层管理**，它与 OSI 层上实体的管理有关。管理框架进一步定义了五个管理功能：配置管理、故障管理、账务管理、性能管理和安全管理。此后，系统管理概述[ISO/IEC 10040]又对管理框架进行了增补。在 ISO/IEC 10040 中，定义了 OSI 管理标准中广泛采用的术语，解释了基本的 OSI 管理概念，描述了各种标准之间的关系，并为这些标准的执行作出了相应的规定。

OSI 管理标准采用了面向对象的信息建模技术。被管理的资产按照受管对象(Managed Objects)建立模型。受管对象由其可接受的操作(Actions)、发出的提示(Notifications)、所呈现的属性(Attributes)以及它们所展现的行为(Behavior)来描述。事实上，OSI 管理标准并没有限制实际网络中受管对象类型的范围。基于包含关系，受管对象被分层排列。例如，某个文件中可能包含记录，而记录中又包含域。对每个系统来说，位于包含树顶端的是系统受管对象。

管理信息结构标准[ISO/IEC 10165]描述了完整的信息模型，它包括下面几个部分：

(1) **管理信息模型**：描述了诸如受管对象、操作和提示、滤波器、遗传和同质异晶性、包含和命名；

(2) **管理信息定义**：一般来说，它定义了某些比较有用的受管对象的类别、属性、行为和事件；

(3) **受管对象定义指南**：对于采用这些标准的用户，它详细地说明了如何来定义它们自己的受管对象类别。

(4) **一般管理信息**：它定义了一般超级类别(例如，连接)，由此可以推出特定 OSI 层或特定资产的类别定义(例如，传输—连接)。

ISO/IEC 10164 标准，在账务管理、配置管理、故障管理、性能管理和安全管理等五个功能管理区域中，定义了许多系统管理功能。有关安全管理的诸多功能将在下面讨论。

2. CMIP

OSI 管理的结构框架如图 13-2-1 所示。它由一个管理系统和一个受管系统组成，而受管系统中又包含一个或更多个受管对象。两个系统之间采用 CMIP 应用层协议通信。

CMIP 在 ISO/IEC 9596 中得以说明。由 CMIP 提供的业务，称为公共管理信息业务 CMIS(Common Management Information Service)，在 ISO/IEC 9595 中得到详细说明。CMIP 是一个“请求—回答”协议，它采用了远程操作模型。

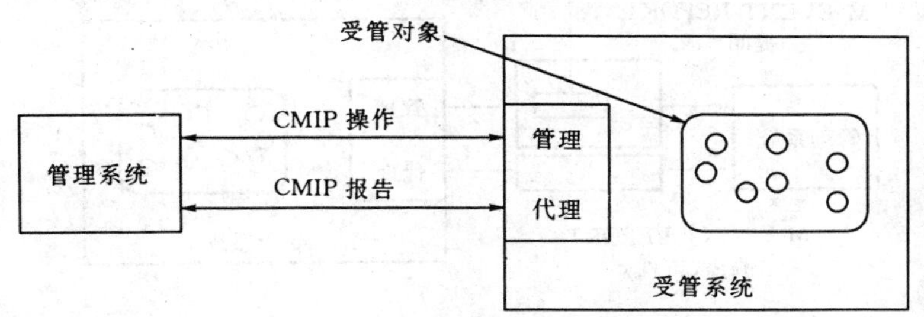

图 13-2-1　OSI 管理结构

CMIP 提供了以下两种业务：

(1) 承载由受管对象生成的事件报告(M-EVENT-REPORT 服务)；

(2) 承载由管理系统引发的、面向受管对象的操作。

对受管对象所进行的操作包括：

(1) M-GET：获得关于某个受管对象或它的集合的特征值；

(2) M-SET：改变一个或多个受管对象的一个或多个属性值；

(3) M-CREATE：引发并创建一个受管对象；

(4) M-DELETE：从现有环境中去掉一个或更多个受管对象；

(5) M-ACTION：引发一个预定义的操作程序，指定为受管对象的一部分；

(6) M-CANCELGET：此操作用来停止某个长时的 GET 操作。

13.2.2 OSI 管理安全

OSI 管理标准虽然没有强调是“安全管理”还是“管理安全”，但这些标准都涉及到这两个方面的内容。为了支持“安全管理”，在安全管理域内定义了两个重要的安全功能，即**安全警报功能**和**安全审计追踪功能**。为了支持“管理安全”，提出了一个访问控制模型，定义了支持访问控制的信息，并规定了 CMIP 中有限的安全特征。

1. 安全警报功能

提供认证、访问控制、保密和完整性等安全业务的目的在于防止安全性泄露事故的发生。然而，我们不敢保证这些业务总能正常运行。由于存在特殊的攻击、防护措施不当或根本不起作用以及安全机制无能为力(如口令被盗)等情况，系统始终存在着安全性泄露的风险。因此，网络管理设施应该能够检测到安全泄露或可疑事件的发生，并适时向操作员、管理员或业务主管报告。安全告警能够导致一连串的动作的发生。例如：监视可疑用户，取消可疑用户的特权，激活更强的保护机制，去掉或者修复故障网络或系统的某个组成部分。

某个与安全有关的事件能够触发安全告警功能。原则上，与安全有关的事件能够被任何网络和系统组成检测到。根据管理模型，能够检测到安全事件的网络组成部分是受管对象。安全告警通过 M-EVENT-REPORT 通知管理系统，如图 13-2-2 所示。

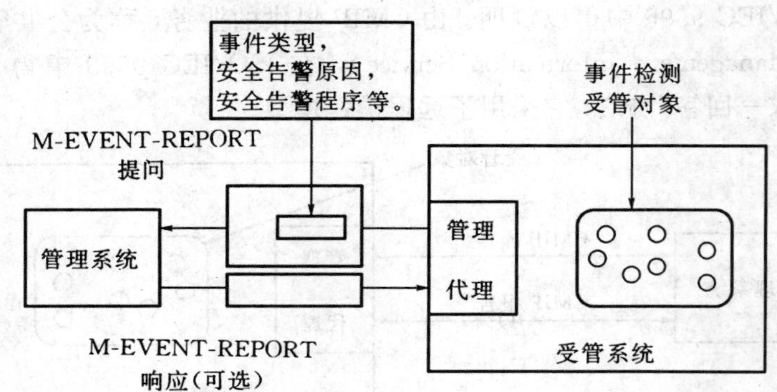

图 13-2-2 安全警报过程

安全警报功能标准[ISO/IEC 10164-7]描述了 M-EVENT-REPORT 消息中所携带的信息。有关这一消息交换的确切含义，在受管信息定义[ISO/IEC 10156-2]中有详细说明。

在安全警报中，所传参数可分成三类：

(1) ISO/IEC 9595 中定义了 M-EVENT-REPORT 通用的参数，如请求识别符、模式、受管对象等级、受管对象例证、事件类型、事件时间以及当前时间等；

(2) ISO/IEC 10164－4 中定义了管理告警通用的参数，如提示标识符、有相互关系的提示、附加信息以及附加文本等；

(3) 安全告警专用参数，如安全告警原因、安全告警程度、安全告警检测器、用户名和服务的提供者等。

事件类型和安全告警目标表明了告警的原因。事件类型和相应安全告警的可能准则为：

(1) **完整性侵犯**。此事件表示对数据进行非授权修改、插入或删除。安全告警原因的可能准则为信息复制、信息丢失、信息修改、信息乱序以及意外的信息。

(2) **操作侵犯**。此事件表示某种业务不能使用、有故障或存在错误。安全告警原因的可能准则为服务拒绝(故意阻止合法使用某种业务)、超出业务范围、程序错误以及不可预见的因素。

(3) **物理侵犯**。此事件表示对物理资产存在可疑的攻击。安全告警原因的可能准则为电缆搭线(对通信介质的物理破坏)、入侵检测(非法进入某个站点或对设备进行窜改)以及不可预见的因素。

(4) **安全业务或机制侵犯**。此事件表明所用的安全业务或机制已经检测到某个攻击的存在。安全告警原因的可能准则是认证机制失效、秘密泄露、不可否认机制失效、未经授权的访问以及其它不可预见的原因。

(5) **时域侵犯**。此事件表示意外地或在限定的时间内发生某件事情。安全告警的可能准则是被延误的信息(所接收到的信息可能比预期的要晚)、过期的密钥(出现或使用过期的密钥)以及操作超出某个特定的时间(在某个时间资产被意外地使用)。

安全告警严重程度参数表示受管对象所感知的告警的严重性。可能的准则有：

(1) 不确定。系统的完整性是未知的。

(2) 危险。安全性泄露已经危害到系统的安全。系统是否能够正确无误地运行以支持安全策略不能得到保证。例如，敏感的安全信息(如系统口令)遭到非授权修改或泄露，或物理安全措施遭到破坏。

(3) 重要。安全漏洞已经被检测到，重要的信息或安全机制已经遭到破坏。

(4) 次要。安全漏洞已经被检测到，不太重要的信息或安全机制已经遭到破坏。

(5) 警告。尚不能确信系统的安全已经遭到破坏。

安全告警检测器参数的作用是用来识别检测到告警条件的实体；服务用户参数的作用是识别那些请求服务时导致告警生成的实体；服务提供者参数的作用是识别那些提供导致告警生成服务的实体。

除了以上讨论中所提到的内容之外，该标准没有对告警指示中采用的准则的语义作更加详细的说明，因而对这些准则的精确解释就留给了受管对象等级分类符。对这些准则的精确解释将产生告警和/或产生局部的安全策略。

2. 安全审计追踪功能

安全审计追踪在网络安全中发挥着巨大的作用。它可以用来测试安全策略是否充分，确认安全策略是否得到贯彻，支持对攻击进行分析，收集用来起诉攻击者的证据等。安全审计追踪可以记录任何可能引发安全告警的可疑事件，也可能记录许多其它日常事件，例如连接建立与终结、安全机制应用以及对敏感资产的访问等。可审计的事件可能在同一系统中或在不同的系统中检测到，并将其记录在可能含有的安全审计追踪登记表中。安全审计追踪功能对许多操作提供了必要的支持。例如，向某个含有记录表的系统传送事件信息、生成和恢复记录表条目等。

在这一领域中产生的主要标准为安全审计追踪功能[ISO/IEC 10164－8]。因为安全审计追踪表的管理机制实际上与网络环境中的其它事件表的管理机制完全相同，所以这一标准很大程度上依赖于其它两个标准——事件报告管理功能(ISO/IEC 10164 - 5)和记录表控制功能[ISO/IEC 10164 - 6]。

报告某个安全审计追踪事件的进程与生成某个安全警报的进程相似。它包括由某个受管对象引发的 M-EVENT-REPORT 请求。事实上，管理报告的类型是由事件类型参数表示的，它们可以记录在安全审计追踪登记表中，其中包括安全警报通知。在 ISO/IEC 10164 - 7 中，对安全警报通知作了定义。

此外，安全审计追踪功能标准附带定义了两种特定的通知类型，分别与服务报告和使用报告两种事件类型准则相对应。服务报告表示一个事件与某种服务的供给、否认或恢复有关，而使用报告用来记录具有安全重要性的统计信息。采用这些事件类型，所传送的参数与安全警报中的参数大体上相同，它们包括对任何 M-EVENT-REPORT 和任意管理告警都通用的参数。除此之外，还定义了一个附加的服务报告原因参数，用来与服务报告事件类型一起表明此报告的原因。这一参数是 ASN. 1 的客体识别符，这意味着任何人都可以为其定义和登记一些安全性准则。此标准还定义了一些具有一般适用性的准则。例如：请求某种业务、服务否认、服务响应、业务故障、服务故障、服务恢复以及其它原因等。

在安全审计追踪中，控制审计追踪进程、恢复登记条目独立于以上的通信过程。它们采用其它标准中所定义的一般步骤。事件报告管理功能[ISO/IEC 10164 - 5]的目的是在两个系统之间建立长期的事件报告关系。至于将哪个事件发送给哪个系统，作出这一决策要受到过滤机制的控制。这一机制称作事件转寄鉴别器。在网络管理模型中，这些鉴别器本身也是受管对象。因此，我们能够远程地建立和保持它们的特性和运行状态。

登录表控制功能[ISO/IEC 10164 - 6]不但支持生成和删除用于安全审计追踪及其它目的的登录表，而且还支持从登录表中恢复记录。为了达到此目的，这一标准定义了受管对象等级来分别建立登记表和登记表记录模型。我们可以采用 ISO/IEC 10164 - 1 中定义的管理步骤，对登记表和登记表记录等客体进行远程操作。

3. 对管理资产的访问控制

网络管理有其自身的访问控制要求。在实际系统中，谁能够引发管理行为，谁能够生成、删除、修改或阅读管理信息，都有必要加以控制。在任何使用网络管理协议的网络中，这种访问控制是至关重要的，因为破坏了网络管理资产就等于破坏了整个网络。

访问控制的目标和属性[ISO/IEC 10164 - 9]标准对此类访问控制作出了规定。在此标准中提出了一个访问控制模型，以及必要的信息对象定义以支持系统之间访问控制信息的通信。此外，这一标准还采用了访问控制框架标准[ISO/IEC 10181 - 3]中的术语和概念模型，它可以容纳各种访问控制策略，可以使用各种访问控制机制，包括访问控制表机制、权能机制、安全标号机制，以及基于上、下文关系(Context-Based)的控制机制。

访问控制决策适用于诸如 M-GET 或 M-SET 这样的管理操作，所涉及的组成部分如图 13 - 2 - 3 所示。发起者是管理系统(或系统中的管理用户)，而目标是受管系统中的信息资产。目标可能有多种形式，它们可能就是一个受管对象，也可能是受管对象的属性、受管对象属性值或者为受管对象行为。因而有可能很好地对管理用户、目的、访问的管理信息加以控制。

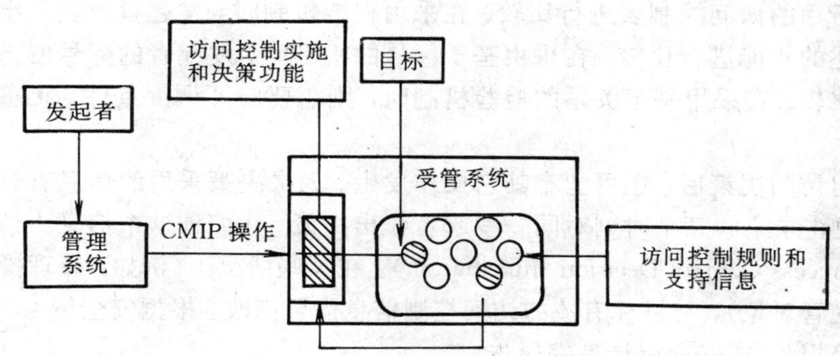

图 13-2-3　对管理资产的访问控制

是接受访问请求，还是拒绝访问请求，这一决策的作出要基于所制定的访问控制规则。访问控制规则本身可以表达为管理信息项，而且可以采用 CMIP 进行诸如阅读和修改等操作。这里我们区分三种不同类型的访问控制规则。**通用规则**(Global Rules)由安全区域机构用来保护该区域内与发起者和发起者级别有关的所有目标。**单项规则**(Item Rules)是一些可用于特定目标的特定规则，在没有采用通用规则和单项规则时，可以用**违约规则**(Default Rules)来作出访问控制决策。

当多个规则应用于一个特定的访问请求时，不同类型的规则将按照以下次序执行：

(1) 用于拒绝访问的通用规则；

(2) 用于拒绝访问的单项规则；

(3) 用于接受访问的通用规则；

(4) 用于接受访问的单项规则；

(5) 违约规则。

实际上，一个访问控制规则可能基于安全策略所要求的任何决策过程。在一个规则的详细说明中可能含有多个要素，例如：

(1) **访问允许**：表示该规则是用来拒绝访问，还是用来接受访问。

(2) **发起者清单**：可应用的发起者列表，它采用访问控制表、访问控制能力或安全标号来表示。

(3) **目标清单**(仅用于项目规则)：可应用的目标(如受管对象、属性和/或属性值)以及适用于这些目标的操作。

(4) **调度条件**：表示规则应用的时间。例如，该时间处在正常的业务时间内，或从星期一到星期五。

(5) **状态条件**：表示受管对象采用规则时所必须的状态。例如，只有当系统处于自检模式时才可应用。

(6) **认证关系**：表示在对发起者进行认证时所要求的认证等级。

访问控制决策过程如下。首先，与访问请求一起提供的任何访问控制信息，如访问控制证书或令牌等，都需要检验是否有效。然后，根据通用/项目/缺省等重要程度，将应用于发起者和目标的所有访问规则加以区分，并组合在一起。最后，按照优先权限制来使用这些规则。

一条规则的使用方法取决于所用的访问控制机制。在采用访问控制表机制时，发起者的身份与所用的访问控制表进行比较。在采用权能机制时，发起者所表现出的权能便与规则中所表述的权能进行比较。在采用基于标号的机制时，发起者的标号便与规则可识别的标号集相比较。在采用基于关系的检验机制时，则需要验证调度条件、状态条件或认证等级等。

在作出访问决策后，还可能有其它操作发生。上次决策采用的信息有时需要暂时存储起来，以便在未来的某个时刻对同一发起者作出决策。我们称这个信息为访问控制判决信息 ACDI(Access Control Decision Information)。在某些情况下(例如，管理操作导致生成或删除某个受管对象)，与目标有关的访问控制信息需要修改。根据安全策略，也有必要生成一个安全警报和/或安全审计追踪通告。

如果访问被拒绝，对发起者的响应有各种各样的方法。安全策略可以规定任何一种类型的响应，如访问拒绝错误指示、没有响应、虚假响应(即发起者认为访问似乎已被接受)，或者应用关联中断。

为了支持以上步骤，有必要远程管理(如生成或修改)访问控制决策中所用的存储信息。为了达到这一目的，此标准给出了几个受管对象等级和属性类型的定义，用来描述访问控制规则和支持信息结构。采用 ISO/IEC 10164－1 中所定义的步骤，访问控制信息可以被远程操作。

4. CMIP 安全

CMIP 的详细说明中含有最小的安全特征。事实上，惟一内在的安全特征是要求传送一个访问控制证书以及相应的操作提示信息，而且对证书的格式没有作出具体要求。但是，在欧洲 ECMA 小组的工作基础上，标准 ISO/IEC 10164－9 中给出了一个可能的证书定义。

这并不意味着不需要对 CMIP 通信进行保护，因为 OSI 的安全模块结构允许将这一保护加到其它地方。例如，OIW 网络管理协议[NIST 1993]提供了认证交换。在建立 CMIP 应用连接时，这一认证交换在 ACSE 的认证域中被传送。采用口令、口令变换或公钥证书等任何一种形式，能够实现两个通信实体间的单向认证或双向认证。

CMIP 所有会话数据的完整性和/或保密性可以用端系统层的安全业务，如由传输层安全协议 TLSP(Transport Layer Security Protocol)或网络层安全协议 NLSP(Network Layer Security Protocol)所提供的业务来实现，而更普遍的应用层安全业务一般采用上层安全设备来实现。

13.3　SNMP 的基本概念

在任何网络中，管理主机和被管主机之间要通过某种协议建立联系，两个实体之间传送的信息需要保护。SNMP 就是为采用 TCP/IP 的网络而设计的管理协议，它的目的是保证管理数据的安全。近几年来，人们在这一方面做了大量工作，以加强其安全性。

13.3.1　SNMP 结构模型

网络管理结构应包括管理站、管理服务器、管理信息库、网络管理协议等基本单元。SNMP 的结构模型如图 13-3-1 所示。其基本组成中至少含有一个网络管理站和一些网络要素。网络管理站是一个主机系统，它运行 SNMP 和网络管理应用程序。网络要素是一些受管系统，诸如主机、路由器、网关或服务器。网络要素含有一个管理代理，此代理实现 SNMP，并提供对管理信息的接入。这些管理信息是该网络要素管理信息库(MIB)的反映。

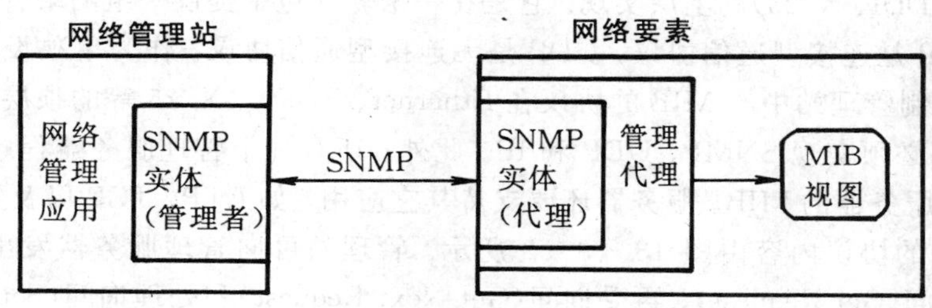

图 13-3-1　SNMP 的结构

在网络管理站和网络要素中，实现 SNMP 功能的实体称为 SNMP 实体。一个 SNMP 实体或者起管理者的作用，或者起代理的作用。

SNMP 也通过代理服务器(Proxy Agent)提供对设备的管理。对于网络管理站来说，代理服务器起着代理的作用。但是，为了处理管理请求，它还需要与远端的受管系统进行通信。该通信要么采用 SNMP(代理服务器内部配置)，要么采用其它的协议(代理服务器外部配置)。代理服务器外部配置允许 SNMP 管理器来管理一个非 SNMP 设备。

对两个起管理器作用的 SNMP 实体来说，SNMP V2 也增加了对两者之间进行协议交互的支持，其目的是要传输管理信息。

SNMP 实体之间的通信一般由 Internet UDP 和 IP 加上低层协议来实现。

网络管理站 MS(Management Station)，可为独立器件，也可在共享系统中实现。无论哪种情况，它都充当网络管理人员进入网络系统的接口，它至少应有：一组管理数据分析、故障恢复等的应用程序；一个接口，网络管理员用来监视和控制网络；一个能将网络管理的要求转为实际监视和控制的远端单元；一个数据库，可以从网中所有管理实体的 MIB 中提取信息。后两条属于 SNMP 标准化的内容。

管理服务器 MA(Management Agent)，如密钥平台、主机、桥接器、路由器和集线器等都可装上 SNMP，且可以由管理站对其进行管理。管理服务器对来自管理站的信息进行响应，协助管理站实施管理。

管理信息库 MIB(Management Information Base)的每个对象本质上是一个数据变量，表示管理服务器的一个方面。而目标的集合可看作是管理信息库，它起着管理站在服务器接入点的汇合作用。这些目标在系统中是一个特殊标准化类(如所有支持同一管理目标的桥接器)。管理站能通过检索 MIB 目标的值实现监视任务。管理站可在服务器中采取行动，或通过修改特定变量的值来改变服务器的结构设置。

管理站和服务器通过网络管理协议连接起来。TCP/IP 网的管理所采用的协议为

SNMP。它包含下述几个关键能力：① **获取**(Get)：使管理站可以检索服务器上目标的值；② **设置**(Set)：使管理站可以设置服务器上目标的值；③ **俘获**(Trap)：使服务器能让管理站注意一个重要事件。

13.3.2　网络管理协议的层次结构

SNMP 是一种应用层协议，为 TCP/IP 的一个组成部分。原意是要在用户数据报文协议 UDP(User Datagram Protocol)上运行。SNMP 在 UDP、IP 及其它有关的网络协议(如 Ethernet、FDDI、X.25)的上层实现。它是在一个软件包中提供一组网络管理工具。

TCP/IP 是连接型通信协议，UDP 是无连接型通信协议。作为单独设置的管理站，管理员处理控制管理站中心 MIB 的协议在 Ethernet、FDDL、X.25 等的顶层实现。每个管理服务器也都必须实现 SNMP、UDP 和 IP。此外，还有一个管理服务器程序解释 SNMP 消息，并控制服务器的 MIB。服务器还要支持其它应用，如 FTP、TCP 以及要求的 UDP。

SNMP 的协议内容由图 13-3-2 所示。管理站可向管理服务器发出三种 SNMP 消息：接受询问(Get Request)、再受询问(Get Next Request)和处理询问(Set Request)，其中前两个是 Set Request 的变型。管理器以得到响应(Get Response)消息来进行响应，并接通管理应用；此外还可发一个俘获(Trap)消息，来对付那些影响 MIB 和对它所管理的资产有影响的事件。SNMP 依靠 UDP，而 UDP 是无连接型协议，所以 SNMP 也是无连接型协议。在管理站和服务器之间每次交换都是由分离开的一些传输实现的。

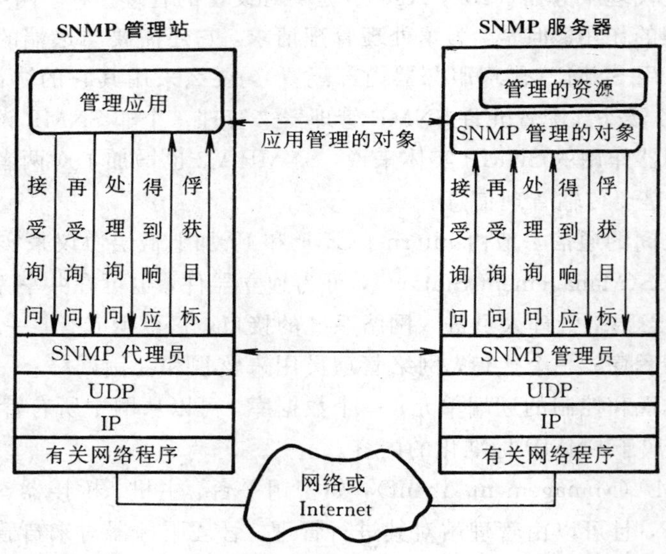

图 13-3-2　SNMP 的作用

13.3.3　代理

在 SNMP V1 中[RFC 1157]，所有管理服务器及管理站都必须支持 UDP 和 IP。这就限制了对一些器件的直接管理，并且将另一些不支持 TCP/IP 的器件，如桥接器、Modem 等排除在外。而且还有一些小系统如 PC 机、工作站、程序管理器等，它们虽然能实现

TCP/IP 来支持应用层，但不希望加上 SNMP 管理逻辑和 MIB 维护的负担。

为了适应这类情况，提出了**代理**(Proxy)的概念和解决方案。一个 SNMP 管理器可以作为一些器件的代理，来实现对其进行安全管理的功能，参看图 13-3-3。由图可以看出，管理站通过代理管理器可以实施对代理器件的安全管理，管理站和代理器件之间按代理器件的协议层次进行通信。在代理管理器内，通过一个映射功能块可以实现管理站和代理器件之间的协议转换。

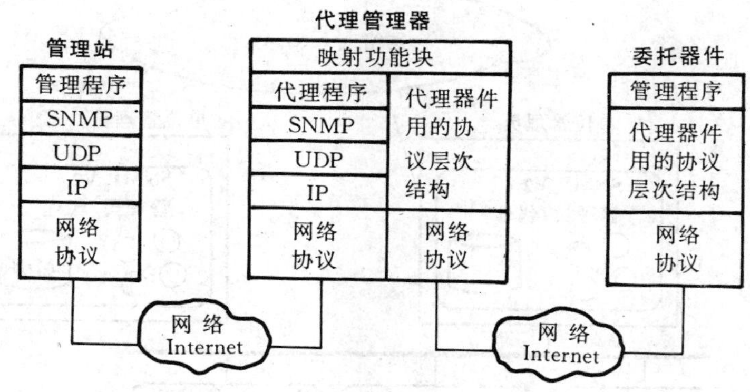

图 13-3-3　代理层次结构

13.3.4　SNMP V2

SNMP V1 比较简单，易于实现安全管理。但随着网络规模加大，其缺点就明显表现出来了。主要有：对分布网络管理支持不够，以及功能上的缺点和安全上的缺点。为克服上述缺点开发了 SNMP V2，于 1993 年出台。SNMP V2 改进了 SNMP V1，它不仅支持 TCP/IP，还支持其它协议，特别是支持 OSI 协议，故可用于管理更大、更复杂的网络结构。其代理功能更强，甚至可对 SNMP V1 器件实施代理。

1. 分布网络管理

分布网络包含众多用户。一个中心化管理结构中，管理站进出的业务量极大，需要处理的信息非常多，这会带来系统性能的下降。SNMP V2 既支持集中式管理，又支持分布式管理。一个分布式网络，可能包含多个管理器，采用分层次实现系统管理。如图 13-3-4 所示，分为**管理服务器**(Manager Server)、**单位管理员**(Element Manager)和 SNMP V2 代理三级。

MIB 将对象分为两类：一类是**告警群**(Alarm Group)，按门限描述和构成的对象集；另一类是**事件组**(Event Group)，按事件描述和构成的对象集。这种简单的划分为处理事件提供了极有效的网络管理工具。利用告警群可以使安全管理员或代理监视 MIB 中的任一对象，并且在对象值超过门限时向管理者告警。事件组确定通知的格式和送给管理者的时间，此通知可由告警群中超越门限事件或由其定义的事件(如线路故障)启动。

2. 功能加强

表 13-3-1 给出了 SNMP V1 和 SNMP V2 在功能上的比较，后者增加了三条命令，使管理更为有效。

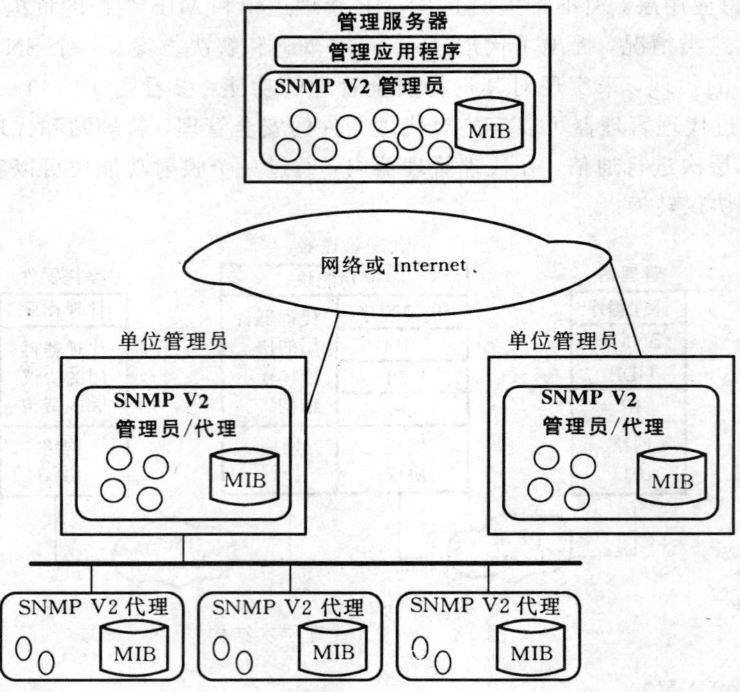

图 13-3-4 分布式网络管理的层次结构

表 13-3-1 SNMP V1 和 SNMP V2 的功能比较

命 令	说 明	方 向	SNMP V1	SNMP V2
Get	对命令列表中每个对象，回送 MIB 中下一个目标的值	管理员→代理	√	√
GetNet	对命令列表中每个对象，回送 MIB 中下一个目标的值	管理员→代理	√	√
GetBulk	对命令列表中的每个对象，回送 MIB 中下 N 个目标的值	管理员→代理		√
Set	对命令列表中的每个对象，分配命令列表中相应值	管理员→代理	√	√
Trap	传送非请求性信息	代理→管理员	√	√
Inform	传送非请求性信息	代理→管理员		√
Response	对管理员要求进行响应	代理→管理员	√	√

3. 安全性加强

表 13-3-2 比较了两种版本的安全业务。

表 13－3－2　SNMP 的安全性特点

特　点	说　明	SNMP V1	SNMP V2
认　证	允许收信方对消息源和发信时间进行认证。对消息附加一个秘密认证码实现认证		√
保　密	防止窃听，通过对 SNMP 消息加密实现		√
接入控制	限定管理，管理员只访问 MIB 中一部分，且以限定的命令子集访问	√	

SNMP V1 的最大缺点是不够安全。它无法防止第三者窃听，更糟的是没有有效的方法防止第三者伪装管理员运行 Get 和 Set 命令，使管理员无法管理。SNMP V2 则克服了这些缺点，它可以使管理员与各团体(Party)分别建立业务关系，实现三种安全业务。

13.4　SNMP V2 的安全管理

13.4.1　基于社团的管理概念

网络管理包含了由应用协议支持的一些应用实体的相互作用。在 SNMP 的网络管理中，应用实体为用于 SNMP 的一些管理应用程序和代理应用程序。SNMP 的基本管理机制是利用社团(Community)和社团名实施安全业务，实现的是一至多的管理关系。在这种关系下实现安全业务，如认证、接入控制和代理等。SNMP 社团是一个 SNMP 用户和一组 SNMP 管理员之间的关系，它确定了认证、接入控制和代理的特征。这是在代理或用户处定义的。在社团内的每个管理员有惟一的名字。同一社团中的管理员，在执行 Get 和 Set 操作时必须用此社团名。

社团是以代理或用户为中心定义的。因此同一个名字可以用在不同代理所定义的社团中，而不会混淆。一个管理员必须要搞清与每个要访问的代理所联系的社团的名字。

接入策略。代理限制所选定的管理员对其 MIB 的接入，有两个主要方面：① SNMP MIB 视图(View)，是 IBM 中对象的一个子集，每个社团可以定义不同的 MIB 视图，视图中的对象组不必属于 MIB 中的一个子树；② SNMP 接入模式，是{READ-ONLY，READ-WRITE}集中的一个元素，对每个社团都定义一个接入模式。

一个 MIB 视图和接入模式的组合可看作是一个 SNMP 社团的轮廓(Profile)，SNMP 社团和 SNMP 社团轮廓的组合可看作是一种 SNMP 接入策略。这种管理概念可参看图 13－4－1。

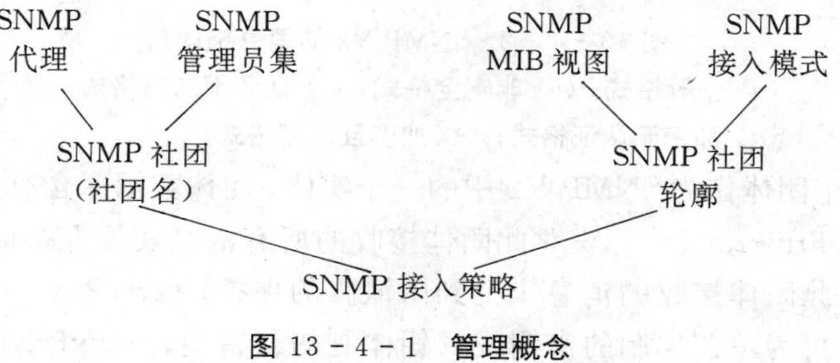

图 13－4－1　管理概念

代理业务。代理业务也利用社团概念支持实施。要求代理的每个器件可以维持一种 SNMP 接入策略，使受托的管理员知道相应代理用户的 MIB 对象和其接入模式。

13.4.2 SNMP V2 的安全工具

(1) **有关 SNMP V2 文件**。RFC 1445 规定了 SNMP V2 的管理模型，定义了统一的管理概念以支持各种安全业务的管理和相应的协议；RFC 1446 规定了 SNMP V2 中的安全协议，定义了支持数据完整性、数据源认证和数据保密的安全协议；RFC 1447 规定了 SNMP V2 的团体 MIB，定义了利用基于 TCP/IP 的 Internet 网络管理协议的 MIB 的划分，说明了将 SNMP 的团体作为对象的表示方法，以便与 SNMP 安全协调。

(2) **SNMP V2 的功能**。SNMP V2 安全交换具有下述功能：抗泄露，有保密业务；抗伪装，有认证业务；防止消息内容修正，有认证和完整性业务；防止消息序号和时戳修正。

SNMP V2 不具备下述功能：业务否认，对手可以阻止管理员和代理之间的交换；业务量分析，对手可以观察管理员和代理之间的一般消息格式。

(3) **SNMP V2 的团体**。SNMP V2 中的认证和加密要按 SNMP V2 实体或对象而定。可分下列几类：本地团体，由本地 SNMP V2 实体进行操作的团体集，对此 SNMP V2 实体有一组"规则"；代理团体，由 SNMP V2 实体所代表的代理实体的团体集合；远端团体：由其它 SNMP V2 实体(此 SNMP V2 实体可以交互作用)实现操作的团体集合。

(4) **消息格式**。SNMP V2 有下述几种消息格式，如图 13-4-2 所示。图中，privDst 为目的团体的身份识别符；dstParty 为收信者身份识别符；authInfo 为有关认证协议信息；srcParty 为发信者身份识别符；src 为发信者；dst 为收信者；PDU 为有关 SNMP V2 命令。

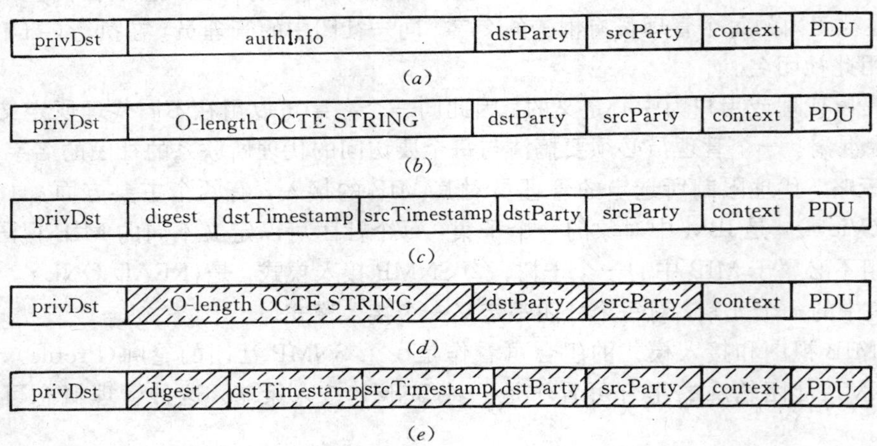

图 13-4-2 SNMP V2 的消息格式

(a) 一般格式；(b) 非安全格式；(c) 认证不加密格式；

(d) 加密无认证格式；(e) 加密且认证格式

(5) **保密**。每个团体作为 SNMP V2 中的一个实体，团体数据库含有三个变量，用来限定保密协议：partyPrivProtocol 标识对此团体接收的所有消息实施保护所用的保密协议和机制，hoPriv 标识此团体接收的消息未受到防泄露的保护；partyPrivPrivate：用于支持保密协议的秘密值，可为单钥体制的密钥或双钥体制的秘密钥；partyPrivPublic 用于支持保密协议的公开值，可为双钥体制的公钥。当前 SNMP V2 采用单钥分组密码 DES 加密。

（6）**认证**。SNMP V2 中每个团体数据库中有五个变量限定认证协议。partyAuth-Protocol 指出此团体所用的认证协议和机制，以对其送出的消息源和完整性进行认证。noAuth 指示由此团体产生的消息不进行认证。partyAuthClock 表示当前时间作为此团体保持的本地时间。partyAuthPrivate 为支持认证协议所需的秘密值，可能是用于消息杂凑的秘密值、单钥体制的密钥或双钥体制的秘密钥。partyAuthPubilc 为支持认证协议所需的公开值，可为双钥体制中的公钥。partyAuthLifetime 为由此团体产生的消息可接受的递送延迟的管理上限。

当前 SNMP V2 选用 MD-5 杂凑认证协议，它对接收消息可提供完整性证实，包括对消息源和递送时戳的认证。

认证信息字段包含：authDigest 对消息适当部分进行杂凑计算，并附上秘密值(party AuthPrivate)；authTimestamp 根据 SNMP V2 团体的 partyAuthClock 标记此消息生成的时间，以秒计；authDstTimestamp 根据 SNMP V2 团体的 partyAuthClock 标记此消息生成的时间。注意，这是存储在源 SNMP V2 实体中目的团体时钟的值。

消息发送过程：如图 13-4-3 所示。

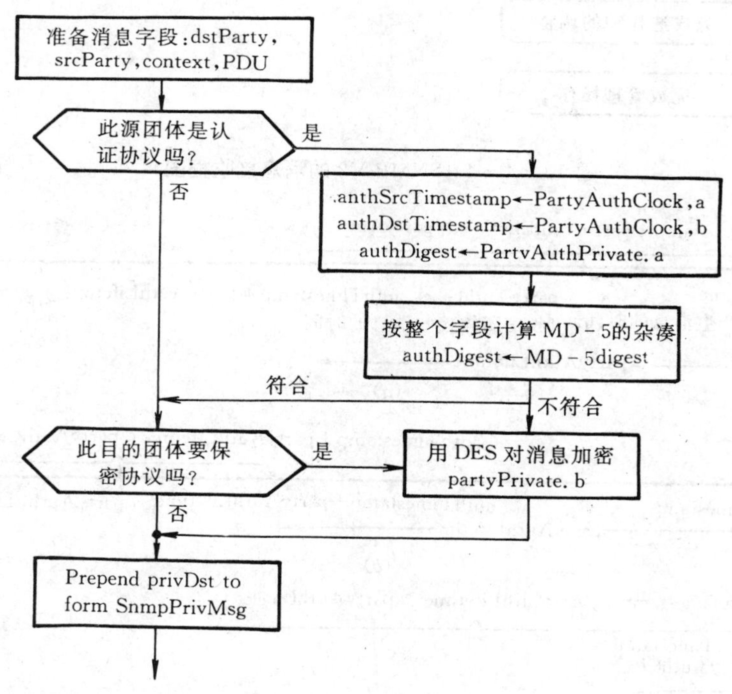

图 13-4-3　SNMP V2 的消息发送框图

消息接收过程：如图 13-4-4 所示。

认证时间性要求：收发双方的时钟值可能不同，如何确定消息的时间性是个复杂任务，其间的时间关系可由图 13-4-5 看出。图中给出了 partyAuthClock、partyAuth-Lifetime 和 authTimestamp 之间的关系。图 13-4-5 中：(*a*) 表明接收消息到达时刻在认

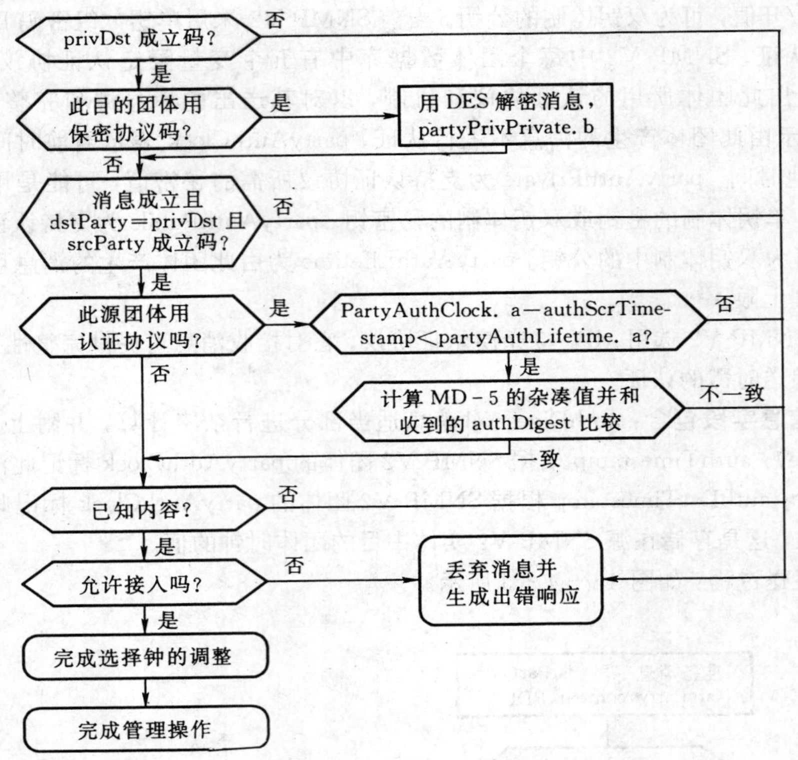

图 13－4－4　SNMP V2 的消息接收框图

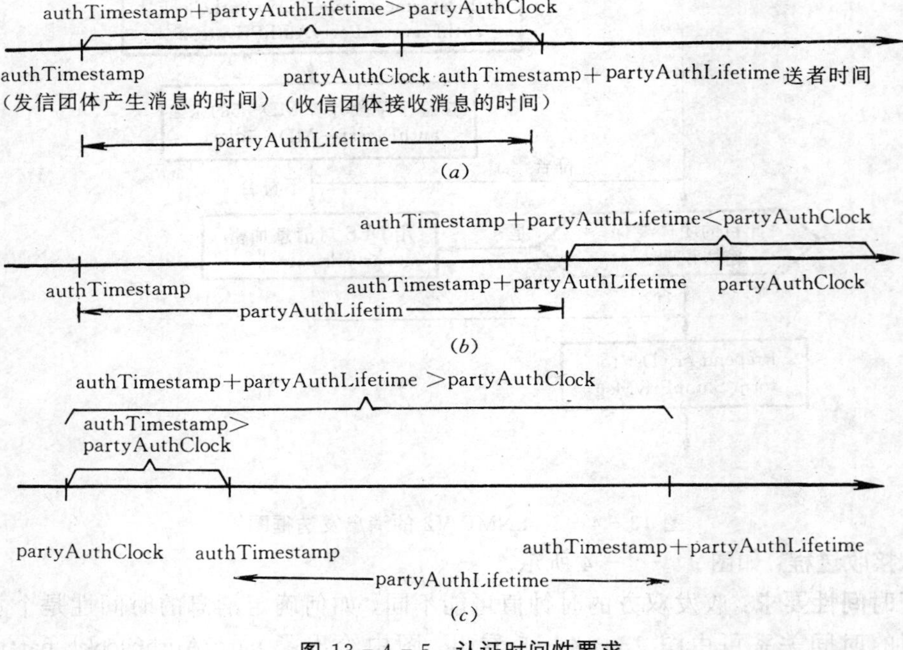

图 13－4－5　认证时间性要求

(a) 认证消息；(b) 不认证消息；(c) 认证消息，需要同步

证有效期内，所以予以认可，收信人收到消息的时间是以存储在收端的 partyAuthClock 和 partyAuthLifetime 为准；(*b*) 表明接收消息到达时刻已超过规定的有效期而拒绝接收；(*c*) 表明接收消息到达时刻已超前于发信时戳，这种异常表明存储在收端的时钟 partyAuthClock 需要校准，而消息本身应予以接受。有效期的长短要适当选择，在保证合法正确认证条件下要尽可能地短，以防重发攻击。它由时钟精度、同步调整等因素而定。

钟同步：在发消息时，其中包含有发信和收信者的时钟，利用这一信息可以在每收到一个消息时，对时钟的同步进行适当调整。一般以管理服务器为准进行调整。

接入控制的四个要素：目的团体是 SNMP 中按源团体的要求执行管理操作的团体；**源团体**是 SNMP 中按目的团体的要求执行管理操作的团体；资产是执行所要求的管理操作所依赖的管理信息，可以是本地 MIB 视图或代理关系，这个实体可看作是**内容**(Content)；**权利**(Privileges)是由(PDU)协议数据单元所定义的，是可容许的操作，它属于特定的内容，且其目标是由主体授权完成的。

SNMP V2 对团体 MIB、团体表、内容表、接入控制表、MIB 的视图等都有明确的规定，可参看[Stallings1995]。

13.4.3　SNMP V3

IETF 在 1996 年 9 月组建了一个咨询委员会分析实现 SNMP 安全的一些建议。1997 年初，这个委员会形成了一个称之为 SNMPng 的白皮书[http://www.tis.com/docs/research/network/snmp-ng.htlm]，它包括 SNMP V2 的功能和建议中的安全特征。经过实现方面的经验和进一步完善，可望在 1998 年定为 SNMP V3 的建议标准。可参看[RFC 1901～1908；Stallings 1998；或 http://www.ietf.org/htlm.charters/snmpv3-chater.]。

13.5　风 险 分 析

在实际工作中，人们往往会提出这样一个问题：对某个系统来说，安全性到底有多高才算安全？这问题涉及如何对一个系统的安全性进行评估。为了讨论这个问题，我们首先考虑两个极端情形：一个极端是系统无任何安全性。对每个人而言，一切均是开放的，系统中的信息无须任何保密措施。此时，系统无须任何行政管理，无任何开销，也无功效损失。从优先级的角度看，安全性位居其它各种应用过程之下。在这种情形之下，由于系统中的信息可以被自由地、开放地访问，工作效率会得以提高；另一个极端是系统的安全被看成是压倒一切的考虑，它的优先级位居各种应用进程之首。在这种情况下，大量的投资都花在了提高系统的安全性上，而这种安全性的获得常以牺牲其它利益为代价。

为了提高系统的安全性，人们往往采用多种安全保密措施。用户在使用系统所提供的服务时，需要进行繁琐的登录以穿过层层防护，从而限制了用户对系统资产的自由访问。某些用户认为，系统的安全保密措施没有给他们带来任何益处，似乎带来的是更多的麻烦。久而久之，他们就会对繁琐的操作产生厌烦情绪，并开始设法避开系统设立的安全保密措施。他们将有些需要通过系统传送的材料或文件锁在抽屉里，并等待时机亲手递交给对方；他们还可能将口令记录在纸条上或软盘上，并设法绕开系统的访问控制措施。所有这些做法都有可能导致系统的安全保密措施失效。

出于各种原因，系统中每个用户对安全性有不同的要求。有些用户可能会倾向于低安全性，而有些用户可能倾向于高安全性。这就需要系统的设计者根据系统所处理的业务的性质、人员的素质、事务的处理方式等因素，在以上两个极端之间寻找一个安全平衡点，以求在系统风险、代价和效率之间取得良好的折中。图 13－5－1 给出了风险—代价—效率的三角关系。

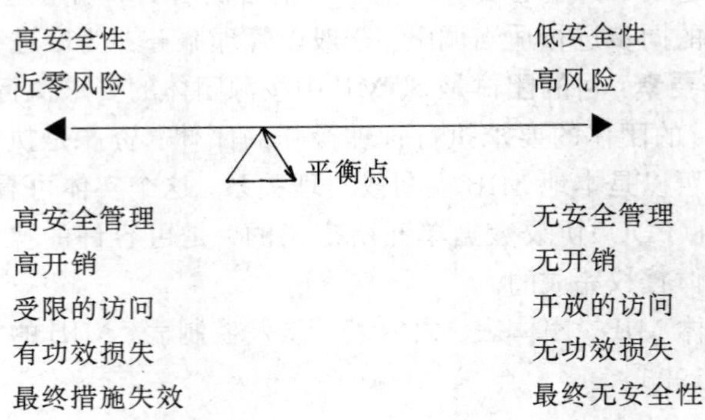

图 13－5－1　风险—代价—效率之间的三角关系

事实上，要找到这个平衡点并非易事，它往往需要一点艺术和科学的东西。本节将提出五项基本原则，我们可以利用它们为系统找到恰当的平衡点。在下面，我们将对这五项原则进行详细的讨论。

13.5.1　寻找安全平衡点的五条基本原则

1. 分清系统中需要保护的资产

实现系统安全保密的本质就是要保护资产。因此，我们要做的第一件事就是要分清哪些资产需要安全保护。在实际中，资产的形式多种多样，它可能是网络的某个组成部分，可能是网络中的数据，也可能是网络之外的东西。例如，它可能包括网络所处的大楼，也可能是使用资产的人，这取决于你考虑问题的范围。这里，我们把讨论的焦点放在网络本身上。

我们要做的第二件事是将这些网络资产按照优先级分类。其中，有些网络资产是最重要的，因为缺少它们机构就不能正常发挥作用。如果对这一等级的资产不加保护，那么对所有其它资产的保护就会失去意义。

2. 识别对资产的安全威胁

识别安全威胁的目的就是要知道你的系统的脆弱程度。如果资产没有受到威胁，那么它就无需保护。相反，如果资产受到威胁，而且这种威胁是致命的，那么显然就需要对资产加以保护。这些威胁可能来自于人(如“黑客”或滥用电话的用户)，也可能来自于用户的毫无意识的行为(如偶然地擦除了一个文件或一张磁盘)，或者进行了一系列疏忽的操作，从而导致对资产的破坏。此外，自然的因素也对资产构成了威胁，如火灾、水灾，或一个电话公司的中心局发生故障。

威胁和资产之间并不存在一一对应的关系。对某一给定的资产，往往存在几种不同的威胁。例如，信息可能过期，可能被修改，也可能只是被擦除。多个资产也可能受到同一种威胁，例如大楼随时都面临着发生火灾的威胁。

3. 找出安全漏洞

所谓安全漏洞，就是一种威胁由此到达并影响某个资源的路径。安全措施的设立，就是要在威胁到达某个资源的路径上设置障碍。例如，在维修端口上设置的端口保护措施可以阻断“黑客”攻击程控交换机的路径，这样就可以去掉维修端口上的安全漏洞。

然而，问题在于漏洞难以被发现。虽然有些漏洞十分明显，但是通往资源的路径通常很多，结果是路径之间的差别很模糊。采用某些简单安全保密措施，就可以在某一点上阻断许多路径。我们的目标是要找出那些没有被阻断的路径。而要找出这些漏洞，不是一件轻而易举的事，而是一项十分艰巨的工作。图 13-5-2 表示出系统资源、威胁、漏洞以及安全保密措施之间的关系。

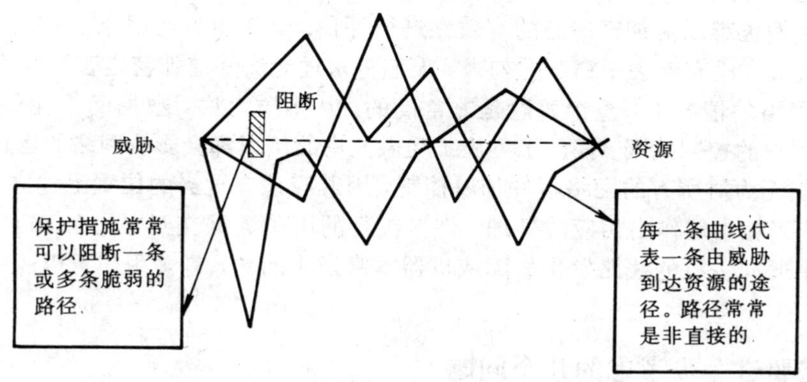

图 13-5-2　资源、威胁、漏洞及安全保密措施之间的关系

在物理上，网络对于搭线窃听、修改、干扰、设备窜改、设备或线路故障等是十分脆弱的。漏洞分析需要创造性的思维，而在现实中往往缺少的正是这种创造性的思维。它不仅需要人们任劳任怨地工作，有时还需要人们具有灵感。

4. 考虑风险的存在

所谓风险，通常是指在一段时间内，威胁到达某个资产的概率。例如，风险可以是每年系统发生故障和多次业务流损害事件之间的平均时间。有时，风险分析家试图对风险所带来的经济损失作出估计。正像风险对人的寿命所带来的威胁一样，当风险是不可计量时，要作出适当的估计是十分困难的。

5. 采取保护措施

保护措施可以关闭一些威胁到达系统资源的路径，或者至少使其难以通过。结果，一方面降低了系统的风险，另一方面也付出了一定的代价。现在的问题是，相对于资产来说到底采用多强的保护措施才划算。在实际生活中，也存在类似的问题。例如：我们没有必要将纸袋锁在地窖里，除非它里面装满了钱财。

有时，人们自然会提出一个很有意义的问题：采用多重安全保密措施，就一定比采用单个安全保密措施强吗？答案是否定的。将多个安全保护措施组合在一起，有时会增强系统的安全性，有时也有可能削弱系统的安全性。它们之间不一定存在互补的或者是叠加的关系。

实现安全保密常常需要花费巨大的人力和财力。在某些情况下，实现安全保密的代价甚至超出了由于未采用安全措施而造成的损失。这就需要我们根据实际情况来确定采用何种安全措施。为了降低实现安全保密所付出的代价，在建立某个系统的初期，我们应该将系统的安全性一并考虑，因为这样做比系统建成后再考虑系统的安全性往往付出更小的代价。例如，在网络建设时，安装一个具有安全保密功能的 LAN 集线器比较容易，而在 LAN 建成和运行之后，再考虑增加安全保密措施就比较难，可能会提高成本，造成资源浪费。

在实际中，保护措施的功效难以估计，安全策略的作用也难以估量。由于受利益的驱动，网络"黑客"或不法用户不惜冒被起诉和坐牢的风险。仅在 1991 年和 1993 年之间，他们就对 550 个国际通信协会成员进行了攻击，造成了大约 7 350 万美元的损失。目前，他们正在对那些更小的、缺少保护的组织或机构实施攻击。

同样，我们也难以对加密措施的有效性进行评估。加密也许已阻止了某些人进行搭线窃听，也许就根本没有人去干窃听的勾当。人们将永远无法知道加密是否真的管用。

在数据网络的情况下，整个风险是非常高的。从本质上讲，数据网络往往离得较远，通常超出了用户的控制范围。任何工程施工和微波塔的倒塌都会影响网络的运行。

由于我们无力对所有的网络事件加以控制，因此应该在适当的位置上建立备份。如果线路中断，应当在本地作出相应的处理。许多银行的电子数据交互系统(EDI)一般具有这种功能。如果通向主机的线路发生故障或机器本身发生问题，许多用户可以脱机处理业务信息。

13.5.2 需要进一步考虑的几个问题

除了上面提出的寻找安全平衡点的五项原则之外，我们还要进一步考虑其它一些安全问题。表 13-5-1 对这些问题以及相应的答案做了总结。

1. 信息的时效性

在实际中，当你为语音和数据考虑所需的保护等级时，应考虑它们在安全上的时效性。在不同的应用环境中，数据的时效性是不一样的。有些环境中数据的有效期很长，而有些环境中数据的有效期很短。对于有效期较长的数据需要加密，而对于那些有效期很短的数据却根本无需加密。

例如，股票价格数据时时都在变化。股票的价格必须连续地更改，尤其是股票的价格数据必须传递得尽可能快。对这种数据加密是在浪费金钱，因为要破译密码可能需要几年的时间，这已经远远地超出了此信息的有效期，到那时获得此数据信息已经毫无意义。股票数据虽然无需加密，但是它需要消息认证。对股票信息进行认证，可以有效地防止"黑客"将一种股票换成另外一种股票，并指使经纪人卖出或买入。

与此相反，在政府和军事应用环境中，由于许多信息都涉及国家和军事的机密，因此必须对数据进行加密。例如，各国大使馆与国内的无线或有线通信联络都需要很强的加密措施，因为这些来自外部的消息很可能影响到条约的签定，甚至影响到世界力量的平衡。

表 13－5－1　需要进一步考虑的几个问题

问　题	结　论
考虑信息是否具有时效性	具有最小时效性的信息，本身是自保护的 若获取此信息的时间大于信息的有效期，那么信息是安全的 若获取此信息的时间小于信息的有效期，那么信息就是不安全的
考虑开销与困难程度之间的关系	那些开销较低，却能有效防止“黑客”攻击的安全措施应当采用 若攻破系统的安全保密措施所付出的代价超出了你的开销，那么在系统中建立该安全保密措施就值得 若攻破系统的安全保密措施所付出的代价小于你的开销，那么在系统中建立该安全保密措施就不值得
考虑攻击者付出的代价和获得的利益之间的关系	安全保密措施的设立应该使攻击者的企图无法得逞，使他们不得不去寻找一份老实的工作 若攻击者在付出时间或金钱上的代价后能够获得巨大的利益，那么我们就需要考虑采用更强的保护措施 若攻击者所付出的代价大于他可能获得的利益，那么系统就是安全的 若攻击者所付出的代价小于他可能获得的利益，那么系统就是不安全的
考虑基本保护措施与扩展保护措施之间的关系	简单地说，基本保护是指在购买产品时，产品所具有的保护能力 扩展保护措施已经超出了这个范围。例如，NOS 的防病毒软件就是一种扩展保护措施，它的基本保护就是口令或其它类似的东西 采用扩展保护措施来削减风险。有的扩展保护措施成本很低，我们在采用它们时，根本不用考虑是否有利于降低风险

2. 破译开销和困难程度之间的关系

一般来讲，对系统安全保密措施的投入越多，敌方阅读或窜改我方的通信就会变得越困难。在最理想的情况下，这种攻击应足够困难，以致于无人能够攻破此系统。如果有人试图破译此系统，那么他就会发现这种攻击是十分费钱和费时的。攻击成功后所获得的收益与其所付出的代价相比是微乎其微的。

此外，我们必须关注安全领域正在发生的一些变化。随着计算机技术的进步和时间的推移，有些正在应用的密码算法或安全产品的安全性面临着严重的挑战。例如，密钥长度为 56 bit 的 DES，在现有的条件下将是可破译的，因此美国政府已经开放了 56 bit DES 的出口限制。我们必须根据技术的发展现状及时更换算法，否则将面临泄露机密信息的风险。

3. 基本保护与扩展保护之间的关系

首先，我们必须搞清基本保护和扩展保护之间的关系。基本保护来自于操作系统，它的形式是口令、检索权限等。系统口令、登录名、入侵检测等安全措施，都构成了系统内部的基本保护措施。这些措施虽然安全性不高，但由于不需要额外的开销，因此都应该采用。此外，还有一些基本的安全措施，例如物理访问控制措施和基本的安全策略也属于基本保护措施。

下一步是对需要安全保护的资产使用扩展的保护措施。这可能包括加密、认证、防火墙等。如果基本保护措施对于要保护的资产来说不够用，那么就需要扩展的保护措施；如果基本保护已满足了资产对安全性的需求，那么就无须再采用扩展保护措施。

13.5.3 风险分析

下面分别对几种常用的分析方法进行讨论。

1. 定性分析法

定性分析法比较直观。实际上，我们每天都在做这样的工作。我们已经习惯了凭直觉来评估风险，因为我们相信自己的直觉是正确的。对于许多工作来说，这种分析方法是可靠的。但是，凭直觉来分析有时也会出错。例如，当你第一次见到飞机时，直觉会告诉你它根本不能飞离地面，但是空气动力学已经证明它确实能飞起来。再如，在 23 个人的群体里，两个人的生日相同的概率大于 50%。凭直觉来说，这似乎是不可能的，但是概率分析的结果确实如此。在上面的例子中，无论是空气动力学分析方法，还是概率分析方法都属于定量分析方法。定量分析法比定性分析法更为准确、可靠，但需要比较高的数理基础。

2. 定量分析方法

风险分析可以采用定量分析法进行。假设有一个网络，使用它每月可以产生 20 万元的效益。每月按照 20 个工作日计算。假设每隔三个月就发生一次故障。根据这些数字，我们就可以计算出每月损失的期望值：

月损失期望值＝10 000 元/天×0.33 天/月

月损失期望值＝3 300 元/月

如果我们检查网络，发现主要故障源 70%是由于配线问题，那么可以采用配线 HUB 来代替现有的集线器。该 HUB 每月就可以挽回 70%的经济损失，即约 2 400 元。如果我们花了 7 000 元购买 HUB，就可以在三个月内收回我们的投资，并且从那时起，每个月可以产生 2 400 元的效益。

3. 风险分析软件

风险分析可以使用更加复杂的软件来进行。这些软件可以运行在各种复杂的平台上。目前，国外已经有这样的软件，价格在 100 美元到 17 000 美元之间。基于这些软件产品，在对系统进行分析和评估风险时，稍复杂了一些，也更细致了一些。有些风险分析人员甚至采用专家系统来估计某种特定风险的概率。例如，NIST 出版了《自动分析风险工具选择指南》，FIPS 也出版了类似的刊物，介绍了一些风险分析工具的使用方法。

在对系统做一般的安全性分析之前便进行昂贵的风险分析，这种做法是不可取的。开始时，最好只用几个人，在很短的时间内对系统进行快速的分析。然后，根据初始获得的某些发现，看是否需要做进一步的工作。对于一个系统来说，存在某些形式的攻击和采用某些保护措施是十分显然的。我们在进行风险分析时，完全没有必要将它们都考虑进去。

风险分析数据库包含各种事物发生的概率，例如火灾、地震等。某些数据可能会随着地区的变化而变化，所以我们必须注意风险分析数据与系统所在的国家或地区有关。

4. 泄露分析法

如果你对大量风险数据的处理感到既费时又费力，那么就请考虑采用泄露分析的方法。泄露分析只考虑了泄露的程度，而不管造成泄露的原因是什么(它们可能是人为的，也可能是自然的或偶发事件等)。我们给泄露程度赋予一个数值，并且按照系统的脆弱程度，将其乘上一个加权系数。此两个数的乘积越大，系统对保护措施的需求也越大。

5．方案分析法

首先设想系统中存在一条能够使威胁到达某一资产的脆弱路径。对于由某个事件引起路径方向上变化的概率，我们可以用统计的方法或者通过判断来得到，并在最后得出某个结论。通常，如果一个事件组合必然会造成资产的损失，这个条件就是逻辑“与”的关系；如果有几个事件的组合都能导致资产的损失，这个条件就是逻辑“或”的关系。

因此，我们完全可以采用“威胁逻辑”来建立方案模型。同样，我们也可以将安全缺陷通过“与”和“或”运算组合起来，其结果将产生一个安全性故障。“威胁逻辑”是由美国国家安全局的安全顾问 David Snow 发明的，它是一种用来检查方案可能发生资产损失的、较为严格的方法。

此外，人们可以对已知的方案发表独到的见解。人们可以围坐在一起，想出各种奇特的(或最简单的)攻击系统的方法。采用这些方法很可能会发现那些从前没有引起注意的安全漏洞。

最后一种方法是采用 Delphi 技术，它是由美国兰德公司(Rand Corporation)智囊团所发明的一种分析技术。有关这种技术的详细介绍请参阅有关文献。

6．质询法

这是分析风险的最好方法之一。首先，网络安全管理员拟制一个比较详细的调查表，并将它们发给那些精通网络技术的工作人员，让这些人回答调查表中提出的各种问题。调查表的统计结果在决定计算机工作站的位置、与网络的连接以及网络的使用方面特别有用。有些用户会偶而发现一些安全性漏洞，但因为无人过问此事，所以也就不会主动地告诉其他人。采用质询的方法可以及时地将网络中发现的安全问题汇集起来，并采取相应的对策。

13.6　安全性评估标准

近 10 多年对于计算机系统安全水平的评价受到了人们的重视。给出了确定和建立安全等级(Security Ratings)的详细方法。许多国家提出了一些标准建议。英国贸易和工业发展部提出了绿皮书(Green Book)，用于对信息技术安全产品的分级。德国信息安全局 1989 年公布了安全评价准则的第一个版本(ZSIEC)，与此同时法国制定了蓝白红皮书(Blue-White-Red Book)(SCSSI)。欧洲共同体制定了信息技术安全评价准则 ITSEC(Information Technology Security Evaluation Criteria)。美国国防部于 1985 年 12 月公布了可信赖计算机系统评价准则 TCSEC(Trusted Computer System Evaluation Criteria)，即橙皮书(Orange Book)，作为美国国防部标准 5200.28－STD。美国国家计算机安全中心 NCSC(Nationol Computer Security Center)也参照 TCSEC 制定了商用产品的安全性要求。这有助于规划、管理和生产使用安全产品[Chokhani 1992；Russell 1991]。

本书重点讨论了通信网络有安全方案设计中采用的标准安全协议和技术。然而，在实施这些安全方案的时候，新的问题就会越来越明显。一个主要问题是：如何才能确保买方得到的安全产品提供了所需的安全保护？而要弄清这一点，购买者应该在以下三个方面得到保证：

(1) 确保产品设计是适当的和合理的；

(2) 确保该设计正确地得以实现；

(3) 确保产品中不含有对买方和用户有害的功能。例如，产品中可能存在病毒、特洛伊木马或未公开的陷阱等。

虽然这些保证可以通过某些特殊的方法来获得，但是买方最好能有一个标准的度量方法，来对欲购产品采用的安全措施加以比较。人们自然想到能否设立一个公平机构，来对安全产品作出独立的评估。这种评估可为产品出具许可证或证书。由于评估过程需要不同组织(如产品开发方、买方和评估方)来共同理解，很有必要对那些比较客观的、完美定义的评估标准进行标准化。每个安全评估标准都强调了实际工作对这些安全评估标准的需求。

本节内容将成为在此领域进一步开展工作的基础，分以下四个方面进行讨论：

(1) 美国国防部橙皮书和有关的出版物(主要是 TCSEC)。事实上，这是此领域中开展有关工作的基础。

(2) 欧洲信息技术安全评估标准(ITSEC)。

(3) 其它安全评估标准，包括加拿大标准、美国联邦标准、ISO/IEC 国际标准等。

(4) 用于实现和评估密码设备的相关标准。

13.6.1 美国国防部标准

从 70 年代到 80 年代，美国国防部和国家标准局(现更名为 NIST)实施了各种计划，旨在对安全计算机系统进行设计、评估和审计。考虑的目标主要是那些处理机密或政府的其它敏感信息的计算机系统。此项工作导致在 1983 年出版了橙皮书——计算机系统安全评估的国防部标准。随后，又对该橙皮书进行了增补，成为著名的红皮书。红皮书已将其适用性扩大到网络环境。橙皮书已成为许多国家进行安全评估标准开发活动的基础。

1. 橙皮书

在 1983 年，美国国防部颁布了 TCSEC，并在 1985 年作了修改。因为它的封面颜色呈橙色，所以人们就习惯地称其为橙皮书。橙皮书对该标准的应用目的进行了描述：

(1) 向制造商提供一个标准，使得制造商考虑在开发新的商业产品时，应该在产品中加入那些安全特征，从而提供通用的系统并满足对敏感应用的可信赖要求(特别强调了防止数据泄露的问题)。

(2) 向美国国防部的各组织机构提供一种度量，用来对处理机密和其它敏感信息的计算机系统的可信度进行评估。

在附加说明中，提供了一种用于说明系统安全要求的基础。

橙皮书包含两个主要部分。第一部分详细地叙述了对计算机系统划分安全等级的标准，这种划分完全建立在人们对敏感信息保护所持的全部信心的基础上。第二部分讨论了此标准开发的基本目标、基本原理以及美国政府的政策。它也为开发者提供了关于隐蔽通道、安全测试以及实现强制式(多级)访问控制的指南。

TCSEC 所涉及的产品包括计算机操作系统和其它计算机组件。橙皮书重点讨论了对敏感信息提供加密保护的问题，包括安全策略、责任、保证、文档。图 13－6－1 给出了它们的具体内容和相互之间的关系。

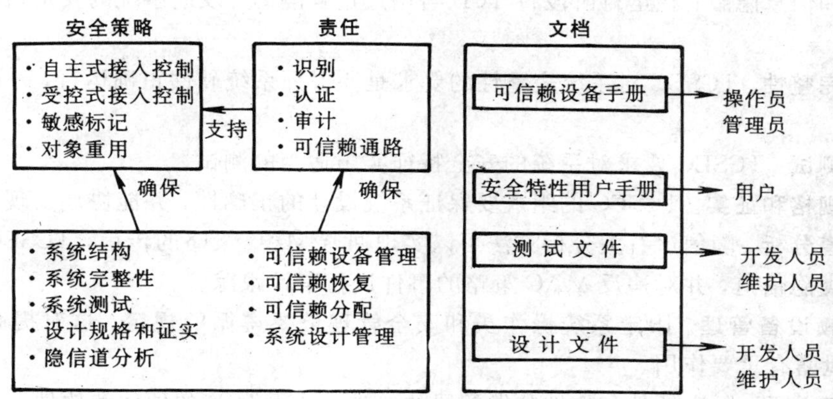

图 13－6－1　TCSEC 概述

(1) **安全策略**。必须有一个明晰的、完美定义的安全策略；由自主式接入控制(DAC)、受控式接入控制(MAC)、敏感标记(Sensitivety Labels)和对象重用(Object Reuse)构成。

自主式接入控制。由文件持有者来决定拒绝或允许用户对信息的访问。例如薪金文件的主人可以决定哪个用户或用户组可以访问此文件，进而可以决定对此文件的读、写或删改权。

受控式接入控制。对文件的访问权由系统决定。支持 MAC 的系统将每个主体(用户、程序等)和客体(如文件、目录、器件、窗口等)都标注敏感级，根据它来分配访问权限，因此这种敏感标记又称为允许密级(Clearance Level)，MAC 和敏感标记在可信赖计算机站 TCB(Trusted Computer Base)中实现多级安全，TCB 表示系统中想要评估的与安全有关的硬件和软件。

敏感标记。它由密级和类别两部分组成。密级(Classification)是具有安全级的层次结构表。在美军安全模型中分为四级：绝密(Top Secret)、机密(Secret)、秘密(Confidential)和内部(Unclassified)。在商业环境可采用下述分级：**总裁级**(CEO Only)、**行政人员级**(Executive Only)、**公司秘密级**(Company Confidential)和**公开级**(Public)。类别(Categories)无层次结构，是按信息来划分的。例如，将有关职员信息的文件分为三类，**薪金表**(Payroll)、**薪金计划表**(Salary Projection)和**生物测量数据**(Biodata)。访问控制标号必须与客体相关联，对不同主体分别按密级和信息分类进行授权。在多安全级系统中要按照多级安全的原则进行授权。

对象重用。这一能力保证将存储媒体在分配给用户之前已将其存储内容完全清理干净。

(2) **责任**。为了支持安全策略，TCB 应支持识别、认证、审计和可信赖通路。后者用于保证 TCB 和用户没有其他用户或程序伪装系统。审计信息必须有选择地加以存储和保护，以便在出现影响安全的行为后，对责任方进行跟踪，追究其责任。

(3) **保证**。计算机系统必须含有可以单独进行评估的硬件/软件机制，TCB 设计使错误极小化、没有妨害实现安全特征要求的操作，在上述安全策略和责任下进行控制。保证包含下述各项：

系统结构。在 TCB 系统开发阶段和运行阶段要贯彻这些安全要求。在开发阶段要进行数据提取和信息隐蔽；在运行阶段将 TCB 与用户过程隔离，改进系统的安全性，注意安全核的隔离。

系统完整性。TCSEC 对系统完整性的要求是要保证系统硬件正确运行，一般定期运行诊断软件。

系统测试。TCSEC 要求对系统的安全特征实施适当的测试。

设计规格和证实。TCSEC 的组成要保证系统设计的正确性，并能协调实现安全策略。

隐信道分析。隐信道有关分析方法可以实现回避 MAC 策略的传信，TCSEC 要求分析和消除这类隐信道，并对违反 MAC 策略的事件进行审计跟踪。

可信赖设备管理。限定系统操作员和安全管理员要遵循的规定。这对提高系统安全性、降低泄露有重要作用。

可信赖分配。限定硬件和软件分发配置的要求，保证 TCB 的硬件和软件在转运过程不会被非法修正。

配置管理。对硬件、软件和固件进行适当配置管理。

连续保护：必须对执行以上基本要求的可信赖机制连续地加以保护，以防遭到窜改和/或非授权地修改。

(4) **分级**。这一标准定义了四个安全等级——A、B、C 和 D。A 表示系统提供了最强的安全性，而 D 表示提供了最弱的安全性。每个等级还可以做进一步的划分。各种等级对安全特征以及用来评估保证水平的机制/方法的要求不同。我们将对各个安全等级以及它们的主要特性总结如下。这些等级逐步形成了更可信赖系统的等级(对早期划分的等级补充了新的要求)。图 13-6-2 给出这种划分概览。

D 级(最小保护)：经评估的系统无法达到更高的安全等级，不具备安全特征。

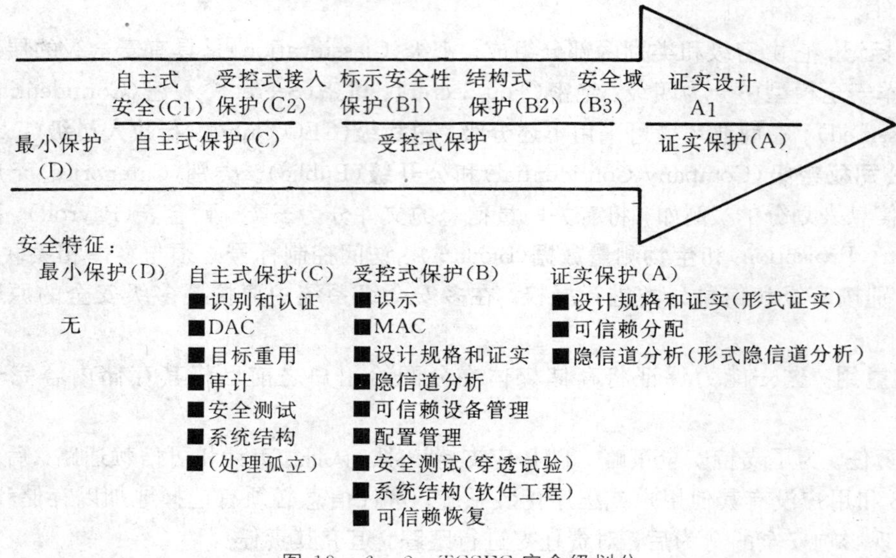

图 13-6-2 TCSEC 安全级划分

C 级(自主式保护)，支持自主式接入控制和目标重用。在保证项中包括支持识别、认证和审计。它划分两个子级：C1 级和 C2 级。

① **C1 级(自主式访问保护)**：通过将用户和数据分离，满足了自主要求。它将各种控制组合成为一体，对每个实体独立地提供 DAC、识别和认证。可能对个人或组提供部分或全部上述安全特征，对个别用户可能无需提供识别、认证或 DAC。在这一等级上，每个用户能够保护其隐私信息，并防止其他用户阅读或摧毁数据，但还不足以保护系统中的敏感信息。

② **C2 级(受控式访问保护)**：这一等级的系统比 C1 级系统的自主式访问控制更加得力，要求对个人也都实施识别、认证和 DAC，要求目标重用。通过登录程序、安全相关事件审计以及资源隔离等措施，用户可以各自为其行为负责。它包含一些对象再使用的规定，以保证存储在某个对象(如数据缓冲区)中的信息再分配时，不能泄露给一个新的用户。C2 类可视为处理敏感信息所需的最低安全级。

B 级(受控式保护)。利用 MAC 和敏感标记实现多级安全，并增加了一些保证要求，如图 13-6-2 所示。它划分了 B1、B2、B3 三个子类，各子类的安全特征如图13-6-2 所示。其中，B2、B3 类要求孤立出安全核，按形式安全策略建立业务。

① **B1 级(带有标示的保护)**：这一等级需要强制式访问控制的支持。系统必须对主要数据结构加载敏感度标号。系统必须给出有关安全策略模型、数据标号，以及对主体和客体的强制访问控制的非正规表述。系统必须具备精确标识输出信息的能力。

② **B2 级(结构式保护)**：可信赖的计算基础是一个形式化的安全策略模型。在 B1 级系统中所采用的自主式访问控制和强制式访问控制被扩展到 B2 级系统中的所有主体和客体。此外，在这一等级上还特别强调了隐蔽通道的概念；TCB 必须特别地加以构造；认证机制得到了加强；要求系统不但有专门的系统管理员和操作员功能，而且有严格的配置管理控制能力。

③ **B3 级(安全域)**：TCB 必须中介所有主体对客体的访问，必须是防窜改的，而且必须足够小以便分析和测试；对系统结构作出了进一步限制；要求支持安全管理员功能；采用了安全审计机制以便对安全有关事件报警；要求具备可信赖系统恢复程序。

A 级(可证实保护)：采用了安全策略的形式模型。其中，A1 是形式最高级规格，功能上等价于 B3 级。实现可证实形式安全策略模型。在分析隐信道时要求用形式技术。然而，正规的设计说明和证实技术必须贯穿于整个开发过程；必须存在可信赖的分配系统。

以橙皮书为基础，美国国家计算机安全中心和加拿大通信安全建设公司联合开发了一个评估程序。它们采用这一程序来对生产厂家送来的产品进行安全性评估，并对每一评估过的产品指定适当的安全等级。评估结果公布在评估产品表上。该评估表成为政府部门和计算机产品的经销商们选择安全产品的依据。对于已知的安全应用，政府部门可以决定采用哪个级别的产品来对机密或敏感信息进行保护[DOD2，DOD3]。这一决策的作出基于风险指数(Risk Index)。所谓风险指数，就是系统用户最小授权和处理数据最大敏感性(如机密)的一个函数。

许多安全产品的购买者也采用橙皮书所规定的等级选购安全产品。例如，在非机密的、但比较敏感的政府应用环境中，要求所用的安全产品至少为 C2 级。

2. 红皮书

可信赖计算机系统评估标准的**可信赖网络注释** TNI(Trusted Network Interpretation)，即红皮书，发表于 1987 年[DOD4]。它提供了一些补充信息，使橙皮书中所确立的一些原则能够应用于网络环境。

红皮书有两个主要组成部分。第一部分对橙皮书的相应部分作了扩充，同样强调了安全特征、保证要求和等级结构，并对如何将橙皮书中确立的原则移植到网络环境中提供了详细说明。因此，红皮书成为对局域网和广域网中的网络产品指定安全等级的基础。

红皮书的第二部分描述了一些网络环境中特有的安全业务，如认证、不可否认和网络管理等。在橙皮书中，对这些安全业务的考虑不够全面。基于这些安全业务，我们可以对每种安全产品定性地给出安全性估计。通常，这些业务与 OSI 安全结构[ISO 7498－2]中所定义的安全业务是一致的。有关 OSI 安全结构方面的内容可参看第 1 章。

13.6.2　欧洲标准

在美国的橙皮书出版以后，欧洲各国相继提出了自己的安全评估标准细则。这些标准包括英国政府标准[UKG1]，英国商用安全产品绿皮书[UKG2]，法国的蓝—白—红皮书[FRA1]以及德国国家标准[GER1]。

随着欧共体的形成和发展，欧洲十分有必要对各国出台的安全评估标准进行协调，使在一个国家实施的产品评估标准也适用于另一个国家。因此，法国、德国、荷兰和英国政府之间已经联手开发了一个新的安全产品评估标准，称为信息技术安全评估标准。该标准的细则由欧共体委员会予以公布[EUR1]。

信息安全技术评价标准(ITSEC)由欧洲共同体开发，于 1991 年 6 月公布 Ver. 1,2。它比美国的橙皮书更加宽松，目的是为了适应各种产品、应用和环境的需要。它提供了对于产品和系统进行评估的统一方法。若系统中的产品已经评估过，那么再对整个系统的安全性进行评估时，就会既简单，又经济。

在安全特征和安全保证之间，ITSEC 也提供了明确的分界线。虽然它没有确切地说明功能要求，但是它允许定义和使用不同的功能文档。对所评估的产品或系统，我们或者特别地定义其安全功能，或者参照预定义的**功能等级**(Functionality Class)来定义其安全功能。

基于德国国家标准中定义的等级，ITSEC 中也定义了五个安全等级，分别记为 F－C1、F－C2、F－B1、F－B2 和 F－B3。这五个等级分别与橙皮书中的五个等级 C1、C2、B1、B2 和 B3 密切相关。

ITSEC 对安全保证(Assurance)单独进行了讨论，其要求在 TOE(目标评价 Target of Evaluation)中给出。主要有识别与认证、接入控制、责任、审计、目标重用、精确性、服务可靠性。数据交换安全级划分为 E0～E6 共七级[ITSEC 1991]。这七个安全保证级代表某个产品或系统的使用者对安全功能能否被恰当地、正确地实现所持的信心。

ITSEC 的安全评估过程如下：首先由产品或系统的保证人(通常为卖主)描述一个安全目标(Security Target)，它由三部分组成：① 对安全目标和威胁的估计；② 采用安全功能和机制的详细说明和理由；③ 目标评估级别(Target Evaluation Level)。此后，再对产品或系统关于安全设计的有效性和具体实现的正确性进行评估。评估过程是让一个独立的评估者来证实此评估水平，这个过程很像金融上的审计过程。

ITSEC 定义的七个评估级可以描述如下：

(1) E0 级。此评估级表示一个不适当的保证。

(2) E1 级。在此评估级上，必须有一个安全目标和一个有关产品/系统结构设计的非形式的描述，并采用功能测试来证明是否达到安全目标。

(3) E2 级。除了 E1 级的要求外，必须有一个关于产品设计细节的非形式描述。用于功能测试的证据必须经过评估。必须有一个配置控制系统和一个令人满意的分配程序。

(4) E3 级。除了 E2 级的要求外，必须对安全机制的源代码和/或硬件设计图进行评估。此外，还必须对这些机制的测试证据进行评估。

(5) E4 级。除了 E3 级的要求外，必须有一个支持此安全目标的安全策略形式模型。必须采用半形式的方式对安全性功能、结构设计以及具体设计加以说明。

(6) E5 级。除了 E4 级的要求外，在具体设计和软硬件之间必须有严格的对应关系。

(7) E6 级。除了 E5 级的要求外，必须对安全功能及结构设计形式加以说明，使其与安全策略的形式模型一致。

我们可以将橙皮书中所规定的 TCSEC 的每个安全等级，映射到一个 ITSEC 功能等级和一个评估水平的特定组合上，如表 13－6－1 所示。除了与 TCSEC 等级的影射之外，ITSEC 允许有其它许多组合。

表 13－6－1　TCSEC 与 ITSEC 之间的映射关系

橙皮书等级	ITSEC 的相应等级 {功能分类，评估水平}
D	{—，E0}
C1	{F－C1，E1}
C2	{F－C2，E2}
B1	{F－B1，E3}
B2	{F－B2，E4}
B3	{F－B3，E5}
A1	{F－A1，E6}

13.6.3　其它安全评估标准

除了上面介绍的美国的橙皮书和欧洲的 ITSEC 标准之外，还有其它许多安全评估准则也是非常重要的。它们是：

(1) 加拿大标准[CAN1]；

(2) 美国联邦标准；

(3) ISO/IEC 国际标准。

在加拿大，通信安全建设公司(CSE)所属的加拿大系统安全中心(CSSC)，负责制定加拿大的可信赖计算机产品评估标准(TCPEC)[CAN1]。加拿大的标准有两个目的：① 为安全产品的评估提供了可以比较的度量；② 指导制造商将适当的安全特征加到其安全产品中。在将安全功能与保证分离方面，加拿大标准较 ITSEC 更进了一步。加拿大标准对每一种功能种类都定义了不同的标准，这些功能种类包括保密性、完整性、可用性以及责任性。

此外，还有一个评估信任的保证种类。每一功能种类可划分成多个子类，而对每个子类都定义了多个评估水平。

在美国，NIST 和国家安全局(NSA)制定了一个联合计划，目的是要开发一系列的联邦信息处理标准，统称为联邦标准。这些标准旨在对橙皮书作出修改，并趋向于同其它标准，如 ITSEC 和加拿大标准相一致。此标准所考虑问题的范围，特别在访问控制、完整性和可用性方面，已经远远地超出了橙皮书。联邦标准的初始版本定义了不同的保护文档来适应不同环境的安全需求。此标准特别对商业环境中的保护文档作了定义。橙皮书没有很好地考虑商业环境中的保护文档的定义。

在国际上，ISO/IEC JTC1/SC27 有一个雄心勃勃的计划，希望开发出一个国际上通用的安全评估标准。橙皮书、美国联邦标准、ITSEC 和加拿大的标准等都对这一工作有十分重要的贡献。

总而言之，有关安全评估标准的研究和开发，目前正在不断地得到发展。橙皮书是在这方面开展工作的基础。世界上许多国家对此作出了重要的贡献。这一工作的重要成果将是用于非政府环境中的标准。人们预期，将各个国家和地区的安全评估标准统一起来的日子不会太远。

13.6.4　密码器件

以上讨论的安全评估标准，明确地排除了对计算机/通信安全解决方案中的密码器件的评估。对密码器件进行评估，这是一个更专门的、敏感的课题，而且更难以达成国际协定。这里，我们将讨论范围局限于美国政府标准。这一标准定义了对用来保护非机密数据的密码模块的需求，而这些需求是人们对这类设备编制验证程序的基础。一般说来，在政府部门中是否采用这种设备取决于这种验证的最后结果。

在 1982 年，美国颁布了 1207 号联邦标准。此标准成为对基于 DES 的密码设备进行评估的基础。在 1987 年发起的计算机安全行动之后，对这一标准的职责移交给了 NIST，并成为联邦信息处理标准 FIPS PUB 140。1207 号联邦标准已成为对基于 DES 的设备编制验证程序的基础。

在 1993 年，NIST 颁布了一个完整的标准来替代 FIPS PUB 140。与以前的版本相比，此标准更容易理解，并消除了与 DES 的内在联系。

FIPS PUB 140-1 定义了四个等级，它们包含对密码器件的功能和保证的要求：

(1) **等级 1**：这是最低的等级，仅包含某些基本的安全要求(例如，所采用的算法必须是 NIST 允许的算法)。它没有对物理安全机制作出任何要求。软件密码功能可以在通用的个人计算机上实现。可在这一等级上验证的典型的系统是低成本的、可插拔的 PC 加密板。

(2) **等级 2**：这一等级增加了对低成本、防窜改涂层，或封条，或防撬锁的要求，以防止对存储于该模块中的密钥或其它敏感参数进行访问。在执行任何功能时，该模块必须能够对操作员进行认证，并采用基于任务的访问控制来检查授权。软件密码功能应采用多用户时分系统来实现，达到橙皮书规定的 C2 级。

(3) **等级 3**：与较早版本的 FIPS 140(联邦标准 1027)所定义的等级相比较，这一等级要求加强物理安全。例如，在敏感的器件周围增加安全封装。一旦发现有人企图穿越此屏障，关键的安全参数将会被清零。模块必须能够逐个对操作员加以认证。此外，对于关键安全参数的输入和输出有严格的要求——安全数据输入/输出端口在物理上必须与其它端口隔离，而且输入/输出的参数要么采用加密的形式，要么采用知识分拆的方式进行传输。为提供适当的软件或固件保证，制造商必须提供有关密码模块安全策略形式模型的详细说明，并且应采用与此形式模型一致的自动工具验证软件设计。如果软件密码功能采用多用户时分系统来实现，那么该系统必须达到橙皮书规定的 B1 级。这样做是为了保护密码软件和关键的安全参数免遭该系统上的其它软件的影响，避免明文和密文搅在一起，并防止不经意地传输关键的信息(如明文密钥)。

(4) **等级 4**：这是最高的安全等级，它具有更加苛刻的物理安全要求。它允许密码器件工作在物理上不受保护的环境中。在该环境中，攻击者时刻有准备访问此器件的可能性。因此，必须保护模块以防因环境条件或电压和温度等的波动超出正常的工作范围而造成安全性泄露。模块应该具有检测波动和清零关键安全参数的特殊环境保护特征，或者具有严格的环境故障检测的能力。如果软件密码功能在多用户分时系统上实现，需要系统的安全等级达到橙皮书定义的 B2 级。

附录 13. A　信息安全技术标准

在密码和安全技术普遍用于实际通信网的过程中，标准化是一项非常重要的工作。标准化可以实现规定的安全水平，具有兼容性，在保障安全的互连互通中起关键作用；标准化有利于降低成本、训练操作人员和技术的推广使用。因此各国政府有关部门和国际标准化组织都大力开展标准化的研究和制定工作。

已制定的各种标准都采用了可靠的密码算法和成熟的实现技术，对于安全系统的设计极有参考价值。本附录将简要介绍一些已制定出的主要有关信息安全的标准，并指明出处，便于查阅。有关安全标准的介绍可参看[Kou 1997；Menezes 等 1997]。

13. A. 1　密码技术的国际标准

国际标准化组织 ISO(The International Organization for Standardization)和国际电子技术委员会 IEC(The International Electrotechnical Commission)分别或联合制定了一些标准。联合制定的标准由联合技术委员会 ISO/IEC JTC 1 负责。

一个标准分几个阶段出台，即工作草案 WD(Working Draft)、委员会草案 CD(Committee Draft)和草拟的国际标准 DIS(Draft International Standard)。ISO 和 ISO/IEC 的标准每五年要评议一次，或被重新认定(Reaffirmed)、或修改(Revised)、或收回(Retracted)。负责通用密码技术的 ISO/IEC 的子委员会是 SC 27(ISO/IEC JTC 1 27)。

表 13－A－1 列出 ISO/IEC 有关密码技术的标准。

13. A. 2　ANSI 和 ISO 的银行信息系统安全标准

美国国家标准协会 ANSI(The American National Standard Institute)有两个委员会制定有关信息安全的标准，一个是特许委员会 ASC(Accredited Standards Committee)的 X－3 负责信息处理系统方面的工作，秘书处设在美国计算机和商业设备制造联合会 CBEMA(Computer and Business Equipment Manufacturers Association)；另一个是 ASC－X9，处理

金融业务有关问题，秘书处设在美国银行家联合会 ABA(The American Bankers Association)；还有 ASC - X12 主管电子商务数据交换方面工作。X - 3、X - 9、X - 12 下设一些子委员会，如 X9F 主要做信息安全标准、X9F 1 负责密码方面的工作、X9F 3 负责批发金融电信安全工作。ISO 和 ANSI 都制定了一些银行业务上的信息安全标准。其中，涉及有关金融机构间的批发(Wholesale)银行业务，批发业务每天处理数千件，平均每笔交易额达 300 万美元；零售(Retail)银行业务，金融机构与个人之间的转账交易，包括自动转账机 ATM(Automated Teller Machine)和零售点 POS(Point of Sale)交易以及信用卡认证交易。零售业务每天要处理数以万计的交易，但平均每笔交易额只为 50 美元。

表 13 - A - 1 ISO 和 ISO/IEC 通用密码技术标准

ISO 号	主题	有关标准及算法
8372	64 bit 密码的工作模式	FIPS 81，ANSI X3.106
9796	可恢复消息的签字(例 RSA)	ANSI X9.31
9797	数据完整性机制(MAC)	ISO 8731 - 1,ISO 9807,ANSI X9.9,ANSI 9.19
9798 - 1	实体认证：引论	
9798 - 2	实体认证：采用对称密钥加密	
9798 - 3	实体认证：采用公钥技术	
9798 - 4	实体认证：采用密钥控制的单向函数	
9798 - 5	实体认证：采用零知识技术	
9979	密码算法的注册	
10116	n - bit 密码的工作模式	
10118 - 1	杂凑函数：引论	
10118 - 2	杂凑函数：采用分组密码	Matyas-Meyer-Oseas 及 MDC - 2 算法
10118 - 3	杂凑函数：采用定制的算法	SHA - I. RIPEMD - 128，RIPEMD - 166
10118 - 4	杂凑函数：采用模算术	MASH - 1，MASH - 2
11770 - 1	密钥管理：引论	
11770 - 2	密钥管理：对称技术	Kerberos，Otway-Rel 协议
11770 - 3	密钥管理：非对称技术	Diffie-Hellman 协议 ISO/IEC 9798
13888 - 1	不可否认性：引论	
13888 - 2	不可否认性：对称技术	
13888 - 3	不可否认性：非对称技术	
14888 - 1	有附件的签字：引论	ANSI X9.30 - 1 ISO/IEC 9796
14888 - 2	有附件的签字：基于身份的机制	
14888 - 3	有附件的签字：基于证书的机制	DSA，EIGamal Schvlorr，RSA 等签字

表 13 - A - 2 列出 ANSI 的加密标准和银行业务安全标准。

表 13－A－2 ANSI 的加密标准和银行业务安全标准

ANSI 号	主 题	有 关 标 准
X 3.92	数据加密算法 DEA	FIPS 46 DES
X3.106	DEA 的工作模式	FIPS 81，ISO 8372
X9.8	DIN 管理和安全性	ISO 9564
X9.9	消息认证(批发业务)	X9.17
X9.17	密钥管理(批发业务，对称)	ISO 8732
X9.19	消息认证(零售业务)	X 9.9
X9.23	消息加密(批发业务)	
X9.24	密钥管理(零售业务)	ISO 11568
X9.26	签字认证技术	
X9.28	多中心密钥管理(批发业务)	X9.17
X9.30－1	数字签字算法(DSA)	FIPS 186，FIPS 180
X9.30－2	DSA 用安全杂凑算法(SHA)	
X9.31－1	RSA 签字算法	ISO/IEC 9796
X9.31－2	RSA 用杂凑算法	MDC－2
X9.42	采用 Diffie-Hellman 方案的密钥管理	
X9.45	属性证书和其它控制法	ANSI X9.57
X9.52	三重 DES 和工作模式	ISO 8372
X9.55	证书扩充(V3)和 CRLS	ITU－T X509 V.3
X9.57	证书管理	ITU－T X.509，ANSI X9.30－1

表 13－A－3 列出 ISO 制定的银行安全标准，这些标准是由 ISO 技术委员会 TC (Technical Committee)的负责银行业和有关金融业务的子委员会 TC 68 制定的，TC 68 包括 TC 68/SC 2(批发银行业务安全)和 TC 68/SC 6(零售银行业务安全和灵巧安全)。

表 13－A－3 ISO 银行业务安全标准(W—批发，R—零售)

ISO 号	主 题	有 关 标 准
8730	消息认证：要求(W)	ANSI X9.9
8731－1	消息认证：CBC－MAC	ISO/IEC 9797，ANSI X9.9
8731－2	消息认证：MAA	
8732	密钥管理/对称的(W)	
9564	PIN 管理和安全性	ANSI X9.8
9807	消息认证：要求(R)	ANSI X9.19
10126	消息加密(W)	ANSI X9.23
10202－7	灵巧卡的密钥管理	
11131	签字认证	ANSI X9.26
11166－1	密钥管理/非对称的：概述	ISO 8732
11166－2	采用 RSA 的密钥管理	
11568	密钥管理(R)，有六部分	ANSI X9.24

13. A. 3 ISO 的安全结构和安全框架标准

表 13 - A - 4 列出了由 ISO 和 ISO/IEC JTCI SC21 等制定的有关开放系统互连(OSI)的安全结构和安全框架标准。

表 13 - A - 4 ISO 和 ISO/IEC 的安全结构和安全框架标准

ISO 号	主 题	有关标准
7498 - 2	OSI 安全结构(按开放网络的层结构配置安全业务和安全机制)	ITU - T X 800
9594 - 8	认证框架(基于通行字和各种强化认证机制)	ITU - T X. 509
10181	OSI 安全框架(认证、接入控制、不可否认、完整性、机密性和安全审计框架结构)	ITU - T X. 816

13. A. 4 美国政府标准(FIPS)

表 13 - A - 5 列出了美国联邦信息处理 FIPS (Federal Information Processing Standards)公布的有关安全的部分标准，由美国国家标准与技术协会 NIST (National Institute Standard and Technology)制定，供美国联邦政府各部门使用。

表 13 - A - 5 U. S FIPS 公布的有关标准

FIPS 号	主 题	有 关 标 准
FIPS 46 - 2	数据加密标准(DES)	ANSI X3. 92
FIPS 74	使用 DES 指南	
FIPS 81	DES 工作模式	ANSI X3. 106
FIPS 112	通行字使用	
FIPS 113	数据认证(CBC - MAC)	ISO/IEC 9797
FIPS 114 - 1	密码模块安全性要求	
FIPS 171	采用 X9. 17 的密钥管理	
FIPS 180 - 1	安全杂凑标准(SHA - 1)	
FIPS 185	密钥托管(Clipper 和 SKIPJACK)	
FIPS 186	数字签字标准(DSA)	FIPS 180, FIPS 180 - 1
FIPS JJJ	实体认证(非对称)	ISO/IEC 9798 - 3

13. A. 5 Internet 标准和 RFCs

Internet 研究和发展共同体(Internet Research and Development Community)正式公布的文件称作应征意见稿 RFC(Request for Comments)，其中一部分规定为共同体内作为 Internet 标准的候选。

Internet 的 IETF(The Internet Engineering Task Force)中的 IESG(The Internet Engineering Steering Group)负责介绍有关从建议标准(PS)到起草标准(DS)再到标准(STD)的情况。RFC 还可能是下述一些类型的文件:如实验性(E)草案,可能是早期部分研究工作;通报性(I)草案,为了团体成员方便而公布;历史性(H)草案,可能是被淘汰的、过期的或废弃的。这些都不算作 Internet 标准。表 13-A-6 列出可作为 Internet 草案(1-D)的一些文件供参考。

表 13-A-6　Internet RFC 选(截至 1996 年 5 月)

RFC 号	进行情况	主　　题
1319	I	MD-2 杂凑函数
1320	I	MD-4 杂凑函数
1321	I	MD-5 杂溱函数
1421	PS	PEM:加密、认证
1422	PS	PEM:证书、密钥管理
1423	PS	PEM:算法、模式、识别符
1424	PS	PEM:密钥确证和业务
1508	PS	通用安全业务 API(GSS-API)
1510	PS	Kerberos V5 网络认证
1828	PS	密钥式 MD-5(作为 MAC)
1847	PS	安全多边 MIME
1848	PS	MIME 对象安全业务(MOSS)
1938	PS	一次性通行字系统

13. A. 6　PKCS

有些规定虽不是经标准化组织或其它机构认可,但事实上已作为标准看待,例如由 RSA 实验室制定的 PKCS 系列。表 13-A-7 列出有关公钥密码标准 PKCS(The Public-Key Cryptography Standards)。PKCS #2 和 PKCS#4 已并入 PKCS#1 作为 CRYPTOKI,故表中未列出。参看[RSA Lab. 1993,1995 或 http://www.rsa.com/]

表 13-A-7　PKCS 规 定

PKCS 号	主　　题
1	RSA 加密标准
3	Diffie-Hellman 密钥协商标准
5	基于通行字的加密标准
6	扩充证书句法标准
7	密码消息句法标准
8	秘密钥信息句法标准
9	选择属性类型
10	证实所需的句法标准
11	密码令牌接口标准

表 13－A－1～表 13－A－7 中各项标准的文本可在参考文献中查到。

13.A.7 其它信息安全技术标准

IEEE 微处理器标准委员会已制定了 IEEE P1363 标准草案，即 RSA、Diffie-Hellman 和有关公钥密码学的标准，其中包括椭圆曲线体制。Guillou 等[1990]提出了 ISO/IEC 9796 中所用的冗余体制（Redundancy Scheme），经过五年评议，1996 年才形成，名为提供消息恢复的数字签字方案——第 I 部分：采用冗余的机制，第 II 部分：采用杂凑函数的机制。

ISO、IEC 9979 是有关注册密码算法的规定，由英国 National Computer Centre（Oxford road，Manchester MI 7ED）负责，到 1995 年 10 月已收到 12 种算法，即 BARAS，B－Crypt，CDMF，DES，FEAL，IDEA，LUC，MULTI 2，RC 2，RC 4，SXAL/MBAL 和 SKIPJACK。ISO/IEC 8824 的抽象句法符号（Abstract Syntax Notation One）注册方案为注册的算法提供了对象识别符 OID（Object Identifier），可以惟一地确定出要找的算法[Ford 1994]。

ISO/IEC 95.94 －8（X.509）是 OSI 检索业务标准。通过信息树 DIT（Directory Information Tree）构造逻辑数据库，提供方便的检索服务[Ford 1994；ITU －T REC X.509；ISO/IEC 10181]。

RFC 1508 是由 Linn 提出的 GSS-API，是一种面向会话应用的技术，对于存储转发应用有一个类似的规定，即 IDUP-GSS-API（IDUP 表示 Independent Data Unit Protection）。在实现中包含了基于 Kerberos 的对称密钥机制和基于公钥的机制 SPKM（Simple Public-Key Mechanism）。这一工作由 IETF 的公共认证技术 CAT（Common Authentication Technologies）组负责，有关进展可参看[Adams 1996]。

有关 IP 安全性（IPSEC），IETF 工作组有两项规定，即 Karn 和 Simpson 提出的 Photuris 协议和 Aziz 提出的 SKIP 协议，利用 Diffie-Hellman 密钥交换，通过 Internet 建立会话密钥。Krawczyk[1996]提出另一种称作 SKEME 的协议。

RFC 1521 规定了 MIME，用于多种文本（非 ASCII 文本为多种字体文本，有声音和图像片段等）和非文本函件。RFC 1848 建议的 MOSS 协议的另一种变形是 S/MIME [Thompson 1995]，对于 MIME 业务利用 PKCS 规定附加了签字和/或加密业务。

还有些标准已经或正在制定中，可参看[Bosselaers 等 1995；Kou 1997；Zimmermann 1995；Garfinkel 1995]。

有关密码的一些专利在 Menezes 等的书中做了全面介绍，可参看[Menezes 等 1997]。

参 考 文 献

□ ABA Document, 4.3 "*Key Management Standard*," American Bankers Association, 1980.

□ Abadi, M., Feigenbaum, J. and Kilian, J., "On hiding information from an oracle," Journal of Computer and System Sciences, Vol. 39, No. 1, pp. 21 - 50, Aug. 1989.

□ Abadi, M., and Needham, R., "Prudent Engineering Practice for Cryptographic Protocols," Research Report 125, Digital Equipment Corp. Systems Research Center, June 1994.

□ Abadi, M. and Tuttle, M., "A semantics for a logic of authentication," *Proc. of 10th ACM Symposium on Principles of Distributed Computing*, pp. 210 - 216, Aug. 1991.

□ Abdelguerfi, M., Kaliski Jr., B. S. and Patterson, W., "Public-key security systems," IEEE Micro, Vol. 16, No. 3, 10 - 13 June, 1966.

□ Adams, C. M., "On immunity against Biham and Shamir's 'differential cryptanalysis'," Information Processing Letters, Vol. 41, No. 14, pp. 77 - 80, Feb. 1992.

□ Adams, C. M., "Simple and effective key scheduling for symmetric ciphers," Workshop on *Selected Areas in Cryptography*—Workshop Record, Kingston, Ontario, 5 - 6, pp. 129 - 133, May 1994.

□ Adams, C. M., "IDUP and SPKM: Developing public-key-based APIs and mechanisms for communication security services," Proceedings of the Internet Society Symposium on Network and Distributed System Security, pp. 128 - 135, IEEE Computer Society Press, 1996.

□ Adams, C. M., "Constructing symmetric ciphers using the CAST design procedure," Designs, Codes, and Cryptography, Vol, 12, No. 3, pp. 283 - 316, 1997.

□ Adams, C. M. and Meijer, H., "Security-related comments regarding McEliece's public-key cryptosystem," Advances in Cryptology—CRYPTO '87 Proceedings, pp. 224 - 230, Springer-Verlag, 1988; also in IEEE Trans. on Information Theory, Vol. 35, pp. 454 - 455, 1989.

□ Adams, C. M. and Tavares, S. E., "The structured design of cryptographically good S-boxes," Journal of Cryptology, Vol. 3, No. I, pp. l27 - 41, 1990.

□ Adams and Tavares, S. E., "Designing S-boxes for ciphers resistant to differential cryptanalysis," Proceedings of the 3rd Symposium on *State and Progress of Research in Cryptography*, Rome, Italy, pp. 181 - 190, 15 - 16 Feb. 1993.

□ Adiga, B. S. and Shankar, P., "Modified Lu-Lee cryptosystem," Electronics Letters, Vol. 21, No. 18, pp. 794 - 795, 29 Aug. 1985.

□ Adleman, L. M., "A subexponential algorithm for the discrete logarithm problem with applications to cryptography," Proceedings of the IEEE 20th Annual Symposium on *Foundations of Computer Science*, pp. 55 - 60, 1979.

□ Adleman, L. M., "On breaking generalized knapsack public key cryptosystems," Proceedings of the 15th ACM Symposium on *Theory of Computing*, pp. 402 - 412, 1983.

□ Adleman, L. M., "Factoring numbers using singular integers," Proceedings of the 23rd Annual ACM Symposium on the *Theory of Computing*, pp. 64 - 71, 1991.

□ Adleman, L. M., "Molecular computation of solutions to combinatorial problems," Science, Vol. 266, No. 11, p. 1021, Nov. 1994.

□ Adleman, L. M., "The function field sieve," *Algorithmic Number Theory* (LNCS 877), pp. 108 - 121, 1994.

□ Adleman, L. M. and DeMarrais, J., "A subexponential algorithm for discrete logarithms over all finite fields," Mathematics of Computation, 61, pp. 1 - 15, 1993.

□ Adleman, L. M., DeMarrais, J. and Huang, M. D., "A subexponential algorithm for discrete logarithms over the rational subgroup of the Jacobians of large genus hyperelliptic curves over finite fields," *Algorithmic Number Theory*, pp. 28 - 40, 1994.

□ Adleman, L. M. and Lenstra Jr., H. W., "Finding irreducible polynomials over finite fields," Proceedings of the 18th Annual ACM Symposium on *Theory of Computing*, pp. 350 - 355, 1986.

□ Adleman, L. M. and McCurley, K. S., "Open problems in number theoretic complexity, II," *Algorithmic Number Theory*, pp. 291 - 322, 1994.

□ Agnew, G. B., "Random sources for cryptographic systems," Advances in Cryptology—EUROCRYPT'87 Proceedings, pp. 77 - 81, Springer-Verlag, 1988.

□ Agnew, G. B., Mullin, R. C., Onyszchuk, I. M. and Vanstone, S. A., "An implementation for a fast public-key cryptosystem," Journal of Cryptology, Vol. 3, No. 2, pp. 63 - 79, 1991.

□ Agnew, G. B., Mullin, R. C. and Vanstone, S. A., "A fast elliptic curve cryptosystem," Advances in Cryptology—EUROCRYPT '89 Proceedings, pp. 706 - 708, Springer-Verlag, 1990.

□ Agnew, G. B., Mullin R. C. and Vanstone, S. A., "Improved digital signature scheme based on discrete exponentiation," Electronics Letters, Vol. 26, No. 14, pp. 1024 - 1025, 5 July 1990.

□ Agnew, G. B., Mullin, R. C. and Vanstone, S. A., "On the development of a fast elliptic curve cryptosystem," Advances in Cryptology—EUROCRYPT '92 Proceedings, pp. 482 - 487, Springer-Verlag, 1993.

□ Agnew, G. B., Mullin, R. C. and Vanstone, S. A., "An implementation of elliptic curve cryptosystems over $F_{2^{155}}$," IEEE Selected Areas of Communications, Vol. 11, No. 5, pp. 804 - 813, June 1993.

□ Ahlswede, R., "Remarks on Shannon's secrecy systems," Problems of Control and Information Theory, 11, No. 4, pp. 301 - 318, 1982.

□ Ahlswede, R., "Bad codes are good ciphers," Problems of Control and Information Theory, 11, No. 5, pp. 337 - 351, 1982.

□ Ahlswede, R., and Csiszár I., "Common randomness in information theory and cryptography—part I: Secret sharing," IEEE Trans. on Inform. Theory, Vol. 39, No. 4, pp. 1124 - 1132, July 1993.

□ Ahuja, V., "Network and Internet Security," Academic Press, 1996.

□ Ahuja, V., "Security Commerce on the Internet," Academic Press 1997.

□ Alagappan, K. and Tardo, J., "SPX Guide: Prototype Public Key Authentication Service," Digital Equipment Corp., May 1991.

□ Alexandris, N., Burmester, M., Chrissikopoulos, V. and Desmedt, Y., "A secure key distribution system," W. Wolfowicz(Ed.), Proceedings of the 3rd Symposium on State and Progress of Research in Cryptography, Rome, Italy, pp. 30 - 34, Feb. 1993.

□ Alexi, W., Chor, B. Z., Goldreich, O. and Schorr, C. P., "RSA and rabin functions: certain parts are as hard as the whole," SIAM Journal on Computing, Vol. 17, No. 2, pp. 194 - 209, Apr. 1988.

□ Álvarez, G., de la Guaì, D., Montoya, F. and Peinado, A., "Akelarre: a new block cipher algorithm," Third Annual Workshop on Selected Areas in Cryptography-SAC '96, Canada, 1996.

□ Álvarez, G., de la Guaì, D., Montoya, F. and Peinado, A., "Description of the new block cipher algorithm," from fausto@iec. csic. es 1997.

□ Ameritech Mobile Communications et al., "Cellular Digital Packed Data System Specifications: Part 406:

Airlink Security," CDPD Industry Input Coordinator, Costa Mesa, Calif., July 1993.

☐ Amirazizi, H. and Hellman, M., "Time-memory-processor trade-offs," IEEE Trans. on Information Theory, Vol. 34, pp. 505 - 512, 1988.

☐ Amoroso, E. G., "Fundamentals of Computer Security Technology," Prentice Hall Inc. 1994.

☐ Anderson, R. J., "Solving a class of stream ciphers," Cryptologia, Vol. 14, No. 3, pp. 285 - 288, July 1990.

☐ Anderson, R. J., "A second generation electronic wallet," ESORICS '92, Proceedings of the Second European Symposium on Research in Computer Security, pp. 411 - 418, Springer-Verlag, 1992.

☐ Anderson, R. J., "Faster attack on certain stream ciphers," Electronics Letters, Vol. 29, No. 15, 22, pp. 1322 - 1323, July 1993.

☐ Anderson, R. J., "Derived Sequence Atacks on Stream Ciphers," presented at the rump session of CRYPTO '93, Aug. 1993.

☐ Anderson, R. J., "Practical RSA trapdoor," Electronics Letters, Vol. 29, p. 995, 27 May 1993.

☐ Anderson, R. J., "Why cryptosystems fail," Communications of the ACM, Vol. 37, No. 11, pp. 32 - 40, Nov. 1994.

☐ Anderson, R. J., "On fibonacci keystream generators," K. U. Leuven Workshop on Cryptographic Algorithms, pp. 346 - 352, Springer-Verlag, 1995.

☐ Anderson, R. J., "Searching for the optimum correlation attack," K. U. Leuven Workshop on *Cryptographic Algorithms*, pp. 137 - 143, Springer-Verlag, 1995.

☐ Anderson, R. J., "The classification of hash functions," P. G. Farrell (Ed.), *Codes and Cyphers: Cryptography and Coding IV*, pp. 83 - 93, Institute of Mathematics & Its Applications (IMA), 1995.

☐ Anderson, R. J. (Ed.), "Information Hiding," Springer-Verlag, Berlin, New York City, 1996.

☐ Anderson, R. J. and Biham, E., "Two practical and provably secure block ciphers: BEAR and LION," D. Gollmann (Ed.), *Fast Software Encryption*, Third International Workshop (LNCS 1039), pp. 113 - 120, Springer-Verlag, 1996.

☐ Anderson, R. J. and Needham, R., "Robustness principles for public key protocols," Advances in Cryptology—CRYPTO '95 Proceedings, pp. 346 - 352, Springer-Verlag, 1995.

☐ ANSI X3. 92, "*American National Standard—Data Encryption Algorithm (DEA)*," American national Standards Institute, 1981.

☐ ANSI X3. 105, "*American National Standard for Information Systems—Data Link Encryption*," American National Standards Institute, 1983.

☐ ANSI X3. 106, "*American National Standard for Information Systems—Data Encryption, Algorithm—Modes of Operation*," American National Standards Institute, 1983.

☐ ANSI X9. 8, "*American National Standard for Financial Services—Banking—Personal Identication Number Management and Security, Part 1: PIN protection principles and techniques; Part 2: Aproved algorithms for PIN encipherment*," ASC X9 Secretariat—American Bankers Association, 1995.

☐ ANSI X9. 9 (Revised), "*American National Standard—Financial Institution Message Authentication (Wholesale)*," ASC X9 Secretariat—American Bankers Association, 1986 (replace X9. 9—1982).

☐ ANSI X9. 17 (Revised), "*American National Standard—Financial Institution Key Management (Wholesale)*," ASC X9 Secretariat—American Bankers Association, 1985.

☐ ANSI X9. 19, "*American National Standard—Financial Institution Retail Message Authentication*," ASC X9 Secretariat—American Bankers Association, 1986.

☐ ANSI X9. 23, "*American National Standard—Financial Institution Message Encryption of Wholesale*

Financial Messages," ASC X9 Secretariat—American Bankers Association, 1988.

☐ ANSI X9. 24, "*American National Standard—Financial Services Retail Key Management*," ASC X9 Secretariat—American Bankers Association, 1992.

☐ ANSI X9. 26, "*American National Standard—Financial Institution Sign-on Authentication for Wholesale Financial Transaction*," ASC X9 Secretariat—American Bankers Association, 1990.

☐ ANSI X9. 28, "*American National Standard—Financial Institution Multiple Center Key Management (wholesale) Authentication for Wholesale Financial Transaction*," ASC X9 Secretariat—American Bankers Association, 1990.

☐ ANSI X 9. 30, "*American National Standard for Financial Services—Public Key Cryptography Using Irreversible Algorithms for the Financial Services Industry, The digital signature algorithm (DES), Part 2: The secure hash algorithm (SHA)*," ASC X9 Secretariat—American Bankers Association, Aug. 1995.

☐ ANSI X 9. 31, "*American National Standard for Financial Services—Public Key Cryptography Using RSA for the Financial Services Industry, Part 1: The RSA signature algorithm; Part 2: Hash algorithm for RSA*," draft, American Bankers Association, 1995.

☐ ANSI X9. 42, "*Public key cryptography for the financial services industry: Management of symmetric algorithm keys using Diffie-Hellman*," draft, 1995.

☐ ANSI X44, "*Public key cryptography using reversible algorithms for the financial services industry: Transport of symmetric algorithm keys using RSA*," draft, 1994.

☐ ANSI X9. 45, "*Public key cryptography for the financial services industry—Enhanced management controls using digital signatures and attribute certificates*," draft, 1996.

☐ ANSI X9. 52, "*Triple data encryption algorithm modes of operation*," draft, 1996.

☐ ANSI X9. 55, "*Public key cryptography for the financial services industry—Extensions to public key certificates and certificate revocation lists*," draft, 1995.

☐ ANSI X9. 57, "*Public key cryptography for the financial services industry—Certificate management*," draft, 1995.

☐ Arazi, B., "Integrating a key distribution procedure into the digital signature standard," Electronics Letters, Vol. 29, pp. 966 - 967, 27 May 1993.

☐ Arazi, B., "On primality testing using purely divisionless operations," The Computer Journal, 37, pp. 219 - 222, 1994.

☐ Arnault, F., "Rabin-Miller primality test: Composite numbers which pass it," Mathematics of Computation, 64, pp. 355 - 361, 1995.

☐ Asmuth, C. and Bloom, J., "A modular approach to key safeguarding," IEEE Transactions on Information Theory, Vol. IT - 29, No. 2, pp. 208 - 210, Mar. 1983.

☐ AT&T, "T7001 Random Number Generator," Data Sheet, Aug. 1986.

☐ Atkin, A. O. L. and Morain, F., "Elliptic curves and primality proving," Mathematics of Computation, 61, pp. 29 - 68, 1993.

☐ Atkins, D., Graff, M., Lenstra, A. K. and Leyland, P. C., "The magic words are SQUEAMISH OSSIFRAGE," Advances in Cryptology—ASIACRYPT'94 pp. 263 - 277, 1995.

☐ Aziz, A. and Diffie, W., "Privacy and authentication for wireless local area networks," IEEE Personal Communications, Vol. 1, No. 1, pp. 25 - 31, 1994.

☐ Aziz, A., Markson, T. and Prafullchandra, H., "Simple key management for Internet protocols (SKIP)," Internet Draft, Work in Progress, draft-ietf-ipsec-skip-06. txt, Dec. 1995.

☐ Azzarone, S., "Safety PIN: Can it keep card systems secure?" Bank Systems and Equipment, Nov.

1978.

☐ Bach, E., "Explicit bounds for primality testing and related problems," Mathematics of Computation, 55, pp. 355 - 380, 1990.

☐ Bach, E., "Number-theoretic algorithms," Annual Review of Computer Science, 4, pp. 119 - 172, 1990.

☐ Bach, E., "Realistic analysis of some randomized algorithms," Journal of Computer and System Sciences, 42, pp. 30 - 53, 1991.

☐ Bach, E., "*Algorithmic Number Theory, Volume I: Efficient Algorithms*," MIT Press, Cambridge, Massachusetts, 1996.

☐ Bahreman, A., "PEMToolKit: Building a top-down certification hierarchy," Proceedings of the Internet Society Symposium on *Network and Distributed System Security*, pp. 161 - 171, IEEE Computer Society Press, 1995.

☐ Banieqbal, B. and Hilditch, S., "The Random Matrix Hashing Algorithm," Technical Report, UMCS-90-9-1, Department of Computer Science, University of Manchester, 1990.

☐ Bao(鲍丰), "线性有限自动机的递增秩与FA公开钥密码体制的复杂性", 中国科学, A辑, Vol. 24, No. 2, pp. 193 - 200, 1994.

☐ Baritaud, T., Campana, M., Chauvaud, P. Gilbert, H., "On the security of the permuted kernel identification scheme," Advances in Cryptology—CRYPTO '92, pp. 305 - 311, 1993.

☐ Bardell, P. H., "Analysis of cellular automata used as pseudorandom pattern generators," Proceedings of 1990 International Test Conference, pp. 762 - 768, 1990.

☐ Barker, W., "*Cryptanalysis of the Hagelin Cryptograph*," Aegean Park Press, Laguna Hills, California, 1977.

☐ Barnett, S. M., Huttner, B. and Phoenix, S. J. D., "Eavesdropping strategies and rejected-data protocols in quantum cryptography", Journal of Modern Optics, Vol. 40, pp. 2501 - 2513, 1993.

☐ Barnett, S. M. and Phoenex, S. J. D., "Information-theoretic limits to quantum cryptography," Physical Review A, Vol. 48, R5 - R8, 1993.

☐ Barrett, P., "Implementing the Rivest Shamir and Adleman public key encryption algorithm on a standard digital signal processor," Advances in Cryptology—CRYPTO '86, pp. 311 - 323, 1987.

☐ Bassham, L. and Polk, W., "Threat assessment of malicious code and external attacks," NISTIR 4939, NTST, Oct. 1992.

☐ Bauer, K. R., Berson, T. A. and Feiertag, R. J., "A key distribution protocol using event markers," ACM Transactions on Computer Systems, Vol. 1, No. 3, pp. 249 - 255, 1983.

☐ Baum, U. and Blackburn, S. "Clock-controlled pseudorandom generators on finite groups," *in Fast Encryption Algorithm*, 2nd International Workshop, pp. 6 - 21, Springer-Verlag, 1994.

☐ Bauspiess, F. and Damm, F., "Requirements for cryptographic hash functions," Computers & Security, Vol. 11, No. 5, pp. 427 - 437, Sep. 1992.

☐ Bauspiess, F. and Knobloch, H. J., "How to keep authenticity alive in a computer network," Advances in Cryptology—EUROCRYPT '89, pp. 38 - 46, 1990.

☐ Bayer, D., Haber, S. and Stornetta, W. S., "Improving the efficiency and reliability of digital time-stamping," *Sequences II: Methods in Communication, Security, and Computer Science*, pp. 329 - 334, Springer-Verlag, 1993.

☐ Beauchemin, P. and Brassard, G., "A generalization of Hellman's extension to Shannon's approach to cryptography," Journal of Cryptology, I, pp. 129 - 131, 1988.

☐ Beaver, D., Feigenbaum, J. and Shoup, V., "Hiding instances in zero-knowledge proofs," Advances in

Cryptology—CRYPTO '90 Proceedings, pp. 326 - 338, Springer-Verlag, 1991.

☐ Béguin, P. and Quisquater, J. J., "Secure acceleration of DSS signatures using insecure server," Advances in Cryptology—ASIACRYPT '94, pp. 249 - 259, 1995.

☐ Beimel, A. and Chor, B., "Interaction in key distribution schemes," Advances in Cryptology—CRYPTO '93, pp. 444 - 455, 1994.

☐ Beker, H. and Piper, F., "Cipher Systems: The Protection of Communications," John Wiley & Sons, New York, 1982.

☐ Beker, H. and Walker, M., "Key management for secure electronic funds transfer in a retail environment," Advances in Cryptology—Proc. of CRYPTO'84, pp. 401 - 410, 1985.

☐ Bellare, M., Canetti, R. and Krawczyk, H., "Keying hash functions for message authentication," Advances in Cryptology—CRYPTO '96, pp. 1 - 15, 1996.

☐ Bellare, M., Ga'ray, J. A., Hauser, R., Herzbrg, A., Krawczyk, H., Steiner, M., Tsudik, G., Waidner, M., "iKP—A family of secure electronic payment protocols," Extended Abstract, USENIX Workshop on *Electronic Commerce*, July 11 - 12, 1995, New York.

☐ Bellare, M. and Rogaway, P., "Random oracles are practical: aparadigm for designing efficient protocols," lst ACM Conference on *Computer and Communication Security*, pp. 62 - 73, ACM Press, 1993.

☐ Bellare, M. and Rogaway, P., "Entity authentication and key distribution," Advances in Cryptology—CRYPTO '93, pp. 232 - 249, 1993.

☐ Bellare, M. and Rogaway, P., "Optimal asymmetric encryption," Advances in Cryptology—CRYPTO '94, pp. 92 - 111, 1995.

☐ Bellare, M. and Rogaway, P., "Provably secure session key distribution—the three party case," Proceedings of the 27th Annual ACM Symposium on *Theory of Computing*, pp. 57 - 66, 1995.

☐ Bellare, M., Kilian, J. and Rogaway, P., "The security of cipher block chaining," Advances in Cryptology—CRYPTO '94, pp. 341 - 358, 1994.

☐ Bellare, M. and Goldreich, O., "On defining proofs of knowledge," Advances in Cryptology—CRYPTO '92, pp. 390 - 420, 1993.

☐ Bellare, M., Goldreich, O. and Goldwasser, S., "Incremental cryptography: The case of hashing and signing," Advances in Cryptology—CRYPTO '94, pp. 216 - 233, 1994.

☐ Bellare, M., Goldreich, O. and Goldwasser, S., "Incremental cryptography and application to virus protection," Proceedings of the 27th Annual ACM Symposium on *Theory of Computing*, pp. 45 - 56, 1995.

☐ Bellare, M., Guérin, R. and Rogaway, P., "XOR MACs: New methods for message authentication using finite pseudorandom functions," Advances in Cryptology—CRYPTO '95, pp. 15 - 28, 1995.

☐ Bellare, M. and Micali, S., "Non-interactive oblivious transfer and applications," Advances in Cryptology—CRYPTO '89 Proceedings, pp. 547 - 557, Springer-Verlag, 1990.

☐ Beller, M. J., Chang, L. and Yacobi, Y., "Security for personal communications services: Public-key vs. private key approaches," The Third IEEE International Symposium on *Personal Indoor and Mobile Radio Communications* (PIMRC '92), pp. 26 - 31, 1992.

☐ Beller, M. J., Chang, L. and Yacobi, Y., "Privacy and authentication on a portable communication system," IEEE J. on SAC - 11, No. 6, 821 - 829, 1993.

☐ Beller, M. J. and Yacobi, Y., "Fully-fledged two-way public key authentication and key agreement for low-cost terminals," Electronics Letters, Vol. 29, pp. 999 - 1001 May 27, 1993.

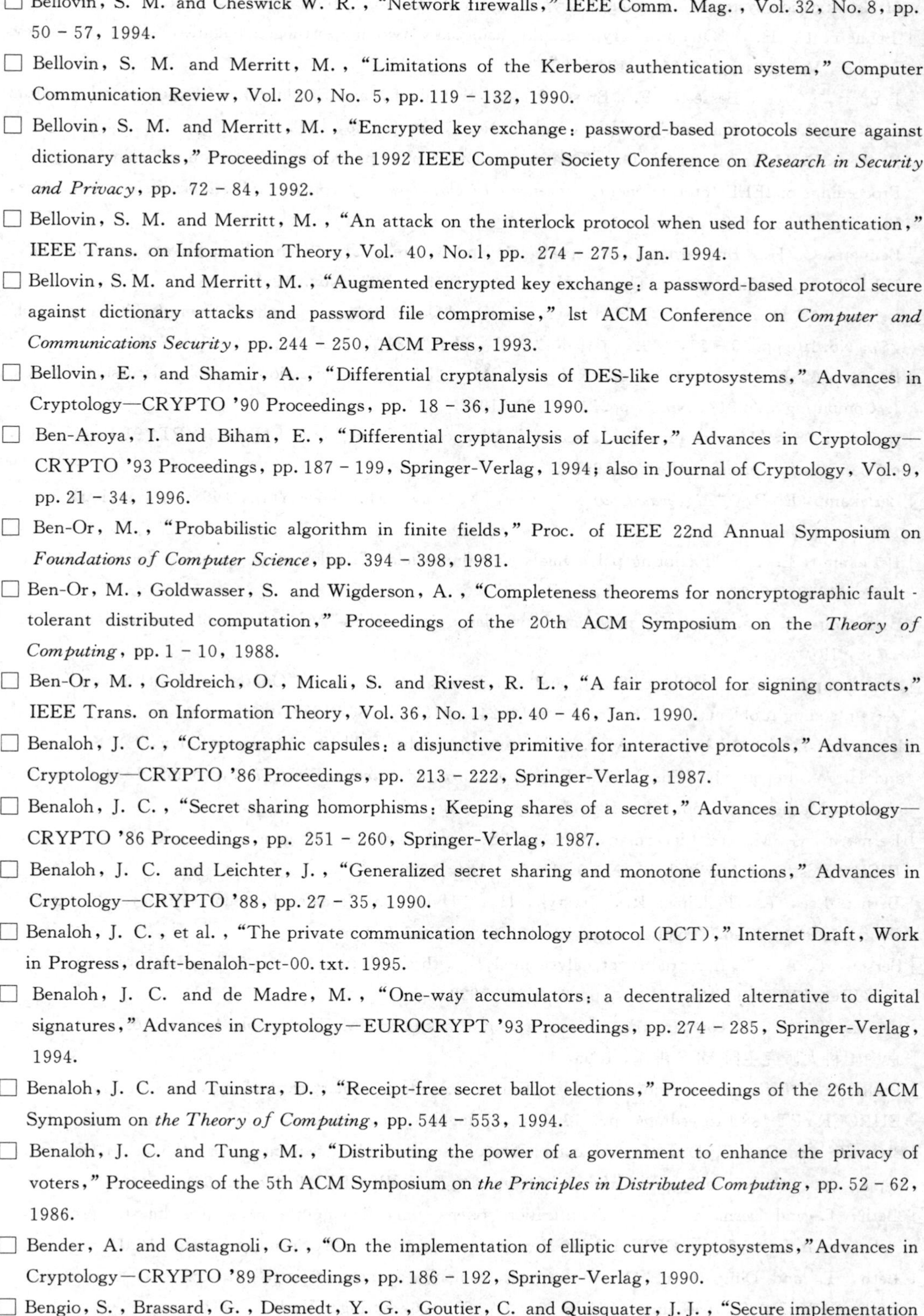

- ☐ Bellovin, S. M. and Cheswick W. R., "Network firewalls," IEEE Comm. Mag., Vol. 32, No. 8, pp. 50 - 57, 1994.
- ☐ Bellovin, S. M. and Merritt, M., "Limitations of the Kerberos authentication system," Computer Communication Review, Vol. 20, No. 5, pp. 119 - 132, 1990.
- ☐ Bellovin, S. M. and Merritt, M., "Encrypted key exchange: password-based protocols secure against dictionary attacks," Proceedings of the 1992 IEEE Computer Society Conference on *Research in Security and Privacy*, pp. 72 - 84, 1992.
- ☐ Bellovin, S. M. and Merritt, M., "An attack on the interlock protocol when used for authentication," IEEE Trans. on Information Theory, Vol. 40, No.1, pp. 274 - 275, Jan. 1994.
- ☐ Bellovin, S. M. and Merritt, M., "Augmented encrypted key exchange: a password-based protocol secure against dictionary attacks and password file compromise," lst ACM Conference on *Computer and Communications Security*, pp. 244 - 250, ACM Press, 1993.
- ☐ Bellovin, E., and Shamir, A., "Differential cryptanalysis of DES-like cryptosystems," Advances in Cryptology—CRYPTO '90 Proceedings, pp. 18 - 36, June 1990.
- ☐ Ben-Aroya, I. and Biham, E., "Differential cryptanalysis of Lucifer," Advances in Cryptology—CRYPTO '93 Proceedings, pp. 187 - 199, Springer-Verlag, 1994; also in Journal of Cryptology, Vol. 9, pp. 21 - 34, 1996.
- ☐ Ben-Or, M., "Probabilistic algorithm in finite fields," Proc. of IEEE 22nd Annual Symposium on *Foundations of Computer Science*, pp. 394 - 398, 1981.
- ☐ Ben-Or, M., Goldwasser, S. and Wigderson, A., "Completeness theorems for noncryptographic fault - tolerant distributed computation," Proceedings of the 20th ACM Symposium on the *Theory of Computing*, pp. 1 - 10, 1988.
- ☐ Ben-Or, M., Goldreich, O., Micali, S. and Rivest, R. L., "A fair protocol for signing contracts," IEEE Trans. on Information Theory, Vol. 36, No. 1, pp. 40 - 46, Jan. 1990.
- ☐ Benaloh, J. C., "Cryptographic capsules: a disjunctive primitive for interactive protocols," Advances in Cryptology—CRYPTO '86 Proceedings, pp. 213 - 222, Springer-Verlag, 1987.
- ☐ Benaloh, J. C., "Secret sharing homorphisms: Keeping shares of a secret," Advances in Cryptology—CRYPTO '86 Proceedings, pp. 251 - 260, Springer-Verlag, 1987.
- ☐ Benaloh, J. C. and Leichter, J., "Generalized secret sharing and monotone functions," Advances in Cryptology—CRYPTO '88, pp. 27 - 35, 1990.
- ☐ Benaloh, J. C., et al., "The private communication technology protocol (PCT)," Internet Draft, Work in Progress, draft-benaloh-pct-00. txt. 1995.
- ☐ Benaloh, J. C. and de Madre, M., "One-way accumulators: a decentralized alternative to digital signatures," Advances in Cryptology—EUROCRYPT '93 Proceedings, pp. 274 - 285, Springer-Verlag, 1994.
- ☐ Benaloh, J. C. and Tuinstra, D., "Receipt-free secret ballot elections," Proceedings of the 26th ACM Symposium on *the Theory of Computing*, pp. 544 - 553, 1994.
- ☐ Benaloh, J. C. and Tung, M., "Distributing the power of a government to enhance the privacy of voters," Proceedings of the 5th ACM Symposium on *the Principles in Distributed Computing*, pp. 52 - 62, 1986.
- ☐ Bender, A. and Castagnoli, G., "On the implementation of elliptic curve cryptosystems," Advances in Cryptology—CRYPTO '89 Proceedings, pp. 186 - 192, Springer-Verlag, 1990.
- ☐ Bengio, S., Brassard, G., Desmedt, Y. G., Goutier, C. and Quisquater, J. J., "Secure implementation

of identification systems," Journal of Cryptology, Vol. 4, No. 3, pp. 175 - 183, 1991.

□ Bennett, C. H., "Quantum cryptography using any two non-orthogonal states," Physical Review Letters, Vol. 68, pp. 3121 - 3124, 1992.

□ Bennett, C. H., Bessette, F., Brassard, G., Salvail, L. and Smolin, J., "Experimental quantum cryptography," Journal of Cryptology, Vol. 5, No. 1, pp. 3 - 28, 1992.

□ Bennett, C. H. and Brassard, G., "Quantum cryptography: public-key distribution and coin tossing," in Proceedings of IEEE International Conference on *Computers, Systems and Signal processing*, Bangalore, India, pp. 175 - 179, 1984.

□ Bennett, C. H., Brassard, G., Crepeau, C. and Maurer, U., "Generalized privacy amplification," IEEE Trans. on Information Theory. Vol. 41, pp. 1915 - 1923, Nov. 1995.

□ Bennett, C. H., Brassard, G. and Ekert, A. K., "Quantum cryptography," Scientific American Vol. 267, No. 10, pp. 50 - 57, 1992. 中译本:"量子密码术", 科学, No. 2, pp. 9 - 18,1993.

□ Bennett, C. H., Brassard, G. and Robert, J. M., "Privacy amplifIcation by public discussion," SIAM J. Computing, Vol. 17, No. 2, pp. 210 - 229, 1988.

□ Berkovitz, S., "How to broadcast a secret," Advances in Cryptology—EUROCRYPT '91 Proceedings, pp. 535 - 541, Springer -Verlag, 1991.

□ Berlekamp, E. R., "*Algebraic Coding Theory*," McGraw - Hill, New York, 1968; Aegean Park Press, 1984.

□ Berlekamp, E. R., "Factoring polynomials over finite fields," Bell System Technical Journal, 46, pp. 1853 - 1859, 1967.

□ Berlekamp, E. R., "Factoring polynomials over large finite fields," Mathematics of Computation, pp. 713 - 735, 1970.

□ Berlekamp, E. R., McEliece, R. J. and van Tilberg, H. C. A., "On the inherent intractability of certain coding problems," IEEE Trans. on IT-24, pp. 384 - 386, 1978.

□ Bernstein, D. J. and Lenstra, A. K., "A general number field sieve implementation," A. K. Lenstra and H. W. Lenstra Jr. (Eds.), *The Development of the Number Field Sieve*, volume 1554 of Lecture Notes in Mathematics, pp. 103 - 126, Springer-Verlag, 1993.

□ Bernstein, G. M. and Lieberman, M. A., "Secure random number generation using chaotic circuit," IEEE Trans. on CAS, Vol. 37, No. 9, 1157 - 1164, 1990.

□ Berners-Lee, T., Feilding, R., Frystyk, H., "Hypertext Transfer Protocol—Http/1. 0," Internet Draft, 19 Feb, 1996. (Expires Aug. 19, 1996. Section 3. 2. 1)

□ Berson, T. A., "Differential cryptanalysis mod 2^{32} with applications to MD-5," Advances in Cryptology —EUROCRYPT '92 Proceedings, pp. 71 - 80, 1992.

□ Berson, T. A., "A constant-time messege resent attack on the McEliece public-key cryptosystem," 在北京中国科大研究生院 DCS 讲稿, 1996, 11.

□ Beth, T., "Efficent zero-knowledge identification scheme for smart cards," Advances in Cryptology—EUROCRYPT '88 Proceedings, pp. 77 - 84, Springer-Verlag, 1988.

□ Beth, T. and Dai, Z. D., "On the complexity of pseudo-random sequences—or: If you can describe a sequence it can't be random," Advances in Cryptology—EUROCRYPT '89, pp. 533 - 543, 1990.

□ Beth, T. and Desmedt, Y., "Identification tokens — or: Solving the chess grandmaster problem," Advances in Cryptology—CRYPTO '90 Proceedings, pp. 169 - 176, Springer-Verlag, 1991.

□ Beth, T. and Ding, C., "On almost perfect nonlinear permutation," Advances in Cryptology—EUROCRYPT '93 Proceedings, LNCS 765, pp. 65 - 76, Springer Verlag, 1993.

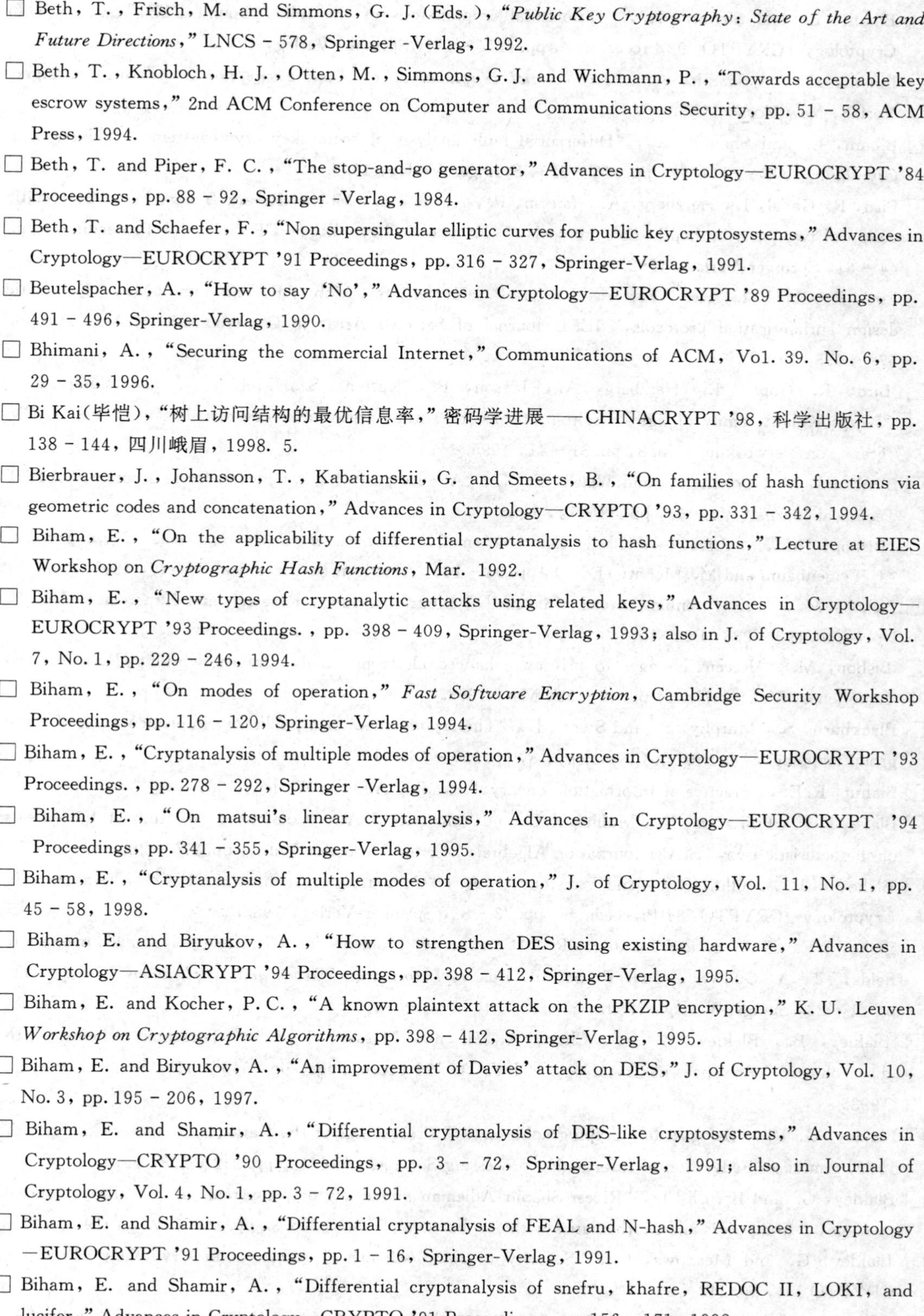

□ Beth, T., Frisch, M. and Simmons, G. J. (Eds.), "*Public Key Cryptography: State of the Art and Future Directions*," LNCS - 578, Springer -Verlag, 1992.

□ Beth, T., Knobloch, H. J., Otten, M., Simmons, G. J. and Wichmann, P., "Towards acceptable key escrow systems," 2nd ACM Conference on Computer and Communications Security, pp. 51 - 58, ACM Press, 1994.

□ Beth, T. and Piper, F. C., "The stop-and-go generator," Advances in Cryptology—EUROCRYPT '84 Proceedings, pp. 88 - 92, Springer -Verlag, 1984.

□ Beth, T. and Schaefer, F., "Non supersingular elliptic curves for public key cryptosystems," Advances in Cryptology—EUROCRYPT '91 Proceedings, pp. 316 - 327, Springer-Verlag, 1991.

□ Beutelspacher, A., "How to say 'No'," Advances in Cryptology—EUROCRYPT '89 Proceedings, pp. 491 - 496, Springer-Verlag, 1990.

□ Bhimani, A., "Securing the commercial Internet," Communications of ACM, Vol. 39. No. 6, pp. 29 - 35, 1996.

□ Bi Kai(毕恺), "树上访问结构的最优信息率," 密码学进展——CHINACRYPT '98, 科学出版社, pp. 138 - 144, 四川峨眉, 1998. 5.

□ Bierbrauer, J., Johansson, T., Kabatianskii, G. and Smeets, B., "On families of hash functions via geometric codes and concatenation," Advances in Cryptology—CRYPTO '93, pp. 331 - 342, 1994.

□ Biham, E., "On the applicability of differential cryptanalysis to hash functions," Lecture at EIES Workshop on *Cryptographic Hash Functions*, Mar. 1992.

□ Biham, E., "New types of cryptanalytic attacks using related keys," Advances in Cryptology—EUROCRYPT '93 Proceedings., pp. 398 - 409, Springer-Verlag, 1993; also in J. of Cryptology, Vol. 7, No. 1, pp. 229 - 246, 1994.

□ Biham, E., "On modes of operation," *Fast Software Encryption*, Cambridge Security Workshop Proceedings, pp. 116 - 120, Springer-Verlag, 1994.

□ Biham, E., "Cryptanalysis of multiple modes of operation," Advances in Cryptology—EUROCRYPT '93 Proceedings., pp. 278 - 292, Springer -Verlag, 1994.

□ Biham, E., "On matsui's linear cryptanalysis," Advances in Cryptology—EUROCRYPT '94 Proceedings, pp. 341 - 355, Springer-Verlag, 1995.

□ Biham, E., "Cryptanalysis of multiple modes of operation," J. of Cryptology, Vol. 11, No. 1, pp. 45 - 58, 1998.

□ Biham, E. and Biryukov, A., "How to strengthen DES using existing hardware," Advances in Cryptology—ASIACRYPT '94 Proceedings, pp. 398 - 412, Springer-Verlag, 1995.

□ Biham, E. and Kocher, P. C., "A known plaintext attack on the PKZIP encryption," K. U. Leuven *Workshop on Cryptographic Algorithms*, pp. 398 - 412, Springer-Verlag, 1995.

□ Biham, E. and Biryukov, A., "An improvement of Davies' attack on DES," J. of Cryptology, Vol. 10, No. 3, pp. 195 - 206, 1997.

□ Biham, E. and Shamir, A., "Differential cryptanalysis of DES-like cryptosystems," Advances in Cryptology—CRYPTO '90 Proceedings, pp. 3 - 72, Springer-Verlag, 1991; also in Journal of Cryptology, Vol. 4, No. 1, pp. 3 - 72, 1991.

□ Biham, E. and Shamir, A., "Differential cryptanalysis of FEAL and N-hash," Advances in Cryptology—EUROCRYPT '91 Proceedings, pp. 1 - 16, Springer-Verlag, 1991.

□ Biham, E. and Shamir, A., "Differential cryptanalysis of snefru, khafre, REDOC II, LOKI, and lucifer," Advances in Cryptology—CRYPTO '91 Proceedings, pp. 156 - 171, 1992.

☐ Biham, E. and Shamir, A., "Differential cryptanalysis of the full 16-round DES," Advances in Cryptology—CRYPTO '92 Proceedings, pp. 487 - 496, Springer-Verlag, 1993.

☐ Biham, E. and Shamir, A., "*Differential cryptanalysis of Data Encryption Standard*," Springer-Verlag, New York, 1993.

☐ Biham, E. and Shamir, A., "Differential fault analysis of secret key cryptosystems," Advances in Cryptology—CRYPTO '97, pp. 513 - 525, Springer-Verlag, 1997.

☐ Bird, R. Gopal, I., Herzberg, A., Janson, P., Kutten, S., Molva, R. and Yung, M., "Systematic design of two-party authentication protocols," Advances in Cryptology—CRYPTO '91 Proceedings, pp. 44 - 61, Springer-Verlag, 1992.

☐ Bird, R. Gopal, I., Herzberg, A., Janson, P., Kutten, S., Molva, R. and Yung, M., "Systematic design authentication protocols," IEEE Journal of Selected Areas in Communications, Vol. 11, pp. 679 - 693, 1993.

☐ Bird, R. Gopal, I., Herzberg, A., Janson, P., Kutten, S., Molva, R. and Yung, M., "KryptoKnight family of light-weight protocols for authentication and key distribution," IEEE/ACM Trans. on Networking, No. 3, pp. 31 - 41, 1995.

☐ Birnbaum, M., Cohen, A. and Welsh, F. X., "A voice password system for access security," AT&T Technical Journal, Vol. 65, pp. 68 - 74, 1986.

☐ Bishop, M., "Privacy-enhanced electronic mail," *Distributed Computing and Cryptography*, J. Feigenbaum and M. Merritt (Eds.), pp. 93 - 106, American Mathematical Society, 1991.

☐ Bishop, M., "Privacy-enhanced electronic mail," Internetworking: Research and Experience, Vol. 2, No. 4, pp. 199 - 233, Dec. 1991.

☐ Bishop, M., "Recent changes to privacy enhanced electronic mail," Internetworking: Research and Experience, Vol. 4, No. 1, pp. 47 - 59, Mar. 1993.

☐ Blackburn, S., Murphy, S. and Stern, J., "The cryptanalysis of a public-key implementation of finite group mappings," Journal of Cryptology, 8, pp. 157 - 166, 1995.

☐ Blahut, R. E., "Practice of Information Theory," Reading Addison Wesley, 1987.

☐ Blake, I. F., Fuji-Hara, R., Mullin, R. C. and Vanstone, S. A., "Computing logarithms in finite fields of characteristic two," SIAM Journal on Algebraic Discrete Methods, Vol. 5, pp. 276 - 285, 1984.

☐ Blake, I. F., Mullin, R. C. and Vanstone, S. A., "Computing logarithms in GF (2^n)," Advances in Cryptology—CRYPTO '84 Proceedings, pp. 73 - 82, Springer-Verlag, 1985.

☐ Blake, I. F., Gao, S. and Lambert, R., "Constructive problems for irreducible polynomials over finite fields," T. A. Gulliver and N. P. Secord (Eds.), *Information Theory and Applications* (LNCS 793). pp. 1 - 23, Spinger-Verlag, 1994.

☐ Blakley, B., Blakley, G. R., Chan, A. H. and Massey, J. L., "Threshold schemes with disenrolment," Advances in Cryptology—CRYPTO '92 Proceedings, pp. 540 - 548, Springer-Verlag, 1993.

☐ Blakley, G. R., "Safeguarding cryptographic keys," Proceedings of the National Computer Conference, 1979, American Federation of Information processing Societies, Vol. 48, pp. 242 - 268, 1979.

☐ Blakley, G. and Borosh, I., "Rivest-Shamir-Adleman public key cryptosystems do not always conceal messages," Computers and Mathematics with Applications, Vol. 5, No. 3, pp. 169 - 178, 1979.

☐ Blakley, G. and Meadows, C., "Security of ramp schemes," Advances in Cryptology—Proc. of CRYPTO '84, pp. 242 - 268, 1985.

☐ Blaser, W. and Heinzmann, P., "Kryptographic-system mit nichtlinerar vorwärtsgekoppelten schieberegister-generatoren und allgemein bekannten schüsseln," ETH-Zürich, 1978.

☐ Blaser, W. and Heinzmann, P., "New cryptographic device with high security using public key distribution," Proc. of IEEE Student Paper Contests 1979 - 1980, pp. 145 - 153, 1982.

☐ Blaze, M., "Protocol failure in the escrowed encryption standard," 2nd ACM Conference on Computer and Communications Security, pp. 59 - 67, Acm Press, 1994.

☐ Blaze, M. and Schneier, B., "The MacGuffin block cipher algorithm," K. U. Leuven Workshop on Cryptographic Algorithms, 1994, pp. 97 - 110, Springer-Verlag, 1995.

☐ Bleichenbacher, D., "Generating ElGamal signatures without knowing the secret key," Advances in Cryptology—EUROCRYPT '96, pp. 10 - 18, Springer-Verlag, 1996.

☐ Bleichenbacher, D., Bosma, W. and Lensttra, A. K., "Some remark on Lucas - based cryptosystems," Advances in Cryptology—CRYPTO '95, pp. 386 - 396, Springer-Verlag, 1995.

☐ Bleichenbacher and Maurer, U., "Directed acyclic graphs, one-way functions and digital signatures," Advances in Cryptology—CRYPTO '94, pp. 75 - 82, 1994.

☐ Blöcher, U. and Dichdtl, M., "Fish: a fast software stream cipher," *Fast Software Encryption*, Cambridge Security Workshop Proceedings, pp. 41 - 44, Springer-Verlag, 1994.

☐ Blom, R. J., "Bounds on key equivocation for simple substitution cipher," IEEE Trans. Inform. Theory, IT - 25, No. 1, pp. 8 - 18, Jan. 1979.

☐ Blom, R. J., "Non-public key distribution," Advances in Cryptology—Proc. of Crypto '82, pp. 231 - 236, 1983.

☐ Blom, R. J., "An upper bound on key equivocation for pure ciphers," IEEE Trans. Inform. Theory, IT-30, No. 1, pp. 82 - 84, Jan. 1984.

☐ Blom, R. J., "An optimal class of symmetric key generation systems," Advances in Cryptology—Proc. of EUROCRYPT '84, pp. 335 - 338, 1985.

☐ Blum, M., "Independent unbiased coin flips from a correlated biased source: a finite state Markov chain," Proc. of the IEEE 25th Annual Symposium on *Foundations of Computer Science*, pp. 425 - 433, 1984.

☐ Blum, M. and Goldwasser, S., "An efficient probabilistic public-key encryption scheme which hides all partial information," Advances in Cryptology—Proc. of CRYPTO '84, pp. 289 - 299, 1985.

☐ Blum, L., Blum, M. and Shub, M., "A simple unpredictable pseudo-random number generator," SIAM Journal on Computing, Vol. 15, No. 2, pp. 364 - 383, 1986.

☐ Blum, M., "Three applications of the oblivious transfer: 1. Coin flipping by telephone, 2. How to exchange secrets, 3. How to send certified electronic mail," Dept. EECS, Univ. of California, Berkeley, Calif. 1981.

☐ Blum, M., "Coin flipping by telephone: a protocol for solving impossible problems," Proceedings of the 24th IEEE Computer Conference (Comp. Con.), pp. 133 - 137, 1982.

☐ Blum, M., "How to exchange (secret) keys," ACM Trans. on Computer Systems, Vol. 1, No. 2, pp. 175 - 193, May 1983.

☐ Blum, M., "How to prove a theorem so no one else can claim it," Proceedings of the International Congress of Mathematicians, Berkeley, CA, pp. 1444 - 1451, 1986.

☐ Blum, M., de Sandtis, A., Micali, S. and Persiano, G., "Non-interactive zero-knowledge," SIAM Journal on Computing, Vol. 20, No. 6, pp. 1084 - 1118, Dec. 1991.

☐ Blum, M., Feldman, P. and Micali, S., "Non-interactive zero-knowledge and its applications," Proceedings of the 20th ACM Symposium on *Theory of Computing*, pp. 103 - 112, 1988.

☐ Blum, M. and Micali, S., "How to generate cryptographically-strong sequences of pseudo-random bits,"

SIAM Journal on Computing, Vol. 13, No. 4, pp. 850 - 864, Nov. 1984.

☐ Blundo, C. and Cresti, A., "Space requirements for broadcast encryption," Advances in Cryptology—EUROCRYPT '94, pp. 287 - 298, 1995.

☐ Blundo, C., Cresti, A., de Santis, A. and Vaccaro, U., "Fully dynamic secret sharing schemes," Advances in Cryptology—CRYPTO '93, pp. 110 - 125, 1994.

☐ Blundo, C., de Santis, A., Herzberg, A., Kutten, S., Vaccaro, U. and Yung, M., "Perfectly-secure key distribution for dynamic conferences," Advances in Cryptology—CRYPTO '92, pp. 471 - 486, 1993.

☐ Blundo, C., de Santis, A., Gargano, L. and Vaccaro, U., "On the information rate of secret sharing schemes," CRYPTO '92, pp. 149 - 169, Springer-Verlag, 1993.

☐ Blundo, C., de Santis, A., "New bounds on the information rate of secret sharing schemes," IEEE Trans. on Inform. Theory Vol. 41, No. 2, 549 - 554, 1995.

☐ Blundo, C., de Santis, A., Hesenberg, S., Kutten, S., Vaccaro, U. and Yung, M., "Perfectly-secure key distribution for dynamic conferences," CRYPTO '92, pp. 471 - 486, Springer-Verlag, 1993.

☐ Blundo, C., de Santis, A., Stinson, D. R. and Vaccaro, U., "Graph decomposition and secret sharing schemes," EUROCRYPT '92, pp. 1 - 24, Springer-Verlag, 1993; also in J. of Cryptology, Vol. 8, No. 1, 39 - 64, 1995.

☐ Boly, J. P., Bosselaers, A., Cramker, R., Micelsen, R., Mjølsnes, S., Muller, F., Pedersen, T., Pfitzmann, B., de Rooij, P., Schoenmakers, B., Schunter, M., Vallée, L. and Waidner, M., "Digital payment systems in the ESPRIT Project CAFE," Securicom '94, Paris, France, 2 - 6 Jan. pp. 35 - 45, 1994.

☐ Boly, J. P., Bosselaers, A., Cramker, R., Micelsen, R., Mjølsnes, S., Muller, F., Pedersen, T., Pfitzmann, B., de Rooij, P., Schoenmakers, B., Schunter, M., Vallée, L. and Waidner, M., "The ESPRIT Project CAFE—High security digital payment system," Computer Security—ESORICS '94, pp. 217 - 230, Springer-Verlag, 1994.

☐ Bonnenberg, H., "Secure Testing of VLSI cryptographic equipment, series in microelectronics," Vol. 25, Konstanz: Hartung Gorre Verlag, 1993.

☐ Bonnenberg, H., Curiger, A., Felber, N., Kaeslin, H. and Lai, X., "VLSI Implementation of a new block cipher," Proceedings of the IEEE International Conference on *Computer Design: VLSI in Computers and Processors* (ICCD 91), pp. 510 - 513, Oct. 1991.

☐ Book, R. V. and Otto, F., "The verifiability of two-party protocols," Advances in Cryptology—EUROCRYPT '85, pp. 254 - 260, 1986.

☐ Borenstein, N. S. and Rose, M. T., "*The Application/Green-Commerce MIME Content-Type*," First Virtual Holdings, June 1995.

☐ Borenstein, N. S. et al., "Perial and pitfalls of practical cybercommer," Communications of ACM, Vol. 39, No. 6, pp. 36 - 44, 1996.

☐ Bos, J. and Chaum, D., "Provably unforgetable signatures," Advances in Cryptology—CRYPTO '92, pp. 1 - 14, 1993.

☐ Bos, J. and Coster, M., "Additon chain heuristics," Advances in Cryptology—CRYPTO '89, pp. 400 - 407, 1990.

☐ Bosma, W. and van der Hulst, M. P., "Faster primality testing," Advances in Cryptology—CRYPTO '89, pp. 652 - 656, 1990.

☐ Bosselaers, A., Govaerts, R. and Vandewalle, J., "Cryptography within phase I of the EEC-RACE programme," B. Preneel, R. Govaerts, and J. Vandewalle (Eds.), *Computer Security and Industrial*

Cryptography: State of the Art and Evolution, pp. 227 - 234, Springer-Verlag, 1993.

☐ Bosselaers, A., Govaerts, R. and Vandewalle, J., "Comparison of three modular reduction functions," Advances in Cryptology—CRYPTO '93, pp. 175 - 186, 1994.

☐ Bosselaers, A., Govaerts, R. and Vandewalle, J., "Fast hashing on the Pentium," Advances in Cryptology—CRYPTO '96, pp. 298 - 312, 1996.

☐ Bosselaers, A. and Preneel, B. (Eds.), "*Integrity Primitives for Secure information Systems: Final Report of RACE Integrity Primitives Evaluation RIPE-RACE* 1040," Springer-Verlag, New York, 1995.

☐ Bovet, D. P. and Crescenzi, P., "*Introduction to the Theory of Complexity*," Englewood Cliffs, NJ, Prentice-Hall, 1994.

☐ Boyar, J., "Inferring sequences produced by a linear congruential generator missing low-order bits," Journal of Cryptology, Vol. 1, No. 3, pp. 177 - 184, 1989.

☐ Boyar, J., "Inferring sequences produced by pseudo-random generators," Journal of the Association for Computing Machinery, Vol. 36, pp. 129 - 141, 1989.

☐ Boyar, J., Chaum, D. and Damgård, I., "Convertible undeniable signatures," Advances in Cryptology—CRYPTO '90 Proceedings, pp. 189 - 205, Springer-Verlag, 1991.

☐ Boyar, J., Friedl, K. and Lund, C., "Practical zero-knowledge proofs: Giving hints and using deficiencies," Advances in Cryptology—EUROCRYPT '89 Proceedings, pp. 155 - 172, Springer-Verlag, 1990.

☐ Boyar, J., Lund. and Peralta, R., "On the communication complexity of zero-knowledge proofs," Journal of Cryptology, Vol. 6, No. 2, pp. 65 - 85, 1993.

☐ Boyar, J. and Peralta, R., "On the concrete complexity of zero-knowledge proofs," Advances in Cryptology—CRYPTO '89 Proceedings, pp. 507 - 525, Springer-Verlag, 1990.

☐ Boyd, C., "Some applications of multiple key ciphers," Advances in Cryptology—EUROCRYPT '88 Proceedings, pp. 455 - 467, Springer-Verlag, 1988.

☐ Boyd, C., "Digital multisignatures," *Cryptography and Coding*, H. J. Beker and F. C. Piper (Eds.), pp. 241 - 246, Oxford: Clarendon Press, 1989.

☐ Boyd, C., "A new multiple key cipher and an improved voting scheme," Advances in Cryptology—EUROCRYPT '89 Proceedings, pp. 617 - 625, Springer-Verlag, 1990.

☐ Boyd, C., "Multisignatures revisited," *Cryptography and Coding III*, M. J. Ganley (Ed.), Oxford: Clarendon Press, pp. 21 - 30, 1993.

☐ Boyd, C. and Mao, W., "On a limitation of BAN logic," Advances in Cryptology—EUROCRYPT '93 Proceedings, pp. 240 - 247, Springer-Verlag, 1994.

☐ Brachtl, B. O., Coppersmith, D., Hyden, M. M., Matyas Jr, S. M., Meyer, C. H. W., Oseas, J., Pilpel, S. and Schilling, M., "Data authentication using modification detection codes based on a public one-way encryption function," U. S. Patent #4,908,861; 13 Mar. 1990.

☐ Brands, S. A., "Untraceable off-line cash in wallet with observers," Advances in Cryptology—CRYPTO '93 Proceedings, pp. 302 - 318, Springer-Verlag, 1994.

☐ Brands, S. A., "Electronic cash on the internet," Proceedings of the Internet Society 1995 Symposium on Network and Distributed Systems Security, IEEE Computer Society Press, pp. 64 - 84, 1995.

☐ Brands, S., "Restrictive blinding of secret key certificates," Advances in Cryptology—CRYPTO '95, pp. 231 - 247, 1995.

☐ Brandt, J. and Damgård, I., "On generation of probable primes by incremental search," Advances in

Cryptology—CRYPTO '92, pp. 358 - 370, 1993.

☐ Brandt, J., Damgård, I. and Landrock, P., "Speeding up prime number generation," Advances in Cryptology—ASIACRYPT '91, pp. 440 - 449, 1993.

☐ Brandt, J., Damgård, I., Landrock, P. and Pedersen, T., "Zero-knowledge authentication scheme with secret key exchange," Advances in Cryptology—CRYPTO '88, pp. 583 - 588, 1990.

☐ Bransted, D., Gait, J. and Katzke, S., "Report of the workshop on cryptography in support of computer security," National Bureau of Standards, Peport NBSIR 77 - 1292, Sept. 1977.

☐ Brassard, G., "A note on the complexity of cryptography," IEEE Transactions on Information Theory, Vol. 25, pp. 232 - 233, 1979.

☐ Brassard, G., "*Modern Cryptology: A Tutorial*," Springer-Verlag, 1988.

☐ Brassard, G., "Quantum cryptography: a bibliography," SIGACT News, Vol. 24, No. 3, pp. 16 - 20, Oct. 1993.

☐ Brassard, G., Chaum, D. and Crépeau, C., "Minimum disclosure proofs of knowledge," Journal of Computer and System Sciences, Vol. 37, No. 2, pp. 156 - 189, Oct. 1988.

☐ Brassard, G. and Crépeau, C., "Non-transitive transfer of confidence: a perfect zero-knowledge interactive protocol for SAT and beyond," Proceedings of the 27th IEEE Symposium on *Foundations of Computer Science*, pp. 188 - 195, 1986.

☐ Brassard, G. and Crépeau, C., "Zero-knowledge simulation of boolean circuits," Advances in Cryptology—CRYPTO '86 Proceedings, pp. 223 - 233, Springer-Verlag, 1987.

☐ Brassard, G. and Crépeau, C., "Sorting out zero-knowledge," Advances in Cryptology—EUROCRYPT '89 Proceedings, pp. 181 - 191, Springer-Verlag, 1990.

☐ Brassard, G. and Crépeau, C., "Quantum bit commitment and coin tossing protocols," Advances in Cryptology—CRYPTO '90 Proceedings, pp. 49 - 61, Springer-Verlag, 1991.

☐ Brassard, G., Crépeau, C., Jozsa, R. and Langlois, D., "A quantum bit commitment scheme provably unbreakable by both parties," Proceedings of the 34th IEEE Symposium on *Foundations of Computer Science*, pp. 362 - 371, 1993.

☐ Brassard, G., Crépeau, C. and Robert, J. M., "Information theoretic reductions among disclosure problems," Proceedings of the 27th IEEE Symposium on *Foundations of Computer Science*, pp. 168 - 173, 1986.

☐ Brassard, G., Crépeau, C. and Robert, J. M., "All-or-nothing disclosure of secrets," Advances in Cryptology—CRYPTO '86 Proceedings, pp. 234 - 238, Springer-Verlag, 1987.

☐ Brassard, G., Crépeau, C. and Yung, M., "Everything in NP can be argued in perfect zero-knowledge in a bounded number of rounds," Proceedings in the 16th International Colloquium on *Automata, Languages, and Programming*, pp. 123 - 136, Springer-Verlag, 1989.

☐ Brassard, G. and Salvail, L., "Secret-key reconciliation by public discussion," EUROCRYPT '93, pp. 410 - 423, Springer-Verlag, 1994.

☐ Brent, R. P., "On the periods of generalized fibonacci recurrences," Mathematics of Computation, Vol. 63, No. 207, pp. 389 - 401, July 1994.

☐ Bressoud, D. M., "*Factorization and Primality Testing*," Springer-Verlag, 1989.

☐ Brickell, E. F., "A fast modular multiplication algorithm with applications to two key cryptography," Advances in Cryptology—CRYPTO '82 Proceedings, Plenum Press, pp. 51 - 60, 1983.

☐ Brickell, E. F., "Solving low density knapsacks," Advances in Cryptology—CRYPTO '83 Proceedings, Plenum Press, pp. 25 - 37, 1984.

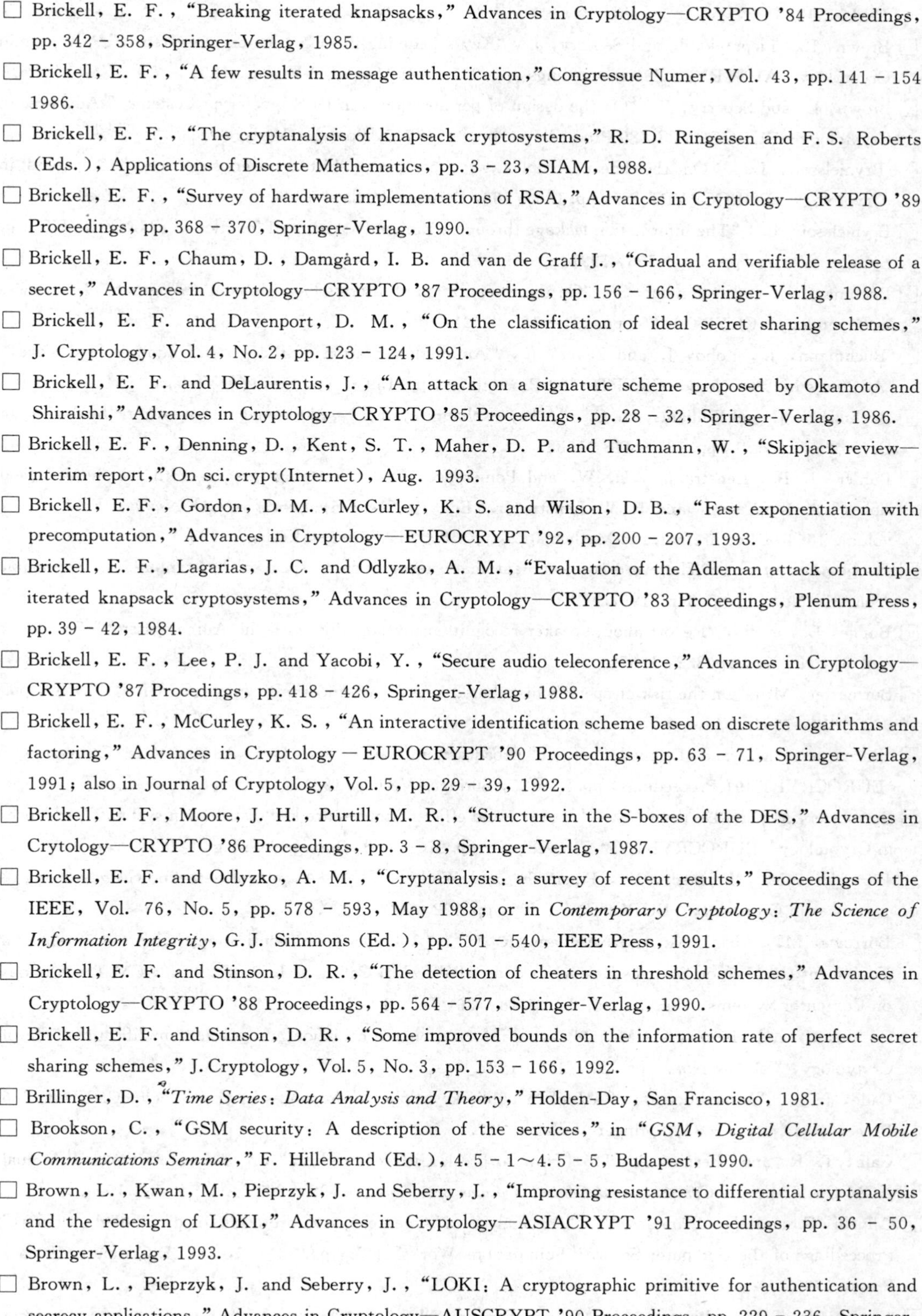

□ Brickell, E. F., "Breaking iterated knapsacks," Advances in Cryptology—CRYPTO '84 Proceedings, pp. 342 - 358, Springer-Verlag, 1985.

□ Brickell, E. F., "A few results in message authentication," Congressue Numer, Vol. 43, pp. 141 - 154 1986.

□ Brickell, E. F., "The cryptanalysis of knapsack cryptosystems," R. D. Ringeisen and F. S. Roberts (Eds.), Applications of Discrete Mathematics, pp. 3 - 23, SIAM, 1988.

□ Brickell, E. F., "Survey of hardware implementations of RSA," Advances in Cryptology—CRYPTO '89 Proceedings, pp. 368 - 370, Springer-Verlag, 1990.

□ Brickell, E. F., Chaum, D., Damgård, I. B. and van de Graff J., "Gradual and verifiable release of a secret," Advances in Cryptology—CRYPTO '87 Proceedings, pp. 156 - 166, Springer-Verlag, 1988.

□ Brickell, E. F. and Davenport, D. M., "On the classification of ideal secret sharing schemes," J. Cryptology, Vol. 4, No. 2, pp. 123 - 124, 1991.

□ Brickell, E. F. and DeLaurentis, J., "An attack on a signature scheme proposed by Okamoto and Shiraishi," Advances in Cryptology—CRYPTO '85 Proceedings, pp. 28 - 32, Springer-Verlag, 1986.

□ Brickell, E. F., Denning, D., Kent, S. T., Maher, D. P. and Tuchmann, W., "Skipjack review—interim report," On sci. crypt(Internet), Aug. 1993.

□ Brickell, E. F., Gordon, D. M., McCurley, K. S. and Wilson, D. B., "Fast exponentiation with precomputation," Advances in Cryptology—EUROCRYPT '92, pp. 200 - 207, 1993.

□ Brickell, E. F., Lagarias, J. C. and Odlyzko, A. M., "Evaluation of the Adleman attack of multiple iterated knapsack cryptosystems," Advances in Cryptology—CRYPTO '83 Proceedings, Plenum Press, pp. 39 - 42, 1984.

□ Brickell, E. F., Lee, P. J. and Yacobi, Y., "Secure audio teleconference," Advances in Cryptology—CRYPTO '87 Procedings, pp. 418 - 426, Springer-Verlag, 1988.

□ Brickell, E. F., McCurley, K. S., "An interactive identification scheme based on discrete logarithms and factoring," Advances in Cryptology — EUROCRYPT '90 Proceedings, pp. 63 - 71, Springer-Verlag, 1991; also in Journal of Cryptology, Vol. 5, pp. 29 - 39, 1992.

□ Brickell, E. F., Moore, J. H., Purtill, M. R., "Structure in the S-boxes of the DES," Advances in Crytology—CRYPTO '86 Proceedings, pp. 3 - 8, Springer-Verlag, 1987.

□ Brickell, E. F. and Odlyzko, A. M., "Cryptanalysis: a survey of recent results," Proceedings of the IEEE, Vol. 76, No. 5, pp. 578 - 593, May 1988; or in *Contemporary Cryptology: The Science of Information Integrity*, G. J. Simmons (Ed.), pp. 501 - 540, IEEE Press, 1991.

□ Brickell, E. F. and Stinson, D. R., "The detection of cheaters in threshold schemes," Advances in Cryptology—CRYPTO '88 Proceedings, pp. 564 - 577, Springer-Verlag, 1990.

□ Brickell, E. F. and Stinson, D. R., "Some improved bounds on the information rate of perfect secret sharing schemes," J. Cryptology, Vol. 5, No. 3, pp. 153 - 166, 1992.

□ Brillinger, D., "*Time Series: Data Analysis and Theory*," Holden-Day, San Francisco, 1981.

□ Brookson, C., "GSM security: A description of the services," in "*GSM, Digital Cellular Mobile Communications Seminar*," F. Hillebrand (Ed.), 4. 5 - 1～4. 5 - 5, Budapest, 1990.

□ Brown, L., Kwan, M., Pieprzyk, J. and Seberry, J., "Improving resistance to differential cryptanalysis and the redesign of LOKI," Advances in Cryptology—ASIACRYPT '91 Proceedings, pp. 36 - 50, Springer-Verlag, 1993.

□ Brown, L., Pieprzyk, J. and Seberry, J., "LOKI: A cryptographic primitive for authentication and secrecy applications," Advances in Cryptology—AUSCRYPT '90 Proceedings, pp. 229 - 236, Springer-

Verlag, 1990.

☐ Brown, L., Pieprzyk, J. and Seberry, J., "Key scheduling in DES type cryptosystems," Advances in Cryptology—AUSCRYPT '90 Proceedings, pp. 221 - 228, Springer-Verlag, 1990.

☐ Brown, L. and Seberry, J., "On the design of permutation p in DES type cryptosystems," Advances in Cryptology—EUROCRYPT '89 Proceedings, pp. 696 - 705, Springer-Verlag, 1990.

☐ Brynielsson, L., "On the linear complexity of combined shift register sequences," Advances in Cryptology—EUROCRYPT '85, pp. 156 - 166, Springer-Verlag, 1986.

☐ Brynielsson, L., "The information leakage through a randomly generated function," EUROCRYPT '91, Springer-Verlag, pp. 552 - 553, 1991.

☐ Buchmann, J. and Düllmann, S., "On the computation of discrete logarithms in class groups," Advances in Cryptology—CRYPTO '90, pp. 134 - 139, 1991.

☐ Buchmann, J., Loho, J. and Zayer, J., "An implementation of the general number field sieve," Advances in Cryptology—CRYPTO '93 Proceedings, pp. 159 - 165, Springer-Verlag, 1994.

☐ Buchmann, J. and Williams, H. C., "A key-exchange system based on imaginary quadratic fields," J. of Cryptology, Vol. 1, pp. 107 - 118, 1988.

☐ Buhler, J. P., Lenstra Jr., H. W. and Pomerance, C., "Factoring integers with the number field sieve," A. K. Lenstra and H. W. Lenstra Jr. (Eds.), *The Development of the Number Field Sieve*, volume 1554 of Lecture notes in Mathematics, pp. 50 - 94, Springer-Verlag, 1993.

☐ Bunge, E., et al., "The Auros project—automatic recognition of speakers by computers," Frequenz, Vol. 31, No. 11, pp. 345, 1997.

☐ Bunge, E., et al., "Report about speaker recognition investigation with the Auros system," Frequenz, Vol. 31, No. 12, pp. 382, 1997.

☐ Burmester, M., "On the risk of opening distributed keys," Advances in Cryptology—CRYPTO '94, pp. 308 - 317, 1994.

☐ Burmester, M. and Desmedt, Y., "Broadcast interactive proofs," Advances in Cryptology—EUROCRYPT '91 Proceedings, pp. 81 - 95, Springer-Verlag, 1991.

☐ Burmester, M. and Desmedt, Y., "A secure and efficient conference key distribution system," Advances in Cryptology—EUROCRYPT '94 Proceedings, pp. 275 - 286, Springer-Verlag, 1995.

☐ Burmester, M., Desmedt, Y., Piper, F. and Walker, M., "A general zero-knowledge scheme," Advances in Cryptology—EUROCRYPT '89, pp. 122 - 133, 1990.

☐ Burrows, M., Abadi, M. and Needham, R. M., "A Logic of Authentication," Rep. # 39, Digital Equipment Corporation Systems Research Center, Palo Alto, Calif., Feb. 1989, or in ACM Transactions on Computer Systems, Vol. 8, No. 1, pp. 18 - 36, Feb. 1990.

☐ Cachin, C. and Maurer, U. M., "Linking information reconciliation and privacy amplification," J. of Cryptology, Vol. 10, No. 2, pp. 97 - 110, 1997.

☐ Cade, J. J., "A modification of a broken public-key cipher," Advances in Cryptology—CRYPTO '86 Proceedings, pp. 64 - 83, Springer-Verlag, 1987.

☐ Cain, T. R. and Shermn, A. T., "How to break Gifford's cipher," Proceedings of the 2nd Annual ACM Conference on *Computer and Communications Security*, pp. 198 - 209, ACM Press, 1994.

☐ Calvelli, C. and Varadharajan, V., "An analysis of some delegation protocols for distributed systems," Proceedings of the Computer Security Foundations Workshop V, pp. 92 - 110, IEEE Computer Society Press, 1992.

☐ Camenisch, J. L., Piveteau, J. M. and Stadler, M. A., "An efficient electronic payment system protecting privacy," Computer Security—ESORICS '94, pp. 207 - 215, Springer-Verlag, 1994.

□ Camenisch, J. L., Piveteau, J. M. and Stadler, M. A., "Blind signatures based on the discrete logarithm problem," Advances in Cryptology—EUROCRYPT '92 Proceedings, pp. 428 - 432, Springer-Verlag, 1995.

□ Camin, P. and Patarin, J., "The knapsack hash function proposed at Crypto '89 can be broken," Advances in Cryptology—EUROCRYPT '91 Proceedings, pp. 39 - 53, Springer-Verlag, 1991.

□ Camp, L. J. and Sirbu, M., "Critical issue in Internet commerce," IEEE Communications Magazine, No. 5, pp. 58 - 62, 1997.

□ Campbell, K. W. and Wiener, M. J., "DES is not a group," Advances in Cryptology—CRYPTO '92 Proceedings, pp. 512 - 520, Springer-Verlag, 1992.

□ CAN1, Canadian System Security Center, "*The Canadian Trusted Computer Product Evaluation Criteria*," Version 3. 0e, Apr. 1992 (Draft).

□ Cantor, D. G. and Zassenhaus, H., "A new algorithm for factoring polynomials over finite fields," Mathematics of Computation, 36, pp. 587 - 592, 1981.

□ Capocelli, R. M., de Santis, A., Gargano, L. and Vaccaro, U., "On the size of shares for secret sharing schemes," J. Cryptology, Vol. 6, No. 3, pp. 157 - 169, 1993.

□ Cao, Z. F. and Zhao, G., "Some new MC knapsack cryptosystems," CHINACRYPT '94, pp. 70 - 75, Xidian, China, 11 - 15 Nov. 1994 (in Chinese).

□ Cao Zhenfu(曹珍富), "基于有限域 F_p 上圆锥曲线的公钥密码系统," 密码学进展——CHINACRYPT '98, 科学出版社, pp. 45 - 49, 四川峨眉, 1998. 5.

□ Carleial, A. B. and Hellman, M. E., "A note on Wyner's wiretap channel," IEEE Trans. Inform. Theory, IT - 23, No. 3, pp. 387 - 390, May 1977.

□ Carlin, J. M., "UNIX@ security update," UNIX Security Symp. IV. USENIX Association, Sauta Clara, CA, pp. 119 - 130, 4 - 6 Oct. 1993.

□ Caron, T. R. and Silverman, R. D., "Parallel implementation of the quadratic scheme," Journal of Supercomputing, Vol. 1, No. 3, pp. 273 - 290, 1988.

□ Carroll, J. M., "The three faces of information security," Advances in Cryptology—AUSCRYPT '90 Proceedings, pp. 433 - 450, Springer-Verlag, 1990.

□ Carroll, J. M., "'Do-it-yourself' cryptography," Computers Security, Vol. 9, No. 7, pp. 613 - 619, Nov. 1990.

□ Carroll, J. M., Verhagen, J. and Wong, P. T., "Chaos in cryptography: the escape from the strange attractor", The Frontiers of Cryptology, Chengdu, China, 2:82 - 104, 1992.

□ Carson, M. E. and Jiang Wen-Der, "New ideas in discretionary access control," UNIX Security Workshop, USENIX Association Portland, OR, pp. 35 - 37, 27 - 28 Aug. 1990.

□ Carter, G., E. Dawson and L. Nielsen, "DESV a Latin square variation of DES," Proc. of the Workshop on Selected Areas in Cryptography, Ottawa, Canada, 1995.

□ Carter, J. L. and Wegman, M. N., "Universal classes of hash functions," Journal of Computer and System Sciences, Vol. 18, pp. 143 - 154, 1979.

□ Carton, T. R. and Silverman, R. D., "Parallel implementation of the quadratic sieve," J. Supercomputing, Vol. 1, pp. 273 - 290, 1988.

□ CCITT, Recommendation X. 509, "*The Directory—Authentication Framework*," Consultation Committee, International Telephone and Telegraph, International Telecommunications Union, Version 7. CCITT, Gloucester, Nov. 1987.

□ CCITT, Recommendation X. 800, "*Security Architecture for Open Systems Interconnection for CCITT Applications*," International Telephone and Telegraph, International Telecommunications Union, Geneva, 1991.

□ Certicom, "*White Paper: Elliptic Curve Cryptosystems—Question & Answers*," 1996.

□ Chabaud, F., "On the security of some cryptosystems based on error-correcting codes," Advances in Cryptology—EUROCRYPT '94, pp. 131 - 139, 1995.

□ Chabaud, F. and Vaudenay, S., "Links between differential and linear cryptanalysis," Advances in Cryptology—EUROCRYPT '94 Proceedings, pp. 356 - 365, Springer-Verlag, 1995.

□ Chaitin, G. J., "On the length of programs for computing finite binary sequences," Journal of the Association for Computing Machinery, 13, pp. 547 - 569, 1966.

□ Chambers, W. G., "On random mapping and random permutation," 1994 Fast Software Encryption, pp. 22 - 28, 1995.

□ Chambers, W. G., "Clock-controlled shift registers in binary sequence generators," IEE Proceedings E—Computers and Digital Techniques, 135, pp. 17 - 24, 1988.

□ Chambers, W. G., "Two stream ciphers," R. Anderson (Ed.), *Fast Software Encryption*, Cambridge Security Workshop, pp. 51 - 55, Springer-Verlag, 1994.

□ Chambers, W. G. and Gollmann, D., "Generators for sequences with near-maximal linear equivalence," IEE Proceedings, Vol. 135, Pt. E, No. 1, pp. 67 - 69, Jan. 1988.

□ Chambers, W. G. and Gollmann, D., "Lock-in effect in cascades of clockcontrolled shift-registers," Advances in Cryptology—EUROCRYPT '88, pp. 331 - 343, 1988.

□ Chang Huanguo, et al. (张焕国，覃中平，丁玉龙，崔宝秋)，"计算机安全保密技术"，机械工业出版社，1995.

□ Chapman, D. B. and Zwicky, E. D., "Building Internet Firewalls," O'Reilly & Associates, Inc. 1995.

□ Charnes, C., O'Connor, L., Pieprzyk, J., Safavi-Naini, R. and Zheng, Y., "Comments on Soviet encryption algorithm," Advances in Cryptology—EUROCRYPT '94 Proceedings, Springer-Verlag, 1995.

□ Chaum, D., "Untraceable electronic mail, return addresses, and digital pseudonyms," Communications of the ACM, Vol. 24, No. 2, pp. 84 - 88, Feb. 1981.

□ Chaum, D., "Blind signatures for untraceable payments," Advances in Cryptology—CRYPTO '82 Proceedings, pp. 199 - 203, Plenum Press, 1983.

□ Chaum, D., "Security without identification: transaction systems to make big brother obsolete," Communications of the ACM, Vol. 28, No. 10, pp. 1030 - 1044, Oct. 1985.

□ Chaum, D., "Demonstrating that a public predicate can be satisfied without revealing any information about how," Advances in Cryptology — CRYPTO '86 Proceedings, pp. 159 - 199, Springer-Verlag, 1987.

□ Chaum, D., "Blinding for unanticipated signatures," Advances in Cryptology—EUROCRYPT '87 Proceedings, pp. 227 - 233, Springer-Verlag, 1988.

□ Chaum, D., "Elections with unconditionally secret ballots and disruptions equivalent to breaking RSA," Advances in Cryptology—EUROCRYPT '88 Proceedings, pp. 177 - 181, Springer-Verlag, 1988.

□ Chaum, D., "The dining cryptographers problem: Unconditional sender untraceability," J. Cryptology, Vol. 1, No. 1, pp. 65 - 75, 1988.

□ Chaum, D., "Blind signature systems," U. S. Patent #4,759,063, 19 July 1988.

□ Chaum, D., "Blind unanticipated signature systems," U. S. Patent #4,759,064, 19 July 1988.

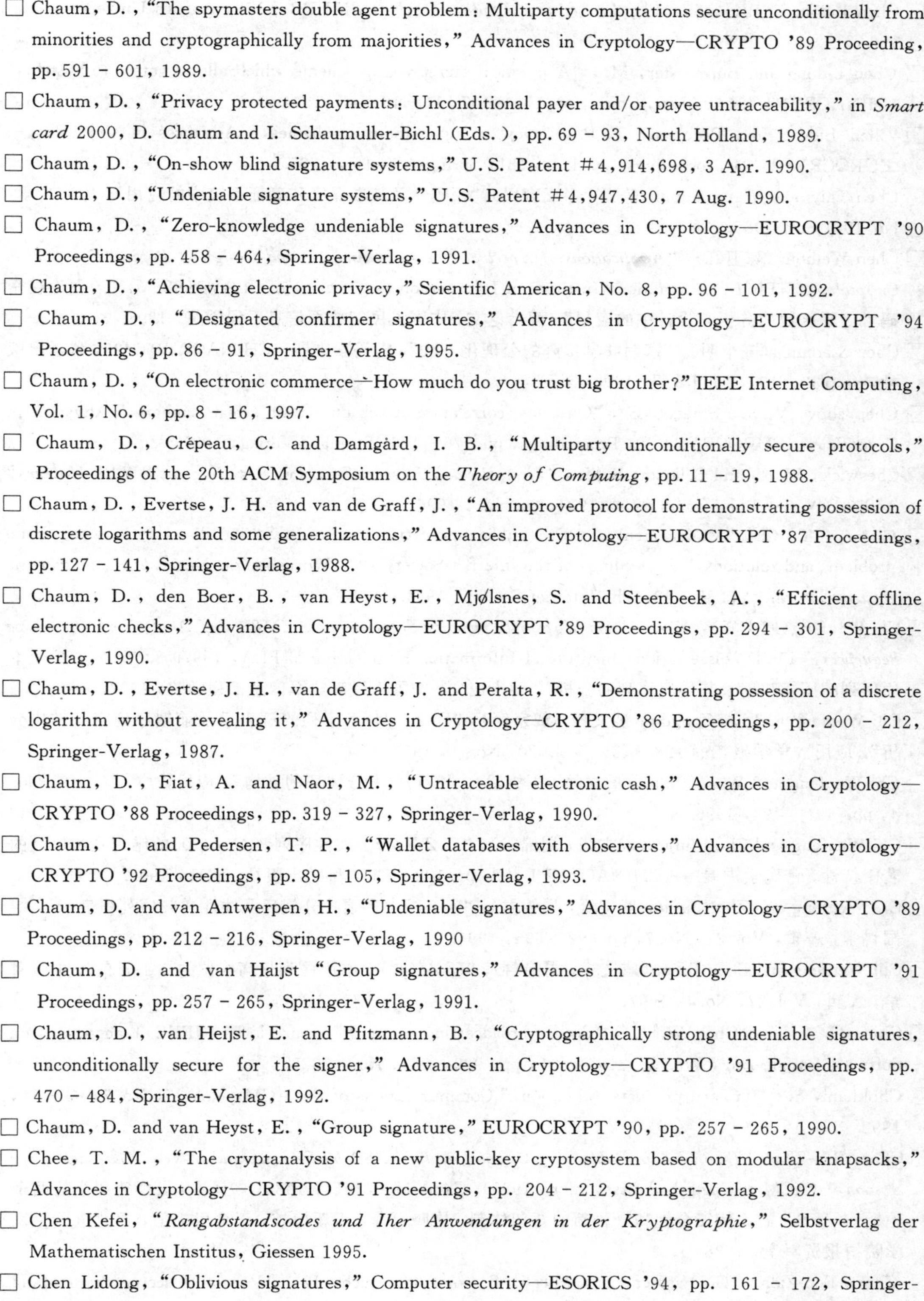

☐ Chaum, D., "The spymasters double agent problem: Multiparty computations secure unconditionally from minorities and cryptographically from majorities," Advances in Cryptology—CRYPTO '89 Proceeding, pp. 591 - 601, 1989.

☐ Chaum, D., "Privacy protected payments: Unconditional payer and/or payee untraceability," in *Smart card* 2000, D. Chaum and I. Schaumuller-Bichl (Eds.), pp. 69 - 93, North Holland, 1989.

☐ Chaum, D., "On-show blind signature systems," U. S. Patent #4,914,698, 3 Apr. 1990.

☐ Chaum, D., "Undeniable signature systems," U. S. Patent #4,947,430, 7 Aug. 1990.

☐ Chaum, D., "Zero-knowledge undeniable signatures," Advances in Cryptology—EUROCRYPT '90 Proceedings, pp. 458 - 464, Springer-Verlag, 1991.

☐ Chaum, D., "Achieving electronic privacy," Scientific American, No. 8, pp. 96 - 101, 1992.

☐ Chaum, D., "Designated confirmer signatures," Advances in Cryptology—EUROCRYPT '94 Proceedings, pp. 86 - 91, Springer-Verlag, 1995.

☐ Chaum, D., "On electronic commerce—How much do you trust big brother?" IEEE Internet Computing, Vol. 1, No. 6, pp. 8 - 16, 1997.

☐ Chaum, D., Crépeau, C. and Damgård, I. B., "Multiparty unconditionally secure protocols," Proceedings of the 20th ACM Symposium on the *Theory of Computing*, pp. 11 - 19, 1988.

☐ Chaum, D., Evertse, J. H. and van de Graff, J., "An improved protocol for demonstrating possession of discrete logarithms and some generalizations," Advances in Cryptology—EUROCRYPT '87 Proceedings, pp. 127 - 141, Springer-Verlag, 1988.

☐ Chaum, D., den Boer, B., van Heyst, E., Mjølsnes, S. and Steenbeek, A., "Efficient offline electronic checks," Advances in Cryptology—EUROCRYPT '89 Proceedings, pp. 294 - 301, Springer-Verlag, 1990.

☐ Chaum, D., Evertse, J. H., van de Graff, J. and Peralta, R., "Demonstrating possession of a discrete logarithm without revealing it," Advances in Cryptology—CRYPTO '86 Proceedings, pp. 200 - 212, Springer-Verlag, 1987.

☐ Chaum, D., Fiat, A. and Naor, M., "Untraceable electronic cash," Advances in Cryptology—CRYPTO '88 Proceedings, pp. 319 - 327, Springer-Verlag, 1990.

☐ Chaum, D. and Pedersen, T. P., "Wallet databases with observers," Advances in Cryptology—CRYPTO '92 Proceedings, pp. 89 - 105, Springer-Verlag, 1993.

☐ Chaum, D. and van Antwerpen, H., "Undeniable signatures," Advances in Cryptology—CRYPTO '89 Proceedings, pp. 212 - 216, Springer-Verlag, 1990

☐ Chaum, D. and van Haijst "Group signatures," Advances in Cryptology—EUROCRYPT '91 Proceedings, pp. 257 - 265, Springer-Verlag, 1991.

☐ Chaum, D., van Heijst, E. and Pfitzmann, B., "Cryptographically strong undeniable signatures, unconditionally secure for the signer," Advances in Cryptology—CRYPTO '91 Proceedings, pp. 470 - 484, Springer-Verlag, 1992.

☐ Chaum, D. and van Heyst, E., "Group signature," EUROCRYPT '90, pp. 257 - 265, 1990.

☐ Chee, T. M., "The cryptanalysis of a new public-key cryptosystem based on modular knapsacks," Advances in Cryptology—CRYPTO '91 Proceedings, pp. 204 - 212, Springer-Verlag, 1992.

☐ Chen Kefei, "*Rangabstandscodes und Iher Anwendungen in der Kryptographie*," Selbstverlag der Mathematischen Institus, Giessen 1995.

☐ Chen Lidong, "Oblivious signatures," Computer security—ESORICS '94, pp. 161 - 172, Springer-Verlag, 1994.

□ Chen Lidong, "*Witness Hiding Proofs and Applications*," DAIMI PB - 177, Aarhus University Aug. 1994.

□ Chen Lidong and Burminster, M., "A practical secret voting scheme which allows voters to abstain," CHINACRYPT '94, Xidian, China, pp. 100 - 107, 11 - 15 Nov. 1994.

□ Chen Lidong and Pedersen, T. P., "New group signature schemes," Advances in Cryptology—EUROCRYPT '94 Proceedings, pp. 171 - 181, Springer-Verlag, 1995.

□ Chen Taiyi and Wang Yumin(陈太一，王育民),"密码学及其在保密和确证系统中的应用"，电信科学，No. 10,1 - 7, 1985.

□ Chen Weihong(陈卫红), "*Applications of Spectral Theory in Analysis and Design of Logical Functions in Cryptology*," Ph. D. dissertation, Institute of Information Engineering of PLA, 1998. 3,"谱理论在密码学逻辑函数的分析与设计中的应用"，博士论文，中国人民解放军信息工程学院，1998. 3.

□ Chen Xiaoming(陈小明)，"密钥共享拟阵的公理化方法"，密码学进展—CHINACRYPT '98，科学出版社，pp. 133 - 137，四川峨眉，1998. 5.

□ Chepyzhov, V. and Smeets, B., "On a fast correlation attack on certain stream ciphers," Advances in Cryptology—EUROCRYPT '91 Proceedings, pp. 176 - 185, Springer-Verlag, 1991.

□ Cheswick, W. R. and Bellovin, S. M., "*Firewalls and Internet Security: Repelling the Wildly Hacker*," Addison Wesley Pub. Commpany, 1994, 2nd ed., 1996.

□ Cheung, T. C., "Management of PEM public key certificates using X. 500 directory service: Some problems and solutions," Proceedings of the Internet Society 1994 Workshop on *Network and Distributed System Security*, pp. 35 - 42, The Internet Society, 1994.

□ Chi Wenfeng(戚文峰), "*Conpression Maps of Primetive Sequences over $Z/(2^e)$ and Analysis of Derivative Sequences*," Ph. D. dissertation, Institute of Information Engineering of PLA, 1997. 3."环$Z/(2^e)$上本原序列的压缩映射及其导出序列的分析"，博士论文，中国人民解放军信息工程学院，1997. 3.

□ Chi Wenfeng and Dai Zongduo(戚文峰，戴宗铎)，"环 $Z/(p^d)$上序列的迹表示及前馈序列空间结构分析"，应用数学学报，pp. 128 - 136, Vol. 20, No. 1, 1997.

□ Chi Wenfeng and Wang Jinling(戚文峰，王锦玲)，"$Z/(p^e)$上分裂环的结构"，应用数学，Vol. 9, No. 4, pp. 491 - 494, 1996.

□ Chi Wenfeng and Zhou Jinjun(戚文峰，周锦君)，"环 $Z/(p^d)$上线性序列簇$G(f(x))$的结构及和序列的若干特性，密码学进展——CHINACRYPT '92, pp. 132 - 139，科学出版社，北京，1992.

□ Chi Wenfeng and Zhou Jinjun(戚文峰，周锦君)，"$Z/(p^e)$上多项式分裂环及线性递归序列根表示"，中国科学，A 辑，Vol. 24, No. 7, pp. 692 - 696, 1994.

□ Chi Wenfeng and Zhou Jinjun(戚文峰，周锦君)，"环 $Z/(p^d)$上本原序列最高权位的 0、1 分布"，中国科学，A 辑，Vol. 27, No. 4, 1997.

□ Chiou G. C. and Chen W. C., "Secure broadcasting using the secure lock," IEEE Transactions on Software Engineering, Vol. SE-15, No. 8, pp. 929 - 934, Aug. 1989.

□ Chokhani, S., "Trusted products evaluation," Communications of the ACM, Vol. 35, No. 7, 65 - 76, 1992.

□ Chor, Ben-Zion, "*Two Issue in Public Key Cryptography—RSA bit Security and a New Knapsack Type System*," (ACM distinguished dissertation, 1985), Cambridge, MIT. 1986; 中译本：公钥密码学的两个论题——RSA 的比特安全性和一种新的背包体制，周晓迈译，王新梅校，王育民主编，西北电讯工程学院情报资料室，1988. 1.

□ Chor, Ben-Zion., Goldwasser, S., Micali, S. and Awerbuch, B., "Verifiable secret sharing and achieving simultaneity in the presence of faults," Proceedings of the 26th Annual IEEE Symposium on *the*

Foundations of Computer Science, pp. 383 - 395, 1985.

☐ Chor, Ben-Zion and Goldreich, O., "Unbiased bits from sources of weak randomness and probabilistic communication complexity," SIAM Journal on Computing, 17, pp. 230 - 261, 1988.

☐ Chor, Ben-Zion. and Rivest, R. L., "A knapsack type public key cryptosystem based on arithmetic in finite fields," Advances in Cryptology—CRYPTO '84 Proceedings, pp. 54 - 65, Springer-Verlag, 1985; also in IEEE Trans. on IT - 45 No. 4, pp. 901 - 909, 1988.

☐ Christian C. and Maurer, U. M., "Linking information reconciliation and privacy amplification," J. Cryptology Vol. 10, pp. 97 - 110, 1997.

☐ Christoffersson, P., Ekahll, S. A., Fåk, V., Herda, S., Mattila, P., Price, W. and Widman, H. O., "Crypto Users' *Handbook: A Guide for Implementors of Cryptographic Protection in Computer Systems*," North Holland: Elsevier Science Publishers, 1988.

☐ Clark, A., Golic, J. and Dawson, E., "A comparison of fast correlation attacks," D. Gollmann (Ed.), *Fast Software Encryption*, Third International Workshop, pp. 145 - 157, Springer-Verlag, 1996.

☐ Cleve, R., "Controlled gradual disclosure schemes for random bits and their applications," Advances in Cryptology—CRYPTO '89 Proceedings, pp. 572 - 588, Springer-Verlag, 1990.

☐ Cocks, C. C., "A Note on Non-Secret Encryption," CESG Report, 20 Nov. 1973.

☐ Cohen, H., "*A Course in Computational Algebraic Number Theory*," Springer-Verlag, Berlin, 1993.

☐ Cohen, J. D. and Fischer, M. H., "A robust and verifiable cryptographically secure election scheme," Procedings of the 26th Annual IEEE Symposium on *the Foundations of Computer Science*, pp. 372 - 382, 1985.

☐ Communications of ACM, "Special Issue of Internet electronic commerce," Vol. 39, No. 6, 1996.

☐ Connell, C., "An analysis of new DES: A modified version of DES," Cryptologia, Vol. 14, No. 3, pp. 217 - 223, July 1990.

☐ Coppersmith, D., "Fast evaluation of logarithms in fields of characteristic two," IEEE Trans. on Information Theory, Vol. 30, No. 4, pp. 587 - 594, July 1984.

☐ Coppersmith, D., "Another birthday attack," Advances in Cryptology—CRYPTO '85 Proceedings, pp. 14 - 17, Springer-Verlag, 1986.

☐ Coppersmith, D., "Cheating at mental poker," Advances in Cryptology—CRYPTO '85 Proceedings, pp. 104 - 107, Springer-Verlag, 1986.

☐ Coppersmith, D., "The real reason for Rivest's phenomenon," Advances in Cryptology—CRYPTO '85 Proceedings, pp. 535 - 536, Springer-Verlag, 1986.

☐ Coppersmith, D., "*Analysis of ISO/CCITT Document X.* 509 *Annex D*," memorandum, IBM T. J. Watson Research Center, Yorktown Heights, NY, 10598, U.S.A., June 11, 1989.

☐ Coppersmith, D., "Two brokenhash functions," IBM T. J. Watson Research Center, Yorktown Heights, NY, 10598, U.S.A., Oct. 6, 1992.

☐ Coppersmith, D., "Modifications to the number field sieve," Journal of Cryptology, Vol. 6, pp. 169-180, 1993.

☐ Coppersmith, D., "The Data Encryption Standard (DES) and its strength against attacks," IBM Journal of Research and Development, Vol. 38, No. 3, pp. 243 - 250, May 1994.

☐ Coppersmith, D., "Finding a small root of a univariate modular equation," Advances in Cryptology—EUROCRYPT '96, pp. 178 - 189, 1996.

☐ Coppersmith, D., "Small solution to polynomial equations, and low exponent RSA vulnerabilities," J. of Cryptology, Vol. 10, No. 4, pp. 233 - 260, 1997.

□ Coppersmith, D., Franklin, M., Patarin, J. and Reiter, M., "Low-exponent RSA with related messages," Advances in Cryptology—EUROCRYPT '96 Proceedings, pp. 1 - 9, Springer-Verlag, 1996.

□ Coppersmith, D., Johnson, D. B. and Matyas, S. M., "A proposed mode for triple-DES encryption," IBM Journal of Research and Development, Vol. 40, pp. 253 - 261, 1996.

□ Coppersmith, D., Krawczyk, H. and Mansour, Y., "The shrinking generator," Advances in Cryptology—CRYTO '93 Proceedings, pp. 22 - 39, Springer-Verlag, 1994.

□ Coppersmith, D., Odlykzo, A. and Schroeppel, R., "Discrete logarithms in GF(p)," Algorithmica, Vol. 1, pp. 1 - 16, 1986.

□ Coppersmith, D., Stern, J. and Vaudenay, S., "Attacks on the birational signature schemes," Advances in Cryptology—CRYPTO '93 Proceedings, pp. 435 - 443, Springer-Verlag, 1994.

□ Coppersmith, D., Stern, J. and Vaudenay, S., "The security of the birational permutation signature schemes," J. of Cryptology, Vol. 10, No. 3, pp. 207 - 221, 1997.

□ Cormen, T. H., Leiserson, C. E. and Rivest, R. L., "*Introduction to Algorithms*," MIT Press, Cambridge, Massachusetts, 1990.

□ Coster, M. J., Joux, A., LaMacchia, B. A., Odlyzko, A. M., Schnorr, C. P. and Stern, J., "Improved low-density subset sum algorithms," Computational Complexity, 2, pp. 111 - 128, 1992.

□ Couvreur, C. and Quisquater, J. J., "An introduction to fast generation of large prime numbers," Philips Journal Research, Vol. 37, No. 5 - 6, pp. 231 - 264, 1982.

□ Cowie, J., Dodson, B., Elkenbracht-Huizing, B. M., Lenstra, A. K., Montgomery, P. L. and Zayer, J., "A world wide number field sieve factoring record: on to 512 bits," Advances in Cryptology—ASIACRYPT '96 Proceedings, pp. 382 - 394, 1996.

□ Cramer, R. J. F. and Pedersen, T. P., "Improved privacy in wallets with observers," Advances in Cryptology—EUROCRYPT '93 Proceeings, pp. 329 - 343, Springer-Verlag, 1994.

□ Crandell, R. E., "Method and Apparatus for Public Key Exchange in a Cryptogrphic System," U. S. Patent #5, 159, 632, 27 Oct. 1992.

□ Crépeau, C., "A secure poker protocol that minimizes the effect of player coalitions," Advances in Cryptology—CRYPTO '85 Proceedings, pp. 73 - 86, Springer-Verlag, 1986.

□ Crépeau, C., "A zero-knowledge poker protocol that achieves confidentiality of the players' strategy or how to achieve an electronic poker face," Advances in Cryptology—CRYPTO '86 Proceedings, pp. 239 - 247, Springer-Verlag, 1987.

□ Crépeau, C., "Equivalence between two flavours of oblivious transfer," Advances in Cryptology—CRYPTO '87 Proceedings, pp. 350 - 354, Springer-Verlag, 1988.

□ Crépeau, C., "Quantum oblivious transfer," Journal of Modern Optics, Vol. 41, No. 12, pp. 2445 - 2454, Dec. 1994.

□ Crépeau, C. and Kilian, J., "Achieving oblivious transfer using weakened security assumptions," Proceedings of the 29th Annual Symposium on *the Foundations of Computer Science*, pp. 42 - 52, 1988.

□ Crépeau, C. and Kilian, J., "Weakening security assumptions and oblivious transfer," Advances in Cryptology—CRYPTO '88 Proceedings, pp. 2 - 7, Springer-Verlag, 1990.

□ Crépeau, C. and Salvail, L., "Quantum oblivious mutual identification," Advances in Cryptology—EUROCRYPT '95 Proceedings, pp. 133 - 146, Springer-Verlag, 1995.

□ Csirmaz, L., "The size of a share must be large," EUROCRYPT '94, Springer-Verlag, 1994.

□ Csirmaz, L., "The size of a share must be large," J. of Cryptology, Vol. 10, No. 4, pp. 223 - 232, 1997.

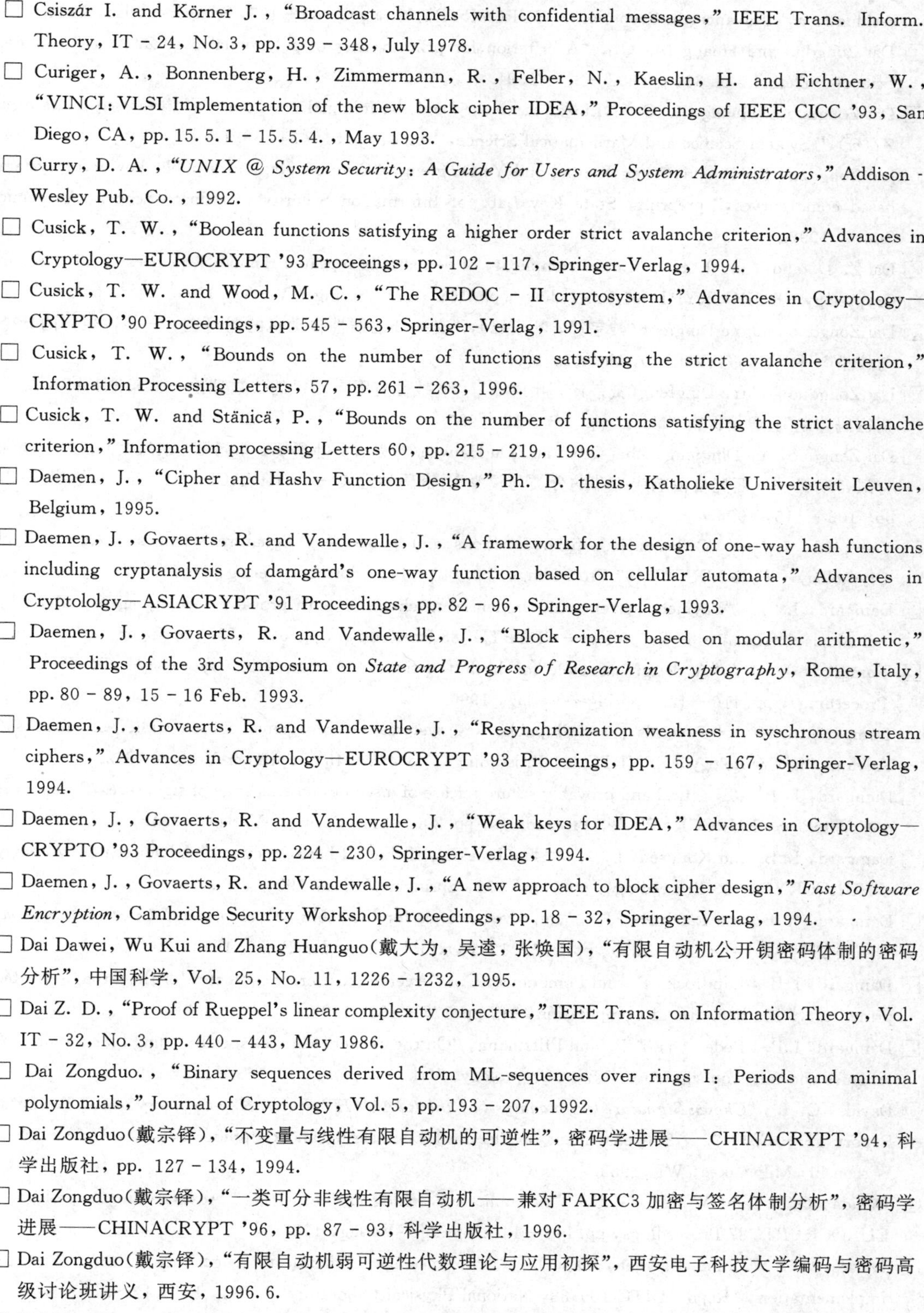

□ Csiszár I. and Körner J., "Broadcast channels with confidential messages," IEEE Trans. Inform. Theory, IT - 24, No. 3, pp. 339 - 348, July 1978.

□ Curiger, A., Bonnenberg, H., Zimmermann, R., Felber, N., Kaeslin, H. and Fichtner, W., "VINCI: VLSI Implementation of the new block cipher IDEA," Proceedings of IEEE CICC '93, San Diego, CA, pp. 15. 5. 1 - 15. 5. 4., May 1993.

□ Curry, D. A., *"UNIX @ System Security: A Guide for Users and System Administrators,"* Addison - Wesley Pub. Co., 1992.

□ Cusick, T. W., "Boolean functions satisfying a higher order strict avalanche criterion," Advances in Cryptology—EUROCRYPT '93 Proceeings, pp. 102 - 117, Springer-Verlag, 1994.

□ Cusick, T. W. and Wood, M. C., "The REDOC - II cryptosystem," Advances in Cryptology—CRYPTO '90 Proceedings, pp. 545 - 563, Springer-Verlag, 1991.

□ Cusick, T. W., "Bounds on the number of functions satisfying the strict avalanche criterion," Information Processing Letters, 57, pp. 261 - 263, 1996.

□ Cusick, T. W. and Stänicä, P., "Bounds on the number of functions satisfying the strict avalanche criterion," Information processing Letters 60, pp. 215 - 219, 1996.

□ Daemen, J., "Cipher and Hashv Function Design," Ph. D. thesis, Katholieke Universiteit Leuven, Belgium, 1995.

□ Daemen, J., Govaerts, R. and Vandewalle, J., "A framework for the design of one-way hash functions including cryptanalysis of damgård's one-way function based on cellular automata," Advances in Cryptololgy—ASIACRYPT '91 Proceedings, pp. 82 - 96, Springer-Verlag, 1993.

□ Daemen, J., Govaerts, R. and Vandewalle, J., "Block ciphers based on modular arithmetic," Proceedings of the 3rd Symposium on *State and Progress of Research in Cryptography*, Rome, Italy, pp. 80 - 89, 15 - 16 Feb. 1993.

□ Daemen, J., Govaerts, R. and Vandewalle, J., "Resynchronization weakness in syschronous stream ciphers," Advances in Cryptology—EUROCRYPT '93 Proceeings, pp. 159 - 167, Springer-Verlag, 1994.

□ Daemen, J., Govaerts, R. and Vandewalle, J., "Weak keys for IDEA," Advances in Cryptology—CRYPTO '93 Proceedings, pp. 224 - 230, Springer-Verlag, 1994.

□ Daemen, J., Govaerts, R. and Vandewalle, J., "A new approach to block cipher design," *Fast Software Encryption*, Cambridge Security Workshop Proceedings, pp. 18 - 32, Springer-Verlag, 1994.

□ Dai Dawei, Wu Kui and Zhang Huanguo(戴大为，吴逵，张焕国)，"有限自动机公开钥密码体制的密码分析"，中国科学，Vol. 25，No. 11，1226 - 1232，1995.

□ Dai Z. D., "Proof of Rueppel's linear complexity conjecture," IEEE Trans. on Information Theory, Vol. IT - 32, No. 3, pp. 440 - 443, May 1986.

□ Dai Zongduo., "Binary sequences derived from ML-sequences over rings I: Periods and minimal polynomials," Journal of Cryptology, Vol. 5, pp. 193 - 207, 1992.

□ Dai Zongduo(戴宗铎)，"不变量与线性有限自动机的可逆性"，密码学进展——CHINACRYPT '94，科学出版社，pp. 127 - 134，1994.

□ Dai Zongduo(戴宗铎)，"一类可分非线性有限自动机——兼对FAPKC3加密与签名体制分析"，密码学进展——CHINACRYPT '96，pp. 87 - 93，科学出版社，1996.

□ Dai Zongduo(戴宗铎)，"有限自动机弱可逆性代数理论与应用初探"，西安电子科技大学编码与密码高级讨论班讲义，西安，1996. 6.

□ Dai Zongduo, Beth, T. and Gollman, D., "Lower bounds for the linear complexity of sequences over residue ring," Advances in Cryptology—EUROCRYPT '90, pp. 189 - 195, Spinger-Verlag, 1991.

□ Dai Zongduo and Huang M. Q., "A criterion for primitiveness of polynomial over $Z/(2^d)$," Chinese Science Bulletin, Vol. 36, pp. 892 - 895, 1991.

□ Dai Zongduo & Huang M. Q., "Linear compexity and the minimal polynomial of linear sequences over $Z/(m)$," System Science and Mathematical Science, Vol. 4, pp. 51 - 54, 1991.

□ Dai Zongduo, Pei Dingyi, Yang Xunhui and Ye Dingfeng, "Cryptoanalysis of a public key cryptosystem based conic curves," preprint, State Key Lab. of Information Security, Graduate School, Academic Sinica, 1998.

□ Dai Z. D. and Yang J. H., "Linear complexity of periodically repeated random sequences," Advances in Cryptology—EUROCRYPT '91 Proceedings, pp. 168 - 175, Springer-Verlag, 1991.

□ Dai Zongduo and Ye Dingfeng(戴宗铎，叶顶峰)，"交换环上线性自动机的弱可逆——传输矩阵的分类与枚举"，科学通报，Vol. 40，No. 15，1995.

□ Dai Zongduo and Ye Dingfeng(戴宗铎，叶顶峰)，"非线性有限自动机的代数理论——兼论 FAPKC3 公钥密码体制"，通信保密，No. 2，pp. 45 - 51，1996.

□ Dai Zongduo, Ye Dingfeng, Zhai Qibin and Ou Haiwen(戴宗铎，叶顶峰，翟起滨，欧海文)，"关于线性有限自动机——匹配自由响应矩阵的分类与枚举"，密码学进展——CHINACRYPT '96，科学出版社，pp. 103 - 115，1996.

□ Damgård, I. B., "Collision free hash functions and public key signature schemes," Advances in Cryptology—EUROCRYPT '87 Proceedings, pp. 143 - 147, Springer-Verlag, 1988.

□ Damgård, I. B., "Payment systems and credential mechanisms with provable security against abuse by individuals," Advances in Cryptology—CRYPTO '88 Proceedings, pp. 328 - 335, Springer-Verlag, 1990.

□ Damgård, I. B., "A design principle for hash functions," Advances in Cryptology—CRYPTO '89 Proceedings, pp. 416 - 427, Springer-Verlag, 1990.

□ Damgård, I. B., "Towards practical public key systems secure against chosen ciphertext attacks," Advances in Cryptology—CRYPTO '91 Proceedings, pp. 445 - 456, Springer-Verlag, 1992.

□ Damgård, I. B., "Practical and provably secure release of a secret and exchange of signatures," Advances in Cryptology—EUROCRYPT '93 Proceedings, pp. 200 - 217, Springer-Verlag, 1994.

□ Damgård, I. B. and Knudsen, L. R., "The breaking of the AR hash function," Advances in Cryptology—EUROCRYPT '93 Proceedings, pp. 286 - 292, Springer-Verlag, 1994.

□ Damgård, I. B. and Landrock, P., "Improved bounds for the rabin primality test," *Cryptography and Coding III*, M. J. Ganley (Ed.), pp. 117 - 128, Oxford: Clarendon Press, 1993.

□ Damgård, I. B., Landrock, P. and Pomerance, C., "Average case error estimates for the strong probable prime test," Mathematics of Computation, 61, pp. 177 - 194, 1993.

□ Damgård, I. B., Pedevson, T. P. and Pfitzmann, "On the existence of statistically hiding bit commitment schemes and fait-stop signature," J. of Cryptology, Vol. 10, No. 3, pp. 163 - 194, 1997.

□ Davida, G. I., "*Chosen Signature Cryptanalysis of the RSA(MIT) Public Key Cryptosystem*," Technical Report TR - CS - 82 - 2, Department of Electrical Engineering and Computer Science, University of Wisconsin, Milwaukee, WI, 1982.

□ Davida, G. I. and Walter, G. G., "A public key analog cryptosystem," Advances in Cryptology—EUROCRYPT '87 Proceedings, pp. 143 - 147, Springer-Verlag, 1988.

□ Davies, D. W. and Clayden, D. O., "The message authenticator algorithm (MAA) and its implementation," Report DITC 109/88, National Physical Laboratory, U. K., Feb. 1988.

□ Davies, D. W. and Murphy, S., "Paris and triplets of DES S-boxes," J. of Cryptology, Vol. 8, No. 1

pp. 1 - 25, 1995.

☐ Davies, D. W., Ihaka, R. and Fenstermacher, P., "Cryptographic randomness from air turbulence in disk drives," Advances in Cryptology—CRYPTO '94 Proceedings, pp. 114 - 120, Springer-Verlag, 1994.

☐ Davies, D. W. and Parkin, G. I. P., "The average cycle size of the key stream in output feedback encipherment," Advances in Cryptology—CRYPTO '82, pp. 97 - 98, 1983.

☐ Davies D. W. and Price, W. L., "*Security for Computer Networks*," John Wiley & Sons, 1984; 2nd ed. 1989.

☐ Davies, D. W. and Swick, R., "Network security via private-key certificates," Operating Systems Review, 24, pp. 64 - 67, 1990.

☐ Dawson, E., "Cryptanalysis of summation generator," Advances in Cryptology—AUSCRYPT '92 Proceedings, pp. 209 - 215, Springer-Verlag, 1993.

☐ Dawson, M. H. and Tavares, S. E., "An expanded set of design criteria for substitution boxes and their use in strengthening DES-like cryptosystems," IEEE Pacific Rim Conference on *Communications, Computers, and Signal Processing*, pp. 191 - 195, Victoria, BC, Canada, 9 - 10 May 1991.

☐ Dawson, M. H. and Tavares, S. E., "An expanded set of S-box design criteria based on information theory and its relation to differential like attacks," Advances in Cryptology—EUROCRYPT '91 Proceedings, pp. 352 - 367, Springer-Verlag, 1991.

☐ de George, "Experiments in automatic speech verification," Electronic Engineering, Vol. 53, pp. 653-673, 1981.

☐ de Rooij, P., "On the security of the Schnorr scheme using preprocessing," Advances in Cryptology—EUROCRYPT '91, pp. 71 - 80, 1991.

☐ de Rooij, P., "On Schnorr's preprocessing for digital signature schemes," Advances in Cryptology—EUROCRYPT '93, pp. 435 - 439, 1994.

☐ de Rooij, P., "Efficient exponentiation using precomputation and vector addition chains," Advances in Cryptology—EUROCRYPT '94, pp. 389 - 399, 1995.

☐ de Santis, A., Micali, S. and Persiano, G., "Non-interactive zero-knowledge proof systems," Advances in Cryptology—CRYPTO '87 Proceedings, pp. 52 - 72, Springer-Verlag, 1988.

☐ de Santis, A., Micali, S. and Persiano, G., "Non-interactive zero-knowledge with preprocessing," Advances in Cryptology—CRYPTO '88 Proceedings, pp. 269 - 282, Springer-Verlag, 1990.

☐ de Santis, A. and Yung, J. J., "On the design of provably secure cryptographic hash functions," Advances in Cryptology—EUROCRYPT '90 Proceedings, pp. 412 - 432, Springer-Verlag, 1991.

☐ de Soete M., "Some constructions for authentication-secrecy codes," in Eurocrypt '88, pp. 57 - 75, Springer-Verlag, 1988.

☐ de Soete M., "Bounds and constructions for authentication-secrecy codes with splitting," CRYPTO '88, pp. 311 - 317, Springer-Verlag, 1989.

☐ de Waleffe, D. and Quisquater, J. J., "Better login protocols for computer networks," B. Preneel, R. Govaerts, and J. Vandewalle (Eds.), *Computer Security and Industrial Cryptography: State of the Art and Evolution*, pp. 50 - 70, Springer-Verlag, 1993.

☐ Deavours, C. A. and Kruh, L., "*Machine Cryptography and Modern Cryptanalysis*," Norwood, MA: Artech House, 1985.

☐ DeLaurentis, J. M., "A further weakness in the common modulus protocol for the RSA cryptosystem," Cryptologia, Vol. 8, No. 3, pp. 253 - 259, July 1984.

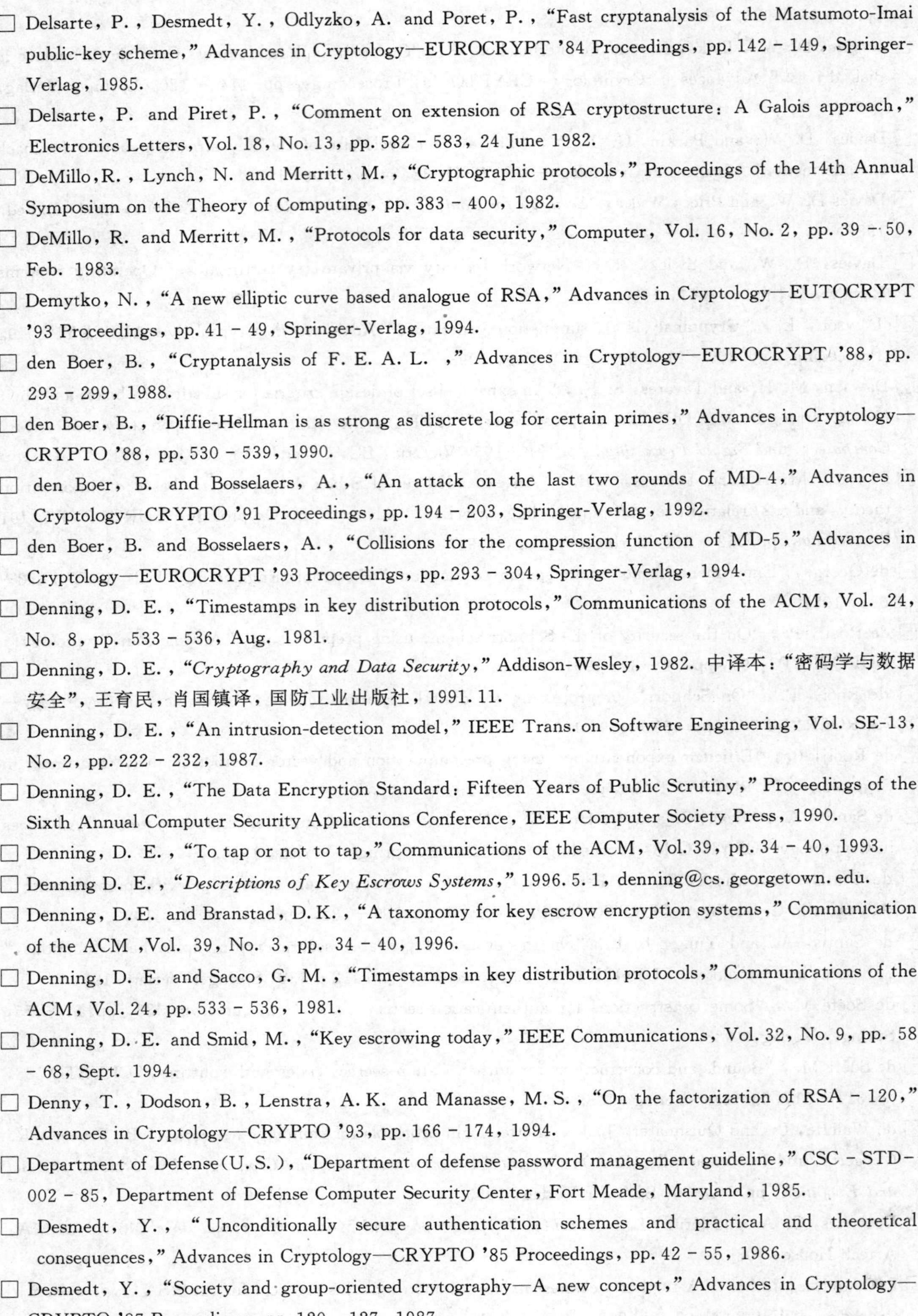

□ Delsarte, P., Desmedt, Y., Odlyzko, A. and Poret, P., "Fast cryptanalysis of the Matsumoto-Imai public-key scheme," Advances in Cryptology—EUROCRYPT '84 Proceedings, pp. 142 - 149, Springer-Verlag, 1985.

□ Delsarte, P. and Piret, P., "Comment on extension of RSA cryptostructure: A Galois approach," Electronics Letters, Vol. 18, No. 13, pp. 582 - 583, 24 June 1982.

□ DeMillo, R., Lynch, N. and Merritt, M., "Cryptographic protocols," Proceedings of the 14th Annual Symposium on the Theory of Computing, pp. 383 - 400, 1982.

□ DeMillo, R. and Merritt, M., "Protocols for data security," Computer, Vol. 16, No. 2, pp. 39 - 50, Feb. 1983.

□ Demytko, N., "A new elliptic curve based analogue of RSA," Advances in Cryptology—EUTOCRYPT '93 Proceedings, pp. 41 - 49, Springer-Verlag, 1994.

□ den Boer, B., "Cryptanalysis of F. E. A. L. ," Advances in Cryptology—EUROCRYPT '88, pp. 293 - 299, 1988.

□ den Boer, B., "Diffie-Hellman is as strong as discrete log for certain primes," Advances in Cryptology—CRYPTO '88, pp. 530 - 539, 1990.

□ den Boer, B. and Bosselaers, A., "An attack on the last two rounds of MD-4," Advances in Cryptology—CRYPTO '91 Proceedings, pp. 194 - 203, Springer-Verlag, 1992.

□ den Boer, B. and Bosselaers, A., "Collisions for the compression function of MD-5," Advances in Cryptology—EUROCRYPT '93 Proceedings, pp. 293 - 304, Springer-Verlag, 1994.

□ Denning, D. E., "Timestamps in key distribution protocols," Communications of the ACM, Vol. 24, No. 8, pp. 533 - 536, Aug. 1981.

□ Denning, D. E., "*Cryptography and Data Security*," Addison-Wesley, 1982. 中译本："密码学与数据安全"，王育民，肖国镇译，国防工业出版社，1991. 11.

□ Denning, D. E., "An intrusion-detection model," IEEE Trans. on Software Engineering, Vol. SE-13, No. 2, pp. 222 - 232, 1987.

□ Denning, D. E., "The Data Encryption Standard: Fifteen Years of Public Scrutiny," Proceedings of the Sixth Annual Computer Security Applications Conference, IEEE Computer Society Press, 1990.

□ Denning, D. E., "To tap or not to tap," Communications of the ACM, Vol. 39, pp. 34 - 40, 1993.

□ Denning D. E., "*Descriptions of Key Escrows Systems*," 1996. 5. 1, denning@cs. georgetown. edu.

□ Denning, D. E. and Branstad, D. K., "A taxonomy for key escrow encryption systems," Communication of the ACM ,Vol. 39, No. 3, pp. 34 - 40, 1996.

□ Denning, D. E. and Sacco, G. M., "Timestamps in key distribution protocols," Communications of the ACM, Vol. 24, pp. 533 - 536, 1981.

□ Denning, D. E. and Smid, M., "Key escrowing today," IEEE Communications, Vol. 32, No. 9, pp. 58 - 68, Sept. 1994.

□ Denny, T., Dodson, B., Lenstra, A. K. and Manasse, M. S., "On the factorization of RSA - 120," Advances in Cryptology—CRYPTO '93, pp. 166 - 174, 1994.

□ Department of Defense (U. S.), "Department of defense password management guideline," CSC - STD-002 - 85, Department of Defense Computer Security Center, Fort Meade, Maryland, 1985.

□ Desmedt, Y., "Unconditionally secure authentication schemes and practical and theoretical consequences," Advances in Cryptology—CRYPTO '85 Proceedings, pp. 42 - 55, 1986.

□ Desmedt, Y., "Society and group-oriented crytography—A new concept," Advances in Cryptology—CRYPTO '87 Proceedings, pp. 120 - 127, 1987.

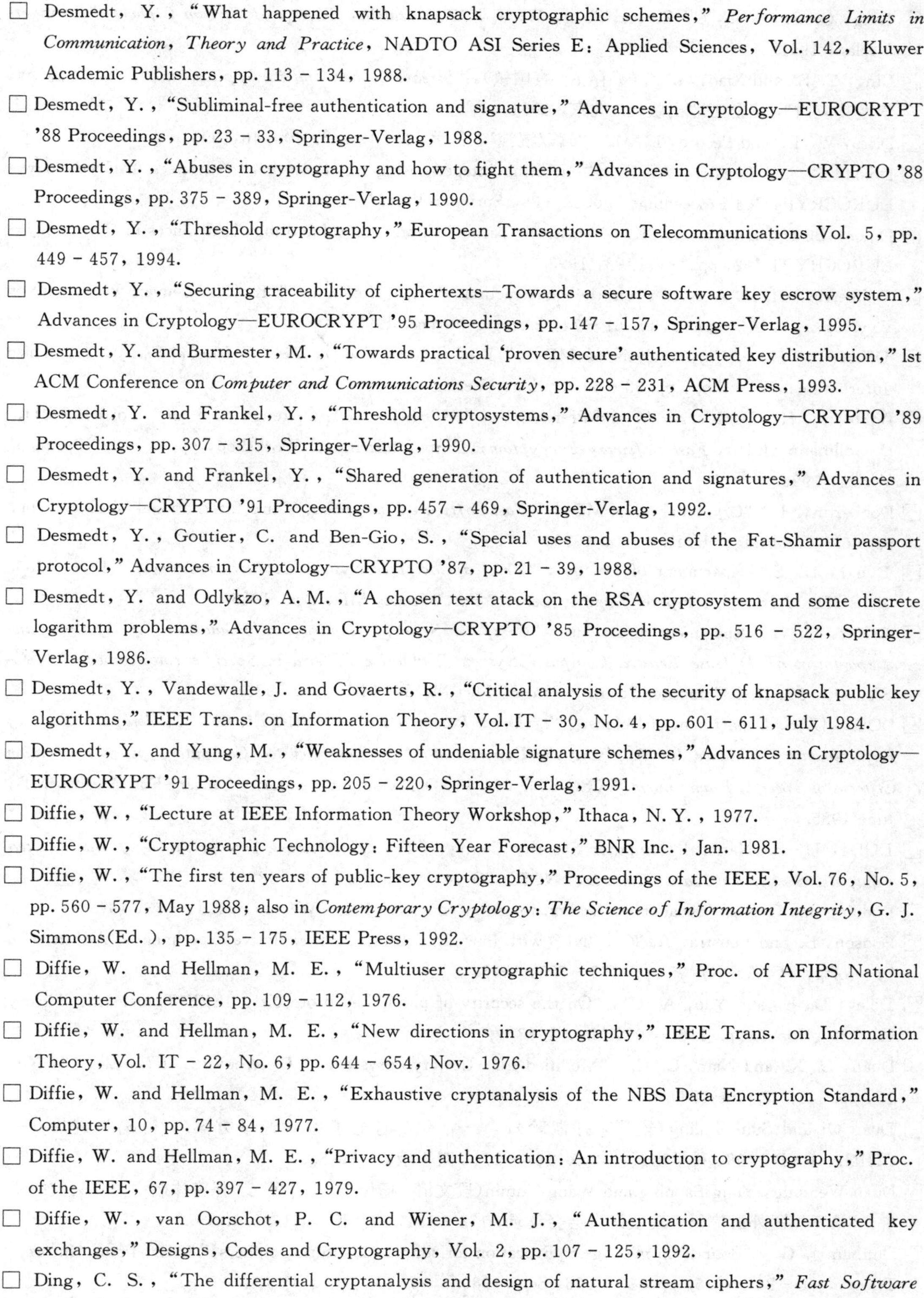

□ Desmedt, Y., "What happened with knapsack cryptographic schemes," *Performance Limits in Communication, Theory and Practice*, NADTO ASI Series E: Applied Sciences, Vol. 142, Kluwer Academic Publishers, pp. 113 - 134, 1988.

□ Desmedt, Y., "Subliminal-free authentication and signature," Advances in Cryptology—EUROCRYPT '88 Proceedings, pp. 23 - 33, Springer-Verlag, 1988.

□ Desmedt, Y., "Abuses in cryptography and how to fight them," Advances in Cryptology—CRYPTO '88 Proceedings, pp. 375 - 389, Springer-Verlag, 1990.

□ Desmedt, Y., "Threshold cryptography," European Transactions on Telecommunications Vol. 5, pp. 449 - 457, 1994.

□ Desmedt, Y., "Securing traceability of ciphertexts—Towards a secure software key escrow system," Advances in Cryptology—EUROCRYPT '95 Proceedings, pp. 147 - 157, Springer-Verlag, 1995.

□ Desmedt, Y. and Burmester, M., "Towards practical 'proven secure' authenticated key distribution," lst ACM Conference on *Computer and Communications Security*, pp. 228 - 231, ACM Press, 1993.

□ Desmedt, Y. and Frankel, Y., "Threshold cryptosystems," Advances in Cryptology—CRYPTO '89 Proceedings, pp. 307 - 315, Springer-Verlag, 1990.

□ Desmedt, Y. and Frankel, Y., "Shared generation of authentication and signatures," Advances in Cryptology—CRYPTO '91 Proceedings, pp. 457 - 469, Springer-Verlag, 1992.

□ Desmedt, Y., Goutier, C. and Ben-Gio, S., "Special uses and abuses of the Fat-Shamir passport protocol," Advances in Cryptology—CRYPTO '87, pp. 21 - 39, 1988.

□ Desmedt, Y. and Odlykzo, A. M., "A chosen text atack on the RSA cryptosystem and some discrete logarithm problems," Advances in Cryptology—CRYPTO '85 Proceedings, pp. 516 - 522, Springer-Verlag, 1986.

□ Desmedt, Y., Vandewalle, J. and Govaerts, R., "Critical analysis of the security of knapsack public key algorithms," IEEE Trans. on Information Theory, Vol. IT - 30, No. 4, pp. 601 - 611, July 1984.

□ Desmedt, Y. and Yung, M., "Weaknesses of undeniable signature schemes," Advances in Cryptology—EUROCRYPT '91 Proceedings, pp. 205 - 220, Springer-Verlag, 1991.

□ Diffie, W., "Lecture at IEEE Information Theory Workshop," Ithaca, N. Y., 1977.

□ Diffie, W., "Cryptographic Technology: Fifteen Year Forecast," BNR Inc., Jan. 1981.

□ Diffie, W., "The first ten years of public-key cryptography," Proceedings of the IEEE, Vol. 76, No. 5, pp. 560 - 577, May 1988; also in *Contemporary Cryptology: The Science of Information Integrity*, G. J. Simmons(Ed.), pp. 135 - 175, IEEE Press, 1992.

□ Diffie, W. and Hellman, M. E., "Multiuser cryptographic techniques," Proc. of AFIPS National Computer Conference, pp. 109 - 112, 1976.

□ Diffie, W. and Hellman, M. E., "New directions in cryptography," IEEE Trans. on Information Theory, Vol. IT - 22, No. 6, pp. 644 - 654, Nov. 1976.

□ Diffie, W. and Hellman, M. E., "Exhaustive cryptanalysis of the NBS Data Encryption Standard," Computer, 10, pp. 74 - 84, 1977.

□ Diffie, W. and Hellman, M. E., "Privacy and authentication: An introduction to cryptography," Proc. of the IEEE, 67, pp. 397 - 427, 1979.

□ Diffie, W., van Oorschot, P. C. and Wiener, M. J., "Authentication and authenticated key exchanges," Designs, Codes and Cryptography, Vol. 2, pp. 107 - 125, 1992.

□ Ding, C. S., "The differential cryptanalysis and design of natural stream ciphers," *Fast Software Encryption*, Cambridge Security Workshop Proceedings, pp. 101 - 115, Springer-Verlag, 1994.

☐ Ding, C. S., Xiao, G. Z. and Shan, W. J., "*The Stability Theory of Stream Ciphers*," Springer-Verlag, 1991.

☐ Ding, C. S. and Xiao, G. Z.(丁存生，肖国镇), "*Stream Ciphers and its Applications*," 1994, "流密码学及其应用", 国防工业出版社，北京，1994.

☐ Ditto, W. L. and Pecoro, L. M., "驾驭混沌", 科学, No. 12, pp. 40 - 46, 1993.

☐ Dixon, B. and Lenstra, A. K., "Factoring integers using SIMD sieves," Advances in Cryptology—EUROCRYPT '94 Proceedings, pp. 28 - 39, Springer-Verlag, 1994.

☐ Dixon, B. and Lenstra, A. K., "Massively parallel elliptic curve factoring," Advances in Cryptology—EUROCRYPT '92, pp. 183 - 193, 1993.

☐ Dobbertin, H., "A Survey on the construction of Bent functions," K. U. Leuven Workshop on *Cryptographic Algorithms*, pp. 61 - 74, Springer-Verlag, 1995.

☐ Dobbertin, H., "Cryptanalysis of MD-4," D. Gollmann (Ed.), *Fast Software Encryption*, Third International Workshop, pp. 53 - 69, Springer-Verlag, 1996.

☐ Dobbertin, H., Bosselaers, A. and Preneel, B., "RIPEMD - 160: a strengthened version of RIPEMD," D. Gollmann (Ed.), *Fast Software Encryption*, Third International Workshop, pp. 71 - 82, Springer-Verlag, 1996.

☐ Dobbertin, H., "Cryptanalysis of MD-4," *Fast Software Encryption*: Third International Workshop, pp. 53 - 69, Cambridge, U. K., Feb. 1996.

☐ DOD1, U. S. Department of Defense, "*Trusted Computer System Evaluation Criteria*," DOD 5200. 28 - STD, National Computer Security Center, Fort Meade, MD, Dec. 1985.

☐ DOD2, U. S. Department of Defense, "*Computer Security Requirements—Guidance for Applying the Department of Defense Trusted Computer System Evaluation Criteria in Specific Environment*," CSC-STD-003-85, DoD Computer Security Center, Fort Meade, MD, June 1985.

☐ DOD3, U. S. Department of Defense, "*Technical Rationale Behind CSC-STD-003-85: Computer Security Requirements—Guidance for Applying the Department of Defense Trusted Computer System Evaluation Criteria in Specific Environment*," CSC-STD-004-85, DoD Computer Security Center, Fort Meade, MD, June 1985.

☐ DOD4, U. S. National Computer Security Center, "*Trusted Network Interpretation of the Trusted Computer System Evaluation Criteria*," NCSC-TG-005-Version 1, July 1987.

☐ Doddington, G. R., "Speaker verification for entry control," Proc. Wescon, pp. 31 - 33, 1975.

☐ Dodson, B. and Lenstra, A. K., "NFS with four large primes: An explosive experiment," Advances in Cryptology—CRYPTO '95, pp. 372 - 385, 1995.

☐ Dolev, D. E. and Yao, A. C., "On the security of public key protocols," IEEE Trans. Inf. Theory IT - 29, No. 2, pp. 198 - 208, Mar. 1983.

☐ Duan, L. X. and Nian, C. C., "Modified Lu - Lee cryptosystems," Electronics Letters, Vol. 25, No. 13, pp. 826, 22 June 1989.

☐ Duan Qi and Sun Shuling(段琪，孙淑玲), "一个有效的电子差额选举方案", 密码学进展——CHINACRYPT '98, 科学出版社, pp. 167 - 171, 四川峨眉, 1998. 5.

☐ Duan Wenqing, Yang Baoning and Wang Yumin(段文清，杨保宁，王育民), "保密体制中协议失败的研究", 第三届国外通信保密现状研讨会会议录, 178 - 181, 四川南坪, 1990. 9.

☐ Dunham J. G., "Bounds on message equivocation for simple substitution ciphers," IEEE Trans. Inform. Theory, IT - 26, No. 5, pp. 522 - 526, Sept. 1980.

☐ Dussé, S. and Kaliski Jr., B., "A cryptographic library for the motorola DSP56000," Advances in

Cryptology—EUROCRYPT '90 Proceedings, pp. 230 - 244, Springer-Verlag, 1991.

- Dwork, C. and Stockmeyer, L., "Zero-knowledge with finite state verifiers," Advances in Cryptology—CRYPTO '88 Proceedings, pp. 71 - 75, Springer-Verlag, 1990.
- Eastlake 3rd, D., Boesch, B., Crocker, S. and Yesil, M., "CyberCash card protocol version 0. 8," Feb. 1996.
- Eberle, H., "A high-speed DES implementation for network applications," Advances in Cryptology—CRYPTO '92, pp. 521 - 539, 1993.
- Edwards, J., "*Implementing Electronic Poker: A Practical Exercise in Zero-Knowledge Interactive proofs*," Master's thesis, Department of Computer Science, University of Kentucky, May 1994.
- Ehrsam, W. F., Meyer, C. H. W. and Tuchman, W. L., "A cryptographic key management scheme for implementing the data encryption standard," IBM Systems Journal, Vol. 17, No. 2, pp. 106 - 125, 1978.
- Ekert, A. K., "Quantum cryptography bases on Bell's theorem," Physical Review Letters, Vol. 67 pp. 661 - 663, 1991.
- ElGamal, T., "A public-key cryptosystem and a signature scheme based on discrete logarithms," Advances in Cryptology—CRYPTO '84 Proceedings, pp. 10 - 18, Springer-Verlag, 1985; also in IEEE Trans. on Information Theory, Vol. IT - 31, No. 4, pp. 469 - 472, 1985.
- ElGamal, T., "A subexponential-time algorithm for computing discrete logarithms over GF(p^2)," IEEE Trans. on Information Theory, Vol. IT - 31, No. 4, pp. 473 - 481, 1985.
- ElGamal, A. and Cover, T. M., "Multiple user information theory," Proc. IEEE, 68, No. 12, pp. 1466 - 1483, Dec. 1980.
- ElGamal, T. and Kaliski, B., "Letter to the editor regarding LUC," Dr. Dobb's Journal, Vol. 18, No. 5, pp. 10, May 1993.
- Elias, P., "The efficient construction of an unbiased random sequence," The Annuals of Mathematical Statistics, 43, pp. 865 - 870, 1972.
- Ellis, J. H., "The story of non-secret encryption," Posted 17th Dec. 1997.
- Ellis, J. H., "The Possibility of Secure Non-Secret Digital Encryption," CESG Report, Jan. 1970.
- Estes, D., Adleman, L. M., Konpella, K., McCurley, K. S. and Miller, G. L., "Breaking the Ong-Schnorr-Shamir signature schemes for quadratic number fields," Advances in Cryptology—CRYPTO '85 Proceedings, pp. 3 - 13, Springer-Verlag, 1986.
- ETEBAC, "*Échanges Télématiques Entre Les Banques et Leurs Clients*," Standard ETEBAC 5, Comité Francais d'Organisation et de Normalisation Bancaires, Apr. 1989. (In French.)
- ETSI - GSM, "*Technical Specification GSM* 02. 09, *Security Aspects*," Version 3. 0. 1 (Release 92, Phase 1).
- ETSI-GSM, "*Technical Specification GSM* 02. 17, *Subscriber Identity Modules, Functional Characteristics*," Version 3. 2. 0(Release 92, Phase 1).
- ETSI-GSM, "*Technical Specification GSM* 03. 20, *Security Related Network Functions*," Version 3. 3. 2 (Release 92, Phase 1).
- ETSI-GSM, "*Technical Specification GSM* 11. 11, *Specifications of the SIM-ME Interface*," Version 3. 11. 0(Release 92, Phase 1).
- ETSI-RES, "*European Telecommunication Standard, Final Draft prETS* 300 175 - 7, *Digital European Cordless Telecommunications(EDCT), Common interface, Part 7: Security features*," May 1992.
- EUR1, Commission of European Communities, "*Information Technology Security Evaluation Criteria*

(*ITSEC*): *Provisional Harmonized Criteria*," ISBN 92-826-3004-8, Brussels, Belgium, 1991.

☐ Evans, A., Kantrowitz, W. and Weiss, E., "A user identification scheme not requiring secrecy in the computer," Communications of the ACM, Vol. 17, No. 8, pp. 437 - 472, Aug. 1974.

☐ Even, S. and Goldreich, O., "On the power of cascade ciphers," ACM Trans. on Computer Systems, 3, pp. 108 - 116, 1985.

☐ Even, S., Goldreich, O. and Lempel, A., "A randomizing protocol for signing contracts," Communications of the ACM, Vol. 28, No. 6, pp. 637 - 647, June 1985.

☐ Even, S., Goldreich, O. and Micali, S., "On line/off line digital signatures," Advances in Cryptology—CRYPTO '89 Proceedings, pp. 263 - 275, Springer-Verlag, 1990; also in Journal of Cryptology, Vol. 9, pp. 35 - 67, 1996.

☐ Even, S. and Yacobi, Y., "Cryptocomplexity and NP-completeness," J. W. de Bakker and J. van Leeuwen (Eds.), *Automata, Languages, and Programming*, 7th Colloquium, pp. 195 - 207, Springer-Verlag, 1980.

☐ Everest, G. C., "Database Management—Objective, System Function, and Adminition," Ch. 14, McGraw-Hill, 1986.

☐ Everett, D., "Identity verification and biometrics," K. M. Jackson and J. Hruska (Eds.), *Computer Security Reference Book*, pp. 37 - 73, CRC Press, 1992.

☐ Evertse, H. H., "Linear structures in block ciphers," Advances in Cryptology—EUROCRYPT '87 Proceedings, pp. 249 - 266, Springer-Verlag, 1988.

☐ Evertse, J. H. and van Heyst, E., "Which new RSA-signatures can be computed from certain given RSA-signatures?" Journal of Cryptology, Vol. 5, pp. 41 - 52, 1992.

☐ Fairfield, R. C. Mortenson, R. L. and Koulthart, K. B., "An LSI random number generator (RNG)," Advances in Cryptology—CRYPTO '84 Proceedings, pp. 203 - 230, Springer-Verlag, 1986.

☐ Federal Register, "Solicitation for public key cryptographic algorithms," Vol. 47, No. 126, pp. 28445, 30 June 1982.

☐ Feige, U., Fiat, A. and Shamir, A., "Zero knowledge proofs of identity," Proceedings of the 19th Annual ACM Symposium on the Theory of Computing, pp. 210 - 217, 1987; also in Journal of Cryptology, Vol. 1, No. 2, pp. 77 - 94, 1988.

☐ Feige, U. and Shamir, A., "Witness indistinguishable and witness hiding protocols," Proceedings of the 22nd Annual ACM Symposium on Theory of Computing, pp. 416 - 426, 1990.

☐ Feigenbaum, J., "Overview of interactive proof systems and zero-knowledge," in Contemporary Cryptology: The Science of Information Integrity, G. J., Simmons (Ed.), pp. 423 - 439, IEEE Press, 1992.

☐ Feigenbaum, J., Liverman, M. Y. and Wright, R. N., "Cryptographic protection of databases and software," Distributed Computing and Cryptography, J. Feigenbaum and M. Merritt (Eds.), American Mathematical Society, pp. 161 - 172, 1991.

☐ Feistel, H., "Cryptographic Coding for Data-Bank Privacy," RC 2872, Yorktown Heights, NY: IBM Research, Mar. 1970.

☐ Feistel, H., "Cryptography and computer privacy," Scientific American, Vol. 228, No. 5, pp. 15 - 23, May 1973.

☐ Fejfar, A. and Myers, J. W., "The testing of three automatic identity verification techniques," Proc. International Conference on Crime Countermeasures, Oxford, July 1977.

☐ Feldman, P., "A practical scheme for noninteractive verifiable secret sharing," Proceedings of the 28th

Annual Symposium on the Foundations of Computer Science, pp. 427 - 437, 1987.

☐ Feldmeier, C. and Karn, P. R., "UNIX password security—ten years later," Advances in Cryptology—CRYPTO '89 Proceedings, pp. 44 - 63, Springer-Verlag, 1990.

☐ Feng Dengguo(冯登国), "Spectral Theory and its Application in Communication Security Techniques," Ph. D. dissertation, Xidian University, Xi'an China, 1995. 4. "频谱理论及其在通信保密技术中的应用", 博士论文, 西安电子科技大学, 1995. 4.

☐ Feng Dengguo(冯登国), "基于离散对数问题的(t, n)门限数字签名方案", 密码与信息, No. 1, pp. 11 - 13, 1997.

☐ Feng Dengguo and Pei Dingyi(冯登国, 裴定一), "环Z_N上的两种Chrestenson谱之间的关系", 科学通报, Vol. 41, No. 19, pp. 1808 - 1810, 1996.

☐ Feng Dengguo and Pei Dingyi(冯登国, 裴定一), "关于SN-S认证系统中潜信道的实现", 密码学进展—Chinacrypt '98, 科学出版社, pp. 89 - 92, 四川峨眉, 1998. 5.

☐ Feng Dengguo and Xiao Guozhen(冯登国, 肖国镇), "序列的周期稳定性的新度量指标", 电子学报, Vol. 22, No. 1, pp. 86 - 90, 1994.

☐ Feng Dengguo and Xiao Guozhen(冯登国, 肖国镇), "布尔函数的对偶性和线性点", 通信学报 Vol. 17, No. 1, pp. 46 - 50, 1996.

☐ Feng Dengguo and Xiao Guozhen(冯登国, 肖国镇), "一类相关免疫函数的非线性和扩散特性", 通信学报 Vol. 17, No. 2, pp. 70 - 74, 1996.

☐ Feng Dengguo and Xiao Guozhen(冯登国, 肖国镇), "满足k次扩散准则的布尔函数的谱特征", 电子科学学刊, Vol. 18, No. 4, pp. 385 - 390, 1996.

☐ Feng Dengguo and Xiao Guozhen(冯登国, 肖国镇), "布尔函数的线性结构的谱特征", 电子科学学刊, Vol. 18, No. 5, 1996.

☐ Feng Dengguo and Xiao Guozhen(冯登国, 肖国镇), "有限域上的函数的相关免疫性和线性结构的谱特征和扩散特性", 通信学报 Vol. 18, No. 1, pp. 40 - 45, 1996.

☐ Ferguson, N. T., "Single term off-line coins," Advances in Cryptology—EUROCRYPT '93 Proceedings, pp. 318 - 328, Springer-Verlag, 1994.

☐ Ferguson, N. T., "Extensions of single-term coins," Advances in Cryptology—CRYPTO '93 Proceedings, pp. 292 - 301, Springer-Verlag, 1994.

☐ Fiat, A. and Naor, M., "Rigorous time/space tradeoffs for inverting functions," Proceedings of the 23rd Annual ACM Symposium on Theory of Computing, pp. 534 - 541, 1991.

☐ Fiat, A. and Naor, M., "Broadcast encryption," Advances in Cryptology—CRYPTO '93, pp. 480 - 491, 1994.

☐ Fiat, A. and Shamir, A., "How to prove yourself: Practical solutions to identification and signature problems," Advances in Cryptology—CRYPTO '86 Proceedings, pp. 186 - 194, Springer-Verlag, 1987.

☐ Fiat, A. and Shamir, A., "Unforgeable proofs of identity," Proceedings of Securicom 87, pp. 147 - 153, Paris, 1987.

☐ FIPS 31, "*Guidelines for Automatic Data Processing: Physical Security and Risk Management*," Federal Information Processing Standards Publication 31, U. S. Department of Commerce/N. I. S. T., National Technical Information Service, Springfield, Virginia, 1977.

☐ FIPS 46, "*Data Encryption Standard*," Federal Information Processing Standards Publication 46, U. S. Department of Commerce/N. I. S. T., National Technical Information Service, Springfield, Virginia, Jan. 1977 (revised as FIPS 46 - 1: 1988, FIPS 46 - 2: 1993).

☐ FIPS 65, "*Guidelines for Automatic Data Processing: Risk Analysis*," Federal Information Processing

Standards Publication 65, U. S. Department of Commerce/N. I. S. T., National Technical Information Service, Springfield, Virginia, 1979.

□ FIPS 74, "*Guideline for Implementing and Using the NBS Data Encryption Standard*," Federal Information Processing Standards Publication 74, U. S. Department of Commerce/N. I. S. T., National Technical Information Service, Springfield, Virginia, 1981.

□ FIPS 81, "*DES Modes of Operation*," Federal Information Processing Standards Publication 81, U. S. Department of Commerce/N. I. S. T., National Technical Information Service, Springfield, Virginia, 1980.

□ FIPS 112, "*Password Usage*," Federal Information Processing Standards Publication (FIPS PUB) 112, U. S. Department of Commerce/N. I. S. T., National Technical Information Service, Springfield, Virginia, 1985.

□ FIPS 113, "*Computer Data Authentication*," Federal Information Processing Standards Publication (FIPS PUB) 113, U. S. Department of Commerce/N. I. S. T., National Technical Information Service, Springfield, Virginia, 1985.

□ FIPS 140-1, "*Security Requirements for Cryptographic Moidle*," Federal Information Processing Standards Publication (FIPS PUB) 140 - 1, U. S. Department of Commerce/N. I. S. T., National Technical Information Service, Springfield, Virginia, 1994.

□ FIPS 171, "*Key Management Using ANSI X9. 17*," Federal Information Processing Standards Publication (FIPS PUB) 171, U. S. Department of Commerce/N. I. S. T., National Technical Information Service, Springfield, Virginia, 1992.

□ FIPS 180, "*Secure Hash Standard*," Federal Information Processing Standards Publication (FIPS PUB) 180, U. S. Department of Commerce/N. I. S. T., National Technical Information Service, Springfield, Virginia, 11 May, 1993.

□ FIPS 180-1, "*Secure Hash Standard*," Federal Information Processing Standards Publication (FIPS PUB) 180 - 1, U. S. Department of Commerce/N. I. S. T., National Technical Information Service, Springfield, Virginia, 17 Apr. 1993.

□ FIPS 185, "*Escrowed Encryption Standard* (EES)," Federal Information Processing Standards Publication (FIPS PUB) 185, U. S. Department of Commerce/N. I. S. T., National Technical Information Service, Springfield, Virginia, 1995 (supersedes FIPS PUB 180).

□ FIPS 186, "*Digital Signature Standard* (DSS)," Federal Information Processing Standards Publication (FIPS PUB) 186, U. S. Department of Commerce/N. I. S. T., National Technical Information Service, Springfield, Virginia, 1994.

□ FIPS JJJ, "*Standard for Public Key Cryptographic Entity Authentication Mechanisms*," U. S. Department of Commerce/N. I. S. T., draft, 29 Mar. 1996.

□ Fischer, J. B. and Stern, J., "An efficient pseudo-random generator provably as secure as syndrome decoding," Advances in Cryptology—EUROCRYPT '96, pp. 245 - 255, 1996.

□ Flajolet, P. and Odlyzko, A. M., "Random mapping statistics," Advances in Cryptology—EUROCRYPT '89 Proceedings, pp. 329 - 354, Springer-Verlag, 1990.

□ Ford, W., "*Computer Communications Security: Principles, Standard Protocols and Techniques*," Prentice-Hall, Englewood Cliffs, New Jersey, 1994.

□ Ford, W., "Standardizing information technology security," Standard View, 2, pp. 64 - 71, 1994.

□ Ford, A., "*Spinning the Web: How to provide information and the Internet*," VNR International Thomson Publishing Company, 1995.

☐ Ford, W., "Advances in public-key certificate standards," Security, Audit and Control, 13, pp. 9 - 15, ACM Press/SIGSAC, 1995.

☐ Ford, W. and Wiener, M., "A key distribution method for object-based protection," 2nd ACM Conference on Computer and Communications Security, pp. 193 - 197, ACM Press, 1994.

☐ Forré, R., "Strict avalanche criterion: Spectral properties of boolean functions and an extended definition," Advances in Cryptology—CRYPTO '88, pp. 450 - 468, Springer-Verlag, 1989.

☐ Forré, R., "A fast correlation attack on nonlinearity feedforward filtered shift register sequences," Advances in Cryptology—CRYPTO '89 Proceedings, pp. 568 - 595, Springer-Verlag, 1990.

☐ Forré, R., "Methods and instruments for designing S - boxes," Journal of Cryptology, Vol. 2, No. 3 pp. 115 - 130, 1990.

☐ Fortune, S. and Merritt, M., "Poker protocols," Advances in Cryptology—CRYPTO '84 Proceedings, pp. 454 - 464, Springer-Verlag, 1985.

☐ FRA1, Service Central de la Securitie des Systemes d'Information, France, "*Catalogue de Criteres Destines a evaluer le Degre de Confiance des Systemes d'Information*," 692/SGDN/DISSI/SCSSI, 1989.

☐ Frankel, Y. Desmedt, "Classification of ideal homomorphic threshold schemes over finite Albelian groups," Advances in Cryptology—EUROCRYPT '93, pp. 25 - 34, 1993.

☐ Frankel, Y., Desmedt, Y. and Burmester, M., "Non-existence of homomorphic general sharing schemes for some key spaces," Advances in Cryptology—CRYPTO '92, pp. 549 - 556, 1992.

☐ Frankel, Y. and Yung, M., "Escrow encryption systems visited: Attacks, analysis and designs," Advances in Cryptology—CRYPTO '95, pp. 222 - 235, 1995.

☐ Franklin, M. K. and Reiter, M. K., "Verifiable signature sharing," Advances in Cryptology—EUROCRYPT '95, pp. 50 - 63, 1995.

☐ Franson, J. D. and H. Iives, "Quantum cryptography using polarisation feedback," Journal of Modern Optics, Vol. 41, pp. 2391 - 2396, 1994.

☐ Franson, J. D. and H. Iives, "Quantum Cryptography Using Optical Fibres," Applied Optics, Vol. 33, pp. 2949 - 2954, 1994.

☐ Freier, A. O., Karlton, P. and Kocher, P. C., "SSL version 3.0," Internet Draft, Work in Progress, draft-freier-ssl-version 3-00. txt, Dec. 1995.

☐ Frey, D. R., "Chaotic digital encoding: An approach to secure communication," IEEE Trans. on CAS II, Vol. 40, No. 10, pp. 660 - 666, 1993.

☐ Frey, G. and Ruck, H. G., "A remark concerning *m*-divisibility and the discrete logarithm in the divitor class group of curves," *Mathmatics of Computation*, 62, pp. 865 - 874, 1994.

☐ Friedman, W. F., "Cryptology," Encyclopedia Brittanica, Vol. 6, pp. 844 - 851, 1967.

☐ Friedman, W. F., "*Elements of Cryptanalysis*," Laguna Hills, CA: Aegean Park Press, 1976(1st ed., 1935).

☐ Friedman, W. F., "*Military Cryptanalysis, Volume I: Monoalphabetic substitution systems; Volume II: Simpler varieties of polyalphabetic substitution systems; Volume III: Aperiodic substitutions; Volume IV: Transposition systems*," U. S. Government Printing Office, Washington DC, 1938～1941.

☐ Frieze, A. M., Håstad, J., Kannan, R., Lagarias, J. C. and Shamir, A., "Reconstructing truncated integer variables satisfying linear congruences," SIAM Journal on Computing, Vol. 17, No. 2, pp. 262 - 280, Apr. 1988.

☐ Frieze, A. M., Kannan, R. and Lagarias, J. C., "Linear congruential gences," Proceedings of the 25th IEEE Symposium on Foundations of Computer Science, pp. 480 - 484, 1984.

☐ Fu Zaijun(傅再军),"计算机病毒危害不容忽视",国际电子报,No. 41, p. 15, 1996. 10. 28.

☐ Fujioka, A., Okamoto, T. and Miyaguchi, S., "ESIGN: An efficient digital signature implementation for smart cards," Advances in Cryptology—EUROCRYPT '91 Proceedings, pp. 446 - 457, Springer-Verlag, 1991.

☐ Fujioka, A., Okamoto, T. and Ohta, K., "Interactive bi-proof systems and undeniable signature schemes," Advances in Cryptology—EUROCRYPT '91 Proceedings, pp. 243 - 256, Springer-Verlag, 1991.

☐ Fujioka, A., Okamoto, T. and Ohta, K., "A practical secret voting scheme for large scale elections," Advances in Cryptology—AUSCRYPT '92 Proceedings, pp. 244 - 251, Springer-Verlag, 1993.

☐ Fujisaki, E. and Okamoto, T., "On comparison of practical digital signature schemes," Proceedings of the 1992 Symposium on *Cryptography and Information Security* (SCIS 92), Tateshina, Japan, 2 - 4 pp. IA. 1 - 12, Apr. 1994.

☐ Fujisaki, E. and Okamoto, T., "Practical escrow cash systems," in "*Security Protocols*" LNCS - 1189, pp. 33 - 48, 1996.

☐ Fumy, W. and Landrock, P., "Principles of key management," IEEE Journal on Selected Areas in Communications, Vol. 11, pp. 785 - 793, 1993.

☐ Fumy, W. and Leclerc, M., "Placement of cryptographic key distribution within OSI: design alternatives and assessment," Computer Networks and ISDN Systems, 26, pp. 217 - 225, 1993.

☐ Fumy, W. and Munzert, M., "A modular approach to key distribution," Advances in Cryptology—CRYPTO '90, pp. 274 - 283, 1991.

☐ Fumy, W. and Rietenspiess, M., "Open systems security standards," A. Kent, J. G. Williams, C. M. Hall (Eds.), *Encyclopedia of Computer Science and Technology*, Marcel Dekker, New York, 1996.

☐ Gaarder, K. and Snekkenes, E., "Applying a formal analysis technigue to the CCITT X. 509 strong two-way authentication protocol," Journal of Cryptology, Vol. 3, pp. 81 - 98, Jan. 1991.

☐ Gabidulin, E. M., "On public-key cryptosystems based on linear codes: Efficiency and weakness," P. G. Farrdll (Ed.), *Codes and Coding IV*, pp. 17 - 31, Institute of Mathematics Its Applications (IMA), 1995.

☐ Gaines, H., "*Cryptanalysis: A Study of Ciphers and their Solutions*," Dover Publications, New York, 1956.

☐ Gait, J., "A new nonlinear pseudorandom number generator," IEEE Trans. on Software Engineering, Vol. SE - 3, No. 5, pp. 359 - 363, Sept. 1977.

☐ Gait, J., "Short cycling in the Kravitz-Reed public key encryption system," Electronics Letters, Vol. 18, No. 16, pp. 706 - 707, 5 Aug. 1982.

☐ Galil, Z., Haber, S. and Yung, M., "A private interactive test of a boolean predicate and minimum-knowledge public-key cryptosystems," Proceedings of the 26th IEEE Symposium on *Foundations of Computer Science*, pp. 360 - 371, 1985.

☐ Galil, Z., Haber, S. and Yung, M., "Minimum-knowledge interactive proofs for decision problems," SIAM Journal on Computing, Vol. 18, No. 4, pp. 711 - 739, 1989.

☐ Gallager, R. M., "*Information Theory and Reliable Communication*," John Wiley & Sons, 1968.

☐ Galvin, J. M., McCloghric, K. and Davin, J. R., "*Secure management of SNMP networks*," Integrated Network Management, 11, pp. 703 - 714, 1991.

☐ Galvin, J. M. and McCloghric, K., "Security protocols for version 2 of the simple network management protocol (SNMP V2)," RFE 1446, Apr. 1993.

☐ Games, R. A. and Chan, A. H., "A fast algorithm for determining the complexity of a binary sequence with period 2^n," IEEE Trans. on Information Theory, Vol. 29, pp. 144 - 146, 1983.

☐ Garey, M. R. and Johnson, D. S., "*Computers and Intractability: A Guide to the Theory of NP-Completeness*," W. H. Freeman and Co., 1979.

☐ Garfinkel, S. L., "*PGP:Pretty Good Privacy*," Sebastopol, CA: Oreilly and Associates, 1995.

☐ Gasser, M., Goldstein, A., Kaufman, C. and Lampson, B., "The digital distributed systems security architecture," Proceedings of the 12th National Computer Security Conference, NIST, pp. 305 - 319, 1989.

☐ Gaujardo, Jorge and Paar, Christof, "Efficient algorithms for elliptic curve cryptosystems," Advances in Cryptology—CRYPTO '97, pp. 342 - 356, Springer-Verlag, 1997.

☐ Gaver, S. and Stornetta, W. S., "How to time-stamp a digital document," Advances in Cryptology—CRYPTO '90, pp. 437 - 455, Springer-Verlag, 1991; also in Journal of Cryptology, Vol. 3, No. 2, pp. 99 - 112, 1991.

☐ Geffe, P. R., "How to protect data with ciphers that are really hard to break," Electronics, Vol. 46, No. 1, pp. 99 - 101, Jan. 1973.

☐ Georgiades, J., "Some remarks on the security of the identification scheme based on permuted kernels," Journal of Cryptology, Vol. 5, pp. 133 - 137, 1992.

☐ GER1, German Information Security Agency, "*Criteria for the Evaluation of Trustworthiness of Information Technology (IT) Systems*,"ISBN 3-88784-200-6, 1989.

☐ Giblin, P. J., "*Primes and Programming: An Introduction to Number Theory with Computing*," Cambridge University Press, Cambrige, 1993.

☐ Gibson, J. K., "Equivalent Goppa codes and trapdoors to McEliece's public key cryptosystem," Advances in Cryptology—EUROCRYPT '91, pp. 517 - 521, 1991.

☐ Gibson, J. K., "Severely denting the Gabidulin version of the McEliece public key cryptosystem," Designs, Codes and Cryptography, Vol. 6, pp. 37 - 45, 1995.

☐ Gibson, J. K., "The security of the Gabidulin public key cryptosystem," Advances in Cryptology—EUROCRYPT '96, pp. 212 - 223, 1996.

☐ Gifford, D. K., Lucassen, J. M. and Berlin, S. T., "The application of digital broadcast communication to large scale information systems," IEEE Journal on Selected Areas in Communications, Vol. 3, No. 3, pp. 457 - 467, May 1985.

☐ Gilbert, H. and Chassé, G., "A statistical attack of the Feal-8 cryptosystem," Advances in Cryptology—CRYPTO '90, pp. 22 - 33, 1991.

☐ Gilbert, H. and Chauvaud, P., "A chosen plaintext attack of the 16-round Khufu cryptosystem," Advances in Cryptology—CRYPTO '94 Proceedings, pp. 259 - 268, Springer-Verlag, 1994.

☐ Gilbert, E. N., MacWilliams, F. J. and Sloane, N. J. A., "Codes which detect deception," B. S. T. J., Vol. 53, No. 3, pp. 405 - 424, Mar. 1974.

☐ Girault, M., "Hash-functions using modulo *n* operations," Advances in Cryptology—EUROCRYPT '87, pp. 217 - 226, 1988.

☐ Girault, M., "An identity-based identification scheme based on discrete logarithms modulo a composite number," Advances in Cryptology—EUROCRYPT '90, pp. 481 - 486, 1991.

☐ Girault, M., "Self-certified public keys," Advances in Cryptology—EUROCRYPT '91, pp. 490 - 497, 1991.

☐ Girault, M., Cohen, R. and Campana, M., "A generalized birthday attack," Advances in Cryptology—

EUROCRYPT '88, pp. 129 - 156, 1988.

☐ Girault, M. and Paillès, J. C., "An identity-based scheme providing zero-knowledge authentication and authenticated key-exchange," First European Symposium on *Research in Computer Security—ESORICS '90*, pp. 173 - 184, 1990.

☐ Girault, M. and Stern, J., "On the length of cryptographic hash-values used in identification schemes," Advances in Cryptology—CRYPTO '94, pp. 202 - 215, 1990.

☐ Glassman, S., Manasse, M., Abadi, M., Gauthier, P. and Sobalvarro, P., "The Millicent protocol for inexpensive electronic commerce," in Proc. of the 4th WWW conf., Boston, Dec. 1995.

☐ Gligor, V. D., Kailar, S., Stubblebine, S. and Gong, L., "Logics for cryptographic protocols—virtues and limitations," *The Computer Security Foundations Workshop IV*, pp. 219 - 226, IEEE Computer Security Press, 1991.

☐ Goldreich, O., "Two remarks concerning the Goldwasser-Micali-Rivest signature scheme," Advances in Cryptology—CRYPTO '86, pp. 104 - 110, 1987.

☐ Goldreich, O., "How to construct random functions," Journal of the Association for Computing Machinery, 33, pp. 792 - 807, 1986.

☐ Goldreich, O., "A uniform-complexity treatment of encryption and zero-knowledge," Journal of Cryptology, Vol. 6, No. 1, pp. 21 - 53, 1993.

☐ Goldreich, O. and Krawczyk, H., "On the composition of zero-knowledge proof systems," M. S. Paterson (Ed.), *Automata, Languages and Programming*, 17th International Colloquium, pp. 268 - 282, Springer-Verlag, 1990.

☐ Goldreich, O., Krawczyk, H. and Luby, M., "On the existence of pseudorandom generators," Proc. of the IEEE 29th Annual Symposium on *Foundations of Computer Science*, pp. 12 - 24, 1988.

☐ Goldreich, O. and Levin, A., "A hardcore predicate for all one-way functions," Proc. of the 21st Annual ACM Symposium on Theory of Computing, pp. 25 - 32, 1989.

☐ Goldreich, O. and Oren, Y., "Definitions and properties of zero-knowledge proof systems," Journal of Cryptology, Vol. 7, pp. 1 - 32, 1994.

☐ Goldreich, O. and Krawczyk, H., "On the composition of zero-knowledge proof systems," Proceedings on the 17th International Colloquium on *Automata, Languages, and Programming*, pp. 268 - 282, Springer-Verlag, 1990.

☐ Goldreich, O. and Kushilevitz, E., "A perfect zero-knowledge proof for a problem equivalent to discrete logarithm," Advances in Cryptology—CRYPTO '88 Proceedings, pp. 58 - 70, Springer-Verlag, 1990; also in Journal of Cryptology, Vol. 6, No. 2, pp. 97 - 116, 1993.

☐ Goldreich, O., Micali, S. and Wigderson, A., "Proofs that yield nothing but their validity and a methodology of cryptographic protocol design," Proceedings of the 27th IEEE Symposium on *the Foundations of Computer Science*, pp. 174 - 187, 1986; also in Journal of the ACM, Vol. 38, No. 1, pp. 691 - 729, July 1991.

☐ Goldreich, O., Micali, S. and Wigderson, A., "How to prove all NP statements in zero-knowledge and a methodology of cryptographic protocol design," Advances in Cryptology—CRYPTO '86 Proceedings, pp. 171 - 185, Springer-Verlag, 1987.

☐ Goldreich, O., Micali, S. and Wigderson, A., "How to play any mental game," Proceedings of the 19th ACM Symposium on *the Theory of Computing*, pp. 218 - 229, 1987.

☐ Goldwasser, S. and Kilian, J., "Almost all primes can be quickly certified," Proceedings of the 18th ACM Symposium on *the Theory of Computing*, pp. 316 - 329, 1986.

□ Goldwasser, S. and Micali, S., "Probabilistic encryption and how to play mental poker keeping secret all partial information," Proceedings of the 14th ACM Symposium on *the Theory of Computing*, pp. 365 - 377, 1982.

□ Goldwasser, S. and Micali, S., "Probabilistic encryption," Journal of Computer and System Sciences, Vol. 28, No. 2, pp. 270 - 299, Apr. 1984.

□ Goldwasser, S., Micali, S. and Rackoff, C., "The knowledge complexity of interactive proof-systems," Proceedings of the 17th Annual ACM Symposium on *Theory of Computing*, pp. 291 - 304, 1985.

□ Goldwasser, S., Micali, S. and Rackoff, C., "The knowledge complexity of interactive proof systems," Proceedings of the 17th ACM Symposium on *Theory of Computing*, pp. 291 - 304, 1985; also in SIAM Journal on Computing, Vol. 18, No. 1, pp. 186 - 208, Feb. 1989.

□ Goldwasser, S., Micali, S. and Rivest, R. L., "A digital signature scheme secure against adaptive chosen-message attacks," SIAM Journal on Computing, Vol. 17, No. 2, pp. 281 - 308, Apr. 1988.

□ Goldwasser, S., Micali, S. and Yao, A. C., "On signatures and authentication," Advances in Cryptology: Proceedings of CRYPTO '82, Plenum Press, pp. 211 - 215, 1983.

□ Golić, J. D, "Correlation via linear sequential circuit approximation of combiners with memory," Advances in Cryptology—EUROCRYPT '92, pp. 113 - 123, 1993.

□ Golić, J. D, "On the security of shift register based keystream generators," R. Anderson (Ed.), *Fast Software Encryption*, Cambridge Security Workshop, pp. 90 - 100, Springer-Verlag, 1994.

□ Golić, J. D, "Intrinsic statistical weakness of key-stream generators," Advances in Cryptology—ASICRYPT '94, pp. 91 - 103, 1995.

□ Golić, J. D., "Linear cryptanalysis of stream ciphers," K. U. Leuven Workshop on *Cryptographic Algorithms*, pp. 262 - 282, Springer-Verlag, 1995.

□ Golić, J. D., "Towards fast correlation attacks on irregularly clocked shift registers," Advances in Cryptology—EUROCRYPT '95 Proceedings, pp. 248 - 262, Springer-Verlag, 1995.

□ Golić, J. D., "On the security of nonlinear filter generators," D. Gollmann (Ed.), *Fast Software Encryption*, Third International Workshop, pp. 173 - 188, Springer-Verlag, 1996.

□ Golić, J. D. and Mihajlevic, M. J., "A generalized correlation attack on a class of stream ciphers based on the levenshtein distance," Journal of Cryptology, Vol. 3, No. 3, pp. 201 - 212, 1991.

□ Golić, J. and O'Connor, L., "Embeding and probabilistic correlation attacks on clock-controlled shift registers," Advances in Cryptology—EUROCRYPT '94, pp. 230 - 243, 1995.

□ Gollmann, D., "Pseudo random properties of cascade connections of clock controlled shift registers," Advances in Cryptology—EUROCRYPT '84 Proceedings, pp. 93 - 98, Springer-Verlag, 1985.

□ Gollmann, D., "Correlation analysis of cascaded sequences," *Cryptography and Coding*, H. J. Beker and F. C. Piper (Eds.), pp. 289 - 297, Oxford: Clarendon Press, 1989.

□ Gollmann, D., "Cryptanalysis of clock controlled shiftregisters," R. Anderson (Ed.), *Fast Software Encryption*, Cambridge Security Workshop, pp. 121 - 126, Springer-Verlag, 1994.

□ Gollmann, D. and Chambers, W. G., "Lock-in effect in cascades of clock-controlled shift-registers," Advances in Cryptology—EUROCRYPT '88 Proceedings, pp. 331 - 343, Springer-Verlag, 1988.

□ Gollmann, D. and Chambers, W. G., "Clock-controlled shift registers: A review, " IEEE Journal on Selected Areas in Communications, Vol. 7, No. 4, pp. 525 - 533, May 1989.

□ Gollmann, D. and Chambers, W. G., "A cryptanalysis of $step_{k,m}$-cascades," Advances in Cryptology—EUROCRYPT '89 Proceedings, pp. 680 - 687, Springer-Verlag, 1990.

□ Gollmann, D., Han, Y. and Mitchell, C., "Redundant integer representations and fast exponentiation,"

Designs, Codes and Cryptography, Vol. 7, pp. 135 - 151, 1996.

□ Golomb, S. W. (Ed), "Digital Communications with Space Applications," Prentice-Hall, 1964.

□ Golomb, S. W., "*Shift Register Sequences*," San Francisco: Holden-Day, 1967. (Reprinted by Aegean Park Press, 1982.)

□ Gong Guang Lein Harn., "A new approach on public-key distribution", 密码学进展——CHINACRYPT '98, 科学出版社, pp. 50 - 55, 四川峨眉, 1998. 5.

□ Gong, L., "Using one-way functions for authentication," ACM Computer Communication Review, Vol. 19, No. 5, pp. 8 - 11, Oct. 1989.

□ Gong, L., "A security risk of depending on synchronized clocks," Operating Systems Review, Vol. 26, No. 1, pp. 49 - 53, Jan. 1992.

□ Gong, L., "Variations on the themes of message freshness and replay," The Computer Security Foundations Workshop VI, pp. 131 - 136, IEEE Computer Society Press, 1993.

□ Gong, L., "New protocols for third-party-based authentication and secure broadcast," 2nd ACM Conference on *Computer and Communications Security*, pp. 176 - 183, ACM Press, 1994.

□ Gong, L., "Efficient network authentication protocols: lower bounds and optimal implementations," Distributed Computing, 9, pp. 131 - 145, 1995.

□ Gong, L., Lomas, T. M. A., Needham, R. M. and Saltzer, J. H., "Protecting poorly chosen secrets from guessing attacks," IEEE Journal on Selected Areas in Communications, Vol. 11, pp. 648 - 656, 1993.

□ Gong, L., Needham, R. and Yahalom, R., "Reasoning about belief in cryptographic protocols," IEEE Computer Society Symposium on *Research in Security and Privacy*, pp. 234 - 248, 1990.

□ Gong, L. and Wheeler, D. J., "A matrix key-distribution scheme," Journal of Cryptology, Vol. 2, pp. 51 - 59, 1990.

□ Good, I. J., "On the serial test for random sequences," The Annuals of Mathematical Statistics, 28, pp. 262 - 264, 1957.

□ Goodman, R. M. and McAuley, A. J., "A new trapdoor knapsack public key cryptosystem," Advances in Cryptology—EUROCRYPT '84 Proceedings, pp. 150 - 158, Springer-Verlag, 1985; also in IEE Proceedings, Vol. 132, pt. E, No. 6, pp. 289 - 292, Nov. 1985.

□ Gordon, D. M., "Designing and detecting trapdoors for discrete log cryptosystems," Advances in Cryptology—CRYPTO '92, pp. 66 - 75, 1993.

□ Gordon, D. M., "Discrete logarithms on GF(p) using the number field sieve," SIAM Journal on Discrete Mathematics, Vol. 6, pp. 124 - 138, 1993.

□ Gordon, D. M. and McCurley, K. S., "Massively parallel computations of discrete logarithms," Advances in Cryptology—CRYPTO '92, pp. 312 - 323, 1993.

□ Gordon, J., "Strong RSA keys," Electronics Letters, 12(December 9), pp. 514 - 516, 1984.

□ Gordon, J., "Strong primes are easy to find," Advances in Cryptology—Proc. of EUROCRYPT '84, pp. 216 - 223, 1985.

□ Gordon, J. M. and Retkin, H., "Are big S-boxes best?" Proc. of the Workshop on *Oryptography*, Burg Feuerstein(LNCS 149), pp. 257 - 262, 1983.

□ Goresky, M. and Klapper, A., "Feedback registers based on ramified extension of the 2-adic numbers," Advances in Cryptology—EUROCRYPT '94 Proceedings, pp. 215 - 222, Springer-Verlag, 1995.

□ GOST, Gosudarstvennyi Standard 28147 - 89, "*Cryptographic Protection for Data Processing Systems*," Government Committee of the USSR for Standards, 1989(in Russian).

☐ GOST R34. 10 - 94, Gosudarstvennyi Standard of Russian Federation, "*Information Technology. Cryptographic Data Security. Produce and check procedures of Electronic Digital Signature based on Asymmetric Cryptographic Algorithm*," Government Committee of the Russia, 1994(in Russian).

☐ Granville, A., "Primality testing and Carmichael numbers," Notices of the American Mathematical Society, 39, pp. 696 - 700, 1992.

☐ Griling, C. G., "Covert channels in LAN's," IEEE Trans. on Software Eng. Vol. SE - 13, No. 2, pp. 292 - 296, 1987.

☐ Grossman, E., "Group theoretic remarks of cryptographic systems based on types of addition," IBM T. J., Wattson Res., Conter RC 4742, 1974.

☐ GSM 02. 09, "Technical Specification GSM 02. 09, Security Aspects," Version 3. 0. 1(Release 92, Phase 1).

☐ GSM 02. 17, "Technical Specification GSM 02. 17, Subscriber Identity Modules, Functional Characteristics," Version 3. 2. 0(Release 92, Phase 1).

☐ GSM 03. 02, "Technical Specification GSM 03. 02, Network Architecture," Version 3. 1. 4(Release 92, Phase 1).

☐ GSM 03. 20, "Technical Specification GSM 03. 20, Security Releated Network Functions," Version 3. 3. 2 (Release 92, Phase 1).

☐ GSM 11. 11, "Technical Specification GSM 11. 11, Specifications of the SIM-ME Interface," Version 3. 11. 0(Release 92, Phase 1).

☐ Gu Dawu(谷大武), "*On the Theory and Some Key Techniques of Block Cipher*," Ph. D. dissertation, Xidian University, Xi'an China, 1998. 1. "分组密码理论与某些关键技术", 博士论文, 西安电子科技大学, 1998. 1.

☐ Guam, P., "Cellular automaton public key cryptosystems," Complex Systems, Vol. 1, pp. 51 - 56, 1987.

☐ Guan Haiming(管海明), "分析一种有限自动机公开钥密码算法", 密码学进展——CHINACRYPT '94, pp. 120 - 126, 科学出版社, 1994.

☐ Gude, M., "Concept for a high-performance random number generator based on physical random phenomena," Frequenz, Vol. 39, pp. 187 - 190, 1985.

☐ Guillou, L. C., Quisquater, J. J., "A practical zero-knowledge protocol fitted to security microprocessor minimizing both transmission and memory," Advances in Cryptology—EUROCRYPT '88, pp. 123 - 128, 1988.

☐ Guillou, L. C., Quisquater, J. J., Walker, M., Landrock, P. and Shaer, C., "Precautions taken against various potential attacks in ISO/IEC DIS 9796," Advances in Cryptology—EUROCRYPT '90, pp. 465 - 473, 1991.

☐ Guillou, L. C. and Ugon, M., "Smart card—a highly reliable and portable security device," Advances in Cryptology—CRYPTO '86, pp. 464 - 479, 1987.

☐ Guillou, L. C., Ugon, M. and Quisquater, J. J., "The smart card: A standardized security device dedicated to public cryptology," G. J. Simmons (Ed.), Contemporary Cryptology: *The Science of Information Integrity*, pp. 561 - 613, IEEE Press, 1992.

☐ Günther, C. G., "Alternation step generators controlled by de Bruijn sequences," Advances in Cryptology—EUROCRYPT '88, pp. 405 - 414, 1988.

☐ Günther, C. G., "An identity-based key-exchange protocol," Advances in Cryptology—EUROCRYPT '89, pp. 29 - 37, 1990.

☐ Gustafson, H., Dawson, E., Nielsen, L. and Caelli, W., "A computer package for measuring the strength of encryption algorithms," Computers & Security, Vol. 13, pp. 687 - 697, 1994.

□ Gutowitz, H., "Cryptography with Dynamical Systems," *Cellular Automata and Cooperative Phenomenon*, Kluwer Academic Press, 1993.

□ Haber, S. and Stornetta, W. S., "How to time-stamp a digital document," Advances in Cryptology—CRYPTO '90 Proceedings, pp. 437 - 455, Springer-Verlag, 1991; also in Journal of Cryptology, Vol. 3, No. 2, pp. 99 - 112, 1991.

□ Haber, S. and Stornetta, W. S., "Digital Document Time-Stamping with Catenate Certificate," U. S. Patent #5,136,646, Aug. 4, 1992.

□ Haber, S. and Stornetta, W. S., "Method for Secure Time-Stamping of Digital Documents," U. S. Patent #5,136,647, Aug. 4, 1992.

□ Haber, S. and Stornetta, W. S., "Method of Extending the Validity of a Cryptographic Certificate," U. S. Patent #5,373,561, Dec. 13,1994.

□ Habutsu, T., Nishio, Y., Sasase, I. and Mori, S., "A secret key cryptosystem by iterating a chaotic map," Advances in Cryptology—EUROCRYPT '91 Proceedings, pp. 127 - 140, Springer-Verlag, 1991; also in IEICE, E - 76(7), pp. 1041 - 1044, 1990.

□ Hansen, T. and Mullen, G. L., "Primitive polynomials over finite fields," Mathematics of Computation, 59, pp. 639 - 643, 1992.

□ Harari, S., "Nonlinear non commutative functions for data integrity," EUROCRYPT '84, pp. 25 - 32, 1984.

□ Hardy, G. H. and Wrighy, E. M., "*An Introduction to the Theory of Numbers*," Clarendon Press, Oxford, 5th edition, 1979.

□ Harmon, L. D., et al., "Identification of human face profile by computer," Pattern Recognition, Vol. 10, No. 5, pp. 301, 1978.

□ Harmon, L. D., et al., "Machine identification of human faces," Pattern Recognition, Vol. 13, No. 2, pp. 97, 1981.

□ Harn, L. and Kiesler, T., "New scheme for digital multisignatures," Electronics Letters, Vol. 25, No. 15, 20, pp. 1002 - 1003, July 1989.

□ Harn, L. and Kiesler, T., "Improved Rabin's scheme with high efficiency," Electronics Letters, Vol. 25, No. 15, pp. 1016, 20 July 1989.

□ Harn, L. and Kiesler, T., "Two new efficient cryptosystems based on Rabin's scheme," Fifth Annual Computer Security Applications Conference, IEEE Computer Society Press, pp. 263 - 270, 1990.

□ Harn, L. and Wang, D. C., "Cryptanalysis and modification of digital signature scheme based on error-correcting codes," Electronics letters, Vol. 28, No. 2, pp. 157 - 159, 10 Jan. 1992.

□ Harn, L. and Xu, Y., "Design of generalized ElGamal type digital signature schemes based on discrete logarithm," Electronics Letters, Vol. 30, No. 24 pp. 2025 - 2026, Nov. 1994.

□ Harn, L. and Yang, S., "Group-oriented undeniable signature schemes without the assestance of a mutually trusted party," Advances in Cryptology—AUSCRYPT '92 Proceedings, pp. 133 - 142, Springer-Verlag, 1993.

□ Harpes, C., Kramer, G. G. and Massey, J. L, "A generalization of linear cryptanalysis and the applicability of Mataui's piling-up lemma," Advances in Cryptology—EUROCRYPT '95, pp. 24 - 38, 1995.

□ Harper, G., Menezers, A. and Vanstone, S., "Public-key cryptosystems with very small key lengths," Advances in Cryptology—EUROCRYPT Proceedings '92, pp. 163 - 173, 1993.

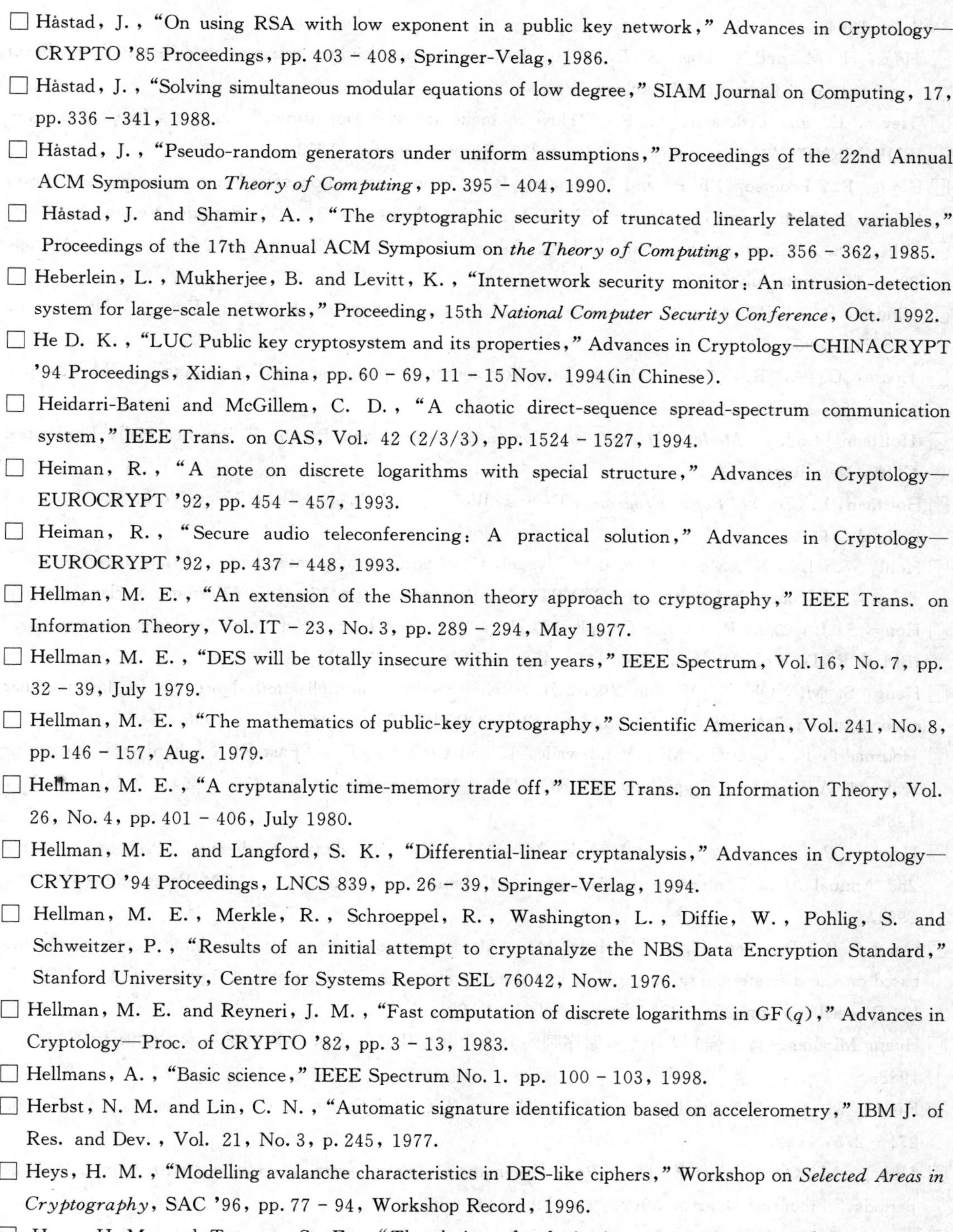

□ Håstad, J., "On using RSA with low exponent in a public key network," Advances in Cryptology—CRYPTO '85 Proceedings, pp. 403 - 408, Springer-Velag, 1986.

□ Håstad, J., "Solving simultaneous modular equations of low degree," SIAM Journal on Computing, 17, pp. 336 - 341, 1988.

□ Håstad, J., "Pseudo-random generators under uniform assumptions," Proceedings of the 22nd Annual ACM Symposium on *Theory of Computing*, pp. 395 - 404, 1990.

□ Håstad, J. and Shamir, A., "The cryptographic security of truncated linearly related variables," Proceedings of the 17th Annual ACM Symposium on *the Theory of Computing*, pp. 356 - 362, 1985.

□ Heberlein, L., Mukherjee, B. and Levitt, K., "Internetwork security monitor: An intrusion-detection system for large-scale networks," Proceeding, 15th *National Computer Security Conference*, Oct. 1992.

□ He D. K., "LUC Public key cryptosystem and its properties," Advances in Cryptology—CHINACRYPT '94 Proceedings, Xidian, China, pp. 60 - 69, 11 - 15 Nov. 1994(in Chinese).

□ Heidarri-Bateni and McGillem, C. D., "A chaotic direct-sequence spread-spectrum communication system," IEEE Trans. on CAS, Vol. 42 (2/3/3), pp. 1524 - 1527, 1994.

□ Heiman, R., "A note on discrete logarithms with special structure," Advances in Cryptology—EUROCRYPT '92, pp. 454 - 457, 1993.

□ Heiman, R., "Secure audio teleconferencing: A practical solution," Advances in Cryptology—EUROCRYPT '92, pp. 437 - 448, 1993.

□ Hellman, M. E., "An extension of the Shannon theory approach to cryptography," IEEE Trans. on Information Theory, Vol. IT - 23, No. 3, pp. 289 - 294, May 1977.

□ Hellman, M. E., "DES will be totally insecure within ten years," IEEE Spectrum, Vol. 16, No. 7, pp. 32 - 39, July 1979.

□ Hellman, M. E., "The mathematics of public-key cryptography," Scientific American, Vol. 241, No. 8, pp. 146 - 157, Aug. 1979.

□ Hellman, M. E., "A cryptanalytic time-memory trade off," IEEE Trans. on Information Theory, Vol. 26, No. 4, pp. 401 - 406, July 1980.

□ Hellman, M. E. and Langford, S. K., "Differential-linear cryptanalysis," Advances in Cryptology—CRYPTO '94 Proceedings, LNCS 839, pp. 26 - 39, Springer-Verlag, 1994.

□ Hellman, M. E., Merkle, R., Schroeppel, R., Washington, L., Diffie, W., Pohlig, S. and Schweitzer, P., "Results of an initial attempt to cryptanalyze the NBS Data Encryption Standard," Stanford University, Centre for Systems Report SEL 76042, Now. 1976.

□ Hellman, M. E. and Reyneri, J. M., "Fast computation of discrete logarithms in GF(q)," Advances in Cryptology—Proc. of CRYPTO '82, pp. 3 - 13, 1983.

□ Hellmans, A., "Basic science," IEEE Spectrum No. 1. pp. 100 - 103, 1998.

□ Herbst, N. M. and Lin, C. N., "Automatic signature identification based on accelerometry," IBM J. of Res. and Dev., Vol. 21, No. 3, p. 245, 1977.

□ Heys, H. M., "Modelling avalanche characteristics in DES-like ciphers," Workshop on *Selected Areas in Cryptography*, SAC '96, pp. 77 - 94, Workshop Record, 1996.

□ Heys, H. M. and Tavares, S. E., "The design of substitution-permutation networks resistant to differential and linear cryptanalysis," Proceedings of the 2nd Annual ACM Conference on *Computer and Communications Security*, ACM Press, pp. 148 - 155, 1994.

□ Heys, H. M. and Tavares, S. E., "On the security of the CAST encryption algorithm," Proceedings of the Canadian Conference on *Electrical and Computer Engineering*, Halifax, Nova Scotia, pp. 332 - 335,

Sept. 1994.

☐ Heys, H. M. and Tavares, S. E., "The design of product ciphers resistant to differential and linear cryptanalysis," Journal of Cryptology, Vol. 9, No. 1, pp. 1 - 19, 1996.

☐ Heyst, E. and Pederson, T. P., "How to make fail-stop signatures," Advances in Cryptology—EUROCRYPT '92 Proceedings, pp. 366 - 377, Springer-Verlag, 1993.

☐ Heyst, E., Pederson, T. P. and Pfitzmann, B., "New construction of fail-stop signatures and lower bounds," Advances in Cryptology—CRYPTO '92 Proceedings, pp. 15 - 30, Springer-Verlag, 1993.

☐ Hill, L. S., "Cryptography in an algebraic alphabet," American Mathematical Monthly, Vol. 36, pp. 306 - 312, June-July 1929.

☐ Hinden, R., "IP next generation—Overview," Communications of the ACM, Vol. 39, No. 6, pp. 61 - 71, 1996.

☐ Hoare, C. A. R., "An axiomatic basis for computer programming," Commun. ACM 12, pp. 576 - 580, 10 Oct. 1969.

☐ Hoffman, L. J., "*Modern Methods for Computer Security and Privacy*," Prentice Hall, Englewood Cliffs, New Jersey, 1977.

☐ Hoffman, L. (Ed.), "*Rogue Programs: Viruses, Worms, and Trijan Horses*," New York: Van Nostrand Reihold, 1990.

☐ Hohl, W., Lai, X., Meier, T. and Waldvogel, C., "Security of iterated hash functions based on block ciphers," Advances in Cryptology—CRYPTO '93 Proceedings, pp. 379 - 390, Springer-Verlag, 1994.

☐ Hong, S. J., Cain, R. G. and Ostapko, D. L., "MINI: A heuristic approach for logic minimization," IBM J. R&D, Vol. 18, No. 5, pp. 445 - 458, 1974.

☐ Hong, S. M., Oh, S. Y. and Yoon, H., "New modular multiplication algorithms for fast modular exponentiation," Advances in Cryptology—EUROCRYPT '96, pp. 166 - 177, 1996.

☐ Hoornaert, F., Decroos, M., Vandewalle, J. and Govaerts, R., "Fast RSA - hardware: Dream or reality?" Advances in Cryptology—EUROCRYPT '88 Proceedings, pp. 257 - 264, Springer-Verlag, 1988.

☐ Horster, P., Petersen, H. and Michels, M., "Meta-EIGamal signature schemes," Proceedings of the 2nd Annual ACM Conference on *Computer and Communications Security*, ACM Press, pp. 96 - 107, 1994.

☐ Horster, P., Petersen, H. and Michels, M., "Meta message recovery and meta blind signature schemes based on the discrete logarithm problem and their applications," Advances in Cryptology—ASIACRYPT '94 Proceedings, pp. 224 - 237, Springer-Verlag, 1995.

☐ Huang Minqiang(黄民强),"环上本原序列的分析及其密码学评价",中国科学技术大学博士学位论文, 1988.

☐ Huang, M . Q., "Maximal period polynomials over $Z/(p^d)$," Science in China, Series A, Vol. 35, pp. 271 - 275, 1992.

☐ Huang, M. Q. and Dai Z. D., "Projective maps of linear recurring sequences with maximal p-adic periods," Fibonacci Quart., 30(2), pp. 139 - 143, 1992.

☐ Hughes, R. J., Luther, G. G., Morgan, G. L. and Simmons, C., "Quantum cryptography over 14 km of Installed Optical Fibre," Published in "Proceedings of the Seventh Rochester Conference on *Coherence and Quantum Optics*", 1995.

☐ Hule, H. and Müller, W. B., "On the RSA-cryptosystem with wrong keys," Contributions to General Algebra 6, Vienna: Verlag Hölder-Pichler-Tempsky, pp. 103 - 109, 1988.

☐ Hussain, H. A., Sada, J. W. A. and Kalipha, S. M., "New multistage knapsack public-key cryptosystem," International Journal of Systems Science, Vol. 22, No. 11, pp. 2313 - 2320, Nov. 1991.

☐ I'Anson, C. and Mitchell, C., "Security defects in CCITT recommendation X. 509—the directory authentication framework," ACM CR, Vol. 20, No. 2, pp. 30 - 34, Apr. 1990.

☐ IBM Corporation, "*Common Cryptographic Architecture: Cryptographic Application Programming Interface Reference*," SC40 - 1675 - 1, IBM Corp., Nov. 1990.

☐ IBM Corporation, "Common Cryptographic Architecture: Cryptographic Application Programming Interface Reference—Public Key Algorithm," IBM Corp., Mar. 1993.

☐ IBM Corporation, "*Resource Access Control Facility: Secured Sign on SPE Information Package*," version 1 release 9. 2, IBM Corporation, SC 23 - 3765 - 00, Sept. 1993.

☐ IBM Corporation, "*Network Security Program Product Guide*," version 1 release 2, IBM Coporation, SC 31 - 6500 - 01, July 1994.

☐ IBM Corporation, "*Building a Firewall with the NetSP Secured Network Gateway*," GG24 - 2577 - 00, Apr. 1995.

☐ IEEE Globecom '87 Proc. (Tokyo, Japan), pp. 99 - 102, 1987.

☐ IEEE Internet Computing, "*Special Issue on E-commerce*," Vol. 1, No. 6, 1997.

☐ IEEE Spectrum, "*Special Issue on Electronic Money*," Vol. 34, No. 2, 1997.

☐ Impagliazzo, R., Levin, L. and Luby, M., "Pseudo-random generation from one-way functions," Proc. of the 21st Annual ACM Symposium on *Theory of Computing*, pp. 12 - 24, 1989.

☐ Ingemarsson, I. and Simmons, G. J., "A protocol to set up shared secret schemes without the assistance of a mutually trusted party," Advances in Cryptology—EUROCRYPT '90 Proceedings, pp. 266 - 282, Springer-Verlag, 1991.

☐ Ingemarsson, I., Tang, D. T. and Wong, C. K., "A conference key distribution system," IEEE Trans. on Information Theory, Vol. IT - 28, No. 5, pp. 714 - 720, Sept. 1982.

☐ Internet Payment Roadmap, http: /www. w3. org/pubs/WWW/payments/roadmap. html. micro-payments. 1996.

☐ ISO 7498 - 2, "*Information Processing Systems—Open Systems Interconnection—Basic Reference Model—*Part 2: Security Architecture," International Organization for Standardization, Geneva, Switzerland, (first edition)(Also ITU-Y Rec. X. 800), 1989.

☐ ISO 8372, "*Information Processing—Modes of Operation for a 64-bit Block Cipher Algorithm*," International Organization for Standardization, Geneva, Switzerland, (1st ed., confirmed 1992), 1987.

☐ ISO 8730, "*Banking—Requirements for Message Authentication (Wholesale)*," International Organization for Standardization, Geneva, Switzerland, (2nd ed.), 1990.

☐ ISO 8731-1, "*Banking—Approved Algorithms for Message Authentication—Part 1: EDA*," International Organization for Standardization, Geneva, Switzerland, (1st ed., confirmed 1992), 1987.

☐ ISO 8731-2, "*Banking—Approved Algorithms for Message Authentication—Part 2: Message Authenticator Algorithm*," International Organization for Standardization, Geneva, Switzerland, (2nd ed.), 1992.

☐ ISO 8732, "*Banking—Key Management (Wholesale)*," International Organization for Standardization, Geneva, Switzerland, (1st ed.), 1988.

☐ ISO 9564-1, "*Banking—Personal Idintification Number Management and Security—Part 1: PIN Protection Principles and Techniques*," International Organization for Standardization, Geneva, Switzerland, 1990.

☐ ISO 9564 - 2, "*Banking—Personal Identification Number Management and Security—Part 2: Approved*

Algorithm(s) for PIN Encipherment," International Orgainzation for Standardization, Geneva, Switzerland, 1991.

□ ISO 9594 - 8, "*OSI Directory — Part 8: Authentication Framework*," International Orgainzation for Standardization, Geneva, Switzerland, 1988.

□ ISO 9807, "*Banking and Related Financial Services—Requirements for Message Authentication(Retail)*," International Organization for Standardization, Geneva, Switzerland, 1991.

□ ISO 10126 - 1, "*Banking—Procedures for Message Encipherment (Wholesale)—Part 1: General Principles*," International Organization for Standardization, Geneva, Switzerland, 1991.

□ ISO 10126 - 2, "*Banking—Procedures for Message Encipherment(Wholesale)—Part 2: Algorithms*," International Organization for Standardization, Geneva, Switzerland, 1991.

□ ISO 10202 - 7, "*Financial Transaction Cards—Security Architecture of Financial Transaction Systems Using Integrated Circuit Cards—Part 7: Key Management*," draft(DIS), 1994.

□ ISO 11131, "*Banking—Financial Institution Sign-on Authentication*," International Organization for Standardization, Geneva, Switzerland, 1992.

□ ISO 11166 - 1, "*Banking—Key Management by Means of Asymmetric Algorithms—Part 1: Principles, Procedures and Formats*," International Organization for Standardization, Geneva, Switzerland, 1994.

□ ISO 11166 - 2, "*Banking—Key Management by Means of Asymmetric Algorithms—Part 2: Approved Algorithms Using the RSA Cryptosystem*," International Organization for Standardization, Geneva, Switzerland, 1995.

□ ISO 11568 - 1, "*Banking—Key Management (Retail)—Part 1: Introduction to Key Management*," International Organization for Standardization, Geneva, Switzerland, 1994.

□ ISO 11568 - 2, "*Banking—Key Management (Retail)—Part 2: Key Management Techniques for Symmetric Ciphers*," International Organization for Standardization, Geneva, Switzerland, 1994.

□ ISO 11568 - 3, "*Banking—Key Management (Retail)—Part 3: Key Life Cycle for Symmetric Ciphers*," International Organization for Standardization, Geneva, Switzerland, 1994.

□ ISO 11568 - 4, "*Banking—Key Management(Retail)—Part 4: Key Management Techniques Using Public Key Cryptography*," draft(DIS), 1996.

□ ISO 11568 - 5, "*Banking—Key Management (Retail)—Part 5: Key Life Cycle for Public Key Cryptosystems*," draft(DIS), 1996.

□ ISO 11568 - 6, "*Banking—Key Management(Retail)—Part 6: Key Management Schemes*," draft(CD), 1996.

□ ISO/IEC 7498 - 4, "*Information Technology — Open Systems Interconnection — Basic Reference Model — Part 4: Management Framework*," (Also ITU-T Recommendation X. 700). International Organization for Standardization, Geneva, Switzerland.

□ ISO/IEC 7816, "*Identification Cards — Integrated Circuit(s) Cards with Contacts*," Part 1: 1987, *Physical Characteristics*; Part 2: 1988, *Dimensions and Location of the Contacts*; Part 3: 1989, *Electronic Signals and Transmission Protocols*. (To be amended by T = 1). International Orgainzation for Standardization, Geneva, Switzerland.

□ ISO/IEC 9594 - 1, "*Information Technology — Open Systems Interconnection — The Directory: Overview of Conceps, Models and Services*," (Also ITU - T Recommendation X. 500), International Organization for Standardization, Geneva, Switzerland, 1995.

□ ISO/IEC 9594 - 2, "*Information Technology — Open Systems Interconnection — The Directory: Models*," (Also ITU - T Recommendation X. 501), International Organization for Standardization, Geneva,

Switzerland, 1995.

☐ ISO/IEC 9594 - 3, "*Information Technology — Open Systems Interconnection — The Directory*: *Abstract Service Definition*," (Also ITU - T Recommendation X. 511), International Organization for Standardization, Geneva, Switzerland, 1995.

☐ ISO/IEC 9594 - 4, "*Information Technology—Open Systems Interconnection—The Directory*: *Procedures for Distrbuted Operation*," (Also ITU - T Recommendation X. 518), International Organization for Standardization, Geneva, Switzerland, 1995.

☐ ISO/IEC 9594 - 5, "*Information Technology — Open Systems Interconnection — The Directory*: *Protocol Specifications*," (Also ITU - T Recommendation X. 519), International Organization for Standardization, Geneva, Switzerland, 1995.

☐ ISO/IEC 9594 - 6, "*Information Technology — Open Systems Interconnection — The Directory*: *Selected Attribute Type*," (Also ITU - T Recommendation X. 520), International Organization for Standardization, Geneva, Switzerland, 1995.

☐ ISO/IEC 9594 - 7, "*Information Technology — Open Systems Interconnection — The Directory*: *Selected Object Classes*," (Also ITU - T Recommendation X. 521), International Organization for Standardization, Geneva, Switzerland, 1995.

☐ ISO/IEC 9594 - 8, "*Information Technology — Open Systems Interconnection — The Directory*: *Authentication Frameworks*," (Also ITU - T Recommendation X. 509), International Organization for Standardization, Geneva, Switzerland, 1995.

☐ ISO/IEC 9594 - 9, "*Information Technology — Open Systems Interconnection — The Directory*: *Replication*," (Also ITU - T Recommendation X. 525), International Organization for Standardization, Geneva, Switzerland, 1995.

☐ ISO/IEC 9595, "*Information Technology — Common Management Information Protocol Specification*," (Also ITU - T Recommendation X. 711), International Organization for Standardization, Geneva, Switzerland.

☐ ISO/IEC 9596, "*Information Technology—Common Management Information Service Defination*," (Also ITU - T Recommendation X. 710), International Organization for Standardization, Geneva, Switzerland.

☐ ISO/IEC 9796, "*Information Technology—Socurity Technigues—Digital Signature Scheme Giving Message Recovery*," International Organization for Standardization, Geneva, Switzerland (1st ed.), 1991.

☐ ISO/IEC 9797, "*Information Technology—Security Techniques—Data Integrity Mechanism Using a Cryptographic Check Function Employing a Block Cipher Algorithm*," International Organizaton for Standardization, Geneva, Switzerland (2nd ed.), 1994.

☐ ISO/IEC 9798 - 1, "*Information Technology — Security Techniques — Entity authentication mechniques — Part 1*: *General model*," International Organization for Standardization, Geneva, Switzerland (1st ed.), 1991.

☐ ISO/IEC 9798 - 2, "*Information Technology — Security Techniques — Entity authentication mechniques — Part 2*: *Machnisms using symmetric encipherment algorithmsl*," International Organization for Standardization, Geneva, Switzerland (1st ed.), 1992.

☐ ISO/IEC 9798 - 3, "*Information Technology — Security Techniques — Entity authentication mechniques — Part 3*: *Entity authentication using a public-key algorithm*," International Organization for Standardization, Geneva, Switzerland(1st ed.), 1993.

☐ ISO/IEC 9798 - 4, "*Information Technology — Security Techniques — Entity authentication mechniques —*

Part 4: *Entity authentication using a cyptogrphic check function*," International Organization for Standardization, Geneva, Switzerland (1st ed.), 1995.

□ ISO/IEC 9798－5, "*Information Technology—Security Techniques—Entity authentication mechniques—Part* 5: *Entity authentication using zero knowledge techniquesl*," International Organization for Standardization, Geneva, Switzerland, draft(CD), 1991.

□ ISO/IEC 9979, "*Data Cryptographic Techniques—Procedures for the Registration of Cryptographic Algorithms*," International Organization for Standardization, Geneva, Switzerland (1st ed.), 1991.

□ ISO/IEC 10040, "*Information Technology — Open Systems Interconnection — Systems Management Overview*," (Also ITU－T Recommendation X. 701), International Organization for Standardization, Geneva, Switzerland.

□ ISO/IEC 10116, "*Information Processing—Modes of Operation for An n-bit Block Cipher Algorithm*," International organization for Standardization, Geneva, Switzerland (1st ed.), 1991.

□ ISO/IEC 10118, "*Information Technology—Security Techniques—Hash Functions*, *Part* 1: *General*, 1994; *Part* 2: *Hash-Functions Using an n-bit Block Cipher Algorithm*, 1994; *Part* 3: *Dedicated Hash-Functions*, *draft* (*CD*), 1996; *Part* 4: *Hash-Functions Using Modular Arithmetic*, draft (CD), 1996; International Organization for Standardization, Geneva, Switzerland.

□ ISO/IEC 10164－1, "*Information Technology—Open Systems Interconnection—Systems Management*: *Object Management Function*," (Also ITU－T Recommendation X. 730), International Organization for Standardization, Geneva, Switzerland.

□ ISO/IEC 10164－4, "*Information Technology—Open Systems Interconnection—Systems Management*: *Alarm Reporting Function*," (Also ITU－T Recommendation X. 733), International Organization for Standardization, Geneva, Switzerland.

□ ISO/IEC 10164－5, "*Information Technology—Open Systems Interconnection—Systems Management*: *Event Report Management Function*," (Also ITU－T Recommendation X. 734), International Organization for Standardization, Geneva, Switzerland.

□ ISO/IEC 10164－6, "*Information Technology—Open Systems Interconnection—Systems Management*: *Log Control Function*," (Also ITU－T Recommendation X. 735), International Organization for Standardization, Geneva, Switzerland.

□ ISO/IEC 10164－7, "*Information Technology—Open Systems Interconnection—Systems Management*: *Security Alarm Reporting Function*," (Also ITU－T Recommendation X. 736), International Organization for Standardization, Geneva, Switzerland.

□ ISO/IEC 10164－8, "*Information Technology—Open Systems Interconnection—Systems Management*: *Security Audit Trail Function*," (Also ITU－T Recommendation X. 740), International Organization for Standardization, Geneva, Switzerland.

□ ISO/IEC 10164－9, "*Information Technology—Open Systems Interconnection—Systems Management*: *Object and Attributes for Access Control*," (Also ITU－T Recommendation X. 741)(Draft), International Organization for Standardization, Geneva, Switzerland.

□ ISO/IEC 10165－1, "*Information Technology—Open Systems Interconnection—Structure of Management Information*: *Management Information Model*." (Also ITU－T Recommendation X. 720), International Organization for Standardization, Geneva, Switzerland.

□ ISO/IEC 10165－2, "*Information Technology—Open Systems Interconnection—Structure of Management Information*: *Definition of Management Information*," (Also ITU－T Recommendation X. 721), International Organization for Standardization, Geneva, Switzerland.

□ ISO/IEC 10165 - 4, "*Information Technology—Open Systems Interconnection—Structure of Management Information: Guidelines for the Definition of Managed Objects*," (Also ITU - T Recommendation X. 722), International Organization for Standardization, Geneva, Switzerland.

□ ISO/IEC 10165 - 5, "*Information Technology—Open Systems Interconnection—Structure of Management Information: Generic Management Information*," (Also ITU - T Recommendation X. 723), International Organization for Standardization, Geneva, Switzerland.

□ ISO/IEC 10181 - 1, "*Information Technology—Open Systems Interconnection—Security Frameworks for Open Systems—Part 1: Overview*," International Organization for Standardization, Geneva, Switzerland, (Also ITU - T Recommendation X. 810), 1995.

□ ISO/IEC 10181 - 2, "*Information Technology—Open Systems Interconnection—Security Frameworks for Open Systems—Part 2: Authentication Framework*," International organization for Standardization, Geneva, Switzerland, (Also ITU - T Recommendation X. 811), 1995.

□ ISO/IEC 10181 - 3, "*Information Technology—Open Systems Interconnection—Security Frameworks for Open Systems—Part 3: Access Control Framework*," (Also ITU - T Recommendation X. 812), draft, 1995.

□ ISO/IEC 10181 - 4, "*Information Technology—Open Systems Interconnection—Security Frameworks for Open Systems—Part 4: Nonrepudiation Framework*," (Also ITU - T Recommendation X. 813), draft, 1995.

□ ISO/IEC 10181 - 5, "*Information Technology—Open Systems Interconnection—Security Frameworks for Open Systems—Part 5: Integrity Framework*," (Also ITU - T Recommendation X. 814), draft, 1995.

□ ISO/IEC 10181 - 6, "*Information Technology—Open Systems Interconnection—Security Frameworks for Open Systems—Part 6: Confidentiality Framework*," (Also ITU - T Recommendation X. 815), draft, 1995.

□ ISO/IEC 10181 - 7, "*Information Technology—Open Systems Interconnection—Security Frameworks for Open Systems—Part 7: Security Audit Framework*," (Also ITU - T Recommendation X. 816), draft, 1995.

□ ISO/IEC 11770 - 1, "*Information technology—Security techniques—Key management—Part 1: Framework*", draft(DIS), 1996.

□ ISO/IEC 11770 - 2, "*Information Technlolgy—Security Techiques—Key Management—Part 2: Mechanisms Using Symmetric Techniques*," International Organization for Standardization, Geneva, Switzerland (1st ed.), 1996.

□ ISO/IEC 11770 - 3, "*Information Technlolgy—Security Techiques—Key Management—Part 3: Mechanisms Using Symmetric Techniques*," dratt(DIS), 1996.

□ ISO/IEC 13888 - 1, "*Information Technology—Security Techniques—Non-repudiation—Part 1: General model*," draft(CD), 1996.

□ ISO/IEC 13888 - 2, "*Information Technology—Security Techniques—Non-repudiation—Part 2: General Model*," draft(CD), 1996.

□ ISO/IEC 13888 - 3, "*Information Technology—Security Techniques—Non-repudiation—Part 3: Using Asymmetric Techniques*," draft(CD), 1996.

□ ISO/IEC 14888 - 1, "*Information Technology—Security Techniques—Digital Signatures with Appendix—Part 1: General*," draft(CD),1996.

□ ISO/IEC 14888 - 2, "*Information Technology—Security Techniques—Digital signatures with appendix—Part 2: Identity-based mechanisms*," draft(CD), International Organization for Standardization, Geneva,

Switzerland, 1996.

☐ ISO/IEC 14888 - 3, "*Information Technology—Security Techniques—Digital signatures with appendix—Part 3: Identity-based mechanisms*," draft(CD), International Organization for Standardization, Geneva, Switzerland, 1996.

☐ ISO N98, "*Hash Functions Using a Pseudo Random Algorithm*," working document, ISO - IEC/JTC1/SC27/WG2, International Organization for Standardization, 1992.

☐ Ito, K., Kondo, S. and Mitsuoka, Y., "*SXAL8/MBAL Algorithm*," Technical Report, ISEC93 - 68, IEICE Japan, 1993(in Japanese).

☐ Ito, M., Saito, and Nishozeki, T., "Secret sharing scheme realizing general access structure", IEEE *Global Telecommunications Conference*, pp. 99 - 102, 1987.

☐ ITSEC: "*Information Technololgy Security Evaluation Criteria(ITSEC)*," Version 1,2 Office for Official Publications of European Communities Luxemburg, 1991.

☐ ITU-T Rec. X. 509 (revised), "*The Directory-Aurhentication Framework*," International Telecommunication Union, Geneva, Switzerland, 1993(Also ISO/IEC 9594 - 8: 1995).

☐ ITU-T Rec. X. 509 (1988 and 1993) Technical Corrigendum 2, "*The Directory-Aurhentication Framework*," International Telecommunication Union, Geneva, Switzerland, July 1995(Also Technical Corrigendum 2 to ISO/IEC 9594 - 8: 1990 & 1995).

☐ ITU-T Rec. X. 509 (1993) Amendment 1: Certificate Extensions, "*The Directory-Aurhentication Framework*," International Telecommunication Union, Geneva, Switzerland, July 1995, draft for JCT1 letter ballot(Also Ammendment 1 to ISO/IEC 9594 - 8: 1995).

☐ Iversen, K. R., "A cryptographic scheme for computerized general elections," Advances in Cryptology—CRYPTO '91 Proceedings, pp. 405 - 419, Springer-Verlag, 1992.

☐ Jackson, W. A. and Martin, K. M., "Perfect secret sharing scheme on five participants," Design, Codes and Cryptography, Vol,9,No. 3, pp. 267 - 286,1996.

☐ Jackson, W. A., Martin, K. M. and O'Keefe, C. M., "Multisecret threshold schemes," Crypto '93, pp. 126 - 135, 1993.

☐ Jackson, W. A., Martin, K. M. and O'Keefe, C. M., "Ideal secret sharing schemes with multiple secrets," J. of Cryptology, Vol. 9, No. 4, pp. 233 - 250, 1996.

☐ Jackson, W. A., Martin, K. M. and O'Keefe, C. M. "A construction for multisecret threshold scheme," Design, Codes and Cryptography, Vol. 9, No. 3, pp. 287 - 303, 1996.

☐ Jackson, W. A., Martin, K. M. and O'Keefe, C. M., "Multually trusted authority-free secret sharing scheme," J. of Cryptology, Vol. 10, No. 4, pp. 261 - 289, 1997.

☐ Jackson, W. A., Martin, K. M. and Simmons, G. J., "The geometry of shared secret schemes," Bull. ICA, Vol. 1, pp. 71 - 88, 1991.

☐ Jakobsen, T. and Knudsen, L. R., "The interpolation attack on block ciphers," Proc. of *Fast Software Encryption* Workshop(4), 1997.

☐ James, N. S., Lidi, R. and Niederreiter, H., "Breaking the Cade cipher," Advances in Cryptology—CRYPTO '86 Proceedings, pp. 60 - 63, Springer-Verlag, 1987.

☐ Jansen, C. J. A. and Boekee, D. E., "Modes of block cipher algorithms and their protection against active eavesdropping," Advances in Cryptology—EUROCRYPT '87 Proceedings, pp. 281 - 286, Springer-Verlag, 1988.

☐ Javidi, B., "Securing information with optical article," Physics Today, Mar., pp. 27 - 32, 1997.

☐ Jayant, M. N., "Speaker, verification: A tutorial," IEEE Communications Magazine, Vol. 28, No. 1,

pp. 42 - 48, 1990.

☐ Jebelean, T., "Comparing several gcd algorithms," Proceedings of the 11th Symposium on Computer Arithmetic, pp. 180 - 185, IEEE Press, 1993.

☐ Jefferies, N., Mitchell, C. and Walker, M., "A proposed architecture for trusted third party services," E. Kawson and Golic (Eds.), *Cryptography: Policy and Algorithms*, International Conference, Brisbane, Queensland, Australia, July 1995 (LNCS 1029), pp. 98 - 104, 1996.

☐ Jendal, H. N., Kuh, Y. J. B. and Massey, J. L., "An information-theoretic treatment of homophonic substitution," Advances in Cryptology—EUROCRYPT '89 (INCS 434), pp. 382 - 394, 1990.

☐ Jennings, S. M., "Multiplexed sequences: some properties of the minimum polynomial," Lecture Notes in Computer Science 149; Cryptography: Proceedings of the Workshop on *Cryptography*, pp. 189 - 206, Springer-Verlag, 1983.

☐ Johannesson, T., "Lower bound on the probability of deception in authentication with arbitration," IEEE on IT - 40, No. 5, pp. 1573 - 1585, 1994.

☐ Johannesson, T., "Authentication codes for nontrusing parties obtained from rank matrix codes," Design, Codes and Cryptography, Vol. 6, No. 3. pp. 205 - 218, 1995.

☐ Johannesson R. and Sgarro, A., "A strengthening of Simmons' bound on impersonation," IEEE Trans. Inform. Theory, Vol. 37, No. 4, pp. 1181 - 1185, July 1991.

☐ Johansson, T., Kabatianskü, G. and Smeets, B., "On the relation between A - codes and codes correcting independent errors," Advances in Cryptology—EUROCRYPT '93 (INCS 765), pp. 1 - 11, 1994.

☐ Johnson, D. B. and Matyas, S. M., "Asymmetric encryption: Evolution and enhancements," CryptoBytes, Vol. 2, pp. 1 - 6, Spring 1996.

☐ Johnson, D. B., Matyas, S. M., Le, A. V. and Wilkins, J. D., "The Commercial Data Masking Facility (CDMF) data privacy algorithm," IBM Journal of Research and Development, Vol. 38, No. 2. pp. 217 - 226, March, 1994.

☐ Johnson, D. B., Dolan, G. M., Kelly, M. J., Le, A. V. and Matyas, S. M., "Common cryptographic architecture cryptographic application programmig interface," IBM Systems Journal, Vol. 30, No. 2, pp. 130 - 150, 1991.

☐ Johnson, D. B., Martin, A., Le, W., Matyas, S. M. and Wilkins, J., "Hybrid key distribution scheme giving key record recovery," IBM Technical Disclosure Bulletin, pp. 37, 5 - 16, 1994.

☐ Johnson, J. T. and Tolly K., "Token authentication: The safety catch," Data Communication, Mag. pp. 62 - 77, 1995.

☐ Joux, A. and Granbolan, L., "A practical attack against based on hash functions," Advances in Cryptology—EUROCRYPT '94 Proceedings, pp. 58 - 66, Springer-Verlag, 1995.

☐ Joux, A. and Stern, J., "Cryptanalysis of another knapsack cryptosystem," Advances in Cryptology—ASIACRYPT '91 Proceedings, pp. 470 - 476, Springer-Verlag, 1993.

☐ Jueneman, R. R., "Electronic document authentication," IEEE Network Magazine, Vol. 1, 2, pp. 17 - 23, Apr. 1978.

☐ Jueneman, R. R., "Analysis of certain aspects of output-feedback mode," Advances in Cryptology—Crypto '82 Proceedings, pp. 99 - 127, Plenum Press, 1983.

☐ Jueneman, R. R., Matyas, S. M. and Meyer, C. H., "Message authentication," IEEE Communications Magazine, Vol. 23, No. 9, pp. 29 - 40, Sept. 1985.

☐ Jueneman, R. R., "A high speed manipulation detection code," Advances in Cryptology—CRYPTO 86',

pp. 327 - 346, 1987.

☐ Jueneman, R. R., Matyas, S. M. and Meyer, C. H., "Message authentication with manipulation detection codes," Proc. of the 1983 IEEE Symposium on *Security and Privacy*, pp. 33 - 54, 1984.

☐ Just, M., Kranakis, E., Krizanc, D. and van Oorschot, P., "On key distribution via true broadcasting," 2nd AC Conference on *Computer and Communications Security*, pp. 81 - 88, ACM Press, 1994.

☐ Kahn, D., "*The Codebreakers: The Story of Secret Writing*," New York: Macmillan Publishing Co., 1967.

☐ Kahn, D., "*Kahn on Codes*," New York: Macmillan Publishing Co., 1983.

☐ Kaijser, P., Parker, T. and Pinkas, D., "SESAME: The solution to security for open distributed systems," Journal of Computer Communications, Vol. 17, No. 4, pp. 501 - 518, July 1994.

☐ Kailar, R. and Gilgor, V. D., "On belief evolution in authentication protocols," Proceedings of the Computer Security Foundations Workshop IV, IEEE Computer Society Press, pp. 102 - 116, 1991.

☐ Kaliski Jr., B. S., "A Pseudo Random Bit Generator Based on Elliptic Logarithms", Master's Thesis, MIT, 1987; also in Advances in Cryptology—CRYPTO '86 Proceedings, pp. 84 - 103, Springer-Verlag, 1988.

☐ Kaliski Jr., B. S., "*Elliptic Curves and Cryptography: A Pseudorandom Bit Generator and Other Tools*," Ph.D. Thesis, MIT Deptment of Electrical Engineering and Computer Science, 1988.

☐ Kaliski Jr., B. S., "A survey of encryption standards," IEEE Micro, Vol. 13, No. 6, pp. 74 - 81, Dec. 1993.

☐ Kaliski Jr., B. S., "Anderson's RSA trapdoor can be broken," Electronics Letters, 29(July 22), pp. 1387 - 1388, 1995.

☐ Kaliski Jr., B. S., "The Montgomery inverse and its applications," IEEE Trans. on Computers, Vol. 44, pp. 1064 - 1065, 1995.

☐ Kaliski Jr., B. S., "A chosen message attack on Demytko's elliptic curve cryptosystem," Journal of Cryptology, Vol. 10, No. 1, pp. 71 - 72, 1997.

☐ Kaliski Jr., B. S., Rivest, R. L. and Sherman, A. T., "Is the data encryption standard a Group?" Advances in Cryptology—EUROCRYPT '85 Proceedings, pp. 81 - 95, Springer-Verlag, 1986.

☐ Kaliski Jr., B. S., Rivest, R. L. and Sherman, A. T., "Is the data encryption standard a pure cipher? (results of more cycling experiments in DES)," Advances in Cryptology—CRYPTO '85 Proceedings, pp. 212 - 226, Springer-Verlag, 1986; also in Journal of Cryptology, Vol. 1, No. 1, pp. 3 - 36, 1988.

☐ Kaliski Jr., B. S. and Robshaw, M. J. B., "Fast block cipher proposal," Fast Software Encryption, Cambridge Security Workshop Proceedings, pp. 33 - 39, Springer-Verlag, 1994.

☐ Kaliski Jr., B. S. and Robshaw, M. J. B., "Linear cryptanalysis using multiple approximations," Advances in Cryptology—CRYPTO '94 Proceedings, pp. 26 - 39, Springer-Verlag, 1994.

☐ Kaliski Jr., B. S. and Robshaw, M. J. B., "Linear cryptanalysis using multiple approximations and FEAL," K.U. Leuven Workshop on *Cryptographic Algorithms*, pp. 249 - 264, Springer-Verlag, 1995.

☐ Kaliski Jr., B.S. and Robshaw, M., "The secure use of RSA," CryptoBytes, 1(Autumn), pp. 7 - 13, 1995.

☐ Kaliski Jr., B. S. and Yin, Y. L., "On differential and linear cryptanalysis of the RC5 encryption algorithm," Advances in Cryptology—CRYPTO '95 Proceedings, pp. 171 - 184, 1995.

☐ Kaltofen, E. and Shoup, V., "Subquadratic-time factoring of polynomials over finite fields," Proc. of the 27th Annual ACM Symposium on *Theory of Computing*, pp. 398 - 406, 1995.

□ Kam, J. and Davida, G., "Structured design of substitution-permutation encryption networks," IEEE Trans. on Computers, Vol. 28, pp. 747 - 753, 1979.

□ Kaneko, T., Koyama, K. and Terada, R., "Dynamic swapping schemes and differential cryptanalysis," Transactions of the Institute of Electronics, Information and Communication Engineers, Vol. E77 - A, No. 8, pp. 1328 - 1336, Aug. 1994.

□ Kang Baoyuan, Tian Jianbo and Wang Yumin(亢保元，田建波，王育民)，"正形置换与正形拉丁方的两个结果"，西安电子科技大学学报，Vol. 24, No. 3, pp. 323 - 328, 1997.

□ Kang Baoyuan and Wang Yumin(亢保元，王育民)，"全距置换的几条性质"，通信保密，No. 3, pp. 77 - 80, 1997.

□ Kang Baoyuan, Tian Jianbo and Wang Yumin(亢保元，田建波，王育民)，"全距置换"，密码学进展——CHINACRYPT '98，科学出版社，pp. 207 - 211，四川峨眉，pp. 25 - 29, 1998. 5.

□ Kang Baoyuan and Wang Yumin(亢保元，王育民)，"线性置换与正形置换"，西安电子科技大学学报，Vol. 25, No. 2, pp. 254 - 255, 1998。

□ Kang, M. G. and Moskowne, R., "Extended abstract: An architecture for covert chammel control in realtime network and multiprocessors," IEEE Symp. on *Security and Privacy*, pp. 155 - 168, 1995.

□ Kapidzic, N. and Davidson, A., "A certificate management system: structure, functions and protocols," Proceedings of the Internet Society Symposium on *Network and Distributed System Security*, pp. 153 - 160, IEEE Computer Society Press, 1995.

□ Karn, P. and Simpson, W., "*The Photuris Session Key Management Protocol*," Inrernet Draft, Work in Progress, draft-ietf-ipsec-photuris-08. txt, Nov. 1995.

□ Karnin, E. D., Greene, J. W. and Hellman, M. E., "On sharing secret systems," IEEE Trans. on Information Theory, Vol. IT - 29, pp. 35 - 41, 1983.

□ Kashyap, R. L., "Speaker recognition from an unknown utterance and spearker speech interaction," IEEE Trans. on ASSP - 24, No. 6, pp. 481 - 488, 1976.

□ Kehne, A., Schöwälder, J. and Langend örfer H., "A nonce-based protocol for multiple authentications," Operating Systems Review, 26, pp. 84 - 89, 1992.

□ Kemmerer, R. A., "Shared resource matrix methodology: An approach to identifying storage and timing channel," ACM Trans. on Computer System, Vol. 1, No3, pp. 256 - 277, 1983.

□ Kemmerer, R., Meadows, C. and Millen, J., "Three systems for cryptographic protocol analysis," Journal of Cryptology, 7, pp. 79 - 130, 1994.

□ Kent, S., "Internet privacy enhanced mail," Communications of the ACM, 36, pp. 48 - 60, 1993.

□ Kent, S., "Internet security standards: past, present and future," Standard View, 2, pp. 78 - 85, 1994.

□ Kerckhoffs, A., "La cryptographie miletaire," Journal des Sciences Militaires, 9th Series(February), pp. 161 - 191, 1883.

□ Kessler, I. and Krawczyk., H., "Minimum buffer length and clock rate for the shrinking generator cryptosystem," IBM Research Report RC 19938, IBM T. J. Watson Research Center, Yorktown Heights, NY, 10598, U. S. A., 1995.

□ Key, E. L., "An analysis of the structure and complexity of nonlinear binary sequence generators," IEEE Trans. on Information Theory, Vol. IT - 22, No. 6, pp. 732 - 736, Nov. 1976.

□ Kilian, J., "*Uses of Randomness in Algorithms and Protocols*," MIT Press, 1990.

□ Kilian, J., "Achieving zero-knowledge robustly," Advances in Cryptology—CRYPTO '90 Proceedings, pp. 313 - 325, Springer-Verlag, 1991.

□ Kilian, J. and Leighton, T., "*Failsafe Key Escrow*," MIT/LCS/TR - 636, MIT Laboratory for

Computer Science, Aug. 1994.

☐ Kilian, J. and Leighton, T., "Fair cryptosystems, revisited: A rigorous approach to key-escrow," Advances in Cryptology—CRYPTO '89 (INCS 963), pp. 208 - 221, 1995.

☐ Kilian, J. and Rogaway, P., "How to protect DES against exhaustive key search," Advances in Cryptology—CRYPTO '96 (INCS 1109), pp. 252 - 267, 1996.

☐ Kim, K., "Construction of DES-like S-boxes based on boolean functions satisfying the SAC," Advances in Cryptology—ASIACRYPT '91 Proceedings, pp. 59 - 72, Springer-Verlag, 1993.

☐ Kim, K., Lee, S. and Park, S., "Necessary conditions to strengthen DES S-boxes against linear cryptanalysis," Proceedings of the 1994 Symposium on *Cryptography and Information Security* (SCOS 94), Lake Biwa, Japan, pp. 27 - 29, pp. 15D. 1 - 9, Jan. 1994.

☐ Kim, K., Park, S. and Lee, S., "Reconstruction of s^2 DES S-boxes and their immunity to differential cryptanalysis," Proceedings of the 1993 Korea-Japan Workshop on *Information Security and Cryptography*, pp. 282 - 291, Seoul, Korea, 24 - 26 Oct. 1993.

☐ Kim, K., Park, S. and Lee, S., "How to Strengthen DES against two robust attacks," Proceedings of the 1995 Japan-Korea Workshop on *Information Security and Cryptography*, pp. 173 - 182, Inuyama, Japan, 24 - 27 Jan. 1995.

☐ Kimberley, M., "Comparison of two statistical tests for keystream sequences," Electronics Letters, Vol. 23, pp. 365 - 366, 9 Apr. 1987.

☐ Klapper, A., "Feedback with carry shift registers over finite fields," K. U. Leuven and Workshop on *Cryptographic Algorithms*, LNCS1008 1994, pp. 170 - 178, Springer-Verlag, 1995.

☐ Klapper, A. and Goresky, M., "2-adic Shift registers," *Fast Software Encryption*, Cambridge Security Workshop Proceedings, pp. 174 - 178, Springer-Verlag, 1994.

☐ Klapper, A. and Goresky, M., "Large period nearly de bruijn FCSR sequences," Advances in Cryptology—EUROCRYPT '95 Proceedings, pp. 263 - 273, Springer-Verlag, 1995.

☐ Klapper, A. and Goresky, M., "Feedback shift registers, combiners with memory, and 2-adic span," Journal of Cryptology, Vol. 10, No. 2, pp. 111 - 147, 1997.

☐ Klein, D. V., "Foiling the cracker: A survey of, and implications to, password security," Proceedings of the USENIX UNIX Security Workshop, pp. 5 - 14, Aug. 1990.

☐ Klerer, S. M., "System Management Information Modelling," IEEE Communications Magazine, Vol. 31, No. 5, pp. 38 - 44, May 1993.

☐ Knobloch, H. J., "A smart card implementation of the Fiat-Shamir identification scheme," Advances in Cryptology—EUROCRYPT '88 (INCS 330), pp. 87 - 95, 1988.

☐ Knudsen, L. R., "Cryptanalysis of LOKI," Advances in Cryptology—ASIACRYPT '91 Proceedings, LNCS 453, pp. 22 - 35, Springer-Verlag, 1993.

☐ Knudsen, L. R., "Cryptanalysis of LOKI91," Advances in Cryptology—AUSCRYPT '92 Proceedings, LNCS 718, pp. 196 - 208, Springer-Verlag, 1993.

☐ Knudsen, L. R., "Iterative characteristics of DES and s^2-DES," Advances in Cryptology—Proc. CRYPTO '92 Proceedings, LNCS 740, pp. 497 - 511, Springer-Verlag, 1993.

☐ Knudsen, L. R., "Cryptanalysis of LOKI," *Cryptography and Coding III*, M. J. Ganley (Ed.), pp. 223 - 236, Oxford: Clarendon Press, 1993.

☐ Knudsen, L. R., "New potentially weak keys for DES and LOKI," In Advances in Cryptology—EUROCRYPT '94 Proceedings, Springer-Verlag, 1994.

☐ Knudsen, L. R., "*Block Ciphers—Analysis, Design and Applications*," Ph. D. thesis, Computer Science

Department, Aarthus University(Denmark), 1994.

☐ Knudsen, L. R., "Practically secure feistel ciphers," *Fast Software Encryption*, Cambridge Security Workshop Proceedings, pp. 211 - 221, Springer-Verlag, 1994.

☐ Knudsen, L. R., "A key-schedule weakness in SAFER K-64," Advances in Cryptology—CRYPTO '95 (INCS 963), pp. 274 - 286, 1995.

☐ Knudsen, L. R., "Truncated and higher order differentials," B. Preneel (Ed.), *Fast Software Encryption*, Second International Workshop(LNCS 1008), pp. 196 - 211, Springer-Verlag, 1995.

☐ Knudsen, L. R., "A weakness in SAFER K - 64," 3rd International Workshop On *Fast Software Encryption*, Proceedings, pp. 14 - 25, Cambridge, U.K., Feb. 1996.

☐ Knudsen, L. R. and Berson, T., "Truncated differentials of SAFER," D. Gollmann (Ed.), *Fast Software Encryption*, Third International workshop(LNCS 1039), pp. 15 - 26, Springer-Verlag, 1996.

☐ Knudsen, L. R. and Lai, X., "New attacks on all double block length hash functions of hash rate 1, Including the Parallel - DM," Advances in Cryptology—EUROCRYPT '94 Proceedings, pp. 410 - 418, Springer-Verlag, 1995.

☐ Knudsen, L. R., Lai, Xuejia and Preneel, B., "Attacks on fast double block length hash functions," J. of Cryptology, Vol. 11, No. 1, pp. 59 - 72, 1998.

☐ Knudsen, L. R. and Meier, W., "Improved differential attacks on RC5," Advances in Cryptology — CRYPTO '96 (INCS 1109), pp. 216 - 228, 1996.

☐ Knudsen, L. R. and Pedersen, T., "On the difficulty of software key escrow," Advances in Cryptology—EUROCRYPT '96 (INCS 1070), pp. 237 - 244, 1996.

☐ Knuth, D., "*The Art of Computer Programming, Volume 1: Foundamental Algorithms*," 2nd edition, Addison-Wesley, 1981.

☐ Knuth, D., "*The Art of Computer Programming, Volume 2: Seminumerical Algorithms*," 2nd edition, Addison-Wesley, 1981.

☐ Knuth, D., "*The Art of Computer Programming, Volume 3: Sorting and searching*," 2nd edition, Addison-Wesley, 1973.

☐ Kobayashi, K. Tamura, K. and Nemoto, Y., "Two-demensional modified Rabin cryptosystem," Trans. of IEICE, Vol. J72 - D, No. 5, pp. 850 - 851, 1989(in Japenese).

☐ Kobayashi, K. and Aoki, L., "On linear cryptanalysis of MBAL," Proceedings of the 1995 Symposium in *Cryptography and Information Security* (SCIS 95), Inuyama, Japan, pp. A4. 2. 1 - 9, 24 - 27 Jan. 1995.

☐ Koblas, D. and Koblas, M. R., "SOCKS," Proc. of UNIX Security Symp., USENIX Association, Baltimore, MD, 14 - 16 Sept. 1992.

☐ Koblitz, N., "Elliptic curve cryptosystems," Mathematics of Computation, Vol. 48, No. 177, pp. 203 - 209, 1987.

☐ Koblitz, N., "Hyperelliptic cryptosystems," Journal of Cryptology, Vol. 1, No. 3, pp. 129 - 150, 1989.

☐ Koblitz, N., "CM-Curves with good cryptographic properties," Advances in Cryptology — CRYPTO '91 Proceedings, pp. 279 - 287, Springer-Verlag, 1992.

☐ Koblitz, N., "Constructing elliptic curve cryptosystems in characteristic 2," Advances in Cryptology— CRYPTO '90 Proceedings, pp. 156 - 167, Springer-Verlag, 1991.

☐ Koblitz, N. "*A course in number theory and cryptography*," Graduate Texts in Mathematics, Springer-Verlag, 1987, 1994.

☐ Koblitz, N., Tamura, K. and Nemoto, Y., "Two-dimensional modified Rabin cryptosystem," Trans. of the Institute of Electronics, Information, and Communication Engineers, Vol. J72 - D, No. 5, pp. 850 - 851, May 1989(in Japanese).

☐ Koç, C., "High-Speed RSA Implementation," Version 2.0, Technical Report, RSA Laboratories, Nov. 1994.

☐ Koç, C., "RSA hardware Implementation," Technical Report, TR - 801, RSA Laboratories, 1996.

☐ Koç, C., Acar, T. and Kaliski Jr, B. S., "Analyzing and comparing Montgomery multiplication algorithms," IEEE Micro, 16, pp. 26 - 33, 1996.

☐ Kocher, P. C., "Timing attacks on implementations of Diffe-Hellman, RSA, DSS, and other systems," Advances in Cryptology—CRYPTO '96, pp. 104 - 113, Springer-Verlag, 1996.

☐ Kohl, J. T., "The use of encryption in Kerberos for network authentication," Advances in Cryptology—CRYPTO '89 Proceedings, pp. 35 - 43, Springer-Verlag, 1990.

☐ Kohl, J. T., "The evolution of the kerberos authentication service," European Conference Proceedings, pp. 295 - 313, May 1991.

☐ Kohl, J. T., Neuman, B. C. and Ts'o, T., "The Evolution of the Kerberos Authentication System," Distributed Open Systems, IEEE Computer Society Press, pp. 78 - 94, 1994.

☐ Kohnfelder, L. M., "*Toward a Practical Public-Key Cryptosystem*," B. Sc. thesis, MIT Department of Electrical Engineering, 1978.

☐ Konheim, A. G., "*Cryptography: A Primer*," New York: John Wiley & Sons, 1981.

☐ Konheim, A. G., Mack, M. H., McNeill, R. K., Tuckerman, B. and Waldbaum, G., "The IPS cryptographic programs," IBM Systems Journal, Vol. 19, No. 2, pp. 253 - 283, 1980.

☐ Korzhik, V. I. and Turkin, A. I., "Cryptanalysis of McEliece's public-key cryptosystem," Advances in Cryptology—EUROCRYPT '91 Proceedings, pp. 68 - 70, Springer-Verlag, 1991.

☐ Kothari, S. C., "Ceneralized linear threshold scheme," Advances in Cryptology—CRYPTO '84 Proceedings, pp. 231 - 241, Springer-Verlag, 1985.

☐ Kou, Weidong, "*Networking Security and Standards*," Kluwer Academic Publishers, 1997.

☐ Kowalchuk, J. K., Schanning, B. P. and Powers, S., "Communication privacy: integration of public and secret key cryptography," Proceedings of the National Telecommunication Conference, IEEE Press, pp. 49.1.1 - 49.1.5, 1980.

☐ Koyama, K., "A master key for the RSA public-key cryptosystem," Trans. of the Institute of Electronics, Information, and Communication Engineers, Vol. 165 - D, No. 2, pp. 163 - 170, Feb. 1982.

☐ Koyama, K., "A cryptosystem using the master key for multi-address communications," Trans. of the Institute of Electronics, Information, and Communication Engineers, Vol. J65 - D, No. 9, pp. 1151 - 1158, Sept. 1982.

☐ Koyama, K., "Direct demmonstration of the power to break public-key cryptosystems," Advances in Cryptology—AUSCRYPT '90 Proceedings, pp. 14 - 21, Springer-Verlag, 1990.

☐ Koyama, K., Maurer, U. M., Okomoto, T. and Vansrone, S. A., "New public-key scheme based on elliptic curve over the ring Z_m", Advances in Cryptology—CRYPTO '91 Proceedings, pp. 252 - 262, 1992.

☐ Koyama, K. and Okamoto, T., "Elliptic curve cryptosystems and their applications," IEICE Trans. on Information and Systems, Vol. E 75 - D, No. 1, pp. 50 - 57, Jan. 1992.

☐ Koyama, K. and Terada, R., "How to strengthen DES-like cryptosystems against differential cryptanalysis," IEICE Transactions on *Fundamentals of Electronics*, Communications and Computer

Science, E76 - A, pp. 63 - 69, 1993.

☐ Koyama, K. and Tsuruoka, Y., "Speeding up elliptic cryptosystems using a singled binary window method," Advances in Cryptology—CRYPTO '92 Proceedings, pp. 345 - 357, Springer-Verlag, 1993.

☐ Kranakis, E., "*Primality and Cryptography*," John Wiley & Sons, 1986.

☐ Kravitz, D. W., "*Digital Signature Algorithm*," U. S. Patent #5,231, 668, 27 July 1993.

☐ Kravitz, D. W. and Reed, I., "Extension of RSA cryptostructure: a galois approach," Electronics Leters, Vol. 18, No. 6, 18 pp. 255 - 256, Mar. 1982.

☐ Krawczyk, H., "How to predict congruential generators," Advances in Cryptology—CRYPTO '89 Proceedings, pp. 138 - 153, Springer-Verlag, 1990; also in Journal of Algorithms, Vol. 13, No. 4, pp. 527 - 545, Dec. 1992.

☐ Krawczyk, H., "The shrinking generator: Some practical considerations," Fast Software Encryption, Cambridge Security Workshop Proceedings, pp. 45 - 46, Springer-Verlag, 1994.

☐ Krawczyk, H., LFSR-based hashing and authentication, Advances in Cryptology—CRYPTO '94 (INCS839), pp. 129 - 139, 1994.

☐ Krawczyk, H., "Secret sharing made short," Advances in Cryptology—CRYPTO '93 (INCS 773), pp. 136 - 146, 1994.

☐ Krawczyk, H., "New hash functions for message authentication," Advances in Cryptology — EUROCRYPT '95 (INCS 921), pp. 301 - 310, 1995.

☐ Krawczyk, H., "SKEME: A versatile secure key exchange mechanism for Internet," Proceedings of the Internet Society Symposium on *Network and Distributed System Security*, 114 - 127, IEEE Computer Society Press, 1996.

☐ Kühn, G. J., "Algorithms for self-synchronizing ciphers," Proceedings of COMSIG '88, 1988.

☐ Kullback, S., "*Statistical Method in Cryptanalysis*," Aegean Park Press, 1976. 中译本:"密码分析中的统计方法",李援军译,战士出版社,1998.

☐ Kurita, Y. and Matsumoto, M., "Primitive t-nomials($t=3,5$)over GF(2)whose degree is a Mersenne exponent≤4497," Mathematics of Computation, 56, pp. 817 - 821, 1991.

☐ Kurosawa, K., Ito, T. and Takeuchi, M., "Public key cryptosystem using a reciprocal number with the same intractability as factoring a large number," Cryptologia, Vol. 12, pp. 225 - 233, 1988.

☐ Kurosawa, K., Okada, K. and Tsujii, S., "Low exponent attack against elliptic curve RSA," Advances in Cryptology—ASIACRYPT '94, pp. 376 - 383, 1995.

☐ Kurosawa, K., Park, C. and Sakano, K., "Group signer/verifier separation scheme," Proceedings of the 1995 Japan-Korea Workshop on *Information Security and Cryptography*, *Information Security and Cryptography*, Inuyama, Japan, pp. 134 - 143, 24 - 27 Jan. 1995.

☐ Kusuda, K. and Matsumoto, T., "Optimization of time-memory trade-off cryptanalysis and its application to DES, FEAL-32, and Skipjack," IEICE Transactions on Fundamentals of Electronics, Communications and Computer Science, E79 - A, pp. 35 - 48, 1996.

☐ Kuwakado, H. and Koyama, K., "Security of RSA-type cryptosystems over elliptic curves against hastad attack," Electronics Letters, Vol. 30, No. 22, pp. 1843 - 1844, 27 Oct. 1994.

☐ Kuwakado, H. and Koyama, K., "A new RSA-Type scheme based on singular cubic curves," Proceedings of the 1995 Japan-Korea Workshop on Inuyama, Japan, pp. 144 - 151, 24 - 27 Jan. 1995.

☐ Kwan, M., "*An Eight Bit Weakness in the LOKI Cryptosystem*," technical report, Australian Defense Force Academy, Apr. 1991.

☐ Kwan, M. and Pieprzyk, J., "A general purpose technique for locating key scheduling weakness in DES-like cryptosystems," Advances in Cryptology—ASIACRYPT '91 Proceedings, pp. 237 - 246, Springer-Verlag, 1991.

☐ Lacy, J. B., Mitchell, D. P. and Schell, W. M., "CryptoLib: cryptography in software," UNIX Security Symposium IV Proceedings, USENIX Association, pp. 1 - 17, 1993.

☐ Lagarias, J. C., "Knapsack public key cryptosystems and diopantine approximations," Advances in Cryptology—CRYPTO '83 Proceedings, Plenum Press, pp. 3 - 23, 1984.

☐ Lagarias, J. C., "Permance analysis of Shamir's attack on the basic Merkle-Hellman knapsack cryptosystem," Lecture Notes in Computer Science 172; Proceedings of the 11th International Colloquium on *Automata, Languages and Programming* (ICALP), pp. 312 - 323, Springer-Verlag, 1984.

☐ Lagarias, J. C., "Pseudorandom number generators in cryptography and number theory," C. Pomerance, editor, *Cryptology and Computational Number Theory*, volume 42 of Proceedings of Symposia in Applied Mathematics, pp. 115 - 143, American Mathematical Society, 1990.

☐ Lagarias, J. C. and Odlyzko, A. M., "Solving low-density subset sum problems," Proceedings of the 24th IEEE Symposium on Foundations of Computer Science, pp. 1 - 10, 1983.

☐ Lagarias, J. C. and Reeds, J., "Unique extrapolation of polynomial recurrences," SIAM Journal on Computing, Vol. 17, No. 2, pp. 342 - 362, Apr. 1988.

☐ Lai X., "Condition for the nonsingularity of a feedback shift-register over a general finite field," IEEE Trans. on Information Theory, Vol. 33, pp. 747 - 749, 1987.

☐ Lai X., "On the Design and Security of Block Ciphers," ETH Series in Information Processing, J. L. Massey (Ed.), Vol. 1, Hartung-Gorre Verlag Konstanz, Theniche Hochschule, Zurich, 1992.

☐ Lai X., "Higher order derivatives and differential cryptanalysis," Communications and *Cryptography: Two Sides of One Tapestry*, R. E. Blahut, et al. (Eds.), pp. 227 - 233, Kluwer Academic Publishers, 1994.

☐ Lai X. and Knudsen, L., "Attacks on double block length hash functions," Fast Software Encryption, Cambridge Security Workshop Proceedings, pp. 157 - 165, Springer-Verlag, 1994.

☐ Lai X. and Massey, J., "A proposal for a new block encryption standard," Advances in Cryptology—EUROCRYPT '90 Proceedings, pp. 389 - 404, Springer-Verlag, 1991.

☐ Lai X. and Massey, J., "Hash functions based on block ciphers," Advances in Cryptology—EUROCRYPT '92 Proceedings, pp. 55 - 70, Springer-Verlag, 1992.

☐ Lai X., Massey, J. and Murphy, S., "Markov ciphers and differential cryptanalysis," Advances in Cryptology—EUROCRYPT '91 Proceedings, pp. 17 - 38, Springer-Verlag, 1991.

☐ Lai X., Rueppel, R. A. and Woollven, J., "A fast cryptographic checksum algorithm based on stream ciphers," Advances in Cryptology—AUSCRYPT '92 Proceedings, pp. 339 - 348, Springer-Verlag, 1993.

☐ Laih C. S., Harn, L., Lee, J. Y. and Hwang, T., "Dynamic threshold scheme based on the definition of cross-product in an *n*-dimensional linear space," Advances in Cryptology—CRYPTO '89, pp. 286 - 298, 1990.

☐ Laih C. S., Harn L. and Chang C. C. (赖溪松，韩亮，张真诚)，"近代密码学及其应用"，松岗电脑图书资料股份有限公司，1995.

☐ Laih C. S., Lee J., Chen C. H. and Harn L., "A new scheme for ID-based cryptosystems and signatures," Journal of the Chinese Institute of Engineers, Vol. 15, No. 2, pp. 605 - 610, Sept. 1992.

☐ Laih C. S., Lee J. Y., Harn L. and Su Y. K., "Linearly shift knapsack public key cryptosystem," IEEE J. SAC - 7 N0. 4 534 - 539 1989.

☐ Laih C. S., Tu F. K. and Tai W. C., "On the security of the Lucas function," Information Processing

Letters, 53, pp. 243 - 247, 1995.

☐ Lam, K. Y. and Beyh, T., "Timely authentication in distributed systems," Y. Deswarte, G. Eizenberg, and J. J. Quisquater, editors, Second European Symposium on Research in Computer Security—ESORICS '92 (LNCS 648), pp. 293 - 303, Springer-Verlag, 1992.

☐ Lam, K. Y. and Hui, L. X. K., "Efficiency of SS(I) square-and-multiply exponentiation algorithms," Electronics Letters, Vol. 30, pp. 2115 - 2116, Dec. 8, 1994.

☐ LaMacchia, B. A. and Odlyzko, A. M., "Computation of discrete logarithms in prime fields," Designs, Codes, and Cryptography, Vol. 1, pp. 47 - 62, 1991.

☐ Lamport, L., "Constructing digital signatures from a one-way function," Technical report CSL-98, SRI International, Palo Alto, 1979.

☐ Lamport, L., "Password identification with insecure communications," Communications of the ACM, Vol. 24, No. 11, pp. 770 - 772, Nov. 1981.

☐ Lampson, B., Abadi, M., Burrows, M. and Wobber, E., "Authentication in distributed systems: Theory and practice," ACM Transactions on Computer Systems, Vol. 10, pp. 265 - 310, 1992.

☐ Landau, S., "Zero-knowledge and the department of defense," Notices of the American Mathematical Society, Vol. 35, No. 1, pp. 5 - 12, Jan. 1988.

☐ Langford, S. K. and Hellman, M. E., "Differential-linear cryptanalysis," Advances in Cryptology—CRYPTO '94 (INCS 839), pp. 17 - 25, 1994.

☐ Lapidot, D. and Shamir, A., "Publicly verifiable non-interactive zero-knowledge proofs," Advances in Cryptology—CRYPTO '90 Proceedings, pp. 353 - 365, Springer-Verlag, 1991.

☐ Lauer, R. F., "*Computer Simulation of Classical Substitution Cryptographic Systems*," Aegean Park Press, 1981.

☐ L'Ecuyer, P., "Random numbers for simulation," Communications of the ACM, Vol. 33, No. 10, pp. 85 - 97, Oct. 1990.

☐ Lee, P. J. and Brickell, E. F., "An observation on the security of McEliece's public-key cryptosystem," Advances in Cryptology—EUROCRYPT '88 Proceedings, pp. 275 - 280, Springer-Verlag, 1988.

☐ Lee, J., Heys, H. M. and Tavares, S. E., "On the resistance of a CAST-like encryption algorithm to linear and differential cryptanalysis," Designs, Codes and Cryptography, Vol. 12, No. 3, pp. 267 - 282, 1997.

☐ Lee, S., Sung, S. and Kim, K., "An efficient method to find the linear expressions for linear cryptanalysis," Proceedings of the 1995 Korea-Japan Workshop on *Information Security and Cryptography*, Inuyama, Japan, pp. 183 - 190, 24 - 26 Jan. 1995.

☐ Leech, M., "SOCKS Protocol Version 4," Internet Draft, Exp. Dec. 1994.

☐ Leighton, T., "*Failsafe Key Escrow Systems*," Technical Memo 483, MIT Laboratory for Computer Science, Aug. 1994.

☐ Leighton, T. and Micali, S., "Secret-key agreement without public-key cryptography," Advances in Cryptology—CRYPTO '93 (INCS 773), pp. 465 - 479, 1994.

☐ Lenstra, A. K., "Primality testing," C. Pomerance (Ed.), *Cryptology and Computational Number Theory*, volume 42 of Proceedings of Symposia in *Applied Mathematics*, pp. 13 - 25, American Mathematical Society, 1990.

☐ Lenstra, A. K. and Lenstra Jr., H. W., "Algorithms in number theory," J. van Leeuwen, editor, *Handbook of Theoretical Computer Science*, pp. 674 - 715, Elsevier Science Publishers, 1990.

☐ Lenstra, A. K. and Lenstra Jr., H. W. (Eds.), "*Lecture Notes in Mathematics* 1554: *The Development of the Number Field Sieve*," Springer-Verlag, 1993.

☐ Lenstra, A. K., Lenstra Jr., H. W., Manasse, M. S. and Pollard, J. M., "The number field sieve," Proceedings of the 22nd ACM Symposium on the Theory of Computing, pp. 574 - 572, 1990; also in Lenstra, A. K. and Lenstra, Jr., H. W. (Eds.), *The Development of the Number Field Sieve*, *Vol.* 1554 *of Lecture Notes in Mathematics*, pp. 11 - 42, Spinger-Verlag, 1993.

☐ Lenstra, A. K., Lenstra Jr., H. W. and Lovàsz, "Factoring polynomials with rational coefficients," Mathematische Annalen, 261, pp. 515 - 534, 1982.

☐ Lenstra, A. K., Lenstra Jr., H. W., Manasse, M. S. and Pollard, J. M., "The factorization of the ninth Fermat number," Mathematics of Computation, 61, pp. 319 - 349, 1993.

☐ Lenstra, A. K. and Manasse, M. S., "Factoring by electronic mail," Advances in Cryptology—EUROCRYPT '89 Proceedings, pp. 355 - 371, Springer-Verlag, 1990.

☐ Lenstra, A. K. and Manasse, M. S., "Factoring with two large primes," Advances in Cryptology—EUROCRYPT '90 Proceedings, pp. 72 - 82, Springer-Verlag, 1991; also in Mathematics of Computation, Vol. 63, pp. 785 - 798, 1994.

☐ Lenstra, A. K., Winkler, P. and Yacobi, Y., "A key escrow system with warrant bounds," Advances in Cryptology—CRYPTO '95 (INCS 963), pp. 197 - 207, 1995.

☐ Lenstra Jr., H. W., "Factoring integers with elliptic curves," Annals of Mathematics, 126, pp. 649 - 673, 1987.

☐ Lenstra Jr., H. W., "On the Chor-Rivest knapsack cryptosystem," Journal of Cryptology, Vol. 3, pp. 149 - 155, 1991.

☐ Lenstra Jr., H. W., "Factoring integers with elliptic curves," Ann. Of Math. Vol. 2, 126, pp. 649 - 673, 1987.

☐ Leung-Yan-Cheong S. K., "On a special class of wire-tap channels," IEEE Trans. Inform. Theory, IT-23, No. 5, pp. 625 - 627, Sept. 1977.

☐ Leung-Yan-Cheong S. K. and Hellman M. E., "The Gaussian wire-tap channel," IEEE Trans. Inform. Theory, IT - 24, No. 4, pp. 451 - 456, July 1978.

☐ Levin, L. A., "One-way functions and pseudorandom generators," Proc. of the 17th Annual ACM Symposium on Theory of Computing, pp. 363 - 365, 1985.

☐ Levine, J., United States Cryptographic Patents pp. 1861 - 1981, Cryptologia, Inc., Terre Haute, Indiana, 1983.

☐ LeVitus, B. and Evans, J., "*Web Master Windows*," AP Professional, 1996.

☐ Levy, S., "Crypto Rebels," Wired, May/June, 1993.

☐ Lewis, P., Goodman, A. and Miller, J., "A random number generator for the system/360," IBM Systems Journal, No. 2, 1969.

☐ Li Bao and Xiao Guozhen(李宝，肖国镇)，"一种新的序列递推关系——线性递推关系的一种推广，"密码学进展——CHINACRYPT '98，科学出版社，pp. 18 - 23，四川峨眉，1998. 5.

☐ Li C., Hwang T and Lee N., "(*t*, *n*) Threshold signature scheme based on discrete logarithm," Advances in Cryptology—EUROCRYPT '94 Proceedings, pp. 197 - 204, Springer-Verlag, 1994.

☐ Li D. X., "Cryptanalysis of public-key distribution systems based on dickson polynomials," Electronics Letters, Vol. 27, No. 3, pp. 228 - 229, 1991.

☐ Li F. X., "How to Break Okamoto's cryptosystems by continued fraction algorithm," Advances in Cryptology—ASIACRYPT '91 Proceedings, Abstracts, pp. 285 - 289, 1991.

☐ Li Jianbao and Gao Xiang(李建宝，高翔)，"有限自动机公开钥密码体制和数字签名的软件实现"，密码学进展——CHINACRYPT '92，pp. 110 - 113，科学出版社，1992.

□ Li Jihong(李继红)，"Analysis & Design of the Digital Signature，" Master thesis，Xidian University，Xi'an China，1991. 9，"数字签名的设计与分析"，硕士论文，西安电子科技大学，1996. 1.

□ Li Yuanxing(李元兴)，"*The Combination of Encryption and Error-Correcting Coding — Application of Algebraic Coding to Modern Cryptology*，" Ph. D. dissertation，Xidian University，Xi'an China，1991. 9，"加密与纠错相结合——代数编码理论在现代密码学中的应用"，博士论文，西安电子科技大学，1991.

□ Li Xiangang(李献刚)，"*Research and Analyses of Stream Cipher*，" Ph. D. dissertation，Xidian University，Xi'an China，1994. 10，"流密码的研究与分析"，博士论文，西安电子科技大学，1994. 10.

□ Li Y. X. and Wang X. M.，"A joint authentication and encryption scheme based on algebraic coding theory，" *Applied Algebra，Algebraic Algorithms and Error Correting Codes* 9，pp. 241 - 245，Springer-Verlag，1991.

□ Lidl，R. and Müller，W. B.，"Permutation polynomials in RSA-cryptosystems，" Advances in Cryptology—Proc. of Crypto '83，pp. 293 - 301，1984.

□ Lidl，R. and Müller，W. B.，"Generalizations of the fibonacci pseudoprimes test，" Discrete Mathematics，Vol. 92，pp. 211 - 220，1991.

□ Lidl，R. and Müller，W. B.，"Primality testing with lucas functions，" Advances in Cryptology—AUSCRYPT '92 Proceedings，pp. 539 - 542，Springer-Verlag，1993.

□ Lidl，R.，Müller，W. B. and Oswald，A.，"Some remarks on strong fibonacci pseudoprimes，" Applicable Algebra in Engineering，Communication and Computing，Vol. 1，No. 1，pp. 59 - 65，1990.

□ Lidl，R. and Niederreiter，H.，"Finite Fields，" Encyclopedia of Mathematics and its Applications，Vol. 20，Addison-Wesley，1983.

□ Lidl，R. and Niederreiter，"*Introduction to Finite Fields and Their Applications*，" London：Cambridge University Press，1986.

□ Liebl，A.，"Authentication in distributed systems：A bibliography，" Operating Systems Review，27，pp. 31 - 41，1993.

□ Lim，C. H. and Lee，P. J.，"A practical electronic cash system for smart cards，" Proceedings of the 1993 Korea-Japan Workshop on *Information Security and Cryptography*，Seoul，Korea，24 - 26 pp. 34 - 47，Oct. 1993.

□ Lim，C. H. and Lee，P. J.，"Another method for attaining security against adaptively chosen ciphertext attacks，" Advances in Cryptology—CRYPTO '93，pp. 420 - 434，1994.

□ Lim，C. H. and Lee，P. J.，"Server(prover/signer)-aided verification of identity proofs and signatures，" Advances in Cryptology—EUROCRYPT '95，pp. 64 - 78，1995.

□ Lin，S. and Costello，D. J.，"*Error Correcting Codes：Fundamentals and Applications*，" Prentice Hall，1982. 中译本：差错控制编码——基础与应用，(王育民、王新梅译)人民邮电出版社，1986.

□ Lin，H. Y. and Harn，L.，"A generalized secret sharing scheme with cheater detection，" Advances in Cryptology—ASIACRYPT '91 Proceedings，pp. 149 - 158，Springer-Verlag，1993.

□ Lin，M. C.，Chang，T. C. and Fu，H. L.，"Information rate of McEliece's public key cryptosystem，" Electronics Letters，Vol. 26，No. 1，4 pp. 16 - 18，Jan. 1990.

□ Linn，J.，"*Privacy Enhancement for Internet Electronic Mail：Part I—Message Encipherment and Authentication Procedures*，" RFC 1113，Aug. 1989.

□ Linn，J.，"*Privacy Enhancement for Internet Electronic Mail：Part I—Message Encipherment and Authentication Procedures*，" RFC 1421，Feb. 1993.

□ Liu，C. N，Herbst，N. M. and Anthony，N. J.，"Automatic signature and field test results，" IEEE

Trans. on SMC - 9, No. 1, pp. 35 - 38, 1979.

□ Liu Jianwei (刘建伟), "*Research on Privacy and Authentication Protocols of Wireless Personal Communication Networks*," Ph. D. dissertation, Xidian University, Xi'an China, 1997. 10, "无线个人通信网中的保密与认证协议研究", 博士论文, 西安电子科技大学, 1997, 12.

□ Liu Jianwei, Wang Yumin, "An user authentication scheme for mobile communications," PIMRC '95, pp. 608 - 612, 25 - 29, Sept. Toronto, Canada, 1995.

□ Liu Jianwei, Wang Yumin(刘建伟, 王育民), "移动通信网中的安全密钥分配协议", 通信保密, No. 4, pp. 29 - 34, 1995.

□ Liu Jianwei, Wang Yumin(刘建伟, 王育民), "ATM 网络安全保密技术研究", 通信保密, No. 1, pp. 1 - 5, 1996. 已载入第五届通信保密现状研讨会论文集, 1 - 6, 四川西昌, 1995, 10.

□ Liu Jianwei, Wang Yumin(刘建伟, 王育民), "数字移动通信网中的用户认证", 空军电讯工程学院学报, No. 1, pp. 12 - 18, 1995.

□ Liu Jianwei, Wang Yumin(刘建伟, 王育民), "数字移动网中的密钥分配协议", 空军电讯工程学院学报, No. 2, pp. 17 - 22, 1995.

□ Liu Jianwei, Wang Yumin(刘建伟, 王育民), "ATM 网络安全保密技术研究", 通信保密, No. 1, pp. 1 - 5,1996.

□ Liu Jianwei, Wang Yumin(刘建伟, 王育民), "个人通信系统中的用户登记认证", 通信保密, No. 2, pp. 1 - 7, 1996.

□ Liu Jianwei, Wang Yumin(刘建伟, 王育民), "个人通信系统中的移动用户登记认证协议", 西安电子科技大学学报, Vol. 24, No. 3, pp. 323 - 328, 1997.

□ Liu Jianwei and Wang Yumin, "Authentication of mobile users in personal communication system," in The 7th IEEE Intel. Symp. on PIMRC '96, pp. 1239 - 1242, Session F5a1, 15 - 18 Oct. 1996, Taipei, China.

□ Liu Jianwei, Xu Jinbiao and Wang Yumin(刘建伟, 徐金标, 王育民), "数字移动通信系统中的密钥分配协议", 密码学新进展, CHINACRYPT '96, pp. 157 - 163, 1996. 4. 郑州.

□ Liu Jianwei, Zhu Huafei and Wang Yumin, "An Efficient Authentication Protocol in the Handover of Personal Communication Systems," Proceedings of the 2nd International Conference on Personal, Mobile, and Spread Spectrum Communications (ICPMSC '96), pp. 93 - 98, Dec. 3 - 5, 1996, Hong Kong.

□ Liu Jianwei, Wang Yumin and Xiao Guozhěng(刘建伟, 王育民, 肖国镇), "基于 KryptoKnight 的移动用户认证协议", 电子学报, Vol. 26, No. 1, pp. 93 - 97, 1998.

□ Liu Mulan and Zhou Zhanfei(刘木兰, 周展飞), "循环群上理想同态密钥共享体制", 密码学进展——Chinacrypt '98, 科学出版社, pp. 127 - 132, 四川峨眉, 1998. 5.

□ Liu Ruyu(刘如玉), "*The Application of Elliptic Curves in Cryptography and Their Implementation*," Ph. D. dissertation, Institute of Information Engineering of PLA, 1998. 3. "椭圆曲线密码应用及其实现", 博士论文, 中国人民解放军信息工程学院, 1998. 3.

□ Lobel J., "*Foiling the System Breaers—Computer Security and Access Control*," McGraw-Hill, Book Company, 1986.

□ Lockhard Jr., H. W., "*OSF DCE: Guide to Developing Distribution Applications*," McGraw-Hill, Inc., 1994.

□ Loepere, K., "Resolving covert channels within a B2 class secure system," ACM Operating System Review, Vol. 19, No. 3, pp 9 - 28, 1985.

□ Lomas, T. M. A., Gong, L., Saltzer, J. H. and Needham, R. M., "Reducing risks from poorly chosen keys," Operating Systems Review, 23 (Special issue), pp. 14 - 18, Presented at: 12th ACM

Symposium on *Operating Systems Principles*, Litchfield Park, Arizona, Dec. 1989.

□ Lomas, T. M. A. and Roe, M., "Forging a Clipper Message," Communications of the ACM, Vol. 37, No. 12, p. 12, 1994.

□ Long, D. L. and Wigderson, A., "The discrete logarithm hides $O(\log n)$ bits," SIAM Journal on Computing, 17, pp. 363 - 372, 1988.

□ Loshin, P., "*Electronic Commerce—On Line Ordering and Digital Money*," Charles River Media, Inc., 1995.

□ Low, S. H., Maxemchuk, N. F. and Paul, S., "Anonymous Credit Cards," Proceedings of the 2nd Annual ACM Conference on *Computer and Communications Security*, ACM Press, pp. 108 - 117, 1994.

□ Loxton, J. H., Khoo, D. S. P., Bird, G. J. and Seberry, J., "A cubic RSA code equivalent to factorization," Journal of Cryptology, Vol. 5, No. 2, pp. 139 - 150, 1992.

□ Lu S. C., "Random ciphering bounds on a class of secrecy systems and discrete message sources," IEEE Trans. Inform. Theory, IT-25, No. 4, pp. 405 - 414, July 1979.

□ Lu S. C., "On secrecy systems with side information about the message available to a cryptoanalyst," IEEE Trans. Inform. Theory, IT-25, No. 4, pp. 472 - 475, July 1979.

□ Lu S. C., "The existence of good cryptosystem for key rates greater than the message redundancy," IEEE Trans. Inform. Theory, IT-25, No. 4, pp. 475 - 477, July 1979.

□ Lu S. C. and Lee, L. N., "A simple and effective public-key cryptosystem," COMSAT Technical Review, pp. 15 - 24, 1979.

□ Lu Langru, Zhao Renjie, Hou Lining, "A (t, n) threshold group signature scheme," CHINACRYPT '96, pp. 177 - 184, 1996.

□ Luby, M., "Pseudorandomness and Cryptographic Applications," Princeton Univ. Press, Princeton, New Jersey, 1996.

□ Luby, M., Micali, S. and Rackoff, C., "How to simultaneously exchange a secret bit by flipping a symmetrically-biased coin," Proceedings of the 24nd Annual Symposium on *the Foundations of Computer Science*, pp. 11 - 22, 1983.

□ Luby, M. and Rackoff, C., "Pseudorandom permutation generators and cryptographic composition," Proceedings of the 18th Annual ACM Symposium on *Theory of Computing*, pp. 356 - 363, 1986.

□ Luby, M. and Rackoff, C., "How to construct pseudo-random permutions from pseudorandom functions," SIAM Journal on Computing, pp. 373 - 386, Apr. 1988.

□ Luck, S., "Faster Luby-Rackoff Cipher," 3rd *Fast Software Encryption*, LNCS-1039, pp. 189 - 203, Springer-Verlag, 1996.

□ Lynch, P. and Lundquist, L., "*Digital Money: The New Era of Internet Commerce*," Wiley, 1996.

□ MacLaren, M. D. and Marsaglia, G., "Uniform random number generators," Journal of the ACM Vol. 12, No. 1, pp. 83 - 89, Jan. 1965.

□ MacWilliams, F. J. and Sloane, N. J. A., "*The Theory of Error-Correcting Codes*," North-Holland, Amsterdam, 1977(fifth printing: 1986).

□ Maddox, K., "*Making money on the Web*," Information Week, Sept. 4, pp. 31 - 34, 1995.

□ Madryga, W. E., "A high performance encryption algorithm," J. Fin and E. Dougall (Eds.), *Computer Security: A Global Challenge*, Proc. of the 2nd. IFIP international Conference on Computer Security, pp. 557 - 570, Elsevier Science Publishers, North-Holland, 1984.

□ Maher, D. P., "Crypto backup and key escrow," Communications of the ACM, Vol. 39, pp. 48 - 53, 1996.

☐ Mambo, M., Nishikawa, A., Tsujii, S. and Okamoto, E., "Efficient secure broadcast communication system," Proceedings of the 1993 Korea-Japan Workshop on *Information Security and Cryptography*, Seoul, Korea, pp. 23 - 33, Oct. 24 - 26, 1993.

☐ Mambo, M., Usuda, K. and Okamoto, E., "Proxy signatures," Proceedings of the 1995 Symposium on *Cryptography and Information Security*(SCIS '95), Inuyama, Japan, pp. 147 - 158, Jan. 24 - 27, 1995.

☐ Mao W. and Bord, C., "On the use of encryption in cryptographic protocols," P. G. Farrell (Ed.), *Codes and Cyphers: Cryptography and Coding IV*, pp. 251 - 262, Institute of Mathematics & Its Applications (IMA), 1995.

☐ Marand, C. and Townsend, P. D., "Quantum Key Distribution over Distances as Long as 30 km," Optics Letters, Vol. 20, pp. 1695 - 1697, 1995.

☐ Marsaglia, G., "A current view of random number generation," L. Billard (Ed.), *Computer Science and Statistics*: Proceedings of the Sixteenth Symposium on the Interface, pp. 3 - 10, North-Holland, 1985.

☐ Marsaglia, G. and Bray, T. A., "On-line random number generators and their use in combinations," Communications of the ACM, Vol. 11, pp. 757 - 759, Nov. 1968.

☐ Martin, K. M., "Untrustworthy participants in perfect secret sharing schemes," Cryptography and Coding III, M. J. Ganley, ed., Oxford: Clarendon Press, pp. 255 - 264, 1993.

☐ Martin-Löf, P., "The definition of random sequences," Information and Control, Vol. 9, pp. 602 - 619, 1966.

☐ Massey, J. L., "Shift-register synthesis and BCH decoding," IEEE Trans. on Information Theory, Vol. 15, pp. 122 - 127, 1969.

☐ Massey, J. L., "Fundamentals of Coding and Cryptography," Advanced Technology Seminars of SFIT, Zurich, 1985.

☐ Massey, J. L., "Cryptography — A selective survey (Tutorial)," in *Digital Communications*, ed. by Biglieri, E. and Parati, G., pp. 3 - 24, Netherland, 1986.

☐ Massey, J. L., "An introduction to contemporary cryptology," Proceedings of the IEEE, Vol. 76, No. 5, pp. 533 - 549, May 1988.

☐ Massey, J. L., "The relevance of information theory of modern cryptography," Proc. BILCON '90, Ankara, Turkey, July 2 - 5, 1990.

☐ Massey, J. L., "Contemporary cryptology: An introduction," in *Contemporary Cryptology: The Science of Information Integrity*, G. J. Simmons (Ed.), pp. 1 - 39, IEEE Press, 1992.

☐ Massey, J. L., "*Cryptography: Fundamentals and Applications*," Advanced Technology Seminars, Zurich, 1993.

☐ Massey, J. L., "SAFER K-64: A byte-oriented block-ciphering algorithm," *Fast Software Encryption*, Cambridge Security Workshop Proceedings, pp. 1 - 17, Springer-Verlag, 1994.

☐ Massey, J. L., "SAFER K-64: One year later," K. U. Leuven Workshop on Cryptographic Algorithms, pp. 212 - 241, Springer-Verlag, 1995.

☐ Massey, J. L. and Ingemarsson, I., "The Rip van Winkle cipher—A simple and provably computationally secure copher with a finite key," IEEE International Symposium on Information Theory (Abstracts), pp. 146, Brighton, U. K., May 1985.

☐ Massey, J. L. and Omura, J. K., "Method and apparatus for maintaining the privacy of digital messages conveyed by public transmission," U. S. Patent # 4,567,600, Jan. 28, 1986.

☐ Massey J. L. and Rueppel, R. A., "Linear ciphers and random sequence generators with multiple clocks," Advances in Cryptology—EUROCRYPT '84 Proceedings, pp. 74 - 87, Springer-Verlag, 1985.

□ Massey, J. L. and Serconek, S., "A Fourier transform approach to the linear complexity of nonlinearly filtered sequences," Advances in Cryptology—CRYPTO '94 (INCS 839), pp. 332 - 340, 1994.

□ Mathiesen, M., "*Market on Internet*," Maximum Press, 1995.

□ Matsui, M., "Linear, cryptanalysis of DES cipher (I)," Proceedings of the 1993 Symposium on *Cryptography and Information Security*(SCIS '93), Shuzenji, Japan, pp. 3C. 1 - 14, Jan. 28 - 30, 1993 (in Japanese).

□ Matsui, M., "Linear cryptanalysis method for DES cipher," Advances in Cryptology—EUROCRYPT '93 Proceedings, pp. 386 - 397, Springer-Verlag, 1994.

□ Matsui, M., "Linear, cryptanalysis method for DES cipher(III)," Proceedings of the 1994 Symposium on *Cryptography and Information Security*(SCIS 94), Lake Biwa, Japan, pp. 4A. 1 - 11, Jan. 27 - 29, 1994(in Japanese).

□ Matsui, M., "The first experimental cryptanalysis of the data encryption standard," Advances in Cryptology—CRYPTO '94 Proceedings, pp. 1 - 11, Springer-Verlag, 1994.

□ Matsui, M., "On correlation between the order of S-boxes and the strength of DES," Advances in Cryptology—EUROCRYPT '94 Proceedings, pp. 366 - 375, Springer-Verlag, 1995.

□ Matsui, M., "New structure of block cipher with provable security against differential and linear cryptanalysis," Proc. of *Fast Software Encryption*(3), LNCS 1039, pp. 205 - 218, Springer-Verlag, 1996.

□ Matsui, M. and Yamagishi, A., "A new method for known plaintext attack of FEAL cipher," Advances in Cryptology—EUROCRYPT '92 Proceedings, pp. 81 - 91, Springer-Verlag, 1993.

□ Matsumoto, T. and Imai, H., "A class of asymmetric cryptosystems based on polynomials over finite ring," IEEE International Symposium on *Information Theory*, pp. 131 - 132, 1983.

□ Matsumoto, T. and Imai, H., "On the key predistribution system: A practical solution to the key distribution problem," Advances in Cryptology—CRYPTO '87, pp. 185 - 193, 1988.

□ Matsumoto, T., Takashima, Y. and Imai, H., "On seeking smart public-key distribution systems," The Trans. of the IECE of Japan, Vol. E69, pp. 99 - 106, 1986.

□ Matthews, R., "On the derivation of a chaotic encryption algorithm," Cryptologia, Vol. 13, pp. 29 - 42, 1989.

□ Matyas, S. M., "Digital signatures—An overview," Computer Networks, Vol. 3, pp. 87 - 94, 1979.

□ Matyas, S. M., "Key handling with control vectors," IBM Systems journal, Vol. 30, No. 2, pp. 151 - 174, 1991.

□ Matyas, S. M., "Key Processing with control vectors," Journal of Cryptology, Vol. 3, pp. 113 - 116, 1991.

□ Matyas, S. M., Le, A. V. and Abraham, D. G., "A key management scheme based on control vectors," IBM Systems Journal, Vol. 30, No. 2, pp. 175 - 191, 1991.

□ Matyas, S. M. and Meyer, C. H., "Generation, distribution, and installation of cryptographic keys," IBM Systems Journal, Vol. 17, No. 2, pp. 126 - 137, 1978.

□ Matyas, S. M., Meyer, C. H. and Oseas, J., "Generating strong one-way functions with cryptographic algorithm," IBM Technical Disclosure Bulletin, Vol. 27, No. 10A, pp. 5658 - 5659, Mar. 1985.

□ Maurer, U. M., "A provable-secure strongly-randomized cipher," Advances in Cryptology—EUROCRYPT '90 Proceedings, pp. 361 - 370, Springer-Verlag, 1990.

□ Maurer, U. M., "Fast generation of secure RSA-moduli with almost maximal diversity," Advances in Cryptology—EUROCRYPT '89 (INCS 434), pp. 634 - 647, 1990.

☐ Maurer, U. M., "A universal statistical test for random bit generators," Advances in Cryptology—CRYPTO '90 Proceedings, pp. 409 - 420, Springer-Verlag, 1991; also in Journal of Cryptology, Vol. 5, No. 2, pp. 89 - 106, 1992.

☐ Maurer, U. M., "New approaches to the design of selfsynchronizing stream ciphers," Advances in Cryptology—EUROCRYPT '91 (INCS 547), pp. 458 - 471, 1991.

☐ Maurer, U. M., "Perfect cryptographic security from partially independent channels," Proc. 23rd ACM Symp. on Theory of Computing, New Orleans, LA, May 8, pp. 561 - 572, 1991.

☐ Maurer, U. M., "Some number-theoretic conjectures and their relation to the generation of cryptographic primes," C. Mitchell (Ed.), *Cryptography and Coding II*, volume 33 of Institute of Mathematics & Its Applications(IMA), pp. 173 - 191, Clarendon Press, 1992.

☐ Maurer, U. M., "A simplified and generalized treatment of Luby-Rackoff pseudo-random permutation generators," Advances in Cryptology—EUROCRYPT '92 Proceedings, pp. 239 - 255, 1993.

☐ Maurer, U. M., "Protocols for secret key agreement based on common information," Advances in Cryptology—CRYPTO '92 Proceedings, pp. 461 - 470, Santa Barbara, CA, Aug. 16 - 20, 1992.

☐ Maurer, U. M., "Conditionally-perfect secrecy and a provably secure randomized cipher," Journal. of Cryptology, Vol. 5, No. 1, pp. 53 - 66, 1992.

☐ Maurer, U. M., "Factoring with an oracle," Advances in Cryptology—EUROCRYPT '92, pp. 429 - 436, 1993.

☐ Maurer, U. M., "Towards the equivalence of breaking the Diffie-Hellman protocol and computing discrete logarithms," Advances in Cryptology—CRYPTO '94 (INCS 839), pp. 271 - 281, 1994.

☐ Maurer, U. M., "Fast generation of prime numbers and secure public-key cryptographic parameters," Journal of Cryptology, Vol. 8, pp. 123 - 155, 1995.

☐ Maurer, U. M., "The role of information theory in cryptography," P. G. Farrell (Ed.), *Codes and Cyphers: Cryptography and Coding IV*, pp. 49 - 71, Institute of Mathematics & Its Applications(IMA), 1995.

☐ Maurer U. M., "Secret key agreement by public discussion based on common information," IEEE Trans. on Inform. Theory, Vol. 39, No. 3, pp. 733 - 742, May 1993.

☐ Maurer, U. M., "The strong secret key rate of discrete random triples," In *Communications and Cryptography*: Two Sides of One Tapestry, Blahut, R. E, et al. (Eds.), Kluwer, Amsterdam, 1994.

☐ Maurer, U. M. and Massey, J. L., "Perfect local randomness in pseudo-random sequences," Advances in Cryptology—CRYPTO '89 Proceedings, pp. 110 - 112, Springer-Verlag, 1990; also in Journal of Cryptology, Vol. 4, pp. 135 - 149, 1991.

☐ Maurer, U. M. and Massey, J. L., "Cascade ciphers: the Importance of being first," Journal of Cryptology, Vol. 6, No. 1, pp. 55 - 61, 1993.

☐ Maurer, U. M. and Yacobi, Y., "Noninteractive public key cryptography," Advances in Cryptology—EUROCRYPT '91 Proceedings, pp. 498 - 507, Springer-Verlag, 1991.

☐ Maurer, U. M. and Yacobi, Y., "A remark on a non-interactive public-key distribution system," Advances in Cryptology—EUROCRYPT '92 (INCS 658), pp. 458 - 460,1993.

☐ Mayhew, G., "A low cost, high speed encryption system and method," Proceedings of the 1994 IEEE Computer Society Symposium on *Research in Security and Privacy*, pp. 147 - 154, 1994.

☐ Mayhew, G., Frazee, R. and Bianco, M., "The kinetic protection device," Proceedings of the 15th National Computer Security Conference, NIST, pp. 147 - 154, 1994.

☐ McCurley, K. S., "A key distribution system equivalent to factoring," Journal of Cryptology, Vol. 1,

No. 2, pp. 95 - 106, 1988.

☐ McCurley, K. S., "Cryptographic key distribution and computation in class groups," R. A. Mollin (Ed.), *Number Theory and Applications*, pp. 459 - 479, Kluwer Academic Publishers, 1989.

☐ McCurley, K. S., "The discrete logarithm problem," *Cryptography and Computational Number Theory* (Proceedings of the Symposium on Applied Mathematics), pp. 49 - 74, American Mathematics Society, 1990.

☐ McEliece, R. J., "A public-key cryptosystem based on algebraic coding theory," Deep Space Network Progress Report Jet Propulsion Laboratory, California Institute of Technology, pp. 42 - 44, 1978.

☐ McEliece, R. J., "*The Theory of Information and Coding: A Mathematical Framework for Communication*," Cambridge University Press, Cambridge, 1984.

☐ McEliece, R. J., "*Finite Fields for Computer Scientists and Engineers*," Boston: Kluwer Academic Publishers, 1987.

☐ McMahon, P., "SESAME V2 public key and authorization extensions to Kerberos," Proceedings of the Internet Society 1995 *Symposium on Network and Distributed Systems Security*, IEEE Computer Society Press, pp. 114 - 131, 1995.

☐ Meadows, C. A., "Formal verification of cryptographic protocols: a survey," Advances in Cryptology—ASIACRYPT '94 Proceedings, pp. 133 - 150, Springer-Verlag, 1995.

☐ Medvinsky, G. and Neuman, B. C., "Net-cash: a design for practical electronic currency on the Internet," Proceedings of the 1st Annual ACM Conference on *Computer and Communications Security*, ACM Press, pp. 102 - 106, 1993.

☐ Medvinsky, G. and Neuman, B. C., "Electronic currency for the Internet," Electronic Markets, Vol. 3, No. 9/10, pp. 23 - 24, Oct. 1993.

☐ Meier, W., "On the security of the IDEA block cipher," Advances in Cryptology—EUROCRYPT '93 Proceedings, pp. 371 - 385, Springer-Verlag, 1994.

☐ Meier, W. and Staffelbach, O., "Fast correlation attacks on stream ciphers," Advances in Cryptology—EUROCRYPT '88 Proceedings, pp. 301 - 314, Springer-Verlag, 1988; also in Journal of Cryptology, Vol. 1, No. 3, pp. 159 - 176, 1989.

☐ Meier, W. and Staffelbach, O., "Nonlinearity criteria for cryptographic functions," Advances in Cryptology—EUROCRYPT '89 Proceedings, pp. 549 - 562, Springer-Verlag, 1990.

☐ Meier, W. and Staffelbach, O., "Analysis of pseudo random sequences generated by cellular automata," Advances in Cryptology—EUROCRYPT '91 Proceedings, pp. 186 - 199, Springer-Verlag, 1991.

☐ Meier, W. and Staffelbach, O., "Correlation properties of combiners with memory in stream ciphers," Advances in Cryptology—EUROCRYPT '90 Proceedings, pp. 204 - 213, Springer-Verlag, 1991; also in Journal of Cryptology, Vol. 5, No. 1, pp. 67 - 86, 1992.

☐ Meier, W. and Staffelbach, O., "The self-shrinking generator," in *Communications and Cryptography: Two Sides of One Tapestry*, R. E. Blahut, et al. (Eds.), pp. 287 - 295, Kluwer Academic Publishers, 1994.

☐ Mendes, S. and Huitema, C., "A new approach to the X. 509 framework: allowing a global authentication infrastructure without a global trust model," Proceedings of the Internet Society Symposium on *Network and Distributed System Security*, pp. 172 - 189, IEEE Computer Society Press, 1995.

☐ Menezes, A., "*Elliptic Curve Public Key Cryptosystems*," Kluwer Academic Publishers, 1993.

☐ Menezes, A., Black, I., Gao, X., Mullin, R., Vanstone, S. and Yaghoobian, T. (Eds.),

"*Applications of Finite Fields*," Kluwer Academic Publishers, 1993.

☐ Menezes, A., Okamoto, T. and Vanstone, S. A., "Reducing elliptic curve logarithms to logarithms in a finite field," Proc. of the 22nd Annual ACM Symposium on *the Theory of Computing*, pp. 80 - 89, 1991; also in IEEE Trans. on Infomation Theory, Vol. 39, pp. 1639 - 1646, 1993.

☐ Menezes, A., van Oorstone, P. C. and Vanstone, S. C., "*Handbook of Applied Cryptology*," CRC Press, 1997.

☐ Menezes, A., Qu, M. and Vanstone, S., "Some new key agreement protocols providing implicit authentication," workshop record, 2nd Workshop on Selected Areas in Cryptography (SAC '95), Ottawa, Canada, pp. 18 - 19, May 1995.

☐ Menezes, A., Qu, M. and Vanstone, S., "IEEE P1363, Part 6: Elliptic Curve System." This document is available via anonymous ftp at ftp://stdsbbs.ieee.org/pub/p1363/1996.

☐ Menezes, A. and Vanstone, S. A., "Implementation of elliptic curve cryptosystems," AUSCRYPTO '90, pp. 2 - 13, 1990.

☐ Menezes, A. and Vanstone, S. A., "Elliptic curve cryptosystems and their inplementations," Journal of Cryptology, Vol. 6, No. 4, pp. 209 - 224, 1993.

☐ Menezes, A. and Vanstone, S. A. and Zuccherato, R., "Counting points on elliptic curves over F_2^m," Math. Comp., Vol. 60, No. 4, pp. 407 - 420, 1993.

☐ Menicocci, R., "Cryptanalysis of a two stage Gollmann cascade generator," W. Wolfowicz (Ed.), Proceedings of the 3rd Symposium on *State and Progress of Research in Cryptography*, Rinem, Italy, pp. 62 - 69, 1993.

☐ Menicocci, R., "Short Gollmann cascade generators may be insecure," *Codes and Ciphers*, Institute of Mathematics and its Applications, pp. 281 - 297, 1995.

☐ Merkle, R. C., "Secure communications over insecure channels," Communications of the ACM, Vol. 21, pp. 294 - 299, 1978.

☐ Merkle, R. C., "*Secrecy, Authentication, and Publlic Key Systems*," UMI Research Press, Ann Arbor, Michigan, 1979.

☐ Merkle, R. C., "Protocols for public key cryptosystems," Proc. of the 1980 IEEE Symposium on Security and Privacy, pp. 122 - 134, 1980.

☐ Merkle, R. C., "Method of Providing Digital Signatures," U. S. Patent #4,309,569, Jan. 5, 1982.

☐ Merkle, R. C., "A digital signature based on a conventions encryption function," Advances in Cryptology—CRYPTO '87 Proceedings, pp. 369 - 378, Springer-Verlag, 1988.

☐ Merkle, R. C., "A certified digital signature," Advances in Cryptology—CRYPTO '89 Proceedings, pp. 218 - 238, Springer-Verlag, 1990.

☐ Merkle, R. C., "One way hash functions and DES," Advances in Cryptology—CRYPTO '89 Proceedings, pp. 428 - 446, Springer-Verlag, 1990.

☐ Merkle, R. C., "A fast software one-way hash function," Journal of Cryptology, Vol. 3, No. 1, pp. 43 - 58, 1990.

☐ Merkle, R. C., "Fast software encryption functions," Advances in Cryptology—CRYPTO '90 Proceedings, pp. 476 - 501, Springer-Verlag, 1991.

☐ Merkle, R. C. and Hellman, M., "Hiding information and signatures in trapdoor knapsacks," IEEE Transactions on Information Theory, Vol. 24, No. 5, pp. 525 - 530, Sept. 1978.

☐ Merkle, R. C. and Hellman, M., "On the security of multiple encryption," Communications of the ACM, Vol. 24, No. 7, pp. 465 - 467, 1981.

☐ Merritt, M., "*Cryptographic Protocols*," Ph. D. dissertation, Georgia Institute of Technology, GITICS-83/6, Feb. 1983.

☐ Merritt, M., "Towards a theory of cryptographic systems: A critique of crypto-complexity," *Distributed Computing and Cryptography*, J. Feigenbaum and M. Merritt (Eds.), pp. 203 - 212, American Mathematical Society, 1991.

☐ Meyer, C. H., "Ciphertext/plaintext and Ciphertext/key dependence vs. Number of rounds for the Data Encryption Standard," AFIPS Conference Proceedings—1978 NCC, Vol. 47, pp. 1119 - 1126, 1978.

☐ Meyer, C. H. and Matyas, S. M., "*Cryptography: A New Dimension in Computer Data Security*," New York: John Wiley & Sons, 1982.

☐ Meyer, C. H. and Schilling, M., "Secure program load with manipulation detection code," Procedings of Securicom '88, pp. 111 - 130, 1988.

☐ Micali, S., "Fair public key cryptosystems," Advances in Cryptology—CRYPTO '92 Proceedings, pp. 113 - 138, Springer-Verlag, 1993.

☐ Micali, S., "Fair cryptosystems and methods for use," U. S. Patent #5,276,737, Jan. 4 1994.

☐ Micali, S., "Fair cryptosystems and methods for use," U. S. Patent #5,315,658, May 24, 1994. (continuation-in-part of #5,276,737).

☐ Micali, S., Rackoff, C. and Sloan, B., "The notion of security for probabilistic cryptosystems," SIAM Journal on Computing, Vol. 17, pp. 412 - 426, 1988.

☐ Micali, S. and Schnorr, C. P., "Efficient, perfect random number generators," Advances in Cryptology—CRYPTO '88 (INCS 403), pp. 173 - 198, 1990.

☐ Micali, S. and Schnorr, C. P., "Efficient, perfect polynomial random number generators," Journal of Cryptology, Vol. 3, pp. 157 - 172, 1991.

☐ Micali, S. and Shamir, A., "An improvement on the Fiat-Shamir identification and signature scheme," Advances in Cryptology—CRYPTO '88 Proceedings, pp. 244 - 247, Springer-Verlag, 1990.

☐ Micali, S. and Shamir, A., "A simple method for generating and sharing pseudorandom functions, with applications to Clipper-like key escrow systems," Advances in Cryptology—CRYPTO '95 (INCS 963), pp. 185 - 196, 1995.

☐ Michels, M., Naccache, D. and Peterson, H., "GOST 34.10—A brief overview of Russia's DSA," Computer & Security, Vol. 15, No. 8, pp. 725 - 732, 1996.

☐ Mihailescu, P., "Fast generation of provable primes using search in arithmetic progressions," Advances in Cryptology—CRYPTO '94 (INCS839), pp. 282 - 293, 1994.

☐ Mihaljević, M. J., "An approach to the initial state reconstruction of a clock-controlled shift register based on a novel distance measure," Advances in Cryptology—AUSCRYPT '92 (INCS 718), pp. 349 - 356, 1993.

☐ Mihaljević, M. J., "A correlation attack on the binary sequence generators with time-varying output function," Advances in Cryptology—ASIACRYPT '94 Proceedings, pp. 67 - 79, Springer-Verlag, 1995.

☐ Mihaljević, M. J., "A security examination of the self-shrinking generator," presentation at 5th IMA Conference on *Cryptography and Coding*, Cirencester, U. K., Dec. 1995.

☐ Mihaljević, M. J. and Golic, J. D., "A fast iterative algorithm for a shift register initial state reconstruction given the noisy output sequence," Advances in Cryptology—AUSCRYPT '90 (INCS 453), pp. 165 - 175, 1990.

☐ Mihaljević, M. J. and Golic, J. D., "Convergence of a Bayesian iterative error-correction procedure on a noisy shift register sequence," Advances in Cryptology—EUROCRYPT '92 (INCS 658), pp. 124 - 137, 1993.

☐ Millen, J. K., Clark, S. C. and Freedman, S. B., "The Interrogator: protocol security analysis," IEEE Trans. on Software Engineering, Vol. SE - 13, No. 2, pp. 274 - 288, Mar. 1987.

☐ Miller, B., "Vital sign of identity," IEEE Spectrum, No. 2, pp. 22 - 30, 1994.

☐ Miller, G. L., "Riemann's hypothesis and tests for primality," Journal of Computer Systems Science, Vol. 13, No. 3, pp. 300 - 317, Dec. 1976.

☐ Miller, S. P., Neuman, B. C., Schiller, J. I. and Saltzer, J. H., "*Kerberos Authentication and Authorization System*," Section E. 2.1 of Project Athena Technical Plan, MIT, Cambridge, Massachusetts, 1987.

☐ Miller, V. S., "Use of elliptic curves in cryptography," Advances in Cryptology—CRYPTO '85 Proceedings, pp. 417 - 426, Springer-Verlag, 1986.

☐ Mister, S. and Adams, C., "Practical S-box design," Workshop on Selected Areas in Cryptography, SAC '96, pp. 61 - 76, Workshop Record, 1996.

☐ Mitchell, C. J., "Limitations of challenge-response entity authentication," Electronics Letters, Vol. 25, pp. 1195 - 1196, Aug. 17, 1989.

☐ Mitchell, C. J., "Enumerating Boolean functions of cryptographic significance," Journal of Cryptology, Vol. 2, No. 3, pp. 155 - 170, 1990.

☐ Mitchell, C. J., "A storage complexity based analogue of Maurer key establishment using public channels," C. Boyd (Ed.), *Cryptography and Coding*, 5th IMA Conference, Proceedings, pp. 84 - 93, Institute of Mathematics & Its Applications (IMA), 1995.

☐ Mitchell, C. J., Piper, F. C., Walker, M., Wild, P., "Authentication Schemes, perfect local randomizers, Perfect Secrecy and Secret sharing schemes," Design, Codes and Cryptography, Vol. 7, No. 1/2, pp. 101 - 110, 1996.

☐ Mitchell, C. J., Piper, F. and Wild, P., "Digital signatures," G. J. Simmons (Ed.), *Contemporary Cryptology: The Science of Information Integrity*, pp. 325 - 378, IEEE Press, 1992.

☐ Mitchell, C. J., Walker, M. and Wild, P., "The combinatorics of perfect authentication schemes," SIAM J. Discrete Math., Vol. 7, pp. 102 - 107, 1994.

☐ Miyaguchi, S., "The FEAL-8 cryptosystem and call for attack," Advances in Cryptology—CRYPTO '89 Proceedings, pp. 624 - 627, Springer-Verlag, 1990.

☐ Miyaguchi, S., "Expansion of the FEAL cipher," NTT Review, Vol. 2, No. 6, Nov. 1990.

☐ Miyaguchi, S., "The FEAL cipher family," Advances in Cryptology—CRYPTO '90 Proceedings, pp. 627 - 638, Springer-Verlag, 1991.

☐ Miyaguchi, S., Ohta, K. and Iwata, M., "128 bit hash function (N-Hash)," Proceedings of SECURICOM '90, pp. 127 - 137, 1990.

☐ Miyaguchi, S., Ohta, K. and Iwata, M., "Confirmation that some hash functions are not collision free," Advances in Cryptology—EUROCRYPT '90 Proceedings, pp. 326 - 343, Springer-Verlag, 1991.

☐ Miyaguchi, S., Shiraishi, A. and Shimizu, A., "Fast data, encipherment algorithm FEAL-8," Review of the Electrical Communications laboratories, Vol. 36, pp. 433 - 437, 1988.

☐ Miyaji, A. and Tatebayashi, M., "Public key cryptosystem with an elliptic curve," U. S. Patent #5, 272,755, Dec. 21, 1993.

☐ Miyaji, A. and Tatebayashi, M., "Method of privacy communication using elliptic curve," U. S. Patent #5,351,297, Sept. 27, 1994(continuation-in-part of 5, 272, 755).

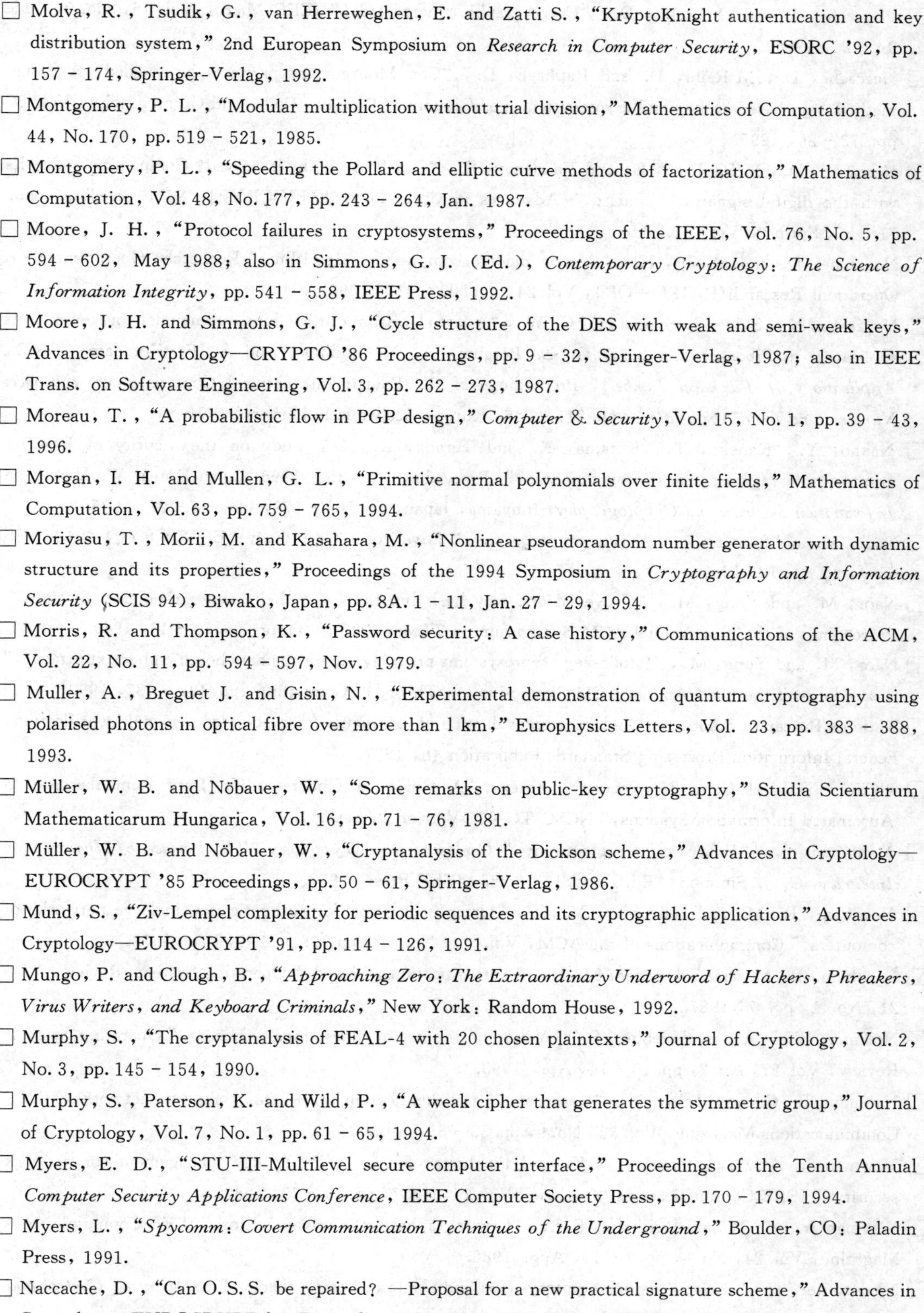

☐ Molva, R., Tsudik, G., van Herreweghen, E. and Zatti S., "KryptoKnight authentication and key distribution system," 2nd European Symposium on *Research in Computer Security*, ESORC '92, pp. 157 - 174, Springer-Verlag, 1992.

☐ Montgomery, P. L., "Modular multiplication without trial division," Mathematics of Computation, Vol. 44, No. 170, pp. 519 - 521, 1985.

☐ Montgomery, P. L., "Speeding the Pollard and elliptic curve methods of factorization," Mathematics of Computation, Vol. 48, No. 177, pp. 243 - 264, Jan. 1987.

☐ Moore, J. H., "Protocol failures in cryptosystems," Proceedings of the IEEE, Vol. 76, No. 5, pp. 594 - 602, May 1988; also in Simmons, G. J. (Ed.), *Contemporary Cryptology: The Science of Information Integrity*, pp. 541 - 558, IEEE Press, 1992.

☐ Moore, J. H. and Simmons, G. J., "Cycle structure of the DES with weak and semi-weak keys," Advances in Cryptology—CRYPTO '86 Proceedings, pp. 9 - 32, Springer-Verlag, 1987; also in IEEE Trans. on Software Engineering, Vol. 3, pp. 262 - 273, 1987.

☐ Moreau, T., "A probabilistic flow in PGP design," *Computer & Security*, Vol. 15, No. 1, pp. 39 - 43, 1996.

☐ Morgan, I. H. and Mullen, G. L., "Primitive normal polynomials over finite fields," Mathematics of Computation, Vol. 63, pp. 759 - 765, 1994.

☐ Moriyasu, T., Morii, M. and Kasahara, M., "Nonlinear pseudorandom number generator with dynamic structure and its properties," Proceedings of the 1994 Symposium in *Cryptography and Information Security* (SCIS 94), Biwako, Japan, pp. 8A. 1 - 11, Jan. 27 - 29, 1994.

☐ Morris, R. and Thompson, K., "Password security: A case history," Communications of the ACM, Vol. 22, No. 11, pp. 594 - 597, Nov. 1979.

☐ Muller, A., Breguet J. and Gisin, N., "Experimental demonstration of quantum cryptography using polarised photons in optical fibre over more than 1 km," Europhysics Letters, Vol. 23, pp. 383 - 388, 1993.

☐ Müller, W. B. and Nöbauer, W., "Some remarks on public-key cryptography," Studia Scientiarum Mathematicarum Hungarica, Vol. 16, pp. 71 - 76, 1981.

☐ Müller, W. B. and Nöbauer, W., "Cryptanalysis of the Dickson scheme," Advances in Cryptology—EUROCRYPT '85 Proceedings, pp. 50 - 61, Springer-Verlag, 1986.

☐ Mund, S., "Ziv-Lempel complexity for periodic sequences and its cryptographic application," Advances in Cryptology—EUROCRYPT '91, pp. 114 - 126, 1991.

☐ Mungo, P. and Clough, B., "*Approaching Zero: The Extraordinary Underword of Hackers, Phreakers, Virus Writers, and Keyboard Criminals*," New York: Random House, 1992.

☐ Murphy, S., "The cryptanalysis of FEAL-4 with 20 chosen plaintexts," Journal of Cryptology, Vol. 2, No. 3, pp. 145 - 154, 1990.

☐ Murphy, S., Paterson, K. and Wild, P., "A weak cipher that generates the symmetric group," Journal of Cryptology, Vol. 7, No. 1, pp. 61 - 65, 1994.

☐ Myers, E. D., "STU-III-Multilevel secure computer interface," Proceedings of the Tenth Annual *Computer Security Applications Conference*, IEEE Computer Society Press, pp. 170 - 179, 1994.

☐ Myers, L., "*Spycomm: Covert Communication Techniques of the Underground*," Boulder, CO: Paladin Press, 1991.

☐ Naccache, D., "Can O. S. S. be repaired? —Proposal for a new practical signature scheme," Advances in Cryptology—EUROCRYPT '93 Proceedings, pp. 233 - 239, Springer-Verlag, 1994.

☐ Naccache, D. and M'Raïhi, D., "Cryptographic smart cards," IEEE Micro, Vol. 16, No. 3, June 14 - 24, 1966.

☐ Naccache, D., M'Raïhi, D. and Raphaeli, D., "Can Montgomery parasites be avoided? A design methodology based on key and cryptosystem modifications," Designs, Codes and Cryptography, Vol. 5, pp. 73 - 80, 1995.

☐ Naccache, D., M'Raphaeli, D. and Vaudenay, S., "Can D. S. A. be improved? Complexity trade-offs with the digital signature standard," Advances in Cryptology—EUROCRYPT '94 Proceedings, pp. 71 - 85, Springer-Verlag, 1995.

☐ Naccache, D. and M'silti, H., "A new modulo computation algorithm," Recherche Operationnelle—Operations Research(RAIRO—OR), Vol. 24, pp. 307 - 313, 1990.

☐ Nagasaka, K., Shiue, J. S. and Ho, C. W., "A fast algorithm of the Chinese remainder theorem and its application to Fibonacci number," G. E. Bergum, A. N. Philippou and A. F. Horadam (Eds.), *Applications of Fibonacci numbers*, Proceedings of the Fourth International Conference on *Fibonacci Numbers and their Applications*, pp. 241 - 246, Kluwer Academic Publishers, 1991.

☐ Nakao, Y., Kaneko, T., Kotama, K. and Terada, R., "A study on the security of RDES-1 cryptosystem against linear cryptanalysis," Proceedings of the 1995 Japan-Korea Workshop on *Information Security and Cryptography*, Inuyama, Japan, pp. 163 - 172, Jan. 24 - 27, 1995.

☐ Naor, M. and Shamir, A., "Visual cryptography," Advances in Cryptology—EUROCRYPT '94 (INCS 950), pp. 1 - 12, 1995.

☐ Naor, M. and Yung, M., "Universal one way hash functions and their cryptographic applications," Proceedings of the 21st Annual ACM Symposium on *Theory of Computing*, pp. 33 - 43, 1989.

☐ Naor, M. and Yung, M., "Public-key cryptosystems provably secure against chosen ciphertext attacks," Proceedings of the 22nd Annual ACM Symposium on Theory of Computing, pp. 427 - 437, 1990.

☐ National Bureau of Standards:Guidelines on evaluation of techniques for automated personal identification, Federal Information Processing Standards Publication 48, 1977.

☐ NCSC, National Computer Security Center, "A Guide to Understanding Data Remanberence in Automated Information Systems," NCSC-TG-025 Version 2, Sept. 1991.

☐ Nechvatal, J., "Public key cryptography," *Contemporary Cryptology*: *The Science of Information Integrity*, G. J. Simmons (Ed.), pp. 177 - 288, IEEE Press, 1992.

☐ Needham, R. M. and Schroeder, M. D., "Using encryption for authentication in large networks of computers," Communications of the ACM, Vol. 21, No. 12, pp. 993 - 999, Dec. 1978.

☐ Needham, R. M. and Schroeder, M. D., "Authentication revisited," Operating Systems Review, Vol. 21, No. 1, pp. 7, 1987.

☐ Neuman, B. C. and Stubblebine, S., "A note on the use of timestamps as nonces," Operating Systems Review, Vol. 27, No. 2, pp. 10 - 14, Apr. 1993.

☐ Neuman, B. C. and Ts'o, T., "Kerberos: An authentication service for computer networks," IEEE Communications Magazine, Vol. 32, No. 9, pp. 33 - 38, Sept. 1994.

☐ Newman Jr., D. B., Omura, J. K. and Pickholtz, R. L., "Public key management for network security," IEEE Communications Magazine, Vol. 25, No. 7, pp. 73 - 79, 1987.

☐ Newman Jr., D. B. and Pickholtz, R. L., "Cryptography in the private sector," IEEE Communications Magazine, Vol. 24, No. 8, pp. 7 - 10, Aug. 1986.

☐ Niederreiter, H., "Knapsack-type cryptosystems and algebraic coding theory," *Problems of Control and Information Theory*, Vol. 15, No. 2, pp. 159 - 166, 1986.

☐ Niederreiter, H., "The probabilistic theory of linear complexity," Advances in Cryptology—EUROCRYPT '88 (INCS 330), pp. 191 - 209, 1988.

☐ Niederreiter, H., "A combinatorial approach to probabilistic results on the linear-complexity profile of random sequences," Journal of Cryptology, 2, pp. 105 - 112, 1990.

☐ Niederreiter, H., "Keystream sequences with a good linear complexity profile for every starting point," Advances in Cryptology—EUROCRYPT '89 (INCS 434), pp. 523 - 532, 1990.

☐ Niederreiter, H., "The linear complexity profile and the jump complexity of keystream sequences," Advances in Cryptology—EUROCRYPT '90 Proceedings, pp. 174 - 188, Springer-Verlag, 1991.

☐ Niemi, V., "A new trapdoor in knapsacks," Advances in Cryptology—EUROCRYPT '90 Proceedings, pp. 405 - 411, Springer-Verlag, 1991.

☐ Niemi, V. and Renvall, A., "How to prevent buying of voters in computer elections," Advances in Cryptology—ASIACRYPT '94 Proceedings, pp. 164 - 170, Springer-Verlag, 1995.

☐ Nishimura, K. and Sibuya, M., "Probability to meet in the middle," Journal. of Cryptology. Vol. 2, No. 2, pp. 13 - 22, 1990.

☐ NIST, U. S. Department of Commerce, National Institute of Standards and Technology, "*Stable Implementation Agreements for Open Systems Interconnection Protocols*," Version 6 Edition 1 December 1992, NIST Special Publication 500 - 206, 1993.

☐ NIST 500 - 174, "*Guide for Selecting Automatic Risk Analysis Tools*," Publication No. 500 - 174.

☐ NIST, National Institute of Standard and Technology, "*Advanced Encryption Standard (AES)*," development effort, "http://csrc.nist.gov/encryption/aes/aes-home.html" Jan. 2, 1997.

☐ NIST, National Institute of Standard and Technology, "*Advanced Encryption Standard (AES)*," development effort, "http://csrc.nist.gov/encryption/aes-home.html" Aug. 22, 1998. 中译本：美国21世纪加密标候选算法，总参谋部机要局，1998. 10.

☐ Nöbauer, R., "Cryptanalysis of a public-key cryptosystem based on Dickson-polynomials," Mathematica Slovaca, Vol. 38, No. 4, pp. 309 - 323, 1988.

☐ Noguchi, K., Ashiya, H., Sano, Y. and Kaneko, T., "A study on differential attack of MBAL cryptosystem," Proceedings of the 1994 Symposium on *Cryptography and Information Security* (SCIS 94), Lake Biwa, Japan, Jan. 27 - 29, 1994, pp. 14B. 1 - 7(in Japanese).

☐ Nurmi, H., Salomaa, A. and Santean, L., "Secret ballot elections in computer networks," Computers Security, Vol. 10, pp. 553 - 560, 1991.

☐ Nyberg, K., "Construction of Bent functions and difference sets," Advances in Cryptology—EUROCRYPT '90 Proceedings, pp. 151 - 160, Springer-Verlag, 1991.

☐ Nyberg, K., "Perfect nonlinear S-boxes," Advances in Cryptology—EUROCRYPT '91 Proceedings, pp. 378 - 386, Springer-Verlag, 1991.

☐ Nyberg, K., "On the construction of highly nonlinear permutations," Advances in Cryptology—EUROCRYPT '92 Proceedings, pp. 92 - 98, Springer-Verlag, 1993.

☐ Nyberg, K., "Differentially uniform mappings for cryptography," Advances in Cryptology—EUROCRYPT '93 Proceedings, pp. 55 - 64, Springer-Verlag, 1994.

☐ Nyberg, K., "Linear approximation of block ciphers," Advances in Cryptology—EUROCRYPT '94, pp. 439 - 444, Springer-Verlag, 1995.

☐ Nyberg, K., "S-boxes and round functions with controllable linearity and differential uniformity," Proc. of *Fast Software Encryption* (2), pp. 111 - 130, Springer-Verlag, 1995.

☐ Nyberg, K., "On one-pass authenticated key establishment schemes," workshop record, 2nd Workshop on *Selected Areas in Cryptography*(SAC '95), Ottawa, Canada, pp. 18 - 19, May 1995.

☐ Nyberg, K. and Knudsen, L. R., "Provable security against differential cryptanalysis," Advances in Cryptology—Proc. CRYPTO '92, pp. 566 - 574. Springer-Verlag, 1993; also in Journal of Cryptology, Vol. 8, No. 1, pp. 27 - 37, 1995.

☐ Nyberg, K. and Rueppel, R. A., "A new signature scheme based on the DSA giving message recovery," 1st ACM Conference on *Computer and Communications Security*, ACM Press, pp. 58 - 61, 1993.

☐ Nyberg, K. and Rueppel, R., "Weaknesses in some recent key agreement protocols," Electronics Letters, 31, pp. 26 - 27, Jan. 6, 1994.

☐ Nyberg, K. and Rueppel, R. A., "Message recovery for signature schemes based on the discrete logarithm problem," Designs, Codes and Cryptography, pp. 61 - 68, 1996.

☐ O'Connor, L. J., "*An Analysis of Product Ciphers Using Boolean Functions*," Ph. D thesis, Department of Computer Science, University of Waterloo, 1992.

☐ O'Connor, L. J., "The inclusion-exclusion principle and its applications to cryptography," Cryptologia, Vol. XVII, No. 1, pp. 63 - 79, Jan. 1993.

☐ O'Connor, L. J., "Enumerating nondegenerate permutations," Advances in Cryptology—EUROCRYPT '93 Proceedings, pp. 368 - 377, Springer-Verlag, 1994.

☐ O'Connor, L. J., "On the distribution of characteristics in composite permutation," Advances in Cryptology—CRYPTO '93, pp. 403 - 412, Springer-Verlag, 1994.

☐ O'Connor, L. J., "On the distribution of characteristics in bijective mappings," Advances in Cryptology—EUROCRYPT '93 Proceedings, pp. 360 - 370, Springer-Verlag, 1994.

☐ O'Connor, L. J., "An analysis of a class of algorithms for S-box construction," Journal of Cryptology, Vol. 7, No. 3, pp. 133 - 151, 1994.

☐ O'Connor, L. J. and Klapper, A., "Algebraic nonlinearity and its application to cryptography," Journal of Cryptology, Vol. 7, pp. 213 - 227, 1994.

☐ O'Connor, L. J. and Golic, J. D., "A unified markov approach to differential and linear cryptanalysis," Advances in Cryptology—ASIACRYPT '94, pp. 387 - 397, Springer-Verlag, 1995.

☐ Odlyzko, A. M., "Cryptanalytic attacks on the multiplicative knapsack cryptosystem and on Shamir's fast signature scheme," IEEE Trans. on Information Theory, Vol. 30, pp. 594 - 601, 1984.

☐ Odlyzko, A. M., "Discrete logarithms in finite fields and their cryptographic significance," Advances in Cryptology—EUROCRYPT '84 Proceedings, pp. 224 - 314, Springer-Verlag, 1985.

☐ Odlyzko, A. M., "The rise and fall of knapsack cryptosystems," C. Pomerance (Ed.), *Cryptology and Computational Number Theory*, volume 42 of Proceedings of Symposia in *Applied Mathematics*, pp. 75 - 88, American Mathematical Society, 1990.

☐ Odlyzko, A. M., "Discrete logarithms and smooth polynomials," G. L. Mullen and P. J. S Shiue (Eds.), *Finite Fields: Theory, Applications, and Algorithms*, volume 168 of Contemporary Mathematics, pp. 269 - 278, American Mathematical Society, 1994.

☐ Ohta, K., "A secure and efficient encrypted broadcast communication system using a public master key," Trans. of IEICE, Vol. J70 - D, No. 8, pp. 1616 - 1624, Aug. 1987(in Japanese).

☐ Ohta, K., "An electrical voting scheme using a single administrator," IEICE Spring National Convention, A - 294, Vol. 1, pp. 296, 1988(in Japanese).

☐ Ohta, K. and Aoki, K., "Linear cryptanalysis of the Fast Data Encipherment Algorithm," Advances in Cryptology—CRYPTO '94 (INCS 839), pp. 12 - 16, 1994.

☐ Ohta, K. and Matsui, M., "Differential attack on message authentication codes," Advances in

Cryptology—CRYPTO '93 Proceedings, pp. 200 - 223, Springer-Verlag, 1994.

□ Ohta, K. and Okamoto, T., "Practical extension of Fiat-Shamir scheme," Electronics Letters, Vol. 24, No. 15, pp. 955 - 956, 1988.

□ Ohta, K. and Okamoto, T., "A modification of the Fiat-Shamir scheme," Advances in Cryptology—CRYPTO '88 Proceedings, pp. 232 - 243, Springer-Verlag, 1990.

□ Ohta, K. and Okamoto, T., "A digital multisignature scheme based on the Fiat-Shamir scheme," Advances in Cryptology—ASIACRYPT '91 Proceedings, pp. 139 - 148, Springer-Verlag, 1993.

□ Ohta, K., Okamoto, T. and Koyama, K., "Membership authentication for hierarchy multigroups using the extended Fiat-Shamir scheme," Advances in Cryptology—EUROCRYPT '90 Proceedings, pp. 446 - 457, Springer-Verlag, 1991.

□ Okamoto, T., "A single public-key authentication scheme for multiple users," Systems and Computers in Japan, 18, pp. 14 - 24, 1987. Translated from Denshi Tsushin Gakkai Ronbunshi Vol. 69 - D, No. 10, pp. 1481 - 1489, Oct. 1986.

□ Okamoto, T., "A fast public-key cryptosystems using congruent polynomial equations," Electronics Letters, Vol. 22, No. 11, pp. 581 - 582, 1986.

□ Okamoto, T., "Modification of a public-key cryptosystem," Electronics Letters, Vol. 23, No. 16, pp. 814 - 815, 1987.

□ Okamoto, T., "A fast signature scheme based on congruential polynomial operations," IEEE Trans. on Information Theory, Vol. 36, No. 1, pp. 47 - 53, 1990.

□ Okamoto, T., "Provably secure and practical identification schemes and corresponding signature schemes," Advances in Cryptology—CRYPTO '92 Proceedings, pp. 31 - 53, Springer-Verlag, 1993.

□ Okamoto, T., "Designated confirmer signatures and public-key encryption are equivalent," Advances in Cryptology— CRYPTO '94 (INCS 839), pp. 61 - 74, 1994.

□ Okamoto, T., "An efficient divisible electronic cash scheme," Advances in Cryptology—CRYPTO '95 (INCS 963), pp. 438 - 451, 1995.

□ Okamoto, T., Fujioka, A. and Fujisaki, E., "An efficient digital signature scheme based on elliptic curve over the ring Z_m," Advances in Cryptology—CRYPTO '92, pp. 54 - 65, 1992.

□ Okamoto, T. and Ohta, K., "Universal electronic cash," Advances in Cryptology—CRYPTO '91 Proceedings, pp. 324 - 337, Springer-Verlag, 1992.

□ Okamoto, T. and. Ohta, K., "Survey of digital signature schemes," Proceedings of the Third Symposium on *State and Progress of Research in Cryptography*, Fondazone Ugo Bordoni, Rome, pp. 17 - 29, 1993.

□ Okamoto, T. and Ohta, K., "Designated confirmer signatures using trapdoor functions," Proceedings of the 1994 Symposium on *Cryptography and Information Security*(SXIS 94), Lake Biwa, Japan, pp. 16B. 1 - 11, Jan. 27 - 29, 1994.

□ Okamoto, T. and Sakurai, K., "Efficient algorithms for the construction of hyperelliptic cryptosystems," Advances in Cryptology—CRYPTO '91 Proceedings, pp. 267 - 278, Springer-Verlag, 1992.

□ Okamoto, T. and Shiraishi, A., "A fast signature scheme based on quadratic inequalities," Proc. of the 1985 IEEE Symposium on *Security and Privacy*, pp. 123 - 132, 1985.

□ Okamoto, E. and Tanaka, K., "Key distribution system based on identification information," IEEE Journal on Selected Areas in Communications, Vol. 7, pp. 481 - 485, 1989.

□ Omura, J. K. and Massey, J. L., "Computational method and apparatus for finite field arithmetic," U. S. Patent # 4,587,627, May 6, 1986.

□ Ong, H. and Schnorr, C. P., "Signatures through approximate representations by quadratic forms," Advances in Cryptology—CRYPTO '83, pp. 117 - 131, Plenum Press, 1984.

□ Ong, H. and Schnorr, C. P., "Fast signature generation with a Fiat-Shamir-like scheme," Advances in Cryptology—EUROCRYPT '90 Proceedings, pp. 432 - 440, Springer-Verlag, 1991.

□ Ong, H., Schnorr, C. P. and Shamir, A., "Efficient signature schemes based on polynomial equations," Advances in Cryptology—CRYPTO '84 Proceedings, pp. 37 - 46, Springer-Verlag, 1985.

□ Oppliger, R., "*Authentication Systems for Secure Networks*," Artech House, Inc. 1996.

□ Orton, G., "A multiple-iterated trapdoor for dense compact knapsacks," Advances in Cryptology—EUROCRYPT '94 (INCS 950), pp. 112 - 130, 1995.

□ OSF, "*OSF Distribution Computing Environment Rationale*," Open Software Foundation, May 14, 1990.

□ OSF, "*OSF DCE* 1.1 *New Features*," Open Software Foundation, OSF-DCE-DS - 195, 1995.

□ Otway, D. and Rees, O., "Efficient and timely mutual authentication," ACM OSR, Vol. 21, No. 1, pp. 8 - 10, Jan. 1987.

□ Ou H. W. (欧海文), "*Studies on Algebraic Theory of Linear Finite Automata* (线性有限自动机的代数理论研究)," Ph. D. dissertation(中国科技科技大学博士论文), China, Mar. 1998.

□ Paillés, J. C. and Girault, M., "CRIPT: A public-key based solution for secure data communications," Proc. of the 7th Worldwide Congress on *Computer and Communications Security and Protection* (SECURICOM '89), pp. 171 - 185, 1989.

□ Panurach, P., "Money in electronic commerce: Digital cash, electronic fund transfer, and Ecash," Communications of ACM, Vol. 39, No. 6, pp. 45 - 50, 1966.

□ Papadimitriou, C. H., "*Computational Complexity*," Addison-Wesley, Reading, Massachusetts, 1994.

□ Park, C. S., "Improving code rate of McEliece's public-key cryptosystem," Electronics Letters, Vol. 25, No. 21, pp. 1466 - 1467, Oct. 1989.

□ Park, C., Kurosawa, K. and Tsujii, S., "A key distribution protocol for mobile communication systems," IEICE Trans., Fundamentals, Vol. E78 - A, No. 1, pp. 77 - 81, Jan. 1995.

□ Park, S. J., Lee, S. J. and Goh, S. C., "On the security of the Gollman cascades," Advances in Cryptology—CRYPTO '95 (INCS 963), pp. 148 - 156, 1995.

□ Park, S. J., Lee, K. H. and Lon, D. H., "A practical group signature," Proceedings of the 1995 Japan-Korea Workshop on *Information Security and Cryptography*, Inuyama, Japan, pp. 127 - 133, Jan. 24 - 27, 1995.

□ Park, S. K. and Miller, K. W., "Random number generators: good ones are hard to find," Communications of the ACM, Vol. 31, No. 10, pp. 1192 - 1201, Oct. 1988.

□ Patarin, J. and Chauvaud, P., "Improved algorithms for the permuted kernel problem," Advances in Cryptology—CRYPTO '93 (INCS 773), pp. 391 - 402, 1994.

□ Patarin, J., "Hidden field equations (HFE) and isomorphisms of polynomials (IP): Two new families of asymmetric algorithms," Advances in Cryptology—EUROCRYPT '96 (INCS 773), pp. 33 - 48, 1996.

□ Patterson, W., "*Mathematical Cryptology for Computer Scientists and Mathematicians*," Totowa, NJ, Rowman & Littlefield, 1987.

□ Pederson, T. P., "Distributed provers with applications to undeniable signatures," Advances in Cryptology—EUROCRYPT '91 Proceedings, pp. 221 - 242, Springer-Verlag, 1991.

□ Pei Dingyi (裴定一), "认证码及其构造的一些研究", 密码学进展——CHINACRYPT '92, 科学出版社, pp. 66 - 73, 贵阳, 1992. 8.

□ Pei Dingyi, "Infomation-theoretic bounds for authentication codes and block designs," Journal of

Cryptology, Vol. 8, No. 4, pp. 177 - 188, 1995.

□ Pei Dingyi and Wang Xueli, "基于特征 2 的有限域圆锥曲线上的加密认证码的编码规则", 密码学进展——CHINACRYPT '96, 科学出版社, pp. 116 - 121, 郑州, 1996.4.

□ Penzhorn, W. and Kühn, G., "Computation of low-weight parity checks for correlation attacks of stream ciphers," C. Boyd (Ed.), *Cryptography and Coding*, 5th IMA Conference, Proceedings, pp. 74 - 83, Institute of Mathematics & Its Applications (IMA), 1995.

□ Peralta, R. and Shoup, V., "Primality testing with fewer random bits," Computational Complexity, Vol. 3, pp. 355 - 367, 1993.

□ Pfitzmann, A. and Assmann, R., "More efficient software implementations of (generalized) DES," Computers & Security, Vol. 12, pp. 477 - 500, 1993.

□ Pfitzmann, B. and Waidner, M., "Fail-stop signatures and their application," SECURECOM '91, pp. 145 - 160.

□ Pfleeger, C. P., "*Security in Computing*," Englewood Cliffs, NJ, Prentice-Hall, 1989.

□ Phoenix, S. J. D., "Quantum cryptography without conjugate coding," Physical Review A, Vol. 48, pp. 96 - 102, 1993.

□ Phoenix, S. J. D. and Townsend, P. D., "Quantum cryptography and secure optical communication," BT Technology journal, Vol. 11, No. 2, pp. 65 - 75, Apr. 1993.

□ Phoenix, S. J. D., Barnett, S. M., Townsend, P. D. and Blow, K. J., "Multi-User quantum cryptography on optical networks," Journal of Modern Optics, Vol. 42, pp. 1155 - 1163, 1995.

□ Phoenix, S. J. D., and Townsend, P. D., "Quantum cryptography: protecting our future networks with quantum mechanics(Invited Talk)," in *Cryptography and Coding*, C. Boyd (Ed.), pp. 112 - 131, 1995.

□ Pieprzyk, J., "On public-key cryptosystems built using polynomial rings," Advances in Cryptology—EUROCRYPT '85 Proceedings, pp. 73 - 80, Springer-Verlag, 1986.

□ Pieprzyk, J. and Sadeghiyan, B., "Optimal perfect randomizers," Advances in Cryptology—ASIACRYPT '91 Proceedings, pp. 130 - 135, 1991.

□ Pieprzyk, J. and Sadeghiyan, B., "*Design of Hashing Algorithm*," Springer-Verlag, Berlin Heidelberg, 1993.

□ Pinch, R., "Some primality testing algorithms," Notices of the American Mathematical Society, Vol. 40, pp. 1203 - 1210, 1993.

□ Pinch, R., "Extending the Håstad attack to LUC," Electronics Letters, Vol. 31, pp. 1827 - 1828, 12 Oct. 1993.

□ Pinch, R., "Extending the Wiener attack to RSA-type cryptosystems," Electronics Letters, 31, pp. 1736 - 1738, Sept. 28, 1995.

□ Piper, F., "Stream ciphers," Elektrotechnic and Maschinenbau, Vol. 104, No. 12, pp. 564 - 568, 1987.

□ Pless, V., "Encryption schemes for computer confidentiality," IEEE Trans. on Computers, Vol. 26, pp. 1133 - 1136, 1977.

□ Plumstead, J. B., "Inferring a sequence generated by a linear congruence," Proceedings of the 23rd IEEE Symposium on *the Foundations of Computer Science*, pp. 153 - 159, 1982.

□ Pobgee, P. J. and Watson, R. S., "Signature verification," IEE Colloquium, "Pattern recognition—factor fiction?" Digest 7, Jan. 1976.

□ Pohlig, S. C. and Hellman, M. E., "An improved algorithm for computing logarithms in $GF(p)$ and its cryptographic significance," IEEE Trans. on Information Theory, Vol. 24, No. 1, pp. 106 - 111, Jan.

1978.

☐ Pointcheval, D., "A new identification scheme based on the Perceptrons problem," Advances in Cryptology—EUROCRYPT '95 (INCS 921), pp. 319 - 328, 1995.

☐ Pollard, J. M., "Monte Carlo methods for index computation (mod p)," Mathematics of Computation, Vol. 32, pp. 918 - 924, 1978.

☐ Pollard, J. M., "Factoring with cubic integers," A. K. Lenstra and H. W. Lenstra Jr. (Eds.), (*The Development of the Number Field Sieve*), volume 1554 of Lecture Notes in Mathematics, pp. 4 - 10, Springer-Verlag, 1993.

☐ Pomerance, C., "Analysis and comparison of some integer factoring algorithms," H. W. Lenstra Jr. and R. Tijdeman (Eds.), *Computational Methods in Number Theory*, Part 1, pp. 89 - 139, Mathematisch Centrum, 1982.

☐ Pomerance, C., "Analysis and comparison of some integer factoring algorithm," in *Math. Centrum Tracts*, H. W. Lenstra Jr. and R. Tijdeman (Eds.), pp. 89 - 140, 1982.

☐ Pomerance, C., "The quadratic sieve factoring algorithm," Advances in Cryptology—EUROCRYPT '84 Proceedings, pp. 169 - 182, Springer-Verlag, 1985.

☐ Pomerance, C., "Fast, rigorous factorization and discrete logarithm algorithms," *Discrete Algorithms and Complexity*, pp. 119 - 143, New York: Academic Press, 1987.

☐ Pomerance, C., Smith, J. W. and Tuler, R., "A pipe-line architecture for factoring large integers with the quadratic sieve algorithm," SIAM Journal on Computing, Vol. 17, No. 2, pp. 387 - 403, Apr. 1988.

☐ Pomerance, C. (Ed.), "*Cryptology and Computational Number Theory*," American Mathematical Society, Providence, Rhode Island, 1990.

☐ Pomerance, C., "Factoring," C. Pomerance (Ed.), *Cryptology and Computational Number Theory*, volume 42 of Proceedings of Symposium *Applied Mathematics*, pp. 27 - 47, American Mathematical Society, 1990.

☐ Pomerance, C., "The number field sieve," Gautschi, W. (Ed.), Mathematics of Computation, 1943 - 1993: *A Half-Century of Computation Mathematics*, volume 48 of Proceedings of Symposia in *Applied Mathematics*, pp. 465 - 480, American Mathematical Society, 1994.

☐ Pomerance, C. and Sorenson, J., "Counting the integers factorable via cyclotomic methods," Journal of Algorithms, Vol. 19, pp. 250 - 265, 1995.

☐ Popek, G. J. and Kline, C. S., "Encryption and secure computer networks," ACM Computing Surveys, Vol. 11, No. 4, pp. 331 - 356, Dec. 1979.

☐ Preneel, B., "*Analysis and Design of Cryptographic Hash Functions*," Ph. D. thesis, Katholieke Universiteit Leuven (Belgium), Jan. 1993.

☐ Preneel, B., "Hash function based on block ciphers: Asynthetic approach," Advances in Cryptology—CRYPTO '93 Proceedings, pp. 368 - 378, Springer-Verlag, 1993.

☐ Preneel, B., "Differential cryptanalysis of hash functions based on block ciphers," Proceedings of the 1st ACM Conference on *Computer and Communications Security*, pp. 183 - 188, 1993.

☐ Preneel, B., "Standardization of cryptographic tehniques," B. Preneel, R. Govaerts and J. Vandewalle (Eds.), *Computer Security and Industrial Cryptography*: *State of the Art and Evolution* (LNCS 741), pp. 162 - 173, Springer-Verlag, 1993.

☐ Preneel, B., "Cryptographic hash functions," European Transactions on Telecommunications, Vol. 5, No. 4, pp. 431 - 448, July/Aug. 1994.

☐ Preneel, B. (Ed.), "*Fast Soft Encryption*," 2nd International Workshop (LNCS - 1008), Springer-

Verlag, 1995.

☐ Preneel, B., Bosselaers, A., Govaerts, R. and Vanderwalle, J., "Collision-free hash functions based on block cipher algorithms," Proceedings of the 1989 Carnahan Conference on *Security Technolgy*, pp. 203 - 210, 1989.

☐ Preneel, B., Govaerts, R. and Vandewalle, J. (Eds.), "*Computer Security and Industrial Cryptography: State of the Art and Evolution*," (LNCS 741), Springer-Verlag, 1993.

☐ Preneel, B., Govaerts, R. and Vandewalle, J., "An attack on two hash functions by Zheng-Matsumoto-Imai," Advances in Cryptology—ASIACRYPT '92 Proceedings, pp. 535 - 538, Springer-Verlag, 1993.

☐ Preneel, B., Govaerts, R. and Vandewalle, J., "Hash functions based on block ciphers: A synthetic approach," Advances in Cryptology—CRYPTO '93 Proceedings, pp. 368 - 378, Springer-Verlag, 1994.

☐ Preneel, B., Govaerts, R. and Vandewalle, J., "Differential cryptanalysis of hash functions based on block ciphers," 1st ACM Conference on *Computer and Communications Security*, pp. 183 - 188, ACM Press, 1993.

☐ Preneel, B., Govaerts, R. and Vandewalle, J., "Information authentication: Hash functions and digital signatures," Preneel, B., Govaerts, R. and Vandewalle, J. (Eds.), *Computer Security and Industrial Cryptography: State of the Art and Evolution* (LNCS 741), pp. 87 - 131, Springer-Verlag, 1993.

☐ Preneel, B., Leekwijk, W. V., Linden, L. V., Govaerts, R. and Vandewalle, J., "Propagation charachteristic of boolean functions," Advances in Cryptology—EUROCRYPT '90, pp. 161 - 173, Springer-Verlag, 1991.

☐ Preneel, B., Nuttin, M., Rijmen, V. and Buelens, J., "Cryptanalysis of the CFB mode of the DES with a reduced number of rounds," Advances in Cryptology—CRYPTO '93 Proceedings, pp. 212 - 223, Springer-Verlag, 1994.

☐ Preneel, B. and van Oorschot, P., "MDx-MAC and building fast MACs from hash functions," Advances in Cryptology—CRYPTO '95 (INCS 963), pp. 1 - 14, 1995.

☐ Preneel, B. and van Oorschot, P., "On the security of two MAC algorithms," Advances in Cryptology—EUROCRYPT '96 (INCS 1070), pp. 19 - 32, 1996.

☐ Press, L., "Commercialization of the Internet," Communications of the ACM, Vol. 37, No. 11, pp. 17 - 21, 1994.

☐ Proctor, N., "A self-synchronizing cascaded cipher system with dynamic control of error propagation," Advanced in Cryptology—CRYPTO '84, pp. 174 - 190, 1985.

☐ Purdy, G. P., "A high-security log-in procedure," Communications of the ACM, Vol. 17, No. 8, pp. 442 - 445, Aug. 1974.

☐ Purser, M., "*Secure Data Networking*," Boston: Artech House, 1993.

☐ Qin Zhongping and Zhang Huanguo(覃中平，张焕国)，"τ-拟线性有限自动机中的序列计数及其在密码分析中的应用"，密码学进展——CHINACRYPT '94, pp. 112 - 119, 科学出版社, 1994.

☐ Qin Zhongping and Zhang Huanguo(覃中平，张焕国)，"有限自动机公开钥密码攻击算法 AτM"，计算机学报, No. 3, pp. 199 - 204, 1995.

☐ Qin Zhongping and Zhang Huanguo(覃中平，张焕国)，"分析有限自动机公开钥密码"，密码学进展——CHINACRYPT '96, pp. 75 - 85, 科学出版社, 1996.

☐ Qin Zhongping, Zhang Huanguo and Cao Xingqin(覃中平，张焕国，曹兴芹)，"有限自动机定义函数的线性本原圈积分解"，密码学进展——CHINACRYPT '98, 科学出版社, pp. 56 - 60, 四川峨眉, 1998. 5.

☐ Qu M. and Vanstone, S. A., "The knapsack problem in cryptography," Contemporary Mathematics,

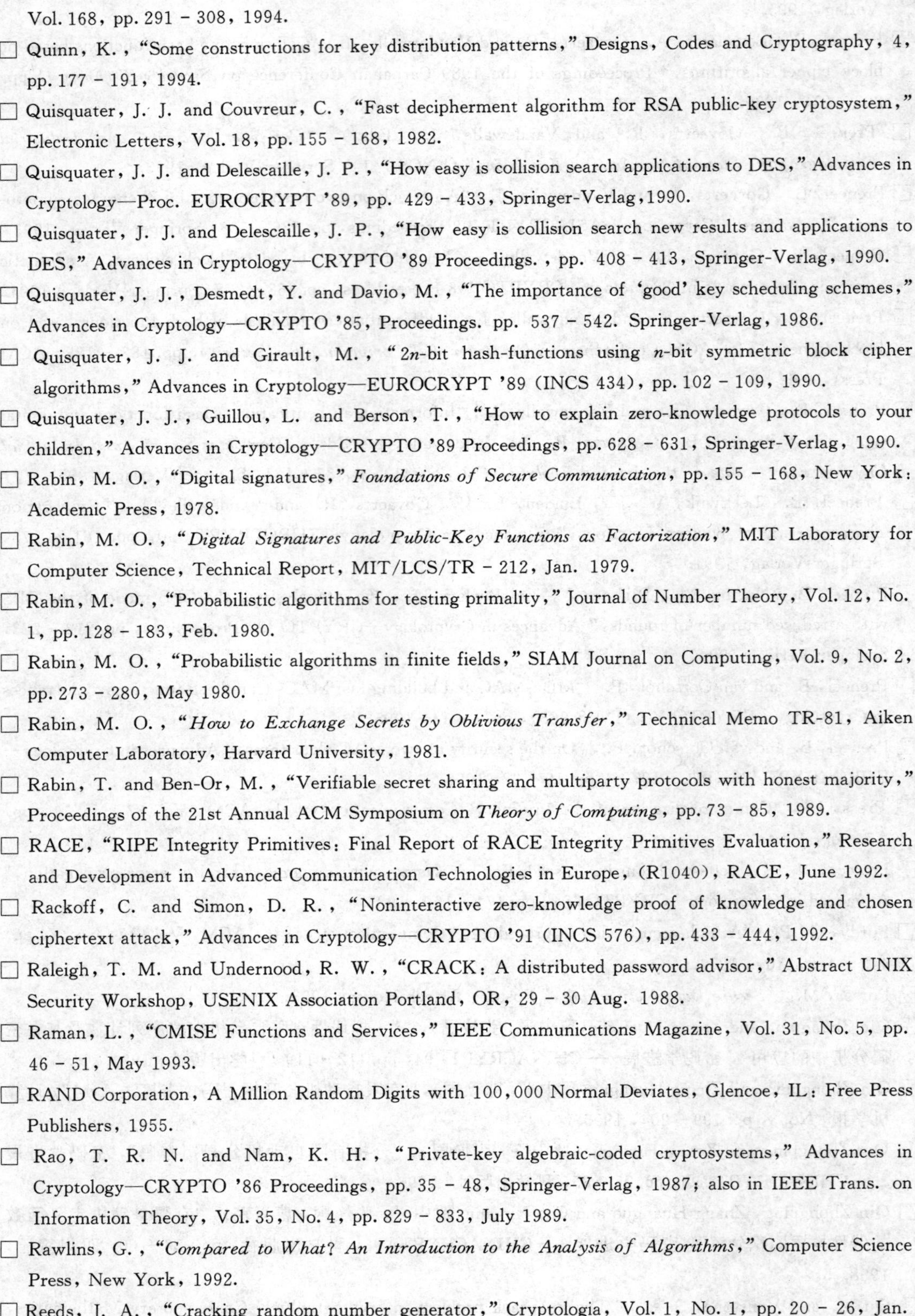

Vol. 168, pp. 291 - 308, 1994.

Quinn, K., "Some constructions for key distribution patterns," Designs, Codes and Cryptography, 4, pp. 177 - 191, 1994.

Quisquater, J. J. and Couvreur, C., "Fast decipherment algorithm for RSA public-key cryptosystem," Electronic Letters, Vol. 18, pp. 155 - 168, 1982.

Quisquater, J. J. and Delescaille, J. P., "How easy is collision search applications to DES," Advances in Cryptology—Proc. EUROCRYPT '89, pp. 429 - 433, Springer-Verlag, 1990.

Quisquater, J. J. and Delescaille, J. P., "How easy is collision search new results and applications to DES," Advances in Cryptology—CRYPTO '89 Proceedings., pp. 408 - 413, Springer-Verlag, 1990.

Quisquater, J. J., Desmedt, Y. and Davio, M., "The importance of 'good' key scheduling schemes," Advances in Cryptology—CRYPTO '85, Proceedings. pp. 537 - 542. Springer-Verlag, 1986.

Quisquater, J. J. and Girault, M., "2*n*-bit hash-functions using *n*-bit symmetric block cipher algorithms," Advances in Cryptology—EUROCRYPT '89 (INCS 434), pp. 102 - 109, 1990.

Quisquater, J. J., Guillou, L. and Berson, T., "How to explain zero-knowledge protocols to your children," Advances in Cryptology—CRYPTO '89 Proceedings, pp. 628 - 631, Springer-Verlag, 1990.

Rabin, M. O., "Digital signatures," *Foundations of Secure Communication*, pp. 155 - 168, New York: Academic Press, 1978.

Rabin, M. O., "*Digital Signatures and Public-Key Functions as Factorization*," MIT Laboratory for Computer Science, Technical Report, MIT/LCS/TR - 212, Jan. 1979.

Rabin, M. O., "Probabilistic algorithms for testing primality," Journal of Number Theory, Vol. 12, No. 1, pp. 128 - 183, Feb. 1980.

Rabin, M. O., "Probabilistic algorithms in finite fields," SIAM Journal on Computing, Vol. 9, No. 2, pp. 273 - 280, May 1980.

Rabin, M. O., "*How to Exchange Secrets by Oblivious Transfer*," Technical Memo TR-81, Aiken Computer Laboratory, Harvard University, 1981.

Rabin, T. and Ben-Or, M., "Verifiable secret sharing and multiparty protocols with honest majority," Proceedings of the 21st Annual ACM Symposium on *Theory of Computing*, pp. 73 - 85, 1989.

RACE, "RIPE Integrity Primitives: Final Report of RACE Integrity Primitives Evaluation," Research and Development in Advanced Communication Technologies in Europe, (R1040), RACE, June 1992.

Rackoff, C. and Simon, D. R., "Noninteractive zero-knowledge proof of knowledge and chosen ciphertext attack," Advances in Cryptology—CRYPTO '91 (INCS 576), pp. 433 - 444, 1992.

Raleigh, T. M. and Undernood, R. W., "CRACK: A distributed password advisor," Abstract UNIX Security Workshop, USENIX Association Portland, OR, 29 - 30 Aug. 1988.

Raman, L., "CMISE Functions and Services," IEEE Communications Magazine, Vol. 31, No. 5, pp. 46 - 51, May 1993.

RAND Corporation, A Million Random Digits with 100,000 Normal Deviates, Glencoe, IL: Free Press Publishers, 1955.

Rao, T. R. N. and Nam, K. H., "Private-key algebraic-coded cryptosystems," Advances in Cryptology—CRYPTO '86 Proceedings, pp. 35 - 48, Springer-Verlag, 1987; also in IEEE Trans. on Information Theory, Vol. 35, No. 4, pp. 829 - 833, July 1989.

Rawlins, G., "*Compared to What? An Introduction to the Analysis of Algorithms*," Computer Science Press, New York, 1992.

Reeds, J. A., "Cracking random number generator," Cryptologia, Vol. 1, No. 1, pp. 20 - 26, Jan.

1977.

□ Reeds, J. A., "Cracking a multiplicative congruential encryption algorithm," in *Information Linkage Between Applied Mathematics and Industry*, P. C. C. Wang (Ed.), pp. 467 - 472, Academic Press, 1979.

□ Reeds, J. A., "Solution of challenge cipher," Cryptologia, Vol. 3, No. 2, pp. 83 - 95, Apr. 1979.

□ Reeds, J. A. and Sloane, N. J. A., "Shift register synthesis (Modulo *m*)," SIAM Journal on Computing, Vol. 14, No. 3, pp. 505 - 513, Aug. 1985.

□ Reeds, J. A. and Weinberger, B. J., "File security and the UNIX crypt command," AT&T Technical Journal, Vol. 63, No. 8, pp. 1673 - 1683, Oct. 1984.

□ Rees, R. S. and Stinson, D. R., "Combinatorial Characterization of authentication codes II," Design, Codes and Cryptography, Vol 9, No. 3, pp. 239 - 259, 1996.

□ Renji, T., "On finite automation one-key cryptosystems," R. Anderson (Ed.), *Fast Software Encryption*, Cambridge Security Workshop (LNCS 809), pp. 135 - 148, Springer-Verlag, 1994.

□ Renyi, A., "On measures of entropy and information," in Proc. 4th Berkeley Symp. on *Mathematical Statistics and Probability*, Vol. 1, pp. 547 - 561, 1961.

□ Report, "Responses to NIST's proposal," ACM, Vol. 35, No. 7, pp. 41 - 54, July 1992.

□ Rescorla, E. and Schiffman, A. "The Secure Hypertext Transfer Protocol," Internet Draft, Work in Progress, draft-ietf-wts-http-01. txt, Feb. 1996.

□ RFC 1157, *A Simple Network Management Protocol* (SNMP), Case, J., Fedor, M., Schoffstall, M., Request for Comments (RFC) 1157, Internet Activities Board, 1990.

□ RFC 1319, "*The MD5 Message-Digest Algorithm*," Internet Request for Comments 1319, B. Kaliski, Apr. 1992(updates RFC 1115, RFC 1115, UGUST 1989, J. Linn).

□ RFC 1320, "*The MD4 Message-Digest Algorithm*," Internet Request for Comments 1320, R. L. Rivest, Apr. 1992(obsoletes RFC 1186, October 1990, R. Rivest).

□ RFC 1321, "*The MD5 Message-Digest Algorithm*," Internet Request for Comments 1321, R. L. Rivest, Apr. 1992(presented at Rump Session of CRYPTO '91).

□ RFC 1421, "*Privacy Enhancement for Internet Electronic Mail—Part I: Message Encryption and Authentication Procedures*," Internet Request for Comments 1421, Linn, J., Feb. 1993 (obsoletes RFC 1113—Sept. 1989—; RFC 1040—January 1988; and RFC 989—Feb. 1987, Linn, J.).

□ RFC 1422, "*Privacy Enhancement for Internet Electronic Mail*—Part II: *Certificate-Based Key Management*," Internet Request for Comments 1422, S. Kent, Feb. 1993(obsoletes RFC 1114, Aug. 1989, Kent, S. and Linn, J.).

□ RFC 1423, "*Privacy Enhancement for Internet Electronic Mail*—Part III: *Algorithms, Modes, and Identifiers*," Internet Request for Comments 1423, Balenson, D., Feb. 1993, (obsoletes RFC 1115, Sept. 1989, Linn, J.).

□ RFC 1424, "*Privacy Enhancement for Internet Electronic Mail*—Part IV: *Key Certification and Related Services*," Internet Request for Comments 1424, Kaliski, B., Feb. 1993.

□ RFC 1445, "*Administrative Model for Version 2 of the Simple Network Management Protocol* (SNMP v2), Galvin, J., McCloghire, K., Request for Comments (RFC) 1445, Internet Activities Board, 1993.

□ RFC 1446, "*Security Protocols for Version 2 of the Simple Network Management Protocol* (SNMP v2)", Galvin, J., McCloghire, K., Request for Comments (RFC) 1445, Internet Activities Board, 1993.

□ RFC 1447, "*Party MIB for Version 2 of the Simple Network Management Protocol* (SNMP v2)",

Galvin, McCloghire, J. K., Request for Comments (RFC) 1447, Internet Activities Board, 1993.

☐ RFC 1508, "*Generic Security Service Application Program Interface*," Internet Request for Comments 1508, Linn, J., Sept. 1993.

☐ RFC 1509, Wary, J., "Genevic Security Service API: C-bindings," Sept. 1993.

☐ RFC 1510, "*The Kerberos Network Authentication Service* (V5)," Internet Request for Comments 1510, Kohl, J. and Neuman, C., Sept. 1993.

☐ RFC 1521, "*MIME (Multipurpose Internet Mail Extensions)* Part One: *Mechanisms for Specifying and Describing the Format of Internet Message Bodies*," Internet Request for Comments 1521, Borenstein, N. and Freed, N., Sept. 1993(obsoletes RFC 1341).

☐ RFC 1750, "*Randomness Requirements for Security*," Internet Request for Comments 1750, Deastlake, Crocker, S. and Schiller, J., Dec. 1994.

☐ RFC 1825, "*Security Architecture for the Internet Protocol*," Atkinson, R., Internet Proposed Standard, Aug. 9, 1995.

☐ RFC 1826, "*IP Authenticaton Header*," Atkinson, R., Internet Proposed Standard, Aug. 9, 1995.

☐ RFC 1827, "*IP Encapsulating Security Payload*," Atkinson, R., Internet Proposed Standard, Aug. 9, 1995.

☐ RFC 1828, "*IP Authentication Using Keyed MD5*," Internet Request for Comments 1828, Metzger, P. and Simpson, W., Aug. 1995.

☐ RFC 1829, Metzger, P., Karn, P., and Simpson, W., "The ESP DES-CBC Transform," Internet Proposed Standard, Aug. 9, 1995.

☐ RFC 1847, "*Security Multiparts for MIME: Multipart/Signed and Multipart/Encrypted*," Internet Request for Comments 1847, Galvinm, J., Murphym, S., Crocker, S. and Freed, N., Oct. 1995.

☐ RFC 1848, "*MIME Object Security Services*," Internet Request for Comments 1848, Crocker, S., Freed, N., Galvin, J. and Murphy, S., Oct. 1995.

☐ RFC 1901, "*Introduction to Community-Based SNMP v2*," Jan. 1996.

☐ RFC 1902, "*Structure of Management Information for SNMP v2*," Jan. 1996.

☐ RFC 1903, "*Textual Conventions for SNMP v2*," Jan. 1996.

☐ RFC 1904, "*Conformance Statements for SNMP v2*," Jan. 1996.

☐ RFC 1905, "*Protocol Operations for SNMP v2*," Jan. 1996.

☐ RFC 1906, "*Transport Mappings for SNMP v2*," Jan. 1996.

☐ RFC 1907, "*Management Information base for SNMP v2*," Jan. 1996.

☐ RFC 1908, "*Coexistence Between Version 1 and Version 2 of the Internet-Standard Network Management Framework*," Jan. 1996.

☐ RFC 1938, "*A One-Time Password System*," Internet Request for Comments 1938m, N. Haller and C. Metz, May 1996.

☐ Rhee, M., "*Cryptography and Secure Communications*," New York: McGraw-Hill, 1994.

☐ Ribenboim, P., "*The Book of Prime Number Records*," Springer-Verlag, 1988.

☐ Ribenboim, P., "*The Little Book of Big Primes*," Springer-Verlag, 1991.

☐ Richer, M., "Ein rauschgenerator zur gewinnung won quasi-idealen zufallszahlen für die stochastische simulation," Ph.D. dessertation, Aachen University of Technology, 1992(in German).

☐ Rijmen, V., Daemen, J., Preneel, B., Bosselaers, A. and de Win, E., "The cipher SHARK," D. Gollman (Ed.), *Fast Software Encryption*, 3rd International Workshop on Cryptographic Algorithms, pp. 99-111, Springer-Verlag, 1996.

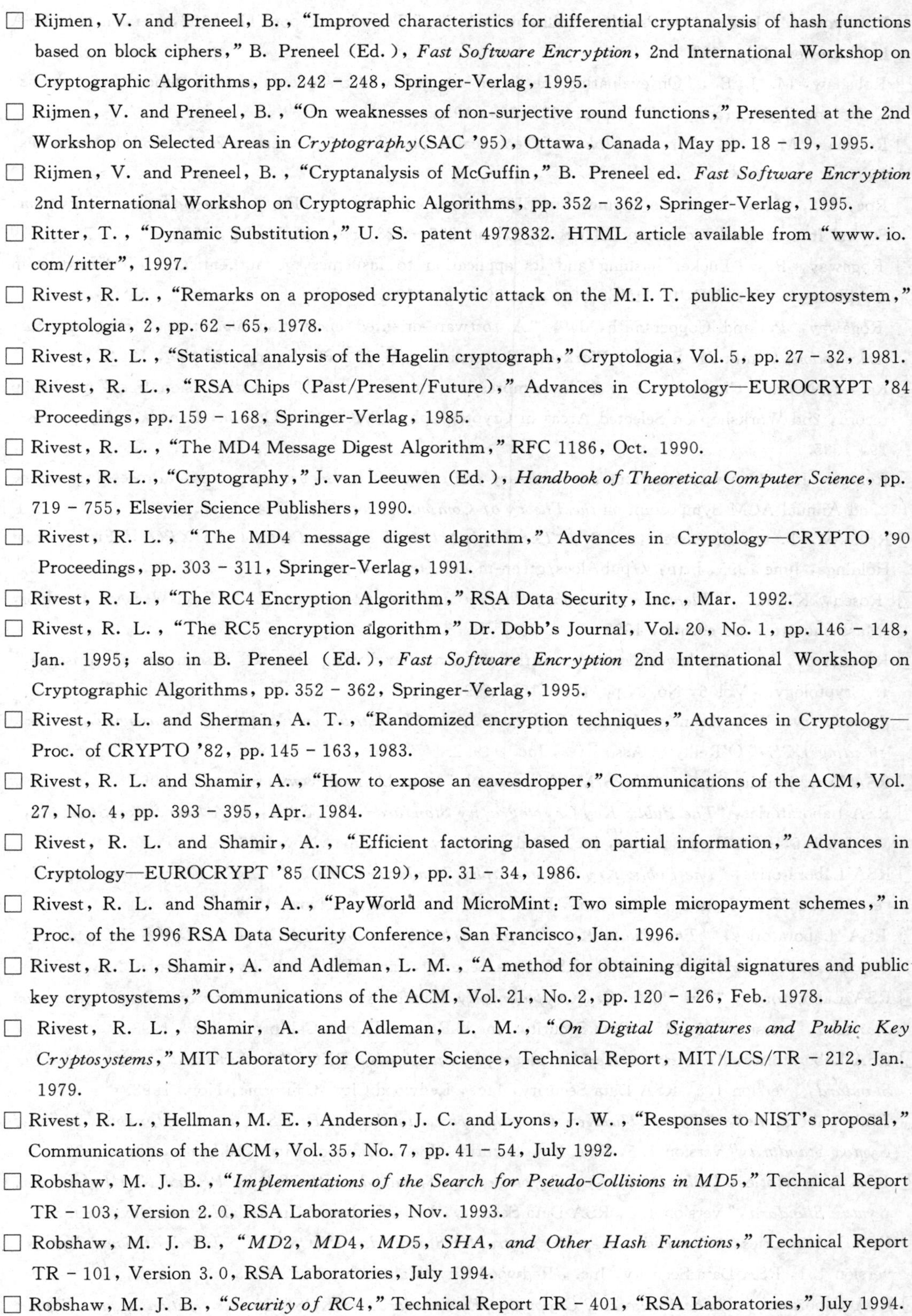

☐ Rijmen, V. and Preneel, B., "Improved characteristics for differential cryptanalysis of hash functions based on block ciphers," B. Preneel (Ed.), *Fast Software Encryption*, 2nd International Workshop on Cryptographic Algorithms, pp. 242 - 248, Springer-Verlag, 1995.

☐ Rijmen, V. and Preneel, B., "On weaknesses of non-surjective round functions," Presented at the 2nd Workshop on Selected Areas in *Cryptography*(SAC '95), Ottawa, Canada, May pp. 18 - 19, 1995.

☐ Rijmen, V. and Preneel, B., "Cryptanalysis of McGuffin," B. Preneel ed. *Fast Software Encryption* 2nd International Workshop on Cryptographic Algorithms, pp. 352 - 362, Springer-Verlag, 1995.

☐ Ritter, T., "Dynamic Substitution," U. S. patent 4979832. HTML article available from "www. io. com/ritter", 1997.

☐ Rivest, R. L., "Remarks on a proposed cryptanalytic attack on the M. I. T. public-key cryptosystem," Cryptologia, 2, pp. 62 - 65, 1978.

☐ Rivest, R. L., "Statistical analysis of the Hagelin cryptograph," Cryptologia, Vol. 5, pp. 27 - 32, 1981.

☐ Rivest, R. L., "RSA Chips (Past/Present/Future)," Advances in Cryptology—EUROCRYPT '84 Proceedings, pp. 159 - 168, Springer-Verlag, 1985.

☐ Rivest, R. L., "The MD4 Message Digest Algorithm," RFC 1186, Oct. 1990.

☐ Rivest, R. L., "Cryptography," J. van Leeuwen (Ed.), *Handbook of Theoretical Computer Science*, pp. 719 - 755, Elsevier Science Publishers, 1990.

☐ Rivest, R. L., "The MD4 message digest algorithm," Advances in Cryptology—CRYPTO '90 Proceedings, pp. 303 - 311, Springer-Verlag, 1991.

☐ Rivest, R. L., "The RC4 Encryption Algorithm," RSA Data Security, Inc., Mar. 1992.

☐ Rivest, R. L., "The RC5 encryption algorithm," Dr. Dobb's Journal, Vol. 20, No. 1, pp. 146 - 148, Jan. 1995; also in B. Preneel (Ed.), *Fast Software Encryption* 2nd International Workshop on Cryptographic Algorithms, pp. 352 - 362, Springer-Verlag, 1995.

☐ Rivest, R. L. and Sherman, A. T., "Randomized encryption techniques," Advances in Cryptology—Proc. of CRYPTO '82, pp. 145 - 163, 1983.

☐ Rivest, R. L. and Shamir, A., "How to expose an eavesdropper," Communications of the ACM, Vol. 27, No. 4, pp. 393 - 395, Apr. 1984.

☐ Rivest, R. L. and Shamir, A., "Efficient factoring based on partial information," Advances in Cryptology—EUROCRYPT '85 (INCS 219), pp. 31 - 34, 1986.

☐ Rivest, R. L. and Shamir, A., "PayWorld and MicroMint: Two simple micropayment schemes," in Proc. of the 1996 RSA Data Security Conference, San Francisco, Jan. 1996.

☐ Rivest, R. L., Shamir, A. and Adleman, L. M., "A method for obtaining digital signatures and public key cryptosystems," Communications of the ACM, Vol. 21, No. 2, pp. 120 - 126, Feb. 1978.

☐ Rivest, R. L., Shamir, A. and Adleman, L. M., "*On Digital Signatures and Public Key Cryptosystems*," MIT Laboratory for Computer Science, Technical Report, MIT/LCS/TR - 212, Jan. 1979.

☐ Rivest, R. L., Hellman, M. E., Anderson, J. C. and Lyons, J. W., "Responses to NIST's proposal," Communications of the ACM, Vol. 35, No. 7, pp. 41 - 54, July 1992.

☐ Robshaw, M. J. B., "*Implementations of the Search for Pseudo-Collisions in MD5*," Technical Report TR - 103, Version 2. 0, RSA Laboratories, Nov. 1993.

☐ Robshaw, M. J. B., "*MD2, MD4, MD5, SHA, and Other Hash Functions*," Technical Report TR - 101, Version 3. 0, RSA Laboratories, July 1994.

☐ Robshaw, M. J. B., "*Security of RC4*," Technical Report TR - 401, "RSA Laboratories," July 1994.

□ Robshaw, M. J. B., "On Pseudo - Collisions in MD5," Technical Report TR - 102, Version 1.1, RSA Laboratories, July 1994.

□ Robshaw, M. J. B., "On evaluating the linear complexity of a sequence of least period 2^n," Designs, Codes and Cryptography, Vol. 4, pp. 263 - 269, 1994.

□ Robshaw, M. J. B., "*Stream Ciphers*," Technical Report TR - 701 (version 2.0), RSA Laboratories, 1995.

□ Roe, M., "How to reverse engineer an EES device," B. Preneel (Ed.), *Fast Software Encryption*, Second International Workshop (LNCS 1008), pp. 305 - 328, Springer-Verlag, 1995.

□ Rogaway, P., "Bucket hashing and its application to fast message authentication," Advances in Cryptology—CRYPTO '95 (INCS 963), pp. 29 - 42, 1995.

□ Rogaway, P. and Coppersmith, D., "A software-oriented encryption algorithm," *Fast Software Encryption*, Cambridge Security Workshop Proceedings, pp. 56 - 63, Springer-Verlag, 1994.

□ Rogier, N. and Chauvaud, P., "The compression function of MD2 is not collision free," workshop record, 2nd Workshop on Selected Areas in Cryptography (SAC '95), Ottawa, Canada, May pp. 18 - 19, 1995.

□ Rompel, J., "One-way functions are necessary and sufficient for secure signatures," Proceedings of the 22nd Annual ACM Symposium on *the Theory of Computing*, pp. 387 - 394, 1990.

□ Rose, M. T. and Borenstein, N. S., "*The simple MIME Exchange Protocol (SMXPO)*," First Virtual Holdings, June 1995, http://pub/docs/green-model.(txt,ps).

□ Rosen, K. H., "*Elementary Number Theory and its Applications*," Addison-Wesley, Reading, Massachusetts, 3rd edition, 1992.

□ Rosenbaum, U., "A lower bound on authentication after having observed a sequence of messages," J. Cryptology., Vol. 6, No. 3, pp. 135 - 156, 1993.

□ Rosenberry, W., Kenney, D. and Fisher, G., "*OSI Distribution Computing Environment: Understanding DCE*," O'Reilly & Associates, Inc., 1992.

□ RSA Data Security, Inc., "The S/MIME protocol," available from www.rsa.com. 1995.

□ RSA Laboratories, "*The Public-Key Cryptography Standard—PKCS#1: RSA Encryption Standard*," Version 1.5, RSA Data Security, Inc., Redwood City, California, Nov. 1993.

□ RSA Laboratories, "*The Public-Key Cryptography Standards—PKCS#1: RSA Encryption Standard*," version 1.4, RSA Data Security, Inc., Redwood City, California, Nov. 1993.

□ RSA Laboratories, "*The Public-Key Cryptography Standards—PKCS # 3: Dffie-Hellman Key-Agreement Standard*," version 1.4, RSA Data Security, Inc., Redwood City, California, Nov. 1993.

□ RSA Laboratories, "*The Public-Key Cryptography Standards—PKCS#5: Password-Based Encryption Standard*," version 1.5, RSA Data Security, Inc., Redwood City, California, Nov. 1993.

□ RSA Laboratories, "*The Public-Key Cryptography Standards—PKCS#6: Extended Certificate Syntax Standard*," version 1.5, RSA Data Security, Inc., Redwood City, California, Nov. 1993.

□ RSA Laboratories, "*The Public-Key Cryptography Standards—PKCS # 7: Cryptgraphic Message Syntax Standard*," version 1.5, RSA Data Security, Inc., Redwood City, California, Nov. 1993.

□ RSA Laboratories, "*The Public-Key Cryptography Standards—PKCS#8: Private Key Information Syntax Standard*," version 1.5, RSA Data Security, Inc., Redwood City, California, Nov. 1993.

□ RSA Laboratories, "*The Public-Key Cryptography Standards—PKCS#9: Selected Attribute Types*," version 1.1, RSA Data Security, Inc., Redwood City, California, Nov. 1993.

□ RSA Laboratories, "*The Public-Key Cryptography Standards—PKCS#10: Certifation Request Syntax*

Standard," version 1.0, RSA Data Security, Inc., Redwood City, California, Nov. 1993.

□ RSA Laboratories, "*The Public-Key Cryptography Standards—PKCS # 11: Cryptographic Token Interface Standard*," version 1.0, RSA Data Security Inc., Redwood City, California, Apr. 1995.

□ RSA Laboratories, "*The Public-Key Cryptography Standards—PKCS # 12: Public Key User Information Syntax Standard*," version 1, RSA Data Security, Inc., Redwood City, California, 1995.

□ Rubin, F., "Decryption a stream cipher based on J-K flip-flops," IEEE Trans. on C - 28, No. 7, pp. 483 - 487, 1979.

□ Rueppel, R. A., "*Analysis and Design of System Ciphers*," Springer-Verlag, 1986.

□ Rueppel, R. A., "Correlation immunity and the summation generator," Advances in Cryptology—CRYPTO '85 (INCS 218), pp. 260 - 272, 1986.

□ Rueppel, R. A., "Linear complexity and random sequences," Advances in Cryptology—EUROCRYPT '85 (INCS 219), pp. 167 - 188, 1986.

□ Rueppel, R. A., "When shift registers clock themselves," Advances in Cryptology—EUROCRYPT '87 Proceedings, pp. 423 - 428, Springer-Verlag, 1990.

□ Rueppel, R. A., "Key agreements based on function composition," Advances in Cryptology—EUROCRYPT '88 (INCS 330), pp. 3 - 10, 1988.

□ Rueppel, R. A., "On the security of Schnorr's Pseudo random generator," Advances in Cryptology—EUROCRYPT '89 (INCS 434), pp. 423 - 428, 1990.

□ Rueppel, R. A., "A formal approach to security architectures," Advances in Cryptology—EUROCRYPT '91 (INCS 547), pp. 387 - 398, 1991.

□ Rueppel, R. A., "Stream ciphers," *Contemporary Cryptology: The Science of Information Integrity*, G. J. Simmons (Ed.), pp. 65 - 134, IEEE Press, 1992.

□ Rueppel, R. A., "Security models and notions for stream ciphers," in *Cryptography and Coding II*, C. Mitchell (Ed.), pp. 213 - 230, Oxford: Clarendon Press, 1992.

□ Rueppel, R. A., Lenstra, A., Smid, M., McCurley, K., Desmedt, Y., Odlyxko, A. and Landrock, P., "The Eurocrypt '92 controversial issue: trapdoor primes and moduli," Advances in Cryptology—EUROCRYPT '92, pp. 194 - 199, 1993.

□ Rueppel, R. A. and Massey, J. L., "The knapsack as a nonlinear function," IEEE International Symposium on Information Theory (Abstracts), p. 46, Brighton, UK, May 1985.

□ Rueppel, R. A. and Staffelbach, O. J., "Products of linear recurring sequences with maximum complexity," IEEE Trans. on Information Theory, 33, pp. 124 - 131, 1987.

□ Rueppel, R. A. and van Oorschot, P. C., "Modern key agreement techniques," Computer Communications, Vol. 17, pp. 458 - 465, 1994.

□ Russell, A., "Necessary and sufficient conditions for collision-free hashing," Advances in Cryptology—CRYPTO '92 (INCS 740), pp. 433 - 441, 1993.

□ Russell, A., "Necessary and sufficient conditions for collision-free hashing," Journal of Cryptology, 8(1995), pp. 87 - 99, 1995.

□ Russell, D. and Gangemi, G. G. Sr., "*Computer Security Basic*," O'Reilly & Associates, Inc., 1991.

□ Russell, S. and Craig, P., "Privacy enhanced mail modules for ELM," Proceedings of the Internet Society 1994 Workshop on *Network and Distributed System Security*, pp. 21 - 34, The Internet Society, 1994.

□ Sadok, D. F. H. and Kelner, J., "Privacy enhanced mail design and implementation perspectives," Computer Communications Review, Vol. 24, No. 3, pp. 38 - 46, July 1994.

□ Safavi Naini, R. S. and Seberry, J. R., "Error-correcting codes for authentication and subliminal channels," IEEE Trans. on Inform. Theory, Vol. 37, No. 1, 1991.

□ Safavi Naini, R. and Tombak, L., "Authetication codes in plaintext and chosen-content attacks," Design, Codes and Cryptography, Vol. 7, No. 1/2, pp. 83 - 99, 1996.

□ Sahurai, K. and Shizuya, H., "A structural comparison of the computational difficulty of breaking discrete logarithms cryptosystems," J. of Cryptology, Vol. 11, No. 1, pp. 1 - 28, 1998.

□ Sakano, K., Park, C. and Kurosawa, K., "(k, n) threshold undeniable signature scheme," Proceedings of the 1993 Korea-Japan Workshop on *Information Security and Cryptography*, pp. 184 - 193, Seoul, Korea, 24 - 26, Oct. 1993.

□ Sako, K., "Electronic voting schemes allowing open objection to the tally," Trans. of the Institute of Electronics, Information, and Communication Engineers, Vol. E77 - A, No. 1, pp. 24 - 30, 1994.

□ Sako, K. and Kilian, J., "Secure voting using partially compatible homomorphisms," Advances in Cryptology—CRYPTO '94 Proceedings, pp. 411 - 424, Springer-Verlag, 1994.

□ Sako, K. and Kilian, J., "Receipt-free mix-type voting scheme—A practical solution to the implementation for a voting booth," Advances in Cryptology—EUROCRYPT '95 Proceedings, pp. 393 - 403, Springer-Verlag, 1995.

□ Salamere, S., "Internetwork security: Unsafe at any node?" Data Communications, pp. 61 - 68, Sept. 1993.

□ Salomaa, A., "*Public-Key Cryptography*," Springer-Verlag, 1990.

□ Salomaa, A. and Santean, L., "Secret selling of secrets with many buyers," ETACS Bulletin, Vol. 42, pp. 178 - 186, 1990.

□ Santha, M. and Vazirani, U. V., "Generating quasi-random sequences from semi-random sources," Journal of Computer and System Sciences, Vol. 33, pp. 75 - 87, 1986.

□ Saryazdi, S., "An extension to ElGamal public key cryptosystem with a new signature scheme," Proceedings of the 1990 Bilkent International Conference on *New Trends in Communication, Control, and Signal Processing*, pp. 195 - 198, North Holland: Elsevier Science Publishers, 1990.

□ Sauer, C. and Chandy, K., "Computer Systems Performance Modeling," Englewood Cliffs, NJ: Prentice-Hall, 1981.

□ Schirokauer, O., "Discrete logarithms and local units," Philosophical Trans. of the Royal Society of London A, pp. 409 - 423, 1993.

□ Schneier, B., "One-way hash functions," Dr. Dobb's Journal, Vol. 16, No. 9, pp. 148 - 151, Sept. 1991.

□ Schneier, B., "Description of a new variable-length key, 64-bit block cipher (blowfish)," *Fast Software Encryption*, Cambridge Security Workshop Proceedings, pp. 191 - 204, Springer-Verlag, 1994.

□ Schneier, B., "The blowfish encryption algorithm," Dr. Dobb's Journal, Vol. 19, No. 4, pp. 38 - 40, Apr. 1994.

□ Schneier, B., "*Protect Your Macintosh*," Peachpit Press, 1994.

□ Schneier, B., "A primer on authentication and digital signatures," Computer Security Journal, Vol. 10, No. 2, pp. 38 - 40, 1994.

□ Schneier, B., "The GOST encryption algorithm," Dr. Dobb's Journal, Vol. 20, No. 1, pp. 123 - 124, Jan. 1995.

□ Schneier, B., "*E-mail Security with PGP and PEM*," New York: John Wiley & Sons, 1995.

□ Schneier, B., "*E-mail Security—How to Keep Your Electronic Messages Private*," John Wiley & Sons

Inc. , 1995.

☐ Schneier, B. , "*Applied Cryptography — Protocols, Algorithms, and Source Code in C,*" John Wiley & Sons, Inc. , 1994, 1996.

☐ Schneier, B. and Kelsey, J. , "Unbalanced Feistel Networks and Block Cipper Design," Gollman (Ed.), *Fast Software Encryption*, 3rd International Workshop on Cryptographic Algorithms, pp. 121 - 144, Springer-Verlag, 1996.

☐ Schneier, B. and Whiting, D. , "Fast software encryption: designing encryption algorithms for optimal software speed on the Intel Pentium Processor," *Fast Software Encryption*, Fourth International Workshop Proceedings, pp. 248 - 259, Springer-Verlag, Jan. 1997.

☐ Schnorr, C. P. , "On the construction of random number generators and random function generators," Advances in Cryptology—EUROCRYPT '88 (INCS 330), pp. 225 - 232, 1988.

☐ Schnorr, C. P. , "Efficient signature generation for smart cards," Advances in Cryptology—CRYPTO '89 Proceedings, pp. 239 - 252, Springer-Verlag, 1990; also in Journal of Cryptology, Vol. 4, No. 3, pp. 161 - 174, 1991.

☐ Schnorr, C. P. , "Method for identifying subscribers and for generating and verifying electronic signatures in a data exchange system," U. S. Patent # 4,995,082, 19, Feb. 1991.

☐ Schnorr, C. P. , "FFT-Hash II, efficient cryptographic hashing," Advances in Cryptology—EUROCRYPT '92 Proceedings, pp. 45 - 54, Springer-Verlag, 1993.

☐ Schnorr, C. P. and Alexi, W. , "RSA-bits are 0. 5+ε secure," Advances in Cryptology—EUROCRYPT '84 Proceedings, pp. 113 - 126, Springer-Verlag, 1985.

☐ Schnorr, C. P. and Euchner, M. , "Lattice basis reduction: Improved practical algorithms and solving subset sum problems," L. Budach (Ed.), *Fundamentals of Computation Theory* (LNCS 529), pp. 68 - 85, Springer-Verlag, 1991.

☐ Schnorr, C. P. and Horner, H. H. , "Attacking the Chor-Rivest cryptosystem by improved lattice reduction," Advances in Cryptology—EUROCRYPT '95 (INCS 921), pp. 1 - 12, 1995.

☐ Schnorr, C. P. and Vaudenay, S. , "Parallel FFT-hashing," *Fast Software Encryption*, Cambridge Security Workshop Proceedings, pp. 149 - 156, Springer-Verlag, 1994.

☐ Schnorr, C. P. and Vaudenay, S. , "Black box cryptanalysis of hash networks based on multipermutations," Advances in Cryptology—EUROCRYPT '94, pp. 376 - 388, Springer-Verlag, 1995.

☐ Schrift, A. W. and Shamir, A. , "On the universality of the next bit test," Advances in Cryptology—CRYPTO '90 (INCS 537), pp. 394 - 408, 1991.

☐ Schrift, A. W. and Shamir, A. , "Universal tests for nonuniform distributions," Journal of Cryptology, Vol. 6, pp. 119 - 133, 1993.

☐ Schroeppel, R. , et al. , "Fast key exchange with elliptic curve systems," Advances in Cryptology—CRYPTO '95 Proceedings, pp. 43 - 56, Springer-Verlag, 1995.

☐ Schwenk, F. and Eisfeld, J. , "Public key encryption and signature schemes based on polynomials over Z_n," Advances in Cryptology—EUROCRYPT '96 (INCS 1070), pp. 60 - 71, 1996.

☐ Scott, R. , "Wide open encryption design offers flexible implementations," Cryptologia, Vol. 9, No. 1, pp. 75 - 90, Jan. 1985.

☐ Seberry, J. , "A subliminal channel in codes for authentication without secrecy," Ars Combinatorica, Vol. 19A, pp. 337 - 342, 1985.

☐ Seberry, J. and Pieprzyk, J. , "Cryptography: An Introduction to Computer Security," Englewood

Cliffs, NJ: Prentice-Hall, 1989.

☐ Seberry, J., Zhang, X. M. and Zheng, Y., "Nonlinearly balanced boolean functions and their propagation characteristics," Advances in Cryptology—EUROCRYPT '91 Proceedings, pp. 46 - 60, Springer-Verlag, 1994.

☐ Seberry, J., Zhang X. M. and Zheng Y., "On constructions and nonlinearly correlation immune functions," Advances in Cryptology—EUROCRYPT '93 Proceedings, pp. 181 - 199, Springer-Verlag, 1994.

☐ Seberry, J., Zhang X. M. and Zheng Y., "Relationships among nonlinearly criteria," Advances in Cryptology—EUROCRYPT '94 Proceedings, pp. 376 - 388, Springer-Verlag, 1995.

☐ Sedgewick, R., "*Algorithms*," Addison-Wesley, Reading, Massachusetts, 2nd edition, 1988.

☐ Seysen, M., "A probabilistic factorization algorithm with quadratic forms of negative discriminant," Math. Comp., Vol. 48, pp. 757 - 780, Apr. 1987.

☐ Sgarro, A., "Error probabilities for simple substitution ciphers," IEEE Trans. Inform. Theory, IT - 29, 2, pp. 190 - 198, Mar. 1983.

☐ Sgarro, A., "Informational divergence bounds for authentication codes," in Proc. Eurocrypt'89, pp. 93 - 101, Springer-Verlag, 1990.

☐ Shaffer, S. L. and Simon, A. R., "*Network Security*," AP. Professional. 1994.

☐ Shamir, A., "*A Fast Signature Scheme*," Technical Memorandum, MIT/LCS/TM - 107, Massachusetts Institute of Technology, July 1978.

☐ Shamir, A., "How to share a secret," Communications of the ACM, Vol. 24, No 11, pp. 612 - 613, Nov. 1979.

☐ Shamir, A., "On the crypto complexity of knapsack systems," Proceedings of the 11th ACM Symposium on *the Theory of Computing*, pp. 118 - 129, 1979.

☐ Shamir, A., "On the generation of cryptographically strong pseudo-random sequences," LNCS 115, 8th International Colloquiumon *Automata, Languages, and Programming*, pp. 544 - 550, Springer-Verlag, 1981; also in ACM Trans. on Computer Systems, Vol. 1 pp. 38 - 44, 1983.

☐ Shamir, A., "A polynomial time algorithm for breaking the basic Merkle-Hellman cryptosystem," Advances in Cryptology—CRYPTO '82 Proceedings, pp. 279 - 288, Springer-Verlag, 1983; IEEE Trans. on Information Theory, Vol. IT - 30, No. 5, pp. 699 - 704, Sept. 1984.

☐ Shamir, A., "Identity-based cryptosystems and signature schemes," Advances in Cryptology—CRYPTO '84 Proceedings, pp. 47 - 53, Springer-Verlag, 1985.

☐ Shamir, A., "On the security of DES," Advances in Cryptology—CRYPTO '85 Proceedings, pp. 280 - 281, Springer-Verlag, 1986.

☐ Shamir, A., "An efficient identification scheme based on permuted kernels," Advances in Cryptology—CRYPTO '89 (INCS 435), pp. 606 - 609, 1990.

☐ Shamir, A., "An efficient signature scheme based on birational permutations," Advanced in Cryptology—CRYPTO '93, pp. 1 - 12, 1993.

☐ Shamir, A., "RSA for paranoids," Crypto Bytes, 1, pp. 1 - 4, Autumn 1995.

☐ Shamir, A. and Fiat, A., "Method, apparatus and article for identification and signature," U. S. Patent #4,748,668, 31 May 1988.

☐ Shamir, A. and Zippel, R., "On the security of the Merkle-Hellman cryptographic scheme," IEEE Trans. on Information Theory, Vol. 26, No. 3, pp. 339 - 340, May 1980.

☐ Shand, M., Bertin, P. and Vuillemin, J., "Hardware speedups in long integer multiplication,"

Proceedings of the 2nd Annual ACM Symposium on Parallel Algorithms and Architectures, pp. 138 - 145, 1990.

□ Shand, M. and Vuillemin, J., "Fast implementations of RSA cryptography," Proceedings of the 11th IEEE Symposium on Computer Arithmetic, pp. 252 - 259, 1993.

□ Shanks, D., "*Solved and Unsolved Problems in Number Theory*," Washington D. C. Spartan, 1962.

□ Shannon, C. E., "A mathematical theory of communication," Bell System Technical Journal, Vol. 27, No. 4, pp. 397 - 423, 1948.

□ Shannon, C. E., "Communication theory of secrecy systems," Bell System Technical Journal, Vol. 28, No. 4, pp. 656 - 715, 1949. 中译本：保密系统的信息理论，王育民译，电信技术参考资料，第四期，西北电讯工程学院，1982.

□ Shannon, C. E., "*Collected Papers: Claude Elmwood Shannon*," N. J. A. Sloane and A. D. Wyner (Eds.), New York: IEEE Press, 1993.

□ Shannon, C. E., "Predication and entropy in printed English," Bell System Technical Journal, Vol. 30, No. 1, pp. 50 - 64, 1951.

□ Shawe-Taylor, J., "Generating strong primes," Electronics Letters, Vol. 22, pp. 875 - 877, July 31, 1986.

□ Sheldon, T., "*WINDOWS NT Security Handbook*," McGraw-Hill, 1996 .

□ Shen Shiyi(沈世镒), "*Combinatorial Cryptograpy*," 组合密码学，浙江科技出版社，1992.

□ Shepherd, S., "A high speed software implementation of the Data Encryption Standard," Computers & Security, Vol. 14, pp. 349 - 357, 1995.

□ Shimada, M., "Another practical public-key cryptosystem," Electronics Letters, Vol. 28, No. 23, 5 pp. 2146 - 2147, Nov. 1992.

□ Shimizu, A. and Miyaguchi, S., "Fast data encipherment algorithm FEAL," Trans. of IEICE of Japan, Vol. J70 - D, No. 7, pp. 1413 - 1423, July 1987(in Japanese).

□ Shimizu, A. and Miyaguchi, S., "Fast data encipherment algorithm FEAL," Advances in Cryptology—EUROCRYPT '87 Proceedings, pp. 267 - 278, Springer-Verlag, 1988.

□ Shimizu, A. and Miyaguchi, S., "FEAL—fast data encipherment algorithm," Systems and Computers in Japan, Vol. 19, No. 7, pp. 20 - 34, 104 - 106,1988.

□ Shizuya, H., Itoh, T. and Sakurai, K., "On the compleixity of hyperelliptic discrete logarithm problem," Advances in Cryptology—EUROCRYPT '91 Proceedings, pp. 337 - 351, Springer-Verlag, 1991.

□ Shmuley, Z., "*Composite Diffie-Hellman Public-Key Generating Systems Are Hard to Break*," Computer Science Department, Technion, Haifa, Israel, Technical Report 356, Feb. 1985.

□ Shor, P. W., "Algorithms for quantum computation: discrete log and factoring," Proceedings of the 35th Symposium on *Foundations of Computer Science*, pp. 124 - 134, 1994.

□ Short, K. M., "Steps toward unmasking secure communications," Int. J. Birfurcation and Chaos, Vol. 4, No. 4, pp. 959 - 977, 1994.

□ Shoup. V., "New algorithms for finding irreducible polynomials over finite fields," Mathematics of Computation, Vol. 54, pp. 435 - 447, 1990.

□ Shoup, V., "Searching for primitive roots in finite fields," Mathematics of Computation, Vol. 58, pp. 369 - 380, 1992.

□ Shoup, V., "Fast construction of irreducible polynomials over finite fields," Journal of Symbolic Computaton, Vol. 17, pp. 371 - 391, 1994.

□ Sibley, E. H., "Random number generators: Good ones are hard to find," Communications of the ACM, Vol. 31, No. 10, pp. 1192 - 1201, Oct. 1988.

□ Siegenthaler, T., "Correlation-immunity of nonlinear combining functions for cryptographic applications," IEEE Trans. on Information Theory, Vol. IT - 30, No. 5, pp. 776 - 780, Sept. 1984.

□ Siegenthaler, T., "Decrypting a class of stream ciphers using ciphertext only," IEEE Trans. on Computing, Vol. C - 34, pp. 81 - 85, Jan. 1985.

□ Sigenthaler, T., "*Methoden Fur Den Entwurf Von Stream Cipher-System*," Ph. D. dissertation, 苏黎世高级理工学院, Zurich, 1986. 陈立东译,"流密码的分析与设计",王育民主编,西北电讯工程学院情报资料室,1988. 1.

□ Siegenthaler, T., "Cryptanalyst's representation of nonlinearity filtered ML-sequences," Advances in Cryptology—EUROCRYPT '85, pp. 103 - 110, Springer-Verlag, 1986.

□ Silverman, R. D., "The multiple polynomial quadratic sieve," Mathematics of Computation, Vol. 48, No. 177, pp. 329 - 339, Jan. 1987.

□ Silverman, R. D. and Wagstaff Jr., S. S., "A practical analysis of the elliptic curve factoring algorithm," Mathematics of Computation, Vol. 61, pp. 445 - 462, 1993.

□ Simmons, G. J., "Authentication without secrecy: A secure communication problem uniquely solvable by asymmetric encryption techniques," Proceedings of IEEE EASCON '79, pp. 661 - 662, 1979.

□ Simmons, G. J., "A 'weak' privacy protocol using the RSA cryptosystem," Cryptologia, Vol. 7, No. 2, pp. 180 - 182, Apr. 1983.

□ Simmons, G. J., "The prisoner's problem and the subliminal channel," CRYPTO '83 Proceedings, pp. 51 - 67, Plenum Press, 1984.

□ Simmons, G. J., "Authentication theory/coding theory," Advances in Cryptology—CRYPTO'84, pp. 411 - 431, Springer-Verlag, 1985.

□ Simmons, G. J., "The subliminal channel and digital signatures," Advances in Cryptology—EUROCRYPT '84 Proceedings, pp. 364 - 378, Springer-Verlag, 1985.

□ Simmons, G. J., "The practice of authentication," Advances in Cryptology—EUROCRYPT '85, pp. 261 - 272, Springer-Verlag, 1985.

□ Simmons, G. J., "A secure subliminal channel (?)," Advances in Cryptology—CRYPTO '85 Proceedings, pp. 33 - 41, Springer-Verlag, 1986.

□ Simmons, G. J., "Message authentication with arbitration of transmitter/receiver disputes," Advances in Cryptology—EUROCRYPT '87 pp. 411 - 431, Springer-Verlag, 1987.

□ Simmons, G. J., "A survey of information authentication," Proc. IEEE, Vol. 76, No. 5, pp. 603 - 620, May 1988.

□ Simmons, G. J., "How to (Really) share a secret," Advances in Cryptology—CRYPTO '88 Proceedings, pp. 390 - 448, Springer-Verlag, 1990.

□ Simmons, G. J., "Prepositioned secret sharing schemes and/or shared control schemes," Advances in Cryptology—EUROCRYPT '89 Proceedings, pp. 436 - 467, Springer-Verlag, 1990.

□ Simmons, G. J., "Geometric shares secret and/or shared control schemes," Advances in Cryptology—CRYPTO '90 Proceedings, pp. 216 - 141, Springer-Verlag, 1991.

□ Simmons, G. J. (Ed.), "*Contemporary Cryptology: The Science of Information Integrity*," IEEE Press, 1992.

□ Simmons, G. J., "A survey of information authentication," in *Contemporary Cryptology: The Science of Information Integrity*, G. J. Simmons (Ed.), pp. 379 - 419, IEEE Press, 1992.

□ Simmons, G. J., "An introduction to shared secret and/or shared control schemes and their application," in *Contemporary Cryptology: The Science of Information Integrity*, G. J. Simmons (Ed.), pp. 441 - 497, IEEE Press, 1992.

□ Simmons, G. J., "A survey of information authentication," *in Contemporary Cryptology*, G. J. Simmons (Ed.), New York: IEEE Press, 1992.

□ Simmons, G. J., "How the subliminal channels of the U. S. digital signature algorithm (DSA)," Proceedings of the Third Symposium on *State and Progress of Research in Cryptography*, Rome: Fondazone Ugo Bordoni, pp. 35 - 54, 1993.

□ Simmons, G. J., "Cryptanalysis and protocol failures," Communications of the ACM, Vol. 37, No. 11, pp. 56 - 65, Nov. 1994.

□ Simmons, G. J., "Proof of soundness (integrity) of cryptographic protocol," Journal of Cryptology, Vol. 7, pp. 67 - 77, 1994.

□ Simmons, G. J., "Subliminal communication is easy using the DSA," Advances in Cryptology—EUROCRYPT '93 Proceedings, pp. 218 - 232, Springer-Verlag, 1994.

□ Simmons, G. J., "Subliminal channels: Past and present," European Transactions on Telecommuncations, Vol. 4, pp. 459 - 473, July/Aug. 1994.

□ Simmons, G. J., "Protocols that ensurefairness," in *Codes, and Cyphers: Cryptography and Coding IV*, P. G. Farrell (Ed.), pp. 383 - 394, Institute of Mathematics & Its Applications(IMA), 1995.

□ Simmons, G. J. and Norris, M. J., "Preliminary comments on MIT public key cryptosystem," Cryptologia, Vol. 2, 406 - 417, 1977.

□ Simmons, G. J. and Norris, M. J., "*How to Cipher Fast Using Redundant Number Systems*," SAND-80-1886, Sandia National Laboratories, Aug. 1980.

□ Simmons, G. J. and Holdridge, D., "Forward search as cryptanalytic tool against a public key privacy channel," Proc. of the IEEE Computer Society 1982 Symp. on *Security and Privacy*, pp. 117 - 128, 1982.

□ Simmons G. J. and Smeets, B., "A paradoxical result in unconditionally secure authentication codes and an explanation," in *Cryptography and Coding II*, C. Mitchell (Ed.), Oxford: Clarendon, pp. 231 - 258, 1992.

□ Simonds. F., "*Network Security —Data and Voice Communications*," McGraw-Hill, 1996.

□ Sinkov, A., "*Elementary Cryptanalysis*," Mathematical Association of America, 1966. 中译本："初等密码字分析学——数字方法"，立早译，通信保密编辑部出版，1982.

□ Sivabalan, M., Tavares, S. E. and Peppard, L. E., "On the design of SP networks from an information theoretic point of view," CRYPTO '92, Springer-Verlag, pp. 260 - 279, 1993.

□ Siyan, K. and Hare, C., "*Internet Firewalls and Network Security*," New Riders Pub., 1995; 2nd ed., 1996.

□ Smeets, B., "A note on sequences generated by clock-controlled shift registers," Advances in Cryptology—EUROCRYPT '85 Proceedings, pp. 40 - 42, Springer-Verlag, 1986.

□ Smeets, B., "Bounds in the probability of deception in multiple authentication," IEEE Trans. on Inform. Theory, Vol. 40, No. 5, pp. 1580 - 1591, Sept. 1994.

□ Smeets, B., Vanroose, P. and Wan Zhe-Xian, "On the construction of authentication codes with secrecy and codes which stand against spoofing attacks of order $L \geqslant 2$," in Proc. EUROCRYPT '90, pp. 306 - 312, Springer-Verlag, 1991.

□ Smid, M. E. and Branstad, D. K., "The data encryption standard: Past and future," Proceedings of the

IEEE, Vol. 76, No. 5., pp. 550 - 559, May 1988; also in *Contemporary Cryptology: The Science of Information Integrity*, G. J. Simmons (Ed.), pp. 43 - 64, IEEE Press, 1992.

☐ Smid, M. E. and Branstad, D. K., "Response to the comments on the NIST proposed digital signature standard," Advances in Cryptology—CRYPTO '92 Proceedings, pp. 76 - 87, Springer-Verlag, 1993.

☐ Smith, J. L., "The design of Lucifer, a cryptographic device for data communications," IBM Research Report RC3326, 1971.

☐ Smith, P., "LUC public-key encryption: A secure alternative to RSA," Dr. Dobb's Journal, Vol. 18, No. 1, pp. 44 - 49, 1993. 中译本:"LUC 公钥体制——一个安全又异于 RSA 的体制",易生译,电子科技杂志,No. 1, pp. 56 - 59, 1994.

☐ Smith, P. and Lennon, M., "LUC: A new public key system," Proceedings of the Ninth International Conference on *Information Security*, IFIP/Sec. 1993, pp. 103 - 117, North Holland: Elsevier Science Publishers, 1993.

☐ Smith, D. R. and Palmer, J. T., "Universal fixed messages and the Rivest-Shamir-Adleman cryptosystem," Mathematika, 26, pp. 44 - 52, 1979.

☐ Smith, P. and Skinner, C., "A public-key cryptosystem and a digital signature system based on the Lucas function analogue to discrete logarithms," Advances in Cryptology—ASIACRYPT '94 Proceedings, pp. 357 - 364, Springer-Verlag, 1995.

☐ Snapp, S., et al., "A system for distributed intrusion detection," Proc. COMPCON, Spring '91, 1991.

☐ Snow, B., "Multiple independent binary bit Stream generator," U. S. Patent #5, 237, 615, 17 Aug. 1993.

☐ Solovay, R. and Strassen, V., "A fast Monte-Carlo test for primality," SIAM Journal on Computing, Vol. 6, Mar. 1977, pp. 84 - 85; erratum in ibid, Vol. 7, pp. 118, 1978.

☐ Sorenson, J., "Two fast gcd algorithms," Journal of Algorithms, Vol. 16, pp. 110 - 144, 1994.

☐ Sorimachi, T., Tokita, T. and Matsui, M., "On a cipher evaluation method based on differential cryptanalysis," Proceedings of the 1994 Symposium on *Cryptography and Information Security* (SCIS '94), Lake Biwa, Japan, pp. 4C. 1 - 9, Jan. 27 - 29, 1994(in Japanese).

☐ Sorkin, A., "Lucifer, A cryptographic algorithm," Cryptologia, Vol. 8, No. 1, pp. 22 - 35, Jan. 1984.

☐ Spafford, E. H., "The internet worm program," ACM CCR, Vol. 19. No. 1, pp. 17 - 57, Jan. 1989.

☐ Spafford, E. H., "Observing reusable password choices," UNIX Security Symp. USENX Association, pp. 299 - 312, Baltimore, MD, Sept. 14 - 16, 1992.

☐ Spafford, E. H., Heaphy, K. and Ferbrache, D., "*Computer Viruses*," Arlington, VA: ADAPSO, 1989.

☐ Stadler, M., Piveteau, J. M. and Camenisch, J., "Fair blind signatures," Advances in Cryptology—EUROCRYPT '95 (INCS 921), pp. 209 - 219, 1995.

☐ Staffelbach, O. and Meier, W., "Cryptographic significance of the carry for ciphers based on integer addition," Advances in Cryptology—EUROCRYPT '90 (INCS 537), pp. 601 - 614, 1991.

☐ Stahnke, W., "Primitive binary polynomials," Mathematics of Computation, Vol. 27, pp. 977 - 980, 1973.

☐ Stallings, W., "*SNMP, SNPM v2, and CMIP: The Practical Guide to Network Management Standards*," Reading, MA: Addison-Wesley, 1993.

☐ Stallings, W., "Kerberos keeps the ethernet secure," Data Communications, pp. 103 - 111, Oct. 1994.

☐ Stallings, W., "*Network and Internetwork Security*," Englewood Cliffs, NJ, Prentice-Hall, 1995.

☐ Stallings, W., "*Protect Your Privacy: A Guide for PGP Users*," Englewood Cliffs, NJ, Prentice-Hall,

1995.

□ Stallings, W., "IP v6: The new Internet protocol," IEEE Communications Magazine Vol. 34, No. 7, pp. 96 - 108, 1996.

□ Stallings, W., "SNMP and SNMP v2: The infrastructure for network management," IEEE Communications Magazine, Vol. 36, No. 3, pp. 37 - 43, 1998.

□ Standards Association of Australia, "Australian Standard 2805. 5; Electronic Data Transfer—Requirements for Interfaces: Part 5. 3—Data Encipherment Algorithm 2," SAA, North Sydney, NSW, 1992.

□ Steer, D. G., Strawczynski, L., Diffie, W. and Wiener, M., "A secure audio teleconference system," Advances in Cryptology—CRYPTO '88 (INCS 403), pp. 520 - 528, 1990.

□ Stein, L. H., Stefferud, E. A., Borenstein, N. S. and Rose, M. T., "The green commerce model," First Virtual Holdings, June 1995. http: //pub/docs/green-model. (txt,ps).

□ Steiner, J. G., et al., "Kerberos: An authentication server for open network systems," in Proc. Usenix Conf., pp. 191 - 202, Winter, 1988.

□ Steiner, M., Tsudik, G. and Waidner, M., "Refinement and extension of encrypted key exchange," Operating Systems Review, Vol. 29, No. 3, pp. 22 - 30, 1995.

□ Stern, J., "Secret linear congruential generators are not cryptographically secure," Proceedings of the 28th Symposium on *Foundations of Computer Science*, pp. 421 - 426, 1987.

□ Stern, J., "A new identification scheme based on syndrome decoding," Advances in Cryptology—CRYPTO '93 Proceedings, pp. 13 - 21, Springer-Verlag, 1994.

□ Stern, J., "An alternative to the Fiat-Shamir Protocol," Advances in Cryptology—EUROCRYPT '89 (INCS 434), pp. 173 - 180, 1994.

□ Stern, J., "Designing identification schemes with keys of short size," Advances in Cryptology—CRYPTO '94 (INCS 839), pp. 164 - 173, 1994.

□ Stern, J., "A new identification scheme based on syndrome decoding," Advances in Cryptology—CRYPTO '93 (INCS 773), pp. 13 - 21, 1994.

□ Stinson, D. R., "Some constructions and bounds for authentication codes," CRYPTO '86, pp. 418-425, Springer-Verlag, 1987.

□ Stinson, D. R., "A construction for authentication/secrecy codes from certain combinatorial designs," J. of Cryptology, No. 1, pp. 119 - 127, 1988.

□ Stinson, D. R., "Some construction and bounds for authentication codes," J. of Cryptology, Vol. 1, No. 1, pp. 37 - 51, 1988.

□ Stinson, D. R., "The combinatorics of authentication and secrecy codes," J. of Cryptology, Vol. 2, No. 1, pp. 23 - 49, 1990.

□ Stinson, D. R., "An explication of secret sharing schemes," Design, Codes and Cryptography, Vol. 2, pp. 357 - 390, 1992.

□ Stinson, D. R., "Combinatorial characterization of authentication codes," Design, Codes and Cryptography, Vol. 2, pp. 175 - 187, 1992.

□ Stinson, D. R., "New general lower bounds on the information rate of secret sharing schemes," CRYPTO '92, pp. 170 - 184, Springer-Verlag, 1993.

□ Stinson, D. R., "Combinatorial designs and cryptography," in *Surveys in Combinatorics*, pp. 257 - 287, Cambridge University Press, 1993.

□ Stinson, D. R., "Decomposition construction for secret sharing schemes," IEEE Trans. on Inform.

Theory, Vol. 40, pp. 118 - 125, 1994.

☐ Stinson, D. R., "Universal hashing and authentication codes," Designs, Codes and Cryptography, Vol. 4, 369 - 380, 1994.

☐ Stinson, D. R., "*Cryptography — Theory and Practice*," CRC Press, 1995.

☐ Strack, H., "Extended access control in UNIX SYSTEM V-ACLS and context," UNIX Security Workshop, USENIX Association Portland, OR, Aug. 27 - 28, pp. 87 - 101, 1990.

☐ Stubblebine, S. G. and Gligor, V. D., "On message integrity in cryptographic protocols," IEEE Computer Society Symposium on *Research in Security and Privacy*, pp. 85 - 104, 1992.

☐ Sun Xiaorong, Liu Jianwei and Wang Yumin(孙晓蓉，刘建伟，王育民)，"个人通信系统中的用户认证"，信息论与通信理论 97 学术年会，pp. 536 - 541，深圳，1997. 12.

☐ Sun Xiaorong and Wang Yumin(孙晓蓉，王育民)，"密钥托管体制的研究"，通信保密，No. 4，pp. 33 - 41，1996.

☐ Sun Xiaorong and Wang Yumin(孙晓蓉，王育民)，"商业密钥恢复体制"，通信保密，No. 3，pp. 37 - 40，1997.

☐ Sun Xiaorong and Wang Yumin(孙晓蓉，王育民)，"密钥托管加密系统的分类"，通信保密，No. 3，pp. 32 - 36，1997.

☐ Sun Xiaorong, Yang Bo and Wang Yumin(孙晓蓉，杨波，王育民)，"一种新的 EES 密钥托管方案，"密码学进展——CHINACRYPT '98，科学出版社，pp. 105 - 109，四川峨眉，1998. 5.

☐ Sun Xiaorong, Yang Bo and Wang Yumin(孙晓蓉，杨波，王育民)，"时间约束下的门限密钥托管体制及其安全性分析"，《西安电子科技大学学报》，Vol. 25，No. 3，pp. 393 - 396，1998.

☐ Sykes, D. J., "The management of encryption keys," D. K. Branstad (Ed.), *Computer Security and the Data Encryption Standard*, pp. 46 - 53, NBS Special Publication 500 - 27, U. S. Department of Commerce, National Bureau of Standards, Washington, D.C., 1977.

☐ Syverson, P., "Knowledge, belief and semantics in the analysis of cryptographic protocols," Journal of Computer Security, Vol. 1, pp. 317 - 334, 1992.

☐ Syverson, P., "A taxonomy of replay attacks," Proceedings of the Computer Security Foundations Workshop VII (CSFW 1994), pp. 187 - 191, IEEE Computer Society Press, 1994.

☐ Syverson, P. and Meadows, C., "A formal language for cryptographic protocol requirements," Design, Codes and Cryptography, Vol. 7, pp. 27 - 59, 1996.

☐ Syverson, P. and van Oorschot, P. C., "On unifying some cryptographic protocol logics", IEEE Symposium on Research in *Security and Privacy*, pp. 165 - 177, 1994.

☐ Tanaka, K. and Okamoto, E., "Key distribution using id-related information directory suitable for mail systems," Proceedings of the 8th Worldwide Congress on *Computer and Communications Security and Protection* (SECURICOM '90), pp. 115 - 122, 1990.

☐ Tao Renji(陶仁骥)，"有限自动机的可逆性"，科学出版社，1979.

☐ Tao Renji(陶仁骥)，"有限自动机引论"，科学出版社，1986.

☐ Tao Renji(陶仁骥)，"自动机引论有限自动机的可逆性"，密码学进展——CHINACRYPT '94，pp. 127 - 134，科学出版社，1994.

☐ Tao Renji, "On finite automaton one-key cryptosystems," Fast Software Encryption, Cambridge Security Workshop Proceeding, pp. 135 - 148, Springer-Verlag, 1994.

☐ Tao Renji and Chen Shihua(陶仁骥，陈世华)，"一种有限自动机公开钥密码体制和数字签名"，计算机学报，1985, Vol. 8, No. 6, pp. 401 - 409.

☐ Tao Renji and Chen Shihua, "Two varieties of finite automaton public key cryptosystem and digital signatures," J. of Computer Science and Technology, Vol. 1, No. 1, pp. 9 - 18, 1986.

□ Tao Renji and Chen Shihua(陶仁骥,陈世华),"拟线性有限自动机的可逆性",CHINACRYPT '92, pp. 77 - 85,科学出版社,1992.

□ Tao Renji and Chen Shihua(陶仁骥,陈世华),"基于身份的密码体制和数字签名的有限自动机公开钥密码实现",密码学进展——CHINACRYPT '92, pp. 87 - 104,科学出版社,1992.

□ Tao Renji and Chen Shihua, "Note on finite automaton public key cryptosystems," 密码学进展——CHINACRYPT '94, pp. 76 - 81,科学出版社,1994.

□ Tao Renji and Chen Shihua, "FAPKC3: A new finite automaton public key cryptosystem," Lab. for Compute Science Institute of Software, Chinese Academy of Scienes, Beijing 100080, China, June 1995, ISCAS-LCS-95-07.

□ Tao Renji and Chen Shihua (陶仁骥,陈世华),"有限自动机的输入树",密码学进展——CHINACRYPT '96, pp. 65 - 73,科学出版社,1996.

□ Tao Renji and Chen Shihua, "Constructing finite automata with invertibility by transformation method," 密码学进展——CHINACRYPT '98,科学出版社, pp. 61 - 68,四川峨眉,1998. 5.

□ Tao Renji and Chen Shihua, "A note on the public key cryptosystem FAPKC3," 密码学进展——CHINACRYPT '98,科学出版社, pp. 69 - 77,四川峨眉,1998. 5.

□ Tarah, A. and Huitema, C., "Associating metrics to certification paths," Y. Deswarte, G. Eizenberg, and J. J. Quisquater (Eds.), Second European Symposiun on *Research in Computer Security*—ESORICS '92(LNCS 648), pp. 175 - 189, Springer-Verlag, 1992.

□ Tardo, J. and Alagappan, K., "SPX: global authentication using public key certificates," Proceedings of the 1991 IEEE Computer Society Symposium on *Security and Privacy*, pp. 232 - 244, 1991.

□ Tardo, J., Alagappan, K. and Pitkin, R., "Public key based authentication using Internet certificates," USENIX Security II Workshop Proceedings, pp. 121 - 123, 1990.

□ Tardy-Corfdir, A. and Glibert, H., "A known plaintext attack of FEAL -4 and FEAL-6," Advances in Cryptology—CRYPTO '91 (INCS 576), pp. 172 - 182, 1992.

□ Tatebayashi, M., Matsuzaki, N. and Newman, D. B., "Key distribution protocol for digital mobile communication system," Advances in Cryptology—CRYPTO '89 Proceedings, pp. 324 - 333, Springer-Verlag, 1990.

□ Taylor, M., "Implementing privacy enhanced mail on VMS," Proceedings of the Privacy and Security Research Group 1993 Workshop on *Network and Distributed System Security*, pp. 63 - 68, The Internet Society, 1993.

□ Taylor, R., "An integrity check value algorithm for stream ciphers," Advances in Cryptology—CRYPTO '93 (INCS773), pp. 40 - 48, 1994.

□ Tedrick, T., "Fair exchange of secrets," Advances in Cryptology—CRYPTO '84 Proceedings, pp. 434 - 438, Springer-Verlag, 1985.

□ Terada, R. and Pinheiro, P. G., "How to strengthen FEAL against differential cryptanalysis," Proceedings of the 1995 Japan-Korea Workshop on *Information Security and Cryptography*, Inuyama, Japan, pp. 153 - 162, 24 - 27 Jan. 1995.

□ Thiong Ly, J. A., "A serial version of the Pohlig-Hellman algorithm for computing discrete logarithms," Applicable Algebra in Engineering, Communication and Computing, 4, pp. 77 - 80, 1993.

□ Thiong Ly, J. A., "*S/MIME Message Specification—PKCS Security Services for MIME*," RSA Data Security Inc., Aug. 29 1995, http://www.rsa.com/.

□ Thompson, J., "S/MIME message specification—PKCS security services for MIME." RSA Data Security

Inc., 29 Aug. 1995, http://www.rsa.com/.

☐ Tian Jianbo, Xu Shengbo and Wang Yumin(田建波,徐胜波,王育民),"一种改进的认证逻辑",电子学报, Vol. 26, No. 7, pp. 175 - 177, 1998.

☐ Tian Jianbo, Xu Shengbo and Wang Yumin(田建波,徐胜波,王育民),"认证协议形式分析的讨论",西安电子科技大学学报, Vol. 25, No. 3,pp. 280 - 282,1998.

☐ Tippet, L., "*Random Sampling Numbers*," Cambridge, England: Cambridge University Press, 1927.

☐ Tokita, T., Sorimachi, T. and Matsui, M., "An efficient search algorithm for the best expression on linear cryptanalysis," IEICE Japan, Technical Report, ISEC 93 - 97, 1994.

☐ Tokita, T., Sorimachi, T. and Matsui, M., "Linear cryptanalysis of LOKI and s^2 DES," Advances in Cryptology—ASIACRYPT '94 (INCS 917), pp. 293 - 303, 1995.

☐ Tokita, T., Sorimachi, T. and Matsui, M., "On applicability of linear cryptanalsysis to DES-like cryptosystems—LOK 189, LOK 191 and s^2 DES," IEICE Transactions on Fundamentals of Electronics, Computer Science, Vol. E78-A, pp. 1148 - 1153, 1995.

☐ Tompa, M. and Woll, H., "Random self-reducibility and zero-knowledge interactive proofs of possession of information," Proceedings of the 28th IEEE Symposium on *the Foundations of Computer Science*, pp. 472 - 482, 1987.

☐ Tompa, M. and Woll, H., "How to share a secret with cheaters," Journal of Cryptology, Vol. 1, No. 2, pp. 133 - 138, 1988.

☐ Townsend, P. D., "Secure key distribution system based on quantum cryptography," Electronics Letters, Vol. 30, pp. 809 - 810, 1994.

☐ Townsend, P. D., Phoenix, S. J. D., Blow K. J. and Barnett, S. M., "Design of Quantum Cryptography Systems for Passive Optical Networks," Electronics Letters, Vol. 30, pp. 1875 - 1877, 1994.

☐ Townsend, P. D., Rarity, J. G. and Tapster, P. R., "Single-Photon Interference in a 10 km Long Optical Fibre Interferometer," Electronics Letters, Vol. 29, pp. 634 - 635, 1993.

☐ Townsend, P. D., Rarity, J. G. and Tapster, P. R., "Enhanced Single-Photon Fringe Visibility in a 10 km Long Prototype Quantum Cryptography Channel," Electronics Letters, Vol. 29, pp. 1292 - 1293, 1993.

☐ Townsend, P. D. and Thompson, I., "A quantum Key Distribution Channel Based on Optical Fibre," Journal of Modern Optics, Vol. 41, pp. 2425 - 2434, 1994.

☐ Tsudik, G., "Message authentication with one-way hash function," ACM Computer Communication Review, Vol. 22, No. 5, pp. 29 - 38, 1992.

☐ Tsujii, S. and Chao, J., "A new ID-based cryptosystem based on the discrete logarithm problem," Advances in Cryptology—CRYPTO '91 Proceedings, pp. 288 - 299, Springer-Verlag, 1992.

☐ Tuchman, W., "Hellman presents no shortcut solutions to the DES," IEEE Spectrum, Vol. 16, p. 41, 1979.

☐ UKG1, Communications-Electronics Security Group, U.K., "*Systems Security Confidence Levels*," CESG Memorandum No. 3, United Kingdom, 1989.

☐ UKG2, Department of Trade and Industry, "*DTI Commercial Computer Security Center Evaluation Manual*," V22 DTI, United Kingdom, 1989.

☐ Unruh, W., "The feasibility of breaking PGP—The PGP attack FAQ," 2/96 v. 50[beta] infinity [sawmon9@netcom/route@infonexus.com/htp:/axion.physics.ubc.ca/pgp-attack.htm].

☐ Vallée, B., Girault, M. and Toffin, P., "How to break Okamoto's cryptosystem by reducing lattice values," Advances in Cryptology—EUROCRYPT '88 Proceedings, pp. 281 - 291, Springer-Verlag, 1988.

- van de Graaf, J. and Peralta, R., "A simple and secure way to show the validity of your public key," Advances in Cryptology—CRYPTO '87 (INCS 293), pp. 128 - 134, 1988.
- van der Meulen E. C., "A survey of multi-way channels in information theory," IEEE Trans. Inform. Theory, Vol. IT - 23, No. 1, pp. 1 - 37, Jan. 1977.
- van Dijk, M., "On special class of broadcast channels with confidential messages," IEEE Trans. on Inform. Theory Vol. 43, No. 2, pp. 712 - 714, 1997.
- van Espen, K. and van Mieghem, J., "Evaluatie en implementatie van authentiserings algoritmen," Graduate thesis, EAST Laboratorium, Katholieke Universiteit Leuven, 1989(in Dutch).
- van Heijst, E., Pedersen, T. P. and Pfitzmann, B., "New constructions of failstop signatures and lower bounds," Advances in Cryptology—CRYPTO '92 (INCS 740), pp. 15 - 30, 1993.
- van Heyst, E. and Pedersen, T. P., "How to make efficient fail-stop signatures," Advances in Cryptology—EUROCRYPT '92 (INCS 658), pp. 366 - 377, 1993.
- van Oorschot, P. C., "A comparison of practical public key cryptosystems based on integer factorization and discrete logarithms," G. J. ,Simmons (Ed.), *Contemporary Cryptology: The Science of Information Integrity*, pp. 289 - 322, IEEE Press, 1992.
- van Oorschot, P. C., "Extending cryptographic logics of belief to key agreement protocols (Extended Abstract)," Proc. 1st ACM Conference on *Computer and Communications Security*, pp. 232 - 243, Nov. 1993.
- van Oorschot, P. C., "An alternate explanation of two BAN-LOGIC 'failures'," Advances in Cryptology—EUROCRYPT '93 (INCS 765), pp. 443 - 447, 1994.
- van Oorschot, P. C. and Wiener, J., "A known-plaintext attack on two-key triple encryption," Advances in Cryptology—EUROCRYPT '90 Proceedings, pp. 318 - 325, Springer-Verlag, 1991.
- van Oorschot, P. C. and Wiener, M., "Parallel collision search with applications to hash functions and discrete logarithms," 2nd ACM Conference on *Computer and Communications Security*, pp. 210 - 218, ACM Press, 1994.
- van Oorschot, P. C. and Wiener, M., "Improving implementable meet-in-the-middle attacks by orders of magnitude," Advances in Cryptology—CRYPTO '96 (INCS 1109), pp. 229 - 236, 1996.
- van Oorschot, P. C. and Wiener, M., "On Diffie-Hellman key agreement with short exponents," Advances in Cryptology—EUROCRYPT '96 (INCS 1070), pp. 332 - 343, 1996.
- van Tilborg, H. C. A., "*An Introduction to Cryptology*," Kluwer Academic Publishers, Boston, 1988.
- van Tilborg, H. C. A. , "Authentication codes: an area where coding and cryptology meet," C. Boyd (Ed.), *Cryptography and Coding*, 5th IMA Conference Proceedings, pp. 169 - 183, Institute of Mathematics & Its Applications(IMA), 1995.
- van Tilburg, J., "On the McEliece public-key cryptosystem," Advances in Cryptology—CRYPTO '88, pp. 119 - 131, 1990.
- van Tilburg, J., "Cryptanalysis of the Xinmei digital signature scheme," Electronics Letters, Vol. 28, No. 20, 24 pp. 1935 - 1938, Sept. 1992.
- van Tilburg, J., "Two chosen-plaintext attacks on the Li - Wang - Joing authentication and encryption scheme," *Applied Algebra, Algebraic Algorithms and Error Correcting Codes* 10, pp. 332 - 343, Springer-Verlag, 1993.
- Vandemeulebroecke, A., Vanzieleghem, E., Denayer, T. and Jespers, P. G., "A single chip 1024 bits

RSA processor," Advances in Cryptology—EUROCRYPT '89 Proceedings, pp. 219 - 236, Springer-Verlag, 1990.

☐ Vanderwalle, J., Chaum, D., Fumy, W., Jansen, C., Landrock, P. and Roelofsen, G., "A European call for cryptographic algorithm: RIPE," Advances in Cryptology—EUROCRYPT '89 Proceedings, pp. 267 - 271, Springer-Verlag, 1990.

☐ Vanstone, S. A. and Zuccherato, R. J., "Short RSA keys and their generation," Journal of Cryptology, Vol. 8, No. 1, pp. 101 - 114, 1995.

☐ Vanstone, S. A. and Zuccherato, R. J., "Elliptic curve cryptosystems using curves of smooth order over the ring Z_n," IEEE Trans. on Information Theory, Vol. 43, No. 4, pp. 1231 - 1237, 1997.

☐ Vaudenay, S., "FFT-hash-II is not yet collision-free," Advances in Cryptology—CRYPTO '92 Proceedings, pp. 587 - 593, Springer-Verlag, 1992.

☐ Vaudenay, S., "On the need for multipermutations: Cryptanalysis of MD4 and SAFER," B. Preneel (Ed.), *Fast Software Encryption*, Second International Workshop, pp. 286 - 297, Springer-Verlag, 1995.

☐ Vaudenary, S., "On the Weak Keys of Blowfish," in *Fast Soft Encryption*, 3rd International Workshop, LNCS 1039, pp. 27 - 32, 1996.

☐ Vaudenary, S., "Hidden collisions on DSS," Advances in Cryptology—CRYPTO '96 Proceedings, pp. 83 - 88, 1996.

☐ Vazirani, U. V., "Towards a strong communication complexity theory of generating quasi-random sequences from two communicating slightly-random sources," Proc. of the 17th Annual ACM Symposium on *Theory of Computing*, pp. 366 - 378, 1985.

☐ Vazirani, U. V. and Vazirani, V. V., "Efficient and secure pseudo-random number generation," Advances in Cryptology—CRYPTO '84 Proceedings, pp. 193 - 202, Springer-Verlag, 1985; also in Proc. of the IEEE 25th Annual Symposium on *Foundations of Computer Science*, pp. 458 - 463, 1984.

☐ Vedder, K., "Security aspects of mobile communications," in B. Preneel et al. (Eds), *Computer Security and Industrial Cryptography: State of the Art and Evolution* (LNCS 741), EAST Course, Leuven, Belgium, May 21 - 23, 1991, pp. 193 - 210, Springer-Verlag, 1993.

☐ Vernam, G. S., "Cipher printing telegraph systems for secret wire and radio telegraphic communications," Journal of the American Institute for Electrical Engineers, Vol. 55, pp. 109 - 115, 1926.

☐ Verser, R., "DES challenge: We cracked the code," Available through "www.frii.com/rcv/deschall.htm", Apr. 8, 1997.

☐ von Neumann, J., "Various techniques used in connection with random digits," Applied Mathematics Series, U. S. National Bureau of Standards, 12, pp. 36 - 38, 1951.

☐ von Solms, S. and Naccache, D., "On blind signatures and perfect crimes," Computers Security, Vol. 11, pp. 581 - 583, 1992.

☐ von zur Gathen and Shoup, V., "Computing Frobenious maps and factoring polynomials," Computational Complexity, 2, pp. 187 - 224, 1992.

☐ Voydock, V. L., and Kent, S. T., "Security mechanisms in high-level network protocols," ACM Comput. Surv. Vol. 15, No. 2, pp. 135 - 171, Jan. 1983.

☐ Waidner, M. and Pfitzmann, B., "The dining cryptographers in the disco: Unconditional sender and recipient untraceability with computationally secure serviceability," Advances in Cryptology—EUROCRYPT '89 (INCS 434), p. 690, 1990.

☐ Waldvogel, C. P. and Massey, J. L., "The probability distribution of the Diffie-Hellman key," Advances in Cryptology—AUSCRYPT '92 (INCS 718), pp. 492 - 504, 1993.

☐ Walker, M., "Information-theoretic bounds for authentication schemes," J. Cryptology, Vol. 2, No. 3, pp. 131 - 143, 1990.

☐ Walker, S. T., Lipner, S. B., Ellison, C. M. and Balenson, D. M., "Commercial key recovery," Communications of the ACM, Vol. 39, pp. 41 - 47, 1996.

☐ Walter, C. D., "Faster modular muleipli catio by operand scaling," Advances in Cryptology—CRYPTO '91 (INCS 576), pp. 313 - 323, 1992.

☐ Wan Z., "Further construction of Cartesian authentication codes from symplectic geometry," Northeastern Mathematical Journal, Vol. 8, pp. 4 - 20, 1992.

☐ Wan Z., "Construction of Cartesian authentication codes from unitary geometry," Design, Codes and Cryptology, Vol. 2, pp. 333 - 356, 1992.

☐ Wan Zhexian, Dai Zongduo, Liu Mulan and Feng Xuning(万哲先，代宗铎，刘木兰，冯绪宁)，"非线性移位积存器"，科学出版社，1978.

☐ Wan Z. and Feng R., "Construction of Cartesian authentication codes from pseudo-symplectic geometry," (in Chinese) Advances in Cryptology—CHINACRYPT '94, pp. 82 - 86, 1994, Xi'an, China.

☐ Wang Dongmei(王冬梅)，"Design & Analysis of Digital Signature Schemes," Master thesis, Xidian University, Xi'an China, 1996. 1. "数字签名方案的设计与分析"，硕士论文，西安电子科技大学，1996. 1.

☐ Wang Hao，王浩，"关于一类有限自动机的可逆性"，密码学进展——CHINACRYPT '96, pp. 95 - 101，科学出版社，1996.

☐ Wang M. Z. and Massey, J. L., "The characteristics of all binary sequences with perfect linear complexity profiles," Abstracts of Papers, EUROCRYPT '86, pp. 20 - 22, May 1986.

☐ Wang Xinmei(王新梅)，"M公钥的推广及通过有扰信道时的性能分析"，电子学报，Vol. 11, No. 4, pp. 1 - 9, 1986.

☐ Wang Xinmei, "Digital signature scheme based on error-correcting codes," Electronics Letters, Vol. 26, No. 13, 21 pp. 898 - 899, June 21, 1990.

☐ Wang Yeqing(王也青)，"可仲裁认证码的信息论下界"，密码学进展——CHINACRYPT '98，科学出版社，pp. 99 - 104，四川峨眉，1998. 5.

☐ Wang Yumin(王育民)，"伪随机序列的应用(综述)"，西北电讯工程学院学报，1978, No. 3/4, pp. 64 - 81, 1977.

☐ Wang Yumin(王育民编)，"密码学和数据保密技术——专题文献索引(1)和(2)"，西北电讯工程学院图书馆检索室，1984. 8.

☐ Wang Yumin(王育民)，"通信保密技术展望"，九十年代通信展望研讨会，南昌，1985.

☐ Wang Yumin(王育民)，"认证系统(一)——消息认证"，电子科技杂志，No. 2, pp. 20 - 30, 1988.

☐ Wang Yumin(王育民)，"认证系统(二)——身份验证"，电子科技杂志，No. 3, pp. 23 - 31, 1988.

☐ Wang Yumin(王育民)，"认证系统(三)——数字签字"，电子科技杂志，No. 4, pp. 22 - 34, 1988.

☐ Wang Yumin(王育民)，"DES和CCEP(摘要)"，第三次全国密码学会议会议录，1988.

☐ Wang Yumin(王育民)，"DES的弱密钥的代数构造"，西安电子科技大学学报，Vol. 16, No. 4, pp. 11 - 16, 1989.

☐ Wang Yumin(王育民)，"美国新的数学签字标准"，电子科技杂志，No. 3, pp. 1 - 2, 1992.

☐ Wang Yumin(王育民)，"新的联邦加密技术标准——CLIPPER芯片"，通信保密，No. 4, pp. 1 - 6, 1993.

☐ Wang Yumin(王育民),"分组密码算法及一种分类方法",通信保密,No. 2,pp. 4 - 17,1997.

☐ Wang Yumin(王育民),"椭圆曲线密码体制实用化进展",第六届通信保密现状研讨会论文集,pp. 69-72,云南景洪,1977. 8.

☐ Wang Yumin(王育民),"混沌密码序列实用化问题",西安电子科技大学学报,Vol. 24,No. 4,pp. 560 - 562,1997.

☐ Wang Yumin(王育民),"量子密码学原理及应用前景",通信保密,No. 1,pp. 32 - 37,1998.

☐ Wang Yumin(王育民),"快速软、硬件实现的流密码算法",通信保密,No. 3,pp. 37 - 48,1997.

☐ Wang Yumin(王育民),"Shannon 信息保密理论的新进展",电子学报,No. 7,pp. 28 - 36,1998.

☐ Wang Yumin(王育民),"信息论与信息化社会的安全",信息论与通信理论 97 学术会议(论文集),pp. 14 - 20,深圳,1997.12.

☐ Wang Yumin and He Dake(王育民,何大可),"保密学——基础与应用",西安电子科技大学出版社,1990.12.

☐ Wang Yumin and Liang Chuanjia(王育民,梁传甲),"伪随机序列及其应用(下册)",西北电讯工程学院资料室,1976. 9

☐ Wang Yumin and Liang Chuanjia(王育民,梁传甲),"信息与编码理论",西北电讯工程学院出版社,1986. 3.

☐ Wang Yumin and Ma Fulong(王育民,马傅龙),"双钥体制的硬件实现",电子学报,Vol. 21,No. 10,pp. 85 - 93,1993.

☐ Wang Yumin, Zhang Hailin and Zhang Kan(王育民,张海林,张侃),"M 公钥的性能分析及参数优化",电子学报,Vol. 22,No. 4,pp. 32 - 36,1992.

☐ Wayner, P. C., "Content-addressable search engines and DES-like systems," Advances in Cryptology—CRYPTO '92 (LNCS 740), pp. 575 - 586, 1993.

☐ Wayner, P. C., "*Digital Cash: Commerce on the Net*," AP Professional, 1996.

☐ Wayner, P. C., "*Digital Copyright Protection*," AP Professional, 1997.

☐ Weber, D., "An implementation of the general number field sieve to compute discrete logarithms mod q," Advances in Cryptology—EUROCRYPT '95 (LNCS 921), pp. 95 - 105, 1995.

☐ Webster, A. F. and Tavares, S. E., "On the design of S-boxes," Advances in Cryptology—CRYPTO '85 Proceedings, pp. 523 - 534, Springer-Verlag, 1986.

☐ Wegenerm, I., "*The Complexity of Boolean Functions*," New York: Wiley, 1987.

☐ Wegman, M. N. and Carter, J. L., "New hash functions and their use in authentication and set equality," *Journal of Computer and System Sciences*, 22, pp. 265 - 279, 1981.

☐ Weiler, R. M., "Money, transactions, and trade on the Internet," MBA thesis Imperial College, London, England, 1995, http://graph.ms.ic.ac.uk/results.

☐ Wells Jr., A. L., "A polynomial form for logarithms modulo a prime," IEEE Transactions on Information Theory, pp. 845 - 846, Nov. 1984.

☐ Welsh, D., "*Codes and Cryptography*," Clarendon Press, Oxford, 1988.

☐ Wen Qiaoyan(温巧燕),"*On Correlation Immune Boolean Functions in Cryptology*(密码学中的相关免疫函数研究)," Ph. D. dissertation, Xidian University(西安电子科技大学博士论文), Xi'an China, May 1997.

☐ Wheeler, D. D. and Matthews, R. A., "Supercomputer investigations of a chaotic encryption algorithm," Cryptologia, Vol. 15, pp. 140 - 152, 1991.

☐ Wheeler, D. D., "A problem with chaotic cryptosystems," Cryptologia, Vol. 13, 243 - 250, 1989.

☐ Wheeler, D. J., "A bulk data encryption algorithm," *Fast Software Encryption*, Cambridge Security

Workshop Proceedings, pp. 127 - 134, Springer-Verlag, 1994.

☐ Wheeler, D. J. and Needham, R., "*TEA, A Tiny Encryption Algorithm*," Technical Report 355, "Two cryptographic notes," Computer Laboratory, University of Cambridge, Dec. 1994, pp. 1 - 3. 2nd Fast Soft Encryption, pp. 363 - 366, 1994.

☐ Wiener, M. J., "Cryptanalysis of short RSA secret exponents," IEEE Trans. on Information Theory, Vol. 36, No. 3, pp. 553 - 558, May 1990.

☐ Wiener, M. J., "*Efficient DES Key Search*," Technical Report TR - 244, School of Computer Science, Carleton University, Ottawa, 1994, Presented at the rump session of CRYPTO '93, Aug. 1993.

☐ Wilf, H. S., "Backtrack: An $O(1)$ expected time algorithm for the graph coloring problem," Information Processing Letters, Vol. 18, pp. 119 - 121, 1984.

☐ Wilkes, M. V., "*Time-Sharing Computer Systems*," New York: American Elsevier, 1986.

☐ Williams, H. C., "A modification of the RSA public-key encryption procedure," IEEE Trans. on Information Theory, Vol. 26, pp. 726 - 729, 1979.

☐ Williams, H. C. and Schmid, B., "Some remarks concerning the M. I. T. public-key cryptosystem," BIT, Vol. 19, pp. 525 - 538, 1979.

☐ Willams, H. C., "Universal data compression and repetition times," IEEE Transactions on Information Theory, 35, pp. 54 - 58, 1989.

☐ Williams, H. C., "A$p+1$ method of factoring," Mathematics of Computation, Vol. 39 ,1982.

☐ Williams, H. C., "An overview of factoring," Advances in Cryptology—CRYPTO '83 Proceedings, pp. 71 - 80, Plenum Press, 1984.

☐ Williams, H. C., "Some public-key crypto-functions as intractable as factorization," Advances in Cryptology—CRYPTO '84 Proceedings, pp. 66 - 70, Springer-Verlag, 1985.

☐ Williams, H. C., "Some public-key crypto-functions as intractable as factorization," Cryptologia, Vol. 9, No. 3, pp. 223 - 237, July 1985.

☐ Williams, H. C., "An M3 public-key encryption scheme," Advances in Cryptology—CRYPTO '85 Proceedings, pp. 358 - 368, Spinger-Verlag, 1986.

☐ Williamson, M. J., "Non-Secret Encryption Using a Finite Field," CESG Report, 21, Jan. 1974.

☐ Williamson, M. J., "Thoughts on Cheaper Non-Secret Encryption," CESG Report, 10 Aug. 1976.

☐ Winternitz, R. S., "A secure one-way hash function built from DES," Proceedings of the 1984 IEEE Symposium on *Security and Privacy*, pp. 88 - 90, 1984.

☐ Wolfram, S., "Cryptography with cellular automata," Advances in Cryptology—CRYPTO '85 Proceedings, pp. 429 - 432, Springer-Verlag, 1986.

☐ Wolfram, S., "Random sequence generation by cellular automata," Advances in Appiled Mathematics, Vol, 7, pp. 123 - 169, 1986.

☐ Woo, T. Y. C. and Lam, S. S., "Authentication for distributed systems," Computer, Vol. 25, No. 1, pp. 39 - 52, Jan. 1992.

☐ Woo, T. Y. C. and Lam, S. S., "Authentication revisited," Computer, Vol. 25, No. 3, pp. 10, Mar. 1992.

☐ Wood, M. C., Technical Report, Cryptech, Inc., Jamestown, NY, July 1990.

☐ Wu Chuankun(武传坤), "*Boolean Function in Crypotology*," Ph. D. dissertation, Xidian University, Xi'an China, 1991. 9. "密码学中的布尔函数", 博士论文, 西安电子科技大学, 1993, 11.

☐ Wu Wenling(吴文玲), "*Measure Indexes on the Security of Cryptology*," Ph. D. dissertation, Xidian University, Xi'an China, 1997. 9. "密码安全的度量指标", 博士论文, 西安电子科技大学, 1997, 9.

□ Wyner, A. D., "The common information of two dependent random variables," IEEE Trans. on Inform. Theory, Vol. IT - 21, No. 2, pp. 163 - 179, Mar. 1975.

□ Wyner, A. D., "The wire-tap channel," Bell System Technical Journal, Vol. 54, pp. 1355 - 1387, 1975.

□ Xiao Guozhen(肖国镇), 密码学讲义(内部讲义), 1982. 2.

□ Xiao Guozhen(肖国镇), "非线性生成器相关分析研究的频谱方法", 电子学报, Vol. 14, No. 4, 78 - 84, 1986.

□ Xiao Guozhen, Dai Zongduo and Wang Yumin(肖国镇, 戴宗铎, 王育民编), "密码学进展——CHINACRYPT '94"(第三次中国密码学学术会议论文集), 科学出版社, 1994. 10.

□ Xiao Guozhen and Feng Dengguo(肖国镇, 冯登国), "关于置换的非线性程度的度量及其构造", 密码学进展——CHINACRYPT '94, pp. 252 - 256, 科学出版社, 1994.

□ Xiao Guozhen, Liang Chuanjia and Wang Yumin(肖国镇, 梁传甲, 王育民), "Pseudo-Random Sequences and its Applications," 伪随机序列及其应用, 国防工业出版社, 北京, 1985.

□ Xiao Guozhen and Massey, J. L., "A spectral characterization of correlation-immune combining functions," IEEE Trans. on Infom. Theory, Vol. IT - 34, No. 3, pp. 569 - 571, May 1988.

□ Xing L. D. and Sheng L. G., "Cryptanalysis of new modified Lu-Lee cryptosystems," Electronics Letters, Vol. 26, No. 19, 13, pp. 1601 - 1602, Sept. 1990.

□ Xu Jinbiao, Liu Jianwei and Wang Yumin(徐金标, 刘建伟, 王育民), "一种适合于软件实现的密码杂凑算法", 密码学新进展——CHINACRYPT '96, 科学出版社, pp. 157 - 163, 郑州, 1996. 4.

□ Xu Jinbiao and Wang Yumin(徐金标, 王育民), "数字移动通信系统中的用户认证方案", 通信保密, No. 2, pp. 8 - 14, 1996.

□ Xu Shengbo(徐胜波), "*Analysis and Design of Authentication Schemes in Portable Communications Systems*," Ph. D. dissertation, Xidian University, Xian China, 1998. 1. "移动通信系统中的认证方案的分析与设计", 博士论文, 西安电子科技大学, 1998, 1.

□ Xu Shouhua, Zhang Gendu and Zhu Hong, "On the security of cryptographic protocols," 密码学进展——CHINACRYPT '98, 科学出版社, pp. 150 - 154, 四川峨眉, 1998. 5.

□ Yacobi, Y., "A key distribution 'paradox'," Advances in Cryptology—CRYPTO '90 (INCS 537), pp. 268 - 273, 1991.

□ Yacobi, Y. and Shmuely, Z., "On key distribution systems," Advances in Cryptology—CRYPTO '89 (INCS 435), pp. 344 - 355, 1990.

□ Yamamoto, H., "A source coding problem for sources with additional outputs to keep secret from the receiver or wiretappers," IEEE Trans. on Inform. Theory, Vol. IT - 29, No. 6, pp. 918 - 923, Nov. 1983.

□ Yamamoto, H., "Secret sharing communication systems using (k, L, n) threshold scheme," Trans. of IECE, Vol. J68 - A, No. 9, pp. 945 - 952, Sept. 1985 (in Japanese).

□ Yamamoto, H., "On secret sharing communication systems with two or three channels," IEEE Trans. Inform. Theory, Vol. IT - 32, No. 3, pp. 387 - 393, May 1986.

□ Yamamoto, H., "A rate-distortion problem for a communication system with a secondary decoder to be hindered," IEEE Trans. on Inform. Theory, Vol. IT - 34, No. 4, pp. 835 - 842, July 1988.

□ Yamamoto, H., "Coding theorem for secret sharing communication systems with two noisy channels," IEEE Trans. Inform. Theory, 35, No. 3, pp. 572 - 578, May 1989.

□ Yamamoto, H., "Shannon's cipher system with correlated source outputs," Proc. of ISITA '90, pp. 1047 - 1050, Hawaii, Nov. 27 - 30, 1990.

□ Yamamoto, H., "Information theory in cryptology," IEICE Trans. Vol. E74, No. 9, pp. 2456 - 2464,

1991.

☐ Yamamoto, H., "Coding theorem for secret sharing communication systems with two Gaussian wiretap channels," IEEE Trans. on Inform. Theory, Vol. 37, No. 3 (Part I), pp. 634 - 638, May 1991.

☐ Yamamoto, H., "Coding theorems for Shannon's cipher system with correlated source outputs and common information," IEEE Trans. on Inform. Theory, Vol. 40, No. 1, pp. 85 - 95, 1994.

☐ Yamamoto, H., "Rate-distortion theory for the Shannon cipher system," IEEE Trans. on Inform. Theory, Vol. 43, No. 3, pp. 827 - 835, May 1997.

☐ Yang Baoning, Duan Wenqing and Wang Yumin(杨保宁，段文清，王育民)，"认证编码研究"，第三届国外通信保密现状研讨会会议录，pp. 120 - 123，四川南坪，1990. 9.

☐ Yang Bo, Sun Xianrong and Wang Yumin(杨波，孙晓蓉，王育民)，"基于门限方案的密钥托管"，西安电子科技大学学报，Vol. 25，No. 2，pp. 239 - 241，1998.

☐ Yang Bo and Wang Yumin(杨波，王育民)，"SAFER K - 64 加密算法及其可逆性的证明"，电子科技，No. 1，pp. 20 - 23，1998.

☐ Yang C. H., "*Modular Arithmetic Algorithms for Smart Cards*," IEICE Japan, Technical Report, ISEC92 - 16, 1992.

☐ Yang C. H. and Morita, H., "*An Efficient Modular-Multiplication Algorithm for Smart-card software implementation*," IEICE Japan, Technical Report, ISEC91 - 58, 1991.

☐ Yang J. H., Zeng K. C. and Di, Q. B., "On the construction of large S-boxes," 密码学进展——CHINACRYPT '94, pp. 24 - 32, Xi'an, Nov. 11 - 15, 1994(in Chinese).

☐ Yang Yixian and Lin Xuduan(杨义先，林须端)，"*Codes and Cryptograph*,"编码密码学，人民邮电出版社，北京，1992.

☐ Yang Zhanqing and Zhou Tongheng(杨展青，周同衡)，"FA 密码体制的实现"，计算机研究与发展，Vol. 22，No. 3，1985.

☐ Yao A. C., "Theory and applications of trapdoor functions," Proceedings of the IEEE 23rd Annual Symposium on *the Foundations of Computer Science*, pp. 80 - 91, 1982.

☐ Yao A. C., "Protocols for secure computations," Proceedings of the 23rd IEEE Symposium on *the Foundations of Computer Science*, pp. 160 - 164, 1982.

☐ Yao Xiaobo (姚小波), "*Zero Knowledge Proof System*," Postdoctoral Research Report, Xidian University, Xi'an China, 1995. 6. "零知识证明系统"，博士后研究工作报告，西安电子科技大学，1996. 9.

☐ Ye Y. (叶勇)，"高位保安全"，每周电脑报，Vol. 2，No. 32，p. 53，1998.

☐ Yemini, Y., "*The OSI Network Management Model*," IEEE Communications Magazine, Vol. 31, No. 5, pp. 20 - 29, May 1993.

☐ Yen S. M., "*Design and Computation of Public Key Cryptosystems*," Ph. D. dissertation, National Cheng Hung University, Apr. 1994.

☐ Yen S. M. and Laih C. S., "The first cascade exponentiation algorithm and its applications to cryptography," AUSCRYPT '92, pp. 447 - 456, 1992.

☐ Yen S. M. and Laih C. S., "New digital signature scheme based on the discrete logarithm," Electronics Letters, Vol. 29, No. 12, pp. 1120 - 1121, 1993.

☐ Yen S. M. and Laih C. S., "Improved digital signature algorithm," IEEE Trans. on Computer, Vol. 44, No. 5, pp. 729 - 730, 1995.

☐ Yi Xun(易训), "*On the Design and Analysis of Block Ciphers*," Ph. D. dissertation, Xidian University, Xi'an China, 1995. 6. "流密码的研究与分析"，博士论文，西安电子科技大学，1995. 6.

□ Yiu K. and Peterson, K., "A single-chip VLSI implementation of the discrete exponential public-key distribution system," IBM Systems Journal, Vol. 15, No. 1, pp. 102 - 116, 1982.

□ Youm H. Y., Lee S. L. and Rhee M. Y., "Practical protocols for electronic cash," Proceedings of the 1993 Korea-Japan Workshop on *Information Security and Cryptography*, *Seoul*, *Korea*, pp. 10 - 22, Oct. 24 - 26 1993.

□ Youssef, A. M., "*Analysis and Design of Block Cipher*," Ph. D. dissertation, Queen's University, Kingston, Ontarrio, Canada, Dec. 1997.

□ Youssef, A. M., Chen, Z. and Tavares, S. E., "Construction of highly nonlinear injective S-boxes with application to CAST-like encryption algorithm," Proceedings of the Canadian Conference on *Electrical and Computer Engineering* (CCECE '97), pp. 330 - 333, 1997.

□ Youssef, A. M., Cusick, T. W., Stanica, P. and Tavares, S. E., "New bounds on the number of functions satisfying the Strict Avalanche Criterion," Workshop on *Selected Areas in Cryptography*, SAC '96, Workshop Record, pp. 49 - 60, 1996.

□ Youssef, A. M., Mister, S. and Tavares, S. E., "On the design of linear transformations for substitution permutation encryption networks," Workshop on *Selected Areas in Cryptography*, SAC '97, Workshop Record, pp. 40 - 48, 1997.

□ Youssef, A. M. and Tavares, S. E., "Spectral properties and information leakage of multioutput boolean functions," in Proceedings of the IEEE ISIT '95, Whistler, B.C., Canada, Sept. 17 - 22, 1995.

□ Youssef, A. M. and Tavares, S. E., "Information Leakage of a Randomly Selected Boolean Function," *Information Theory and Application II*, Canadian Workshop, Lac Delage, Quebec, Canada, pp. 41 - 52. May, 1995.

□ Youssef, A. M. and Tavares, S. E., "On the avalanche characteristics of substitution-permutation networks," Proceedings of Pragocrypt '96, Part 1, pp. 18 - 29, 1996.

□ Youssef, A. M. and Tavares, S. E., "Modelling avalanche characteristics of substitution-permutation networks using Markov chains," Proceedings of the 5th Canadian Workshop on *Information Theory*, pp. 45 - 48, Toronto, 3 - 6 June, 1997.

□ Youssef, A. M., Tavares, S. E. and Heys, H. M., "A new class of substitution-permutation networks," Workshop on *Selected Areas in Cryptography*, SAC '96, Workshop Record, pp. 132 - 147, 1996.

□ Yung M., "Cryptoprotocols: subscriptions to a public key, the secret blocking, and the multi-plater mental poker game," Advances in Cryptology—CRYPTO '84 Proceedings, pp. 439 - 453, Springer-Verlag, 1985.

□ Zeng Kencheng(曾肯成). 密码体制中的熵漏现象. 科大研究生院 DCS 中心内部资料, 1996. 6.

□ Zeng K. C. and Huang M., "On the linear syndrome method in cryptanalysis," Advances in Cryptology—CRYPTO '88 Proceedings, pp. 469 - 478, Springer-Verlag, 1990.

□ Zeng K. C., Yang C. H. and Rao, T. R. N., "On the linear consistency test (LCT) in cryptanalysis with applications," Advances in Cryptology—CRYPTO '89 Proceedings, pp. 164 - 174, Springer-Verlag, 1990.

□ Zeng K. C., Huang M. and Rao, T. R. N., "An improved linear algorithm in cryptanalysis with applications," Advances in Cryptology—CRYPTO '90 Proceedings, pp. 34 - 47, Springer-Verlag, 1991.

□ Zeng K. C., Yang C. H., Wei D. Y. and Rao T. R. N. "Pseudorandom bit generators in stream-cipher cryptography," IEEE Computer, Vol. 24, No. 2, pp. 8 - 17, Feb. 1991.

□ Zhang C., "An improved binary algorithm for RSA," Computers and Mathematics with Applications,

Vol. 25, No. 6, pp. 15 - 24, 1993.

- Zhang Hailin and Wang Yumin, "A new authentication coding scheme for modified McEliece public key crytosystem," IEEE ISIT '91, Budapest, Hangary, July 1991.
- Zhang Hailin and Wang Yumin(张海林，王育民)，"一种密钥自同步可认证纠错加密体制研究"，西安电子科技大学学报，Vol. 19, No. 3, 1992.
- Zhang, Dai, Qin, Wu, Cui and Han(张焕国，戴大为，覃中平，吴逵，崔保秋和韩海)，"FA FA 公开钥密码体制的软件实现"，密码学进展——CHINACRYPT '92, 105 - 109，科学出版社，1992.
- Zhang Huanguo, et al. (张焕国，覃中平，丁保龙，崔宝秋)，计算机安全保密技术，机械工业出版社，1994.
- Zhang M. S., Tavares, S. E. and Campbell, L. L., "Information leakage of boolean function and its relationship to other cryptographic criteria," Proceedings of 2nd ACM Conference on *Computer and Communication Security*, Fairfax, Virgina, pp. 156 - 165, 1994.
- Zhang M. S., Tavares, S. E. and Campbell, L. L., "Information leakage of boolean functions and its relationship to other cryptographic criteria," Proceedings of the 2nd Annual ACM Conference on *Computer and Communications Security*, ACM Press, pp. 156 - 165, 1994.
- Zhang Muxiang and Xiao Guozhen(张木想，肖国镇)，"多值逻辑函数相关免疫的谱特征"，科学通报，Vol. 39, No. 9, 1994.
- Zhang Muxiang and Xiao Guozhen(张木想，肖国镇)，"A modified design criterion for stream ciphers," 密码学进展——CHINACRYPT '94, Xi'an, China, 11 - 15 Nov. 1994, pp. 201 - 209(in Chinese).
- Zhang Muxiang and Xiao Guozhen(张木想，肖国镇)，"无记忆组合函数的非线性与相关免疫性"，电子学报，Vol. 22, No. 7, 1994.
- Zhang Muxiang and Xiao Guozhen(张木想，肖国镇)，"流密码中非线性组合函数的分析与设计"，电子学报，Vol. 24, No. 1, 1996.
- Zhang Muxiang and Xiao Guozhen(张木想，肖国镇)，"有限域上独立随机变量和的极限分布定理及其在流密码中的应用"，电子学报，Vol. 24, No. 1, 1996.
- Zhang Muxiang and Xiao Guozhen(张木想，肖国镇)，"有限域上具有卷积性质的可逆线性变换的结构"，电子学报，Vol. 24, No. 4, 1996.
- Zhang Zhaozhi(章照止)，"一般流密码系统的密钥疑义度研究"，密码学进展——CHINACRYPT '98，科学出版社，pp. 6 - 11，四川峨眉，1998. 5.
- Zhang Zhaozhi, et al. (章照止，杨义先，马晓敏)，"信息理论密码学的新进展 I 和 II"，信息论与通信理论学术会议(论文集)，pp. 52 - 69，深圳，1997. 12.
- Zhang Zhaozhi, et al. (章照止，杨义先，马晓敏)，"信息理论密码学的新进展及研究问题"，电子学报，Vol. 26, No. 7, pp. 9 - 18, 1998.
- Zhang X., Zheng Y., "On nonlinear resilient functions," Advances in Cryptology, EUROCRYPT '95, pp. 274 - 288, Springer-Verlag, 1995.
- Zhang X., Zheng Y., "Auto-correlations and new bounds on the nonlinearity of boolean functions," Advances in Cryptology, EUROCRYPT '96, pp. 294 - 306, Springer-Verlag, 1996.
- Zheng Dong, Tian Jianbo and Wang Yumin(郑东，田建波，王育民)，"关于 BAN - 逻辑扩展的注记，"密码学进展——CHINACRYPT '98，科学出版社，pp. 123 - 126，四川峨眉，1998. 5.
- Zheng Y., Matsumoto, T. and Imai, H., "On the construction of block ciphers provably secure and not relying on any unproved hypotheses," Advances in Cryptology—CRYPTO '89 Proceedings, pp. 461 - 480, Springer-Verlag, 1990.
- Zheng Y., Matsumoto, T. and Imai, H., "Duality between two cryptographic primitives," Proceedings

of the 8th International Conference on *Applied Algebra, Algebraic Algorithms and Error-Correcting Codes*, pp. 379 - 390, Springer-Verlag, 1991.

☐ Zheng Y., Pieprzyk, J. and Seberry, J., "HAVL—a one-way hashing algorithm with variable length of output," Advances in Cryptology—AUSCRYPT '92 Proceedings, pp. 83 - 104, Springer-Verlag, 1993.

☐ Zheng Y. and Seberry, J., "Immunizing public key cryptosystems against chosen ciphertext attacks," IEEE Journal on Selected Areas in Communications, Vol. 11, pp. 715 - 724, 1993.

☐ Zhou Hong(周红), "*A Design Methodology of Chaotic Stream Cipher and the Realization Problems in Finite Precision*," Ph. D. dissertation, Fudan University, Shanghai China, 1996. 6. "一类混沌密码序列的设计方法及其有限精度实现问题分析", 博士论文,复旦大学,1996, 6.

☐ Zhou Jinjun and Chen Weihong(周锦君, 陈卫红), "布尔函数的 Walsh 变换的推广及布尔函数的非线性逼近", 密码学进展——CHINACRYPT '92, pp. 216 - 221,

☐ Zhou Jinjun, et al. (周锦君, 周玉洁, 王增法), "Gröbner 基理论的推广及环 $Z/(m)$上二维阵列的综合算法", 密码学进展——CHINACRYPT '94,pp. 1611 - 172, 科学出版社, 1994.

☐ Zhou Jinjun and Chi Wenfeng(周锦君, 戚文峰), "环 $Z/(m)$上线性递归序列的若干特性", 数学季刊, Vol. 5, No. 1 - 2, pp. 166 - 171, 1990.

☐ Zhou Jinjun, et al. (周锦君, 戚文峰, 周玉洁), "Gröbner 基推广及环 $Z/(m)$上多条序列的综合算法", 中国科学(A 辑), Vol. 25, No. 2, pp. 113 - 120, 1995.

☐ Zhou Yujie(周玉洁), "*The Extension of Gröbner Bases and Its Application in Cryptology*," Ph. D. dissertation, Institute of Information Engineering of PLA ,1997. 3, "Gröbner 基推广及其在密码中的应用", 博士论文, 中国人民解放军信息工程学院, 1997. 3.

☐ Zhou Zhi(周智), "认证理论的系统研究及其实现", 博士论文, 北京邮电大学, 1997. 1.

☐ Zhou Zhi and Hu Zhengming(周智, 胡正名), "SN-S 认证系统中潜信道的实现", 通信学报, Vol. 17, No. 4, 1996.

☐ Zhu Huafei(朱华飞), "*Design and Applications of Cryptographic Secure Hash Algorithm*,""密码安全杂凑算法的设计与应用", 博士论文, 西安电子科技大学, 1996. 10.

☐ Zhu Huafei and Wang Yumin, "Pseudorandomness analysis of BEAR and LION," 密码学进展——CHINACRYPT '98, 科学出版社, pp. 85 - 88, 四川峨眉, 1998. 5.

☐ Zhu Huafei and Wang Yumin, "A good diffusion layer candidate for SHARK," accepted by 电子科学学刊(English Version).

☐ Zhu Huafei and Wang Yumin, "Hash Algorithm with output lenth variable," accepted by 电子学报(English Version).

☐ Zhu Huafei, Liu Jianwei and Wang Yumin(朱华飞, 刘建伟, 王育民), "基于强 Universal s_2函数族的 MAC 的构造与安全性分析", 西安电子科技大学学报,Vol. 24, No. 2, pp. 161 - 163, 1997.

☐ Zierler, N., "Primitive trinomials whose degree is a Mersenne exponent," Information and Control, Vol. 15, pp. 67 - 69, 1969.

☐ Zierler, N. and Brillhart, J., "On primitive trinomials(mod 2)," Information and Control, Vol. 13, pp. 541 - 554, 1968.

☐ Zimmermann, P. R., "*The Official PGP User's Guide*," Boston: MIT Press, 1995.

☐ Zimmermann, P. R., "PGP Source Code and Internals," Boston: MIT Press, 1995.

☐ Ziv, J. and Lempel, A., "On the complexity of finite sequences," IEE Trans. on Information Theory, Vol. 22, pp. 75 - 81, 1976.

☐ Zivkovć, M., "An algorithm for the initial state reconstruction of the clock-controlled shift register," IEEE Trans. on Information Theory, Vol. 37, pp. 1488 - 1490, 1991.

□ Zivkovć, M., "An table of primitive binary polynomials," Mathematics of Computation, Vol. 62, pp. 385 - 386, 1994.

□ Zivkovć, M., "Table of primitive binary polynomials. II," Mathematics of Computation, Vol. 63, pp. 301 - 306,1994.